空间结构健康监测技术

罗尧治 著

科学出版社

北京

内 容 简 介

本书系统地阐述空间结构健康监测技术,涵盖空间结构健康监测系统原理、健康监测测点布置方法、健康监测数据处理方法、状态评估方法、健康监测物联网技术等主要内容,详细介绍荷载与响应多维传感、大面域网络传输、结构荷载分析、结构响应分析以及结构状态评估等最新研究成果。书中提供了国家体育场、国家速滑馆、北京大兴国际机场、杭州亚运会场馆及铁路站房等典型空间结构工程监测技术应用。

本书可作为土木、建筑、力学、计算机、信息等相关工程专业本科生和研究生的教材,也可作为上述专业教师和工程技术及科研开发人员的参考书。

图书在版编目(CIP)数据

空间结构健康监测技术 / 罗尧治著. —北京:科学出版社,2025.3
ISBN 978-7-03-076094-4

Ⅰ.①空⋯ Ⅱ.①罗⋯ Ⅲ.①空间结构-建筑工程-工程施工-施工监测 Ⅳ.①TU399

中国国家版本馆 CIP 数据核字(2023)第 144691 号

责任编辑:周 炜 罗 娟 / 责任校对:王萌萌
责任印制:肖 兴 / 封面设计:无极书装

科 学 出 版 社 出版
北京东黄城根北街 16 号
邮政编码:100717
http://www.sciencep.com

北京中科印刷有限公司印刷
科学出版社发行 各地新华书店经销
*

2025 年 3 月第 一 版 开本:720×1000 1/16
2025 年 3 月第一次印刷 印张:40 1/4
字数:809 000
定价:368.00 元
(如有印装质量问题,我社负责调换)

序

Spatial structures are widely used in urban infrastructure and building complexes, such as airports, railway stations, sports venues, exhibition centers, and industrial buildings. Particularly, the number of constructions of various types of spatial structures has increased rapidly in China during the past decades. However, those large-scale spatial structures are very vulnerable to excessive displacements, deformations and vibrations due to self-weight, occupancy loads, and environmental loads such as wind and earthquake during construction and operational phases, which may cause operational and structural failures and socioeconomic disasters to the community. Therefore, it is very important to ensure functionality in a normal environment as well as structural safety and integrity during extreme events. To this end, periodic inspections have been carried out using visual and conventional sensors in maintenance operations. The structural health monitoring (SHM) technologies using advanced sensors and intelligent diagnosis techniques have been widely developed and implemented in safety management of large structures during the past two decades.

Professor Yaozhi Luo, the author of this book, has conducted teaching, research, and engineering consultancy work in the fields of spatial structures and structural monitoring technologies for more than 30 years. He has extensive experience in the development of wireless sensors, SHM systems, and data analysis techniques for condition assessment and safety alarms. He established the Internet of Things (IoT) Monitoring Center for Spatial Structures at Zhejiang University in 2010. Since then, he has worked on applications of large-scale wireless sensor networks on many important structures including Beijing National Stadium, Chongqing Jiangbei International Airport, Xiong'an Railway Station, and Hangzhou Olympic Sports Centre Stadium. This book consists of two parts, i. e. monitoring theories and applications. The first part includes principles of SHM, wired and wireless sensors, sensor layout methods, intelligent IoT for SHM of large-scale spatial structures, advanced data processing, condition assessment, and cloud platform for online SHM. The second part covers the technical aspects of his SHM applications on various large-scale spatial structures such as National Speed Skating Oval, Beijing Daxing International Airport, and Hangzhoudong Railway Station.

I am confident that this book will inspire researchers and engineers to pursue new methodologies and innovative technologies for the realization of SHM technologies for large-scale spatial structures. I expect that it will be very well received both in academia and industry practice.

Chung Bang Yun

Qiushi Chair Professor, College of Civil Engineering
and Architecture, Zhejiang University, China
Professor Emeritus, Department of Civil
and Environmental Engineering, KAIST, Republic of Korea

前　　言

空间结构属于建筑工程结构的一种，是指呈三维空间状形体、三向受力特性的结构，具有大跨度、大空间、大面域的主要特征，它在交通枢纽、体育场馆、会展中心、工业建筑等城市基础设施和标志性建筑中得到广泛使用，我国已经成为名副其实的空间结构大国。

空间结构形式很丰富，有薄壳结构、索网结构、网架、网壳、桁架、膜结构、张弦结构、弦支结构、索穹顶、开合结构等各种结构形式，且不断地创新发展，它是新材料、新结构、新工艺、新技术的集中体现，也是衡量一个国家建筑技术水平的重要标志。

在过去的 30 多年，以网架、网壳、桁架等为代表的刚性空间结构发展最为迅速，其设计和制造技术已经相对成熟，这类结构已经实现很好的推广普及。以张弦、弦支、索穹顶为代表的柔性、刚柔性新型空间结构在系统的科研工作和工程实践结合下，其计算理论、设计方法、建造技术都得到突破和发展，这些具有更加轻型高效的张力空间结构进一步促进了空间结构的体系创新，可不断提高结构更大跨度的能力，并且越来越多地在工程中得到实践和应用。

然而，空间结构是一种形效性强的结构，也就是说，它的施工成形过程时变效应明显，既是形变的过程，也是力的变化过程，不同的施工工艺会导致最后的结构受力不同，因此对设计者来说，空间结构的最终受力是否符合设计，设计的荷载取值、边界约束假定等是否合理，结构实际运行情况如何，是非常重要的问题。对施工者来说，如何保障施工过程的安全，结构滑移、提升、索张拉等施工环节是否合理、安全，也是非常重要的。尤其是随着空间结构跨度不断增大、结构体系越来越复杂，不断采用新材料、新节点、新工艺，在此情形下结构安全性、服役过程运行状态和结构性能变化都非常值得关注。

结构健康监测是解决以上问题的直接方法和手段。通过结构健康监测可以获取在施工过程和服役状态下的结构状态性能信息。本书对结构健康监测的定义为：利用传感技术获取结构荷载与响应的关键信息，通过现场测量数据分析和挖掘获得结构性能表征，进而评估当前结构健康状态与服役能力的一般过程。简而言之，监测就是对实际结构进行一个阶段或者长期的实测过程。因此，结构健康监测具有十分重要的工程意义，但监测技术实施难度很大。空间结构健康监测的难点在于空间结构体系种类多且复杂，空间尺度大，往往测点数量多而分散，以及如何开展各种外部荷载作用参数、结构静动力性能响应信息等多源数据采集、分析和评估。

作者长期从事空间结构的科研、教学和工程实践,致力于空间结构的分析理论、设计方法与关键技术研究。21世纪初,正是空间结构在我国蓬勃发展的时期,为了保障空间结构在施工和运营过程中的工程安全,而且理论研究也迫切需要工程实践的检验,作者开始关注空间结构健康监测技术研究,并陆续在杭州未来世界网架结构、新乡火电厂干煤棚拉索网壳结构、北京华能热电厂柱面网壳等工程中实践探索。但是,早期的监测实践探索反映出一些问题:在大空间、大面域的结构中进行线路的布设非常不方便,灵活性不够,而且容易损坏;数据采集自动化程度低,不具备远程通信能力;监测仪器通道数有限,不能适应大规模测点的测量,而且设备成本高;没有形成系统化的监测平台,不能进行全天候的数据采集、分析和管理。因此,空间结构健康监测存在很大的技术挑战,而且信息技术等科技进步也给结构健康监测带来技术支持和发展机遇。

2005年以来,作者围绕空间结构监测关键技术,开展了自主的、系统的研究和开发工作。首先是数据采集技术,选择无线传感作为突破点,通过一代代的产品研发和迭代更新,成功研制了系列的无线传感产品,可解决小体积、低功耗、低成本无线传感设备的技术难题,可实现监测测点方便灵活地布设。其次是数据的传输技术,研发了结构内部多区域自组网技术,通过LoRa和4G/5G相结合,实现了大规模测点自由优化拓展及数据通信,并且研究解决了数据压缩感知和测点间时间同步的技术难题。再次是数据的分析技术,提出了监测数据修复和挖掘的思路,以及数据荷载效应分离、结构状态识别、预测和评估等分析方法,逐渐建立了空间结构健康监测数据分析理论。最后是智能物联网监测系统,形成了具有自动管理功能的监测云平台。我们于2010年在浙江大学建立了第一个空间结构物联网监控系统。该监测系统已应用于国家体育场、国家速滑馆、北京大兴国际机场、雄安站、上海世博会英国馆、杭州东站、杭州奥体中心、武夷山"印象大红袍"旋转舞台等数十项工程,涵盖网格结构、索网结构、张弦结构、开合结构等各类空间结构形式。迄今,监测持续时间最长的工程已超过了10年,在同一工程中监测测点数最多已超过1700个,达到了规模化应用水平。

本书是作者课题组团队20多年的研究工作总结。感谢课题团队成员沈雁彬、许贤、万华平、郑正学、李炜等共同参与技术研发工作,感谢作者所指导研究生的辛勤工作,他们是童若飞、杨鹏程、王小波、周雨斌、程华强、洪江波、苑佳谦、梁宸宇、王恰亲、孙斌、吴成万、蔡朋程、许京梦、钟舟能、俞锋、朱铁城、梅宇佳、刘钝、金砺、张泽宇、王煜成、谢晓凯、章圣冶、马帜、刘玄、陈轶、傅文炜、王鉴可、王再兴、薛宇、董冠森、赵靖宇、周文杰、吴扬帆、王旖群、胡振涵等。

浙江大学空间结构研究中心傅文炜、赵靖宇、马帜、陈轶、薛宇、董冠森、王旖群、胡振涵等参与了本书的资料收集和撰写工作，郑成瑜、李锦媛、金亚霏、马明哲等参与了本书的图片绘制工作，金亚霏参与了全书校对，在此表示衷心的感谢。

本书共11章。总体上由两部分组成，分别是第1~6章监测理论与技术部分，第7~11章典型工程应用部分。其中，第1章介绍空间结构健康监测的需求、内涵和应用现状；第2章介绍健康监测系统原理、有线和无线监测及四大子系统；第3章介绍健康监测测点布置方法；第4章介绍健康监测数据处理方法；第5章介绍状态评估方法；第6章介绍健康监测物联网技术；第7~11章依次介绍国家体育场、国家速滑馆、北京大兴国际机场、杭州亚运会场馆、铁路站房的监测技术应用。

本书内容涉及智能传感器、无线通信、物联网、数据处理、云平台开发等，理论与工程应用示范密切结合，是学科交叉技术研发的良好典范，并提供了丰富而宝贵的实测数据。通过本书的阅读，以期使读者更好地将信息技术与传统土木工程相结合，激发和拓展交叉思维和研发能力，更好地把脉"结构生命"，为工程服务。

限于作者水平，书中难免有不妥之处，敬请读者批评指正。

罗尧治

2024年12月

于浙江大学

目 录

序
前言

第1章 绪论 ··· 1
  1.1 空间结构健康监测的需求 ··· 1
    1.1.1 空间结构的应用和发展 ··· 1
    1.1.2 空间结构的监测必要性 ··· 2
  1.2 结构健康监测的主要内涵与概念 ··· 3
    1.2.1 结构健康监测的主要内涵 ··· 3
    1.2.2 结构健康监测的若干概念 ··· 4
  1.3 结构健康监测的应用现状 ··· 5
    1.3.1 国内外应用基本情况 ··· 5
    1.3.2 空间结构领域的应用 ··· 6
  1.4 空间结构健康监测的方法 ··· 12
    1.4.1 空间结构健康监测特点 ··· 12
    1.4.2 空间结构健康监测机制 ··· 14
    1.4.3 空间结构健康监测策略 ··· 15
    1.4.4 空间结构健康监测工作 ··· 15

第2章 空间结构健康监测系统原理 ·· 18
  2.1 概述 ·· 18
  2.2 有线传感与无线传感 ··· 19
    2.2.1 有线传感 ·· 19
    2.2.2 无线传感 ·· 22
  2.3 空间结构健康监测系统框架 ··· 25
  2.4 传感器子系统 ·· 26
    2.4.1 应力应变监测 ·· 26
    2.4.2 拉索索力监测 ·· 31
    2.4.3 几何变形监测 ·· 36
    2.4.4 振动监测 ·· 46
    2.4.5 风荷载监测 ·· 49

2.5 数据采集与传输子系统 ··· 61
2.5.1 通信传输技术 ··· 61
2.5.2 无线组网技术 ··· 63
2.5.3 时间同步技术 ··· 65
2.5.4 压缩感知技术 ··· 70
2.6 数据管理子系统 ··· 77
2.6.1 数据预处理 ·· 77
2.6.2 数据挖掘 ··· 80
2.6.3 数据可视化 ·· 82
2.7 健康评估与安全预警子系统 ··· 86
2.7.1 安全预警的基本思想 ··· 86
2.7.2 健康评估的系统设计 ··· 88

第3章 空间结构健康监测测点布置方法 ·· 95
3.1 概述 ··· 95
3.2 测点布置基本概念和研究历史 ··· 96
3.2.1 测点布置基本概念 ··· 96
3.2.2 测点布置研究历史 ··· 97
3.3 基于静力性能的测点布置方法 ··· 98
3.3.1 结构荷载敏感性分析 ·· 98
3.3.2 结构自身敏感性分析 ·· 101
3.3.3 构件重要性分析 ·· 113
3.4 基于动力性能的测点布置方法 ··· 122
3.4.1 测点布置的数学描述 ·· 122
3.4.2 基于模态准则的测点布置 ·· 123
3.4.3 数值算例 ·· 129
3.5 典型空间结构测点布置 ··· 133
3.5.1 网架结构测点布置 ··· 133
3.5.2 网壳结构测点布置 ··· 134
3.5.3 管桁架结构测点布置 ·· 135

第4章 空间结构健康监测数据处理方法 ·· 138
4.1 概述 ··· 138
4.2 数据缺失修复 ··· 139
4.2.1 数据缺失修复方法 ··· 139
4.2.2 多元线性回归修复方法 ··· 140

  4.2.3 神经网络修复方法 ··· 156
  4.2.4 概率主成分分析修复方法 ·· 171
 4.3 数据关联度分析 ··· 177
  4.3.1 灰色关联分析原理 ··· 177
  4.3.2 灰色关联分析方法 ··· 177
 4.4 模态参数识别 ··· 181
  4.4.1 模态参数识别方法 ··· 181
  4.4.2 简支梁模态识别算例 ·· 190
  4.4.3 管桁架结构模态识别算例 ··· 200
 4.5 荷载效应分离 ··· 205
  4.5.1 荷载效应分离方法 ··· 205
  4.5.2 基于贝叶斯动态线性模型的荷载效应分离方法 ······ 206
  4.5.3 基于独立成分分析的荷载效应分离方法 ·················· 218

第5章 空间结构状态评估方法 ·· 232
 5.1 概述 ··· 232
 5.2 空间结构异常状态识别 ·· 232
  5.2.1 常用结构异常状态识别方法 ···································· 233
  5.2.2 贝叶斯动态线性模型识别方法 ································ 235
  5.2.3 概率主成分分析识别方法 ·· 241
  5.2.4 高斯过程回归识别方法 ·· 246
 5.3 基于健康监测的空间结构可靠度评估 ·································· 260
  5.3.1 基本原理 ··· 260
  5.3.2 构件状态评价指标 ··· 260
  5.3.3 结构体系状态评价指标 ·· 262
  5.3.4 算例 ··· 265
 5.4 空间结构健康综合评价方法 ··· 269
  5.4.1 基本原理 ··· 269
  5.4.2 构件性能评价指标 ··· 272
  5.4.3 结构性能评价指标 ··· 278
  5.4.4 健康状态评价的层次分析法 ···································· 281
  5.4.5 结构健康状态综合评价方法 ···································· 285
  5.4.6 算例 ··· 290

第6章 空间结构健康监测物联网技术 ···································· 298
 6.1 概述 ··· 298

- 6.2 物联网框架 299
- 6.3 空间结构健康监测系统实现 301
  - 6.3.1 监测系统搭建原则 301
  - 6.3.2 监测系统整体架构 302
  - 6.3.3 监测系统网络层设计要点 305
  - 6.3.4 监测系统应用层设计要点 306
- 6.4 云计算技术在空间结构健康监测系统中的应用 310
  - 6.4.1 云计算机理 310
  - 6.4.2 云计算任务部署原则 311
  - 6.4.3 监测数据可视化 311
  - 6.4.4 事件预警分析 316
- 6.5 空间结构监测云平台 321
  - 6.5.1 监测云设计目标 321
  - 6.5.2 监测云体系架构 322
  - 6.5.3 监测云技术实现 325

第7章 国家体育场监测 329
- 7.1 工程概况 329
  - 7.1.1 工程简介 329
  - 7.1.2 结构体系组成 329
- 7.2 监测内容 331
- 7.3 测点布置 332
- 7.4 监测系统 333
  - 7.4.1 无线传感网络 333
  - 7.4.2 数据处理平台 333
  - 7.4.3 现场互动展示平台 336
- 7.5 数据分析 338
  - 7.5.1 数据对称性分析 338
  - 7.5.2 相邻测点应力变化关系分析 338
  - 7.5.3 悬挑端檐口挠度变化分析 338
  - 7.5.4 结构温度场分布规律分析 339
  - 7.5.5 温度作用下结构受力特性分析 353
  - 7.5.6 屋面风场实测分析 368
- 7.6 重大活动保障 375
  - 7.6.1 大型文艺演出 376

7.6.2 北京冬季奥运会 ··· 376

第8章 国家速滑馆监测 ··· 379
8.1 工程概况 ··· 379
8.1.1 工程简介 ··· 379
8.1.2 结构体系组成 ··· 379
8.1.3 施工过程 ··· 381
8.1.4 监测重难点 ··· 381
8.2 监测内容 ··· 383
8.3 监测系统 ··· 386
8.3.1 无线传感网络 ··· 386
8.3.2 数据处理平台 ··· 386
8.3.3 远程监控中心 ··· 387
8.4 测点布置 ··· 388
8.4.1 构件荷载敏感性分析 ··· 388
8.4.2 测点布置汇总 ··· 392
8.5 数据分析 ··· 394
8.5.1 施工全过程构件内力数据分析 ··································· 394
8.5.2 索网提升和张拉过程环桁架形态变化分析 ························· 406
8.5.3 结构荷载效应分离 ··· 411
8.5.4 结构动力特性分析 ··· 415
8.5.5 结构状态评估分析 ··· 424

第9章 北京大兴国际机场监测 ··· 433
9.1 工程概况 ··· 433
9.2 监测内容 ··· 434
9.3 监测系统 ··· 436
9.4 测点布置 ··· 437
9.4.1 风速风向及风压测点 ··· 437
9.4.2 加速度测点 ··· 437
9.4.3 水位测点 ··· 437
9.5 数据分析 ··· 439
9.5.1 风荷载数据分析 ··· 439
9.5.2 振动数据分析 ··· 447
9.5.3 水位数据分析 ··· 451

第10章 杭州亚运会场馆监测 ··· 456

- 10.1 概述 ………………………………………………………………… 456
- 10.2 杭州奥体中心体育场监测 …………………………………………… 456
  - 10.2.1 工程概况 ……………………………………………………… 456
  - 10.2.2 监测内容 ……………………………………………………… 459
  - 10.2.3 测点布置 ……………………………………………………… 460
  - 10.2.4 无线监测系统 ………………………………………………… 468
  - 10.2.5 数据分析 ……………………………………………………… 469
- 10.3 杭州奥体中心网球中心监测 ………………………………………… 486
  - 10.3.1 工程概况 ……………………………………………………… 486
  - 10.3.2 监测内容 ……………………………………………………… 488
  - 10.3.3 测点布置 ……………………………………………………… 488
  - 10.3.4 无线监测系统 ………………………………………………… 491
  - 10.3.5 数据分析 ……………………………………………………… 491
- 10.4 杭州奥体中心体育馆、游泳馆监测 ………………………………… 500
  - 10.4.1 工程概况 ……………………………………………………… 500
  - 10.4.2 监测内容 ……………………………………………………… 501
  - 10.4.3 测点布置 ……………………………………………………… 503
  - 10.4.4 无线监测系统 ………………………………………………… 504
  - 10.4.5 数据分析 ……………………………………………………… 505
- 10.5 杭州体育馆监测 ……………………………………………………… 518
  - 10.5.1 工程概况 ……………………………………………………… 518
  - 10.5.2 监测内容 ……………………………………………………… 520
  - 10.5.3 测点布置 ……………………………………………………… 520
  - 10.5.4 无线监测系统 ………………………………………………… 523
  - 10.5.5 数据分析 ……………………………………………………… 524
- 10.6 温州瓯海奥体中心监测 ……………………………………………… 528
  - 10.6.1 工程概况 ……………………………………………………… 528
  - 10.6.2 监测内容 ……………………………………………………… 531
  - 10.6.3 测点布置 ……………………………………………………… 532
  - 10.6.4 数据分析 ……………………………………………………… 533
- 10.7 中国轻纺城体育中心体育场监测 …………………………………… 541
  - 10.7.1 工程概况 ……………………………………………………… 541
  - 10.7.2 监测内容 ……………………………………………………… 544
  - 10.7.3 测点布置 ……………………………………………………… 545

10.7.4	无线监测系统	547
10.7.5	数据分析	549

第 11 章 铁路站房监测 558
11.1 概述 558
11.2 杭州东站 559
11.2.1 工程概况 559
11.2.2 监测内容 562
11.2.3 测点布置 563
11.2.4 数据分析 569
11.3 襄阳东站 590
11.3.1 工程概况 590
11.3.2 监测内容 592
11.3.3 测点布置 592
11.3.4 数据分析 594
11.4 雄安站 602
11.4.1 工程概况 602
11.4.2 监测内容 604
11.4.3 监测系统 605
11.4.4 测点布置 607
11.4.5 数据分析 607

参考文献 613

第1章 绪 论

1.1 空间结构健康监测的需求

1.1.1 空间结构的应用和发展

空间结构是大跨度、大空间和大面积建筑与工程结构的主要形式,在国家基础设施与城市建设领域有重大需求,同时其应用与推广也是一个国家建筑科技水平的重要衡量标准。相较于平面结构,空间结构在外部荷载作用下具有三维受力的特点,其优势在于结构受力合理、使用空间大、工业化程度高及结构形式多样等。因此,该类结构广泛应用于体育场馆、交通枢纽及会展中心等地标性建筑。

20世纪80年代以来,空间结构在全球范围蓬勃发展,各种新型空间结构形式不断涌现。通常空间结构按形式可分为薄壳结构、网壳结构、网架结构、悬索结构和膜结构五大类。21世纪以来,我国的综合国力发展取得了举世瞩目的成就,在经济、文化、体育等重要领域取得了重要突破,跻身国际领先行列。2008年北京夏季奥运会、2010年广州亚运会、2010年上海世博会、2022年北京冬季奥运会和2023年杭州亚运会的顺利举办,更是为我国大型空间结构的蓬勃发展增添了充足动力。如今,空间结构的形式已不仅仅局限于以往传统的网架结构、网壳结构,而是向索杆结构与索膜结构等新结构体系发展。各种新型的空间结构形式不断涌现,造型新颖的地标性大型公用建筑和民用设施在全国广泛应用,其中具有显著影响力和代表性的有国家体育场"鸟巢"、国家速滑馆"冰丝带"和北京大兴国际机场等,如图1.1.1所示。

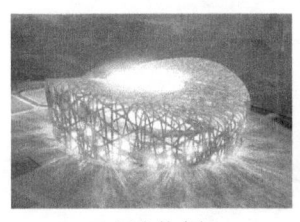

(a) 国家体育场　　(b) 国家速滑馆　　(c) 北京大兴国际机场

图1.1.1 我国典型空间结构

1.1.2 空间结构的监测必要性

在空间结构走向兴盛的同时,依然不可忽视其在安全性上存在的潜在风险。一方面,空间结构大多为创新性的结构设计,结构传力路径错综复杂,其工程庞大,施工过程复杂,部分新工艺缺乏充足的工程案例经验,部分结构的设计已超出结构规范的设计范围;另一方面,空间结构的建筑功能性强,安全可靠度要求高,但其所处的外界环境状况较为复杂,各类荷载的作用具有显著的随机性。此外,由于环境侵蚀、材料老化、疲劳效应等各种因素的影响,其性能状态存在较大的不确定性。外界环境和内部退化的协同作用,使得空间结构在全寿命周期过程中的性能状态不断转变。结构健康监测能够有效地定量获取结构在复杂工况下的响应,实时反映结构的性能状态,弥补了数值仿真与模型试验难以精确模拟其施工和运营复杂全过程的局限,对保障空间结构安全具有重要意义。

通常结构的全寿命周期可以分为规划设计阶段、施工阶段、运营阶段、改造加固阶段以及拆解回收阶段等,如图 1.1.2 所示,而结构风险则主要集中于结构施工、运营和改造加固三个阶段。因此,空间结构健康监测需考虑结构不同风险阶段的典型特点,进而在全寿命周期的各阶段充分发挥不同的研究意义和应用价值。在施工阶段,空间结构存在整体滑移、临时支承卸载以及预应力张拉等复杂的施工过程,导致结构出现风险的概率相对较高。空间结构的施工全过程是时变过程,实

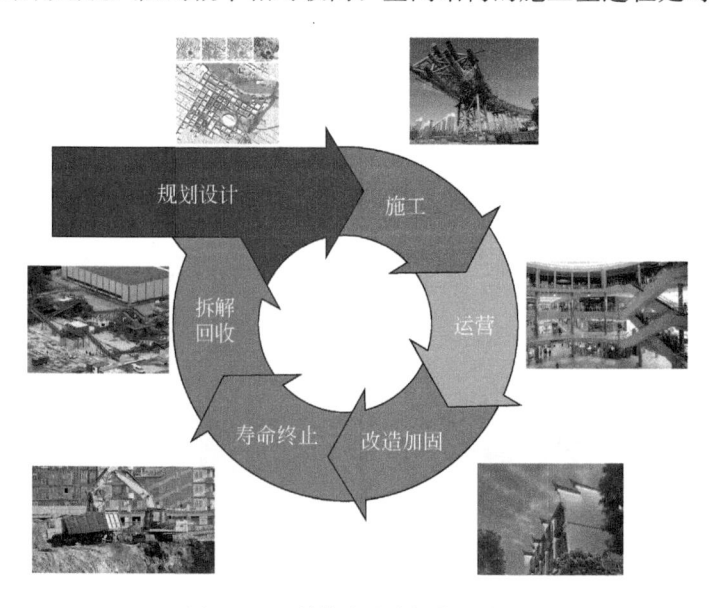

图 1.1.2 结构全寿命周期示意图

际完成结构与理论设计结构的内力水平和结构状态存在一定差距,而结构健康监测是定量获知差距大小最直接有效的手段。在运营阶段,空间结构会受到长期的环境侵蚀、材料老化以及疲劳效应等各种因素的影响而产生相应的结构退化。同时,刚性空间结构由于太阳辐射以及建筑构造的影响通常处于非均匀温度场,导致其温度效应极其复杂;而柔性空间结构具有质量轻、柔度大、阻尼小以及自振频率低等特点,属于风敏感结构,风荷载成为控制结构设计的主要荷载之一。在改造加固阶段,空间结构经历了漫长的演变,既有结构状态相较于初始状态发生了较大的变化,而结构健康监测是获知结构当前状态最直接有效的手段,为制定合理有效的改造方案提供科学指导。可见,对空间结构进行全寿命周期的长期跟踪监测,分析特殊构件、关键部位的受力变化规律以及主控荷载的作用特征,并把握结构整体的性能状态及其演化规律,对设计科学的改造修缮方案和预测结构服役寿命具有十分重要的意义。

1.2 结构健康监测的主要内涵与概念

1.2.1 结构健康监测的主要内涵

结构健康监测(structural health monitoring,SHM)定义为利用传感技术获取结构荷载与响应的关键信息,通过现场测量数据分析和挖掘获得结构性能表征,进而评估当前结构健康状态与服役能力的一般过程。具体来说,结构健康监测是通过在施工中或建成后的结构构件上设置传感或驱动元件,定时探测结构内部与环境因素耦合作用下的参数改变,并通过实时采集与信号传输,使监测单位及时获取与结构性能状况有关的各类信息,从中提取损伤特征因子,进行状态识别、健康评估、灾害预警等实际应用的技术。可见,结构健康监测的内涵在于:基于传感技术,通过对结构的物理力学性能进行无损检测,实时监控结构的整体状态,对结构的损伤、退化进行诊断,对结构的承载能力、服役状况、可靠性和耐久性等进行智能综合评估,同时在突发情况下或结构状态异常时发出预警提示,从而为结构的维护与管理决策提供指导和依据。

结构健康监测是一个跨学科、多领域的综合性技术,包含结构分析技术、传感技术、测试技术、通信技术、信号分析技术、计算机技术和数据挖掘处理技术等。对结构进行长期健康监测意义重大。

(1) 可以实时或准实时地对结构出现的损伤进行诊断,及时发出危险预警,从而避免或减小事故发生造成的损失。

(2) 对发现的损伤原因或异常情况进行分析,从而提供合理的维护建议。

(3) 在结构突发事件后对其安全状态进行评估,或在服役后期预测其使用寿命。

(4) 监测所得的实测数据和分析结果可以提高研究人员和设计人员对大型复杂结构的认识,为今后的设计和建造提供参考依据。

1.2.2 结构健康监测的若干概念

基于上述结构健康监测的主要内涵,有必要对其中涉及的概念进行进一步说明。阐述结构健康的基本概念,厘清结构损伤的定义与成因,明确结构状态评估的范畴,有助于进一步理解结构健康监测。

1. 结构健康

结构健康是指结构部件或系统具备出色执行其既定功能的能力。通常,结构的既定功能包含以下四点。

(1) 能承受在正常施工和正常使用时可能出现的各种作用。
(2) 在正常使用条件下应具有良好的使用性能。
(3) 在正常维护条件下应具有足够的耐久性能。
(4) 在偶然性超载或其他偶然激励条件下仍然保持必需的整体稳定性。

其中,(1)和(4)项为对结构的安全性要求,(2)项为对结构的适用性要求,(3)项为对结构的耐久性要求,它们统称可靠性要求。具体而言,结构健康这个表述中隐含了三层意思:首先,结构至少能够保持既定基本功能,即在全寿命周期下实现并保证预先设定的安全性、稳定性及可靠性规定的功能;然后,还能保持一些研究人员额外期待的功能,如出现超越设计规范的作用时,结构具有抵抗这一作用的冗余度;最后,结构要出色地保持或完成既定功能,这就意味着结构保证这些功能的能力强,各种裕量充足。

2. 结构损伤

结构损伤是指在结构的长期服役过程中,工程结构的初始设计性能会不可避免地发生各种偏离和下降,直接导致结构状态向趋于不利的方向发展,进而影响结构健康。一般而言,结构损伤可以简化为结构刚度、质量的损失,也可以归因于阻尼的改变,质量通常假设不变。尽管出现结构损伤的成因非常复杂,但可将其大致分为三类:结构自身性能退化、结构局部刚度损伤及使用条件损伤。结构自身性能的退化一般是由材料劣化、收缩徐变等原因引起的,常常导致结构特性变化和结构抗力退化,从而危及结构健康。同样,对于结构局部刚度损伤,常规意义上也有复杂的产生机理,有偶然性撞击、爆炸作用留下的突发性局部受力面积缺损导致的刚度损伤,也有结构局部性能偏离和下降导致的局部缓变刚度损伤,还有刚度损伤带来的阻尼损伤,以及结构性能劣化带来的阻尼损伤。而使用条件损伤是指结构不再满足使用条件的要求,如屋面结构必须有一定的支撑条件,屋面板必须有相当平顺的铺装层等,当这些条件与设计不符时,就可能危及结构的健康。

3. 结构状态评估

结构状态评估一般包含异常状态识别与健康状态评价,即需要回答结构中是否存在结构自身性能退化、结构局部刚度损伤及使用条件损伤,并且指出结构当前健康状态的程度。通常,异常状态识别是对结构刚度异常的识别,一般不直接进行结构刚度损失的探测,而是通过测量静力物理量和动力物理量(频率、振型等),依据可测量与结构刚度的物理力学关系,间接地得出与结构状态相关的信息。而健康状态评价则是基于结构健康状态内在与外在的监测指标,构造统一的评价标准对结构安全状态或安全等级进行定量评价,得出最终健康状态程度的结论。

1.3 结构健康监测的应用现状

1.3.1 国内外应用基本情况

结构健康监测技术起源于20世纪50年代,最初目的是进行结构的荷载监测。随着结构日益向大型化、复杂化和智能化发展,结构健康监测技术的内容逐渐丰富起来,不再仅仅是荷载监测,而是向结构损伤检测、损伤评估、结构寿命预测乃至结构损伤自动修复等方向发展。受制于早期落后的监测手段和技术条件,当时的研究缺乏系统性。而随着传感元件、计算机设备的革新,以及健康监测理论研究的深入,结构健康监测已经引起国内外科研人员的高度重视。

结构健康监测在航空航天、机械等领域已经得到广泛的应用,但在土木工程领域,尤其是在建筑结构方面还处于逐步成熟的阶段。20世纪80年代中后期到90年代,结构健康监测系统的研究迅速发展起来,欧美一些国家首先明确提出了结构健康监测的新理念,并先后在一些重要的大跨度桥梁或结构体系新颖的桥梁上安装了健康监测系统,主要监测环境荷载、结构振动和局部应力状态,用以监测施工质量、验证设计假定和评定结构安全状态(Sohn et al.,2002)。21世纪以来,随着各种监测硬件和软件系统的开发以及相关技术的进步,结构健康监测已经广泛地应用于各类重要结构中,具有代表性的有:中国香港青马大桥(Chan et al.,2006)、中国山东滨州黄河公路大桥(李惠等,2006a,2006b)、韩国珍岛大桥(Jang et al.,

2010),日本明石海峡大桥(Kashima et al.,2001)等大跨度桥梁结构,中国广州塔(陈伟欢等,2012;Ni et al.,2009)、中国上海中心大厦(Zhang et al.,2016;Su et al.,2013)、中国深圳京基100大厦(谢壮宁等,2016)等高耸结构。桥梁结构和高耸结构的一维线性特征使得结构健康监测系统的建立和工作较为容易实现,传统的有线监测系统也在实际工程上得到了大规模应用。考虑到空间结构分布面域大、体系分类多、施工难度高以及荷载效应复杂的特点,结构健康监测技术在空间结构中的应用就成为新的挑战。

1.3.2 空间结构领域的应用

伴随着我国大跨度空间结构研究与建设的浪潮,结构健康监测在大跨度空间结构领域得到了广泛的应用和发展(罗尧治等,2022)。空间结构健康监测的发展具有多维度循序渐进的特点:在监测周期方面,从施工阶段短期监测发展到服役阶段长期监测;在监测内容方面,从单一内力监测扩展到多维结构参数监测;在监测技术方面,从施工繁复的有线传感技术进步到安装便捷的无线传感技术;在数据分析方面,逐渐由基于模型的方法过渡到数据驱动的监测分析理论。同时,纵观空间结构健康监测的发展历史,大致经历了起步阶段、发展阶段和成熟阶段三个时期。

在空间结构监测技术的起步阶段,我国的监测技术研发水平相对较弱,不具备从无到有独立开发完善的监测系统的能力。为了应对空间结构日益增长的健康监测需求,光纤光栅技术开始应用于部分工程的施工阶段,如杭州未来世界网架屋盖、新乡火电厂干煤棚以及北京华能热电厂干煤棚等,如图1.3.1所示。但由于监测项目工程经验匮乏及监测设备维护意识薄弱,有线(光纤)传感技术距离实现长期监测这一目标仍然存在着一定的差距。无线传感器技术也在这一阶段出现在研究者的视线中,并应用在北京北站站台大跨度张弦桁架雨棚结构的应力监测上,但由于无线传感采集与传输机制尚未成熟,存在监测数据采集失败、传输过程数据丢失等一系列问题。

(a) 杭州未来世界网架屋盖　　(b) 新乡火电厂干煤棚　　(c) 北京华能热电厂干煤棚

(d) 现场监测技术应用情况

图 1.3.1 起步阶段的空间结构健康监测应用

为了解决起步阶段有线传感施工维护困难以及有线传感采集传输鲁棒性差的技术难题,研究工作者从监测设备开发、监测数据挖掘和监测技术应用等多个角度开展了研究,成功将监测技术推广到施工和运营两个重要过程,并实现了现场实测和数值模拟的有效结合,空间结构监测技术步入发展阶段(Diord et al.,2017)。在施工过程中,空间结构的屋盖卸载对结构的安全稳定十分重要。天津奥林匹克中心体育场(丁阳等,2008)、天津大剧院(牛犇等,2014)及国家体育场(秦杰等,2009)等大型场馆的关键构件均布设了应力监测设备和温度监测设备,并对以上场馆施工卸载过程中的应力变化和结构施工前后的温度场进行跟踪监测,实测的应力变化值较好地反映了结构整体的受力变化。同时,无线传感技术也有所发展,无线静态应变数据采集与传输系统成功应用于国家体育场,对该场馆施工卸载过程中关键构件的内力变化进行跟踪监测,实测值较好地反映了卸载过程中结构的受力变化。在运营过程中,对空间监测参数的关注也从单一的应力数据发展到多维监测数据(如应力、振动及位移等)。北京大学体育馆屋盖、2008 年北京奥运会羽毛球馆的应力和位移数据与有限元结果进行对比,研究表明,模拟分析的理论值与实测结果吻合较好(钱稼茹等,2009;秦杰等,2007)。此外,空间结构监测项目的持续时间也有所增加,国家游泳中心"水立方"进行了施工与服役阶段长达四年的健康监测,包括应力、温度、振动、风压等各项监测内容;跟踪监测了关键杆件的应力变化。在分析关键杆件应变变化规律时发现,"水立方"在监测期间受其他荷载影响较小,而温度作用是其主要的控制荷载(李惠等,2012)。

随着监测技术的提升和工程应用的探索,空间结构监测技术迎来了成熟阶段。布线难度大、维护成本高的有线监测系统逐步被灵活便捷的无线监测系统取代,已有许多研究工作者自主研发无线传感系统,空间结构健康监测技术取得了多维度的发展和突破。在监测周期层面上,对国家体育场"鸟巢"进行了长达 10 余年的健康监测工作,得到了结构长期的温度场分布规律,掌握了场馆在不均匀温度场作用下的力学性能(Shen et al.,2016,2013;罗尧治等,2013b);在监测技术层面上,无线监测技术不断发展进步,在北京大兴国际机场上搭建了"风-雨-振"的智慧屋面监测系统,实现了大规模、广面域的空间结构动力性能实测;在监测内容层面上,国家速滑馆"冰丝带"采用多参数同步无线监测系统,实现了六类以上监测参数、1000个以上测点的同步采集,奠定了多维异构数据融合的基础(Luo et al.,2022,2021)。基于无线传感技术的远程监测系统也成功应用于杭州奥体中心体育场钢结构(Zhang et al.,2017)、上海世博会英国馆(罗尧治等,2011)、杭州东站站房钢结构(Wan et al.,2021;罗尧治等,2013a)、绍兴体育场钢结构屋盖(罗尧治等,2014)、重庆北站站房钢结构和重庆江北国际机场 T3 航站楼屋盖等工程中,如图 1.3.2 所示。表 1.3.1 对国内外二十余年的部分空间结构健康监测应用情况进行了总结,从表中可以看出,空间结构健康监测上述三个时期的发展历程和趋势。可见,随着健康监测需求的发展,传统的有线监测逐渐被取代,新的监测技术不断诞生,这也是科技进步和社会发展的必然趋势。

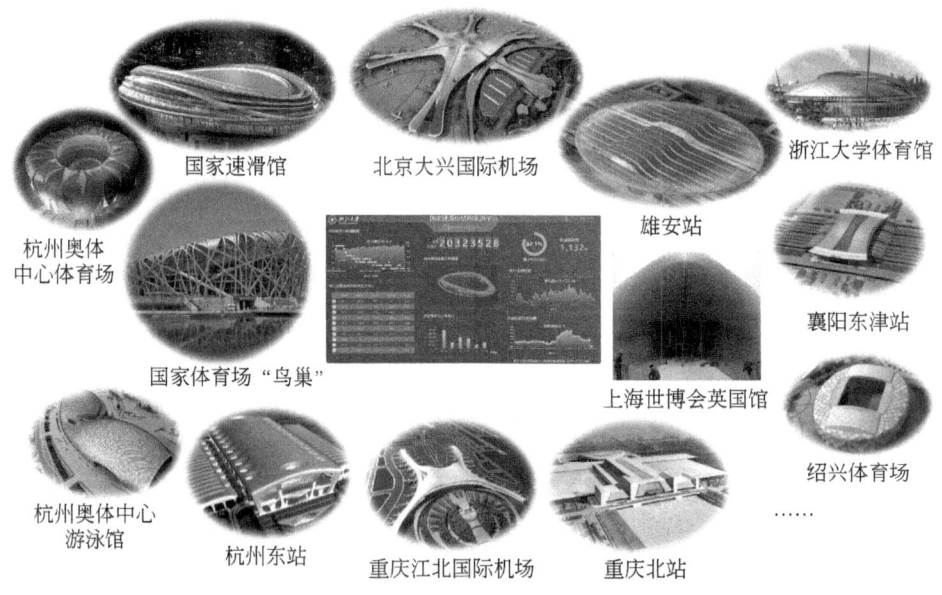

图 1.3.2 成熟阶段的典型工程案例

表 1.3.1 国内外空间结构健康监测工程一览表

监测起始年份	工程名称	结构类型	地点	监测类型	主要监测参数	监测测点数量
2001	2002 世界杯全州综合体育场	预应力桁架	韩国全州	—	—	—
2005	杭州未来世界	网格结构	中国杭州	有线	应变	16

续表

监测起始年份	工程名称	结构类型	地点	监测类型	主要监测参数	监测测点数量
2005	新乡火电厂干煤棚	预应力网壳结构	中国新乡	有线	应变	—
2005	北京西站	钢桁架柱	中国北京	有线	内力及位移	56
2006	大梅沙万科中心	斜拉结构	中国深圳	有线	内力、索力、温度、位移及加速度	391
2006	国家游泳中心	空间钢架结构	中国北京	有线	内力	230
2006	深圳市民中心	网壳结构	中国深圳	有线	内力及风速风向	110
2006	华能北京热电厂干煤棚	网壳结构	中国北京	有线	应变及位移	—
2007	2008年奥运会羽毛球馆	弦支穹顶结构	中国北京	—	内力、索力及位移	—
2007	济南奥体中心场馆	弦支穹顶结构	中国济南	—	内力	97
2007	北京北站	张弦梁结构	中国北京	无线	应变及加速度	15
2007	武夷山"印象大红袍"旋转舞台	桁架结构	中国武夷山	无线	内力	51
2008	国家体育馆	张弦网格结构	中国北京	无线	应力、索力及位移	—
2008	青岛体育中心游泳馆	网架结构	中国青岛	无线	内力及位移	42
2009	高尺天空穹顶	网壳结构	韩国首尔	—	—	—
2009	太原南站	桁架结构	中国太原	有线	内力、位移、温度及风压	177
2009	深圳市大运中心主体育馆	网格结构	中国深圳	有线	内力	60
2010	成都东站	网格结构	中国成都	—	—	—
2010	深圳市大运中心体育场	网格结构	中国深圳	—	—	—
2010	朱塞佩·梅阿查球场	桁架结构	意大利米兰	无线	加速度	—
2010	茌平区体育馆	弦支穹顶	中国茌平	—	内力	33
2010	国家体育场	管桁架结构	中国北京	无线	内力、位移、加速度、温度及风速风向	308
2010	上海世博会英国馆	—	中国上海	无线	内力、加速度、温度、位移及风速风向	59
2010	舟山"印象普陀"旋转舞台	桁架结构	中国舟山	无线	应力及加速度	29

续表

监测起始年份	工程名称	结构类型	地点	监测类型	主要监测参数	监测测点数量
2011	菲律宾体育馆	网格结构	菲律宾马尼拉	—	—	—
2011	布拉加市政球场	索结构	葡萄牙布拉加	有线	加速度	12
2011	大连体育中心体育场	桁架结构	中国大连	有线	内力、温度及加速度	232
2011	西宁市海湖体育中心体育馆	网架结构	中国西宁	有线	内力及位移	57
2012	青岛北站	网格结构	中国青岛	—	—	—
2012	哈尔滨大剧院	网壳结构	中国哈尔滨	有线	内力	—
2013	杭州奥体中心体育馆	管桁架结构	中国杭州	无线	内力、位移、风速风向、风压及温度	798
2012	杭州东站	桁架结构	中国杭州	无线	内力、加速度、风速风向及风压	306
2012	中国轻纺城体育中心体育场	管桁架结构	中国绍兴	无线	内力、加速度及位移	430
2012	浙江大学紫金港校区体育馆	预应力网壳结构	中国杭州	无线	索力、风速及风压	32
2012	大同美术馆	管桁架结构	中国大同	—	内力及位移	70
2014	徐州奥体中心体育场	索承网格结构	中国徐州	—	—	—
2014	深圳湾体育中心	网壳结构	中国深圳	有线	内力、温度、位移、加速度及风速风向	232
2014	珠海歌剧院	网壳结构	中国珠海	有线	内力、温度及风速风向	25
2014	高铁滨海站站房	网壳结构	中国天津	—	温度、位移、内力及加速度	86
2014	重庆北站	桁架结构	中国重庆	无线	内力、温度、加速度及位移	395
2014	重庆江北国际机场	网架结构	中国重庆	无线	内力及位移	152
2015	博比·多德体育场	桁架结构	美国亚特兰大	无线	加速度	4
2015	球面射电望远镜（FAST）	索网结构	中国黔南	有线	索力	316
2015	霍邱县体育中心体育馆	桁架结构	中国六安	有线	内力	15
2015	宣城市体育馆	弦支穹顶结构	中国宣城	无线	内力及索力	37
2016	广州白云国际机场	膜结构	中国广州	—	—	—

续表

监测起始年份	工程名称	结构类型	地点	监测类型	主要监测参数	监测测点数量
2016	天津中医药大学新建体育馆	弦支穹顶结构	中国天津	—	内力及索力	55
2016	石家庄火车站	桁架结构	中国石家庄	有线	应力、位移、温度及风速	—
2016	昆明南站	桁架结构	中国昆明	有线	内力、位移及加速度	94
2017	杭州奥体中心网球中心	异形管桁架结构	中国杭州	无线	内力及位移	176
2018	苏州奥体中心	索网结构	中国苏州	—	索力和位移	—
2018	国家速滑馆	索网结构	中国北京	无线	内力、位移、索力、加速度、风速风向、风压、温度及地震效应	1732
2018	杭州体育馆	索网结构	中国杭州	无线	内力、位移及索力	221
2018	襄阳东站	网架结构	中国襄阳	无线	内力、位移、加速度、温度及风速风向	572
2018	中国动漫博物馆	网壳结构	中国杭州	无线	应变	48
2019	郑州奥林匹克体育中心体育场	桁架结构	中国郑州	有线	内力	300
2019	杭州奥体中心游泳馆	网壳结构	中国杭州	无线	内力及位移	250
2020	深圳国际会展中心	网壳结构	中国深圳	—	—	—
2020	天水市体育中心游泳馆	网壳结构	中国天水	—	内力	—
2020	北京大兴国际机场	网格结构	中国北京	无线	加速度、风速风向、风压及雨量	659
2020	雄安站	钢框架	中国雄安	无线	内力、温度、位移及加速度	444
2021	三亚市体育中心	弦支穹顶结构	中国三亚	—	—	—
2021	卢塞尔体育场-施工阶段监测	索网结构	卡塔尔多哈	有线	索力	—
2021	温州瓯海区奥体中心	弦支穹顶结构	中国温州	无线	内力、位移及索力	294

1.4 空间结构健康监测的方法

1.4.1 空间结构健康监测特点

空间结构作为大型公共建筑的典型结构形式,呈现大面域的覆盖,明显区别于桥梁、大坝、石油管道等线性分布的结构,其成型过程呈多阶段、多工艺混合等特点,具有明显的结构时变效应。此外,其长期服役过程的外界环境状况存在较大的不确定性,且各类荷载的作用机理相较于平面结构更为复杂。可见,空间结构健康监测具有分布面域大、体系分类多、施工难度高以及荷载效应复杂的特点。

1. 空间结构分布面域大

空间结构广泛应用于体育场馆、交通枢纽及会展中心等大型公共建筑,该类建筑的主要特点为沿平面方向延伸,实现大面域的覆盖。相较于长宽比大的桥梁结构和高宽比大的高耸结构,空间结构具有明显的大面域平面分布的特点,如图1.4.1所示。以目前世界上规模最大的航站楼——北京大兴国际机场为例,机场屋盖的结构单元长度最大为504m,跨度最大为124m,形成了一个占地面积约70万 m^2 的巨型航站楼。因此,空间结构的健康监测需要考虑空间结构大面域分布的工程特点,需要优化监测设备在结构上的布置方法,且解决传感设备与现场服务器之间的数据传输问题。

(a) 桥梁结构(长宽比大)和高耸结构(高宽比大)　　(b) 空间结构(面域分布大)

图1.4.1 空间结构大面域分布

2. 空间结构体系分类多

根据形式不同,空间结构通常分为五大类,即薄壳结构、网壳结构、网架结构、悬索结构和薄膜结构,常称为五大空间结构,如图1.4.2所示。各类空间结构具有不同的结构特点。针对柔性空间结构(如索结构和膜结构),预应力水平成为决定结构承载力的关键性因素,预应力也是最关键的监测参数;针对刚性空间结构(如网架结构和网壳结构),复杂先进的施工技术解决了大体量结构的施工难题,位移监测和内力监测保障了各个施工过程中结构的安全性和稳定性。因此,空间结构健康监测针对不同种类的结构形式,需要研发多类型的结构响应传感设备,并提出相应的多维响应数据融合技术。

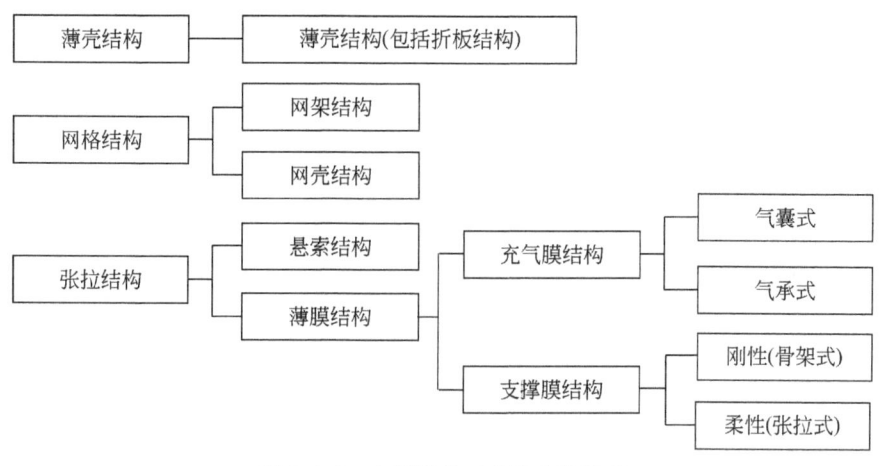

图 1.4.2　空间结构五大类分类形式

3. 空间结构施工难度高

空间结构的成型过程呈多阶段、多工艺混合等特点,具有明显的结构时变效应,如高空提升、预应力张拉和合拢卸载等,如图 1.4.3 所示。实施这些施工步骤不仅与工程建设进度息息相关,也是决定整个工程安全的关键,对空间结构施工过程的潜在安全风险进行实时监测、预警和应急处置成为迫切的工程需求。因此,空间结构健康监测针对不同施工方法的关键工序,需要合理布置多类型的结构响应传感设备,建立在线、动态、实时的可视化监测平台,科学保障空间结构的安全成型。

4. 空间结构荷载效应复杂

空间结构荷载输入多样,包括温度荷载、风荷载、地震荷载等多种类型的施工与运营荷载,且荷载的作用机理相较于传统结构更为复杂。例如,温度荷载作为一类常见的环境荷载,其造成的结构响应变化将掩盖结构自身损伤所造成的结构响应变化。同时,分布面域大的特点引起的结构温度场不均匀性无法忽略。因此,空间结构健康监测针对不同种类的荷载输入,需要研发多类型的结构荷载传感设备,开发适用于多维荷载与响应传感的协同工作系统。

(a) 拼装　　　　　　　　(b) 提升　　　　　　　　(c) 合拢

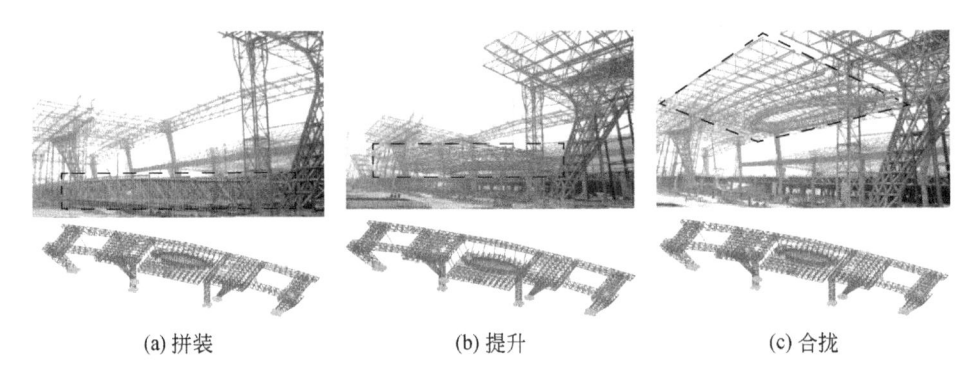

图 1.4.3　空间结构高难度施工步骤

1.4.2　空间结构健康监测机制

空间结构具有丰富的结构体系、复杂的施工方法、多样的结构单元,其监测机制应以空间结构性能特点为基础,综合考虑不同施工方法的关键工序,兼顾不同结构单元的力学性能。

不同刚度类型的结构体系致使结构性能上存在显著差异,因而对于不同刚度体系的空间结构,其健康监测的主要内容也有所区别。刚性空间结构一般以一种或多种刚性的梁、杆、板壳作为基本受力单元,由于太阳辐射以及建筑构造的影响,刚性空间结构处于非均匀温度场中,导致其温度效应极其复杂。柔性空间结构一般以柔性的索、膜作为基本受力单元,风荷载远大于结构自重,对风等低频脉动荷载非常敏感,且结构与风场间的耦合作用明显。与刚性空间结构、柔性空间结构相比,刚柔性空间结构兼顾了两者的结构性能,决定了其对温度与风均具有相对敏感性。

不同的施工方法导致结构成型方式不同,因而对于不同成型方式的空间结构,其健康监测的关键工序也有所不同。整体提升安装法是利用提升设备将结构提升至预想位置再进行安装的一种方法,多用在大面积网架的屋盖结构施工中,其关键在于对提升点高度的把握以及对结构应力的控制。整体张拉法是利用特定数目的液压设备将索同步张拉至合理标高的一种施工方法,适用于大型索膜结构安装,其难点在于对拉索的索力把握以及结构的应力控制。高空拼装法是指通过增设临时支撑将杆件和节点在结构设计位置直接进行拼装,结构安装完成以后撤去临时支撑使结构达到设计状态,其关键在于对卸载过程结构变形和结构应力监测的把控。

不同的结构单元在力学性能上具有不同的特征,杆单元以轴力为主,索、膜单元以张力为主,梁、板壳单元既受轴力又受弯矩。索、膜柔性单元一般注重内力监测,杆、梁、板壳刚性单元则不仅考虑内力监测还需跟踪其变形。支座作为特殊的结构单元形式,能够将结构反力可靠地传向支撑结构并保证上部结构的平移与转动,其位移监测能够直接有效地反映空间结构整体工作性能。

1.4.3 空间结构健康监测策略

结构健康监测参数作为监测机制的直接体现,决定了监测数据能否有效反映空间结构的荷载信息与响应状态。基于其监测机制,确定了加速度、速度、位移、应变、轴力、索力、温度及风荷载等多种监测参数。其中,温度、风荷载监测直接反映结构静动态荷载在空间上的分布状况,而加速度、速度、位移、应变、轴力、索力监测则直接量化结构在环境荷载以及突发事件作用下的局部与整体响应。

不同参数反映空间结构的不同特性,因而其布置原则不尽相同,但均满足最大限度反映结构信息和对结构状态变化足够敏感的要求。加速度、速度动态数据是获取结构自振特性的基础,其布置一般依据其动力特性;位移、应变、轴力及索力静态数据的变化一般与温度、风荷载以及雪荷载相关,其布置要充分参考可变荷载敏感性分析的结果;结构温度监测布置需考虑其时空分布的不均匀性,而风荷载则要依据其表面风场特性。综上所述,空间结构健康监测策略是在监测机制的基础上,明确监测对象的参数类别及其布置依据,具体见表1.4.1。

表1.4.1 空间结构健康监测策略

监测类别		监测参数	布置依据
结构响应	整体	加速度、速度	动力特性
		位移	荷载敏感性
	局部	应变、索力	荷载敏感性
结构荷载	静态	温度	温度时空分布
	动态	风荷载	表面风场

1.4.4 空间结构健康监测工作

基于空间结构的监测技术特点和结构健康监测技术的研究现状,分析总结空间结构健康监测的主要工作内容:首先,建立空间结构健康监测的基本策略,指导空间结构健康监测工作的有效开展;其次,划分空间结构健康监测的主要阶段,总结不同阶段的监测差异性,有的放矢地解决各个阶段的关键任务;再次,明确空间结构健康监测的重要参数,实现外部环境和内部结构多维参数的准确测量;然后,实施空间结构健康监测的主要内容,设计完善可靠的健康监测系统,挖掘多源监测数据的关键信息,评估复杂结构的健康状态;最后,维护空间结构健康监测的工作系统,保障监测设备的稳定工作,确保监测数据的准确获取。

1. 建立空间结构健康监测的基本策略

空间结构健康监测的基本策略应该从健康监测的基本概念出发,针对不同类型空间结构的特点(如分布面域大、体系分类多、施工难度大及荷载效应复杂等),形成基于结构层面的和监测工作相结合的综合监测机制。该监测机制可以反映出被监测结构的荷载特性和结构性能,指导现有结构的设计和修缮,促进新型结构体系的出现和发展。

2. 划分空间结构健康监测的主要阶段

空间结构健康监测已经得到广泛的研究与探索,其监测主要分为两个阶段:施工阶段和运营阶段。针对施工阶段的健康监测,结构整体并未成形,因此该阶段健康监测的主要目的为保障施工的顺利进行,监控结构的安全性和稳定性。针对运营阶段的健康监测,需根据海量长期的监测数据为空间结构建立健康档案,从基于模型和基于数据两个角度,对结构进行长期有效的健康评估,实时诊断结构的服役状态。

3. 明确空间结构健康监测的重要参数

空间结构往往应用于体育场馆、交通枢纽及会展中心等大型公共建筑,该类建筑的区域辐射范围大,因此不仅需要对结构主体进行监测,还需有效地掌握建筑所处区域的各项环境指标。为了有效监控结构状态,需对结构体的内力、变形及振动进行监测;同时,还应对风荷载、温度荷载、地震效应及雨雪荷载等环境影响因素进行监测。通过监控上述指标,准确把握结构的外部输入,有效建立环境输入和响应输出之间的联系,并进行结构状态评估。

4. 实施空间结构健康监测的主要内容

基于空间结构健康监测的主要范畴和监测参数,开发面向空间结构的监测采集设备和数据传输系统,有效执行健康监测的任务。先进高效的监测系统为实现不同监测目标奠定了基础,同时保障了监测数据的准确性和有效性。此外,获取空间结构的海量监测数据对研究结构状态具有重要意义,从基于模型和基于数据两个角度挖掘数据背后的结构特征,实现大跨度空间结构的有效评估和预警。

5. 维护空间结构健康监测的工作系统

空间结构健康监测的现场实测工作周期一般较长,基本包含施工阶段与运营阶段的监测任务，需制定完善的结构健康监测方案，能够有效地指导监测设备的安装施工，同时降低监测设备在施工过程中的损坏率。此外，由于传感单元布置于空间结构复杂的施工与运营环境中，为了保障设备工作的稳定性和数据的准确性，需定期开展监测设备的维护工作。

第 2 章 空间结构健康监测系统原理

2.1 概　述

自 20 世纪 50 年代以来,研究人员意识到工程结构健康监测的必要性,但限于当时的技术水平,健康监测的手段较为落后。20 世纪 80 年代以后,随着科学技术的发展,各种传感器元件、测试设备的发明,计算机软硬件的进步,以及结构系统识别、损伤评估理论、结构状态评估理论和有限元分析技术的逐渐成熟,结构健康监测系统实现了由理论研究向工程应用的过渡。例如,1987 年,在英国的 Foyle 桥上布设了监测系统,通过不同传感器监测主梁在车辆和风荷载作用下的挠度、振动和应变等响应,同时也监测环境荷载,如风荷载和温度荷载,该系统是最早安装的较为完整的监测系统之一。1998 年,针对渤海 JZ20-2MUQ 平台结构开发了海洋平台结构的实时安全监测系统,对平台结构应力、加速度和风浪流的环境开展了长期监测,该系统是国内早期建立的较为完整的实时监测系统。

纵观结构健康监测系统的研究历史,可大致分为三个发展阶段:第一阶段以结构监测领域研究人员的专业经验为基础,这种方式只能对诊断信息做简单的数据处理,在应用中具有很大的局限性;第二阶段则是以传感器技术和动态测试技术为手段,以信号处理和数学建模为基础,此阶段的监测系统能够实现对低维线性特征结构的结构健康状态进行评价并做出管理和维护决策,具备了监测系统推广应用的条件,但仍难以满足大型复杂结构的健康诊断要求;第三阶段结构健康监测系统则是以知识处理为核心,数据处理与知识处理相结合,满足对大型复杂结构实时在线的连续监测与安全评估要求的智能化系统。目前,结构健康监测系统正处于第三阶段的发展期,旨在建立集结构监测、系统辨识和结构评估等功能于一体的综合监测系统,实现从离线、静态、被动的损伤检测转变为在线、动态、实时的监测控制,更广泛地满足对复杂结构健康监测的需要。

空间结构健康监测系统的研究,更重要的是考虑空间结构自身具有分布面域大、体系分类多、施工难度大和荷载效应复杂的特点。从基本的结构体系形式出发,综合考虑施工阶段与运营阶段的需要,依据构件、节点、支座的监测参数,开发出适用于空间结构的具有采集稳定、传输高效、评估准确等特点的健康监测系统。基于结构监测系统的框架,空间结构健康监测系统的研究涵盖了传感器、数据采集与传输、数据管理、健康评估与安全预警等多个方面,满足了对空间结构在线、动态、实时的监测需要。

2.2 有线传感与无线传感

监测传感技术是利用各类智能传感器元件组建采集与传输网络,实现对监测对象力学、热学及电学等属性进行感知的技术。通常对有线健康监测系统来说,往往需要花费大量的人力和物力来对现场连接的线路进行安装和检修,从而导致系统的安装成本与施工时间增加,因此限制了有线传感系统在空间结构健康监测中的应用。而无线传感系统的发展为改进有线健康监测系统的固有弊病提供了有效手段,并逐渐确立其为空间结构健康监测系统发展的主导方向。同时,一些技术问题随之而来,例如,传感器元件能量消耗与供给的矛盾;障碍物遮挡问题与传输距离的限制;多测点之间的有效组网与数据高效传输等。随着无线传输技术的进步及能量收集技术的发展,上述技术问题逐渐被一一解决,进一步推动了无线健康监测系统在空间结构领域的应用与发展。

2.2.1 有线传感

有线传感技术是指通过有线通信的方式实现数据的采集与传输,包括同轴电缆、双绞线传输电信号和光纤传输光信号两种形式。而相较于电通信,光通信具有传输距离长、经济节能、一次性传输海量信息、通信稳定、速度快的特点,有线光纤通信在有线传感中占主导地位。因此,在结构监测领域的有线传感技术一般是指光纤传感监测技术,它是一种以光为载体、光纤为媒介、感知和传输外界信号的有线监测技术。光纤传感监测技术是在20世纪70年代随着光导纤维及光纤通信技术的发展而迅速发展起来的,光纤传感系统主要由光源、调制功能器件、传感光纤或光纤传感器、探测器,以及信号处理等部分组成。光纤具有众多优点,如灵敏度比较高、抗干扰能力比较强、体型比较小、容易形成阵列等。光纤传感技术的发展与应用受到很多领域专家的重视,促进了众多相关原理的研究,这为光纤传感技术的蓬勃发展奠定了一定的基础。基于当今时代的经济以及科学技术的发展,具有高精度、高采样优点的光纤传感器也越来越受到重视,光纤光栅、多路复用技术以及阵列复用技术在军事、航空航天、化工以及土木工程中的应用范围也越来越广泛。

1. 光纤结构及其分类

1) 光纤结构

光纤是光导纤维的简称。光纤的组成结构由内到外分别为纤芯、包层、涂敷层以及护套,其主要材料依次为石英纤维、玻璃、聚氨基甲酸酯及尼龙材料。一般说的光纤都是由纤芯和包层组成的,纤芯完成信号的传输。纤芯与包层的折射率不同,将信号封闭在纤芯中传输并且起到保护的作用。光纤基本结构示意图如图 2.2.1 所示。

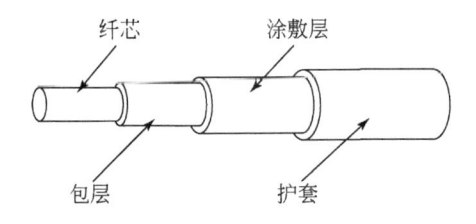

图 2.2.1 光纤基本结构示意图

2) 光纤分类

根据光纤横截面上的折射率不同,可以将光纤分为阶跃型光纤和渐变型光纤。阶跃型光纤的折射率是一个常数,在交界面上,折射率会发生突变;渐变型光纤的折射率随着纤芯半径的增加呈现一定规律的减小,渐变型光纤折射率的变化近似于一条抛物线。按照传输模式不同,光纤的结构可以分为单模光纤和多模光纤。当光纤直径较大时,光可以从多个入射角射入并且传播,定义这种光纤为多模光纤;当光纤的直径较小时,只允许一个方向的光通过,定义这种光纤为单模光纤。因为多模光纤在传送信号过程中抗干扰能力比较弱,在带宽、容量上均不如单模光纤,所以在实际的生活应用中,单模光纤的应用比较广。按照制造光纤所用的材料可以分为石英系光纤、多组分玻璃光纤、塑料包层的石英芯光纤、氟化物光纤以及全塑料类光纤。其中,由高度透明的聚苯乙烯制造的塑料光纤应用最广,具有成本低、相对芯径较大、与光源的耦合效率较高、使用方便的优点。

2. 光纤传感技术

1) 光纤光栅传感器

光纤光栅传感器可以对温度、应变进行实地测量。同时光栅传感器由于具有抗腐蚀的特点,可通过贴在结构的外面或预埋在结构内的方式对结构进行健康监测,还能够检测结构是否出现缺陷等状况。但光纤光栅传感器对温度与应力的交叉传感灵敏度相对于单一的灵敏度要低,所以在实际应用过程中会受到很大的限制。

2) 阵列复用传感系统

阵列复用传感系统即采用空分复用、时分复用等方式进行传输,将单点光纤传感器阵列化,这样来实现在三维空间多点分时或同时传输信号。光纤光栅型的阵列系统适用于各种复用技术,在应力多点采集的分布式系统中能够同时完成对温度以及应力的数据采集及测量。但是光纤光栅型的阵列系统也具有对微小信号的监测设备灵敏度要求比较高、对信号采集扫描的周期比较长、解调的成本比较高等缺点。因此,适用于静态或准静态物理量的监测系统,如桥梁以及隧道的安全监测系统,特别是在列车的智能定位系统中应用比较广泛。

3) 分布式光纤传感系统

分布式光纤传感是一种基于散射机理的分布式传感技术,其具有成本低、空间分辨率高、温度分辨率高、原理简单的优点,目前在振动监测、建筑物渗漏监测、火灾情况监测等领域的应用比较成熟,但是也存在传感距离短、测量精度低等问题,使得长距离分布式应力监测在大中型建筑工程结构中应用较少。

4) 智能化光纤传感系统

光纤传感系统的智能化主要体现在光纤传感与通信技术及当今成熟的计算机技术的融合。图 2.2.2 是智能化光纤传感系统的组成,其核心采用单片机与传感仪器相结合的方式,实现传输信号数据的前处理、控制与后处理。智能化光纤传感系统在很多领域受到广泛关注,例如,在智能材料、声发射检测、石油勘探等一些实际工程案例中都有广泛的应用。同时,在飞行结构的动态监测系统中,智能化光纤传感系统已成功实现了对飞机飞行信号的实时监测。

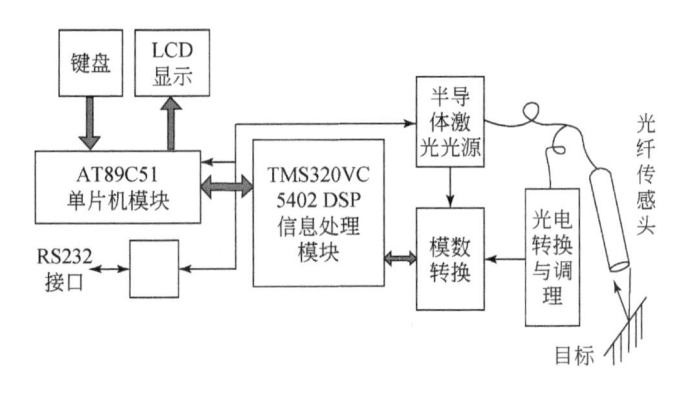

图 2.2.2 智能化光纤传感系统示意图

3. 光纤传感技术的应用

1) 军事领域

高灵敏度、宽频带范围的光纤传感技术对军事安全有很大的提升,具有很好的应用前景,基于光纤传感技术的光纤网络警戒系统开始在边防以及国家重点保护区域中得到推广。

2) 航空航天领域

光纤传感技术应用在航空航天领域中,取得的效果也越来越显著,例如,美国将该技术应用于民航机飞行监测,而日本已将该技术应用拓展到无人机领域,这对航空航天的安全发展具有很好的推动作用。

3) 化工行业

光纤传感技术在化工生产中的应用也十分广泛,特别是在石油的化工生产过程中,需要对石油开采系统中的氧气、一氧化碳、碳氢化合物等物质进行实时监测,克服了利用电类传感器达不到安全要求和精度的弊端。

4) 土木工程

在桥梁监测方面,采用光纤光栅传感器实现桥梁在多种复杂荷载作用下主梁结构应力的监测;在边坡稳定监测中,采用光纤光栅测斜仪对软土地基的侧向变形情况进行监测,采用分布式光纤光栅对测量桩的位移进行监测;在地质工程应用中,主要是以光纤传感的二维、三维变形监测的实现来促进光纤传感技术的推广。

2.2.2 无线传感

1999 年的美国《商业周刊》(Coy et al.,1999)和 2003 年的美国《技术评论》(Tristram,2003)评出的对未来人类生活产生深远影响的技术中,分别将无线传感器网络技术列为 21 世纪最有影响力的 21 项技术和改变世界的十大新兴技术之一。无线传感器网络(wireless sensor networks,WSNs)技术,是指由布置在监测区域内大量的微型传感器节点组成,通过无线通信方式形成的一个多跳的自组织的网络系统。无线传感器网络综合了传感器技术、嵌入式计算技术、分布式信息处理技术和无线通信网络技术,能够协作地实时监测、感知和采集各种环境或监测对象信息并处理,之后传送到需要的用户,其具有鲁棒性高、准确性高、灵活性高及智能化强等优点,广泛应用于国防军事、国家安全、环境监测、交通管理、医疗卫生、制造业和抗灾等领域(袁勇等,2005;Holman et al.,2003)。

1. 无线网络技术的分类

无线网络通常具有两种形式:基础设施网络和无基础设施网络。基础设施网络由包含固定有线网关的网络组成,在无线覆盖范围内,移动主机与固定在不同区域内的基站进行通信,并可在通信过程中移动。基础设施网络的主要目标是提供高服务质量和高带宽效率,蜂窝无线系统和无线局域网系统就是采用的这种网络形式。无基础设施网络是无线网络的另一种组织形式,它是由一组带有无线通信装置的移动节点组成的自组织、自创造、自管理的无中心网络。节点可以在任何时刻、任何地点,不需要现有信息基础网络设施的支持,快速构建起一个移动通信网络,网络中每个节点可以自由移动,地位平等。根据节点的性质和节点是否频繁且大规模地移动,可以将无基础设施网络分为移动点对点(Ad-Hoc)网络和无线传感器网络。表2.2.1总结了两者之间的区别。

表 2.2.1 移动 Ad-Hoc 网络和无线传感器网络比较

无基础设施网络	设计目标	应用场合	传输模型	节点规模	网络拓扑
移动 Ad-Hoc 网络	为用户提供一定的服务质量保证	无基础设施场合	多对多	小	侧重:移动性管理和失效恢复
无线传感器网络	适应恶劣甚至危险的远程环境	近地环境	多对一	大(自组织)	侧重:能量效率

2. 无线传感器网络

无线传感器网络的基本思想起源于20世纪70年代,美国国防高级研究计划局需要在海洋中布置大量传感器,以监测海水中潜艇的行动。1978年,分布式传感器网络工作组正式成立;1980年,分布式传感器网络项目开启了传感器网络研究的先河;20世纪80~90年代,研究主要集中在军事领域,虽然拉开了无线传感器网络研究的序幕,但由于受到技术条件的制约,无线传感器网络只限于应用在一些军方的项目中。随着数字电子技术、无线通信技术和微机电系统(micro-electro-mechanical system,MEMS)的发展,无线传感器网络得到迅速发展,使得低成本、低功耗、多功能、小尺寸的传感器节点研制成为可能。20世纪90年代中后期,无线传感器网络引起了学术界和工业界的广泛关注,从而发展了现代意义的无线传感器网络技术。

无线传感器网络主要由集成传感单元、数据处理单元和通信模块的微小传感器节点通过自组织的方式构成。无线传感器网络借助节点内置的形式多样的传感单元来测量周边的物理量(力、位移、温度、风压等),由一组功能有限的无线传感器协作完成大的感知任务。整个网络由若干无线传感器节点和监控中心组成,其中无线传感器节点分布在被监测的区域内,执行数据采集、处理和传输的工作,监控中心可以安置在其他安全固定的建筑物内,一般由一台计算机和一个无线接收基站组成,如图2.2.3所示。

3. 无线传感器网络技术的应用

无线传感器网络低成本、低功耗的特点,使其可以大范围地分散布置在一定区域,即使是人类无法到达的区域都能正常工作,广泛应用于军事、环境监测、医疗健康、空间探测、工业生产等领域。

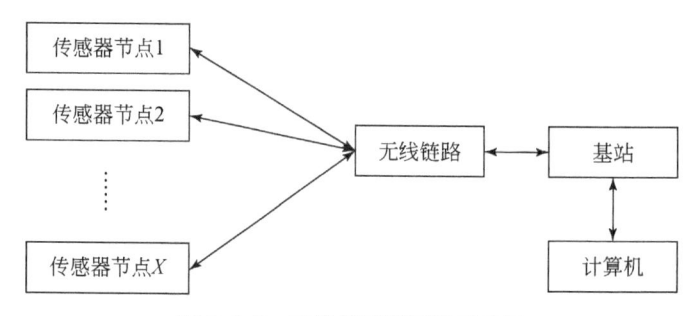

图 2.2.3　无线传感器网络示意图

1) 军事应用

无线传感器网络的产生正是源于网络在军事应用上的需求,因此在军事上的应用非常贴近无线传感器网络本身的概念。无线传感器网络由低成本、低功耗的密集型节点构成,快速布置、自组织和容错能力等特性使其非常适合军事用途,即使部分节点遭到恶意破坏,也不会导致整个系统崩溃,正是这一点保证了无线传感器网络能够在恶劣的战场环境下工作,从而最大限度地减少伤亡,同时提供准确可靠的信息传输。

2) 环境监测

环境监测是无线传感器网络又一个非常重要的应用领域。通过传统方式采集原始数据是件非常困难的工作,传感器网络为野外随机性研究数据的获取提供了方便。传感器网络在环境方面的应用包括以下方面:监测农作物灌溉情况,监测土壤空气情况,监测牲畜、家禽的环境状况,大面积的地表监测和行星探测,气象和地理研究,洪水监测等。

3) 医疗健康

随着无线传感器网络不断发展,其在医疗健康方面也得到了一定的应用,利用传感器网络,实时对患者的各项健康指标以及活动情况进行监测。通过随身携带若干体积微小的传感器节点,实现对患者的心跳、血压等进行实时监测,若发现异常,医生可尽快制定治疗方案。此外,利用传感器网络长时间地收集人的生理数据,这些数据在研制新药品的过程中具有重要意义。

4) 其他应用

除此之外,无线传感器网络在空间探测、工业生产、物流控制以及其他一些商业领域也有广泛应用。美国国家航空航天局研制传感器网(sensor web),为火星探测做准备;英国石油公司利用无线传感器网络以及射频识别(radio frequency identification,RFID)技术,对炼油设备进行监测管理(Kansal et al.,2004);众多物流公司利用无线传感器网络对仓库货物进行控制。无线传感器网络成本低、功耗低,并且可以自组织地进行工作,为其在各个领域的应用奠定了基础,必将孕育出越来越多的新应用模式。

2.3 空间结构健康监测系统框架

空间结构大型化、复杂化的特点和结构整体监测的需求,要求空间结构健康监测不能只是一种结构检测手段,而应是一种集结构检测、系统识别和结构评估于一体的综合监测方法。因此,空间结构健康监测系统一般由传感器、数据采集与传输、数据管理、健康评估与安全预警四个子系统组成。

1. 传感器子系统

传感器子系统由用于结构长期监测的各类传感器组成,主要有应力应变传感器、位移传感器、加速度传感器、风速风压传感器、温度传感器、强震仪、监控摄像机等。传感器用于感知空间结构的荷载作用和结构响应,并将感应到的各种监测信号转换成光、电、声、热等形式的物理量进行传输。对于同一种物理参量,一般会有多种传感器可以根据各自的不同原理和特性来进行测量,实际工程应用中应按照低成本、高效益,以及满足具体测量环境的要求来选用合适的传感器。传感器的数量与位置应根据测点优化理论来确定,并需要保证一定的冗余度。传感器子系统作为整个监测系统的基本组成部分,在对空间结构物理信息的感知方面发挥着举足轻重的作用。

2. 数据采集与传输子系统

数据采集与传输子系统一般由硬件和软件组成:硬件是指各类信号放大器、数模(digital-to-analog,D/A)转换器、数据传输线缆、无线收发装置和计算机等;软件部分则负责接收采集并传输的数字信号,处理后存储至数据管理子系统的数据库中。数据采集与传输子系统的功能包括对传感器网络采集的数据进行收集和对所收集的数据进行信号处理,如信号滤波、信号放大、D/A 转换、采样控制、信号预处理等。数据采集与传输子系统是联系传感器子系统与数据管理子系统的桥梁。

3. 数据管理子系统

数据管理子系统主要是实现对传感器采集的数据、经数字信号处理器处理后的数据、结构分析数据进行存储和管理,其核心技术为数据库技术。此外,还具有管理各种相关信息的能力,相关信息包括设计建造资料、结构模型信息、可视化信息、测点位置与数量信息、用户权限信息等。空间结构长期监测将积累海量信息,设计与建立数据管理子系统对数据进行存储和管理是十分必要的。随着云端技术的发展,数据管理子系统逐渐具备了在线实时上传云端与处理的功能,并可将处理后的监测数据进行可视化展示,从而实现对结构状态的实时跟踪监测。

4. 健康评估与安全预警子系统

健康评估与安全预警子系统主要由评估与预警软件组成。依据上述系统前端得到的监测数据,通过分析荷载作用效应、应力水平状态、位移挠度等监测参数,结合结构数值模型的修正与计算得到反映结构强度和刚度的评价指标,基于综合评价方法对结构的整体健康状态进行评估,进而制定科学运营管理方案。若监测结果出现显著异常情况,将由预警软件发出提醒,由诊断模块分析异常原因,预测结构变化,提示应采取的应急管理措施,避免情况进一步恶化,及时进行维护以保证结构安全。

综上所述,传感器子系统实时监测的数据信号通过数据采集与传输子系统发送至数据管理子系统,经过初步的处理与统计,再由健康评估与安全预警子系统进行计算分析,给出结构健康状态的综合评价,如果出现显著异常,将向数据管理子系统反馈预警信号,提示应采取的应急管理措施,以保证结构的安全服役。图 2.3.1 为空间结构健康监测系统的工作流程。

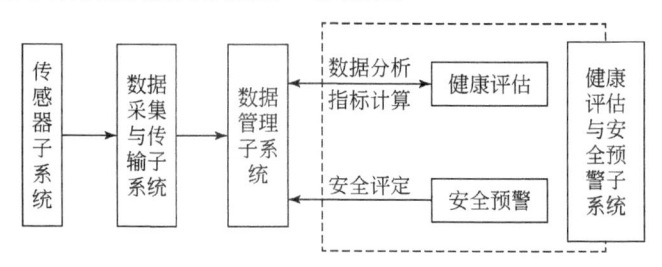

图 2.3.1 空间结构健康监测系统的工作流程

2.4 传感器子系统

传感器子系统作为空间结构健康监测系统的基本组成部分,在对空间结构物理信息的感知方面发挥着举足轻重的作用。该子系统由用于空间结构长期监测的各类传感器组成,实现对结构应力、拉索索力、结构变形、结构振动以及结构温度场和风场信息的感知,并将感应到的各种监测信号转换成光、电、声、热等形式的物理量进行传输。

2.4.1 应力应变监测

应力监测是一个长时间的量测过程,要实时、准确监测结构的应力状况,采用方便、可靠和耐用的传感组件非常重要。目前,应力监测主要有直接法和间接法两种。直接法是利用应力传感器直接感知构件内部应力的一种测量方法,间接法是指首先利用各种应变传感器测量出构件的应变,再通过一定的换算方式转换为构件应力的一种测量方法。目前,应力监测主要是采用电阻应变片传感器、振弦式传感器、光纤光栅应变传感器等。

1. 电阻应变片传感器

电阻应变片的工作原理是基于电阻丝的应变效应。将电阻应变片粘贴在被测物体表面,当试件受到外荷载作用产生变形后,电阻应变片也产生相同的变形,引起金属丝电阻值的变化,通过测量电阻值的变化得到被测试件的应变变化。电阻应变片应变测试方法相对比较成熟,具有价格低廉以及对试件影响小的优点。但是应用到实际空间结构监测中还有很多缺点,如现场粘贴、布线复杂,工作量大;粘贴剂不稳定且对周围环境敏感(尤其是冬季低温),寿命短,不适合长期监测;导线较长,受环境影响大,容易产生漂移等。

2. 振弦式传感器

振弦式传感器的工作原理是将一定长度的钢弦张拉在两个夹头之间,夹头通过安装块固定在结构表面,当结构产生变形后,振弦式传感器内钢弦张力发生改变,从而引起钢弦固有频率的变化。通过内部电磁线圈激励钢弦,钢弦将以其固有频率产生衰减振动,通过读取钢弦的固有频率并计算固有频率的变化得到结构的应变。另外,传感器内设温度传感器以获取环境温度,通过对温度引起钢弦的频率变化来修正消除温度的影响。图 2.4.1 是振弦式传感器的内部结构示意图。

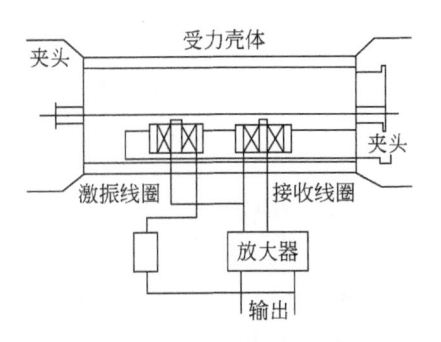

图 2.4.1 振弦式传感器内部结构示意图

振弦式传感器的工作原理可以通过一根张紧弦的运动来解释。考虑图 2.4.2 所示的微单元,m 是单元长度上弦的质量,T 是张拉力,假定张拉力在发生微小位

移的情况下保持不变，y 方向的动平衡方程为

$$-T\sin\theta+T\sin\left(\theta+\frac{\partial\theta}{\partial x}\mathrm{d}x\right)-m\mathrm{d}s\frac{\partial^2 v}{\partial t^2}=0 \tag{2.4.1}$$

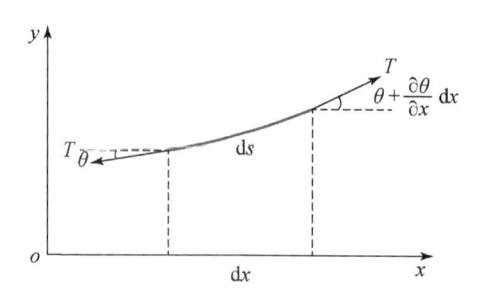

图 2.4.2　张紧弦上的微单元

在小变形情况下，$\sin\theta=\theta=\frac{\partial v}{\partial x}$，且 $\mathrm{d}s\approx\mathrm{d}x$，因此式(2.4.1)可以简化为

$$\frac{\partial^2 v}{\partial x^2}=\frac{1}{c^2}\frac{\partial^2 v}{\partial t^2},\quad c=\sqrt{\frac{T}{m}} \tag{2.4.2}$$

振弦式传感器可以等效成一个两端固定绷紧的均匀弦，故有以下边界条件：

$$\begin{aligned}v|_{x=0}&=0\\v|_{x=l}&=0\end{aligned} \tag{2.4.3}$$

边界条件代入式(2.4.2)，解得振弦的固有频率 f 为

$$f=\frac{1}{2l}\sqrt{\frac{T}{m}}=\frac{1}{2l}\sqrt{\frac{\sigma s}{m}}=\frac{1}{2l}\sqrt{\frac{\sigma}{\rho}}=\frac{1}{2l}\sqrt{\frac{E\Delta l}{\rho l}}=\frac{1}{2l}\sqrt{\frac{E\varepsilon}{\rho}}$$
$$T=s\sigma \tag{2.4.4}$$

当振弦式传感器确定后，振弦的质量 m、振弦的长度 l、弦的横截面积 s、体密度 ρ 及弹性模量 E 也随之确定。由式(2.4.4)可知，弦长的增量 Δl 与振弦的最长驻波波长的固有频率存在确定关系，因此只要能测得弦的振动频率就可以测得待测对象的应变。

经过温度修正的完整的振弦式传感器应变的计算公式为

$$\varepsilon=k\Delta f^2+\alpha\Delta T \tag{2.4.5}$$

式中，k 为标定系数；ΔT 为温度变化值；α 为钢弦材料的温度修正系数。振弦式传感器具有使用方便、抗干扰能力强、受电参数影响小、零点漂移小、温度影响小、性能稳定可靠、耐震动、寿命长等优点，满足空间结构长期稳定监测的需求，是目前空间结构健康监测中应用最广的应变传感器。在国家体育场"鸟巢"（曾志斌等，2008）、中央电视台总部大楼（张琨等，2009）、2008 年奥运会羽毛球馆（张爱林等，2007）、中国国际展览中心新馆（吕李清等，2008）和北京首都国际机场 A380 机库

(王小瑞等,2008)等工程的结构监测中均得到了应用。

3. 光纤光栅应变传感器

光纤光栅应变传感器的基本工作原理是利用光纤材料的光敏性,通过紫外激光在光纤纤芯上刻写一段 Bragg 光栅,Bragg 光栅本身对特定波长的光有反射,结构变形引起 Bragg 光栅发生形变使其反射的波长也相应改变,通过光纤光栅解调仪测量 Bragg 光栅的反射波长,从而得到对应的应变值。光纤光栅应变传感器有如下优点:①结构简单、质量轻、体积小、外形可变;②高灵敏度和高分辨率;③具有非传导性,对被测物体影响小,耐腐蚀、抗电磁干扰;④传输频带较宽,分布式测量;⑤寿命长,使用期限内维护费用相对较低。光纤光栅应变传感器在国家游泳中心"水立方"(傅学怡等,2009)、济南奥体中心体育馆(马晓等,2008)、天津奥林匹克中心体育场(田德宝等,2008)和北京五棵松文化体育中心篮球馆(乌建中等,2006)等工程中得到了应用。

4. 无线应力应变监测

1) 传感器特性

无线振弦式应力应变传感器是以拉紧的金属弦作为敏感元件的谐振式传感器,基于上述振弦式应力应变测量原理,当弦的长度确定之后,其固有振动频率的变化量即可表征弦所受拉力的大小。如图 2.4.3 所示,通过相应的测量电路就可以得到与拉力成一定关系的电信号。该无线振弦式应力应变传感器,用于测量结构构件表面应变,实现了对一般构件的应力监测,由于无线振弦式应力应变传感器直接输出振弦的自振频率信号,因而具有抗干扰能力强、零点漂移小、性能稳定可靠等优点。同时,仪器内置温度传感器,在监测温度的同时,可自动修正测量温度的影响。基于振弦原理的抗干扰、漂移小的无线振弦式应力应变传感器,适用于大规模空间结构应变的长期实测。

图 2.4.3 无线振弦式应力应变传感器

2) 应力应变测试

无线振弦式应力应变传感器测试在恒温状态下进行,测试仪器可读取传感器端点位移并换算得到传感器实际应变,无线测点盒可读取钢弦频率,如图 2.4.4 所示。测试仪对传感器分十级加载,加载满后再按加载级数卸载,每一级下无线测点盒读取三次频率,之后计算其平均值。根据理论公式,传感器实际应变与钢弦频率的平方呈线性关系。由传感器端点位移计算得到传感器实际应变,以实际应变为纵坐标,对应的钢弦频率平方为横坐标,作散点图,拟合得到线性公式,拟合曲线如图 2.4.5 所示。根据传感器的加载卸载曲线,在线性加载的过程中,无线测点盒读到的应变值基本为线性增加,说明其振弦式传感器本身性能与理论规律符合良好。

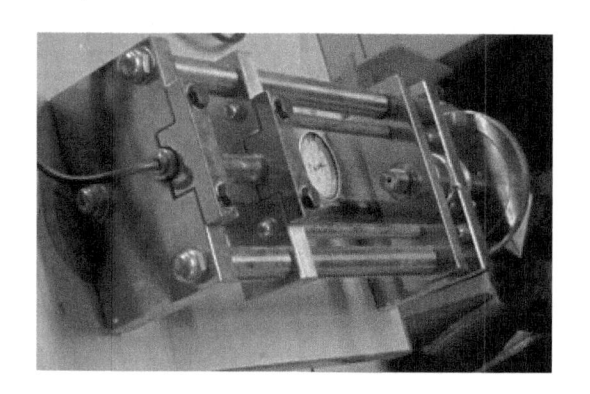

图 2.4.4 无线振弦式应力应变传感器测试仪

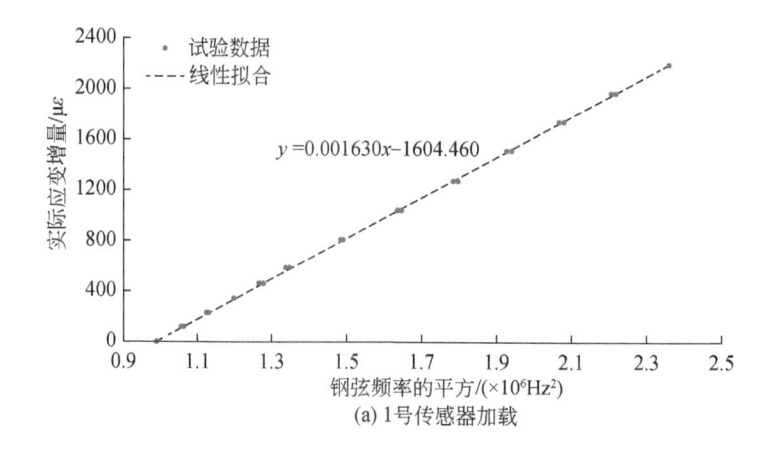

$y = 0.001630x - 1604.460$

(a) 1号传感器加载

(b) 1号传感器加卸载

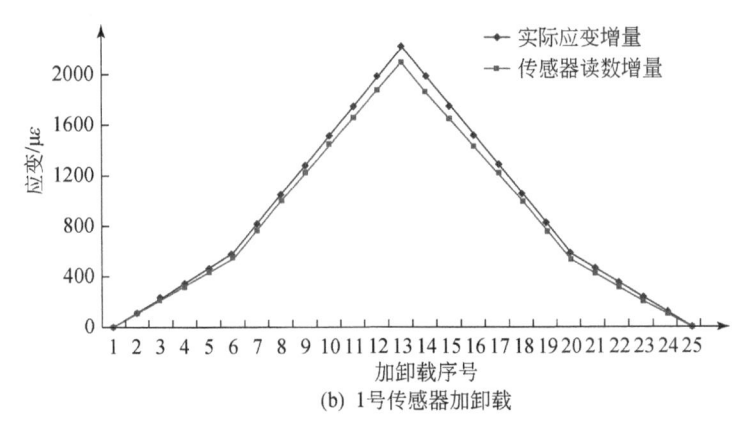

图 2.4.5　无线振弦式应力应变传感器测试结果

2.4.2　拉索索力监测

拉索作为一种高效承受拉力的结构构件，广泛地应用于空间结构实际工程中，如索网结构、索桁架、索穹顶、张弦梁等。索力监测的准确性直接关系到拉索结构施工能否顺利实施，是拉索结构能否成功建造的关键。常用的索力测定方法有千斤顶压力表测定法、压力传感器测定法、磁通量测定法、频率测定法及表面应变测定法。其中，前两种方法一般仅适用于正在拉索张拉施工过程的索力测定，其余方法则适用于拉索结构施工与运营过程中的长期监测。

1. 千斤顶压力表测定法

拉索施工一般采用液压千斤顶张拉，千斤顶的张拉油缸中压强和张拉力有直接关系，所以测定张拉油缸的液压，即可换算得到索力。液压传感器受液压后输出相应电信号，显示仪表在接收信号后即显示压强或换算后直接显示张拉力。由于电信号可通过导线传输，能进行远距离测量，使用方便。千斤顶压力表测定法作为测定索力的一种常用方法，可以得到索力的精确数值，但这种方法的缺点是无法测量已张拉完毕的拉索。

2. 压力传感器测定法

在拉索张拉时，千斤顶的张拉力通过连接杆传到拉索锚具，在连接杆上套一个穿心式的压力传感器，该传感器受压后能输出电压，并换算得到千斤顶的张拉力。将穿心传感器安装在锚具和索孔垫板之间，对索力进行长期在线监测。这种方法的缺点是压力传感器的质量较大，压力传感器的输出结果存在漂移，限制了其在索的长期监测中的应用。世博宏基站工程白莲泾通信景观综合塔采用无线动静态采集测试系统(压力传感器组成)对拉索进行了索力监测(乔克等,2009)。

3. 磁通量测定法

钢索为铁磁性材料,在受到外力作用时钢索应力发生变化,其磁导率随之发生变化,通过磁通量传感器测得磁导率的变化来反映应力变化,从而得到索力。磁通量测定法(electromagnetic measurement,EM)采用磁通量传感器对拉索索力进行测量,这种传感器由两层线圈组成,除磁化拉索之外,它不会影响拉索的任何特性。图 2.4.6 为磁通量传感器的构造。

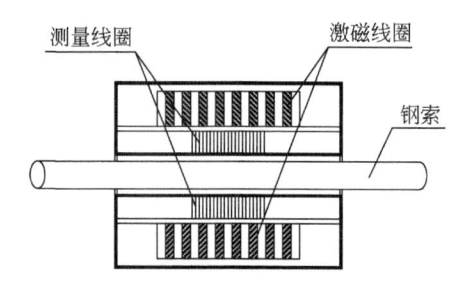

图 2.4.6 磁通量传感器的构造

当通入电流时,在激磁线圈中会引起磁化力。根据电磁感应原理,就会在构件纵向产生磁场,进而在测量线圈中产生感应电压。当磁心的磁通量渗透变化时,输出电压就会发生变化。所以,只要测量输出电压,就可以测得磁心的外加力。铁磁性材料的磁通量渗透系数与应力、温度、外加磁场强度有关,其表达式为

$$L(R,T,H)=1+\frac{A_0}{A_f}\left[\frac{V_{out}(R,T,H)}{V}-1\right] \tag{2.4.6}$$

式中,L 为铁磁性材料的磁通量渗透系数;A_0 为磁通量传感器线圈的有效横截面面积;A_f 为拉索的横截面面积;V_{out} 和 V 分别为采集线圈中有钢丝和无钢丝时的感应电压;H 为根据工作需要外加的磁场;R 为拉索的应力;T 为温度。

将磁通量渗透系数按泰勒级数展开,当应力为定值时可得到式(2.4.7):

$$L(R_c,T,H)=L(0,0)+m_1 R_c+m_2 R_c^2+A_1 T \tag{2.4.7}$$

式中,m_1,m_2 可以从室温下的标定曲线中得到;$L(0,0)$ 和 A_1 可以从拟合曲线中得到。在实际工程应用中,通过测量参数 L,就可以推算出拉索的应力 R_c。磁通量测定法属于非接触测量,传感器直接套在钢索外面就可以使用,不会对钢索的任何特性产生影响,施工结束后还可以用于索力的长期监测。中国航海博物馆、济南奥体中心体育馆(马晓等,2008)、上海世博会主题馆(陈鲁等,2009)等都是采用磁通量测定法监测拉索索力。图 2.4.7 为磁通量测定法测试线圈和数据采集仪。

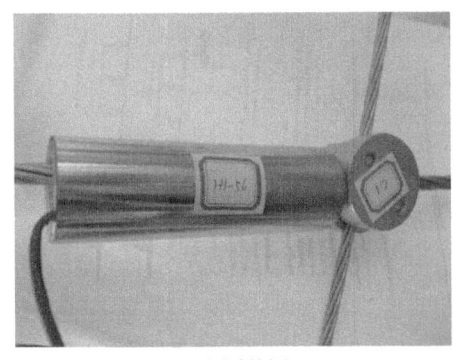

(a) 测试线圈　　　　　　　　　　(b) 数据采集仪

图 2.4.7　磁通量测定法测试装置

4. 频率测定法

频率测定法是将拾振器固定在钢索上,拾取钢索在环境激励或人工激励下的振动信号,经过滤波、放大和频谱分析,根据所得频谱图来确定拉索的自振频率,然后根据自振频率与索力的关系确定索力。频率测定法简单易行且满足工程中对测量精度的要求,整套仪器携带方便,且可重复使用,已经在桥梁拉索索力测量中得到广泛应用。但是频率测定法测索力也存在一些缺陷,这主要是因为:①实际的拉索由于自重具有一定的垂度;②实际的拉索具有一定的抗弯刚度;③实际的拉索边界条件通常比较复杂,不是严格的固支或铰支。因此,用频率测定法进行索力测量时,必须设置相应的参数对索进行判定,并根据不同的索参数选取不同的索力计算公式。频率测定法在广州体育馆(骆宁安等,2002)、广州国际会展中心(吴源青等,2006)和上海源深体育馆(刘晟等,2008)等空间结构中得到应用。图 2.4.8 为基于频率测定法的索力测试系统。

5. 表面应变测定法

1) 无线夹具式索力传感器

无线夹具式索力传感器由传感单元与夹具两部分组成。传感单元选用振弦式传感器,通过夹具安装于拉索表面。夹具的结构设计需要满足以下两个要求:①保证传感器与拉索表面紧密连接;②不损伤索外层的防腐保护。夹具由两片环形抱箍组成,每一片抱箍包括传感器基座与传感器压块,如图 2.4.9 所示。传感单元夹设在两片环形抱箍之间,保证传感单元与拉索的协同变形,当索产生拉伸变形后,表面应变通过环形抱箍传递到传感单元,进而换算为拉索索力。无线夹具式索力传感器采用表面应变的外置应变法进行索力实测,适用于大规模索力的长期实测。

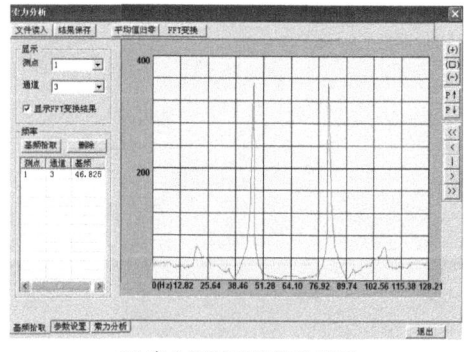

(a) 索力测试装置　　　　　　　　(b) 索力测试系统软件界面

图 2.4.8　基于频率测定法的索力测试系统

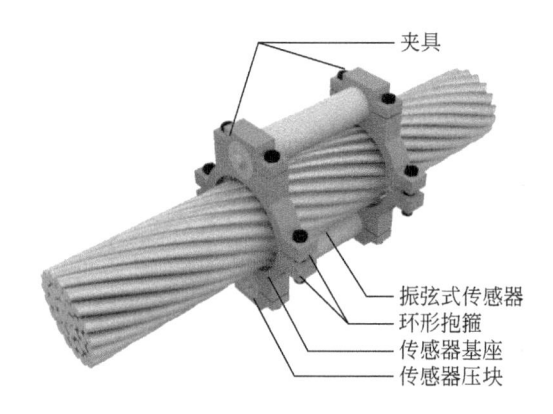

图 2.4.9　无线夹具式索力传感器示意图

2) 索力测试

为了保证无线夹具式索力传感器索力实测的准确性,采用拉伸试验对其进行测试,如图 2.4.10 所示,拉伸试验加载设备采用电动液压千斤顶。试验所采用的拉索规格分别为 $\phi 65mm$ 与 $\phi 48mm$,弹性模量为 $1.65 \times 10^5 MPa$,索力传感器分别布置在沿轴向 1/4 索长和 3/4 索长的位置(S_1 和 S_2)。针对不同公称直径的拉索,进行 15 组重复拉伸试验,最小加载为 100kN,最大加载为 800kN,每级拉力增量为 100kN。拉伸试验保持千斤顶匀速加载,每级加载完成后,拉索持荷 2min,千斤顶油压保持稳定后读取传感器数据。拉伸试验的千斤顶拉力与实测应变值的关系曲线如图 2.4.11 所示,结果表明,千斤顶施加的拉力值与传感器读数有很好的线性关系,拟合优度达 0.990 以上,说明索力实测设备与拉索保持紧密接触,索力实测具有可靠性。

取三组拉伸试验结果,并计算每级加载的相对误差和整体平均相对误差,计算

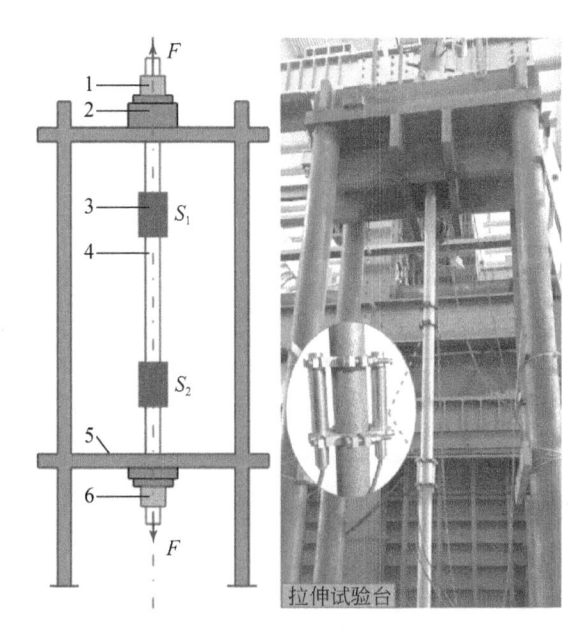

图 2.4.10 索力传感器标定试验

1. 千斤顶；2. 固定端；3. 索力传感器；4. 被测拉索；5. 拉伸试验台；6. 锚固端

图 2.4.11 索力传感器标定试验结果

结果见表 2.4.1。由表可知，实测索力的整体平均相对误差在 2% 以内，当千斤顶拉力超过 200kN（加载级数大于 2）时，各级加载的相对误差基本不超过 5%；当千斤顶拉力不超过 200kN 时，存在实测索力的相对误差超过 5% 的情况。产生误差的原因在于千斤顶油压存在一定程度的绝对误差，在加载级数较低时，千斤顶拉力较小，相对误差较大。随着加载级数的增加，低拉力水平下的误差影响逐渐减小。

表 2.4.1　索力传感器标定试验相对误差　　　　　（单位:%）

公称直径	加载级数	试验编号 1	试验编号 2	试验编号 3
φ65mm	1	4.7	7.6	0.5
	2	5.0	1.2	2.9
	3	3.2	−0.5	4.3
	4	1.3	4.9	4.3
	5	−0.2	2.9	3.9
	6	−1.7	0.2	4.4
	7	−3.5	−1.8	2.8
	8	−4.4	−4.7	4.9
	平均相对误差			1.8
φ48mm	1	16.4	4.1	12.1
	2	5.9	−0.4	−2.2
	3	−1.5	−1.5	−1.5
	4	3.5	4.4	−2.1
	5	0.0	−0.3	5.1
	6	−1.9	2.8	2.8
	7	1.6	0.4	0.4
	8	−3.6	1.1	−2.2
	平均相对误差			1.8

2.4.3　几何变形监测

结构几何变形监测是对被监测结构的目标点进行测量,以确定结构的空间位置以及内部形态随时间的变化特征。几何变形监测主要是通过测量仪器对建立基准数据的结构在空间三维几何形态上的变化情况进行测量,常规测量仪器有水准仪、经纬仪、激光测距仪和全站仪等,这些常规的地面测量方法技术比较成熟,通用性好,精度较高,能够监测变形体的变形信息和趋势;但是其缺点也非常明显,如野外作业工作量大,易受施工作业面干扰,且不能满足动态、连续、远程监测的要求。随着电子技术、自动控制技术、激光技术、图像识别技术、空间定位技术和远程通信技术的发展,以摄像设备、全球定位系统(global positioning system,GPS)设备、激光三维扫描仪和测量智能机器人等为代表的测量仪器结合通信网络,组成全天候连续自动实时监测系统,在变形监测中发挥着举足轻重的作用,同时也代表着变形监测技术的发展趋势,极大地提高了结构几何变形的监测效率。

1. 常规大地测量方法

大地测量方法是变形监测的传统方法,主要是指利用高精度测量仪器(如经纬仪、激光测距仪、水准仪、全站仪、沉降仪、测斜仪等)测量点与点之间的角度、距离、高程、相对水平距离的变化量,从而确定监测对象的变形。常用的大地测量方法有两方向或多方向前方交会法、双边或多边距离交会法、极坐标法、自由设站法、小角法、直接测距法、视准线法、几何水准测量法、液体静力水准测量法以及渐渐兴起的精密三角高程测量法等。在具体应用上,通常会采用距离交会法、前方交会法来监测变形体平面二维(x、y方向)的位移变化量,结合采用小角法、视准线法、直接测距法来监测变形体在某一个水平方向的位移变化量;采用液体静力水准测量法、几何水准测量法以及精密三角高程测量法来监测变形体在垂直方向(z)的位移变化量。该类方法的主要特征是利用传统的大地测量仪器,理论和方法成熟,监控面积大,测量数据可靠,灵活性大,观测费用相对较低。但该类方法也有很多缺点:①观测所需要的时间长,劳动强度大;②观测精度受观测条件的影响较大,不能远程作业;③观测数据难以进行实时处理;④不能实现自动化观测,无法对动态目标进行连续监测。目前,该类方法的改进主要表现在:①利用高精度测距代替精密测角,以提高工作效率;②采用电子水准仪代替原来的光学水准仪进行观测,可有效地提高观测数据的可靠性;③采用测量机器人代替原来的经纬仪进行观测,以实现观测和数据处理的自动化及智能化。

2. 高精度变形测量机器人

测量机器人的发展从20世纪80年代末、90年代初开始,90年代中期达到实用化水平,由带电动机驱动和程序控制的电子数据处理系统(transaction processing system,TPS)结合激光、通信及电荷耦合器件(charge coupled device,CCD)成像阵列组合而成,它集目标识别、自动照准、自动找角测距、自动跟踪、自动记录于一体,可以实现测量的全自动化。测量机器人能够自动寻找并精确找准目标,在1s内完成对单点的观测,并可以对成百上千个目标进行持续的重复观测。在全站仪望远镜里面,安装了一个CCD成像阵列用于图像处理,如图2.4.12所示。测量机器人工作时,发光二极管(CCD光源)发射一束红外激光,通过光学部件被同轴地投影在望远镜轴上,从物镜口发射出去,由测距反射棱镜进行反射。望远镜里专用分光镜将反射回来的衰减全反射(attenuated total reflection,ATR)光束与可见光、测距光束分离出来,引导ATR光束至CCD成像阵列上,形成光点,其位置以CCD成像阵列的中心作为参考点来精确地确定。CCD成像阵列将接收到的光信号转换成相应的影像,通过复杂的图像处理算法,计算出图像的中心。在CCD成像阵列的中心与望远镜光轴调整正确的情况下,被测对象的水平方向和垂直角可以从CCD成像阵列上图像的位置直接计算出来。ATR自动目标识别和照准可分为三个过程:目标搜索过程、目标照准过程和测量过程。启动ATR测量时,全站仪中的CCD相机视场内如果没有棱镜,则先进行目标搜索;一旦在视场内出现棱镜,立刻进入目标照准过程;达到照准允许精度后,启动距离和角度的测量。

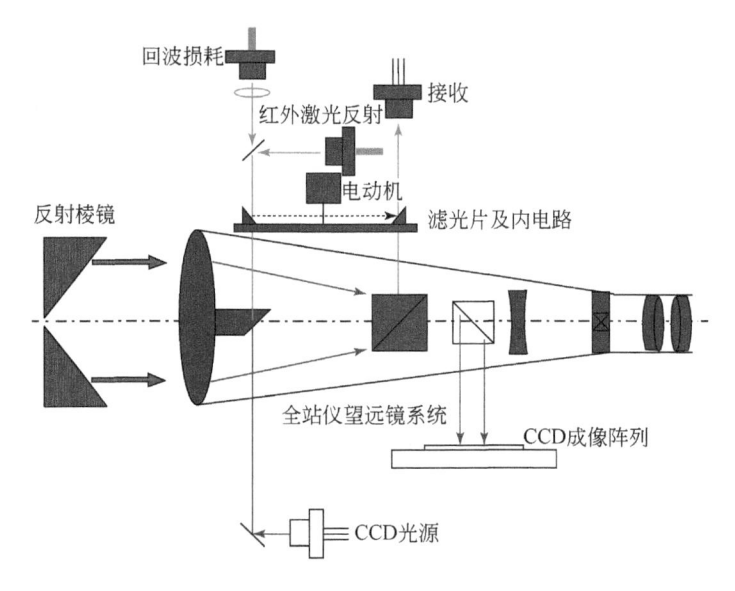

图 2.4.12 徕卡 TCA 全站仪望远镜系统

测量机器人定位时,电动机螺旋式地转动望远镜来照准棱镜的中心并使之处于预先设定的限差之内,一般情况下,十字丝只是位于棱镜中心附近,优化测量机器人的测量速度。通过ATR测量十字丝和棱镜中心间的水平偏移量和垂直偏移量,并用其修正仪器上所显示的水平方向和垂直角。因此,虽然十字丝没有精确地照准棱镜中心,但它是以棱镜中心为准的,实质上是精确定位的。ATR需要一块棱镜配合进行目标识别,为了使工作更加简化,ATR的角度测量与距离测量同时进行。在每一测量过程中,角度偏移量都被重新确定,相应地改正了水平方向和垂直角,进而精确地测量出距离或计算出目标点坐标。图 2.4.13 为ATR测量过程。当使用ATR方式进行测量时,由于其望远镜不需要人工聚焦或精确照准目标,测量的速度会明显增加,其精度不依赖于观测员的水平,基本上保持常数。

3. GPS

GPS由三部分构成,即空间卫星部分、地面监控部分和用户设备部分。空间卫

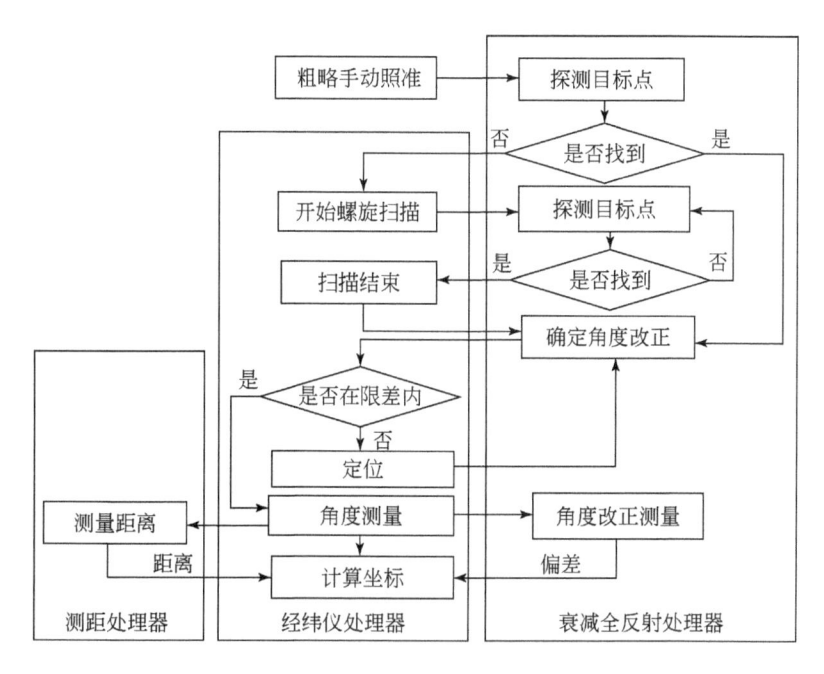

图 2.4.13 ATR 测量过程

星部分由分布在六个不同的近似圆形的轨道面上的 24 颗卫星组成,每个轨道面均匀布设四颗卫星,倾角为 55°,卫星高度约 20000km。GPS 卫星在空间上的这种分布,保障了地球上任何地点以及任意时刻均至少可以观测到四颗卫星,从而保证全天候绝对定位的可行性。地面监控部分由主控站、监测站和注入站组成。主控站负责搜集各监测站数据,计算卫星轨道和时钟参数以及负责控制卫星的运行和系统的运转。监测站内设有双频 GPS 接收机、高精度原子钟和环境传感器等。GPS 接收机连续观测可见的 GPS 卫星,并检测卫星工作状态;原子钟提供标准时间;环境传感器收集气象数据。所有观测资料进行初步处理后传送到主控站。注入站在主控站控制下,负责将主控站传来的卫星星历、钟差、导航电文及其他控制指令注入各个 GPS 卫星。用户设备部分即 GPS 接收机,根据用途可分为导航型、测量型和授时型;根据接收卫星信号的频率可分为单频机、双频机和三频接收机等。

GPS 测量原理如图 2.4.14 所示,通过计算流动站与定位卫星之间的距离来确定待测流动站的空间位置,根据定位方式的不同将测量方式分为卫星工具包(satellite tool kit,STK)静态测量和载波相位差分技术(real-time kinematic,RTK)动态测量。STK 静态测量:利用卫星载波相位进行测量,可求解出相位模糊度,以获得较高的精度,但要求静止观测时间 0.5h 或更长时间,现场数据采集后需通过计算机计算出测量成果,可应用于要求精度较高的市政工程测量中。RTK 动态测量:利用卫星载波相位差分技术,在实时处理两个测站的载波相位的基础上计算空间位置。它能实时提供观察点的三维坐标,并达到厘米级的精度,能实时给出测量结果,可应用于工程控制测量的次要控制点及放样测量。

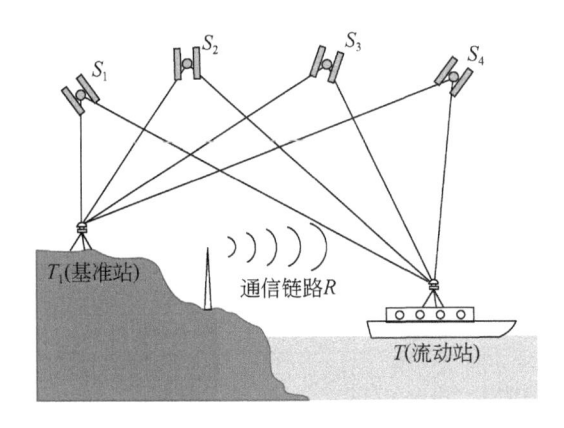

图 2.4.14　GPS 测量原理

随着 GPS 接收机的小型化,GPS 在工程领域逐渐得到应用,特别是 20 世纪 90 年代,由于接收技术和数据处理技术的日趋完善,测量的速度和精度不断提高,GPS 在结构几何变形监测领域得到应用。1998 年,我国的隔河岩大坝首次采用 GPS 自动化监测系统对外部变形进行监测,该系统具有速度快、全天候观测、测站间无须通视、自动化程度高等优点,对坝体表面的各监测点能进行同步变形监测,并实现了数据采集、传输、处理、分析、显示、存储等的一体化和自动化,测量精度可达到亚毫米级(贡建兵,2003)。GPS 进行变形监测有以下优点:测站间无须通视;能同时测定点的三维坐标;全天候作业,不受气候条件的限制;易于实现监测的自动化;可消除或削弱系统误差的影响等。但是该技术具有测点数目有限和每个测点都需要布设天线而造成的测量成本较高的问题,使其在一般空间结构中应用有障碍,但是随着科学技术的发展,GPS 还是代表了变形监控自动化技术手段的一个发展方向。

4. 图像测量法

图像测量法是指通过近距离目标的影像信息获取目标点群三维空间坐标,是一种非接触、无损、高效率的三维测量方法。根据影像获取及处理方式的不同,图像测量经过了模拟图像测量、解析图像测量和数字图像测量三个阶段,直到 20 世纪六七十年代,图像测量还处于以立体测图仪为主要工具的模拟图像测量阶段。1957 年,Heleva 提出了用数字投影代替物理投影,标志着图像测量进入解析图像测量时代。1978 年,王之卓提出了全数字化自动测图的方案,标志着数字图像测量阶段的产生。数字图像测量是基于图像测量的基本原理,从影像提取所摄对象的几何物理信息,是图像测量技术与计算机技术、数字影像处理、影像匹配、模式识别等多学科融合的理论与方法。特别是高速度、大容量个人计算机和固态相机的出现和普及,使得数字图像测量技术从理论和实践上都得到了空前的发展。

在利用变形监测点监测结构的几何变形特征时,由于测点的数量有限,有时难以反映变形体变形的细节和全貌,特征信息不够全面,而采用图像测量方法则可以全面地对结构几何变形的特征信息进行采集,具有快速、直观、全面的特点,其优点总结如下:①能瞬时获取被测物体大量的物理和几何信息,作为信息载体的相片或影像包含被测目标的大量信息,而且信息具有可重复使用、容易存储的特点,特别适用于测量点众多的目标;②作为一种非接触的无损检测手段,可以在恶劣条件(如水下、放射性强、有毒缺氧以及噪声)下作业;③可用于动态物体和运动状态的测定,是一种适用于微观世界和较远目标的测量手段;④依赖传统的理论方法和现代的软硬件条件,可提供高精度和高可靠性的测量手段;⑤作为一种基于数字信息和图像处理以及人工智能的技术,可以提供实时在线的现场测量。

图 2.4.15 为基于颜色模板匹配(color pattern matching,CPM)算法的结构位移监测流程。该算法处理的图像一般为彩色数码相机拍摄到的 RGB 格式或者 HSL 格式。首先,从拍摄到的第一帧图像中抽取含有被测目标点的图像子集作为模板,并获得模板中心的初始坐标。然后,从预设的模板和后续拍摄到并传过来的图像中学习其颜色信息。将模板在图像上以一个像素为单位进行横向和纵向平移,并对比模板和图像重合部分的颜色信息。通过采用颜色模板匹配算法计算模板与图像之间的相似度,并利用从粗到细的搜索策略得到一个可能匹配的得分列表。采用爬山优化过程继续对每个匹配位置进行改进和优化。当匹配得分达到最大值时就得到了最佳匹配位置,通过用目标模板在图像上的像素点变化乘以尺度转换比例就可以得到结构的水平位移和竖向位移。完成任务循环的每一步并对所有的图像进行处理,完毕之后就完成了所有目标点的位移测量。图 2.4.16 为颜色模板匹配算法中的相似性计算流程。在匹配阶段,将从每一帧图像中获得的颜色谱与预先抽取的每个模板的颜色谱进行对比分析。采用曼哈顿距离对两个颜色谱进行度量并获得一个相似度的得分。在计算两个颜色谱向量之间的曼哈顿距离之前需要对每个向量应用一个模糊权重函数进行预处理。计算了曼哈顿距离之后就可以得到模板与其在图像上覆盖区域之间的绝对差距,同时可以得到一个归一化的得分,且当得分达到最大值时表示模板与图像为最佳匹配。

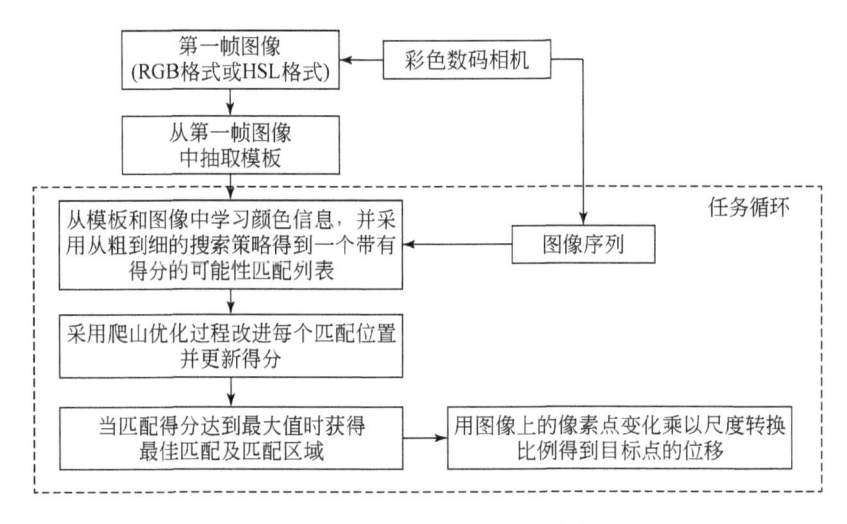

图 2.4.15　基于颜色模板匹配算法的结构位移监测流程

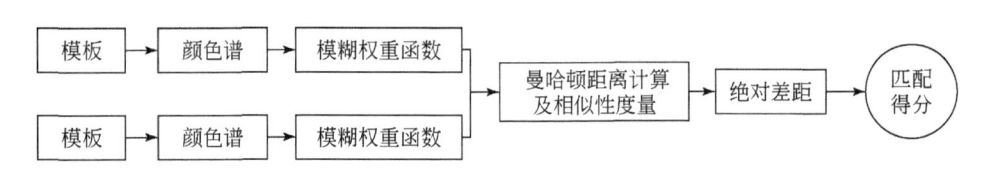

图 2.4.16　颜色模板匹配算法中的相似性计算流程

5. 无线激光位移传感器

1) 传感器特性

无线激光位移传感器的测量单元主要由 CCD 成像阵列检测器和固态激光光源两部分构成。激光三角测距方法主要利用被测物体移动距离与激光传感器 CCD 成像阵列板内像移之间的几何关系，其工作原理是通过测量来自目标表面的反射光来确定目标的位置。具体地，激光束投射到被测目标上，然后该光束的一部分通过聚焦光学镜反射到检测器上，当目标移动时，激光束会在检测器上移动。检测器能够检测传感器像素阵列上光量的峰值分布，并找到目标位置，用于测量物体或目标的相对距离。最终数据通常通过数字(二进制)接口，模拟输出或数字显示器进行处理。

如图 2.4.17 所示，当激光束照射到物体表面时，会在物体表面形成一个光斑。光轴与光电探测器的基线形成一个三角形。激光照射到被测物体的表面后，物体的成像光斑通过接收镜头传输到具备成像系统的 CCD 成像阵列。该图像传感器可以提供数百个像素点来追踪这个目标的位置。最终,通过几何计算可以确定被测目标位移变化。具体而言,在图 2.4.17 中,l 表示接收镜头的前主平面与入射激光束和接收光学系统的光轴交点之间的距离,l' 表示接收镜头的后主平面与图像平面之间的距离,α 表示激光束源与接收镜头的光轴之间的角度,β 表示 CCD 成像阵列与接收镜头的光轴之间形成的锐角。当被测目标从 A' 点移动到 B' 点时,相应图像斑点从 A 点移动到 B 点。注意到图像斑点在 CCD 成像阵列表面的位置取决于观测目标与参考点 P' 的偏移。其中,位移 $l_{A'B'}$ 等于位移 $l_{A'P'}$ 和位移 $l_{P'B'}$ 之和。那么,CCD 成像阵列表面图像斑点位移 x 和实际位移 x' 之间的关系可表示为

$$x = \frac{x'l'\sin\beta}{l\sin\beta \pm x'\sin(\alpha+\beta)} \tag{2.4.8}$$

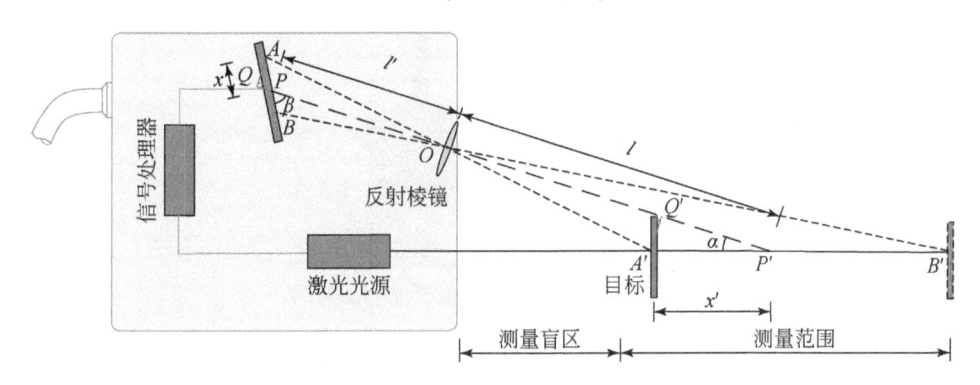

图 2.4.17 激光测距技术原理

若被测目标运动范围在激光传感器和系统固定参考点 P' 之间,则式(2.4.8)中取负号。反之,若被测目标运动范围系统固定在参考点 P' 与临界有效量程之间,则取正号。显然,被测目标位移变化可以通过连续两次测量的距离差值得到。

激光位移传感器本质上是非接触式的,这意味着它们可以准确地测量非接触物体的位移。与其他技术相比,它们可以以更低的成本解决结构几何变形测量问题,而且测量范围较大,可以满足实际工程现场的使用需求。此外,由于工作距离大,有足够的间距来减少因接触被测物体而造成的潜在损害。为了满足长距离工程测量应用要求,且基于模块化设计理念,将激光传感模块、数据采集与传输模块、数据处理与控制模块进行融合,开发了基于激光测距的长距离、高精度、非接触式无线位移传感器,适用于大规模的空间结构位移实时监测。无线激光位移传感器示意图如图 2.4.18 所示。

无线激光位移传感器中的激光位移传感器技术参数见表 2.4.2。

激光位移传感器

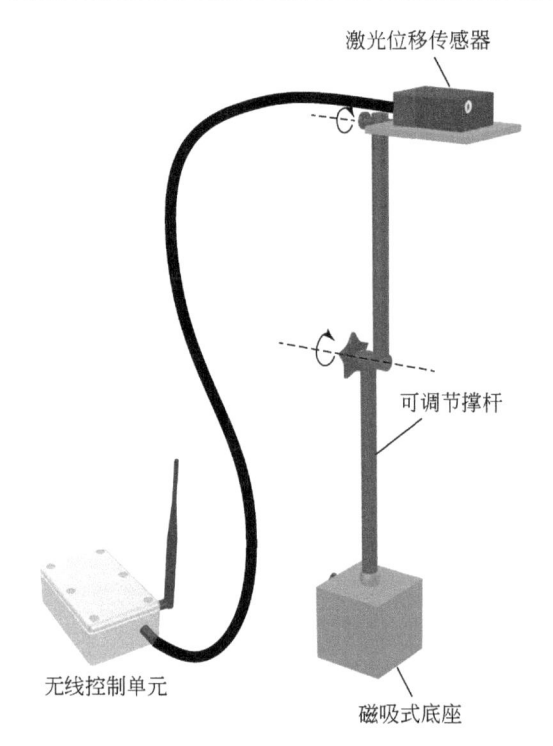

可调节撑杆

无线控制单元

磁吸式底座

图 2.4.18　无线激光位移传感器示意图

表 2.4.2　激光位移传感器技术参数

测量范围/m	测量精度/mm	激光类型/nm	激光等级	防护等级
0.05~50	±1.0	620~690	Ⅱ级,<1mW	IP40
工作温度/℃	温度灵敏度/℃	不同距离处光斑直径		采集频率/Hz
−20~+50	±0.05%F.S.	1mm@0.03~10m 2mm@10~35m 3mm@35~55m		1~20

2) 位移测试

为了对激光测距模块有更进一步的了解,通过试验方法对该模块的性能进行测试,无线激光位移传感器的测试平台如图 2.4.19 所示,通过设定不同测量距离下传感器的位移测试结果来评估无线激光位移传感器的测量精度。将激光位移传感器固定在一个刚性的精密控制平台上,远端固定目标靶点,通过校准水准仪使得精密平台的水平移动方向与激光束方向保持平行,并保证激光束成像光线垂直入射在目标靶点所在平面。通过将光学控制平台上的激光位移传感器移动的位移与精密控制平台上读出的位移进行比对,来验证不同距离、不同光照条件下的测量精度。无线激光位移传感器和目标之间设置了 20m、30m 和 50m 三个不同的测程距离;对于每个测程距离,设计了七种不同的位移设置:5mm、10mm、20mm、40mm、60mm、80mm 和 100mm。单次测量任务的采集量为 30 次,测量结果取平均值作为其在该测程距离下的位移代表值。

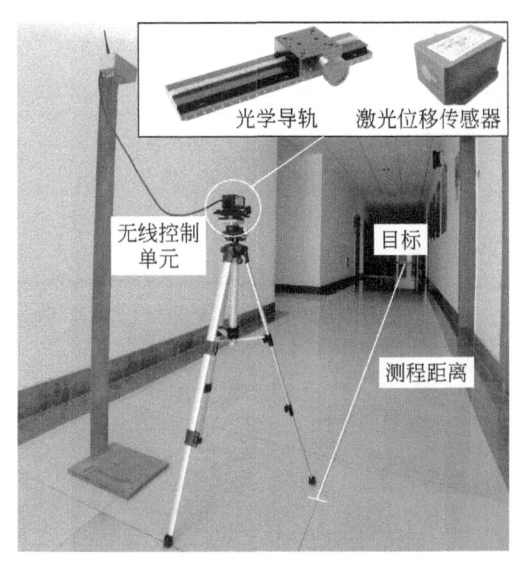

图 2.4.19　无线激光位移传感器的测试平台

无线激光位移传感器测得的平均位移如图 2.4.20 所示,它与实际位移有很好

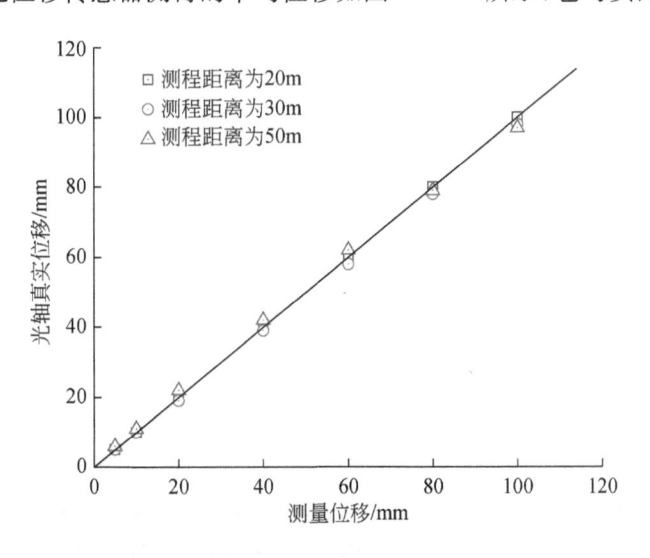

图 2.4.20　无线激光位移传感器实验室测试结果

的一致性。表 2.4.3 总结了无线激光位移传感器测试结果的误差统计信息,包括位移测量误差的均值与标准差。上述试验结果表明:①平均误差随着测程距离的增加而增大;②在相同测试距离下,不同位移的平均误差非常接近。综上所述,无线激光位移传感器实测位移与光轴导轨移动的位移有很好的一致性,且测量精度仅由所测量的距离确定。

表 2.4.3　无线激光位移传感器测试结果的误差统计信息

测试距离 /m	实测位移 /mm	误差均值 /mm	误差标准差 /mm
20	5	0	0.263
	10	0	0.263
	20	0	0.263
	40	−0.03	0.183
	60	0.03	0.183
	80	−0.03	0.319
	100	0	0.263
30	5	0.10	0.845
	10	0.00	0.695
	20	−0.30	0.596
	40	0.03	0.765
	60	−0.03	0.669
	80	0.07	0.739
	100	−0.17	0.698
50	5	0.06	0.980
	10	−0.10	1.155
	20	0.10	0.995
	40	−0.27	0.785
	60	−0.10	0.959
	80	0.13	0.937

2.4.4　振动监测

结构振动监测内容主要包括结构的自振频率、振型和阻尼比。振动监测是指采用激励方法使被测对象产生一定的振动响应,测量出激励力与系统振动的响应特性(如位移、速度、加速度等函数的时间历程),然后通过模拟信号分析或数字信号分析得到系统的模态特性。通过结构振动监测了解结构的动力特性,可以有效避免结构产生自振并可了解结构整体的刚度变化情况,为结构的异常识别和状态评价提供依据。根据激励方式的不同结构动力特性监测方法主要分为自由振动法、强迫振动法和环境随机振动法。

1. 自由振动法

自由振动法是结构在冲击荷载作用下产生自由振动,通过仪器记录其自由振动的衰减曲线,由此求得结构的动力参数。结构产生振动的方法有突加荷载或突卸荷载法、反冲激振器法、预加初位移法等。控制冲击力的大小是关键,过大可能对结构造成损伤;过小可能测不到理想数据。叶继红(2008)通过在 8 个环梁节点上向下释放 2m 高的 60kg 重物的方法来对老山自行车馆进行激励,然后通过速度传感器得到各点的动力参数。

2. 强迫振动法

强迫振动法,又称为共振法,是利用激振器对结构施加周期性的简谐振动,不断改变激振器的激振频率,当激振频率和结构自振频率相等时,结构产生共振,从而得知结构的自振频率。实际操作时,先利用激振器对结构进行一次快速频率扫描激振,由此得到共振峰点附近的频率,然后在共振频率附近进行稳定激振,求得比较精确的自振频率。目前,强迫振动法比较适合试验条件下的小尺寸结构,但在实际大型工程中应用较少。

3. 环境随机振动法

环境随机振动法,又称为脉动法,它是利用传感器来采集由环境引起的结构振动,从而经过分析得到结构的动力特性。常见的脉动源主要有地面振动、风荷载作用、地面车辆、机器运转。脉动法不需要任何激振设备,对结构没有任何损伤,也不影响建筑物的正常使用,所以在实际工程中应用最为广泛。但是脉动法测试的随机性和变异性较大,有时得到的功率谱效果不佳,难以准确地识别频率,因此需要保证足够的测量时间和测量次数,数据的采集尽量在环境较为单一的情况下进行。国家游泳中心"水立方"采用哈尔滨北奥振动技术开发有限公司 BA-02 单轴型和 BA-22 双轴型力平衡加速度传感器对风荷载作用下的结构振动进行监测。

4. 无线振动加速度传感器

1) 传感器特性

无线 MEMS 型加速度传感器采用微机电系统技术,使得其几何尺寸大大缩小,仅有几平方毫米,按传感效应大致可以分为压电式 MEMS 型加速度传感器、电容式 MEMS 型加速度传感器与热感式加速度传感器等。其中,电容式 MEMS 型加速度传感器的工作原理如图 2.4.21 所示。电容式 MEMS 型加速度传感器的质量振子块放置在固定的平行电容极板之间,用悬臂弹簧连接到固定的支撑框架上,允许它在测量方向的敏感轴上移动。若在该敏感轴上施加一个力,则质量振子块会按一定的比例移动,进而改变质量振子块和固定电容极之间的电容,这意味着与两个电容极板表面之间会出现由于距离变化而产生的输出电压变化。

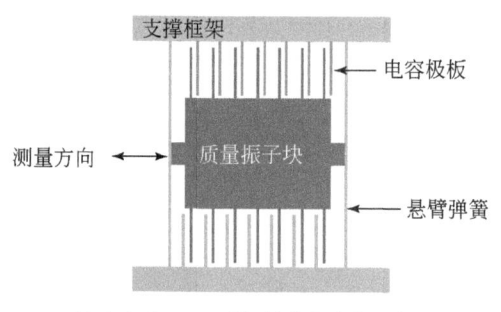

(a) 电容式MEMS型加速度传感器工作原理　　(b) 标准化产品

图 2.4.21　电容式 MEMS 型加速度传感器

基于微机电系统(micro-electro-mechanical system,MEMS)原理开发的三轴无线加速度传感器,集成了一个三轴 MEMS 加速度传感器、一个温度传感器、三个独立通道的模-数转换器(analog to digital converter,ADC)和一个串行外设接口(serial peripheral interface,SPI)数字转换器,可支持 $\pm 2.048g$、$\pm 4.096g$ 和 $\pm 8.192g$ 的测量范围,在温度范围内提供业界领先的噪声、失调漂移和长期稳定性,可实现校准工作量极小和极低功耗的精密应用,并且低噪声加上低功耗性能使得现在能以高性价比实现低电平振动测量应用,能以 $0.15mg/C$(最大值)的零失调系数保证温度稳定性,这种稳定性最大限度地减少了与校准和测试相关的资源及成本。此外,密封封装还可以确保最终产品出厂很久以后还能符合可重复性与稳定性规范,适用于大规模的空间结构振动响应实测。具体技术参数见表 2.4.4 和表 2.4.5。

表 2.4.4　无线振动加速度传感器的主要技术参数

技术参数	测试条件/内容	最小值	典型值	最大值	单位
满量程输出	用户可选	—	±2.048	—	g
			±4.096		g
			±8.192		g

续表

技术参数	测试条件/内容	最小值	典型值	最大值	单位
非线性度	±2g	—	0.1	—	%F.S.
横向灵敏度	—	—	1	—	%
三轴灵敏度	±2g	235520	256000	276480	LSB/g
	±4g	117760	258000	138240	LSB/g
	±8g	58880	64000	69120	LSB/g
零漂	±2g	−75	±25	+75	mg
温度影响	−40~125℃	−0.15	±0.02	+0.15	mg/℃
重复性	—	—	±3.5	—	mg
噪声密度	±2g	—	25	—	$\mu g/\sqrt{Hz}$

表 2.4.5 无线振动加速度传感器的采样频率与采样间隔

采样频率/Hz	3.90625	7.8125	15.625	31.25	62.5	125
采样间隔/s	0.256	0.128	0.064	0.032	0.016	0.008

2) 振动台测试

为了保证无线 MEMS 型加速度传感器实测结果的准确性,通过振动台试验方法对该传感器的性能进行测试。通过动态正弦波以及混合频率输入来检验加速度传感器频响特性,以观察加速度传感器削波行为和线性度。其中,削波行为是指频率一旦超过某一阈值,加速度振幅就可能出现显著失真的情况,即记录振幅与真实振幅不一致的情况。针对上述测试目的,搭建了如图 2.4.22 所示的频响测试试验装置,试验在伺服振动台上进行。其中,参考拾振器采用中国地震局工程力学研究所开发的 991B 型拾振器,该拾振器共有四个档位,可分别测量加速度、小速度、中速度、大速度四种响应。最终得到参考拾振器记录的振动台正弦激励与无线 MEMS 型加速度实测结果,如图 2.4.23 和图 2.4.24 所示,振动监测数据对比结果表明,两组加速度在时程与频谱曲线上具有一致性。

2.4.5 风荷载监测

空间结构表面风荷载的实测包括风速风向和表面风压实测。单一的风速风向现场实测发展较早,实测设备较为成熟,各国学者通过一般建筑结构长时间的风速风向实测,拟合出相应的风速剖面以及湍流度剖面的经验公式,并已纳入各国的荷载规范中。然而,特殊地形(如城市楼群)以及特殊流场(如台风或雷暴风)的风场情况仍不够清楚。近年来,有学者通过现场实测来完善这些情况下的风场特性(Cao et al.,2015;Li et al.,2015;陈伏彬等,2015;李波等,2015;张传雄

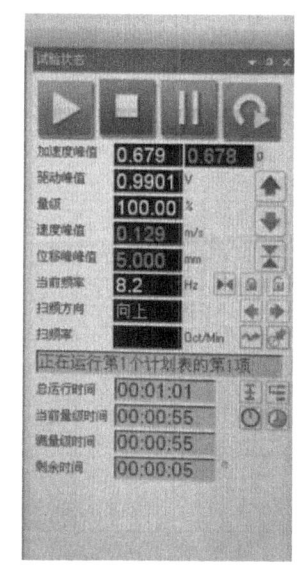

(a) 振动台　　　　　　　　(b) 正弦荷载加载

图 2.4.22　加速度振动台频响测试试验装置

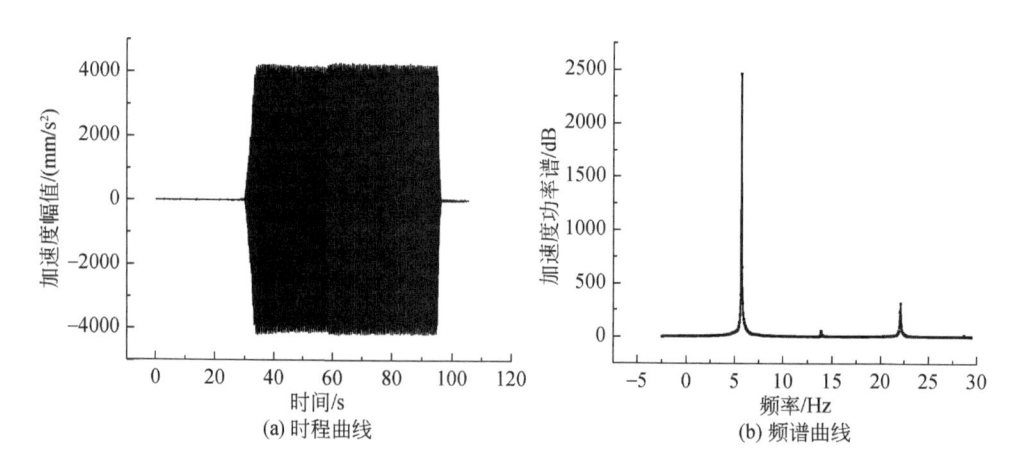

(a) 时程曲线　　　　　　　　(b) 频谱曲线

图 2.4.23　参考拾振器记录的振动台正弦激励时域与频域结果

等,2015;He et al.,2014,2013),实测结果可以为结构抗风设计提供参考。除此之外,有些风速风向现场实测中还加入了结构振动响应实测(Chen et al.,2016;Fu et al.,2015,2012;Li et al.,2007)。这些试验不仅提供了风场特性数据,还对结构在实际风场中的振动响应特性做了分析,为类似的结构抗风设计提供了启示。表面风压实测发展相对较晚,由于其难度较大,对应的实测设备相对不够完

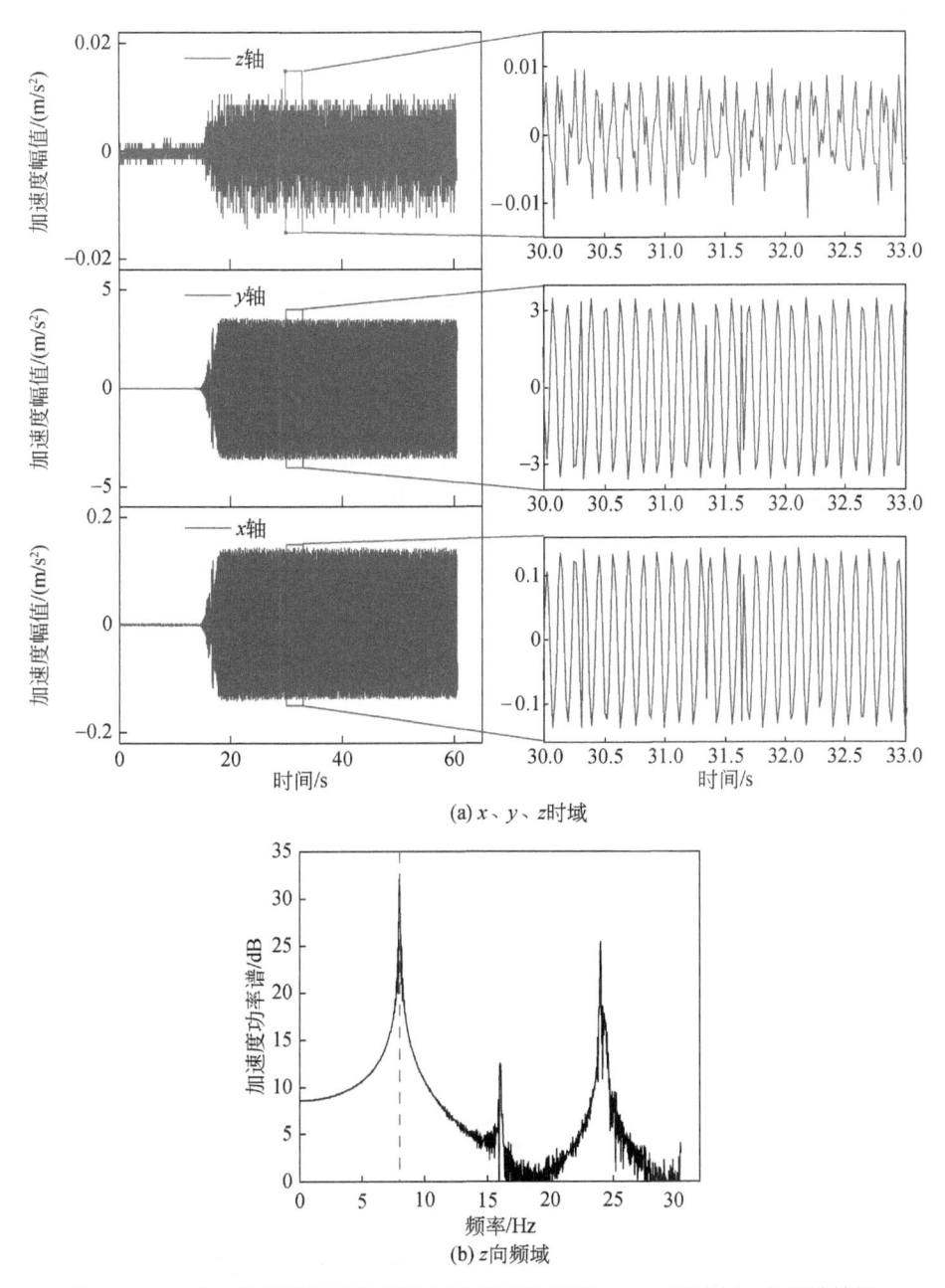

图 2.4.24 参考拾振器记录的无线 MEMS 型加速度 x、y、z 时域与 z 向频域结果

善,而表面风压实测可以直接获取建筑表面的风荷载,其科研价值和工程应用价值毋庸置疑。

风速风向传感器比较成熟,常见的风速风向传感器主要有三类:风杯式、螺旋桨式和超声波式,目前市场上主流的风速风向传感器种类见表2.4.6。表2.4.6中的四种风速风向传感器如图2.4.25~图2.4.28所示。这些传感器在市场上比较容易获得,通常出厂时经过防水处理,并配套相应的采集系统。此外,对于皮托管或热线风速仪等仪器,由于自身限制而更适用于实验室试验,在风速风向现场监测中应用较少,故表中未列出。

表 2.4.6 市场主流风速风向传感器种类

种类	亚种类	功耗	精度	价格	耐久性
机械式	风杯式	低	一般	低	一般
	螺旋桨式	低	一般	低	一般
超声波式	传统式	高	较高	较高	较好
	共振式	较高	高	高	好

注:本表排序为高>较高>低、高>较高>一般、好>较好>一般。

图 2.4.25 风杯式机械风速风向传感器

图 2.4.26 螺旋桨式机械风速风向传感器

图 2.4.27 传统超声波式风速风向传感器

图 2.4.28 共振超声波式风速风向传感器

目前风压传感器仍以压阻式传感器为主,压阻式传感器内部采用一片压阻硅膜片,该膜片一侧为高压腔,另一侧为低压腔,两侧的压力差与膜片的电阻呈线性关系,因此可以根据测量电阻值来反映传感器两侧的压力差。根据两侧压力来源的不同可将传感器分为绝压传感器、差压传感器和表压传感器。将高压端和低压端分别接至待测压力和参考压力处,则可以测量待测点和参考点的压力差,称为差压传感器,如图 2.4.29(a)所示;低压腔接入当地标准大气压,则可测量测点表面相对于大气压的压力值,称为表压传感器,如图 2.4.29(b)所示;低压腔采用绝对真空,则可测量测点表面的绝对压力值,称为绝压传感器,如图 2.4.29(c)所示。

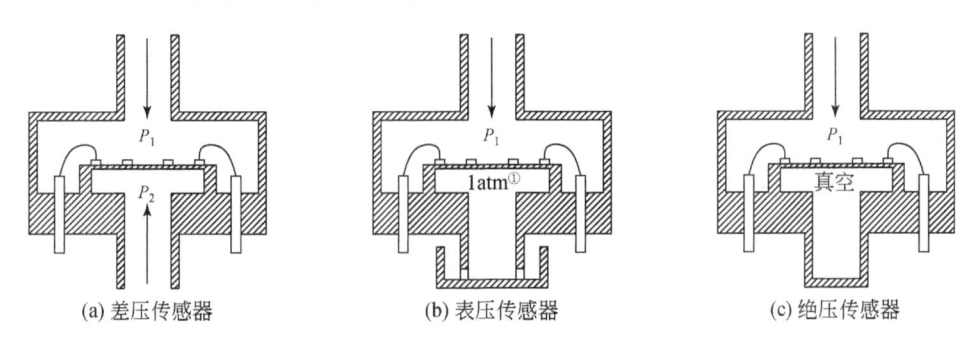

(a) 差压传感器　　(b) 表压传感器　　(c) 绝压传感器

图 2.4.29　压阻式风压传感器原理图

对于上述三种压阻式风压传感器,绝压传感器虽然安装使用方便,但在风荷载实测中,结构表面的风压通常为微压级别($10^1 \sim 10^3$ Pa 级别),与大气压(10^5 Pa 级别)相差 2~3 个量级,如果直接使用绝压传感器,则传感器的精度需要达到 0.05% 甚至更高。虽然某些特殊定制的绝压传感器在特定范围内的压力测量可保持较高精度,但这类传感器需要定制,价格昂贵,难以大批量使用。

表压传感器虽然精度高且安装方便,在风荷载作用下,建筑表面及周边会形成一层静压场,当表压传感器的低压端接入的位置仍在建筑表面时,低压端测得的大气压力与建筑表面的平均风压几乎相同,此时传感器测到的值基本在 0 附近波动。因此,表压传感器目前多用于超高层建筑的表面风压测量,其低压端通常通过与数据电缆绑定的毛细压力管接入超高层建筑内部,从而可以准确地测量建筑内外表面的压力差;对于大跨度屋盖结构,采集装置通常直接布置在测点周边,此时建筑周边的静压场就会对测量的压力产生严重的影响。因此,表压传感器不能直接测量大跨度屋盖的表面风压。

差压传感器价格低,精度高,构造简单,广泛应用于高精度的压力测试中。

---

① 1atm=1.01325×10^5Pa,下同。

然而，当差压传感器应用在建筑表面的风压实测时，通常需要对其进行进一步的防水设计或设置排水系统，因此使用难度相对较大。此外，差压传感器的参考压力点的选择在实测中是一个重要问题。对于专门设置为风荷载实测的试验房，参考压力可以接入建筑周边不受建筑影响的静压区，而当传感器应用于已建成的实测工程时，建筑的周边环境往往不具有可以布设参考压力管路的条件，且过长的管路系统易出现漏气或进水的情况，这会对表面风压实测结果产生非常不利的影响。

综上所述，三种传感器有不同的适用范围，在空间结构屋面的实际风压实测中，应当根据被测建筑屋面的特征以及实测的目标精度来确定选取的压力传感器类型。

1. 无线机械式风速风向传感器

1）无线机械式风速风向传感器特性

由于空间结构建筑屋面的现场实测外部环境变化较大，设备不仅需要考虑监测精度，还需要考虑设备的耐腐蚀性。对比机械式与超声波式风速风向传感器的各项技术参数并综合考虑设备价格，铝合金材质的风杯式机械风速风向传感器适用于空间结构风速风向实时监测，如图 2.4.30 所示。无线机械式风速风向传感器具体的各项技术参数见表 2.4.7。

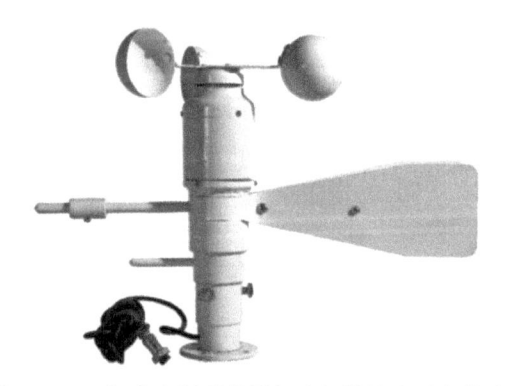

图 2.4.30 铝合金材质的风杯式机械风速风向传感器

2）风速测试试验设计

为了保证无线机械式风速风向传感器实测结果的准确性，通过风洞试验对该传感器的性能进行测试。风洞测试试验是以电子扫描阀系统为标准进行的，通过电子扫描阀连接皮托管进行风速测试。无线实测系统的风速测试相对简单，因为在风洞中没有放置模型时，风洞中的流场是比较均匀的，故只要在沿风洞纵轴对称的位置布置无线风速测试设备和风洞测试设备。风洞试验开始后，两套设备同时采集风速数据,对比测试数据结果即可获得上述无线机械式风速风向传感器的精度。

表 2.4.7　无线机械式风速风向传感器和风压传感器的技术参数

传感器类型	机械式风速风向传感器		风压传感器
	风速	风向	
量程	0～40m/s	0°～360°	±2.5kPa
精度(满量程)	±5%	±5°	±2.5‰
分辨率	0.1m/s	5°	0.076Pa
防水等级	防水		150mm/h
工作温度	−30～60℃		−25～90℃

无线风速系统的测试如图 2.4.31 所示,风速传感器和皮托管沿风洞纵轴对称摆放在风洞转盘上,两者离地高度均为 0.5m;风洞中间的地板上放置一个名义封闭盒子(该盒子用来研究风致静压场问题)。试验中会多次改变风速来进行测试。现场的布置照片如图 2.4.32 所示。

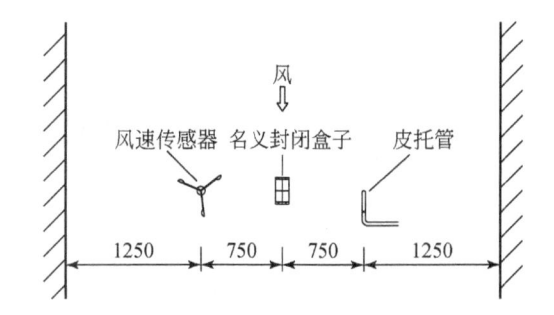

图 2.4.31　无线风速系统测试示意图(单位:mm)　　图 2.4.32　无线风速系统测试的现场照片

3) 风速测试结果

图 2.4.33 为不同风洞风速在均匀流条件下皮托管和无线机械式风速风向传感器所测试到的实际风速,实测结果表明两者结果非常接近。相较于皮托管,无线机械式风速风向传感器风速测量的最大误差为 6.57%,基本满足空间结构屋面风速实测需要。此外,风洞的入口风速与转盘处的实际风速有差异,这是因为风洞的入口风速测点主要作用为调节风洞的风扇转速,故风洞内的真实风速应以转盘处的测量值为准。图 2.4.34 为不同风洞风速在湍流条件下风洞转盘处的实际风速,由图可知,皮托管和无线机械式风速风向传感器的测试差异比图 2.4.33 中的均匀流条件下更大,且随着风洞的入口风速增大而增大,两者最大差异达到 15% 以上。

需要指出的是,皮托管在均匀流中的测量具有高精度,而其在湍流中有不可忽略的误差。因皮托管对流向敏感,故此时皮托管的测试已不准确,而无线风杯式机械风速风向传感器对流向并不敏感,故真实风速应以无线风速系统为准。

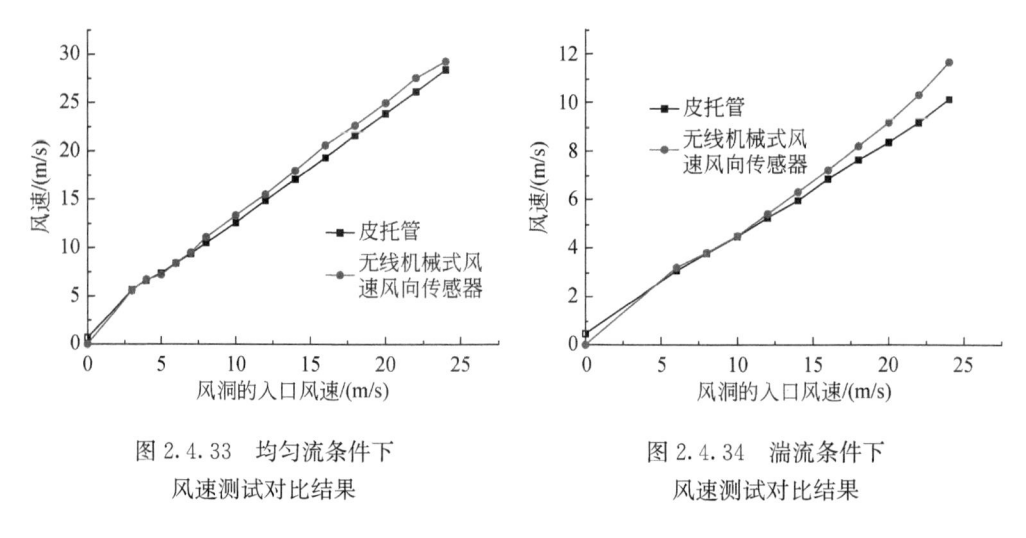

图 2.4.33 均匀流条件下风速测试对比结果

图 2.4.34 湍流条件下风速测试对比结果

2. 无线压阻式风压传感器

1) 无线压阻式风压传感器特性

无线压阻式风压传感器基于差压传感器原理,通过组合适当的管路系统,设计出一套可自排水差压式风压传感器,如图 2.4.35 所示,传感器各项技术参数见表 2.4.7。由于排水口与进气口相通,会对测量的压力产生干扰,使用吸水性好却不透气的多孔致密海绵固定于排水管内,起到阻隔空气但排出积水的作用。该传感器安装时可使用扣件或直接粘贴于待测表面,风压入口与待测表面平行。低压端通过橡胶管接入参考压力处,传感器采用串行外设接口(serial peripheral interface,SPI)协议通过数据线与采集设备进行数据通信。

风压经过管路系统之后,测量的压力会出现一定程度的畸变,畸变的大小取决于管路系统的频率响应(Bergh et al.,1965)。为了确保采集的脉动压力真实可信,应当对该管路系统的频率响应进行测试。由于该传感器对应的采集装置最高采样频率仅为20Hz,难以使用风洞试验测压系统的频率响应测试装置进行测试,但可以借鉴相关的研究文献。Letchford 等(1992)对风压实测设备进行了频率响应测试,发现在 20Hz 以内幅频函数和相频函数都趋近 1;胡尚瑜等(2016)对 T 型管路系统进行了频率响应测试,发现风压频率在 20Hz 以下时,管路的长度和管径对频响函数的影响不大,幅值增量最大为 2.2%。上述无线风压传感器采用 $\phi 3mm \times 150mm$ 的连接管作为管路系统,与文献中使用的管路系统尺度接近,可认为系统

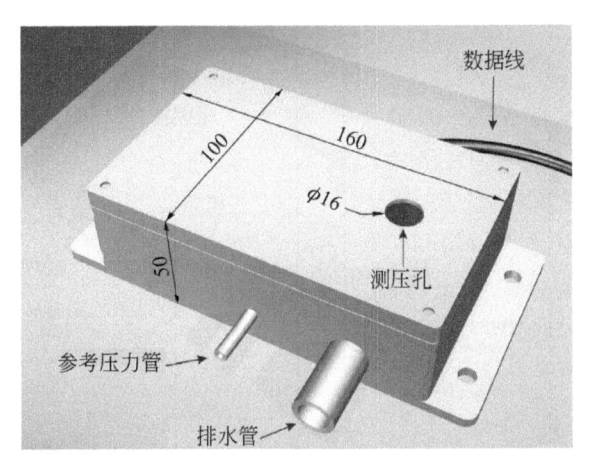

第 2 章 空间结构健康监测系统原理

图 2.4.35 自排水差压式风压传感器(单位:mm)

的频率响应不会导致 20Hz 以下的低频信号出现明显畸变。并且由于上述无线风压传感器的实测采样频率小于 20Hz,可认为实测的脉动压力值能较为准确地获取 20Hz 以下的脉动风荷载,基本满足空间结构屋面风压实测要求。

2) 风压测试试验设计

为了保证无线压阻式风压传感器实测结果的准确性,通过风洞试验对该传感器的性能进行测试。风洞测试试验是以目前精度最高的电子扫描阀系统为标准进行的,通过电子扫描阀连接皮托管进行风压测试。基于内压均匀理论,设计了一个迎风面单一开孔的立方体模型,并以风致内压作为风压激励,对无线实测系统进行测试。立方体模型的尺寸为 1000mm×1000mm×1000mm,由六块面板组成,模型内部中空便于安装设备。立方体的六块面板及测点布置如图 2.4.36 所示,实物

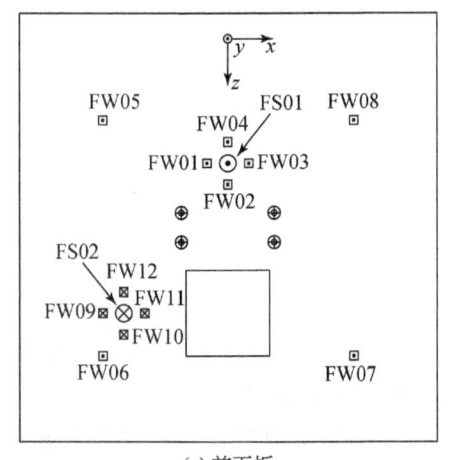

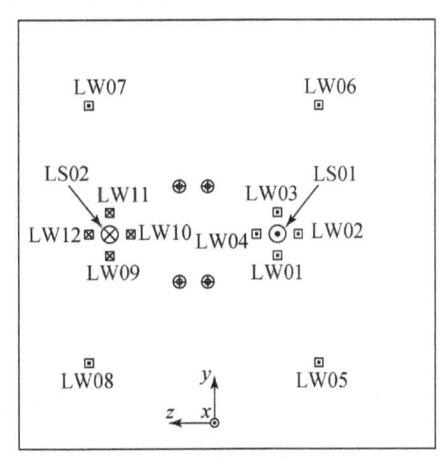

(a) 前面板　　　　　　　　　　(b) 左面板

(c) 后面板

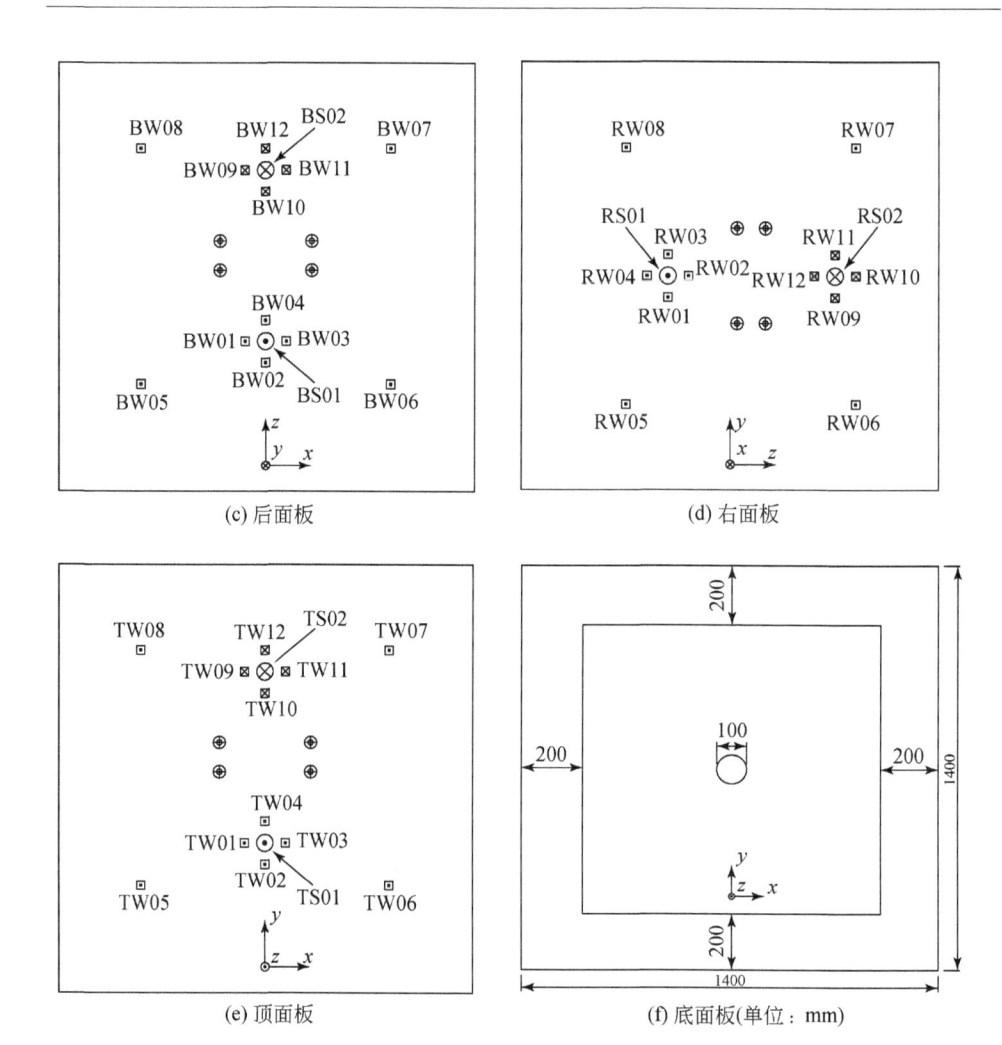

(d) 右面板

(e) 顶面板

(f) 底面板(单位:mm)

⊙ 传感器预埋内部测点(外径3mm)
⊗ 传感器预埋外部测点(外径3mm)
▫ 风洞预埋内部测点
⊠ 风洞预埋外部测点
⊕ 面板贯穿孔洞(直径7mm)

图 2.4.36 组成立方体模型的六块面板及测点布置

如图 2.4.37 所示。具体而言,图 2.4.36(a)所示前面板有 200mm×200mm 的开孔一个;图 2.4.36(b)~(e)的左面板、后面板、右面板及顶面板比较相似;图 2.4.36(f)所示底面板没有测点,中间有100mm直径的贯通圆洞一个,便于布置管路,底面板四周扩大200mm,便于立方体的搬运和放置。六块面板中,顶面板为可拆卸式设计，便于人员进入立方体内部安装设备。除了底面板，每块面板都预埋有内部及外部测点，测点当中又分无线传感器测点和风洞测点。综上所述，除了底面板，各面板均预埋有一个传感器内部测点，其周围 10mm 的范围内均匀预埋四个风洞测点，外部测点亦如此；此外，在面板内部的四周还多预埋了四个风洞测点。

图 2.4.37 立方体模型实物照片

基于该测试试验构成，对该无线压阻式风压传感器分别进行均匀流和湍流条件下的风洞风压实测。

（1）均匀流中传感器风压的对比测试。

图 2.4.38 为风压平均值和均方差的对比结果（风洞入口风速为 15m/s），实心点为无线风压系统数据，空心点为风洞风压系统数据，两种数据点的位置越接近，就说明无线传感系统的精度越好。图 2.4.39 为任取一个无线风压系统测点和其周围一个风洞测点的脉动风压功率谱对比结果，两者符合程度较好，功率分布规律一致。

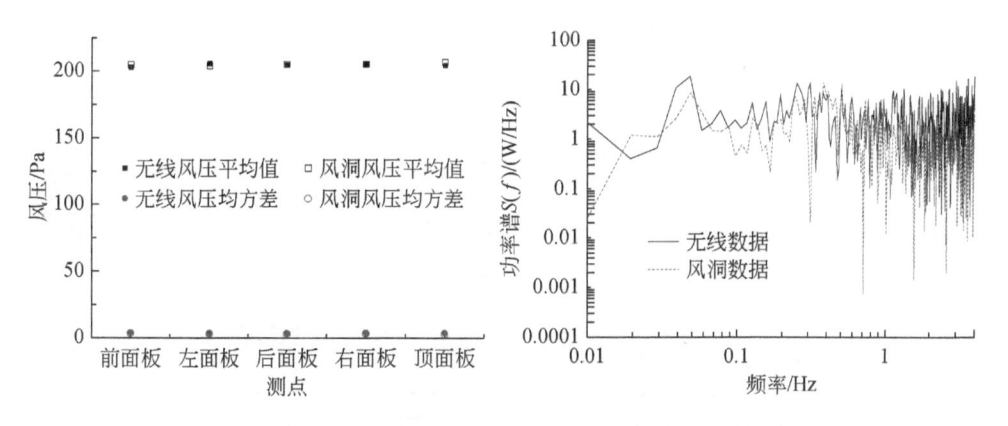

图 2.4.38 均匀流中传感器风压测试（$v=15$m/s）

图 2.4.39 脉动风压功率谱对比

(2) 湍流中传感器内压的对比测试。

图2.4.40和图2.4.41分别为湍流中传感器内压测试的平均值和均方差对比。两图中,两个系统的数据在各个风速档位上都相当接近,没有出现随着风速增大而误差增大或减小的系统性误差。相比均匀流,图2.4.41中湍流的均方差要大得多,无线系统的脉动风压测试结果令人满意。

(3) 湍流中传感器外压的对比测试。

图2.4.42为入口风速为20m/s时两种系统5个测点的外压平均值和均方差对比。由图可知,两种系统的基本规律是一致的,但是差异要比内压测试大。这是因为外压分布不均匀。故此处测试只进行定性对比,规律一致即可。图2.4.43为模型右面板测点的对比结果,两者非常接近,这同样显示了差压传感器优秀的脉动风压测试能力。

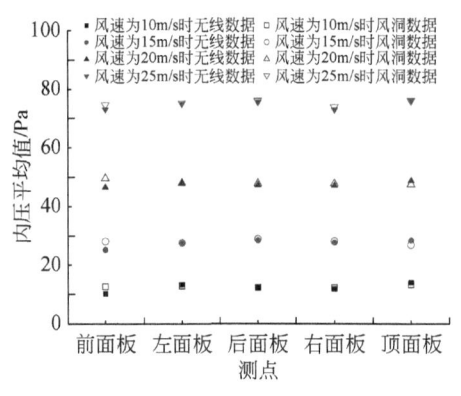

图2.4.40 湍流中传感器内压测试平均值对比

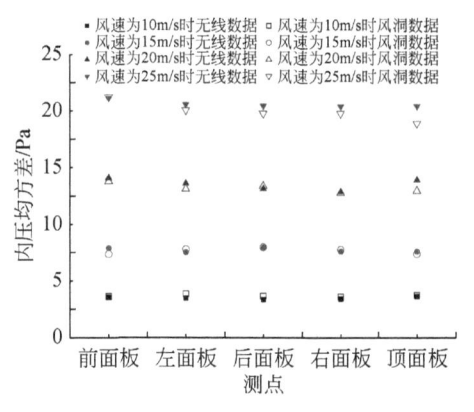

图2.4.41 湍流中传感器内压测试均方差对比

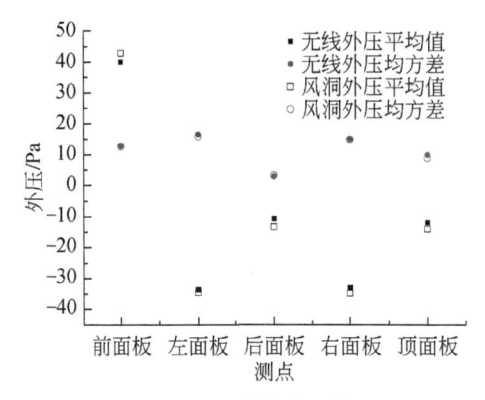

图2.4.42 湍流中传感器外压测试 ($v=20$m/s)

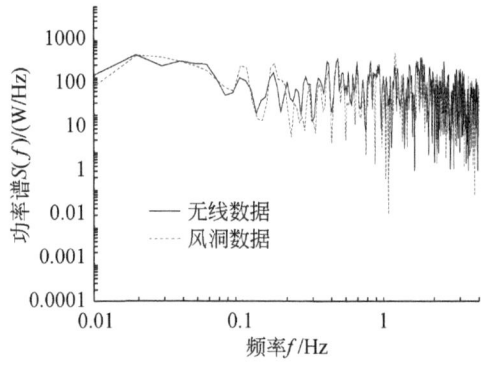

图2.4.43 右面板脉动风压功率谱对比

2.5 数据采集与传输子系统

数据采集与传输子系统是联系传感器子系统与数据管理子系统的桥梁,通过发送无线指令来实现传感器子系统对结构信息的采集,并将实时获取的监测数据信号传输至数据管理子系统,实现结构信息向监测系统中后端数据处理系统的流动。该子系统的核心技术包括通信传输技术、无线组网技术、时间同步技术和压缩感知技术。其中,通信传输技术负责采集指令与监测数据的传输,无线组网技术决定监测系统中信息的流动路径,时间同步技术保证了多点数据采集的同步性,而压缩感知技术则有效地提高了数据采集与传输的能源利用效率。

2.5.1 通信传输技术

在实测系统中,传感器子系统感知结构信息的任务由传感器单元负责,而数据采集与传输任务则需要由无线控制单元来实现。具体而言,无线控制单元负责驱动传感器采集数据、原始数据的初步整理、数据临时存储和无线指令数据收发等一系列任务。无线控制单元由4个模块组成,分别为中央控制模块、无线传感模块、时钟模块和同步模块。

中央控制模块主要包含一块单片机和对应的电源控制子模块,如图2.5.1(a)所示。该单片机有三种模式:工作模式、待机模式和睡眠模式,当需要单片机驱动其他模块进行数据采集、数据回传或数据存储时,单片机处于工作模式,当工作结束一定时间后,电源控制子模块将会切断单片机的绝大部分电源,从而使单片机进入睡眠模式,进而尽可能地降低该控制模块的综合功耗。

无线传感模块包括三部分:无线通信子模块、动态存储子模块和动态传感采集子模块。无线通信子模块如图2.5.1(b)所示,在无线传感模块中加入了动态存储子模块,该模块使得每个测点可单独进行多次自动采集,且采集数据可以直接存储至动态存储子模块中而不通过无线通信进行数据回传。采集结束后,测点通过建立相应的索引以保证数据可以被高效地读写,通过智能数据压缩和识别技术来节约存储空间。保存在动态存储子模块中的数据可以通过分割打包的方式逐个回传给采集终端,大幅减少了无线通信的次数,也进一步降低了测点功耗。此外,动态存储子模块断电之后仍然能够保存数据,这为传输过程意外中断后的断点续传提供了保障。

时钟模块和同步模块均用来实现多测点的同步数据采集。时钟模块采用低功耗实时时钟芯片。同步模块用来校准不同时钟芯片的个体差异,该模块独立于其他模块单独运行,使用独立电源供电,如图2.5.1(c)所示。目前同步模式通常有三

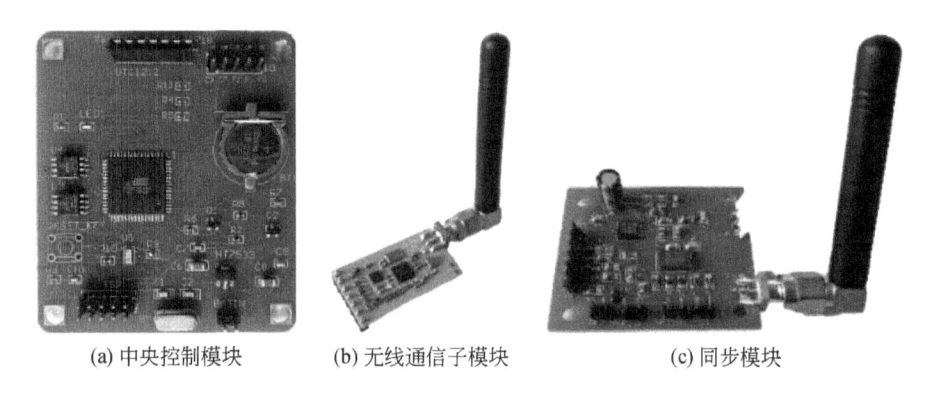

(a) 中央控制模块　　(b) 无线通信子模块　　(c) 同步模块

图 2.5.1　无线控制单元硬件实物图

种：Ad-Hoc 信息交换协议同步模式、全局时间信息同步模式以及调频（frequency modulation，FM）广播信号同步模式。

图 2.5.2 为无线控制单元原理图。时钟模块和 FM 同步模块均采用独立电源供电，无线传感模块和低功耗中央控制模块采用主电源供电，时钟模块和同步模块可以独立于低功耗中央控制模块运行。当这两个模块的电量耗尽无法工作时，低功耗中央控制模块将自动关闭其与这两个模块之间的通信接口，保证基本的无线传感功能仍能正常运行。维护人员只需要更换这两个模块的电源，即可大幅降低

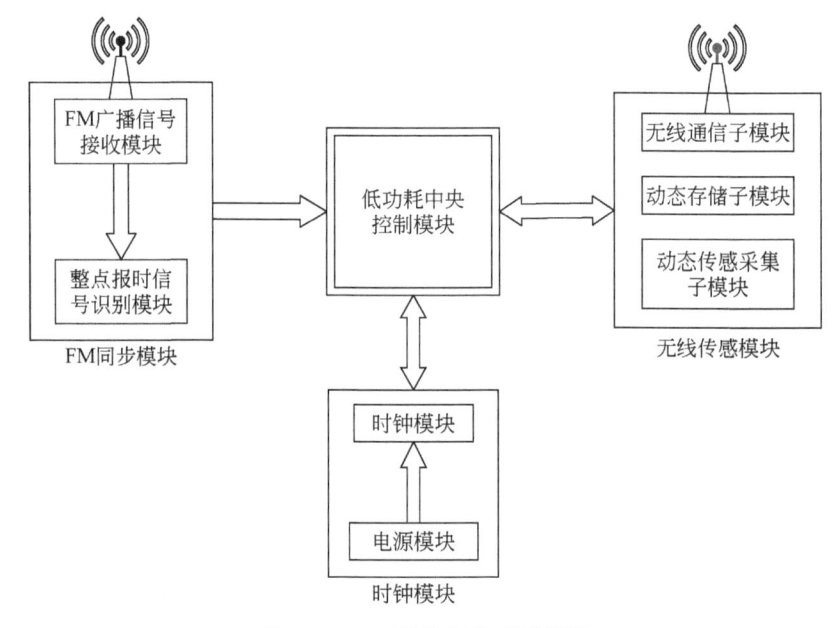

图 2.5.2　无线控制单元原理图

测点整体失效的概率。

2.5.2 无线组网技术

1. 无线传感网络拓扑类型

无线传感网络在空间结构健康监测系统中分为两类拓扑结构：基本型与拓展型。如图 2.5.3(a)所示，最典型的基本型网络的拓扑结构是星型网络，在其中所有传感节点与汇聚节点直接通信。它适用于传感节点布置区域不是很大、传感节点分布紧密且汇聚节点可以放置在结构上的情况。如果传感节点布置区域比较大、传感节点较为分散而且它们的数量很少，那么链型网络更合适，如图 2.5.3(b)所示。链型网络是空间结构健康监测系统的另一类基本型网络拓扑结构，传感节点通信采用单跳或多跳传输技术。在一些大型建筑上实施大范围和大规模传感节点的监测，需要建立基于基本型的拓展型无线传感网络拓扑结构。图 2.5.3(c)与(d)所示的两种网络拓扑形式分别是簇型网络和树型网络，是基于星型网络和链型网络而开发的拓展型网络。其中，簇型网络是在以路由接力节点组成的链型网络基础上添加传感器的星型分簇，而树型网络是在以路由接力节点组成的星型网络基础上添加传感器的星型分簇。

不同的无线传感网络有其各自的优势，例如，基本型网络具有良好的时间同步性，拓展型网络则可以满足大面积的传感器布设需求。单个结构上可以通过布设一个或多个汇聚节点构建一种或多种无线传感网络。采集数据可通过无线网络传输到现场服务器，也可以通过因特网对现场服务器进行远程控制。

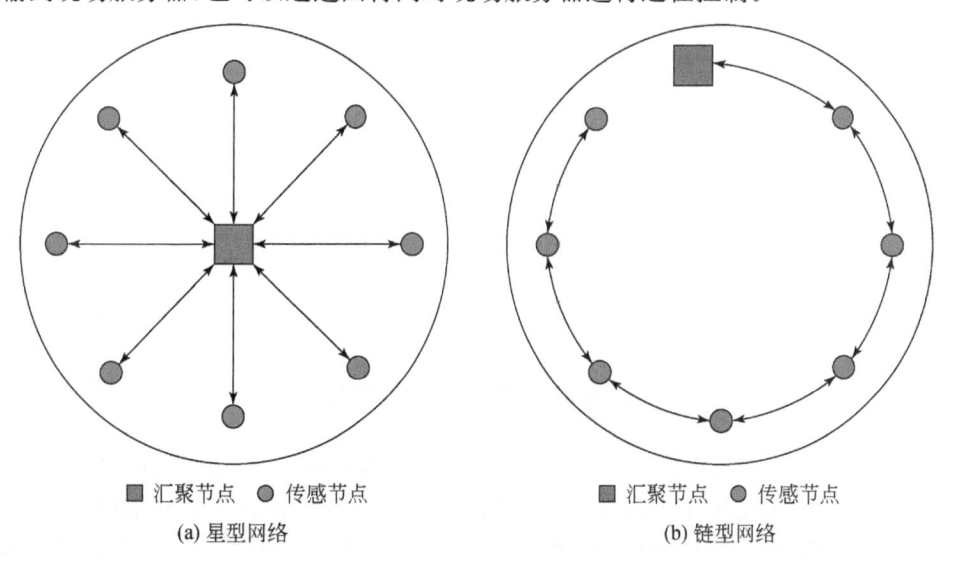

■ 汇聚节点　● 传感节点　　　　　　　■ 汇聚节点　● 传感节点

(a) 星型网络　　　　　　　　　　　　(b) 链型网络

(c) 簇型网络　　　　　　　　　　　(d) 树型网络

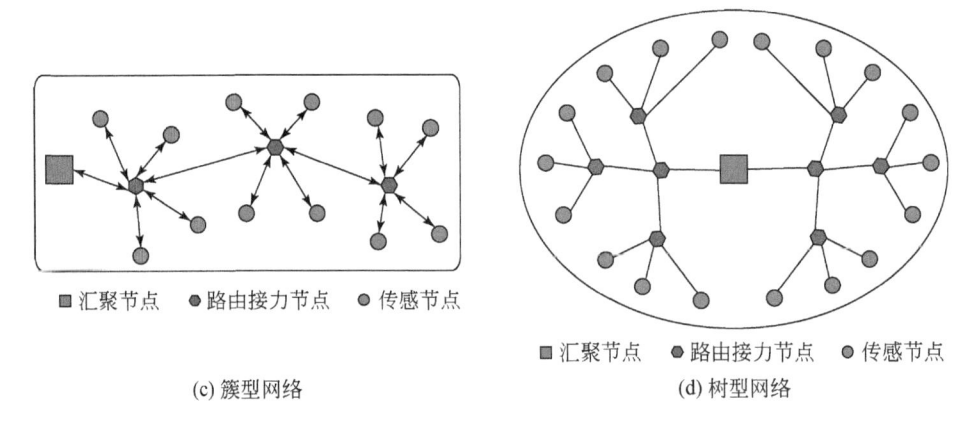

图 2.5.3　无线拓扑组网方式

2. 无线传感网络组网技术原理

无线传感网络中通常包含大量的无线传感节点，这些节点需要按照一定的体系或结构组成较优的网络，才能方便、快捷、持续、稳定地回收各个感知测点采集的数据，而组网方式的选用依赖于无线传感网络组网技术。无线传感网络组网技术水平由低到高如图 2.5.4 所示，包括单跳传输、路径固定多跳传输和自组网多跳传输。其中，自组网多跳传输技术是应用基于动态源路由理论，使用私有协议开发而成的智能化无线自组网技术，仅用一个基站和多个接力点（接力点即路由节点）覆盖全部测点，各节点能够根据无线信号强度方便快捷地在所有测点、接力点和基站之间建立最优的、稳定的通信网络，并且可以对既有网络进行智能调整或重组以应对各种不利情况导致的网络拓扑关系变化。

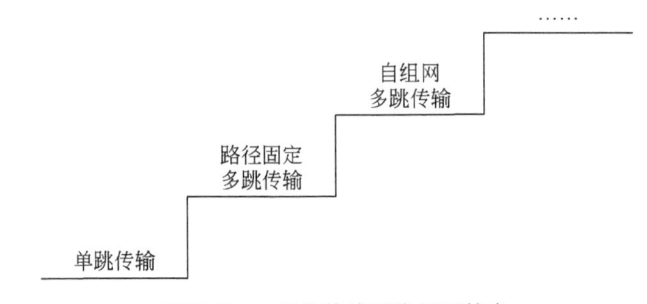

图 2.5.4　无线传感网络组网技术

上述组网技术通过指定上级节点地址和下级节点地址的方式可自由地组成各种拓扑形式的无线网络，如星型、链型、树型以及更多复合的网络拓扑结构，从而实现仅用一个基站和多个路由节点就可覆盖全部测点的无线通信。无线传感网络组网技术可以对不同的监测对象进行网络定制,针对不同的结构体量和传感器探测节点分布情况实现不同的组网方式,可实现无线信号对监测对象的全面域覆盖,满足空间结构大面域、多测点的结构健康监测需求。

此外,无线传感网络组网技术根据信号传输方式的不同,可以划分为广播与单播两种方式。具体而言,广播主要用于测点唤醒与开始采集命令的实现,而单播主要用于传感节点的数据回收、节点地址重置等命令。针对不同的结构体量和传感器监测节点分布情况来实现不同的组网方式,以基于单广播方式的定制树型组网为例,如图 2.5.5 所示。

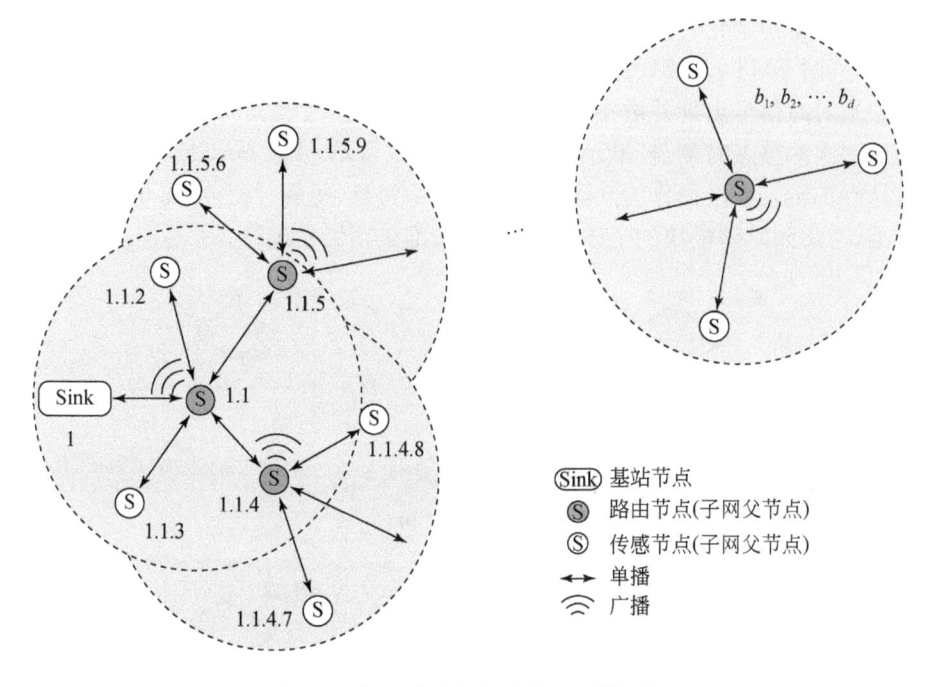

图 2.5.5　基于单广播方式的定制树型组网

综上所述,针对空间结构健康监测的大面域、多测点特点,对不同的空间结构监测对象进行网络定制是无线传感网络组网技术应用的关键。

2.5.3　时间同步技术

1. 多点数据同步采集原理

时间同步是传感网络协同工作的关键,其精度影响结构模态振型、风荷载相关性等数据分析结果。由于无线网络覆盖范围有限,超出范围后必须使用路由节点进行信号转发才可以通信,而信号转发必然导致信号延迟从而导致同步性变差;此外,监测数据的采集时长、采样频率都会对数据的同步性产生影响。

为了解决这个问题,利用定时功能进行多点定时同步采集,当需要同步采集时,基站只需向每个测点依次发送相同的定时采集指令,确保所有测点在相同的时间点开始同步采集。然而,由于时钟模块精确度存在个体误差,各测点的开始时间点并不完全一致。为了消除这种误差带来的影响,利用单元内部的同步模块,设计了一套同步校准机制。同步模块将民用 FM 广播的整点报时音转化为报时电信号,中央处理模块对信号进行智能识别并对时钟模块进行整点校准。经过校准后时钟模块的个体误差大幅度减小,从而可以保证多点数据采集的同步性。

测点设备初始化时,时钟模块将被赋予初始时间,该时间与设备被初始化的时间一致,同时 FM 同步模块被初始化为每 24h 进行一次准点对时,并设置具体对时整点。当对时信号出现并被接收成功后,中央控制模块驱动时钟模块将时间校准为最近一次的整点时刻,校准示意图如图 2.5.6 所示,单次同步校准完成,校准精度可达到 1ms。校准操作的间隔时间可修改为每日、每周、每月或每年进行一次同步校准,考虑到时钟模块的个体差异,同步校准必须经常进行。

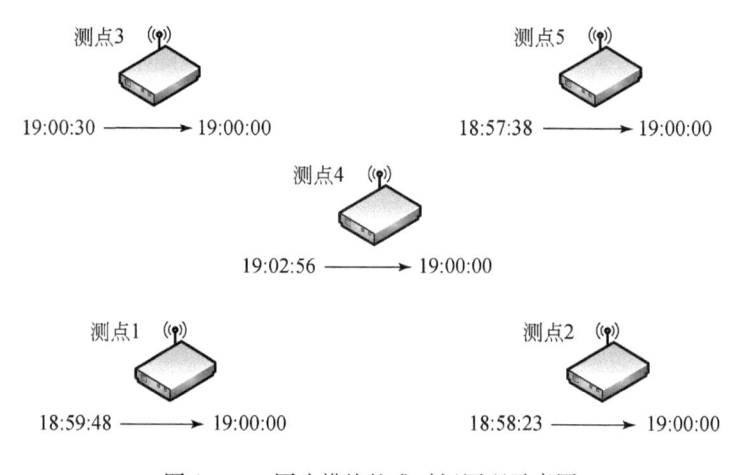

图 2.5.6 同步模块校准时间原理示意图

2. 多点数据同步采集测试

1) 同步测试试验设计

为了确定监测系统多点同步采集的同步程度,对该系统的同步性进行试验探究。通常来说,验证多点同步最直接的方法是让不同测点处在绝对相同的激励环境下,通过对比每个测点测量数据的相位差来判断测点之间的同步情况。以风压多点同步采集为例,进行无线传感网络的多点数据同步采集性能测试。如图 2.5.7 所示,利用普通音箱倒相孔中的压力变化输出周期变化的压力时程。具体而言,声波在音箱空腔内与空气作用形成亥姆霍兹共振,使内部空气形成驻波,驻波的幅值与音量成正比;由于倒相孔的存在,内部空腔的驻波与外界空气形成对流,对流流速与驻波幅值成正比;根据伯努利原理,倒相孔中的压力与流速成反比,因而可以通过控制音量来控制倒相孔中的压力。

图 2.5.7　音箱倒相孔

试验装置分为三部分:首先,利用 MATLAB 生成音量为正弦变化的正弦声波,通过 3.5mm 音频输出接口将声音输出至音箱;其次,在音箱倒相孔中央放置一个 T 型三通接头,并通过 $\phi 3\text{mm} \times 150\text{mm}$ 的橡胶管连接至另一个 T 型三通接头,并将两端分别接入两个差压传感器的高压端口,传感器的参考压力端均为测试现场环境压力;最后,将两个差压传感器的信号分别接入两个无线采集测点中,其中一个为参考测点,另一个为待测测点,如图 2.5.8 所示。测试时,通过调节合适的音量和音量变化频率,保证音箱倒相孔中的压力时程呈现规律变化而不会出现声波失真现象。

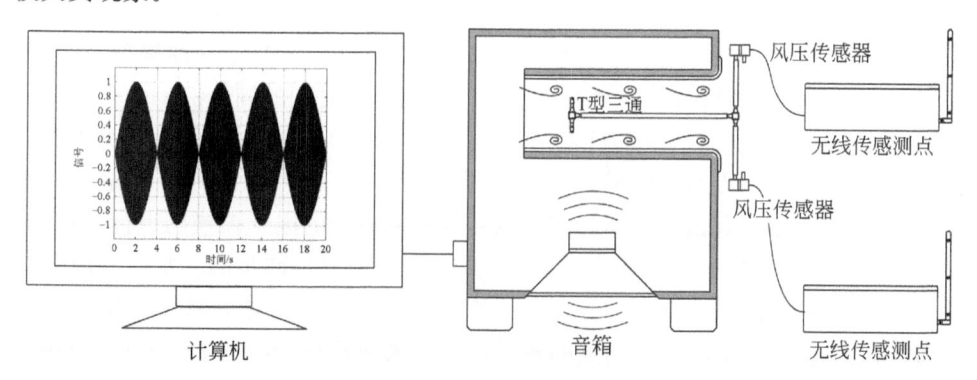

图 2.5.8　无线同步采集测试装置示意图

2) 同步试验结果

为了验证上述试验方案的可靠性,首先选取一个尚未同步的试验测点 P_2,其

相对于参考测点 P_1 的同步差异测量数据如图 2.5.9 所示。根据 P_1 与 P_2 数据点的拟合结果,试验测点 P_2 相对于参考测点 P_1 的相位差为 -0.107s。此外,两测点数据在压力绝对值最大的部分出现了一定的离散,这是因为当音量增加到一定值后,倒相孔内部将会出现一定程度的湍流。因此,在同步试验时将音箱的音量控制在特定范围内,在保证测试精度的同时尽可能降低倒相孔内的湍流程度。

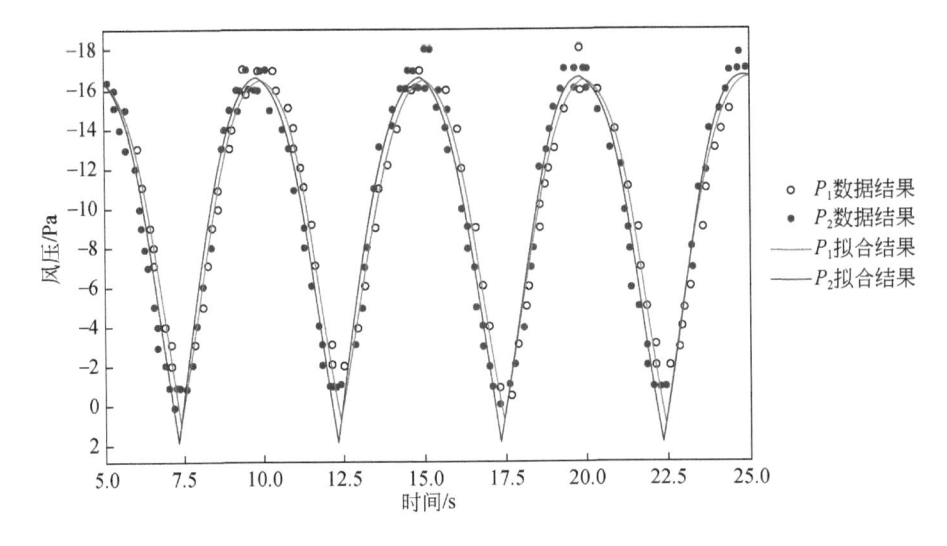

图 2.5.9 典型同步差异测量数据的拟合结果

图 2.5.10 为随机选择的 4 个测点经过同步之后的时间误差随时间的变化关系,横坐标为上一次设置时间同步后的时间,纵坐标为测点相对于参考点的时间误差。可以看出,时间误差与时间呈明显的线性关系,线性拟合结果与数据非常一致,相关系数均在 0.99 以上。这表明每个测点内的时间误差是一种累积误差,因而通过定时校准和线性修正这两种方法可以大幅提高时间的同步性。

如果直接采用广播形式进行定时校准,定时校准的频率最高可达到每小时 1 次。统计了 17 个测点每小时的最大同步误差如图 2.5.11 所示,每小时最大同步误差不超过 40ms。陈凯等(2011)将该误差与风洞试验的电子扫描阀进行对比,电子扫描阀在数据采集时采样频率很高,可认为数据基本是同步的。常用的风洞试验扫描阀采样频率可达 50000Hz 以上,多通道情况下每个通道采样频率通常在 300Hz 以上,因此通道内不同测点的相对误差最大通常在 3ms 左右。然而,风洞试验通常是缩尺模型试验,测试时间并不同于真实时间,其时间缩尺比的计算公式为

$$\lambda_t = \frac{\lambda_l}{\lambda_v} \tag{2.5.1}$$

式中,λ_l 为几何缩尺比;λ_v 为风速缩尺比。大多数缩尺模型的风洞测压试验的时间

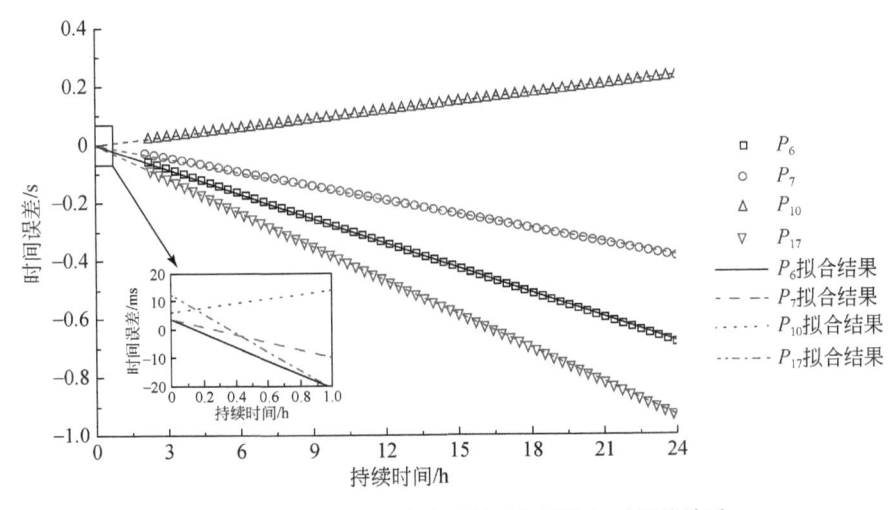

第 2 章 空间结构健康监测系统原理

图 2.5.10 多测点同步之后的时间误差与时间的关系

缩尺比小于 1∶10,因此电子扫描阀的相对误差经缩放后通常在 30ms 以上。无线传感系统的同步精度基本一致,满足空间结构健康监测多测点同步采集的实际要求。

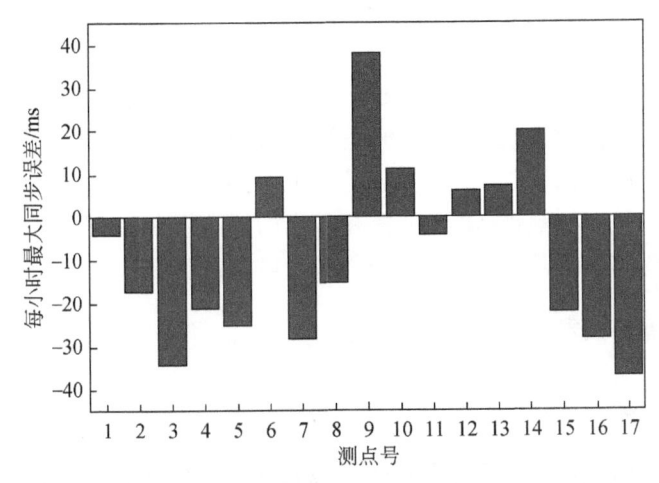

图 2.5.11 多测点同步性能测试统计结果(不同测点每小时最大同步误差)

上述采用广播进行定时校准存在一个较为明显的问题,即每小时进行一次校准会导致系统的功耗大幅上升。因此,一般采用前文所述线性修正的方式来提高多测点的同步精度,从而将校准频率降低为每天或每周一次,大大减小系统的同步能耗,其不同测点的同步精度直接取决于每次同步的精度。

由图 2.5.10 多测点同步之后的时间误差与时间的关系可以看出,当横坐标为

0时,拟合直线的截距并不为0,该截距即为同步的相对误差,该误差和处理器响应速度、信号判别的差异以及时钟模块的精确度均有关,是一个随机变化的系统误差。通过不断重复上述试验,得到多测点多次的数据拟合,从而计算出多个拟合直线的截距。将时间同步误差进行统计分析,统计结果如图2.5.12所示,可见绝大部分的时间同步误差在10ms之内,80%的时间同步误差在5ms以内,接近风洞试验电子扫描阀的绝对时间同步误差。

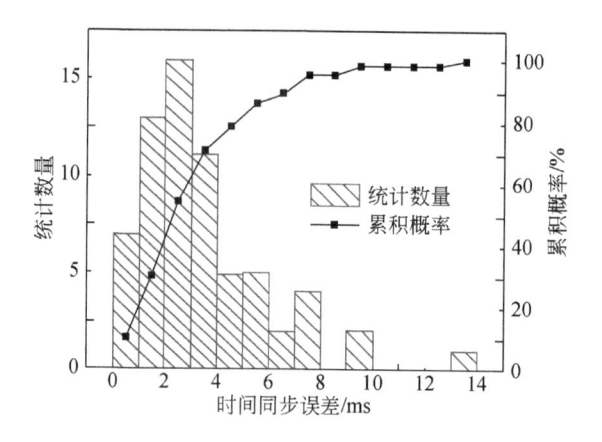

图2.5.12 多测点同步性能测试统计结果(FM广播同步精确度的统计信息)

虽然采用线性修正的方法比直接利用广播进行同步的精度更高,但此方法操作较为复杂,对于使用大规模测点的试验显然需要花费大量时间在线性校准上。因此,在现场实测中仍采取广播方式进行校准,对采样频率较低的测点采用较低的校准频率,对于采样频率较高的测点采用较高的校准频率,当超过一段时间没有进行实测采集时,则关闭同步模块以尽可能节省监测系统的电量。

2.5.4 压缩感知技术

1. 压缩感知技术研究现状

为了获取空间结构模态信息,往往需要对加速度等结构健康监测数据进行长时间的、高频率的采样,这将导致传感器能源的大量消耗,也给监测数据的实时快速传输带来了极大的挑战。压缩感知(compressed sensing,CS),也称为压缩采样或稀疏采样,是一种新型的采样技术(Candes et al.,2006a,2006b,2006c;Donoho,2006a,2006b)。压缩感知理论基于信号的稀疏特性,不再需要直接采集完整的信号,而仅需少量的样本点,即可借助信号的稀疏性,在数字信号的后端处理中恢复出完整的目标信号,如图2.5.13所示。因此,压缩感知技术可以非常有效地降低监测系统的采样频率,从而显著降低传感器能源消耗与传输带宽需求,进而延长监测系统的维护周期与使用寿命。

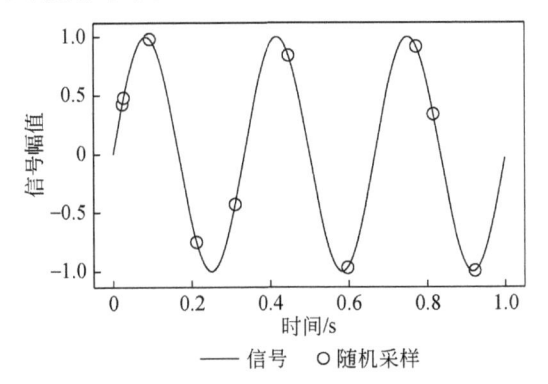

图 2.5.13 利用信号频谱稀疏性从极少量样本点获取完整信号

对于一组数字信号,相对于信号的带宽,它们往往由更小的一部分自由度所决定,可以用很少的数字编码表示。一个典型案例就是一长串结构振动的加速度时域数据,往往只需要用频谱上少量几个峰值就可以表示出来,这类信号称为稀疏信号(又称为近似稀疏信号、可压缩信号)。显然,对于此类信号,如果能够从少数的样本点中直接捕获其频谱上的峰值,就可以高效且精确地直接获取目标信号。压缩感知技术基于随机测量和稀疏重构的算法,实现了这一目标。

信号压缩具体过程为:将 N 维信号 x 投影压缩到 M 维信号 y,保证主要信息不丢失;设长度为 N 的稀疏信号 x,通过大小为 $M \times N$ 的测量矩阵进行线性测量得到长度为 $M(M \ll N)$ 的压缩信号 y,数学表达式为

$$y = \boldsymbol{\Phi} x \tag{2.5.2}$$

式中,$\boldsymbol{\Phi}$ 的大小为 $M \times N$,称为感知矩阵或测量矩阵。

将压缩后的信号 y 传输至后端服务器后,利用重建算法,M 维信号 y 恢复出原 N 维信号 x。式(2.5.2)无法直接求解 x,因此利用信号的稀疏性,将 x 在某个稀疏基上展开,则信号进一步表示为

$$y = \boldsymbol{\Phi} x = \boldsymbol{\Phi\Psi} w = Dw \tag{2.5.3}$$

式中,$D = \boldsymbol{\Phi\Psi}$,大小为 $M \times N$;$\boldsymbol{\Psi}$ 为系数变换矩阵,大小为 $N \times N$;w 为一组稀疏系数(大部分分量为 0)。经过重建算法求解原信号,即从 M 维信号 y,通过非线性投影获得原 N 维信号 x。数学表达式为:$\hat{x} = \boldsymbol{\Phi}^{-1} \hat{w} = \boldsymbol{\Phi}^{-1} f(D, y)$,$f$ 表示利用信号稀疏性,从 y 求解稀疏系数 w 的过程。

2. 压缩采样方法

测量矩阵 $\boldsymbol{\Phi}$ 不仅对信号的采样方法有重要影响,也会影响信号恢复的精度和

速度。因此,性能良好的测量矩阵需满足的条件一直是国内外学者研究的重点和难点。Candes 等(2007)指出了测量矩阵应满足限制等距特性(restricted isometry property,RIP),对于任意向量 x,如果测量矩阵 $\boldsymbol{\Phi}$ 满足:

$$(1-\delta)\|x\|_2^2 \leqslant \|\boldsymbol{\Phi} x\|_2^2 \leqslant (1+\delta)\|x\|_2^2, \quad 0<\delta<1 \tag{2.5.4}$$

则称测量矩阵 $\boldsymbol{\Phi}$ 满足 RIP 原则。RIP 原则从理论上给出了测量矩阵应满足的条件,但该条件过于复杂,以至于在实践中难以运用。于是 Candes 等(2008)进一步给出 RIP 的等价条件是观测矩阵和稀疏表示基不相关。据此,一些测量矩阵相继被提出,通常可以将测量矩阵分为随机测量矩阵和确定性测量矩阵两类。常用的测量矩阵主要包括随机稀疏测量矩阵、高斯随机测量矩阵、伯努利随机测量矩阵和轮换测量矩阵等。

1) 随机稀疏测量矩阵

随机稀疏测量矩阵用于随机欠采样,也就是随机的不等间距采样,是实现压缩感知采样最简单的方法,即从目标信号中,按照预设编号,直接不等间距地抽取部分样本点。实践中,该方法硬件友好度高,非常容易植入现有的各种硬件设备中,在结构测量实践中有一定的应用范围。但是,随机欠采样方法获取的压缩数据,重构效果相对较差,且易受到个别异常值的干扰。基于随机欠采样方法的测量矩阵 $\boldsymbol{\Phi}$ 的构建方法较为简单,构造一个 $N \times N$ 单位矩阵,只保留 M 个采样点对应的行,移除未采样点对应的行,最终 $\boldsymbol{\Phi}$ 的大小为 $M \times N$。

2) 高斯随机测量矩阵

高斯随机测量矩阵是压缩感知中最常用的测量矩阵,矩阵 $\boldsymbol{\Phi} \in \mathbf{R}^{M \times N}$ 中的每个元素均独立服从均值为 0,方差为 $1/\sqrt{M}$ 的高斯分布,即

$$\phi_{i,j} \sim N\left(0, \frac{1}{\sqrt{M}}\right) \tag{2.5.5}$$

经相关理论证明,高斯随机测量矩阵满足 RIP 原则,其主要有以下优势:①高斯随机测量矩阵与绝大多数正交稀疏基不相关;②通常情况下,高斯随机测量矩阵所需的测量值较少,可以达到较高的压缩比。其缺点在于,对于结构健康监测中的时间相关信号,如加速度、风速等,将高斯随机测量矩阵植入传感器中,相对较为复杂,且需要一定的运算量。

3) 伯努利随机测量矩阵

伯努利随机测量矩阵也是压缩感知中常用的测量矩阵,其构造方式是:矩阵 $\boldsymbol{\Phi} \in \mathbf{R}^{M \times N}$,每个元素独立服从对称的伯努利分布,即

$$\begin{aligned} P(\phi_{i,j}=1) &= 0.5 \\ P(\phi_{i,j}=-1) &= 0.5 \end{aligned} \tag{2.5.6}$$

伯努利随机测量矩阵是一个随机性非常强的测量矩阵,经相关理论证明,其满

足 RIP 原则,具有与高斯随机测量矩阵相似的性质,但由于在测量端可以仅通过加减操作来完成监测信号的测量与记录工作,运算负荷较小,在结构健康监测中比高斯随机测量矩阵更方便运用。

4) 轮换测量矩阵

轮换测量矩阵的构造方式为随机生成长度为 N、元素值为 1、-1 的向量作为测量矩阵的第一行,采用依次循环的方式获得第二行、第三行至第 M 行,其形式如式(2.5.7)所示:

$$\boldsymbol{\Phi} = \begin{bmatrix} 1 & -1 & -1 & \cdots & \cdots & 1 & -1 \\ -1 & 1 & -1 & -1 & \cdots & \cdots & 1 \\ 1 & -1 & 1 & -1 & -1 & \cdots & \cdots \\ & & & \cdots & & & \end{bmatrix}_{M \times N} \quad (2.5.7)$$

从轮换测量矩阵的构造方法可以看出,轮换测量矩阵采用第一行循环的方式产生后 $M-1$ 行。相比于一般测量矩阵,轮换测量矩阵只需要存储长度为 N 的构造向量,更节省空间;这种循环移位易于硬件实现,这是轮换测量矩阵被广泛研究和应用的主要原因之一。

3. 稀疏重构方法

理论证明,在测量矩阵满足 RIP 原则的情况下,可以通过下面的优化问题近乎完美地实现信号的重构过程:

$$\min_{\boldsymbol{w}} \|\boldsymbol{w}\|_0$$
$$\text{s.t.} \quad \boldsymbol{y} = \boldsymbol{\Phi}\boldsymbol{x} = \boldsymbol{\Phi}\boldsymbol{\Psi}\boldsymbol{w} = \boldsymbol{D}\boldsymbol{w} \quad (2.5.8)$$

然而,式(2.5.8)涉及 ℓ_0 范数最小化问题,该问题在数学上属于 NP 难问题,迄今为止,尚未找到一种能够有效求解此类问题的算法,因此需要寻求其他替代求解方法,常用的求解方法包括以下几种。

1) 最小绝对值收敛和选择算法

Candes 等证明,当测量矩阵 $\boldsymbol{\Phi}$ 满足 RIP 原则时,ℓ_0 范数最小化与 ℓ_1 范数最小化问题存在共解,于是,在式(2.5.8)难以求解的前提下,可以求解 ℓ_1 范数最小化问题作为代替:

$$\min_{\boldsymbol{w}} \|\boldsymbol{w}\|_1$$
$$\text{s.t.} \quad \boldsymbol{y} = \boldsymbol{\Phi}\boldsymbol{x} = \boldsymbol{\Phi}\boldsymbol{\Psi}\boldsymbol{w} = \boldsymbol{D}\boldsymbol{w} \quad (2.5.9)$$

式(2.5.9)可以进一步转化为最小绝对值收敛和选择算法(least absolute shrinkage and selection operator,LASSO)进行求解(Tibshirani,1996),有

$$\min_{\boldsymbol{w}} \sum_{i=1}^{M} [(\boldsymbol{y} - \boldsymbol{D}\boldsymbol{w})^2 + \alpha \|\boldsymbol{w}\|_1] \quad (2.5.10)$$

式(2.5.10)即为 LASSO 式,其中 $\alpha>0$,为正则化参数。

LASSO 有多种数值解法,本书提供一种近端梯度下降(proximal gradient descent,PGD)算法进行求解(Rangan et al.,2012;Friedman et al.,2010)。存在常数 $L>0$,可先计算 $z=w_k-\frac{1}{L}\nabla f(w_k)$,然后求解

$$w_{k+1}=\underset{w}{\mathrm{argmin}}\frac{L}{2}\|w-z\|_2^2+\alpha\|w\|_1 \tag{2.5.11}$$

式中,w 的各个分量相互不影响,于是式(2.5.11)存在闭式解。

$$w_{k+1}^i=\begin{cases} z^i-\frac{\alpha}{L}, & z^i>\frac{\alpha}{L} \\ 0, & \|z^i\|\leqslant\frac{\alpha}{L} \\ z^i+\frac{\alpha}{L}, & -z^i<\frac{\alpha}{L} \end{cases} \tag{2.5.12}$$

2) 正交匹配追踪

正交匹配追踪(orthogonal matching pursuit,OMP)算法是一种求解稀疏回归问题的贪心算法,具有计算速度快的优点,但通常计算精度不如 LASSO(Tropp et al.,2007)。从字典矩阵 $\boldsymbol{D}$ 逐个选择一个与信号 $\boldsymbol{y}$ 最匹配的原子(也就是某列)和目标信号进行拟合,并求出信号残差,然后继续选择与信号残差最匹配的原子,反复迭代,信号 $\boldsymbol{y}$ 可以由这些原子的线性和,再加上最后的残差值来表示。OMP 算法在每一次迭代过程中对所挑选的全部原子先要执行施密特正交化操作,来确保每一次循环结果都是最优解。其实现流程如下。

(1) 初始残差 $\boldsymbol{r}_0=\boldsymbol{y}$,支撑索引集为 $\Lambda=\varnothing$,迭代初始值 $k=1$,$\boldsymbol{D}=[\boldsymbol{d}_1,\boldsymbol{d}_2,\cdots,\boldsymbol{d}_N]$。

(2) 寻找支撑索引。

$$\lambda_k=\underset{i=1,2,\cdots,N}{\mathrm{argmin}}|\langle\boldsymbol{r}_{k-1},\boldsymbol{d}_i\rangle| \tag{2.5.13}$$

(3) 将找到的最相关字典元素的索引加入索引集。

$$\Lambda_k=\Lambda_{k-1}\bigcup\{\lambda_k\} \tag{2.5.14}$$

(4) 更新残差。

$$\boldsymbol{r}_k=\boldsymbol{y}-\boldsymbol{D}_{\Lambda_k}(\boldsymbol{D}_{\Lambda_k}^{\mathrm{T}}\boldsymbol{D}_{\Lambda_k})^{-1}\boldsymbol{D}_{\Lambda_k}^{\mathrm{T}}\boldsymbol{y} \tag{2.5.15}$$

(5) $k=k+1$,返回第二步,当迭代达到控制条件要求时,结束迭代,得到最终的稀疏系数。

$$\boldsymbol{w}=(\boldsymbol{D}_{\Lambda_k}^{\mathrm{T}}\boldsymbol{D}_{\Lambda_k})^{-1}\boldsymbol{D}_{\Lambda_k}^{\mathrm{T}}\boldsymbol{y} \tag{2.5.16}$$

3) 贝叶斯稀疏回归

贝叶斯稀疏回归计算精度较高,且能够给出重构信号的分布,但其计算复杂度高,运算缓慢,其基本原理如下(Ji et al.,2008):

假设方程 $y=Dw$ 存在误差 $\varepsilon \sim N(0,\sigma^2)$。设 w 先验为高斯分布 $p(w\mid\boldsymbol{\alpha})=\prod_{j=1}^{k}N(w_j\mid 0,\alpha_j^{-1})$；设 $\boldsymbol{\alpha}=[\alpha_1,\alpha_2,\cdots,\alpha_k]$ 服从 Gamma 分布 $p(\boldsymbol{\alpha}\mid a,b)=\prod_{j=1}^{k}\Gamma(\alpha_j\mid a,b)$，$\sigma^2$ 服从 Gamma 先验分布 $p(\sigma^{-2}\mid c,d)=\Gamma(\sigma^{-2}\mid c,d)$，通过贝叶斯推导，可得 $p(w\mid a,b)$ 为学生 t 分布，具有稀疏性(Tipping,2001)。假设 $\boldsymbol{\alpha}$ 和 σ^2 已知，通过贝叶斯推导可以得到 w 的后验分布为

$$p(w\mid y,\boldsymbol{\alpha},\sigma^2)=N(\boldsymbol{\mu}_w,\boldsymbol{\Sigma}_w) \tag{2.5.17}$$

式中

$$\boldsymbol{\Sigma}_w=(\sigma^{-2}\boldsymbol{D}^{\mathrm{T}}\boldsymbol{D}+\boldsymbol{A})^{-1} \tag{2.5.18}$$

$$\boldsymbol{\mu}_w=\sigma^{-2}\boldsymbol{\Sigma}_w\boldsymbol{D}^{\mathrm{T}}\boldsymbol{y} \tag{2.5.19}$$

$\boldsymbol{\alpha}$ 和 σ^2 可以通过最大后验概率求出：

$$\max \mathscr{L}(\boldsymbol{\alpha},\sigma^2)=\max \log p(\boldsymbol{y}\mid \log \boldsymbol{\alpha},\log \sigma^2) \tag{2.5.20}$$

式(2.5.20)的解为

$$\begin{aligned} \gamma_j &= 1-\alpha_j \boldsymbol{\Sigma}_{j,j} \\ \alpha_j &= \frac{\gamma_j+2a}{\mu_{i,j}^2+2b} \\ \sigma^2 &= \frac{\|\boldsymbol{y}_i-\boldsymbol{D}\boldsymbol{\mu}_i\|_2^2+2d}{N-\sum_{j=1}^{N}\gamma_j+2c} \end{aligned} \tag{2.5.21}$$

根据最大期望(expectation maximization, EM)算法，对式(2.5.18)~式(2.5.20)进行迭代，即可求出 w 的后验分布。

4. 压缩传感应用

通过有限元程序建立一个简单的结构模型，使用 Hollister 地震波进行激励，通过时程分析法获取结构某点的加速度响应，原始采样频率设置为 100 Hz。对原始信号使用随机采样的方式进行欠采样，并使用贝叶斯压缩感知进行恢复，实验结果如图 2.5.14 所示。通过 ℓ_2 范数评价恢复误差：

$$e=\frac{\|\boldsymbol{x}-\hat{\boldsymbol{x}}\|_2}{\|\boldsymbol{x}\|_2} \tag{2.5.22}$$

式中，x、$\hat{x}$ 分别表示真实信号和压缩感知得到的恢复信号；$\|\cdot\|_2$ 表示 ℓ_2 范数。恢复误差的统计结果见表 2.5.1。应用结果表明，结构的加速度响应信号在频域上只有少数几个峰值，大部分分量较小，具有稀疏性，傅里叶基适宜作为结构加速度响应信号的稀疏基。通过贝叶斯压缩感知方法恢复出的加速度信号，在时域上和频域上均与原始信号具有高度的相似性，因此使用傅里叶基的贝叶斯压缩感知

方法可以有效地压缩和还原加速度信号。此外,贝叶斯压缩感知还可以提供对恢复信号的不确定性估计,如图 2.5.15 所示。根据正态分布 $p(\mu-1.96\sigma<x<\mu+1.96\sigma)=0.95$,图 2.5.15(a)和图 2.5.15(b)分别给出了恢复信号某个峰值位置的 95% 置信区间。

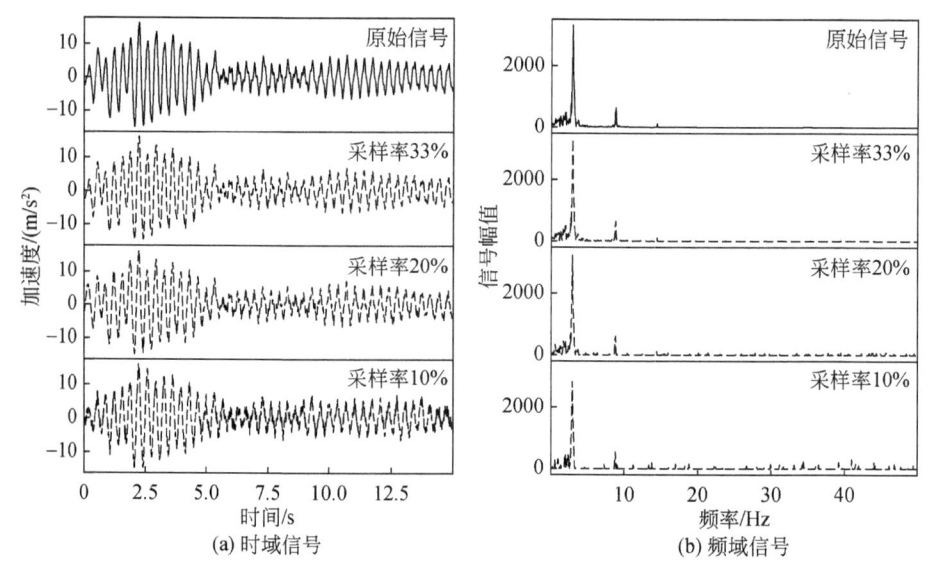

图 2.5.14 通过贝叶斯压缩感知恢复的模拟加速度信号

表 2.5.1 恢复信号的误差 （单位:%）

信号类型	采样率		
	33%	20%	10%
时域信号	3.9	10.2	34.5
频域信号	3.3	9.0	31.5

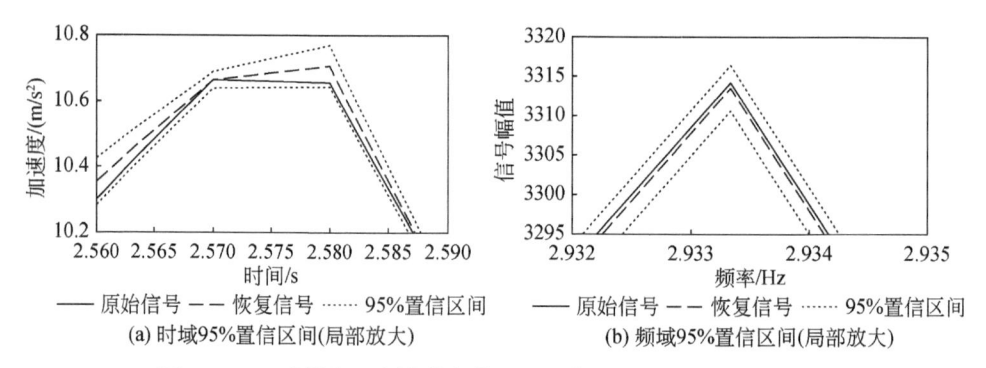

图 2.5.15 采样率 33% 的恢复信号的置信区间示意图（局部放大）

2.6 数据管理子系统

数据管理子系统主要是实现对传感器子系统采集的监测数据进行预处理、挖掘存储以及可视化管理。根据空间结构监测数据管理的需要，主要分为数据预处理、数据挖掘以及数据可视化三部分功能模块。其中，数据预处理功能模块主要对原始监测数据进行数据清理与数据集成，以提高监测数据的质量；数据挖掘模块则是提取监测数据中的信息，如影响结构性能状态评价的参数相关性、发展趋势等，以更好地理解结构监测数据的特点和结构的特性；数据可视化模块是将处理后的监测数据进行可视化展示，以实现对结构状态的实时跟踪并做出合理的分析决策。

2.6.1 数据预处理

空间结构健康监测具有传感器种类多、监测规模大、监测时间长等特点。随着各类传感器采集结构信息的逐渐累积，会导致出现监测数据爆炸但所急需的有价值的信息依旧匮乏的现象，且采集所得的海量原始数据难免受各类因素影响而夹杂不完整、异常无效、含有噪声的数据，这些数据不但对于结构性能状态的评价没有意义，甚至还可能影响数据分析和结构评价结果。为从海量监测数据中迅速而准确地获取结构信息，保证进入数据库信息的有效性、准确性与高质量的必要性不言而喻，因此对结构监测信息进行预处理是一项很重要的基础性工作。

数据预处理主要包括数据清理、数据集成、数据变换和数据归约等方法。数据清理负责识别海量数据中的噪声值或孤立点，并试图根据数据特点来替换这些噪声值或孤立点；之后通过数据集成，设计合理的数据库，将种类繁多的数据合并为完整的系统，并进行数据变换将数据规范化；然后以数据归约的方式压缩海量数据，为后面的数据挖掘奠定基础，有效提高数据挖掘的效率。

1. 数据处理基础

1) 信息组织分类

空间结构的复杂性和多样性决定了其监测评估信息具有种类多、数量大、来源广等特点。根据目前的结构监测和安全评估发展水平，从信息来源来看，判断和评估结构工作性能及服役状态的信息主要分为以下三类。

(1) 基本工程信息。

基本工程信息包括工程基本信息、结构基本参数以及监测系统配置信息等。工程基本信息包含工程名称、地理位置、建筑规模、建筑功能、建造时期等相关工程背景介绍，同时还包括工程建设单位、设计单位、施工单位、监理单位、监测单位等相关资料。结构基本参数包括结构体系特点、结构设计荷载、结构在荷载下的响应等,是结构监测数据分析的基础。监测系统配置信息则涵盖了工程采用的具体检测设备型号与数量、测点的布置情况、现场的监测系统架构等相关的文字描述和图片展示。

(2) 结构监测数据。

结构监测数据主要是指通过传感器采集到的结构实际所受外界作用和响应的数据,主要包括应力应变、加速度、位移等结构响应以及温度、风速风向、风压等环境作用。因为空间结构复杂、平面尺寸大,而健康监测又是一个长期过程,所以实际日常监测信息具有数据量庞大、复杂多样和数据冗余等特性。

(3) 安全评价信息。

安全评价信息是评估结构性能的重要参考依据,主要包括结构理论设计分析的不同工况计算结果、结构状态识别的理论评价指标和根据监测系统得到的数据信息对其进行分析处理后的信息,以及从现有状态出发预测结构发展趋势的相关信息。这些信息综合起来对结构全寿命周期预测与安全性评估具有一定的指导性意义。

2) 监测数据特点

空间结构健康监测利用传感器网络在结构施工与运营阶段采集到的大量结构信息,对结构进行异常识别与状态评价,为维护、预警决策提供可靠的依据,其监测信息具有以下数据特点。

(1) 数据量大。空间结构的自身特性,如结构形式多样、服役时间长、所处环境复杂多变和影响结构状态的参数多等,使得对其监测要比其他相应领域更加复杂和困难。面对具体的监测工程,需要获取的结构参数有应变、加速度、速度、位移、温度、旋转等很多参数,空间结构复杂的力学特性又要求其监测系统的测点布置尽可能多,这就必然导致分布于结构各处的不同装置所采集的现场数据数量庞大。

(2) 数据种类混杂。反映空间结构性能状态的结构参数众多,从而描述其健康状况所需的参数也很多,如应变、加速度、速度、位移、温度等。对这些不同种类和性质的结构参数的测量采用的原理也不尽相同,这就必然导致分布于结构各处的不同装置所采集的现场数据信息种类繁多。

(3) 数据质量参差不齐。由于对这些不同种类和性质的结构参数进行测量所采用的传感器种类多、数量大,空间结构往往处于较为恶劣的环境中且需要长期使用,监测设备故障、能源供应中断、数据传输故障等不确定情况不可避免,从而导致采集的数据会出现噪声、数据缺失等问题。

2. 数据清理

若集成的结构监测数据中存在部分遗漏数据、异常数据和噪声数据,将对结构状态的评价产生不利影响。数据清理的实质是对监测原始数据进行初步处理,包括填补遗漏数据、消除异常数据、平滑噪声数据。

1) 填补遗漏数据

不完整数据的产生有以下几个原因:①数据信息采集时的遗漏;②监测设备失灵导致的相关数据缺失;③数据信息在传输甄别的过程中被误认为是不必要的数据而被删除;④与同类数据不一致而被删除;⑤忽略历史修改。对不完整数据的处理最直接的方法就是将其删除,这种方法在遗漏数据较少或不重要的情况下可以采用。当需要对遗漏值进行填充插补时,可以采用数据系列的平均值、邻近某时段测得的平均值或邻近类似测点的平均值等最有可能的数据进行填充。

2) 消除异常数据

结构监测中,会由于外界环境干扰而产生明显不符合结构受力状态的监测值,属于异常数据,这些信息对于数据挖掘可视化没有意义,一般采用统计学中的剔除误差的 $3\sigma_x$ 准则法对这些异常数据进行剔除。

3) 平滑噪声数据

结构监测中得到的数据,往往是结构状态的真实值和各种各样的干扰或误差噪声等成分叠加在一起的结果,一般采用平滑处理来去除数据中的噪声。平滑技术有分箱、聚类、回归和概念分层等。分箱是通过考察数据点周围的值来平滑数据,常见的分箱方法有五点二次平滑公式、五点三次平滑公式和七点二次平滑公式等。例如,五点二次平滑公式为

$$\hat{y}_i = \frac{1}{35}(-3y_{i-2}+12y_{i-1}+17y_i+12y_{i+1}-3y_{i+2}) \tag{2.6.1}$$

$i=0,1,n-1,n$ 时,四个点的平滑公式为

$$\begin{cases} \hat{y}_0 = \frac{1}{35}(31y_0+9y_1-3y_2-5y_3+3y_4) \\ \hat{y}_1 = \frac{1}{35}(9y_0+13y_1+12y_2+6y_3-5y_4) \\ \hat{y}_{n-1} = \frac{1}{35}(-5y_{n-4}+6y_{n-3}+12y_{n-2}+13y_{n-1}+9y_n) \\ \hat{y}_n = \frac{1}{35}(3y_{n-4}-5y_{n-3}-3y_{n-2}+9y_{n-1}+31y_n) \end{cases} \tag{2.6.2}$$

通过对监测数据应用该公式,可以在保持原有数据量的前提下令数据曲线更为平滑,从而一定程度上减小了随机误差的影响。回归分析则以数学模型来表征不同数据之间的因果关系,以代入回归方程所得的值来替换孤立点,从而实现数据

平滑。

3. 数据集成

数据清理之后，可通过数据集成设计合理的数据库，即将种类繁多的监测数据合并为简洁完整的数据集。数据集成就是将来自多个不同数据源（如数据库、文件等）的数据整合到一个数据文件中。描述同一个参数的属性在不同数据源中可能会有不同的变量名称和类型，将其整合到一个数据库中常常会引起数据不一致和信息冗余。命名不一致也经常会造成同一属性值的数据内容不一致。大量数据的重复和冗余不但会明显降低数据挖掘的效率，也会影响数据挖掘的进程和质量。因此，进行数据清理之后，在数据集成中还必须清除数据的重复和冗余。

数据集成方法很多，选用关系型数据库 MySQL 完成监测数据的存储和传输。MySQL 是一套精简快速的网络型数据库管理程序，远程访问性能优越，跨系统平台性好，稳定性高。结构监测系统一般将监测数据存储在 Access 数据库和 txt 文件中，采用开放数据库互联（open database connectivity，ODBC）和文件读写接口访问数据，并用结构化查询语言（structured query language，SQL）和创建 MySQL 的监测信息数据文件完成数据集成。监测数据集成过程如图 2.6.1 所示。

图 2.6.1 监测数据集成过程

2.6.2 数据挖掘

1. 数据挖掘分类

数据挖掘是指在利用数据仓库技术集成大量监测数据的基础上，根据数据挖掘技术和结构性能理论评价方法，从中发现特定的有意义的数据关联、模式和趋势的过程。通过数据挖掘从大量监测数据中提取出来的信息是很有价值的，这些隐藏在数据中的信息，如影响结构性能状态评价的参数相关性、发展趋势等，能让使用者更好地理解结构监测数据的特点和结构的特性，并做出合理的分析决策。数据挖掘主要有以下几种技术：分类模式、聚类模式、关联规则、孤立点分析、时间序列分析和可视化方法等。

2. 数据分析方法

1) 分类模式

分类模式是在已有数据集的基础上学会一个分类函数或构造出一个分类模型，即通常所说的分类器。该函数或模型能够把数据集中的数据记录映射到给定类别中的某一个，从而可以应用于数据预测。信息分类将信息或数据有序地聚合在一起，有助于人们对事物进行全面和深入的了解。目前分类的主要算法有：决策树方法、贝叶斯分类、神经网络分类等。

2) 聚类模式

聚类模式是指将物理和抽象对象按类似的对象集合分组并组成多个子集合的过程，一般同时操作多个数据项。分类是基于某种标量对数据项进行分类，是有监督的学习过程，而聚类则是无监督的学习过程。可以根据属性特点将数据集中的数据划分成一系列有意义的子集，同一类别数据之间的距离较小，而不同类别数据之间的距离偏大。聚类算法一般可以划分为以下几类：基于模型的方法、划分方法、层次方法、基于密度的方法和基于网格的方法等。

3) 关联规则

关联规则分析就是从大量的数据中发现项集之间的关联、相关关系或因果结构以及项集的频繁模式。数据关联是数据项集中存在和可发现的重要知识，例如，某两个或多个变量之间频繁出现某个特定的取值，就可以认为这个特定取值的组合是该项集数据的一个关联规则。关联规则可以分为单维布尔关联规则（如Apriori算法）、多层关联规则挖掘和基于约束的关联规则挖掘算法等。

4) 孤立点分析

数据库中会有很多异常数据存在，利用数据分析来发现这些异常状况是很重要的，这一过程就称为孤立点分析。异常数据是指与其他数据非常不同或者不一致的数据对象，以及那些不符合数据模型或数据一般规律性的数据对象。大量的数据挖掘方法都试图减少或消除异常数据挖掘结果的影响。然而，对孤立点的分析需要谨慎处理，处理不当可能会导致丢失一些关键信息，因为异常数据可能是具有特定意义的数据，对结构状态的评价具有重要意义。

5) 时间序列分析

时间序列分析用来分析具有时间序列特征的数据集，呈现研究对象随时间变化而改变的变动过程，并从中分析和挖掘对象的变化特征、趋势及发展规律。它是结构系统中某一变量在其他多种因素作用影响下的综合结果。时间序列分析的实质是：通过分析处理预测对象本身的时序数据，获得对象随时间演变的特点与规律，进而推测对象的发展趋势。由于结构监测的数据大都具有时间序列属性，利用时间序列分析来辅助该领域的研究人员分析结构参数变化趋势是有效可行的方法。

2.6.3　数据可视化

随着数据库技术和网络技术的发展,可视化技术在数据分析处理中得到了广泛应用,不再局限于通过数据表来观察和分析数据信息,更突出的是能直观、形象地观察数据及其结构信息。在数据清理与集成及数据挖掘过程中,可视化处理过程的数据有助于理解所使用方法的特点并判断方法的合理性;用可视化方法表达、解释和评价知识有助于理解并检验所获得知识的正确性和实用性。可视化技术将人工智能融入知识发现系统,可以提高用户对数据的理解,能极大地改善监测系统数据的挖掘速度和深度,从而增加对结构信息的理解能力。根据可视化设计的概念与原理,利用数据库存储传输技术、数据挖掘技术和计算机图形图像技术,提出空间结构健康监测信息可视化系统的设计内容与实现方法。

1. 数据可视化系统设计

1) 基本概念与设计流程

数据可视化是利用计算机图形学和图像处理技术,将科学计算和数据挖掘过程中产生的数据及计算结果转换成图形或者图像在屏幕上显示出来,并进行交互处理的理论、方法和技术(袁景凌等,2008)。作为研究数据表示、数据处理、决策分析等一系列问题的综合技术,数据可视化涉及计算机图形学、图像处理、计算机视觉和计算机辅助设计等多个领域。

空间结构健康监测信息的可视化设计是利用计算机图形学、图像处理和计算机辅助设计技术,将抽象、平凡的监测数据处理成具有规律的、具体的图表、图像和动态动画,是数据表示、数据处理和结构状态评价的综合技术。具体的实现过程是利用数据处理和数据挖掘技术,将监测信息原始数据处理成可绘制的目标信息,并通过交互操作将目标信息以图表、图像等方式来表达。监测信息的可视化设计,可以更直观地展现结构的当前状态,其一般流程可以描述为图 2.6.2。

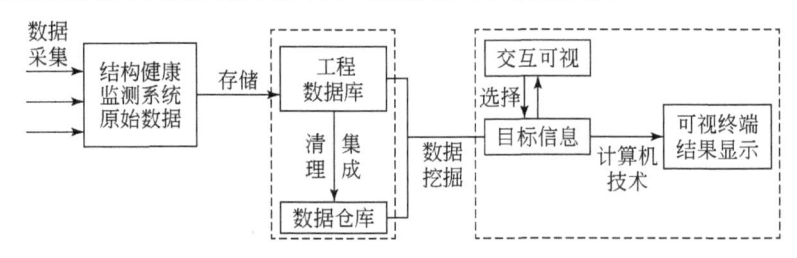

图 2.6.2　监测信息可视化设计流程

2) 可视化设计框架

空间结构健康监测系统监测的对象主要包括结构状态参数以及结构所处的环境参数等。结构状态参数主要有构件的应力应变、加速度和结构的挠度等；环境参数则主要包括环境温度、结构表面风速风向、风压等。结合结构分析过程，可视化设计内容包括结构模型信息、结构监测系统信息、监测对象数据和结构分析及结构指标的可视化。监测信息可视化设计框架如图 2.6.3 所示。

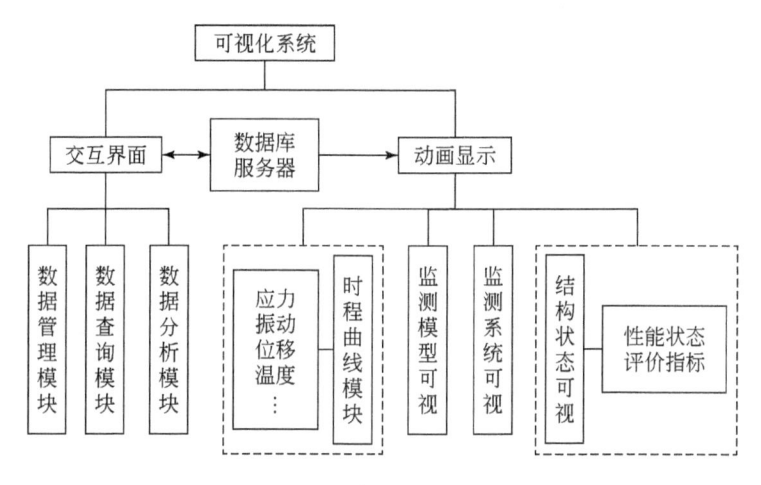

图 2.6.3 可视化设计框架

可视化系统结构一般由数据库模块、数据分析处理模块和可视化显示模块三部分组成，如图 2.6.4 所示。数据库模块用来存储和传输监测信息，是数据分析处理和可视化显示的前提；数据分析处理模块主要分析数据库中监测数据的内在规律性，提取有价值的信息；可视化显示模块包含可交互管理界面和结果显示两部分内容。

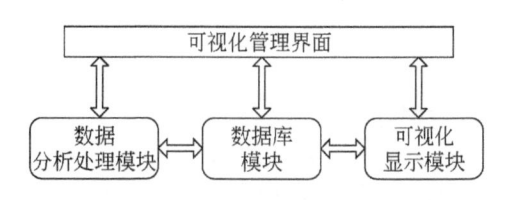

图 2.6.4 可视化系统结构

2. 数据库模块

数据库用来存储结构监测的数据信息，并提供数据处理的技术支持，是可视化系统实现的基础。空间结构健康监测中需要采集不同的监测参数，不同监测参数由于采集原理不同而采用不同的传感器软件系统,这就造成不同类型的监测数据格式不一致、数据集分散保存等问题。为了不影响数据分析和数据挖掘的使用与效率,采用数据预处理技术,将监测数据集成到指定的数据库系统中。数据库模块包含数据库存储、数据传输与基于数据仓库技术的数据处理三个功能。

1) 数据库存储

数据库存储是将分散的、不同类型的数据集转换为统一的数据格式,并以表的格式存储到指定数据库的过程。这一过程包括源数据访问、数据表设计和数据存储三方面内容。其中,数据表设计和数据存储都在指定的数据库中完成,因此一般采用标准的 SQL 技术。源数据的访问可根据不同的数据存储形式采用相应的读取技术,例如,无线振弦式传感器在结构监测中采集的数据常采用 Access 数据库存储,可通过通用的 ODBC 数据库接口进行访问。

2) 数据传输

空间结构健康监测系统将采集到的数据存储在现场服务器内,为了实现远程管理与监控的目标,将现场服务器内存储的监测信息智能自动化地传输存储到本地数据库服务器成为现实的需要。为实现智能自动化传输和更新远程采集获得的监测信息的目标,提出自动化数据传输流程,如图 2.6.5 所示。

3) 基于数据仓库技术的数据处理

数据仓库收集存储于不同数据源中的数据,将数据集中到一个更大的库中,最终用户从数据仓库中进行查询和数据分析,具有面向主题性、数据集成性、数据时变性和非易失性四个特性。数据仓库中的数据是良好定义的、一致的、不变的,数据量也应足够支持数据分析、查询、报表生成和与长期积累的历史数据的对比。空间结构健康监测系统采集得到的原始监测数据具有数据量大、信息冗余和部分数据异常等特点,首先对其进行数据清理和数据集成等数据预处理操作,剔除部分异常数据并修补缺失异常数据,最终将规范化的监测数据存储到数据仓库中。

3. 数据分析处理模块

1) 基于关联规则的数据分析

关联规则分析就是从大量的数据中发现项集之间的关联、相关关系的模式。空间结构健康监测系统采集得到多种结构或环境变量的数据,这些变量的数据项集之间存在某种关联,关联规则分析就是利用不同的数据集之间的关联发现结构不同参数信息的规律性。

2) 基于时间序列分析的数据分析

时间序列分析就是对时间序列中的构成因素进行测定和分析,从而揭示结构监测指标变动的规律和特征,包括监测指标的长期趋势、循环变动、季节变动和不

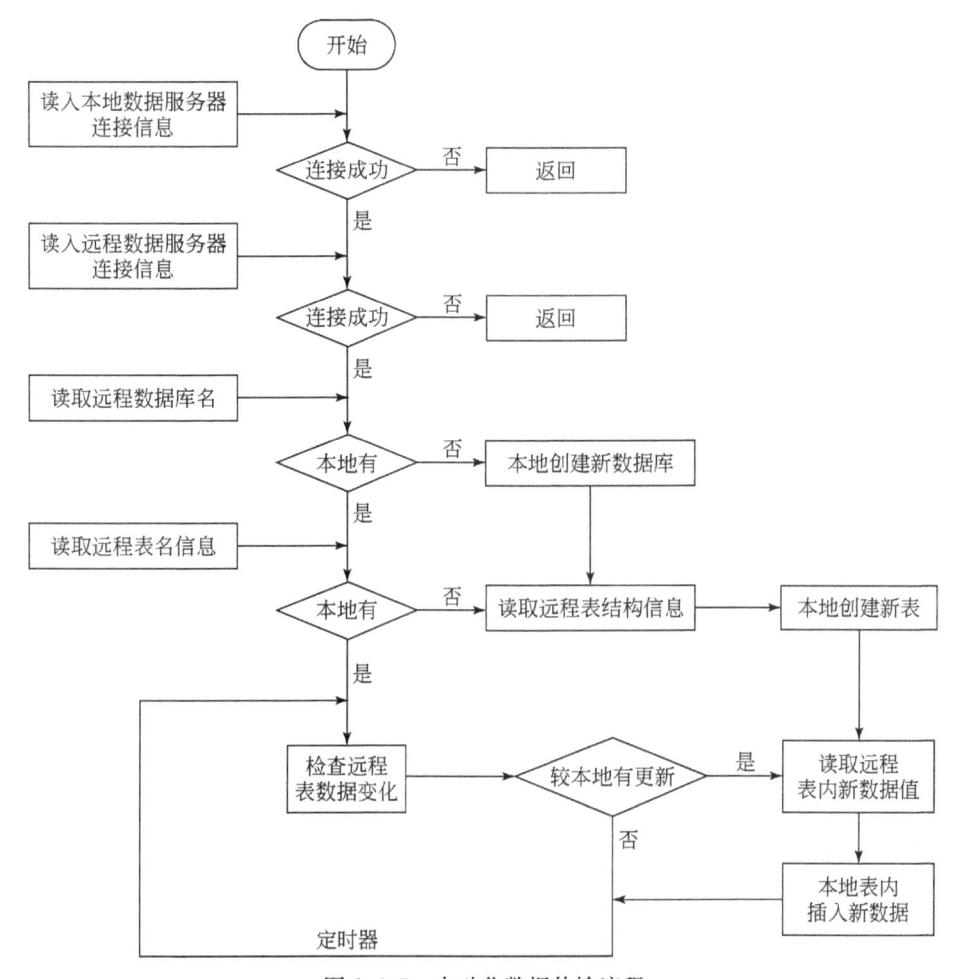

图 2.6.5　自动化数据传输流程

规则变动四方面：①长期趋势是指监测数据在较长时期内表现出来的总的发展态势，由趋势曲线来表示；②循环变动是指趋势曲线所表现出的一种长期振荡；③季节变动是指监测数据因气温等季节性环境因素而呈现周期性的有规律的重复变动；④不规则变动是指监测数据因大雪、大雨等偶然因素而出现的不规则变动。

4. 可视化显示模块

可视化显示模块使用图形图像处理技术，将结构监测状态和处理后的数据信息直观地表达给用户。可视化显示模块的主要功能包括基本监测信息显示、监测数据值显示、监测测点状态显示和处理后的有价值信息显示，同时可视化显示模块还应提供交互管理界面，方便用户选择数据处理模式、判断数据挖掘效果和控制结果显示方式。一般而言,可视化显示的模式主要有以下几种。

(1) 曲线显示,如应变、位移等监测数据的时程曲线以及应变与温度的关系曲线;该功能通过选择特定的监测数据,用动态的曲线方式绘制数据的变化趋势,给人非常直观、具体的感受。

(2) 图表显示,如各个测点数据的平均值、最大值和最小值,监测数据的样本标准差以及测点的健康状态等;监测系统的传感器测点布置可视包含传感器测点与结构模型的相对位置关系,通过控制面板可设置测点显示种类、测点图大小和颜色变化等。

(3) 数据云图显示,用颜色变化反映测点数值分布情况,具有较好的显示效果;通过点的色差渐变来显示测点的测量值,描述更加直观具体。数据云图显示在原有二维数据表达图上,增加了一维数据,扩大了信息量,可以很直观地发现各个测点的温度变化云图和不同测点之间的相互关系。

2.7 健康评估与安全预警子系统

空间结构的健康评估与安全预警是一个复杂的课题,空间结构自身大跨度、大面积分布以及以钢材为主的建筑特征,明显区别于桥梁、大坝等线性分布的以混凝土结构类为主的建筑,使得其他土木工程监测领域中现有较为成熟的预警评估技术无法直接迁移到空间结构的健康评估与预警评估,许多关键问题和技术还有待在实践中不断检验与丰富。鉴于此,有必要对空间结构健康评估与安全预警及其相关概念的内涵进行系统性的界定,并对结构状态评估系统设计进行详细介绍。

2.7.1 安全预警的基本思想

空间结构范畴内的安全预警,和其他领域内的预警一样,遵循"原因—结果—原因"的逻辑思路,解决明确警义、寻找警源、识别警兆、分析警情、预报警度的问题,具体思路如下。

1) 明确空间结构安全的警义

明确警义是前提,是整个预警研究的基础。对空间结构来说,结构曾经出现、现在已有或将来可能出现的警素是多种多样的,包括结构在外界环境和内部条件变化过程中的各类物理力学性态。通常把表述警情严重程度的警度按照其性质、严重程度、可控性和影响范围等因素划分为若干个警限。其中,无警警限(又称安全警限)的确定是最为关键的。无警警限通常有三种形式表示:有下限而无上限、有上限而无下限、既有上限又有下限。实际使用中一般采用第三种形式。关于结构各类警素的若干警限对应的具体度量,通常可以依据历史分析、专家方法、国际对比、数学方法,并针对工程实际情况综合确定。

2) 辨析空间结构安全的警源

预警的目的是防患于未然,并在危机出现时采取相应的措施。空间结构的警源主要分为自然警源、外生警源和内生警源三种:第一类是来自自然环境的警源,即自然警源,如风、地震、温度、降雨、降雪等自然因素;第二类是外生警源,如结构的设计水平、施工方案和运行管理、监测的执行强度等;第三类是内生警源,如空间结构的体系形式、构件材质与损伤、疲劳效应、材料老化、结构及单元特性等。根据实际情况分析对于某个特定结构来说这些警源分别是什么,对每一种警源再进一步细分。此外,确定哪几种警源应作为研究的重点内容,也就是具体问题具体分析。

3) 确定空间结构安全的警兆

警兆在空间结构安全预警过程中起着承前启后的重要作用,主要是指结构警情发生时的迹象或者征兆。空间结构安全的警兆包括健康监测中监测到的结构应力应变、位移、挠度、频率等对指征结构安全状况起到关键性作用的这些物理量随时间变化的序列数据的实时动态特征。警兆一般从警素中进行甄选,或根据安全历史资料的经验进行分析。警兆识别是空间结构预警分析的关键环节,确定了结构预警的警兆后,才可能运用各种定量和定性分析的方法确定结构安全运行的变化区间,然后根据这些区间进行预警的评估和预测。

4) 评估和预测空间结构安全的警情

警情评估和预测是空间结构安全预警评估研究的基本目的。空间结构安全预警以评估为理论支撑,根据警兆的变动情况,结合警兆的变动区间,参照警情的警限或警情等级,建立警情警限的评估流程和合成模型,运用定性和定量方法分析警兆报警区间与警情警限的实际关系,结合专家意见及经验,评估并预测结构的安全状态,同时将由警兆分析得出的警限区间转化为警度,在评估结果出现异常情况时对警度进行报警,并采取相应的措施排除警患。

由上述的预警过程可知,空间结构预警是以结构评估为基础,只有在对空间结构安全状态进行正确评估的常态下,才可能实现有效的预警,因此空间结构的预警评估是一个不可分割的有机整体。其中,明确警义是前提,是预警系统研究的基础;寻找警源是对警情产生原因的分析,是分析和排除警患的基础;分析警兆是对警情出现先兆的分析,是预报警度的基础;预报警度是发布或排除警情的根据;而发布或排除警情是预警系统的目标所在。

空间结构安全的预警评估研究可以归纳为三个层次、两个步骤、两种方法和一个目的。三个层次:第一层次为前效预警,即在空间结构发生损伤之前对结构在运行过程中的各种实测性态进行评估,并对其变化趋势加以预测,其目的是跟踪并避免结构损伤的发生;第二层次为后效预警,即可控制的工程安全预警,这一阶段允许结构损伤的发生,其预警的目的是通过采用及时的工程维护和修复措施以避免结构发生破坏;第三层次为临灾预警,即指对不可逆转的空间结构安全进行灾前实时预报,目的是避免或尽可能减少人员生命财产损失。两个步骤:第一步是对结构安全的发生进行准确高置信度的预测预报;第二步是控灾或减灾工程措施的实施。两种方法是主动监测和被动监测,以主动监测为主,被动监测为辅。一个目的是指在有限的资源配置下实现效益最优化的原则。

健康监测数据为预警评估研究提供了基本的素材,从空间结构健康监测中的各类监测指标入手是设计空间结构安全预警研究路径的基本思路。更重要的是空间结构安全预警不能孤立地考虑空间结构各主控因素的影响,割裂地看待危险发生过程中结构各类性态的外在表现,这将无法从联系的观点上考量它们对结构安全状态共同的指征作用,导致所建立的预警模型和得出的灾变规律很难反映实际结构灾变过程的真实情况。因此,空间结构预警结果本质上是对某一类单项监测内容的依赖性合理地分配到实际所设置的各类监测项目上,让不同类别的结构实测性态共同承担对结构安全状态的指征作用,在同一评估框架内挖掘各类监测效应量对结构预警评估结果的贡献,就能大大提高空间结构安全预警过程的鲁棒性和置信度。

2.7.2 健康评估的系统设计

1. 预警评估系统设计思想

空间结构预警评估系统是以信息化技术为手段来记录和管理空间结构在特定阶段过程中的各类性态信息,通过网络技术对结构安全状况实施信息化管理与监控,为空间结构灾害预警评估算法提供分析平台,综合处理工程现场所设置的各种监测设备获得的实测数据,从而实现对结构当前安全状态的定量化评估,最终为在不同极端状况下发布重大警情和选择制定合理的减灾与应急预案提供科学依据。构建空间结构预警评估系统并实现对实测信息的融合、计算、分析、评估和预测是一项综合性的复杂系统工程,其架构由实际工程的具体需求和系统架构技术发展共同决定。空间结构预警评估系统的主要设计思想如下。

1) 融合各类异构数据

为实现对空间结构灾害的预警评估,需要众多各种类型不同量纲的数据作为原始输入值。这些数据包括:①工程现场通过各种测量技术和手段实时采集的动态数据,如工程实例中现场振弦式传感器采集的应变信号、无线加速度传感器采集的振动信号等;②在监测方案制定时确定的结构基准状态标准值库,视工程实际监测需求,可为由设计方提供的对各类监测项目的理论设计标准值库,或者由施工方提供的工程竣工时结构初始状态下各类性态初始值等在预警评估过程中作为指标项目的参考值数据库;③由系统开发方集成的空间结构的某些通用性数据,如特定结构形式下指标体系的专家权重、根据相关结构检测规范或专家意见确定的对语言型指标各隶属级别状况的分级描述等;④某些需要手动输入的数据,如由监测方根据工程实际情况确定的匹配权重、所选择指标隶属函数的参数信息、人工检测的结果信息等。上述这些不同数据的特点是异构和海量,因而需要设计专门的数据库以实现对其有效的管理和储存,并进行相应的融合。

2) 数据与算法的分离

预警评估模型实质上是一个数据处理器的概念。因此,在数据有效融合的基础上,为实现对空间结构安全状态的评估和预警,运用数据处理器进行大量实时计算和分析是系统的核心,而计算的原始输入是海量的各类监测数据。为提高系统的运行速度并使系统便于维护,将数据和算法进行分离,形成可被重载的各类算法库,这样可以大大提高系统的效率。

3) 使用面向对象技术

从上述各种算法中抽象出公用算法的基类,并在此基础上为采集数据处理、结构有限元计算、振型计算、频率计算、挠度计算、内力计算、工况搜索识别、三类指标标准化处理、模糊融合、模式识别和综合评估预测等原始值处理算法设计算法类库,使所设计的算法类库具有可扩展性及灵活的组合性等特点,通过模块化以适用于一组相关问题的求解,同时也便于系统的维护及版本升级。

4) 集成通用性的评估模型

由于空间结构不同,具体工程间往往存在很大的差异,若针对每个工程分别设计不同的预警评估系统,无疑会加重系统开发者的负担,也将使资源得不到有效配置。因此,在系统开发过程中,需要广泛深入地研究空间结构各类结构形式的受力特点和破坏机理,在满足差异化要求的前提下,抽象出一般的评估模型和数据流程,使系统能在通用性平台的基础上通过扩展和组合的方式实现对不同具体工程需求的个性化定制。

2. 系统总体评估策略

对运营状态下空间结构的具体工程进行监测时,尽管通过现场设置的监测仪器和监测手段,在技术层面上能够实现系统的实时监测和实时评估的功能,但在系统运行初期,实施在线实时的预警评估对于指导工程的维护决策意义并不明显。一般而言,结构在运营过程中的损伤积累是缓慢长期的过程,只有对比相隔较长时间的评估结果才可能明显地反映出结构健康状况的发展趋势;即使结构在某时刻遭遇了地震、强风或者撞击等偶然事件,系统也可以根据该时刻监测评估的结果,或通过某监测项目出现异常值后的触发机制,开启空间结构预警评估系统的实时评估功能。预警评估系统在平日的正常状态下只根据预先设定的评估周期(如24h)进行常规监测评估和信息记录。只有当实时评估功能在外界特殊信号输入下被触发开启后,系统才转入实时预警评估的流程中。这样可以有效减少数据的处理和存储时间,实现资源的合理配置,保证预警评估系统平稳有效地运行。具体而言,在每个常规周期内,可将一个周期内的监测数据分为不同的处理时段,根据监测积累的结构健康档案信息,分析周期中最具表征作用的数据采集时段,利用系统提供的数据处理方法从该时段数据中提取特征值来表征评估周期内的监测指标数据,再将这些数据转入接下来的评估流程进行预警评估分析。而触发机制下的实时评估,则通过调整系统采样频率,选取采样时段内的特征值作为评估模型底层指标的评估数据进行实时状态评估。因此,在空间结构预警评估策略的制定上,拟采用两阶段的评估机制,包括系统近期监测评估与系统远期监测评估。

1) 系统近期监测评估

系统在短期的时间维度上采用基于层次分析思想的模糊综合评估方法进行预警评估,即采用系统内存储的专家权重库结合系统使用者意见的初始权重系数,确定基于模糊综合评估方法的各层次指标的评估准则模型并建立相应的模糊隶属函数,实现对结构安全状态的预警评估。具体而言,根据监测方案设置的监测项目和实际工程的具体特点制定与工程需求相匹配的多层次指标体系,采用系统内存储的专家权重库结合系统使用者意见的初始权重系数,根据所选定基准状态的参考值数据库及相关检测评估规范等标准,确定各层次指标的评估准则模型,在完整的预警评估模型支撑下实现对监测数据的有效融合和提炼,以完成监测在近期层面上对结构安全状态的预警评估工作。

2) 系统远期监测评估

对于系统的远期监测评估,基于以上近期评估的监测数据和评估结果积累形成的健康历史档案信息,通过对结构安全状况在时间维度上发展趋势的分析和挖掘,实现对空间结构性能长期演化过程的捕捉。此外,以各阶段海量的监测评估结果作为学习样本,通过结果反馈来反向训练评估模型,如对系统运行初期人为设定的标准化数学模型、单指标隶属函数、初始权重系数的检验与修正,从而提高评估系统与实际工程的匹配程度。同时,随着现场监测手段、模型修正技术、状态识别技术等的进一步发展和应用,将获得更多真实或精确模拟的反映空间结构安全状态的新样本指标,支持系统评估模型的学习和扩充,进一步提高系统远期监测的结构灾害预警评估性能。

综上所述,整个空间结构预警评估策略的技术路线如图2.7.1所示。

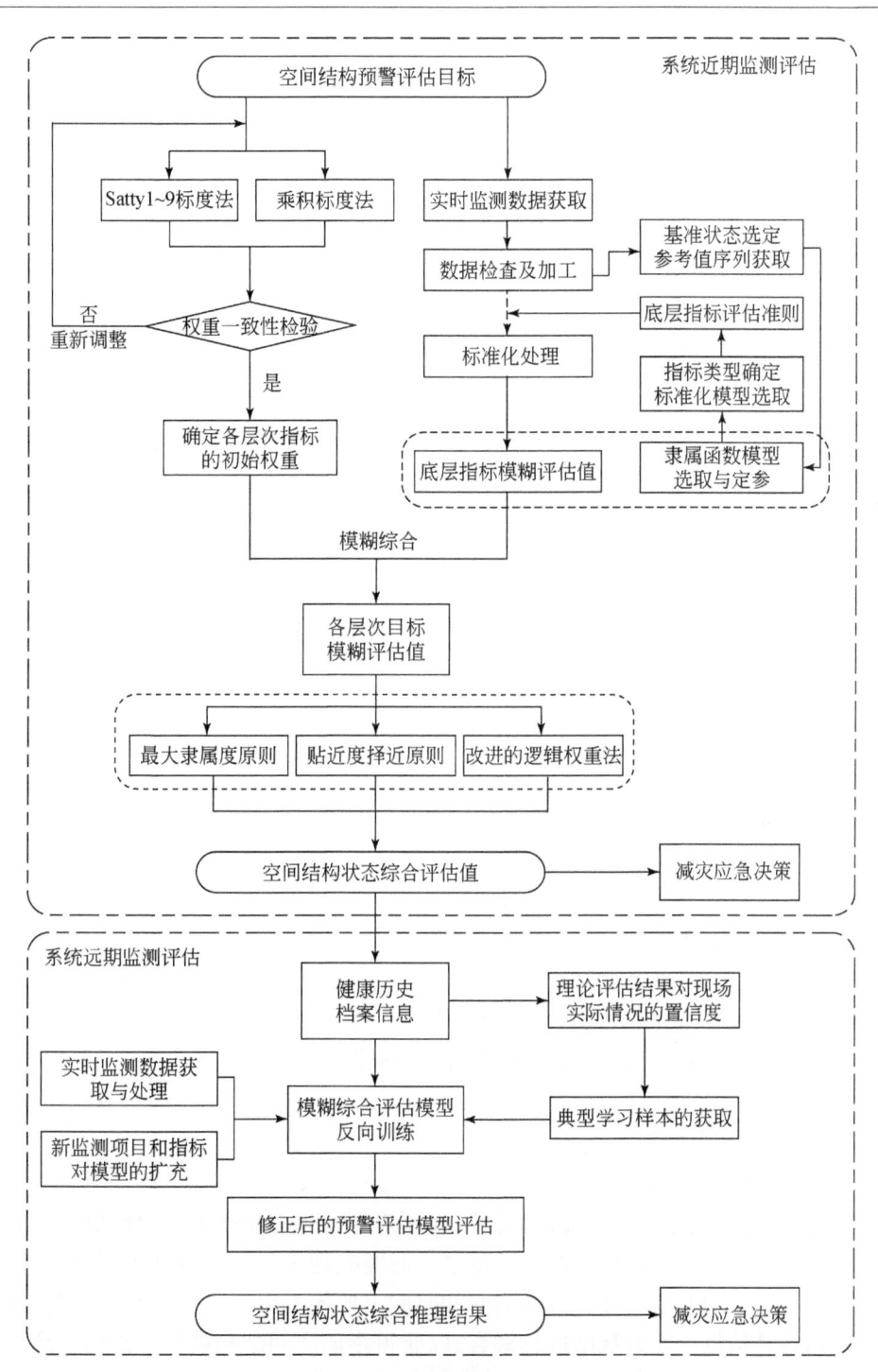

图 2.7.1　整个空间结构预警评估策略的技术路线

3. 系统功能设定

根据预警评估系统的总体评估策略,将系统的主要功能分为三部分:信息管理、预警分析和辅助决策。其中,信息管理功能是前提和底层支撑,预警分析功能则是系统的核心。

1) 信息管理功能

(1) 实测数据导入。

实测数据导入包括自动化与半自动化两部分。其中,自动化监测数据通过信息系统的接口模块自动录入和存储数据;而半自动化的实测数据以及现场人工检测结果等采用人工输入和文件导入两种方式。将这些异构的海量数据集成到原始数据库中,并通过网络技术实现异地数据库的共享。

(2) 数据库管理。

对工程档案、原始数据、整编数据、生成数据以及监测评估结果等进行管理。主要功能包括数据转换、误差识别、信息统计及初分析、文档管理、信息可视化、数据库备份及安全维护等。

(3) 三维图形仿真。

实现对空间结构的模型显示、实体仿真、监测系统仪器布置及状态显示、结构所在地址周边环境状况的实景仿真及各种监测量,如应力、变形等在三维模型上的可视化。

(4) 仪器状态巡检。

定期对评估模型中各指标项接口对应的监测仪器进行状态巡检,通过连续密集测量形成对仪器有效性、稳定性及可靠性的定期巡检报告。

(5) 采集反馈控制。

对自动化和半自动化采集的监测系统,经过对采集数据的初分析和实时监控,在出现采集数据异常的情况时,自动触发进行该测点仪器状态检查和补充数据的采集,若经系统分析确证为仪器故障,应进行故障报警通知监测人员进行及时修复。

2) 预警分析功能

(1) 数据筛选与融合。

原始实测数据可能因为现场的一些不确定因素(如测量仪器的零点漂移、各因素之间的综合影响等)出现严重偏离目标真值的数据,以此作为预警评估的底层资料将带来错误的判断结果,因此在数据录入时需要通过自动的判断机制对实测原始数据进行辨识和剔除。同时,在空间和时间上监测数据中可能存在冗余与互补的部分,将其依据一定的规则进行融合,以获得指向空间结构被测状态的一致性,从而得到高质量的底层数据集。

(2) 原始信息加工。

原始实测数据有时并不能直接表征相应的指标项实测值,如评估模型中的构件内力指标对应的应变传感器采集的应变信息、挠度指标对应的全自动全站仪采集的空间坐标信息、索力指标对应的加速度传感器采集的索振动加速度信息等,对这些采集的原始信息必须通过相应的数学分析进行数据加工后才能为评估模型所用。

(3) 模型预警评估。

模型预警评估功能是系统的核心所在。采用基于层次分析思想的模糊综合评估方法,以经过数据融合和加工后的结构性态实测值为初值输入,经过评估模型内部的递阶综合运算,挖掘多因素监测信息的耦合模型对结构安全状态以及可能出现灾害的指征路线。

(4) 警情分析及处理。

根据模型预警评估的结果,采用有效的模式识别方法对结构当前的安全等级进行评价,并将原始监测数据、模型内部信息、各指标隶属度及预警评估结果形成定期的评估报告存入结构健康历史档案中,便于系统后续查阅和分析。

(5) 模型反馈修正。

以各阶段监测评估结果作为学习样本,通过对结构各影响因素的相关性分析,量化输入属性和目标属性之间的相互影响程度。此外,通过预警评估目标结果反馈来反向训练评估模型,如对系统运行初期人为设定的诸如标准化数学模型、单指标隶属函数、初始权重系统等进行检验与修正。

3) 辅助决策功能

预警评估结果将作为制定减灾与应急措施的科学依据,系统通过网络技术实现监测评估积累的健康历史档案信息的远程管理和查询。当结构出现警情时,对可能出现的警情信息通过各种形式发布;此外,在遇到疑难问题预警分析无法得出正确结论的情况下,可通过设置的专家辅助决策功能来辅助系统使用者做出决策。

4. 系统整体框架

基于上述系统的功能设定,空间结构预警评估系统的体系框架可分为以下三层:第一层为信息管理层,负责对原始监测资料进行录入、管理和转换,进而生成整编信息,并实现对原始信息、整编信息及生成数据信息的共享查询、图形显示和报告生成等操作;第二层是预警分析层,负责录入数据的融合与加工,利用预警评估模型评估结构安全状况和可能发生的灾害,并通过分析结构健康历史档案对预警评估模型进行训练和修正;第三层即辅助决策层,通过网络技术实现工程健康历史档案信息的远程管理和查询,以及警情发布和专家辅助决策等补充服务,具体如图 2.7.2 所示。

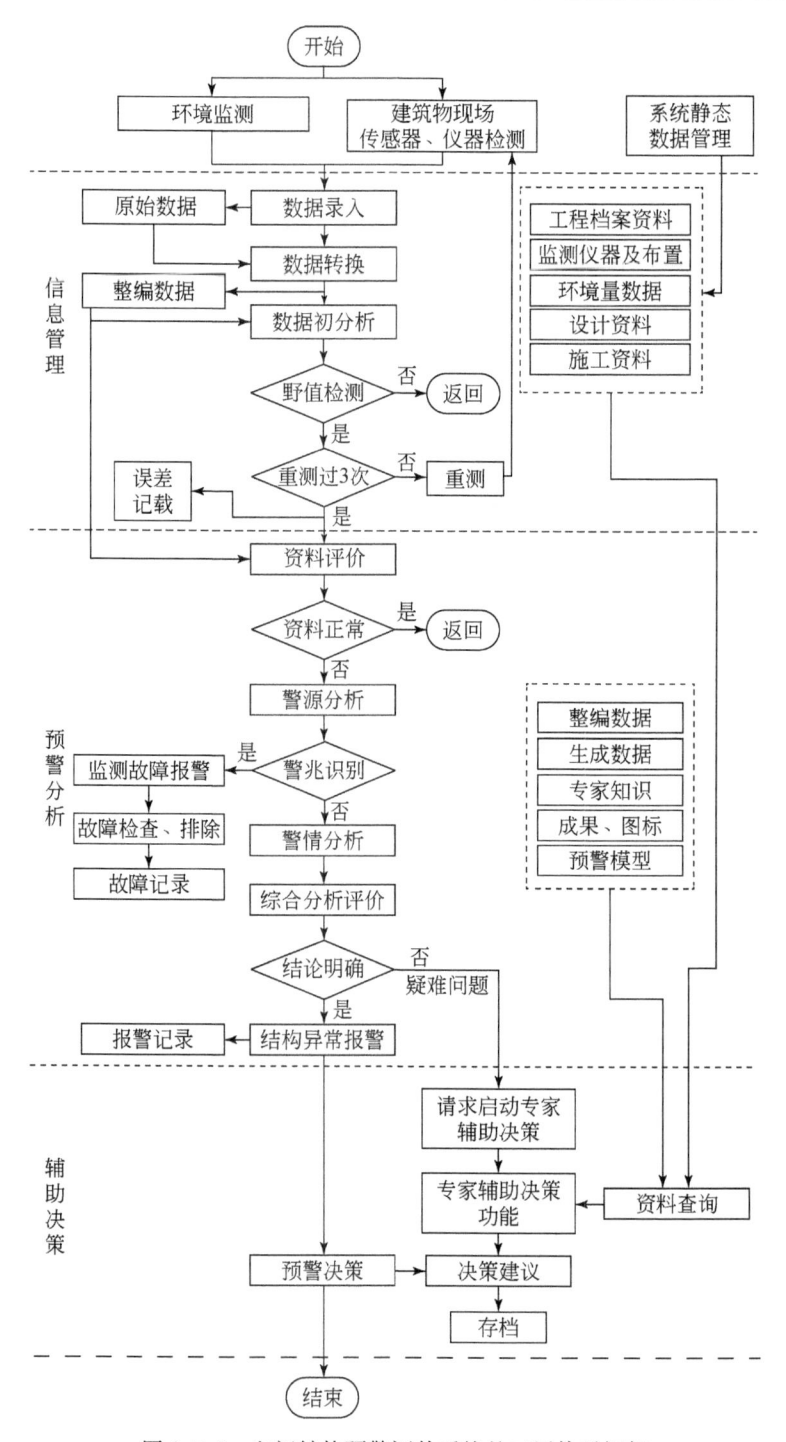

图 2.7.2　空间结构预警评估系统的三层体系框架

第 3 章　空间结构健康监测测点布置方法

3.1　概　　述

监测测点布置方法是设计空间结构健康监测系统的关键问题之一。实际场地条件和经济条件等因素的限制,只能在结构的有限位置上布置相对较少的监测测点,因此测点布置的合理性对数据采集的有效性有至关重要的影响。合理的测点布置方法应该达到以下两个目标:测点能最大限度地反映结构的信息;测点对结构的状态变化足够敏感。

测点布置方法多种多样,大致可分为基于静力性能和基于动力性能两大类。其中,基于结构静力性能的测点布置方法包括从结构系统中构件组合方式入手提出的结构易损性评价理论(England et al.,2008;Pinto et al.,2002;Wu et al.,1993a,1993b),基于刚度的重要构件评估方法(柳承茂等,2005),以及基于能量(张雷明等,2007;Beeby,1999)、强度(胡晓斌等,2008)、敏感性(Pandey et al.,1997)、经验和理论分析(蔡建国等,2011)的重要构件判断方法等。国内外学者对基于结构动力性能的测点布置方法进行了许多相关研究,形成了多种测点优化布置准则,包括基于识别误差最小准则、基于能量的准则、可控度与可观度准则、模型缩减准则、基于节点能量和模态保证的准则等(于阿涛等,2005),并总结出一个良好测点布置方案的标准:在含噪声的环境中,能够利用尽可能少的测点获取全面、精确的结构参数信息;实测分析得到的模态能够与有限元模型分析的结果之间建立起对应关系;能够通过合理添加测点对感兴趣的部分模态进行数据重点采集;测得的时程记录对模态参数的变化最为敏感;使模态试验的结果具有可视性与鲁棒性。

空间结构具有丰富的结构体系、复杂的施工方法、多样的结构单元,因而其测点布置应以空间结构受力性能特点为基础,综合考虑不同施工方法的关键工序,兼顾不同结构单元的力学性能。从结构静力性能出发,采用基于敏感性的方法对测点进行优化布置,在关键构件上布置测点,根据监测到的实时数据,及时分析重要构件的性能,对结构的安全状态进行评估,起到预警作用。从结构动力性能出发,基于遗传算法对测点布置进行优化,在相应的构件上布置测点,利用现场无损监测方式获得结构的动力反应信息,分析包含在结构动力反应信息内的各种数据特征,从而了解结构因损伤或退化而造成的结构健康状况改变。

3.2 测点布置基本概念和研究历史

3.2.1 测点布置基本概念

测点即观测点位,是结构需要被监测的目标点。测点是健康监测系统中的关键之一,作为健康监测系统中的感知层,测点对于整个健康监测系统的作用相当于感知神经系统对于人的作用,其采集到的数据是整个健康监测系统进行进一步分析的基础。

测点系统主要包括测点类型、测点数量和测点布置,这三个因素直接影响采集的数据能否对健康监测起到有效的作用。在空间结构监测中,测点类型的选择主要取决于监测项目的不同,最常见的测点类型是使用各类智能传感元件,如应变传感器、加速度传感器、位移传感器、温度传感器等,来组建一个智能传感器系统,从而对对象进行定期或实时监测,因此测点布置通常是指传感器布置。从理论上来说,测点数量越多则掌握的信息越全面,而在实际应用中,必须根据监测项目的规模和经济成本将测点数量控制在合理的范围内,这就对测点布置提出了要求。

测点布置就是在工程结构上布点位置,其目的是在考虑整个项目投资额限度的基础上,确定测点的最佳数目,并将它们布置在结构的最优位置,以获得最优的原始数据。对于结构复杂、构件及节点数量巨大的空间结构,对测点布置的研究可以有效解决测点布置过多和位置不合适所带来的许多弊病,包括系统硬件成本增加、系统出现故障的概率增加、结构监测的精度和准确度不够、数据采集花费时间过多等。因此,为实现系统识别、状态评估、优化控制及健康监测等要求,必须对测点进行优化布置,这项研究具有重要的实用价值。

一般而言,测点布置设计指标主要涉及成本、可估计性、精度、变量可靠性、粗差鲁棒性、性能维护、故障诊断及报警等。其中,成本指标包括投资成本和运行成本。对于运行成本,一般忽略其电耗部分,而考虑主要器件的维护成本。可估计性指标是指用硬件或软件估计目标变量可检测或不可检测的能力。而精度指标通常是指对一个系统中某些参数估计或状态变量估计质量的度量,对某些模型精度一般要求达到最大,而对其他误差估计则要求达到最小。此外,变量可靠性指标可以通过计算传感器大于指定失效阈值的失效概率来实现。粗差鲁棒性指标定义为当系统中有粗差时,这种配置应使系统具有好的控制性能。性能维护是一个被各类传感器配置研究忽略的问题,还有待进一步研究。故障诊断及报警主要是指以监测为目的的故障检测、故障诊断及综合性能指标。

3.2.2 测点布置研究历史

早在 20 世纪 60 年代,结构健康监测技术兴起的初期,就有学者开展了对测点布置方法的研究。1965 年,首次提出的模型缩聚法(Guyan,1965)能较好地保留低阶模态,但低阶模态并不一定是待测模态,改进缩减系统法(improved reduced system,IRS)(O'Callahan,1989)和连续接近缩减法(succession-level approximate reduction,SAR)(Zhang et al.,1995)在此基础上被提出。1975 年,遗传算法(genetic algorithm,GA)首次被提出,其基本思想就是通过定义一定的适应度函数,在计算过程中,保留适应度较大的个体,适应度较小个体逐步被淘汰(黄维平等,2005;李戈等,2000;Yao et al.,1993;Rao et al.,1991)。该方法鲁棒性强,不易陷于局部最优解。

20 世纪 90 年代以来,随着结构监测系统的迅速发展,对测点布置方法的研究也有了很大的进展,有效独立法、模态动能法、奇异值分解法等测点优化布置方法被陆续提出,后续又有学者对这些方法进行了改进。1991 年提出的有效独立法(Kammer,1991)是目前应用最为广泛的一种方法。该方法优化 Fisher 信息矩阵而使感兴趣的模态向量尽可能保持线性无关,进而从试验数据中采集最大的模态反应信息。随后提出的模态动能法(modal kinetic energy,MKE)将传感器布置在振幅较大或者模态动能较大的点上(Papadopoulos et al.,2012),该方法的基本出发点是结构某自由度处的模态动能或单元应变能越大,则这些自由度在该模态振动中所起的作用越大,也就越能反映结构的动力性能和损伤信息(Heo et al.,1997;Chung et al.,1993)。在此基础上还衍生了许多其他方法:平均模态动能法(average modal kinetic energy,AMKE),即计算可能测点的平均动能,选择其中较大的点(Larson et al.,1994)。特征向量乘积法(eigenvector component product,ECP),计算有限元分析的模态振型在可能测点的乘积,选择其中较大的点(de Clerck et al.,1996)。奇异值分解法通过对待测模态矩阵进行奇异值分解,评价 Fisher 信息矩阵,舍弃那些对信息矩阵的值无作用的测点(Kim et al.,1997)。该方法不仅使目标模态矩阵线性独立,而且提出了每一次迭代时舍弃测点的允许数目。

国内对测点布置方法的研究主要分为三个发展阶段。第一阶段主要是凭借经验的测点布置方法,也就是设计人员根据工程经验来判断构件的重要性,这种方法仅是设计概念上的判别,对于简单的结构有一定的实用价值,具有一定的工程指导意义,但缺乏科学上的理论依据。第二阶段是基于有限元模型基础的测点布置方法,利用有限元模型进行数值模拟后,对节点自由度较少的简支梁(陈建林等,2001)、框架结构(王柏生等,2000)等进行测点布置研究,并在实际试验中进行验证,得到了满意的结果。第三阶段是基于结构静力性能和动力性能的测点布置方法,对于复杂的、难以凭经验布置测点的结构,这种测点布置方法是一种更加有效的解决方案。对于桥梁结构,利用模态保证准则(modal assurance criterion, MAC)矩阵(崔飞等,1999)确定测点位置,并在此基础上对重点模态采取增加测量运动能的方法进行测点加密,并在实际应用中取得了较好的结果;对于桁架结构和空间网格结构,使用基于模态应变能的方法对测点布置进行了相关研究(范斌,2012)。近几年发展起来的模拟生物和物理过程的方法在测点布置中占有重要的地位,有学者将变形能作为适应度,确定了加速度传感器的布置;利用遗传算法,基于能量准则,对平板网架和凯威特型球面网壳进行了传感器布置(周雨斌,2008)。

3.3 基于静力性能的测点布置方法

空间结构响应以静态应力和变形为主,基于结构静力性能的测点布置在大跨度空间结构中应用广泛,最具代表性的是基于敏感性的测点布置方法。空间结构在不同的荷载作用下,结构的效应不同,尤其在雨雪荷载、风荷载或者温度荷载下结构的重要构件并不一定相同。敏感性分析方法关键在于能够区分对不同荷载敏感的重要构件,使测点布置能有效把握这些荷载对结构的影响。此外,空间结构为超静定结构,具有较高的冗余度,在一些敏感性高的重要构件失效时,可能引发多米诺骨牌效应,致使与该构件平行布置、承担相同方向荷载的构件依次屈曲,最终导致整个结构破坏。因此,通过敏感性分析方法确定重要构件,从而指导测点布置,能够根据监测到的实时数据及时分析重要构件的性能,对结构的安全状态进行评估,起到预警的作用。

敏感性分析作为其测点布置的基础,反映了构件对荷载变化产生的反应及构件损伤对结构的影响。基于该指标的测点布置方法对结构静力性能进行分析,选取荷载变化时应力变化较为明显的构件和自身损坏对结构影响较大的构件进行测点布置。具体而言,敏感性分析可分为结构荷载敏感性分析、结构自身敏感性分析和构件重要性分析。

3.3.1 结构荷载敏感性分析

结构的荷载敏感性以构件的荷载敏感性为基础,构件的荷载敏感性是指构件对荷载变化产生的反应。空间结构在其服役期内会受到各种环境因素的影响,如雪荷载、风荷载以及温度效应等。在不同可变荷载影响作用下,不同构件的反应也有所差别,这种反应体现在构件的应力和节点变形上。这里将在某类荷载单独作用下,随着该类荷载变化应力改变明显的构件定义为对该类荷载敏感的构件。

1. 计算方法

构件对荷载的反应体现在构件的应力和节点变形上。线性条件下,在某类荷载发生变化时,某个构件的应力改变越大,则说明这个构件对这类荷载越敏感。结构在实际服役期间会受到各类荷载的影响,因此这里定义构件的荷载敏感性系数 SZ_i 如下:

$$SZ_i = |\gamma_风 S_{i风} + \gamma_雪 S_{i雪} + \gamma_{温度} S_{i温度} + \cdots| \quad (3.3.1)$$

式中,$S_{i风}$、$S_{i雪}$、$S_{i温度}$ 分别为 i 号构件对风荷载、雪荷载、温度荷载的敏感度;$\gamma_风$、$\gamma_雪$、$\gamma_{温度}$ 分别为风荷载、雪荷载、温度荷载影响权重系数,最高取 1,最低取 0。

由于不同环境荷载的出现概率不同,大小也是一个随机变量。为了便于不同环境荷载之间的比较计算,需要对环境荷载的出现概率和取值范围做一个界定。《建筑结构荷载规范》(GB 50009—2012)中对荷载的取值均考虑了可靠性以及概率的影响,为便于取值比较,这里提出构件对某类荷载敏感度的定义如下:结构所受风荷载(雪荷载、温度)由 50 年一遇的设计值变为 100 年一遇的设计值时,结构构件应力改变量 $\Delta\sigma$ 即为构件对该荷载的敏感度,计算公式如下:

$$S_i = \Delta\sigma_i = \sigma_{i100} - \sigma_{i50} \quad (3.3.2)$$

式中,σ_{i100} 和 σ_{i50} 分别为 i 号构件在某类荷载取 100 年一遇和 50 年一遇设计值下的应力;荷载的种类可以为风荷载、雪荷载、温度荷载等。

基于结构荷载敏感性的测点布置方法具有灵活、针对性强的优点,在实际应用中,可以根据监测目的合理调整布置方案。例如,当布置目的趋向于监测风荷载对结构的影响时,可适当提高风荷载影响系数,如 $\gamma_风$ 取 0.7、$\gamma_雪$ 取 0.3;当风雪荷载同等考虑时,$\gamma_风$、$\gamma_雪$ 均取 0.5;当只考虑一种荷载影响时,则该荷载的影响系数为 1,其余荷载的影响系数为 0。基于结构荷载敏感性的测点布置过程如图 3.3.1 所示。

2. 数值算例

1) 敏感性构件确定

根据上述荷载敏感性分析方法,以一个双层柱面网壳结构为例,对构件进行荷载敏感性分析,确定结构中对环境荷载敏感的构件。该双层柱面网壳结构的平面尺寸为 30m×30m,高度为 15m,厚度为 2m,长度方向和跨度方向网格数均为 10,长度方向的节点采用铰支座,如图 3.3.2 所示。荷载根据《建筑结构荷载规范》(GB 50009—2012)确定,恒荷载取 0.3kN/m²,活荷载取 0.5kN/m²,风荷载取 0.45kN/m²,雪荷载取 0.45kN/m²,温度作用取 −20∼30℃。

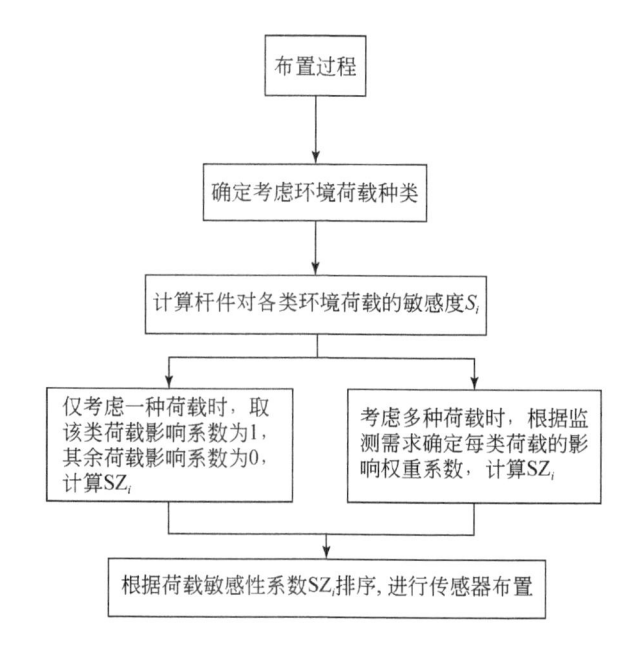

图 3.3.1　基于结构荷载敏感性的测点布置过程示意图

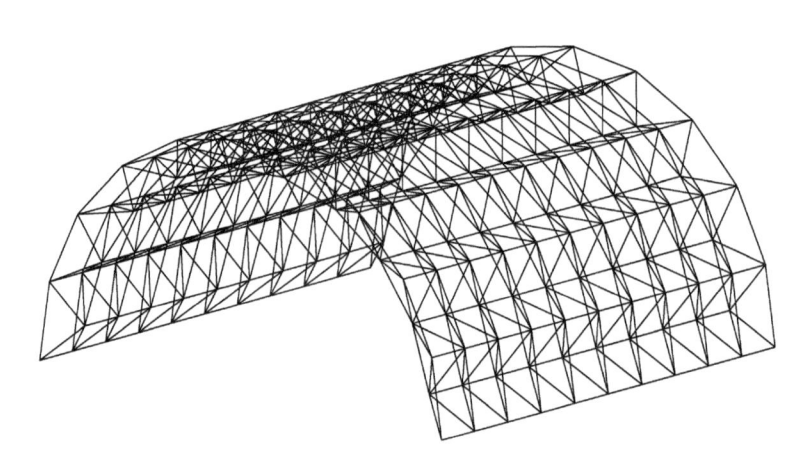

图 3.3.2　双层柱面网壳结构布置图

考虑结构对风荷载、雪荷载这两种环境荷载的敏感性,当结构遭遇 100 年一遇的大风大雪时,基本风压取 0.50kN/m^2,基本雪压取 0.50kN/m^2。根据定义,可由式(3.3.2)分别求出结构构件的 $S_风$ 和 $S_雪$,见表 3.3.1。

表 3.3.1 构件风荷载和雪荷载敏感度排序

风荷载序号	单元号	$S_{i风}$	雪荷载序号	单元号	$S_{i雪}$
1	298	−5.9	1	374	−5.9
2	315	−5.9	2	391	−5.9
3	521	−5.2	3	222	−5.9
4	560	−5.2	4	239	−5.9
5	642	−5.2	5	224	−5.7
6	679	−5.2	6	238	−5.7
7	300	−5.1	7	376	−5.7
8	314	−5.1	8	390	−5.7
9	306	−5.0	9	226	−5.7
10	308	−5.0	10	236	−5.7

2) 测点布置

分别计算 S_i 后,综合考虑荷载影响对结构进行测点布置。这里将风荷载和雪荷载等同考虑,$\gamma_风$、$\gamma_雪$ 均取 0.5,利用式(3.3.1)求得结构构件的荷载敏感性系数 SZ_i,根据构件的荷载敏感性排序进行测点布置,测点用 ⬢ 表示,列出前 10 根构件的相应信息,见表 3.3.2,布置 36 个测点时测点布置如图 3.3.3 所示。

表 3.3.2 测点布置信息

序号	单元号	位置	荷载敏感性系数SZ_i	序号	单元号	位置	荷载敏感性系数SZ_i
1	298	下弦	2.2	6	310	下弦	2.0
2	315	下弦	2.2	7	302	下弦	2.0
3	306	下弦	2.0	8	312	下弦	2.0
4	308	下弦	2.0	9	300	下弦	2.0
5	304	下弦	2.0	10	314	下弦	2.0

3.3.2 结构自身敏感性分析

1. 计算方法

结构自身敏感性分析以构件自身敏感性分析为基础,而构件的自身敏感性是指构件发生损伤时,对结构的安全评价指标产生的影响程度。目前评估结构自身

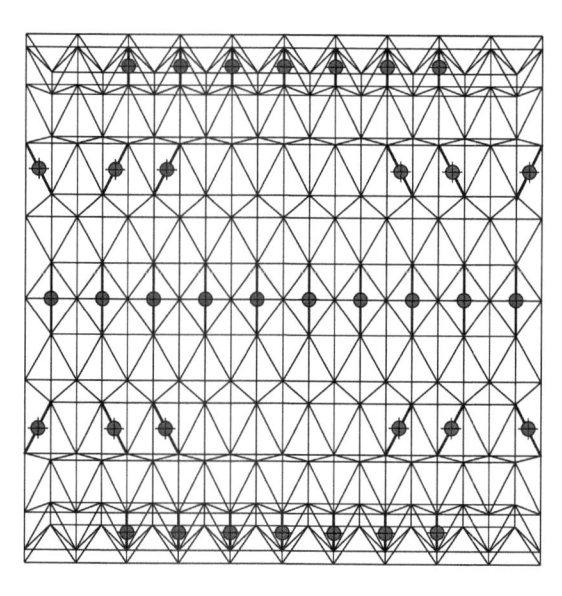

图 3.3.3　双层柱面网壳结构测点布置图

敏感性的方法分为两类：①经验法，即设计人员根据工程经验来判断构件的重要性，具有一定的工程指导意义，但缺乏科学上的理论依据。②理论方法，指定一些性能指标，采用数学和力学上的分析方法，确定该构件对整体结构的影响程度。具有代表性的为基于敏感性分析的结构自身敏感性判定方法，其中以蒙特卡罗法和正交试验法最为常用。

结构在实际工作中会受到许多因素的影响而发生损伤，从而引起构件截面积、弹性模量等发生变化，因此结构的几何尺寸、材料性能参数均具有随机性。目前，对于结构损伤的模拟基本是通过改变构件截面积来确定的，因而可以通过考虑在构件截面积发生变化的情况下结构构件的敏感性来模拟结构损伤的影响。结构最大位移和构件最大应力是结构设计中的控制因素，可将其作为结构的功能函数，将结构最大位移作为输出变量和构件最大应力作为输出变量时，构件敏感度排序是相同的，因此这里将结构最大位移作为输出变量，即结构功能函数取

$$Z = U_{\max}(x) \tag{3.3.3}$$

式中，Z 为极限状态功能函数；$U_{\max}(x)$ 为结构最大位移。

1) 蒙特卡罗法

蒙特卡罗随机有限元法（蒙特卡罗法）是 20 世纪 40 年代中期由于科学技术的发展和电子计算机的发明而提出的一种以概率统计理论为指导的非常重要的数值计算方法。它利用数值模拟来解决与随机变量有关的实际工程问题，对随机变量

的数值模拟相当于一种试验,所以蒙特卡罗法也称统计模拟方法。

蒙特卡罗法解决结构自身敏感性问题的分析可总结为以下几个步骤:①确定一些随机变量;②根据随机变量服从的概率分布,应用统计抽样的方法,从中获取一定的试验样本;③将产生的试验样本代入结构的功能函数中,得到功能函数的取值,对这些结果进行统计分析,即可得到相应随机变量对结构的敏感性。

蒙特卡罗法概念清晰、计算简单,其模拟解的精度随试验次数的增加而提高,因此该方法需要大量的试验,这正是蒙特卡罗法长期得不到推广的原因。随着计算机技术的高速发展,蒙特卡罗法这一缺陷得到弥补,开始广泛应用于工程实践。蒙特卡罗法主要在以下几种结构计算中存在优势:①存在多个随机变量,不同的变量之间又遵守不同的分布规律,问题的闭合形式解很难或无法求到的复杂结构;②随机变量简单清晰但是理论上却难以求解的简单结构;③需要经过大量简化或者假设才能进行求解,但经过大量简化或者假设后的求解结果与原始模型差别较大的结构或系统。

应用蒙特卡罗法时,首先需根据随机变量的概率分布规律产生相应的数值,即产生随机数。通常把[0,1]区间上均匀分布随机变量的抽样值称为随机数,随机数是随机抽样的基本工具,其他分布随机变量的抽样值都是借助随机数来实现的。产生随机数的方法一般是利用随机数表、物理方法和数学方法这三种方法。其中,数学方法以其计算速度快、计算简便以及可重复性强等优点而被人们广泛地使用。随着对随机数的不断研究和改进,目前已经提出了各种数学方法,其中比较典型的有取中法、加同余法、乘同余法、混合同余法和组合同余法等。尽管这些方法都存在相应的缺点,但这些不足可以通过选择恰当的参数来避免。在以上提及的方法中,乘同余法以其优良的统计性质、周期长等特点而被人们广泛地应用(武清玺,2005;吴世伟,1990)。乘同余法的算式为

$$x_{i+1} = (ax_i + c)(\mathrm{mod}\, m) \qquad (3.3.4)$$

式中,a、c、m 为正整数。

式(3.3.4)表示以 m 为模数的同余式,即以 (ax_i+c) 除以 m 以后得到的余数记为 x_{i+1}。在具体计算时,引入一个参数 k_i,k_i 的确定如下:

$$k_i = \mathrm{Int}\left(\frac{ax_i + c}{m}\right) \qquad (3.3.5)$$

式中,Int 代表取整,通过参数 k_i,求余数就方便许多。

$$x_{i+1} = ax_i + c - mk_i \qquad (3.3.6)$$

将 x_{i+1} 除以 m 之后,就能得到标准化的随机数 u_{i+1}:

$$u_{i+1} = \frac{ax_{i+1}}{m} \qquad (3.3.7)$$

通过式(3.3.4)~式(3.3.7),可以根据已知的 x_i 求解得到 u_{i+1}。

在实际运用中,蒙特卡罗法的抽样方法分为直接抽样法和拉丁超立方抽样方法(拉丁超立方法),相比于直接抽样法,拉丁超立方法效率更高(McKay et al.,1979)。如果模拟循环 N 次,直接抽样法是从[0,1]直接抽样产生随机数,而拉丁超立方法则先将[0,1]分成 N 等份,然后从这 N 个互不重叠的子区间中进行独立抽样,这样避免了抽样的重复性。为了保证抽取的随机数属于各子区间,则第 i 个子区间内的随机数 U_i 应满足下列等式:

$$U_i = \frac{U}{N} + \frac{i-1}{N} \tag{3.3.8}$$

式中,$i=1,2,\cdots,N$;U 为[0,1]区间内均匀分布的随机数;U_i 为从属于第 i 个子区间内的随机数。因为存在下列关系式:

$$\frac{i-1}{N} < U_i < \frac{i}{U} \tag{3.3.9}$$

所以每一个子区间仅能产生一个随机数,由 N 个子区间得到 N 个随机数,从而得到 N 个某一概率密度函数的随机数抽样值。

实际问题中,变量的概率分布形式是千差万别的。0-1 分布的随机数产生方法是其他分布类型函数的基础,其他概率分布类型的函数都可以在 0-1 分布函数的基础上经过一定的变换得到。当产生了随机数(伪随机数)后,可借助随机数产生各种随机变量的抽样。

通过蒙特卡罗法在实际工程可靠性中的应用可以得出,概率评估精度与模拟的次数有关,随着模拟次数的增加,结果的概率精度提高。例如,实际结构的失效概率可以用式(3.3.10)表示:

$$P_f = P\{G(\boldsymbol{X}) < 0\} \tag{3.3.10}$$

式中,$\boldsymbol{X} = \{x_1, x_2, \cdots, x_n\}^T$ 为具有 n 维随机变量的向量;$G(\boldsymbol{X})$ 为一组结构的极限状态函数,当 $G(\boldsymbol{X}) < 0$ 时,就意味着结构发生破坏;当 $G(\boldsymbol{X}) > 0$ 时,结构是安全的。

用蒙特卡罗法表示的失效概率可写为

$$\hat{P}_f = \frac{1}{N} \sum_{i=1}^{n} I[G(\hat{\boldsymbol{X}}_i)] \tag{3.3.11}$$

式中,N 为抽样模拟总数;当 $G(\hat{\boldsymbol{X}}_i) > 0$ 时,$[G(\hat{\boldsymbol{X}}_i)]$ 取 1,反之,$[G(\hat{\boldsymbol{X}}_i)]$ 取 0;"^"表示抽样值。利用式(3.3.11)得到抽样方差:

$$\hat{\sigma}^2 = \frac{1}{N} \hat{P}_f (1 - \hat{P}_f) \tag{3.3.12}$$

当选取 95% 的置信度来保证蒙特卡罗法的抽样误差时,有

$$|\hat{P}_f - P_f| \leqslant Z_{\alpha/2} \hat{\sigma} = 2\sqrt{\frac{\hat{P}_f(1-\hat{P}_f)}{N}} \tag{3.3.13}$$

以相对误差 ε 来表示,则

$$\varepsilon = \frac{|\hat{P}_f - P_f|}{P_f} < 2\sqrt{\frac{1-\hat{P}_f}{N\hat{P}_f}} \qquad (3.3.14)$$

$\hat{P}_f$ 是一个较小的量,因此 $\hat{\varepsilon}$ 可以表示为

$$\hat{\varepsilon} = 2\sqrt{\frac{1}{N\hat{P}_f}} \qquad (3.3.15)$$

当 ε=0.2 时,抽样数目 N 为

$$N = \frac{100}{\hat{P}_f} \qquad (3.3.16)$$

从式(3.3.15)的分析可以看出,抽样数目与失效概率成反比,只有抽样数目达到一定程度时,才能保证概率精度。由于需要进行大量的抽样,这也导致蒙特卡罗法应用的局限性。可见,蒙特卡罗法是一种具有独特风格的数值计算方法,其优点归结如下:①蒙特卡罗法及其程序结构简单,比较容易实现;②收敛的概率和收敛的速度与问题的维数无关;③只要抽样次数足够多,该方法计算所得的结果精度就能满足要求,所以一般可以用来作为其他方法结果的检验使用。

蒙特卡罗法数值模拟的误差比较容易确定,从而可以确定模拟的次数和精度。但是,为确保计算结果的精度,需要消耗大量计算时间来进行大量模拟,随着计算机的发展和数值模拟方法的改进,进一步促进了该方法在测点布置中的应用。

2) 正交试验法

正交试验法是目前最常用的优化试验设计和分析方法,是部分因子设计的主要方法。正交试验法以概率论、数理统计和实践经验为基础,利用标准化正交表安排试验方案,并对结果进行计算分析,是一种高效处理多因素优化问题的科学计算方法。通过正交试验法,可以得出因素的主次、因素与指标的关系。1951 年,日本统计学家田口玄一根据试验的优化规律提出了正交试验表。正交试验表成为正交试验设计的基本工具,使得正交试验具备分散性和整齐可比性,不仅可以根据正交试验表确定出因素的主次效应顺序,而且可应用方差分析对试验数据进行分析,得出各因素对指标的影响程度。

正交试验都是根据正交试验表进行的,因此正交试验表的合理选择尤为关键。正交试验表有两种:同水平正交试验表和混合水平正交试验表。目前,常用的正交试验表有:二水平正交试验表 L4(2^3)、L8(2^7)、L16(2^{15})等;三水平正交试验表 L9(3^4)等;四水平正交试验表 L16(4^{15})等;混合水平正交试验表 L8(4×2^4)、L12($2^3 \times 3^1$)、L16($4^3 \times 2^6$)、L16($4^4 \times 2^3$)、L16(4×2^{12})、L16($8^1 \times 2^8$)、L18(2×3^7)等。正交试验表中符号和数字的意义为:以 L16($4^4 \times 2^3$)为例进行说明,L 代表正交试验表符号;16 代表正交试验的次数;幂指数相加,即 4+3=7,代表正交试验表有 7

列,可以安排 7 个因素;4 表示 7 个因素中 4 个因素有 4 个水平,2 表示 7 个因素中 3 个因素有 2 个水平。表 3.3.3 为正交试验表 L9(3^4)。

表 3.3.3　正交试验表 L9(3^4)

试验号	列号			
	1	2	3	4
1	1	1	1	1
2	1	2	2	2
3	1	3	3	3
4	2	1	2	3
5	2	2	3	1
6	2	3	1	2
7	3	1	3	2
8	3	2	1	3
9	3	3	2	1

从表 3.3.3 可以看出,正交试验表有如下几个特点:①每个因素各个不同水平在试验中出现的次数相同;②任意两个因素水平组合后所得到的下标数列都相同。

综上所述,正交试验法在实际运用中,可以根据因素的数量和水平数,灵活多变、合理地选择正交试验表、排表头并安排试验。根据试验方案完成试验后可以对试验数据进行相关分析,并可对正交试验表的数据进行极差分析和方差分析。极差的大小反映了该因素对指标影响的大小,极差越大,表示该因素水平发生变化时,对指标的影响越大,即该因素越敏感。极差分析法简单易懂,计算量小,可以进行直观描述,因而是一种便于推广的分析方法。但其没有将试验过程中试验条件改变引起的数据波动与由试验误差引起的数据波动区分开,也没有提供一个标准,用来判断所考察的因素对指标的作用是否显著。为此需要通过方差分析法进行进一步分析。通过方差计算所得的检验因子与临界检验因子的比较,即可定性地确定各种因素对试验结果影响的显著性程度。

使用正交试验表 Ln(t^m)安排试验,第 i 号试验的结果为 $y_i(i=1,2,\cdots,n)$。

$$T=\sum_{i=1}^{n} y_i, \quad \bar{y}=\frac{T}{n}, \quad r=\frac{n}{t} \qquad (3.3.17)$$

$$S_T=\sum_{i=1}^{n}(y_i-\bar{y})^2 \qquad (3.3.18)$$

$$S_j=r\sum_{i=1}^{n}\left(\frac{T_{ij}}{r}-\bar{y}\right)^2=\frac{1}{r}\sum_{i=1}^{n}T_{ij}^2-\frac{T^2}{n}, \quad j=1,2,\cdots,m \qquad (3.3.19)$$

式中，T_{ij} 为正交试验表的第 j 列的第 i 水平的试验结果之和；r 为同水平的重复次数；S_T 反映了全部试验结果之间的差异程度，称 S_T 为离差平方和；S_j 反映了正交试验表上第 j 列所排因素不同水平之间的差异程度，称 S_j 为第 j 列离差平方和。在正交试验中，$S_T = \sum_{j=1}^{m} S_j$。以 f_T 表示 S_T 的自由度，同样以 f_j 代表 S_j 的自由度，则

$$f_T = n - 1 \tag{3.3.20}$$

$$f_j = t - 1, \quad j = 1, 2, \cdots, m \tag{3.3.21}$$

$$f_T = \sum_{j=1}^{m} f_j \tag{3.3.22}$$

式中，t 为因素的水平数。因此，总的变动可以分解为两部分：一部分是由因素水平变动引起的，即因素变动；另一部分是由试验误差引起的，即误差变动。

在确定了因素平均变动和误差平均变动的概念后，需要建立一个判断因素水平变化对指标影响是否显著的标准。

一般来说，比较 S_j/f_j 与 S_e/f_e 的大小，如果 S_j/f_j 大于 S_e/f_e，那么表面因素水平变化对指标的影响超过了试验误差造成的影响。但需要大多少才能认为因素的影响显著地超过误差的影响？这就需要确定 $F_j = \dfrac{S_j/f_j}{S_e/f_e}$ 的一个临界值 F_α。对于某因素 A，只有 $F_A = \dfrac{S_A/f_A}{S_e/f_e}$ 大于临界值 F_α 时，才能说因素 A 的影响是显著的。这种临界值已经根据不同的自由度和显著性水平的要求制定成表，这种表称为 F 检验临界值表，简称 F 表。不同的显著性水平，表示使用相应的临界值表所做出的判断具有不同程度的把握。例如，F_A 大于临界值 F_α 时，即 $P(F_A > F_\alpha) = \alpha$，若 $\alpha = 0.05$，即有 95% 的把握认为 A 因素是显著的。常用的显著性水平有 $\alpha = 0.25$，$\alpha = 0.05$，$\alpha = 0.01$。

利用 F 表进行显著性检验的主要步骤如下。

（1）计算 $F_A = \dfrac{S_A/f_A}{S_e/f_e}$。

（2）根据自由度 f 和指定的显著性水平 α 查 F 表，得到临界值 F_α。

（3）比较 F_A 和 F_α，做出显著性判断。

通常，若对于 $\alpha = 0.05$，有 $F_A > F_\alpha$，则说明因素 A 是显著的；若对于 $\alpha = 0.01$，有 $F_A > F_\alpha$，则说明因素 A 是极显著的。也就是说，$P \leqslant 0.01$，则因素 A 极显著，$0.01 < P \leqslant 0.05$ 则因素 A 显著。

在空间结构中，一般考虑的构件数量较多，已有的正交试验表不能满足因素考察要求，需要重新构造新的正交试验表，在此基础上进行试验。在确定正交试验表

时考虑两个水平(1水平代表构件原截面积;2水平代表削弱后的截面积,用其来模拟构件损伤),n个因素代表考察的n根构件,因而可以构造出2水平n因素的正交试验表。

目前,2水平正交试验表可以通过阿达马(Hadamard)矩阵进行构造。在数学中,阿达马矩阵是一个方阵,每个元素都是1或-1,每行都是互相正交的。由于阿达马矩阵中只有两个元素:1和-1,而且每行都是正交的,可以用水平1代表矩阵中的元素1,水平2代表矩阵中的元素-1。通过构造出相应的2^n阶阿达马矩阵,可得到对应的2水平n因素正交试验表。

利用阿达马矩阵直积法可以构造$N=2^s$型的2水平正交试验表。基于构造出的正交表,就可以利用正交试验分析空间结构构件的敏感性。

通过对蒙特卡罗法和正交试验法的分析比较,可以得到以下结论。

(1) 蒙特卡罗法计算简单,结合有限元分析可以方便地获得敏感性排序,但其对计算机性能要求比较高,当分析的因素数量增加时,计算效率比较低。

(2) 正交试验法利用正交试验表安排试验,通过较少但具有代表性的试验进行试验分析,再对试验结果进行数理统计分析计算,可以得到各个因素对考察指标的影响程度排序,并能得到数值解和影响显著因素。而且相对于蒙特卡罗法,正交试验法对计算机性能要求较低,计算效率比较高,较适合分析影响因素较多的空间结构。但其对于正交试验表设计依赖性较强,需要设计科学合理的正交试验表。

(3) 这两种敏感性分析方法都实际有效,可以根据实际分析情况,结合两者优点,扬长避短,提高计算分析的效率。

2. 数值算例

1) 敏感性构件确定

以肋环型单层网壳为例,对基于结构自身敏感性的测点布置方法进行介绍说明。该肋环型单层网壳球面半径为20m,跨度为35m,矢跨比1∶3.5,环数为6,如图3.3.4所示。网壳结构所有构件均采用Q235钢管,节点采用刚性连接,结构的材料特性见表3.3.4。

表3.3.4 肋环型单层网壳材料特性

钢材	弹性模量/GPa	截面积/mm²	泊松比	屈服强度/MPa
Q235	206	1382	0.3	235

将上述网壳结构构件分为环向杆(HG)和径向杆(JG),由外至内分别为HG1、HG2、HG3、HG4、HG5、HG6、JG1、JG2、JG3、JG4、JG5、JG6,具体如图3.3.4所示。将这12类构件的截面积作为随机变量,这里仅考虑构件损伤后对结构的影

(a) 平面图

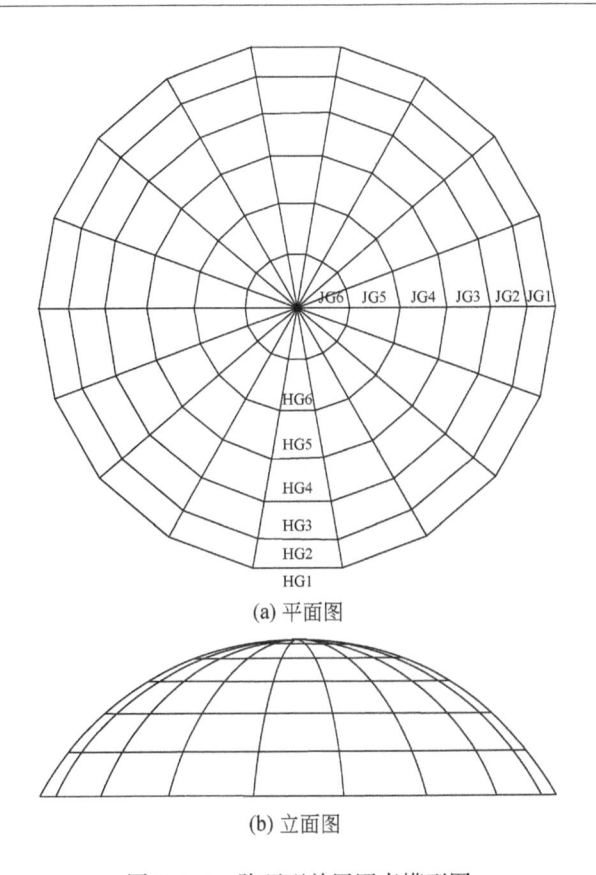

(b) 立面图

图 3.3.4 肋环型单层网壳模型图

响,并不考虑其是如何变化的,所以假定构件截面积在原面积削弱 5% 至原面积之间变化。

利用 ANSYS 参数化设计语言(ANSYS parametric design language,APDL)结合概率统计(probabilistic design system,PDS)模块,可以实现结构的敏感性分析。上述网壳有限元模型采用三维梁单元(BEAM4),将结构自重转换为节点荷载施加于结构每个节点上,采用拉丁超立方抽样的蒙特卡罗法模拟 3000 次,对结构在竖向荷载下的构件敏感性进行分析,其结果如图 3.3.5 所示。

PDS 模块中敏感度超过 2.5%,则认为影响显著,低于 2.5%,则认为不显著。根据分析结果,HG1、HG4、HG6 不敏感,其余构件敏感,敏感性排序为 JG4>JG5>JG3>JG2>JG1>JG6>HG5>HG3>HG2。

由敏感性柱状图可以看出,径向构件横截面积发生变化时对结构最大位移影响较为显著,环向构件相对不明显。其中,位于网壳中间位置的径向构件最为敏感。

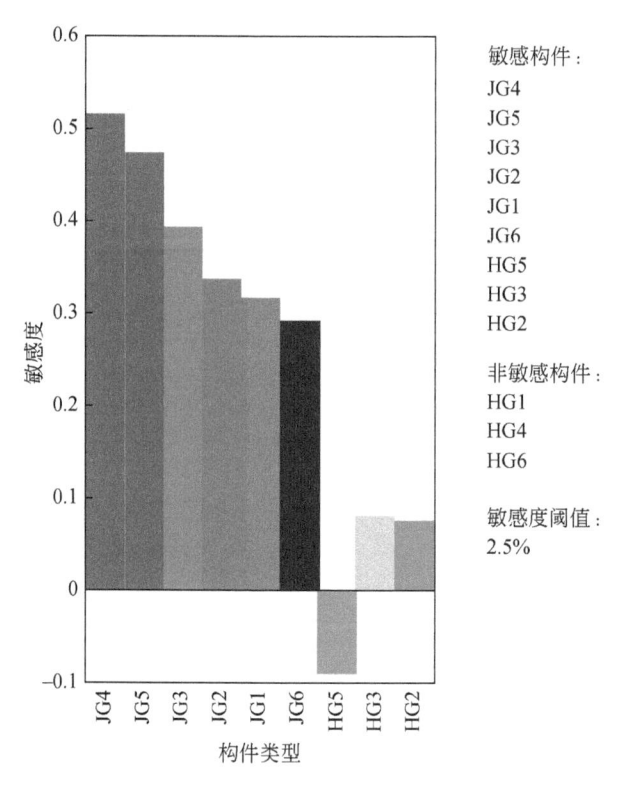

图 3.3.5 构件敏感性柱状图

仍采用上述网壳结构,采用正交试验法确定其构件的敏感性排序。将 12 类构件作为 12 个因素,其截面积考虑两个水平,1 水平代表原面积,2 水平代表损伤后的截面积,这里采用横截面积削弱 5% 来模拟构件的损伤。根据因素的数量选择 L16(2^{15})正交试验表进行试验。将 1~12 列分别填入 12 类构件,13~15 列作为误差列,得到试验方案及计算结果见表 3.3.5。

表 3.3.5 正交试验方案及计算结果

方案	HG1	HG2	HG3	HG4	HG5	HG6	JG1	JG2	JG3	JG4	JG5	JG6	误差1	误差2	误差3	U_{max}/($\times 10^{-2}$mm)
1	1	1	1	1	1	1	1	1	1	1	1	1	1	1	1	1395
2	1	1	1	1	1	1	1	2	2	2	2	2	2	2	2	1458
3	1	1	1	2	2	2	2	1	1	1	2	2	2	2	2	1412
4	1	1	1	2	2	2	2	2	2	2	1	1	1	1	1	1455

续表

方案	HG1	HG2	HG3	HG4	HG5	HG6	JG1	JG2	JG3	JG4	JG5	JG6	误差1	误差2	误差3	$U_{max}/(\times 10^{-2} mm)$
5	1	2	2	1	1	2	2	1	1	2	2	1	1	2	2	1439
6	1	2	2	1	1	2	2	2	2	1	1	2	2	1	1	1441
7	1	2	2	2	2	1	1	1	1	2	2	2	2	1	1	1435
8	1	2	2	2	2	1	1	2	2	1	1	1	1	2	2	1420
9	2	1	2	1	2	1	2	1	2	1	2	1	2	1	2	1431
10	2	1	2	1	2	1	2	2	1	2	1	2	1	2	1	1438
11	2	1	2	2	1	2	1	1	2	1	2	2	1	1	2	1434
12	2	1	2	2	1	2	1	2	1	2	1	1	2	2	1	1423
13	2	2	1	1	2	2	1	1	2	2	1	1	2	2	1	1424
14	2	2	1	1	2	2	1	2	1	1	2	2	1	1	2	1429
15	2	2	1	2	1	1	2	1	2	2	1	2	1	1	2	1442
16	2	2	1	2	1	1	2	2	1	1	2	1	2	2	1	1430

基于16个试验数据,利用正交试验法中的极差分析来分析试验结果。对于因素HG1,位于第一列,把包含HG1因素"1"水平的8次试验(第1～8号试验)作为第一组;同样,把包含HG1因素"2"水平的8次试验(第9～16号试验)作为第二组。这样,16次试验就被分成了两组。将第一组得到的试验数据相加取平均,记为Ⅰ。

$$\text{Ⅰ} = \frac{1}{8}(1395+1458+1412+1455+1439+1441+1435+1420) = 1431.875$$

将第二组得到的试验数据相加取平均,记为Ⅱ。

$$\text{Ⅱ} = \frac{1}{8}(1431+1438+1434+1423+1424+1429+1442+1430) = 1431.375$$

比较Ⅰ、Ⅱ,可以认为其他因素对Ⅰ、Ⅱ的影响是大体相同的。因此,可以把Ⅰ、Ⅱ之间的差异看成由HG1取了两个不同水平而引起的。用同样的方法可以求出其他因素的Ⅰ、Ⅱ。在计算完各列的Ⅰ、Ⅱ之后,求出两者之差,将这个差值称为极差,记为R,计算结果见表3.3.6。

表3.3.6 正交试验的极差分析

因素	HG1	HG2	HG3	HG4	HG5	HG6	JG1	JG2	JG3	JG4	JG5	JG6
Ⅰ	1431.87	1430.75	1430.62	1431.87	1432.75	1431.12	1427.25	1426.50	1425.12	1424.00	1424.37	1427.12
Ⅱ	1431.37	1432.50	1432.62	1431.37	1430.50	1432.12	1436.00	1436.75	1438.12	1439.25	1438.87	1436.12
R	0.500	1.750	2.000	0.500	2.250	1.000	8.750	10.250	13.000	15.250	14.500	9.000

每一列求出的极差大小均反映该因素对指标影响的大小,极差越大,则表示该因素水平发生变化时,对指标的影响越大,即该因素越敏感。根据极差分析,可以得到肋环型单层网壳构件敏感性排序为:JG4>JG5>JG3>JG2>JG6>JG1>HG5>HG3>HG2>HG6>HG1=HG4。误差列 13、14、15 求得的极差分别为 0.250、0.500、0.250,空列的极差反映了误差的大小。某一因素的极差如果与误差列的极差相近,则认为该因素是不重要的。

上述通过计算极差进行构件敏感性分析的方法简单易懂,计算量小,可以进行直观描述,但其没有将试验过程中由试验条件改变引起的数据波动与由试验误差引起的数据波动区分开来,也没有提供一个标准,用来判断所考察的因素对指标的作用是否显著。为此,需要通过方差分析法进行进一步的分析。通常,若对于 $\alpha=0.05$,有 $F_A > F_\alpha$,则说明因素 A 是显著的;若对于 $\alpha=0.01$,有 $F_A > F_\alpha$,则说明因素 A 是极显著的。取 $\alpha=0.05$ 时,显著的标记为 *,结果见表 3.3.7。

表 3.3.7 显著性分析 1($\alpha=0.05$)

因素	偏差平方和	自由度	F 比	F 临界值	显著性
HG1	1.000	1	2.000	10.100	—
HG2	12.250	1	24.500	10.100	*
HG3	16.000	1	32.000	10.100	*
HG4	1.000	1	2.000	10.100	—
HG5	20.250	1	40.500	10.100	*
HG6	4.000	1	8.000	10.100	—
JG1	306.250	1	612.500	10.100	*
JG2	420.250	1	840.500	10.100	*
JG3	676.000	1	1352.000	10.100	*
JG4	930.250	1	1860.500	10.100	*
JG5	841.000	1	1682.000	10.100	*
JG6	324.000	1	648.000	10.100	*

取 $\alpha=0.01$ 时,显著的标记为 **,结果见表 3.3.8。

表 3.3.8 显著性分析 2($\alpha=0.01$)

因素	偏差平方和	自由度	F 比	F 临界值	显著性
HG1	1.000	1	2.000	34.100	—
HG2	12.250	1	24.500	34.100	—
HG3	16.000	1	32.000	34.100	—

续表

因素	偏差平方和	自由度	F 比	F 临界值	显著性
HG4	1.000	1	2.000	34.100	—
HG5	20.250	1	40.500	34.100	* *
HG6	4.000	1	8.000	34.100	—
JG1	306.250	1	612.500	34.100	* *
JG2	420.250	1	840.500	34.100	* *
JG3	676.000	1	1352.000	34.100	* *
JG4	930.250	1	1860.500	34.100	* *
JG5	841.000	1	1682.000	34.100	* *
JG6	324.000	1	648.000	34.100	* *

根据方差分析结果可以发现，径向构件对环肋型单层网壳结构的影响远远大于环向构件对结构的影响。构件敏感性排序与蒙特卡罗法对比，12个因素中仅径向杆JG6和JG1的排序不同，从蒙特卡罗法的柱状图和正交试验法的数值分析可以看出这两个因素的敏感性相差不大。由此可见，蒙特卡罗法和正交试验法这两种分析方法结果基本一致。

2) 测点布置

通过蒙特卡罗法能快速得到环肋型单层网壳结构构件敏感性的排序，根据正交试验法的分析结果，又能在此基础上得到构件对整体结构的影响程度。将标记为**的显著构件作为一级关键构件，这类构件是结构中最为敏感的构件，对结构影响最大，在测点布置中需要优先考虑；将标记为*的显著构件作为二级关键构件，这类构件在结构中相对敏感，在测点布置中可以选择性地在该类构件上布置一定测点；对于不显著的构件，这类构件可认为是不敏感构件，定义为三级构件，当其发生一定损坏时对结构影响不大，可以不在这类构件上布置测点。

根据上述原则和测点的数量，优先选择肋环型单层网壳结构径向杆中最为敏感的径向杆JG4进行测点布置，考虑结构的对称性，当测点数量为6时，基于结构自身敏感性分析的测点布置方案如图3.3.6所示。

3.3.3 构件重要性分析

空间结构构件数量庞大，对所有构件的性能进行监测与评价并不现实也没有必要，一般对重要构件进行健康监测与性能评价以实现通过构件层面反映结构状态。构件重要性分析不仅为构件性能评价做准备，还有一个重要意义在于可以指导测点的布置。因此，构件重要性分析本质上与测点布置方法的研究相通。

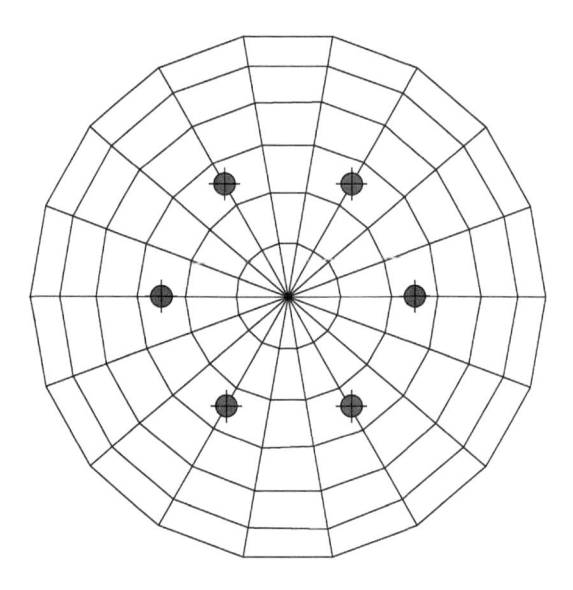

图 3.3.6　肋环型单层网壳结构测点布置示意图

目前,国内外有关结构重要构件判断的方法主要包含两类:①根据构件损坏或移除对结构的影响来确定重要构件;②根据构件对不同荷载的敏感程度来确定重要构件。综合考虑上述两个角度,提出一种考虑荷载组合作用的基于敏感性分析的重要构件确定方法。一个构件可称为重要构件,首先因为它的缺失或损坏对结构影响很大;其次,在永久荷载作用下构件内应力较高,比其他构件更容易损坏;最后,构件在可变荷载作用下应力变化较大,即对风荷载、雪荷载、温度作用、地震作用较为敏感,构件在这些荷载作用下应力波动较大,在构件处于较高应力水平的情况下容易发生破坏。

因此,重要构件的确定分为以下三个步骤(图 3.3.7)。

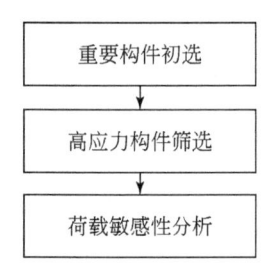

图 3.3.7　重要构件确定步骤

(1) 确定哪些构件自身的缺失或损坏对结构影响很大,即重要构件的初步选取。

(2) 在这些构件中选取永久荷载作用下应力较高的构件,即高应力构件筛选。

(3) 在高应力构件中进一步挑选在可变荷载作用下应力变化较大的构件,即荷载敏感性分析。

第一步说明构件的损坏后果严重,第二步和第三步说明构件相对更容易损坏,后两步可以通过荷载组合的方式一起考虑。各步骤的具体方法如下。

1. 重要构件的初选

重要构件首先要满足自身的缺失或损坏对结构影响很大的条件,然后再通过计算确定各构件的重要性。可以根据不同的结构形式,对结构的重要部位进行经验初选,筛选出自身的缺失或损坏对结构影响很大的构件,对重要构件的初选也减少了对较多构件逐个进行重要性分析带来的计算量。

1) 选取方法

目前对构件损坏的模拟基本是通过削弱构件截面积来进行的,当构件截面积削弱为零时即为构件缺失,完全退出工作。由于构件重要性分析只是在同一结构中考量构件重要性的相对大小,只要在同一结构的构件重要性分析中采用相同的削弱百分比,得出的重要性分析结果就是相同的,因此截面积的具体削弱百分比对分析结果影响不大。空间结构为高次超静定结构,结构的鲁棒性较强,为了使构件削弱后结构响应较为明显,算例对构件截面削弱直接按构件完全移除的方式考虑。

结构位移和构件应力是结构设计中的控制因素,因此可以将这两个因素作为构件损坏后,考量对结构影响的响应指标(Melchers et al.,2018)。由于构件损坏后结构位移变化和构件应力变化是正相关的,两者任意一个作为响应指标分析结果都是相同的,本节将结构最大位移变化作为输出变量,重要构件的初选指标为自重作用下构件移除前后的结构最大位移变化。构件的初选重要度定义如下:

$$I_i = \frac{R_i}{R_{max}} \tag{3.3.23}$$

$$R_i = |\Delta_{max}(x)| \tag{3.3.24}$$

式中,I_i 为第 i 个构件的初选重要度;R_i 为第 i 个构件截面削弱后的结构最大响应;R_{max} 为所有 R_i 中的最大值;Δ_{max} 为结构自重作用下的最大位移变化;x 为第 i 个构件被移除的状态。由定义公式可知,结构中重要性最大的构件的初选重要度为1,以最重要构件损坏造成的结构响应为基准,取其余构件损坏造成的结构响应与之相对大小作为其余各构件的初选重要度。

根据各构件的初选重要度,可以将各构件对结构的重要性进行排序。因为还要通过下一步的高应力构件荷载敏感性分析进一步筛选,所以初选的重要构件数量应尽可能多一些,具体的数量应结合构件总数以及布置测点的数量来综合决定。

2) 常用结构形式的构件经验初选

当结构构件较少时可对所有构件进行上述重要性初步分析,并排序初选。但当构件较多时,逐个进行重要性分析会带来很大的计算量。庞大结构的众多构件中会存有显然的次要构件。不同结构形式中对结构整体有重要影响的构件部位会有大致固定的分布。因此,可以根据不同的结构形式,对结构的重要构件可能分布的部位进行经验初选。对于可能部位的构件,再按上述方法通过计算确定各构件的初选重要度并排序。

这里在不同支撑条件下(周边支撑,中间点支撑),对常用的空间结构形式(网架、网壳、立体桁架)用不同尺寸的算例进行了重要构件可能分布部位的计算统计,见表 3.3.9。

表 3.3.9 重要构件可能分布部位

支撑方式	网架		网壳				立体桁架
	平板方形	平板圆形	双层球面	单层球面	双层柱面	单层柱面	
周边简支	跨中弦杆,网架边缘中间支座附近腹杆	外圈上弦,内圈下弦,靠近支座腹杆	外圈弦杆,内圈及支座附近腹杆	外圈弦向弦杆,从支座向圆心方向径向弦杆	跨中周向弦杆,支座附近母向弦杆	跨中母向弦杆,跨中边缘周向弦杆	跨中弦杆,支座附近腹杆
周边固支	跨中与支座附近弦杆,网架边缘中间与转角处支座附近腹杆	内圈弦杆,靠近支座处弦杆与腹杆	外圈径向弦杆,支座附近弦杆与腹杆	支座附近径向弦杆,靠近圆心环向弦杆	支座附近周向弦杆,支座附近腹杆	跨中弦杆,跨中边缘轴向弦杆,支座附件弦杆	跨中上弦,支座附近下弦及腹杆
中间点简支	跨中与悬挑段弦杆,支座附近腹杆	外圈环向与内圈径向弦杆,支座处弦杆与腹杆	—	—	—	—	跨中上弦,支座附近弦杆与腹杆
中间点固支	支座附近弦杆与腹杆	支座间弦杆,支座处弦杆与腹杆	—	—	—	—	跨中上弦,悬挑段靠近支座弦杆,支座附近腹杆

结构构件较多时,可以根据表 3.3.9 所示的部位,对重要构件进行经验初选。当然,如果不考虑计算效率的问题,将整个计算过程计算机程序化,也可无差别地对整个结构的所有构件按上述方法进行重要性初选。

2. 高应力构件的筛选和荷载敏感性分析

根据分析初步选定自身的缺失或损坏对结构影响很大的构件之后,按照重要构件分析的步骤,需要从中选取永久荷载下应力较高的构件,再选取对可变荷载作用较为敏感的构件。后两步均为从构件更容易损坏的角度考虑,可通过荷载组合的方式一起分析。

1) 荷载组合方式

高应力构件是通过结构在永久荷载下构件的应力大小来判定的,对各可变荷载敏感的构件是通过结构在该荷载作用下构件应力变化的大小来判定的。因此,将永久荷载和可变荷载组合作用在结构上,应力较大的构件就同时满足了高应力构件以及对该荷载敏感的要求。可变荷载包括屋面活荷载、雪荷载、风荷载、温度作用等,若有需要还需进行地震作用分析。荷载组合公式为

$$q = q_G + \sum_{i=1}^{M} \gamma_i q_i \quad (3.3.25)$$

式中,q 为组合荷载作用;q_G 为永久荷载标准值;q_i 为各可变荷载的标准值;γ_i 为各可变荷载的组合系数;M 为可变荷载数,根据《建筑结构荷载规范》(GB 50009—2012)进行选取。风荷载和雪荷载取 100 年重现期的荷载标准值,温度作用取当地年温最高温与最低温差值的一半。荷载组合系数按《建筑结构荷载规范》(GB 50009—2012)取值,但当只有一个可变荷载参与组合时组合系数均取 1。不同构件对不同荷载或荷载组合的敏感程度不同,所以应该对所有荷载组合进行计算,对每个构件取最不利工况下的结果。

2) 综合重要度计算

各构件在最不利工况下的应力越大,构件越容易发生破坏,构件也就越重要。在此定义下的构件重要度,综合考虑了构件破坏的后果与构件破坏的容易程度,因此称为构件的综合重要度。综合重要度的输出指标为各构件在最不利工况下的应力,计算公式如下:

$$I_{Gi} = \frac{R_i}{R_{\max}} \quad (3.3.26)$$

$$R_i = |\sigma_i(q)| \quad (3.3.27)$$

式中,I_{Gi} 为第 i 个构件的综合重要度;R_i 为第 i 个构件在最不利工况下的响应;$R_{\max}$ 为所有 R_i 中的最大值;σ_i 为第 i 个构件的应力响应;q 为第 i 个构件对应的最不利组合荷载作用。同样,由定义公式可知,结构中综合重要性最大构件的综合重

要度为 1,以最重要构件的响应为基准,取其余构件的响应与之相对大小作为其余各构件的综合重要度。

与重要构件初选相同,构件的重要性大小是相对的,并不存在一个确切的阈值,综合重要度大于该阈值的构件就是重要的,小于该阈值就是不重要的。构件重要性分析的目的是对构件的重要性大小进行排序。从结构构件性能评价的角度讲,理论上能够用于评价的构件越多,即布置了测点、有监测数据可供分析的构件越多,评价结果就越能反映结构整体的构件性能情况。但实际上真正确定为重要构件的数量要综合结构构件总数和可布置测点的数量来确定。

3. 数值算例

1) 重要构件初选

以一常见的正放四角锥平板网架作为构件重要性分析的算例。网架为正方形,边长 15m,厚度 0.7m,如图 3.3.8 所示。上弦网格 5×5,每个网格边长为 3m,支座采用上弦周边固支。上弦杆截面为 $\phi88.5\text{mm}\times4\text{mm}$(壁厚),腹杆与下弦截面为 $\phi60\text{mm}\times3.5\text{mm}$(壁厚),结构材料为 Q235 钢。

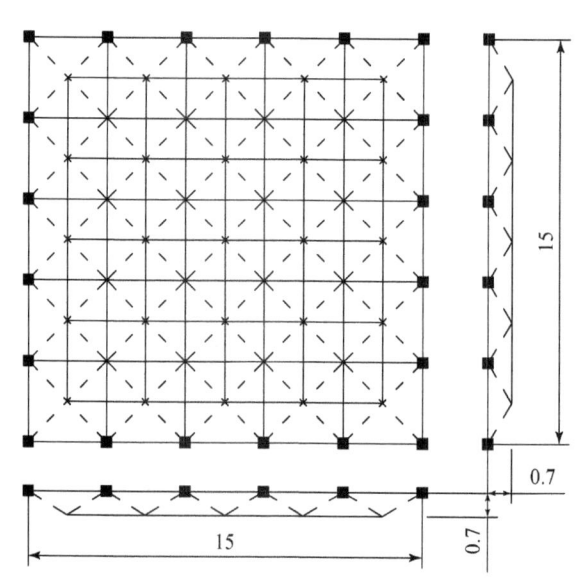

图 3.3.8 正放四角锥平板网架数值算例示意图(单位:m)

按照上述方法,先对重要构件进行初选。根据网架的对称性,可只对 1/8 的构件进行分析,构件编号如图 3.3.9 所示。各构件分析结果见表 3.3.10。

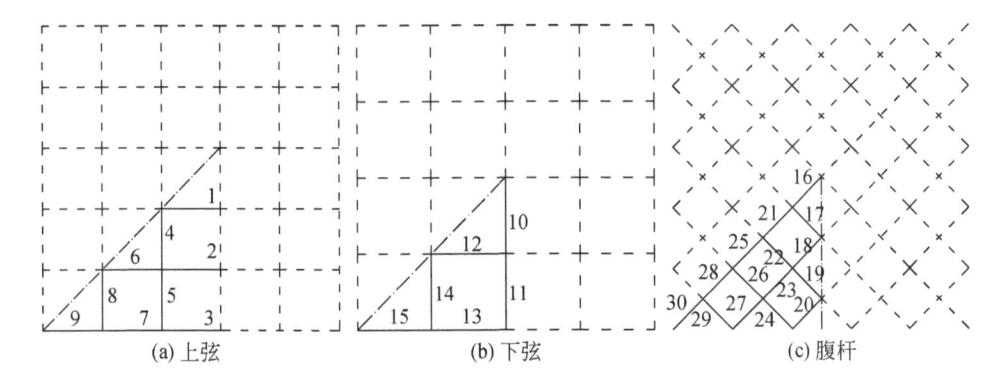

第 3 章 空间结构健康监测测点布置方法

(a) 上弦 (b) 下弦 (c) 腹杆

图 3.3.9 正放四角锥平板网架构件编号

表 3.3.10 正放四角锥平板网架各构件的初选重要度

编号	部位	最大位移变化/mm	初选重要度
1	上弦	0.682	0.93
2	上弦	0.300	0.41
3	上弦	0.030	0.04
4	上弦	0.610	0.84
5	上弦	0.345	0.47
6	上弦	0.290	0.40
7	上弦	0.024	0.03
8	上弦	0.215	0.29
9	上弦	0.001	0.00
10	下弦	0.730	1.00
11	下弦	0.546	0.75
12	下弦	0.530	0.73
13	下弦	0.087	0.12
14	下弦	0.422	0.58
15	下弦	0.074	0.10
16	腹杆	0.104	0.14
17	腹杆	0.110	0.15
18	腹杆	0.199	0.27
19	腹杆	0.296	0.41
20	腹杆	0.304	0.42
21	腹杆	0.250	0.34

续表

编号	部位	最大位移变化/mm	初选重要度
22	腹杆	0.157	0.22
23	腹杆	0.454	0.62
24	腹杆	0.352	0.48
25	腹杆	0.199	0.27
26	腹杆	0.047	0.06
27	腹杆	0.172	0.24
28	腹杆	0.616	0.84
29	腹杆	0.282	0.39
30	腹杆	0.009	0.01

按初选重要度排序，选取重要度前一半的构件进行下一步分析。重要度前一半的构件分别为：上弦 1、2、4、5、6；下弦 10、11、12、14；腹杆 19、20、23、24、28、29，如图 3.3.10 所示。此算例中通过重要构件初选的构件最小的初选重要度接近 0.4。

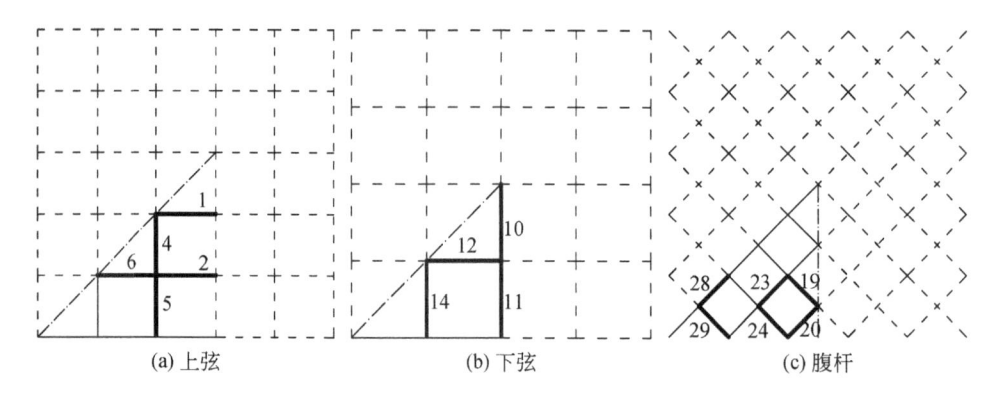

(a) 上弦　　　　　　　　(b) 下弦　　　　　　　　(c) 腹杆

图 3.3.10　正放四角锥平板网架通过重要性初选的构件

2) 高应力构件荷载敏感性分析

按照所述方法对上述 15 个初选出的重要构件进行高应力构件荷载敏感性分析。可变荷载考虑屋面活荷载、雪荷载、风荷载、降温作用。

$$q = q_G + (\gamma_{活}q_{活} + \gamma_{雪}q_{雪} + \gamma_{风}q_{风} + \gamma_{温}q_{温}) \tag{3.3.28}$$

根据不同荷载组合作用计算各构件的最大应力响应。各构件的综合重要度计算结果见表 3.3.11。

表 3.3.11 正放四角锥平板网架各构件的综合重要度计算结果

编号	部位	最大应力/MPa	综合重要度
1	上弦	77.2	0.59
2	上弦	84.0	0.64
4	上弦	90.2	0.69
5	上弦	130.8	1.00
6	上弦	93.4	0.71
10	下弦	129.0	0.99
11	下弦	90.0	0.69
12	下弦	119.8	0.92
14	下弦	83.2	0.64
19	腹杆	66.4	0.51
20	腹杆	35.0	0.27
23	腹杆	98.2	0.75
24	腹杆	30.6	0.23
28	腹杆	114.0	0.87
29	腹杆	1.6	0.01

这里取综合重要度为 0.7 以上的构件布置测点，实际应用中可根据需要的测点数量来确定综合重要度取值。上弦为 5、6 号杆；下弦为 10、12 号杆；腹杆为 23、28 号杆。所有对称位置的构件也均为重要构件，均应布置测点。如图 3.3.11 所示，最终上弦重要构件为 16 个，下弦为 12 个，腹杆为 12 个。

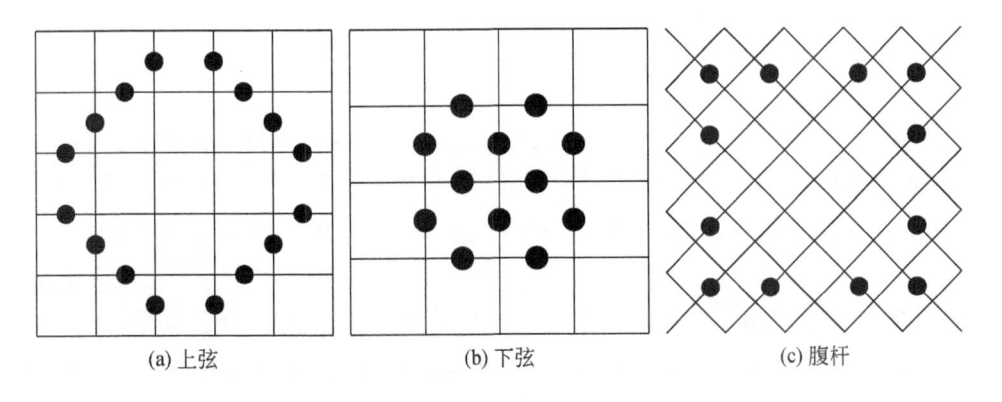

(a) 上弦　　　　　　　　(b) 下弦　　　　　　　　(c) 腹杆

图 3.3.11 正放四角锥平板网架重要构件分布

3.4 基于动力性能的测点布置方法

基于动力性能的测点优化布置具有重要的实用价值,通过分析获得的结构动力反应信息和包含在结构动力反应信息内的各种数据特征,可了解因损伤或退化而造成的结构健康状况的改变。由于结构形式和测点种类多样,所需测试的结构性态也各有不同,因此总结一种通用的优化布置理论仍然是一个很值得深入研究的课题。要进行测点的优化配置,首先要确定优化配置准则,即优化的目标函数,其次必须选用适当的优化计算方法。这里首先给出测点优化布置的数学模型;接着介绍基于模态准则的测点优化布置方法;最后以平板网架为例,使用遗传算法对结构进行测点优化布置。

3.4.1 测点布置的数学描述

对属于分布参数系统的工程结构来说,理论上需要采用偏微分方程来描述其运动形式(刘福强等,2000)。但实际上,往往采用有限元方法对其进行离散化,从而建立用常微分方程表达的控制模型。一般情况下,线性时不变系统的运动方程为

$$M\ddot{p} + D\dot{p} + Kp = Bf, \quad y = C_d p + C_v \dot{p} + Df \tag{3.4.1}$$

式中,p 为 $n\times1$ 的位移向量;M 为 $n\times n$ 对称正定质量矩阵;K 为 $n\times n$ 的非负定对称刚度矩阵,n 为自由度;D 为阻尼矩阵,为介绍方便,这里假设为比例阻尼,但这里结论不难推广到任意阻尼的情况;B 为 $n\times r$ 的作动器位置矩阵;f 为 $r\times1$ 控制力向量,r 为作动器数;y 为 $m\times1$ 测量向量,m 为传感器数目;C_d、C_v 为输出系数矩阵,当采用位移传感器时,$C_v=0$,当采用速度传感器时,$C_d=0$;D 为作动力的直接输出项,根据模态叠加原理,将系统相应表示为

$$p = \sum_{i=1}^{n} \varphi_i \eta_i = \Phi\eta \tag{3.4.2}$$

式中,φ_i 为第 i 阶振型向量;$\Phi=[\varphi_1,\varphi_2,\cdots,\varphi_i,\cdots,\varphi_n]$;$\eta_i$ 为第 i 阶模态坐标;$\eta=[\eta_1,\eta_2,\cdots,\eta_i,\cdots,\eta_n]^T$,上标 T 表示转置,将式(3.4.2)代入式(3.4.1)得到:

$$\ddot{\eta} + D_r\dot{\eta} + \Lambda\eta = \varphi^T Bf = \Gamma f, \quad y_t = C_d\varphi\eta + C_v\varphi\dot{\eta} + Df = \bar{C}_d\eta + \bar{C}_v\dot{\eta} + Df \tag{3.4.3}$$

式中,$D_r = \text{diag}(2\xi_1\omega_1, 2\xi_2\omega_2, \cdots, 2\xi_n\omega_n)$,$\xi_i$ 和 $\omega_i(i=1,2,\cdots,n)$ 分别为开环系统的模态阻尼比及频率;Γ 为 $n\times r$ 的作动器影响系数矩阵;$\bar{C}_d$、$\bar{C}_v$ 分别为 $m\times n$ 的传感器位移影响系数矩阵、速度影响系数矩阵。一般情况下,有限元模型的模态数 n 较多,进行模态试验时,往往只对远小于 n 的 n_1 个模态感兴趣,因此式(3.4.3)可表

示为

$$\begin{cases} \ddot{\pmb{\eta}}_i + 2\xi_i\omega_{ni}\dot{\pmb{\eta}}_i + \omega_{ni}^2\pmb{\eta}_i = \pmb{\varphi}_i^T\pmb{B}\pmb{f} = \pmb{\Gamma}_i\pmb{f}, \quad i=1,2,\cdots,n_1 \\ \pmb{y}_t = \sum_{i=1}^{n_t}\pmb{C}_d\pmb{\varphi}_i\pmb{\eta}_i + \sum_{i=1}^{n_t}\pmb{C}_v\pmb{\varphi}_i\dot{\pmb{\eta}}_i + \pmb{D}\pmb{f} = \sum_{i=1}^{n_t}\pmb{C}_{di}\pmb{\eta}_i + \sum_{i=1}^{n_t}\pmb{C}_{vi}\dot{\pmb{\eta}}_i + \pmb{D}\pmb{f} \end{cases}$$

(3.4.4)

模态试验的目的就是通过合理地选取作动器的位置以确定 $\pmb{\Gamma}_i$，从而尽可能大地激励感兴趣模态通过合理地选取传感器位置以确定 $\pmb{C}_{di}$ 和 $\pmb{C}_{vi}$ 向量，使得传感器测量的响应中各阶感兴趣模态独立并且尽可能大地包含其分量，从而保证感兴趣模态的识别精度或其他要求。

在振动控制中，广泛使用的模态控制方法往往只控制少数的低阶模态。设被控模态数为 n_C。通常有 $n_C \leqslant n_1$，式(3.4.4)可表示为

$$\begin{cases} \ddot{\pmb{\eta}}_i + 2\xi_i\omega_{ni}\dot{\pmb{\eta}}_i + \omega_{ni}^2\pmb{\eta}_i = \pmb{\varphi}_i^T\pmb{B}\pmb{f} = \pmb{\Gamma}_i\pmb{f}, \quad i=1,2,\cdots,n_1 \\ \pmb{y}_t = \sum_{i=1}^{n_t}\pmb{C}_d\pmb{\varphi}_i\pmb{\eta}_i + \sum_{i=1}^{n_t}\pmb{C}_v\pmb{\varphi}_i\dot{\pmb{\eta}}_i + \pmb{D}\pmb{f} = \sum_{i=1}^{n_t}\pmb{C}_{di}\pmb{\eta}_i + \sum_{i=1}^{n_t}\pmb{C}_{vi}\dot{\pmb{\eta}}_i + \pmb{D}\pmb{f} \\ \pmb{f} = g(\pmb{y}_t) \end{cases}$$

(3.4.5)

式中，$g(\cdot)$ 表示函数关系。合理地确定 $\pmb{\Gamma}_j$ 向量，使得作动器能最大限度地影响被控模态；合理选取传感器位置以确定 $\pmb{C}_{dj}$ 和 $\pmb{C}_{vj}$ 向量，使得传感器测量的响应中尽可能大地包含被控模态的分量，以保证闭环控制系统的性能。

3.4.2 基于模态准则的测点布置

1. 测点布置的模态准则

对于一个具有阻尼的多自由度系统，系统的运动方程可表示为

$$\pmb{M}\ddot{\pmb{x}} + \pmb{C}\dot{\pmb{x}} + \pmb{K}\pmb{x} = \pmb{f}(t)$$

(3.4.6)

记 $\pmb{x} = \pmb{\varphi}e^{j\omega t}$，对应于以上系统的无阻尼自由振动规律可表示为

$$-\omega^2\pmb{M}\pmb{\varphi} + \pmb{K}\pmb{x} = 0$$

(3.4.7)

即

$$\pmb{A}\pmb{\varphi} = \omega^2\pmb{\varphi}$$

(3.4.8)

式中

$$\pmb{A} = \pmb{M}^{-1}\pmb{K}$$

(3.4.9)

于是，式(3.4.9)的特征方程为

$$\det(\pmb{A} - \omega^2\pmb{I}) = 0$$

(3.4.10)

式(3.4.10)展开后为

$$\det(\boldsymbol{A}-\omega^2\boldsymbol{I})=\prod_{r=1}^{N}(\Omega_r^2-\omega^2)=0 \qquad (3.4.11)$$

由式(3.4.11)可得到Ω_r,将Ω_r代入式$\boldsymbol{A}\boldsymbol{\varphi}=\omega^2\boldsymbol{\varphi}$,便可以得到相应的特征向量$\boldsymbol{\varphi}$。

根据模态叠加原理,系统的响应,即传感器的输出可以表示为

$$\boldsymbol{u}=\sum_{i=1}^{n}\boldsymbol{\varphi}_i\boldsymbol{q}_i=\boldsymbol{\Phi}_s\boldsymbol{q} \qquad (3.4.12)$$

式中,$\boldsymbol{u}\in\mathbf{R}^{s\times l}$为物理坐标;$\boldsymbol{\varphi}_i$为第$i$阶模态向量;$\boldsymbol{\Phi}_s\in\mathbf{R}^{s\times m}$为模态向量矩阵;$\boldsymbol{q}_i$为第$i$阶模态坐标;$\boldsymbol{q}\in\mathbf{R}^{m\times l}$。$s$为传感器的数量,$m$为所需识别的模态个数。

为了得到目标模态,利用被抽取和进行评估的传感器的值计算可以得出:

$$\hat{\boldsymbol{q}}=\sum_{i=1}^{n}\boldsymbol{\varphi}_i\boldsymbol{q}_i=[\boldsymbol{\Phi}_s^{\mathrm{T}}\boldsymbol{\Phi}_s]^{-1}\boldsymbol{\Phi}_s^{\mathrm{T}}\boldsymbol{u} \qquad (3.4.13)$$

考虑到测量噪声的影响,输出方程可以写为

$$\boldsymbol{u}=\boldsymbol{\Phi}\boldsymbol{q}+\boldsymbol{v} \qquad (3.4.14)$$

式中,$\boldsymbol{v}$代表方差为σ^2的高斯分布白噪声。

假设测量噪声相互独立并且对各个传感器测量信号的统计特性相同,则$\hat{\boldsymbol{q}}$与$\boldsymbol{q}$的协方差为

$$\boldsymbol{P}=\boldsymbol{E}[(\boldsymbol{q}-\hat{\boldsymbol{q}})(\boldsymbol{q}-\hat{\boldsymbol{q}})^{\mathrm{T}}]=\left[\frac{1}{\sigma^2}\boldsymbol{\Phi}_s^{\mathrm{T}}\boldsymbol{\Phi}_s\right]^{-1}=\frac{1}{\sigma^2}\boldsymbol{Q}^{-1} \qquad (3.4.15)$$

式中,$\boldsymbol{Q}$为Fisher信息矩阵,$\boldsymbol{Q}=\boldsymbol{\Phi}_s^{\mathrm{T}}\boldsymbol{\Phi}_s$;$\hat{\boldsymbol{q}}$为抽取出的模态。为了得到好的估计,协方差$\boldsymbol{P}$应最小,$\boldsymbol{Q}$最大。有很多种求最大化Fisher信息矩阵的标准和方法,最典型的就是有效独立算法和基于列主元的QR分解方法。

基于每个传感器布点对确定模态向量线性无关的贡献的有效独立法,其目的是用有限的传感器采集尽可能多的线性无关的信息,从而获得模态的最佳估计,即真实广义坐标$\hat{\boldsymbol{q}}$的最佳估计。

候选测点对模态矩阵的线性无关的贡献用矩阵$\boldsymbol{E}$的对角元来表示,$\boldsymbol{E}$的表达式如下:

$$\boldsymbol{E}=\boldsymbol{\Phi}_s[\boldsymbol{\Phi}_s^{\mathrm{T}}\boldsymbol{\Phi}_s]^{-1}\boldsymbol{\Phi}_s^{\mathrm{T}} \qquad (3.4.16)$$

如果$\boldsymbol{E}_{ii}=0$,则表示相应地在第i测点上无法识别所关心的模态,$\boldsymbol{E}_{ii}=1$则表示相应测点是关键点,不能排除。有效独立法通过矩阵对角元大小来对各个候选测点的优先顺序进行排序,用迭代算法每次排除相应对角元最小的测点,再进行下一次迭代,直到获得满意的布点数,从而能够从测试数据中得到模态反应的最佳估计。

另外,使$\boldsymbol{Q}$最大等价于使$\boldsymbol{Q}$的某一种范数最大,选择常用的二范数$\|\boldsymbol{A}\|_2$。

若假设 $s=m$，由范数理论不难得出：
$$\|A\| = \|\boldsymbol{\Phi}_s^T \boldsymbol{\Phi}_s\| = \|\boldsymbol{\Phi}_s^T\|^2 \quad (3.4.17)$$

因此，以上对 A 的要求可通过 $\boldsymbol{\Phi}_s$ 的选择来达到。根据矩阵理论，列主元 QR 分解是选取矩阵列向量组具有较大范数子集的一种简捷有效的方法，并且得到的子集具有良好性态。设有限元模型的振型矩阵对应于可测自由度的子集为 $\boldsymbol{\Phi} \in \mathbf{R}^{n \times m}$。一般有 $m < n$，并且 $r(\boldsymbol{\Phi}) = m \in \mathbf{R}^{n \times m}$，即矩阵 $\boldsymbol{\Phi}$ 列满秩。由于列主元 QR 分解选择的是列向量组的子集，所以进行 $\boldsymbol{\Phi}^T$ 的列主元 QR 分解：

$$\boldsymbol{\Phi}^T F = QR = Q \begin{bmatrix} R_{11} & \cdots & R_{1m} & \cdots & R_{1n} \\ & \ddots & \vdots & & \vdots \\ 0 & & R_{mm} & \cdots & R_{mn} \end{bmatrix} \quad (3.4.18)$$

式中，$Q \in \mathbf{R}^{m \times m}$，$R \in \mathbf{R}^{m \times n}$，$E \in \mathbf{R}^{n \times n}$，$|R_{11}| > |R_{22}| > \cdots > |R_{mm}|$。

评价各种传感器布置方法优劣的五条量化准则如下：①模态保证准则；②修正模态保证准则；③振型矩阵的条件数；④模态动能准则；⑤Fisher 信息矩阵准则。这些准则之间并不是完全统一的，按照不同的准则得到的最优布置方案并不一致。前三个准则在保证试验模态向量的正交性方面起到基本作用，但不能保证测点对结构待识别参数的敏感性达到最优；模态动能准则能保证传感器布设在模态响应的幅值点，有利于数据的采集及提高测量的抗噪能力；Fisher 信息矩阵准则保证试验测量信号的估计偏差最小。因此，应根据具体结构形式、传感器的数量和测量需求来进行综合选择。

进一步明确 Fisher 信息矩阵的意义并综合考虑多个评价准则，有学者提出基于节点能量和模态保证准则的传感器优化布置方法。求最大化 Fisher 信息矩阵 Q，等价于使 Q 的某种范数最大。这里选用 Frobenius 范数（F 范数），对于矩阵 $\boldsymbol{\Phi} \in \mathbf{R}^{n \times m}$，定义 F 范数如下：

$$\|Q\|_F \in \left(\sum_{i=1}^{m} \sum_{j=1}^{n} |a_{ij}|^2 \right)^{1/2} \quad (3.4.19)$$

式中，a_{ij} 为矩阵 Q 中的第 i 行第 j 列元素。

若将矩阵 Q 中的各列对应于各阶模态向量，则可以明显地看到 F 范数包含振型能量的意义。这样，求最大化 Q 的问题可以等价于选取具有最大能量的节点模态向量子集。该方法的解虽是次优解，但可以接受。

结构振动下的节点能量包括动能和变形能两部分。这里定义结构第 j 个节点关于第 i 阶振型的节点模态动能和模态变形能分别如式(3.4.20)和式(3.4.21)所示：

$$\mathrm{KE}_{ij} = \varphi_{ij}^T m_j \varphi_{ij} \quad (3.4.20)$$

$$\mathrm{MSE}_{ij} = \varphi_{ij}^T k_j \varphi_{ij} \quad (3.4.21)$$

式中，φ_{ij} 为第 i 阶振型的第 j 个节点归一化的振型坐标；m_j 和 k_j 分别为第 j 个节点的等效质量和等效刚度。设第 i 阶目标振型对结构动力的贡献系数为 ρ_i，则第 j 个节点关于 n 阶目标振型的总模态动能和总模态变形能分别为

$$\text{GKE}_j = \sum_{i=1}^{n} \rho_i \text{KE}_{ij} = \sum_{i=1}^{n} \rho_i \varphi_{ij}^{\text{T}} m_j \varphi_{ij} \tag{3.4.22}$$

$$\text{GMSE}_j = \sum_{i=1}^{n} \rho_i \text{MSE}_{ij} = \sum_{i=1}^{n} \rho_i \varphi_{ij}^{\text{T}} k_j \varphi_{ij} \tag{3.4.23}$$

于是，第 j 个节点关于 i 阶目标振型的总能量为

$$\text{GE}_j = \text{GKE}_j + \text{GMSE}_j = \sum_{i=1}^{n} \rho_i \varphi_{ij}^{\text{T}} (k_j + m_j) \varphi_{ij} \tag{3.4.24}$$

如果选取具有最大能量的节点模态向量子集 $\text{GE}_{\max}$，则将获得最大 Fisher 信息矩阵，从而能够得到模态的最佳估计。但是这种传感器布置方法并不一定满足良好的模态正交性，在某些情况下甚至会由于向量间的空间交角过小而丢失重要的模态。因此，在选择测点时有必要使量测的各模态向量保持较大的空间交角，从而尽可能地把原来模型的特性保留下来。模态置信度矩阵 **MAC** 可以较好地评价模态向量空间交角，其表达式如下：

$$\text{MAC}_{ij} = \frac{(\boldsymbol{\Phi}_i^{\text{T}} \boldsymbol{\Phi}_j)^2}{(\boldsymbol{\Phi}_i^{\text{T}} \boldsymbol{\Phi}_i)(\boldsymbol{\Phi}_j^{\text{T}} \boldsymbol{\Phi}_j)} \tag{3.4.25}$$

式中，$\boldsymbol{\Phi}_i$ 和 $\boldsymbol{\Phi}_j$ 分别为第 i 阶和第 j 阶模态向量。

MAC 矩阵的非对角元 $\text{MAC}_{ij}(i \neq j)$ 代表相应两模态向量的交角状况。当 **MAC** 矩阵的某一非对角元 $\text{MAC}_{ij}(i \neq j) = 1$ 时，表明第 i 向量与第 j 向量交角为零，两向量不可分辨；而当 $\text{MAC}_{ij}(i \neq j) = 0$ 时，则表明第 i 向量与第 j 向量相互正交，两向量较易识别，故测点的布置应力求使 **MAC** 的非对角元向最小化发展。

基于节点能量和模态保证准则，传感器优化布置方法步骤如下。

（1）由有限元方法得到的模态向量矩阵，通过选取节点目标振型的总能量最大值子集得到传感器的初始配置。

（2）以 $\boldsymbol{\Phi} \in \mathbf{R}^{n \times m}$ 和 $\hat{\boldsymbol{\Phi}} \in \mathbf{R}^{\hat{n} \times m}$ 分别表示由量测自由度及剩余自由度形成的模态向量矩阵，其中，m 为可能测取的或感兴趣的模态数，n 为量测的自由度，$\hat{n}$ 为模型可测总自由度（可安装传感器的位置）减去量测自由度所剩下的可选自由度。当 $\hat{\boldsymbol{\Phi}}$ 的 k 行添至 $\boldsymbol{\Phi}$ 中时，模态 i 和模态 j 相应的 **MAC** 矩阵元素变为

$$(\text{MAC}_{ij})_k = \frac{(a_{ij} + \hat{\boldsymbol{\Phi}}_{ki}^{\text{T}} \hat{\boldsymbol{\Phi}}_{kj})^2}{(a_{ii} + \hat{\boldsymbol{\Phi}}_{ki}^2)(a_{jj} + \hat{\boldsymbol{\Phi}}_{kj}^2)} \tag{3.4.26}$$

（3）每次向测点组中添加新的传感器时，$\boldsymbol{\Phi}$ 和 $\hat{\boldsymbol{\Phi}}$ 以及 **MAC** 矩阵都需要进行修正，目的是在 $\hat{\boldsymbol{\Phi}}$ 中寻找这样一个测点，使 **MAC** 矩阵中的最大非对角元减小得最快。这样经过数次计算后即可获取一组使 **MAC** 矩阵最大非对角元最小的最优解。

用于模态试验的传感器布置方法,还有一些其他布置准则。例如,差值拟合原则,传感器优化布置的另一个目的是可以利用有限测点的响应来构造未测量点的响应。在利用有限测点的响应提出模态滤波器时,采用样条函数插值的方法得到其余各点的响应,这是以插值拟合的误差最小来布置传感器的,从而得到了对简支梁传感器应均匀分布的结论。将传感器布置于 Chebyshev 多项式的零点,认为这样能使振型的插值误差最小。

主分量分析法也可用于布置传感器。使 MAC 矩阵的非对角线元素值最小来布置传感器。为了进行模型修正,布置的传感器位置使扩充后的振型或频响函数误差最小。模态试验中常采用相关分析来检验识别振型的好坏。采用结构的静态变形,考虑缩减后的模型模态与全尺度模型模态的正交性来布置传感器。

在这些准则中,基于识别误差最小准则的方法使用得最多,基于可控度/可观度的准则反映了与振动控制中传感器优化布置的联系,在控制系统试验建模中使用较多的模型缩减类方法只能保证低阶模态的精度,但低阶模态不一定就是目标模态,基于模态应变能的方法是非循环方法,计算比较简单。插值拟合类方法与有限元模型无关,只能应用于形状简单的一维结构和二维结构的传感器布置。

各种传感器优化方法都有一定的优点和缺点。现在看来,任何单一方法或单一的目标函数都难以对传感器的位置进行很好的优化,为结构故障预测提供完备的参数信息。并且由于测量噪声、模型误差、环境条件的不确定性、经济条件的限制,所布置的传感器测量数据具有不完整、对局部损伤的不敏感性等问题。

非传统的优化算法是近几年发展起来的,模拟生物和物理过程的方法在传感器布置中占有重要地位,其中以遗传算法应用和研究最为广泛。它弥补了传统优化算法的很多不足,如多目标优化,虽然在迭代过程中经常出现未成熟收敛、振荡、随机性太大、迭代过程缓慢等问题,但它是一种至今最优的方法。这里将选用遗传算法,提出针对空间结构的传感器优化布置方法。

2. 测点布置的遗传算法

模态保证准则为优化布置传感器提供了理论基础。在用遗传算法优化传感器布设时,根据以上理论进行适应度分析选取。设计算所用的振型(也称为位移模态)为 $\boldsymbol{\Phi}=[\boldsymbol{\varphi}_1,\boldsymbol{\varphi}_2,\cdots,\boldsymbol{\varphi}_n]$,取 n 个振型,结构模型的自由度为 N,故 $\boldsymbol{\varphi}_i$ 为 N 维向量。系统的自由度为 N 个,其中 m 个测点,O 个非测点($O=N-m$)。于是定义第一个适应度为

$$f_1 = \sum_{i=1}^{n}\sum_{j=1}^{n}\left|\sum_{r\in O}\varphi_{ri}\varphi_{rj}\right| \tag{3.4.27}$$

式中,φ_{rj} 为第 j 振型第 r 分量;$r\in O$ 表示 r 限于全部非测点。这种适应度越小越好。

f_1 适合结构中一个构件单向位移模态的最优测点的选取,它选择的是位移最大的一群点。由于同一构件不同方向的刚度不同,或者不同构件的刚度不同,其位移分量有量级上的差异。因此,f_1 只是适用于相同截面构件的单一方向的反应。为了寻找各个方向各个部位测点的联合最优布置,下面一种适应度则是基于变形能的概念来定义的:

$$f_2 = \sum_{i=1}^{n} \sum_{j=1}^{n} \sum_{r,s \in m} |\varphi_{ri} k_{ij} \varphi_{sj}| \qquad (3.4.28)$$

式中,k_{ij} 为第 i 点与第 j 点之间的刚度影响系数;$r,s \in m$ 表示 r 和 s 限于全部测点,适应度 f_2 越大越好。

上述适应度是基于位移模态来选取的,可用于选择加速度传感器最优布点。在上述适应度分析的基础上,针对应变传感器的优化布置,再提出另外一种适应度。由于刚性结构体系最重要的单元形式为杆单元以及梁柱单元,例如,在空间结构中,网架结构构件均简化为杆单元,单层网壳构件均简化为梁柱单位。对于网架这类空间杆系结构,易知杆单元外层纤维的应变正比于构件自身的伸长量,因此采用应变模态来寻找应变传感器的最优布点,此时考虑用拉伸变形能来定义适应度。

记应变模态为 $\boldsymbol{\Phi}' = [\boldsymbol{\varphi}_1', \boldsymbol{\varphi}_2', \cdots, \boldsymbol{\varphi}_n']$,取 n 个振型,则适应度为

$$f_3 = \sum_{i=1}^{n} \sum_{j=1}^{n} \sum_{r \in \Omega} (EA)_r \varphi_{ri}' \varphi_{rj}' \qquad (3.4.29)$$

式中,E、A 分别为杆单元的弹性模量和截面面积;适应度 f_3 越大越好。

对于梁柱单元有如下分析:应变是位移的一阶导数,对于每一阶位移模态(振型)必有与其对应的固有应变分布状态,这种与位移模态相对应的固有应变分布状态称为应变模态。和位移模态一样,应变模态反映了结构的固有特性,曲率模态测量是一种用位移测量间接检测应力应变,避免应变片测量局限性的方法。由材料力学给出的直梁弯曲静力关系为

$$\frac{1}{\rho_m} = \frac{M_m}{E_m I_m} \qquad (3.4.30)$$

式中,m 为截面位置;M_m 为截面处的弯矩;$E_m I_m$ 为截面处的抗弯刚度;ρ_m 为截面处梁的曲率半径,$1/\rho_m$ 为曲率,直梁弯曲的近似方程为

$$\frac{1}{\rho} = \frac{\mathrm{d}^2 y}{\mathrm{d} x^2} \qquad (3.4.31)$$

式中,x 为沿直梁长度方向坐标;y 为梁弯曲挠度,式(3.4.31)在截面 m 处写成差分方程,代入式(3.4.30),对沿梁的 3 个等距连续测点有

$$\frac{y_{m+1} - 2y_m + y_{m-1}}{\Delta^2} = \frac{M_m}{E_m I_m} \qquad (3.4.32)$$

式中,y_m 为截面处梁的弯曲挠度;y_{m+1} 和 y_{m-1} 分别为与 m 截面相邻的左右两个测

点的弯曲挠度。此外,梁的弯曲变形和应变相对应,应变可表示为

$$\varepsilon = -\frac{h}{\rho} = -h\frac{y_{m+1}-2y_m+y_{m-1}}{\Delta^2} \qquad (3.4.33)$$

式中,Δ 为梁上测点与中性线的距离。式(3.4.33)表明梁的曲率模态直接和应变模态相联系。显然,在位移模态测量的基础上,由差分(位移的二次中差商)计算可得到曲率模态。而梁柱外层纤维的应变正比于梁柱的曲率,于是用曲率模态来寻找应变传感器的最优布点,此时考虑用弯曲变形能来定义适应度。记曲率模态为 $\boldsymbol{\Phi}'' = \{\boldsymbol{\varphi}_1'', \boldsymbol{\varphi}_2'', \cdots, \boldsymbol{\varphi}_n''\}$,取 n 个振型,则适应度为

$$f_3 = \sum_{i=1}^{n}\sum_{j=1}^{n}\sum_{r\in\Omega}(EI)_r \varphi_{ri}'' \varphi_{rj}'' \qquad (3.4.34)$$

式中,E、I 分别为梁柱的弹性模量和截面的惯性矩,适应度 f_3 越大越好。

综上所述,使用基于模态保证准则的遗传算法对结构进行测点布置的计算流程如下:

(1) 确定基因位数。基因的位数为所需要设置的传感器数目。进行字符编码,编码的范围为可供选择的梁杆单元数目,即每个单元都有唯一的编码与之对应。

(2) 确定解群数目。遗传算法的收敛情况与解群的大小有直接关系。解群越大,解群的串的多样性越高,参与运算的串的数目越多。产生新的模式及高适应度串的概率也就越高,算法陷入局部解的危险性就会越小。因此,从考虑解群串的多样性出发,解群的规模应较大。但解群太大,其适应度的评估次数也就增加,计算量也就加大,所以解群不能无限大。

(3) 迭代计算。初始种群(第一代)经交叉变异,计算每一代中个体的适应度,然后将最佳、最劣个体(适应度最大、最小的个体)存储起来,并将最佳个体与上一代的最佳个体进行比较,若此代更优,则将上一代的最佳个体用此代最佳个体替换,否则将此代的最劣个体用上一代的最佳个体替换。如此一代代迭代计算。

(4) 收敛判断。若最佳个体的适应度值连续 1000 代的相对误差均小于 10^{-8},则认为找到最优方案,将其解码,还原为对应的单元编号。

3.4.3 数值算例

选取最简单的一个平板正放四角锥网架,在此结构上进行应变传感器的布设分析计算。应用空间结构设计软件 MSTCAD 设计,其荷载状况取用十分简单,$0.5kN/m^2$ 的静载和 $1.0kN/m^2$ 的活载。结构平面尺寸为 30m×30m,网格尺寸为 3.0m×3.0m,网架高度为 2.0m,采用周边铰支座支撑,如图 3.4.1 所示。

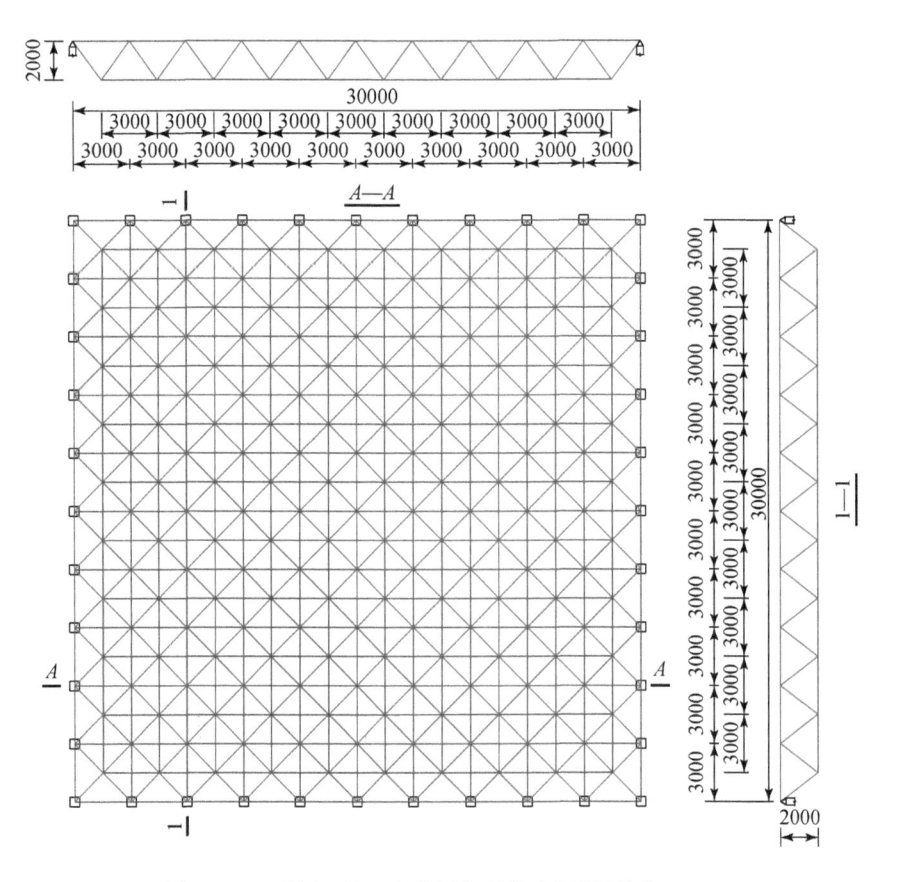

图 3.4.1 平板正放四角锥网架结构布置图(单位:mm)

该平板网架结构的各阶竖向振动频率详见表 3.4.1。为了考察结构模态阶数对优化布置的影响,选用基频和前 24 阶两种阶数的振型模态参与计算,并且选取 4 个、8 个、16 个、32 个测点数目进行布置,这样在参与计算的频率相同的情况下,可以考察测点的布置是否具有继承性。先通过通用的有限元程序计算出结构各个构件单元的模态信息后,导入计算程序,经过程序计算后,其详细的布置如图 3.4.2~图 3.4.9 所示。

算例计算结果表明,布置应变传感器时,从网架的弦杆层方面来考虑,应优先考虑布置在下弦杆上,其次考虑布置在上弦杆上,然后才考虑在腹杆上布置应变传感器。在平面区域的选取上,在考虑低阶振型时,测点应首先考虑布置在静力变形最大的区域,图 3.4.2 和图 3.4.3 等都很好地说明了该问题。当考虑高阶模态的参与时,应变传感器布置应靠近支座,图 3.4.7~图 3.4.9 等均很好地验证了该结论。

第 3 章 空间结构健康监测测点布置方法

表 3.4.1 周边支撑的平板网架前 30 阶频率　　　（单位：Hz）

阶数	频率	阶数	频率	阶数	频率
1	8.994	11	52.407	21	87.784
2	17.676	12	57.979	22	88.576
3	17.676	13	57.987	23	94.964
4	24.840	14	68.007	24	94.964
5	35.461	15	68.007	25	98.867
6	35.842	16	74.658	26	101.560
7	40.217	17	75.801	27	101.560
8	40.217	18	79.733	28	102.330
9	51.833	19	79.733	29	109.440
10	52.407	20	83.016	30	109.440

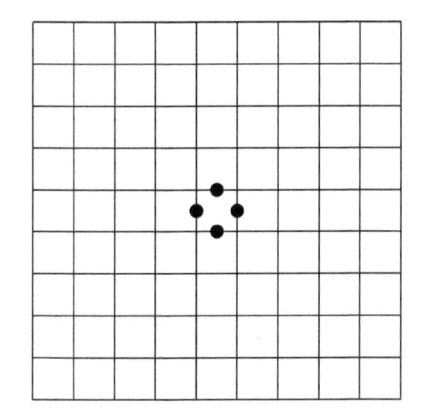

图 3.4.2　结构基频 4 测点布置图(下弦)

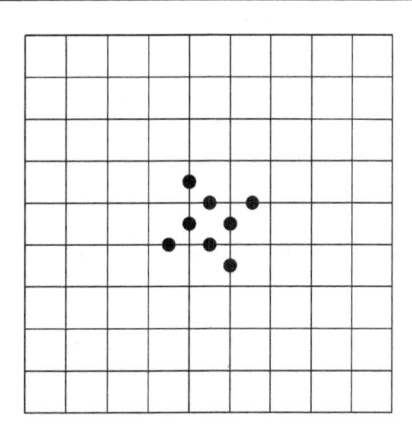

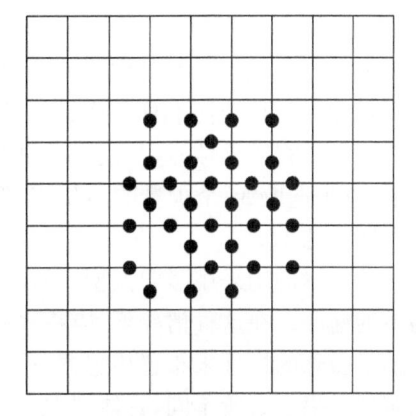

图 3.4.3　结构基频 8 测点布置图(下弦)

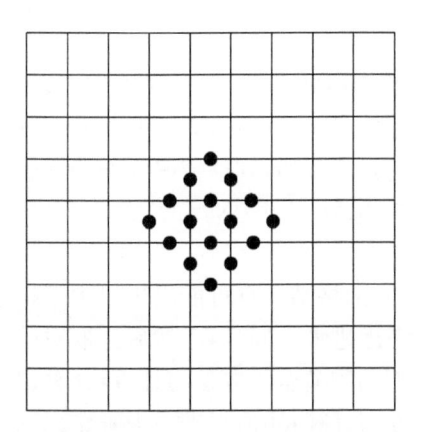

图 3.4.4　结构基频 16 测点布置图(下弦)

图 3.4.5　结构基频 32 测点布置图(下弦)

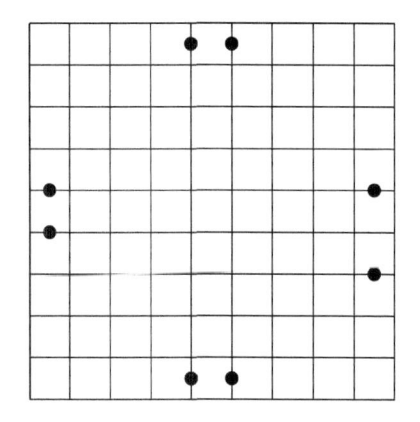

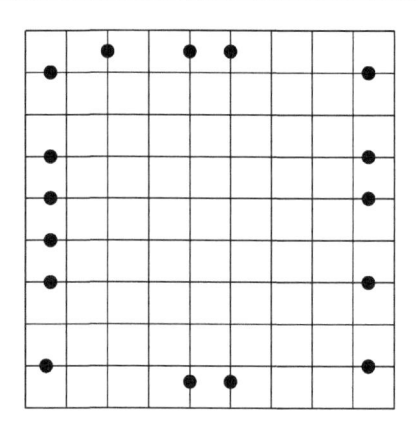

图 3.4.6　结构前 24 阶 8 测点布置图(下弦)　　图 3.4.7　结构前 24 阶 16 测点布置图(下弦)

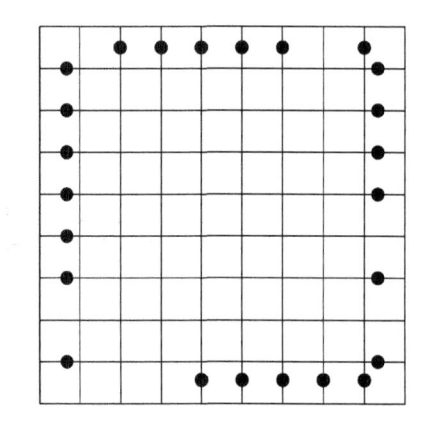

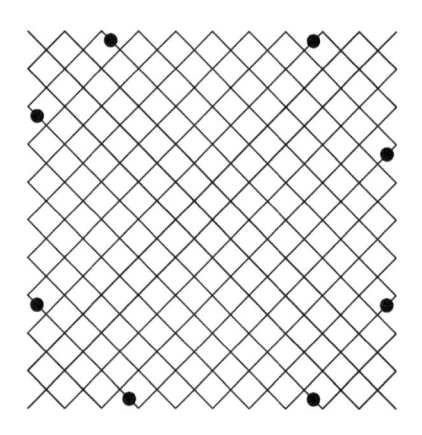

图 3.4.8　结构前 24 阶 24 测点布置图(下弦)　　图 3.4.9　结构前 24 阶 8 测点布置图(腹杆)

测点的布置是基本对称的,特别是在测点数很少的情况下(如 4 个测点,不是完全对称),这是结构本身对称的结果(有自重外恒载时,恒载也对称分布)。另外,最优测点具有继承性,这与最优布设的理论逻辑是吻合的:其他情况完全相同的情况下,首先选取 M 个少量的最优点,第二次重新选取 N 个($N>M$)时,一定是 N 包含所有的 M。

计算案例均采用竖向振型,但在实际工程中,网格结构有可能出现以水平振型为主的情况。在这种情况下,应将水平振型也考虑进来一同计算,然后选取对外界激励最敏感的构件来布置传感器。再者,选取不同的模态阶数参与计算,计算出来的布置结果会有所不同,具体选取多少阶模态参与计算,还值得进一步研究。

3.5 典型空间结构测点布置

本节针对空间结构的特点,从结构静力性能出发,使用结构荷载敏感性分析方法对三类典型的空间结构进行分析,得出相应的构件敏感性排序,可供测点布置参考。

3.5.1 网架结构测点布置

网架结构属于空间网格结构,是一种双层或多层的平板型网格结构。网架结构的常见形式有平面桁架系网架、四角锥体系网架、三角锥体系网架、六角锥体系网架,这里选取常见的正放四角锥网架进行研究。

1. 矩形平板网架

以边长比 1∶1 的平板网架结构为例进行荷载敏感性分析,可以得出高敏感性构件集中于网架中部及跨中区域上下弦和跨中边缘区域腹杆,构件结构跨度增加时腹杆敏感性降低,角部区域敏感的腹杆转移至跨中区域。根据计算结果给出敏感性排序 0%~1.2%、1.2%~2.0%、2.0%~2.5% 的构件位置,如图 3.5.1 所示,结合结构特点,据此给出重要构件区域为两个跨度方向弦杆和支座附近杆件,如图 3.5.2 所示,可以该区域为参考重点布置测点。

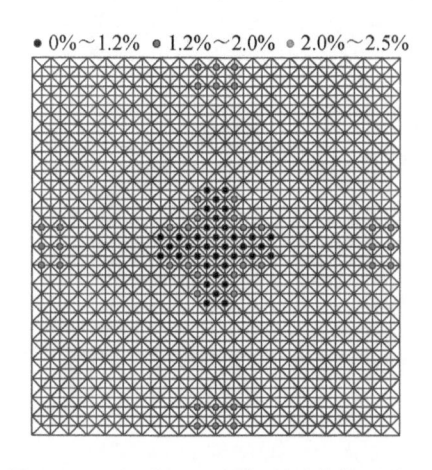

图 3.5.1 矩形 1∶1 网架敏感构件示意图　　图 3.5.2 矩形 1∶1 网架测点区域示意图

以边长比 2∶1 的平板网架结构为例进行荷载敏感性分析,可以得出高敏感性构件集中于构件跨中弦杆和支座附近杆件,结构跨度增加时支座附近杆件的敏感性增加。根据计算结果给出敏感性排序 0%~1.2%、1.2%~2.0%、2.0%~

2.5%的构件位置,如图3.5.3所示,结合结构特点,据此给出重要构件区域为主跨方向弦杆和支座附近杆件,如图3.5.4所示,可以该区域为参考重点布置测点。

• 0%~1.2% • 1.2%~2.0% • 2.0%~2.5%

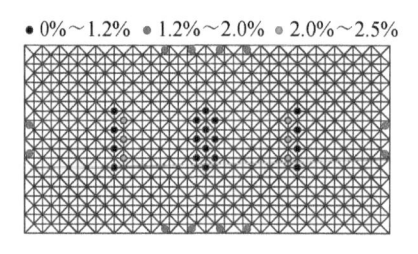

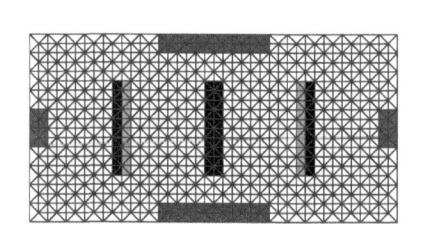

图3.5.3　矩形2∶1网架敏感构件示意图　　图3.5.4　矩形2∶1网架测点区域示意图

2. 圆形平板网架

以圆形平板网架结构为例进行荷载敏感性分析,可以得出高敏感性构件集中于内圈径向杆。根据计算结果给出敏感性排序0%~0.6%、0.6%~1.8%、1.8%~3.0%的构件位置,如图3.5.5所示,结合结构特点,据此给出重要构件区域为主轴方向弦杆,如图3.5.6所示,可以该区域为参考重点布置测点。

图3.5.5　圆形平板网架结构　　　　图3.5.6　圆形平板网架结构
　　　　　敏感构件示意图　　　　　　　　　　测点区域示意图

3.5.2　网壳结构测点布置

网壳结构属于空间网格结构,是一种单层或多层的曲面形网格结构。网壳结构按曲面外形主要可分为球面网壳、柱面网壳、双曲扁网壳、双曲抛物面网壳,这里选取常见的球面网壳和柱面网壳进行研究。

1. 球面网壳

双层球面网壳结构主要有交叉桁架体系和角锥体系两大类，这里研究的双层球面网壳结构为经纬线型球面网壳，属于角锥体系。以双层球面网壳结构为例进行荷载敏感性分析，可以得出高敏感性构件集中于外圈径向弦杆和中心环向弦杆。根据计算结果给出敏感性排序 0%～0.6%、0.6%～1.8%、1.8%～3.0% 的构件位置，如图 3.5.7 所示。以单层球面网壳结构为例进行荷载敏感性分析，可以得出高敏感性构件集中于中心径向弦杆。根据计算结果给出敏感性排序 0%～1.5%、1.5%～3.0%、3.0%～4.5% 的构件位置，如图 3.5.8 所示，可以此为参考重点布置测点。

• 0%～0.6%　• 0.6%～1.8%　• 1.8%～3.0%

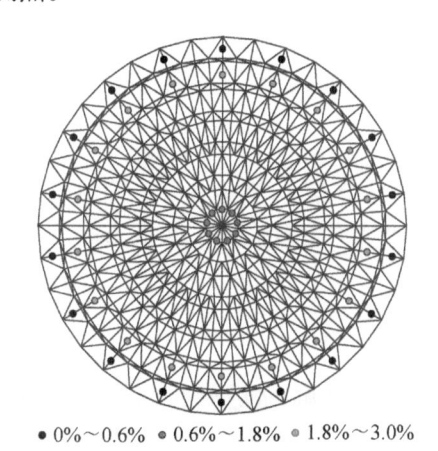

图 3.5.7　双层球面网壳结构
敏感构件示意图

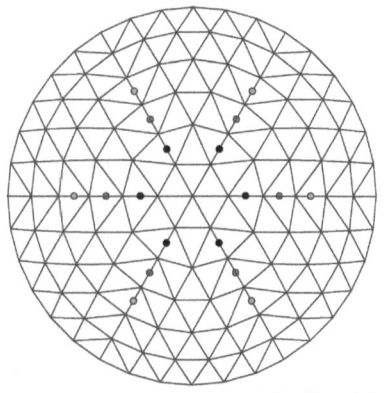

• 0%～1.5%　• 1.5%～3.0%　• 3.0%～4.5%

图 3.5.8　单层球面网壳结构
敏感构件示意图

2. 柱面网壳

双层柱面网壳结构主要有交叉桁架体系和角锥体系两大类，这里研究的双层柱面网壳结构为正放四角锥柱面网壳。以该结构为例进行荷载敏感性分析，可以得出高敏感性构件集中于支座附近弦杆和跨中弦杆。根据计算结果给出敏感性排序 0%～1.2%、1.2%～2.0%、2.0%～2.5% 的构件位置，如图 3.5.9 所示。以单层柱面网壳结构为例进行荷载敏感性分析，可以得出高敏感性构件集中于 1/4 跨度附近。根据计算结果给出敏感性排序 0%～1.2%、1.2%～2.0%、2.0%～2.5% 的构件位置，如图 3.5.10 所示，可以此为参考重点布置测点。

3.5.3　管桁架结构测点布置

管桁架结构是指用圆构件在端部相互连接而组成的格子式结构。与网架结构

• 0%~1.2% • 1.2%~2.0% • 2.0%~2.5%

图 3.5.9　双层柱面网壳结构
敏感构件示意图

• 0%~1.2% • 1.2%~2.0% • 2.0%~2.5%

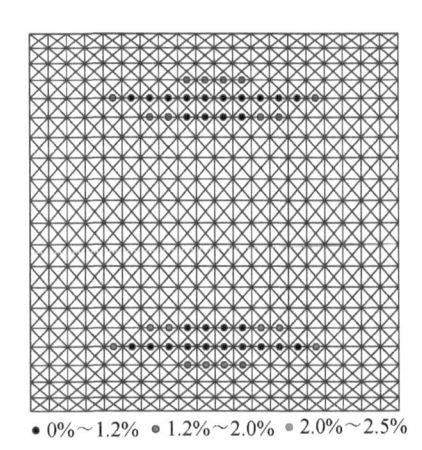

图 3.5.10　单层柱面网壳结构
敏感构件示意图

相比,管桁架结构省去下弦纵向构件和网架的球节点,可满足各种不同建筑形式的要求,尤其是构筑圆拱和任意曲线形状比网架结构更有优势。这里选取几类典型的管桁架结构进行研究。

1. 平面管桁架结构

以四种平面管桁架结构为例进行荷载敏感性分析,可以得出,人字式桁架高敏感性构件为边缘下弦和腹杆,其次是跨中下弦;单向斜杆式桁架高敏感性构件为 1/4 处上弦和下弦,其次是边缘腹杆和跨中上弦;三角形桁架结构高敏感性构件为跨中和边缘下弦,其次是边缘上弦;拱形桁架结构高敏感性构件为边缘和跨中下弦,其次是边缘上弦。根据计算结果给出敏感性排序靠前的构件位置,如图 3.5.11 所示,可以此为参考重点布置测点。

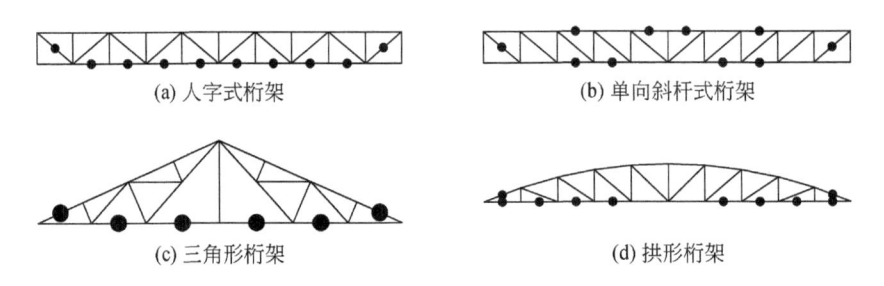

(a) 人字式桁架　　(b) 单向斜杆式桁架

(c) 三角形桁架　　(d) 拱形桁架

图 3.5.11　单向受力平面管桁架结构测点布置图

2. 空间管桁架结构

以倒三角桁架结构为例进行荷载敏感性分析,可以得出高敏感性构件为边缘腹杆,其次是 1/4 处上弦和边缘下弦。根据计算结果给出敏感性排序靠前的构件位置,如图 3.5.12 所示,可以此为参考重点布置测点。

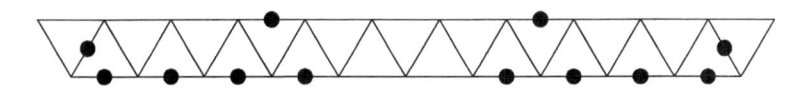

图 3.5.12　倒三角桁架结构测点布置图

第4章 空间结构健康监测数据处理方法

4.1 概　　述

空间结构健康监测系统在长期工作中会产生海量的结构健康监测数据，从内容上通常可分为两大类：一类是结构自身的响应，包括应力应变、速度、加速度、位移、温度等；另一类是环境变量，如气温、风速、风向、风压、日照、降雨、降雪等。这些数据记录了大量关于结构性质及周围环境的信息。结构健康监测的工作，一方面要准确地获取监测数据；另一方面，在获取了多种类、大体量的空间结构健康数据后，应及时有效地采用基于结构力学或者统计分析学的方法，对收集来的大量数据加以汇总、理解并消化，以求最大化地开发监测的功能，发挥数据的作用，从一大批看似杂乱无章的数据中，把至关重要的结构状态信息和环境荷载信息提取出来，评估结构与环境的变化，从而为维护结构健康安全提供支撑。

空间结构健康监测数据处理可分为在线处理与离线处理两大类。在结构健康监测领域发展的初期，由于技术条件上的制约，很难进行低时延的实时分析处理，大多都由人工对大量冗杂的测点原始数据进行整理后，再交由专家进行计算与分析；这一流程费时费力，不但消耗了大量的人工成本，而且具有严重的滞后性，无法实现对结构安全状态的实时评估。与此同时，结构安全分析结果的可靠性极度依赖处理者的能力和经验。随着计算机技术、通信网络和传感元器件的飞速发展，结构健康监测在技术层面实现了监测数据的自动化采集，也提供了高效可靠的监测数据分析方法；不仅可以直接对比实测数据与理论数据来判断结构健康状况，还能通过现代化的智能数据挖掘手段，深挖结构健康监测数据背后隐藏的结构状态信息，实现实时在线的结构健康智能管控和交互。总体而言，目前的空间结构健康监测处于"既重监测，亦重分析"的状态。现代化的结构健康监测系统要做到实时甚至预先掌握结构性能的状态变化，除了需要完善监测采集硬件系统，还需为数据的实时自动化分析提供足够的算力，并集成一套集数据管理、存储、挖掘、分析、评估、展示等功能于一体的自动化监测数据处理程序，实时在线地对监测信息进行分析处理，随即通过友好的可视化设计将过滤、挖掘后的监测结果传递给监测用户，辅助相应决策的制定。

先进的空间结构健康监测数据分析方法，是推动健康监测数据智能处理的重要课题。高效可靠的监测数据分析,可以为后续的结构状态分析和评估提供保障。空间结构健康监测的实践对监测数据分析方法的可靠性、准确度、鲁棒性、计算复杂度等均提出了较高的要求。本章针对缺失数据的修复、数据关联度的分析、模态参数识别以及荷载效应分离等空间结构健康监测数据分析的常用方法,深入发掘其力学、数学、统计学及信息学原理,详细阐述各方法的具体算法与流程,并提供完整的试验或算例供读者进行深入探究。

4.2 数据缺失修复

结构长期监测过程中,传感器和数据传输系统的稳定工作十分重要。然而,实践中难以完全避免传感器失效、能量不足、通信失败、意外破坏等情况,从而导致数据错误或者丢失,给后续的结构分析与状态评估带来不良影响,无法准确把握构件真实受力情况和结构实际工作状态。因此,对缺失数据进行修复往往是空间结构健康数据分析的第一步,具有理论和实践的重要意义。

4.2.1 数据缺失修复方法

健康监测领域的缺失数据修复方法包括压缩传感方法(Bao et al.,2013)、多元线性回归方法(Zhang et al.,2017)、贝叶斯多任务学习方法(Wan et al.,2019)、神经网络方法(谢晓凯等,2019;Ni et al.,2016)和概率主成分分析方法(Ma et al.,2021)等。其中,压缩传感方法将数据缺失假定为欠采样(参见2.5节压缩采样),并根据采样数据重构原始数据,实现缺失数据的修复。压缩传感方法不需要额外的参考数据就能实现缺失数据修复,但要求待修复数据在某些正交基上具有稀疏特征,因而更适用于结构振动相关的数据,如加速度、动应变、动态风压等。多元线性回归方法通过建立缺失数据与参考数据间的线性回归关系,利用参考数据对缺失数据进行修复。例如,采用荷载输入数据或未缺失数据对缺失数据进行修复。但多元线性回归方法无法考虑缺失数据与参考数据间潜在的非线性关系。

贝叶斯多任务学习方法和神经网络方法同样通过建立缺失数据与参考数据间的回归关系来实现缺失数据的修复。与多元线性回归方法相比,这两类方法能够较好地考虑缺失数据与参考数据间的非线性关系,因而具有更高的修复精度。但是这两种方法都需要一定数量的完整数据作为训练样本集进行参数学习。当训练样本较少时,学习精度难以保证,可能会影响数据修复的效果。

主成分分析(principal components analysis,PCA)方法是一种已经发展成熟的数据特征提取方法。当用于监测缺失数据修复时,PCA将结构外荷载看作造成结构多测点响应数据变化的隐含变量,通过特征值分析或最大似然估计来求得这个隐含变量以及其与结构响应间的映射矩阵。所求的隐含变量相对于测点维度来说往往是低维的,因此即使某个测点数据缺失,依然能够通过对应的部分映射矩阵得到代表外荷载变化的隐含变量。此时,基于该隐含变量和完整映射矩阵进行反向投影,就可以实现缺失数据的修复。传统的PCA需要基于所有测点均未缺失的完整数据事先求得多测点响应数据与隐含变量间的映射矩阵。而在概率估计框架下建立的概率主成分分析(probabilistic principal components analysis,PPCA)方法则可以通过一个循环迭代的过程同时求得映射矩阵和修复缺失数据,并且度量了数据中的不确定性水平,给出了修复结果的置信区间,因而更适用于健康监测缺失数据的修复。

4.2.2　多元线性回归修复方法

1. 基于温度相关性的一元线性回归修复

空间结构在日常运营状态下,结构静力响应(应力应变、位移等)主要与作用的外荷载相关。对于大部分常见的空间结构体系,结构响应与外荷载基本呈线性关系。当结构的外荷载已知时,可以直接利用外荷载与结构响应数据间的线性回归关系来修复缺失的数据。

温度是大跨度空间结构最主要的外荷载之一。图 4.2.1 为某大跨度屋盖结构局部应力监测数据与温度的变化曲线,从图中可以看出测点与温度存在强相关关

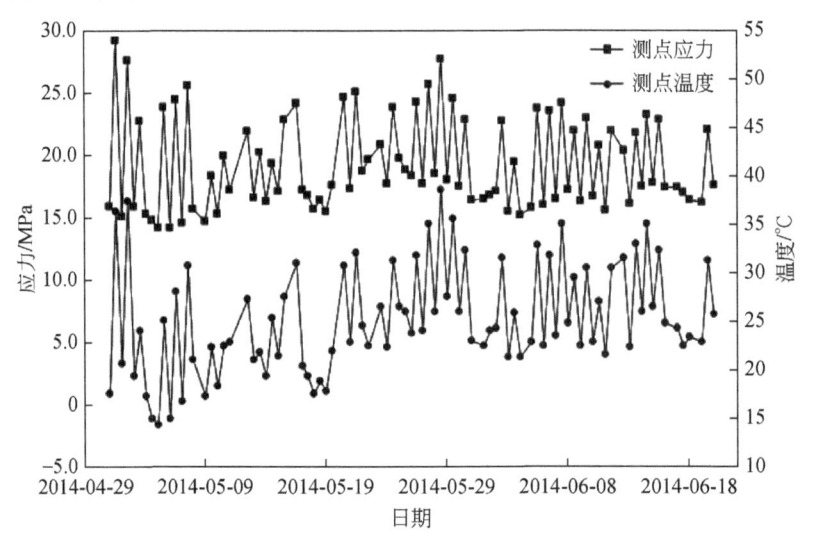

图 4.2.1　局部应力监测数据与温度的变化曲线

系。在结构未发生损伤且温度场相似的情况下，同一测点部位的应力与温度相关关系是稳定的。因此，对于长期监测时应力数据的缺失，可以通过建立非缺失数据与测点温度间的线性回归关系，然后利用温度修复缺失数据。

1) 应力与温度间的相关性分析

以某工程为例，以测点温度为横坐标、测点应力为纵坐标，数据坐标点如图4.2.2所示，表明温度与应力呈线性关系。

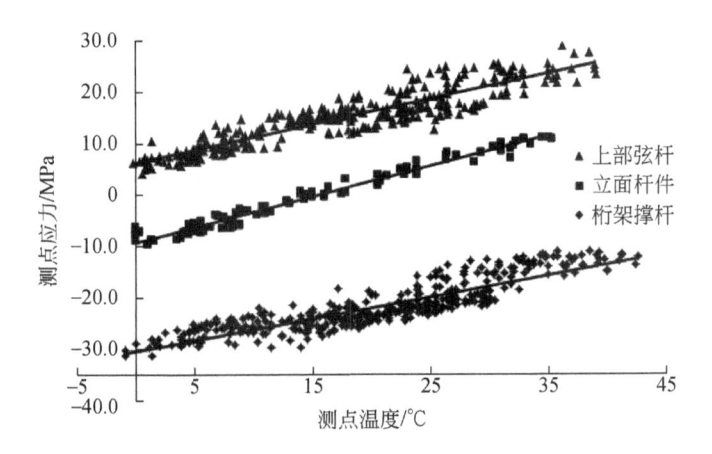

图 4.2.2 测点应力与测点温度相关关系

设 y 为测点应力，T 为测点温度，拟合直线方程为

$$y = a + bT \tag{4.2.1}$$

式中，a、b 为待确定的拟合直线回归系数，拟合直线与真实数据值的偏差为 e_i：

$$e_i = y_i - (a + bT_i) \tag{4.2.2}$$

有 n 个监测数据，当各偏差的平方和 Q 最小时，回归方程的拟合程度最好：

$$Q = \sum_{i=1}^{n} e_i^2 = \sum_{i=1}^{n} [y_i - (a + bT_i)]^2 \tag{4.2.3}$$

根据极值原理，将式(4.2.3)分别对 a 和 b 求偏导数，令

$$\frac{\partial Q}{\partial a} = 0, \quad \frac{\partial Q}{\partial b} = 0 \tag{4.2.4}$$

即可确定回归系数 a、b，得到拟合的直线方程。

利用相关系数 r 评价测点应力与温度的线性相关性：

$$r = \left| \frac{\sum_{i=1}^{n}(T_i - \bar{T})(y_i - \bar{y})}{\sqrt{\sum_{i=1}^{n}(T_i - \bar{T})^2} \sqrt{\sum_{i=1}^{n}(y_i - \bar{y})^2}} \right| \tag{4.2.5}$$

式中，$\bar{T}=\dfrac{\sum_{i=1}^{n}T_i}{n}$；$\bar{y}=\dfrac{\sum_{i=1}^{n}y_i}{n}$。$r$ 越接近 1，两者的线性关系越好。

运用上述方法得到拟合直线，如图 4.2.2 所示，相关系数见表 4.2.1。可见结构不同部位的测点应力与测点温度整体呈现了比较理想的线性关系，相关系数达到 0.9 左右，最大达到 0.99。因此可以认为测点应力与测点温度呈线性关系，可以运用此相关关系对缺失的测点应力进行插补。

表 4.2.1　测点应力与测点温度相关系数

相关系数	结构部位		
	上部弦杆	立面杆件	桁架撑杆
r	0.91	0.99	0.89

2）温度场的影响分析

选取某工程某测点日照强烈的 7 月监测数据，分别对日间、夜间、全天的测点应力与温度数据进行线性拟合，得到相应的拟合直线，如图 4.2.3 所示。从图中可以直观地看出，日间、夜间分别拟合的效果要好于全天数据不加以区分直接拟合的效果。

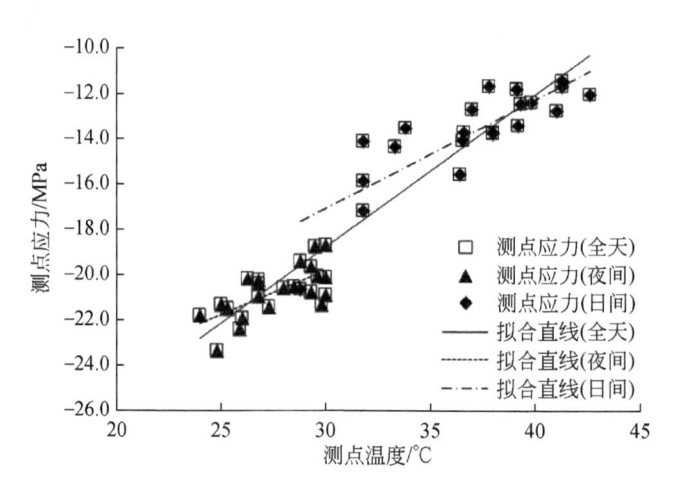

图 4.2.3　测点应力与测点温度拟合直线

尽管测点应力与测点温度呈线性关系，但结构日间和夜间的温度场存在较大区别：夜间温度场相对较均匀，日间温度场不均匀性较大。在相同测点温度下，结构测点部位的应力在日间和夜间是不同的，如果对监测数据不加以区分，直接进行线性拟合，则会带来较大的插值误差。因此，建议对日间和夜间的测点温度及应力分别进行拟合,且日间应选择日照场较稳定时间段的监测数据。

3) 回归数据选取范围

如果用以拟合的数据时间跨度过大,日照场将产生显著差别,从而导致较大的插值误差。但时间跨度过小,会因数据量太小而导致计算精度不足。分别选取某结构某部位测点夏季和冬季日间的应力监测结果,假定缺失数据,并分别用该年、该季度、该月的全部日间监测结果作为拟合数据,对该缺失数据进行插补,与真实值进行比较,得出误差如图 4.2.4 所示。结果表明,选用全年的数据进行拟合插值误差最大,原因为不同季节日照场区别较大,相同温度下同一测点部位不同季节应力并不相同;而选用一个月的数据进行拟合,由于数据量偏少,插值误差将大于选用一个季度的数据进行拟合的结果。因此,缺失数据所在季度为回归数据选取的最佳时间范围。同时,由图 4.2.4 可知,夏季时段插值误差大于冬季时段插值误差,也说明强烈的不均匀日照对结构应力的影响相对复杂。

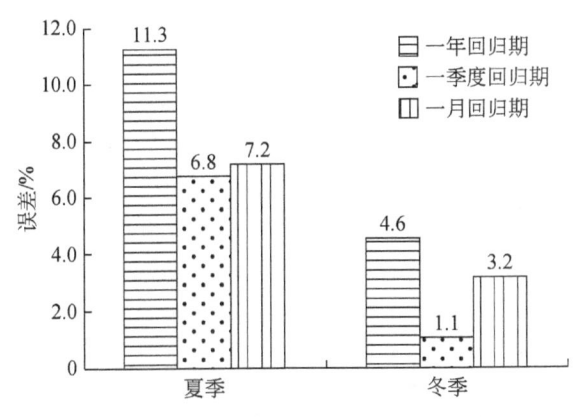

图 4.2.4 不同回归数据选取时间范围的插值误差

4) 基于温度相关性的数据修复算例

对某工程的应力数据进行分析,研究基于温度的缺失数据修复效果。首先对离散型缺失和连续型缺失这两种不同的数据缺失类型下的修复效果进行分析。在 5 月 17~23 日一周的监测数据中,选取编号为 1、4、6、7、10 间隔的 5 个数据作为离散型缺失数据;选取 5 月 25~29 日编号为 15~24 连续的 10 个数据作为连续型缺失数据。选取春季 3~5 月 3 个月中除去缺失以外的所有数据进行线性回归,按日间、夜间分别进行插补。真实值曲线与插补值曲线如图 4.2.5 所示。

离散型缺失数据的插值误差最大值为 12%,最小值为 0.4%,平均误差为 5.4%;连续型缺失数据的插值误差最大值为 17.5%,最小值为 0.2%,平均误差为 7.1%。两种缺失数据的插值误差大部分在 5% 以内,有个别数据插值误差偏大,大于 10%。但整体来看,插值误差在工程监测可以接受的精度范围内。连续型缺

(a) 离散型缺失　　　　　　　　(b) 连续型缺失

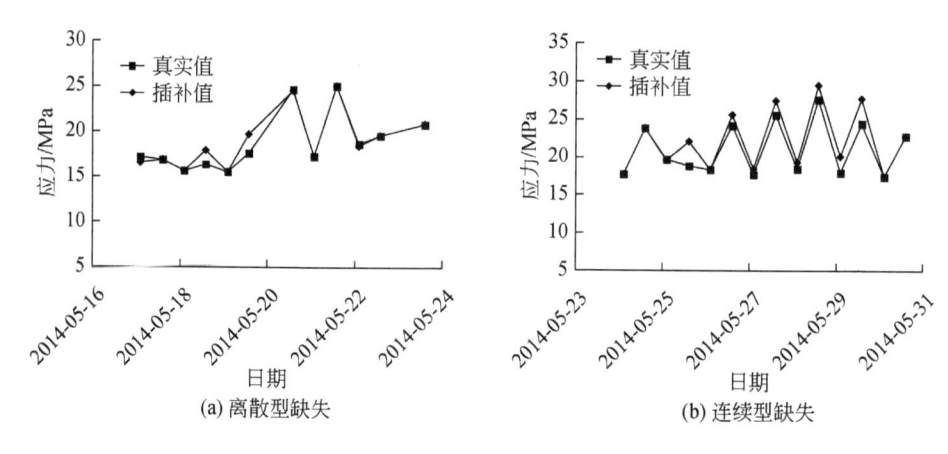

图 4.2.5　基于温度相关性的真实值与插补值曲线

失数据的插值误差稍大于离散型缺失数据的插值误差,因此在工程监测中应尽量避免数据的连续缺失。

其次,对不同的数据缺失比例进行分析。选取连续采集的 130 个数据,按照 10%、20%、30%、40%、50%、60%六个不同的缺失比例,从中随机选取数据作为缺失值,缺失类型兼有离散型与连续型,按照前面所述的方法进行回归插补。不同缺失比例下插值平均误差与误差大于平均值的数据比例如图 4.2.6 所示,截取其中一段数据真实值曲线与插补值数据点,如图 4.2.7 所示。

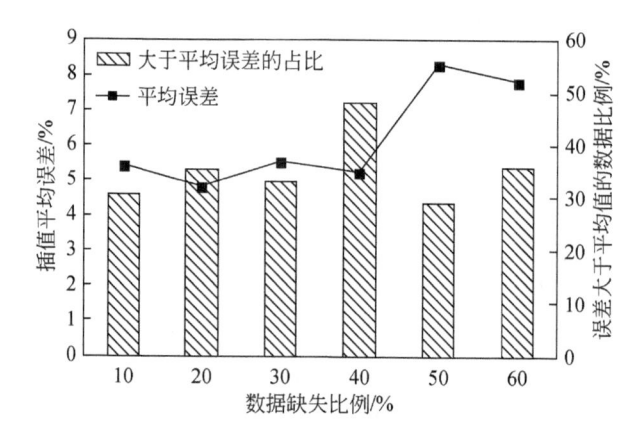

图 4.2.6　基于温度相关性的插值平均误差与误差大于平均值的数据比例
随数据缺失比例的变化

由图 4.2.6 可知,数据缺失比例在 40%以下时,平均误差在 5%左右;当数据缺失比例超过 50%时,平均误差显著上升;数据缺失比例在 40%时,插值误差大于

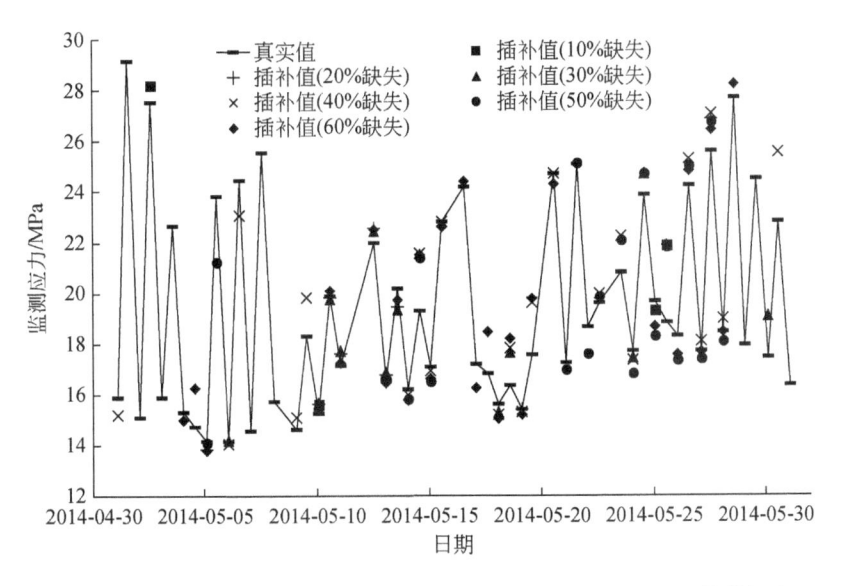

图 4.2.7　基于温度相关性的真实值曲线与不同缺失比例下插补值数据点

平均值的比例显著上升。由图 4.2.6 也可以看出，数据缺失比例大于 30% 以后插补值偏离真实值程度迅速增大。所以，基于温度相关性插值的缺失数据补全方法主要适用于缺失比例不大于 30% 的监测数据。

最后，对结构不同部位的修复效果进行分析。选取顶部桁架、外侧撑杆、内侧撑杆、外侧弦杆、内侧弦杆五个不同部位构件夏季 6～8 月的测点数据，按照 30% 的数据缺失比例进行回归插补，计算插补的平均误差。统计各个部位该段时间的日间测点温度，温度反映了结构不同部位的日照强度。图 4.2.8 为各部位的插值误差与拟合的温度曲线，亦即日照场强度曲线。由图可知，位于结构顶部、受阳光直射的桁架，温度最高、日照最强烈，受日照场不均匀性、不稳定性的影响最大，其插值误差最大，平均误差达到 9% 以上；外侧撑杆、外侧弦杆、内侧弦杆所处结构部位有屋面板遮阳，日照强度依次递减，插值误差均在 6% 左右；位于日照阴影部位的内侧撑杆，不受日光照射的直接影响，其插值误差显著减小，接近 3%。

2. 基于测点相关性的多元线性回归修复

空间结构除受温度作用外，还会受风、雨、雪等其他荷载作用。此时，仅仅基于温度进行修复显然是不够的，然而，实际监测中很难准确获取所有外荷载的大小。结构临近测点数据在外荷载作用下同步变化，不同测点间同样存在回归关系。因此，当外荷载未知时，还可将邻近测点的数据作为参考数据来修复缺失测点的数据。本节将分别给出利用单个高相关性邻近测点进行一元回归和利用多个测点进

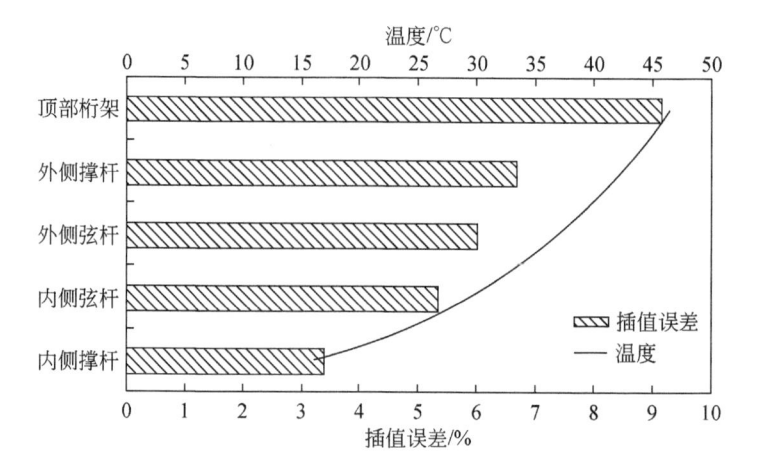

图 4.2.8　基于温度相关性的结构不同部位测点数据插值误差

行多元回归的数据插补方法。

1) 多测点应力数据间的相关性分析

由图 4.2.9 所示某工程四个邻近测点一段时间的应力监测数据可以看出,测点间数据波动存在某种相关关系,因此可以在邻近测点中寻找相关性较大的测点数据,拟合它们之间的相关关系,进行一元回归插补;若没有单个高相关性测点,则可选取多个邻近测点,利用缺失数据测点与多个邻近测点数据间的相关关系进行多元回归插补。

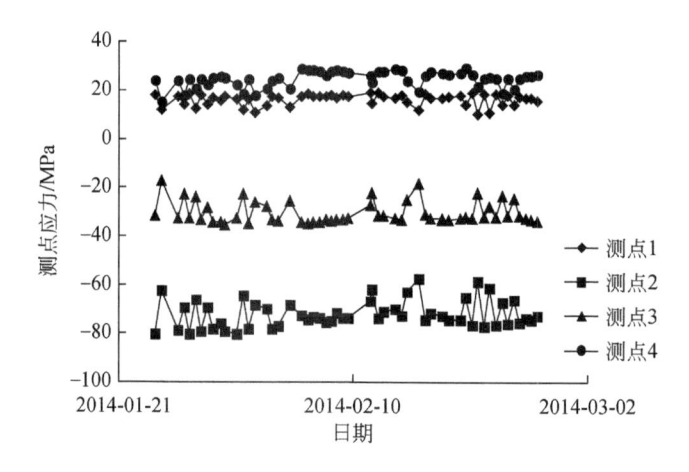

图 4.2.9　多个邻近测点应力长期监测数据曲线

利用单个测点进行一元线性回归与上述利用温度的回归方法相似,不再赘述。选取多个邻近测点并使用多元回归进行数据插补的方法如下。

设待插补的测点数据为 y，x_1、x_2、$\cdots$、x_m 为 m 个邻近测点的数据，多元线性回归方程为

$$y = \beta_0 + \beta_1 x_1 + \beta_2 x_2 + \cdots + \beta_m x_m \tag{4.2.6}$$

式中，$\beta_0,\beta_1,\beta_2,\cdots,\beta_m$ 为待求的偏回归系数。

对于 n 次观测，使观察值 y_i 与估计值 $\hat{y}_i$ 之间偏差 e_i 的平方和 Q 达到最小值来求得各回归系数的估计值：

$$e_i = y_i - \hat{y}_i = y_i - (\beta_0 + \beta_1 x_{i1} + \beta_2 x_{i2} + \cdots + \beta_m x_{im}) \tag{4.2.7}$$

$$Q = \sum_{i=1}^{n} e_i^2 = \sum_{i=1}^{n} (y_i - \hat{y}_i)^2 \tag{4.2.8}$$

根据极值原理，可得求解各回归参数的标准方程如下：

$$\frac{\partial Q}{\partial \beta_j} = 0, \quad j = 0, 1, \cdots, m \tag{4.2.9}$$

进而确定各回归系数，得到回归直线方程。目标测点数据与多个其他测点数据的线性相关性可以通过复相关系数 R 来评价：

$$R = \sqrt{\frac{\sum_{i=1}^{n}(\hat{y}_i - \bar{y})^2}{\sum_{i=1}^{n}(y_i - \bar{y})^2}} \tag{4.2.10}$$

式中，$\bar{y} = \dfrac{\sum_{i=1}^{n} y_i}{n}$；复相关系数 R 越接近 1，表明线性相关程度越高。

此外，还可以利用显著性检验来判定测点间是否存在显著的线性关系。

2) 温度场的影响分析

不同测点数据间的回归关系与外荷载的类型及空间分布相关。以温度荷载为例，选取某工程邻近两测点在一段温度场稳定时间内的监测数据，将其中一个测点的数据作为因变量，另一个作为自变量，进行线性回归。根据拟合数据是否区分日间和夜间，将回归测试分为两组，拟合值与真实值之间的平均相对误差如图 4.2.10 所示。由图 4.2.10 可知，对于日间数据，使用不区分日夜间的全部数据进行回归的平均相对误差为 10.9%，只用日间数据回归的平均相对误差为 9.4%，下降了 1.5 个百分点；同样，对于夜间数据，用全天数据进行回归时，拟合的平均相对误差为 5.8%，只用夜间数据回归时平均相对误差下降到 4.5%，降低了 1.3 个百分点。

对日间和夜间数据加以区分后，再进行回归插补的精度较高，其原因是日间和夜间不同的温度场导致了测点间相关关系有所差异，且日间日照场的不均匀性与不稳定性导致日间数据的插值误差较夜间更大。因此，应对日间和夜间的测点数

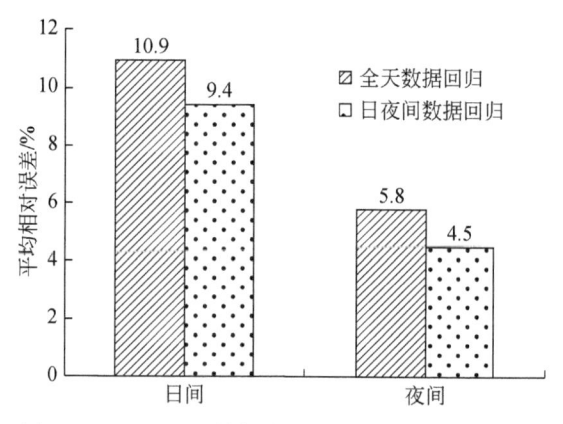

图 4.2.10 日夜间数据分别回归对插值误差的影响

据分别进行拟合与插值,且日间数据的回归插补应选择日照场较稳定的监测数据作为拟合来源。根据 4.2.2 节温度相关性回归插补分析的结果,基于日照场稳定性的考虑,选取缺失值所在季度的未缺失数据作为回归数据进行插补。

3) 邻近测点的选取

利用邻近测点间的相关关系进行缺失数据插补时,如果有单个相关性较高的测点,可仅通过该测点数据进行一元回归插补;在无法找到单个高相关性测点时,可选取多个邻近测点进行多元回归插补。

(1) 单个相关测点的选取。

图 4.2.11 展示了某工程中利用与待插补数据相关性较高的单个测点线性拟合的结果,该邻近测点与待插补测点位于同一构件,相关系数 r 达到 0.98,表明了两测点间具有非常好的线性关系。

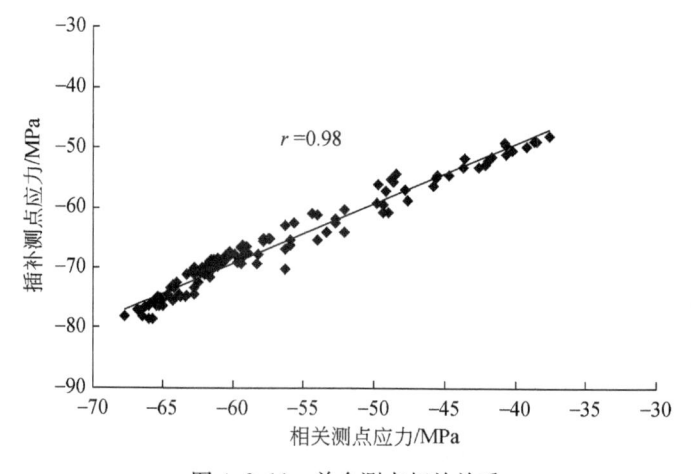

图 4.2.11 单个测点相关关系

当两邻近测点数据通过显著性水平小于 0.05 的检验,且相关系数达到 0.80 以上时,表明两者存在很高的线性关系。如图 4.2.12 所示,当相关系数达到 0.80 以上时,平均误差基本在 10%以内;当相关系数达到 0.90 以上时,平均误差进一步降至接近 5%;相关系数达到 0.95 以上时,平均误差降至 5%以下,达到了很高的插补精度。因此可以利用此类高相关性邻近测点进行一元线性回归。

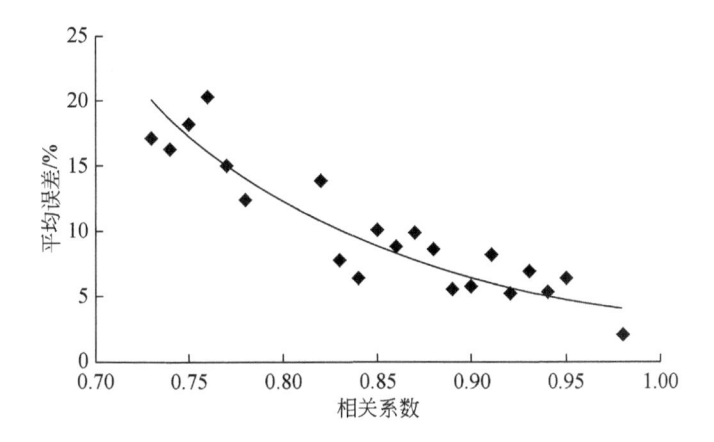

图 4.2.12 拟合值平均误差随相关系数的变化曲线

(2) 多个相关测点的选取。

若数据缺失的测点不存在线性相关性很高的单个邻近测点,则可以选取通过显著性水平检验的多个邻近测点进行多元线性回归插补,从而提高插补的精度。选取某测点及邻近的 3 个测点 3~5 月的监测数据,将该测点数据作为因变量,3 个邻近测点的数据作为自变量,进行多元线性回归或分别进行一元线性回归时,其复相关系数或相关系数及拟合值平均相对误差见表 4.2.2。当仅使用单个邻近测点与目标测点进行一元线性回归时,相关系数均小于 0.8,不呈现很强的线性关系,插补平均相对误差为 12.4%~19.7%;如果将多个邻近测点的数据一起作为自变量进行多元线性回归,复相关系数达到 0.88,线性关系显著增强,拟合值平均相对误差也降至 9.7%,提高了插补的精度。

表 4.2.2 邻近测点一元、多元回归结果

项目	一元回归邻近测点编号			多元回归邻近测点编号
	1	2	3	1、2、3
相关系数/复相关系数	0.32	0.69	0.79	0.88
平均相对误差/%	19.7	14.4	12.4	9.7

参与回归运算的测点数量同样对插补精度有所影响。选取几个不同部位测点

的数据作为因变量,并按照相关系数的大小,分别选取 1~11 个邻近测点作为自变量进行线性回归,计算拟合值与真实值的平均相对误差,其随参与回归测点数量的变化曲线如图 4.2.13 所示。

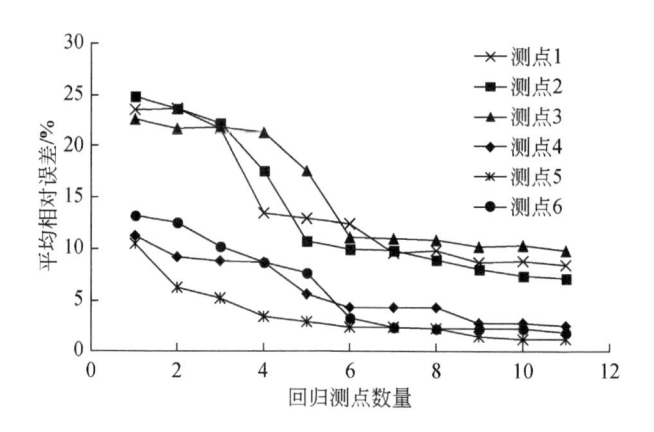

图 4.2.13　回归测点数量对插值误差的影响

由图 4.2.13 可知,随着参与回归测点数量的增加,拟合值的平均相对误差变小,即作为自变量的测点数越多,插补精度越高。但无论是整体插值误差偏大的测点(测点 1~3)还是偏小的测点(测点 4~6),当参与回归的测点数达到 5~7 个之后,平均相对误差随测点数的增加趋于稳定,拟合精度不再显著提高。因此,利用多元线性相关进行回归插补时,可选取待插补测点相关性最强的 6 个测点。

4) 基于测点相关性的数据修复算例

选取某测点作为数据缺失测点,选取其邻近单个高相关性测点进行一元回归插补,选取其邻近 6 个低相关性测点进行多元回归插补,比较离散型和连续型两种缺失类型下的插补效果。

表 4.2.3 中,测点 1 为数据缺失的待插补测点;测点 2 为单个高相关性邻近测点,数据相关系数为 0.87;测点 3~8 为 6 个低相关性邻近测点,相关系数均低于 0.8(表 4.2.4)。在 5 月 17~23 日的监测数据中选取编号为 1、4、6、7、10 的数据作为离散型缺失数据;选取 5 月 25~29 日编号为 15~24 的连续数据作为连续型缺失数据。选取该季度中除去缺失以外的所有数据分别进行一元、多元线性回归,按日间和夜间分别进行插补,真实值曲线与插补值曲线如图 4.2.14 所示。

对于离散型缺失数据,一元回归的插值误差最大值为 8.7%,最小值为 0.8%,平均误差为 6.4%;多元回归的插值误差最大值为 7.8%,最小值为 2.0%,平均误差为 5.1%。对于连续型缺失数据,一元回归的插值误差最大值为 15.4%,最小值为 3.4%,平均误差为 6.8%;多元回归的插值误差最大值为 11.4%,最小值为 1.0%,平均误差为 6.4%。缺失数据的插值误差大部分在 10% 以内,与温度相关性回归插补效果相同,连续型缺失数据的插值误差稍大于离散型缺失数据的插值误差。此外,无论哪种缺失类型,对于单个高相关性邻近测点的一元回归插补,尽管相关系数可以达到 0.8 以上,但多个邻近测点进行多元回归可进一步提高插补精度,因此需综合考虑各邻近测点的相关性大小与对插补精度的要求来选择具体插补方法。

表 4.2.3　插补测点与邻近测点应力

编号	监测时间	测点应力/MPa							
		测点 1	测点 2	测点 3	测点 4	测点 5	测点 6	测点 7	测点 8
1	2014-05-17 2:04	17.2	14.4	29.1	26.5	−54.4	−12.8	−39.6	31.8
2	2014-05-17 14:05	16.8	14.3	28.7	26.4	−54.0	−13.3	−39.5	31.8
3	2014-05-18 2:05	15.7	13.9	28.8	26.0	−55.0	−14.0	−39.9	31.2
⋮									
25	2014-05-30 2:04	17.4	13.8	28.1	24.3	−60.8	−15.1	−43.8	32.2
26	2014-05-30 14:05	22.8	19.4	25.1	26.8	−55.2	−12.7	−42.3	36.5

表 4.2.4　测点 1 与邻近测点相关系数

项目	邻近测点编号						
	2	3	4	5	6	7	8
相关系数	0.87	0.73	0.79	0.69	0.75	0.38	0.78

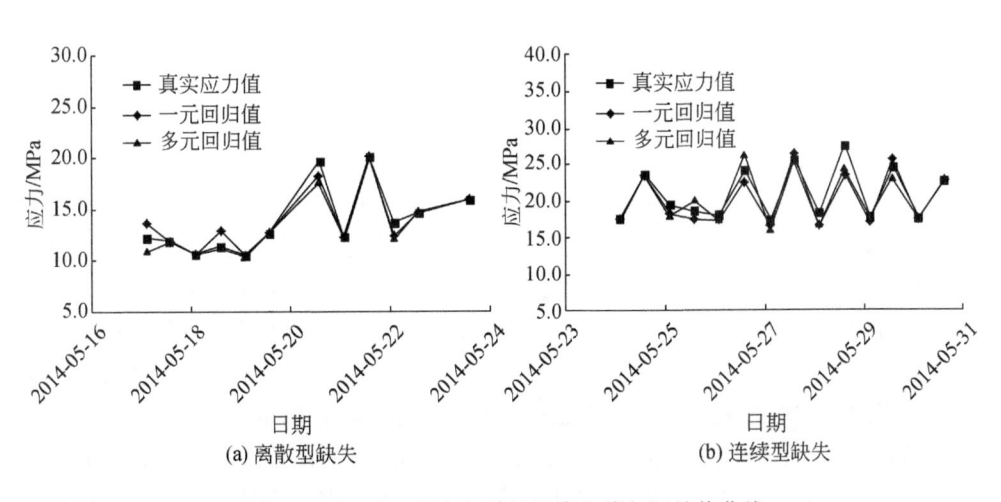

图 4.2.14　基于测点相关性的真实值与插补值曲线

选取顶部桁架、外侧撑杆、内侧撑杆、外侧弦杆、内侧弦杆 5 个不同部位构件夏季 6~8 月的测点数据,按照 30% 的缺失比例分别进行一元和多元回归插补,计算插值的平均误差,统计比较如图 4.2.15 所示。

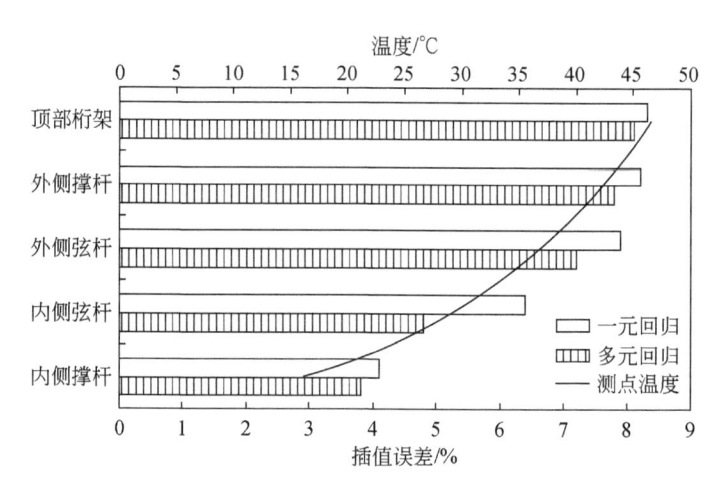

图 4.2.15 基于测点相关性的结构不同部位测点数据插值误差

由图 4.2.15 可知,位于结构顶部、受阳光直射的桁架,温度最高、日照最强烈,受日照场不均匀性、不稳定性的影响最大,其插值误差最大,平均误差在 8% 以上;外侧撑杆、外侧弦杆、内侧弦杆所处结构部位有屋面板遮阳,日照强度依次递减,插值误差均小于顶部桁架,且依次递减;位于日照阴影部位的内侧撑杆,不受日光照射的直接影响,其插值误差显著减小,在 4% 左右。此外,由图 4.2.15 可知,各个部位测点多元回归插值误差不同程度地小于一元回归插值误差,最大相差 1.6 个百分点,实践中应根据插补精度的需求选择相应的插补方法。

3. 施工阶段缺失数据修复

前面所讨论的修复方法均建立在结构特征未发生变化的前提下,而当结构处于施工阶段时,结构自身的几何、刚度、质量等分布随施工阶段而发生变化。因此,在修复施工阶段缺失数据时,应充分考虑结构自身的变化。图 4.2.16 为一个测点在施工阶段的应力监测数据变化曲线,结构的施工方法是地面焊接、分段吊装、整体成形。在不同施工步间,监测应力会因为新吊装段施工就位而产生突变,而在同一施工步内结构形态处于暂时稳定状态,应力只随温度变化而波动。

因此,同一施工步内的监测数据缺失仍可采用 4.2.2 节所述方法进行插补,对于施工步间的数据缺失,不能采用简单的测点间相关性进行插补,需要考虑构件的受力特性,利用数据缺失测点与同一构件截面上其他测点的相关关系进行插补。对于某一施工步数据整体缺失的情况,需要先得到该施工步应力水平的基准值(即

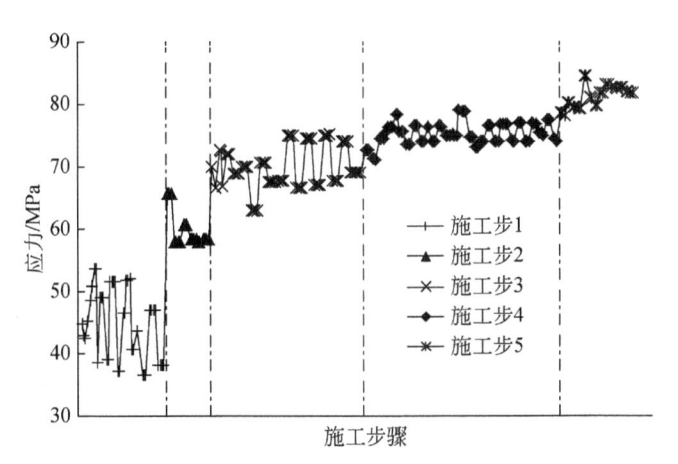

图 4.2.16　测点施工阶段应力监测数据变化曲线

某施工步阶段的应力平均值),再根据基准值插补得到各个缺失值。该基准值需由同一截面其他未缺失测点的基准值计算得到,选取测点施工步监测应力的平均值作为该施工步应力水平的基准值。

1) 轴力构件的数据缺失修复

设 $\sigma_{i\mathrm{I}}$ 和 $\sigma_{i\mathrm{II}}$ 是相邻两施工步某测点应力平均值(即基准值),$\Delta\sigma_{轴}$ 为构件轴向应力变化,对于图 4.2.17 中构件截面的两个测点,有

$$\sigma_{1\mathrm{II}} = \sigma_{1\mathrm{I}} + \Delta\sigma_{轴} \tag{4.2.11}$$

$$\sigma_{2\mathrm{II}} = \sigma_{2\mathrm{I}} + \Delta\sigma_{轴} \tag{4.2.12}$$

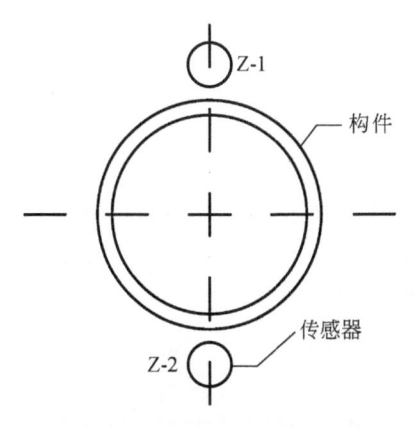

图 4.2.17　轴力构件同截面两测点布置

式(4.2.11)与式(4.2.12)相减可得

$$\sigma_{2\mathrm{II}} = \sigma_{2\mathrm{I}} + (\sigma_{1\mathrm{II}} - \sigma_{1\mathrm{I}}) \tag{4.2.13}$$

由式(4.2.13)可知,对于轴力构件测点在某一施工步数据整体缺失的情况,可以根据前一施工步的应力平均值,以及同截面另一个测点此两施工步的应力平均值,计算缺失施工步的应力平均值,随后叠加同截面另一测点应力平均值与真实监测值的差值,从而得到缺失施工步的全部插补值。先计算施工步基准值是为了防止用插补值计算插补值而造成误差累积。

图 4.2.18 为某一轴力构件同截面两个测点应力平均值的部分变化曲线,测点的位置关系如图 4.2.17 所示。假设测点 Z-2 在施工步 7 的所有监测数据缺失,根据上面所述方法首先计算该测点在该施工步的平均应力为 27.7MPa,其真实值为 28.8MPa,相对误差为 3.8%。进而根据施工步 7 的两个应力基准值及另外一个测点步内监测值,计算插补测点 Z-2 在施工步 7 内的缺失值,插值误差最大值为 16.5%,最小值为 0.2%,平均值 7.5%。

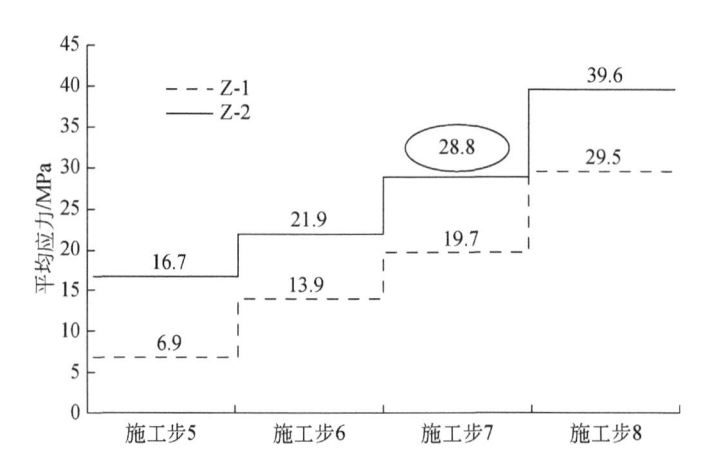

图 4.2.18　轴力构件同截面两个测点施工步平均应力的变化曲线

2) 受弯构件的数据缺失修复

设 $\sigma_{iⅠ}$ 和 $\sigma_{iⅡ}$ 是相邻两施工步各测点的应力平均值(即基准值),$\Delta\sigma_{轴}$ 为构件轴向应力变化,$\Delta\sigma_{ij弯}$ 为构件 ij 方向弯曲表面应力变化的最大绝对值,对于图 4.2.19 所示的构件截面的四个测点,有

$$\sigma_{1Ⅱ}=\sigma_{1Ⅰ}+(\Delta\sigma_{轴}+\Delta\sigma_{12弯}) \quad (4.2.14)$$

$$\sigma_{2Ⅱ}=\sigma_{2Ⅰ}+(\Delta\sigma_{轴}-\Delta\sigma_{12弯}) \quad (4.2.15)$$

$$\sigma_{3Ⅱ}=\sigma_{3Ⅰ}+(\Delta\sigma_{轴}+\Delta\sigma_{34弯}) \quad (4.2.16)$$

$$\sigma_{4Ⅱ}=\sigma_{4Ⅰ}+(\Delta\sigma_{轴}-\Delta\sigma_{34弯}) \quad (4.2.17)$$

式(4.2.16)与式(4.2.17)相加可得

$$\Delta\sigma_{轴}=\frac{1}{2}[(\sigma_{3Ⅱ}+\sigma_{4Ⅱ})-(\sigma_{3Ⅰ}+\sigma_{4Ⅰ})] \quad (4.2.18)$$

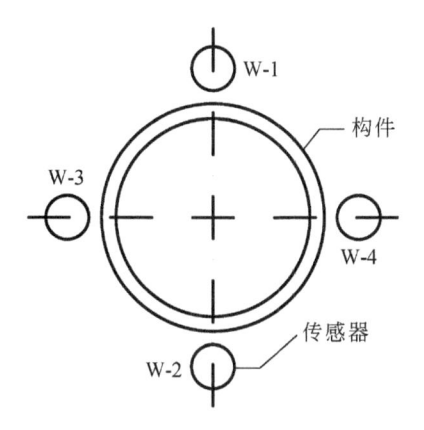

图 4.2.19 受弯构件同截面四测点布置

式(4.2.14)与式(4.2.15)相加可得

$$\sigma_{2II} = \sigma_{2I} + 2\Delta\sigma_{轴} + (\sigma_{1I} - \sigma_{1II}) \tag{4.2.19}$$

由式(4.2.18)与式(4.2.19)可知,对于受弯构件测点在某一施工步数据整体缺失的情况,可以由其上一施工步的应力和同截面另外 3 个测点的应力计算缺失施工步的应力。首先计算得到截面应力平均值和另外 3 个测点本施工步的应力平均值,看作"施工步 I"的应力值,将未缺失 3 个测点的步内监测值看作"施工步 II"的应力值,进而按照 4.2.2 节中的方法,插补施工步内的所有缺失值。

图 4.2.20 为某一受弯构件同截面四个测点在施工阶段应力平均值的部分变化曲线,测点的位置关系如图 4.2.19 所示。假设测点 W-2 在施工步 7 的所有监测

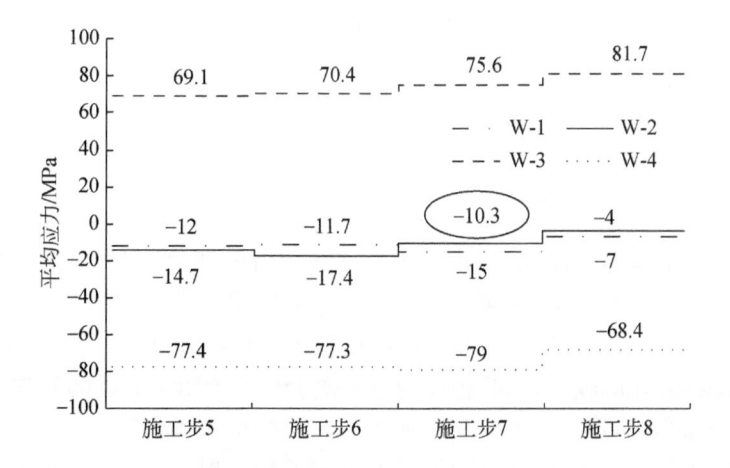

图 4.2.20 受弯构件同截面四个测点施工步平均应力的变化曲线

数据缺失,首先计算该测点在该施工步的应力平均值为-10.6MPa,其真实值为-10.3MPa,相对误差为3%。进而根据施工步7的4个应力平均值及另外3个测点步内监测值来计算插补测点W-2施工步7内的缺失值,插值误差最大值为19.1%,最小值为0.5%,平均值为9.1%。

4.2.3 神经网络修复方法

空间结构的实际受力情况是非常复杂的,测点间的相关关系可能呈现出一定的非线性特征。如图4.2.21所示,位于同一构件上的两个相邻测点在某一时段的应力变化曲线之间虽然具有明显的相关性,但相关系数仅为0.76,小于0.8。测点距离加大时,其非线性关系将进一步加大。利用测点间相关性进行数据修复时,若考虑测点间关系的非线性,则能够在一定程度上提升数据修复的准确性。神经网络是一种强大的非线性特征提取方法,能够用于监测数据的缺失数据修复。

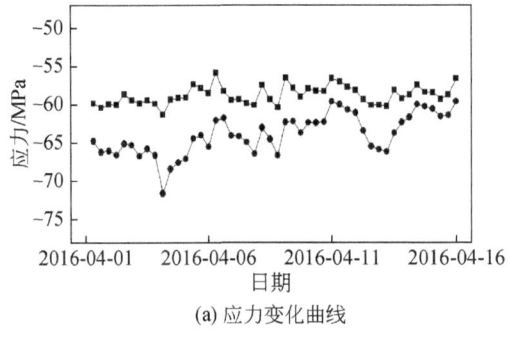

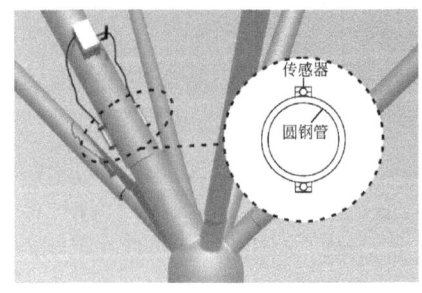

(a) 应力变化曲线　　　　　(b) 测点相对位置

图4.2.21　某一时段的实测应力变化曲线

1. 基于神经网络的缺失数据修复原理

1) BP神经网络

由于反向传播(back propagation,BP)算法具有较高的稳定性与精度,广泛应用于神经网络的学习。图4.2.22展示了一个BP神经网络的基本拓扑结构,它包含一个输入层,一个或多个隐藏层,以及一个输出层。同层的神经元之间互不相连,相邻层神经元节点之间通过相应的网络权重相互连接,每一个神经元接收来自上一层全部神经元的输出。BP神经网络本质上是一个用于逼近的数学模型,通过误差反向传播算法,建立输入与相应输出之间的映射关系。$x_1, x_2, \cdots, x_i$是BP神经网络的输入值,$y_1, y_2, \cdots, y_k$是BP神经网络的输出值,w_{ij}和w_{jk}为BP神经网络的权重。

BP神经网络的训练学习过程大致包括以下几个步骤。

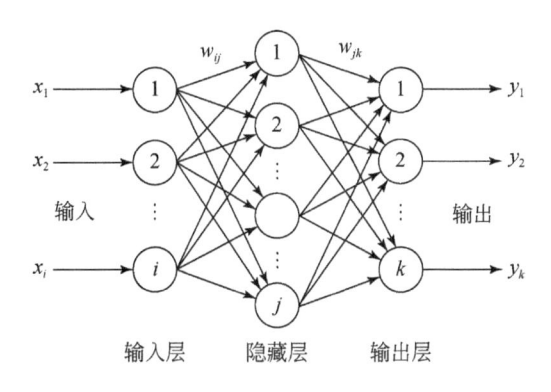

图 4.2.22　BP 神经网络基本拓扑结构图

（1）网络初始化。确定输入层节点数 i、隐藏层节点数 j 以及输出层节点数 k，初始化输入层与隐藏层神经元之间、隐藏层与输出层之间的连接权重 w_{ij} 和 w_{jk}，初始化隐藏层阈值 a、输出层阈值 b，设定合适的学习速率 η，选择合适的神经元激励函数 f。

（2）隐藏层输出计算。根据输入向量 x，输入层和隐藏层间连接权重 w_{ij} 以及隐藏层阈值 a，计算隐藏层输出向量 $\boldsymbol{h}$。

$$h_j = f(\sum w_{ij} x_i - a_j) \tag{4.2.20}$$

式中，f 为隐藏层激励函数，根据具体优化问题进行选择。

（3）输出层输出计算。根据隐藏层输出向量 $\boldsymbol{h}$，隐藏层和输出层间连接权重 w_{jk} 以及输出层阈值 b，计算输出层输出向量 $\boldsymbol{y}$。

$$y_k = \sum h_j w_{jk} - b_k \tag{4.2.21}$$

（4）误差计算。根据预测输出向量 $\boldsymbol{y}$ 与期望输出向量 $\boldsymbol{t}$，计算网络误差向量 $\boldsymbol{e}$。

$$e_k = t_k - y_k \tag{4.2.22}$$

（5）网络连接权重更新。根据网络误差 e，反向修正网络连接权重 w_{ij} 和 w_{jk}。

$$w_{ij} = w_{ij} + \eta h_j (1 - h_j) x_i \sum w_{jk} e_k \tag{4.2.23}$$

$$w_{jk} = w_{jk} + \eta h_j e_k \tag{4.2.24}$$

（6）阈值更新。根据网络误差 e，反向修正阈值 a 和 b。

$$a_j = a_j + \eta h_j (1 - h_j) \sum w_{jk} e_k \tag{4.2.25}$$

$$b_k = b_k + e_k \tag{4.2.26}$$

（7）判断网络误差 e 是否达到预设的精度来判断学习迭代算法是否结束。若没有结束，则返回步骤(2)。

BP 神经网络的学习过程由正向传播和反向传播组成。输入信息从输入层向前传播到隐藏层节点,经激励函数传播到输出层神经元上,输出层神经元采用相应的激励函数输出结果。误差信号则沿原来的路径反向传播,通过修改各层的权重,使误差减小。重复上述正向与反向过程,直到拟合的精度满足要求。已有研究证明,一个三层 BP 神经网络足以完成监测数据的插补工作,该网络以 S 形函数作为隐藏层激励函数。

此外,BP 神经网络的隐藏层节点数对预测精度有较大的影响,不同情形下的最优隐藏层节点数不同。实际应用中,确定最优隐藏层节点数并没有理论方法,但可参考以下经验公式确定范围:

$$l < n - 1 \tag{4.2.27}$$

$$l < \sqrt{m+n} + a \tag{4.2.28}$$

式中,n 为输入层节点数;l 为隐藏层节点数;m 为输出层节点数;a 为 0~10 的常数。

2) 贝叶斯正则化

随着 BP 神经网络训练过程的进行,拟合函数也从相对简单变得逐渐复杂。然而,如果训练过程没有在合适的时间点停止,就会导致出现过拟合,从而影响 BP 神经网络的泛化能力。如果把数据分为训练数据与验证数据两部分,训练数据用来训练 BP 神经网络,验证数据用来评价它的性能。在前期阶段,随着拟合函数的不断学习进化,训练误差与验证误差都将减小。而当产生过拟合时,训练误差减小,但验证误差增大。在训练样本大小一定的情况下,网络的泛化能力与网络的规模直接相关。如果网络的规模远小于样本集的大小,则发生过拟合的概率就会很小。但是实践中对于特定问题,确定合适的网络规模并不是一件容易的事情。正则化的方法则是通过修正神经网络的训练函数来提高其泛化能力。以往的研究表明,贝叶斯正则化能有效提高 BP 神经网络的泛化能力(Tibaduiza et al.,2016;Gharibnezhad et al.,2015)。

一般情况下,神经网络的训练性能函数采用均方误差函数,这里假设误差函数为 E_D:

$$F = E_D = \frac{1}{n} \sum_{i=1}^{n} (y_i - t_i)^2 \tag{4.2.29}$$

式中,n 为样本数;y_i 为神经网络的实际输出;t_i 为神经网络的期望输出。

在贝叶斯正则化方法中,性能函数不再是单一的均方误差函数,而是修正成均方误差和权重的线性组合:

$$F = \alpha E_w + \beta E_D = \alpha \cdot \frac{1}{m} \sum_{j=1}^{m} w_j^2 + \beta \cdot \frac{1}{n} \sum_{i=1}^{n} (y_i - t_i)^2 \tag{4.2.30}$$

式中,w_j 为网络权重;m 为网络权重的个数;E_w 为权重的均方和;E_D 为均方误差;α、

β为正则化系数。正则化系数α、β的大小决定神经网络的训练目标,若$\alpha \ll \beta$,则训练算法的目的在于尽量减小网络的训练误差,但容易出现过拟合;若$\alpha \gg \beta$,则训练算法的目的在于尽可能减少有效的网络参数,但容易出现欠拟合。可见,通过采用新的性能指标函数,可以在保证网络训练误差尽可能小的情况下使网络具有较小的权重,即使网络的有效权重尽可能少,这实际上相当于自动缩小了网络的规模。

常规的正则化方法很难确定正则化系数α、β的大小,而贝叶斯正则化方法可以在网络训练过程中自适应地调整正则化系数α、β的大小,并使其达到最优。在贝叶斯正则化中,将网络权重视为随机变量,并假定其先验概率服从高斯分布。根据贝叶斯理论,最优的权重向量应具有最大的后验概率,也就是说,在一定情况下,求权重的最大后验概率等价于最小正则化目标函数,从而可以求得最优的正则化系数α、β。在MATLAB工具箱中,贝叶斯正则化方法可以通过trainbr函数来实现。

3)粒子群算法

BP神经网络的学习算法是一种梯度下降法,算法性能十分依赖于初始条件,学习过程易于陷入局部最小值,因此导致模型不够精确。采用粒子群算法(particle swarm optimization,PSO)优化初始参数,可以避免网络收敛于局部最小值。粒子群算法最早于1993年提出(Hush et al.,1993),其起源于对鱼群和鸟群群体运动行为的研究。粒子群算法的基本思想是通过群体中个体之间的协作和信息共享来寻找最优解。

粒子群算法首先初始化一群随机粒子(随机解),通过迭代优化来找到最优解。假设搜索空间中有m个粒子组成一个群体,第i个粒子的位置和速度分别为X_i和v_i。在每一次迭代中,粒子通过跟踪两个最优解来更新自己:第一个最优解为粒子本身找到的最优解,即个体极值P_i,另一个是整个种群找到的当前最优解,即全局最优解G。在找到以上两个最优解后,粒子通过下面的基本公式来更新自己的速度和位置(Cybenko,1989):

$$v_i^{n+1} = wv_i^n + c_1 r_1 (P_i^n - X_i^n) + c_2 r_2 (G^n - X_i^n) \quad (4.2.31)$$

$$X_i^{n+1} = X_i^n + v_i^{n+1} \quad (4.2.32)$$

式中,w为惯性权重因子,它使粒子保持运动惯性;c_1、c_2为加速因子;n为迭代次数;r_1、r_2为随机数,取值区间为$[0,1]$。

虽然粒子群算法具有收敛快、通用性强等特点,但同时存在早熟、后期迭代效率低等缺点。因此,可以在粒子群算法中加入一个类似于遗传算法变异操作的自适应过程,以提高全局搜索能力(宋雷等,2008)。为了避免陷入局部最优解,增强粒子群的全局搜索能力,以一定概率p_m对随机选取的全局最优解G的第k维取值进行变异扰动:

$$p_m = \begin{cases} p, & \sigma^2 < \sigma_d^2 \text{ 且 } f(G) > f_d \\ 0, & \text{其他} \end{cases} \quad (4.2.33)$$

$$G_k = G_k(1+0.5\eta) \qquad (4.2.34)$$

式中，p 取 $[0.1, 0.3]$ 区间的任意值；σ^2 为群体的适应度方差；σ_d^2 的取值与实际问题有关，一般取远小于 σ^2 的最大值；f_d 为期望最优解；f 为适应度函数；G_k 为 G 的第 k 维取值；η 为服从高斯分布 $N(0,1)$ 的随机变量。

综上所述，基于神经网络的数据缺失修复步骤归纳如下。

(1) 选取与待修复测点邻近的测点作为参照测点。

(2) 选取参照测点与待修复测点同一时段的完整数据，形成训练数据集。

(3) 利用训练数据集对神经网络进行训练，并通过贝叶斯正则化和粒子群算法强化网络性能，确定最优的隐藏层节点数。

(4) 将待修复测点数据缺失时对应的参照测点数据作为输入数据，利用建立好的神经网络得到输出数据，即为待修复测点数据的修复结果。

2. 缺失应力数据修复

1) 应力参照测点选取

以某空间结构屋盖的斜腹杆测点 x 处的应力数据为例，图 4.2.23 展示了测点 x 在一段时期内的应力变化曲线。图 4.2.24 为测点 x 的位置以及与其相近的其余几个测点位置，测点 a、b、c、d 与测点 x 的相对位置分别为：同一杆件上、相连杆件上、相邻区域杆件上以及较远区域杆件上。

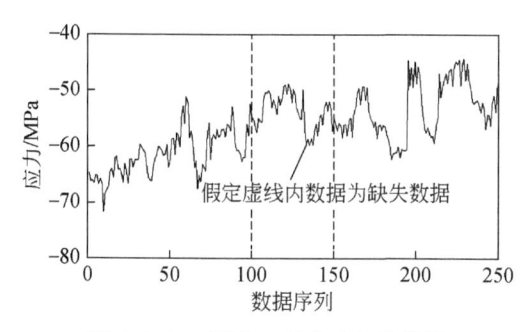

图 4.2.23 测点 x 的应力变化曲线

图 4.2.23 所示虚线中间的 50 个数据被假定为缺失数据（验证数据，用来检验神经网络数据重建的精度），余下的 200 个数据将作为训练数据用来训练 BP 神经网络。用重建数据与真实数据之间的均方根误差（root mean square error, RMSE）与相关系数 r 来评价 BP 神经网络的数据重建精度。均方根误差越小，相关系数越接近 1，表明重建精度越高。测点 a、b、c、d 与测点 x 的相对位置和相关系数见表 4.2.5。分别采用这四个测点作为参考测点对测点 x 的缺失数据进行修复。缺失应力数据的重建曲线与重建精度分别如图 4.2.25 与表 4.2.6 所示。

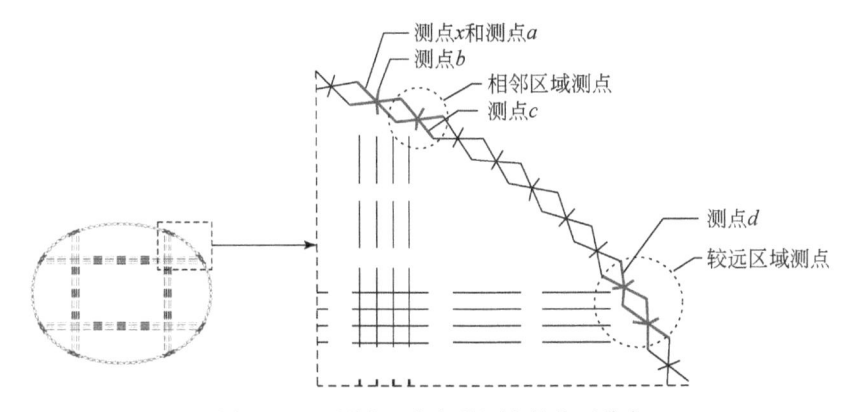

图 4.2.24 测点 x 与相关测点的位置分布

表 4.2.5 各测点与测点 x 应力数据的相关系数

相关测点	位置	r
a	同一杆件上	0.76
b	相连杆件上	0.64
c	相邻区域杆件上	0.45
d	较远区域杆件上	0.20

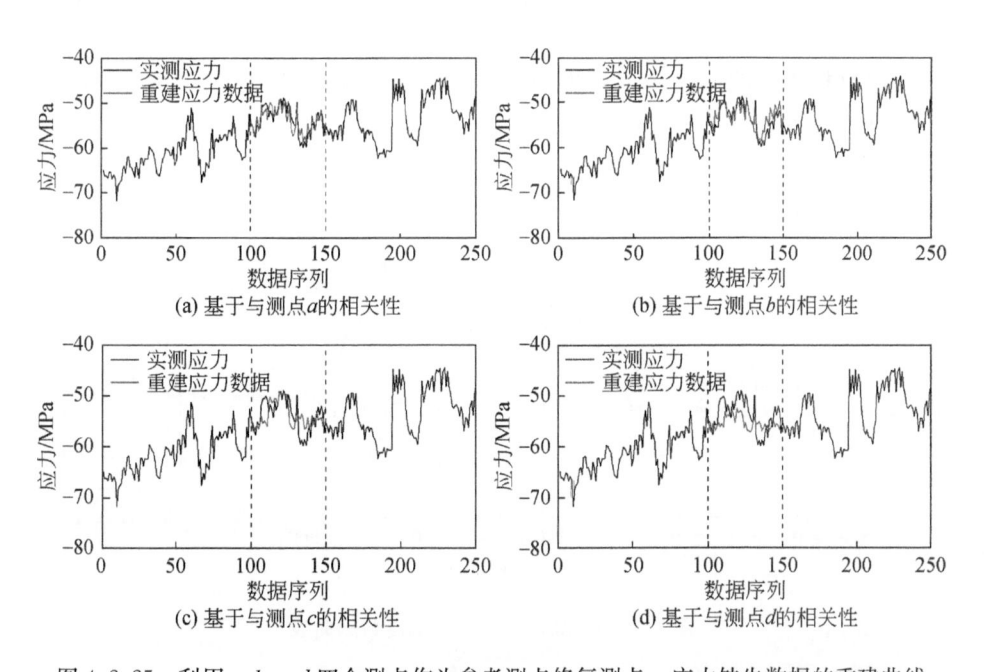

(a) 基于与测点 a 的相关性

(b) 基于与测点 b 的相关性

(c) 基于与测点 c 的相关性

(d) 基于与测点 d 的相关性

图 4.2.25 利用 a、b、c、d 四个测点作为参考测点修复测点 x 应力缺失数据的重建曲线

表 4.2.6 测点 x 应力缺失数据的重建精度

相关测点	RMSE/MPa	r
a	1.64	0.86
b	1.92	0.80
c	2.70	0.53
d	3.10	0.45

可以看到，当采用与测点 x 位于同一杆件的测点 a 的应力数据进行缺失数据重建时，重建的应力曲线与真实应力曲线高度一致，RMSE 和 r 分别为 1.64MPa 和 0.86，表明采用神经网络模型在数据重建时具有较好的性能。当采用位于相连杆件上的测点 b 的应力数据进行数据重建时，重建结果仍较为理想，RMSE 和 r 分别为 1.92MPa 和 0.80。而当采用相邻区域杆件测点 c 和较远区域杆件测点 d 时，数据重建精度发生较大下滑，RMSE 和 r 分别为 2.70MPa 和 0.53 以及 3.10MPa 和 0.45。也就是说，随着测点间距离变远，相关关系减弱，数据重建精度也会降低。因此，本方法应用时，应当优先选择与数据丢失测点相关性强的测点。

2) 温度参照测点选取

大跨度空间结构作为高次超静定结构，温度效应显著。已有结构健康监测经验表明，大跨度空间钢结构在其服役阶段，主要受温度荷载控制，受其他荷载影响较小。图 4.2.26 展示了测点 x 在此期间温度与应力的变化曲线。可以看到，温度与应力具有相当强的相关性。因此，也可以通过建立温度与应力之间的相关关系来进行缺失应力数据的重建修复，结果如图 4.2.27 所示。

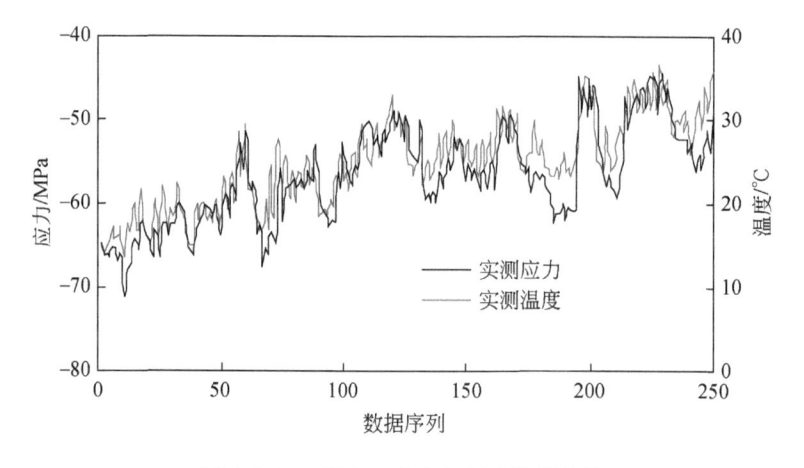

图 4.2.26 测点 x 应力与温度数据曲线

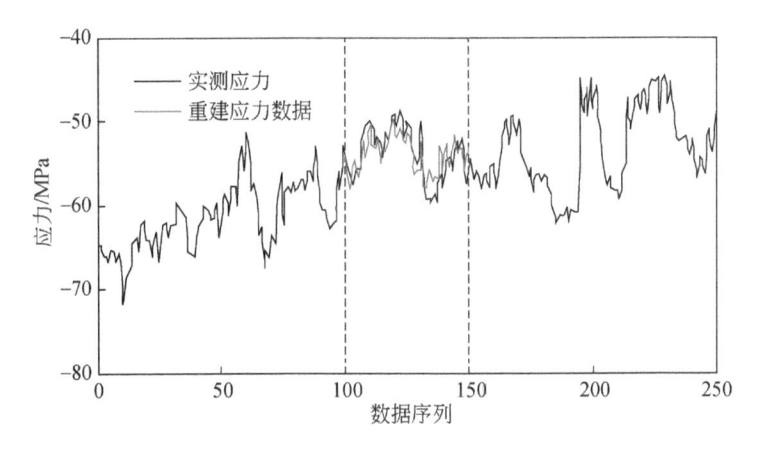

图 4.2.27　通过建立温度与应力之间的相关关系修复测点 x 应力缺失数据的重建曲线

从图 4.2.27 可以看到,采用温度与应力的相关关系重建应力缺失数据时,重建的应力曲线与真实应力曲线具有相当高的一致性,RMSE 和 r 分别为 2.04MPa 和 0.75。但是相比于基于相邻测点 a、b 的结果仍有所降低,这是因为虽然温度为控制荷载,但应力变化仍受到其他荷载影响,这将在数据重建结果中引入误差,而相邻测点应力变化间的相关性信息同时包含了温度及其他荷载的作用。

3) 适用性分析

由于太阳光照,结构在日间和夜间所处的温度场存在区别,夜间温度场相对较均匀,日间温度场不均匀性较大,这可能会导致测点间日夜应力变化相关关系有所不同,因此将假定为缺失数据中属于白天缺失的数据单独筛选出来,分别通过全天数据与白天数据来训练 BP 神经网络,并对这部分白天缺失数据进行重建,结果如表 4.2.7 和图 4.2.28 所示。

表 4.2.7　白天缺失的应力数据重建精度

训练数据	RMSE/MPa	r
全天	1.62	0.84
白天	1.46	0.88

可以看到,分别采用白天数据和全天数据训练神经网络的两条应力重建曲线十分接近。单独采用白天数据时,重建精度略高于采用全天数据,但精度提高幅度较小。这是因为一段时期内的应力变化中包含了该时期日照温度场的影响信息,在神经网络模型训练过程中可以被模型自动学习。因此,本节所提出的数据重建方法,无需特意将白天和夜间数据进行区分,但分别处理仍能提高缺失数据的重建精度。

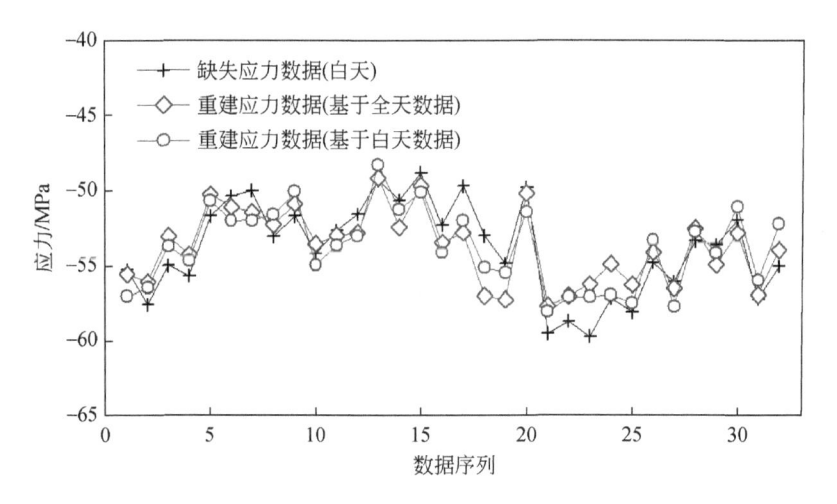

图 4.2.28　白天缺失的应力数据重建结果

从假定缺失的数据中随机筛选出 10 个离散缺失数据和 10 个连续缺失数据进行重建。由于缺失数据样本少，重建结果受个别数据影响大，为使结果更具一般性，取 5 次操作的平均值，并与线性回归方法进行比较，见表 4.2.8。

表 4.2.8　不同类型的缺失应力数据重建精度

数据缺失类型	BP 神经网络 RMSE/MPa	BP 神经网络 r	线性回归 RMSE/MPa	线性回归 r
离散	1.51	0.84	1.89	0.78
连续	1.56	0.82	2.17	0.72

可以看到，BP 神经网络对于离散缺失数据和连续缺失数据的重建精度几乎相同，这表明该方法同时适用于连续缺失数据和离散缺失数据，而不需要做区分处理。这是因为神经网络模型的数据重建能力主要取决于训练样本的质量和数量，而非缺失数据的类型。而线性回归方法对这两类缺失数据的重建效果有所差异，并且精度均较 BP 神经网络低。

综上所述，基于神经网络的应力数据修复方法具有如下特点。

(1) 随着测点间相对位置变远，测点间应力数据的相关性减弱，基于测点间相关关系的数据重建精度也降低。基于同一杆件上两测点的相关关系，能够达到最好的重建精度。

(2) 温度与应力之间存在较强的相关关系，基于温度与应力的相关关系可以得到较好的缺失数据重建结果。但应力变化仍受到其他荷载的影响，因此会降低数据重建结果的精度。

（3）本方法具有较强的通用性。对于夜间和白天缺失的应力数据无须做特定区分处理，区分处理能略微提高数据修复精度。对于离散缺失和连续缺失两种不同类型的缺失数据，也具有几乎相同的重建精度。

3. 缺失风压数据修复

在现场实测中，风压测点的数量相对较多，在某些情况下局部测点会出现采集错误或无法唤醒的情况。神经网络同样能够用于风压缺失数据的修复，本节以某大跨度屋盖结构的表面风压监测数据为例进行说明。选取实测角部 3×3 的风压测点，测点的具体分布如图 4.2.29 所示。P1 测点处于屋盖角部的位置，P7、P13 为迎风边缘，P15、P9 为相对靠近内部的部分。在上述测点的右侧布设了风速风向测点，可以实时同步得到现场的风场信息。

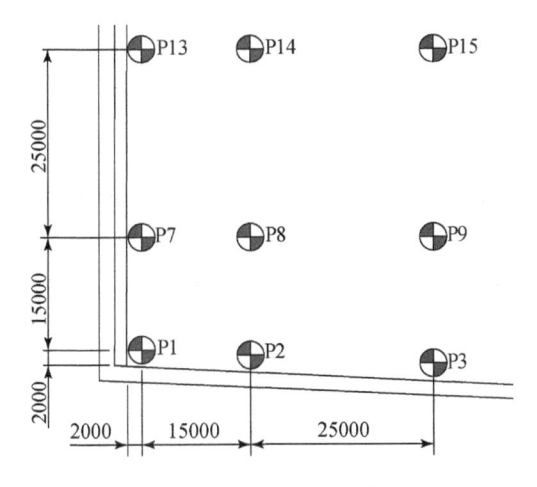

图 4.2.29　案例测点布置(单位：mm)

1) 参照测点选取

按照测点的位置特征将实际的重建工作分为五种工况，基本覆盖屋盖上测点与其周边测点的关联形式：①对于角部的测点 P1，使用顺风向相邻测点进行插补，即 P2 为输入数据，P1 为输出目标，训练样本使用的测点个数为 1；②对于角部的测点 P1，使用顺风向相邻测点和横风向相邻测点进行插补，即 P2 和 P7 为输入数据，P1 为输出目标，训练样本使用的测点个数为 2；③对于迎风边缘的测点 P7，使用顺风向相邻测点和横风向左右相邻测点进行插补，即 P1、P8 和 P13 为输入数据，P7 为输出目标，训练样本使用的测点个数为 3；④对于较靠近内部的测点 P8，使用顺风向前后相邻测点和横风向左右相邻测点进行插补，即 P2、P7、P9 和 P14 为输入数据，P8 为输出目标，训练样本使用的测点个数为 4；⑤对于测点 P8，使用周边所有测点对其进行插补，即 P1、P2、P3、P7、P9、P13、P14 和 P15 为输入数据，P8 为输出目标，训练样本使用的测点个数为 8。

因为数据重建对训练数据和实际重建数据的相关性要求较高，而通常测点间脉动风压的隐含关系在时域上会产生一定的变化，所以不同时间段的数据作为训练样本得到的重建效果不同。因此，将实测数据按照不同时距进行划分，选择一段固定的时间区间作为风压重建对象，分别使用其他时间区间的数据作为训练样本。

图 4.2.30 以 P7 为例，给出了不同时距长度的时程分段示意图。分别按照 5min、10min、20min、30min 和 60min 对数据进行分割，为了每个时距下的所有样本都有相同的重建目标，选择 60～62.5min 和 120～122.5min 的区域作为假设数据缺失的部分，分别对应平均风速较低和较高的区间，每个部分共计 300 个数据点。

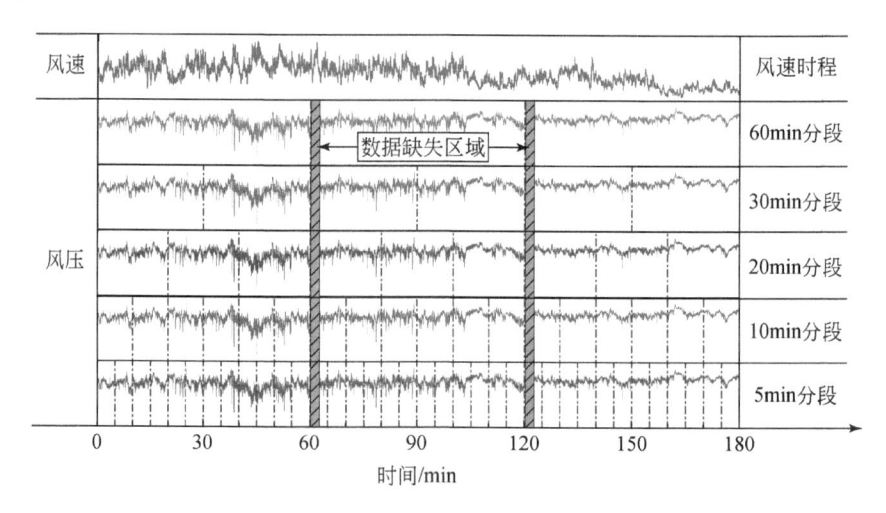

图 4.2.30　时段划分以及缺失数据位置示意图

2) 风压缺失数据重建

针对五种不同的训练样本工况，使用 10min 长度的数据作为训练样本，重建数据位置分别位于图 4.2.30 中的 60min 和 120min，训练样本选取重建数据前一段的数据样本，得到的风压重建效果如图 4.2.31 所示。

较高风速的情况下(60min 处)，重建得到的 RMSE 为 3～6Pa，工况 4 和工况 5 的 RMSE 明显低于工况 1～工况 3。然而，工况 1 和工况 2 的目标测点 P1 及工况 3 的目标测点 P7 处于迎风边缘，其脉动变化更大，而 P8 在顺风向与 P7 相距 15m，其脉动变化相对较小。因此，使用式(4.2.35)计算一种无量纲的相对误差来反映

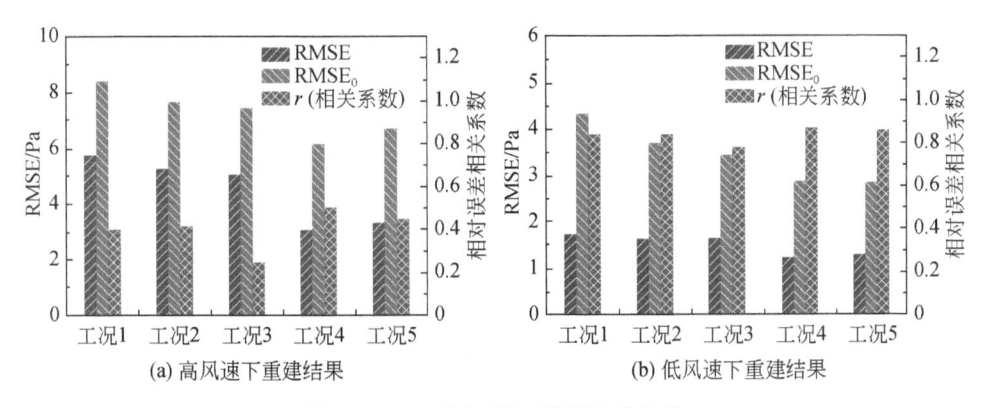

图 4.2.31　不同工况下数据重建效果

重建效果。

$$\mathrm{RMSE}_0 = \frac{\mathrm{RMSE}}{\sigma_{p(t)}} = \sqrt{\frac{\sum [p(t) - \hat{p}(t)]^2}{\sum [p(t) - \bar{p}(t)]^2}} \qquad (4.2.35)$$

式中，$\sigma_{p(t)}$ 为实测数据本身脉动风压；$p(t)$ 为实测数据；$\hat{p}(t)$ 为重建数据；$\bar{p}(t)$ 为实测数据均值。无量纲的相对误差反映的是重建误差和实测数据本身脉动风压的关系，与 RMSE 一样，越接近 0 说明重建效果越好。当使用相对误差作为判定依据时，由图 4.2.31 可以看出，工况 4 和工况 5 的相对误差仍然较小，从而说明当使用重建测点在顺风向的前后和左右相邻的测点同时作为训练样本时，其数据重建效果最好。图 4.2.31(a) 中工况 5 的相对误差甚至略大于工况 4，这是由于引入了重建测点四周角部的测点，这些测点距离重建测点相对较远，其与重建测点的风压关系可能与工况 4 中的测点有所区别。因此，可以认为在对未知风压数据进行重建时，优先选择其前后左右相邻的测点，相邻测点距离越近，重建效果越好。

在较低风速的情况下(120min 处)，不同工况的重建结果相对关系与高风速下一致，但重建效果比高风速时要好(图 4.2.31(b))，五种工况的 RMSE 均小于 2Pa，相关系数均在 0.8 以上。这是由于在风速较低的情况下，迎风区域的特征湍流强度大幅降低，从而实测数据体现更多的是长周期的脉动，而这些脉动特征在周边测点上可以认为是基本相同的，因此重建的数据质量也相对较好。

在确定了最优的训练样本后，选择工况 4 的样本进行后续分析。图 4.2.32 为不同的训练样本长度以及训练样本处在不同时间的情况下使用工况 4 的训练样本重建结果。所有训练样本对应的重建目标是一致的，因此也就无须再计算无量纲的相对误差，直接使用 RMSE 即可表示重建效果。

从图 4.2.32(a) 和(c) 可以看出，当训练样本所处时间与重建目标所在的时间较为接近时，其拟合效果较好，RMSE 在 4Pa 左右，相关系数为 0.4～0.7；而当训

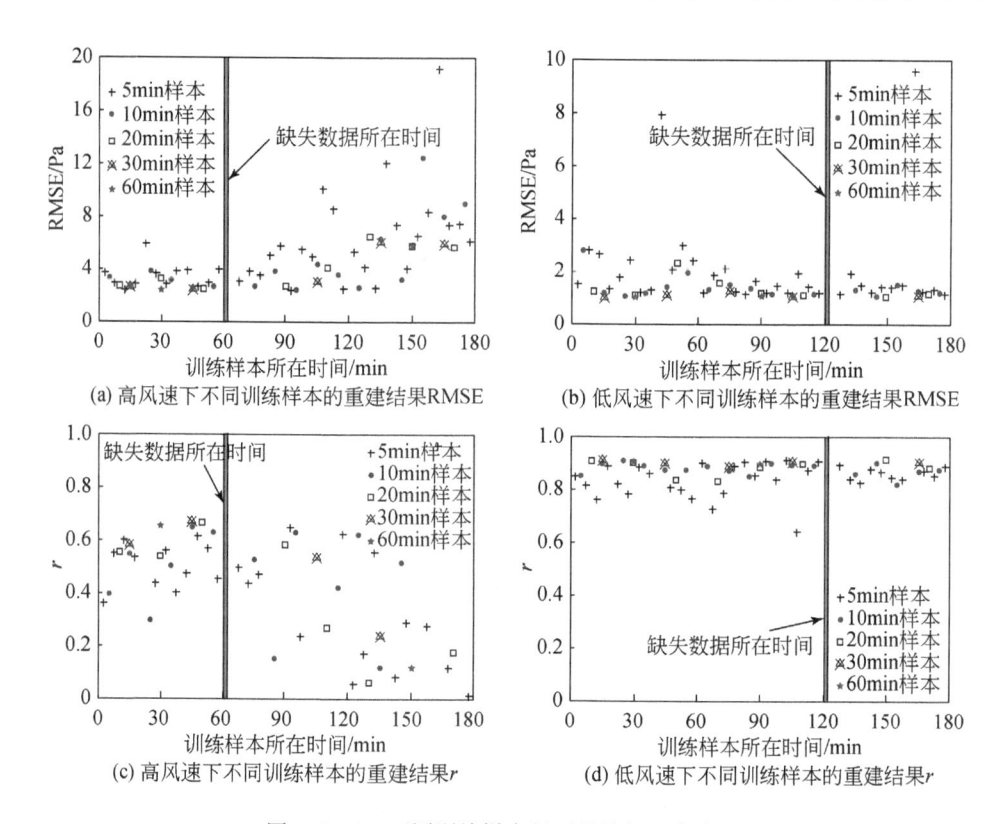

图 4.2.32 不同训练样本得到的数据重建效果

练样本在 90min 之后,即远离重建目标所在的时间时,其重建效果明显变差,相关系数基本接近 0,说明重建的数据与实测的数据基本是独立变化的序列。反观图 4.2.32(b)和(d),虽然当训练样本所处的时间与重建目标相隔较久时(0～60min 区间),重建效果出现了一定程度的离散,但整体重建效果仍然很好,相关系数基本都在 0.8 以上。这说明训练样本所处的位置并不是影响重建效果的根本原因。结合图 4.2.30 的风速变化情况以及图 4.2.31 中两种风速下的重建效果可以推断,影响重建结果的主要因素为来流风速。

当来流风速较大时,屋盖表面出现了明显的旋涡脱落再附着过程,众多小尺度旋涡(高频脉动)在迎风区域出现,而当来流风速较小时情况正相反,屋盖上更多为大尺度旋涡(低频脉动)。因此,如果使用风速较小时的样本作为训练数据,其训练数据中难以包含小尺度旋涡带来的高频信息,从而高频脉动风压测点的相关关系就难以被准确模拟,进而导致重建风速较大时的风压结果准确度大幅下降;然而,如果使用风速较大时的样本作为训练数据,训练数据中不仅包含了高频信息,也包含了低频脉动(大尺度旋涡)的信息,从而重建风速较小时的风压时其准确度仍然较好。因此可以认为,在重建风压时,应使用相近或更大风速的风压数据作为训练样本才能提高重建准确度。

至于不同时长的训练样本,从图 4.2.32 可以看出,5min 长度的训练样本得到的重建结果离散程度较大,而当训练样本长度增加时,不同训练样本的结果更为接近。因此,可以认为取相对较长的样本作为训练数据时,得到的重建结果更加可靠。然而,当训练样本的时长过长时,不仅训练样本冗余度大幅增加,而且在某些特定情况下出现的局部关系也会因为训练样本长度的增加而被平均化。因此,选择一个合适的训练样本长度也是非常重要的。

因此,对图 4.2.32 中不同时刻的样本进行筛选,取出平均风速与重建目标所处时刻的平均风速接近或比该风速更大的样本,将这些样本的拟合结果进行平均,如图 4.2.33 所示。可见不论是高风速还是低风速,重建结果都随着样本时长的增加而变得更好,采用指数曲线均可以很好地拟合两种状态下的 RMSE 和 r 重建结果。当样本时长在 30min 以上时,RMSE 和 r 提高的幅度都极其有限,因此在实际重建中选取长度为 30min 的样本数据即可。

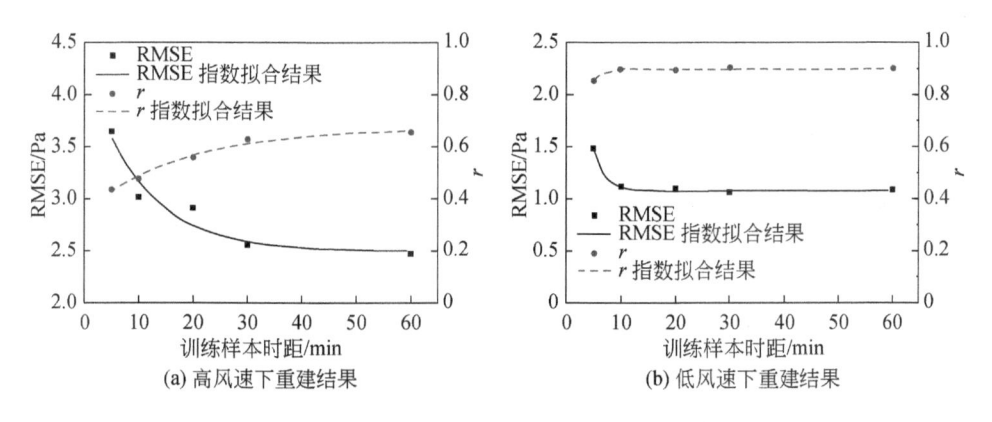

图 4.2.33　不同时距下由训练样本得到的数据重建效果对比

根据前面得到的结论,使用工况 4 的训练样本选择方法,并选择时间上与缺失数据相邻的 30min 内的数据作为训练样本,得到测点 P8 的风压重建结果,如图 4.2.34 所示。神经网络的优势在于,一旦网络训练完毕,无论测试样本长度多少,均能得到较好的重建结果。图中矩形即为假设丢失的 300 个数据,其放大之后的效果绘制在右侧图中。

重建风压在长周期趋势上与实测风压符合得非常好,但重建结果无法体现实测风压偶尔出现的非高斯极值风压;经时间放大后可以看到,对于 0.5Hz 及以上的高频脉动信息(实测频率 2Hz),重建结果与实际结果存在一定的差异。为了量化这种差异,将图 4.2.34 中的实测风压和重建风压的功率谱进行对比分析,如

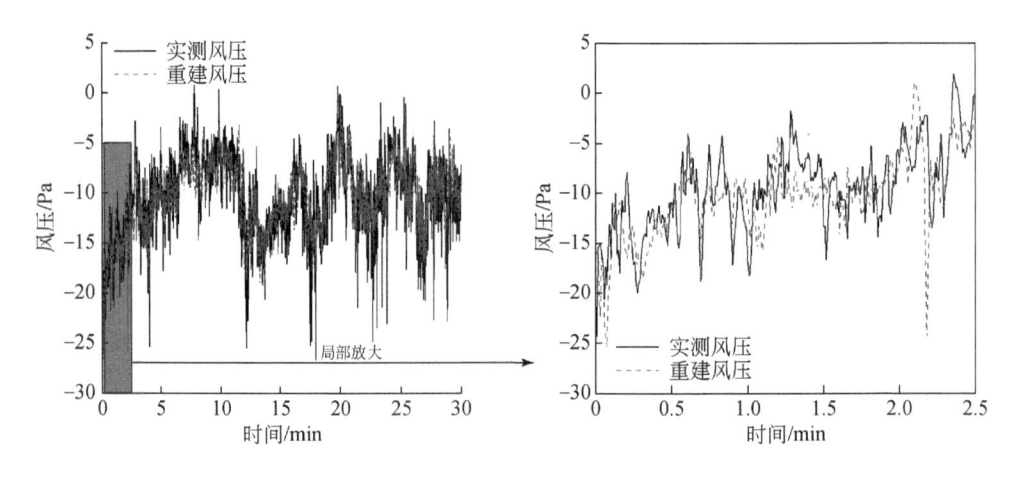

图 4.2.34　测点 P8 的脉动风压重建结果

图 4.2.35 所示。可见重建结果的低频部分(0.001~0.01Hz)所占的能量比实测结果更高,而此部分风压在风振响应分析时基本作为准静态荷载,只要平均值一致即可;与之相对,重建结果的高频部分(0.1Hz 以上)则显著低于实测结果,这仍然是因为大于 0.1Hz 的高频脉动主要来自于小尺度旋涡,而小尺度旋涡很难在神经网络训练数据中体现出来。

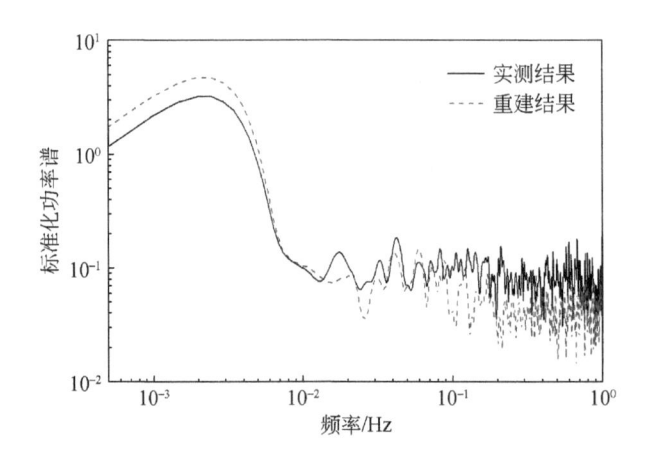

图 4.2.35　测点 P8 的重建风压功率谱与实测结果对比

根据湍流积分尺度的定义,通过某一点气流中的速度脉动,可以认为是由平均风输送的一些理想旋涡叠加而引起的;上述旋涡都可以看成在那一点做周期脉动,频率为 n,从而可以定义波长 $\lambda=v/n$,v 表示平均风速,这个波长就是旋涡大小的量度。图 4.2.29 中 P8 和与之最近的测点 P7 的距离也达到了 15m,按照波长公式推算 P7 和 P8 之间的相关关系,最高只能体现 0.46Hz 的旋涡特征,高于此频率的高频脉动信息无法有效地应用相邻测点的信息直接通过神经网络得到。在风压数据重建工作中,当测点距离较远时,得到的风压结果在相对高频的部分将出现明显的低估,在后续的风振响应分析中应当适当提高输入荷载的脉动特性以保证计算结果的可靠性。

4.2.4 概率主成分分析修复方法

在外荷载未知的情况下,多元线性回归方法与神经网络方法都是通过建立不同测点间的回归关系来实现缺失数据的修复。而不同测点间的关系本质上是由外荷载作用下的结构受力分布情况决定的。因此,如果能够基于多个测点数据挖掘出其中隐含的外荷载变化信息,并找到两者间的映射关系,就可以通过这一映射实现缺失数据的修复。基于主成分分析的缺失数据修复方法就是在这个思路上建立的。该类方法将结构外荷载看作造成结构多测点响应数据变化的隐含变量,通过特征值分析求得这个隐含变量及其与结构响应间的映射关系。所求的映射关系即为主成分矩阵,对应的隐含变量为在主成分矩阵上的投影。主成分投影相对于测点维度来说往往是低维的,因此即使某个测点数据缺失,依然能够通过对应的部分主成分矩阵得到主成分投影。此时,基于主成分投影和完整主成分矩阵进行反向数据重构,就可以实现缺失数据的修复。

1. 主成分分析

PCA 方法是一种已经发展成熟的数学统计方法,它能够将高维相关变量转化为低维互不相关的变量,从而实现多元数据的降维。经过降维后的变量称为主成分,其包含了原始数据中大部分的重要信息,反映了原始数据的主要特征。

对于一个 d 维数据向量,若其含有 N 个观测值 $t_i(i \in \{1,2,\cdots,N\})$,则 PCA 的目标是寻找 q 组 d 维($q<d$)的正交主轴 $\boldsymbol{p}_j(j \in \{1,2,\cdots,q\})$,使得原始数据在这组主轴上的投影达到最大。主轴 $\boldsymbol{p}_j$ 可由前 q 个样本协方差矩阵 $\boldsymbol{S} = \sum_{i=1}^{N}(t_i-\boldsymbol{\mu})(t_i-\boldsymbol{\mu})^T/N$ 的特征向量求得,特征向量分别对应于前 q 个最大的特征值 λ_j,即(Abdi et al.,2010)

$$\boldsymbol{S}\boldsymbol{p}_j = \lambda_j \boldsymbol{p}_j \tag{4.2.36}$$

观测向量 t_i 在主成分轴上的投影向量可由式(4.2.37)得到

$$\boldsymbol{x}_i = \boldsymbol{P}^T(t_i - \boldsymbol{\mu}) \tag{4.2.37}$$

式中,$\boldsymbol{\mu}$ 为样本均值;$\boldsymbol{P} = (\boldsymbol{p}_1, \boldsymbol{p}_2, \cdots, \boldsymbol{p}_q)$ 为主成分矩阵。各主成分轴的投影之间互不相关,且投影向量的协方差矩阵 $(\sum_{i=1}^{N} \boldsymbol{x}_i \boldsymbol{x}_i^T)/N$ 是对角矩阵,对角元素为对应的

特征值。从几何角度来说,投影向量为观测向量提供了由主成分轴构成的 q 维子空间中的新坐标,原来的 d 维数据就可以由新的 q 维数据来表示。在已知投影向量的情况下,可将其反投影回原来的 d 维空间中,对原观测向量进行重构(Abdi et al.,2010):

$$\hat{t}_i = Px_i + \mu \tag{4.2.38}$$

当采用 PCA 对结构健康监测数据进行分析时,主成分投影 x_i 往往与主要外荷载的大小紧密相关,主成分矩阵则代表了多维响应数据 t_i 与主成分投影 x_i 之间的映射关系。假设已经由完整数据计算得到了主成分矩阵 P。若 t_i 中的部分数据发生了缺失,记未缺失部分和缺失部分分别为 $t_i^{(o)}$ 和 $t_i^{(m)}$,且其维度分别为 d_o 和 d_m,$d=d_o+d_m$。相应地,将主成分矩阵 P 同样分为未缺失部分 $P^{(o)}$ 和缺失部分 $P^{(m)}$,则该组监测数据对应的主成分投影 x_i 依然可以通过式(4.2.39)求得

$$x_i = (P^{(o)})^T (t_i^{(o)} - \mu^{(o)}) \tag{4.2.39}$$

式中,$\mu^{(o)}$ 为完整数据均值 μ 中未缺失数据对应的部分。这样缺失数据就可以通过数据重构来修复:

$$t_i^{(m)} = P^{(m)} x_i + \mu^{(m)} \tag{4.2.40}$$

式中,$\mu^{(m)}$ 为完整数据均值 μ 中缺失数据对应的部分。

2. 概率主成分分析

传统的 PCA 需要基于所有测点均未缺失的完整数据事先求得主成分矩阵 P,然后再将其用于缺失数据的修复。PPCA 是在最大似然估计的框架下建立的一种概率形式的 PCA,该方法能够通过期望最大化(expection-maximization, EM)算法,迭代地求得主成分矩阵和修复缺失数据,而无需事先对完整数据进行分析。此外,PPCA 还能够量化数据中的不确定性水平,给出修复结果的置信区间,因而更适用于健康监测缺失数据的修复。

1) 概率模型定义

定义 d 维观测向量 $t_i (i \in \{1,2,\cdots,N\})$ 与一个 q 维隐含变量 x_i 之间存在如下线性关系(Tipping et al.,2010):

$$t_i = Wx_i + \mu + \varepsilon_i \tag{4.2.41}$$

式中,ε_i 为残差向量;W 为一个 $d \times q$ 的转换矩阵,在这里由前 q 个主成分轴构成。通常情况下,假定隐含变量 x_i 相互独立,且服从单位方差的高斯分布,即 $x_i \sim N(0,I)$,其中,I 为 q 维单位矩阵。残差向量 ε_i 同样假定相互独立,在各维度数据中噪声水平相当的情况下,可以假定残差向量服从一个各向同性方差的高斯分布,即 $\varepsilon_i \sim N(0,\sigma^2 I)$。在给定隐含变量 x_i 的条件下,观测向量 t_i 的条件概率分布为

$$t_i | x_i \sim N(Wx_i + \mu, \sigma^2 I) \tag{4.2.42}$$

根据贝叶斯定理,在已知观测向量 t_i 后,可以得到隐含变量的后验概率分布,也为高斯分布:

$$x_i | t_i \sim N(M^{-1}W^T(t_i - \mu), \sigma^2 M^{-1}) \quad (4.2.43)$$

式中,$M = W^T W + \sigma^2 I$。隐含变量 x_i 实际上为前 q 个主成分上的投影。

2)最大期望算法及缺失数据修复

PPCA 无法像 PCA 一样存在解析解,其参数可通过最大似然法求得,即寻找最优的 W 和 σ^2,使得观测向量 t_i 的似然函数值最大。由于 t_i 的似然函数涉及隐含变量 x_i,且其自身包含一部分缺失数据,采用最大似然法得到的结果是隐式的。因此,通常需要采用 EM 算法来同时估计主成分轴、误差水平和缺失数据。

EM 算法是通过迭代进行极大似然估计的优化算法,非常适用于包含隐含变量或缺失数据的参数估计。EM 算法的迭代循环由求期望步骤(E 步)(expectation step, E-step)和最大化步骤(M 步)(maximization step, M-step)组成。在 E-step,根据现有的模型参数对缺失数据和隐含变量进行后验估计,然后代入对数似然函数,得到仅与模型参数相关的新的对数似然函数。在 M-step,重新估计最优的模型参数,使得新的对数似然函数值最大。

在有数据缺失时,d 维观测向量 t_i 可看作由 d_o 维未缺失部分 $t_i^{(o)}$ 和 d_m 维缺失部分 $t_i^{(m)}$ 组成($d = d_o + d_m$)。在 EM 算法中,首先将缺失部分 $t_i^{(m)}$ 和隐含变量 x_i 一同看作未知数据,而将未缺失部分 $t_i^{(o)}$ 看作已知数据,则完整数据 t_i 和 x_i 对应的目标对数似然函数为

$$L_C = \sum_{i=1}^{N} \ln[p(t_i, x_i)] \quad (4.2.44)$$

式中,联合概率密度 $p(t_i, x_i)$ 可以通过条件概率公式求得

$$p(t_i, x_i) = (2\pi\sigma^2)^{-d/2} \exp\left(-\frac{\|t_i - W x_i - \mu\|_2}{2\sigma^2}\right) (2\pi)^{-q/2} \exp\left(-\frac{\|x_i\|_2}{2}\right)$$

$$(4.2.45)$$

式中,$\|\cdot\|_2$ 为二范数。在 E-step,基于已知数据以及现阶段的模型参数对缺失数据和隐含变量 x_i 进行估计。若上一个迭代的模型参数估计值分别为 W_{old} 和 σ_{old}^2,则缺失数据的估计值可由数据重构得到:

$$\langle t_i^{(m)} \rangle = W_{old}^{(m)} [(W_{old}^{(m)})^T W_{old}^{(m)}]^{-1} M_{old}^m \langle x_{i, old} \rangle + \mu^{(m)} \quad (4.2.46)$$

式中,$W_{old}^{(o)}$ 和 $W_{old}^{(m)}$ 分别为未缺失部分和缺失部分数据对应的主成分轴矩阵,$M_{old}^m = (W_{old}^m)^T W_{old}^m + \sigma_{old}^2 I$;$\langle x_{i, old} \rangle$ 为上一个循环中隐含变量的后验估计,$\mu^{(m)}$ 为缺失数据对应的样本均值。修复缺失数据后,可根据修复后的完整数据对隐含变量 x_i 进行估计:

$$\langle x_i \rangle = M_{old}^{-1} W_{old}^T (t_i^{new} - \mu) \quad (4.2.47)$$

式中,$M_{old} = W_{old}^T W_{old} + \sigma_{old}^2 I$;$t_i^{new}$ 为数据修复后的观测向量。将上述缺失数据和隐

含变量的估计值代入(4.2.46),可以得到新的对数似然函数:

$$L_C\rangle = -\sum_{i=1}^{n}\left[\frac{d}{2}\ln\sigma^2 + \frac{1}{2}\text{tr}(\langle \boldsymbol{x}_i \boldsymbol{x}_i^{\text{T}}\rangle) + \frac{1}{2\sigma^2}(\boldsymbol{t}_i^{\text{new}}-\boldsymbol{\mu})^{\text{T}}(\boldsymbol{t}_i^{\text{new}}-\boldsymbol{\mu})\right.$$
$$\left. -\frac{1}{\sigma^2}\langle \boldsymbol{x}_i\rangle^{\text{T}}\boldsymbol{W}^{\text{T}}(\boldsymbol{t}_i^{\text{new}}-\boldsymbol{\mu}) + \frac{1}{2\sigma^2}\text{tr}(\boldsymbol{W}^{\text{T}}\boldsymbol{W}\langle \boldsymbol{x}_i \boldsymbol{x}_i^{\text{T}}\rangle)\right] \quad (4.2.48)$$

式中,tr(·)表示矩阵的迹。在新的对数似然函数中,隐含变量和缺失数据都已经得到了估计,因此该似然函数只与主成分矩阵 $\boldsymbol{W}$ 和噪声水平 σ^2 相关。

在 M-step,对于令对数函数最大的模型参数 $\boldsymbol{W}$ 和 σ^2 进行重新估计(Tipping et al.,2010):

$$\widetilde{\boldsymbol{W}} = \left[\sum_{i=1}^{N}(\boldsymbol{t}_i^{\text{new}}-\boldsymbol{\mu})\langle \boldsymbol{x}_i\rangle^{\text{T}}\right]\left[\sum_{i=1}^{n}\langle \boldsymbol{x}_i \boldsymbol{x}_i^{\text{T}}\rangle\right]^{-1} \quad (4.2.49)$$

$$\widetilde{\sigma}^2 = \frac{1}{Nd}\sum_{i=1}^{N}\left[\|\boldsymbol{t}_i^{\text{new}}-\boldsymbol{\mu}\|_2 - 2\langle \boldsymbol{x}_i\rangle^{\text{T}}\widetilde{\boldsymbol{W}}^{\text{T}}(\boldsymbol{t}_i^{\text{new}}-\boldsymbol{\mu}) + \text{tr}(\langle \boldsymbol{x}_i \boldsymbol{x}_i^{\text{T}}\rangle\widetilde{\boldsymbol{W}}^{\text{T}}\widetilde{\boldsymbol{W}})\right]$$
$$(4.2.50)$$

式中,N 为观测向量个数;d 为观测向量维度。在 EM 算法中,E-step 和 M-step 不断迭代,直到模型参数收敛。

采用 EM 算法估计 PPCA 模型参数和修复缺失数据的具体步骤如下。

(1) 初始化模型参数及 σ^2,将缺失数据设为 0,根据式(4.2.47)求得初始隐含变量的后验期望。

(2) E-step:根据式(4.2.46)及上一个循环步的模型参数和隐含变量,估计缺失数据。

(3) E-step:根据修复后的观测数据和式(4.2.47)计算隐含变量 $\boldsymbol{x}_i$ 的后验估计$\langle \boldsymbol{x}_i\rangle$。

(4) M-step:根据式(4.2.49)和式(4.2.50)重新估计模型参数 $\boldsymbol{W}$ 和 σ^2。

(5) 重复步骤(2)~步骤(4),直到模型参数收敛。

3. 应力缺失数据修复算例

选取某钢结构中一榀径向桁架八个测点的 100 组应力实测数据进行研究,如图 4.2.36 所示,该结构主要受温度荷载和竖向观众荷载这两种荷载作用。

1) 主成分投影估计结果

假设所有测点均存在 20% 的数据缺失,缺失方式随机,此时所有测点数据均未缺失的完整数据是很少的。PCA 只能基于完整数据来计算主成分矩阵,因此可能会因完整样本不足而导致误差较大。相比之下,PPCA 对完整数据的数量没有要求。为确定后续分析中所采用的主成分数量,选取所有 8 个主成分建立 PPCA 模型,各主成分占比如图 4.2.37 所示。从图中可以看出,前 2 个主成分占比超过

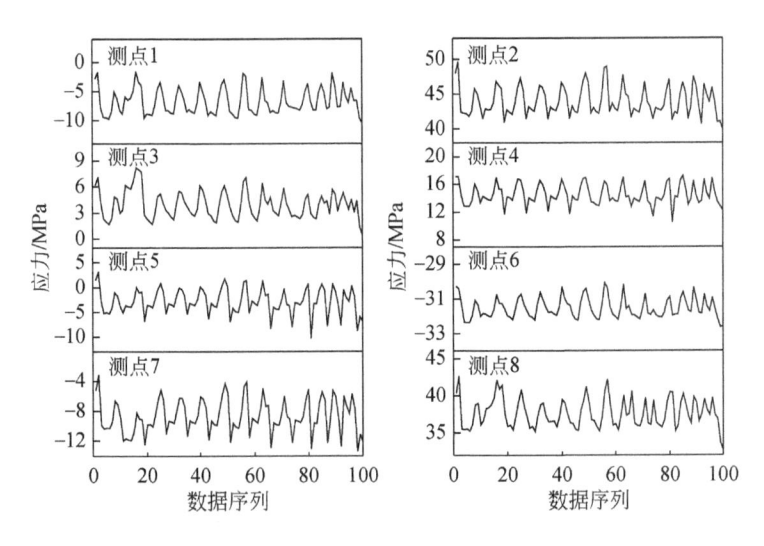

图 4.2.36 结构应力响应实测数据

了 95%,为此后续分析选取前 2 个主成分进行数据重构。

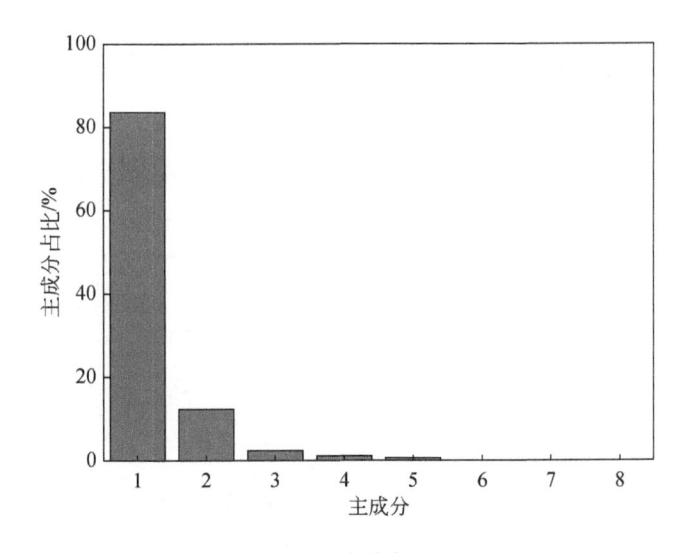

图 4.2.37 主成分占比柱状图

分别对未缺失的完整监测数据和有缺失的监测数据建立 PPCA 模型,得到前两个主成分的投影。其中,第一主成分的投影与温度荷载有较强的相关性,图 4.2.38 为第一主成分的投影与温度的关系。从图中可以看出,无论数据是否缺失,PPCA 估计得到的主成分投影基本相同,且与温度荷载的相关系数均大于 0.92。PPCA 估计得到的第二主成分投影实际上与竖向观众荷载的大小相关,

图 4.2.39 为完整数据和缺失数据工况下第二主成分的投影。可以看出,有观众作用时刻对应的第二主成分投影绝对值相比于无观众作用时刻的更大,这说明第二主成分的投影与观众荷载的变化有直接联系。并且对于完整数据和缺失数据的情况,PPCA 估计得到的主成分投影也基本相同。从以上分析可以看出,PPCA 估计得到的主成分投影与结构主要外荷载紧密相关,其投影的变化就反映了外荷载大小的变化。

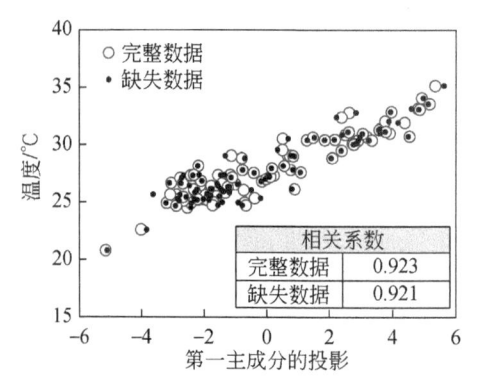

图 4.2.38 第一主成分的投影与温度的关系

图 4.2.39 第二主成分的投影

2) 缺失数据修复结果

图 4.2.40 中分别给出了测点 1 和测点 2 在两种不同缺失类型下的数据修复结果,图 4.2.40(a)所示为所有测点均存在 20% 的随机数据缺失的修复结果,图 4.2.40(b)所示为测点 1 和测点 2 在不同时间段存在 50% 连续数据缺失的修复

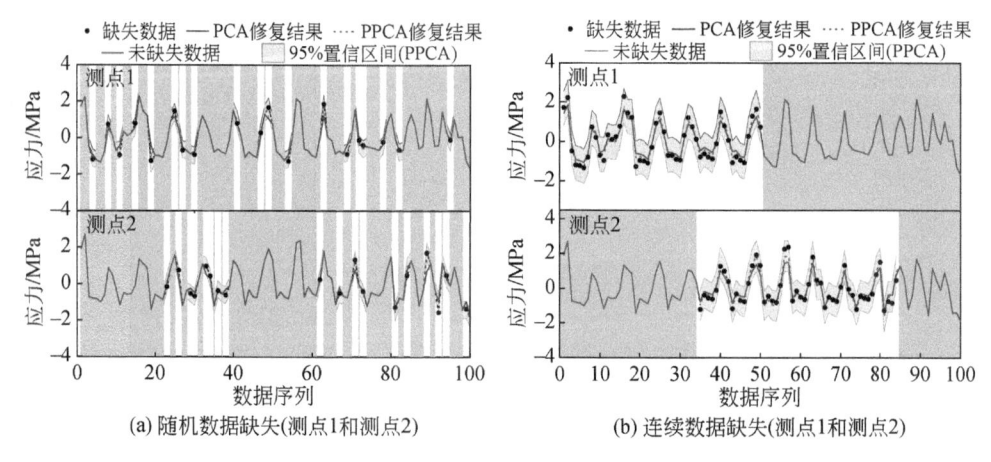

(a) 随机数据缺失(测点1和测点2)

(b) 连续数据缺失(测点1和测点2)

图 4.2.40 测点 1 和测点 2 数据插补结果

结果。此外,图中还同步给出了 PCA 方法的结果,可以看出 PPCA 的修复结果相比于 PCA 的修复结果更接近数据真实值。

4.3　数据关联度分析

在空间结构健康监测数据分析和后续的结构状态识别中,往往需要选取关联度较高的若干测点构成测点组,之后进行协同分析。因此,对结构各测点间关联度的判断就变得尤为重要。灰色关联度是用来衡量系统各影响因素之间关系紧密程度的量,是对系统变化趋势的一种度量,在空间结构健康监测数据处理中具有较高的应用价值。

4.3.1　灰色关联分析原理

灰色关联分析(grey relation analysis,GRA)是一种用于研究数据量少、信息缺失等不确定性问题的新方法(刘思峰等,1999),灰色关联分析法的基本思想是根据目标序列曲线的几何形状相似度来判断曲线之间的关联度是否紧密,当各条序列曲线在几何形状上越接近时,它们的变化趋势也会越相似,构成这些序列曲线的统计数列的关联度自然也就越大。

反映在数学上,灰色系统理论就用灰色关联度这一参数来描述各评价序列与目标序列(参考序列)之间关系的大小、强弱和次序,通过精确计算各种变量因子与目标因子(参考因子)之间的关联度来衡量系统中各因子的相互影响程度,关联度越大,意味着变量因子与目标因子(参考因子)之间的相关性就越强。

同样是用于分析变量因子之间的相互关系,在数理统计领域也有许多定性或定量的分析方法,如方差分析、线性回归分析、主成分分析等。虽然上述方法也常用于解决许多实际问题,但它们往往需要建立在样本数据库足够大的基础上,并且要求选择的样本数据服从某一典型的概率分布,而现实中很多问题并不具备这两个条件。相较之下,灰色关联分析方法则不受这些约束条件的限制,其最大的特点就在于它能从信息不完全的数据中挖掘出不同序列之间的关联性,通过对变量因子进行一系列的数学变换,找到各因子的主要特性,分析和确定各因子间的相互影响程度,并衡量它们对目标因子的贡献度。

4.3.2　灰色关联分析方法

设 X_0 为描述系统某一特征的物理量,X_i 为影响目标系统特征的因素,X_0 和 X_i 在第 k 组统计数据上的取值分别为 $x_0(k)$ 和 $x_i(k)$,$k=1,2,\cdots,n$,则称 $X_0(k)=(x_0(1),x_0(2),\cdots,x_0(n))$ 为系统的特征行为序列,$X_i(k)=(x_i(1),x_i(2),\cdots,$

$x_i(n)$)为因素行为序列。影响系统特征的因素有很多种,各因素之间可以相互关联,也可以相互独立,上述各种数据序列,无论是时间系统、空间系统还是指标系统,都能进行关联分析。

1. 常见序列变换

对系统进行灰色关联分析,在确定了系统主行为的有效影响因素,即有效特征后,需要对这些特征参数进行量化分析,通过算子作用,使其转换为数量级大致相近的无量纲数据,从而降低各特征参数之间的影响。序列变换方法主要有初值化变换、均值化变换、百分比变换、倍数变换、区间变换、归一化变换和极差最大值化变换。

设系统的特征系列为 $X=(x(1),x(2),\cdots,x(n))$,则其数据变换公式如下(肖新平等,2005)。

(1) 初值化变换。

$$XD_1=(x(1)d_1,x(2)d_1,\cdots,x(n)d_1) \tag{4.3.1}$$

式中,$x(k)d_1=\dfrac{x(k)}{x(1)},x(1)\neq 0,k=1,2,\cdots,n$。

(2) 均值化变换。

$$XD_2=(x(1)d_2,x(2)d_2,\cdots,x(n)d_2) \tag{4.3.2}$$

式中,$x(k)d_2=\dfrac{x(k)}{\bar{X}}$,$\bar{X}=\dfrac{1}{n}\sum_{k=1}^{n}x(k)$,$\bar{X}\neq 0,k=1,2,\cdots,n$。

(3) 百分比变换。

$$XD_3=(x(1)d_3,x(2)d_3,\cdots,x(n)d_3) \tag{4.3.3}$$

式中,$x(k)d_3=\dfrac{x(k)}{\max_{k}x(k)},k=1,2,\cdots,n$。

(4) 倍数变换。

$$XD_4=(x(1)d_4,x(2)d_4,\cdots,x(n)d_4) \tag{4.3.4}$$

式中,$x(k)d_4=\dfrac{x(k)}{\min_{k}x(k)},k=1,2,\cdots,n$。

(5) 区间变换。

$$XD_5=(x(1)d_5,x(2)d_5,\cdots,x(n)d_5) \tag{4.3.5}$$

式中,$x(k)d_5=\dfrac{x(k)-\min_{k}x(k)}{\max_{k}x(k)-\min_{k}x(k)},k=1,2,\cdots,n$。

(6) 归一化变换。

$$XD_6=(x(1)d_6,x(2)d_6,\cdots,x(n)d_6) \tag{4.3.6}$$

式中，$x(k)d_6 = \dfrac{x(k)}{x_0}$，$x_0 = C > 0$，$k = 1, 2, \cdots, n$。

(7) 极差最大值化变换。

$$XD_7 = (x(1)d_7, x(2)d_7, \cdots, x(n)d_7) \tag{4.3.7}$$

式中，$x(k)d_7 = \dfrac{x(k) - \min\limits_k x(k)}{\max\limits_k x(k)}$，$k = 1, 2, \cdots, n$。

一般上述七种常见的序列变换方法不宜混合、叠加使用，在进行灰色关联分析时，往往根据实际情况选择其中最为恰当的一种。

2. 关联度模型

灰色关联度是用来衡量系统各影响因素之间关系紧密程度的量，是对系统变化趋势的一种度量，所以在灰色关联分析中，各数据序列量级大小变化的相近性和发展趋势（曲线形状）的相似性就成为衡量这两条序列关系紧密程度的标尺。其中，量级大小的变化可以用位移差（点间距离）来衡量，发展趋势（曲线形状）可以用一阶或者二阶斜率来衡量，因此，利用位移差或斜率差（速度、加速度）来表示关联度就成为目前建立关联度模型的基本思路。

在实际应用中不同的关联度模型适用于不同的具体问题，但都是为了能更好地衡量系统影响因素之间的关联程度而提出的。在众多关联度模型中，较为常见的典型关联度模型包括邓氏关联度、广义关联度、灰色斜率关联度、T 型关联度、B 型关联度和改进关联度等。

设系统的特征行为序列为 $X_0(k) = (x_0(1), x_0(2), \cdots, x_0(n))$，相关因素行为序列为 $X_i(k) = (x_i(1), x_i(2), \cdots, x_i(n))$，$i = 1, 2, \cdots, m$。

(1) 邓氏关联度。

邓氏关联度是最先应用于灰色关联分析理论的计算模型，该模型的计算主要基于点和点的距离对两个序列关联程度的影响。

关联度计算公式为

$$\gamma(X_0, X_i) = \frac{1}{n} \sum_{k=1}^{n} \gamma(x_0(k), x_i(k)) \tag{4.3.8}$$

关联系数计算公式为

$$\xi(x_0(k), x_i(k)) = \frac{\min\limits_i \min\limits_k |x_0(k) - x_i(k)| + \rho \max\limits_i \max\limits_k |x_0(k) - x_i(k)|}{|x_0(k) - x_i(k)| + \rho \max\limits_i \max\limits_k |x_0(k) - x_i(k)|} \tag{4.3.9}$$

式中，ρ 为分辨系数，一般取 0.5，也可以根据不同系统模型选择最为合适的分辨系数，使分辨系数的取值不仅能满足实际问题的要求，同时也具有一定的智能性和灵活性,从而能够更好地反映系统整体性特征。

(2) 广义关联度。

广义关联度又可以进一步地细分,最为常见的是绝对关联度,除此之外还包括相对关联度和综合关联度,在此仅对灰色关联度做简单介绍。

灰色绝对关联度主要用于研究两序列绝对增量之间的相互关系,灰色相对关联度主要用于研究两序列增长变化速率之间的关系,它们的关联度计算公式都可以表示为

$$\gamma(X_0,X_n)=\frac{1+|s_0|+|s_n|}{1+|s_0|+|s_n|+|s_n-s_0|}, \quad n=1,2,\cdots,N \quad (4.3.10)$$

式中,$s_n=\sum_{k=1}^{K}x_n'(k),n=1,2,\cdots,N$;$|s_n-s_0|=\sum_{k=1}^{K}|x_n'(k)-x_0'(k)|,n=1,2,\cdots,N$,灰色综合关联度结合了灰色绝对关联度和灰色相对关联度的特点,既体现了两序列绝对增量之间的相互关系,也反映了两者增长变化速率的相似性,其关联度计算公式为

$$\gamma_{com}(X_0,X_n)=\theta\gamma_{abs}(X_0,X_n)+(1-\theta)\gamma_{rel}(X_0,X_n), \quad n=1,2,\cdots,N; \quad \theta\in[0,1]$$
$$(4.3.11)$$

式中,γ_{abs} 为绝对关联度;γ_{rel} 为相对关联度;θ 为权重系数,用于调整绝对关联度和相对关联度的权重。

(3) 灰色斜率关联度。

灰色斜率关联度是根据两序列曲线平均相对变化趋势的接近程度来计算两者之间的关联度,关联度计算公式为

$$\gamma(X_0,X_n)=\frac{1}{K-1}\sum_{k=1}^{K-1}\xi(k), \quad n=1,2,\cdots,N \quad (4.3.12)$$

式中,$\xi(k)$ 为关联系数。

3. 计算过程

对参考系统进行灰色关联度计算的具体过程可以分为以下几步。

(1) 确定分析数列。

确定反映系统特征的标准数列 $X_0(k)$ 和影响系统行为的比较数列 $X_i(k)$,有

$$\begin{cases}X_0(k)=(x_0(1),x_0(2),\cdots,x_0(n))\\ X_i(k)=(x_i(1),x_i(2),\cdots,x_i(n))\end{cases} \quad (4.3.13)$$

式中,$k=1,2,\cdots,n;i=1,2,\cdots,m$。

(2) 数列的无量纲化处理。

对于系统中具有不同物理意义的各影响因素,其构成的数据序列的量纲也互不相同,在后续进行关联分析时不便于比较,或是比较得到的结论不能如实反映系

统的真实情况,因此为了避免因数据量纲不同而引起的分析偏差,在进行灰色关联分析前,一般都需要对原始数据进行无量纲化处理:

$$x_i(k) = \frac{X_i(k)}{\frac{1}{n}\sum_{k=1}^{n}X_i(k)}, \quad k=1,2,\cdots,n; \quad i=1,2,\cdots,m \quad (4.3.14)$$

(3) 计算关联系数 ξ。

$x_0(k)$ 与 $x_i(k)$ 的关联系数为

$$\xi_i(x_0(k),x_i(k)) = \frac{\min_i\min_k|x_0(k)-x_i(k)| + \rho\max_i\max_k|x_0(k)-x_i(k)|}{|x_0(k)-x_i(k)| + \rho\max_i\max_k|x_0(k)-x_i(k)|}$$

(4.3.15)

式中,ρ 为分辨系数,$\rho\in(0,1)$,取值越小,关联系数间差异越大,分辨能力越强,当 $\rho\leqslant 0.5463$ 时分辨能力最好,通常取 $\rho=0.5$。

(4) 计算关联度 γ。

步骤(3)得到的关联系数反映的是比较数列与标准数列在不同时刻(即曲线上的不同点)的关联程度,因此它的数值不止一个,而关联信息过于分散不利于进行整体性比较,因此必须将不同时刻(即曲线上的不同点)的关联系数集中为一个数值,即求其平均值,并以该平均值作为衡量比较数列与标准数列间关联程度的定量指标,计算公式如下:

$$\gamma_i = \frac{1}{n}\sum_{k=1}^{n}\xi_i(k), \quad i=1,2,\cdots,m \quad (4.3.16)$$

(5) 关联度排序。

计算出关联度后,可以对各比较数列与标准数列之间的关联度数值大小进行排序,如果 $\gamma_1<\gamma_2$,则意味着比较数列 $X_2(k)$ 比 $X_1(k)$ 更接近于标准数列 $X_0(k)$,两者的关联程度也更大。

4.4 模态参数识别

结构自振频率、振型、阻尼比等模态参数与结构刚度、质量等物理量息息相关。因此,基于结构振动数据(加速度、动态应变等)的结构模态参数识别可以及时有效地反映结构状态改变。实践中,空间结构振动监测数据往往具有采样频率高、数据体量大、易受环境噪声干扰等特点,模态参数识别也成为空间结构健康监测数据分析的重点与难点。

4.4.1 模态参数识别方法

通常结构模态参数识别方法主要包括频域法、时域法、时频域法三类。其中,频域模态参数识别方法包括频域峰值识别法(peak picking,PP)(Bendat et al.,1998)、复模态指示函数法(complex mode indicator function,CMIF)(Shih et al.,1988)和频域分解法(frequency domain decomposition,FDD)(Brincker et al.,2001,2000);时域模态参数识别方法包括单点激励的Ibrahim时域法(Ibrahim time domain,ITD)(Ibrahim et al.,1976)、稀疏时域法(sparse time domain,STD)(Ibrahim,1987)、多点激励特征系统实现法(eigensystem realization algorithm,ERA)(Juang et al.,1986,1985)、协方差驱动随机子空间识别法(covariance-driven stochastic subspace identification,SSI-COV)和数据驱动随机子空间识别法(data-driven stochastic subspace identification,SSI-DATA)(van Overschee et al.,1995,1994)等。

1. 频域模态参数识别

根据一次能够识别的模态参数数量,模态参数识别法又可以分为局部识别法和整体识别法。局部识别法一次只能识别各阶模态下的部分模态振型,需要多次识别过程,才能得到全部的模态参数。整体识别法一次可识别系统的全部模态参数,且识别过程中考虑了测点的相互关系,识别效果更好。模态参数识别法根据输入输出的模态参数,可分为单输入单输出(single-input single-output,SISO)模态参数识别法、单输入多输出(single-input multiple-output,SIMO)模态参数识别法和多输入多输出(multiple-input multiple-output,MIMO)模态参数识别法。SISO模态参数识别法是局部识别法,需要多次试验和识别才能得到全部模态参数,且多次试验的结果一致性较其他方法差;SIMO模态参数识别法只有一个激励点,激励能量有限,对大型复杂结构可能激励不够充分,导致遗漏部分模态。MIMO模态参数识别法较其他两类方法更加先进,激励更加充分,识别效果更佳。

根据一次能够识别的模态阶数,模态参数识别法可分为单(阶)模态参数识别法和多(阶)模态参数识别法。单模态参数识别法一般采用正弦扫描激励方式获取共振点的响应,在识别过程中忽略其他阶模态参数的影响,识别方法简单,计算速度快,但需要该阶模态附近的频响函数值作为分析数据,对激励要求较高,且需要多次识别,一般用于机械模态识别,不适用于土木工程结构模态参数识别。多模态参数识别法在识别过程中同时识别系统的多阶模态,在方法和理论上都更加先进,本节主要介绍多模态参数识别法,首先介绍基于频响函数的频域模态参数识别方法。

1) 频域峰值识别法

PP法是环境激励条件下最简单的模态参数识别方法,其通过自功率谱曲线的峰值来识别结构的特征频率。PP法的识别操作简单,识别过程直观,广泛用于模态参数的初始识别和粗略估计。

PP 法是一种 MIMO 模态参数识别方法,首先通过平均正则化处理各个测点信号的自功率谱密度函数,再识别结构的整体模态。此外,PP 法可一次识别所有模态参数,是一种全局识别方法。

假设环境激励为随机白噪声,则有自功率 $G_{xx}=C$,其中,C 表示常数矩阵。因此,输出信号的自功率谱函数可由式(4.4.1)表示(Bendat et al.,2011)。

$$G_{yy}(j\omega) = H(j\omega)CH^{T}(j\omega^{*}) \tag{4.4.1}$$

式中,$H(j\omega)$ 为频响函数矩阵;ω 为相角差;$(\cdot)^{*}$ 为复数的共轭。

将一般阻尼下的频响函数代入式(4.4.1)可得输出信号的自功率谱函数:

$$G_{yy}(j\omega) = \left[\sum_{i=1}^{n}\left(\frac{1}{a_i}\frac{\varphi_i\varphi_i^{T}}{j\omega-\lambda_i} + \frac{1}{a_i^{*}}\frac{\varphi_i^{*}\varphi_i^{H}}{j\omega-\lambda_i^{*}}\right)\right]C\left[\sum_{i=1}^{n}\left(\frac{1}{a_i}\frac{\varphi_i\varphi_i^{T}}{j\omega-\lambda_i} + \frac{1}{a_i^{*}}\frac{\varphi_i^{*}\varphi_i^{H}}{j\omega-\lambda_i^{*}}\right)\right]^{H} \tag{4.4.2}$$

式中,φ_i 为模态振型;$(\cdot)^{H}$ 为矩阵的共轭;$(\cdot)^{*}$ 为伴随矩阵。

结构共振附件,当系统的阻尼比较小时,有 $j\omega-\lambda_{i-1}\approx-\xi\omega\ll j\omega-\lambda_i^{*}$。若仅有一阶模态起主要作用,则输出信号的自功率谱函数可近似为式(4.4.3):

$$G_{yy}(j\omega) = \varphi_i\left[\frac{1}{a_ia_i^{H}}\frac{1}{(\xi\omega)^4}\varphi_i^{T}C\varphi_i^{*}\right]\varphi_i^{H} \tag{4.4.3}$$

式(4.4.3)进一步可简化为

$$G_{yy}(j\omega) = \alpha_i\varphi_i\varphi_i^{H} \tag{4.4.4}$$

式中,$\alpha_i = \frac{1}{a_ia_i^{H}}\frac{1}{(\xi\omega)^4}\varphi_i^{T}C\varphi_i^{*}$。可见,输出信号的自功率谱峰值出现在结构固有频率附近时,输出信号的自功率谱函数的每一行都对应于模态振型 φ_i 按一定比例的评估结果。

分析操作时,先计算每一个输出信号的自功率谱函数 $G_i(\omega)$,再将所有自功率谱归一化,并根据频率点叠加得到整体函数 ANPAS(ω),该过程也称平均正则化,根据整体函数 ANPAS(ω) 图谱的峰值来判断结构的固有频率。

$$G_i(\omega) = \frac{G_i(\omega)}{\sum_{k=1}^{l}G_k(\omega)}$$

$$\text{ANPSD}(\omega) = \sum_{i=1}^{M}G_i(\omega) \tag{4.4.5}$$

综上所述,PP 法是一种近似方法,基于随机激励和小阻尼比假设,判断模态时仅考虑一阶模态频率的作用,难以识别有重复或接近模态的情况。

2) 复模态指示函数法

CMIF 法是基于输出信号自功率谱的奇异值分解的频域分析方法,其是对 PP 法的改进。

CMIF 法假定在某一频率的自功率谱矩阵只由几个模态决定,在共振频率时,自功率谱函数达到局部最大,系统的模态较分散,则起决定作用的模态数等于谱矩阵的秩。对自功率谱矩阵做矩阵奇异值分解,非零奇异值的个数等于模态数。

对输出信号的自功率谱函数做奇异值分解:

$$\boldsymbol{G}_{yy}(\omega_i) = \boldsymbol{U}_i \boldsymbol{S}_i \boldsymbol{U}_i^{\mathrm{H}} = \sum_{r=1}^{l} \boldsymbol{\sigma}_r(\omega_i) \boldsymbol{u}_{ir} \boldsymbol{v}_{ir}^{\mathrm{H}} \tag{4.4.6}$$

式中,$\boldsymbol{U}_i = [\boldsymbol{u}_{1l}, \boldsymbol{u}_{2l}, \cdots, \boldsymbol{u}_{il}] = [\boldsymbol{v}_{1l}, \boldsymbol{v}_{2l}, \cdots, \boldsymbol{v}_{il}]^{\mathrm{T}}$;$\boldsymbol{S}_i = \mathrm{diag}[\boldsymbol{\sigma}_r(\omega_i)]$,$\boldsymbol{\sigma}_r$ 为频响数据;$\boldsymbol{u}_{ir}$ 为奇异值向量;$\boldsymbol{v}_{ir}$ 为奇异值向量的转置。奇异值是一个 CMIF 指标,奇异值达到局部最大时结构处于共振位置,且达到局部最大的奇异值个数等于接近该频率的模态数。若共振时只有一阶模态起主要作用,则第一个奇异值向量是模态振型的评估,即 $\boldsymbol{\varphi}_i = \boldsymbol{u}_{i1}$;若在共振时有多个相同的频率,且这些振型相互正交时,非零奇异值对应的奇异值向量是各模态振型的评估。

与 PP 法类似,CMIF 法也是基于随机激励和小阻尼比假设,通过奇异值分解,理论上可识别重叠的模态。

3) 频域分解法

FDD 法是一种基于白噪声随机环境激励假设的频域分析方法,其以输出信号的自功率谱函数为分析数据,通过奇异值分解识别模态,虽然理论分析过程与 CMIF 法不同,但数据处理手段和识别过程基本相同。实际模态参数识别时可将两者视为一种方法。

FDD 法以留数形式表示输出信号的自功率谱函数:

$$\boldsymbol{G}_{yy}(\omega_i) = \sum_{r=1}^{l} \left(\frac{\boldsymbol{R}_r}{\mathrm{j}\omega_i - \lambda_r} + \frac{\boldsymbol{R}_r}{\mathrm{j}\omega_i - \lambda_r^*} \right) \tag{4.4.7}$$

式中,$\boldsymbol{R}_r$ 为第 r 阶模态的留数矩阵,$\boldsymbol{R}_r = \boldsymbol{\varphi}_r \boldsymbol{\varphi}_r^{\mathrm{T}} \boldsymbol{M}$,$\boldsymbol{M}$ 为质量矩阵。

共振附近时输出信号的自功率谱函数简化为式(4.4.8):

$$\boldsymbol{G}_{yy}(\omega) = \sum_{r=1}^{n} \left(\frac{d_r \boldsymbol{\varphi}_r^* \boldsymbol{\varphi}_r^{\mathrm{T}}}{\mathrm{j}\omega - s_r} + \frac{d_r^* \boldsymbol{\varphi}_r^* \boldsymbol{\varphi}_r^{\mathrm{T}}}{-\mathrm{j}\omega - s_r^*} \right)$$

或

$$\boldsymbol{G}_{yy}(\omega) = \boldsymbol{\varphi}_r^* \mathrm{diag} \left[\mathrm{Re} \left(\frac{2d_r}{\mathrm{j}\omega - s_r} \right) \right] \boldsymbol{\varphi}_r^* \tag{4.4.8}$$

在多自由度系统中,若质量矩阵为单位矩阵,则振型矩阵归一化后也是酉矩阵,因此式(4.4.6)中的奇异值向量与式(4.4.8)中振型相对应,奇异值等于 $2d_r$ 除以频率点到极点距离的实部,因此奇异值谱线的局部最大位置即为各阶固有频率。

2. 时域模态参数识别

时域模态参数识别法是一种直接通过加速度信号序列识别模态的方法,与频域法相比,时域法不需要进行傅里叶变换,因此可以避免离散傅里叶变换的分辨率带来的误差,而且大多数时域模态参数识别法以结构的自由响应或环境激励响应为分析依据,不需要激励信号,对大型空间结构等人工激励较为困难的情况尤为适宜。

仅利用输出数据的时域模态参数识别法大致可以分为基于特征方程的模态参数识别方法和基于系统矩阵的模态参数识别方法两大类。前者根据振动理论来构造系统的特征方程,由特征参数来识别结构的模态,主要有 Ibrahim 时域法和稀疏时域法;后者通过现代系统识别理论得到系统矩阵,由系统矩阵来识别结构的模态,包括环境激励-特征系统实现法、协方差驱动随机子空间识别法和数据驱动随机子空间识别法。

1) Ibrahim 时域法

ITD 法是以结构的自由振动为基础,通过分析自由响应得到特征方程及模态参数。另外,ITD 法也可将随机减量技术处理后的随机激励响应数据作为分析依据。

一般黏滞阻尼系统下的自由振动位移响应为

$$q(t) = \sum_{i=1}^{2n} \pmb{p}_i y_i(0) \mathrm{e}^{\lambda_i t} = \sum_{i=1}^{2n} \pmb{p}_i \pmb{e}_i(t) \tag{4.4.9}$$

式中,$i > n$ 表示特征值和特征向量矩阵的共轭值。可将式(4.4.9)写成式(4.4.10):

$$\pmb{q}(t) = \pmb{P}\pmb{e}(t) \tag{4.4.10}$$

式中,$\pmb{P} = [\pmb{p}_1, \pmb{p}_2, \cdots, \pmb{p}_n]$,其前 n 列组成的矩阵是乘以初始位移后的振型矩阵;$\pmb{e}(t) = [e_1(t), e_2(t), \cdots, e_{2n}(t)]^{\mathrm{T}}$,前 n 个元素为特征值,即模态频率和模态阻尼比的信息。

对实测结构振动响应的加速度信号序列 $\pmb{X}$ 二次采样,采样频率不变,采样开始时间延迟 $\Delta \tau$,$\Delta \tau = n \Delta t$,n 为任意整数,二次采样得到输出序列 $\pmb{Y}$:

$$\pmb{X} = \pmb{P}\pmb{E} \tag{4.4.11}$$

$$\pmb{Y} = \pmb{P}\pmb{\Delta}\pmb{E} \tag{4.4.12}$$

式中,$\pmb{E} = [\pmb{e}(t_1), \pmb{e}(t_2), \cdots, \pmb{e}(t_s)]$;$\pmb{\Delta} = \mathrm{diag}[\mathrm{e}^{\lambda_i \Delta \tau}]$;$t_k = k \Delta t$,$k = 1, 2, \cdots, s$,即有 s 个采样的时间点数。

根据两个输出序列 $\pmb{X}$、$\pmb{Y}$ 的相互关系,可得特征方程:

$$\pmb{P}\pmb{\Delta} = \pmb{A}'\pmb{P} \quad \text{或} \quad (\pmb{A}' - \pmb{\Delta})\pmb{P} = 0 \tag{4.4.13}$$

式中,$\pmb{A}' = [\pmb{Y}\pmb{X}^{\mathrm{T}}(\pmb{X}\pmb{X}^{\mathrm{T}})^{-1} + \pmb{Y}\pmb{Y}^{\mathrm{T}}(\pmb{X}\pmb{Y}^{\mathrm{T}})^{-1}]/2$。由特征方程可得到系统特征值和特征向量,然后根据特征值可计算系统的阻尼比和固有频率,根据特征向量可得到系统的振型。

2) 稀疏时域法

STD 法是在 ITD 法基础上对运算速度、内存需求进行改进后的方法。Ibrahim 认为多时域模态分析方法的本质是特征方程求解,而 QR 分解法是最有效的特征值求解方法之一。QR 分解法解特征值的过程中先要将矩阵转换为上 Hessenberg 矩阵。因此,STD 法通过直接构造 Hessenberg 矩阵来提高 ITD 法的求解速度。

STD 法对序列 X 二次采样时,采样开始时间延迟 $\Delta\tau$,$\Delta\tau=\Delta t$,因此二次采样得出输出序列 Y 与原始响应序列 X 有如下关系:

$$Y = XB \tag{4.4.14}$$

式中,B 为仅有一列未知元素的上 Hessenberg 矩阵,未知元素所在列向量 $b=[b_1, b_2, \cdots, b_N]^T$:

$$B = \begin{bmatrix} 0 & 0 & 0 & \cdots & 0 & b_1 \\ 1 & 0 & 0 & \cdots & 0 & b_2 \\ 0 & 1 & 0 & \cdots & 0 & b_3 \\ 0 & 0 & 1 & \cdots & 0 & b_4 \\ \vdots & \vdots & \vdots & & \vdots & \vdots \\ 0 & 0 & 0 & \cdots & 1 & b_N \end{bmatrix} \tag{4.4.15}$$

$$b = (X^T X)^{-1} X^T Y_N \tag{4.4.16}$$

式中,Y_N 为二次采样序列的最后一列数据。综上所述,得到特征方程:

$$B = E^{-1}(\text{diag}[e^{\lambda_i \Delta t}])E \tag{4.4.17}$$

由特征方程可得特征值 $e^{\lambda_i \Delta t}$ 及特征向量矩阵 E^{-1};根据特征值可得到系统的固有频率和阻尼比,由特征向量的矩阵并根据 $P = XE^{-1}$ 关系可得到系统的振型矩阵。

3) 特征系统实现法

ERA 法是通过求系统的最小实现得到系统矩阵及模态的方法。ERA 法以一般黏滞阻尼系统的脉冲响应函数为基础,分析理论先进,计算速度快,分析效果较好。

有 L 个激励、M 个测点系统的观测方程:

$$y(k) = Gx(k) \tag{4.4.18}$$

式中,响应输出 $y \in \mathbf{R}^M$;观测矩阵 $G \in \mathbf{R}^{M \times 2n}$。离散系统的脉冲响应函数具有以下性质:

$$h(k) = 0, \quad k < 0$$
$$h(k) = GA^{k-1}B, \quad k = 1, 2, \cdots \tag{4.4.19}$$

式中,状态矩阵 A 和输入矩阵 B 的定义与离散时间的状态方程相同。

构造脉冲响应函数的广义 Hankel 矩阵(反对角线上元素相同的矩阵):

$$H(k-1) = \begin{bmatrix} h(k) & h(k+1) & h(k+2) & \cdots & h(k+\beta-1) \\ h(k+1) & h(k+2) & h(k+3) & \cdots & h(k+\beta) \\ h(k+2) & h(k+3) & h(k+4) & \cdots & h(k+\beta+1) \\ \vdots & \vdots & \vdots & & \vdots \\ h(k+\alpha-1) & h(k+\alpha) & h(k+\alpha+1) & \cdots & h(k+\beta+\alpha-2) \end{bmatrix}$$
(4.4.20)

式中,$H \in \mathbf{R}^{\alpha M \times \beta L}$。将广义 Hankel 矩阵简化为

$$H(k-1) = PA^{k-1}Q \tag{4.4.21}$$

式中,$P = [G, GA, \cdots, GA^{\alpha-1}]^\mathrm{T}$,称为系统的可观测矩阵;$Q = [B, AB, \cdots, A^{\beta-1}B]$ 称为可控制矩阵。当 $k=1$ 时,$H(0) = PQ$。

定义矩阵 $H^\# \in \mathbf{R}^{\beta L \times \alpha M}$,使其满足 $QH^\# P = I$,并对 $H(0)$ 进行奇异值分解:

$$H(0) = U\Sigma V^\mathrm{T} \tag{4.4.22}$$

$$H^\# = V\Sigma^{-1}U^\mathrm{T} \tag{4.4.23}$$

定义 $E_M = [I_M, 0_M, \cdots, 0_M]^\mathrm{T}$,$E_M \in \mathbf{R}^{\alpha M \times M}$,$E_L = [I_L, 0_L, \cdots, 0_L]^\mathrm{T}$,$E_L \in \mathbf{R}^{\beta L \times L}$,其中 I_M、I_L 分别为 M 阶和 L 阶单位矩阵;0_M、0_L 分别为 M 阶和 L 阶零矩阵。易证明脉冲响应函数 $h(k+1)$ 与广义 Hankel 矩阵有如下关系:

$$h(k+1) = E_M^\mathrm{T} H(k) E_L \tag{4.4.24}$$

简化得到 $k+1$ 时刻的脉冲响应函数,可表示为

$$h(k+1) = \left(E_M^\mathrm{T} U\Sigma^{\frac{1}{2}}\right) \left(\Sigma^{-\frac{1}{2}} U^\mathrm{T} H(1) V\Sigma^{-\frac{1}{2}}\right)^k \left(\Sigma^{\frac{1}{2}} V^\mathrm{T} E_L\right) \tag{4.4.25}$$

可得观测矩阵,见式(4.4.26),当激励和测点数均为 $2n$ 时,$[A, B, G]$ 为系统的最小实现。

$$G = \left(E_M^\mathrm{T} U\Sigma^{\frac{1}{2}}\right), \quad A = \left(\Sigma^{-\frac{1}{2}} U^\mathrm{T} H(1) V\Sigma^{-\frac{1}{2}}\right), \quad B = \left(\Sigma^{\frac{1}{2}} V^\mathrm{T} E_L\right) \tag{4.4.26}$$

在环境激励下,自然激励技术(natural excitation technique,NExT)证明输出响应的自相关函数与脉冲响应函数具有相同形式。因此,ERA 法可用输出响应的自相关函数作为分析依据,也称为 NExT-ERA 法,NExT-ERA 法也是仅基于输出数据的模态参数识别方法。

4) 随机子空间识别法

SSI 法是以离散时间随机状态空间模型为分析基础,通过现代系统实现理论,识别状态空间模型的输入矩阵、输出矩阵和状态矩阵来得到模态的方法。SSI 法运用 QR 分解、奇异值分解等数学工具,分析理论先进,分析速度快,分析精度高。

根据数据处理方式不同,可分为协方差驱动随机子空间识别法(SSI-COV)和数据驱动随机子空间识别法(SSI-DATA)。

(1) 协方差驱动随机子空间识别法。

通过输出信号的协方差来消除随机噪声影响,以奇异值分析作为滤波手段,可识别模型密集的系统。虽然 SSI-COV 法比 SSI-DATA 法计算速度稍慢,但 SSI-COV 法分析流程简单易懂,更易于编程。

定义输出信号的协方差矩阵:

$$\boldsymbol{R}_i = \lim_{s \to \infty} \frac{1}{s} \sum_{k=0}^{s-1} \boldsymbol{y}_{k+i} \boldsymbol{y}_k^{\mathrm{T}} \qquad (4.4.27)$$

实际信号长度有限,当 s 较大时,近似认为 $\boldsymbol{R}_i = \frac{1}{s} \sum_{k=0}^{s-1} \boldsymbol{y}_{k+i} \boldsymbol{y}_k^{\mathrm{T}}$。定义输出序列的广义 Hankel 矩阵:

$$\boldsymbol{Y}_{0|i-1} = \frac{1}{\sqrt{s}} \begin{pmatrix} \boldsymbol{y}_0 & \boldsymbol{y}_1 & \boldsymbol{y}_2 & \cdots & \boldsymbol{y}_{s-1} \\ \boldsymbol{y}_1 & \boldsymbol{y}_2 & \boldsymbol{y}_3 & \cdots & \boldsymbol{y}_s \\ \vdots & \vdots & \vdots & & \vdots \\ \boldsymbol{y}_{i-1} & \boldsymbol{y}_i & \boldsymbol{y}_{i+1} & \cdots & \boldsymbol{y}_{i+s-2} \end{pmatrix} \qquad (4.4.28)$$

式中,$\boldsymbol{Y}_{0|i-1}$ 的下标分别表示第一列第一个元素和最后一个元素的下标;$\boldsymbol{y}_i \in \mathbf{R}^M$ 是 i 时刻的 M 维输出向量。令 $\boldsymbol{Y}_{\mathrm{p}} = \boldsymbol{Y}_{0|i-1}$,$\boldsymbol{Y}_{\mathrm{f}} = \boldsymbol{Y}_{i|2i-1}$,$\boldsymbol{Y}_{\mathrm{p}}$ 和 $\boldsymbol{Y}_{\mathrm{f}}$ 分别称为过去、将来的输出矩阵。

由 $\boldsymbol{Y}_{\mathrm{p}}$、$\boldsymbol{Y}_{\mathrm{f}}$ 矩阵定义 Teoplitz 矩阵(每条自左上至右下的斜线上的元素是相同的矩阵)$\boldsymbol{T}_{1|i} = \boldsymbol{Y}_{\mathrm{f}} \boldsymbol{Y}_{\mathrm{p}}^{\mathrm{T}}$,得 $\boldsymbol{T}_{1|i}$ 矩阵:

$$\boldsymbol{T}_{1|i} = \begin{pmatrix} \boldsymbol{R}_i & \boldsymbol{R}_{i-1} & \cdots & \boldsymbol{R}_1 \\ \boldsymbol{R}_{i+1} & \boldsymbol{R}_i & \cdots & \boldsymbol{R}_2 \\ \vdots & \vdots & & \vdots \\ \boldsymbol{R}_{2i-1} & \boldsymbol{R}_{2i-2} & \cdots & \boldsymbol{R}_i \end{pmatrix} \qquad (4.4.29)$$

$\boldsymbol{T}_{1|i}$ 矩阵可简化为

$$\boldsymbol{T}_{1|i} = \boldsymbol{O}_i \boldsymbol{\Gamma}_i \qquad (4.4.30)$$

式中,$\boldsymbol{O}_i = [\boldsymbol{C}, \boldsymbol{CA}, \cdots, \boldsymbol{CA}^{i-1}]^{\mathrm{T}}$,称为离散时间随机空间状态方程的可观矩阵;$\boldsymbol{\Gamma}_i = [\boldsymbol{A}^{i-1}\boldsymbol{G}, \cdots, \boldsymbol{AG}, \boldsymbol{G}]$,称为离散时间随机空间状态方程的可控矩阵。对矩阵 $\boldsymbol{T}_{1|i}$ 做奇异值分解:

$$\boldsymbol{T}_{1|i} = \boldsymbol{U}_1 \boldsymbol{S}_1 \boldsymbol{V}_1^{\mathrm{T}} \qquad (4.4.31)$$

式中,$\boldsymbol{S}_1 = \mathrm{diag}[\boldsymbol{\sigma}_i]$ 是非零奇异值 $\boldsymbol{\sigma}_i$ 按降序排列组成的对角阵,且矩阵 $\boldsymbol{S}_1$ 的秩等于系统的阶数;$\boldsymbol{U}_1$、$\boldsymbol{V}_1$ 为与奇异值 $\boldsymbol{S}_1$ 对应的奇异值向量矩阵。

可控矩阵如式(4.4.32)所示。根据定义可知,输出矩阵 $\boldsymbol{C}$ 为 $\boldsymbol{O}_i$ 的前 l 行,状态-输出协方差矩阵 $\boldsymbol{G}$ 为 $\boldsymbol{\Gamma}_i$ 的最后 l 行。

$$\boldsymbol{O}_i = \boldsymbol{U}_1 \boldsymbol{S}_1^{1/2}$$

$$\boldsymbol{\Gamma}_i = \boldsymbol{S}_1^{1/2} \boldsymbol{V}_1^{\mathrm{T}} \qquad (4.4.32)$$

定义 Teoplitz 矩阵 $\boldsymbol{T}_{2|i+1}$，易证明 $\boldsymbol{T}_{2|i+1} = \boldsymbol{O}_i \boldsymbol{A} \boldsymbol{\Gamma}_i$，所以可得到状态矩阵：

$$\boldsymbol{A} = \boldsymbol{S}_1^{1/2} \boldsymbol{U}_1^{\mathrm{T}} \boldsymbol{T}_{2|i+1} \boldsymbol{V}_1 \boldsymbol{S}_1^{1/2} \qquad (4.4.33)$$

对离散时间状态矩阵 $\boldsymbol{A}$ 做特征值分解，可得特征值矩阵 $\boldsymbol{\Lambda}$ 和特征向量矩阵 $\boldsymbol{\Theta}$。根据离散时间状态矩阵的特征值 μ_i 可得系统的特征值 λ_i，再得到结构的固有频率和阻尼比；结构振型矩阵可由 $\boldsymbol{\Psi} = \boldsymbol{C}\boldsymbol{\Theta}$ 关系得到。

（2）数据驱动随机子空间识别法。

SSI-DATA 法通过空间投影把将来输出的行空间投影到过去输出的行空间，以识别系统参数矩阵。SSI-DATA 法不需要计算庞大的协方差矩阵，因此分析计算速度更快。

定义将来输出的行空间在过去输出的行空间投影 $\boldsymbol{P}_i$，可证明 $\boldsymbol{P}_i$ 与可观矩阵 $\boldsymbol{O}_i$、状态向量矩阵 $\boldsymbol{X}_i$ 存在如下关系：

$$\boldsymbol{P}_i = \boldsymbol{Y}_f / \boldsymbol{Y}_p = \boldsymbol{Y}_f \boldsymbol{Y}_p^{\mathrm{T}} (\boldsymbol{Y}_p \boldsymbol{Y}_p^{\mathrm{T}})^{\dagger} \boldsymbol{Y}_p \qquad (4.4.34)$$

$$\boldsymbol{P}_i = \boldsymbol{O}_i \boldsymbol{X}_i \qquad (4.4.35)$$

式中，$(\cdot)^{\dagger}$ 表示矩阵的伪逆。

对 $\boldsymbol{P}_i$ 矩阵做奇异值分解：

$$\boldsymbol{P}_i = \boldsymbol{U}_1 \boldsymbol{S}_1 \boldsymbol{V}_1^{\mathrm{T}} \qquad (4.4.36)$$

式中，$\boldsymbol{S}_1 = \mathrm{diag}[\boldsymbol{\sigma}_i]$ 是非零奇异值 $\boldsymbol{\sigma}_i$ 按降序排列组成的对角阵，且矩阵 $\boldsymbol{S}_1$ 的秩 1 等于系统的阶数；$\boldsymbol{U}_1$、$\boldsymbol{V}_1$ 为与奇异值 $\boldsymbol{S}_1$ 对应的奇异值向量矩阵。

可观矩阵、状态向量矩阵为

$$\boldsymbol{O}_i = \boldsymbol{U}_1 \boldsymbol{S}_1^{1/2}$$
$$\boldsymbol{X}_i = \boldsymbol{S}_1^{1/2} \boldsymbol{V}_1 \qquad (4.4.37)$$

定义矩阵 $\boldsymbol{Y}_p^+ = \boldsymbol{Y}_{0|i}$，$\boldsymbol{Y}_f^- = \boldsymbol{Y}_{i+1|2i-1}$，称为新的过去、将来输出矩阵，新的投影矩阵如下：

$$\boldsymbol{P}_{i-1} = \boldsymbol{Y}_f^- (\boldsymbol{Y}_p^+)^{\mathrm{T}} (\boldsymbol{Y}_p^+ (\boldsymbol{Y}_p^+)^{\mathrm{T}})^{\dagger} \boldsymbol{Y}_p^+ \qquad (4.4.38)$$

$$\boldsymbol{P}_{i-1} = \boldsymbol{O}_{i-1} \boldsymbol{X}_{i+1} \quad \text{或} \quad \boldsymbol{X}_{i+1} = \boldsymbol{O}_{i-1}^{\dagger} \boldsymbol{P}_{i-1} \qquad (4.4.39)$$

式中，$\boldsymbol{O}_{i-1} = [\boldsymbol{C}, \boldsymbol{CA}, \cdots, \boldsymbol{CA}^{i-2}]^{\mathrm{T}}$，比可观矩阵 $\boldsymbol{O}_i$ 少最后的 1 行，从而可知将来的输出向量矩阵 $\boldsymbol{X}_{i+1}$。

根据现在、将来的状态向量 $\boldsymbol{X}_i$、$\boldsymbol{X}_{i+1}$ 以及矩阵 $\boldsymbol{Y}_{i|i}$，可得到状态空间方程。根据最小二乘法原理，可得状态矩阵 $\boldsymbol{A}$ 和输出矩阵 $\boldsymbol{C}$。由矩阵 $\boldsymbol{A}$、$\boldsymbol{C}$ 可得到结构的模态参数，过程与 SSI-COV 相同。

$$\begin{bmatrix} \boldsymbol{X}_{i+1} \\ \boldsymbol{Y}_{i|i} \end{bmatrix} = \begin{bmatrix} \boldsymbol{A} \\ \boldsymbol{C} \end{bmatrix} \boldsymbol{X}_i + \begin{bmatrix} \boldsymbol{W}_i \\ \boldsymbol{V}_i \end{bmatrix} \qquad (4.4.40)$$

$$\begin{bmatrix} \boldsymbol{A} \\ \boldsymbol{C} \end{bmatrix} = \begin{bmatrix} \boldsymbol{X}_{i+1} \\ \boldsymbol{Y}_{i|i} \end{bmatrix} \boldsymbol{X}_i^{\dagger} \qquad (4.4.41)$$

5）稳定图绘制与真实模态极点判别

稳定图是直观地区分虚假模态参数的图形化工具。图中虚假模态往往更加分散并且通常不稳定，而真实模态往往非常集中。根据这个特点，通过跟踪系统模型阶数增加时的极点演变情况，可以从稳定极点的排列中确定真实模态，剔除虚假模态。一般情况下，当满足以下稳定条件时，才可以视作稳定点。

$$\frac{|f(n)-f(n+1)|}{f(n)} < \delta_f \quad (4.4.42)$$

$$\frac{|\xi(n)-\xi(n+1)|}{\xi(n)} < \delta_\xi \quad (4.4.43)$$

$$1-\text{MAC}(\phi(n),\phi(n+1)) < \delta_\phi \quad (4.4.44)$$

式中，n 为系统阶数。式（4.4.42）～式（4.4.44）表明，当系统相邻阶的模态频率、模态阻尼、模态振型相对比值小于一定的阈值设定情况下，会被视作一个稳定点。其中，频率容差阈值、阻尼容差阈值、振型容差阈值的一般取值分别为 1%、5%、2%。

4.4.2 简支梁模态识别算例

为了验证 4.4.1 节所述的多种模态参数识别方法，并展示各方法的适用性、准确度和优缺点，本节介绍一组简支梁模型的模态参数识别试验。

1. 理论分析

试验采用图 4.4.1 所示的简支铝合金梁模型，全长 1640mm，跨距 1360mm，两端各悬挑 140mm；该模型横截面积为 195.7mm²，平面内的转动惯性矩为 273.88kg·mm²，平面外的转动惯性矩为 134659.81kg·mm²；该模型采用 6063-T5 号铝合金材料，密度为 2700kg/m³，弹性模量为 $7×10^{10}$N/m²，泊松比为 0.3。

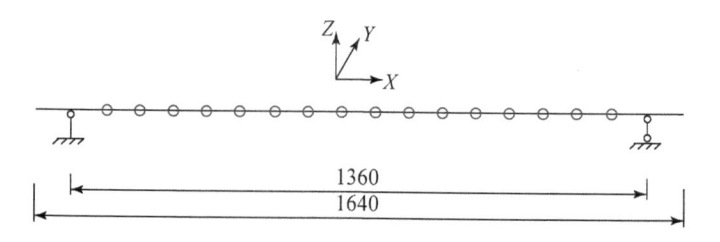

图 4.4.1 简支铝合金梁模型示意图（单位：mm）

采用有限元软件对模型进行理论分析，模型共划分了 19 个单元：两端悬挑部分各为一个单元，净跨部分均匀划分为 17 个单元，采用 BEAM4 类型的梁单元；模态分析前先进行重力作用下的静力分析，然后采用 Block Lanczos 模态提取法分析

该模型前九阶 Z 向模态。根据有限元分析结果，该简支梁模型的前九阶固有频率理论值见表 4.4.1。

表 4.4.1 前九阶固有频率理论值

阶次	1	2	3	4	5	6	7	8	9
f/Hz	7.14	21.41	43.13	68.79	91.06	112.74	143.29	189.32	247.81

2. 试验方案

为与理论结果进行比较，在梁的净跨部分中心线位置，均匀布置加速度传感器，共布置 16 个传感器，分别对应理论分析时的 16 个节点，如图 4.4.2 所示。传感器与模型间采用 M4 螺丝固定，传感器固定孔尺寸相对于截面尺寸可忽略不计，固定方式如图 4.4.3 所示。

图 4.4.2 无线加速度采集测点   图 4.4.3 测点固定

使简支梁充分激振以便测得简支铝合金梁的高阶模态，试验采用强迫位移突卸方式激振，采集卸载后平稳振型阶段的结构响应；试验中仅采集该模型的竖向振动响应。加速度响应的采样频率为 500Hz，采样时间为 10s，即每次试验采集 5000 个数据点。典型加速度响应曲线如图 4.4.4 所示，横坐标表示数据序列，纵坐标表示加速度值。

3. 试验结果及对比

1) 频域模态参数识别方法

使用 PP 法和 CMIF/FDD 法分别对实测模型的加速度响应进行模态参数识别分析，得到的各阶实测频率结果与误差分析见表 4.4.2。

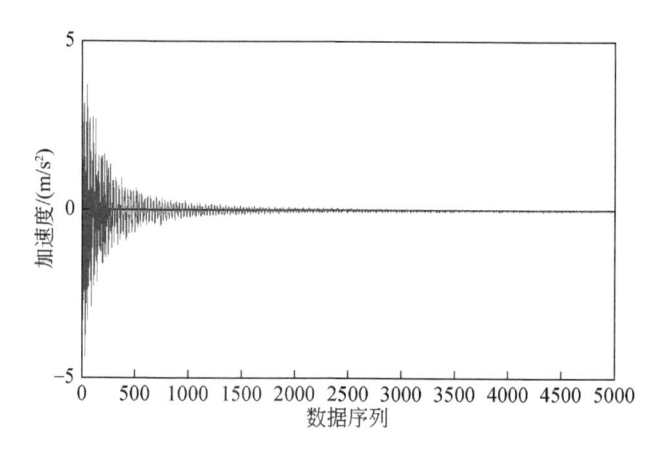

图 4.4.4　典型实测加速度响应曲线

表 4.4.2　频域法的各阶实测频率识别结果

阶次	PP 法 试验值/Hz	误差/%	CMIF/FDD 法 试验值/Hz	误差/%
1	7.69	7.64	7.69	7.64
2	18.55	13.33	18.55	13.33
3	44.56	3.30	44.56	3.30
4	62.87	8.61	62.87	8.61
5	91.43	0.41	91.43	0.41
6	110.72	1.79	113.28	0.48
7	146.85	2.48	146.85	2.48
8	195.80	3.42	195.80	3.42
9	244.75	1.23	247.80	0.01

由表 4.4.2 可见,对本简支梁模型,PP 法和 CMIF/FDD 法的频率识别结果与理论分析结果误差较小,频率识别精度较高,且这两种方法的识别结果非常接近。PP 法和 CMIF/FDD 法都以输出信号的自功率谱为分析依据,分析精度受傅里叶变换频率分辨率的影响,但 CMIF/FDD 法由于采用奇异值分解进行了滤波作用,频率精度相对更高。

实测振型结果分别进行最大模态位移为 1 的标准化处理,并与理论振型相比较,如图 4.4.5 和图 4.4.6 所示。图中实线为理论振型,点划线为实测振型;横坐标表示节点的几何位置,纵坐标表示标准化后的模态位移。

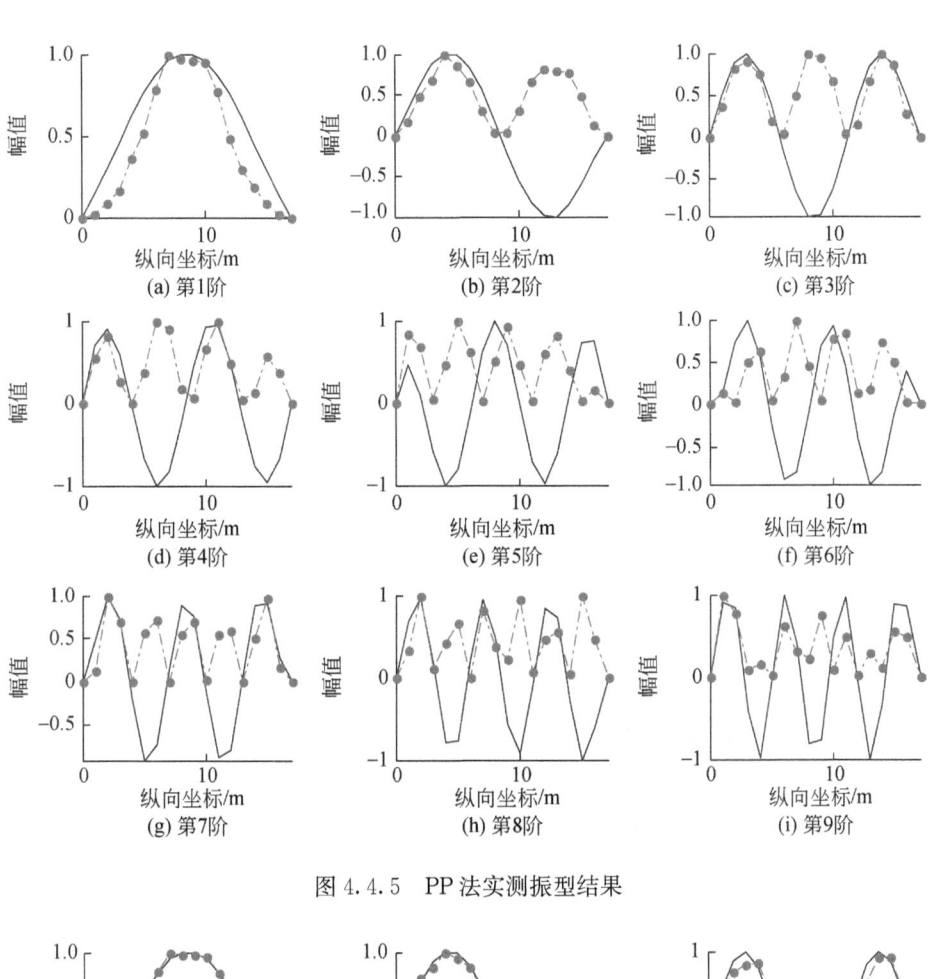

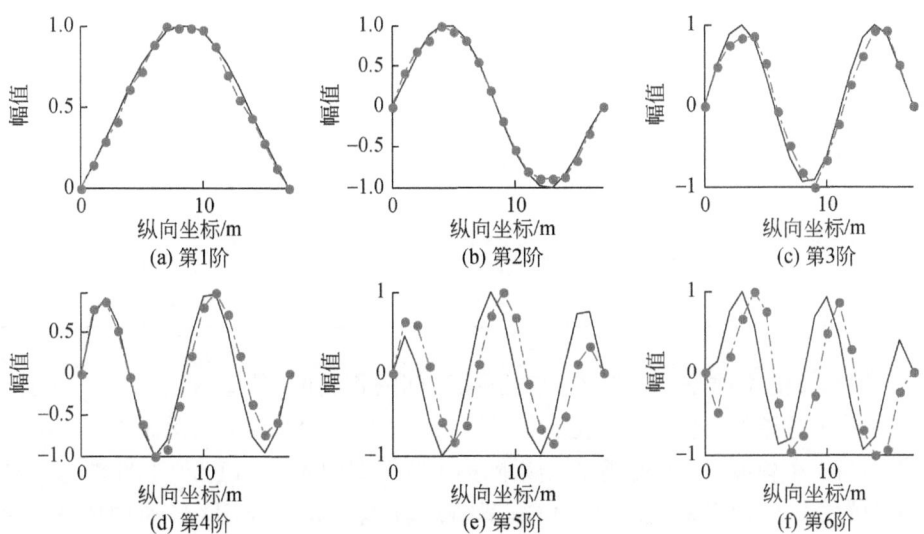

第 4 章 空间结构健康监测数据处理方法

图 4.4.5 PP 法实测振型结果

(g) 第7阶　　　　　　　　(h) 第8阶　　　　　　　　(i) 第9阶

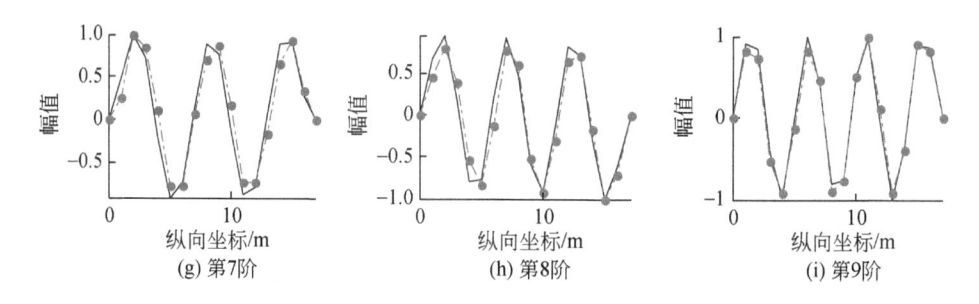

图 4.4.6　CMIF/FDD 法实测振型结果

由图 4.4.5 可见,PP 法的振型识别误差较大,原因是 PP 法直接以输出信号自功率谱函数的能量比来识别振型,误差较大且不能识别振型位移的正负。由图 4.4.6 可见,CMIF/FDD 法的振型识别结果较好,特别是前两阶振型几乎与理论振型完全一致,识别结果明显优于 PP 法。根据模态保证准则(Allemang et al., 1982)来定量分析振型的准确度(MAC 值),计算结果见表 4.4.3。

$$\mathrm{MAC}(i) = \frac{(\boldsymbol{\varphi}_{\mathrm{th},i}^{\mathrm{T}} \boldsymbol{\varphi}_i)^2}{(\boldsymbol{\varphi}_{\mathrm{th},i}^{\mathrm{T}} \boldsymbol{\varphi}_{\mathrm{th},i})(\boldsymbol{\varphi}_i^{\mathrm{T}} \boldsymbol{\varphi}_i)} \tag{4.4.45}$$

式中,$\boldsymbol{\varphi}_{\mathrm{th},i}$ 为第 i 阶理论振型;$\boldsymbol{\varphi}_i$ 为第 i 阶实测振型。

表 4.4.3　频域法识别的实测振型结果的 MAC 值

阶次	MAC 值	
	PP 法	CMIF/FDD 法
1	0.936	0.998
2	0.001	0.995
3	0.097	0.977
4	0.001	0.936
5	0.014	0.532
6	0.000	0.366
7	0.104	0.942
8	0.001	0.944
9	0.189	0.985

MAC 值的本质是理论振型和实测振型间的相关度,其值越接近 1,表明实测结果越接近理论值;越接近 0,表示实测结果与理论值相差越大。由表 4.4.3 可见,对于本简支梁模型,PP 法的振型结果除第 1 阶振型的 MAC 值为 0.936 外,其他各阶振型的 MAC 值几乎都接近 0,振型结果较差;CMIF/FDD 法前两阶振型的

MAC 值非常接近 1,且前九阶振型中有七阶的 MAC 值在 0.9 以上,振型识别结果较好。

2) 时域模态参数识别方法

分别使用 ITD 法、STD 法等基于输出数据的时域模态分析方法对实测模型的加速度响应进行模态参数识别分析,得到的各阶实测频率结果与误差分析见表 4.4.4。对时域法识别的实测振型结果分别进行最大模态位移为 1 的标准化处理后,如图 4.4.7~图 4.4.11 所示。图中实线为理论振型,点划线为实测振型。由表 4.4.4 可见,对于本简支梁模型,时域法的频率结果与理论分析结果误差较小,频率识别精度较高。

表 4.4.4 时域法的各阶实测频率识别结果

阶次	ITD 法 试验值/Hz	ITD 法 相对误差/%	STD 法 试验值/Hz	STD 法 相对误差/%	NExT-ERA 法 试验值/Hz	NExT-ERA 法 相对误差/%	SSI-COV 法 试验值/Hz	SSI-COV 法 相对误差/%	SSI-DATA 法 试验值/Hz	SSI-DATA 法 相对误差/%
1	7.59	6.30	7.72	7.99	7.33	2.58	7.40	3.58	7.08	0.90
2	18.40	14.05	18.49	13.63	18.32	14.43	18.32	14.42	18.31	14.47
3	43.64	1.18	44.53	3.23	43.40	0.62	43.24	0.25	44.67	3.56
4	66.24	3.70	63.59	7.55	62.50	9.14	62.50	9.14	62.49	9.15
5	91.39	0.37	94.66	3.96	92.87	1.99	92.75	1.86	91.45	0.43
6	115.25	2.23	111.56	1.05	110.01	2.42	110.03	2.40	108.24	3.99
7	147.05	2.63	146.62	2.32	144.44	0.80	144.43	0.80	144.03	0.52
8	210.38	11.13	213.79	12.92	185.17	2.19	191.35	1.07	191.95	1.39
9	247.98	0.07	248.05	0.10	250.00	0.88	250.00	0.88	250.01	0.89

由表 4.4.4 可见,对于本简支梁模型,时域法的频率结果与理论分析结果相对误差较小,频率识别精度较高。

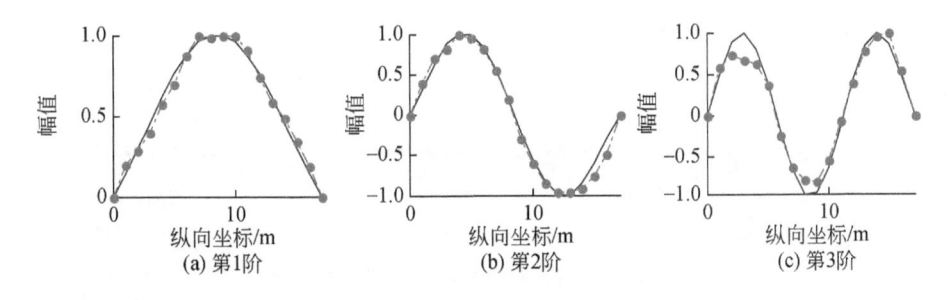

(a) 第1阶

(b) 第2阶

(c) 第3阶

图 4.4.7 ITD 法实测振型结果

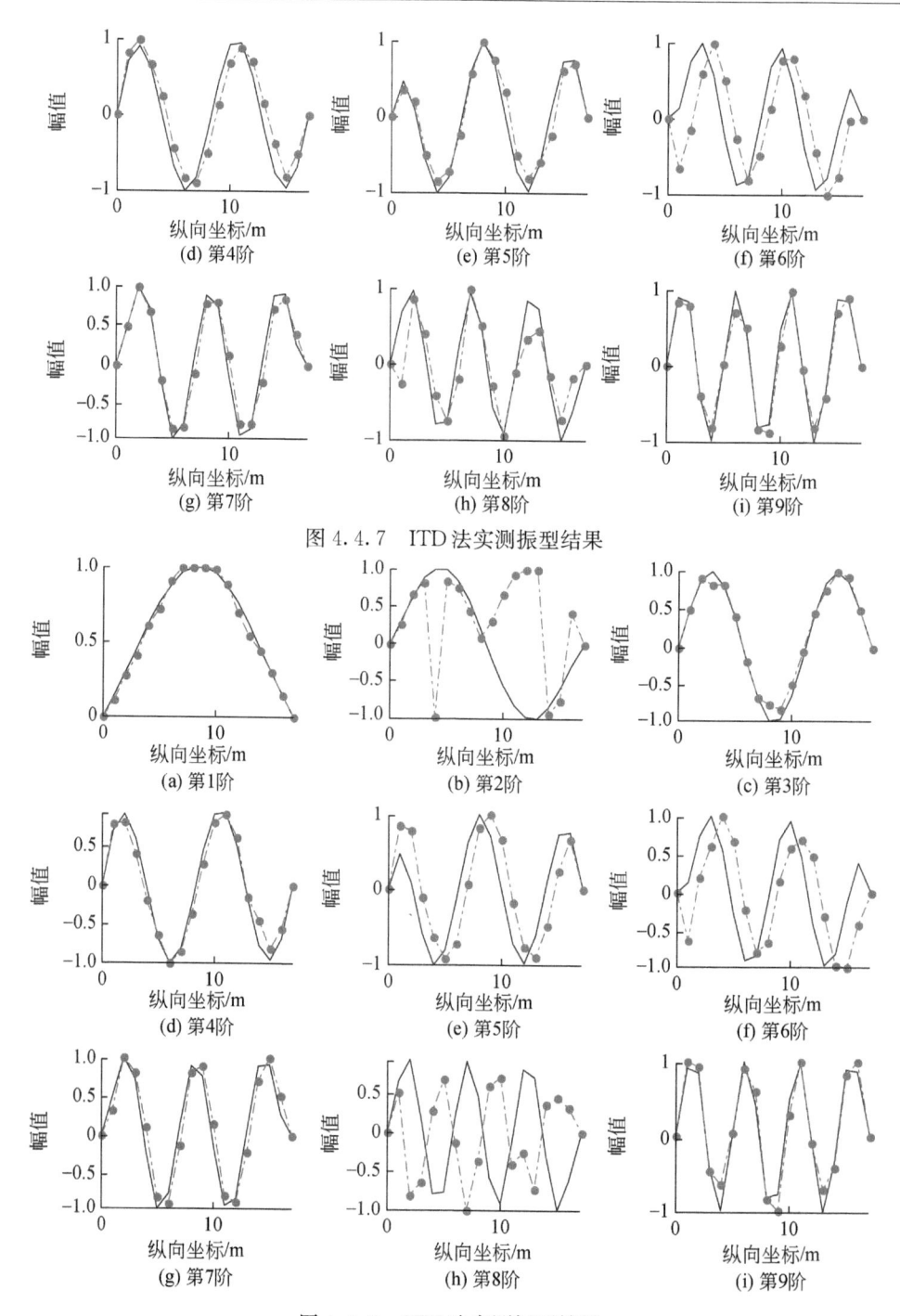

图 4.4.8 STD 法实测振型结果

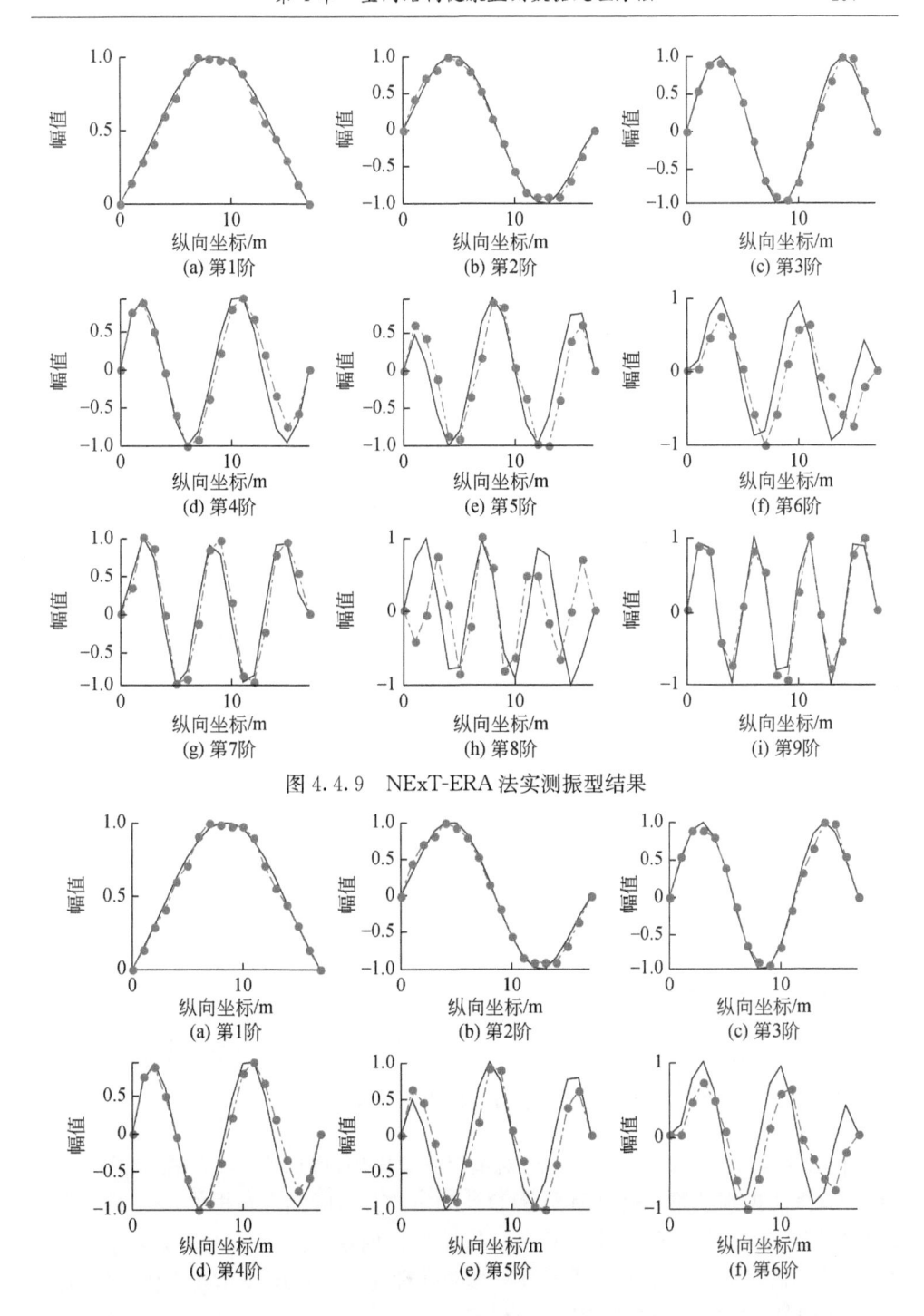

图 4.4.9 NExT-ERA 法实测振型结果

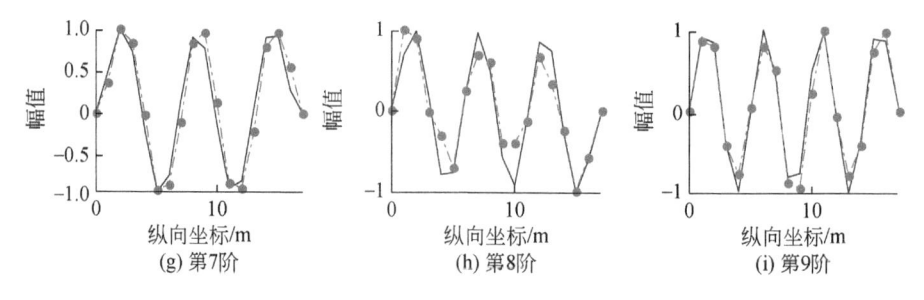

图 4.4.10　SSI-COV 法实测振型结果

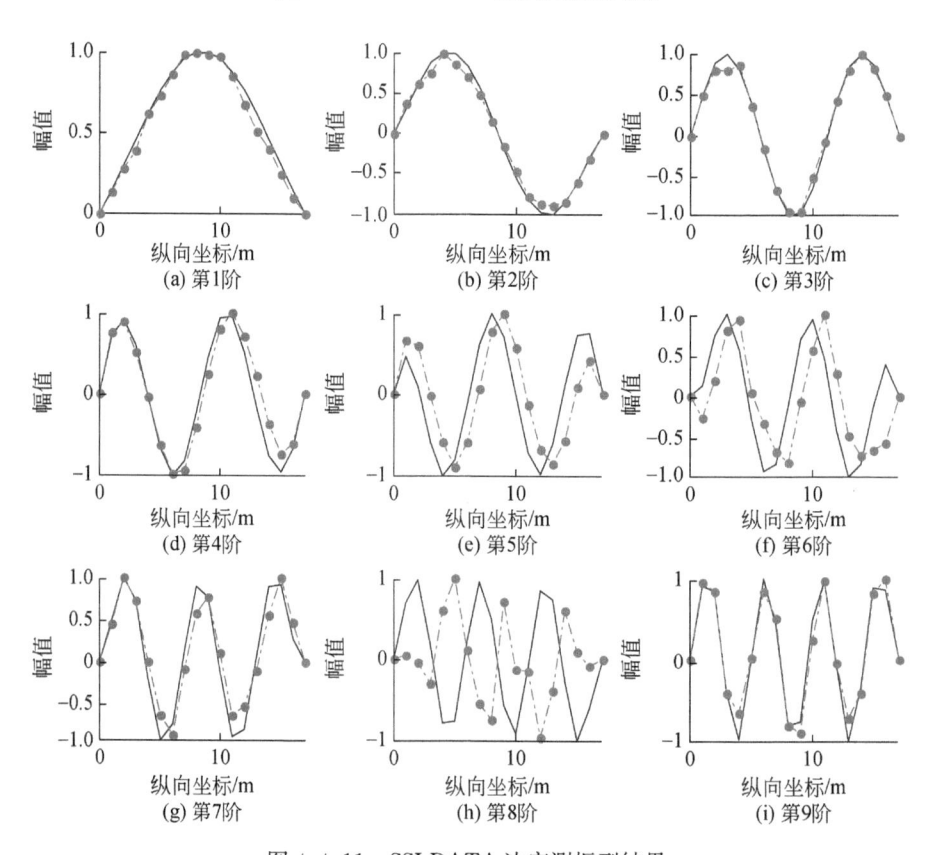

图 4.4.11　SSI-DATA 法实测振型结果

比较图 4.4.7 和图 4.4.8 可见，对本简支梁模型，ITD 法的实测振型识别结果好于 STD 法识别结果。这是因为 STD 法为节约分析时间在数据的延时采样处理时采用固定延时时间，同时计算 Hessenberg 矩阵时仅与延时采样后数据的最后一列有关，因此在一定程度上降低了对噪声的处理能力。由图 4.4.9～图 4.4.11 可见，SSI-COV 法的实测振型识别结果最好。

第4章 空间结构健康监测数据处理方法

计算以上时域法识别的实测振型结果的 MAC 值,见表 4.4.5。

表 4.4.5 时域法识别的实测振型结果的 MAC 值

阶次	MAC 值				
	ITD 法	STD 法	NExT-ERA 法	SSI-COV 法	SSI-DATA 法
1	0.997	0.998	0.998	0.998	0.996
2	0.990	0.001	0.994	0.994	0.995
3	0.977	0.988	0.991	0.990	0.993
4	0.903	0.968	0.936	0.937	0.935
5	0.945	0.602	0.819	0.807	0.571
6	0.402	0.314	0.637	0.632	0.423
7	0.963	0.931	0.946	0.948	0.920
8	0.744	0.612	0.166	0.884	0.412
9	0.975	0.959	0.970	0.969	0.965

由表 4.4.5 可见,对于本简支梁模型,ITD 法的前九阶实测振型结果中有七阶振型的 MAC 值在 0.9 以上,而 STD 法仅有五阶实测振型的 MAC 值在 0.9 以上,再次证明 STD 法的振型识别能力较 ITD 法有所降低。NExT-ERA 法、SSI-COV 法和 SSI-DATA 法的前九阶实测振型结果中都有六阶振型的 MAC 值在 0.9 以上,且前三阶实测振型的 MAC 值非常接近 1;特别是 SSI-COV 法的振型结果普遍较好,前九阶振型有八阶振型的 MAC 值在 0.8 以上。

另外需要说明的是,ITD 法、STD 法分析时需先假定分析数据中包含结构模态信息的阶数值,阶数值大小直接影响识别分析结果。为了消除噪声模态,分析时一般假定阶数值为实际阶数值数倍的一个整数,然后将分析结果通过模态置信因子判别法等方法找出真实模态信息。

NExT-ERA 法、SSI-COV 法和 SSI-DATA 法的识别结果除与分析时假定的阶数值大小有关外,还与分析时设定的 Hankel 矩阵的大小有关。分析时假定的系统阶数值一般为实际阶数值的若干倍,且 Hankel 矩阵大于假定的系统阶数值,然后将分析结果通过稳定图法等方法进行判别。设定频率和振型的识别精度比较指标,见式(4.4.46):

$$T_1 = \sum_{i=1}^{n} \frac{|f_i - f_{th,i}|}{f_{th,i}}, \quad T_2 = \sum_{i=1}^{n} |1 - \mathrm{MAC}(i)| \quad (4.4.46)$$

频率指标 T_1 值越小,则频率识别精度越高;振型指标 T_2 值越小,则振型的识别精度越高。各模态参数识别方法的 T_1、T_2 指标值见表 4.4.6。

表 4.4.6　各模态参数识别方法的 T_1、T_2 指标值

指标	模态参数识别方法						
	PP	FDD	ITD	STD	NExT-ERA	SSI-COV	SSI-DATA
T_1	0.42	0.40	0.42	0.53	0.35	0.34	0.35
T_2	7.66	1.33	1.11	2.63	1.54	0.84	1.79

由表 4.4.6 可见，对于本简支梁模型，频域、时域模态识别方法的频率识别能力都较好，但是振型识别能力相差较大；通过比较发现，SSI-COV 法是一种较好的模态识别方法，具有最高的频率和振型识别精度。对实际结构的频率结果较容易测试，且精度较高；但对实际结构的振型结果，即便是简单的简支梁结构，大多数识别方法得到的振型中只有部分有较高的精度。频域法虽然识别效果不如时域法，且不能实现自动识别，但识别过程直观，识别结果唯一确定。时域法虽然能够自动识别模态，但是识别结果与分析假定的阶数值有关，甚至还与 Hankel 矩阵的大小有关，需要通过模态置信因子判别法、稳定图法等方法选取真实的模态。

4.4.3　管桁架结构模态识别算例

为了进一步验证 4.4.1 节所述的模态参数识别方法在空间结构上的适用性和准确度，本节介绍一组管桁架结构模型的模态参数识别试验。

1. 试验概况

本试验使用某火车站雨棚结构Ⅰ区 2 轴到 5 轴部分试验模型，如图 4.4.12 所示。该试验模型原本是一个复杂的张弦桁架结构，在本次模态参数测试试验时，为简化模型，不考虑拉索和竖杆的作用，即卸下结构拉索和竖杆杆件，仅以剩余的管桁架结构部分为试验对象。该管桁架结构模型沿跨度方向为 11600mm，垂直跨度方向为 6000mm，如图 4.4.13 所示；由八根独立柱支承，支承间的净跨长度为 8000mm，左右两端分别悬挑 1600mm 和 1825mm。该管桁架结构模型采用 Q235 钢材，实际模型照片如图 4.4.14 所示。

用有限元软件对该管桁架结构进行理论模态分析。其中，模型的弦杆、独立柱用 BEAM4 梁单元模拟，腹杆用 LINK8 杆单元模拟；在静力分析的基础上进行模型分析，采用 Block Lanczos 模态提取法分析结构前十阶整体模态参数。根据有限元模态分析结果，结构的前十阶固有频率见表 4.4.7。

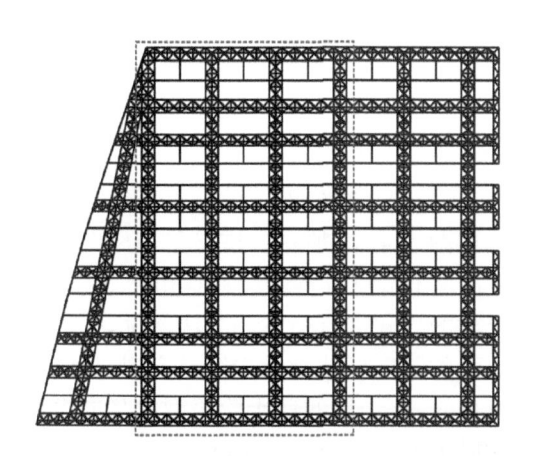

图 4.4.12　某火车站雨棚结构Ⅰ区完整模型 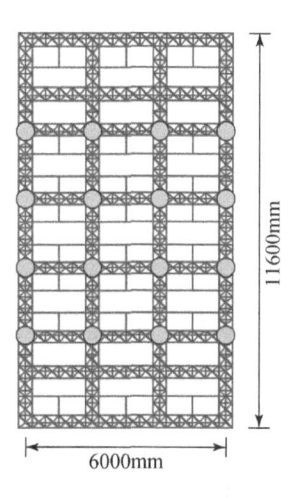　　图 4.4.13　2 轴到 5 轴部分模型

图 4.4.14　钢管桁架结构模型

表 4.4.7　管桁架结构前十阶理论固有频率　　（单位：Hz）

阶次	第1阶	第2阶	第3阶	第4阶	第5阶
频率	6.956	8.851	18.086	20.596	24.349
阶次	第6阶	第7阶	第8阶	第9阶	第10阶
频率	24.869	31.281	31.779	37.337	42.222

由表 4.4.7 可见，该管桁架结构模型前十阶模态频率中，第 5 阶和第 6 阶模态频率非常接近，第 7 阶和第 8 阶模态的固有频率也非常接近，相差都不超过 3%。但结构的第 5 阶和第 6 阶振型、第 7 阶和第 8 阶振型的振动方式完全不同，显然

都是完全独立的两阶模态。这种近似重合模态的存在,将明显增加对结构模态参数的识别难度,但也可以更好地体现频域、时域模态分析对密集模态系统的识别能力。

2. 试验方案

在模型独立柱支承之间,主桁架与次桁架相交处的下弦节点布置加速度传感器,每榀 4 个节点,共 16 个节点位置,如图 4.4.13 所示。试验采用压电式加速度传感器,在测试结构的三向振动时,可在每个节点位置通过夹具相互垂直来安装 3 个传感器。试验采用悬挂重物突然释放的方式进行突然卸载法激励,采集结构平稳振动阶段的响应。该激励方式对结构的竖向振动激励最容易实现,且激励效果好于其他两个方向;同时,由理论分析可知,该结构的前十阶振型中竖向振动最为明显。本试验仅测试竖向突然卸载激励下的结构竖向振动响应,以此为依据分析结构的各阶频率和振型,但振型只包括结构的竖向模态位移。每次试验数据采样频率为 200Hz,持续采集 30s,16 个传感器同时采集结构的竖向振型,数据采集时先保存在无线设备的存储单元中,采集完成后再传回数据,每个测点的数据长度为 6000 个加速度值。

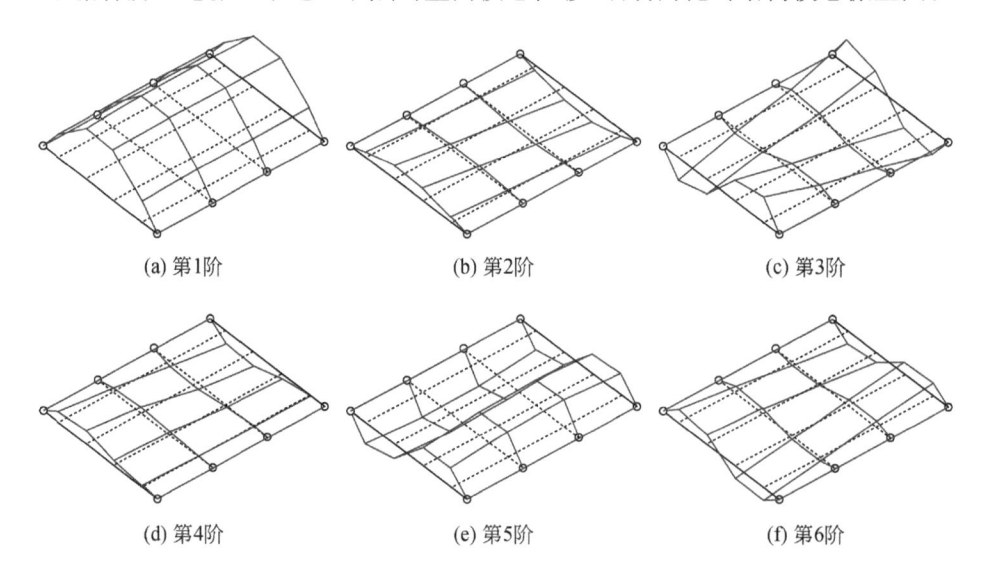

该管桁架结构的前十阶简化振型图如图 4.4.15 所示,实线表示叠加竖向模态位移后的振型,虚线表示未叠加模态位移时的模型。振型结果图中仅显示独立柱支承节点和柱间测点所在位置的结构下弦节点,并令这些节点的 Z 轴坐标为 0;然后根据各阶理论振型中这些节点的竖向模态位移,绘制简化的结构模态振型图。

(a) 第1阶

(b) 第2阶

(c) 第3阶

(d) 第4阶

(e) 第5阶

(f) 第6阶

(g) 第7阶　　　　　　(h) 第8阶　　　　　　(i) 第9阶

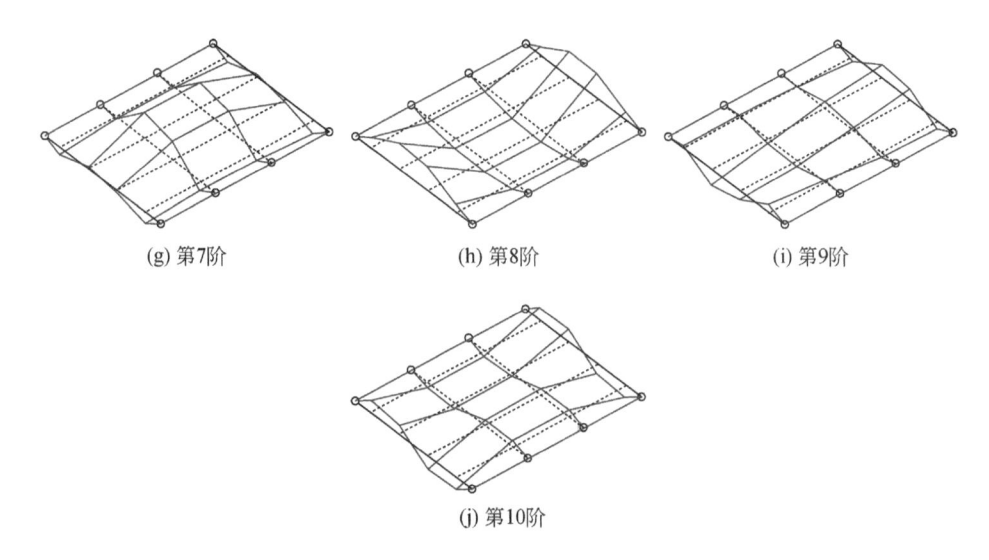

(j) 第10阶

图 4.4.15　管桁架结构的前十阶简化振型图

3. 模态参数识别试验结果

对试验数据分别采用上述七种基于输出数据的频域、时域模态识别方法进行分析识别,得到结构的前十阶各阶固有频率,见表 4.4.8;对各阶实测模态频率的平均值与理论值进行比较,并分析误差,见表 4.4.9。

表 4.4.8　结构模态固有频率实测结果　　　　（单位:Hz）

阶次	模态参数识别方法							
	PP	CMIF/FDD	ITD	STD	NExT-ERA	SSI-COV	SSI-DATA
1	7.08	6.96	7.98	7.93	7.16	7.16	7.11
2	8.06	8.06	9.82	9.76	8.85	8.85	8.40
3	18.31	—	—	18.39	—	—	—
4	19.29	19.29	19.24	—	19.33	19.33	19.27
5	—	—	—	—	—	—	22.50
6	24.90	23.07	26.63	—	23.03	23.07	23.15
7	—	30.74	—	—	—	—	—
8	32.25	32.25	31.99	—	32.24	32.23	32.46
9	—	37.35	—	—	—	—	—
10	40.16	40.16	40.58	—	40.68	40.69	40.66

由表4.4.8可见,仅测试结构的竖向振型响应,且存在重叠模态,PP法和CMIF/FDD法的识别结果虽然较好,但这些频域方法根据频谱直接判断,需要识别者的参与,受主观干扰比较大;虽然识别了较多的频率,但对应的振型结构较差;时域法根据设定的判别指标可自动识别结构的模态频率,但ITD法和STD法都只能识别很少数阶模态频率;NExT-ERA法、SSI-COV法、SSI-DATA法依然识别到较多阶数的模态频率。

表4.4.9 各阶实测模态频率的平均值与理论值及相对误差

模态频率	阶次									
	1	2	3	4	5	6	7	8	9	10
理论值/Hz	6.96	8.85	18.09	20.60	24.35	24.87	31.28	31.78	37.34	42.22
实测平均值/Hz	7.24	8.67	18.31	19.29	22.50	23.98	30.74	32.24	37.35	40.49
相对误差/%	4.02	2.03	1.22	6.36	7.60	3.58	1.73	1.45	0.03	4.10

虽然单独一种频域、时域模态识别方法都没有全部识别结构前十阶模态频率,但综合考虑所有的识别结果,可以得到完整的结构模态频率信息。由表4.4.9可见,以综合各模态识别方法识别结果的平均值作为该管桁架结构的各阶模态频率,与理论结果较接近,且相对误差较小。因此,对一个实际结构模态参数的识别需要综合使用多种识别方法,才能得到较完整的结构模态信息。

通过振型识别结果比较发现,实测振型结果与频率情况类似,单独一种模态识别方法都不能识别全部振型。但相对而言,时域模态识别方法的实测振型识别能力要好于频域法;PP法未能识别出任何有效振型;CMIF/FDD法虽然识别出了数阶振型,但相对误差较大,识别效果一般;时域NExT-ERA法和SSI-DATA法识别了六阶实测振型,且精度较高。

根据NExT-ERA法和SSI-DATA法的实测振型识别结果,该管桁架结构前十阶振型中实际测得七阶振型,实测振型如图4.4.16所示。实线表示叠加竖向模态位移后的振型,虚线表示未叠加模态位移时的模型。

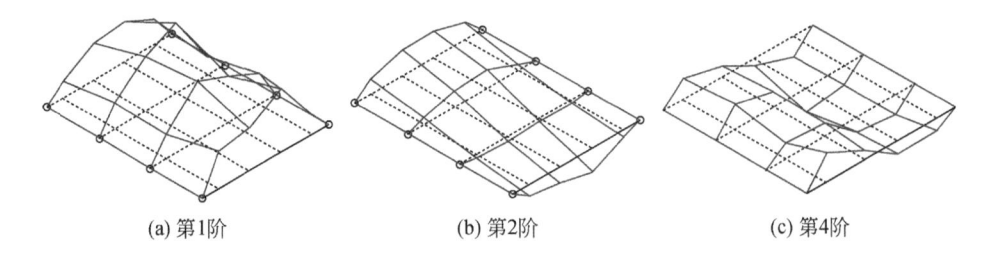

(a) 第1阶　　　　(b) 第2阶　　　　(c) 第4阶

(d) 第5阶 (e) 第6阶 (f) 第8阶

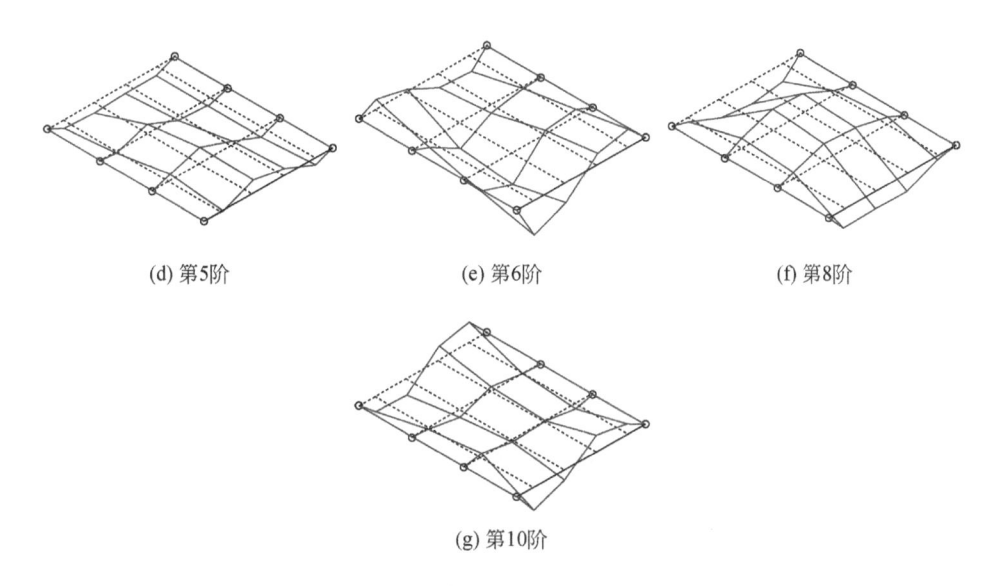

(g) 第10阶

图 4.4.16　管桁架结构实际测得的七阶振型

4.5　荷载效应分离

空间结构在服役期间会受到复杂外荷载的作用,包括温度、风、雪、雨等环境荷载,以及日常使用过程中的运营荷载等。在这些多源荷载的作用下,结构响应监测数据中的荷载效应波动极有可能会掩盖结构损伤和退化所造成的响应改变。因此,结构多源荷载效应的分离是结构健康监测数据分析中的重点。

4.5.1　荷载效应分离方法

荷载效应分离最早主要是通过提取外荷载与结构响应之间的回归关系来实现的,例如,通过建立温度与响应数据间的单项式或多项式回归模型来消除温度效应的影响(Gianesini et al.,2021;Kromanis et al.,2016)。这些回归模型一经建立,则反映响应与荷载间关系(线性或非线性)的模型系数就均为确定的值。然而,空间结构跨度巨大,这使得结构外荷载的空间分布是动态变化的,同时温度等环境因素也会造成结构边界条件的改变,因此空间结构响应与荷载间的关系也是动态变化的。为此,一些学者引入了允许模型参数随时间变化的贝叶斯动态线性模型(Bayesian dynamic linear model,BDLM),并将其用于荷载效应的分离(Ma et al.,2019;Goulet,2017)。与传统回归模型相比,BDLM总是利用过去的信息建立模型参数的先验分布,并根据新的监测数据推断其后验分布,从而实时动态地修正结构的响应-荷载关系,因而具有更高的荷载效应分离精度。此外,BDLM 还能量化监测数据中的不确定性噪声,给出分离结果的概率分布。但 BDLM 用于荷载效应分离时,需要已知荷载输入信息。

在外荷载大小未知的情况下,对结构振动响应数据可以采用频域的分离方法,通过设定分界频率来将结构加速度等动态数据中较低频的温度等荷载效应进行分离(李苗,2013;吴佰建等,2008)。然而,频域法无法有效分离频率相近的荷载效应,且不适用于结构静力响应的荷载效应分离。近年来,一些学者基于结构响应数据自身的数据特征(或数据模式)开展了荷载效应分离研究。其中,应用较多的有 PCA 方法、独立成分分析法(independent component analysis,ICA)等。其中 PCA 方法将结构外荷载看作造成结构多测点响应数据变化的隐含变量,通过特征值分析或最大似然估计来求得这个隐含变量及其与结构响应间的映射关系。4.2.4 节已经从监测缺失数据修复的角度对它进行了介绍。若在数据重构时仅选取单一的主成分进行反向重构,则可以将该主成分相关的响应分量从总体响应中分离出来,从而实现荷载效应的分离。ICA 则将结构多源荷载效应看成各自独立的原始信号,监测到的结构总响应数据看作由原始信号组成的混合信号,进而通过盲源分离技术从多通道的混合信号中分离出相互独立的各原始信号。PCA 和 ICA 虽然不需要荷载的输入信息,但本身依然属于线性模型的范畴,因此当结构荷载响应间的非线性关系或时变效应较为明显时,其分离精度会有所降低。

4.5.2 基于贝叶斯动态线性模型的荷载效应分离方法

在结构荷载效应分离中,BDLM 假设结构响应与外荷载的大小之间存在一个动态变化的线性回归关系,并将回归系数看作随机变量,称为状态参量。对于每一时刻,BDLM 始终利用过去的信息建立该状态参量的先验分布,再根据新的监测数据估计这一状态参量的后验分布,从而实时动态地更新外荷载与结构响应间的回归关系,进而实现各荷载效应的实时分离。

1. 动态线性模型定义

若结构受一个随时间变化的外荷载作用,t 时刻其测量值为 x_t(如温度),此时用 y_t 表示 t 时刻观测到的结构响应(监测值),则关于 y_t 的一元回归 BDLM 可以定义如下。

观测方程:
$$y_t = \alpha_t + \gamma_t x_t + \nu_t, \quad \nu_t \sim N(0, V_t) \tag{4.5.1}$$

状态方程:
$$\boldsymbol{\theta}_t = \begin{Bmatrix} \alpha \\ \gamma \end{Bmatrix}_t = \begin{Bmatrix} \alpha \\ \gamma \end{Bmatrix}_{t-1} + \boldsymbol{\omega}_t, \quad \boldsymbol{\omega}_t \sim N(0, \boldsymbol{W}_t) \tag{4.5.2}$$

初始先验：
$$(\boldsymbol{\theta}_0 | D_0) \sim N(\boldsymbol{m}_0, \boldsymbol{C}_0) \quad (4.5.3)$$

式中，随机向量 $\boldsymbol{\theta}_t$ 称为状态向量；α_t 定义了除外荷载外的趋势项分量，包含结构自重等荷载作用下的基础荷载效应分量；γ_t 为 x_t 对应的回归参数；$\gamma_t x_t$ 为由荷载 x_t 造成的荷载效应；ν_t 为考虑了不确定性的观测误差；在结构自重和恒荷载不变的情况下，观测方程定义了 t 时刻结构响应 y_t 与外荷载 x_t 间的线性回归关系；ω_t 为系统噪声，它表示状态向量 $\boldsymbol{\theta}_t$ 在相邻时间步之间的随机变化；因此，状态方程定义了相邻时间步状态向量 $\boldsymbol{\theta}_t$ 的动态变化；ν_t 和 ω_t 相互独立，并分别服从零均值的正态分布，其分布的方差和协方差分别为 V_t 和 W_t；$\boldsymbol{\theta}_0$ 表示状态向量 $\boldsymbol{\theta}_t$ 基于历史数据（D_0）的初始分布；$\boldsymbol{m}_0$ 为先验均值；$\boldsymbol{C}_0$ 为先验协方差矩阵。通过式(4.5.1)和式(4.5.2)可以建立监测数据和外荷载间的动态关系，然后根据贝叶斯递推（或称卡尔曼滤波）实时修正各时刻状态向量（回归参数）的后验概率分布。

上述定义也可写为更一般的形式。

观测方程：
$$y_t = \boldsymbol{F}_t^{\mathrm{T}} \boldsymbol{\theta}_t + \nu_t, \quad \nu_t \sim N(O, V_t) \quad (4.5.4)$$

状态方程：
$$\boldsymbol{\theta}_t = \boldsymbol{G}_t \boldsymbol{\theta}_{t-1} + \boldsymbol{\omega}_t, \quad \boldsymbol{\omega}_t \sim N(\boldsymbol{O}, \boldsymbol{W}_t) \quad (4.5.5)$$

初始先验：
$$(\boldsymbol{\theta}_0 | D_0) \sim N(\boldsymbol{m}_0, \boldsymbol{C}_0) \quad (4.5.6)$$

式中，$\boldsymbol{F}_t$ 为观测矩阵；$\boldsymbol{G}_t$ 为状态转移矩阵。令 $\boldsymbol{F}_t = [1, x_t]^{\mathrm{T}}$，$\boldsymbol{G}_t = \boldsymbol{I}_{2\times 2}$，$\boldsymbol{I}_{2\times 2}$ 为 2×2 的单位矩阵。当结构受多个外荷载作用时，上述模型可以进行拓展，令 $\boldsymbol{F}_t = [1, x_{1t}, x_{2t}, \cdots, x_{rt}]^{\mathrm{T}}$，$\boldsymbol{G}_t = \boldsymbol{I}_{(r+1)\times(r+1)}$，$\boldsymbol{\theta}_t = [\alpha, \gamma_1, \gamma_2, \cdots, \gamma_r]^{\mathrm{T}}$，即可建立受 r 种外荷载作用的多元回归 BDLM。

2. 模型修正及超参数的确定

为了估计每个时间步状态向量的值，需要根据 $\boldsymbol{\theta}_0$ 对 BDLM 进行概率递推。BDLM 的模型递推过程是基于贝叶斯定理进行的。将 $t=0$ 时的所有先验信息记为 D_0，则任一时刻 t 的有效信息集合为 $D_t = \{y_t, D_{t-1}\}$，BDLM 递推的过程为：首先根据 $t-1$ 时刻的结果求得 $\boldsymbol{\theta}_t | D_{t-1}$ 的先验分布，再根据观测方程求 $y_t | D_{t-1}$ 的预测分布，然后在已知新的观测值之后，应用贝叶斯定理求得 $\boldsymbol{\theta}_t | D_t$ 的后验分布，从而实现对模型的修正。具体来说，单变量 BDLM 的递推结果如下（West et al., 1997）。

$t-1$ 时刻的后验分布：对于均值 $\boldsymbol{m}_{t-1}$ 和协方差矩阵 $\boldsymbol{C}_{t-1}$，有
$$(\boldsymbol{\theta}_{t-1} | D_{t-1}) \sim N(\boldsymbol{m}_{t-1}, \boldsymbol{C}_{t-1}) \quad (4.5.7)$$

t 时刻的先验分布为

$$(\boldsymbol{\theta}_t | D_{t-1}) \sim N(\boldsymbol{a}_t, \boldsymbol{R}_t) \tag{4.5.8}$$

式中,由状态方程可知:

$$\boldsymbol{a}_t = E(\boldsymbol{\theta}_t | D_{t-1}) = E(\boldsymbol{G}_t \boldsymbol{\theta}_{t-1} + \boldsymbol{\omega}_t | D_{t-1}) = \boldsymbol{G}_t \boldsymbol{m}_{t-1}$$

$$\boldsymbol{R}_t = \text{var}(\boldsymbol{\theta}_t | D_{t-1}) = \text{var}(\boldsymbol{G}_t \boldsymbol{\theta}_{t-1} + \boldsymbol{\omega}_t | D_{t-1}) = \boldsymbol{G}_t \boldsymbol{C}_{t-1} \boldsymbol{G}_t^\mathrm{T} + \boldsymbol{W} \tag{4.5.9}$$

其中,$\boldsymbol{a}_t$ 为荷载效应分量;$\boldsymbol{R}_t$ 为 t 时刻的先验方差;D_{t-1} 为 $t-1$ 时刻的有效信息集合。

t 时刻的一步预测分布为

$$(y_t | D_{t-1}) \sim N(f_t, Q_t) \tag{4.5.10}$$

式中,由观测方程可知:

$$f_t = E(y_t | D_{t-1}) = \boldsymbol{F}_t^\mathrm{T} E(\boldsymbol{\theta}_t | D_{t-1}) + E(\nu_t) = \boldsymbol{F}_t' \boldsymbol{a}_t$$

$$Q_t = \text{var}(y_t | D_{t-1}) = \boldsymbol{F}_t^\mathrm{T} \text{var}(\boldsymbol{\theta}_t | D_{t-1}) \boldsymbol{F}_t + \text{var}(\nu_t) = \boldsymbol{F}_t^\mathrm{T} \boldsymbol{R}_t \boldsymbol{F}_t + V_t \tag{4.5.11}$$

t 时刻的后验分布为

$$(\boldsymbol{\theta}_t | D_t) \sim N(\boldsymbol{m}_t, \boldsymbol{C}_t) \tag{4.5.12}$$

式中,由贝叶斯定理可知,$p(\boldsymbol{\theta}_t | D_t) \propto p(\boldsymbol{\theta}_t | D_{t-1}) p(y_t | \boldsymbol{\theta}_t, D_{t-1})$,从而可得

$$\boldsymbol{m}_t = \boldsymbol{a}_t + \boldsymbol{A}_t e_t$$

$$\boldsymbol{C}_t = \boldsymbol{R}_t - \boldsymbol{A}_t Q_t \boldsymbol{A}_t^\mathrm{T}$$

$$e_t = y_t - f_t$$

$$\boldsymbol{A}_t = \boldsymbol{R}_t \boldsymbol{F}_t Q_t^{-1} \tag{4.5.13}$$

图 4.5.1 为贝叶斯预测的递推算法步骤。在这一递推过程中,观测误差的方差以及系统误差的协方差均设定为已知。

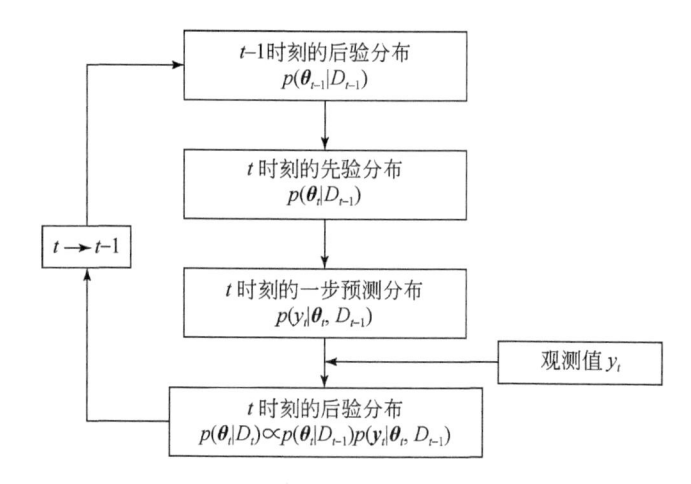

图 4.5.1 贝叶斯预测的递推算法步骤

在上述模型递推过程中,有两个超参数(观测误差的方差 V_t、状态误差的协方差矩阵 W_t)需要提前确定。其中,观测误差的方差 V_t 一般看成定值,可以由历史数据进行估计得到,即首先利用历史数据对结构响应与外荷载进行线性回归拟合,然后统计拟合误差的方差作为 V_t 的取值。除此之外,也可将 V_t 看作随机变量,与状态参量一同在模型递推的过程中进行估计(Ma et al.,2019)。

状态误差的协方差矩阵 W_t 在实际情况中通常难以直接确定,因此一般采用折扣因子 δ 来定义:

$$W_t = G_t C_{t-1} G'_t (1-\delta)/\delta \tag{4.5.14}$$

此时,式(4.5.8)中状态参量在 t 时刻的先验方差 R_t 变为

$$R_t = G_t C_{t-1} G'_t + W_t = G_t C_{t-1} G'_t /\delta \tag{4.5.15}$$

折扣因子($\delta \in (0,1]$)实际上定义了状态参量在 $t-1$ 时刻的后验方差与 t 时刻先验方差间的比值。当 $\delta < 1$ 时,$W_t > 0$,状态向量的误差项存在,意味着状态向量在相邻时间步存在一定的随机变化,且 δ 越小,这个随机变化量的分布越分散。而当 $\delta = 1$ 时,$W_t = 0$,意味着状态向量的误差项不存在,状态向量在相邻时间步间保持不变。此时,上述 BDLM 变成贝叶斯静态线性模型。为确定该折扣因子的取值,通常通过对一段历史数据进行递推,计算不同折扣因子下的一步预测误差,并选取使得预测误差最小的折扣因子作为最优折扣因子。当结构各荷载分量对应的状态参量变化程度不同时,还可以针对每个分量选取不同的折扣因子以确定 W_t (Ma et al.,2019)。此外,当结构外荷载和结构响应间的回归关系有较大的突然变化时(如结构突发损伤等),还可以在模型预测误差较大时对 W_t 进行反馈干预,即对其进行自动放大,以使得状态参量被更快速地修正到变化后的值。

3. 荷载效应分离

在得到每一个时刻 $\boldsymbol{\theta}_t$ 的后验分布后,通过模型分解就能得到该时刻每个荷载效应对结构响应贡献的后验分布。若 s_{ti} 定义为由第 i 个荷载造成的结构响应分量,则该荷载效应的后验分布为

$$\begin{cases} s_{ti} | D_t \sim N(f_{y_{ti}}, \sigma_{y_{ti}}) = N(\hat{\boldsymbol{F}}'_{ti} \boldsymbol{m}_t, \hat{\boldsymbol{F}}'_{ti} \boldsymbol{C}_t \hat{\boldsymbol{F}}_{ti}) \\ \hat{\boldsymbol{F}}'_{ti} = \{0,\cdots,0,F_{ti},0,\cdots,0\} \end{cases} \tag{4.5.16}$$

式中,$\boldsymbol{m}_t$ 和 $\boldsymbol{C}_t$ 分别为状态向量的后验均值和协方差矩阵;$\hat{\boldsymbol{F}}'_{ti}$ 为一个 n 维向量,n 为状态向量的维度,其中第 i 个元素等于观测向量 $\boldsymbol{F}_t$ 的第 i 个元素,其余元素等于 0。经过这样的模型分解就可以将结构的响应分解成相应荷载的分量响应。

综上所述,基于 BDLM 进行荷载效应分离的基本步骤可以归纳如下。

(1) 根据结构所受荷载的数量,建立相应的 BDLM。

(2) 利用一段时间的历史监测数据确定初始先验信息,并估计模型超参数。

(3) 根据 $t-1$ 时刻的模型参数,预测 t 时刻的响应观测值。

(4) 根据 t 时刻实际测得的监测数据,修正状态参量的后验概率分布。

(5) 根据修正后的状态参量后验概率分布,实时分离各荷载效应。

4. 荷载效应分离算例

1) 温度荷载效应分离

温度是空间结构的主要外荷载,温度荷载效应也是结构状态识别中的主要干扰效应之一。因此,对于大多数空间结构,可以建立关于温度的一元回归 BDLM,从而对温度荷载效应进行分离。以某钢结构看台一个水平构件处的应力响应监测数据为例,对其中的温度效应分量进行分离。

(1) 数值模拟算例。

在实际结构中,温度效应的真实值是未知的,因此首先对结构有限元模拟的一段应力响应数据进行分析。对有限元模型施加与实际温度变化类似的 50 天内的共 400 个温度荷载变化序列,如图 4.5.2(a)所示,模拟得到的示例测点处结构应力响应数据如图 4.5.2(b)所示。其中,在第 200 次以后的模拟中对该构件引入边界

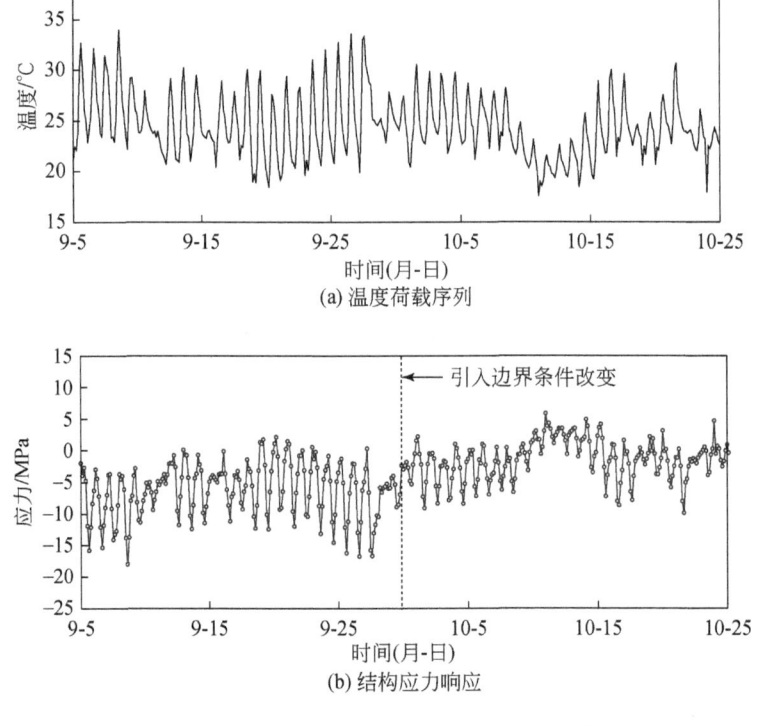

(a) 温度荷载序列

(b) 结构应力响应

图 4.5.2 施加的温度荷载序列及示例测点处及结构应力响应

条件的改变,以考察 BDLM 对结构外荷载和响应间的回归关系变化的追踪能力。为考虑测量误差和其他不确定性,在模拟得到的响应数据中另外加入白噪声序列,其标准差取原数据样本均方根值的 20%。

图 4.5.3 为分离所得的荷载效应分量结果和对应的 95% 置信区间。其中,图 4.5.3(a)为除去温度荷载效应后的趋势项分量,图 4.5.3(b)所示为温度荷载效

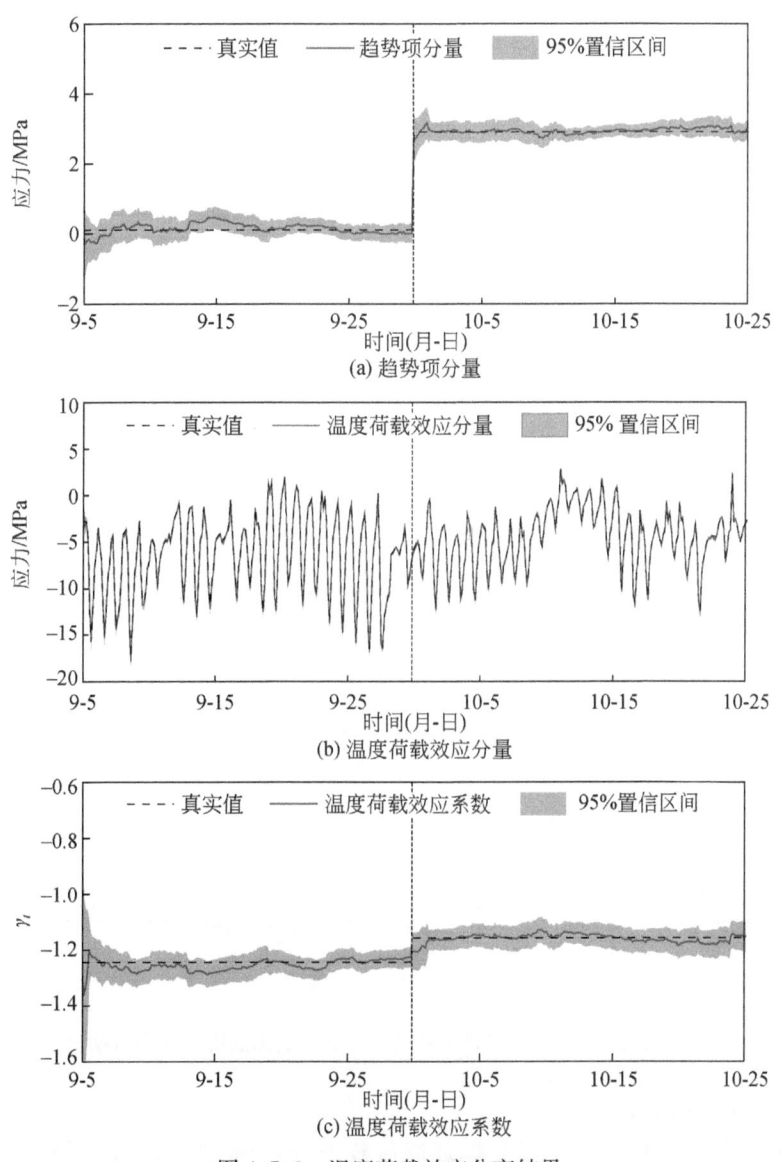

图 4.5.3 温度荷载效应分离结果

应分量,图 4.5.3(c)为相应的应力响应与温度间的回归系数。从图中可以看出,BDLM 分离得到的温度荷载效应分量与实际值基本符合,并且在分离了温度荷载效应之后,可以非常清晰地观察到由结构边界条件改变造成的应力响应改变。

(2) 实测数据算例。

选取某水平构件某段时间内的实测数据进行分析,原始应力监测数据如图 4.5.4 所示。从图中可以看出,在该段时间内构件应力响应出现了一个明显的异常波动。图 4.5.5 为采用 BDLM 对其进行荷载效应分离的结果。其中,图 4.5.5(a) 为去除温度荷载效应后的趋势项分量,图 4.5.5(b)为温度荷载效应分量,图 4.5.5(c) 为相应的温度荷载效应系数。可以看出,BDLM 在数据异常波动后能够快速修正状态参量,从而得到更新后的外荷载与结构响应间的回归关系。

(a) 实测温度数据

(b) 实测应力数据

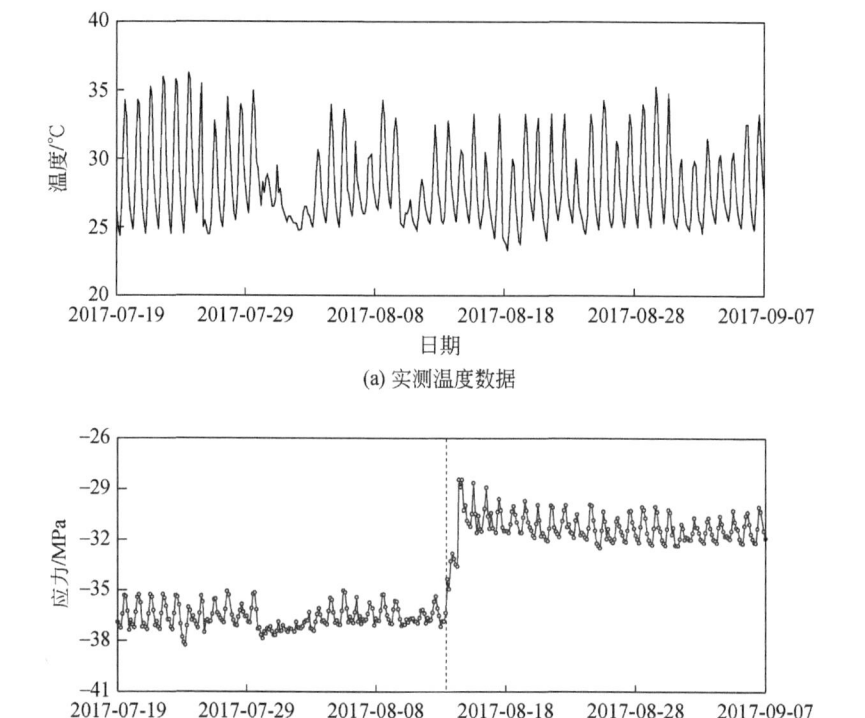

图 4.5.4 温度荷载效应分离示例测点实测温度及应力数据

2) 阶段性荷载效应分离

有些特定的空间结构除受长期环境荷载外,还会受到阶段性荷载的影响。例如,北方地区的建筑冬季会出现阶段性的积雪荷载,体育场看台或观众席结构会在

(a) 趋势项分量

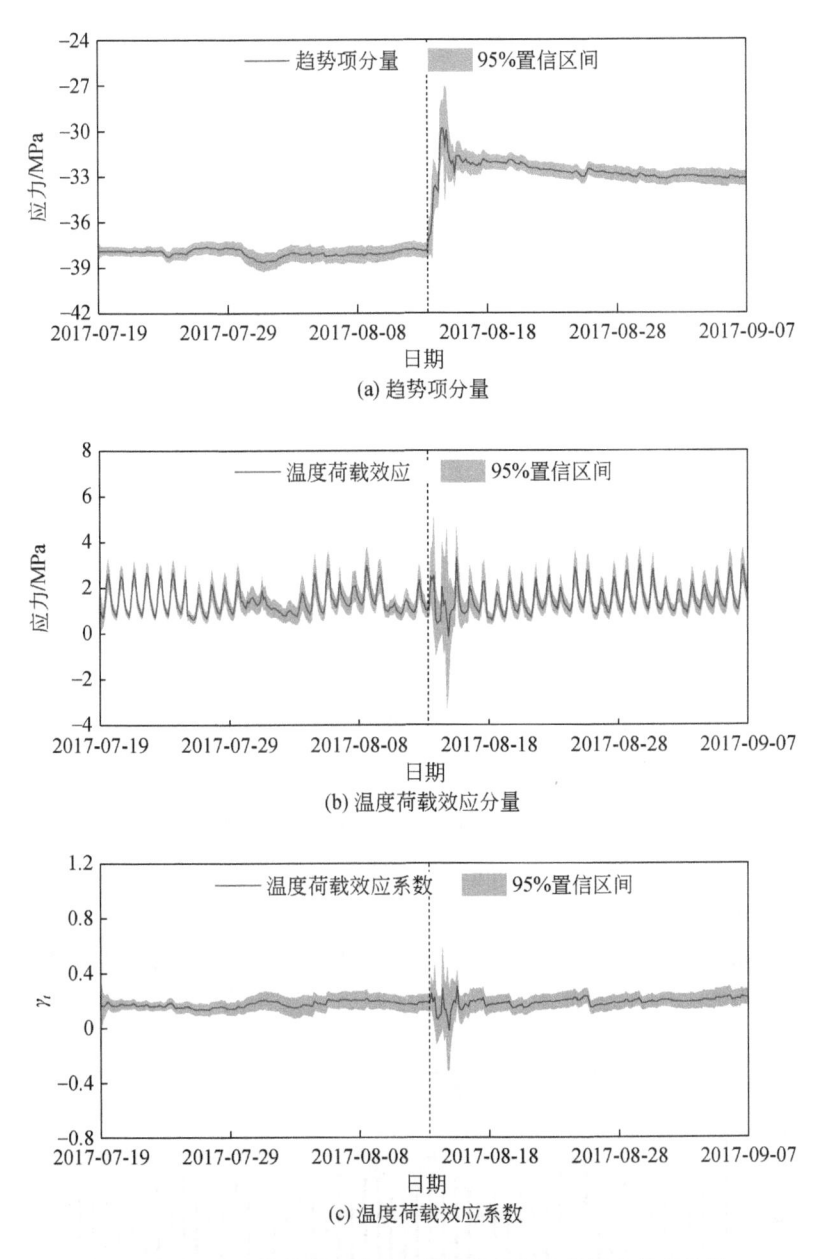

(b) 温度荷载效应分量

(c) 温度荷载效应系数

图 4.5.5　温度荷载效应分离示例测点温度荷载效应分离结果

特定时间受到阶段性的观众荷载影响等。这些荷载的大小往往难以直接进行测量，但其作用时间可以通过外部信息获取。此时，可以建立一种特殊的 BDLM 对这部分荷载效应进行分离，称为分类回归 BDLM。考虑一个特殊的回归项，其相应

的观测值 z_t 定义为

$$z_t = \begin{cases} 1, & \text{受阶段性荷载作用} \\ 0, & \text{无阶段性荷载作用} \end{cases} \quad (4.5.17)$$

即当结构受阶段性荷载作用时取 1,当结构不受该阶段性荷载作用时取 0。引入该分类回归变量后,分类回归 BDLM 定义如下。

观测方程:

$$y_t = \langle 1, x_t, z_t \rangle \begin{Bmatrix} \alpha \\ \gamma \\ \lambda \end{Bmatrix}_t + \nu_t = \alpha_t + \gamma_t x_t + \lambda_t z_t + \nu_t \quad (4.5.18)$$

状态方程:

$$\boldsymbol{\theta}_t = \begin{Bmatrix} \alpha \\ \gamma \\ \lambda \end{Bmatrix}_t = \begin{Bmatrix} \alpha \\ \gamma \\ \lambda \end{Bmatrix}_{t-1} + \boldsymbol{\omega}_t \quad (4.5.19)$$

式中,λ_t 为阶段性荷载效应;此时 BDLM 中观测向量为 $\boldsymbol{F}_t = \{1, x_t, z_t\}^T$,状态转移矩阵为 $\boldsymbol{G}_t = \boldsymbol{I}_{3\times 3}$;状态向量 $\boldsymbol{\theta}_t = \{\alpha_t, \gamma_t, \lambda_t\}^T$。在分类回归 BDLM 的递推过程中,当 z_t 取 1 时,阶段性荷载参数 λ_t 将会与其他状态参量(α_t 和 γ_t)一起被新的监测数据修正。而当结构不受阶段性荷载,即 z_t 取 0 时,预测模型将退回到传统的回归模型,参数 λ_t 也不再被修正。

(1) 数值模拟算例。

选取一个观众席钢结构某处的竖向立柱构件作为研究对象。首先对结构有限元模拟的应力响应数据进行分析,同时施加温度荷载作用和阶段性观众荷载作用,其中温度荷载序列与图 4.5.2(a)所示相同,观众荷载序列如图 4.5.6(a)所示。观众荷载仅施加于每天的最后一次应力模拟中,其余时间该观众席无观众荷载作用。为了考察 BDLM 对结构外荷载与响应间回归关系变化的追踪情况,同样在第 200

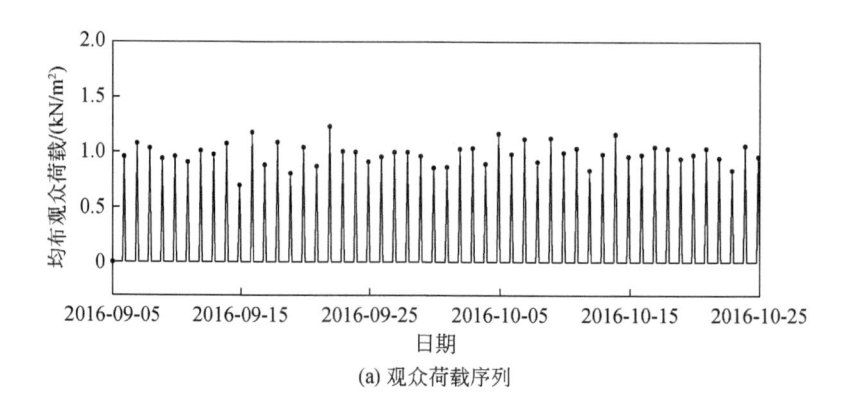

(a) 观众荷载序列

(b) 结构应力响应

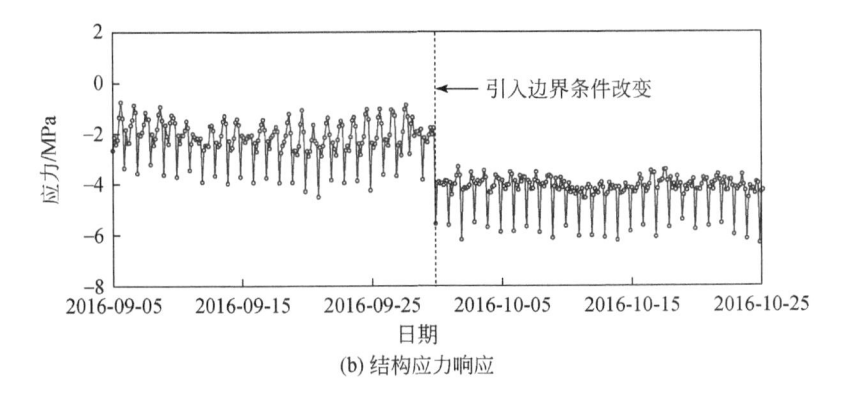

图 4.5.6　施加的观众荷载序列及示例测点处结构应力响应

次之后的模拟中引入结构边界条件的改变（支座刚度损失）。为考虑测量误差和其他不确定性，在模拟得到的响应数据中另外加入白噪声序列，其标准差取原数据样本均方根值的 20%。

图 4.5.7 为分离所得的温度和阶段性观众荷载效应分离结果。其中，图 4.5.7(a) 为除去温度荷载效应后的趋势项分量，图 4.5.7(b) 所示为温度荷载效应分量，图 4.5.7(c) 为相应的温度荷载效应系数，图 4.5.7(d) 为观众荷载效应分量。从图中可以看出，BDLM 分离得到的温度和观众荷载效应分量与实际值基本符合，并且给出了分离结果的置信区间。在分离了温度和观众荷载效应之后，可以从基准荷载效应分量中非常清晰地观察到由结构边界条件改变造成的应力响应改变。

(2) 实测数据算例。

选取该竖向构件某段时间内的实测数据进行分析，原始应力监测数据及温度

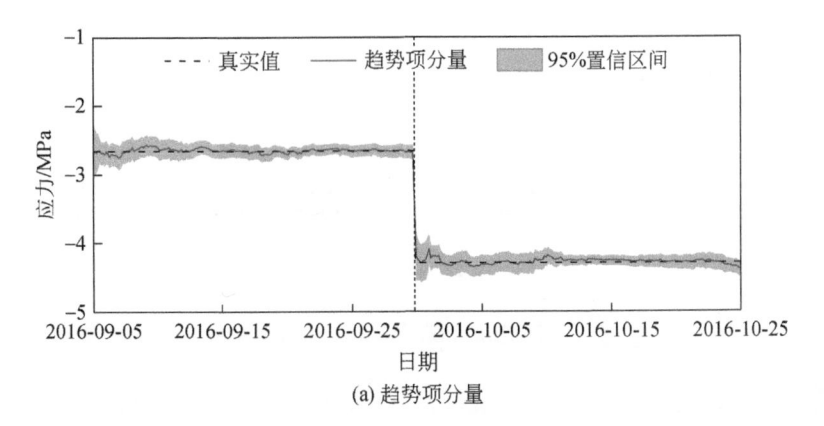

(a) 趋势项分量

(b) 温度荷载效应分量

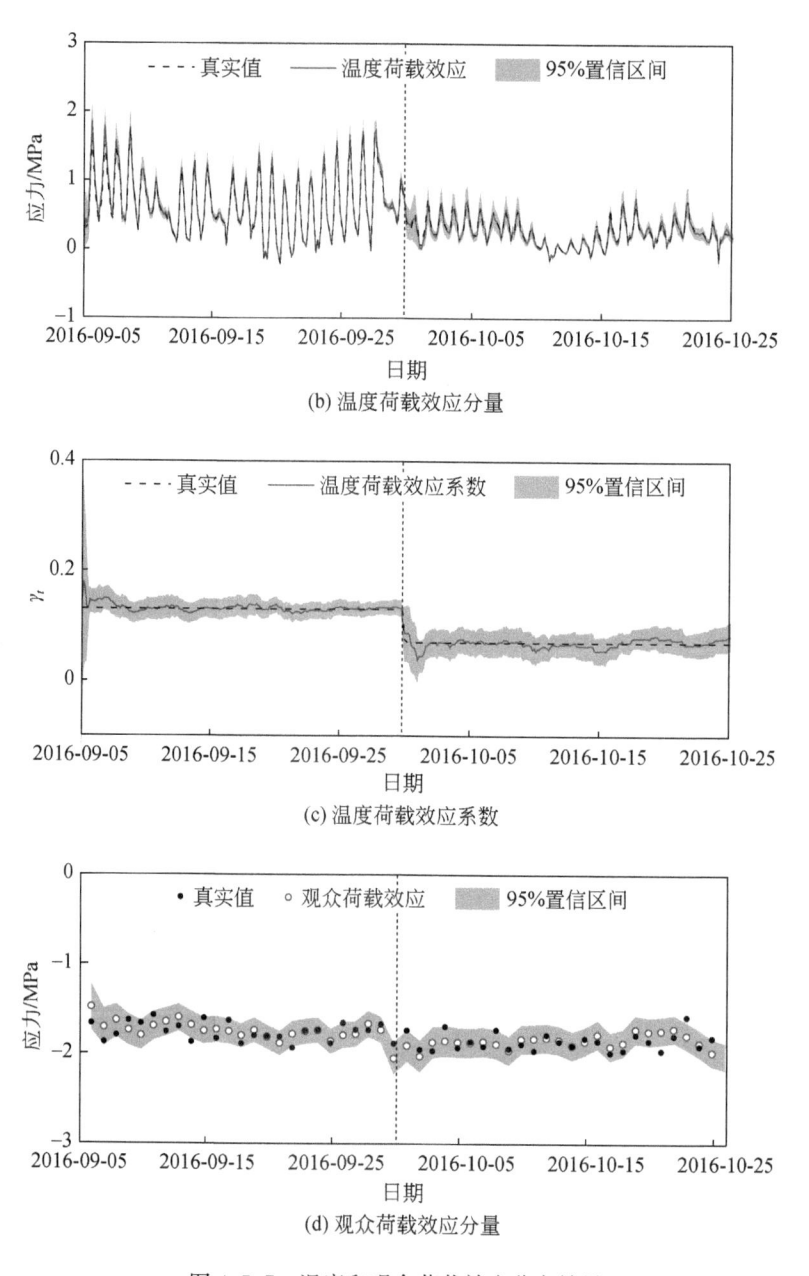

(c) 温度荷载效应系数

(d) 观众荷载效应分量

图 4.5.7　温度和观众荷载效应分离结果

荷载实测结果如图 4.5.8 所示。观众荷载的大小在实际中无法测量,但已知观众荷载作用的时刻。图 4.5.9 为采用 BDLM 对其进行荷载效应分离的结果。其中,图 4.5.9(a)为去除了温度荷载效应后的趋势项分量,图 4.5.9(b)为温度荷载效应分量，图 4.5.9(c)为相应的温度荷载效应系数，图 4.5.9(d)为观众荷载效应分量。可以看出，BDLM 在观众荷载大小未知，但作用时间已知时，依然可以将其对应的

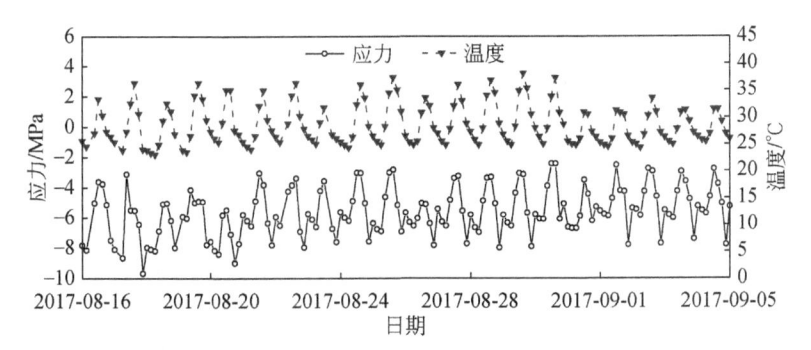

图 4.5.8　阶段性荷载效应分离示例测点应力和温度荷载实测数据

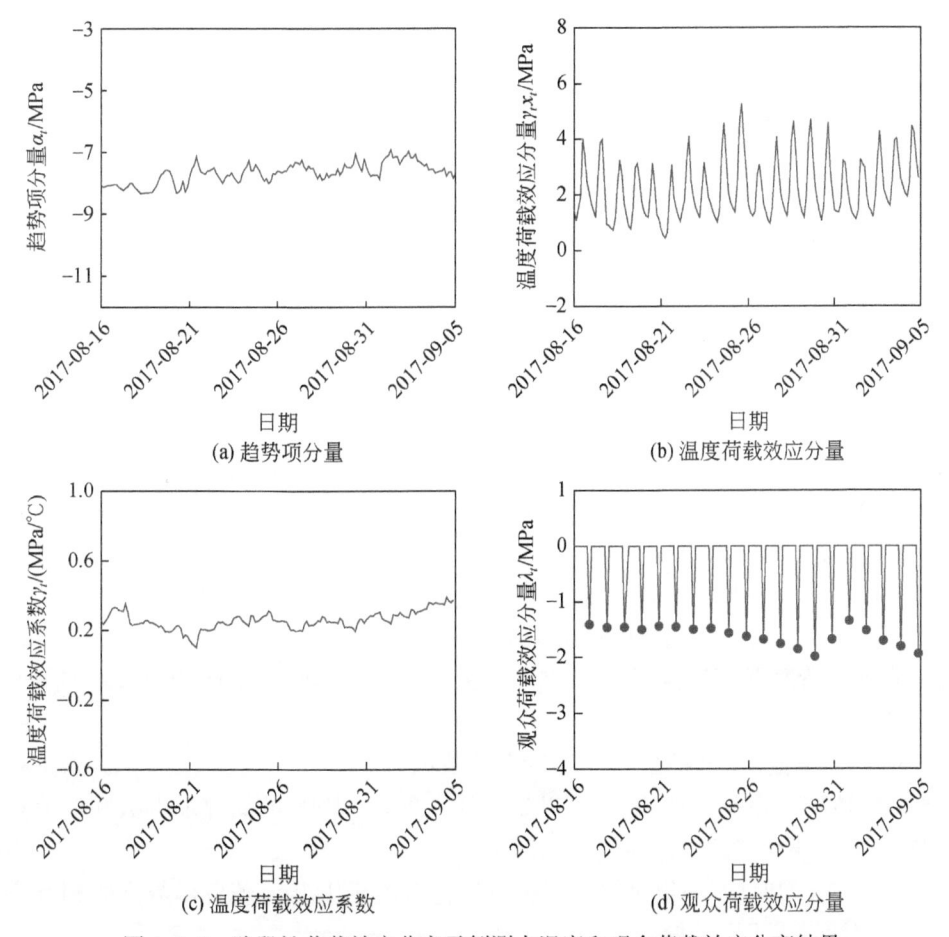

(a) 趋势项分量

(b) 温度荷载效应分量

(c) 温度荷载效应系数

(d) 观众荷载效应分量

图 4.5.9　阶段性荷载效应分离示例测点温度和观众荷载效应分离结果

效应分量进行有效分离。

4.5.3 基于独立成分分析的荷载效应分离方法

ICA 是盲源分离方法中的一种,能够从多通道的混合信号中分离出相互独立的原始信号,而不需要任何其他信息。采用 ICA 进行荷载效应分离时,可以将结构多源荷载效应看成各自独立的原始信号,监测到的多个测点处的结构总响应数据看作由原始信号组成的混合信号,进而实现荷载效应的分离。然而,由于 ICA 法本身的特性,当采用 ICA 直接对多测点数据进行分析时,可能会导致所分离出的独立成分(各荷载效应)与实际分量的幅值有所区别,甚至可能完全反向。为此,一些学者提出了独立主成分分析和总体经验模态分解(ensemble empirical mode decomposition, EEMD)的混合算法(Zhu et al.,2018;毋文峰等,2011)。这类算法首先采用 EEMD 将单测点的响应数据进行分解,从而实现了单测点结构响应信号的拓展(升维),之后再采用 ICA 对拓展后的多维数据进行分析。单测点的响应数据中各荷载效应的混合比例基本稳定,因此 EEMD-ICA 方法分离得到的各荷载效应分量就不再有幅值上的误差。

1. 荷载效应分离方法的基本原理

1)基于总体经验模态分解的结构响应拓展

经验模态分解(empirical mode decomposition, EMD)是一种自适应的信号时频处理方法,尤其适合处理非线性、非平稳信号的分解拓展处理。基于 EMD 算法的特征,该算法可以在荷载分离前对实测的单通道响应数据进行多通道的拓展处理。该方法本质上是对一个信号进行平稳化处理,将信号中不同尺度的波动或趋势逐级分解开来,产生一系列具有不同特征尺度的数据序列,每一个序列称为一个本征模态函数(intrinsic mode function, IMF)。每个 IMF 必须满足如下两个基本条件(Huang et al.,1998)。

(1) 在整个数据序列上,极值点的个数和过零点的个数相差不大于 1。

(2) 在任意点处,上下包络线的均值为 0。

在实际情况下,实测获得的数据序列无法满足上述两个条件,因此,做如下的基本假设。

(1) 任何数据序列都是由若干 IMF 构成的。

(2) IMF 可以是线性的,也可以是非线性的,各 IMF 的局部零点数和极值点数相同,且上下包络线关于时间轴局部对称。

(3) 在任何时候,一组时间序列都可以包含若干 IMF。若各函数之间相互叠加在一起就组成了原始信号。

第4章 空间结构健康监测数据处理方法

对于一个给定的实测结构响应 $X_0(t)$，EMD 算法的计算过程如下所述。

首先，确定 $X_0(t)$ 的所有极大值点，通过三次样条函数拟合出极大值包络线 $e_+(t)$；同理，确定 $X_0(t)$ 的所有极小值点，通过三次样条函数拟合出极大值包络线 $e_-(t)$。极大值和极小值包络线的均值作为 $X_0(t)$ 的均值线 $m_1(t)$：

$$m_1(t) = \frac{e_+(t) + e_-(t)}{2} \tag{4.5.20}$$

上述的运算过程如图 4.5.10 所示，进一步将 $X_0(t)$ 减去均值线 $m_1(t)$，得到一个新的数据序列 $h_1^l(t)$：

$$h_1^l(t) = X_0(t) - m_1(t) \tag{4.5.21}$$

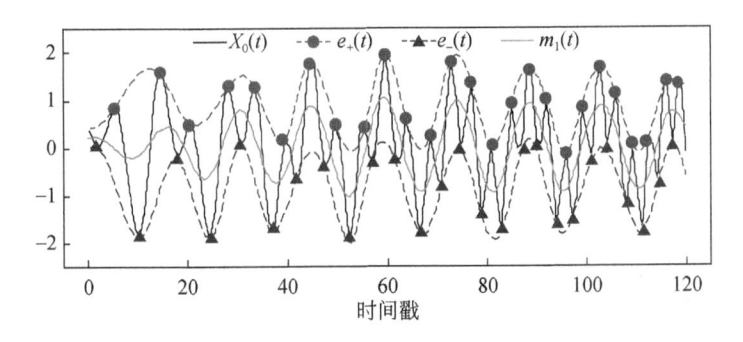

图 4.5.10　EMD 算法计算过程

通常 $h_1^l(t)$ 无法满足 IMF 的两个基本条件，接着重复 l 次减去包络线均值的过程（l 一般小于 10），可得到 $h_1^l(t)$ 满足 IMF 的基本条件，则原时间序列 $X_0(t)$ 的第 1 阶 IMF 分量为

$$c_1(t) = h_1^l(t) \tag{4.5.22}$$

然后用 $X_0(t)$ 减去 $c_1(t)$，得到 1 个去掉第 1 阶 IMF 的新数据序列 $r(t)$：

$$r(t) = X_0(t) - c_1(t) \tag{4.5.23}$$

对 $r(t)$ 重复确定第 1 阶 IMF 的过程，得到第 2 阶 IMF 分量 $c_2(t)$，如此重复进行，直到第 J 阶 IMF 分量 $c_J(t)$ 或残差 $r_J(t)$ 小于预设值；或当 $r(t)$ 是单调函数时，EMD 计算过程停止。基于上述 EMD 算法，实测结构响应 $X_0(t) = \{x(t) | t = 1, 2, \cdots, N\}$（$N$ 为实测响应的数据长度）可分解为一系列的 IMF 分量。$X_0(t)$ 可表示为一系列 IMF 和残差的集合：

$$X_0(t) = \sum_{j=1}^{J} c_j(t) + r(t), \quad j = 1, 2, \cdots, J \tag{4.5.24}$$

式中，c_j 为第 j 个 IMF；J 为 IMF 矩阵的阶数；$r(t)$ 为 $X_0(t)$ 的残差。在实际情况下，上下包络线的均值无法为 0，通常当满足式（4.5.25）时，可认为 IMF 分量已满足收敛条件：

$$\frac{\sum\left[h_1^{l-1}(t)-h_1^l(t)\right]^2}{\sum\left[h_1^{l-1}(t)\right]^2} \leqslant \varepsilon_{\text{EMD}} \quad (4.5.25)$$

式中,ε_{EMD}为收敛阈值,一般取值为 0~0.3。

EMD 算法仍存在一些问题尚待解决,其中最主要的是无法克服分解得到的 IMF 分量存在的模态混叠问题。为了解决这一问题,EEMD 被提出,该算法是一种基于白噪声的改进 EMD 算法,其基本思路为:在数据序列中添加一定噪声水平的白噪声,IMF 分量能自动映射到合适的参考尺度上。同时,由于白噪声零均值的特性,添加的次数越多,越可以通过取平均值的方法来消除 IMF 分量中的噪声,总体的平均结果即认为是理论的分解结果(Hua et al.,2009)。EEMD 算法的步骤归纳如下。

首先,将白噪声信号添加到实测结构响应 $X_0(t)$ 中。

$$X_m(t)=X_0(t)+n_m(t), \quad m=1,2,\cdots,M \quad (4.5.26)$$

$$a_n=l_{\text{no}}\sigma(X_0(t)) \quad (4.5.27)$$

式中,$n_m(t)$ 为第 m 组白噪声信号;a_n 为白噪声的幅度;$X_m(t)$ 为第 m 组添加了白噪声的实测结构响应;$\sigma(\cdot)$ 为标准差运算;l_{no} 为白噪声水平;M 为总体平均次数。

根据实际经验,建议 l_{no} 的常用取值为 0.2,M 的常用取值为 100~500,采用如下的经验公式描述 a_n 和 M 之间的关系:

$$\ln E_{\text{IMF}}+\frac{a_n}{2}\ln M=0 \quad (4.5.28)$$

式中,E_{IMF} 为实测结构响应 $X_0(t)$ 与相应 IMF 之间误差的标准差。然而,白噪声水平 l_{no} 的经验值无法通用于不同的应用场景。当白噪声水平较低时,无法在实测数据的极端值中引入足够的变化,从而对需要分解的实测数据几乎没有影响,将导致 EEMD 的分解性能受到影响。为了确定不同场景下最优的白噪声水平,引入了无量纲的相对均方根误差(R_{RMSE})来评估 EEMD 在不同噪声水平下的分解性能(Wold et al.,1987):

$$R_{\text{RMSE}}=\sqrt{\frac{\sum_{t=1}^N\left[X_0(t)-\bar{c}_{\max}(t)\right]^2}{\sum_{t=1}^N\left[X_0(t)-\bar{x}_0\right]^2}} \quad (4.5.29)$$

式中,$\bar{c}_{\max}$ 为与 $X_0(t)$ 相关性最高的 IMF;$\bar{x}_0$ 和 N 分别为响应数据的平均值和长度。如果 R_{RMSE} 的值很小且接近 0,说明选择的 $\bar{c}_{\max}$ 和 $X_0(t)$ 差异较小,EEMD 的分解不充分;反之,如果 R_{RMSE} 的值接近 1,说明 EEMD 对响应数据的分解比较彻底,设置的白噪声水平适用于被研究的响应信号。综上所述,最优的白噪声水平将使 R_{RMSE} 的值最大。

在确定了白噪声水平后,重复 M 次 EMD 的计算过程:

$$X_m(t) = \sum_{j=1}^{J} c_{m,j}(t) + r_m(t), \quad m=1,2,\cdots,M \tag{4.5.30}$$

式中,$c_{m,j}(t)$ 和 $r_m(t)$ 分别为第 m 次重复计算时的第 j 个 IMF 和残差。然后,计算不同次数重复下对应的 IMF:

$$\bar{c}_j = \frac{1}{M}\sum_{m=1}^{M} c_{m,j}(t) \tag{4.5.31}$$

最后,得到 EEMD 的分解结果:

$$X_0(t) = \sum_{j=1}^{J} \bar{c}_j(t) + \bar{r}(t) \tag{4.5.32}$$

式中,$\bar{c}_j(t)$ 为第 j 个 IMF 的均值;$\bar{r}(t)$ 为残差的均值。通过上述计算过程,实测的单通道响应数据被分解为 J 维矩阵 $\boldsymbol{X}_0' = [\bar{c}_1, \bar{c}_2, \cdots, \bar{c}_J]$。

通常,经过 EEMD 分解的响应信号的数据量很大。此时,可以引入 PCA 对 EEMD 分解得到的数据进行降噪和降维处理。经过降维,$\boldsymbol{X}_0'$ 转换为新构造的多通道数据 $\boldsymbol{X}$。

2) 基于独立成分分析的结构响应信号分离

ICA 是一种广泛使用的基于统计独立性的信号处理和数据分析方法,其原理框图如图 4.5.11 所示。相比于 PCA 和奇异值分解(singular value decomposition,SVD),ICA 是一种基于数据高阶统计特征的分析方法,通过 ICA 分离得到的各分量是相互独立的。该方法以统计独立原则为基础,采用数学优化算法将多通道的混合实测数据分解成多个独立分量。在结构监测领域,独立分量可以反映实测数据的高阶统计特性,在统计意义上反映结构在荷载作用下的本质特性,因此 ICA 是一种结构响应数据分离的有效工具。

在复杂多元荷载作用下结构响应的线性叠加符合一个标准的 ICA 统计变量模型:

$$\boldsymbol{X} = \sum_{i=1}^{N_L} a_i \boldsymbol{s}_i \tag{4.5.33}$$

式中,a_i 为各组荷载效应的叠加系数;s_i 为第 i 组荷载效应;N_L 为荷载效应的数量。s_i 作为各独立成分是隐含变量,不能直接测量。ICA 模型可根据采集传感器个数 n 和源信号个数 m 的关系,分为以下三类。

(1) 当 $n=m$ 时,称为正定 ICA 模型。
(2) 当 $n>m$ 时,称为超定 ICA 模型。
(3) 当 $n<m$ 时,称为欠定 ICA 模型。

以上三种类型中,正定 ICA 模型是所有独立分量分析的基础,也是目前研究范围最广的 ICA 模型。主要基于欠定 ICA 模型来解决结构健康监测领域中的结

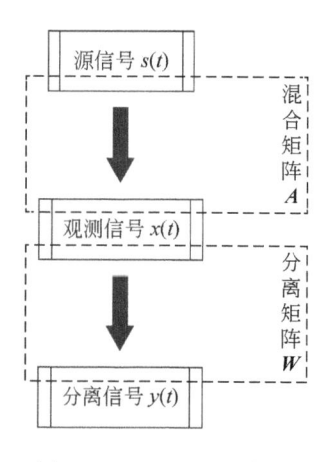

图 4.5.11 ICA 原理框图

构响应分离问题。

ICA 的目的是寻找一个矩阵 $\boldsymbol{W}$ 来还原荷载效应 $\boldsymbol{S}=[s_1,s_2,\cdots,s_{N_L}]$：

$$\boldsymbol{S}=[s_1,s_2,\cdots,s_{N_L}]=\boldsymbol{WX} \tag{4.5.34}$$

为了保证上述模型对于数据序列的有效估计，需满足以下 ICA 约束条件。

(1) 假设独立分量具有统计独立性：ICA 的成立需要随机变量 $s_1,s_2,\cdots,s_{N_L}$ 是独立的。当 $i\neq j$ 时，s_i 的取值对 s_j 的取值不产生影响，彼此之间的信息是不相关的。

(2) 独立分量满足非高斯分布。ICA 是基于数据高阶统计特征的数据处理方法，对满足高斯分布的变量来说，其高阶累积量为零。因此，当独立分量满足高斯分布时，ICA 无法实现。

获得的实测数据往往不满足所提出的 ICA 数学模型，需要在分析前对数据进行预处理，预处理的步骤包含中心化和白化。中心化的目的是简化 ICA 的数据处理，主要内容为去除实测数据 $\boldsymbol{X}$ 的均值，即

$$\boldsymbol{X}'=\boldsymbol{X}-E(\boldsymbol{X}) \tag{4.5.35}$$

式中，$E(\cdot)$ 为期望计算；白化的目的是保证数据序列的各个分量之间的统计独立性，即使预处理后的数据分量之间的二阶统计独立，主要内容为消除分量之间的相关性，并使方差为 1：

$$\boldsymbol{X}_1=\boldsymbol{D}^{-1/2}\boldsymbol{U}^\mathrm{T}\boldsymbol{X}' \tag{4.5.36}$$

式中，$\boldsymbol{D}^{-1/2}=\mathrm{diag}[d_1^{-1/2},d_2^{-1/2},\cdots,d_L^{-1/2}]$ 为 L 维对角矩阵，d_i 为 $\boldsymbol{X}$ 的协方差矩阵的第 i 个特征值；$\boldsymbol{U}=[\boldsymbol{u}_1,\boldsymbol{u}_2,\cdots,\boldsymbol{u}_L]$ 为 $L\times N_L$ 的矩阵，$\boldsymbol{u}_i$ 为 d_i 所对应的特征向量。

为了提高 ICA 的计算效率，Hyvärinen 等(2009)提出了快速 ICA(fast-ICA)。fast-ICA 是基于固定点迭代法的原理得到的，因此又称为快速固定点迭代法，其计

算效率高,适用于处理大规模的数据分析问题。该算法通过选择合适的非线性函数使得算法达到最优,其采用批处理的方法进行迭代,适用于任意类型的高维数据。常用的 fast-ICA 可以分为很多种,如极大似然估计方法,极小化互信息方法和极大化非高斯性方法。本章研究的 fast-ICA 以极大化非高斯性方法为基础,为了简洁起见,剩余部分的 fast-ICA 均用 ICA 来指代(Alaa,2018)。

ICA 算法可通过计算随机信号的负熵来衡量不同荷载效应信号的非高斯性,对于概率密度为 $p(\boldsymbol{X}_1)$ 的随机量 $\boldsymbol{X}_1$,其负熵的定义如下:

$$J_G(\boldsymbol{X}_1) = H(\boldsymbol{V}) - H(\boldsymbol{X}_1) \tag{4.5.37}$$

式中,$\boldsymbol{V}$ 为均值为 0、方差为 1 的高斯随机变量;$H(\cdot)$ 为随机变量的微分熵,定义如下:

$$H(x) = -\int p(x) \lg p(x) \mathrm{d}x \tag{4.5.38}$$

在实际计算过程中,随机变量的概率密度函数未知且计算困难,故采用近似方法作为对照函数:

$$J_G(\boldsymbol{X}_1) \propto (E(G(\boldsymbol{W}^\mathrm{T} \boldsymbol{X}_1)) - E(G(\boldsymbol{V})))^2 \tag{4.5.39}$$

式中,$E(\cdot)$ 为期望计算;$G(\cdot)$ 的导数是一个非二次函数,可用以下方程来表示:

$$G_1(x) = 0.25 x^4, \quad G_2(x) = 1 - \exp\left(-\frac{x^2}{2}\right), \quad G_3(x) = \frac{1}{a} \log \cosh(ax)$$

其中,$1 \leqslant a \leqslant 2$。基于上述近似对照函数,将荷载效应信号的 ICA 问题转化为求解式(4.5.40)优化问题:

$$J_G(\boldsymbol{W}) = (E(G(\boldsymbol{W}^\mathrm{T} \boldsymbol{X}_1)) - E(G(\boldsymbol{V})))^2 \tag{4.5.40}$$

式中,$J_G(\boldsymbol{W})$ 的最大值是在 $E(G(\boldsymbol{W}^\mathrm{T} \boldsymbol{X}_1))$ 的最优条件下得到的,根据 Kuhn-Tucker 条件,通过求解下列方程可以得到该最优值:

$$E(\boldsymbol{X}_1 G(\boldsymbol{W}^\mathrm{T} \boldsymbol{X}_1)) - \beta \boldsymbol{W} = 0 \tag{4.5.41}$$

$$\beta = E(\boldsymbol{W}_0 \boldsymbol{X}_1 G(\boldsymbol{W}_0^\mathrm{T} \boldsymbol{X})) \tag{4.5.42}$$

式中,β 为常数;$\boldsymbol{W}_0$ 为 $\boldsymbol{W}$ 的初始值。式(4.5.41)左边的部分记为 $F(\boldsymbol{W})$,其雅可比矩阵 $\boldsymbol{J}_F(\boldsymbol{W})$ 为

$$\boldsymbol{J}_F(\boldsymbol{W}) = E(\boldsymbol{X}_1 \boldsymbol{X}_1^\mathrm{T} G'(\boldsymbol{W}^\mathrm{T} \boldsymbol{X}_1)) - \beta \boldsymbol{I} \tag{4.5.43}$$

因为数据已经过中心化和白化的预处理,可对式(4.5.43)进行近似:

$$E(\boldsymbol{X}_1 \boldsymbol{X}_1^\mathrm{T} G'(\boldsymbol{W}^\mathrm{T} \boldsymbol{X}_1)) = E(G'(\boldsymbol{W}^\mathrm{T} \boldsymbol{X}_1)) \boldsymbol{I} \tag{4.5.44}$$

根据雅可比矩阵的对角阵、非奇异特性,可得到如下的牛顿迭代表达式:

$$\boldsymbol{W}_{k+1} = \boldsymbol{W}_k - \frac{E(\boldsymbol{X}_1 G(\boldsymbol{W}_k^\mathrm{T} \boldsymbol{X}_1)) - \beta \boldsymbol{W}_k}{E(G'(\boldsymbol{W}_k^\mathrm{T} \boldsymbol{X}_1)) - \beta} \tag{4.5.45}$$

式中,k 为第 k 次迭代步。可标准化 $\boldsymbol{W}$ 以提高算法的稳定性,在式(4.5.45)的两边乘以 $\beta - E(G'(\boldsymbol{W}_k^\mathrm{T} \boldsymbol{X}_1))$,可得 ICA 的迭代公式:

$$\boldsymbol{W}_{k+1} = \boldsymbol{W}_{k+1}/\|\boldsymbol{W}_{k+1}\| \tag{4.5.46}$$

$$\boldsymbol{W}_{k+1} = E(\boldsymbol{X}G(\boldsymbol{W}_k^{\mathrm{T}})) - E(G'(\boldsymbol{W}_k^{\mathrm{T}}\boldsymbol{X}))\boldsymbol{W}_k \tag{4.5.47}$$

众所周知，牛顿-拉弗森法的收敛性可能存在不稳定的情况。为了改善这一点，可以在式(4.5.45)中添加步长，以获得稳定算法：

$$\boldsymbol{W}_{k+1} = \boldsymbol{W}_k - l \cdot \frac{E(\boldsymbol{X}_1 G(\boldsymbol{W}_k^{\mathrm{T}}\boldsymbol{X}_1)) - \beta \boldsymbol{W}_k}{E(G'(\boldsymbol{W}_k^{\mathrm{T}}\boldsymbol{X}_1)) - \beta} \tag{4.5.48}$$

式中，l 为步长参数，该参数可能随迭代次数的变化而变化。取一个比 1 小得多的 l（如 0.1 或 0.01），算法的收敛将更加稳定。上述算法的收敛标准为

$$||\boldsymbol{W}_k \boldsymbol{W}_{k-1}^{\mathrm{T}}|-1| \leqslant \varepsilon \tag{4.5.49}$$

建议将算法容差 ε 取值为 1×10^{-16}。

对于独立分量分析，首先需要估计荷载效应的数量。Minka(2000)提出了一种基于贝叶斯选择模型(Bayesian model selection，BMS)的有效源数估计准则。该方法通过计算不同维度的后验概率来确定荷载效应的数量。后验概率最大化的维度是估计的荷载效应的数量。BSM 的计算通过贝叶斯信息准则(Bayesian information criterion，BIC)来实现：

$$V_{\mathrm{BIC}}(k) = \left(\prod_{i=1}^{k}\lambda_i\right)^{-N/2}\tilde{\sigma}_k^{\frac{-N(J-k)}{2}}N^{-\frac{d_k+k}{2}}, \quad k=1,2,\cdots,J$$

$$d_k = Jk - \frac{k(k+1)}{2} \tag{4.5.50}$$

$$\tilde{\sigma}_k^2 = \frac{\sum_{i=k+1}^{j}\lambda}{J-k}$$

式中，$V_{\mathrm{BIC}}(k)$ 为第 k 个近似后验概率；λ_i 为构造的多通道数据集的第 i 个特征值；N 为数据长度；J 为 $\boldsymbol{X}$ 的维数。

当 V_{BIC} 达到最大值时，相应的 k 为估计的荷载效应的数量。实际上，当 N 较大时，指数形式的 V_{BIC} 的计算存在溢出问题。因此，采用 BIC 的对数形式来克服溢出问题：

$$k^* = \mathrm{argmax}\left[-\frac{N}{2}\ln\left(\prod_{i=1}^{k}\lambda_i\right) - \frac{N(J-k)}{2}\ln\tilde{\sigma}_k - \frac{d_k+k}{2}\ln N\right], \quad k=1,2,\cdots,J \tag{4.5.51}$$

式中，k^* 为估计的荷载效应数量。

综上所述，若将自动参数选择的 ICA 算法记为 ICA*，则基于 EEMD-ICA* 的荷载效应分离方法的流程如图 4.5.12 所示。

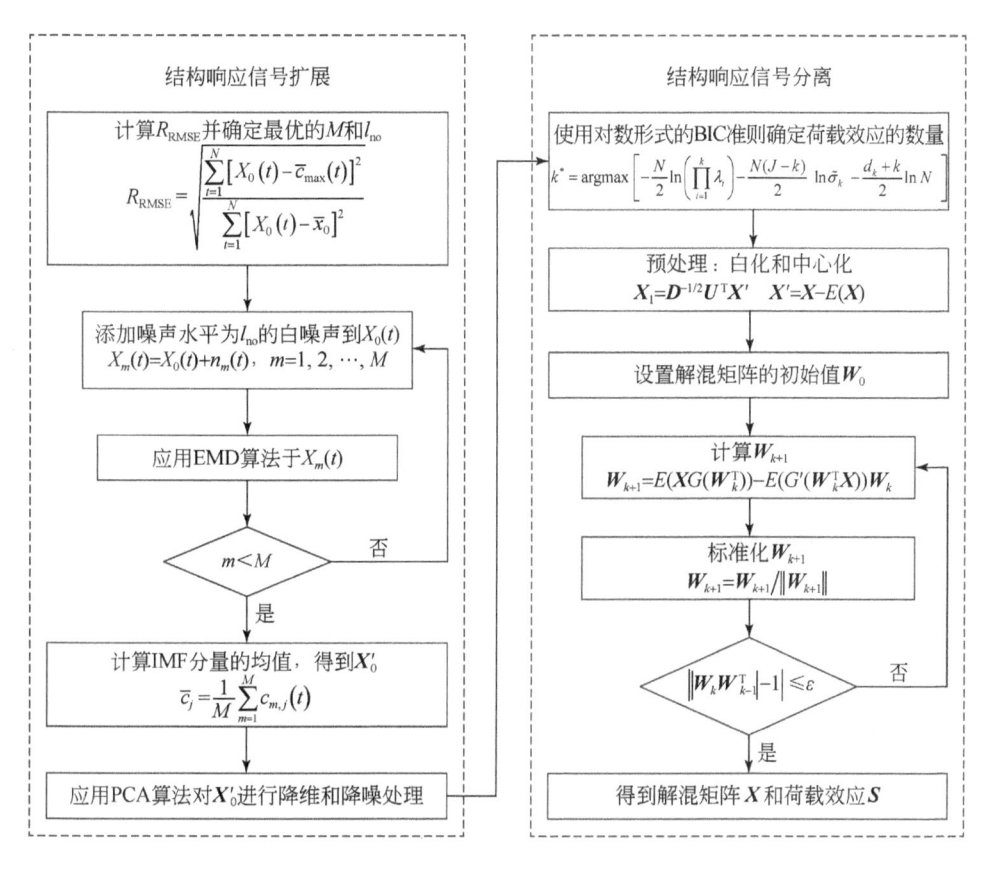

图 4.5.12 基于 EEMD-ICA* 的荷载效应分离方法的流程

2. 模拟信号的分离算例

为了演示 ICA 算法的分离效果,使用经典模拟信号进行说明。设混合的测量数据由三种独立信号 $s_1(t)$、$s_2(t)$、$s_3(t)$ 组成,并通过高斯白噪声 $s_4(t)$ 来模拟测量过程中的噪声干扰,即

$$s_1(t) = [1+0.9\cos(40\pi t)]\cos(400\pi t+\theta_1)$$
$$s_2(t) = [1+0.7\sin(20\pi t)]\sin(160\pi t+\theta_2)$$
$$s_3(t) = \cos(80\pi t+\theta_3)$$
$$s_4(t):\text{高斯白噪声}$$

(4.5.52)

式中,θ_1、θ_2、θ_3 为随机相位差。将上述的四类信号混合,生成相应的模拟信号,采样频率设为 5000Hz,持续时间设为 1s。模拟用的独立信号和高斯白噪声如图 4.5.13 所示,混合的模拟信号如图 4.5.14 所示。

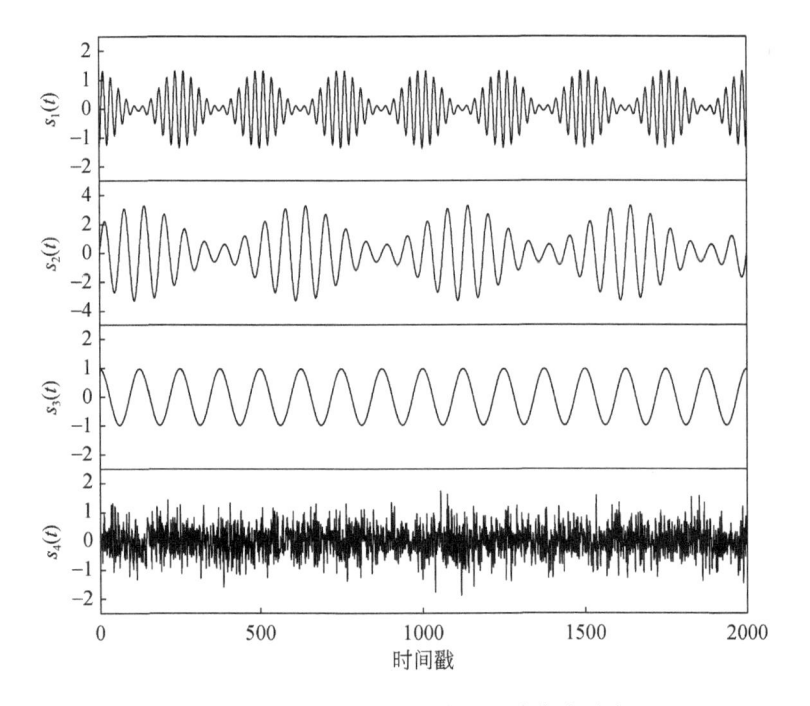

图 4.5.13　模拟用的独立信号和高斯白噪声

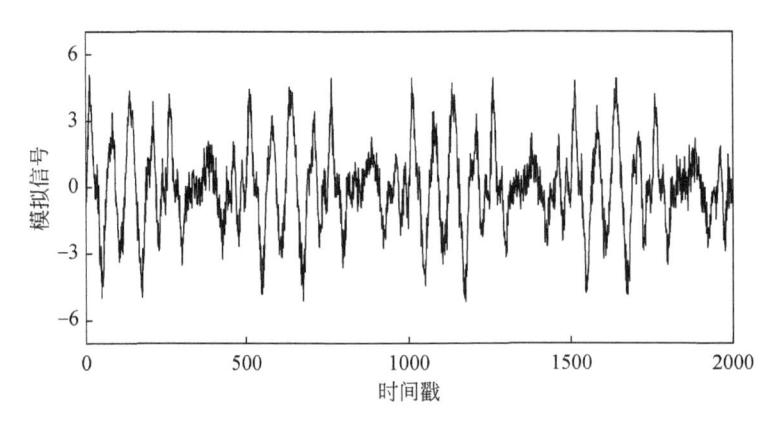

图 4.5.14　混合的模拟信号

采用 EEMD-ICA* 对混合的模拟信号进行分离处理,结果如图 4.5.15 所示。由图可知,分离信号和对应的源信号的曲线形状相似,分离信号的幅度和波形都得到很好的保持,利用相关系数 r 来说明分离信号和对应的源信号相似(李秀敏等,2006),即

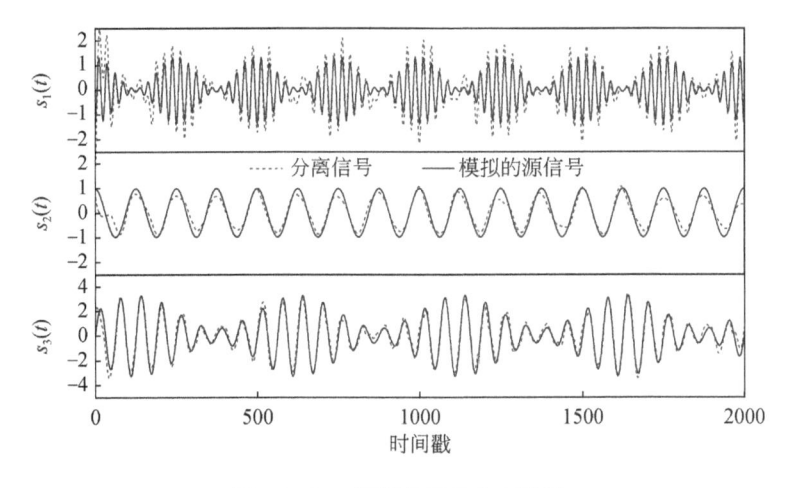

图 4.5.15 模拟信号的分离结果

$$r=r(\hat{S},S)=\frac{\text{Cov}(\hat{S},S)}{\sqrt{\text{var}(\hat{S})\text{var}(S)}} \quad (4.5.53)$$

式中,$\hat{S}$ 为分离信号;S 为对应的源信号;Cov(·)为 S 和 $\hat{S}$ 的协方差;var(·)为方差运算符。表 4.5.1 和图 4.5.15 的结果表明,本章提出的方法有效实现了源信号的分离。下面将进一步对分离方法的结果在结构健康监测领域的应用进行说明及验证,并和其他方法的分离性能进行对比。

表 4.5.1 分离信号和对应的源信号的相关系数 r

独立信号	$s_1(t)$	$s_2(t)$	$s_3(t)$
r	0.927	0.961	0.972

3. 数值模拟算例

1) 索网模型的建立及响应模拟

以一个典型的索网预应力结构为例,对 EEMD-ICA* 进行验证,建立如图 4.5.16 所示的方形正交索网结构的有限元模型,通过数值模拟的方式验证算法的分离效果。所有索的横截面积为 16.71mm^2,密度为 $2.7\times10^3\text{kg/m}^3$,弹性模量为 $7.8\times10^4\text{MPa}$。所有节点都位于几何方程 $z=2.25\left(\dfrac{x}{9}\right)^2-2.25\left(\dfrac{y}{9}\right)^2$ 所描述的曲面上。在索网的两端设置铰链支座,所有边界条件如图 4.5.16 所示。整个结构围绕其中心对称,所有索段的预应力为 520MPa。索网结构的有限元模型使用 LINK180 建立。椭圆标记的索段 AA' 的模拟结构响应用于方法验证,模拟实测数据的采样频率为每 4h 一次。为了模拟实测结构响应,需要四种不同的结构荷载,包括日温度荷载(L_1)、年温度荷载(L_2)、突发荷载(L_3)和预应力松弛(L_4),如图 4.5.17 所示。温度荷载均匀作用于整个索网结构上,最大日温幅为 5℃,最大年温幅为 17.5℃。振幅为 500kN 的突发荷载用于模拟一些突发事件(如台风、地震和降雪等)。值得一提的是,预应力松弛是预应力空间结构的主要结构退化类型之一。根据相关的试验研究确定了模拟中采用的预应力松弛比曲线(Kmet et al., 2016)。

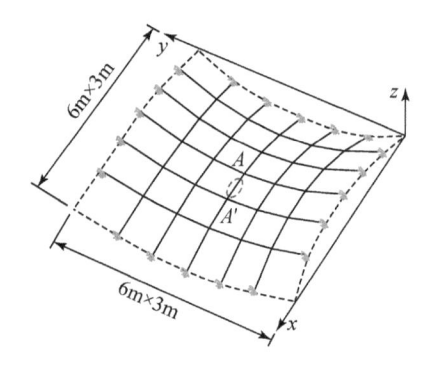

图 4.5.16 方形正交索网结构的有限元模型(AA'为选择的索段单元)

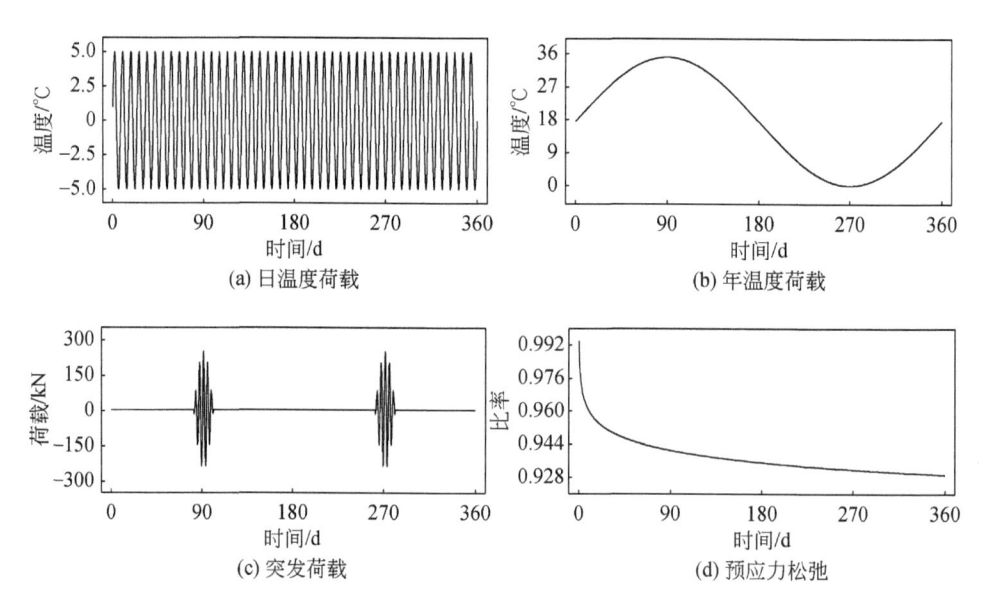

图 4.5.17 四类结构荷载

2) 结构响应分离结果

在索网结构上施加四种荷载,形成的模拟实测响应数据如图 4.5.18(a)所示。为了更好地模拟结构在实际环境中的测量状况,在模拟数据中加入高斯白噪声,噪声水平为 2.0%,模拟的响应数据为

$$\boldsymbol{X}_{\text{simu}} = \boldsymbol{X}_{\text{theo}} + N_G \sigma(\boldsymbol{X}_{\text{theo}}) \tag{4.5.54}$$

式中,$\boldsymbol{X}_{\text{simu}}$ 为模拟的响应数据;$\boldsymbol{X}_{\text{theo}}$ 为理论数据;N_G 为噪声水平;$\sigma(\cdot)$ 为标准差运算符。将 EEMD-ICA* 用于模拟的实测响应数据上,从而得到如图 4.5.18 所示的结构响应分离结果。图 4.5.18(b)显示了不同噪声水平下 EEMD 的模拟响应数据的分解情况。由图可知,当噪声水平为 70% 时,R_{RMSE} 达到最大值,因此确定最佳白噪声水平 l_{no} 为 0.70。经过试算,在保证计算效率和结果可靠性的前提下,本章采用的 EEMD 重复次数不超过 500。图 4.5.18(c)为基于 BIC 的荷载效应数量的判断结果。当 $k=4$ 时,V_{BIC} 达到最大值,说明荷载效应的数量为 4,该方法能够正确地估计模拟响应数据的荷载效应数量。对于工况($L_1+L_2+L_3+L_4$),分离结果如

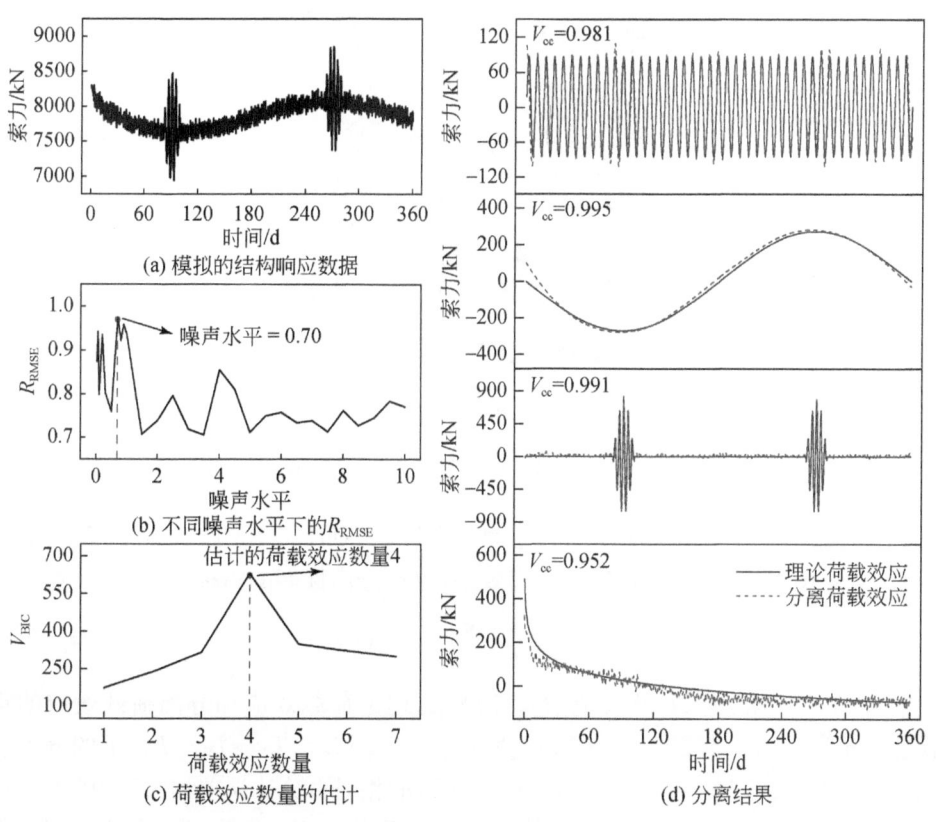

图 4.5.18 结构响应分离结果(工况:$L_1+L_2+L_3+L_4$)

图 4.5.18(d)所示。结果表明,理论荷载效应曲线和分离荷载效应曲线相似,EEMD-ICA* 有效地提取出四类不同的荷载效应。在各提取的荷载效应曲线的初始位置和结束位置均存在一定程度的偏差,这可能是 EEMD 的端点效应所引起的。使用相关系数 r 对分离性能进行评估,图 4.5.19 为分离的响应数据和实测响应数据之间的相关性计算结果。由图可知,不同结构响应分离结果的相关系数不低于 0.94,说明 EEMD-ICA* 的结构响应分离性能较好。在结构响应分离后,累加分离的荷载效应可得到重构的响应数据,采用信噪比(signal to noise ratio,SNR)量化数据中噪声成分的减少:

$$\mathrm{SNR}=20\lg\frac{\mathrm{RMS(signal)}}{\mathrm{RMS(noise)}} \quad (4.5.55)$$

式中,RMS(•)为均方根运算符。重构数据和原始数据的信噪比分别为 26.2dB 和 21.4dB,说明算法在计算过程中采用的 PCA 方法能够对数据进行一定的降噪。

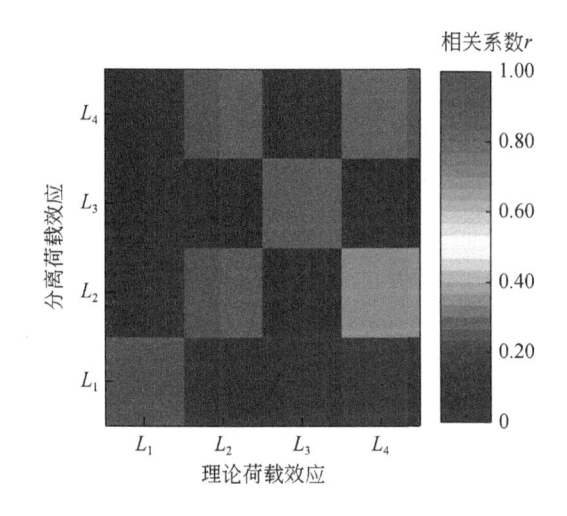

图 4.5.19 理论荷载效应和分离荷载效应的相关系数 r

为了进一步评估本节所提出方法的分离性能,对比了 EMD-ICA、EEMD-ICA 和 EEMD-ICA* 三种不同算法的分离效果,评价分离性能的指标为

$$E_\mathrm{r}=\frac{\|\hat{\boldsymbol{S}}-\boldsymbol{S}\|_2}{\|\boldsymbol{S}\|_2}\times100\% \quad (4.5.56)$$

式中,$\|\cdot\|_2$ 为二范数(欧氏范数);E_r 越小,理论荷载效应和分离荷载效应的重合度就越高。图 4.5.20 显示了这三种方法在工况($L_1+L_2+L_3+L_4$)下的分离表现。使用 EMD-ICA 方法得到的荷载 L_1 和 L_4 的相对百分比误差均大于 40.0%,这表明 EMD-ICA 对于荷载 L_1 和 L_4 的分离性能不佳。相比之下,这三种方法都能很好地提取荷载 L_3 的效应。本章提出的 EEMD-ICA* 在提取荷载 L_1 和 L_4 的效应上

比 EEMD-ICA 表现得更好。综上所述，EEMD-ICA* 在分离不同类型的荷载效应时，分离性能要优于传统的 EMD-ICA 和 EEMD-ICA。

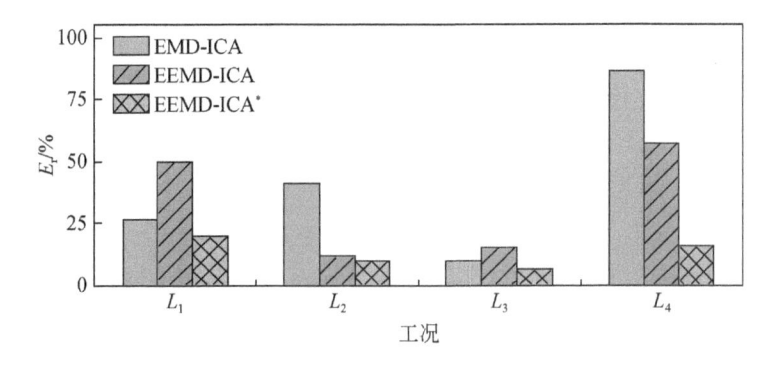

图 4.5.20　EMD-ICA、EEMD-ICA 和 EEMD-ICA* 三种不同算法分离结果对比

第5章 空间结构状态评估方法

5.1 概　　述

空间结构健康监测的核心目标之一是实时感知与识别结构损伤、退化等异常状态，及时发出预警，并量化评估结构当前的健康状态或安全等级，为结构运维方案的制定提供科学依据，从而保障结构的运维安全。这一目标包含了两方面的重要研究内容：结构异常状态的识别；结构安全状态的定量评价。

结构异常状态识别方法可以大致分为基于结构数值模型的方法和数据驱动的方法两大类。前者通常将有限元模型等结构数值模型作为代表结构无损状态的基准模型，与监测数据进行对比分析以识别结构状态，其识别往往涉及复杂耗时的有限元计算、模型修正、系统参数反演等过程。然而，对于在役的大型空间结构，由于建造误差、边界条件以及荷载输入的不确定性，很难建立一个能够准确模拟结构实际服役行为的数值模型。相比之下，数据驱动的方法通过挖掘监测数据自身的统计特征来揭示结构状态的变化，避免了复杂的结构数值模型计算，在结构健康监测领域得到了广泛应用。

在识别到结构发生异常后，对结构当前的健康状态进行量化评价，将有助于决策者实时把握结构性能，更科学地制定运维管理方案。传统的结构评价主要根据现场监测和理论计算模型，由经验丰富的专家进行分析并做出判断，流程简单、目标明确，但是非常依赖专家的经验丰富程度，缺乏一定的客观性。空间结构杆件众多，传力路径复杂，同时还受监测误差和环境噪声等因素的干扰，这使得空间结构的状态评价成为一个复杂的不确定性问题。因此，越来越多的学者开始聚焦于可靠度理论、模糊理论、层次分析法等系统安全评估理论在结构状态评价中的应用。这一类评价方法将结构看成由大量构件组成的复杂系统，通过构造统一的评价指标和评价标准对结构安全状态进行综合评价，具有更好的科学性与客观性。

5.2　空间结构异常状态识别

结构健康监测数据中蕴含的统计学特征与结构自身状态是息息相关的。例如，结构加速度数据在频域上的统计特征就反映了结构的自振频率、振型、阻尼比等动态特性。结构应力数据与外荷载间的回归关系(无论是线性还是非线性的)则反映了结构的内力分布规律,而这与结构的整体刚度直接相关。因此,数据驱动的结构异常状态识别本质上可以转化为统计模式识别问题,即通过统计学理论和方法提取监测数据中蕴含的数据统计特征,并通过该特征的变化构造异常识别指标以识别结构异常状态。这一过程一般包括以下两个阶段。

(1) 基准模型建立阶段。对于健康状态下的结构,通过数学或统计学方法挖掘监测数据中隐含的统计特征,作为代表结构无损状态的基准模型。

(2) 异常状态识别阶段。对新的结构监测数据进行分析,通过构造异常指标来判别新的监测数据是否还符合基准模型的统计特征,并据此识别或定位异常信号。

5.2.1 常用结构异常状态识别方法

常用的结构异常状态识别方法有动力指纹法、时频分析法、时间序列法、独立成分分析法、主成分分析法等。

结构自振频率、振型、阻尼比等模态参数与结构刚度、质量等物理量息息相关,直接反映了结构的状态。因此,基于结构振动数据(加速度、动态应变等)的动力指纹法是最早用于结构异常状态识别的方法之一(Yan et al.,2007;Ismail et al.,2006)。其中,结构自振频率反映的结构信息较少,且受温度等环境因素影响较大,难以直接用于异常识别,往往需要结构计算模型加以辅助。相对于频率,结构振型的变化对结构异常更为敏感。基于振型异常识别方法的效果取决于模态参数识别的准确性与完整性。对于实际大型结构,一方面由于环境荷载、噪声等原因,模态参数的识别过程会引入各种误差;另一方面,对实际结构很难获得完整的振型信息,特别是对局部损伤敏感的高阶振型。因此,动力指纹法通常不适用于结构局部损伤的识别。

结构振动数据的时频变换,如小波变换、Hilbert-Huang 变换等能够反映原始信号的时频特性,而结构损伤会造成结构振动信号时频特性发生变化,因此时频分析法也广泛用于结构异常状态的识别(项贻强等,2017;Yang et al.,2004)。但由于时频变换中与结构状态相关的特征指标容易受环境荷载,特别是温度的影响,通常需要与其他异常识别方法相结合来排除环境荷载的干扰。

时间序列法通过建立时序预测模型来挖掘结构健康状态下监测数据随时间变化的规律,并将新的监测数据对应的预测残差或模型系数作为反映结构状态的异常指标来识别结构异常,例如,基于自回归(autoregressive, AR)模型(Entezami et al.,2018a;刁延松等,2017)、带有外部输入的 AR 模型(张玉建等,2019)、自回归滑动平均(autoregressive moving average, ARMA)模型(Entezami et al.,2018b)、带有外部输入的 ARMA 模型(Ay et al.,2014)等方法的结构异常状态识别。上述方法均具有较好的识别效果和实时性。特别地,当用于振动相关数据监测时,时序模型参数实际上与结构模态参数相关。4.5.2 节中介绍过的 BDLM 也是时间序列模型中的一种,该方法能够通过贝叶斯递推建立结构外荷载与结构响应间的动态回归关系。结构自身的损伤会造成结构外荷载-响应间关系的变化,从而使得 BDLM 中的状态参量发生显著变化,因此 BDLM 也可以用于结构异常状态的识别 (Zhang et al.,2021;Wang et al.,2020)。并且与传统时间序列方法相比,BDLM 能够考虑模型建立的不确定性以及服役环境改变造成的数据特征变化。

  ICA 也是一种常用的异常状态识别方法。在 4.5.3 节中,已经从荷载效应分离的角度对其进行了介绍。若将结构损伤造成的数据信号波动看作构成结构总体响应信号中的一组原始信号,则同样可以通过 ICA 对该信号进行分离,以排除其他的环境荷载效应,识别结构异常。但由于 ICA 本身无法区分环境荷载效应分量和损伤信号分量,需要对分离出的各原始信号进行判断,才能选取与结构损伤最为相关的分量进行分析。在已有研究中,ICA 更多地用于基于导波数据的结构损伤识别(Tu et al.,2021)。

  PCA 方法是一种已经发展成熟的数学统计方法,它能够将高维相关变量转化为低维互不相关变量,从而实现多元数据的降维。经过降维后的变量称为主成分投影,其包含原始数据中大部分的重要信息,反映了原始数据的主要特征。原始数据与主成分投影间的映射矩阵称为主成分矩阵。当采用 PCA 对结构健康监测数据进行分析时,得到的主成分投影往往与结构外荷载相关,相应的主成分矩阵则对应了外荷载与结构多测点响应数据间的映射关系。结构损伤造成的结构内力重分布会改变这一映射关系,通过构造相关的统计指标识别这一变化,就可以实现结构异常状态的识别。由于 PCA 方法得到的主成分投影与外荷载相关,基于 PCA 的结构异常状态识别方法能够很好地排除环境荷载效应的干扰,并且识别过程不需要已知外部荷载信息。PCA 及其拓展方法不仅可以单独用于结构异常状态的识别,还可以与时间序列法、时频分析法等相结合来排除其他方法异常指标中环境荷载效应的干扰(Datteo et al.,2017;孙晓丹等,2011)。

  4.2.4 节介绍了一种概率形式的 PCA 方法,即 PPCA 方法。该方法能够从概率密度估计的角度求得主成分矩阵和相应的投影,并且能够有效度量监测数据中的噪声水平,得到各参数及主成分变量的概率分布。相比于传统的 PCA 方法,PPCA 方法能够更好地考虑监测噪声和缺失数据的影响,并基于估计得到的概率分布更合理地确定异常识别指标的阈值。

  独立成分分析、主成分分析、概率主成分分析均属于线性方法的范畴,面对一些特殊的非线性特征明显的结构,还可以采用非线性的特征提取方法来提高异常状态识别的准确性,如非线性主成分分析(Wallisch,2009)、局部主成分分析(Yan et al.,2005)、混合概率主成分分析(mixture of probabilistic principal component analysis,MPPCA)(Tipping et al.,1999)等。

5.2.2 贝叶斯动态线性模型识别方法

1. 基准模型建立

BDLM 的基本定义和递推过程参见 4.5.2 节式(4.5.4)～式(4.5.6)。在 BDLM 的概率递推过程中,根据当前的状态向量和模型参数可以对未来的结构响应进行预测,同样新的监测数据也能够实时修正状态向量,使得预测模型更加准确。而结构响应预测过程中的预测误差反映了新的监测数据与当前 BDLM 模型的特征匹配程度。在结构未损伤的状态下,结构的静态特性、动态特性在短期内变化不大,因此所建立的 BDLM 中的状态参量变化也应当是相对较小的。此时,如果 BDLM 的一步预测值与新监测数据间的预测残差突然增大,则说明该数据为异常数据。在排除了设备故障和外界干扰的情况下,这一异常就可能是由结构损伤引起的。

2. 异常识别指标定义

直接采用预测残差作为异常识别指标是不合理的,因为不同结构以及同一结构不同位置的监测数据中,不确定性噪声的水平也是不同的。这就使得预测残差的异常判定阈值也不尽相同。因此,需要针对不同噪声水平构造一个统一的异常指标,从而进行异常状态的识别。贝叶斯因子是贝叶斯方法中常用的一种性能评价指标,该指标是基于概率密度定义的一个相对指标,在不同的噪声水平下具有相同的表现。并且贝叶斯因子的异常判断具有统一的阈值,因此更适合用于 BDLM 中进行异常数据的识别。

1) 贝叶斯因子

考虑两个具有相同形式的 BDLM,M_A 为用于预测的模型,M_R 为用于比较的模型,称为备择模型,它只是在某些参数的取值上与 M_A 不同,即 M_A 与 M_R 中的状态参量取值不同,表征的结构响应与外荷载的回归关系也不同。在 t 时刻,观测值在 M_A 和 M_R 给出的预测分布中的似然概率密度分别为 $p(y_t|D_{t-1},M_A)$ 和 $p(y_t|D_{t-1},M_R)$。其中,D_{t-1} 为两个模型共有的历史信息。为方便起见,将这两个似然概率密度简记为 $p_A(y_t|D_{t-1})$ 和 $p_R(y_t|D_{t-1})$,则基于观测值 y_t 的 M_A 相对于 M_R 的贝叶斯因子定义为

$$H_t = \frac{p_A(y_t|D_{t-1})}{p_R(y_t|D_{t-1})} \tag{5.2.1}$$

若 $H_t \geqslant 1$,则观测值 y_t 在 M_A 预测分布下的似然概率密度大于等于 M_R,说明此时 y_t 更符合 M_A 中所代表的结构状态;相反,若 $H_t < 1$,则说明 y_t 更符合 M_R 中所代表的结构状态。表 5.2.1 给出了贝叶斯因子的大小与采用 M_A 模型建议程度的关系(Jeffreys,1998)。贝叶斯因子越大,说明 M_A 对 y_t 的预测越准确,也同样表明监测数据无异常;反之,越不推荐 M_A,说明 y_t 越不符合 M_A 中所代表的结构状态,在 M_A 本身的性能已经过一段时间历史数据的检验时,y_t 就越有可能是一个异常数据。从表 5.2.1 可知,当贝叶斯因子大于 10 时 M_A 非常适合用于预测;相反,当贝叶斯因子小于 0.1 时,M_A 非常不合适,因此一般取 $\tau=0.1$ 作为异常数据识别的下限值,当 $H_t < \tau$ 时,判断该数据为异常数据。

表 5.2.1 判别 M_A 是否适用的贝叶斯因子范围

贝叶斯因子	说明
$H_t < 1$	不建议采用 M_A 进行预测
$1 \leqslant H_t < 3$	可以采用 M_A 进行预测
$3 \leqslant H_t < 10$	建议采用 M_A 进行预测
$10 \leqslant H_t < 30$	非常建议采用 M_A 进行预测
$30 \leqslant H_t < 100$	强烈建议采用 M_A 进行预测
$H_t \geqslant 100$	几乎确定采用 M_A 进行预测

实际上,当 $\tau \leqslant H_t < 1$ 时,y_t 同样在一定程度上偏离了原有的数据特征。但单个出现的微小异常可能只是外部扰动或偶然噪声的影响,因此可以不作为异常数据。然而,连续若干步预测中均出现 $\tau \leqslant H_t < 1$ 的情况,则说明此时可能已经发生了一个较小的异常变化。针对这一类异常情况,定义 t 时刻之前 k 个观测值(y_t,y_{t-1},…,y_{t-k+1})的累积贝叶斯因子如下:

$$H_t(k) = \prod_{r=t-k+1}^{t} H_r = \frac{p_A(y_t, y_{t-1}, \cdots, y_{t-k+1} \mid D_{t-k})}{p_R(y_t, y_{t-1}, \cdots, y_{t-k+1} \mid D_{t-k})} \quad (5.2.2)$$

当 $k=1$ 时,$H_t(1)=H_t$;当 $k=t$ 时,$H_t(t)$ 为基于所有数据的总累积贝叶斯因子。当从过去第 k 步开始连续出现 $H_t < 1$ 的情况时,$H_t(k)$ 将迅速减小。在 t 时刻,对于所有 $1 < k < t$,最小的 $H_t(k)$ 能够显示出最可能变化的点,也就能识别出最不符合 M_A 的最近的一组观测值。为此,定义最小累积贝叶斯因子如下(West et al.,1997):

$$L_t = \min_{1 < k < t} [H_t(k)] = H_t(l_t) \quad (5.2.3)$$

式中,l_t 为运行长度,表示 t 时刻前最不符合 M_A 的连续观测值个数。最小累积贝叶斯因子可由递推求得,即

$$L_t = H_t[\min(1, L_{t-1})], \quad t=2,3,\cdots \qquad (5.2.4)$$

并且

$$l_t = \begin{cases} 1+l_{t-1}, & L_{t-1}<1 \\ 1, & L_{t-1}\geqslant 1 \end{cases} \qquad (5.2.5)$$

在这样的定义下,数据序列的异常情况就可由 L_t 来判断。若 $L_{t-1}\geqslant 1$,则表明在 $t-1$ 时刻及之前若干时刻,均没有数据异常,此时 $L_t=H_t$,可由 H_t 来判断 t 时刻 M_A 的合适性。若 H_t 很小,则 y_t 可能是一个异常值。若 $L_{t-1}<1$,则说明监测数据在 $t-1$ 时刻之前就已经出现了一定的异常。

若数据序列从 t 时刻开始有一个较小的异常变化,$L_t\geqslant 1$,且 H_{t+1},H_{t+2},…均比较小,但并未小于限值,那么从 t 时刻开始,L_{t+1},L_{t+2},…将迅速下降。这说明 t 时刻前的 M_A 是合适的,但 t 时刻后的 M_A 明显不合适,表明数据序列在 t 时刻发生了异常变化。在实际的模型监控中,一般同样为 L_t 规定一个限值 τ 作为可接受的下限,$\tau\in(0,1)$,一般取 0.1 到 0.2 间的值。与单个贝叶斯因子限值保持一致,本节依然取 $\tau=0.1$ 作为异常识别的下限值。当 $L_t<\tau$ 时,认为有异常出现,此时做如下考虑:

(1) 若 $l_t=1$,则 $L_t=H_t$,此时是单个观测值 y_t 给出了异常信号,说明 y_t 可能是一个异常值。

(2) 若 $l_t>1$,则有若干个连续的观测值给出了异常信号,说明数据序列从 $t-l_t+1$ 开始有一个缓慢的异常变化出现。

2) 备择模型定义

备择模型的选择对于异常值的识别是十分重要的,只有合理地选取备择模型,才能更好地识别数据中的异常。

根据 4.5.2 节中的 BDLM 递推过程可知,预测模型 M_A 的一步预测分布为正态分布,即 $(y_t|D_{t-1},M_A)\sim N(f_t,Q_t)$,此时观测值 y_t 的似然概率密度为

$$p_A(y_t|D_{t-1}) = \frac{1}{\sqrt{2\pi Q_t}}\exp\left[-\frac{(y_t-f_t)^2}{2Q_t}\right] \qquad (5.2.6)$$

水平变化模型是 BDLM 中常用的一种备择模型,即将原预测模型的均值进行平移得到,即 $(y_t|D_{t-1},M_R)\sim N(f_t+h,Q_t)$,对应的似然概率密度为

$$p_R(y_t|D_{t-1}) = \frac{1}{\sqrt{2\pi Q_t}}\exp\left[-\frac{(y_t-f_t-h)^2}{2Q_t}\right] \qquad (5.2.7)$$

此时若相应的贝叶斯因子突然变得很小,则说明观测值向备择模型方向发生了偏移。但上述备择模型只能对一个方向的偏移进行考虑。为考虑两个方向上的变化,定义两个水平变化备择模型。假设 $M_{1,R}$ 为式(5.2.7)定义的备择模型,偏移量为 $h_1=h>0$,则定义 $M_{2,R}$ 为第二个备择模型,且偏移量 $h_2=-h_1=-h<0$,此时

计算得到的贝叶斯因子分别为

$$H_{1,t}=\frac{p_{A}(y_t|D_{t-1})}{p_{1,R}(y_t|D_{t-1})}=\exp[0.5(h^2-2he_t)] \qquad (5.2.8)$$

$$H_{2,t}=\frac{p_{A}(y_t|D_{t-1})}{p_{2,R}(y_t|D_{t-1})}=\exp[0.5(h^2+2he_t)] \qquad (5.2.9)$$

式中,$e_t=y_t-f_t$ 为预测均值的误差。两个备择模型对应的最小累积贝叶斯因子 $L_{i,t}(i=1,2)$ 也可相应地通过计算得到。此时,当任意一个 $L_{i,t}<\tau$ 时,则认为预测出现了异常。备择模型对应的偏移值 h 可取正态分布对应的99.87%分位数(相当于 $3\sigma_s$)。

综上所述,应用贝叶斯因子可以对模型单个观测值及局部若干个观测值是否发生异常进行监控和识别。同时,当识别到结构响应发生异常变化时,也可根据该异常情况对模型进行相应的自动干预,使其能够适应变化后的响应预测。具体来说,基于贝叶斯因子的异常识别及对应的反馈干预流程如图5.2.1所示,其步骤可以归纳如下。

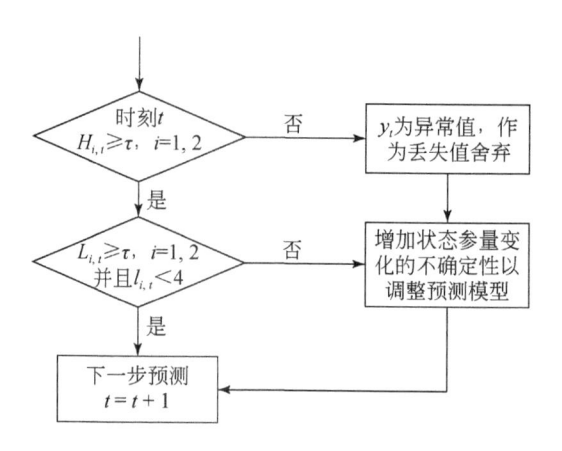

图 5.2.1 基于贝叶斯因子的异常识别及对应的反馈干预流程

(1) 计算单个观测值对应于两个备择模型的贝叶斯因子 $H_{i,t}$,若两者均大于或等于限值 τ,则说明当前观测值符合原预测模型,继续进行步骤(2)来判断是否有缓慢的异常变化。若任意一个 $H_{i,t}<\tau$,则观测值可能是一个潜在的异常值,此时先将它看作一个丢失值,从而避免对预测模型造成过多的干扰。但同时该观测值也有可能反映了结构的异常变化,需要在后续的预测中进行再判断。因此,接下来转到步骤(3)对模型进行一定的干预。

(2) 计算最小累积贝叶斯因子 $L_{i,t}$ 以及相应的运行长度 $l_{i,t}$ 以评估 t 时刻前可能的微小变化。若两个 $L_{i,t}\geqslant\tau$,则说明没有异常出现,继续转到步骤(4)进行下一步预测。若任意一个 $L_{i,t}<\tau$,说明 t 时刻前有变化产生,此时也转到步骤(3)对模

型进行一定的干预。此外,增加一个针对运行长度 $l_{i,t}$ 的判断,以提高对 t 时刻前是否有缓慢变化识别的敏感性,即当 $l_{i,t} \geqslant 4$ 时,也转到步骤(3)对模型进行干预。这对应于 t 时刻附近存在一段连续的微小变化,使得 $L_{i,t}$ 虽然在减小,但依然没有小于下限值 τ。

(3) 当识别到可能的异常后,对预测模型进行干预,使得其能够更好地对未来的响应进行预测。一般采用增加状态参量变化的不确定性来实现干预,即增大状态参量的误差的协方差 W_t,使得在后续预测中各状态参量能够更迅速地变化以适应改变后的观测值。模型调整后继续进入下一步预测。

(4) 继续进行下一步预测,并转到步骤(1)继续对异常进行监控。

通过上述步骤,关注每一预测步的贝叶斯因子及最小累积贝叶斯因子的变化,就可以对观测值中的异常变化进行识别。上述两个异常指标关注的是监测值与预测均值的偏差,因此能够排除 BDLM 中考虑到的环境荷载的影响,揭示结构自身的异常变化。此外,由于贝叶斯因子本质上是两个概率密度的比值,它经考虑了不同构件响应变化程度和观测误差的差异性,不需要额外地针对不同构件和响应数据分别进行阈值的确定,因而可以通用地用于各构件的异常识别。

在基于贝叶斯因子和最小累积贝叶斯因子对结构异常进行识别后,还不能完全判断该异常是由结构自身变化导致的,还可能是由外界扰动造成的数据异常波动而引起的,因此还需进一步对异常类型和程度进行评估。

3. 算例

图 5.2.2 为某结构在运营期间的一段应力监测数据,结构主要外荷载为温度等环境荷载。从原始数据可以看出,该测点应力在 2017 年 8 月 14 日出现了较明显的三次向上偏移,对应 $t=201$、$t=203$ 和 $t=208$ 三个时刻,之后结构响应又趋向正常,继续随温度及其他荷载变化。这类应力数据的突然变化很可能预示着结构早期损伤,在运维阶段中需要重点关注。

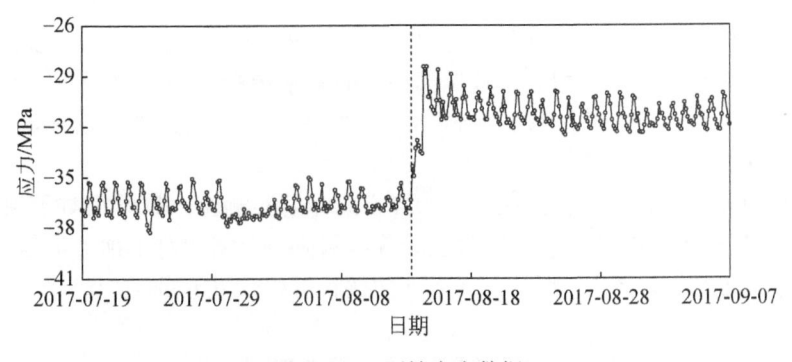

图 5.2.2 原始应力数据

首先对该段数据建立 BDLM。图 5.2.3 为应力响应预测结果。可以看出，该预测模型能够较准确地预测结构应力响应，并且在数据发生变化后，能够迅速修正到新的稳定状态。预测误差仅在异常发生的一两步较大，之后迅速恢复到原有水平。

(a) BDLM应力响应预测结果

(b) BDLM应力响应预测误差

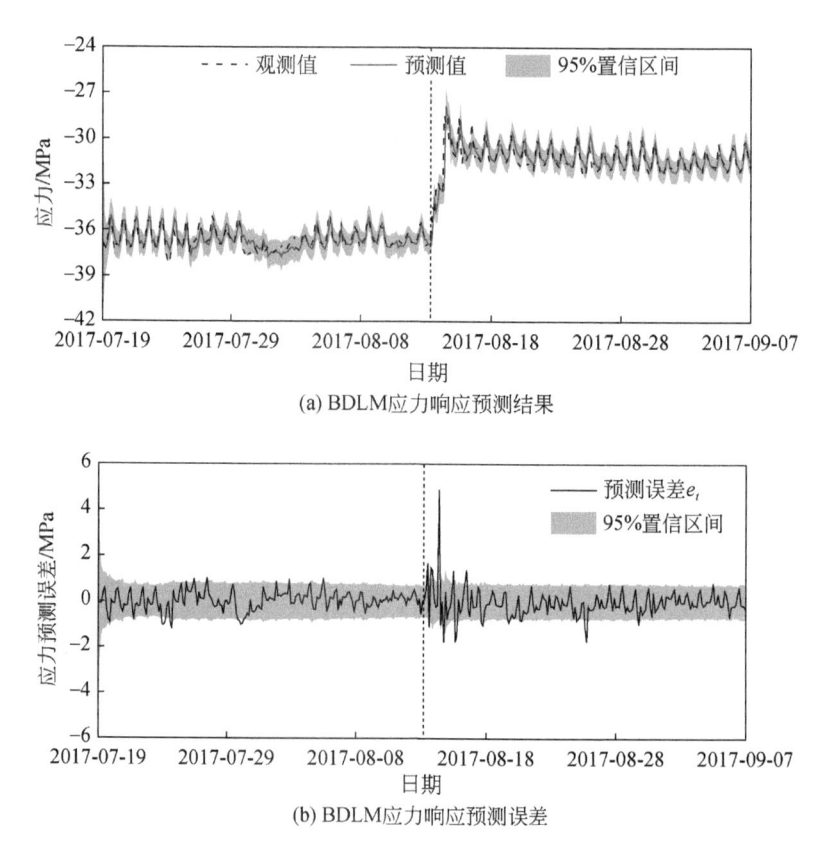

图 5.2.3　基于 BDLM 的应力响应预测结果及预测误差

在预测模型的基础上，采用贝叶斯因子进行异常识别。图 5.2.4 为基于贝叶斯因子的异常识别结果。相对于备择模型 1 的异常指标 $1/H_{1,t}$，分别在 $t=201$，$t=203$，$t=208$，$t=224$ 四个时刻识别到异常，其中 $t=208$ 时刻的异常指标最为明显。相对于备择模型 2 的异常指标 $1/H_{2,t}$ 分别在 $t=211$、$t=218$、$t=219$、$t=294$ 四个时刻识别到异常。相对于备择模型 1 的异常意味着实测应力数据相对于预测值偏上较多，而相对于备择模型 2 的异常意味着实测应力数据相对于预测值偏下较多。从上述结果可知，基于贝叶斯因子的异常识别，可以成功识别到几个异常发生的时刻。

图 5.2.5 为基于最小累积贝叶斯因子的异常识别结果。类似地，相对于备择

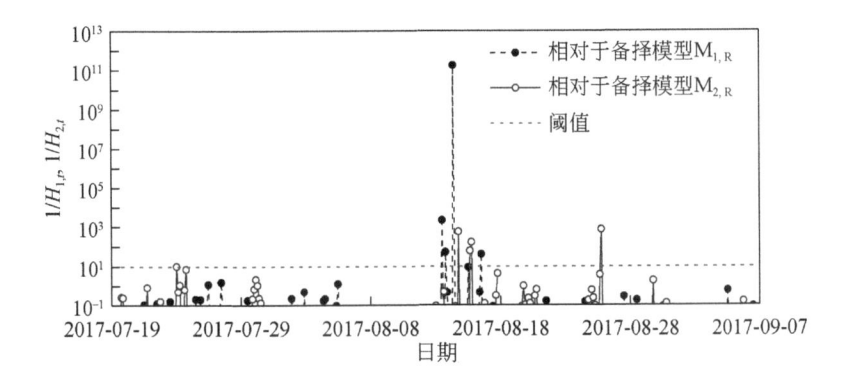

图 5.2.4　基于贝叶斯因子的异常识别结果

模型 1 的指标 $1/L_{1,t}$ 分别在 $t=201$，$203\leqslant t\leqslant 204$，$208\leqslant t\leqslant 210$ 以及 $t=224$ 识别到异常。其中，$203\leqslant t\leqslant 204$ 和 $208\leqslant t\leqslant 210$ 两阶段的指标均是递减的，说明针对这两个异常的自动反馈干预使得预测模型在一个时间步后即修正到了新的状态。相对于备择模型 2 的指标 $1/L_{2,t}$ 分别在 $t=211$，$218\leqslant t\leqslant 219$ 和 $t=219$ 识别到异常。综上所述，基于最小累积贝叶斯因子的异常识别不仅成功识别到了几个异常发生的时刻，还反映了该异常后续模型修正的情况。同时，最小累积贝叶斯因子也识别到了异常波动后若干个其他的单个异常值。

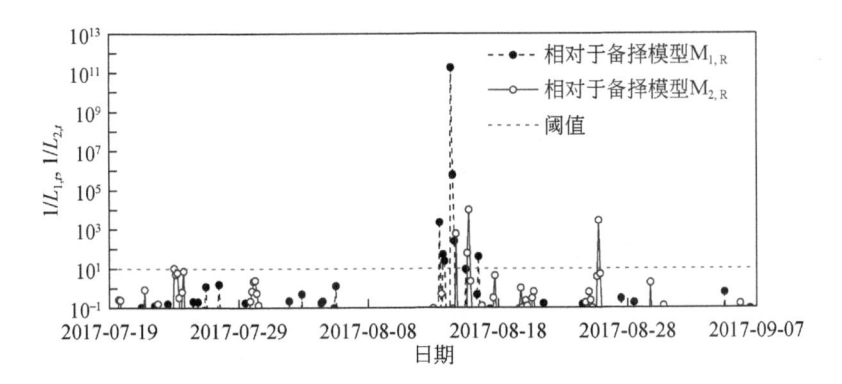

图 5.2.5　基于最小累积贝叶斯因子的异常识别结果

5.2.3　概率主成分分析识别方法

基于 PPCA 的异常状态识别主要步骤为：首先基于结构健康状态的监测数据建立基准 PPCA 模型；然后，基于所建立的基准模型，对新的监测数据进行分析，构造对结构损伤敏感的异常指标，并合理确定异常识别的阈值。4.2.4 节已经对

PPCA模型的建立方法进行了介绍。因此,本节主要针对结构异常状态识别的目标,介绍如何构造异常指标并推导异常识别的阈值。

1. 基准模型建立

概率主成分分析的定义参见4.2.4节式(4.2.41)~式(4.2.43)。在对结构状态的监测数据建立PPCA基准模型后,可得到相应的主成分矩阵$\boldsymbol{W}$、噪声水平σ^2以及主成分投影向量$\boldsymbol{x}_i$。此时,可以根据式(5.2.10)进行数据重构。

$$\langle \hat{\boldsymbol{t}}_i \rangle = \boldsymbol{W}(\boldsymbol{W}^T\boldsymbol{W})^{-1}\boldsymbol{M}\langle \boldsymbol{x}_i | \boldsymbol{t}_i \rangle + \boldsymbol{\mu} \tag{5.2.10}$$

2. 异常识别指标定义

结构损伤会造成结构内力的重分布,从而使结构外荷载与响应间的映射关系发生改变。对PPCA来说,损伤后数据的主成分矩阵与损伤前相比将会发生变化。此时,若依然将新的监测数据投影到健康状态下建立的基准PPCA模型中,得到的投影向量将无法再反映真实的结构外荷载大小。利用该投影进行数据重构的误差也将明显增大。利用这一特征,可以基于新的监测数据在基准PPCA模型中的主成分投影和数据重构误差来定义两种异常识别指标:Q指标和T^2指标(Choi et al., 2005; Kim D et al., 2003)。图5.2.6所示为以三个测点为例时,异常数据点的Q指标和T^2指标的示意图。

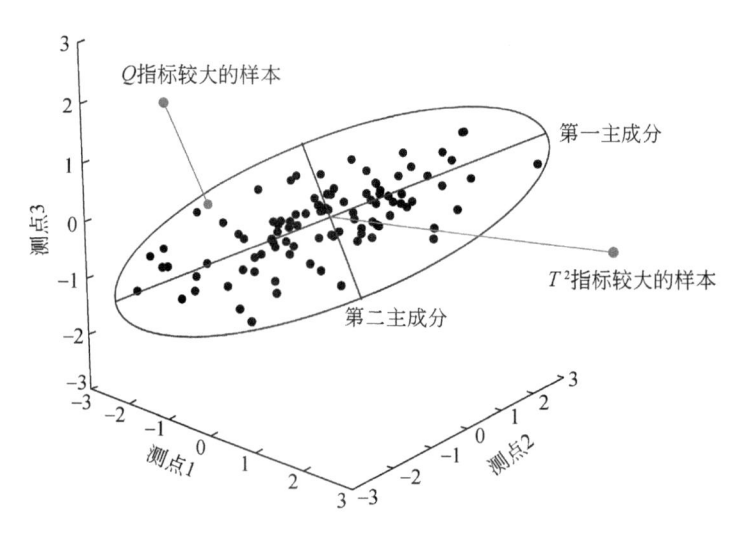

图5.2.6 Q指标与T^2指标示意图

T^2指标定义为前q个主成分空间内观测值与其样本均值的马氏距离的平方,即前q个主成分空间的投影与主成分空间原点的马氏距离的平方。这里采用马氏距离是考虑到不同主成分投影概率分布的不同。根据其定义可知,T^2指标度量的是归一化后的投影向量偏离基准主成分空间原点的程度。对于 PPCA 模型,投影向量(隐含变量)是一个后验概率服从高斯分布的随机变量,而非一个确定的值。因此,一般采用其后验期望$\langle x_i \rangle$来计算T^2指标。$\langle x_i \rangle$服从高斯分布,且期望的均值$E(\langle x_i \rangle) = M^{-1}W^T E(t_i - \mu) = 0$,协方差矩阵$S_x = M^{-1}W^T \text{Cov}(t_i - \mu)(M^{-1}W^T)^T = W^T C^{-1} W$。因此,对 PPCA 来说,其$T^2$指标可以由式(5.2.11)计算得到:

$$\begin{aligned} T_i^2 &= \| S_x^{-0.5} \langle x_i \rangle \|^2 \\ &= \| (W^T C^{-1} W)^{-0.5} M^{-1} W^T (t_i - \mu) \|^2 \\ &= (t_i - \mu)^T W (W^T C W)^{-1} W^T (t_i - \mu) \end{aligned} \quad (5.2.11)$$

T^2指标实际上也是一个随机变量,对于健康状态的数据,投影向量$\langle x_i \rangle \sim N(0, S_x)$,则标准化后的投影向量$S_x^{-0.5} \langle x_i \rangle \sim N(0, I)$。结构健康状态的监测数据对应的$T^2$指标服从自由度为 q 的卡方分布$\chi^2(q)$。因此,可以根据式(5.2.12)来确定 PPCA 中 T^2指标对应的阈值:

$$T^2 \leqslant T_{\text{lim}}^2 = \chi_\alpha^2(q) \quad (5.2.12)$$

式中,α 为显著性水平;q 为所选取的主成分数。结构健康状态下的响应随环境和工作荷载的变化而变化,结构响应数据在基准主成分空间的投影实际上就表征了外荷载的变化情况。相对于基准状态的异常荷载变化(如基准状态下未出现过的高温、低温等极端环境和工作荷载)会使响应监测数据在主成分空间的投影超出原有的变化范围。因此,超出阈值的T^2指标指示了环境或工作荷载的异常变化。

Q 指标定义为监测值与考虑了前 q 个主成分的重构数据间的欧氏距离的平方。根据定义可知,Q 指标度量的是监测值偏离基准主成分空间的距离。PPCA 的 Q 指标可以由式(5.2.13)计算得到:

$$\begin{aligned} Q_i &= \| \varepsilon_i \|^2 = \| t_i - \hat{t}_i \|^2 \\ &= \| t_i - [W(W^T W)^{-1} M \langle x_i \rangle + \mu] \|^2 \\ &= \| (t_i - \mu) - W(W^T W)^{-1} W^T (t_i - \mu) \|^2 \\ &= (t_i - \mu)^T [I - W(W^T W)^{-1} W^T](t_i - \mu) \end{aligned} \quad (5.2.13)$$

残差向量服从高斯分布 $\varepsilon_i \sim N(0, \sigma^2 I)$,因此 Q/σ^2 服从自由度为 d 的卡方分布$\chi^2(d)$,d 为观测向量维度,则 Q 指标的阈值也可以相应地由式(5.2.14)求得

$$Q_i \leqslant Q_{\text{lim}} = \sigma^2 \chi_\alpha^2(d) \quad (5.2.14)$$

基准主成分空间表征了结构健康状态下响应随外荷载变化的规律。结构自身损伤造成的结构响应重分布则打破了这一变化规律,使得响应监测数据偏离原有的主成分空间,这时再按照原来的基准主成分空间进行数据重构就会产生较大的重构误差。因此超出阈值的 Q 指标指示了结构自身的异常变化,如结构损伤。

残差向量 $\boldsymbol{\varepsilon}_i$ 中各元素的大小对应各测点的重构残差。残差值大的测点对应于对结构异常最敏感的测点。因此，残差向量 $\boldsymbol{\varepsilon}_i$ 中的元素 $\varepsilon_{i,j}(j\in\{1,\cdots,d_i\})$ 可用于对异常进行定位，定义如下：

$$\varepsilon_{i,j}=t_{i,j}-\hat{t}_{i,j} \tag{5.2.15}$$

式中，$t_{i,j}$ 为测点 j 的监测数据；$\hat{t}_{i,j}$ 为测点 j 对应的采用基准 PPCA 模型的重构数据。根据 PPCA 的定义，对于健康状态下的结构，$\varepsilon_{i,j}\sim N(0,\sigma^2)$，因此 $\varepsilon_{i,j}$ 的阈值可以由式(5.2.16)求得

$$\varepsilon_{i,j}=t_{i,j}-\hat{t}_{i,j},\quad \varepsilon_{i,j}\leqslant\varepsilon_{\lim}=\sigma\sim N_\alpha(0,1) \tag{5.2.16}$$

通过比较新的监测数据对应异常指标与阈值的大小，就能够识别结构异常并大致定位异常附近的测点。基于概率主成分分析的结构异常状态识别的流程如图 5.2.7 所示。

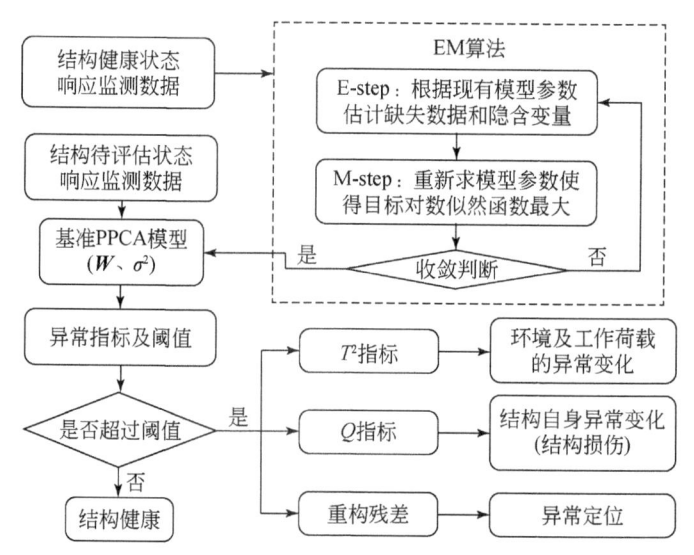

图 5.2.7　基于概率主成分分析的结构异常状态识别的流程

3. 算例

以某空间结构的部分测点数据为例，采用 PPCA 方法进行结构异常状态识别。图 5.2.8 为原始应力监测数据，其中前 100 组数据为结构健康状态采集的基准数据，用于基准 PPCA 模型的建立，后 100 个数据为结构待评估状态采集的对比数据，其中待识别的异常状态发生在测点 6 处。

首先基于结构健康状态的基准数据建立基准 PPCA 模型。图 5.2.9 为基准数据的主成分占比,其中前两个主成分占比之和为 95.92%,因此在接下来的分析中只选取前两个主成分进行分析。

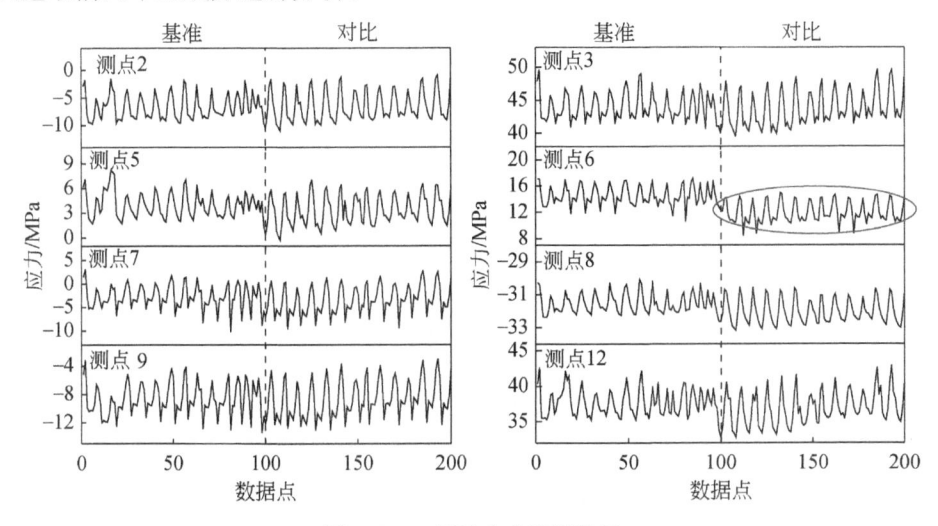

图 5.2.8　原始应力监测数据

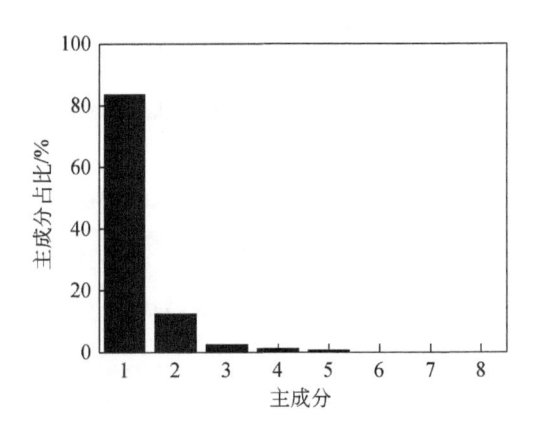

图 5.2.9　基准数据的主成分占比

图 5.2.10 所示为 Q 指标和 T^2 指标的异常识别结果。从图中可以看出,结构健康状态采集的基准数据对应的 Q 指标大都在阈值以内,而待评估的对比数据对应的大部分 Q 指标则超过了阈值,这表明异常数据在大部分时刻都被成功识别。T^2 指标基本都未超过阈值,这是因为对比数据的温度变化范围与基准数据基本相同。图 5.2.11 所示为结构异常定位结果,从图中可以看出,测点 6 处的异常被成功定位。

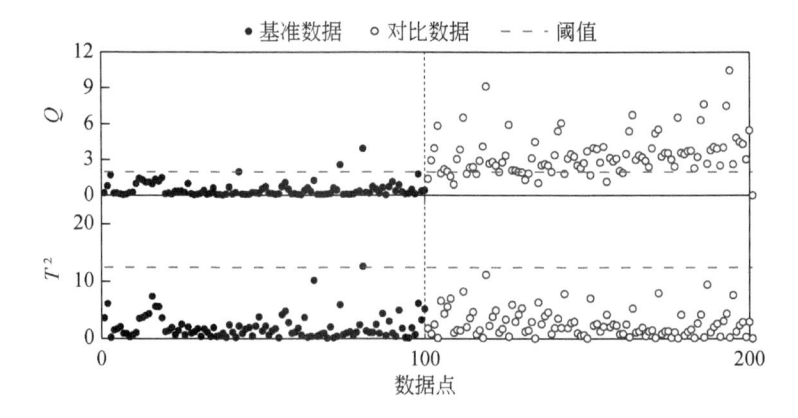

图 5.2.10 基于应力监测数据的结构异常识别结果

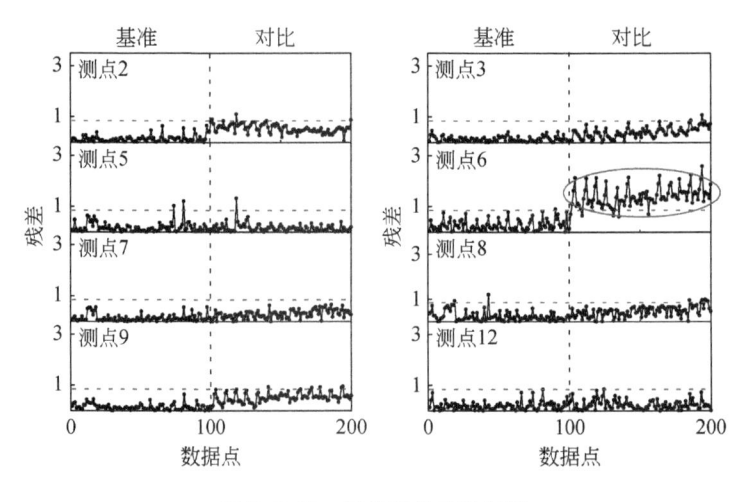

图 5.2.11 结构异常定位结果

5.2.4 高斯过程回归识别方法

1. 基准模型建立

高斯过程回归(Gaussian process regression,GPR)是近年发展起来的一种机器学习方法,该方法具有严格的统计学理论基础,对于处理结构健康监测数据中的多维数、非线性、小样本等复杂情况具有较好的适用性。相比于传统的回归方法如神经网络、支持向量机等,GPR算法具有以下优点:实现流程简单、超参数训练自适应、非参数推断灵活以及输出结构具有概率含义等。GPR算法属于一类监督学习方法,即根据已有的训练集来获得输入-输出的映射关系,当得到新的输入时,利用训练得到的关系确定新的输出值(即预测值)。本章采用 GPR 算法建立结构相应的基准数学模型,当获得新的输入数据后比较实测结果和基准数学模型得到的预测值之间的差异来进行结构状态的识别。

基准数学模型的建立可用如下的数学语言描述:假定存在数据集 $\boldsymbol{D} = \{\boldsymbol{X},\boldsymbol{Y}\} = \{(\boldsymbol{x}_i,y_i) | i=1,2,\cdots,n\}$,$n$ 为数据长度,$\boldsymbol{x}_i$ 为 d 维的输入向量,$\boldsymbol{x}_i \in \mathbf{R}^d$,$\boldsymbol{X} = \{\boldsymbol{x}_1,\boldsymbol{x}_2,\cdots,\boldsymbol{x}_n\}$ 为 $d \times n$ 的输入矩阵,y_i 为输出标量,$\boldsymbol{Y}$ 为输出向量。GPR 的目的是根据训练集 D 确定 $\boldsymbol{X}$ 和 $\boldsymbol{Y}$ 之间的潜在映射关系 $f(\cdot)$,当测量得到新的数据点 $\boldsymbol{x}_*$ (监测值)时,输出最符合基准数学模型的值 $f(\boldsymbol{x}_*)$ (预测值)。基于上述对于 GPR 模型的描述可知,输入矩阵 $\boldsymbol{X}$ 的维数 d 为大于 1 的整数。因此,对于不同类型的结构实测响应可以考虑采用一维或者多维输入的 GPR 算法建立不同的基准数学模型。

在实际情况中,无法直接测量得到系统最真实的输出值,而是获得带有一定测量噪声的监测值:

$$y_i = f(\boldsymbol{x}_i) + \varepsilon_{\text{noise}}, \quad \varepsilon_{\text{noise}} \sim N(0, \sigma_{\text{noise}}) \tag{5.2.17}$$

式中,$f(\cdot)$ 为 D 潜在的映射方程;$\varepsilon_{\text{noise}}$ 为基于高斯分布 $N(0,\sigma_{\text{noise}})$ 的测量噪声。在处理全局敏感性等确定性问题时,可将噪声项删除或将方差设置为 0。在高斯先验的情况下,映射方程的联合分布表示为

$$p(\boldsymbol{f}) = N(0, \boldsymbol{C}) \tag{5.2.18}$$

式中,$\boldsymbol{f} = f(\boldsymbol{X})$;$\boldsymbol{C}$ 为协方差矩阵,$\boldsymbol{C} = C(\boldsymbol{X},\boldsymbol{X})$,用以描述不同组输入矩阵的相关性。该协方差函数是 GPR 算法中的基函数,是影响输出向量 $\boldsymbol{Y}$ 精度的关键因素。可根据问题的具体情况选择合适的基函数,基函数的选择需要满足协方差矩阵的对称性和半正定性,以下为常见的协方差基函数。

(1) 各向同性平方指数协方差函数(SEiso 函数)。

$$C(x,x') = \eta^2 \exp\left[-\frac{(x-x')^2}{2l_k^2}\right] \tag{5.2.19}$$

式中,η^2 为函数的信号方差;l_k 为缩放尺度。

(2) 马特恩协方差函数(Materniso 函数)。

$$C(x,x') = \eta^2 \exp\left[-\frac{5(x-x')^2}{l_k^2}\right]\left[1 + \sqrt{5} \times \frac{x-x'}{l_k} + \frac{5(x-x')^2}{3l_k^2}\right] \tag{5.2.20}$$

采用 Materniso 函数获得的映射函数具有二次可微的特性,因此与 SEiso 函数相比更适合用于建立具有显著变化的模型。

(3) 周期协方差函数(Periodic 函数)。

$$C(x,x') = \eta^2 \exp\left[-\frac{1}{2l_k^2} \sin^2 \frac{\pi(x-x')}{p}\right] \tag{5.2.21}$$

式中，p 为映射函数的周期长度。Periodic 函数适用于具有周期特性的数据集，特别是具有季节性变化规律的监测数据。

(4) 各向异性平方指数协方差函数（SEard 函数）。

$$C(x,x') = \eta^2 \exp\left[-\frac{1}{2}\sum_{k=1}^{D}\left(\frac{x_k-x_k'}{l_k}\right)^2\right] \tag{5.2.22}$$

式中，η^2 为函数的信号方差；l_k 为缩放尺度；D 为输入矩阵的维度。值得注意的是，SEard 函数和 SEiso 函数的基本形式相同，区别在于前者用于考虑多维输入的 GPR 算法的建模，后者则用于考虑一维输入的 GPR 算法的建模。通常在工程应用中根据输入的维度选择常用的核函数为 SEiso 函数或 SEard 函数。GPR 的算法旨在计算预测值 $f(\boldsymbol{x}_*)$ 在观测点 $\boldsymbol{x}_*$ 处的预测概率分布，基于高斯先验可以得到联合高斯概率分布：

$$p(\boldsymbol{f}, f(\boldsymbol{x}_*)) = N\left(\begin{bmatrix}0\\0\end{bmatrix}, \begin{bmatrix}\boldsymbol{C} & \boldsymbol{C}_*\\ \boldsymbol{C}_*^\mathrm{T} & \widetilde{\boldsymbol{C}}\end{bmatrix}\right) \tag{5.2.23}$$

式中，$\boldsymbol{C}_* = C(\boldsymbol{x}_*, \boldsymbol{X})$，且 $\widetilde{\boldsymbol{C}} = (\boldsymbol{x}_*, \boldsymbol{x}_*)$。根据贝叶斯定理，$\boldsymbol{f}$ 和 $f(\boldsymbol{F}_t)$ 的联合后验概率分布为

$$p(\boldsymbol{f}, f_* | \boldsymbol{Y}) = \frac{p(\boldsymbol{f}, f_*)p(\boldsymbol{Y}|\boldsymbol{f})}{p(\boldsymbol{Y})} \tag{5.2.24}$$

使用式(5.2.17)中的观测模型，可得

$$p(\boldsymbol{Y}|\boldsymbol{f}) = N(\boldsymbol{f}, \sigma_{\mathrm{noise}}^2 \boldsymbol{I}) \tag{5.2.25}$$

式中，$\boldsymbol{I}$ 为 $n \times n$ 单位矩阵。为了计算 $f(\boldsymbol{x}_*)$ 的后验概率分布，利用式(5.2.24)得到相应的边缘分布：

$$p(f(\boldsymbol{x}_*)|\boldsymbol{Y}) = \int p(\boldsymbol{f}, f(\boldsymbol{x}_*)|\boldsymbol{Y})\mathrm{d}\boldsymbol{f} = \frac{1}{p(\boldsymbol{Y})}\int p(\boldsymbol{f}, f(\boldsymbol{x}_*))p(\boldsymbol{Y}|\boldsymbol{f})\mathrm{d}\boldsymbol{f} \tag{5.2.26}$$

式中，$p(\boldsymbol{Y})$ 为边际似然函数，以确保 $p(f(\boldsymbol{x}_*)|\boldsymbol{Y})$ 是有效的后验分布，使得 $\int p(f(\boldsymbol{x}_*)|\boldsymbol{Y})\mathrm{d}\boldsymbol{f} = 1$。因为 $p(\boldsymbol{f}, f(\boldsymbol{x}_*))$ 和 $p(\boldsymbol{Y}|\boldsymbol{f})$ 都符合高斯分布，所以 $p(f(\boldsymbol{x}_*)|\boldsymbol{Y})$ 的计算难度不大。最后，可利用式(5.2.27)计算相应的概率分布：

$$p(f(\boldsymbol{x}_*)|\boldsymbol{Y}) = N(\boldsymbol{\mu}_{f(\boldsymbol{x}_*)}, \boldsymbol{\sigma}_{f(\boldsymbol{x}_*)}^2) \tag{5.2.27}$$

式(5.2.27)中的均值 $\boldsymbol{\mu}_{f(\boldsymbol{x}_*)}$ 和方差 $\boldsymbol{\sigma}_{f(\boldsymbol{x}_*)}^2$ 的计算公式见式(5.2.28)：

$$\begin{cases}\boldsymbol{\mu}_{f(\boldsymbol{x}_*)} = \boldsymbol{C}_* \boldsymbol{K}^{-1} \boldsymbol{Y}\\ \boldsymbol{\sigma}_{f(\boldsymbol{x}_*)}^2 = \widetilde{\boldsymbol{C}} - \boldsymbol{C}_*^\mathrm{T} \boldsymbol{K}^{-1} \boldsymbol{C}_*\end{cases} \tag{5.2.28}$$

式中，$\boldsymbol{K} = \boldsymbol{C} + \sigma_{\mathrm{noise}}^2 \boldsymbol{I}$。对于上述考虑观测噪声的 GPR 模型，需要确定的协方差基函数中的超参数为

$$\Theta = \{l_k, \eta^2, \sigma_{\text{noise}}^2\} \tag{5.2.29}$$

GPR 模型中的超参数可以通过最小化负对数似然函数(negative logarithmic marginal likelihood, NLML)来确定:

$$\hat{\Theta} = \arg\min L(\Theta) \tag{5.2.30}$$

对于高斯似然, $L(\Theta)$ 的解析表达式如下:

$$L(\Theta) = \frac{1}{2}\boldsymbol{Y}^{\mathrm{T}}\boldsymbol{K}^{-1}\boldsymbol{Y} + \frac{1}{2}\log|\boldsymbol{K}| + \frac{n}{2}\log(2\pi) \tag{5.2.31}$$

一般来说,采用共轭梯度法可以解决这个最小化问题,关于超参数的似然函数的偏导数的计算公式为

$$\frac{\partial L(\Theta)}{\partial \Theta_i} = \frac{1}{2}\mathrm{tr}\left(\boldsymbol{K}^{-1}\frac{\partial \boldsymbol{K}}{\partial \Theta_i}\right) - \frac{1}{2}\boldsymbol{Y}^{\mathrm{T}}\boldsymbol{K}^{-1}\frac{\partial \boldsymbol{K}}{\partial \Theta_i}\boldsymbol{K}^{-1}\boldsymbol{Y} \tag{5.2.32}$$

以上公式中,$|\cdot|$、$\mathrm{tr}(\cdot)$ 和 $(\cdot)^{\mathrm{T}}$ 分别为矩阵的绝对值、迹和转置运算符。

对监测数据进行建模时,常用的一种方式是将噪声的分布假设为高斯分布。对于高斯噪声模型,基于贝叶斯框架的高斯过程回归是可行的。然而,在现实情况下,结构数据很少遵循高斯分布,因为它可能包含由传感器故障和环境干扰等原因产生的离群值。为了解决这个问题,可采用非高斯分布对噪声进行动态建模,从而建立一个更鲁棒的高斯过程回归模型。在对实测数据进行建模时,不同研究人员采取了各种方法来适应离群值,如学生 t 分布和 Laplace 分布等。因此,在针对不同类型的响应数据进行建模时,需讨论不同类型的噪声概率分布,以确定最合适的建模参数设置方法。

结构状态识别理论的原理在于利用残差构建结构状态异常识别指标,若无法实现有效的结构响应建模,将得到失真的残差,并影响下一步结构状态识别的结果。GPR 算法建模完成后,采用预测概率 P_{GP} 和均方根误差(RMSE)两个指标作为建模效果的评价指标。RMSE 的值越小,则说明预测响应和真实响应的差距越小,即 GPR 算法的建模效果越好,RMSE 可由式(5.2.33)计算得到。

$$\mathrm{RMSE} = \sqrt{\sum_{t=1}^{N}\frac{[w(t) - \hat{w}(t)]^2}{N}}, \quad t = 1, 2, \cdots, N \tag{5.2.33}$$

式中,$w(t)$ 为真实的结构响应值;$\hat{w}(t)$ 为预测的结构响应值;N 为数据长度。定义真实响应数据点落在置信区间内为 1,落在置信区间外为 0,累积计算得到了 GPR 算法的预测概率 P_{GP},P_{GP} 值越接近 1,则说明建模得到的预测区间和真实数据越相符,计算公式如下:

$$\begin{cases} P_{\text{GP}} = \dfrac{1}{N}\sum_{t=1}^{N}I \\ I = \begin{cases} 1, & \text{lower} \leqslant w(t) \leqslant \text{upper} \\ 0, & \text{其他} \end{cases} \end{cases} \tag{5.2.34}$$

式中，upper 和 lower 分别为 95% 预测置信区间的上下限。上述算法的输入为数据集 $D=\{X,Y\}=\{(x_i,y_i)|i=1,2,\cdots,n\}$ 和观测值 x_*，输出为预测值 $f(x_*)$，其均值和方差分别为 μ 和 Σ，具体流程如下：

(1) 初始化 μ 和 Σ。

(2) 计算 $L(\Theta)$ 及其偏微分方程。

(3) 求解优化问题 $\hat{\Theta}=\arg\min L(\Theta)$，得到超参数的最优解。

(4) 计算观测值的方差和均值，$\mu_{f(x_*)}=C_*K^{-1}Y$，$\sigma^2_{f(x_*)}=\widetilde{C}-C_*^T K^{-1} C_*$。

(5) 重复步骤(2)~步骤(5)，得到下一个时刻的预测值。

(6) 返回预测结果 μ 和 Σ。

2. 异常识别指标定义

采用 GPR 算法对实测结构响应进行建模，建模后与真实的实测值相比可得到相应的建模残差：

$$e(t)=w(t)-\hat{w}(t) \tag{5.2.35}$$

式中，$e(t)$ 为模型残差；$w(t)$ 为真实的结构响应值；$\hat{w}(t)$ 为预测的结构响应值。基于残差的结构状态识别理论的核心原理为健康状态下建立的基准模型在异常状态下不能提供可靠的拟合度，导致模型残差产生变化，通过评估健康状态和异常状态的模型残差的差异来识别结构状态是否产生变化，因此需要建立合适的异常识别指标进行评价并确定相应的阈值。

在统计学中，Kolmogorov-Smirnov 检验是对不同样本的概率分布相似性的非参数检验，该检验分为单样本 Kolmogorov-Smirnov 检验和双样本 Kolmogorov-Smirnov 检验，前者将样本与参考概率分布进行比较，后者直接比较两个不同的样本。以双样本 Kolmogorov-Smirnov 检验为例，其基本思路为首先分别计算两个样本的经验累积概率分布(empirical cumulative distribution function, ECDF)，然后求出两者最大的偏离值作为 Kolmogorov-Smirnov 检验的统计量，以评价两个样本的差异(图 5.2.12)。双样本 Kolmogorov-Smirnov 检验是比较两个样本最有用、最通用的非参数方法之一，它对两个样本的经验累积分布函数的位置和形状差异都很敏感。因此，考虑基于 Kolmogorov-Smirnov 检验的统计量来评价两种不同状态下建模残差的区别。

不妨设 $e_h(t)$ 和 $e_c(t)$ 分别为健康状态和当前状态的建模残差，则两者的 Kolmogorov-Smirnov 检验的假设检验 H 可表示为如下形式：

$$H=\begin{cases} 1, & e_h(t) \neq e_c(t) \\ 0, & e_h(t) \equiv e_c(t) \end{cases} \tag{5.2.36}$$

$$\text{KSD}=|\{F_h(t)\}-\{F_c(t)\}|_{\max} \tag{5.2.37}$$

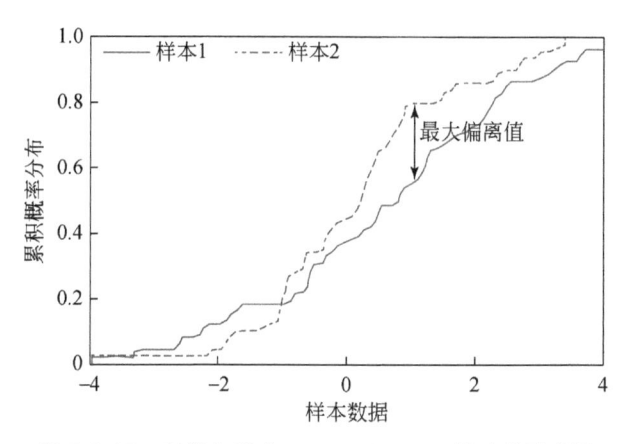

图 5.2.12 双样本 Kolmogorov-Smirnov 检验的示意图

$$\begin{cases} F(t) = \dfrac{1}{n}\sum_{i=1}^{n} I, & t_i \leqslant t \\ I = \begin{cases} 1, & t_i \leqslant t \\ 0, & \text{其他} \end{cases} \end{cases} \quad (5.2.38)$$

式中,KSD 为 Kolmogorov-Smirnov 检验的统计量;$F(t)$ 为经验分布函数。考虑到 Kolmogorov-Smirnov 检测对于概率分布端部的敏感性不高,将 Kolmogorov-Smirnov 检验的统计量与欧氏距离相结合,构建一个可靠的异常识别指标(damage index,DI):

$$\mathrm{DI} = \mathrm{KSD}\sqrt{\sum_{t=1}^{n}[e_\mathrm{h}(t) - e_\mathrm{c}(t)]^2} \quad (5.2.39)$$

异常识别指标 DI 的阈值确定是状态识别中的一个关键问题。与正态分布相比,极值分布更能符合结构荷载的概率分布,可考虑采用极值分布来确定 DI 的阈值。广义极值分布(generalized extreme value distribution,GEV)是一系列连续概率分布,它将 Gumbel、Fréchet 和 Weibull 模型组合成统一的分布形式,该分布的优点是在不选择潜在分布的情况下简化了极值分布的统计过程,GEV 的概率分布函数如下:

$$G(\tau^*) = \exp\left\{-\left[1 + \xi^*\left(\dfrac{\tau^* - \mu^*}{\sigma^*}\right)\right]^{-\frac{1}{\xi^*}}\right\} \quad (5.2.40)$$

式中,ξ^*、σ^* 和 μ^* 分别表示 GEV 的形状、比例和位置参数。

为了确定显著性水平 α 下的阈值,GEV 分布的极值分位数计算如下:

$$\tau_\alpha^* = \begin{cases} \mu^* - \dfrac{\sigma^*}{\xi^*}\left\{1 - [-\log(1-\alpha)]^{-\xi^*}\right\}, & \xi^* \neq 0 \\ \mu^* - \sigma^*\log[-\log(1-\alpha)], & \xi^* = 0 \end{cases} \quad (5.2.41)$$

式中，τ_a^* 为 DI 的阈值。一般来说，结构状态的变化是实时的。对于连续的监测数据，应该实时对 DI 是否超过阈值进行评估。

引入滑动窗策略，改进上述 DI 的计算过程。该策略的基本思想是在固定的数据窗口大小上执行状态识别的程序，并且随着新数据点的添加，窗口内的数据会更新。通过滑动窗策略，计算最新和前一组数据的异常识别指标，用于此时的结构状态识别。滑动窗的经验计算公式如下：

$$N_w = \text{round}(\sqrt{n}) \tag{5.2.42}$$

式中，N_w 为滑动窗大小；n 为数据长度；round 为取整运算符。上述构建异常识别指标的输入为真实的响应实测值和预测的响应实测值，输出为异常识别指标 DI 序列，算法具体流程如下。

(1) 确定滑动窗的大小 N_w。
(2) 基于 Kolmogorov-Smirnov 检测计算 DI。
(3) 更新数据，计算下一时刻的 DI。
(4) 根据广义极值分布确定 DI 的阈值。
(5) 确定是否发生变化及相应发生的时刻。

本节介绍了一种基于高斯过程回归的结构状态识别理论。基于 GPR 算法建立了实测响应数据的基准模型，结合 Kolmogorov-Smirnov 检验和欧氏距离构建了一个基于残差的 DI。利用广义极值分布确定 DI 的阈值，并识别是否存在异常变化及相应发生的时刻。上述结构状态识别理论的计算流程如图 5.2.13 所示。

3. 算例

1) 结构有限元模型的建立及响应模拟

为进一步展示结构状态识别理论的流程，以某典型索网结构的响应模拟数据为算例，验证基于 GPR 算法的结构状态识别理论的有效性和准确性。算例结构有限元模型如图 5.2.14 所示。

选择索网结构的跨中 z 向位移作为高斯过程回归的主要建模的结构响应。采用一段时间的实测气象温度来模拟结构所承受的典型温度荷载，模拟得到数据长度为 1500、共 62.5 天的结构响应数据，并加入 10% 高斯白噪声作为测量误差以模拟设备固有误差和环境噪声的干扰。有限元模型中输入的温度荷载如图 5.2.15 所示，索网跨中的 z 向位移模拟响应如图 5.2.16 所示。

2) 结构状态识别结果

结构在运维阶段会受到各种环境因素及运营荷载变化的影响。本算例设计了三种不同的工况，对考虑多维输入的状态识别理论进行验证和说明。

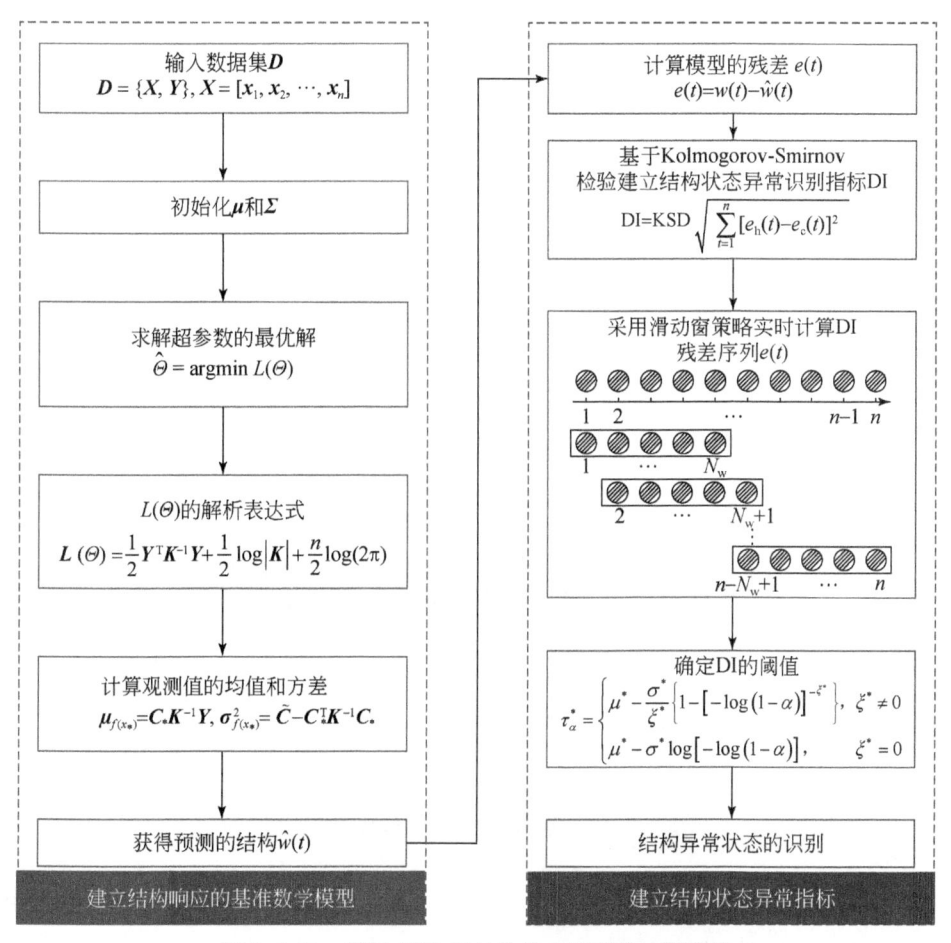

图 5.2.13　基于 GPR 的结构状态识别的计算流程

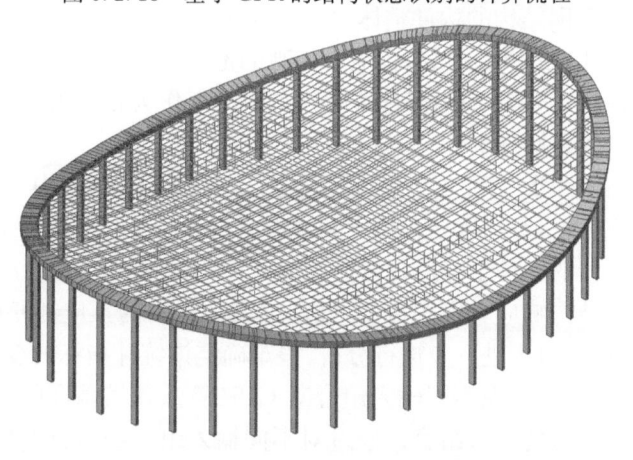

图 5.2.14　索网结构有限元模型

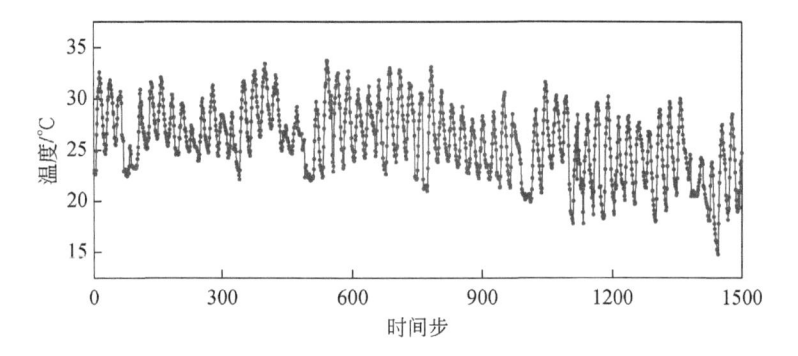

图 5.2.15 有限元模型中输入的温度荷载

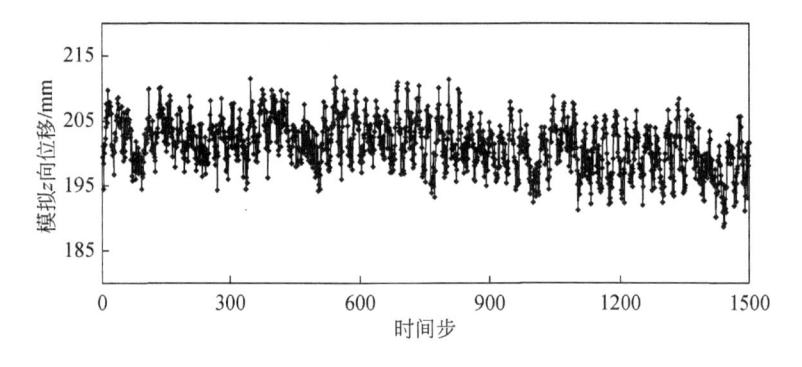

图 5.2.16 索网跨中的 z 向位移模拟响应

(1) 工况 1:在输入的温度荷载中引入突变,变化发生的时刻 $t=510$,温度荷载变化的幅度设置为 7℃。

(2) 工况 2:索网结构的构件整体引入预应力松弛,损失发生的时刻 $t=1020$,参考 Kmet 等(2016)的试验研究,预应力松弛的范围取 5%~10%。考虑不同索构件的差异,生成一串 5%~10%符合高斯分布的序列作为预应力松弛的比率序列,随机施加到索网的索构件上。

(3) 工况 3:对工况 1 和工况 2 的情况进行综合考虑,在结构上同时引入温度荷载突变和预应力松弛,温度变化幅度和预应力松弛情况与前两个工况相同。

针对上述设计的三种工况进行数值模拟计算,得到如图 5.2.17 所示的三种工况的荷载和模拟结构响应。由图可知,温度突变和索网的预应力松弛均引起结构各统计指标的变化,若不进一步进行分析,很难确定该统计指标的变化是否和结构状态的异常有关,需要考虑不同输入组合对 GPR 算法建模精度的影响,并分别确定三种工况中最合适的输入组合。经过对不同输入组合的综合评估后,本节进行状态识别时,均采用结构温度(X_1)、承重索平均索力比(X_3)和稳定索与承重索之

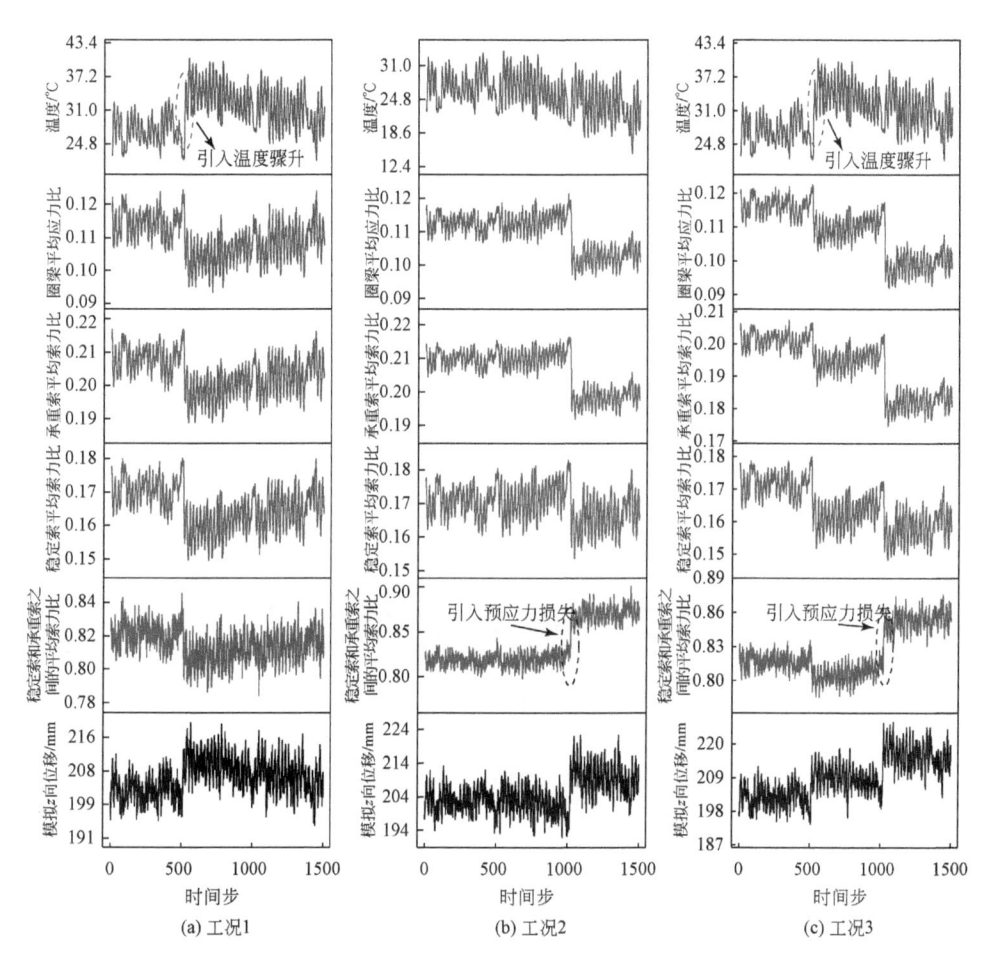

间的平均索力比(X_5)作为高斯回归模型的输入。

图 5.2.17 三种工况的荷载和模拟结构响应

(1) 工况 1。

图 5.2.18 为工况 1 的位移响应建模结果。由图可知,预测位移和真实位移的拟合程度较好,结构真实位移基本落在模型所预测的 95% 置信区间内。工况 1 的预测概率为 91.3%,GPR 算法对于结构真实位移的建模效果较好。

计算真实位移和预测位移之间的残差得到相应的异常识别指标 DI,如图 5.2.19 所示。从图 5.2.19 中可以看出,所有的 DI 值并未超过由 GEV 分布确定的阈值 0.49,说明尽管温度荷载的突变造成了索网跨中 z 向位移的突变,但是实际的结构状态保持稳定,并无明显的异常发生。综上所述,基于 Kolmogorov-Smirnov 检验的异常识别指标能够对温度突变所引起的结构响应变化进行正确的识别。

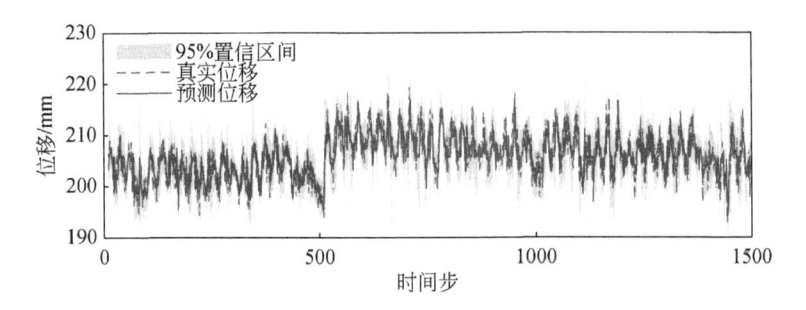

图 5.2.18　工况 1 的位移响应建模结果

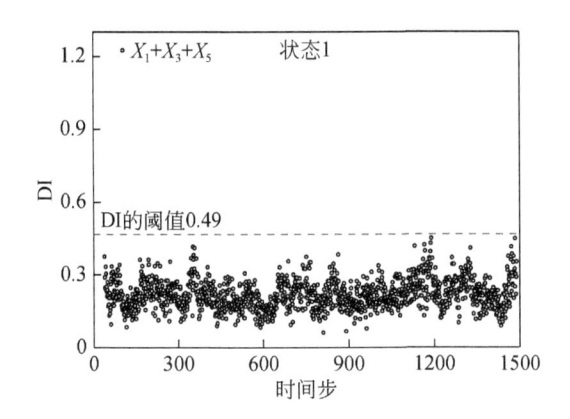

图 5.2.19　工况 1 的状态识别结果

(2) 工况 2。

对考虑预应力松弛的工况 2 进行分析,得到响应建模结果如图 5.2.20 所示,真实位移和预测位移基本符合,预测概率为 89.6%,GPR 算法实现了很好的位移响应建模效果。

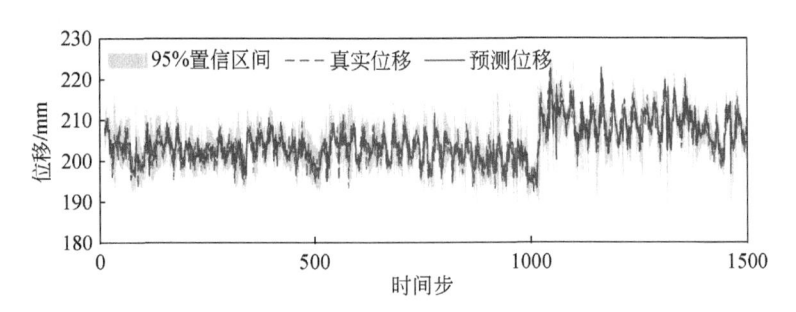

图 5.2.20　工况 2 的位移响应建模结果

同样,位移响应的残差用于结构状态的识别,图 5.2.21 为工况 2 的状态识别结果。由图 5.2.21(a)可知,在时刻 $t=1025$ 时,异常识别指标 DI 超过了广义极值分布所确定的阈值 0.39,该指标识别出了由预应力松弛引起的结构状态的变化,且识别的状态变化时刻和理论值相差 5 个时间单位,识别结果基本与理论情况吻合。预应力松弛影响了整个索网的"刚化"程度,改变了结构的刚度矩阵,因此各构件对于温度荷载的相关性发生了变化,从而反映在 DI 值的变化上。综上所述,通过分析异常识别指标可以基本确定状态发生变化的时刻。同样,分别将 X_1、X_3 和 X_5 作为一维输入应用在 GPR 算法中进行状态识别,图 5.2.21(b)~(d)为相应的状态识别结果。其中,X_5 作为输入时的模型无法识别结构状态的变化,而 X_1、X_3 作为输入的模型准确获得了结构状态的变化,相较于理论的变化时刻分别延后了 15 个和 12 个时间单位。相比于多维输入模型,一维输入模型对于结构状态的变化存在一定的滞后性,延后了 7~10 个时间单位。

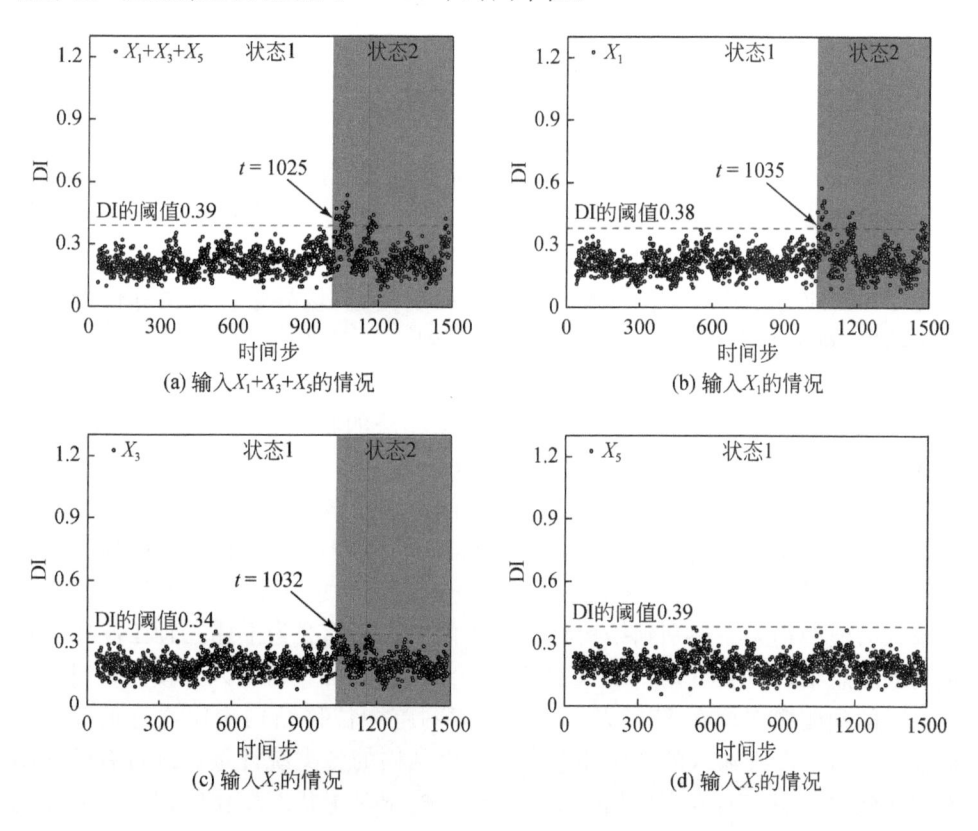

图 5.2.21 工况 2 的状态识别结果

(3) 工况 3。

工况 3 考虑温度荷载突变和预应力松弛两种效应的组合情况，首先基于 GPR 算法得到索网跨中位移的基准数学模型，位移响应建模结果如图 5.2.22 所示。该工况的预测概率为 92.1%，GPR 算法较好地拟合了具有明显突变的响应数据。若没有进一步对于结构状态的分析，难以从该位移的时程数据中区分两个相似的突变是否代表真实的结构状态改变。

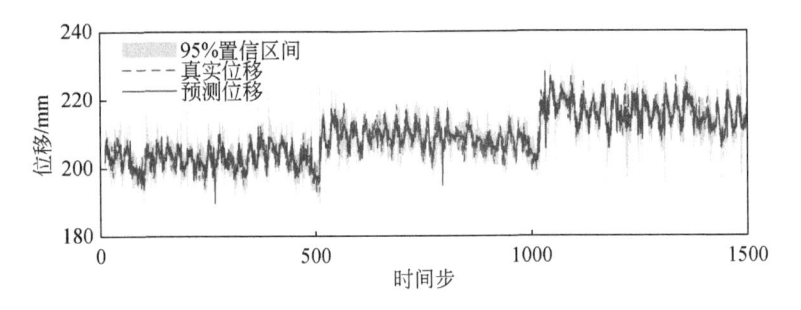

图 5.2.22 工况 3 的位移响应建模结果

图 5.2.23(a) 给出了结构异常识别指标 DI 的计算结果。结果表明，该工况的状态识别结果与工况 2 结果基本相同，识别得到的状态变化时刻 $t=1027$，相较于未考虑温度荷载干扰的工况 2，仅延迟了 2 个时间单位。尽管设置的温度荷载突变和预应力松弛对于位移响应的变化程度接近，该异常识别指标仍能得到可靠结果，对于结构状态变化的识别不会受到突变温度荷载的影响。在温度荷载突变和预应力松弛混合的工况下，进一步讨论多维输入和一维输入模型的差异。图 5.2.23(b)~(d) 为一维输入的 GPR 算法的状态识别结果，其中以 X_1 和 X_3 作为输入的模型能够识别到结构状态的异常。X_1 的模型识别到的状态变化发生的时刻 $t=768$，由于两种效应的共同影响，该模型结构状态的识别出现了误报，与理论点出现了较大的偏差。而 X_3 的模型仍较为准确地得到了结构状态的变化时刻 $t=1028$，相较于理论变化时刻延后了 8 个时间单位。以 X_5 作为输入的模型仍无法识别到结构状态的变化。表 5.2.2 为上述三种工况状态识别结果的总结。由表可知，GPR 算法采用多维输入和一维输入建模时，对于三种工况的预测概率均在 85% 以上，对于索网跨中位移结构响应均有很好的识别效果；考虑多维输入的方法能够充分利用结构的各类统计量，进行有效的结构响应建模。多维输入模型相较于一维输入模型对于状态变化的识别无明显的延后，且不会受到突变温度荷载的干扰。

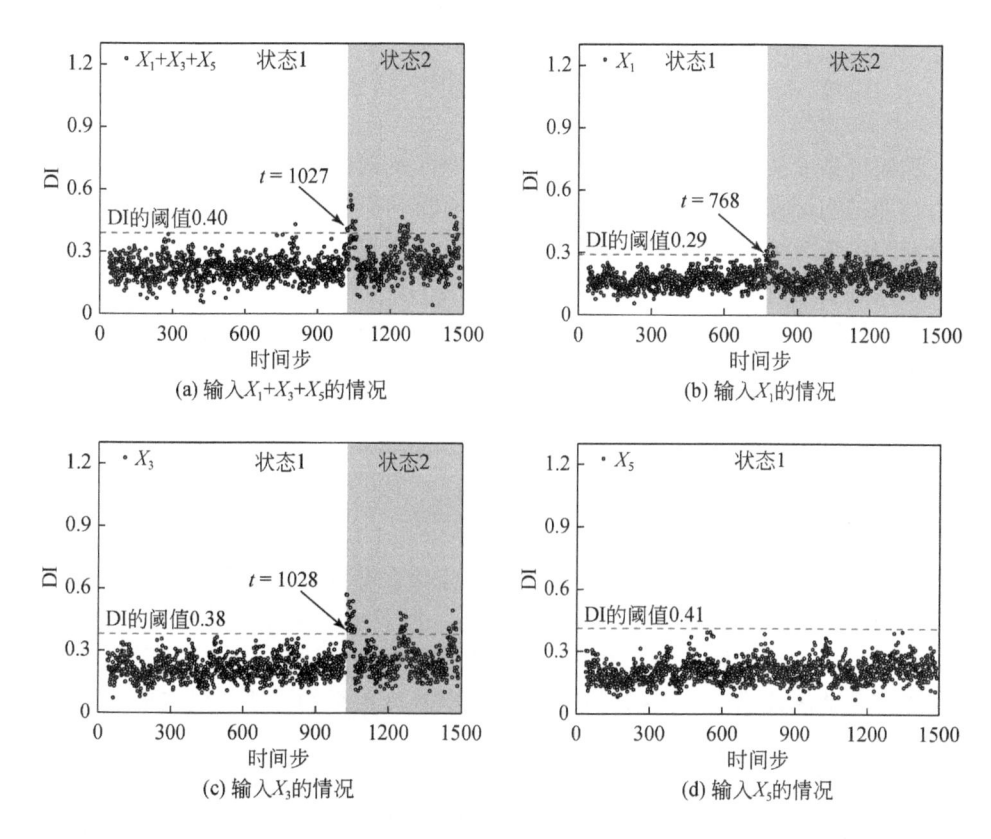

图 5.2.23 工况 3 的状态识别结果

表 5.2.2 不同工况状态识别结果

工况	类型	状态异常时刻	建模预测概率/%	是否受到突变温度荷载影响
工况 1	多维输入	无	91.3	否
	一维输入	无	90.3	否
工况 2	多维输入	1025	89.6	否
	一维输入	1035	88.7	否
工况 3	多维输入	1027	92.1	否
	一维输入	1028	91.1	是

5.3 基于健康监测的空间结构可靠度评估

结构可靠度从概率的角度度量了结构在规定的时间和条件下完成预定功能的能力,即结构可靠性能够以更加客观统一的标准对结构安全性进行度量。而结构健康监测系统为结构可靠度评估提供了宝贵的荷载输入和结构响应数据,这些数据为结构真实的荷载效应水平估计及不确定性的度量提供了很好的统计依据。因此,基于健康监测的空间结构可靠度计算得到了大量的研究并应用于已有结构的状态评价中。应力应变传感器一般布置于结构构件上,对构件实际应力状态进行监测,直接反映构件荷载效应的大小。因此,大部分都选用应力应变监测数据对可靠度进行计算。

5.3.1 基本原理

目前,针对既有结构的可靠度计算大多停留在结构构件层面,对结构体系可靠度的研究一般将结构看成串并联系统进行。但实际结构往往是多次超静定的,此时结构构件与结构体系间的关系很难用串并联系统来清楚地表达。因此,需要发展能够更清晰地描述结构构件破坏与体系破坏间关系的方法,以实现结构安全状态的评价。

贝叶斯网络(Bayesian network,BN)是概率统计与图论相结合的一种图模型,用于表示随机变量间的依赖和独立关系。它是一个有向非循环的图形结构,其中节点代表问题域的随机变量,节点间的有向弧代表变量之间的直接依赖关系。每个节点均附有一个条件概率分布表,用以表述该节点与相关节点间依赖关系的强弱。建筑结构可以看成由各个构件作为"元件"构成的复杂系统。一定数量和位置的构件失效会导致结构整体失效,因而可以通过失效模式来描述结构构件失效与整体失效间的关系。利用贝叶斯网络的拓扑关系和相应条件概率分布表来表达结构的失效模式,进而通过概率递推从构件可靠度求得结构体系可靠度,是结构体系可靠度分析的一种新思路(Yazdani et al.,2020;Straub et al.,2010)。

本节基于健康监测数据和贝叶斯网络,对结构体系可靠度的计算方法进行研究,通过结构健康监测数据来估计结构构件的荷载效应概率分布,得到构件可靠度,然后采用贝叶斯网络建立构件可靠度与结构体系可靠度间的依赖关系,得到结构体系可靠度,以此来评价结构整体的健康状态,可靠度计算流程如图 5.3.1 所示。

5.3.2 构件状态评价指标

结构是由大量构件组成的,构件的性能状态是结构状态评价的基础。应力应

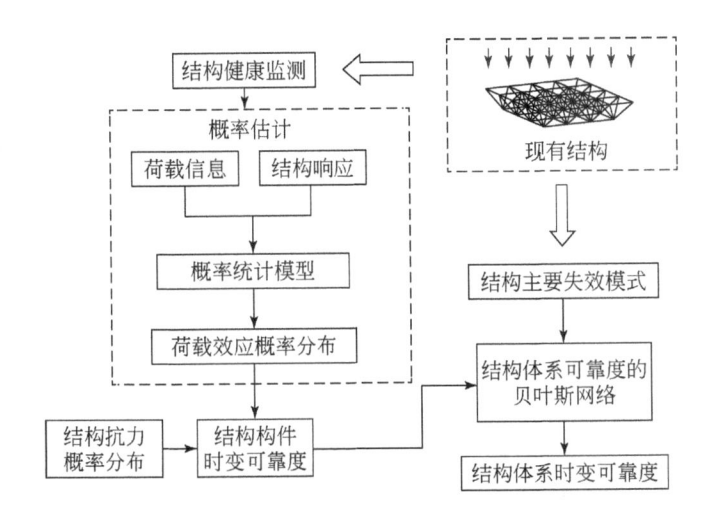

图 5.3.1　基于健康监测数据和贝叶斯网络的结构体系可靠度计算流程

变传感器一般直接布置于结构构件上，对构件实际应力状态进行监测。因此，本节采用应力应变监测数据对结构构件的可靠度进行评估。构件可靠度计算的关键在于抗力及荷载效应的概率分布估计。结构抗力的概率分布通过材料强度统计试验得到。荷载效应的概率分布通过对结构应力监测数据建立概率模型进行估计得到。本节对结构响应监测数据采用 BDLM，实时估计监测数据中的不确定性，得到结构荷载效应的概率分布，用于构件时变可靠度的计算。

1. 构件可靠度及可靠指标

根据结构可靠度理论，假定 t 时刻结构的抗力随机变量为 R_t，荷载效应随机变量为 S_t，其相应的概率密度函数为 $f_{R_t}(r)$ 和 $f_{S_t}(s)$，且 R_t 与 S_t 相互独立，结构功能函数为 $Z_t = g(R_t, S_t) = R_t - S_t$，则结构失效概率为

$$p_{f_t} = P(Z_t < 0) = \iint_{R<S} f_{R_t}(r) f_{S_t}(s) \mathrm{d}r \mathrm{d}s \tag{5.3.1}$$

在不考虑抗力随时间退化的情况下，结构抗力 R 的概率分布可以根据材料特性试验统计得到，假设其服从正态分布 $N(\mu_R, \sigma_R)$。荷载效应 S 的概率分布则可以根据结构响应监测数据进行估计。考虑结构响应的时变特性，若 t 时刻估计得到的荷载效应 S 的概率分布为 $N(\mu_{S_t}, \sigma_{S_t})$，则相应的结构可靠指标表达式为

$$\beta_t = \frac{\mu_R - \mu_{S_t}}{\sqrt{\sigma_R^2 + \sigma_{S_t}^2}} \tag{5.3.2}$$

4.5.2 节已经给出了基于 BDLM 的荷载效应分离方法。经过 BDLM 的模型递推，就可以得到每个时间步更新后各荷载效应的概率分布：

$$\begin{cases} s_{ti} \mid D_t \sim N(f_{y_{ti}}, \sigma_{y_{ti}}) = N(\hat{\pmb{F}}'_{ti}\pmb{m}_t, \hat{\pmb{F}}'_{ti}\pmb{C}_t\hat{\pmb{F}}_{ti}) \\ \hat{\pmb{F}}'_{ti} = \{0, \cdots, 0, F_{ti}, 0, \cdots, 0\} \end{cases} \tag{5.3.3}$$

式中,$\pmb{m}_t$ 和 $\pmb{C}_t$ 分别为状态向量的后验均值和协方差矩阵;$\hat{\pmb{F}}_t$ 为一个 n 维向量(n 为状态向量的维度),其中第 i 个元素等于观测向量 $\pmb{F}_t$ 的第 i 个元素,其余元素为 0。若用 S_t 来表示结构总荷载效应,$S_t = \sum_{i=1}^{q} s_{ti}$,则结构总荷载效应的后验概率分布为

$$(S_t \mid D_t) \sim N(\mu_{S_t}, \sigma_{S_t}) = N(\pmb{F}'_t\pmb{m}_t, \pmb{F}'_t\pmb{C}_t\pmb{F}_t) \tag{5.3.4}$$

BDLM 是一个时变的动态模型,在每一个时间步均能实时地对结构响应的概率分布进行估计,因此基于 BDLM 可以计算构件的时变可靠度。

2. 可靠指标限值

《建筑结构可靠性设计统一标准》(GB 50068—2018)中对结构中各类构件的可靠指标设计值做出了规定,根据结构不同的安全等级和破坏形式,结构构件满足承载力极限状态的可靠指标不应小于表 5.3.1 中的规定。其中,结构构件的安全等级宜与结构的安全等级相同,建筑结构的安全等级划分应符合表 5.3.2 中的规定。各类结构构件的安全等级每相差一级,其可靠指标的设计值宜相差 0.5。在结构可靠度评估中,可以选取这一规定中的限值作为可靠度评估的阈值,即当计算得到的结构可靠指标小于该限值时,说明结构有较大的概率会发生破坏。

表 5.3.1 结构构件满足承载力极限状态设计的可靠指标

破坏类型	安全等级		
	一级	二级	三级
延性破坏	3.7	3.2	2.7
脆性破坏	4.2	3.7	3.2

表 5.3.2 建筑结构的安全等级

安全等级	破坏后果
一级	很严重:对人的生命、经济、社会或环境影响很大
二级	严重:对人的生命、经济、社会或环境影响较大
三级	不严重:对人的生命、经济、社会或环境影响较小

5.3.3 结构体系状态评价指标

结构整体的安全性是结构状态评价聚焦的核心和重点。对于一个复杂的真实

结构,构件只是整个结构系统中的一个"元件",通过众多构件的可靠度对结构整体的体系可靠度进行计算才是结构状态评价的最终目的。然而,实际结构杆件众多,形式复杂,各杆件间的相关关系也同样是复杂多样的,很难直接用单纯的串联系统、并联系统或串并联系统清楚地描述。因此,引入贝叶斯网络建立构件可靠度与结构整体可靠度间的依赖关系,从而对结构体系可靠度进行分析。

1. 贝叶斯网络

贝叶斯网络(Pearl,1988)的主要定义与原理参见5.3.1节。贝叶斯网络具有以下特点。

(1) 用弧表示变量间的依赖关系,用条件概率分布表来表示依赖关系的强弱,简化了建模过程,降低了推理过程的复杂性。

(2) 可以有效表达和分析不确定性问题,同时可以处理数据噪声、数据缺失或不完整的情况。

(3) 通过样本数据的更新,其结构及参数都将得到相应的修正与更新。

建筑结构可以看成由各个构件构成的复杂系统,根据构件失效与结构整体失效间的因果关系能够建立结构体系可靠度的贝叶斯网络(Mahadevan et al.,2001)。图5.3.2为一个简单的框架结构示意图及其可能的三种失效模式。在图中所示的主要荷载作用下,框架结构的截面$R_1 \sim R_5$均可能失效成为塑性铰,进而引起结构整体失效。将代表截面$R_1 \sim R_5$状态的随机变量作为根节点建立该框架结构体系可靠度的贝叶斯网络,如图5.3.3所示。$R_i=1(i=1,2,\cdots,5)$代表相应的截面失效形成塑性铰,$R_i=0(i=1,2,\cdots,5)$代表相应的截面未失效。S为结构体系对应的系统节点。节点$R_1 \sim R_5$为节点S的父节点;相反,节点S为$R_1 \sim R_5$的子节点。系统节点附带的条件概率分布表则列出了此节点相对于其父节点所有可能的条件概率,即三种失效模式以及它们的组合对应的结构体系失效条件概率为1,其余情况则不会造成结构体系失效,条件概率为0。例如,条件概率$P(S=1|R_1=1,R_2=1,R_3=0,R_4=1,R_5=1)=1$,表示当除了$R_3$之外的其余截面均失效时,该框架结构即失效。通过贝叶斯网络和所附的条件概率分布表,该简单框架构件失效与整体失效之间的关系得到了有效的表达。为了求得该框架结构的体系可靠度,可在截面$R_1 \sim R_5$处合理布置传感器进行相应的监测,估计其构件失效概率,得到网络根节点的概率分布,进而根据贝叶斯网络推理得到结构体系的失效概率。

与简单框架结构不同的是,实际建筑结构构件众多,构件失效与结构失效间的因果关系也较为复杂,很难考虑所有构件失效对结构失效的影响,且在实际结构的可靠度评价中,人们往往关注少数几个主要失效模式出现的概率。因此,在计算较复杂结构的体系可靠度时,可以选取对主要失效模式贡献最大的关键性构件作为

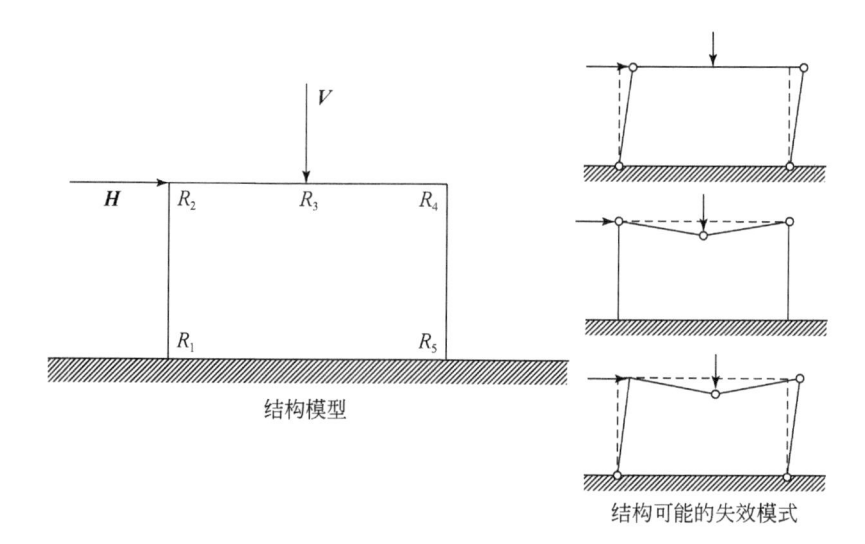

图 5.3.2　简单框架结构及其主要失效模式

节点S的条件概率分布表

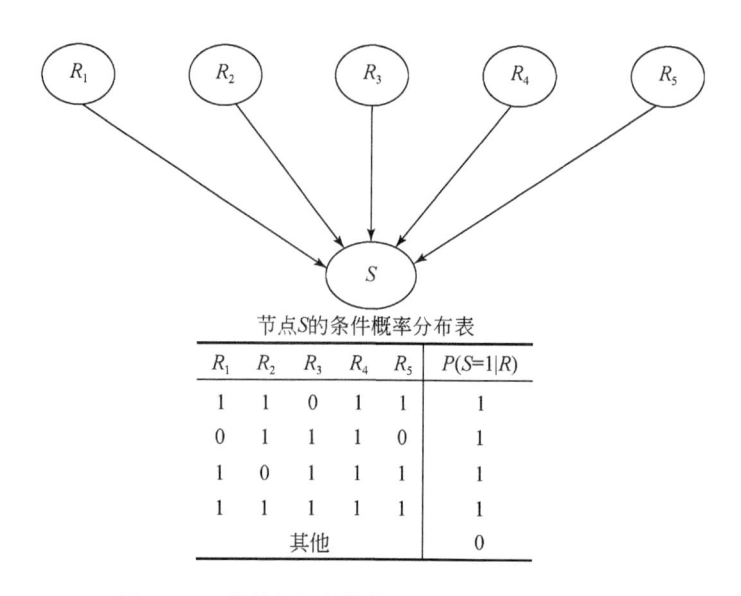

R_1	R_2	R_3	R_4	R_5	$P(S=1\|R)$
1	1	0	1	1	1
0	1	1	1	0	1
1	0	1	1	1	1
1	1	1	1	1	1
其他					0

图 5.3.3　简单框架结构体系可靠度的贝叶斯网络

根节点建立贝叶斯网络拓扑结构，并根据失效模式发展过程列出节点的条件概率分布表。同时，还可以在根节点与结构整体节点之间增加若干子结构节点来进一步简化概率推理过程。

2. 贝叶斯网络的概率推理

在贝叶斯网络中,当一个节点的父节点、子节点以及共享子节点的配偶节点给定后,该节点与其他所有节点都是独立的。利用这些特性,一个包含 n 个节点的贝叶斯网络所有节点的联合概率密度可以由式(5.3.5)求得

$$P(U) = P\{X_1, X_2, \cdots, X_n\} = \prod_{i=1}^{n} P(X_i | \text{parents}(X_i)) \tag{5.3.5}$$

式中,$X_1, X_2, \cdots, X_n$ 为贝叶斯网络中的节点变量;parents(X_i) 为 X_i 的所有父节点,即对变量 X_i 有直接影响的变量节点。变量间的联合概率分布是求解所有概率问题的基础,由联合概率密度,可以计算任一随机变量的边缘概率:

$$P(X_i) = \sum_{\text{except} X_i} P(U) \tag{5.3.6}$$

同时,利用贝叶斯网络还可以进行反向推理,从而对导致系统失效最可能的原因进行诊断。若变量 $X_s = 1$ 代表系统失效,则任一节点失效的后验概率为

$$P(X_i = 1 | X_s = 1) = \frac{P(X_i = 1, X_s = 1)}{P(X_s = 1)}$$

$$= \frac{\sum_{\{X_j\}, 1 \leqslant j \leqslant n, j \neq i, j \neq s} P(X_i = 1, X_s = 1, \{X_j\}, 1 \leqslant j \leqslant n, j \neq i, j \neq s)}{P(X_s = 1)}$$

$$\tag{5.3.7}$$

上述贝叶斯网络的精确推理过程适用于父节点数目有限的单连通的贝叶斯网络。节点概率分布计算的复杂程度随父节点数目的增多而显著增加,因此采用这种精确推理时需要在贝叶斯网络的建立中尽量减少父节点的数目。

5.3.4 算例

以一个由三根轴向受拉杆件构成的简单桁架结构为例,进一步说明上述可靠度评估方法的计算过程,结构简图如图 5.3.4 所示。假设该结构受一个从 0 开始不断增加的竖向拉力 P 作用,直至结构失效。杆件 R_1、R_2 和 R_3 均为 Q235 钢的实心圆杆,直径分别为 18mm、20mm 和 20mm。

1. 贝叶斯网络建立

为建立该三杆结构体系可靠度评估的贝叶斯网络,首先对其可能的失效模式进行分析。当三根杆件中的任意两根失效时,该结构转变为机构,则认为此结构体系失效,如图 5.3.4 所示。

根据上述失效模式,可以建立该结构可靠度评估的贝叶斯网络如图 5.3.5 所示。其中,随机变量 $R_i (i \in \{1,2,3\})$ 表示杆件 i 的状态,$R_i = 1$ 代表杆件 i 失效,

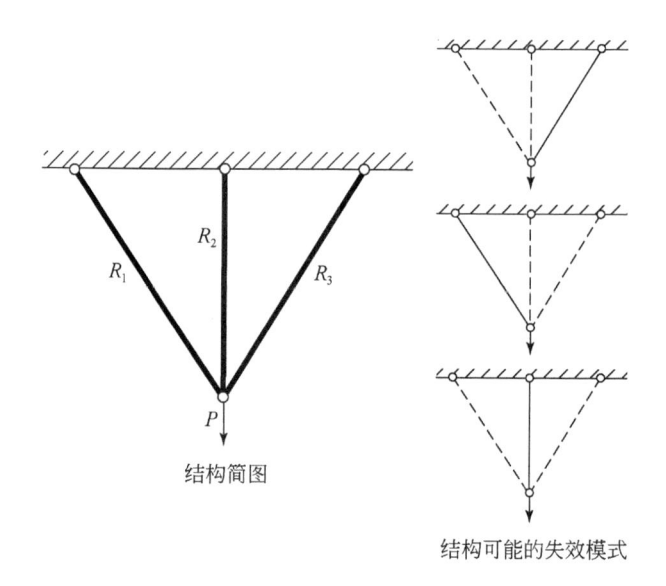

图 5.3.4 三杆结构简图及可能的失效模式

$R_i=0$ 代表杆件未失效。随机变量 S 表示该结构体系的状态，$S=1$ 代表结构失效，$S=0$ 代表结构未失效。节点 S 的条件概率表描述了结构所有可能的失效模式。例如，条件概率 $P(S=1|R_1=1,R_2=1,R_3=0)=1$ 代表当 R_1 和 R_2 杆件都失效时，结构转变为机构，即结构失效。

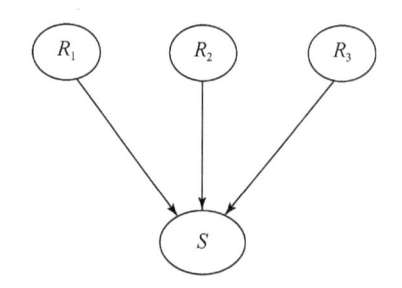

节点 S 的条件概率分布表

R_1	R_2	R_3	$P(S=1|R)$
1	1	1	1
0	1	1	1
1	0	1	1
1	1	0	1
其他			0

图 5.3.5 算例结构可靠度评估的贝叶斯网络

根据贝叶斯网络递推的原则，系统节点 S 的概率分布为

$$P(S)=\sum_{R_1,R_2,R_3}P(S,R_1,R_2,R_3)$$
$$=\sum_{R_1,R_2,R_3}P(S|R_1,R_2,R_3)P(R_1)P(R_2)P(R_3) \quad (5.3.8)$$

若根节点的失效概率($P(R_i=1)$)和可靠度($P(R_i=0)$)已知，则根据系统节点 S 的条件概率分布表，可由式(5.3.9)求得系统失效概率：

$$P(S=1)=1\times P(R_1=1,R_2=1,R_3=1)+1\times P(S=1|R_1=0,R_2=1,R_3=1)$$
$$+1\times P(R_1=1,R_2=0,R_3=1)+1\times P(R_1=1,R_2=1,R_3=0)$$
$$=P(R_1=1)\cdot P(R_2=1)\cdot P(R_3=1)+P(R_1=0)\cdot P(R_2=1)\cdot P(R_3=1)$$
$$+P(R_1=1)\cdot P(R_2=0)\cdot P(R_3=1)+P(R_1=1)\cdot P(R_2=1)\cdot P(R_3=0)$$
(5.3.9)

2. 构件评价指标

为得到结构体系可靠指标,首先需要对网络根节点的失效概率,即构件失效概率 $P(R_i=1)(i\in\{1,2,3\})$ 进行评估。该结构中的杆件均为轴向受拉杆件,因此认为当杆件受拉屈服时,则该构件失效。图 5.3.6 为结构加载过程中三根杆件的应变数据。根据应变数据建立 BDLM,对结构荷载效应的时变概率进行估计,然后根据 5.3.2 节中的方法,即可求得构件时变可靠指标。其中,Q235 钢的轴向抗拉屈服应变(即抗力)的均值和方差可按规范对结构用钢材的材料性质要求进行取值,即 $\mu_R=1119\mu\varepsilon,\sigma_R=95.24\mu\varepsilon$(分别对应 Q235 钢的屈服应力 235MPa 和屈服应力分布均方根 20MPa)。

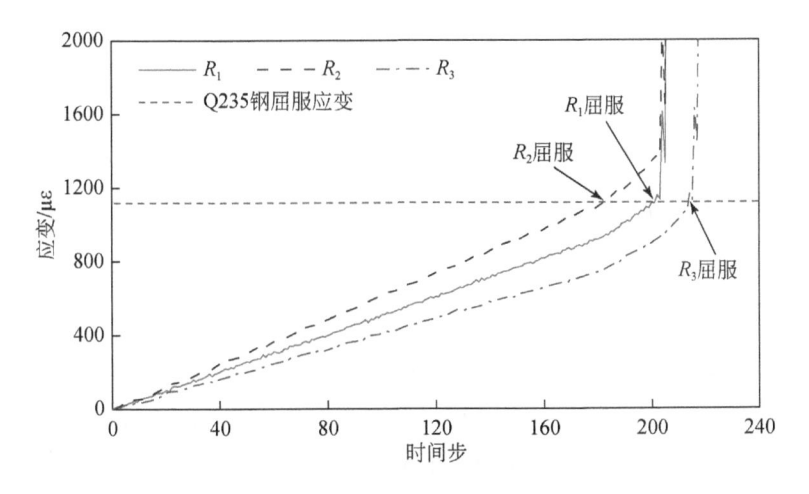

图 5.3.6 示例结构加载过程中各杆件应变数据

图 5.3.7 所示为由应变数据计算得到的三根杆件的可靠指标。可靠指标越低,则代表构件的失效概率越大。当可靠指标小于限值时,说明构件可靠度已经不满足规范规定,构件内力已经超出了设计值,应当发出预警。从图 5.3.7 可以看出,三根杆件的可靠指标在屈服前均已小于限值,构件可靠指标成功对构件破坏进行了预警。当可靠指标小于 0 时,说明构件荷载效应分布的均值已大于材料屈服强度,结构进入屈服的概率大于 50%,构件极有可能随时进入屈服。本例中的三

根杆件均为简单的受拉屈服,对具有其他破坏形式的构件(如受压或受弯屈曲等),同样可以计算出相应的可靠指标。利用可靠指标对构件状态进行评价,一方面能够考虑荷载和抗力的不确定性;另一方面也能统一不同形式构件的状态评价标准,有利于后续对结构体系状态的判断。

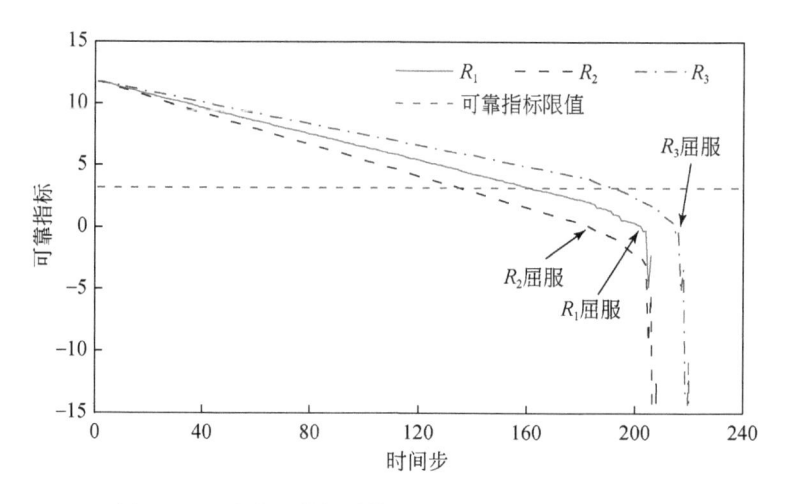

图 5.3.7　由应变数据计算得到的三根杆件的可靠指标

根据构件可靠指标,就可以计算得到图 5.3.5 中三个根节点对应的失效概率:

$$P(R_i=1)=F(-\beta_i) \tag{5.3.10}$$

式中,$F(·)$ 表示标准正态分布 $N(0,1)$ 的累积分布函数,即来自标准正态分布的随机变量落在区间 $(-\infty,\beta_i]$ 的概率。

3. 结构体系评价指标

求得贝叶斯网络根节点的失效概率后,即可根据前面所述的贝叶斯网络的递推计算求得结构体系的失效概率和相应的时变可靠指标,如图 5.3.8 所示。其中结构失效概率仅给出了可靠指标小于限值到结构失效这段时间范围的曲线,可靠指标大于限值阶段的结构失效概率是一个非常接近于 0 的值。

从图 5.3.8 可以看出,结构体系可靠指标从第 172 个时间步开始小于可靠指标限值,说明结构体系此时已不再满足设计要求,应当发出预警。在杆件 R_2、R_1 和 R_3 相继屈服的过程中,结构体系失效概率分别为 1.3%、61.0% 和 100%,并且在 R_1 屈服后,结构失效概率在两个时间步内就迅速增大到 100%,说明此时结构整体已经失效。而这与三杆桁架体系的实际破坏过程是相符的,即两根杆件失效后,结构体系即失效。

综上所述,贝叶斯网络计算得到的结构可靠度能够正确反映结构整体的安全

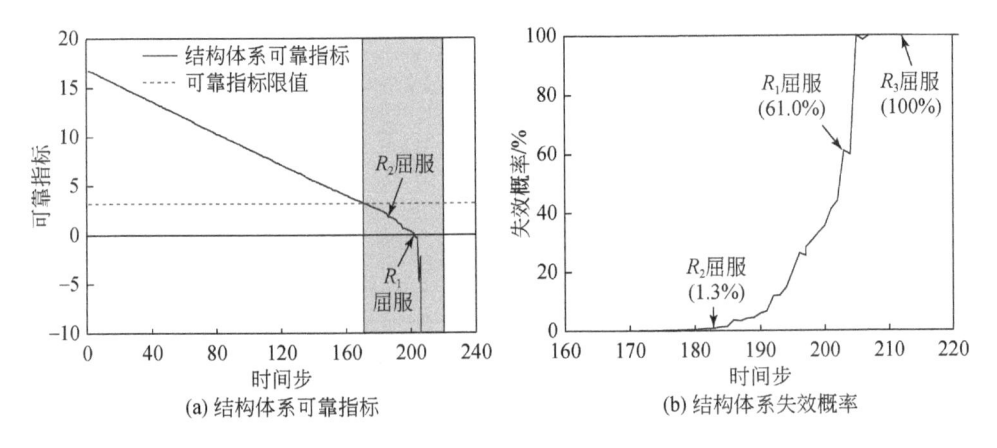

图 5.3.8 结构体系可靠指标及失效概率

状态,并且能够在结构破坏前事先发出预警。

5.4 空间结构健康综合评价方法

大型空间结构往往存在多种复杂的失效模式,这使得结构体系可靠度的计算变得极为复杂,对于实际结构几乎难以实现。因此,本节将介绍一种更具普遍性的空间结构健康状态综合评价方法。该方法综合考虑应力应变、位移、加速度等多种类型的监测变量,从构件性能和结构整体性能两个层面进行评价指标的制定,并引入了层次分析法、模糊理论等系统安全评估理论,尝试从更宏观的角度来综合评价结构的健康状态。

5.4.1 基本原理

空间结构健康状态评价问题由于其指标多样、关联复杂的特性,可归纳为复杂系统的一类综合评价问题。为得到较高级别的系统评价指标,必须建立相应的指标体系结构,在此基础上采用合理的评价模型进行系统的综合评价工作,具体流程如图 5.4.1 所示。

因此,对于空间结构的健康状态评价,首先根据其内在的机理和逻辑关系,合理地构造指标体系结构,使评价问题层次化;然后根据组成指标体系的各监测指标的特性,建立相应的评价模型将各类评价指标标准化;最后根据上述指标体系的层次化和数量化特征,采用一定的模糊综合评判方法,实现对空间结构健康状态的综合评价。

结构健康状态的综合评价是在健康监测的前提和基础上实现的,同时又是健

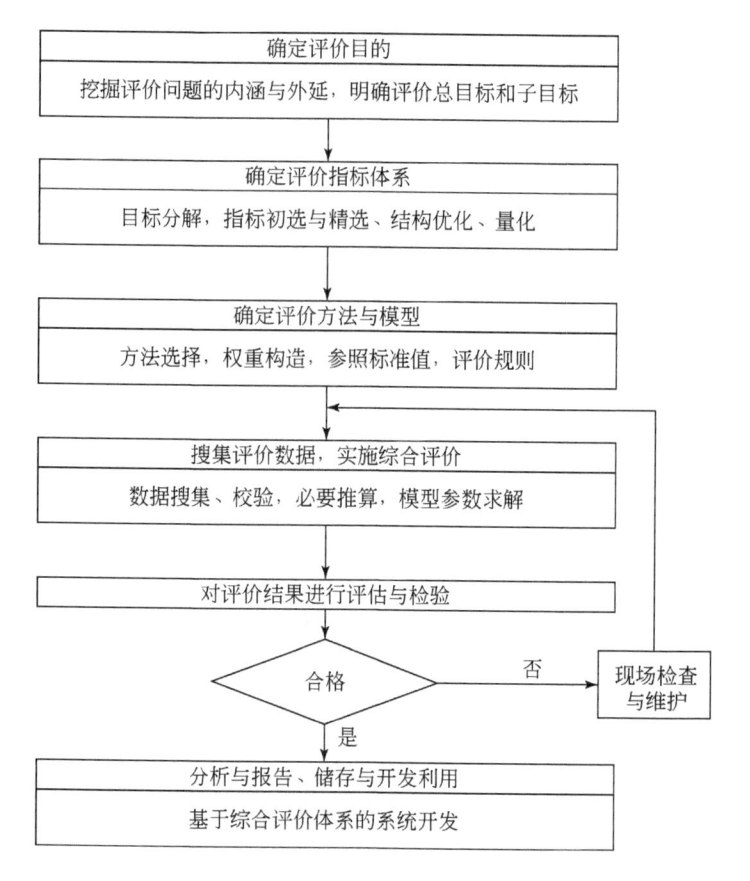

```
┌─────────────────────────────┐
│      确定评价目的             │
│ 挖掘评价问题的内涵与外延，    │
│ 明确评价总目标和子目标        │
└─────────────┬───────────────┘
              ↓
┌─────────────────────────────┐
│    确定评价指标体系           │
│ 目标分解，指标初选与精选、    │
│ 结构优化、量化                │
└─────────────┬───────────────┘
              ↓
┌─────────────────────────────┐
│   确定评价方法与模型          │
│ 方法选择，权重构造，参照标准值，│
│ 评价规则                      │
└─────────────┬───────────────┘
              ↓
┌─────────────────────────────┐
│ 搜集评价数据，实施综合评价    │
│ 数据搜集、校验，必要推算，    │
│ 模型参数求解                  │
└─────────────┬───────────────┘
              ↓
┌─────────────────────────────┐
│   对评价结果进行评估与检验    │
└─────────────┬───────────────┘
              ↓
          ◇ 合格 ◇ ── 否 ──→ ┌──────────┐
              │              │ 现场检查  │
              是             │ 与维护    │
              ↓              └──────────┘
┌─────────────────────────────┐
│  分析与报告、储存与开发利用   │
│  基于综合评价体系的系统开发   │
└─────────────────────────────┘
```

图 5.4.1 复杂系统的综合评价流程

康监测的提高和完善。目前，监测领域的研究热点着重于对某项评价指标的理论推导和实测研究，如内力、变形、模态参数等，而对各指标效应量之间的耦合模型讨论较少。对于空间结构这样大尺度的复杂结构，各单项指标之间互有作用与影响，所以有必要将研究思路扩展到如何将现有技术条件下所获取的大量监测参数进行更有效的综合分析，研究提出多指标、多层次、多目标的空间结构综合评价模型。同时，由于影响空间结构安全的各种因素具有模糊性，对其状态的评价往往也不能用安全或不安全截然分开。因此，应用模糊数学理论，将各评价指标等级的边界模糊化，使得各等级之间相互渗透，细化出相邻等级之间的过渡状态，从而克服传统的结构评判方法中评定标准所存在的"一刀切"的弱点，对传统评估方法进行进一步的改进和优化。

影响结构健康状态的因素很复杂，需要将这样的复杂问题分解为相对简单的子问题，因此引入系统工程学中的层次分析法作为基本方法进行研究。在对影响空间结构安全的因素进行全面的考虑后,结合评价指标的拟定原则,建立健康状态评价的层次指标体系,如图 5.4.2 所示。

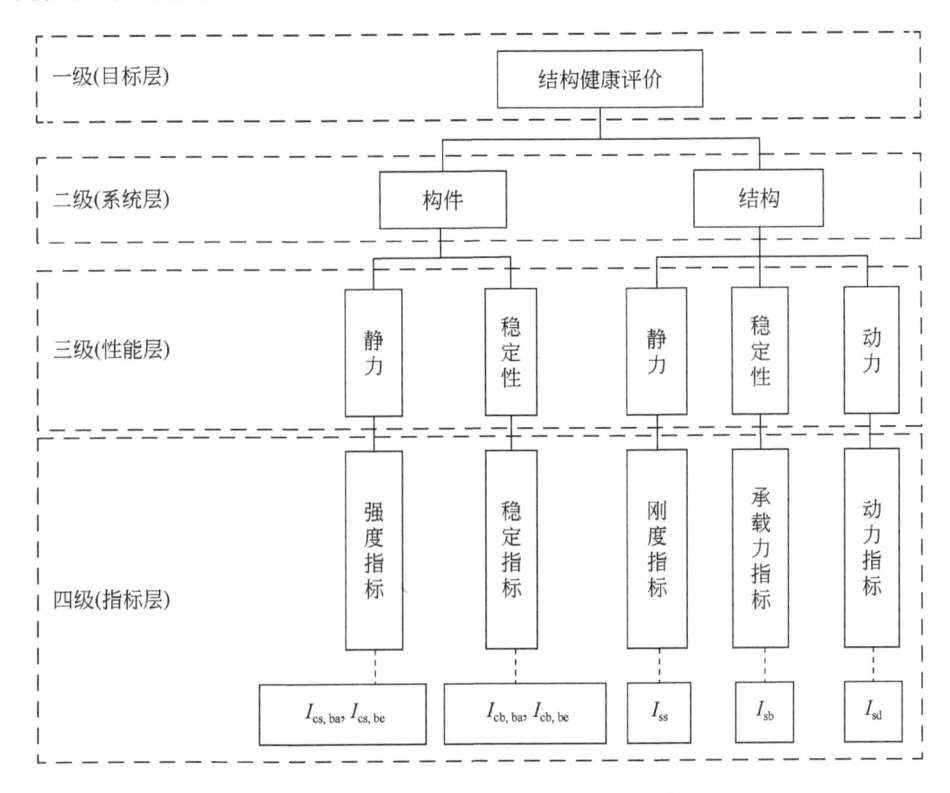

图 5.4.2 空间结构健康评价的层次指标体系

具体来说,第四层为指标层,是由实测数据直接或间接计算得到的指标,包括结构构件层面的评价指标和结构整体性能的评价指标;第三层为性能层,是由第四层的评价指标得到的结构各构件与结构整体性能的综合评价指标,包括静力性能指标、稳定性能指标和动力性能指标;第二层为系统层,分为构件系统和结构系统,分别代表由性能层指标得到的构件系统健康指标和结构整体健康指标;第一层为目标层,即结构健康评价的总指标。在这样的评价指标下,最终的评级目标位于最顶层,基本评价指标位于最底层,在结构健康状态评价的过程中,基于底层的指标进行逐层递推,逐步得到其上每一层的综合评价指标,最终实现结构整体健康状态的综合评价。

在上述评价体系中,有些内容会直接影响评价结果的准确性:一是底层评价指标的合理拟定;二是合理地由下一层指标进行综合评价,得到上一层的评价指标。

5.4.2 构件性能评价指标

上述评价体系中,第四层指标层是整体体系的最底层,其上每一层的评价结果都是基于最底层的指标层层递进而得到的。因此,合理拟定最底层的基本评价指标是评价结果准确可靠的关键之一。其中,构件的性能状态是结构评价体系中的重要组成部分。应力应变传感器多直接布置于构件上,测得的数据直观反映的也是构件的性能状态。因此,对结构进行健康评价,最简单直接的就是先对组成结构的构件进行性能分析。空间结构构件主要应满足强度与稳定性的要求,构件的设计依据是规范,构件性能也应与规范的要求进行对照,进而得出评价指标。这里根据《建筑结构可靠性设计统一标准》(GB 50068—2018)的有关规定,按照构件受力方式的不同,构造了基于构件监测应力的构件静力性能与稳定性能评价指标,并给出相应的评价与等级划分标准。

1. 评价指标

1) 轴力构件强度指标

对于轴向受力的拉杆或压杆首先应满足构件的强度要求。构件正应力均匀分布于截面上,应力为 σ,规范规定轴心受拉构件和轴心受压构件的强度按式(5.4.1)计算:

$$\sigma = \frac{N}{A_n} \leqslant f \tag{5.4.1}$$

式中,N 为轴心拉力或者轴心压力;A_n 为构件净截面积;f 为构件材料设计强度。对于轴向受力构件表面的传感器,可直接测得构件的应力 σ。

《建筑结构可靠性设计统一标准》(GB 50068—2018)中对构件承载能力评定指标的计算式为

$$I = \frac{R}{\gamma_0 \gamma_R S} \geqslant 1 \tag{5.4.2}$$

式中,R 为结构构件的抗力;S 为作用效应;γ_0 为结构重要性系数,应按照《建筑结构可靠性设计统一标准》(GB 50068—2018)规定的结构安全等级确定系数的取值;γ_R 为结构构件抗力分项系数,轴向受力构件取 1.15。构件的抗力 R 根据构件截面特性与材料特性计算得到,结构上的作用效应 S 为经调查或检测的实际作用,用应力表达,有

$$\sigma = \frac{S}{A} \tag{5.4.3}$$

$$R = f_n A_n \tag{5.4.4}$$

因为应变传感器一般不布置在构件连接处,所以实测应力是毛截面上的应力。

将式(5.4.3)与式(5.4.4)代入式(5.4.2)可得轴向受力构件静力性能强度指标：

$$I_{\text{cs,ba}} = \left| \frac{A_n f}{A \gamma_0 \gamma_R \sigma} \right| \tag{5.4.5}$$

式中，σ 为测得的构件内应力；f 为构件材料设计强度；A_n 为构件净截面积；A 为构件毛截面积；γ_0 为结构重要性系数；γ_R 为结构构件抗力分项系数，轴向受力构件取 1.15。

2) 压弯、拉弯构件强度指标

对于压弯或拉弯构件，规范规定其强度计算公式为

$$\frac{N}{A_n} \pm \frac{M_x}{\gamma_x W_{nx}} \pm \frac{M_y}{\gamma_y W_{ny}} \leqslant f \tag{5.4.6}$$

式中，N、M_x、M_y 分别为作用在杆件上的轴向力和两个主轴方向的弯矩；A_n、W_{nx}、W_{ny} 为杆件的净截面积和两个主轴方向净截面模量；γ_x、γ_y 为截面塑性发展系数，根据不同截面形式按《钢结构设计标准》(GB 50017—2017)选取；f 为构件材料设计强度。压弯或拉弯构件通常在其主轴方向上布置 4 个传感器，如图 5.4.3 所示。

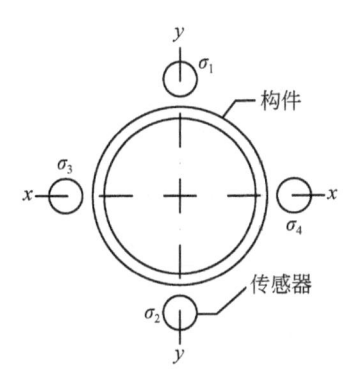

图 5.4.3 受弯构件的测点布置

由材料力学知识可知：

$$\frac{N}{A} = \frac{\sigma_1 + \sigma_2}{2} = \frac{\sigma_3 + \sigma_4}{2} \tag{5.4.7}$$

$$\frac{M_x}{W_x} = \frac{|\sigma_1 - \sigma_2|}{2} \tag{5.4.8}$$

$$\frac{M_y}{W_y} = \frac{|\sigma_3 - \sigma_4|}{2} \tag{5.4.9}$$

为了减小测量误差带来的影响，式(5.4.7)取四个应力测量值的平均值，将式(5.4.7)~式(5.4.9)代入式(5.4.6)可得

$$\sigma_{\text{be}} = \frac{|\sigma_1 + \sigma_2 + \sigma_3 + \sigma_4|}{4 A_n / A} + \frac{|\sigma_1 - \sigma_2|}{2 \gamma_x} + \frac{|\sigma_3 - \sigma_4|}{2 \gamma_y} \tag{5.4.10}$$

式中,σ_{be} 为由测得的截面四向应力计算的折合应力。由式(5.4.10),并仿照轴向受力构件静力性能强度指标式(5.4.5),可得压弯或拉弯构件静力性能强度指标为

$$I_{cs,be} = \left| \frac{f}{\gamma_0 \gamma_R \sigma_{be}} \right| \tag{5.4.11}$$

式中,f 为构件材料设计强度;γ_0 为结构重要性系数,应按照规范规定的结构安全等级来确定系数的取值;γ_R 为结构构件抗力分项系数,受弯构件取 1.11。

对于圆管等中心对称的截面,如图 5.4.4 所示,没有强轴、弱轴之分,可以由截面四应力计算合弯矩:

$$\begin{cases} \dfrac{M}{I} \cdot \cos\theta \cdot R = \dfrac{|\sigma_1 - \sigma_2|}{2} \\ \dfrac{M}{I} \cdot \sin\theta \cdot R = \dfrac{|\sigma_3 - \sigma_4|}{2} \end{cases} \tag{5.4.12}$$

式中,M 为合弯矩;I 为构件截面惯性矩;R 为构件截面半径;θ 为合弯矩 M 方向与 M_x 方向的夹角。

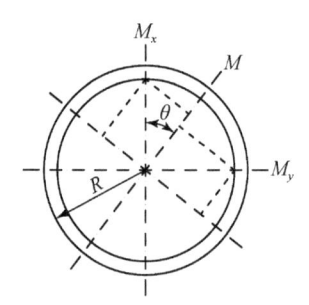

图 5.4.4 合弯矩计算示意图

圆管拉弯或压弯强度的计算公式应为

$$\frac{N}{A_n} \pm \frac{M}{\gamma W} \leqslant f \tag{5.4.13}$$

式中,γ 为截面塑性发展系数;W 为圆管截面模量。由式(5.4.13)可得

$$\sigma_{be} = \frac{|\sigma_1 + \sigma_2 + \sigma_3 + \sigma_4|}{4 A_n / A} + \frac{M}{\gamma W} \tag{5.4.14}$$

式中,M 由式(5.4.12)计算,其余系数如上面所示。将式(5.4.13)代入式(5.4.14)即可得到中心对称截面拉弯或压弯构件静力性能强度指标。

3) 轴压构件稳定性指标

轴心受压构件的稳定性按式(5.4.15)计算:

$$\frac{N}{\varphi A} \leqslant f \tag{5.4.15}$$

式中,N 为轴心压力;A 为构件的毛截面积;φ 为轴心受压构件的稳定系数,根据构件的长细比、钢材屈服强度及截面形式依规范查表取值。

对于轴心受压构件:

$$S = N \tag{5.4.16}$$

$$R = \varphi f A \tag{5.4.17}$$

构件表面的传感器测得应力为

$$\sigma = \frac{N}{A} \tag{5.4.18}$$

将式(5.4.15)~式(5.4.17)代入式(5.4.18),可得轴心受压构件稳定性能指标:

$$I_{\text{cb,ba}} = \left| \frac{\varphi f}{\gamma_0 \gamma_R \sigma} \right| \tag{5.4.19}$$

式中,σ 为测得的构件内应力;f 为构件材料设计强度;φ 为轴心受压构件的稳定系数;γ_0 为结构重要性系数,应按照规范规定的结构安全等级来确定系数的取值;γ_R 为结构构件抗力分项系数,轴心受压构件取 1.15。

4) 压弯构件稳定性指标

对于压弯构件,同样应根据其截面应力分布规律在其主轴方向上布置 4 个传感器,如图 5.4.3 所示。规范规定,弯矩作用在两个主平面内的双轴对称实腹式工字形和箱型截面的压弯构件,其稳定性按式(5.4.20)计算:

$$\frac{N}{\varphi_x A} + \frac{\beta_{\text{m}x} M_x}{\gamma_x W_x \left(1 - 0.8 \dfrac{N}{N'_{\text{E}x}}\right)} \frac{\beta_{\text{t}y} M_y}{\varphi_{\text{b}y} W_y} \frac{N}{\varphi_y A}$$

$$+ \frac{\beta_{\text{m}y} M_y}{\gamma_y W_y \left(1 - 0.8 \dfrac{N}{N'_{\text{E}y}}\right)} + \eta \frac{\beta_{\text{t}x} M_x}{\varphi_{\text{b}x} W_x} \leqslant f \tag{5.4.20}$$

式中,φ_x、φ_y 分别为强轴 x 和弱轴 y 的轴心受压构件稳定系数;$\varphi_{\text{b}x}$、$\varphi_{\text{b}y}$ 为均匀弯曲的受弯杆件整体稳定系数;M_x、M_y 分别为构件内对强轴和弱轴的最大弯矩;$N'_{\text{E}x}$、$N'_{\text{E}y}$ 为参数,$N'_{\text{E}x} = \dfrac{\pi^2 EA}{1.1 \lambda_x^2}$,$N'_{\text{E}y} = \dfrac{\pi^2 EA}{1.1 \lambda_y^2}$;$W_x$、$W_y$ 分别为对强轴和弱轴的毛截面模量;$\beta_{\text{m}x}$、$\beta_{\text{m}y}$ 为平面内稳定计算中的等效弯矩系数;γ_x、γ_y 为截面塑性发展系数,其根据不同截面形式按《钢结构设计标准》(GB 50017—2017)选取;η 为截面影响系数,闭口截面取 0.7,其他截面取 1.0;$\beta_{\text{t}x}$、$\beta_{\text{t}y}$ 为平面外稳定计算中的等效弯矩系数。

将式(5.4.7)~式(5.4.10)代入式(5.4.20)可得:

$$\sigma_{\text{be},1} = \frac{|\sigma_1 + \sigma_2 + \sigma_3 + \sigma_4|}{4\varphi_x} + \frac{\beta_{\text{m}x}}{\gamma_x \left(1 - 0.8 \dfrac{N}{N'_{\text{E}x}}\right)} \frac{|\sigma_1 - \sigma_2|}{2} \cdot \frac{\beta_{\text{t}y}}{\varphi_{\text{b}y}} \cdot \frac{|\sigma_3 - \sigma_4|}{2}$$

$$\sigma_{be,2} = \frac{|\sigma_1+\sigma_2+\sigma_3+\sigma_4|}{4\varphi_y} + \frac{\beta_{my}}{\gamma_y\left(1-0.8\dfrac{N}{N'_{Ey}}\right)} \cdot \frac{|\sigma_3-\sigma_4|}{2} + \eta\frac{\beta_{tx}}{\varphi_{bx}} \cdot \frac{|\sigma_1-\sigma_2|}{2} \tag{5.4.21}$$

式中，$\sigma_1 \sim \sigma_4$ 为测得的压弯构件截面四向应力，如图 5.4.4 所示，其余系数如上面所述，按规范要求取值。由式(5.4.21)，并仿照轴向受力构件静力性能强度指标式(5.4.5)，可得定义的压弯构件稳定性能强度指标：

$$I_{cb,be} = \left|\frac{f}{\gamma_0\gamma_R\sigma_{be}}\right| \tag{5.4.22}$$

$$\sigma_{be} = \max(|\sigma_{be,1}|, |\sigma_{be,2}|) \tag{5.4.23}$$

式中，σ_{be} 为由测得的截面四向应力计算的折合应力；f 为构件材料设计强度；γ_0 为结构重要性系数，应按照规范规定的结构安全等级来确定系数的取值；γ_R 为结构构件抗力分项系数，受弯构件取 1.11。对于圆管等中心对称截面的压弯构件，其稳定性按规范中的公式计算。

平面内：

$$\frac{N}{\varphi_x A} + \frac{\beta_{mx}M_x}{\gamma_x W_{1x}\left(1-0.8\dfrac{N}{N_{Ex}}\right)} \leqslant f \tag{5.4.24a}$$

平面外：

$$\frac{N}{\varphi_y A} + \eta\frac{\beta_{tx}M_x}{\varphi_b W_{1x}} \leqslant f \tag{5.4.24b}$$

所有参数如前面所述。同式(5.4.21)，由式(5.4.24)可得

$$\sigma_{be,1} = \frac{|\sigma_1+\sigma_2+\sigma_3+\sigma_4|}{4\varphi} + \frac{\beta_m M}{\gamma W\left(1-0.8\dfrac{N}{N'_E}\right)}$$

$$\sigma_{be,2} = \frac{|\sigma_1+\sigma_2+\sigma_3+\sigma_4|}{4\varphi} + \eta\frac{\beta_t M}{\varphi_b W} \tag{5.4.25}$$

式中，M 由式(5.4.12)计算，将式(5.4.25)代入式(5.4.22)和式(5.4.23)可计算得到圆管等中心对称截面压弯构件稳定性能指标。

2. 评价标准与等级

由上述方法可计算得到各种不同类型受力构件的静力性能强度指标和稳定性能指标。根据指标的计算结果，需要对构件的静力性能与稳定性能做出评价与分级。本节构件性能指标由《民用建筑可靠性鉴定标准》(GB 50292—2015)衍生而来，因此评价标准与等级划分亦可借鉴标准的规定。对构件性能的评价标准与等级划分见表 5.4.1，按表中主要构件的评级标准评定，其他构件按一般构件的评级标准评定。

表 5.4.1 构件性能评价标准与等级划分

构件类别	$I_{cs,ba}$, $I_{cs,be}$, $I_{cb,ba}$, $I_{cb,be}$			
	a 级	b 级	c 级	d 级
主要构件	≥1.00	<1.00, ≥0.95	<0.95, ≥0.90	<0.90
一般构件	≥1.00	<1.00, ≥0.90	<0.90, ≥0.85	<0.85

注:a级表示符合规范规定的相应性能要求,不必采取措施;b级表示略低于规范规定的相应性能要求,但仍能满足下限水平要求,可不必采取措施;c级表示不符合规范规定的相应性能要求,应采取措施;d级表示极不符合规范规定的相应性能要求,必须及时或立即采取措施。

3. 算例

结构中某一压弯杆件,长 28.5m,截面为一圆管,直径 900mm,壁厚 40mm,构件材料为 Q345 钢。在构件中部截面布置 4 个传感器,如图 5.4.3 所示,测得 $\sigma_1=-107.3\text{MPa}$, $\sigma_2=-10.8\text{MPa}$, $\sigma_3=-55.6\text{MPa}$, $\sigma_4=-59.5\text{MPa}$。

首先要计算构件的合弯矩,可得 $M=1.08\times10^9 \text{N}\cdot\text{mm}$。根据上述内容,计算构件的静力性能强度指标,由《钢结构设计标准》(GB 50017—2017)可知,截面塑性发展系数 $\gamma=1.15$;截面模量 $W=2.22\times10^7 \text{mm}^3$。将 $\sigma_1\sim\sigma_4$ 及上述各参数代入式(5.4.14)可得 $\sigma_{be}=100.6\text{MPa}$。根据《建筑结构可靠性设计统一标准》(GB 50068—2018),取结构重要性系数 $\gamma_0=1.1$,结构构件抗力分项系数 $\gamma_R=1.11$,Q345 钢强度设计值 $f=265\text{MPa}$,将折合应力 σ_{be} 代入式(5.4.11)可得构件的静力性能强度指标:$I_{cs,be}=\left|\dfrac{f}{\gamma_0\gamma_R\sigma_{be}}\right|=2.16>1.00$。根据构件性能评价标准与等级划分可知,此构件的静力性能状态为 a 级。

然后计算构件的稳定性能指标,根据规范要求与截面尺寸可得,构件的计算长度 $l_0=0.5\text{m}$,回转半径 $i=304.2\text{mm}$,构件的长细比 $\lambda=l_0/i=93.7$。根据 λ 及《钢结构设计标准》(GB 50017—2017)规定,得到构件轴心受压的稳定系数 $\varphi=0.5375$。

另有

$$N=\frac{|\sigma_1+\sigma_2+\sigma_3+\sigma_4|}{4}\cdot A=6.3\times10^6\text{N}$$

$$N'_E=\pi^2 EA/(1.1\lambda^2)=2.28\times10^7\text{N}$$

此外,查表并计算可得:截面塑性发展系数 $\gamma=1.15$;等效弯矩系数 $\beta_m=\beta_t=1.0$;截面影响系数 $\eta=0.7$;整体稳定系数 $\varphi_b=1.0$。将上述各参数代入(5.4.25)可计算得到合应力:

$$\sigma_{be,1}=\frac{|\sigma_1+\sigma_2+\sigma_3+\sigma_4|}{4\varphi}+\frac{\beta_m M}{\gamma W\left(1-0.8\dfrac{N}{N'_E}\right)}=162.8\text{MPa}$$

$$\sigma_{\text{be},2} = \left|\frac{\sigma_1+\sigma_2+\sigma_3+\sigma_4}{4\varphi}\right| + \eta\frac{\beta_{\text{t}}M}{\varphi_{\text{b}}W} = 142.5\text{MPa}$$

结构重要性系数 $\gamma_0 = 1.1$,结构构件抗力分项系数 $\gamma_R = 1.11$,Q345 钢设计强度 $f = 265$MPa,根据式(5.4.22)和式(5.4.23)可得构件的稳定性能指标:$I_{\text{cb,be}} = \left|\frac{f}{\gamma_0\gamma_R\sigma_{\text{be}}}\right| = 1.33 > 1.00$,根据表 5.4.1 可知,此构件的稳定性能状态为 a 级。

5.4.3 结构性能评价指标

《钢结构设计标准》(GB 50017—2017)对结构整体刚度、整体稳定性和动力性能做出了要求,结构在设计过程中除要满足构件的强度与稳定性等要求外,还应对这些结构的整体性能进行验算保证。结构整体性能的评价指标多数并不易像构件性能指标那样可以通过测试数据与公式换算得到,而是需要通过结构数值模型计算得到。可见,结构整体性能指标并不是由实测数据直接得到的,而是通过数值模型分析间接得到的。因此,根据监测数据修正结构数值模型,使模型能够更好地反映结构真实的性能状态,在结构整体性能评价中显得至关重要。

1. 结构静力性能评价

结构的竖向挠度是结构整体刚度的重要表征,且结构的竖向挠度也是结构健康监测可直接测得的数据。因此,可利用实测的挠度值来计算结构的静力性能刚度指标。

结构在外荷载作用下的位移可由式(5.4.26)定性概括:

$$F = K_R \Delta \tag{5.4.26}$$

式中,F 为结构上的荷载作用;Δ 为结构挠度值;K_R 为结构整体刚度。

对于式中的 K_R,有

$$R = K_R [\Delta] \tag{5.4.27}$$

式中,$[\Delta]$ 为规范规定的结构容许挠度值。

另有

$$S = F \tag{5.4.28}$$

将式(5.4.28)代入式(5.4.26),可得结构静力性能刚度指标:

$$I_{\text{ss}} = \left|\frac{R}{\gamma_0 S}\right| = \left|\frac{[\Delta]}{\gamma_0 \Delta_{\max}}\right| \tag{5.4.29}$$

式中,$\Delta_{\max}$ 为结构实测的最大挠度值;$[\Delta]$ 为规范规定的结构容许挠度值;γ_0 为结构重要性系数,应按照《建筑结构可靠性设计统一标准》(GB 50068—2018)规定的结构安全等级来确定系数的取值。结构静力性能的评价标准与等级划分见表 5.4.2。

表 5.4.2　结构静力性能的评价标准与等级划分

评价指标	I_{ss}			
分级	a级	b级	c级	d级
评价标准	$\geqslant 1.00$	$<1.00, \geqslant 0.95$	$<0.95, \geqslant 0.90$	<0.90

2. 结构稳定性能评价

稳定性能是空间结构整体性能的重要指标之一,单层网壳和厚度较小的双层网壳都存在失稳的可能性,因此空间结构的稳定性是空间结构分析设计中的一个关键问题。《空间网格结构技术规程》(JGJ 7—2010)也对空间结构设计时的稳定性验算问题做出了相应规定。目前,结构性能评价中还没有针对结构整体稳定性的评价指标与方法,主要原因是结构整体稳定性的影响因素复杂多样,真实的稳定性能又不易直接测量得到。针对结构整体稳定性能的特点以及确定其稳定承载力的困难,提出了一种基于修正模型的空间结构稳定承载能力确定方法,并依据结构的稳定承载力与规范的规定构造了结构整体稳定性能的评价指标。

空间结构的稳定性分析主要为临界荷载的确定,因为空间结构的稳定承载能力与其后屈曲行为密切相关,所以有必要对结构的平衡路径即结构的荷载-位移响应曲线进行跟踪分析。通过荷载-位移全过程曲线可以完整地了解结构的稳定性能。结构的失稳类型主要包括极值点屈曲和分支点屈曲,如图 5.4.5 所示。

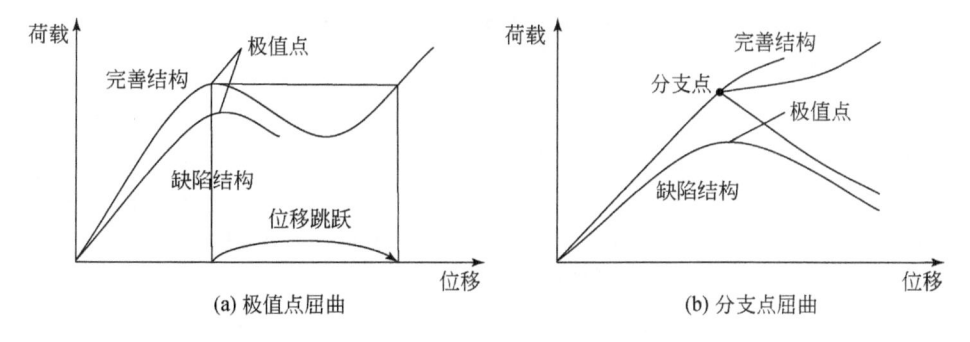

图 5.4.5　屈曲类型

结构的容许稳定承载力为

$$[R_b] = \frac{q_{cr}}{K} \tag{5.4.30}$$

式中,$[R_b]$为结构的容许稳定承载力;q_{cr}为根据结构数值模型,运用几何非线性全过程分析得到的稳定极限承载力;K为规范规定的安全系数,当按弹性全过程分析时取 4.2。由于各种因素的影响,空间结构真实的稳定承载力与理论计算出的稳定承载力并不相同。其中,主要影响因素为结构的初始几何缺陷和整体刚度:初始几何缺陷可以按规范规定的最低阶屈曲模态、幅值为跨度的 1/300 取值,也可以实测得到;此外,根据静力测量的数据来修正结构数值模型整体刚度,进而根据修正模型计算得到与真实值更加接近的结构稳定承载力。对于式(5.4.30),抗力即为结构的容许稳定承载力:

$$R = [R_b] = \frac{q_{cr,s}}{K} \tag{5.4.31}$$

式中,$q_{cr,s}$ 为根据结构修正数值模型计算得到的稳定极限承载力。荷载作用效应取结构整体稳定性分析的基准荷载标准值,一般取恒荷载和活荷载的荷载标准值之和:

$$S = q_S = q_G + q_Q \tag{5.4.32}$$

式中,q_S 为整体稳定性分析的基准荷载标准值;q_G 为恒荷载标准值;q_Q 为活荷载标准值。将式(5.4.31)和式(5.4.32)代入式(5.4.29),得到结构稳定性能评价指标为

$$I_{sb} = \left| \frac{[R_b]}{\gamma_0 q_S} \right| = \left| \frac{q_{cr,s}}{\gamma_0 K (q_G + q_Q)} \right| \tag{5.4.33}$$

式中,γ_0 为结构重要性系数,应按照《建筑结构可靠性设计统一标准》(GB 50068—2018)规定的结构安全等级来确定系数的取值。

结构稳定性能的评价标准与等级划分见表 5.4.3。

表 5.4.3 结构稳定性能的评价标准与等级划分

评价指标	I_{sb}			
分级	a 级	b 级	c 级	d 级
评价标准	≥1.00	<1.00,≥0.95	<0.95,≥0.90	<0.90

注:a 级表示符合规范规定的相应性能要求,不必采取措施;b 级表示略低于规范规定的相应性能要求,但仍能满足下限水平要求,可不必采取措施;c 级表示不符合规范规定的相应性能要求,应采取措施;d 级表示极不符合规范规定的相应性能要求,必须及时或立即采取措施。

3. 结构动力性能评价

《建筑抗震设计规范》(GB 50011—2010)规定了空间结构在重力荷载代表值和多遇竖向地震作用标准值下的组合挠度限值。由于数值模型对结构参数的假设与结构实际状态不同等因素的影响,结构在动力荷载作用下的真实挠度与理论模型的计算结果存在差异。通过对结构动力性能指标的测量,从而对结构模型进行修正,使修正后的模型能够更好地反映结构真实的动力特性。由修正模型计算得到的动力组合荷载作用下的挠度值与结构真实的性能状态更为接近,可用来构造结

构的动力性能指标。

结构动力性能指标为

$$I_{sd} = \left| \frac{[\Delta]_d}{\gamma_0 \Delta_{dmax}} \right| \tag{5.4.34}$$

式中，$[\Delta]_d$ 为规范规定的动力组合荷载作用下结构的容许挠度值；Δ_{dmax} 为根据结构动力修正模型计算得到的动力组合荷载作用下的最大挠度值。需要指出的是，由于 Δ_{dmax} 为重力荷载代表值和多遇竖向地震作用标准值下的最大组合挠度值，为了更好地反映结构在竖向地震作用下的真实挠度值，对于组合挠度值中由恒荷载引起的部分可取实测值，其余活荷载和竖向地震作用引起的部分由修正模型计算得到，即

$$\Delta_{dmax} = \{\Delta_i\}_{dmax} \tag{5.4.35}$$

$$\Delta_i = \Delta_{hs} + \Delta_{dx} \tag{5.4.36}$$

式中，Δ_{hs} 为恒荷载引起的由实测得到的节点挠度值；Δ_{dx} 为活荷载和竖向地震作用引起的由修正模型计算得到的节点挠度值；i 为节点编号。

结构动力性能指标与结构静力性能指标非常相似，但两者存在不同点：一是静力性能指标是基于实测数据的评价指标，动力性能指标是基于动力修正模型的评价指标；二是静力性能指标基于结构实际产生的挠度变化，动力性能指标基于重力荷载代表值和多遇竖向地震作用标准值下的组合挠度值，规范对两者的要求也不同。因此，结构动力性能指标虽然可以看作一个拟静力的指标，但其反映的仍然是结构在动力荷载作用下的性能是否能达到规范的要求。结构动力性能指标是由动力组合荷载作用下的挠度构造而来的，挠度的主要影响参数为结构刚度。因此，动力模型修正可对结构刚度进行修正。此外，动力模型修正应基于反映结构振动特性的实测自振频率，以期修正的模型更好地反映结构的动力性能。结构动力性能的评价标准与等级划分见表 5.4.4。

表 5.4.4 结构动力性能的评价标准与等级划分

评价指标	I_{sd}			
分级	a 级	b 级	c 级	d 级
评价标准	≥1.00	<1.00, ≥0.95	<0.95, ≥0.90	<0.90

5.4.4 健康状态评价的层次分析法

在获得底层评价指标后，即可根据所建立的评价体系，基于层次分析法逐层向上递归，得到各层的评价指标。由于各评价指标的物理意义、参考取值及度量单位都不尽相同，对评价体系的作用趋向也不一致，需要采用一定的量化模型对

监测得到的原始数据进行标准化处理,将不同类型的各种指标融合到同一个评价框架内;另外,各评价指标在预警评价体系中的地位、作用不同,使得它们对最终的预警评价结果的贡献也不同,因此需要根据工程的实际情况和各评价指标之间的相互关系,采用适当的方法分别确定同一层次各指标在体系中的相对重要性以及下层指标对上层目标的相对重要性,即权重,然后将各指标因素的权重与其量化后的评价结果进行综合考虑,逐层递阶考虑直至得到空间结构健康状态评价的最终结果。

1. 层次分析法概述

层次分析法中从下往上逐层对各层指标进行递归综合运算的过程可以由式(5.4.37)表示:

$$V_i = \boldsymbol{W}_i \cdot \boldsymbol{R}_i = \{w_{i1}, w_{i2}, \cdots, w_{in}\} \begin{Bmatrix} r_{i1} \\ r_{i2} \\ \vdots \\ r_{in} \end{Bmatrix} \quad (5.4.37)$$

式中,V_i 为第 i 层级的评估值;$\boldsymbol{W}_i$ 为评估模型第 i 层指标的权重向量;$\boldsymbol{R}_i$ 为评估模型第 i 层指标的健康值。

1) 构件系统权重系数确定

在计算构件系统第四层指标层对于第三层构件性能层指标的权重系数时,可以采用权重比法,即定义第 i 个构件的权重系数为

$$w_i = \frac{I_{Gi}}{\sum_{i=1}^{m} I_{Gi}} \quad (5.4.38)$$

式中,m 为所有参与评价的构件数量;I_{Gi} 为第 i 个构件的综合重要度。

综合重要度的概念是基于各构件在最不利工况下的应力越大,构件越容易发生破坏,构件也就越重要,综合考虑了构件破坏的后果与构件破坏的容易程度,因此称为构件的综合重要度。综合重要度的输出指标为各构件在最不利工况下的应力。第 i 个构件综合重要度的计算公式如下:

$$I_{Gi} = \frac{R_i}{R_{\max}} \quad (5.4.39)$$

$$R_i = |\sigma_i(q)| \quad (5.4.40)$$

式中,R_i 为第 i 个构件在最不利工况下的响应;$R_{\max}$ 为所有 R_i 中的最大值;σ_i 为第 i 个构件的应力响应;q 为第 i 个构件对应的最不利组合荷载作用。

2) 结构系统权重系数确定

结构系统各指标间的权重系数无法像构件系统一样,有确定的计算方法,因此

可以采用层次分析法进行计算,具体步骤如下:

(1) 确定相对重要度。

用函数 $f(x,y)$ 表示对上层评价目标而言指标 x 与指标 y 的相对重要度。若 $f(x,y)>1$,说明 x 比 y 重要;若 $f(x,y)<1$,说明 y 比 x 重要;当且仅当 $f(y,x)=1$ 时,说明 x 与 y 同样重要,且约定 $f(x,y)=1/f(y,x)$。为了使不同重要性指标的相对重要度尽量偏小,选取 9/9~9/1 标度法作为相对重要度的确定标准。

(2) 构造判断矩阵。

设 $X=(x_1,x_2,\cdots,x_n)$ 是全部指标的集,可以对全部指标进行两两对比,按照 9/9~9/1 标度法的标准,逐一确定 $f(x_i,x_j)$ 的取值。构造矩阵 $\boldsymbol{C}=(c_{ij})_{n\times n}$,其中 $c_{ij}=f(x_i,x_j)$,并称 $\boldsymbol{C}$ 为判断矩阵,即

$$\boldsymbol{C}=\begin{bmatrix} c_{11} & c_{12} & \cdots & c_{1n} \\ c_{21} & c_{22} & \cdots & c_{2n} \\ \vdots & \vdots & & \vdots \\ c_{n1} & c_{n2} & \cdots & c_{nn} \end{bmatrix} \tag{5.4.41}$$

(3) 计算各指标权重。

根据判断矩阵 $\boldsymbol{C}$,计算它的最大特征根 $\lambda_{\max}$,即求得满足如下条件的 $\lambda_{\max}$:

$$\begin{bmatrix} 1-\lambda & c_{12} & \cdots & c_{1n} \\ c_{21} & 1-\lambda & \cdots & c_{2n} \\ \vdots & \vdots & & \vdots \\ c_{n1} & c_{n2} & \cdots & 1-\lambda \end{bmatrix}=0 \tag{5.4.42}$$

另求出判断矩阵 $\boldsymbol{C}$ 关于 $\lambda_{\max}$ 的特征向量 $\boldsymbol{\xi}=(\xi_1,\xi_2,\cdots,\xi_n)$,经过归一化处理后的 ξ_i 是各指标的权重,则

$$\boldsymbol{W}=\{\omega_1,\omega_2,\cdots,\omega_n\} \tag{5.4.43}$$

(4) 一致性检验。

判断矩阵通常不是一致性矩阵,实际判断中往往会出现"甲比乙重要,乙比丙重要,而丙又比甲重要"的反常现象,应进行逻辑上前后统一的一致性检验,即将其不一致性控制在一个容许的范围内。定义判断矩阵的一致性指标为

$$\text{CI}=\frac{\lambda_{\max}-n}{n-1} \tag{5.4.44}$$

式中,$\lambda_{\max}$ 为判断矩阵 $\boldsymbol{C}$ 的最大特征根;n 为指标个数。当 CI=0 时,$\boldsymbol{C}$ 为一致性矩阵;CI 值越大,则 $\boldsymbol{C}$ 的非一致性程度就越严重。定义 CR 为判断矩阵的随机一致性比率:

$$\text{CR}=\frac{\text{CI}}{\text{RI}} \tag{5.4.45}$$

式中,RI 为判断矩阵的平均随机一致性指标,对于 1~10 阶判断矩阵,RI 的取值见

表 5.4.5。

表 5.4.5　平均随机一致性指标 RI 的取值

n	1	2	3	4	5	6	7	8	9	10
RI	0	0	0.58	0.90	1.12	1.24	1.32	1.41	1.45	1.49

当 CR<0.1 时,即认为判断矩阵的不一致性程度在容许的范围内,说明权重分配合理;否则需要调整判断矩阵,直到取得满意的一致性。

2. 评价标准与等级划分

构件和结构整体在评价体系中四级指标层的基础评价指标 $I_Ⅵ$ 的评价标准与等级划分,见表 5.4.6。

表 5.4.6　四级基础指标的评价标准与等级划分

序号	指标 $I_Ⅵ$ 的取值范围	分级	状况定性描述
1	$I_Ⅵ \geqslant 1.00$	a 级	符合规范规定的相应性能要求,不必采取措施
2	$0.95 \leqslant I_Ⅵ < 1.00$	b 级	略低于规范规定的相应性能要求,但仍能满足下限水平要求,可不必采取措施
3	$0.90 \leqslant I_Ⅵ < 0.95$	c 级	不符合规范规定的相应性能要求,应采取措施
4	$I_Ⅵ < 0.90$	d 级	极不符合规范规定的相应性能要求,必须及时或立即采取措施

经过层次分析法得到的三级性能层指标 $I_Ⅲ$ 的评价标准与等级划分,见表 5.4.7。

表 5.4.7　三级性能层指标的评价标准与等级划分

序号	指标 $I_Ⅲ$ 的取值范围	分级	状况定性描述
1	$I_Ⅲ \geqslant 1.00$	A 级	符合规范规定的相应性能要求,不必采取措施
2	$0.95 \leqslant I_Ⅲ < 1.00$	B 级	略低于规范规定的相应性能要求,但仍能满足下限水平要求,可不必采取措施
3	$0.90 \leqslant I_Ⅲ < 0.95$	C 级	不符合规范规定的相应性能要求,应采取措施
4	$I_Ⅲ < 0.90$	D 级	极不符合规范规定的相应性能要求,必须及时或立即采取措施

二级系统层指标 $I_Ⅱ$ 是针对构件系统和结构系统的综合评价,一级目标层指标 $I_Ⅰ$ 是结构健康状况的综合评价。这两层指标的评价标准与等级划分见表 5.4.8。

表 5.4.8　二级系统层、一级目标层指标的评价标准与等级划分

序号	指标 $I_Ⅰ$、$I_Ⅱ$ 的取值范围	分级	状况定性描述
1	$I_Ⅰ$ 或 $I_Ⅱ \geqslant 1.00$	健康	结构或系统的健康状况非常好,不必采取措施
2	$0.95 \leqslant I_Ⅰ$ 或 $I_Ⅱ < 1.00$	亚健康	结构或系统的健康状况良好,仍能满足下限水平要求,可不必采取措施
3	$0.90 \leqslant I_Ⅰ$ 或 $I_Ⅱ < 0.95$	不健康	结构或系统出现异常征兆,不宜长期服役,应采取措施
4	$I_Ⅰ$ 或 $I_Ⅱ < 0.90$	病态	结构或系统出现危险征兆,必须及时或立即采取措施

5.4.5　结构健康状态综合评价方法

1. 综合模糊评价模型

在利用层次分析法进行评价的过程中,由于最后得到的对健康状态评价结果判定的依据是一个综合分值的形式,这在一定程度上导致了该方法的不科学性。定量指标和定性指标的共存,使得影响空间结构健康的各种因素具有很大的模糊性,在分级的界限处,很难严格界定其是属于较高一级还是较低一级。而传统层次分析法中评定标准存在"一刀切"的弱点,评价结果的等级分界过于刚性,使得在相邻等级的边界处相差很小的两个量就会划分为完全不同的评价等级,导致最后评价结果淹没了大量原始信息而造成失真。理想的评价结果应能尽可能多地包含评价过程中模型各分项所反映出的评价结果,并能使各评价等级的边界模糊化。基于上述构想,拟引入综合模糊评判的方法对上述问题进行进一步深入的研究。在大跨度空间结构的健康状态评价中应用模糊数学理论,使各评价等级之间相互渗透,相邻的等级之间细化出中间过渡状态,是对传统评价方法进一步的改进和优化。

1) 模糊综合评价法

模糊综合评价法是一种基于模糊数学的综合评价方法。该综合评价法根据模糊数学的隶属度理论把定性评价转化为定量评价,即用模糊数学对受到多种因素制约的事物或对象做出一个总体的评价。它能较好地解决模糊的、难以量化的问题,适合各种非确定性问题的解决。

建立多级模糊综合评价数学模型的方法可归纳为以下几步。

(1) 根据层次分析法原理建立指标层次关系。

将评价对象指标集 U 分解为 S 个子指标集,记作 $U_1, U_2, \cdots, U_S$,并满足 $\bigcup_{i=1}^{S} U_i = U$,$U_i \cap U_j = \varnothing$,$i \neq j$;同时,每个子指标集 U_i 又包含指标 $U_i = \{u_{i1}, u_{i2}, \cdots, u_{in_i}\}$,$i = 1, 2, \cdots, S$,并满足 $\sum_{i=1}^{S} n_i = n$,$n = |U|$。

(2) 确定指标权重。

通过两两比较确定子指标集 $U_1, U_2, \cdots, U_S$ 相对评价对象的权重，记作 w_1, $w_2, \cdots, w_S$，并满足 $\sum_{i=1}^{S} w_i = 1, w_i \geqslant 0, i = 1, 2, \cdots, S$；同理，可以确定每个子指标集 U_i 的指标相对于该子指标集的权重，记作 $\boldsymbol{W}_{U_i} = \{w_{i1}, w_{i2}, \cdots, w_{in_i}\}, i = 1, 2, \cdots, S$，并满足 $\sum_{j=1}^{n_i} w_{ij} = 1, w_{ij} \geqslant 0, i = 1, 2, \cdots, S$。

(3) 对子指标集 U_i 进行模糊综合评价。

假定评价集为 $V = \{v_1, v_2, \cdots, v_m\}$，首先确定 $U_i = \{u_{i1}, u_{i2}, \cdots, u_{in_i}\}$ 的每一个子指标 u_{ij} 对于评价集 $V = \{v_1, v_2, \cdots, v_m\}$ 的模糊向量 $\boldsymbol{R}_j^i = \{r_{j1}^i, r_{j2}^i, \cdots, r_{jm}^i\}$，其中 r_{jk}^i 表示 U_i 的第 j 个子指标 u_{ij} 对评价集第 k 个分量 v_k 的隶属度（$i = 1, 2, \cdots, S; j = 1, 2, \cdots, n_i; k = 1, 2, \cdots, m$），并满足 $\sum_{k=1}^{m} r_{jk}^i = 1, r_{jk}^i \geqslant 0$，然后通过式(5.4.46)计算子指标集 U_i 对于评价集 V 的模糊向量 $\boldsymbol{R}_i$。

$$\begin{aligned}\boldsymbol{R}_i &= \{r_{i1}, r_{i2}, \cdots, r_{im}\} = \boldsymbol{W}_{U_i} \circ \{\boldsymbol{R}_1^i, \boldsymbol{R}_2^i, \cdots, \boldsymbol{R}_{n_i}^i\}^{\mathrm{T}} \\ &= \{w_{i1}, w_{i2}, \cdots, w_{in_i}\} \circ \begin{bmatrix} r_{11}^i & r_{12}^i & \cdots & r_{1m}^i \\ r_{21}^i & r_{22}^i & \cdots & r_{2m}^i \\ \vdots & \vdots & & \vdots \\ r_{n_i1}^i & r_{n_i2}^i & \cdots & r_{n_im}^i \end{bmatrix}\end{aligned} \quad (5.4.46)$$

式中，r_{ik} 为第 i 个子指标集 U_i 对评价集第 k 个分量的隶属度；"$\circ$"为模糊合成算子。

(4) 计算综合评价向量。

由步骤(3)已得到 U_i 对于评价集 V 的模糊向量 $\boldsymbol{R}_i$，现将每个子指标集 U_i 作为一个指标，通过式(5.4.47)可得评价对象 U 对于评价集 V 的模糊向量 $\boldsymbol{R}$：

$$\begin{aligned}\boldsymbol{R} &= \{r_1, r_2, \cdots, r_m\} = \{w_1, w_2, \cdots, w_S\} \circ \{\boldsymbol{R}_1, \boldsymbol{R}_2, \cdots, \boldsymbol{R}_S\}^{\mathrm{T}} \\ &= \{w_1, w_2, \cdots, w_S\} \circ \begin{bmatrix} r_{11} & r_{12} & \cdots & r_{1m} \\ r_{21} & r_{22} & \cdots & r_{2m} \\ \vdots & \vdots & & \vdots \\ r_{S1} & r_{S2} & \cdots & r_{Sm} \end{bmatrix}\end{aligned} \quad (5.4.47)$$

式中，$r_i (i = 1, 2, \cdots, S)$ 表示评价对象对于评价集第 i 个分量的隶属度。以此类推，更高级的综合评价可将 S 再分，得到更高一级的指标集，然后根据上述方法依次进行计算，直至得到最终综合评价向量。

2) 隶属函数的确定

模糊评价中的隶属度由隶属函数得到，因此合理地确定隶属函数是应用模糊理论定量描述模糊概念的基础，也是利用模糊方法解决问题的关键。综合评价涉及的模糊问题,其分布形式大致与梯形分布相符,这种类型的模糊分布应用方便,工程问题中多采用这种分布形式。因此,选择梯形分布及其退化而成的三角形分布作为隶属函数,其分布形式如图 5.4.6 所示。

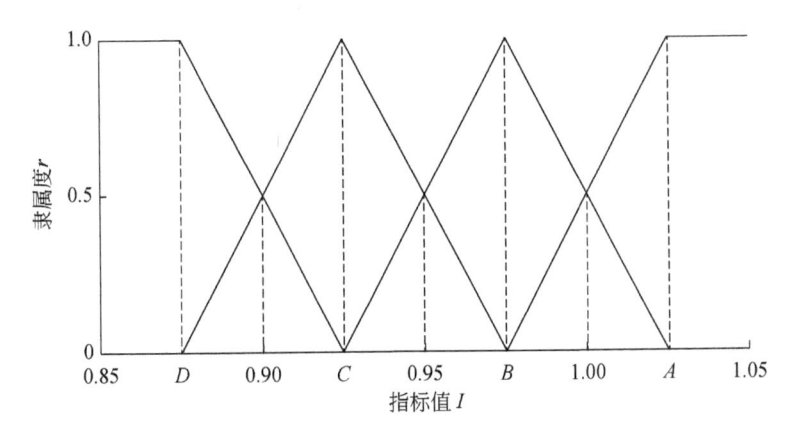

图 5.4.6 隶属函数图

对应于图 5.4.6 所示的三级性能层指标,各评价等级的隶属函数为

$$r_A(I) = \begin{cases} 0, & I < 0.975 \\ \dfrac{I-0.975}{0.05}, & 0.975 \leqslant I \leqslant 1.025 \\ 1, & I > 1.025 \end{cases} \tag{5.4.48}$$

$$r_B(I) = \begin{cases} 0, & I < 0.925 \\ \dfrac{I-0.925}{0.05}, & 0.925 \leqslant I < 0.975 \\ \dfrac{1.025-I}{0.05}, & 0.975 \leqslant I \leqslant 1.025 \\ 0, & I > 1.025 \end{cases} \tag{5.4.49}$$

$$r_C(I) = \begin{cases} 0, & I < 0.875 \\ \dfrac{I-0.875}{0.05}, & 0.875 \leqslant I < 0.925 \\ \dfrac{0.975-I}{0.05}, & 0.925 \leqslant I \leqslant 0.975 \\ 0, & I > 0.975 \end{cases} \tag{5.4.50}$$

$$r_D(I) = \begin{cases} 1, & I < 0.875 \\ \dfrac{0.925-I}{0.05}, & 0.875 \leqslant I \leqslant 0.925 \\ 0, & I > 0.925 \end{cases} \tag{5.4.51}$$

3) 合成隶属向量与隶属矩阵

对于某一层指标 I_Z 进行模糊综合评价,假设有 n 个次级指标 I_i。对于每一个次级指标值 I_i 可分别得到该指标对于各评价等级的隶属度,进而得到该指标 I_i 的 1×4 的隶属向量:

$$\boldsymbol{R}_i = \{r_A^i, r_B^i, r_C^i, r_D^i\}, \quad 1 \leqslant i \leqslant n \quad (5.4.52)$$

所有 n 个次级指标 I_i 的隶属向量可以组成 $n\times 4$ 隶属矩阵:

$$\boldsymbol{R} = \{\boldsymbol{R}_1, \boldsymbol{R}_2, \cdots, \boldsymbol{R}_n\}^T = \begin{bmatrix} r_A^1 & r_B^1 & r_C^1 & r_D^1 \\ r_A^2 & r_B^2 & r_C^2 & r_D^2 \\ \vdots & \vdots & \vdots & \vdots \\ r_A^n & r_B^n & r_C^n & r_D^n \end{bmatrix} \quad (5.4.53)$$

4) 模糊算子的选择与模糊评价向量的计算

模糊向量计算中的"∘"为模糊合成算子,在结构状态评估中,选择 $M(\cdot, \oplus)$ 算子进行计算。$M(\cdot, \oplus)$ 由乘法运算及有界和运算两种运算组成。因为 $\sum_{k=1}^{n} w_k = 1$ 且基于本节隶属函数的形式有 $\sum_{j=A}^{D} r_j^i = 1$,所以该算子的运算实质上变为普通矩阵乘法运算。模糊综合评价向量 $\boldsymbol{R}_Z$ 可由 $1\times n$ 的次级指标权重向量 $\boldsymbol{W}$ 与 $n\times 4$ 的隶属矩阵 $\boldsymbol{R}$ 直接相乘获得:

$$\boldsymbol{R}_Z = \boldsymbol{W} \times \boldsymbol{R} = \{w_1, w_2, \cdots, w_n\} \times \begin{bmatrix} r_A^1 & r_B^1 & r_C^1 & r_D^1 \\ r_A^2 & r_B^2 & r_C^2 & r_D^2 \\ \vdots & \vdots & \vdots & \vdots \\ r_A^n & r_B^n & r_C^n & r_D^n \end{bmatrix} = \{r_A^Z, r_B^Z, r_C^Z, r_D^Z\}$$

$$(5.4.54)$$

式中,$r_j^Z (j=A, B, C, D)$ 即为该层综合评价指标 I_Z 对于各评价等级的隶属度值。

5) 模糊评价向量的集化分析

模糊综合评价得到的综合评价结果是一个模糊向量 $\boldsymbol{R}$,是与评价等级评价集相对应的一组隶属度值,反映了结构健康状态在评价集 V 中所处的等级情况。它并不属于某一个评价级别,而是在各个等级中都有分值分布,各分值代表被评估结构健康状态隶属于各个等级的程度。为了使评价结果更清楚明确,还要对结果向量进行进一步的处理,称为集化。在向量的分析方法中,向量单值化法能够考虑所有等级的隶属度结果,评价结果的综合度高。选择该方法对模糊综合评价向量 $\boldsymbol{R}_Z$ 进行集化分析。由前面可知,结构指标对应 A、B、C、D 四个评价等级,因此可以给四个等级赋予间距相等的分值:

$$c_A = 1.025, \quad c_B = 0.975, \quad c_C = 0.925, \quad c_D = 0.875 \quad (5.4.55)$$

若认为评价向量中的各隶属度值所起作用相同,则模糊评价向量可单值化为

$$I_Z = \sum_{i=A}^{D} c_i \cdot r_i^Z \tag{5.4.56}$$

如此便得到模糊综合评价指标单值 I_Z,可以根据该值的大小,利用指标的评价标准与等级划分表,得到其相应等级评价,同时也可以用来计算更高层级的综合评价指标。值得一提的是,对于多级评价,可直接用低级评价指标值加权来计算高级评价指标值,其与利用低级模糊评价向量来计算高级模糊评价向量再集化分析的过程是等价的。

2. 构件系统的确定性评价

如前面所述,构件基础指标的计算与等级评价直接借鉴了有关规范的规定,是一种确定性评价,因此构件系统从第四层基础指标向第三层构件性能层指标做综合评价不需要采用模糊综合评价法,而可以采用确定性评价方法,具体方法如下。

方法 1:设所有参与评价的构件数量为 m 个,那么对应的 m 个权重系数组成的权重向量 $\boldsymbol{W}$ 为

$$\boldsymbol{W} = \{w_1, w_2, \cdots, w_m\} \tag{5.4.57}$$

对应的 m 个评价指标组成的评价指标向量 $\boldsymbol{K}_I$ 为

$$\boldsymbol{K}_I = \{I_{c1}, I_{c2}, \cdots, I_{cm}\}^T \tag{5.4.58}$$

构件性能综合评价指标 I_{cz},可以由权重向量 $\boldsymbol{W}$ 和评价指标向量 $\boldsymbol{K}_I$ 相乘,即加权计算得到:

$$I_{cz} = \boldsymbol{W} \times \boldsymbol{K}_I = \{w_1, w_2, \cdots, w_m\} \times \{I_{c1}, I_{c2}, \cdots, I_{cm}\}^T = \sum_{i=1}^{m} (w_i \cdot I_{ci}) \tag{5.4.59}$$

根据 I_{cz} 的值,由表 5.4.7 可对相应的构件性能等级进行评价。该方法考虑了所有参与评价构件的权重及评价指标值。

方法 2:上一种方法有可能会忽略个别低评级构件的影响,为了突出少数低评级构件对综合评价产生的作用,可以通过计算不同等级构件权重和的方式来对构件性能进行综合评价。首先,计算不同等级构件的权重总和 Q_j:

$$Q_j = \sum_{i_j=1}^{m_j} w_{i_j} \tag{5.4.60}$$

式中,j 为构件的评价等级 a、b、c、d;m_j 为评价等级处于 j 级的构件数量;i_j 为构件编号;w_{i_j} 为 i_j 号构件权重。然后,可以分别计算出所有处于 a、b、c、d 四个等级构件的权重总和 Q_a、Q_b、Q_c、Q_d,以确定构件性能的评价等级。最后,取上一步两种方法的较低评级作为构件三级性能层指标的评价等级。如果是由第 2 种方法确定的

评级结果,则取表 5.4.7 中该级对应的指标 I 取值范围的上限值作为构件性能层综合评价指标值,以供下一步计算更高层级综合评价指标使用。如果两者评价等级相同,则以方法 1 计算结果为准。基于权重总和的构件三级性能层指标等级评定见表 5.4.9。

表 5.4.9　基于权重总和的构件三级性能层指标等级评定

序号	等级	评价标准
1	A 级	$Q_b \leqslant 0.25, Q_c = 0, Q_d = 0$
2	B 级	$Q_c \leqslant 0.15, Q_d = 0$
3	C 级	$Q_d < 0.05$
4	D 级	$Q_d \geqslant 0.05$

3. 综合评价步骤

综上所述,结构健康综合评价的步骤如下:

(1) 计算评价体系四级基础指标,包括构件静力性能强度指标 $I_{cs,ba}$、$I_{cs,be}$,构件稳定性能指标 $I_{cb,ba}$、$I_{cb,be}$,结构静力性能刚度指标 I_{ss},结构稳定性能指标 I_{sb},结构动力性能指标 I_{sd}。

(2) 根据计算得出的构件综合重要度,计算构件的权重系数;按照构件系统确定性评价方法,对构件系统三级性能层指标进行综合评价,计算其评价指标,包括构件静力性能强度指标 I_{cs}、构件稳定性能指标 I_{cb},并进行等级评价。因为结构系统三级性能层指标对应单个四级基础指标,所以可以由四级基础指标直接得到三级性能层指标,包括结构静力性能刚度指标 I_{ss}、结构稳定性能指标 I_{sb}、结构动力性能指标 I_{sd},同样进行等级评价。

(3) 根据所述层次分析法计算三级性能层各指标的权重系数;按照所述模糊综合评价方法,对二级系统层指标进行综合评价,计算其评价指标,包括构件系统健康指标 I_c、结构系统健康指标 I_s,并进行健康等级评价。

(4) 根据所述层次分析法计算二级系统层各指标的权重系数,并与对应指标值加权求和计算得到一级目标层指标的综合评价结果,即结构健康综合指标 I,并进行健康等级评价,得到结构最终的健康状态评价等级。

空间结构健康综合评价流程如图 5.4.7 所示。

5.4.6　算例

以凯威特型单层球面网壳结构模型为例,来验证上述结构健康状态综合评价方法。

第5章 空间结构状态评估方法

计算四级基础指标
- 构件静力性能强度指标 $I_{cs,ba}$、$I_{cs,be}$
- 构件稳定性能指标 $I_{cb,ba}$、$I_{cb,be}$
- 结构静力性能刚度指标 I_{ss}
- 结构稳定性能指标 I_{sb}
- 结构动力性能指标 I_{sd}

权重比法计算构件权重系数；确定性评价方法加权计算 ⟹

⟸ 直接得到

计算三级性能层指标
- 构件静力性能强度指标 I_{cs}
- 构件稳定性能指标 I_{cb}
- 结构静力性能刚度指标 I_{ss}
- 结构稳定性能指标 I_{sb}
- 结构动力性能指标 I_{sd}

层次分析法计算指标权重 ⟹ ⟸ 模糊综合评价方法

计算二级系统层指标
- 构件系统健康指标 I_c
- 结构系统健康指标 I_s

层次分析法计算指标权重 ⟹ 加权计算

计算一级目标层指标
结构健康综合指标 I

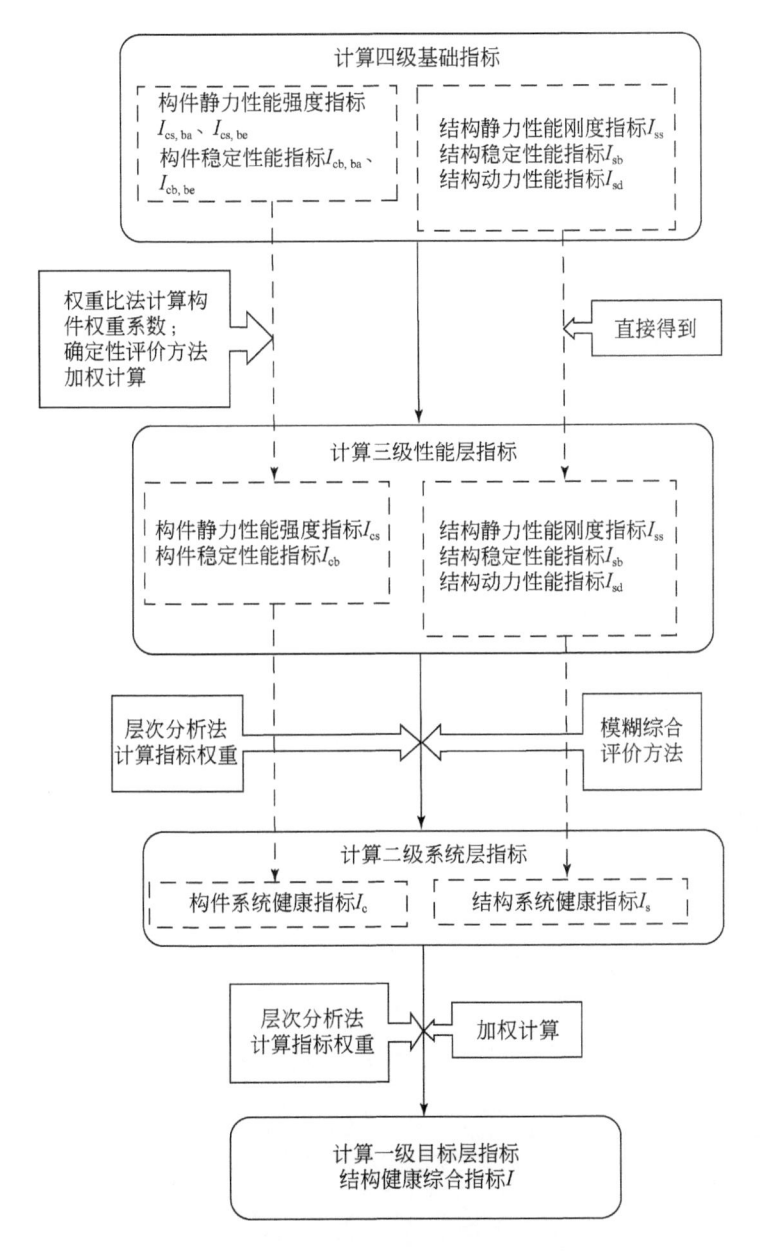

图 5.4.7 空间结构健康综合评价流程

1. 原始模型与缺陷模型

所采用的凯威特型单层球面网壳结构模型网壳跨度为 32m,球半径为 64m,荷载为作用在节点上的竖向集中力 q,满跨均布。结构材料为 Q235 钢,所有圆管构件截面均为 $\phi 114\text{mm} \times 4\text{mm}$。支座为网壳结构周边节点竖向支座,如图 5.4.8 所示。

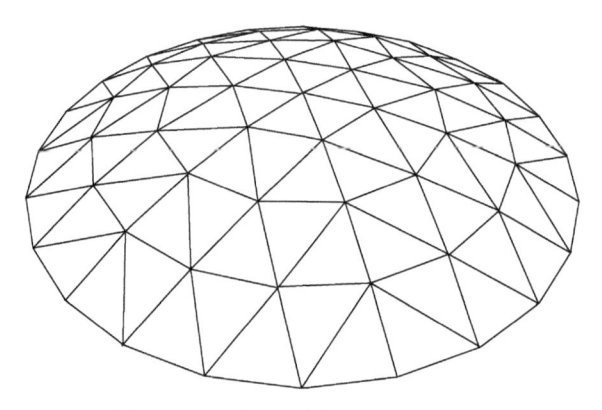

图 5.4.8 球面网壳结构模型示意图

假设由于长期服役网壳结构的节点以及支座的刚性连接弱化,取模拟节点半刚性的单元端部刚度系数 $r_1 = 0.4$,支座挠度方向的抗弯刚度系数 $r_2 = 0.5$。由于环境原因造成局部腐蚀,导致网壳 1/4 区域构件截面削弱近 40%,按 $\phi 75.5\text{mm} \times 3.75\text{mm}$ 截面圆管考虑,该区域支座水平约束完全释放,成为滑动支座,如图 5.4.9 所示。将此缺陷模型作为结构真实状态进行计算,所得的应力、挠度、频率等数据看作实测数据。

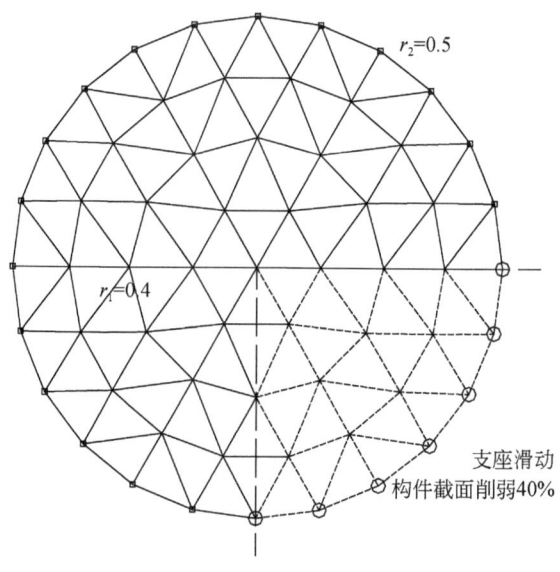

图 5.4.9 计算模型缺陷布置

2. 构件评价指标计算

网壳结构模型的构件均为受弯构件。根据缺陷模型计算的应力、内力等,计算各构件的评价指标,并计算各构件的综合重要度,进而计算各构件权重系数,为综合评价做准备。

1) 强度指标

部分构件的强度指标与权重系数见表 5.4.10。

表 5.4.10 部分构件的强度指标与权重系数

编号	$I_{cs,be}$	等级	综合重要度	权重系数 /($\times 10^{-3}$)	编号	$I_{cs,be}$	等级	综合重要度	权重系数 /($\times 10^{-3}$)
111	7.44	a	0.79	7.63	121	3.89	a	0.79	7.63
112	13.01	a	0.30	2.90	122	7.30	a	0.30	2.90
113	6.27	a	1.00	9.67	123	2.94	a	1.00	9.67
114	8.30	a	0.64	6.22	124	4.12	a	0.64	6.22
115	5.36	a	0.73	7.02	125	3.11	a	0.73	7.02
116	8.60	a	0.60	5.77	126	4.54	a	0.60	5.77
117	4.49	a	0.83	7.99	127	3.04	a	0.83	7.99
118	8.56	a	0.74	7.17	128	4.20	a	0.74	7.17
119	3.89	a	0.63	6.07	129	3.95	a	0.64	6.22
120	2.97	a	0.73	7.06	130	3.59	a	0.73	7.06

2) 稳定指标

部分构件的稳定指标与权重系数见表 5.4.11。

3. 结构评价指标计算

1) 结构静力性能刚度指标

根据 5.4.3 节公式,计算结构静力性能刚度指标。缺陷结构的最大挠度为 $\Delta_{max}=17.9$mm,32m 跨度单层网壳的容许挠度为 $[\Delta]=32$m$/400=80$mm,结构重要性系数取 $\gamma_0=1.1$,即可计算结构静力性能刚度指标:

$$I_{ss} = \left| \frac{[\Delta]}{\gamma_0 \Delta_{max}} \right| = \frac{80}{1.1 \times 17.9} = 4.1 \qquad (5.4.61)$$

由表 5.4.2 可得该缺陷单层网壳结构静力性能刚度指标的评价等级为 a 级。

2) 结构稳定性能指标

为获得结构稳定性能指标,首先,采用 BP 神经网络模型对结构计算模型进行

表 5.4.11　部分构件的稳定指标与权重系数

编号	$I_{cb,be}$	等级	综合重要度	权重系数 /($\times 10^{-3}$)	编号	$I_{cb,be}$	等级	综合重要度	权重系数 /($\times 10^{-3}$)
111	1.49	a	0.79	7.63	121	0.78	d	0.79	7.63
112	2.60	a	0.30	2.90	122	1.46	a	0.30	2.90
113	1.25	a	1.00	9.67	123	0.59	d	1.00	9.67
114	1.66	a	0.64	6.22	124	0.82	d	0.64	6.22
115	1.07	a	0.73	7.02	125	0.62	d	0.73	7.02
116	1.72	a	0.60	5.77	126	0.91	c	0.60	5.77
117	0.90	c	0.83	7.99	127	0.61	d	0.83	7.99
118	1.71	a	0.74	7.17	128	0.84	d	0.74	7.17
119	0.78	d	0.63	6.07	129	0.79	d	0.64	6.22
120	0.59	d	0.73	7.06	130	0.72	d	0.73	7.06

修正。选取单元端部刚度系数 r_1 作为待修正参量，结构挠度作为输入数据，生成训练数据对 BP 神经网络进行训练。然后，将算例中的缺陷模型挠度输入训练好的神经网络，得到修正后的节点连接刚度，即单元端部刚度系数 $r_1 = 0.3815$，计算修正模型的稳定极限承载力为 $q_{cr,s} = 4.06 \text{kN/m}^2$，根据 5.4.3 节的定义计算结构稳定性能评价指标为

$$I_{sb} = \left| \frac{[R_b]}{\gamma_0 q_S} \right| = \left| \frac{q_{cr,s}}{\gamma_0 K (q_G + q_Q)} \right| = \frac{4.06}{1.1 \times 4.2 \times 1} = 0.879 \quad (5.4.62)$$

按照 5.4.3 节所述的评价标准，此缺陷网壳结构的整体稳定性能评价等级为 d 级，已极不符合规范规定的相应性能要求，必须及时或立即采取措施。

3) 结构动力性能指标

同样选取单元端部刚度系数 r_1、弹性支座挠度方向抗弯刚度系数 r_2 作为待修正参数，结构自振频率作为输入数据进行模型修正，得到修正后的单元端部刚度系数 $r_1 = 0.392$，支座挠度方向的抗弯刚度系数 $r_2 = 0.469$。

根据 5.4.3 节定义的空间结构动力性能指标，为了更好地反映结构在竖向地震作用下的真实挠度，组合荷载中永久荷载产生的挠度取实测值，即缺陷模型计算的静力最大挠度 $\Delta_{dmax1} = 17.9 \text{mm}$。根据修正模型计算组合活荷载和多遇竖向地震作用标准值下的挠度 $\Delta_{dmax2} = 8.8 \text{mm}$，则最大组合挠度为

$$\Delta_{dmax} = \Delta_{dmax1} + \Delta_{dmax2} = 26.7 \text{mm} \quad (5.4.63)$$

可得结构动力性能评价指标为

$$I_{sd} = \left| \frac{[\Delta]_d}{\gamma_0 \Delta_{dmax}} \right| = \frac{80}{1.1 \times 26.7} = 2.72 \quad (5.4.64)$$

按照 5.4.3 节所述的评价标准,此缺陷网壳结构的动力性能评价等级为 a 级。

4. 结构健康综合评价

1) 三级性能层指标计算与评价

结构系统三级性能层指标对应单个四级基础指标,所以可以由四级基础指标直接得到。构件系统三级性能层指标计算如下。

(1) 构件系统静力性能指标。

构件的强度指标与权重系数见表 5.4.10,根据 5.4.2 节采用确定性评价方法计算构件系统静力性能指标。

方法 1:计算构件系统静力性能强度指标,$I_{cs}=6.57$,综合评价等级为 A 级(超静等级)。

方法 2:分别计算构件强度指标评价属于 a、b、c、d 四个等级的权重和见表 5.4.12,可得构件系统静力性能评价等级为 A 级。

表 5.4.12　强度评价各等级构件权重和

等级	a	b	c	d
权重和 Q_j	1	0	0	0

综合以上两种方法的结果,得到构件系统静力性能指标:

$$I_{cs}=6.57 \tag{5.4.65}$$

综合评价等级为 A 级。

(2) 构件系统稳定性能指标。

构件的稳定性能指标与权重系数见表 5.4.11,同理,计算方法如下。

方法 1:计算构件系统稳定性能指标,$I_{cb}=1.31$,根据表 5.4.7 综合评价等级为 A 级。

方法 2:稳定指标评价属于 a、b、c、d 四个等级的权重和见表 5.4.13,根据表 5.4.9 可知,因为 $Q_d \geqslant 0.05$,所以构件系统稳定性能评价等级为 D 级。

表 5.4.13　稳定评价各等级构件权重和

等级	a	b	c	d
权重和 Q_j	0.76	0.01	0.01	0.22

取以上两种方法评级结果的较低值 D 级为构件系统稳定性能的综合评价等级,取 D 级指标取值范围的上限值作为构件系统稳定性能的评价指标值:

$$I_{cb}=0.9 \tag{5.4.66}$$

该网壳构件结构系统稳定性能已极不符合规范规定的相应性能要求,必须及时或立即采取措施。

2) 二级系统层指标计算与评价

(1) 结构系统。

按 5.4.4 节的方法,首先采用 9/9~9/1 标度法,根据结构指标的相对重要度大小计算各指标权重。对于此低矢跨比细杆件的单层网壳结构,认为结构的整体稳定性能明显比另外两个指标重要。因此,对于结构系统健康评价的指标集 $X_{I_s} = (I_{ss}, I_{sb}, I_{sd})$,可构造如下判断矩阵:

$$\boldsymbol{C}_{I_s} = \begin{bmatrix} 1.0 & 1/1.8 & 1.0 \\ 1.8 & 1.0 & 1.8 \\ 1.0 & 1/1.8 & 1.0 \end{bmatrix} \tag{5.4.67}$$

计算矩阵的最大特征根并进行一致性检验,特征向量经过归一化处理后可得各指标的权重为

$$\boldsymbol{W}_{I_s} = \{0.24, 0.52, 0.24\} \tag{5.4.68}$$

将结构系统健康指标 I_s 对应的三个次级指标:结构静力性能刚度指标 $I_{ss} = 4.100$、结构稳定性能指标 $I_{sb} = 0.879$、结构动力性能指标 $I_{sd} = 2.720$ 分别代入式(5.4.48)~式(5.4.51),得到各次级指标对于各评价等级的隶属度,进而得到各指标的隶属向量,并构造隶属矩阵:

$$\boldsymbol{R}_{I_s} = \begin{bmatrix} 1 & 0 & 0 & 0 \\ 0 & 0 & 0.08 & 0.92 \\ 1 & 0 & 0 & 0 \end{bmatrix} \tag{5.4.69}$$

模糊综合评价向量 $\boldsymbol{R}_{I_s}^Z$ 可由式(5.4.68)的次级指标权重向量 $\boldsymbol{W}_{I_s}$ 与式(5.4.69)的隶属矩阵 $\boldsymbol{R}_{I_s}$ 相乘获得:

$$\boldsymbol{R}_{I_s}^Z = \boldsymbol{W}_{I_s} \times \boldsymbol{R}_{I_s} = \{0.48, 0, 0.0416, 0.4784\} \tag{5.4.70}$$

评价向量 $\boldsymbol{R}_{I_s}^Z$ 中各元素即为结构系统健康指标 I_s 对于各评价等级的隶属度,采用向量单值化法对模糊综合评价向量 $\boldsymbol{R}_{I_s}^Z$ 进行集化分析可得

$$I_s = \sum_{i=A}^{D} c_i \cdot r_i^Z = 0.949 \tag{5.4.71}$$

各参数定义详见式(5.4.56),如此便得到了结构系统健康指标 I_s 的模糊综合评价单值,根据表 5.4.8 可知,该缺陷网壳结构系统综合评价等级为"不健康",结构系统出现异常征兆,不宜长期服役,应采取措施。

(2) 构件系统。

同样考虑此网壳结构长细的构件,认为构件系统的稳定性能明显比静力性能重要,对于构件系统健康评价的指标集 $X_{I_c} = (I_{cs}, I_{cb})$,可构造如下判断矩阵:

$$\boldsymbol{C}_{I_c} = \begin{bmatrix} 1.0 & 1/1.8 \\ 1.8 & 1.0 \end{bmatrix} \tag{5.4.72}$$

计算矩阵的最大特征根并进行一致性检验,特征向量经过归一化处理后可得各指标的权重为

$$\boldsymbol{W}_{I_c} = \{0.36, 0.72\} \tag{5.4.73}$$

同理,将构件系统健康指标 I_c 对应的两个次级指标:构件静力性能指标 $I_{cs}=6.57$、构件稳定性能指标 $I_{cb}=0.90$ 分别代入式(5.4.48)~式(5.4.51),得到各次级指标对于各评价等级的隶属度,进而得到各指标的隶属向量,并构造隶属矩阵:

$$\boldsymbol{R}_{I_c} = \begin{bmatrix} 1 & 0 & 0 & 0 \\ 0 & 0 & 0.5 & 0.5 \end{bmatrix} \tag{5.4.74}$$

模糊综合评价向量 $\boldsymbol{R}_{I_c}^Z$ 可由式(5.4.73)的次级指标权重向量 $\boldsymbol{W}_{I_c}$ 与式(5.4.74)的隶属矩阵 $\boldsymbol{R}_{I_c}$ 相乘获得:

$$\boldsymbol{R}_{I_c}^Z = \boldsymbol{W}_{I_c} \times \boldsymbol{R}_{I_c} = \{0.36, 0, 0.36, 0.36\} \tag{5.4.75}$$

对模糊综合评价向量 $\boldsymbol{R}_{I_c}^Z$ 进行集化分析可得

$$I_c = \sum_{i=A}^{D} c_i \cdot r_i^Z = 0.945 \tag{5.4.76}$$

如此便得到了构件系统健康指标 I_c 的模糊综合评价单值,根据二级目标评价标准可知,该缺陷网壳的构件系统综合评价等级同样为"不健康"。

3)一级目标层指标计算与评价

如 5.4.5 节所述,多级评价的高层级评价指标值可用低层级评价指标值直接加权计算。在此,认为该缺陷网壳的结构系统健康指标与构件系统健康指标同等重要,即

$$\boldsymbol{W}_I = \{0.5, 0.5\} \tag{5.4.77}$$

一级目标层指标的综合评价结果可由二级系统层各指标的权重系数与对应指标值加权求和计算得到:

$$I = \boldsymbol{W}_I \times (I_c, I_s)^T = 0.947 \tag{5.4.78}$$

即得到结构健康综合指标 I,按照表 5.4.8 进行健康等级评价,得到该缺陷网壳最终的健康状态综合评价等级为"不健康",该网壳在构件截面削弱、节点连接刚度变小、部分支座出现滑移的情况下结构构件和整体的稳定性极度变差,已出现异常征兆,不宜长期服役,应采取措施。

第6章 空间结构健康监测物联网技术

6.1 概　　述

物联网的概念最早于1999年美国召开的移动计算和网络国际会议上被提出。物联网是指通过各种信息传感器、RFID技术、全球定位系统、红外感应器和激光扫描器等装置与技术,实时采集任何需要监控、连接、互动的物体或过程。由于物联网时代的大多数物品都可以通过通信网络实现彼此连接,而不受时间与空间的束缚,使得物联网技术成为继计算机、互联网和移动网络之后信息产业的第三次浪潮。卡内基梅隆大学通过改进的可口可乐自动售货机成为世界上第一个物联网框架下的现实应用,该售货机能够实时报告库存信息以及感知新加入冷饮的温度。2004年,NetSilicon首席执行官彼得森预测:下一个信息技术时代将由物联网设备主导,物联网设备最终将获得极大普及,其程度将远远超过联网计算机和工作站的数量。此外,彼得森还认为医疗设备和工业控制将成为该技术的主要应用场景。2008年,IBM提出"智慧地球"的概念,即将传感器嵌入电网、隧道、桥梁、铁路和建筑等各种物体中,并将其普遍连接、接入现已广泛普及的互联网中,实现数据互通,完成人类社会与物理资源的全面整合。与"智慧地球"紧密相关的云计算,可以为物联网系统的运转提供强大的计算和存储资源,满足数据信息的实时智能处理需求。

云计算是一种基于互联网的新计算方式,通过互联网上异构、自治的服务为用户提供按需计取的计算。1959年虚拟化问世,为云计算的出现奠定了基础。随着21世纪Web 2.0流行以来,云计算创造了无数全新的工作方式和商业模式。物联网实现了物与物、物与互联网数据信息的互联互通,而云计算则利用其强大的计算和存储能力来挖掘海量数据中蕴含的知识宝库。因此,物联网与云计算的协同应用,有利于发挥全面采集和智能处理的优势,提高业务的信息化管理水平。

空间结构健康监测是土木工程与物联网体系结合中的一个具体应用,随着无线传感技术和智能控制系统的不断完善,空间结构健康监测的智能化、自动化、融合化、平台化与可视化成为产业发展的必然趋势。研究物联网、云计算与空间结构健康监测的有机结合,在硬件技术、算法建立和可视化设计等多个技术层面进行研发突破,建立空间结构健康监测数据管理云平台,充分发挥云计算和物联网系统的优势,为监测数据的存储和后处理提供技术支持,将有利于研究力量的积聚,降低监测数据的分析成本,提高健康监测系统的规模和综合效益。空间结构健康监测物联网的建立将推动城市基础设施全生命周期效益最大化,对于提高城市基础设施健康管理的信息化水平有重大意义。

6.2 物联网框架

土木结构服役性能在运营期间存在很大程度上的不确定性,这些不确定性因素主要来自两大方面:①实际结构在勘察设计与建造完成后的性能存在一定差异;②由于结构在服役期间遭受风、雨、雪及温度等自然环境影响时会发生不可预测的结构性能劣化演变,在极端灾害(如地震、飓风等)环境下甚至发生严重损坏、倒塌,从而提前结束服役。得益于人工智能技术的助力,结构健康监测技术有效发挥了消除结构早期安全隐患及延长建筑物使用寿命的作用,突显了土木工程背景下健康监测物联网的重要性。

进一步,互联网的普及和物联网范式的发展,使得结构数据信息的快速交换汇总成为可能。特别是无线通信网络的引入,允许在任意被监测范围内部署监测传感器。与传统有线自组网技术相比,无线通信网络增加了被监控区域的同时降低了硬件成本,极大改善了监测效果。近十年来,研究人员设计和提出了适用于不同场景的基于物联网技术的结构健康监测系统,这些系统分别应用于桥梁结构、砖混结构、地基基础、高层建筑、大跨空间结构和历史文化建筑。鉴于上述系统内结构状态诊断的准确性、灵敏度及连续性,系统可以及时检测到结构危险状况并发布预警信息,从而保障人民群众与财产安全。此外,通过存储的监测信息,还可以实现结构剩余寿命的预测或指导合理优化结构维护标准。综上所述,土木工程健康监测领域对物联网技术有显著技术需求,也表现出巨大的应用潜力。

通用的物联网系统分成三个层次,即感知层、网络层和应用层,其体系架构如图 6.2.1 所示。

(1) 感知层。

感知层是物联网三层体系架构中的底层,内部包含数据采集、短距离通信两个应用子层,其作用是通过传感器节点感知目标事物的行为,获取物理世界的信息数据,再利用自我集成的通信协议进行数据互通整理,并向上一层传递。感知层涉及RFID、定位测控、自组织组网、传感器中间件等传感技术,是物联网系统应用的基础。

(2) 网络层。

网络层作为物联网系统架构的中间层,主要作用是在保证数据的安全性和完

图 6.2.1 通用物联网体系架构

整性的前提下,为感知层与应用层的双向信息传输提供长距离通信媒介。现有的互联网远程通信技术的发展已经较为成熟,只要通过相关的协议完成与专网的数据对接,互联网就可以安全实时地双向运送海量数据。

(3) 应用层。

应用层是物联网架构中的顶层,也是大多数物联网系统中最为核心的层次。应用层需要对汇集的海量数据进行智能处理和全面管理,并提供面向用户的人机交互和数据可视化设计。应用层可以分为应用支撑子层和应用服务子层,应用支撑子层需要处理的任务包含数据的存储、挖掘、分析、查询、搜索等后处理应用。在数据处理的基础上,实现跨行业、跨区域和跨系统的信息共享,服务不同行业的个人以及组织机构;应用服务子层是面向用户设立的人机交互接口,实现用户与应用程序间的命令下达和结果反馈。需要注意的是,目前对于物联网系统中数据后处理的分层归属说法较多,这里将其划分至应用层。

物联网系统三个层次间的信息传递并不是简单的单向搬运,而是通过预设的实时反馈机制,实现智能控制的双向联动,其中涉及安全技术、解析和标识技术、服务质量管理和网络管理等在内的跨层次公共技术。随着云计算强大的可弹性存储和计算资源的注入,智能硬件与软件的协同合作也会更加紧密,物联网系统将逐渐区别于传统的采集显示系统,成为高度信息化的有机整体。

6.3 空间结构健康监测系统实现

6.3.1 监测系统搭建原则

1. 先进性原则

空间结构因其特殊的结构形式和材料工艺，在施工和服役期间都存在较大的不确定性，在系统设计过程中，在数据感知的准确性、信息传输的时效性和数据后处理等分析应用功能的实用性上都有很高的要求。因此，监测物联网系统子层次设计需采用面向服务、面向组件的技术设计框架和理念，充分考虑后续的研究和开发升级，设计技术先进的传感网络和数据平台，在满足当前需求的同时还需适应未来环境和需求的改变。

2. 安全性原则

空间结构往往应用于大型公共建筑，其健康监测牵涉群众的人身和财产安全，具有重大的社会影响，监测设备采集到的信息属于结构性能状态的数字化呈现，在采集控制、网络传输和挖掘分析中都必须具备高可靠性和安全性。为了防止第一手监测数据遭遇窃取或篡改，需采取内外网络分离等技术手段，对监测信息资源进行隔离与保护，针对服务用户不同的应用需求，设定不同的访问权限，并施加相应级别的安全保密措施。

3. 可扩展性原则

空间结构健康监测研究仍然处于发展阶段，在理论方法和硬件配置方面都必然会不断完善、推陈出新。监测物联网系统的设计必须考虑技术的演化进步，可以通过模块化、分布式设计，使其具备较好的可扩展能力，可扩展兼容内容包含结构监测的新设备、新参数、新类目，以及数据挖掘理论完善带来的全新应用需求。在系统运行过程中，应及时根据访问量和网络环境变化适时优化系统物理架构。

4. 可维护管理原则

监测系统由多个功能子层构成，在系统运行过程中，为了便于对监测档案进行管理以及对系统进行人工维护，系统的应用层需要为运营和维护团队建立数据后台管理入口，使系统的异常能够被及时发现和修复，以保障系统稳定持续地正常运行。

5. 经济实用性原则

在空间结构健康监测物联网的建立初期,各类功能模块都处于探索性研发阶段,对于应用层中监测信息后处理和可视化等功能的设计开发,应秉持以需求为导向的理念。通过理论和技术水平的提高,优化测点布置,以高性价比的投入满足用户的实际要求。

6.3.2 监测系统整体架构

根据空间结构健康监测物联网系统设计原则,从监测信息由结构构件的源头采集到终端应用全过程出发,健康监测物联网系统需要具备以下主要功能。

(1) 数据的采集与传输。系统针对不同空间结构形式和监测目标制定相应的数据采集策略,现场布设的传感器根据策略中的采样参数获取监测信息,并通过现场局域网的中转融合接入互联网以实现数据的远程传输。

(2) 数据的后处理和可视化。在集成了海量监测信息后,系统需要利用内置的数据挖掘算法,完成对监测数据的实时后处理,再通过标准化和行业化的数据可视化设计,将实测信息和分析处理的结果呈现在交互终端上,以直观生动的方式使监测组织或机构用户掌握结构的性能状态,指导其管理、维护、检修等决策的制定。

(3) 数据的存储和后台管理。监测信息的大量采集与流入,难以避免地会出现数据冗余、异常等状况,为此监测系统需要配备后台管理入口,方便用户对冗余异常数据进行人工识别和修正。此外,系统需要采取合适的数据存储策略以容纳海量异构的监测数据,为各个监测结构建立具有充分数据深度和广度的健康档案。

由归纳后的功能需求分析,空间结构健康监测物联网系统应该由以下几个部分构成:负责工程现场监测信息的采集控制和文件整合的感知网络;实现工程现场与远程监测控制室之间可靠数据传递的网络通道;根据用户的指令调用资源执行各类数据分析,同时负责数据存储的智能处理集群;面向用户提供丰富可视化设计与数据应用的展示终端,以及提供通过数据接口实现用户对接底层数据进行人工识别与修改的后台管理终端。

各个组成部分的有机整合形成了空间结构健康监测物联网系统的总体框架,如图 6.3.1 所示。标准化的系统建立使得监测和管理"监管分离",专业的运营团队为各形式空间结构健康监测的传感控制和分析处理分别提供技术解决方案,并负责系统的日常维护,面向用户端提供数据查询、结构性能分析、结构损伤识别、结构模型修正、生成月及季度监测报告等服务。监测用户无须关注系统硬件和软件的实现,可以专注于监测数据的分析。

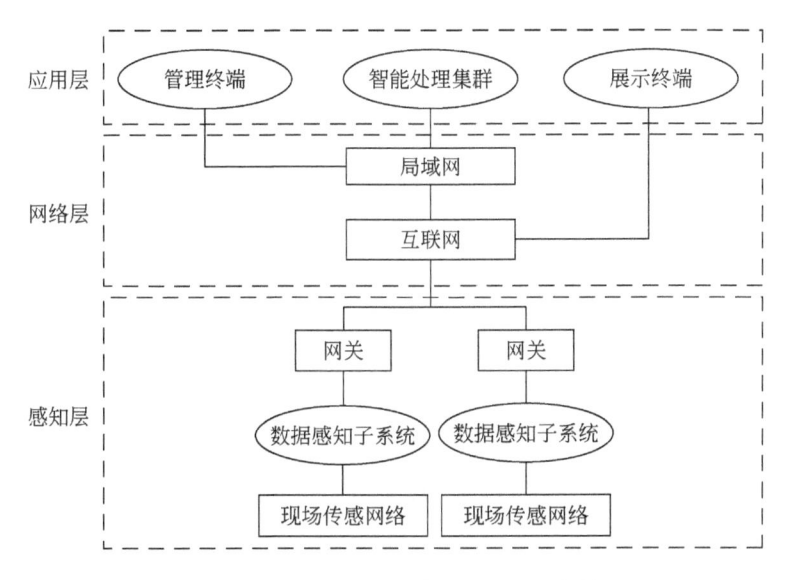

图 6.3.1 空间结构健康监测物联网架构

1. 现场传感网络要求

结构健康监测技术按数据采集需求可以分为静态监测和动态监测。对于一般建造或服役中的空间结构，为了全面感知其性能状态，大多采用两种手段相结合的监测方式，采集参数包括应变、位移、加速度等结构构件响应参数以及温度、风速、风压等外界环境参数。空间结构健康监测需要考虑测点大规模、大面积的空间布局，在通过优化分析获取结构关键部位信息进行最优监测点布置方案后，如何利用无线智能组网技术进行数据采集和输送，从而降低施工难度和应用成本，也是传感网络硬件研发面临的关键问题。此外，结构在长期工况和瞬态工况下的性能状态分析，对多类别物理参数传感器采集时间的同步性提出了不同的要求，前者只需实现秒到分钟级别的同步，而后者至少需要满足毫秒到秒级别的同步。

为了满足上述各项功能要求，搭建空间结构健康监测物联网系统的感知层，本节介绍自主研发的现场移动式无线智能传感网络，通过传感节点、路由节点、基站节点(Base节点)的信息传输路径组织，实时感知各类型监测参数，对实测数据进行初始的融合整理并向上层可靠传递。面对大规模、大面积的测点布设任务，提供星形、一字形、树状的网络解决方案，实现基于动态路由的自由可拓展组网(图 6.3.2)。此外，组网对于监测数据的采集，借鉴了广播群发的机制，采用单点轮询的方式逐一回收，从而实现网内传感器采集时间毫秒到秒级别的同步，满足了结构瞬态工况的性能分析需要。

一字形网络　　星形网络

树状网络

● 传感节点　　⬠ 路由节点　　◆ 基站节点

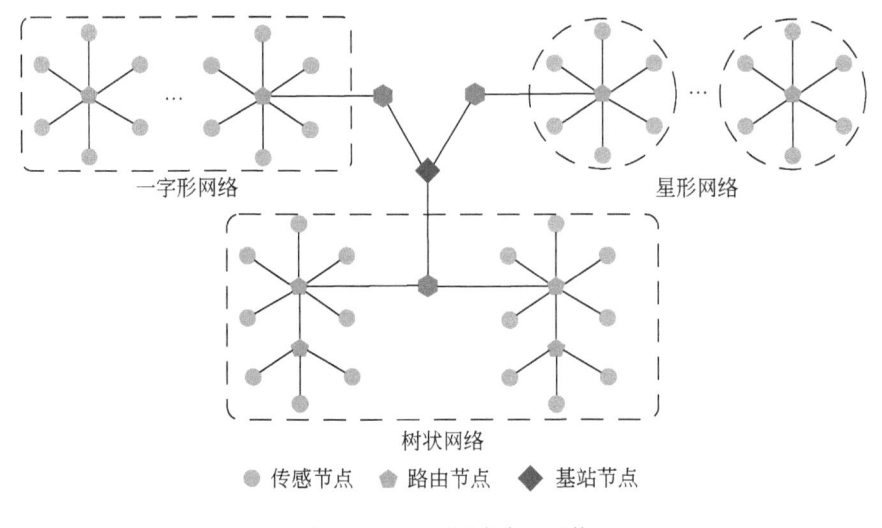

图 6.3.2　监测测点布置网络

2. 现场传感网络指令

当所需监测区域较小时,可以仅通过终端基站直接发送指令,其无线传感网络的通信范围可使屋面上的所有测点接收操作指令。然而,当屋面尺寸巨大,或外形复杂、表面存在较大起伏时,操作指令较难通过无线传感网络直接传达到测点,且简单的星形网络很难完成整个屋面区域信号的全覆盖。因此,需要对屋面区域进行区块划分,将区块内的传感器进行组网,建立一套具有上下级拓扑关系的通信网络。在无线传感网络中,每一个传感节点(监测点)、路由节点和现场终端基站都有唯一用户指定的本机账户(identification,ID),每个 ID 为 2 字节的 00～FF 的十六进制数据。ID 的第一个字节表示设备类型编号。现场终端基站、路由节点和不同类型的测点分别对应不同的设备类型编号,第二个字节则代表该类型测点的具体编号。所有的设备均通过 ID 识别通信网络中的上、下级。上级设备可以将指令发送给多个下级设备,且同一时间内下级设备只能接收一个指令。此外,为拓展通信网络中同一类型测点可定义的测点数量,在上级 ID 判断之前设置了无线通信模块的信道号判断,以此来区分是否为同一个信道内的通信设备。设备只能收同一个信道内的通信信号,通过该方法既拓宽了无线通信网络的容量,也减少了信号之间的相互干扰。无线通信模块通过指令进行信息的传递,无线指令的标准格式如图 6.3.3 所示,命令的前三个字节为无线通信模块所在的信道号,后面四个字节为设备自身的 ID 和信号接收目标的 ID,最后四个字节为具体执行的指令号以及该指令需要的具体参数。

无线指令格式：　☆☆ ☆☆ ☆☆　＊＊ ＊＊　＃＃ ＃＃　△△　○○ ○○ ○○
　　　　　　　　　　1　　　　　 2　　　 3　　　 4　　　 5

图 6.3.3　无线指令标准格式
1. 信道号；2. 上级 ID；3. 目标 ID；4. 指令号；5. 指令参数

6.3.3　监测系统网络层设计要点

1. 远程通信协议

根据传输距离物联网无线通信协议一般可以分为两类：以无线传感器网络、无线局域网(Wi-Fi)、蓝牙为代表的近距离通信技术和以 3G、4G、5G 为代表的远距离广域网技术。前者功耗较低，但传输距离有限，一般不超过 100m，且遇到遮挡后的穿透能力较弱；而以 4G 为代表的远距离通信技术信号覆盖面大，但是功耗较高。低功耗广域网技术(low-power wide area networks，LPWAN)是一种新型的物联网无线接入技术，与 Wi-Fi、蓝牙等成熟商用的无线技术相比，具有远距离、低功耗、低成本、覆盖面大等优点，较好地平衡了功耗与传输距离的问题，适合在长距离传输少量数据的低功耗物联网终端设备使用。

LPWAN 从原理上主要分为两类：一类是以 Sigfox、LoRa 为主的扩频通信技术；另一类是窄带物联网(narrow band internet of things，NB-IoT)等工作于授权频段下的蜂窝通信技术。LoRa 作为非授权频谱的 LPWAN 无线技术，相比于其他无线通信技术，应用更加广泛，目前已成为物联网应用和智慧城市发展的重要基础支撑技术。LoRa 具有信号发射频率低、信号波长长、对发射功率要求低的特点，并且其采用的扩频技术能使通信信号的抗多径、抗衰落能力比较强。除此之外，终端设备在通信过程中电流较小，可以极大地降低终端节点的能耗水准，保证其可靠持久的工作寿命。另外，LoRa 支持自适应数据速率(adaptive data rate，ADR)，能够自动根据传输距离进行传输速率的自适应调整，在保证数据传输的情况下，最大化网关的覆盖范围，提升其传输距离与传输可靠性。

2. 远程通信网络需求

现场传感网络需要把第一手监测信息从基站节点向远程监控中心进行实时传输，监控中心也会根据特定情况远程控制采样参数，如调整采样频率等；此外，监测机构也需要通过交互终端远程访问网络数据库及获取相关服务，远程通信网络的作用就是满足上述功能，对应通用物联网系统中的网络层。

目前互联网技术发展已较为成熟，在我国覆盖范围广阔，而且大跨度空间结构多数建设于相对现代化的城镇地区,采用互联网作为远程信息传输的媒介,将现场传感的专有网络与其连接互通。为了克服自组网络和广域网络在组网技术和通信协议上显著的异构性,需要设置网关作为转换接口,实现信息的双向流通。

6.3.4 监测系统应用层设计要点

在健康监测的实际工程中,针对数据后处理的应用,仍以数据下载后结合理论模型在本地软件上进行分析作为主要方式,缺乏自动化和智能化的系统处理,使得物联网系统处于"强感知,弱应用"的状态。在物联网系统总体框架建立的基础上,对于其中的应用层进行系统性研究,提出应用层设计的技术方法。从健康监测的功能需求出发,应用层需要承担两大类的计算任务:①对传感器采集到的监测数据进行预处理,清理其中的异常和噪声数据;②对数据库中的监测信息进行智能后处理,自主执行各类效应分析。结构健康监测数据后处理包含数据分离、健康评估、损伤诊断、模型修正等,这部分内容已在前面各章节介绍,这里不再赘述。根据健康监测物联网应用层的主要任务,可以将应用层设计要点归纳为以下几个部分。

1. 模糊的计算机制

应用层中封装的计算任务能够调用数据库中的监测信息,为解答指定问题展开数据推演。最终推理结果的得出,需要为计算过程最终的数据输出在不同的结论区间寻找对应的逻辑映射,完成数据输出与结论的"对号入座",而该映射可能是结构化的,也可能是半结构化的。然而,目前专家学者对于健康监测的理论认知还未形成绝对统一的共识,对于复杂问题的解答,异构的数据特征也使得结论的选择具有随机性和复杂性。因此,根据输出结果不可进行非此即彼的"一刀切"式判定,而应当使得结论边界模糊化。

以结构健康状态评价的层次分析法为例,因为结构健康状况的影响因素繁多、作用机理复杂,存在显著的不确定性,所以影响因素的变化与结构健康状态的改变乃至灾害的发生并不存在简单的一一对应的映射关系,对于结构健康状况的等级评定难以建立精确的数学模型来求解。为了避免在此类监测数据分析应用过程中采用较不严谨的刚性评价,考虑引入模糊综合评价方法对传统的层次分析法进行优化。

2. 海量并发的计算能力

由于空间结构健康监测数据后处理的实际需要,应用层在数据处理和结论推演过程中不仅需要处理数据序列的平均值、最大值求解等简单的计算和统计任务,也会面对专业的有限元分析等计算密集型任务,这对应用层的计算能力提出了很高的要求。一方面,复杂算法向系统内部的集成涉及海量代码的编译,任一迭代步出现差池就有可能导致计算收敛性异常;另一方面,当不同用户同时登录而对各自目标结构进行不同的应用分析时,需求峰值的出现可能会使传统的底层服务器硬件资源超负荷运作,进而严重影响系统的处理效率和使用寿命。因此,应用层在计算资源的配置上需要具有高度的集成性。

为了替代底层传统的单点物理硬件,并且借助云计算的优势,为上层计算提供更为强大的计算资源,需要利用多主机服务器集群的方式,运用虚拟化技术构造应用计算的资源池。在这些底层服务器资源中,除负责执行一般任务的普通服务器的硬件配备外,还需要部署小部分的高性能计算服务器集群,以实现计算密集型任务的快速处理。在理想状况下,各个服务器在控制节点的宏观管理下,均衡负载地处理不同的计算和分析任务。若各节点是异构的操作系统,则需通过网络将各个服务器节点通过通信协议组织起来。资源池与分布式文件系统协同工作,保证数据从调用到运算的精确性和高效性。虚拟化资源池的形成原理如图 6.3.4 所示。

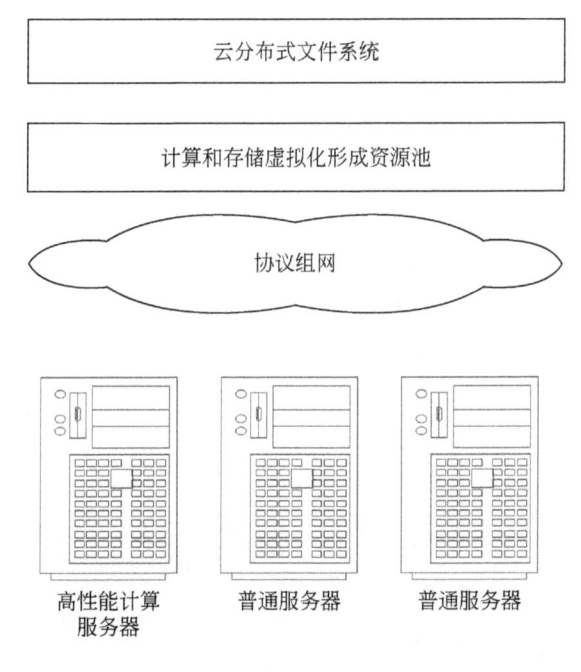

图 6.3.4　虚拟化资源池的形成

3. 海量异构数据的存储

空间结构健康监测数据库中的信息异构多元,包含传感器采集的实时和过往的实测数据、应用程序和计算结果在内的应用数据、结构图纸模型等设计阶段的资料和管理员用户访问过程中产生的用户数据等。出于结构健康档案建立的需要，监测数据库应具有较好的包容性，即兼备在数据历史时间维度上积累的深度和数据结构多样性产生的广度。同时，为了保证数据后处理结果的实效性，数据库的结构设计需要方便算法程序的调用，并考虑优化的存储策略以减少数据排队带来的效率滞缓。

这里采用数据分块制度，通过分布式文件系统对包含上述各类别的监测数据库信息进行存储和管理。庞大的数据根据各自所属类别分块后分布存储于平台数据库中，系统仅通过文件的目录索引记录文件的存放位置，文件的实际信息不在系统一级目录中直接存储，而是存储在目录索引指向的物理空间中。当目标数据被访问时，分布式文件系统能够自上而下地层层获取其目录映射，按照该映射对应的文件存放位置进行访问，从而实现对数据的读写、修正、调用等后续处理。这样的文件索引目录使得数据库结构维持相对稳定，各级目录下的数据类型保持一致，文件目录的指引使系统清晰明了、易于管理，并且在技术上实现了不同结构对不同用户的数据选择性隔离。

为了使应用层能低时延地完成各项复杂的计算密集型处理任务，还应该为监测数据的存储搭建适宜的数据库结构，供上层计算接口便捷高效地调用。监测数据分块存储，大致可以分为以下两种策略。

1) 横向存储

横向存储(图 6.3.5)是指单个结构的多个传感器通道中所有的监测数据根据采集的时间段分块，每个数据块中包含特定时间段内全部测点的完整信息，是当前结构健康监测系统应用最多的数据存储方式。由于数据块内混杂着采集方式不同的各类监测参数的历史信息，横向存储使得数据库具有一定的异构性，监测参数过多，会大大增加数据库的复杂程度，也不利于数据结构的标准化。

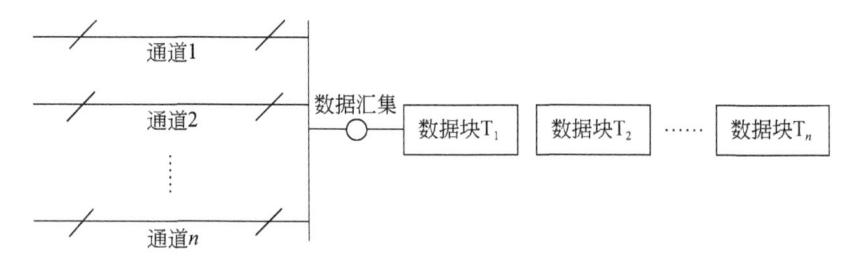

图 6.3.5 横向存储策略

2) 纵向存储

纵向存储(图 6.3.6)是指单个结构的监测数据根据采集的传感器分块，每个数据块内包含单个或多个相同监测参数的全部历史数据。纵向存储将全部监测数据进行类目切分,保证了单个数据块内部结构的一致性,但因为传感器对于不同监测参数的采样频率、通道数等存在差异,各个数据块之间的结构并不统一,这也意味着需要为不同数据参数根据相应的数据管理和存储设备要求来设置合适的大小。

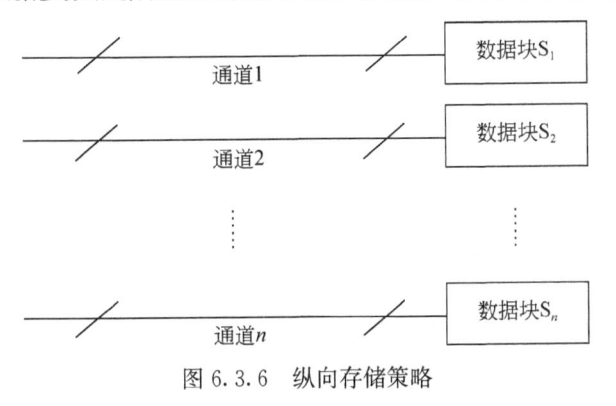

图 6.3.6　纵向存储策略

如果监测数据库采用横向分块存储策略,那么监测数据仍然处于异构杂糅的"未切分"状态,这样的集中存储模式与单机存储的传统模式区别不大,不利于分布式计算任务的数据调用,降低了数据分析计算任务的执行效率。由 6.3.3 节的论证分析可知,多个计算密集型的计算任务均以单个测点的数据计算作为初始输入,而成为分布式计算的独立分支,再通过各个节点的通信来实现单独测点计算结果的汇总。而纵向分块的数据库为这样的并行计算提供了结构一致的分布式存储,以单个测点的监测数据作为分析计算的初始输入,使得不同测点的处理任务并行执行,便于发挥推理机的集群资源优势。因此,利用分布式文件存储技术,采取纵向存储策略来设计监测数据的数据库结构,是有利于提高监测数据后处理计算效率的较优选择。

4. 集群处理器

集群处理器是具有高度分布式、高度负载均衡和高度可用性的高性能处理器,从网络层向上传递的海量监测信息汇集和存储于此,属于通用物联网系统应用层中的支撑子层。集群处理器的任务是根据预设或临时的数据处理命令,匹配相应的分布式计算及存储资源对数据进行实时处理。由于空间结构健康监测测点繁多、数据异构,即使经过现场基站对数据的初步筛查,每日仍然有成千上万的监测信息聚集,为了保证信息处理的时效性,集群处理器使用弹性可伸缩的计算资源,以满足监测数据计算和访问的峰值需求。

5. 信息终端

监测数据经由传感器采集和智能处理,得到的目标信息需要直观地呈现给监测用户。信息终端作为处理器与用户之间的信息桥梁承担了这一任务,属于通用物联网系统应用层中的服务子层。根据服务用户的不同信息终端可分为两类:第一类将信息通过标准的可视化设计包装后提供给用户,同时为用户提供包括健康评估、损伤诊断等后处理分析的应用入口,称为展示终端,通常供监测业主使用;另一类属于数据库服务器的查询和编辑接口,允许用户对所有底层数据进行人工操作,称为管理终端,一般面向的用户是提供监测数据采集解决方案的技术服务商工作人员。

6.4 云计算技术在空间结构健康监测系统中的应用

空间结构健康监测物联网系统总体框架的建立为监测信息传输的全过程整理出了清晰的脉络,而确保该系统能够高效稳定运转的关键是数据后处理中计算密集型任务的低时延执行。在传统的本地底层硬件资源渐渐无法满足计算量负荷要求的同时,云计算以其显著的自身优势在近年来迅速兴起,成为物联网系统发展的技术支持。

6.4.1 云计算机理

云计算是基于互联网的相关服务增加、使用和交付模式,通过提供动态可拓展的虚拟化资源,最多可以完成每秒 10 万亿次的运算,目前已经在各个行业中有广泛的商用案例。云计算最核心的重要技术之一就是虚拟化。虚拟化是一种在软件中仿真计算机硬件、以虚拟资源为用户提供服务的计算形式。旨在合理调配计算机资源,使其更高效地提供服务。它把应用系统各硬件间的物理划分打破,从而实现架构的动态化,实现物理资源的集中管理和使用。虚拟化的最大的优点是增强系统的弹性和灵活性,降低成本,改进服务,提高资源利用效率。

运用虚拟化技术构建资源池后,需要尽可能选择容错性好且效率高的云中分布式计算策略。在分布式计算任务中,各个子任务被分配在不同的节点中并行处理,由主控节点负责监督管理,维持负载均衡。因此,在云端借助主从节点的工作方式与传统计算方式有很大区别,分布式计算的主从节点结构分解情况如图 6.4.1 所示。

元数据节点(NameNode)负责记录数据块的划分方式,以及各数据块的节点位置,但不存储任何用户数据,也不执行计算任务。从元数据节点(Secondary NameNode)是作为 NameNode 的备份后台程序,一般与 NameNode 部署在不同的服务器上,不记录实时数据,只定期与 NameNode 通信,当 NameNode 失效时,Secondary NameNode 替代其工作。任务管理节点(JobTracker)决定处理文件的

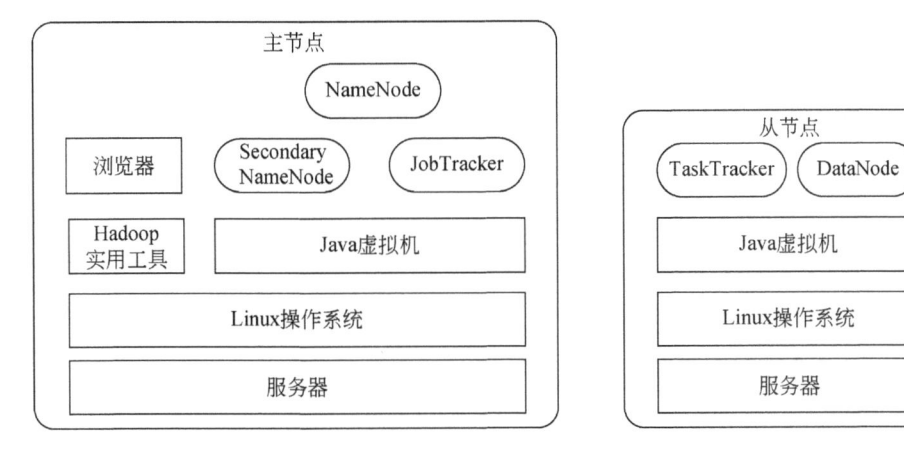

图 6.4.1　分布式计算主从节点结构分解示意图

对象,并且为不同的任务(task)分配节点。任务跟踪器(TaskTracker)与任务调度器(JobTracker)相对应,管理执行本地节点分配到的 task。数据节点(DataNode)把分布式文件系统的数据块读写到本地文件系统。

6.4.2　云计算任务部署原则

云计算对于监测物联网系统的技术支持,除了体现在可以利用其可扩展的系统结构来实现监测数据的分布式存储外,其高度集群的计算资源也能应用在包含监测物联网系统的多个环节中。

目前云计算在各个行业中的应用可分为三个类别:流计算、批处理和即席查询。流计算是指为了节约数据库储存空间,数据在进入数据库前进行的低时延计算,得到计算结果后再入库,常用于数据过滤。健康监测采集的初始数据存在异常、冗余、噪声等数据缺陷,流计算适宜应用于监测信息的预处理,消除上述缺陷。批处理是指调用数据库中的数据进行挖掘式计算分析,适用于完成工作量庞大而实时性要求不高的计算任务,适合部署在物联网系统应用层中的处理子层,执行健康评估、模型修正、损伤识别等应用分析。即席查询应用于搜索功能,空间结构构件数以千万计,并行编程技术(MapReduce)为快速找到某个构件的监测参数提供了技术实现方案。空间结构健康监测中云计算任务的部署情况如图 6.4.2 所示。

6.4.3　监测数据可视化

由于健康监测数据具有连续性、异构性和贫乏性等特征,设计一种通用且便于发现规律的标准化数据呈现模式,并通过人机交互直观地传递给用户是十分必要

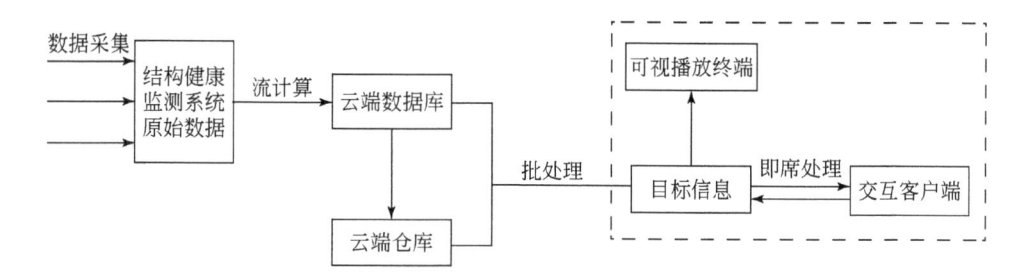

图 6.4.2　空间结构健康监测中云计算任务部署图

的。这里借鉴证券技术分析中成熟的蜡烛图和技术指标,对监测数据的可视化进行设计。

1. 蜡烛图

蜡烛图(图 6.4.3),又称为 K 线图,其由一个蜡烛矩形块和上下引线构成,最早由日本人于 19 世纪所创,用于记录米市价格的波动变化,基于每个周期的开市价、收市价、最高价及最低价绘制,阳烛代表当日升市,阴烛代表跌市,现已经广泛运用于国内外证券及期货市场。证券市场中的股票价格会受到各种不确定因素的影响,如上市公司的内部管理、市场的经济环境、该领域的政治形势等。而所有这些因素的影响结果,最终都可以在股票股价的 K 线图中反映出来。空间结构健康监测也是如此,既受到外部荷载、随机干扰的影响,也有内部材料物理性能改变的影响,而这些综合影响的结果也都在 K 线形态中予以体现。此外,证券分析中常用到的技术指标,如上证综指、乖离率、趋向指标等,已被证明可有效研判时间序列的涨跌趋势,以及协助预测未来走向。所以研究 K 线的走势,并结合适用于结构健康监测的技术指标加以分析,从而探寻内部规律,把握结构性能状态,是具有实践意义的,其优点主要表现在以下方面。

(1) 集成性。

K 线将一天内每个测点采集到的几十组数据集成到一个蜡烛图块中,即只保留每天的最大值、最小值、开始值和结束值四组数据,极大地节约了数据库的存储空间。

(2) 包容性。

与单一的曲线相比,用 K 线刻画的数据显示方式更加规整,各种结构内部和外界影响因素的作用都包含在每天一根蜡烛块组成的日 K 线形态中,可以借鉴 K 线技术分析理论,同时结合技术指标的走势对其进行深入的挖掘分析。

(3) 普适性。

K 线技术指标方法适用于各种大型结构的各种监测参数展示,是一种标准化

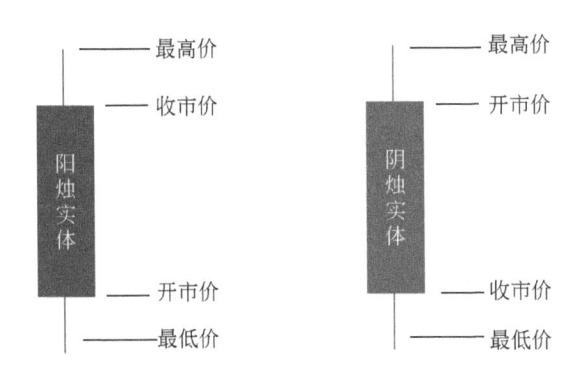

图 6.4.3 蜡烛图

又不失专业化的数据展示模式,有利于开发通用的大型结构健康监测信息展示系统。

2. 技术指标

技术指标分为集群指标和测点指标两大类。集群指标是基于全部或部分测点的实测数据进行换算,反映结构的整体或区域的性能状态。测点指标是从单个测点的实测数据入手进行独立计算,反映单个构件的承载水平和变化趋势。本节提出的集群指标有综合指数、协调度、满载率,测点指标有承载度、乖离率、均线、异常度、异动度、波动率。主要技术指标计算公式及使用方法列举如下。

(1) 承载度。

承载度为 100% 时,可认定该构件已达到设计状态下的极限承载力。通过查阅结构设计资料中各构件截面在不同工况下的理论应力,可以得到构件的理论最大承载度。由于传感器布置处基本为结构的关键部位,当构件实际承载度超过理论最大承载度,甚至接近 100% 时,应及时预警并采取相应措施。

$$czd_i = \frac{S_i}{R_i} \times 100\% \tag{6.4.1}$$

式中,S_i 为在第 i 个监测构件上的传感器实测应力值;R_i 为该构件达到材料强度破坏或失稳破坏时在传感器截面上对应的临界应力值。

(2) 异常度。

异常度是从构件的承载能力出发,根据应力应变参数定义的技术指标,异常度的物理意义与承载度类似,但是从位移和加速度参数角度来定义的。

$$ycd_i = \frac{D_i}{L_i} \times 100\% \tag{6.4.2}$$

式中,D_i 为第 i 个传感器测点上的位移值或加速度值;L_i 为该测点区域在设计资料中的限定阈值。

(3) 综合指数。

综合指数是从内力层面衡量结构的总体承载程度,由于大跨度空间结构以静态受力为主,该指标在一定程度上也能反映结构的总体健康水平,相当于将海量监测数据浓缩至一个实时数据,便于直观掌握结构当前的性能状态。综合指数是结构整体承载状况的综合体现,对于局部区域或层次的承载度,通过聚合同类测点,可以建立相应的分区指数,如上弦指数、柱子指数等。分区指数反映其所在区域或层次的总体承载度水平,公式不再赘述。

$$\mathrm{zhzs} = \sum_{i=1}^{n} w_i \times \mathrm{czd}_i \times 100\% \qquad (6.4.3)$$

式中,zhzs 为综合指数;n 为结构监测的应力应变总测点数;w_i 为第 i 测点对应的权重系数;czd_i 为杆件的承载度。

(4) 异动度。

异动度指标主要用于快速识别该测点的实测值是否有创出新高或者新低的趋势。若异动度等于 100%,则说明该测点的监测参数已经刷新了最近 n 日的新高或新低。

$$\mathrm{ydd}_i = \max\left(\left| \frac{h_i - l(n)}{h(n) - l(n)} \right|, \left| \frac{l_i - h(n)}{h(n) - l(n)} \right| \right) \times 100\% \qquad (6.4.4)$$

式中,h_i 为今日最高值;l_i 为今日最低值;$h(n)$ 为最近 n 日的最高值;$l(n)$ 为最近 n 日的最低值。

(5) 乖离率。

乖离率指标主要用于衡量监测参数偏离最近平均水平的多少。监测参数的短期突变会在乖离率上迅速反映出来,一旦该指标上升至 20% 以上,即使承载度和异常度仍然在正常范围内,也应及时予以重视,尽可能调查引发突变的因素。

$$\mathrm{bdl}_i = \max\left(\left| \frac{h_i - \bar{X}(n)}{\bar{X}(n)} \right|, \left| \frac{l_i - \bar{X}(n)}{\bar{X}(n)} \right| \right) \times 100\% \qquad (6.4.5)$$

式中,$\bar{X}(n)$ 为最近 n 日的平均值。技术指标分类及说明见表 6.4.1。

表 6.4.1 技术指标分类及说明

指标类型	涉及测点数	用途	指标名称
集群指标	全部或部分	反映整体状态	综合指数、分区指数
测点指标	单个	反映构件状态	承载度、异动度、异常度、乖离率

上述技术指标对传感器采集得到的监测数据做了初步规律挖掘,在不进行健康评估等后处理计算的情况下,可以运用技术指标来进行粗粒度的警度识别。本

节将灾害预警分为三个等级。如果综合指数、区块指数、承载度、异常度指标超过阈值,说明结构整体承载水平过高,或者已经有构件处于应力超限状态,属于最应予以重视的情况,应触发一级预警;如果上述指标没有超过阈值,而有测点的异动度超过阈值,说明有构件的受力已经达到历史最高,应触发二级预警,及时查明是否是构件材料劣化或外界其他因素所致;若上述指标都处于正常水平,而有测点的乖离率或波动率超限,说明对应构件正在经受较大突变,应触发三级预警,及时对突变原因进行排查。应用技术指标的三级预警机制见表6.4.2。

表 6.4.2 技术指标的三级预警机制

超限指标	预警警度
综合指数、区块指数、承载度、异常度	一级
异动度	二级
乖离率、波动率	三级

在实测数据的可视化设计中,技术指标均以列表、曲线的形式向用户实时呈现。在实施技术指标预警机制的同时,可以借鉴证券交易领域技术分析的相关经验,结合技术指标体系和蜡烛图组成的形态对监测参数进行分析,挖掘其背后蕴含的规律,丰富结构的健康档案。

3. 人机交互体系结构

应用层中人机交互的设计,一方面是为了使用户能够用简单的前端界面操作实现计算命令传达,另一方面能让用户通过友善的操作界面来管理底层监测数据库,自主优化各类算法和修改参数。

目前,人机交互接口设计主要运用以下两种体系结构。

(1) 客户机/服务器(client/server,C/S)体系结构。

C/S体系结构中,客户机承担与用户交互、与服务器的数据交换和部分软件计算的任务。C/S体系结构的模型构造简单,能够充分发挥个人计算机(personal computer,PC)客户端的任务处理能力,客户端响应速度快,数据操作和事物处理的效率高。但是C/S体系结构需要安装专用客户端应用软件,而且软件和硬件的维护、升级成本非常高。目前,随着移动办公和分布式办公的日益普及,处理系统对于扩展性的要求也越来越高,C/S体系结构模式相对厚重,难以实现大范围的网络覆盖,目前只能存在于小范围的局域网或专网中。

(2) 浏览器(browse/server,B/S)体系结构。

B/S体系结构提供了完全由万维网(world wide web,WWW)浏览器实现的一致的用户界面,结合浏览器的多种脚本(Script)语言和控件(ActiveX)技术,利用通用浏览器就完成了等同于复杂专业软件的强大功能,是一种全新的软件系统构造技术。系统功能的核心部分被集中至服务器上,简化了系统的维护和使用,节约了开发成本。B/S体系结构易于扩展,可以从一台服务器、单个用户的工作组级扩展至多个服务器成千上万用户的大型系统,提供异构的网络和异构计算平台,达到了"瘦客户端"的要求。随着2014年10月万维网的应用超文本语言(hyper text markup language,HTML)通用标准的第五次重大修改,B/S体系结构的动态页面支持能力也得到显著提高。但是B/S体系结构相对于C/S体系结构也存在以下缺陷:由于数据处理在前端执行,数据查询等服务的响应速度较慢;应用服务器的运行数据负荷较大,一旦服务器故障将造成大面积的使用暂停;其动态数据的交互性较弱,对于在线事务处理的支持不足。

在监测物联网应用层的人机交互设计中,需要两方面的用户需求。监测技术的提供商需要拥有较强的通信能力,以便对应用底层的信息进行访问和修改,确保传感数据库的稳定正确,以对其服务的监测用户提供更优质高效的服务。而监测用户无须考虑系统的底层实现和运行过程,只需通过人机交互界面查看当前和过往的监测数据,并根据自身需求选择获取数据的分析应用。

本节选用C/S和B/S混合的体系结构进行人机交互设计,监测机构用户可以通过固定或手持终端以B/S的模式访问浏览器,以实现对应用层的访问,完成对监测数据的一般浏览和后处理应用,也可以利用现场和远程的监控大厅中发光二极管(light emitting diode,LED)大屏幕等可视化终端以C/S体系结构读取预制的数据播放展示模块,通过动画的循环播放来获得更好的监测数据动态可视化效果,同时技术提供方则可以通过B/S体系结构与底层数据库进行交互,从而对其中的数据和信息进行全面管理,如图6.4.4所示。

4. 云图展示

风速时程和风压时程通过曲线图的方式直接在云端进行图形绘制,如图6.4.5和图6.4.6所示。风压云图可根据时距、风压类型以及数据时间进行选择,根据不同的选择可以加载出不同时刻的风压云图,通过点击云图中的测点信息,可以快速切换为该测点的风压时程曲线,如图6.4.7所示。

6.4.4 事件预警分析

利用云计算技术并结合本书前述的空间结构状态评估方法,可以实现对空间结构运维期间的异常事件进行有效预警。

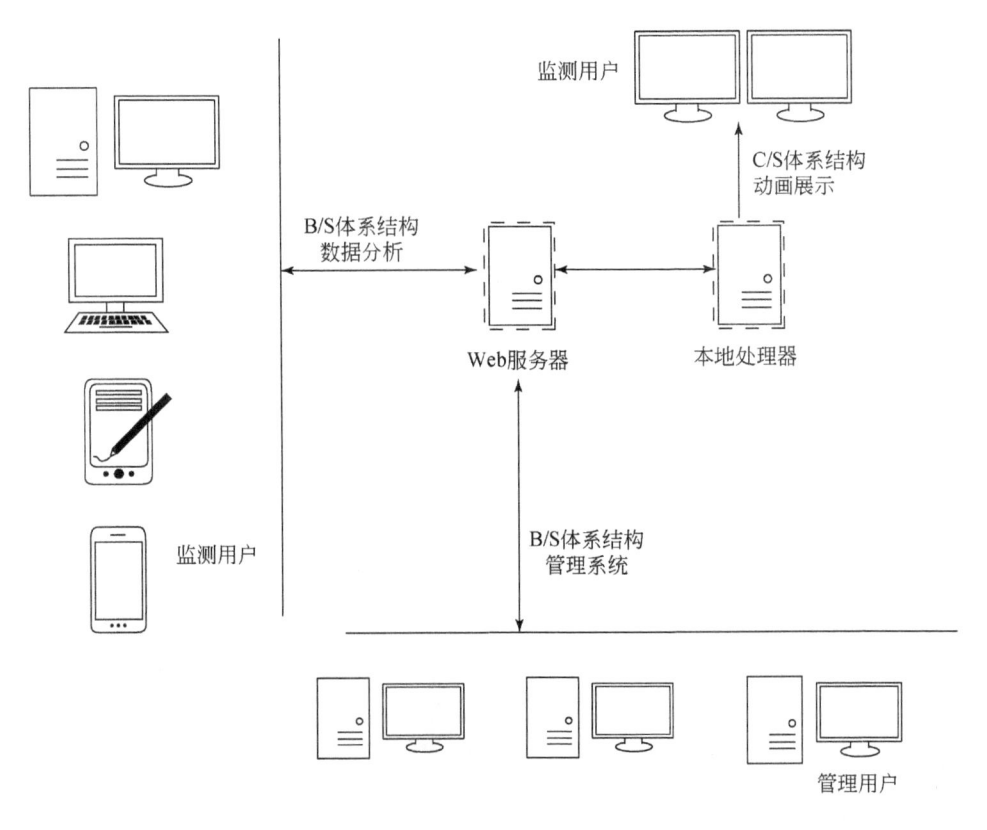

图 6.4.4 人机交互体系构架

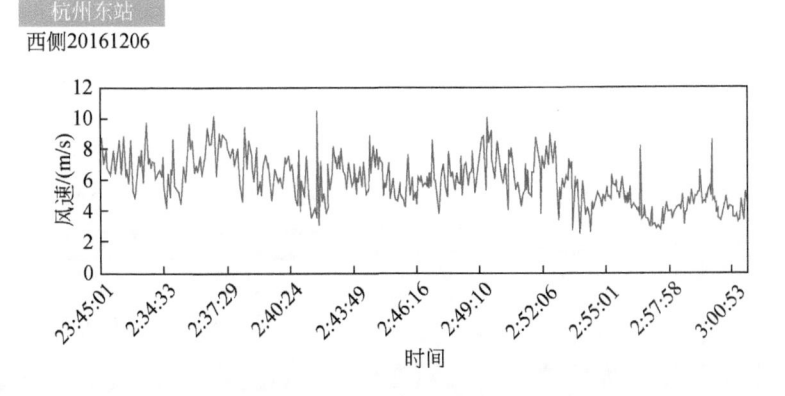

图 6.4.5 典型风速时程数据可视化结果

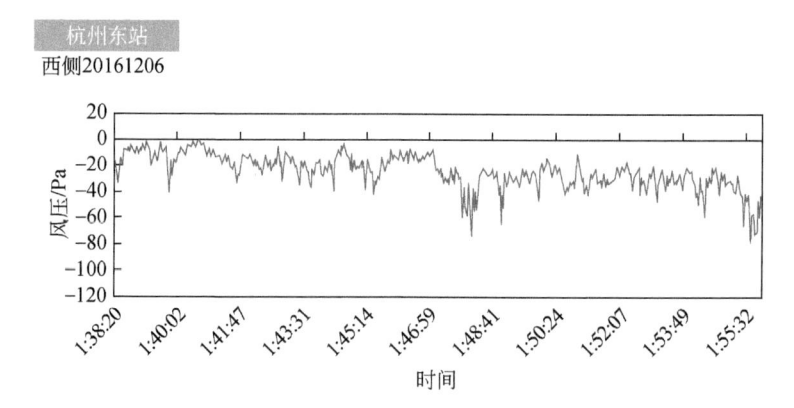

图 6.4.6　典型风压时程数据可视化结果

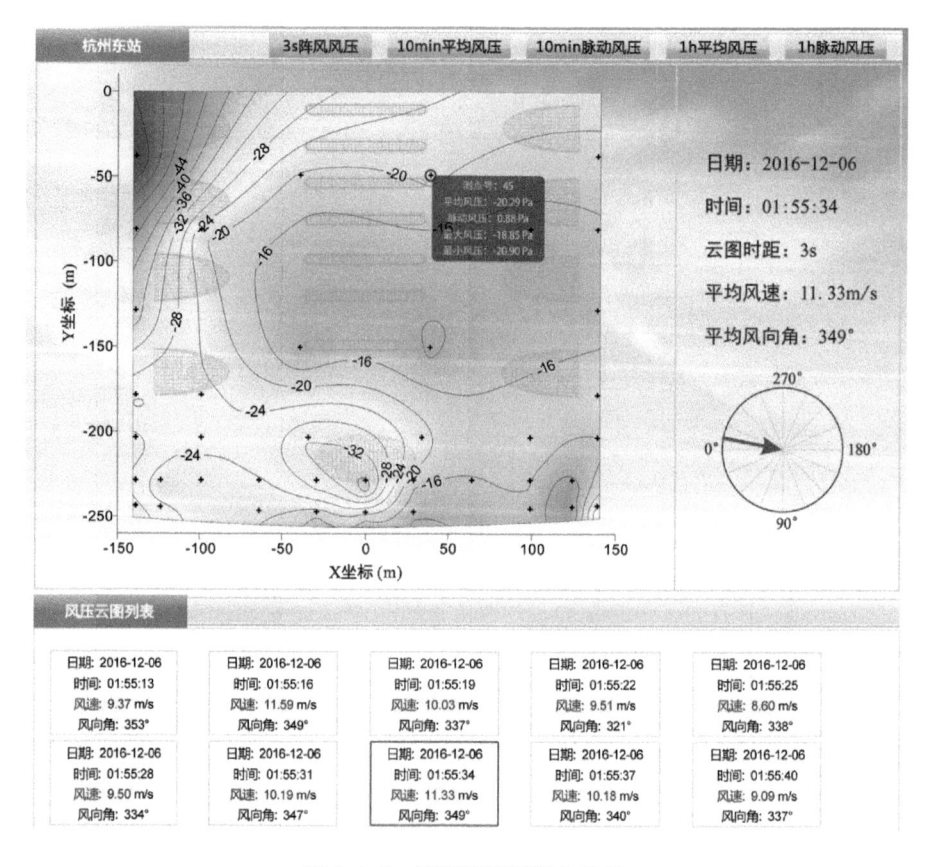

图 6.4.7　风压云图可视化结果

1. 案例一：成功警报了某工程大雪与低温引起的杆件破坏事故

2018年1月25日，某工程的测点41-2采集的应变值由$-1.9\mu\varepsilon$突增到$432.9\mu\varepsilon$，还有多个测点出现应变值波动异常的现象，如测点41-1应变值由$-40.6\mu\varepsilon$突增到$-100.3\mu\varepsilon$，测点41-3应变值由$-25.7\mu\varepsilon$突增到$34.6\mu\varepsilon$，测点41-4应变值由$-30.3\mu\varepsilon$突增到$-156.2\mu\varepsilon$，测点42-2应变值由$-15.2\mu\varepsilon$突增到$159.3\mu\varepsilon$，测点42-4应变值由$-9.9\mu\varepsilon$突增到$17.2\mu\varepsilon$，图6.4.8的应力K线图反映了上述各测点在监测值出现突变前后几天的连续变化情况。

(a) 应力测点41-1

(b) 应力应变测点41-4

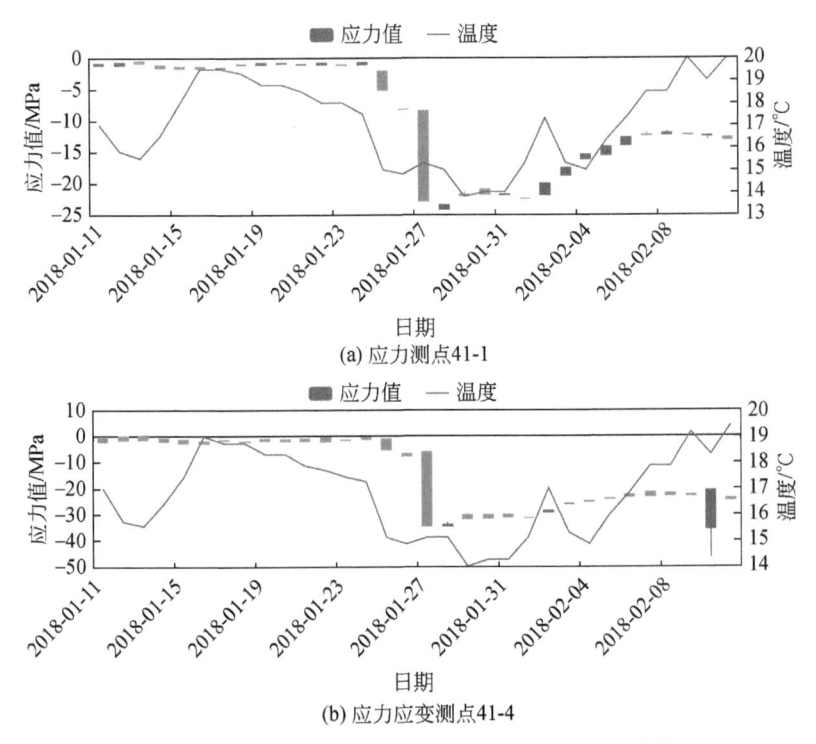

图6.4.8 案例一部分测点监测值突变前后应力变化情况

多个测点在同一时间出现应变监测值波动异常的现象，为了研究这些测点监测数据构成的时间序列是否在统计特征上存在关联性，同时确定测点所在杆件部位是否发生了结构性损伤，以监测数据突变幅度最大的测点41-2为待诊测点进行灰色关联分析。由确定监测点应变预警类型的阈值条件可知，$x_0=432.9\geqslant\mu_0+1.96\sigma_0=20.54$，即测点41-2在该时刻的实时应变监测值已经超出了该测点历史应变时间序列的95%置信区间，考察测点41-2周边的其余25个测点，与其应变时间序列关联度γ_i达到0.55以上的测点监测值，发现符合关联度条件的22个测点中有 14 个测点的实时应变也出现 $x_i \geqslant \mu_i + \sigma_i$ 的异常波动情况。据此判断,监测区域有杆件出现了结构性损伤,从而导致实时应变监测值发生大幅度突变,提出预警。通过对该案例的分析可以发现,基于监测数据关联性的应变预警方法能够判断监测数据出现异常波动情况的原因,并对监测对象是否出现结构性损伤做出合理分析。

2. 案例二:成功警报了施工过程中支撑千斤顶掉落的意外

2013 年 4 月 30 日 17 时左右,北区跨中千斤顶掉落,掉落前后主要测点应力变化值如图 6.4.9 所示。掉落前后弦杆增幅尤为明显,尤其西区跨中支撑架支撑的

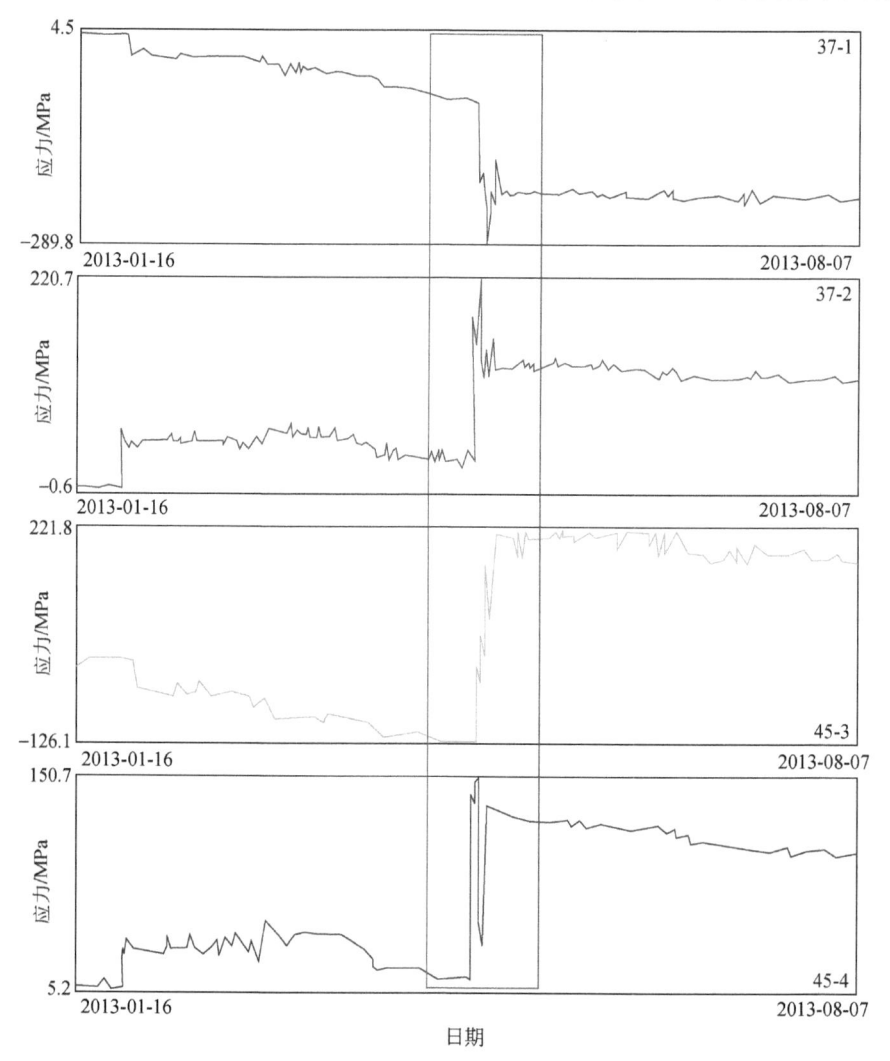

图 6.4.9 案例二部分测点监测值突变前后应力变化情况

两根下弦杆测点,共计四个传感器,测点 37-1 应力变化值为－102.6MPa,测点 37-2 应力变化值为 147.2MPa,测点 45-3 应力变化值为 110.8MPa,测点 45-4 应力变化值为 125.4MPa。

3. 案例三:成功警报了某工程关键构件现场焊接工艺处置不当事件

2017 年 5 月 27 日接到警报信息,原因是工人在凌晨对缺陷构件进行切割和焊接修复,产生 73MPa 的应力突变(图 6.4.10)。通过监控与预警平台及时发现了隐患,为改进焊接工艺提供了借鉴。

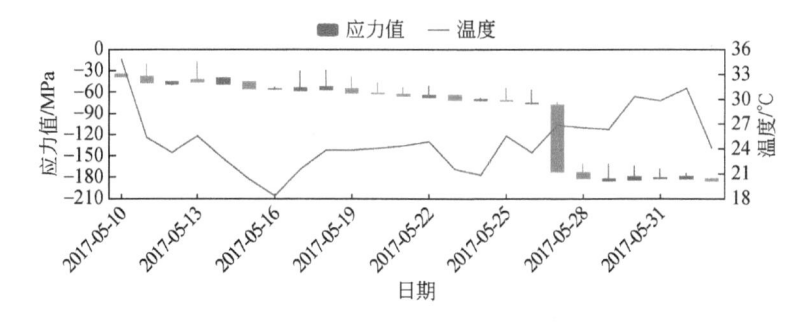

图 6.4.10 案例三应变测点 51-4 监测值突变前后应力变化情况

6.5 空间结构监测云平台

6.5.1 监测云设计目标

为了达到健康监测物联网应用层概念设计中的指导要求,实现对监测数据的后处理应用及可视化设计,以满足各类用户对健康监测数据分析和管理的不同需求,对于健康监测物联网应用层进行系统性设计和开发,并命名为空间结构监测云,设计具体目标包含以下部分。

(1) 从网络层自主获取实时采集的监测数据,利用流计算消除异常和噪声,使用分布式文件系统进行数据存储,建立结构的健康档案。

(2) 设计 K 线、动态列表、动态曲线等标准可视化形式,实时展示应变、加速度等结构性能参数,温度、风速等外界环境参数以及承载度、乖离率等技术指标,根据 6.4 节确定的人机交互体系模式,将交互和展示内容分别部署于网页端和客户端。

(3) 搭建监测数据后处理功能模块,提供数据完整度查询、异常数据统计、生成月季度监测报告等应用,同时逐步建立健康评估、损伤诊断等结构分析功能,使用户既可以掌握物联网系统的工作状况,也能及时感知结构或构件的灾变。

（4）提供界面友好的后台信息管理入口，使管理员可以对数据库中的异常信息进行人工筛查和修正。

（5）出于监测数据的保密需要，对监测云中各个工程的数据库设置物理隔离，赋予每个用户不同的访问权限，实现监测云内各信息模块针对不同权限用户的差异化响应。

6.5.2 监测云体系架构

空间结构监测云的中央控制系统设立在"云端"，其实质是由虚拟化资源建成的空间结构健康监测专家系统。系统中存放着从网络层传递而来的消除冗余和噪声后的监测数据、各个后处理应用模块封装的推理计算程序，以及空间结构规范知识。监测云在普通专家系统的基础上，运用分布式文件系统、云操作系统和虚拟化资源池等技术，使数据得以更为高效地存储和后处理。监测云的人机交互接口设计，共设置了可视端和管理端两大类，其中管理端为供管理员进行数据编辑和资料改写的数据后台，而可视端又分为可通过交互操作进行结构数据分析的交互端（前台客户端）和只负责监测数据动态直观呈现的展示端（可视主动画），前者可服务于任何网络覆盖区域的网页访问用户，后者多配套可视化硬件系统形式存在于远程监控大厅及工程现场办公室内。空间结构监测云系统的构成如图6.5.1所示。

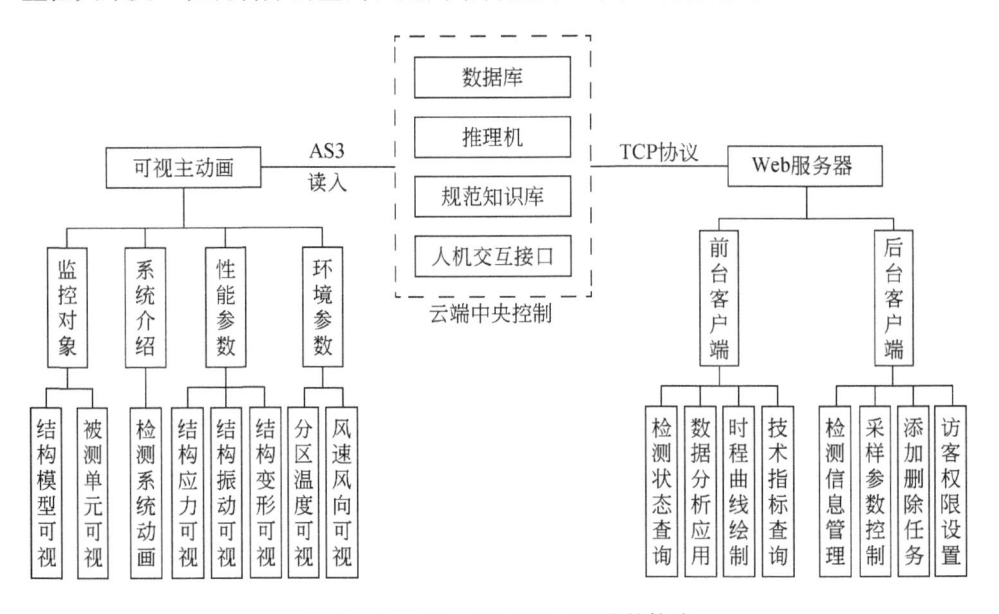

图 6.5.1 空间结构监测云系统的构成

根据设定的设计目标和体系架构，结合空间结构健康监测的任务及特点，对监控系统进行技术架构和功能开发。

远程大屏幕信息展示端由可视化硬件和软件组成。硬件的工作流程可以描述为通过可视化控制主机与液晶显示大屏幕的高清多媒体接口（high definition multimedia interface，HDMI）连接，可实现可视化动画的播放。软件采用 HTML5 网页程序，读取可视化动画的播放内容和流程文件，进而循环播放各个可视化模块，达到终端显示和播放控制的目的。可视化动画并不是一个单独的静态影片，第一部分为监测系统的内容和原理技术；第二部分通过应用编程接口（application programming interface，API）从监测云数据库中动态读入可视化所需的监测数据，在屏幕上以图表曲线、信息云图等形式动态地更新与显示，主要包括结构参数可视化、环境参数可视化和结构状态可视化等模块。

监测系统介绍的动画模块主要描绘了监测系统的监测内容、数据采集和数据传输方式等，反映了监测系统的内容与原理。由于监测系统的监测内容、数据采集和数据传输方式等基本固定，为静态的动画影片，更新频率较低。系统介绍的动画如图 6.5.2 所示。

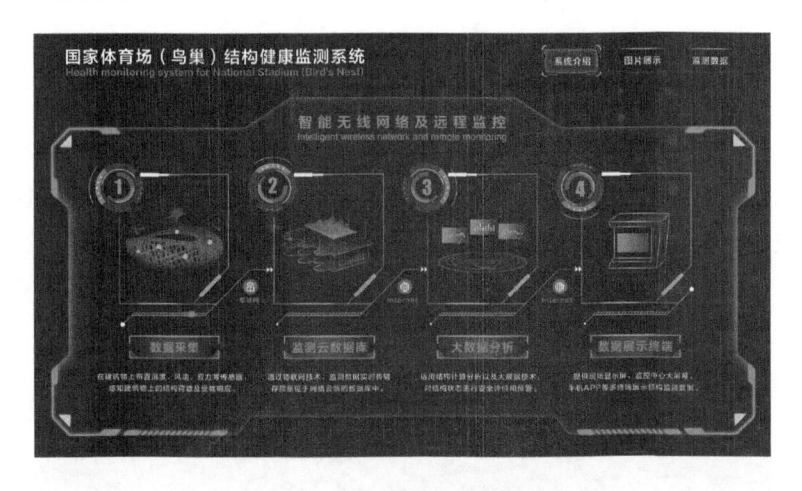

图 6.5.2　监测系统介绍模块

监测数据可视化是指运用图形图像反映结构的监测数据，包括应力应变、振动、挠度等结构参数和温度、风速风压等环境参数。采用 HTML5 网页程序和 API 从数据库中动态地获取监测数据，绘制监测参数的时程曲线、结构状态图形和其他信息云图等。因为结构参数和环境参数随时间变化，所以尽可能地及时更新监测数据。结构监测数据的可视化模块包括构件应变模块、分区温度模块、结构振动模块、挠度变化模块等，各个可视化模块之间相互独立。

应变显示模块有动态曲线显示和动态列表显示两种模式，前者以随机方式提取两个应变监测点，动态绘制最近更新的应变数据，并在结构模型中显示相对应的位置信息和数据信息；后者以动态滚动的列表展示最新采集的应变综合信息，包括采集时间、测点编号、应力数值等。应变动态可视模块如图 6.5.3 所示。

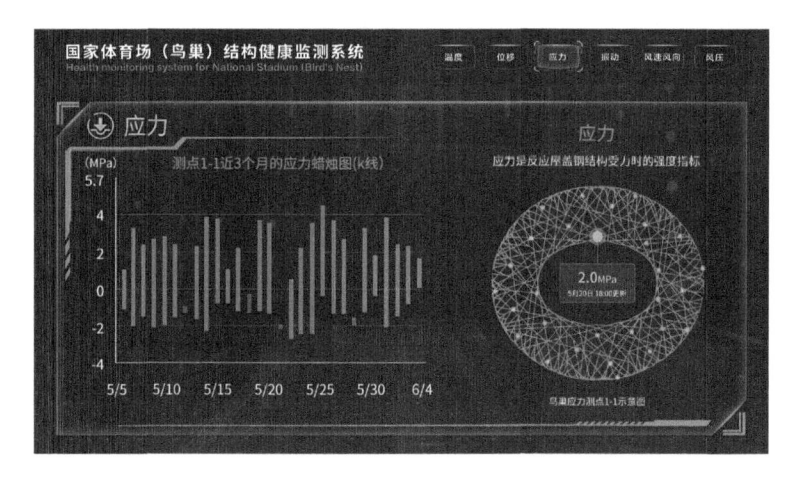

图 6.5.3　应变动态可视模块

分区温度可视模块以文字描述的方式显示各个测区的最新温度和 24h 内的温度极值。结构往往具有自身体系复杂、所处环境多变等特点，造成结构钢结构表面产生不均匀的温度场，使得各个分区温度不尽相同。本模块选取每个分区的温度代表测点，对分区温度进行可视，如图 6.5.4 所示。

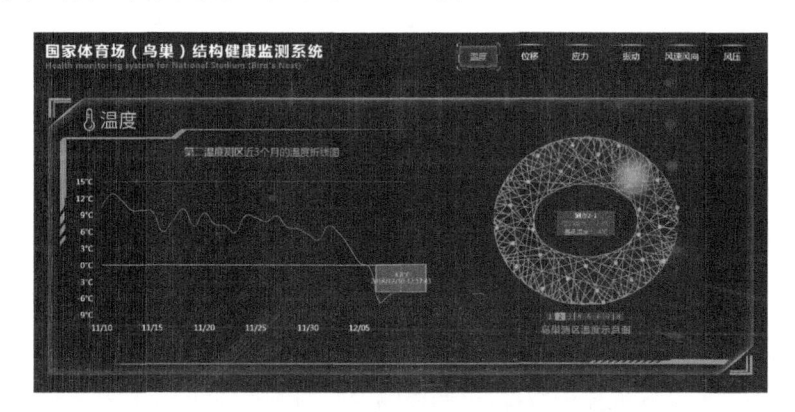

图 6.5.4　分区温度可视模块

位移可视模块采用曲线动态变化来描述各个位移测点的历史变化数据，如图 6.5.5 所示。

振动可视模块反映了结构各个侧区的振动变化，以曲线加文本的方式描述各

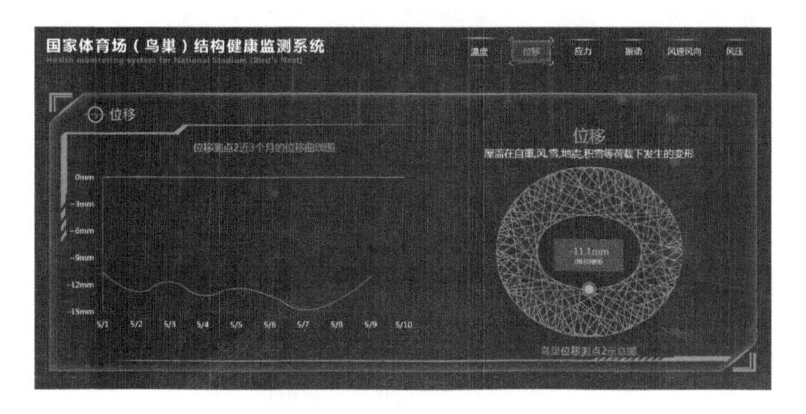

图 6.5.5 位移可视模块

个测点的加速度,如图 6.5.6 所示。

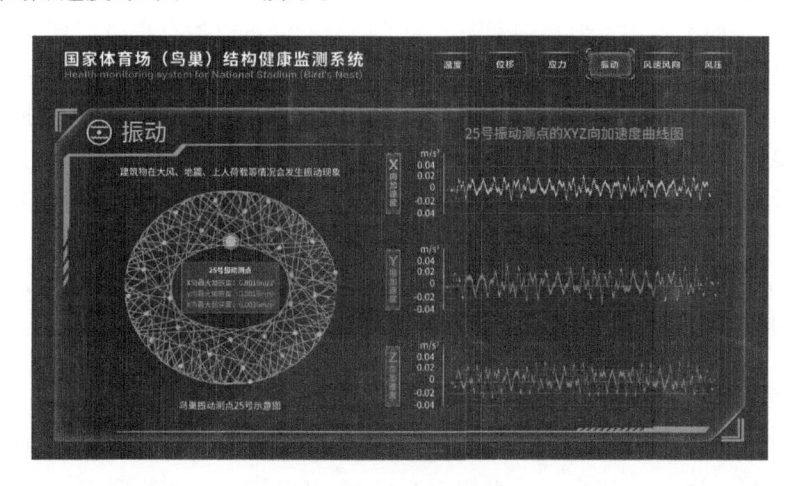

图 6.5.6 振动可视模块

监测结构状态可视化为基于上述监测数据,根据结构健康评估计算方法得出结构所处的健康状态,并在动画(Flash)界面中予以显示,如图 6.5.7 所示。

6.5.3 监测云技术实现

根据上述监测云的设计目标和体系架构,结合空间结构健康监测的任务及特点,对监测云进行技术架构和功能开发。

1. 云端基础设施的建立

监测云平台的研发基于阿里巴巴集团旗下的公共开放云计算平台阿里云,业

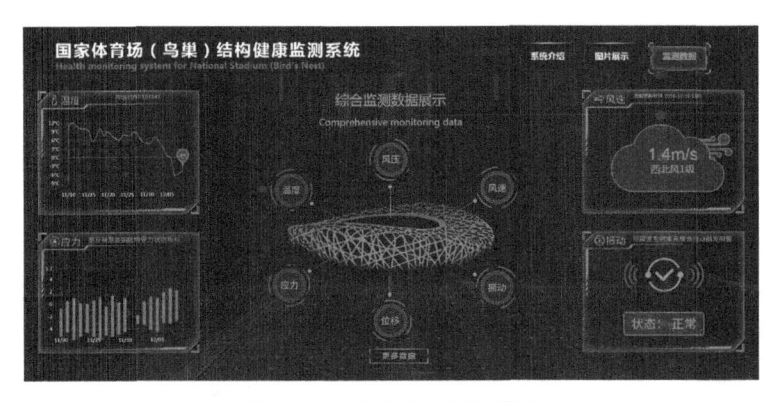

图 6.5.7 结构状态可视模块

务搭载于阿里云精英电脑(elitegroup computer systems,ECS)云服务器,使用块存储,配合节点负载均衡(server load balance,SLB),可以在遇到访问峰值时自主集合资源池,而不占用本地物理资源。为了使监测云可以拥有超级计算能力,选择阿里云提供的批量计算服务(batch computer,BC)。每一个特定的计算需求在 BC 中都被描述为一个作业,每个作业由一组任务及其依赖关系组成,任务之间的数据交换需要通过对象存储系统(object storage system,OSS)进行,而每个任务可以有多个执行实例,实例是 BC 调度执行的最小单元,能够动态运行在分布式系统的各节点上,用户可以通过 BC 管理控制台或软件开发工具包(software development kit,SDK)提交、管理和查询作业。因此,BC 支持海量任务并发规模、资源管理、作业调度和数据加载,监测云数据分析在 BC 的运行模式如图 6.5.8 所示。

2. 基于网页的客户端开发

前台和后台客户端用 C#语言编制,均为用户提供了基于 B/S 结构体系的网络前端界面。在前台,用户通过在线交互操作,可以阅览监测物联网系统的介绍,了解监测传感器的布置原理;针对自身权限范围内的特定工程,可以点击查询当前和过往的实测数据,也能执行指定的数据分析和应用。

需要展示的监测参数包含应力应变、温度、加速度、位移、风压等实测参数,以及承载度、异常度、乖离率等技术指标。在可视化设计中,应力应变数据采用前面所述的蜡烛图,其余参数均用普通曲线绘制呈现。实测参数在基于蜡烛图和曲线进行展示的同时,均生成数据列表可供在线查阅和下载。为了使用户能够实时掌握监测系统的工作状况,及时感知结构的当前状态,监测云提供了众多数据分析应用的功能,包含结构健康评估、异常值识别、序列相关性分析、数据完整度检验、监测报告自动生成和检修维护记录。图 6.5.9 为应力测点蜡烛图显示效果,图 6.5.10 为异动度技术指标的显示效果。

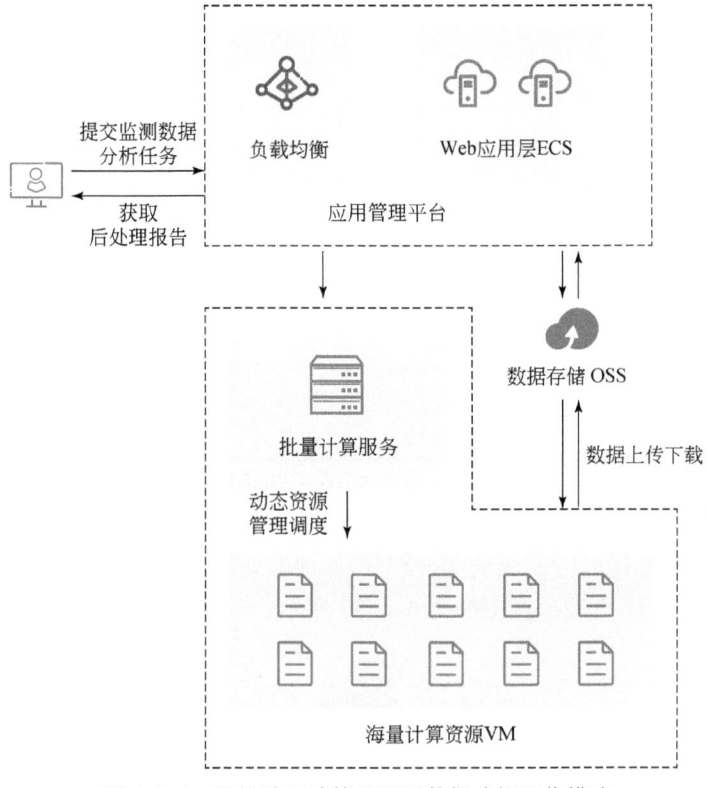

第 6 章　空间结构健康监测物联网技术　　　　　　　　　　• 327 •

图 6.5.8　批量处理计算机监测数据分析工作模式

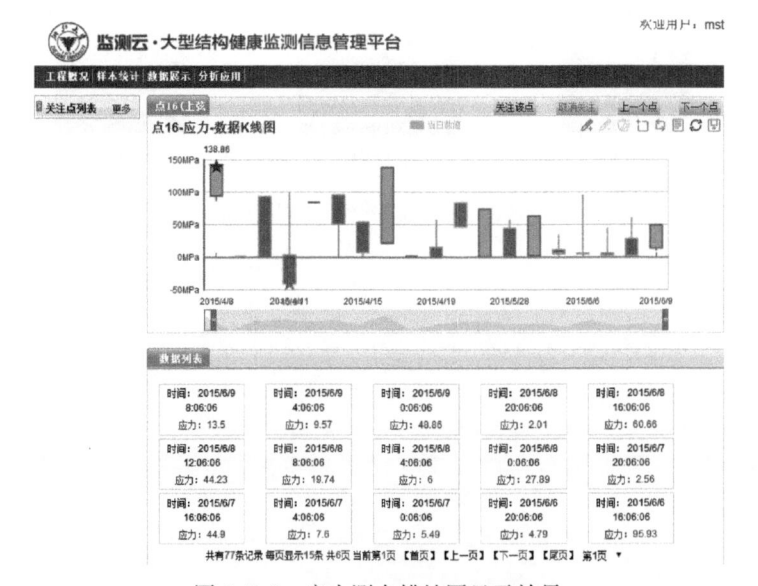

图 6.5.9　应力测点蜡烛图显示效果

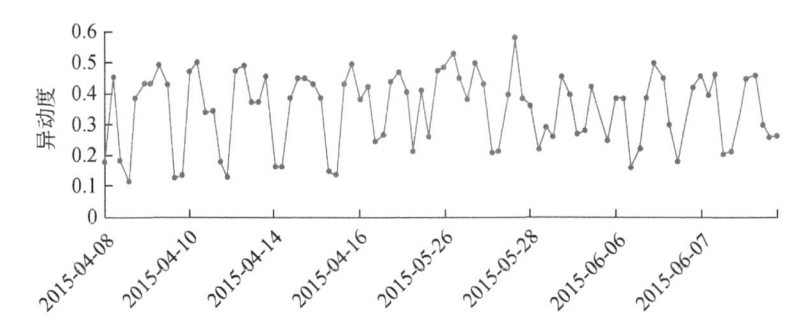

图 6.5.10　异动度技术指标的显示效果(测点 2)

综上所述,先后完成了云端基础设施的建设,以及基于网页的交互和管理前端开发,以及可视播放端的数据互通,至此实现了健康监测云的完整设计。用户可以通过不同的端口登录访问具有权限的监测工程,浏览结构的健康档案,获取结构目前的健康状况,掌握监测系统的运转现状,必要时对数据库内的各项监测参数进行修改或者编辑。用户端示意图如图 6.5.11 所示。

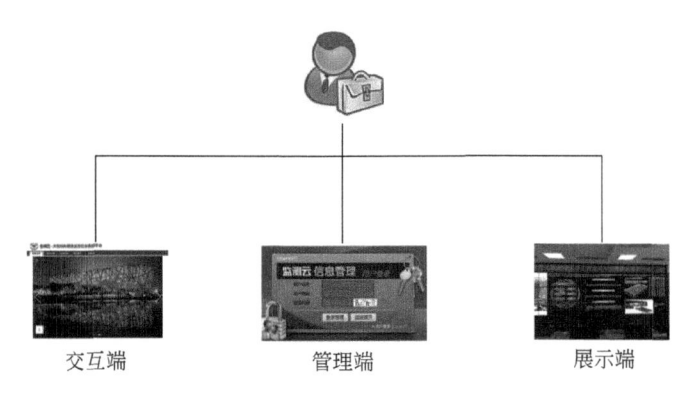

图 6.5.11　监控系统各用户端

第 7 章 国家体育场监测

7.1 工程概况

7.1.1 工程简介

国家体育场"鸟巢",位于北京奥林匹克公园内,占地面积20.4万 m^2,于2003年12月动土,2004年3月正式开工,2008年6月28日竣工。整个体育场由一系列辐射式门式钢桁架围绕碗状座席区旋转而成,结构组件相互支撑,形成网格状的架构,外观如树枝编织成的鸟巢,场内观众座席约91000个,其中临时座席11000个。国家体育场是北京市的标志性建筑(图7.1.1),为2008年北京奥运会、2022年北京冬奥会的开闭幕式举办地,亦举办过多项世界级及国家级文化体育盛事。2007年被美国《时代》杂志评为世界十大建筑奇迹,2014年入选文化部"中国当代十大建筑",国家体育场是全球第一个"双奥体育场"。

图 7.1.1 国家体育场

7.1.2 结构体系组成

国家体育场结构主要由巨大的门式钢架交叉旋转编织而成,建筑顶面呈马鞍形,长轴方向最大尺寸为332.3m,短轴方向最大尺寸为296.4m,最高点高度为68.5m,最低点高度为40.1m,屋盖中间开洞长度为185.3m,宽度为127.5m。大跨度屋盖支撑在24根桁架柱之上,柱距为38.0m(图7.1.2和图7.1.3)。大跨度屋盖结构采用交叉平面桁架体系,24榀主桁架围绕屋盖洞口环梁放射形布置,顶面、立面次结构与主结构交叉布置,形成结构的抗侧力体系。钢结构采用大量由钢板焊接而成的箱形构件,构件截面尺寸巨大,存在大量空间弯扭构件。厚钢板选用国产Q345钢材,在桁架柱内柱受力最大的部位采用了高强度的Q460钢材,最大厚度达110mm。

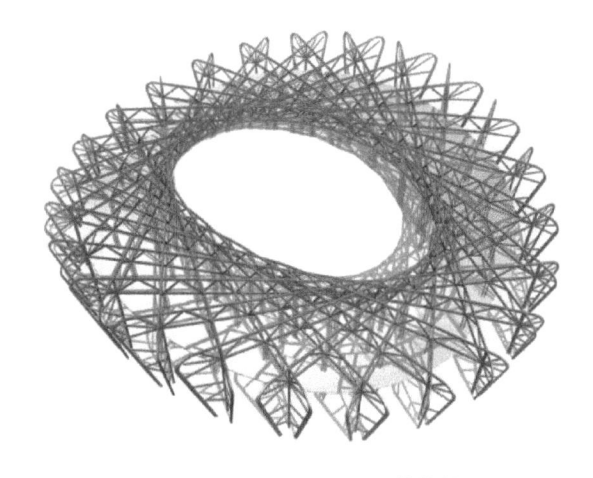

图7.1.2 国家体育场主体结构

图7.1.3 国家体育场结构局部立面

7.2 监测内容

国家体育场属于重要的大型公用建筑,结构体系新颖、跨度大、受力复杂,大量采用新技术、新材料和新工艺,在很多方面超出国内乃至国际现行建筑结构相关规范的范畴,在设计、施工上具有很强的创新性和挑战性。同时,国家体育场重视观众与运动员的舒适性设计、室内微环境的设计、观众席的观看效果设计、室内音响效果设计,体现了人文奥运的理念。为了在国家体育场的整个生命周期贯彻科技与人文理念,延续国家体育场的创新思想,迎接结构使用维护阶段可能出现的崭新挑战,提高建筑的舒适度与安全性,需要对国家体育场进行使用阶段长期而全面的监测。

国家体育场的钢结构采用独特的"鸟巢"体系,主桁架跨度大,构件存在空间扭转、连接关系与传力路径复杂、实际工况的复杂性以及近年来频繁出现的极端雨雪天气状况导致很难通过数值分析方法来评价这一新型结构体系的实际应力与变形状态,因此必须借助先进可靠的实时监测设备。北京地区属典型的温带季风气候,气温、风向与风速随季节变化很大。国家体育场屋架上、下弦膜材之间的空气流动性较差,屋架内部温度明显高于室外气温,容易形成"温箱"效应。另外,结构在迎光面与背光面的温差,以及屋面、立面钢构件的温差将形成梯度较大的温度场分布。由于国家体育场大跨度钢结构的平面尺度很大,温度变化将在结构中引起很大的内力和变形,对结构的安全性产生显著的影响,这在建筑结构中很少遇见。此外,国家体育场结构体形的不规则性以及软性膜材的采用,增加了风荷载的不确定性。在进行其结构设计时,对温度场进行了充分的考虑,同时也进行了刚性模型的风洞试验,但是不可避免地采用了一些理想化的假定,因此有必要通过现场长期的监测,更加全面、准确地了解结构在真实温度场与风场下的反应,从而保障结构的安全性。

综上所述,国家体育场的结构监测主要包括以下内容。

(1) 对钢结构关键部位的应力应变进行监测,主要包括主桁架柱脚、跨中、拐角部位等,掌握结构的应力应变变化状态,分析结构应力与荷载及使用状态的相关性。

(2) 对钢结构关键部位的温度进行监测,掌握结构所处的温度环境,分析结构内力、变形与温度的相关性。

(3) 对钢结构关键部位的加速度进行监测,掌握该部位的振动情况,分析不同外界激励下钢结构的振动特性。

(4) 对三层看台的振动加速度进行监测,掌握看台的振动情况,分析人群活动与看台的相互作用,提高看台的舒适度。

(5) 对钢结构檐口悬挑部位的位移挠度进行监测,掌握结构在不同工况下的结构变形特性,分析结构变形与特定荷载及其他外界因素的相关性。

(6) 对建筑表面的风速、风向进行监测,掌握建筑所处的风场环境,为分析风场对结构的影响提供原始数据。

国家体育场各监测内容的测点安装情况如图 7.2.1 所示。

(a) 应力应变测点一　(b) 应力应变测点二　(c) 应力应变测点三　(d) 应力应变测点四

(e) 振动测点　(f) 位移测点　(g) 风荷载测点

图 7.2.1　国家体育场各监测内容的测点安装示意图

7.3　测 点 布 置

根据结构的静力、动力计算结果,确定既定数目传感器的最终布设方案。其中,比较重要的测试内容为应力应变、加速度、温度、振动、檐口挠度、风压与风速风向等,各类测点数量见表 7.3.1。主结构测点布置如图 7.3.1 所示。

表 7.3.1　国家体育场主结构测点数量统计表

监测内容	监测部位	监测方法	数量	总计
刚性构件应力应变	钢结构	无线应力应变传感器	400	
檐口挠度	钢结构	无线位移传感器	12	
加速度	钢结构	无线加速度传感器	16	844
温度	钢结构	无线温度传感器	400	
风压	钢结构	无线风压传感器	12	
风速风向	屋盖结构	无线风速风向传感器	4	

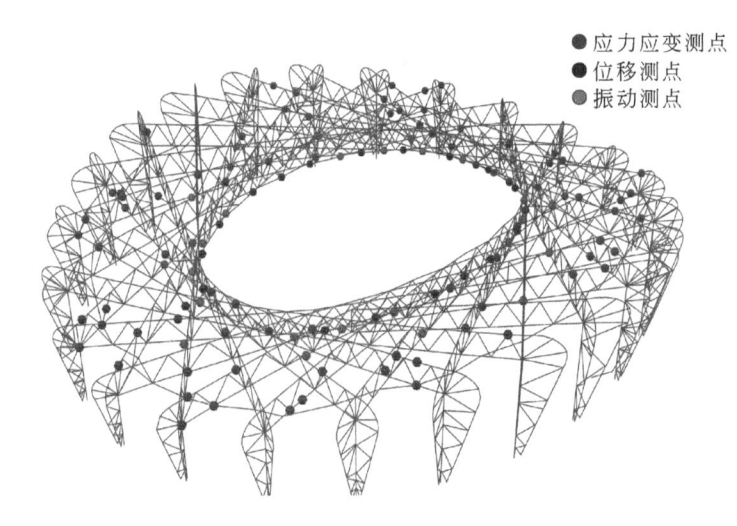

图 7.3.1　国家体育场主结构测点布置

7.4　监测系统

7.4.1　无线传感网络

国家体育场采用无线组网及远程的监控模式,有效避免了大量布线可能造成的现场维护难度增大及系统不稳定性增强。无线监控网络系统的整体运行过程可简单描述为:各类监测测点之间形成智能网络,将采集到的数据通过接力点(路由节点)最终传输到基站节点,然后由基站节点经通用串行总线(universal serial bus,USB)或串口传输给现场服务器;现场服务器通过第三代移动通信技术(third generation mobile communication technology,3G)无线网络接入互联网(现已升级为第四代移动通信技术(fourth generation mobile communication technology, 4G)),任何终端设备只要连接到互联网就可以实现与现场服务器的数据交换,对采集到的数据进行显示、分析和管理,从而远程监控现场的监测情况,整体过程如图 7.4.1所示。现场无线组网节点安装效果如图 7.4.2所示。

7.4.2　数据处理平台

由于测点数量众多,采集频繁,经过长期积累,将会形成海量数据,再加上各类数据处理结果,数据总量成倍增加。在对结构进行评估时,必然要从如此庞大的数据库中调用所需要的那部分数据,这就要求建立强大的数据查询机制,利用关键数

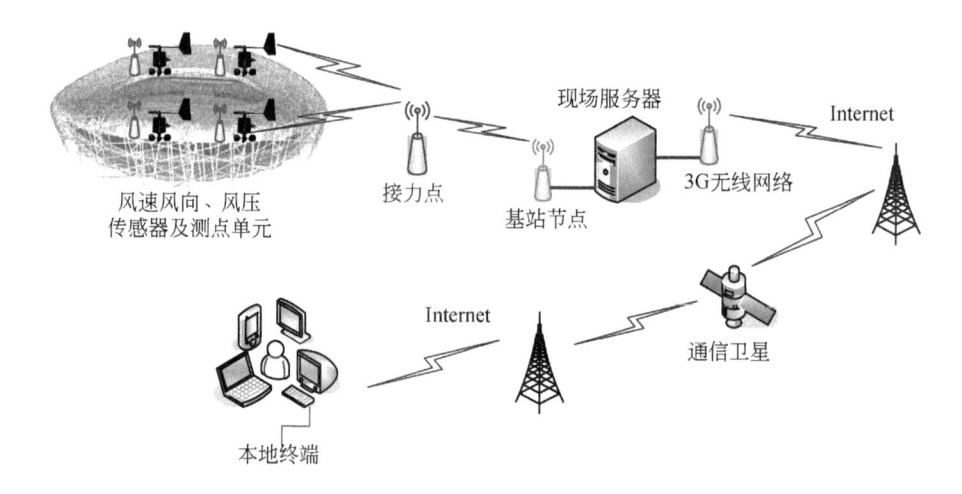

图 7.4.1 国家体育场无线网络及远程监控系统示意图

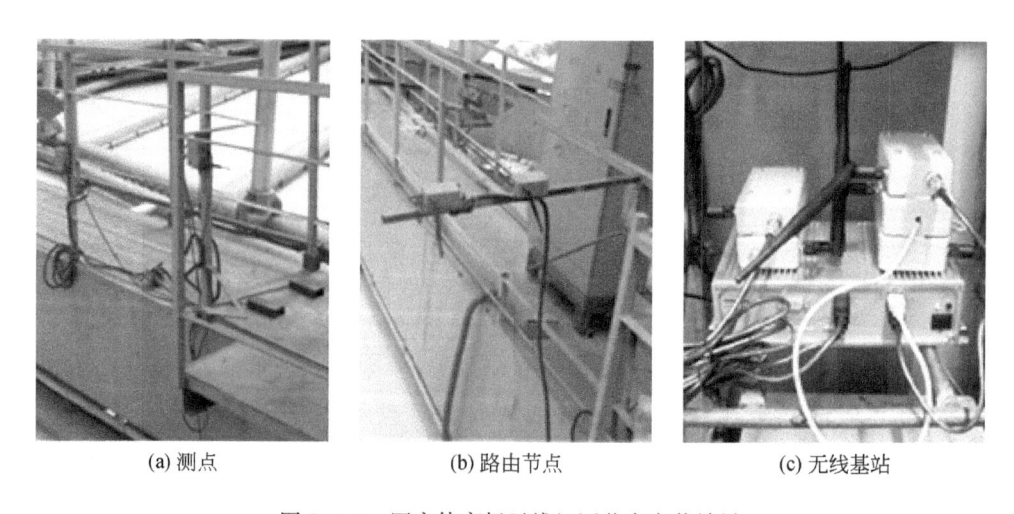

(a) 测点　　(b) 路由节点　　(c) 无线基站

图 7.4.2 国家体育场无线组网节点安装效果

据挖掘技术,方便用户从数据库中快捷地获得所需信息。数据查询机制具有如下特点。

(1) 用户可以自定义条件,系统根据条件从数据库中搜索出符合条件的数据,例如,可搜索指定测点编号在指定起止日期内采集的数据。

(2) 可以在搜索数据的同时对其中指定的部分按需进行处理,直接将处理完成的结果显示给用户,例如,可直接从原始的加速度或风速数据中求得概率密度分布进行显示。

(3) 可对数据进行排序,排序的依据以及排序的方式均可由用户定义。这一功能可与上述两点相结合,在数据查询时指定查询结果按预先定义的方式进行排序,这使得用户可以完成一系列复杂的数据查询。例如,可对所有应力应变测点按指定时期内各自测得的最大应力进行排序,从而找到该时期内所有被测部位中出现的最大应力以及相应的监测位置。

(4) 在查询结果中可继续进行进一步细化的查询,这样的机制使得用户可以对数据进行层层筛选,最终获得所需的关键信息。

(5) 拥有简洁的操作界面,查询方便快捷;查询结果不仅可以列表形式显示详细数据,而且可以图表等直观形象的形式显示。

可视化操作系统实现了简洁的操作界面和直观形象的结果显示,例如,它可以实现以下几个常用的功能。

(1) 历史曲线查询。以应变曲线和温度曲线的查询(图7.4.3)为例,在操作界面中填写测点号以及起止日期,还可指定采集的时段,只显示在指定时段采得的数据,程序可绘制出相应的曲线图。位移、应力的历史曲线查询与之类似,在此不再赘述。

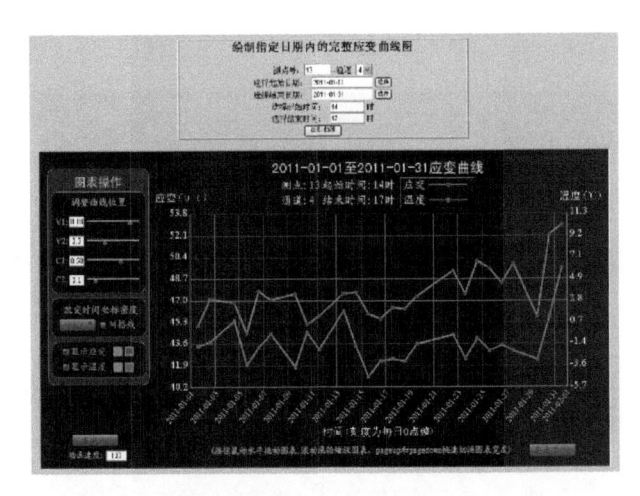

图 7.4.3　国家体育场应变与温度历史曲线查询界面

(2) 参数可视化显示。根据需要,用户可以获得参数查询结果的列表详单形式,为了对各数据参数获得更直观的了解,可令数据以柱形图等形式显示。图7.4.4为各应变测点最大值的柱形图显示。

(3) 按条件筛选测点。用户可按指定的条件对测点进行筛选,从而得到所需的关键信息。图7.4.5以2011年1月数据的样本标准差小于5为条件,对应变测点进行筛选,得到所需结果。

(4) 数据彩色云图显示。为了反映结构状态在空间上的变化,用不同颜色在

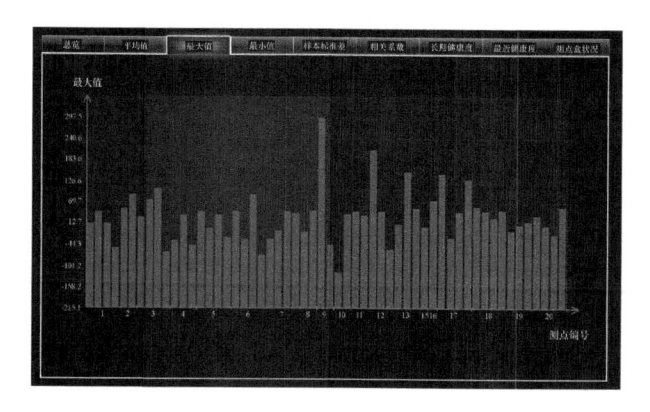

图 7.4.4　国家体育场各应变测点最大值的柱形图

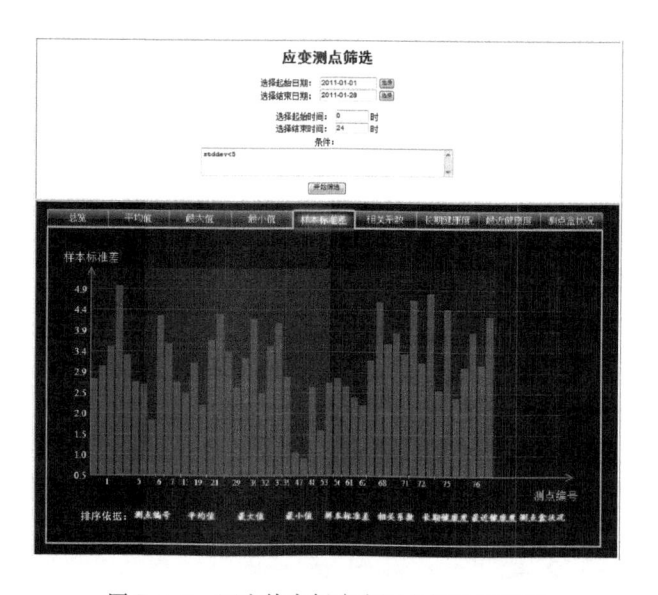

图 7.4.5　国家体育场应变测点筛选示意图

结构上标示各测点相关数据大小是一种比较形象的表示法,类似于结构分析软件中的结构状态云图的概念。图 7.4.6 为由钢结构各温度测点在 2011 年 11 月 24 日上午 8 点测得数据所形成的云图。

7.4.3　现场互动展示平台

根据监测结果,结合奥运科技与人文理念,以通俗、科普的形式,基于实时无线的数据传输技术与计算机数据、图像处理技术,实现各类传感器数据的直观展示功能。展示形式为现场液晶广告屏。展示内容包括结构模型与被测单元展示、监测

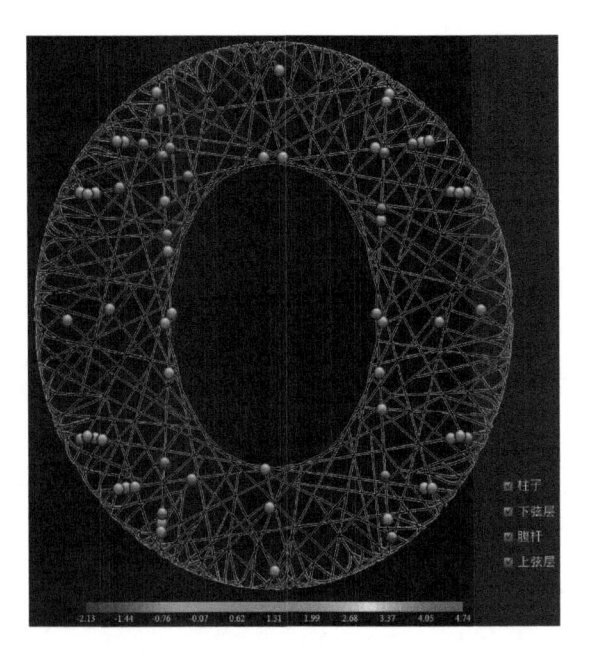

图 7.4.6　国家体育场钢结构温度数据云图(2011 年 11 月 24 日上午 8 点)

系统动画介绍、结构参数展示、结构状态展示、体育场现场环境展示、人文主题展示等内容,具体如图 7.4.7 和图 7.4.8 所示。

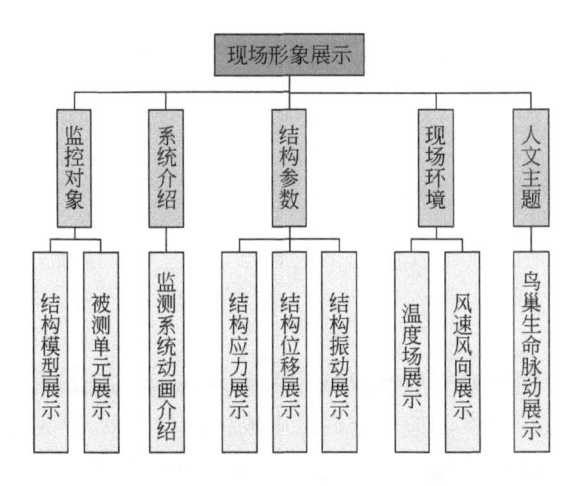

图 7.4.7　国家体育场现场展示内容

图 7.4.8　国家体育场现场互动展示平台

7.5　数 据 分 析

7.5.1　数据对称性分析

在"鸟巢"钢结构日常运营过程中,一般不承受局部的较大荷载,构件内力变化主要由温度变化引起。在相对均匀的温度荷载作用下,对称布置的应变测点应该有相近的应变变化。如应变测点 12-1 与 33-2,两个测点都位于下弦构件的上表面,在平面上处于对称位置(图 7.5.1)。选取这两个测点在 2011 年 1 月 1 日至 2011 年 1 月 28 日的应变曲线进行对比,如图 7.5.2 所示,可见两条曲线非常相近。

7.5.2　相邻测点应力变化关系分析

取同时期应变测点 72-1 以及 73-2 的数据,测点所在位置如图 7.5.3 所示,其中 72-1 位于下弦杆的上表面,73-2 位于上弦杆的下表面,这两点位于同一榀主桁架上。

下弦测点 72-1 的应变与温度成负相关关系,应变与温度相关系数为 -0.775(图 7.5.4);上弦测点 73-2 的应变与温度则成正相关关系,应变与温度相关系数为 0.633(图 7.5.5)。也就是说,在温度上升时,上弦杆趋于受拉,而下弦杆趋于受压;并且上弦的伸长量高于下弦,说明桁架趋于整体上升。

7.5.3　悬挑端檐口挠度变化分析

图 7.5.6 所示为 2010 年 9 月 18 日至 2010 年 10 月 4 日位移测点 1 的位移与

温度曲线,该测点位于东侧檐口位置(图 7.5.7),读得的位移值即为檐口向下的挠度。可见其趋势为随着温度升高,挠度减小,也就是檐口上升。

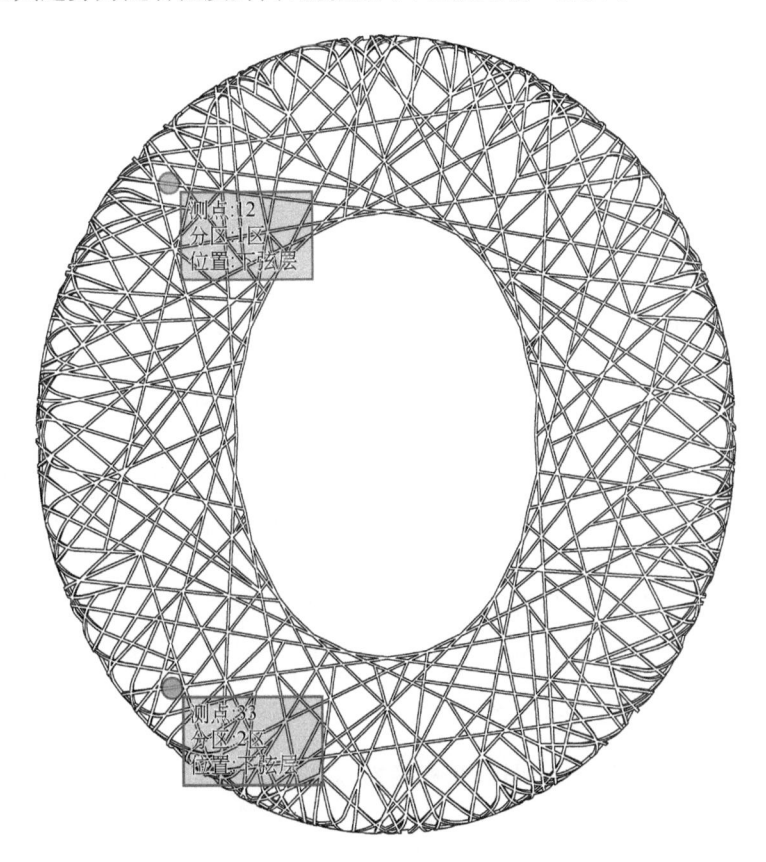

图 7.5.1 国家体育场应变测点 12 与 33 的位置

7.5.4 结构温度场分布规律分析

结构温度分布受到多种因素的影响,最主要的因素为日照强度以及角度的变化。此外,风速、材料涂层等均会对结构热传导产生一定的影响,在实际条件下,结构的温度场往往呈现非均匀状态。采用有限元软件可对结构温度场进行理论计算,而计算过程中对某些因素的考虑往往较为困难,例如:①日照条件下,结构不同部位之间的相互遮挡;②结构内外通风条件的差异;③结构体型影响下的特定风场,由此导致结构表面风速风向的差异性;④结构温度对外部条件进行反应需要一定的时间,而外部条件却是随时间不断变化的。考虑以上种种因素,结构温度场的理论计算并不一定准确,因此有必要对结构温度进行实测,分析其在各种条件下的

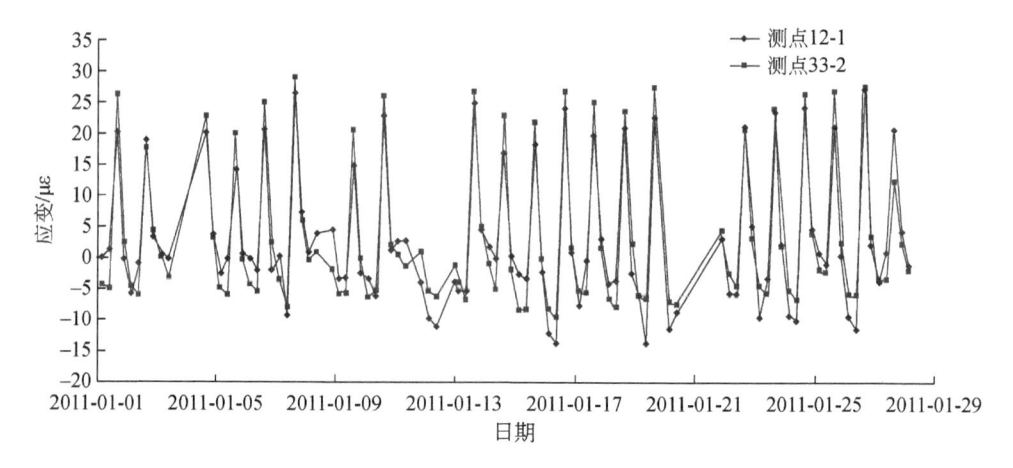

图 7.5.2　国家体育场测点 12-1 与 33-2 的应变曲线对比

分布规律。其中涉及结构温度与当地气温的对比，气温数据均来自北京后海某气象站，该气象站与国家体育场之间的直线距离约 7km。日照的存在是导致结构温度场非均匀性的主要因素，因此对不同日照条件下的结构温度场分别进行讨论，并结合结构温度分布特征来分析通风等其他因素的作用。最后，本节探讨结构温度与随时间变化的外部条件之间的关系。

1. 夏季日照条件下的结构温度场

北京夏季温度较高，正午时段日照强烈，且太阳位置接近结构正上方，日光直射屋面，该条件下结构温度场较好地反映了日照的影响。以 2012 年 7 月 17 日 14 时为例，其小时平均气温为 32.4℃。对结构各部位多个测点的小时平均温度进行统计，其结果如图 7.5.8 所示。其中，温度最高的测点为 24-1，小时平均温度为 42.5℃，该测点为下弦测点；温度最低的测点为 20-1，小时平均温度为 31.4℃，该测点为桁架内柱测点。

图 7.5.8 表明，在夏季日照条件下，多数测点温度与气温有明显差别，温度在结构上的分布较不均匀，测点之间的温差最大达 11.1℃。桁架内柱测点温度普遍较低，接近气温；下弦测点温度差异较大，且普遍高于气温；腹杆温度大多高于气温，但测点之间温差不如下弦杆明显；上弦测点温度普遍较高，比气温高 3~8℃（本节所采用的上弦测点均位于上弦杆下表面）。

除日照作用外，通风等因素在构件温度变化时也有一定的影响，各种因素的综合作用使得上弦、腹杆、下弦、桁架内柱四个部位的温度分布表现出不同的特点。

（1）上弦杆上表面直接接收大量辐射热，故升温幅度较大，测点所在的下表面主要依靠来自上弦杆上表面的热传导升温，推测其上表面温度更高。

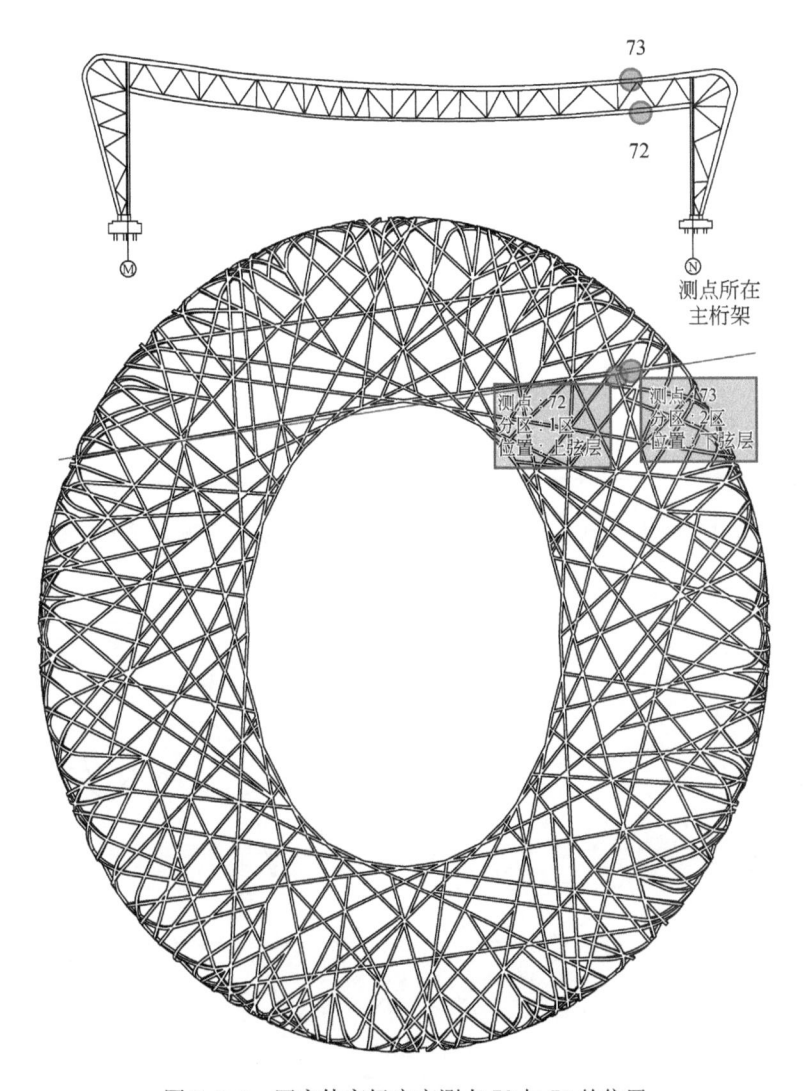

图 7.5.3 国家体育场应变测点 72 与 73 的位置

(2) 国家体育场屋盖上弦所采用的乙烯-四氟乙烯共聚物(ETFE)膜材透光率高达 94%,因此部分下弦杆以及腹杆也能接收较多的太阳辐射;而上下弦膜材之间的空间相对封闭,空气流动性较差,构件热量无法被及时带走,形成"温箱效应",故部分测点可能产生较大的升温幅度。

(3) 部分下弦杆测点受到构件或屋盖内环非透光膜材的遮挡,无法直接接收辐射热,部分测点的温度可能接近周围环境温度。

(4) 桁架内柱因受到建筑外立面的遮挡,亦无法直接接收太阳辐射,且其通风

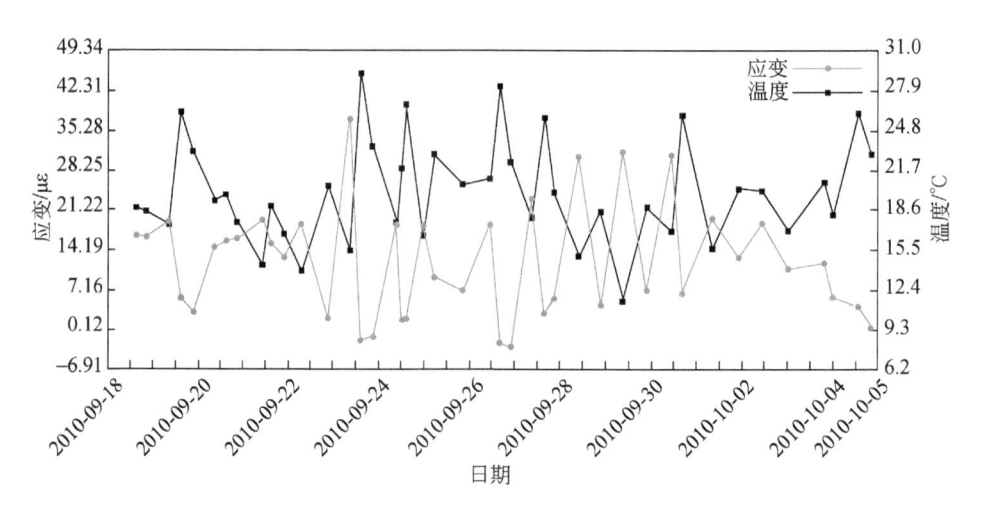

图 7.5.4　2010 年 9 月 18 日至 2010 年 10 月 4 日国家体育场应变测点 72-1 应变与温度曲线

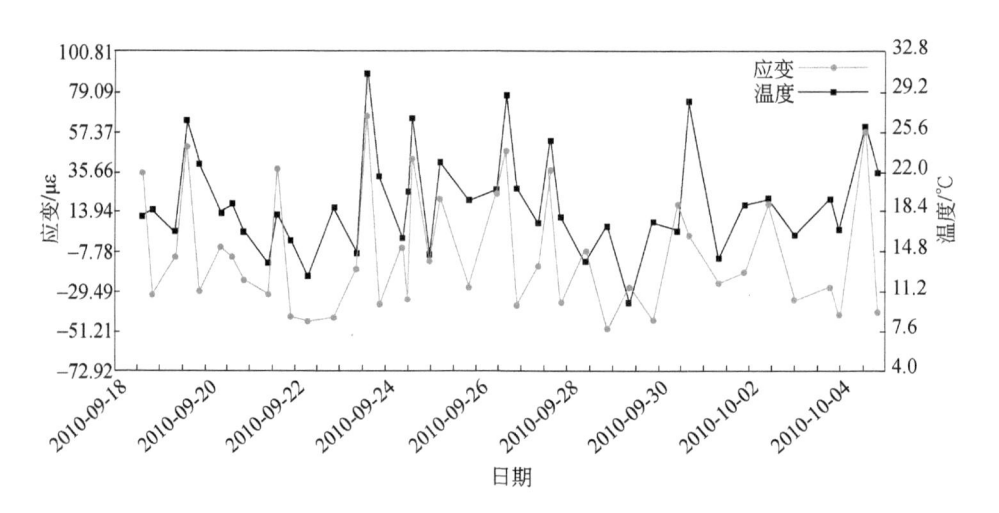

图 7.5.5　2010 年 9 月 18 日至 2010 年 10 月 4 日国家体育场应变测点 73-2 应变与温度曲线

条件良好,故构件温度普遍接近气温。

由上述内容可见,对于类似本工程的大型空间结构,在日照条件下温度分布可能极不均匀。《建筑结构荷载规范》(GB 50009—2012)指出,对于温度敏感的金属结构,在计算温度作用时,应考虑太阳辐射的影响,对结构表面温度予以增大。但实测结果表明,结构不同部位之间温度差异较大,难以采用统一的温升幅度。

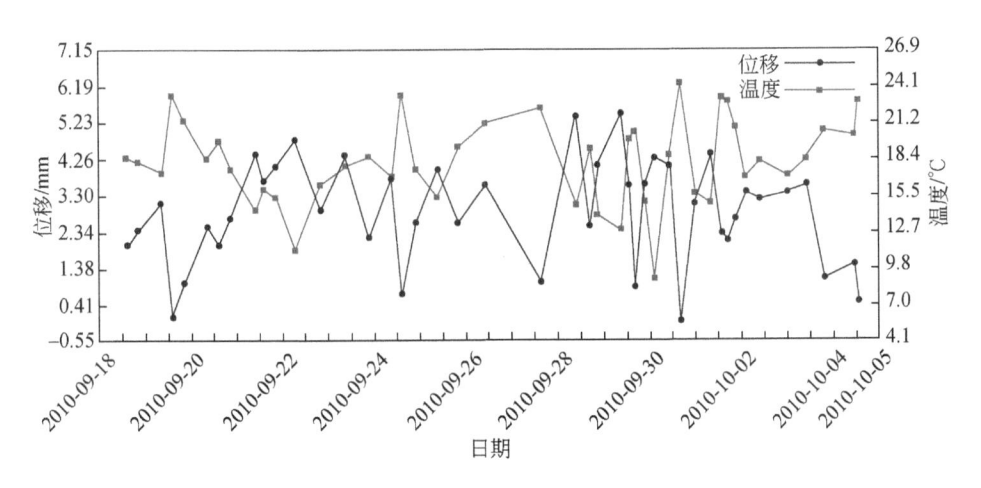

图 7.5.6　2010 年 9 月 18 日至 2010 年 10 月 4 日国家体育场位移测点 1 的位移与温度曲线

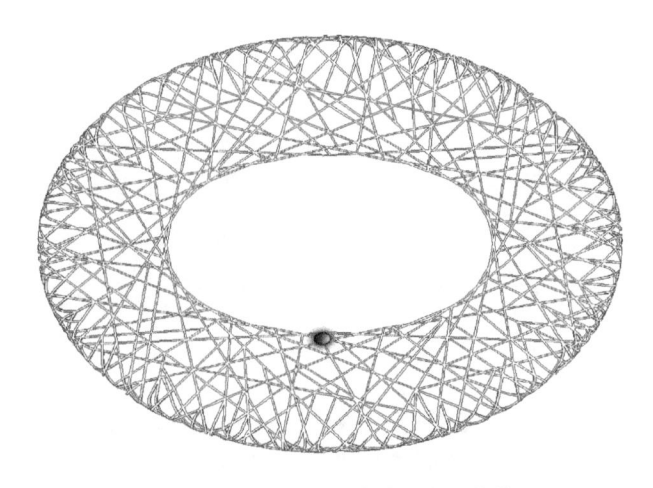

图 7.5.7　国家体育场位移测点 1 的位置

2. 冬季日照条件下的结构温度场

北京冬季正午日照角度明显偏南,日照强度相比夏季也有所减弱,在这种情况下,结构温度分布会有所不同。以 2012 年 1 月 5 日 14 时为例,其小时平均气温为 3.3℃。对结构各部位多个测点的小时平均温度进行统计,其结果如图 7.5.9 所示。其中,温度最高的测点为 62-1,小时平均温度为 7.5℃,该测点为腹杆测点;温度最低的测点为 76-1,小时平均温度为 −3.1℃,该测点为桁架内柱测点。

图 7.5.9 表明,在冬季日照条件下,温度在结构上的分布依然较不均匀,测点

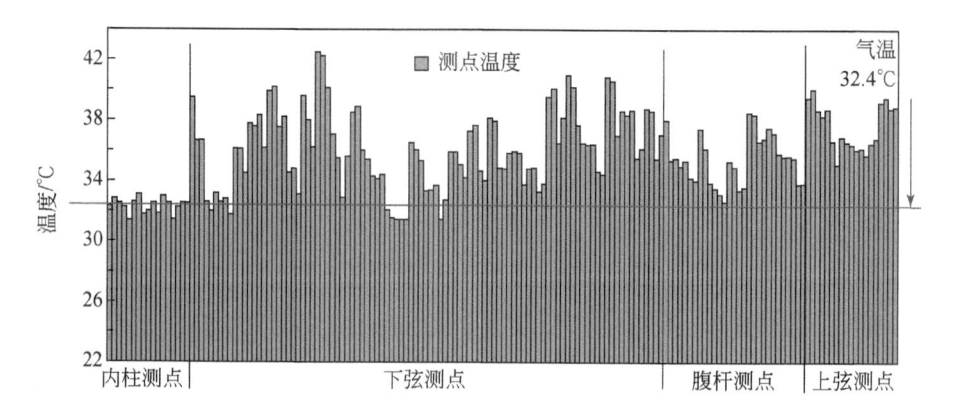

图 7.5.8 国家体育场 2012 年 7 月 17 日 14 时各测点的小时平均温度

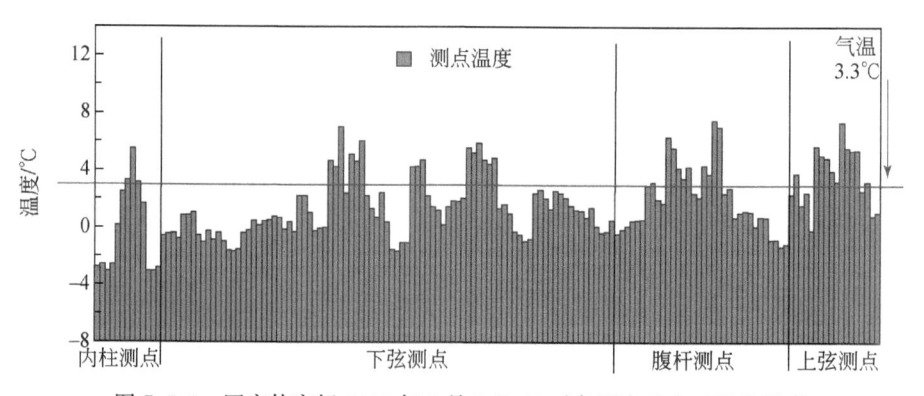

图 7.5.9 国家体育场 2012 年 1 月 5 日 14 时各测点的小时平均温度

之间的最大温差达 10.6℃。若按桁架内柱、下弦、腹杆、上弦四种部位分类,则在测点温度的总体水平上,依然是桁架内柱最低,下弦、腹杆、上弦较高。但是相比夏季日照条件下的结构温度场,有一些明显的区别。

(1) 测点温度普遍低于气温,这是因为钢材对于低温较为敏感,同时日照强度减弱,上弦杆所接收的太阳辐射减弱,上下弦膜材之间空气流通不畅所造成的"温箱效应"也不再显著。

(2) 图 7.5.9 中按桁架内柱、下弦、腹杆、上弦四种部位分类,位于各个分类横轴中间区域的测点偏南,位于各个分类横轴两边区域的测点偏北,可见每类测点中偏南侧的测点温度较高,偏北侧的测点温度较低。这一点在桁架内柱测点中体现得尤为明显,偏南侧的测点温度甚至接近整个结构的最高温度,这是因为冬季日照角度明显偏南,偏南侧的柱子可能受到日光直射,使得南侧柱子温度明显高于北侧柱子温度。而夏季日照来自结构正上方,各个方向的桁架内柱均没有受到日光直射,其温度较为接近。

3. 夏季凌晨的结构温度场

日落以后结构不受日照影响,但日照引起的部分升温幅度较大的部位仍需要一定的时间降温,因此日落后经过若干小时,方能确保排除日照的余留影响。以2012年7月17日0时为例,其小时平均气温为28.5℃。图7.5.10为各测点在0时的小时平均温度,其中温度最高的测点为5-3,小时平均温度为32.6℃,该测点为桁架内柱测点;温度最低的测点为36-1,小时平均温度为28.6℃,该测点为上弦测点。

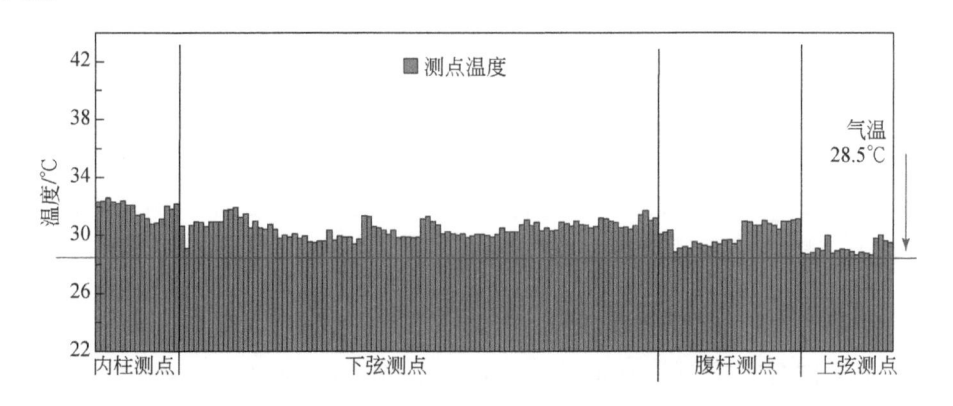

图 7.5.10　国家体育场2012年7月17日0时各测点的小时平均温度

图7.5.10表明,夏季无日照时测点温度与气温较为接近,一般比气温高0～4℃。不同测点温度存在一定差别,但结构温度场整体较为均匀,测点之间最大温差为4.0℃。此时测点温度主要与标高有关,呈现内柱、下弦杆、腹杆、上弦杆依次递减的趋势。其中,上弦杆温度基本与气温相同,但略高于气温。可见无日照时通风条件及风速的差异为结构温度分布的主要影响因素;风速随高度而增大,故上弦杆散热较快,而下部风速低,散热相对慢。而本节所涉及的上弦杆测点均位于构件下表面,在上下弦之间的封闭空腔内,并未直接受到屋盖风场的作用,因此其温度高于外部气温,可推测上弦杆上表面的温度低于下表面温度,接近或低于气温。

4. 冬季凌晨的结构温度场

以2012年1月5日0时为例,其小时平均气温为−2.4℃。图7.5.11为各测点在0时的小时平均温度,其中温度最高的测点为57-4,小时平均温度为0.1℃,该测点为桁架内柱测点;温度最低的测点为65-1,小时平均温度为−3.6℃,该测点为上弦杆测点。

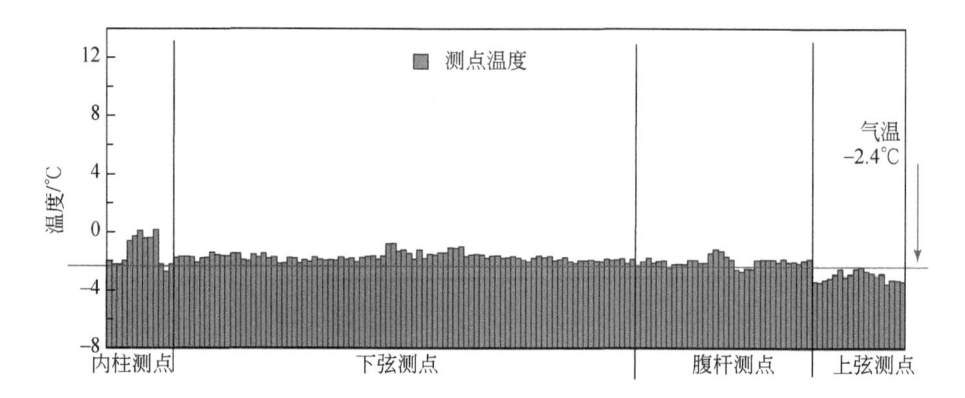

图 7.5.11　国家体育场 2012 年 1 月 5 日 0 时各测点的小时平均温度

图 7.5.11 表明,冬季无日照时,结构温度依然呈现内柱、下弦杆、腹杆、上弦杆依次递减的趋势,这一点与夏季无日照时的情况相似。不同之处在于,夏季无日照时结构温度普遍高于气温,而冬季无日照时结构温度普遍接近气温,其中上弦温度普遍低于气温,说明钢材对于低温较为敏感。

5. 各时段测点之间的最大温差

昼夜不同条件下,结构温度分布有明显的区别,同一时间点上各测点之间的最大温差可以反映该时刻结构温度场的非均匀性。图 7.5.12 为 2012 年 7 月 17 日多个时段不同测点之间的最大温差,温差越大,说明结构温度分布越不均匀。该图表明,10～18 时结构不同部位温差较大,非均匀温度场效应显著。其中,12 时和 14 时结构最大温差均在 10℃以上。其余时段结构温度场相对均匀,但不同测点之间仍存在一定温差。

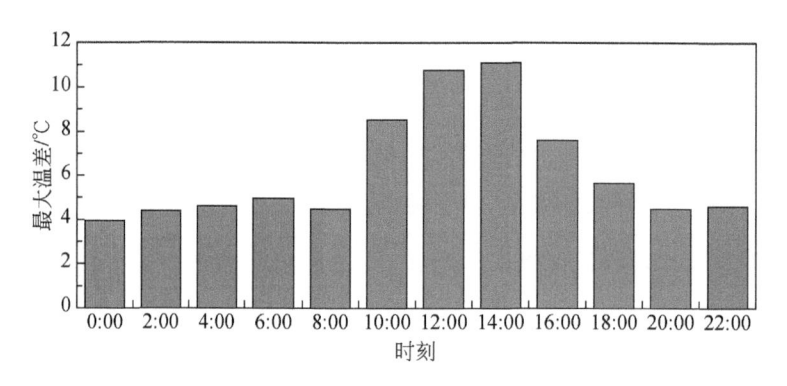

图 7.5.12　国家体育场 2012 年 7 月 17 日各时段测点之间的最大温差

图 7.5.13 为 2012 年 1 月 5 日多个时段不同测点之间的最大温差,代表冬季一昼夜下结构温度分布的典型变化。对比图 7.5.12 可见,两者趋势相同,温差最大的均为 12 时与 14 时,在数值上两者也较为接近。

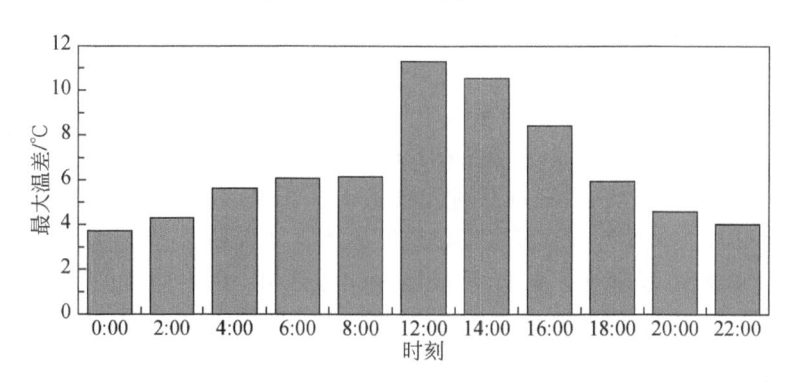

图 7.5.13　国家体育场 2012 年 1 月 5 日各时段测点之间的最大温差

6. 各测点温度变化幅度的差异性

在结构设计过程中,更需要关注结构各部位的温度变化幅度。由于国内结构设计往往以气温变化作为温度作用取值的依据,因此有必要将结构各部位温度变化幅度与气温变化幅度进行对比。

图 7.5.14 为各测点在 2012 年 7 月 17 日 0 时至 24 时的温度变化幅度,代表夏季的测点温度变化规律。该图表明,各测点温度变化幅度差异较大,且不少测点温度变化幅度大于气温变化幅度,各部位表现出不同的温度变化特点。

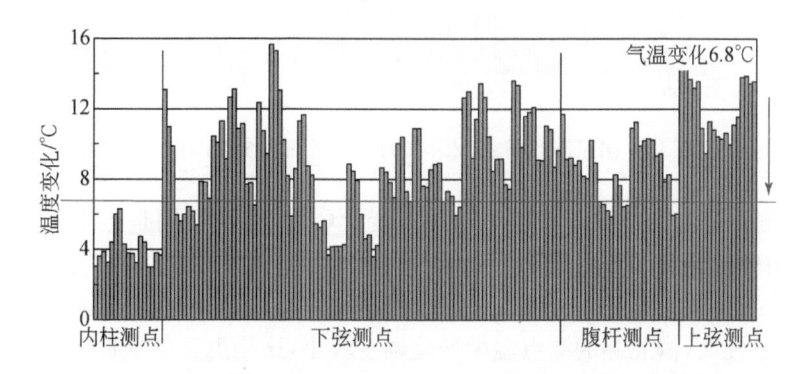

图 7.5.14　国家体育场 2012 年 7 月 17 日各测点全天温度变化幅度

(1) 桁架内柱温度变化幅度普遍小于气温变化幅度,是因为其夜晚温度高于气温而下午温度低于气温。

(2) 下弦杆的条件各异,不同部位构件的温度变化幅度可能差异巨大;多数测点温度变化幅度大于气温变化幅度,其中变化最大的为测点 24-1,最大温差为 15.6℃,远大于气温变化幅度。

(3) 腹杆温度变化幅度大多大于气温变化幅度,但不如上弦杆的温度变化幅度大。

(4) 上弦杆温度变化幅度普遍高于气温变化幅度较多,是因为其夜晚温度低于气温而下午温度高于气温;本节所涉及的上弦测点均位于构件下表面,而根据前面所述,上弦杆上表面在正午日照时温度高于下表面,在凌晨时刻温度低于下表面,可见上弦杆上表面的昼夜温度变化幅度比下表面更高。2007 年 8 月底对国家体育场钢结构温度场进行了测试,测试结果同样证明上弦杆温度变化幅度比其他部位更大,其上弦杆上表面温度测点所采集数据可参考已有文献(曾志斌等,2008c)。

图 7.5.15 为各测点在 2012 年 1 月 5 日 0 时至 24 时的温度变化幅度,代表冬季的测点温度变化规律。桁架内柱温度变化幅度普遍小于气温变化幅度,上弦杆温度变化幅度普遍高于气温变化幅度,下弦杆与腹杆介于两者之间,这一规律与图 7.5.14 所体现的规律相似,不同之处如下。

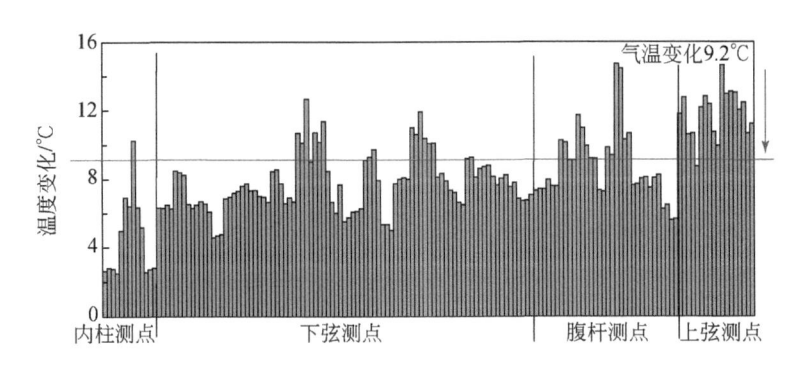

图 7.5.15 国家体育场 2012 年 1 月 5 日各测点全天温度变化幅度

(1) 测点温度变化幅度普遍小于气温变化幅度,主要原因是冬季正午日照强度减弱,由辐射导致的升温较小。

(2) 按桁架内柱、下弦、腹杆、上弦四种部位分类,每类测点中偏南侧的测点温度变化幅度较大,偏北侧的测点温度变化幅度较小,这是由于冬季日照条件下偏南侧测点的升温幅度高于偏北侧测点。

7. 结构温度响应的滞后性

在温度场的理论计算中,往往假定外部条件是恒定的,然后计算结构在该条件下的温度分布情况。然而,实际情况下,气温、日照强度、日照角度等都是随着时间不断变化的。对于大型空间结构,结构与环境、结构不同部位之间的热传导是一个复杂的过程,需要消耗一定时间。因此,结构温度对外部条件的响应并不一定是及时的。

8. 夏季结构温度响应规律

图7.5.16为2012年7月16日至7月19日气温及部分测点的温度曲线。该图表明,测点温度曲线与气温曲线之间存在一定的"相位差",即测点的升降温往往在时间上滞后于气温变化,且根据所在部位的不同,各个测点之间的滞后程度有明显差异,部分测点可能滞后较多。

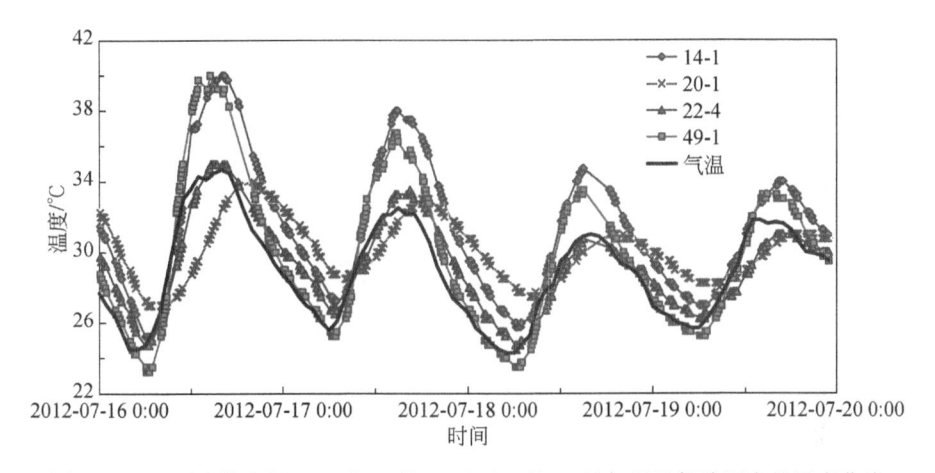

图 7.5.16　国家体育场2012年7月16日至7月19日气温及部分测点的温度曲线

夏季测点温度变化的滞后程度主要与测点所在部位的标高有关,依照上弦、腹杆、下弦、内柱的顺序,滞后程度递增,如图7.5.17～图7.5.20所示。可见上弦测点温度变化基本与气温同步,略有滞后;桁架内柱测点温度变化滞后于气温变化较多,但不同位置的内柱温度变化基本同步;下弦与腹杆测点的温度变化速度介于上弦与内柱之间。北京夏季日照角度偏北,正午时阳光基本来自结构正上方,实测结果证明,在这种条件下结构的热传导以从上到下的路径为主,故标高越低,对于外界温度的反应越为滞后。

由图7.5.16～图7.5.20可见,气温曲线的波形于每日6时左右达到波谷,于每日15时左右达到波峰;而桁架内柱测点的气温曲线于每日8时左右达到波谷,于每日17时左右达到波峰;两者之间的时间差约为2h,可见实际情况下结构某些部位对于外部条件的反应是相当缓慢的,这也导致恒定条件下结构温度场的理论计算与实际情况产生了一定的出入。

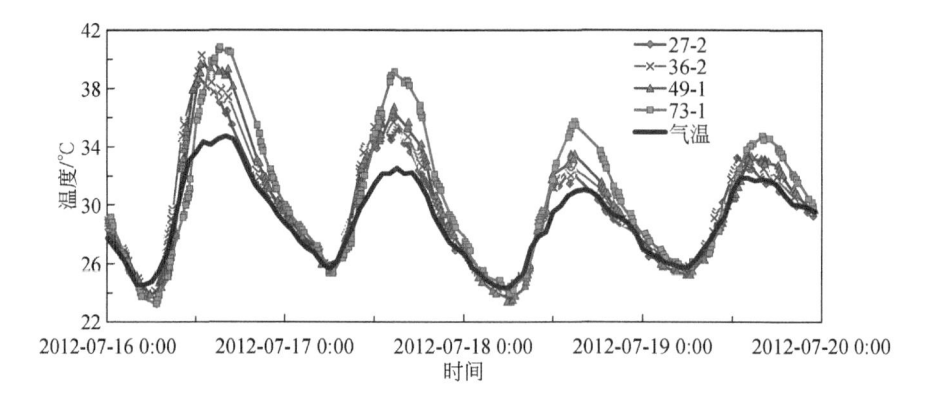

图 7.5.17 国家体育场 2012 年 7 月 16 日至 7 月 19 日气温及部分上弦测点的温度曲线

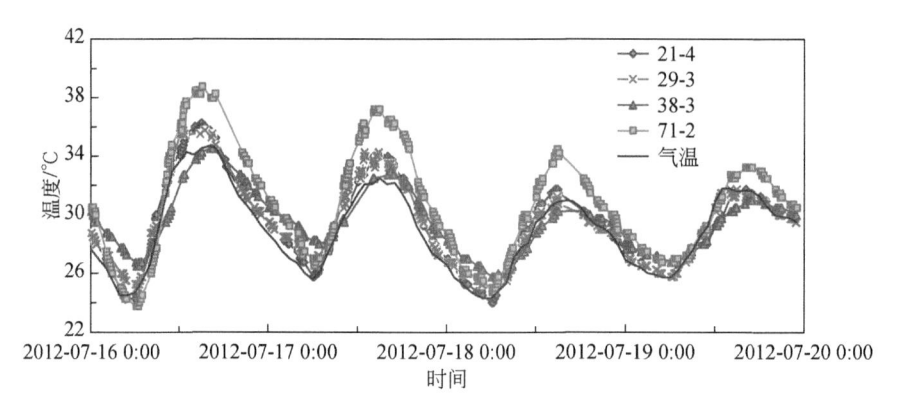

图 7.5.18 国家体育场 2012 年 7 月 16 日至 7 月 19 日气温及部分腹杆测点的温度曲线

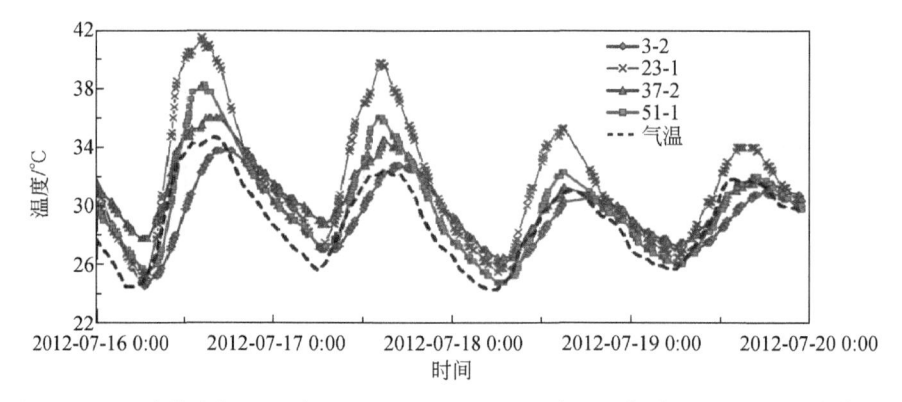

图 7.5.19 国家体育场 2012 年 7 月 16 日至 7 月 19 日气温及部分下弦测点的温度曲线

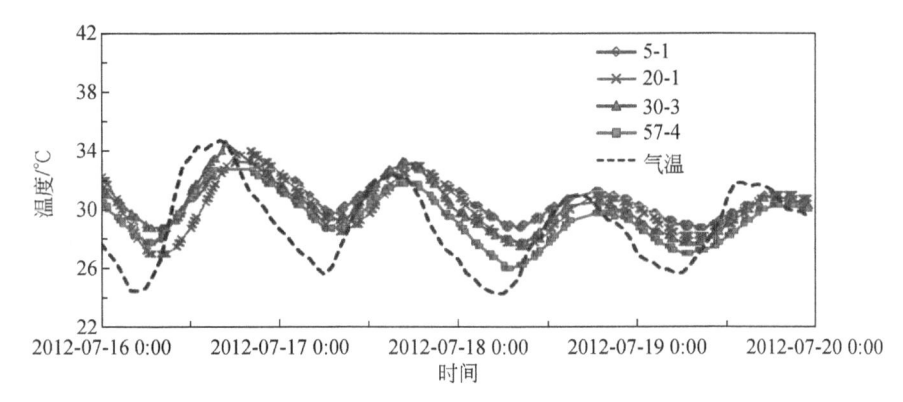

图 7.5.20　国家体育场 2012 年 7 月 16 日至 7 月 19 日气温及部分内柱测点的温度曲线

9. 冬季结构温度响应规律

图 7.5.21～图 7.5.24 为 2012 年 12 月 22 日至 12 月 25 日气温及部分测点的温度曲线。上弦、腹杆、下弦测点温度变化的滞后程度依旧与测点所在部位的标高有关，依照上弦、腹杆、下弦顺序，滞后程度递增。

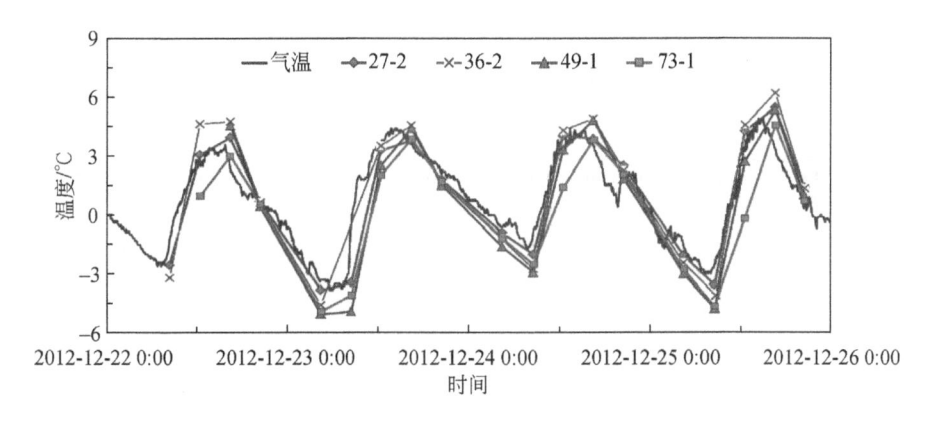

图 7.5.21　国家体育场 2012 年 12 月 22 日至 12 月 25 日气温及部分上弦测点的温度曲线

但是内柱测点温度变化与夏季条件下有显著区别，除温度变化幅度上的差异之外，各测点之间温度变化的非同步性也比较明显，测点 5-1 与测点 20-1 的温度变化明显滞后于测点 48-2，测点 30-3 则介于两者之间。冬季北京的阳光照射角度明显偏南，从方位上看，测点 5-1 与测点 20-1 均位于结构西北侧，在背阳面；测点 30-3 位于西南侧，靠近向阳面；而测点 48-2 靠近正南侧，可受到阳光直射。可见测点的日照条件越好，其温度响应速度越快。

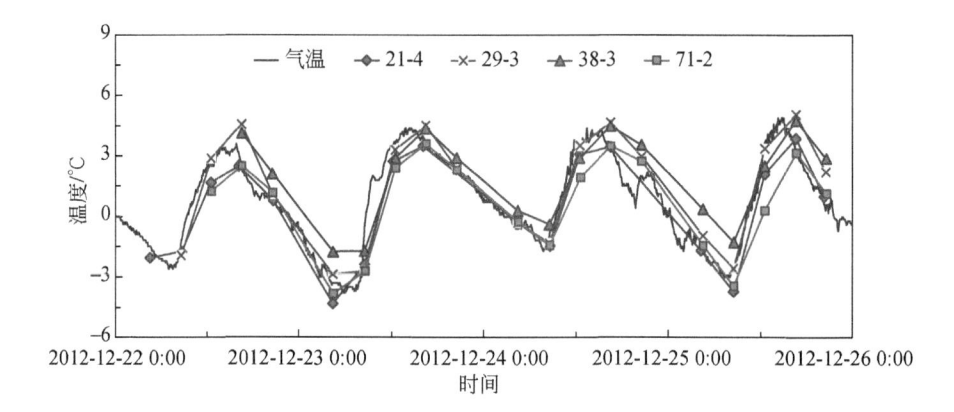

图 7.5.22　国家体育场 2012 年 12 月 22 日至 12 月 25 日气温及部分腹杆测点的温度曲线

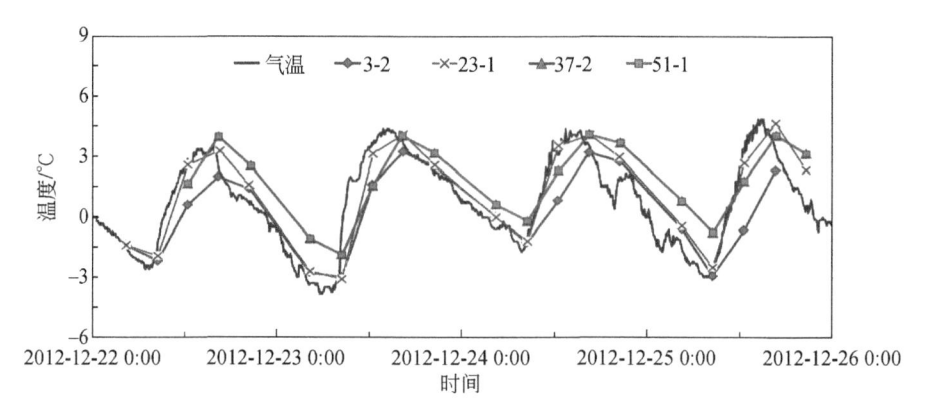

图 7.5.23　国家体育场 2012 年 12 月 22 日至 12 月 25 日气温及部分下弦测点的温度曲线

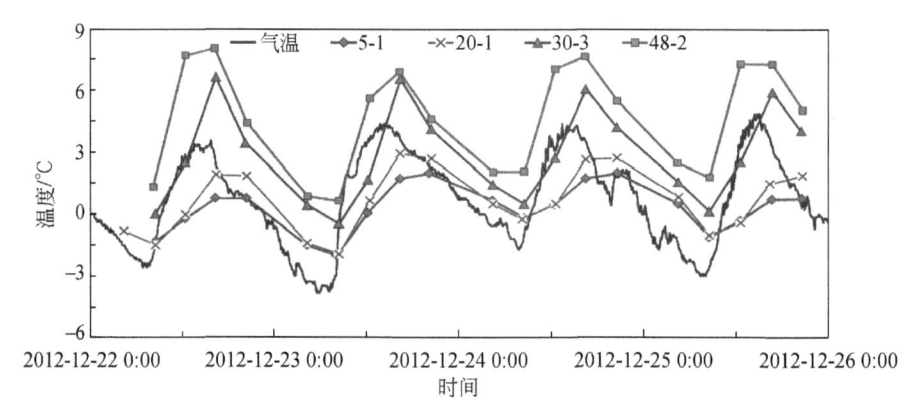

图 7.5.24　国家体育场 2012 年 12 月 22 日至 12 月 25 日气温及部分内柱测点的温度曲线

7.5.5 温度作用下结构受力特性分析

1. 温度作用下全年应力变化

大跨度空间结构超静定次数高,多个工程的理论计算结果表明,温度作用对结构受力有较大影响,结构在长期服役过程中所经历的温度变化及其温度分布形式往往复杂多变,与理论计算中所假设的简化温度场存在一定区别,因此结构应力长期实测结果对于温度作用的衡量具有重要的参考意义。

以 2011 年 5 月 1 日至 2012 年 4 月 30 日为计算周期,气象数据显示,其间北京最高气温 37.5℃,最低气温-10.3℃,全年最大温差 47.8℃。对于该周期内实测所得应力数据,排除风、雨、雪、大型设备等荷载伴随的情况,其应力变化反映了温度作用下的全年结构内力响应。图 7.5.25 为部分测点在温度作用下的全年应力变化幅度实测结果。

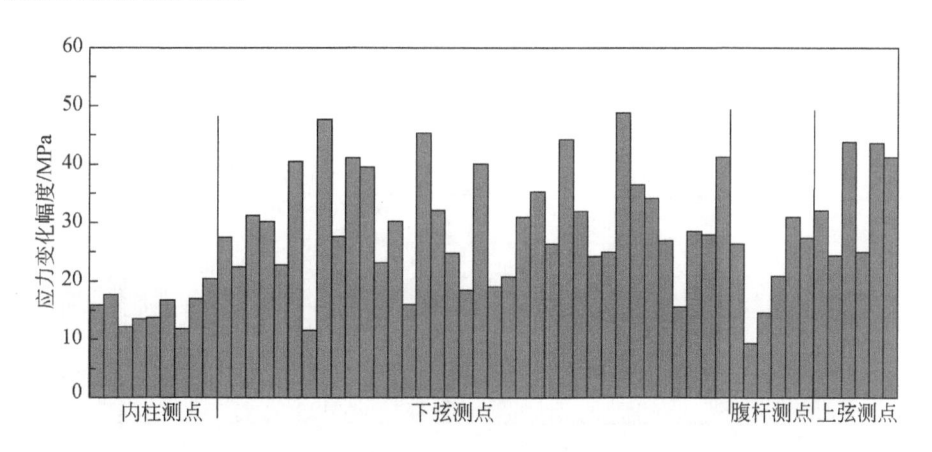

图 7.5.25 国家体育场各测点全年应力变化幅度实测结果

图 7.5.25 中,多数测点的应力变化幅度在 10MPa 以上,变化最大的为下弦测点 59-2,应力变化幅度达 48.80MPa。全年应力实测结果证明温度作用确实造成了较大的结构应力变化。此外,根据位置的不同,测点应力变化幅度表现出不同的特点。

(1) 对温度作用敏感的测点主要集中于下弦层与上弦层,不少测点应力变化幅度在 30MPa 以上。

(2) 下弦层不同测点之间差异较大,部分测点的应力变化幅度接近所有测点应力变化幅度中的最大值,少数测点的应力变化幅度则较小。

(3) 腹杆中对温度作用敏感的测点较少,应力变化水平总体低于上弦层与下弦层,未出现接近最大值的应力变化幅度。

(4) 相对而言,桁架内柱对温度作用普遍不敏感,应力变化幅度大多在 20MPa 以下。

2. 温度作用与年温温度作用的区别

目前我国结构设计中普遍考虑年温温度作用,温度变化的依据为当地的气温数据。但在结构实际长期服役过程中,各部位温度与气温之间总是存在一定的差值。因此,任意时刻结构的温度场相当于在按气温均布的温度场上再叠加一个非均匀温度场。其中,按气温均布的温度场发生均匀变化即体现为年温温度作用。图 7.5.26(a)为2012 年 7 月 17 日 14 时的结构温度场,可将其分解为图 7.5.26(b)所示的按气温均布的温度场,以及图 7.5.26(c)所示的由结构实际温度与气温差值形成的非均匀温度场。

在结构长期服役过程中,年温温度作用引起了一定的应力变化,而额外叠加的非均匀温度场可能会使应力变化的幅度有所改变。非均匀温度场频遇值高,日照强度、角度以及风速等条件的变化导致了各种不同的温度分布形式,但对于结构不

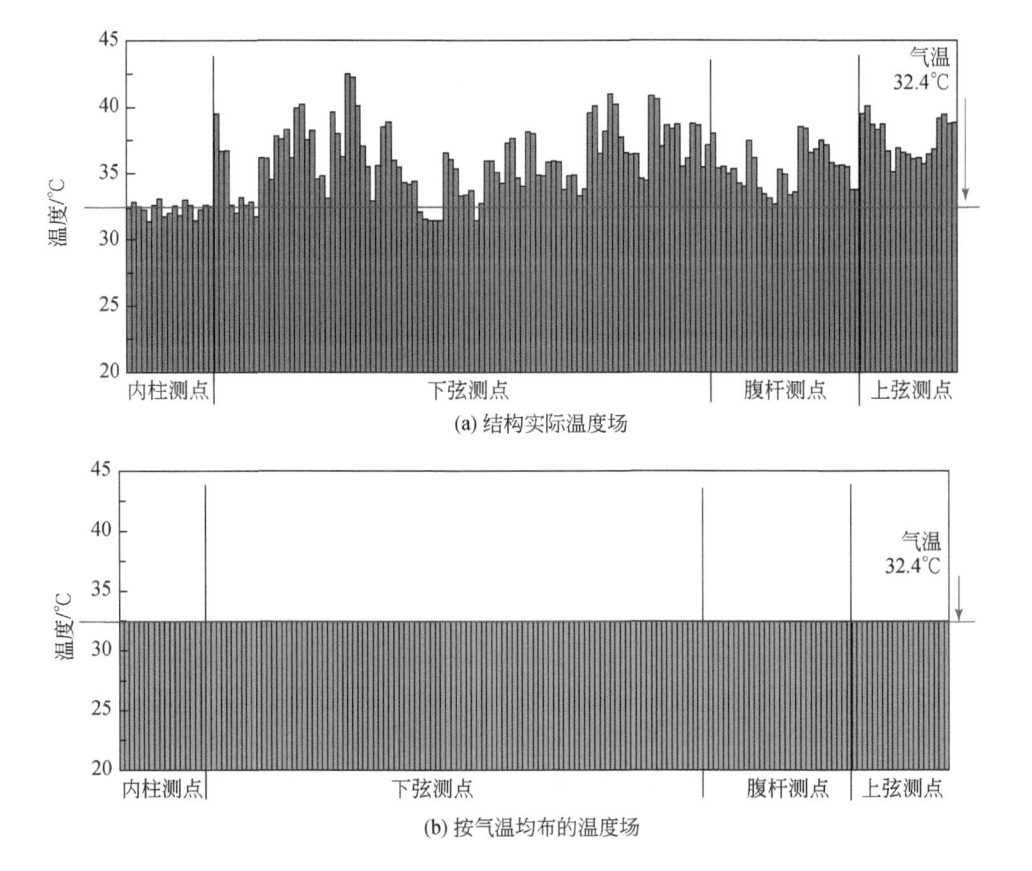

(a) 结构实际温度场

(b) 按气温均布的温度场

(c) 额外叠加的非均匀温度场

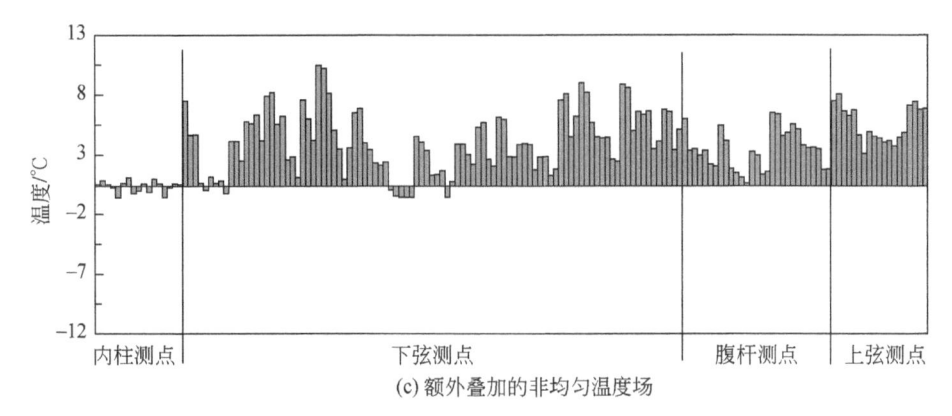

图 7.5.26　国家体育场 2012 年 7 月 17 日 14 时结构温度场的组成

同部位,最不利的温度分布形式可能是不一样的,因此难以采用单一的加载模式对非均匀温度场作用进行理论计算。而依据长期实测数据,可以从温度作用下的总应力变化中扣除年温温度作用下的应力变化,以得到非均匀温度场作用所引起的应力变化。如此计算得到的应力变化值并非由单一的温度分布形式引起,而是包含多种非均匀温度场的贡献,所以其应力变化值为一种累积而成的增量。

因此,必须首先分析年温温度作用下的结构应力变化。年温温度作用的主要特点为均匀性与长期性,已知 0～5 时结构温度场接近均匀,故可取全年该时段所采集的应力与温度数据来分析年温温度作用对结构的影响。

3. 年温温度作用下结构应力与温度的关系

以 2011 年 5 月 1 日至 2012 年 4 月 30 日为计算周期,对部分测点所采集的应力与温度数据进行分析。基本方法为:对采集于凌晨 0～5 时的应力与温度数据按月取平均,作为各个月份的应力与温度代表值,作出全年应力与温度变化曲线。限于篇幅,仅列举部分测点的温度曲线与应力曲线,如图 7.5.27 所示。

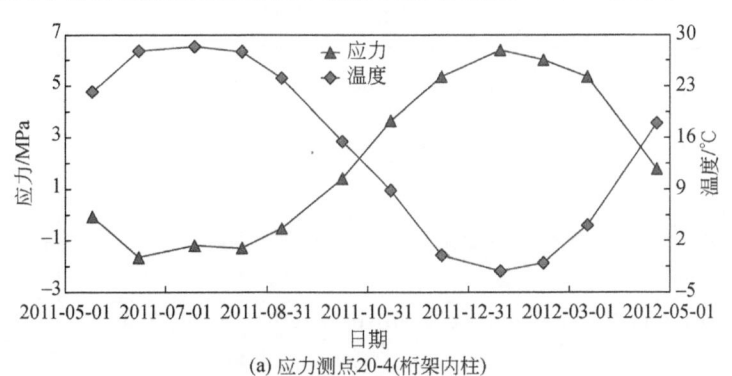

(a) 应力测点 20-4(桁架内柱)

(b) 应力测点30-4(桁架内柱)

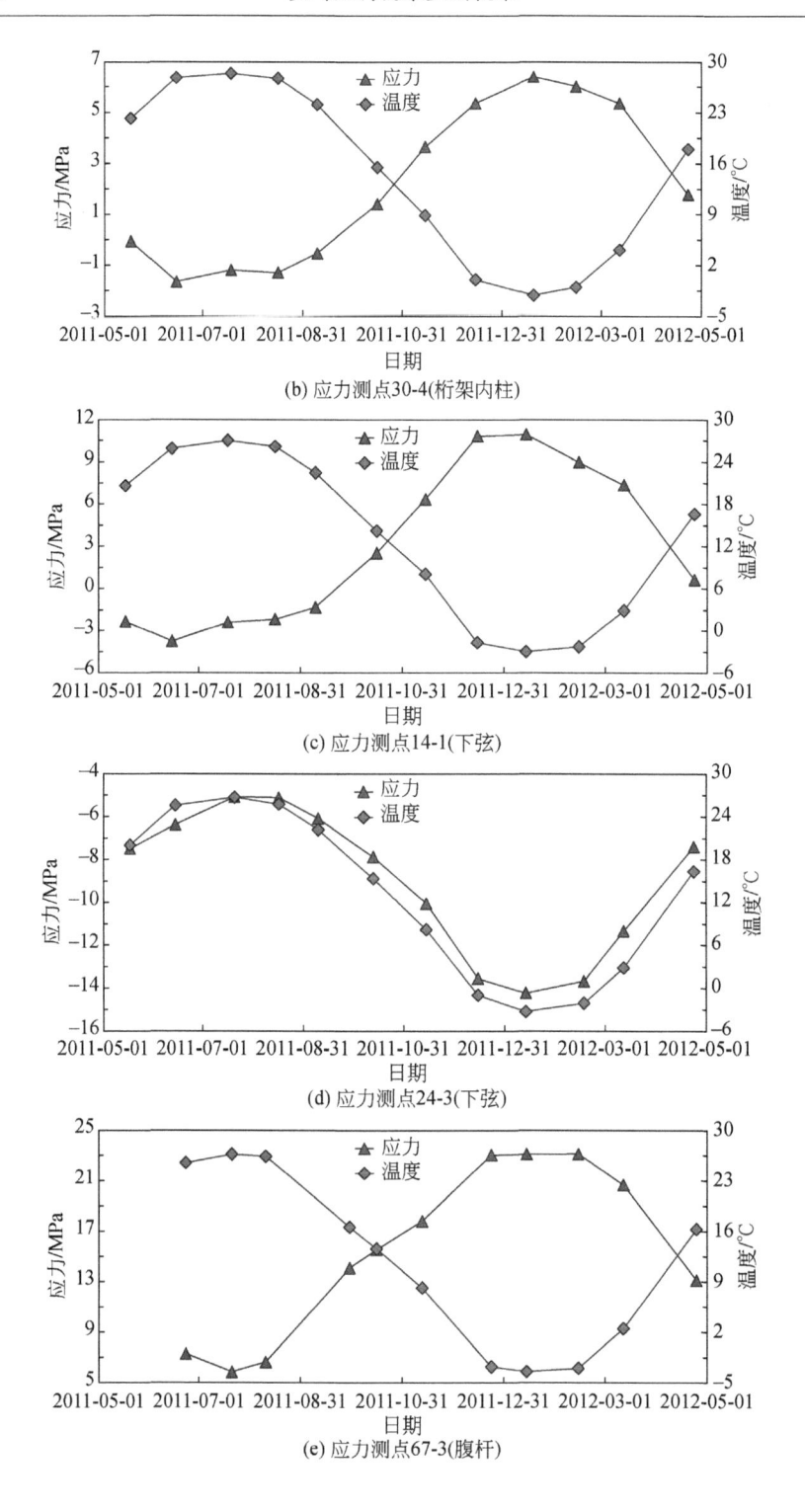

(c) 应力测点14-1(下弦)

(d) 应力测点24-3(下弦)

(e) 应力测点67-3(腹杆)

(f) 应力测点56-3(腹杆)

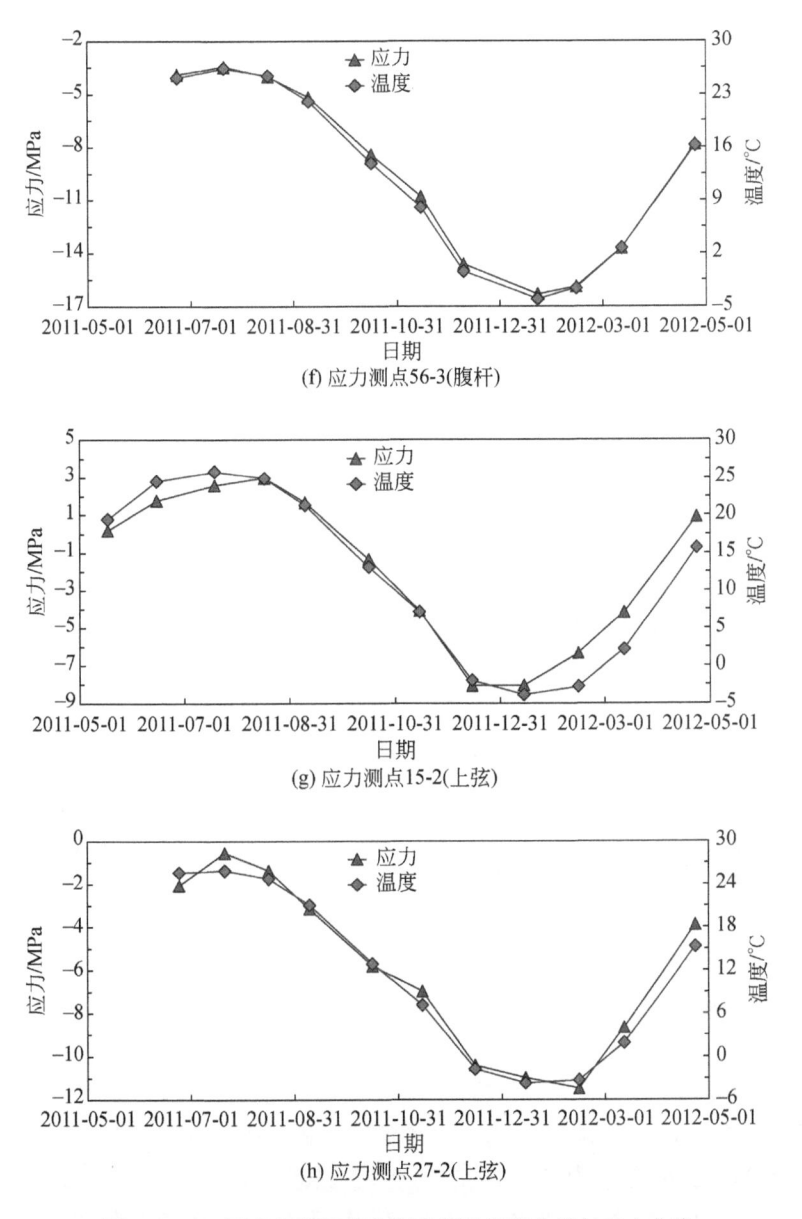

(g) 应力测点15-2(上弦)

(h) 应力测点27-2(上弦)

图 7.5.27　国家体育场部分测点年温温度曲线与应力曲线

各测点中温度变化幅度最大值为 32.2℃，最小值为 28.1℃，不同测点之间温度变化幅度差异较小，且各测点温度随时间的变化基本同步，一般以 1 月平均温度为最低，以 7 月平均温度为最高。在整个变化过程中，温度分布接近整体均匀。

全年气温变化为 47.8℃，由于上述温度数据均采集于凌晨时段，温度曲线上的测点温度变化与全年气温变化相差较多，并不能完全体现计算周期内的年温温度作用。但是图 7.5.27(a)~(h)表明，在年温温度作用下测点应力与温度之间线性关系显著，通过计算可得各测点的温度与应力的相关系数绝对值均在 0.97 以上。因此，可对温度与应力数据进行线性拟合，以温度为自变量，以应力为因变量，所得线性系数表示温度每上升 1℃所造成的应力变化量。以该线性系数乘以全年气温变化值，即可计算测点在年温温度作用下的应力变化。

图 7.5.28 对比了各测点温度-应力线性系数，表现了结构整体均匀升温时各测点所在部位的受力特征。产生最大拉应力的为下弦测点 52-2，产生拉应力 0.85MPa/℃，产生最大压应力的为下弦测点 14-1，产生压应力 0.78MPa/℃。

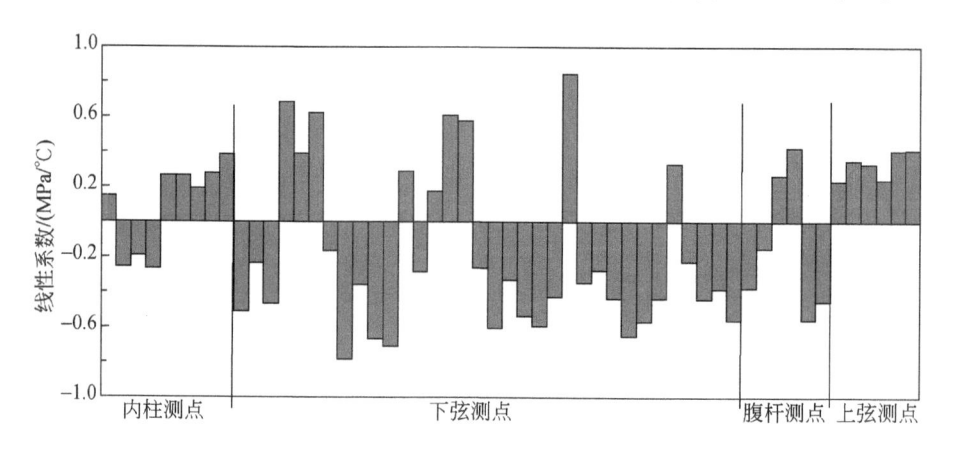

图 7.5.28 国家体育场年温温度作用下构件温度-应力线性系数

图 7.5.28 表明，在整体均匀的年温温度作用下，结构受力有以下特征。

(1) 结构整体升温时，上弦普遍受拉；下弦受压部位较多。图 7.5.29 为国家体育场钢结构主桁架立面展开图，当结构整体升温时，主桁架跨中产生向上的位移，造成上弦受拉、下弦受压的趋势。

(2) 10 个下弦受拉测点中，有 6 个均位于主桁架支座区域，即最靠近桁架内柱的两根斜腹杆之间，分别为测点 24-3、28-3、33-1、33-3、37-2、52-2。

(3) 由于国家体育场屋盖主结构与次结构交叉布置，在结构温度发生变化时，构件可能受到侧向力。部分下弦构件在结构升温时受到侧向弯矩的作用，使得构件的两个侧面分别产生受拉和受压的趋势。例如，位于钢结构内环正北侧某东西向主桁架跨中的测点 3-3 与 3-4，其温度-应力线性系数分别为 -0.47MPa/℃ 与 0.69MPa/℃。

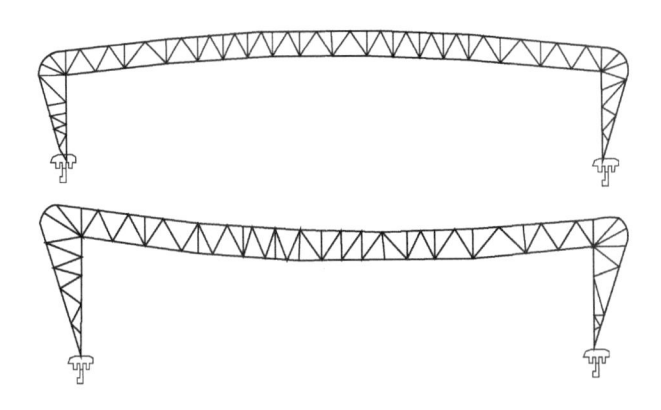

图 7.5.29 国家体育场钢结构主桁架立面展开图

4. 年温温度作用下结构内力分布规律

以各测点温度-应力线性系数的绝对值乘以年温变化值 47.8℃,得到各测点在年温温度作用下的应力变化幅度,如图 7.5.30 所示。其中,应力变化最大的测点为 52-2,变化幅度为 40.45MPa,该测点为下弦测点;变化最小的测点为 20-3,变化幅度为 7.14MPa,该测点为内柱测点。

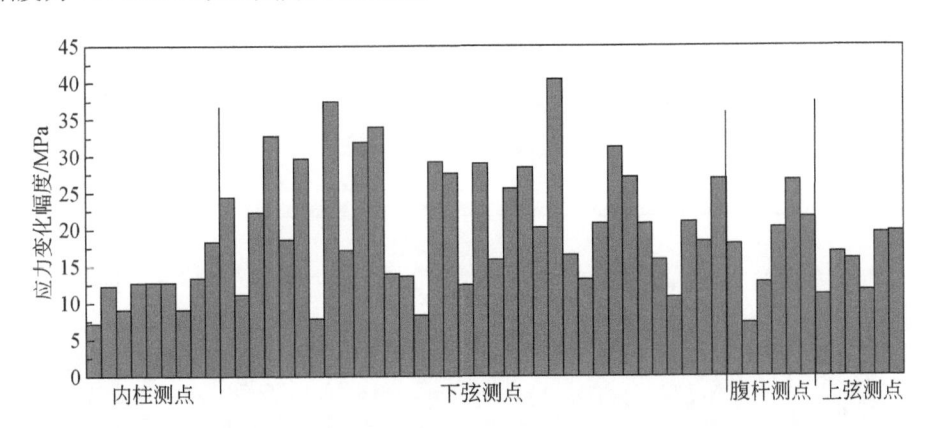

图 7.5.30 国家体育场年温温度作用下的应力变化幅度

由图 7.5.30 可以得出下结论。

(1) 受年温温度作用影响最大的测点主要集中于下弦层,部分测点应力变化幅度在 30MPa 以上,但下弦层不同构件之间差异较大。

(2) 桁架内柱受年温温度作用影响相对较小,应力变化幅度普遍在 15MPa 以下。

(3) 腹杆和上弦层的应力变化水平总体高于桁架内柱,但很少出现类似于下弦层敏感测点的部位。

5. 非均匀温度场影响下结构应力与温度的关系

在昼夜温差下,由于气温的变化,结构整体的平均温度随之改变,但由于日照等因素的影响,结构的温度场呈非均匀状态。因此,在这个过程中非均匀温度场作用伴随着年温温度作用,将对结构造成一定的影响。对昼夜温差导致的应力变化进行跟踪,有利于了解非均匀温度场的这种影响。图 7.5.31 为部分测点在 2012 年 7 月 14 日至 7 月 20 日的小时平均应力及温度曲线。

图 7.5.31 所示的部分测点应力与温度时程曲线中,结构受非均匀温度场影响,其应力与温度之间的关系表现出与年温温度作用明显不同的特点。

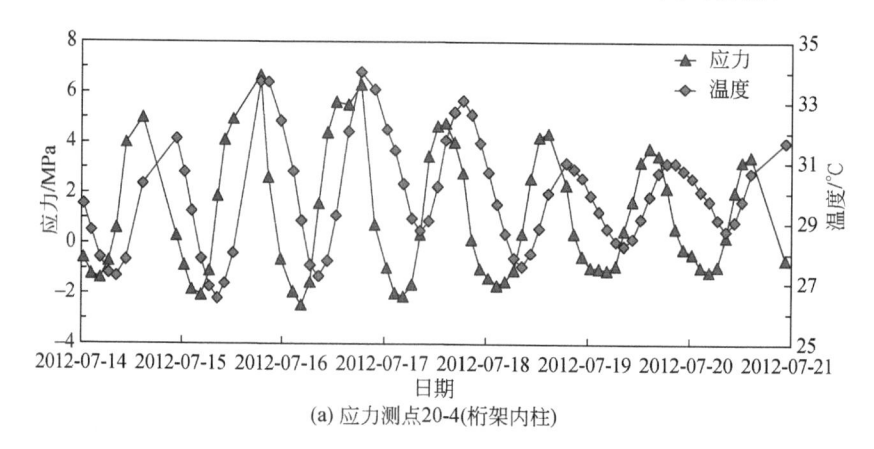

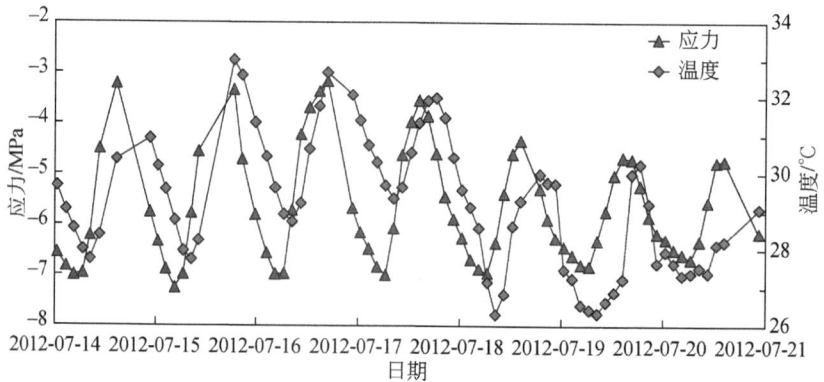

(a) 应力测点20-4(桁架内柱)

(b) 应力测点30-4(桁架内柱)

(c) 应力测点14-1(下弦)

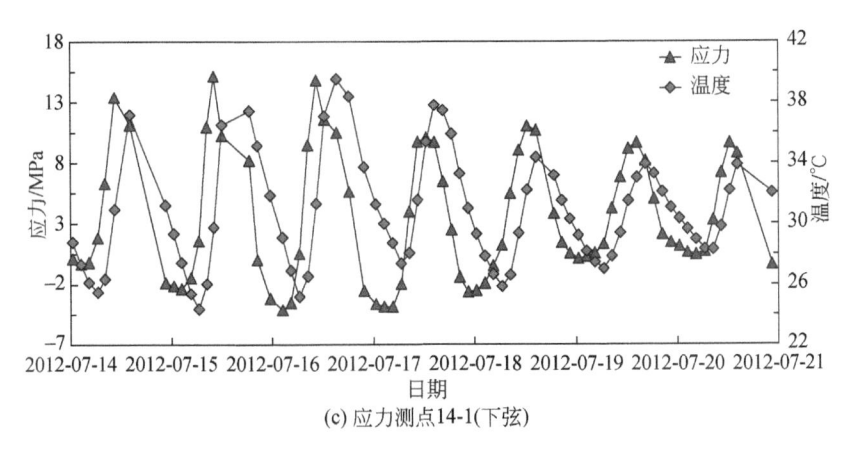

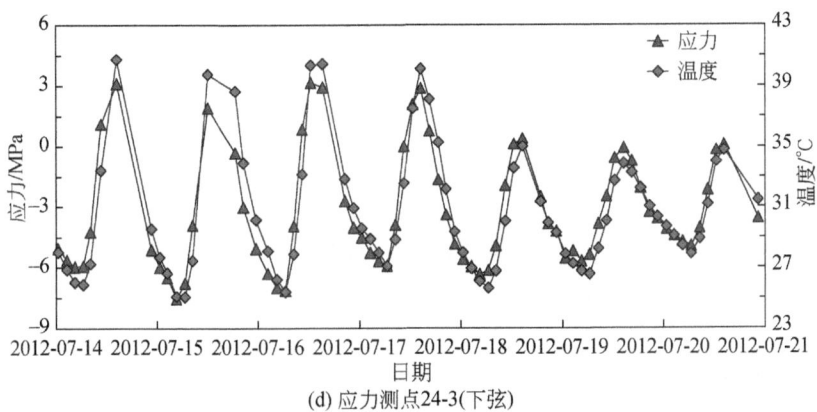

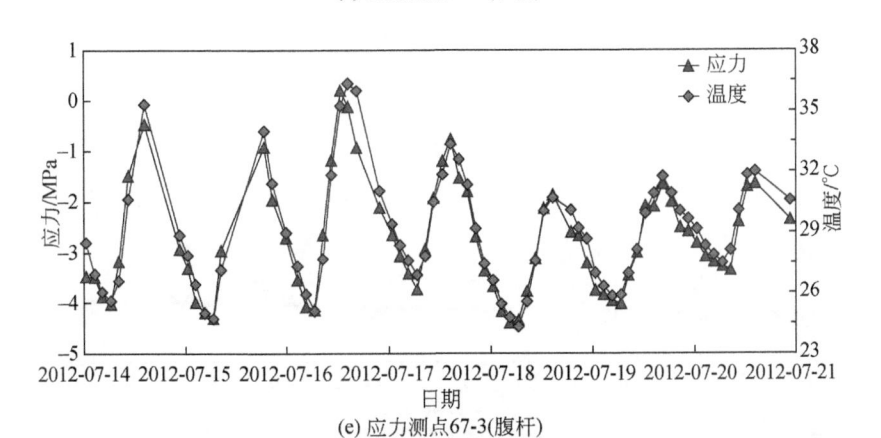

(d) 应力测点24-3(下弦)

(e) 应力测点67-3(腹杆)

(f) 应力测点56-3(腹杆)

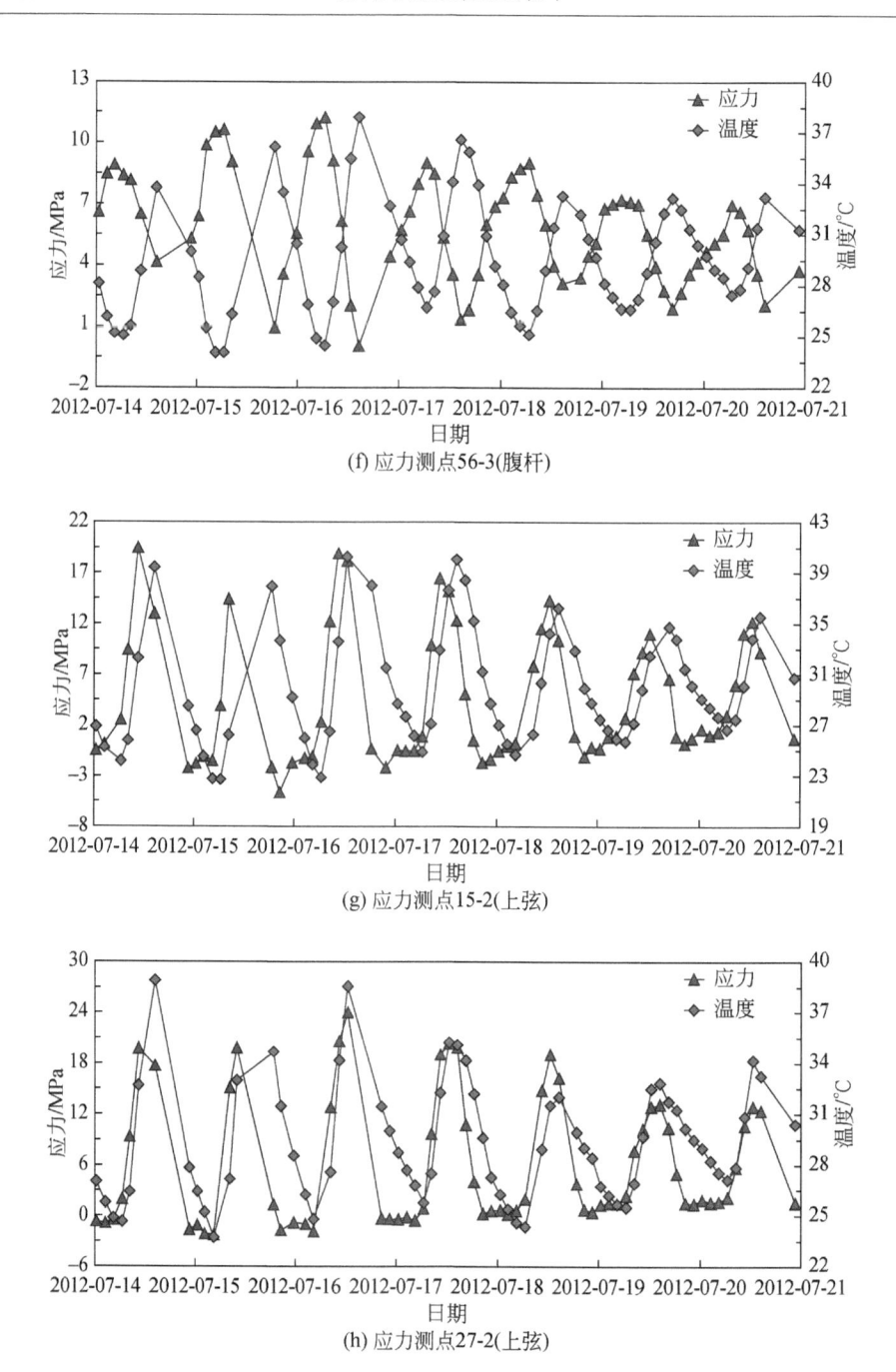

(g) 应力测点15-2(上弦)

(h) 应力测点27-2(上弦)

图 7.5.31　国家体育场部分测点应力与温度时程曲线(2012 年 7 月 14 日至 7 月 20 日)

首先,部分测点应力与温度并未表现出线性关系,应力与温度曲线之间出现了明显的"相位差",两者的变化并不同步。其成因主要为结构不同部位温度变化的非同步性。非均匀温度场作用下,构件本身的温度并非其内力的唯一影响因素,它同时受到周边构件变形的影响,因此周边构件的温度变化可能导致测点应力与温度的变化不同步。部分测点的应力与温度变化接近同步,两者之间线性关系显著,且相关性与年温温度作用下的结果一致,说明测点所在位置受周边构件温度的影响较小。可见在非均匀温度场作用下,构件之间的相互影响较为明显。因此,不能再以测点温度或气温为单一自变量来描述测点应力的变化规律。

其次,从应力变化幅度来看,部分测点的应力变化幅度超过了20MPa,远大于单纯由年温温度作用引起的应力变化,说明非均匀温度场作用引起了较大的应力变化,可见非均匀温度场作用的影响显著。

6. 非均匀温度场作用下结构内力分布规律

以2011年5月1日至2012年4月30日为计算周期,从温度作用所造成的总应力变化中扣除年温温度作用下的应力变化,即可得到非均匀温度场作用所引起的应力变化,如图7.5.32所示。这样计算得到的应力变化幅度并非由单一的温度分布形式引起,而是包含计算周期内多种非均匀温度场的贡献,因此其应力变化幅度为一种累积而成的增量。

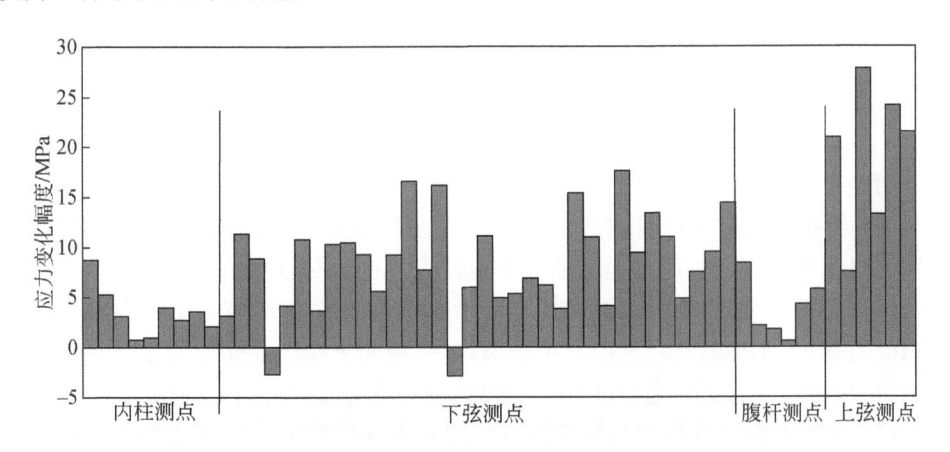

图7.5.32 国家体育场非均匀温度场作用下的应力变化幅度

图7.5.32表明,非均匀温度场作用的存在使得多数测点的应力变化幅度有所增长,增长最多的为上弦测点27-2,增幅为27.83MPa,仅少数部位受影响较小。而个别测点的应力变化增量为负值,说明非均匀温度场反而使其应力变化幅度减小。

非均匀温度场作用对各部位的影响程度不同,具体如下。

(1) 上弦层受非均匀温度场作用影响最大,应力变化的增量普遍较大,不少测点增幅在 20MPa 以上。

(2) 下弦层部分测点受非均匀温度场作用的影响也较大,应力变化增量在 10MPa 以上。

(3) 桁架内柱和腹杆受非均匀温度场作用的影响相对较小。

7. 年温温度作用与非均匀温度场作用各自所占比例

图 7.5.33 对比了非均匀温度场作用与年温温度作用,浅色柱形为年温温度作用下的应力变化,深色柱形为非均匀温度场作用引起的应力变化增量。

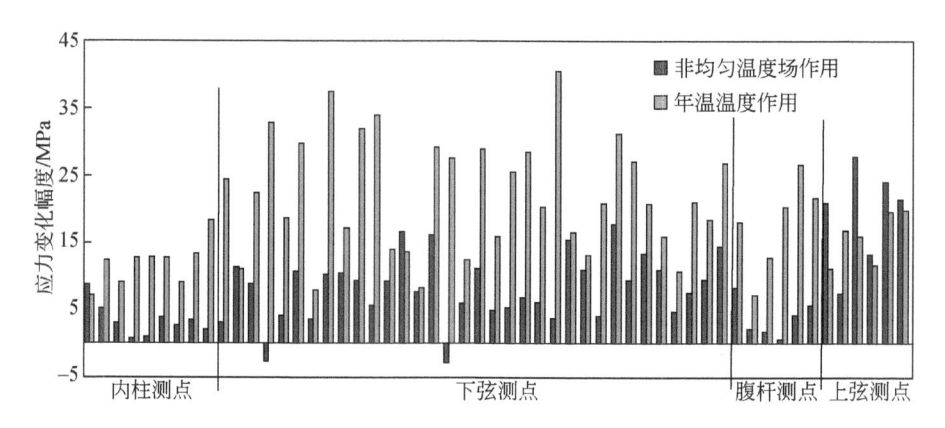

图 7.5.33　国家体育场非均匀温度场作用与年温温度作用的对比

由图 7.5.33 可得以下结论。

(1) 由年温温度作用引起的应力变化在多数测点的应力变化中占主要比例,非均匀温度场作用所引起的应力变化增量所占比例相对较小。

(2) 在部分测点,非均匀温度场作用引起的应力变化增量大于年温温度作用下的应力变化,此类测点在上弦层中普遍存在,说明上弦层受非均匀温度场作用的影响更大,因此在考虑年温温度作用的同时也应考虑非均匀温度场作用。

(3) 非均匀温度场作用与年温温度作用所引起的应力变化之比在不同结构部位的差异较大,因此无法以统一的系数乘以年温温度作用来代替非均匀温度场作用,应对各部位在非均匀温度场作用下的应力变化分别进行研究。

8. 非均匀温度场作用在不同结构部位所占比例差异的成因

非均匀温度场作用对上弦杆和部分下弦杆的影响较为显著,而对桁架内柱等部位则影响不大,其分布规律与结构温度场之间可能有一定联系。对国家体育场钢结构温度场进行了研究。结果表明,上弦温度变化幅度普遍较大,桁架内柱温度变化幅度普遍较小,下弦温度变化幅度因位置不同而情况各异。

为研究构件对于非均匀温度场的敏感程度与其温度变化幅度之间的关联,计算各测点的全年应力变化中由非均匀温度场作用所引起的应力变化增量所占的比例,体现其对非均匀温度场的敏感程度,对比测点的全年温度变化幅度,如图 7.5.34 所示。

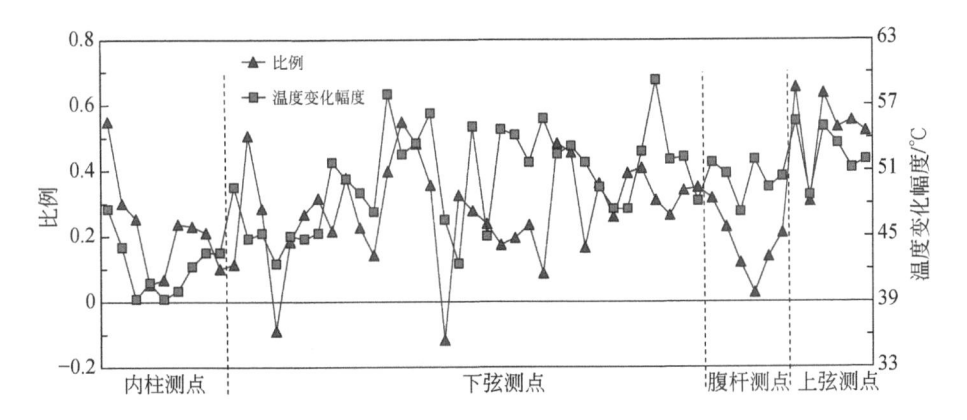

图 7.5.34 国家体育场非均匀温度场作用所占比例与测点温度变化幅度

由图 7.5.34 可得以下结论。

(1) 桁架内柱和上弦测点对非均匀温度场作用的敏感程度与其温度变化幅度关联较大,表现为测点温度变化幅度越大,非均匀温度场作用所占比例越大。

(2) 下弦层受力复杂,测点对非均匀温度场作用的敏感程度与其温度变化幅度之间没有表现出明显的相关性。

(3) 腹杆测点温度变化幅度较大,而非均匀温度场作用所占比例普遍较小,与桁架内柱接近,说明非均匀温度场作用对结构竖向构件的影响小于其对水平向构件的影响。

非均匀温度场作用在长期应力与温度曲线上的体现如下。

非均匀温度场作用所引起的应力变化增量在总应力变化中所占比例为 $-0.2 \sim 0.7$,测点之间差异较大。在长期应力与温度曲线上,这种差异也是有所反映的。

图 7.5.35 为国家体育场部分测点在 2011 年 5 月 31 日至 2012 年 4 月 1 日的长期应力与温度曲线,应力曲线的总体走势体现了年温温度作用,其密集的波动则体现了测点在一天内昼夜温差下的应力变化。根据非均匀温度作用所占比例不同,各测点在曲线形状上有明显的差异。

(a) 测点3-4

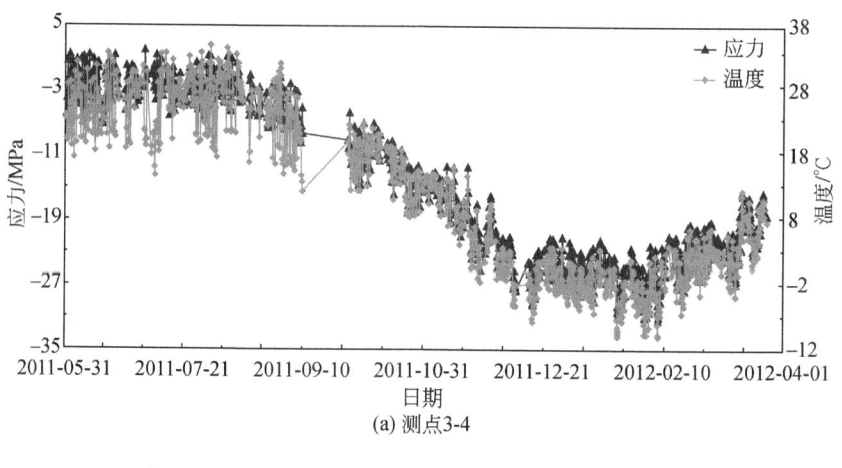

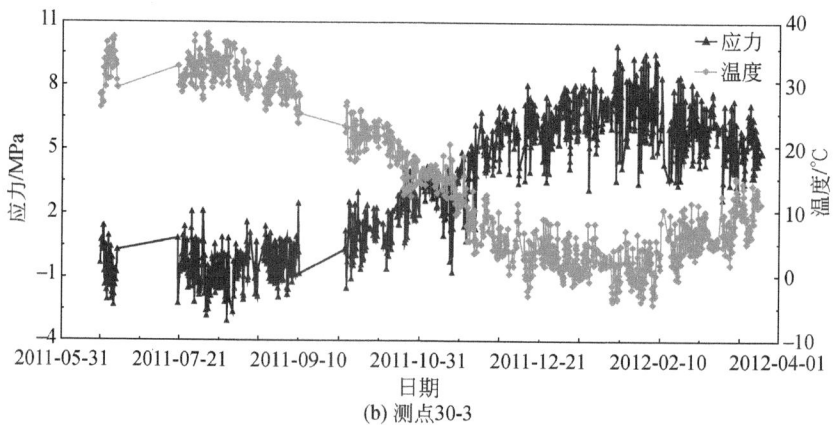

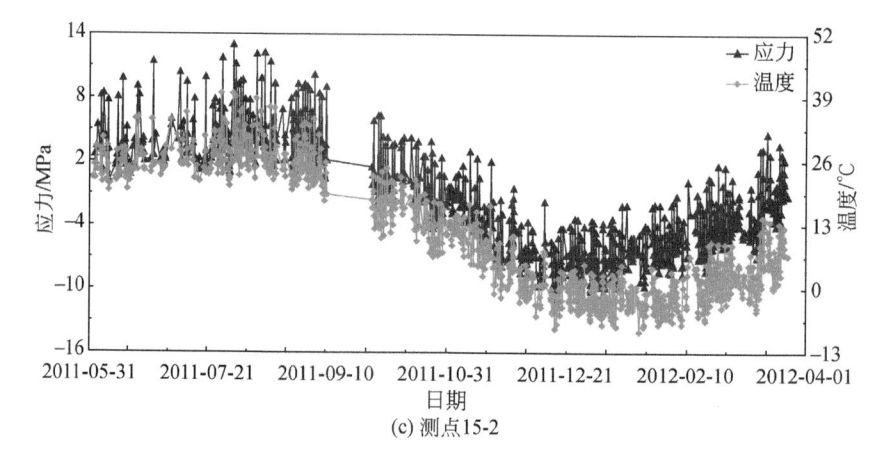

(b) 测点30-3

(c) 测点15-2

(d) 测点20-4

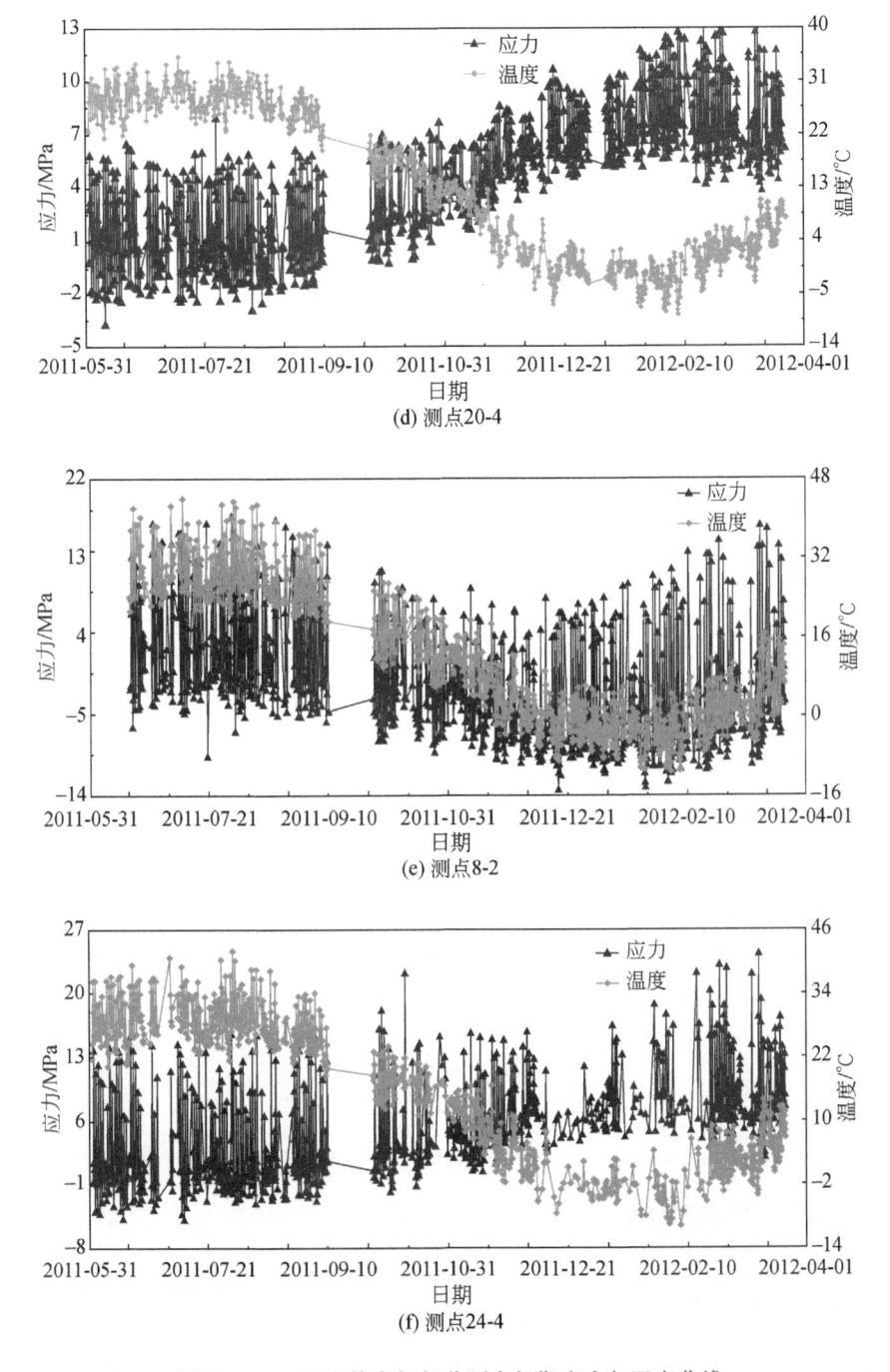

(e) 测点8-2

(f) 测点24-4

图 7.5.35 国家体育场部分测点长期应力与温度曲线

(1) 测点 3-4 与测点 30-3 的应力变化中,非均匀温度场作用所引起的应力变化增量占比分别为 -8.86% 与 5.29%,比例较低。此类测点在一天内的应力变化量远小于全年的应力变化量,其应力变化基本由年温温度作用所引起。

(2) 测点 15-2 与测点 20-4 的应力变化中,非均匀温度场作用所引起的应力变化增量占比分别为 30.70% 与 30.00%,其比例在所有测点中属于中等水平。此类测点在一天内的应力变化量较大。

(3) 测点 8-2 与测点 24-4 的应力变化中,非均匀温度场作用所引起的应力变化增量占比分别为 65.32% 与 54.81%,比例较高。此类测点在一天内的应力变化量可以接近全年的应力变化量,非均匀温度场作用对其影响非常显著。

(4) 在长期应力与温度曲线上,各测点的应力与温度走势均表现出较好的相关性,这就是年温温度作用在结构长期服役过程中的体现。但是在短期的温度作用下,测点应力与温度之间的关系可能与长期变化趋势不一致,即非均匀温度场作用的影响所致。例如,测点 24-4,通过其应力与温度曲线的长期变化趋势可见两者关系呈负相关,但是在短期内其应力与温度的关系却呈正相关,如图 7.5.36 所示,导致这种现象的根本原因为结构不同部位温度变化的非同步性。

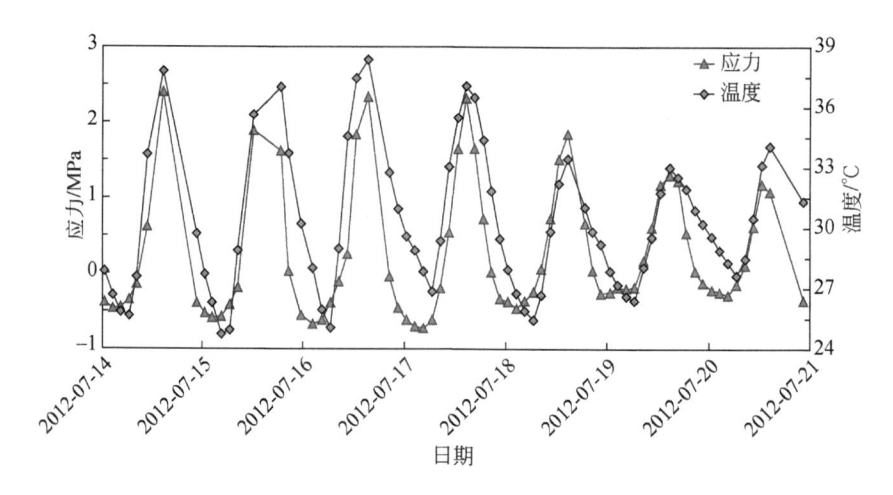

图 7.5.36 国家体育场测点 24-4 短期应力与温度曲线

7.5.6 屋面风场实测分析

1. 数据采集方法

利用远程风场实测系统多个风速测点同步采集和观测,获得了国家体育场屋盖上的风速记录。数据分析选取 3 段平均风速较大的风速时程,见表 7.5.1。

表 7.5.1　风速实测样本记录

样本代号	记录时间	时长/min	平均风向
0915	2010-09-15 22:40～2:10	220	西南
0927	2010-09-27 10:13～14:13	240	西北
1004	2010-09-27 15:16～16:36	80	西南

2. 脉动风速概率分布

图 7.5.37 所示为 3 次风速样本中风速风向测点 1 在 1h 内脉动风速的概率分布。对于一个标准的高斯分布,其峰度系数和偏度系数分别为 3 和 0。峰度系数大于 3,表明落在风速均值附近的概率分布大于标准正态分布;而偏度系数大于 0,表明概率分布向右偏斜,数据右端有较多的极端值。3 次风速样本的概率分布呈现出不同程度的非高斯特征。脉动风速可以看作稳定流场和一系列旋涡叠加的结果,在风速构成以稳定流为主时,脉动风速近似为高斯分布。而对于大跨度屋盖结构,屋盖上表面主要受分离的旋涡作用,风场较为紊乱,因而非高斯特性表现明显。

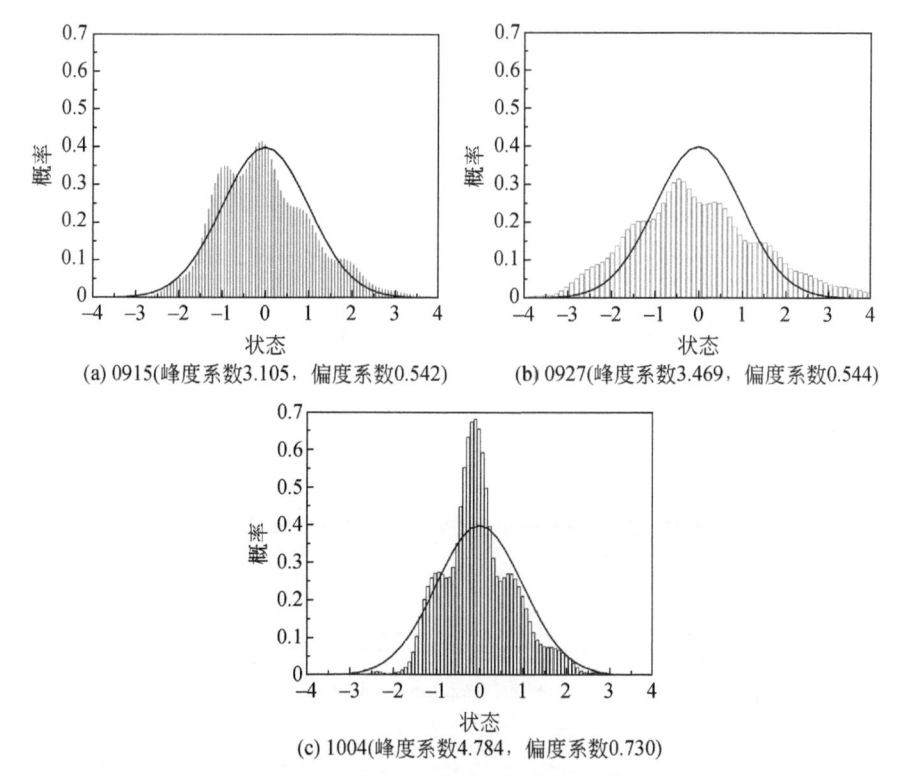

(a) 0915(峰度系数3.105, 偏度系数0.542)

(b) 0927(峰度系数3.469, 偏度系数0.544)

(c) 1004(峰度系数4.784, 偏度系数0.730)

图 7.5.37　国家体育场 3 次风速样本中风速风向测点 1 在 1h 内脉动风速的概率分布

3. 平均风速与风向

两个均以 10min 为基本时距的实测样本数据的平均风速和风向如图 7.5.38 所示。0915 样本总体平均风速为 3.0m/s，其中最大 10min 平均风速为 4.5m/s，总体平均风向为 162°，即风向以西南方向为主。0927 样本的总体平均风速为 4.0m/s，其中最大 10min 平均风速为 5.5m/s，总体平均风向为 18°，即风向以西北方向为主。图中显示，位于大跨度屋盖结构上位置对称且距离较远的 3 个风速风向测点，平均风速和风向随时间变化规律趋于一致，但数值存在一定差异。以 10min 为时距的平均风速属于风速中长周期部分，其能量源自风速来流，因此位于空间上不同位置上风速虽受屋盖绕流影响，但平均值变化规律仍一致。

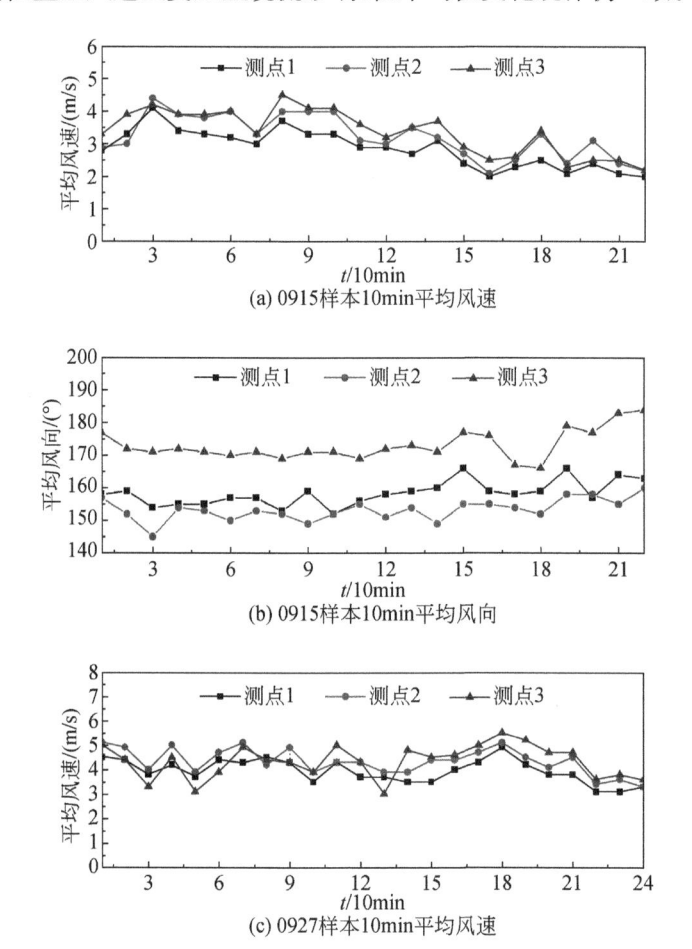

(a) 0915样本10min平均风速

(b) 0915样本10min平均风向

(c) 0927样本10min平均风速

(d) 0927样本10min平均风向

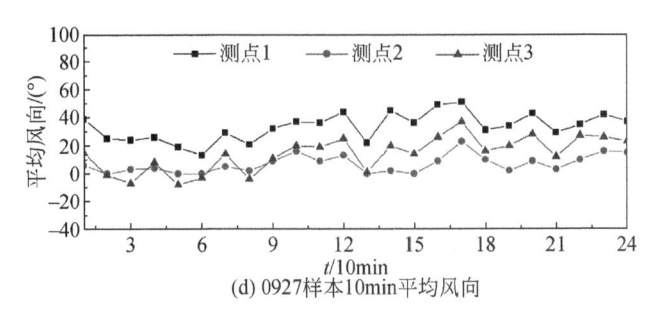

图 7.5.38　国家体育场风环境统计图

4. 湍流度与阵风系数

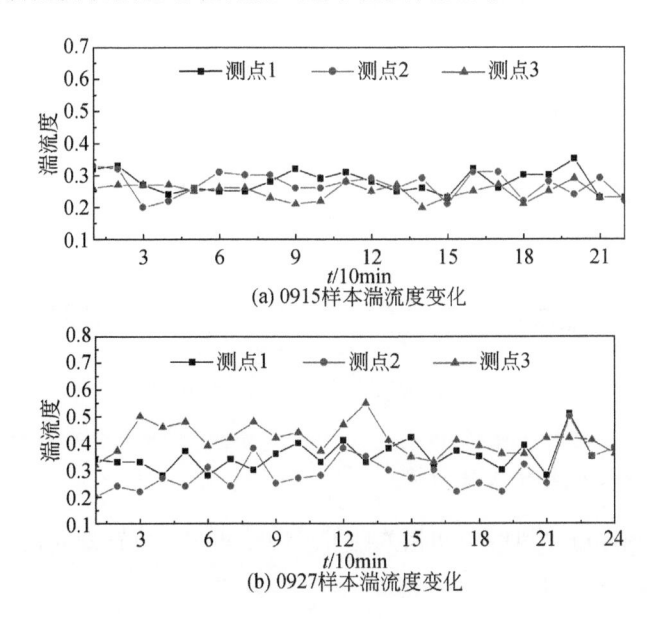

以 10min 为基本时距的湍流度和阵风系数随时间的变化如图 7.5.39 所示。0915 样本顺风向湍流度平均值为 0.27，阵风系数的平均值为 1.63。0927 样本顺风向湍流度平均值为 0.35，阵风系数的平均值为 1.96。在日本建筑荷载规范中，与本测试地点相似且相同高度处，顺风向湍流度约为 0.148。李秋胜等（2009）在位于有较多高大建筑群城市中心的北京气象塔 47m 高度处，得到以 10min 为分析时距的两次强风样本纵向湍流度的平均值分别为 0.289 和 0.344，与本节实测湍流度较为接近。注意到"鸟巢"周围较为开阔，无高大建筑群，为典型的 B 类地貌地区，理论上应比北京气象塔相应高度处纵向湍流度小。但本书实测的数据对象并非大气边界层自然来流，而是遇到建筑物后产生分离、再附着和旋涡脱落等绕流现象的湍流，故湍流度较相应地貌自然风速来流湍流度偏大。

(a) 0915样本湍流度变化

(b) 0927样本湍流度变化

(c) 0915样本阵风系数变化

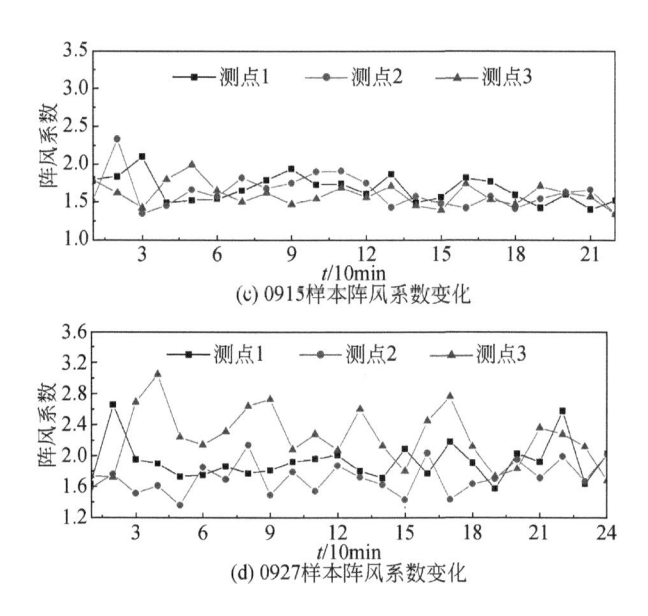

(d) 0927样本阵风系数变化

图 7.5.39　国家体育场湍流度与阵风系数随时间的变化曲线

顺风向阵风系数随湍流度增大而增大，如图 7.5.40 所示，对两次实测结果进行如式 $y=ax+b$ 所示的线性拟合发现，对于 0915 样本，$a=2.747$，$b=0.907$；对于 0927 样本，$a=3.390$，$b=0.763$。

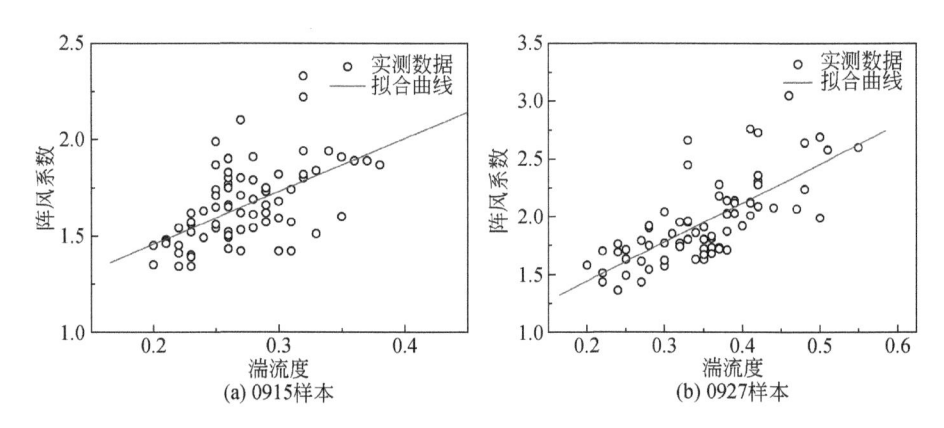

(a) 0915样本　　　　　　　(b) 0927样本

图 7.5.40　国家体育场顺风向阵风系数与湍流度之间的关系

5. 湍流积分尺度与相关性分析

在时域内描述脉动风的空间相关性可采用空间两个位置处风速的相关函数来

表示。3次风速实测样本下,3个风速测点之间的相关函数如图7.5.41所示。通常认为相关系数绝对值大于0.5时属强相关,而小于0.2时则可视为弱相关。图中相关函数峰值为0.1~0.36,表明风速测点之间相关性很弱。

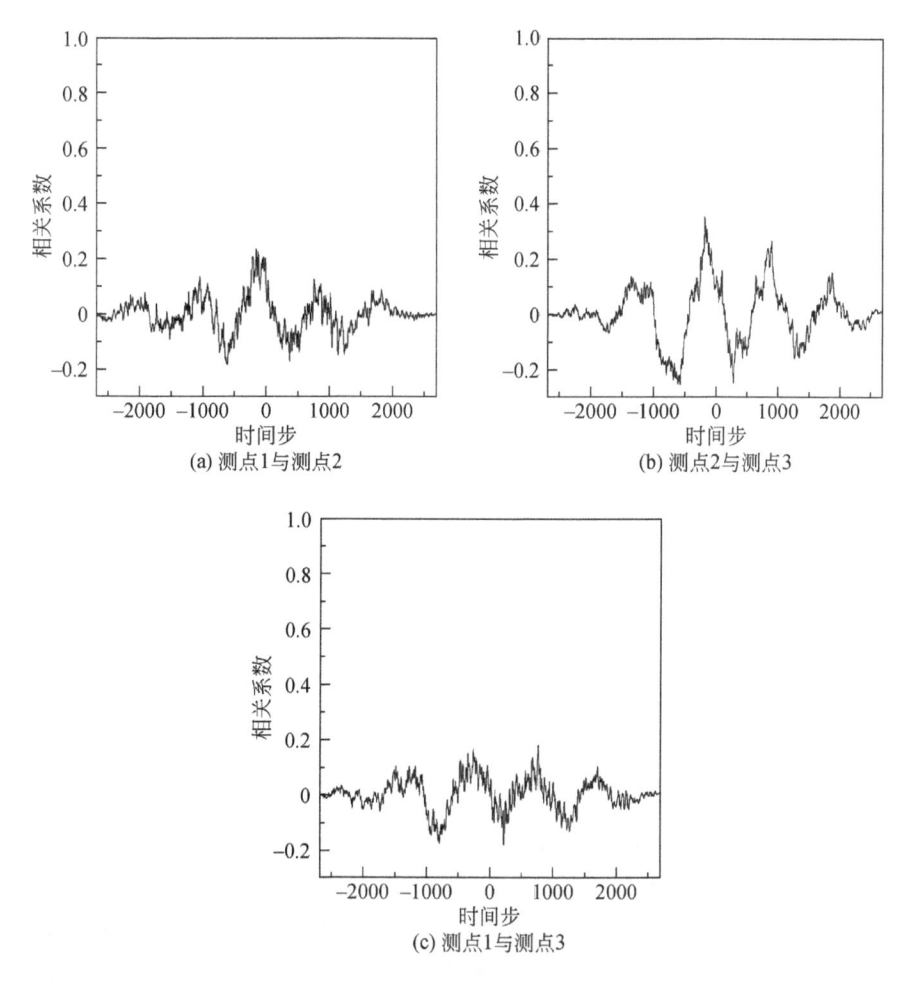

图 7.5.41 0915样本脉动风速之间的相关函数

当脉动风空间两点位置小于湍流平均尺度时,说明这两点处于同一旋涡内,则两点的脉动风速相关;相反,处于不同旋涡中两点的风速是不相关的(Levitan et al.,1992a,1992b)。两次风速样本下湍流积分尺度随时间变化情况如图7.5.42所示。其中,0915样本中,测点1、测点2和测点3的湍流积分尺度平均值分别为64.7m、68.7m和99.1m;0927样本中,测点1、测点2和测点3的湍流积分尺度平均值分别为33.2m、44.8m和19.5m。而各测点之间水平距离为

100~160m，大于上述计算出的湍流积分尺度的平均值，依此可推断风速测点1、测点2和测点3脉动风速之间的相关性较弱，与实测结果吻合。

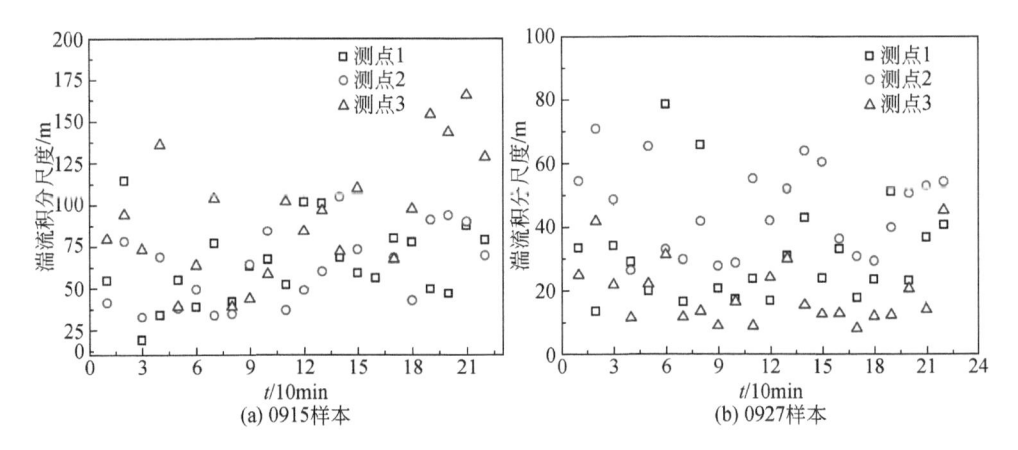

图 7.5.42　国家体育场测点1、测点2、测点3的湍流积分尺度随时间变化情况

戴益民等(2009)针对低矮房屋的近地风剖面变化规律进行研究，与本测试地点相似和相同高度处，顺风向湍流积分尺度取130m，实测风速受屋盖绕流影响，湍流积分尺度较规范推荐值小，尤其对于0927样本，湍流积分尺度平均值为19.5~44.8m，表明大跨度屋盖上风场较为紊乱，以小尺度旋涡为主。

6. 脉动风功率谱密度

图7.5.43所示为风速样本1004下3个风速测点顺风向脉动风速功率谱及与3种典型的来流脉动风速功率谱对比，Davenport谱、von Karman谱和Kaimal谱谱峰对应的莫宁坐标(折减频率)nz/U均在0.1左右，而风速测点1、测点3分别在莫宁坐标为0.5和0.7时达到峰值，与典型的风速功率谱存在一定差异；风速测点2在莫宁坐标0.12附近达到峰值，与典型的风速功率谱较为接近。实测数据表明，当风速未受干扰时，其纵向脉动风速功率谱均在莫宁坐标0.1附近达到峰值，并能较好地符合von Karman谱。

注意到风速样本1004风向为西南方向，此时测点2处于上风区域的前段，能量主要源自风速来流，因而低频能量占控制地位；随着测点位置距上风区域变远，屋盖上旋涡脱落占主要作用，许多小尺度的旋涡生成并产生分离，使得测点1和测点3风速功率谱谱峰出现在较高频率区域。在相同来流方向角下，以上实测风速功率谱与付以贤(2008)中"鸟巢"风洞试验对应点的风压功率谱呈现相同的特征。本书认为，结构表面某点的脉动风压能量来源于该点附近的实际风速脉动，因而实测风速功率谱与风洞试验中风压功率谱特征相似。

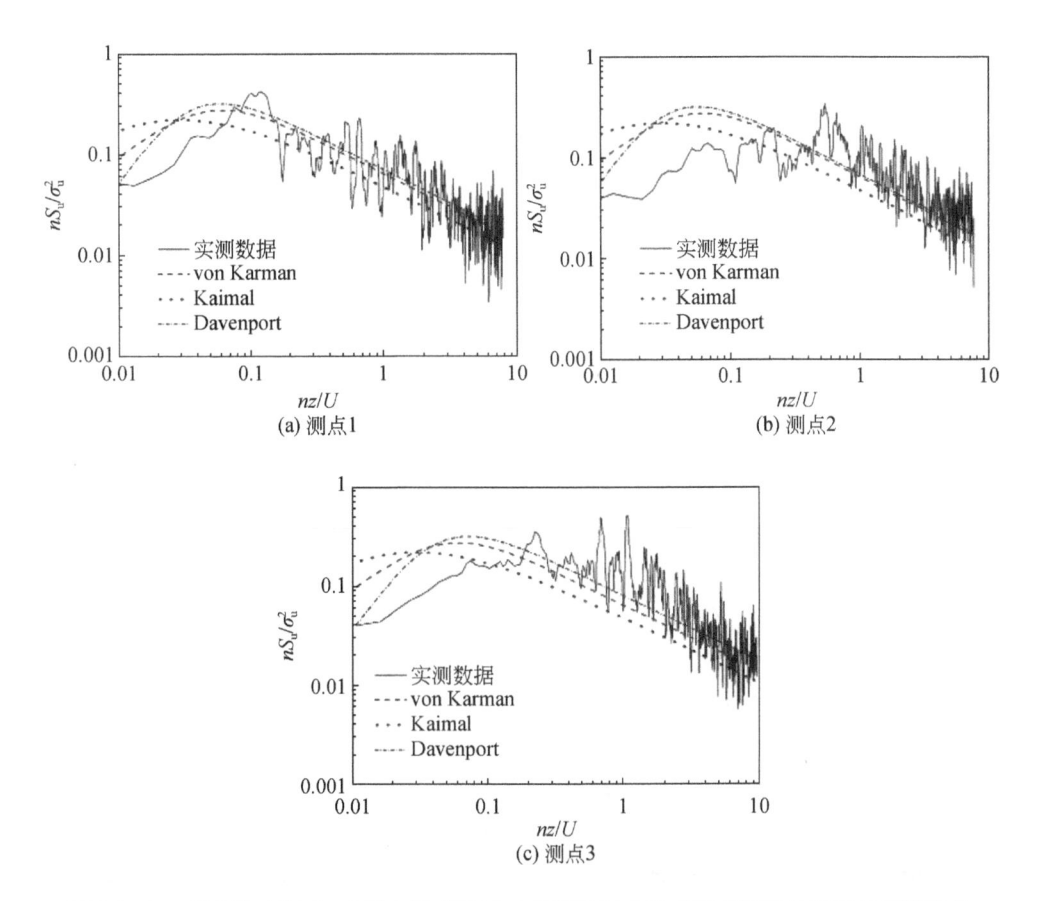

图 7.5.43　国家体育场 1004 样本脉动风速功率谱及与 3 种典型来流脉冲风速功率谱对比

准定常假定认为结构表面的风压脉动取决于来流风速脉动。由于结构表面某点的脉动风压能量来源于该点附近的实际风速脉动,若准定常假定适用于"鸟巢"屋盖结构,则屋盖表面的风速脉动应与来流风速脉动呈现大致相同的规律,换句话说,屋盖表面的实测风速功率谱应与 von Karman 谱等典型的风速功率谱较为相近,实测风速功率谱不应受到旋涡脱落的较大影响,而以上实测的结果表明并非如此,屋盖实测风速功率谱明显受到分离、旋涡脱落及再附着等作用的较强影响。从风速实测角度证实了准定常假定不适用于大跨度屋盖结构。

7.6　重大活动保障

国家体育场作为各项重大活动承办场所,场馆设施时常伴随活动需求而进行一系列拆改,这会导致结构受荷环境发生一定程度的改变。为了保障重大活动的成功举办,亟须提供一种国家体育场屋面空间结构精细化监测的解决方案,从而可以实时、精准地把握在复杂多变受荷环境下结构的服役状态。

7.6.1 大型文艺演出

2021年6月28日晚,重大文艺演出《伟大征程》在国家体育场盛大举行。

为了满足2021年夏季重大活动文艺演出需要,根据《国家体育场监测技术要求》及在现有的监测系统基础上,对监测系统进行改造和完善,改造历程如图7.6.1所示。监测改造内容是针对国家体育场在活动布置中屋盖荷载增设区域的主要受力构件及其主要影响位置进行跟踪监测,增强建筑结构的安全保障能力,在充分利用已有监测设备的基础上,进一步完善系统的软硬件。为了消除电缆线布设导致的现场不利因素,采用锂电池加太阳能供电方式。完善数据采集机制,配合甲方对临时吊挂荷载的受力进行监测。重新研制并开发了无线、传感、远程安全监控系统,通过对钢结构支撑体系均匀、对称、有侧重点地监测布设,以便更全面地监测建筑物钢结构的受力与变形情况,图7.6.2和图7.6.3所示分别为国家体育场典型测点应变时程图和檐口位移时程图。

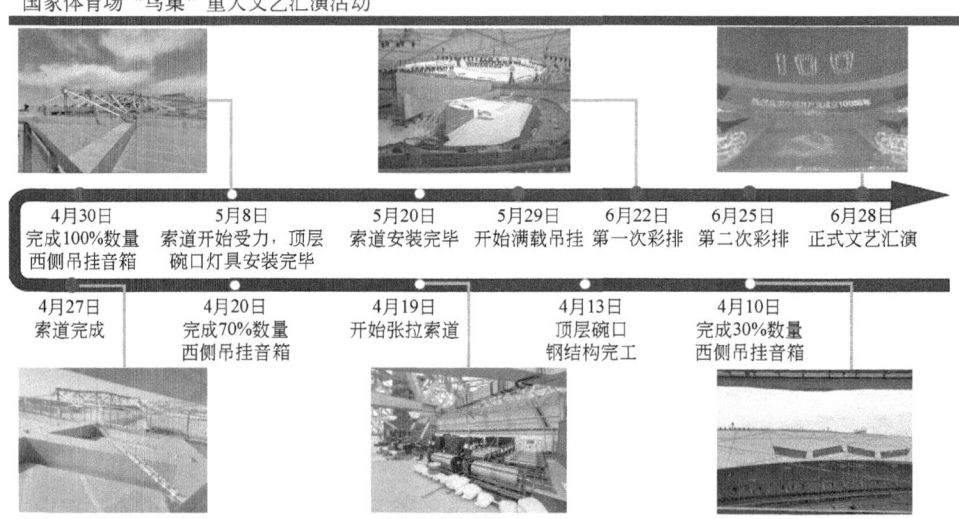

图 7.6.1 国家体育场活动改造时间历程图

7.6.2 北京冬季奥运会

2022年2月4日至2月20日,第24届冬季奥运会在北京举办,开幕式和闭幕式均在国家体育场举行。冬奥会举办期间,国家体育场结构健康监测系统持续工作,实时采集结构各项数据,为结构安全提供了有效保障。图 7.6.4 展示了冬奥会期间国家体育场的结构健康监测情况。

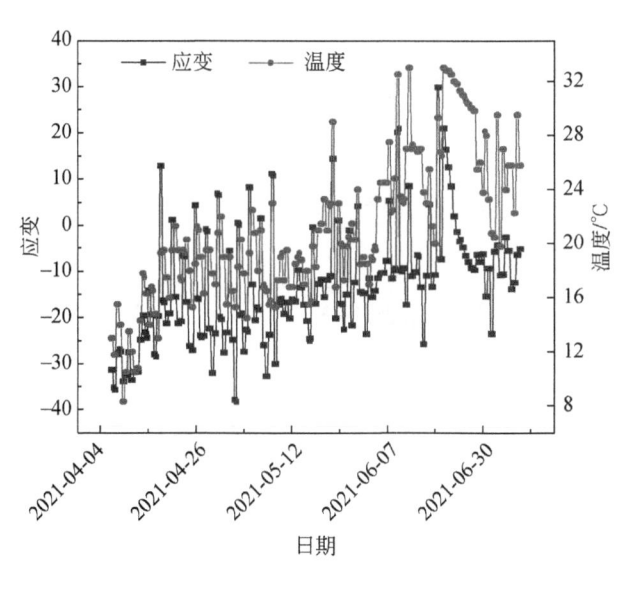

图 7.6.2 国家体育场典型测点应变时程图

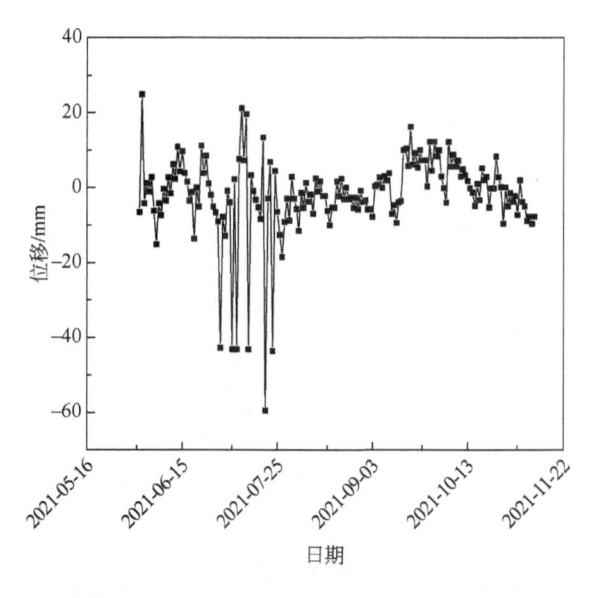

图 7.6.3 国家体育场典型测点檐口位移时程图

第 1 期 冬奥场馆结构监测特别周报

2022年1月14日

监测单位：浙江大学空间结构研究中心
监测周期：2022年1月8~14日
监测网站：http://www.zju-shm.com
编辑：傅文炜　陈轶　审核：罗尧治

国家体育场结构监测

国家体育场的主体钢结构由巨型门式钢架构成，整个结构体系支撑了24根桁架柱，建筑造型呈马鞍形。该场馆承担了举办北京冬奥会开幕式的任务，钢结构的内力和变形是结构健康监测的重点关注对象。

钢结构应力

"鸟巢"主体钢结构的监测构件类型包含上弦杆、下弦杆和立柱。从桁架应力数据角度分析，各测点应力在该监测周期未出现明显突变情况，由于早晚温差不断减小，结构整体应力变化幅度较小，绝大多数测点应力变化均在20MPa以内，属正常的应力变化水平。

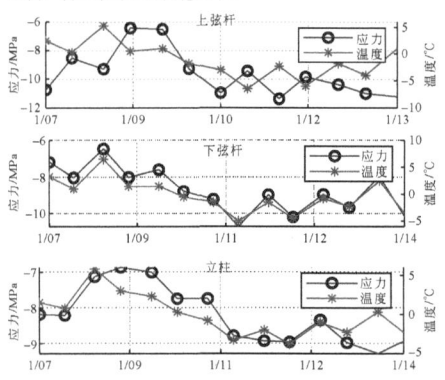

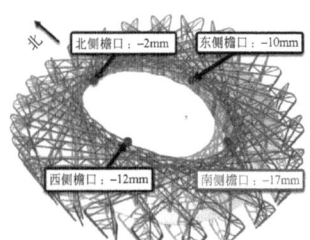

檐口位移

在2022年1月7日至14日期间，"鸟巢"檐口位移最大变化量为17mm，测点位置在南侧檐口。檐口位移变化的平均值为5mm。檐口位移与结构温度保持强相关性，结构状态无明显异常。

国家速滑馆结构监测

国家速滑馆由马鞍形索网屋面、巨型钢结构环桁架、混凝土看台柱以及索-拱幕墙结构组成。在北京冬奥会期间，该场馆结构监测的重点是索网的位移和索力以及冰面结构的应变和温度。

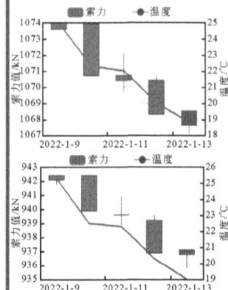

索网位移和索力

索网结构由东西向承重索和南北向稳定索组成。近一周内，稳定索的平均索力变化值为58.9 kN，索力最大的点为从北往南的第17对稳定索，总索力值为2976.3 kN；承重索的平均索力变化值为28.6 kN，索力最大的点为从东往西的第23对承重索，总索力值为1975.2 kN。索网结构索力的相对变化较小，结构索力分布基本保持不变。

位移变化量/mm		监测位置
最大值	11	索网内环马道西北侧
最小值	1	索网外环马道东北侧
平均值	2.5	

索网结构位移测点均匀布置在屋面的内外两圈马道区域，对竖直方向位移进行监测。在监测周期内，索网内环马道西北侧的位移变化最大，位移值为11mm；索网外环马道东北侧的位移变化最小，位移值为-1mm。索网位移平均值为2.5mm。

冰面结构温度和应力

冰面结构混凝土的最低结构温度为-7.8℃，冰面南北分区的平均结构温度差异小于2℃。混凝土应力变化的最大值为0.55MPa，且应力分布均匀。

北京赛区气象情况

本周冬奥会北京赛区的气象环境稳定，最高气温1.2℃，最低气温-4℃，平均温度-1.1℃，平均湿度47%，平均风速1.9m/s，主要风向为东北风。

参数	平均值	最大值	最小值
温度/℃	-1.1	1.2	-4
湿度/%	47	71	26
风速风向/(m/s)	1.9	2.5	1.3
降水量/mm	—	0.1	0.1
总云量/%	17	59	1
能见度/km	18.6	29.4	4.6
气压/hPa	1023.1	1026	1021

本周小结

2022年1月8日至1月14日针对北京赛区的国家体育场和国家速滑馆进行了加密监测，目前各场馆结构监测暂未发现结构存在明显的异常状态变化。

图 7.6.4　北京冬奥会期间监测周报

第8章 国家速滑馆监测

8.1 工程概况

8.1.1 工程简介

国家速滑馆位于北京奥林匹克公园内,规划用地范围约 20hm^2,建筑面积约 80000m^2,场馆座席约 12000 席,是 2022 年北京冬奥会的标志性场馆,在 2022 年北京冬奥会期间承担速滑项目的比赛和训练(图 8.1.1)。

图 8.1.1 国家速滑馆概念图

8.1.2 结构体系组成

国家速滑馆由马鞍形索网屋面、巨型钢结构环桁架、混凝土看台柱以及索-拱幕墙结构组成,形成以马鞍形屋面和冰丝带幕墙为代表的特殊建筑造型(图 8.1.2(b))。

1. 屋面索网结构

国家速滑馆屋面索网由南北向稳定索和东西向承重索正交组成(图 8.1.2(c)),其中,南北向最大跨度为 200m,拱度为 7m;东西向最大跨度为 130m,垂度为 9m。稳定索共 30 根,投影间距为 4m,每道稳定索采用 2 根公称直径为 70mm 或 74mm 的钢索,初张力为 1817~2351kN。承重索共 49 根,投影间距也为 4m,每道索也由

2根钢索组成,钢索公称直径为78mm,初张力为2847~3040kN。屋面索网锚固在周围的巨型环桁架上。为了使索网对环桁架的侧向力不传递到下方的混凝土柱上,实际施工中采取先张拉索网再固定环桁架支座的方式,因此大大增加了施工难度。

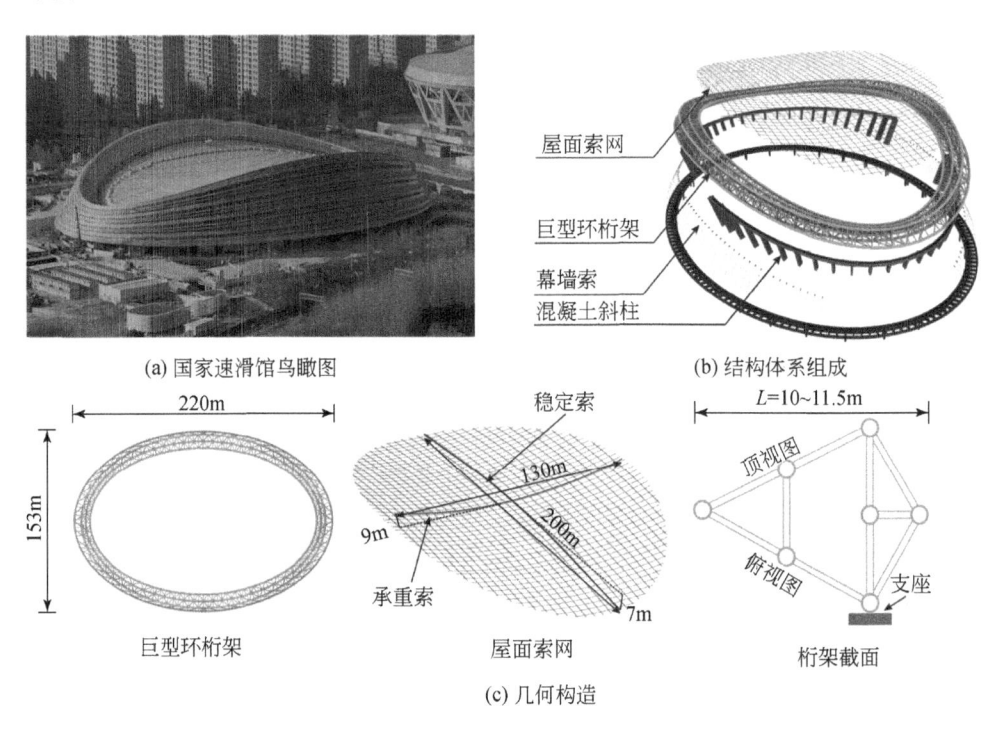

图 8.1.2 国家速滑馆结构体系与几何构造

2. 巨型环桁架结构

国家速滑馆环桁架整体投影为椭圆形,南北向跨度为220m,东西向跨度为153m,通过48个支座固定在混凝土劲性柱上,支撑所在椭圆长轴215m,短轴148m。截面为筝形结构,平面尺寸随着位置的改变而改变。其中,环桁架最低点截面尺寸为 10.0m×5.2m,环桁架最低点截面尺寸为 11.5m×10.0m。采用Q460GJC-Z15钢材,钢管最大尺寸为P1600mm×60mm。

3. 混凝土斜柱结构

混凝土斜柱结构主要包括幕墙柱、幕墙悬挑梁、外围巨型柱和屋顶环梁,各柱、梁均埋入钢骨,混凝土等级采用C40或C60,各柱、梁截面根据受力情况进行优化,采用多种截面形式。

4. 幕墙结构

外幕墙为单层网壳和160条公称直径为50～60mm的封闭索组成的丝带结构，索间距为4.0m。最高点索长约22.0m，与水平面夹角为64°，最低点索长约8.7m，与水平面夹角为37°。幕墙拉索两端通过锚具分别固定在巨型环桁架和幕墙悬挑梁上。

8.1.3 施工过程

国家速滑馆主要施工过程如图8.1.3所示。第一步，在东西对称位置高空拼接两个尺寸约为182m×41m×21m的巨型桁架滑移体。第二步，使用液压顶将两侧桁架滑移至设计位置。第三步，通过焊接完成整个巨型环桁架的合龙施工，拆除支承巨型环桁架的临时支撑，桁架自重由下部的混凝土斜柱承担；在第三步进行的同时，在场地中央开始索网的铺设。第四步，索网铺设完成后，将整个索网结构提升到设计位置。在索网提升过程中，重力荷载从承重索传到巨型环桁架上，使索网的形状逐渐改变。第五步，进行索网张拉，该步骤包括预张拉和正式张拉两个阶段。通过张拉稳定索，为整个结构提供刚度并控制索网结构的形态。第六步，安装幕墙外立面等建筑构件。第七步，完成场地内冰板的施工安装。

图 8.1.3 国家速滑馆主要施工过程

8.1.4 监测重难点

基于国家速滑馆的结构体系组成和结构施工过程，可以明确该场馆的健康监测工作存在如下重难点。

（1）结构体系的复杂性。国家速滑馆结构体量大、组成构件多，结构体系复杂。

需要对构件应力应变、结构变形、温度效应、拉索索力、屋盖风压分布、风速风向和结构动力特性等进行监测。如何确定结构的关键构件,通过有限数目的测点得到更加接近真实情况的建筑外部荷载状态、结构内部工作状态是监测方案的重点和难点。

(2)索力监测的有效性。国家速滑馆采用马鞍形索网屋面和拉索幕墙结构,屋面索网和幕墙拉索连接在环桁架上,共同作用、相互影响,为了保证施工过程中索网的精确张拉成形和运营过程中的安全受力,需要通过健康监测手段对索力的大小和索网的变形情况进行实时监测。国家速滑馆索结构张拉过程复杂,张拉过程中幕墙索和屋面索相互影响,索网张拉过程中对索力的把控尤为重要;运营过程中索网在外部荷载的长期作用下,由结构材料老化或者支座滑移等可能因素带来的索力损失会对结构的安全运营产生很大的影响,因此施工和运营过程中对索力的监测是工程的重点和难点。

(3)动力监测的复杂性。风荷载监测包括风速、风向与风压监测,对其实时监测有助于研究阵风系数、湍流度等风荷载特性,以便了解结构实际风致振动效应。针对单一位置的风荷载监测,相对简单,但是国家速滑馆屋盖平面南北向跨度约为220.0m,东西向跨度约为153.3m,场馆覆盖面积大,周边的城镇建筑以及自然环境将对结构风场产生影响,如何实现对大面积屋面风压监测数据的长期同步采集,并通过监测数据准确把控结构全局的风环境、获取场馆表面的风压特性,是监测的重点和难点所在。在实际情况中场地环境十分复杂,环境噪声对于加速度监测有较大的干扰。怎样合理选择加速度测点位置和测点数量,并通过监测数据获得结构实际的模态信息是结构振动监测的关键。

(4)施工监测的同步性。在健康监测的整个过程中,结构的受力状态不断发生改变,由于施工进度以及现场调度的具体情况与施工组织设计难免存在差异,如果缺少有效的实时监测,将无法及时对施工组织进行指导与帮助。这就要求设备在整个施工过程中时刻保持活跃,同时在保证一定的采样频率时,能够持续工作,不会因为能耗问题而在施工阶段结束前退出工作。

(5)运营监测的稳定性。国家速滑馆是国家重点建设项目,该场馆结构的安全性和稳定性需要进行长期而稳定的监控。招标文件中要求数据传输应采用以无线数据传输为主的方式,而无线数据传输将存在发信能耗、通信距离以及环境干扰等多方面因素的影响,这对设备的稳定性和耐久性等提出了较高的要求。

(6)冰面监测的特殊性。国家速滑馆用来承办各类冰上赛事,而为了维持冰场、保证比赛的顺利进行,场地中央将长期保持在低温(−30℃)环境下。这种条件对下部抗冻混凝土的工作性能会产生一定的影响。同时,不同赛事对于冰面的要求也存在差异,需要通过冻融冰面来满足不同需求,而在此过程中会发生渗水现象,长期来看对于混凝土的腐蚀作用较为明显,对于冰下混凝土板的长期监测值得关注,同时低温环境下的监测也对监测设备的性能提出了更高的要求。

8.2 监测内容

依据国家速滑馆特点,充分发挥自主设备的无线组网与多测点实时采集优势,针对国家速滑馆进行多指标的综合监测,其中包括:①国家速滑馆环桁架、屋面索网、混凝土框架结构关键部位的位移实时监测;②国家速滑馆幕墙索、屋面索的索力监测;③国家速滑馆钢结构环桁架、混凝土框架结构关键部位的应力应变实时监测;④国家速滑馆屋面加速度实时监测;⑤国家速滑馆建筑表面实时风速风向、风压监测;⑥国家速滑馆温度作用监测;⑦国家速滑馆地震作用监测;⑧国家速滑馆关键部位混凝土开裂监测。具体内容如图 8.2.1 所示。

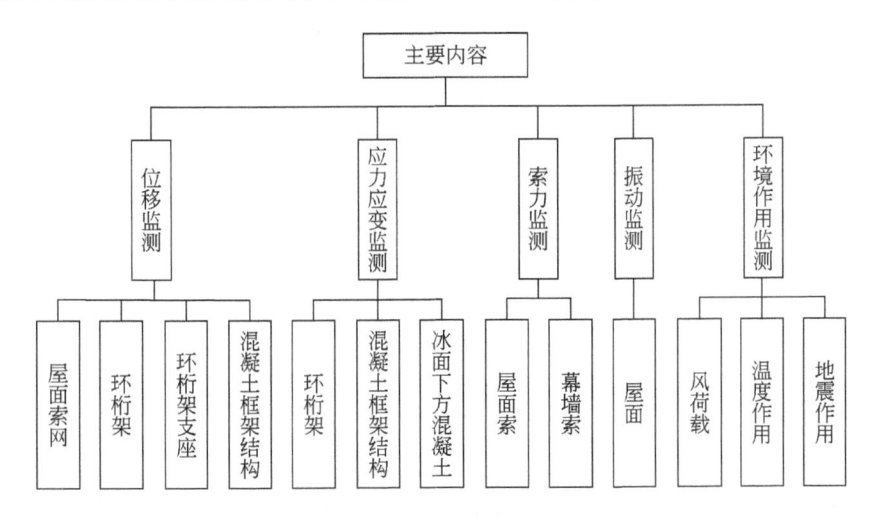

图 8.2.1 国家速滑馆监测内容

采用无线健康监测系统主要对国家速滑馆的 6 类监测参数进行监控,包括位移、内力、加速度、风荷载、地震以及气象信息,共计 1733 支无线传感器。各类无线传感器根据其应用场景分别安装在结构的不同区域,图 8.2.2 所示为国家速滑馆监测设备的现场安装情况。

根据场馆的施工计划和不同类型设备的工作需求,各类监测设备需要在合适的时间安装,并投入使用。例如,环桁架的内力和位移传感器需在结构拼装阶段完成安装;索网索力和位移传感器需在索网地面铺设阶段完成安装。监测设备的安装贯穿了整个场馆的施工全过程,不仅要求监测设备在复杂施工环境下能保持有效工作,同时也强调施工管理人员准确把握场馆工程进度,图 8.2.3 为国家速滑馆监测设备安装流程。图 8.2.4~图 8.2.6 分别为国家速滑馆环桁架区域、索网区域、其他区域各类设备的现场照片。

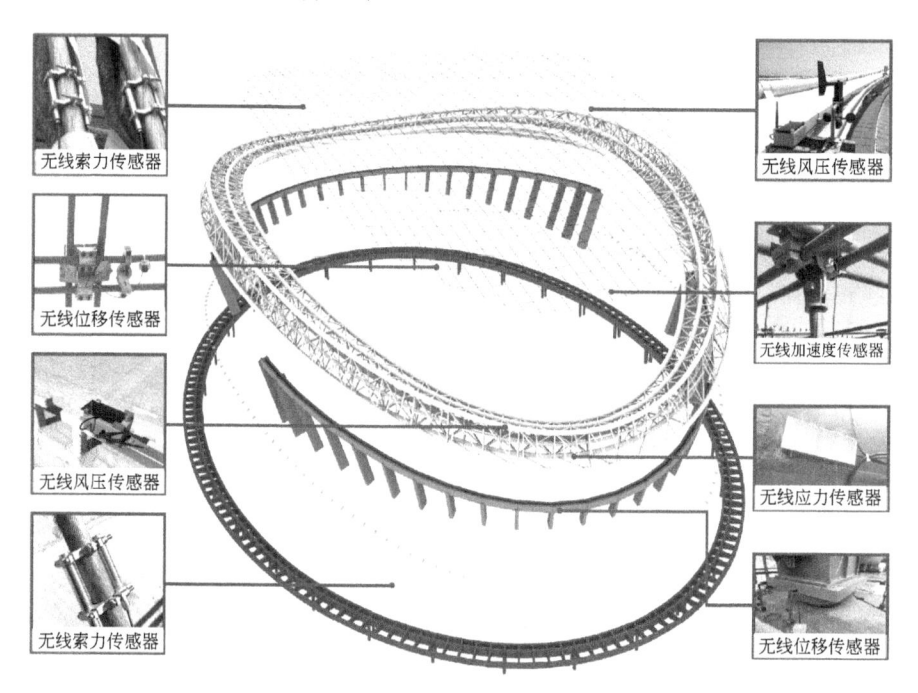

图 8.2.2　国家速滑馆监测设备的现场安装情况

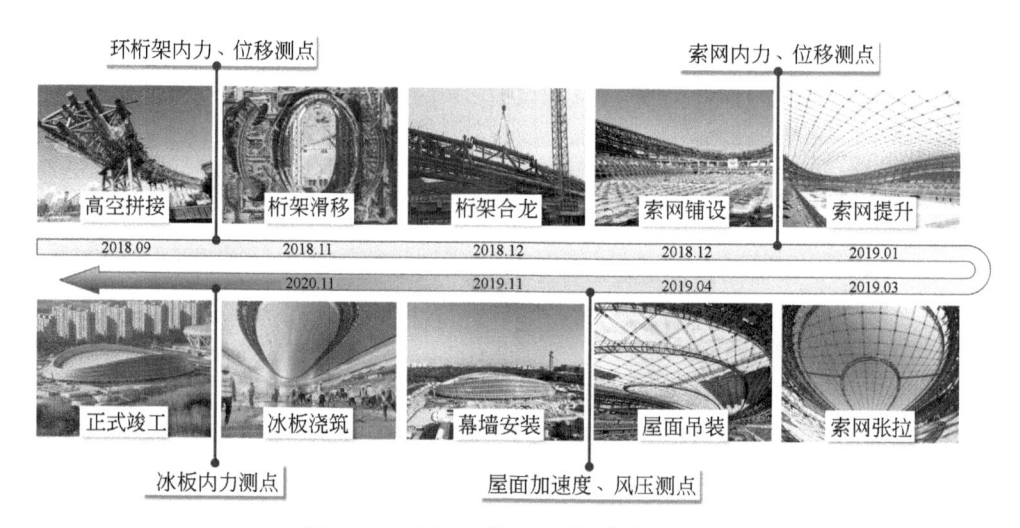

图 8.2.3　国家速滑馆监测设备安装流程

图 8.2.4　国家速滑馆环桁架区域主要设备

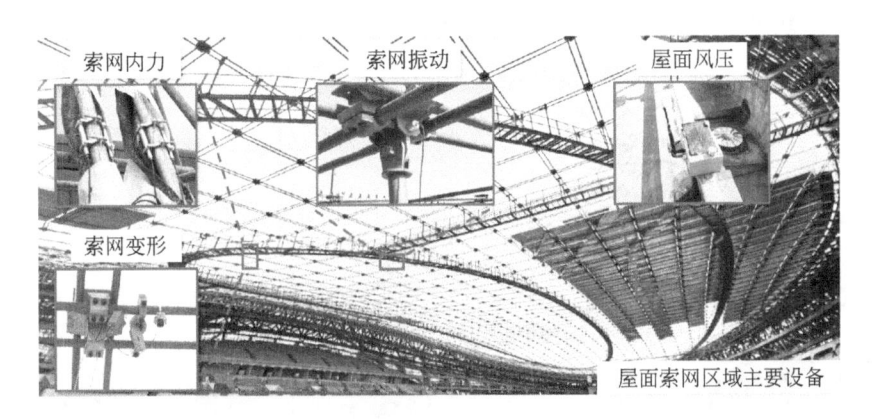

图 8.2.5　国家速滑馆屋面索网区域主要设备

图 8.2.6　国家速滑馆其他区域主要设备

8.3 监 测 系 统

8.3.1 无线传感网络

采用无线传感设备,对索网结构应力应变、结构变形、温度效应、拉索索力、屋盖风压分布、风速风向和结构动力特性等参数进行数据自动采集(图8.3.1)。传感器感应到的模拟信号由测点采集,通过模数转换后,经由接力点,通过无线信号,传输至现场信号基站。基站与计算机相连,可通过相应计算机软件解析监测数据,得到监测结果。将计算机接入互联网,监测数据即可通过互联网传输至远端的数据接收与控制计算机,从而实现数据采集自动化。在系统中,所有测点都具有无线通信能力,测点与基站、测点与测点间都可以相互通信,网络拓扑形式丰富,控制方式灵活。

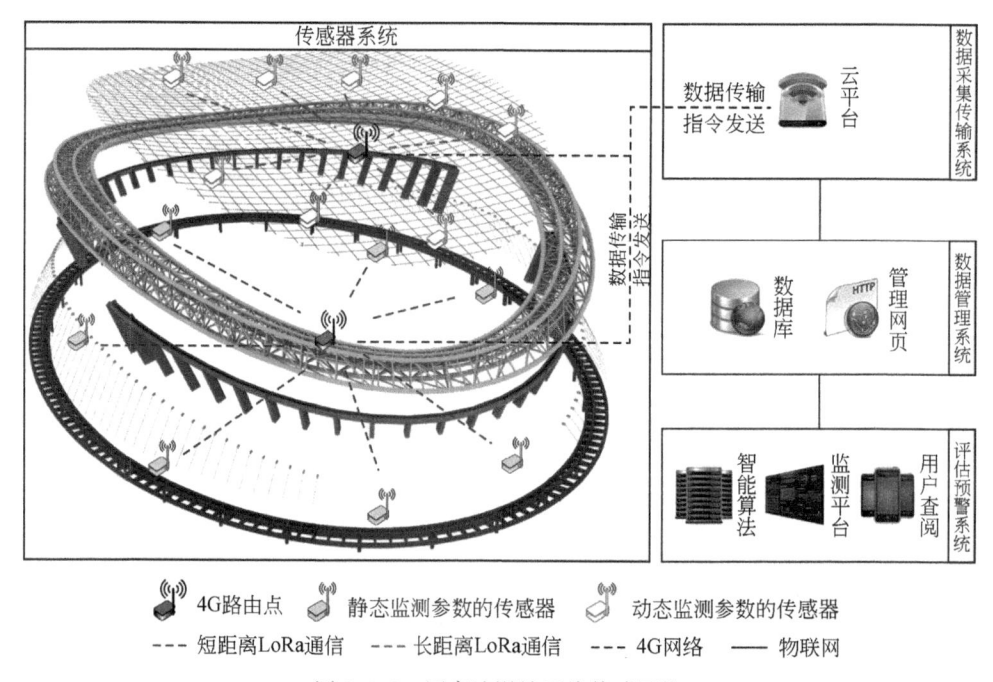

图 8.3.1 国家速滑馆无线传感网络

8.3.2 数据处理平台

监测数据采集的同时可以通过开发的云平台进行同步数据分析,对监测结果的合理性进行分析,排除外部干扰对数据的影响,动态了解结构的状况。阶段性监测完成后,可以对监测数据进行汇总分析,将导出的监测信息导入 Revit 模型,并生成基于建筑信息模型(building information modeling,BIM)的数据处理云平台,如图 8.3.2 所示。

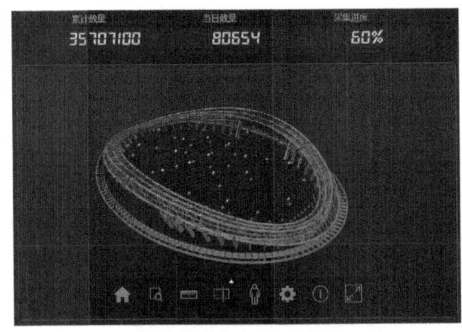

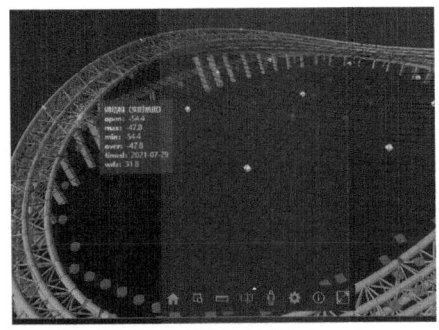

(a) 国家速滑馆 BIM 模型

(b) 监测数据实时显示

图 8.3.2　国家速滑馆数据云平台

8.3.3　远程监控中心

监测系统对于国家速滑馆周边环境、荷载及作用、结构特性以及结构响应的异常给定明确的预警阈值,通过性态评估系统从时空维、时间维、预警的层次类型、监测参数对象等多层面多角度分析推断出结构当前的实时工作状态性能,并在监控中心处给予实时显示(图 8.3.3)。同时,根据监测结构的历史健康档案,在一定程度上预测出结构安全储备和结构的发展趋势。当结构的安全储备不足或结构的某些物理量发生不正常的变化时,系统发出警告,第一时间通过多用户端可视化云平台、监控中心等途径向相关单位与人员给出警报,辅助决策,并采取一系列相应的应急修复措施来保证结构的安全性。

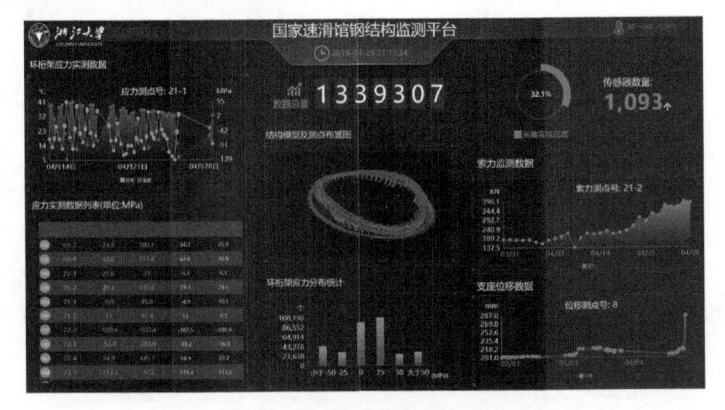

图 8.3.3　国家速滑馆远程监控中心

8.4 测点布置

8.4.1 构件荷载敏感性分析

国家速滑馆环桁架部分组成构件多,在进行结构健康监测时测点位置的选择非常重要,除了在受力较大、对结构重要性较高的构件上布置测点外,通过对各构件的敏感度分析,在荷载敏感度较高的构件上布置传感器更能反映出结构的负载状态,为健康监测的评价和预警提供依据。国家速滑馆所受外部荷载主要有温度作用、雪荷载和风荷载等,对国家速滑馆的环桁架杆件进行荷载敏感性分析。首先分别考虑结构对各类荷载的敏感度,确定对单独荷载较为敏感的杆件位置,然后引入各类荷载影响权重系数进行综合分析,得到环桁架杆件对外部荷载的敏感度,并确定环桁架敏感度较高的杆件所在位置。

1. 风荷载敏感性分析

根据《建筑结构荷载规范》(GB 50009—2012),北京地区 50 年一遇风荷载设计值为 0.45kN/mm^2,100 年一遇风荷载设计值为 0.50kN/mm^2,风荷载体型系数查规范可得,通过有限元分析软件计算得到各工况下的杆件应力值,根据前面的荷载敏感度定义得到结构各构件对各工况下的风荷载敏感度,从大到小排列并选取敏感度前 40 的杆件,杆件所在位置如图 8.4.1~图 8.4.4 所示。通过计算结果可以看出,环桁架转角处的斜腹杆对风荷载较为敏感。

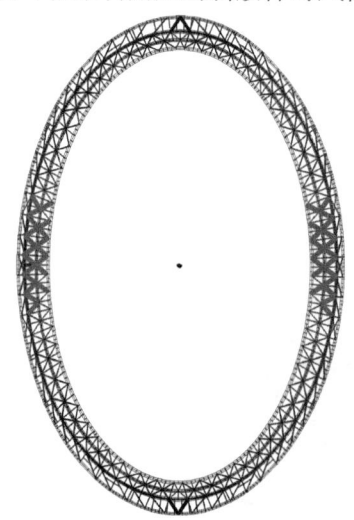

图 8.4.1 国家速滑馆环桁架 0°风压荷载敏感杆件位置

图 8.4.2 国家速滑馆环桁架 0°风吸荷载敏感杆件位置

图 8.4.3 国家速滑馆环桁架 90°风压荷载敏感杆件位置

图 8.4.4 国家速滑馆环桁架 90°风吸荷载敏感杆件位置

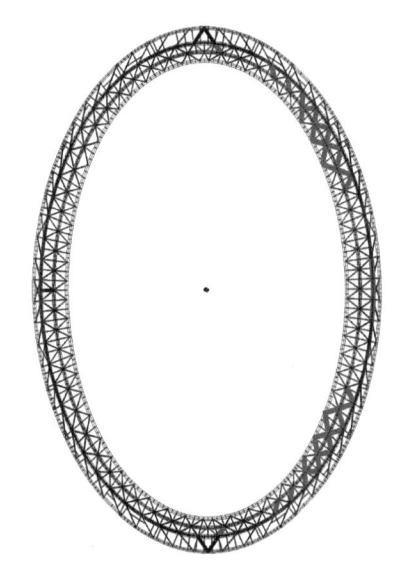

2. 雪荷载敏感性分析

雪荷载有左半跨、右半跨、上半跨、下半跨以及满跨 5 个工况，根据对称性考虑左半跨、上半跨及满跨 3 个工况。50 年一遇的雪荷载设计值取 0.45kN/mm^2，100 年一遇的雪荷载设计值取 0.50kN/mm^2，通过有限元分析软件计算分析，得到各工况下环桁架敏感度前 40 的杆件所在位置，如图 8.4.5~图 8.4.7 所示。

图 8.4.5 国家速滑馆环桁架满跨雪荷载敏感杆件位置

图 8.4.6 国家速滑馆环桁架左半跨雪荷载敏感杆件位置

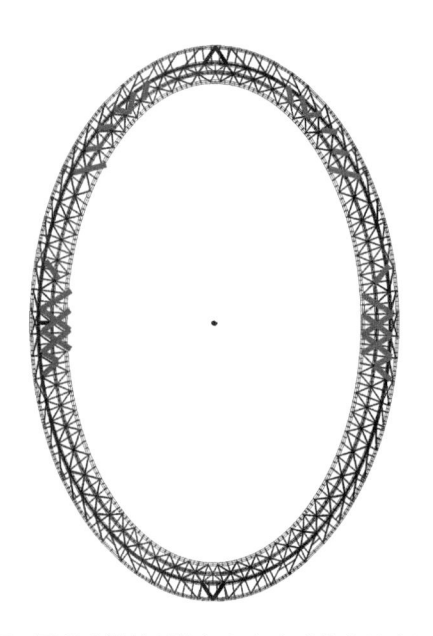

图 8.4.7 国家速滑馆环桁架上半跨雪荷载敏感杆件位置

通过计算结果可以看出,雪荷载和风荷载的敏感构件分布部位类似,集中分布在环桁架转角处的斜腹杆部位。

3.温度作用敏感性分析

温度荷载需要考虑升温和降温两种工况,温度作用荷载取值见表 8.4.1。

表 8.4.1 国家速滑馆环桁架敏感性分析温度荷载取值　　（单位:kN）

荷载年限 R /年	钢结构 升温荷载	钢结构 降温荷载	混凝土结构 升温荷载	混凝土结构 降温荷载
50	26	−33	8.7	−12.6
100	28	−35	10.7	−14.6

通过计算分析得到各工况下的环桁架温度敏感性前 40 的位置如图 8.4.8 和图 8.4.9 所示。

通过计算结果可以看出,环桁架端部的弦杆对温度荷载的敏感性较高。

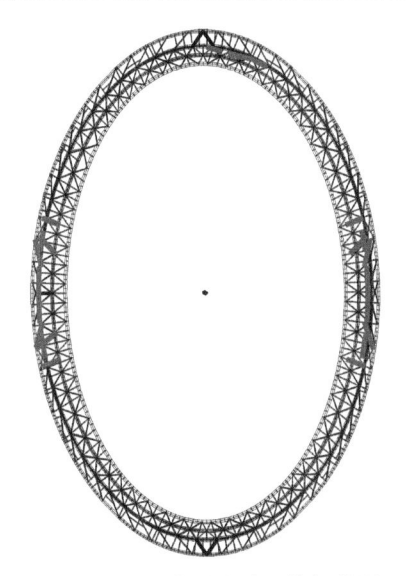

图 8.4.8 国家速滑馆环桁架降温
荷载敏感杆件位置

图 8.4.9 国家速滑馆环桁架升温
荷载敏感杆件位置

4. 荷载敏感性综合分析

国家速滑馆环桁架为钢结构体系，受温度影响较大，可将降温荷载影响权重系数、升温荷载影响权重系数定为 0.3；风向以东西向风为主，主要考虑 0°风和 180°风，影响权重系数各定为 0.1；雪荷载主要考虑满布雪荷载，影响权重系数定为 0.2。计算环桁架各杆件的荷载敏感性，确定环桁架荷载敏感性较高的杆件，得到对荷载敏感性前 80 的杆件位置如图 8.4.10 所示。

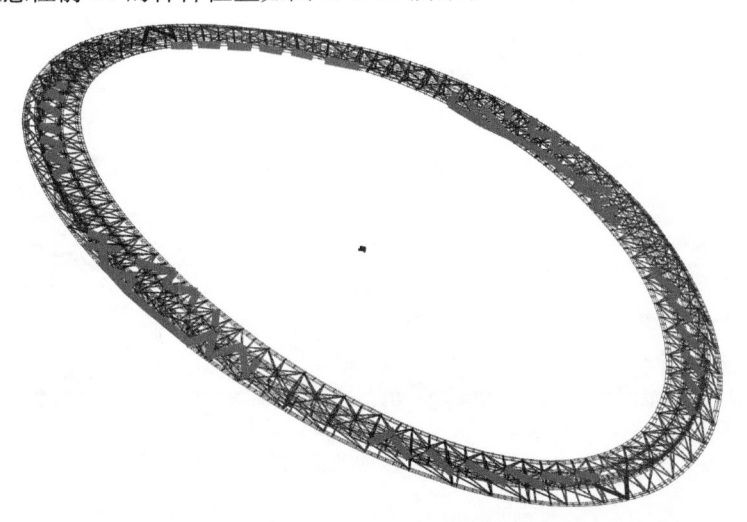

图 8.4.10 国家速滑馆环桁架综合荷载敏感杆件位置

8.4.2 测点布置汇总

国家速滑馆监测内容主要有应力应变监测、位移监测、索力监测、加速度监测和风压监测。各类测点布置的主要依据是结构静动力计算、环桁架杆件敏感性分析和施工仿真模拟结果，在此基础上，基于以下原则布置健康监测测点。

(1) 应力应变测点布置在结构受力较大的构件、对结构整体工作起关键性作用的构件和对外部荷载较为敏感的构件上。

(2) 位移测点主要布置在变形较大的部位，对于环桁架这类整体结构，在此基础上测点布置还要能体现整体变形性能。

(3) 索力测点布置需遵循满布、均布的原则，在索力较大的部位测点布置可相对密集，对张拉模拟过程中退出工作或者索力超限的索应进行重点监测。

(4) 加速度测点布置主要考虑结构前四阶模态，在结构动力响应较明显的部位布置测点。

(5) 各类测点的布置遵循对称原则。

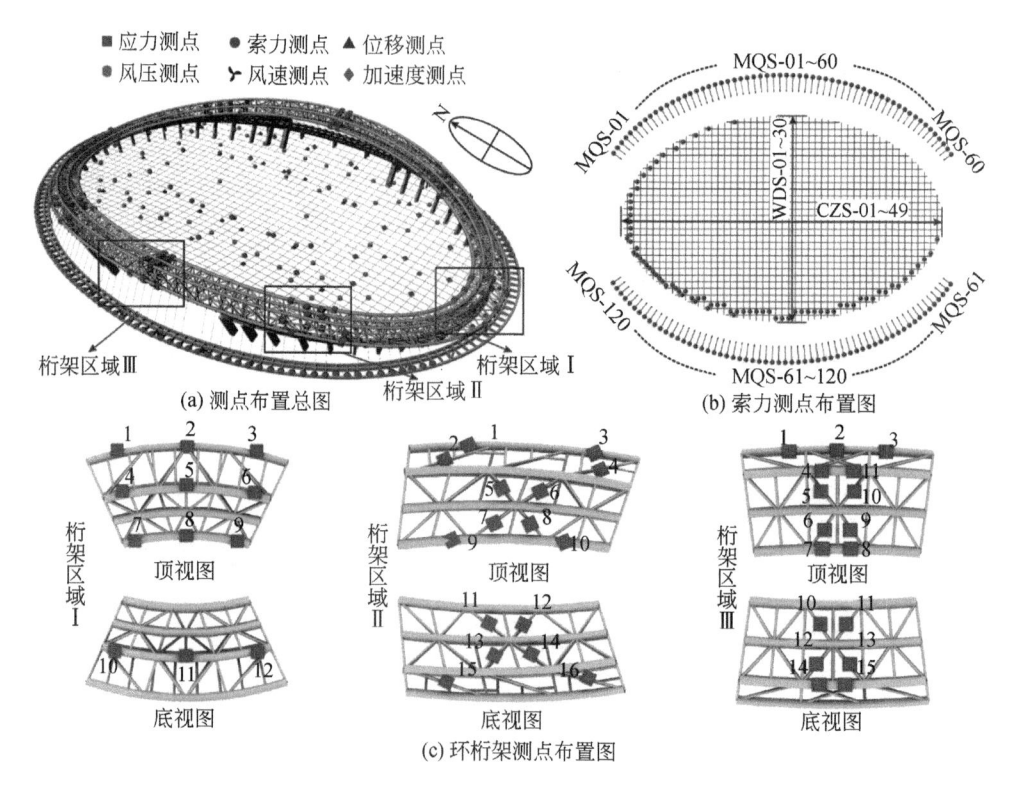

国家速滑馆测点布置如图 8.4.11 所示，测点数量汇总见表 8.4.2。

(a) 测点布置总图
(b) 索力测点布置图
(c) 环桁架测点布置图

第 8 章　国家速滑馆监测

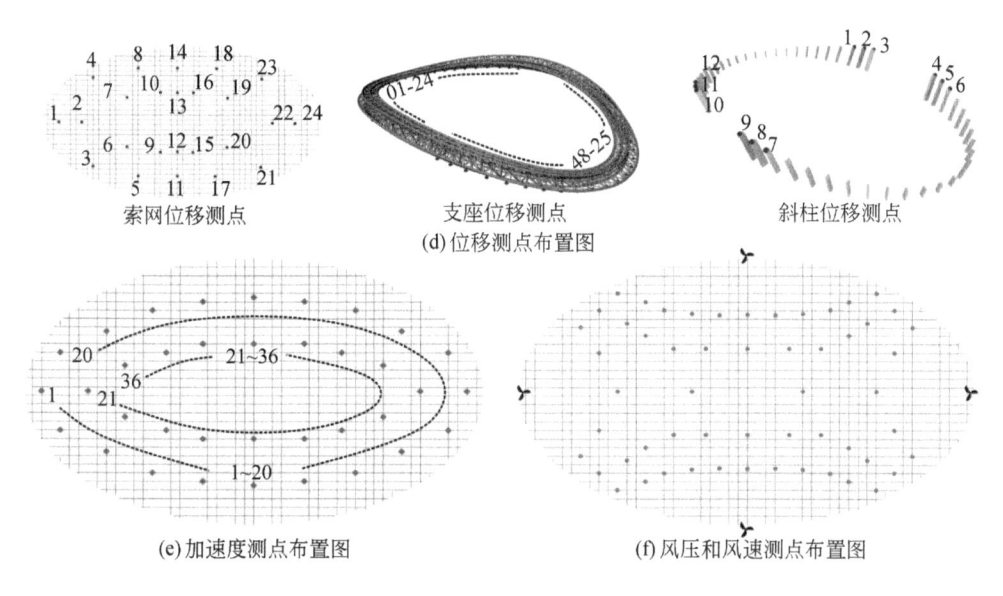

索网位移测点　　　支座位移测点　　　斜柱位移测点

(d) 位移测点布置图

(e) 加速度测点布置图　　　(f) 风压和风速测点布置图

图 8.4.11　国家速滑馆测点布置图

表 8.4.2　测点数量汇总表

序号	监测参数	监测内容	数量	合计
1	位移	屋面索网	24	168
		环桁架支座	120	
		环桁架	12	
		看台混凝土柱	12	
2	内力	屋面承重索	196	1015
		屋面稳定索	120	
		幕墙索	240	
		环桁架	336	
		看台混凝土柱	48	
		冰下混凝土	75	
3	加速度	屋面索网	36	36
4	风荷载	屋面索网	58	58
5	地震	场地基础	1	1
6	气象信息	温度	450	455
		场地环境	5	
所有测点总数				1733

8.5 数据分析

8.5.1 施工全过程构件内力数据分析

1. 环桁架滑移阶段

国家速滑馆屋面环桁架工程采用"东西侧高空滑移+南北侧原位吊装"的施工方法进行安装,在东西侧环桁架滑移就位、砂箱卸载到位、南北侧环桁架安装就位后,进行环桁架合龙工作,实现环桁架由支撑承重向自身承重状态的转换。国家速滑馆屋面环桁架滑移体由东西两侧两个滑移体组成,东西两侧两个滑移体同时滑移就位,单侧滑移质量约2700t,滑移总质量约5400t。环桁架滑移是屋面钢结构施工的关键环节,滑移实施的成败直接关系到整体工程的成败。在整个施工过程中,依据每日现场情况进行施工过程监测,得到相应的监测结果如图8.5.1所示,具体数据见表8.5.1。

高空滑移施工的重难点在于各个滑移位置需保持同步工作状态,假设各个滑移点完全同步且滑移速度非常小,滑移过程为一个准静态过程,东西侧的环桁架从一个平衡状态偏离平衡状态无限小到另一个平衡状态并且随时恢复平衡状态,则在整个过程中将无任何突变。但是在实际施工中滑移轨道的平整度、滑移速度的同步控制、滑移轨道的摩擦系数等因素均非理想状态,因而在滑移过程中会产生施工激振,环桁架各杆件的内力存在波动变化,但当日滑移停止后波动会消失,之后的内力随温度发展而变化。国家速滑馆环桁架于2018年11月14日至2018年11月22日进行了高空滑移施工,在滑移过程中对东西两个滑移区域的桁架杆件进行监测,监测结果总结如下。

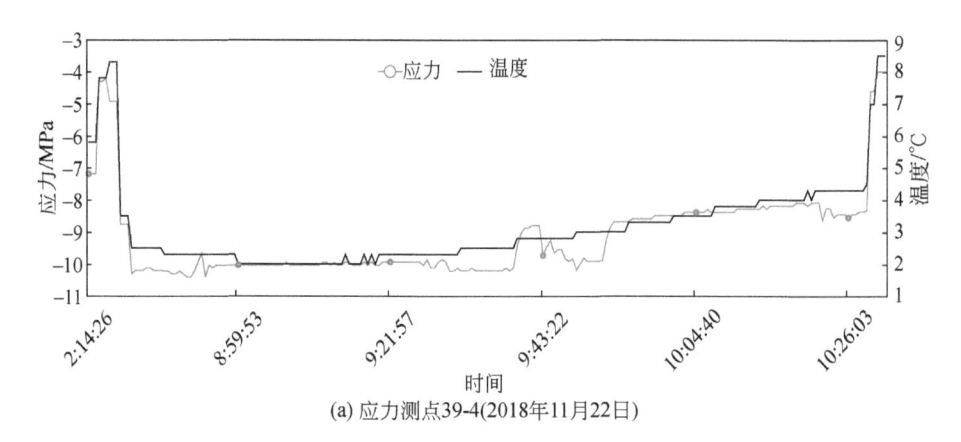

(a) 应力测点39-4(2018年11月22日)

(b) 应力测点86-1(2018年11月21日)

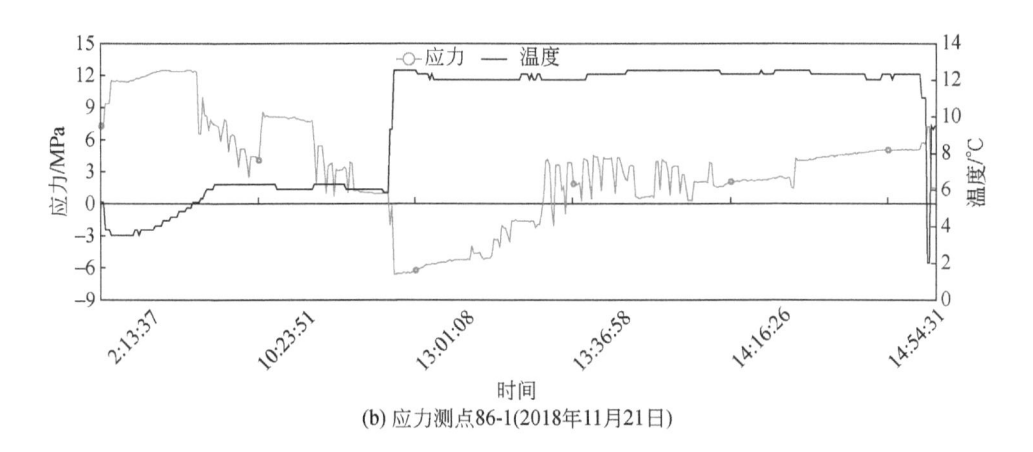

图 8.5.1　国家速滑馆环桁架滑移阶段典型应力测点曲线图

表 8.5.1　国家速滑馆环桁架滑移阶段部分应力测点监测数据

测点名称	测点位置	应力/MPa	测点名称	测点位置	应力/MPa
NL-7-10	西侧弦杆	−21.3	NL-3-43	东侧弦杆	9.0
NL-7-5	西侧弦杆	−16.8	NL-7-18	西侧弦杆	10.4
NL-6-12	西南角弦杆	−16.1	NL-7-46	西侧弦杆	11.0
NL-7-38	西侧弦杆	−14.9	NL-7-2	西侧弦杆	11.3
NL-6-22	西南角弦杆	−13.7	NL-3-24	东侧弦杆	12.0
NL-3-21	东侧弦杆	−13.5	NL-3-33	东侧弦杆	22.5
NL-6-4	西南角弦杆	−13.0	NL-3-5	东侧弦杆	23.1
NL-7-33	西侧弦杆	−12.9	NL-3-35	东侧弦杆	24.0
NL-7-15	西侧弦杆	−11.4	NL-3-7	东侧弦杆	30.5
NL-7-43	西侧弦杆	−10.2	NL-3-15	东侧弦杆	53.0

注：测点为该阶段 20 个最大值和最小值的测点。

（1）滑移过程中，滑移区块的环桁架会受到滑移轨道的平整度、滑移速度的同步控制、滑移轨道的摩擦系数等因素的影响，结构有明显的动力响应，从而导致在施工过程中构件内力有明显的波动情况。

（2）在整个滑移过程中，整体过程较为平稳，虽然出现了内力值的波动情况，但是应力峰值最大仅达到 53MPa，该内力值小于钢结构材料的屈服强度，说明该位置的构件内力受施工的影响不大。

（3）滑移过程中结构的负载情况和约束情况几乎没有发生改变，理论上来说该施工全过程中，内力变化相对较小。而在整个过程中滑移块内力变化绝对值的最大值为24MPa，绝大部分测点的内力变化小于10MPa。

（4）当日的滑移完成后，滑移区域的桁架处于静置状态，桁架的内力变化与温度变化趋势一致。

2. 环桁架卸载阶段

国家速滑馆的环桁架结构在胎架上组装完毕，于2018年12月13日开始卸载。一方面，卸载后环桁架7000余吨的重力荷载将由从胎架承受变为由混凝土框架承受，混凝土结构的应力发生比较明显的变化，同时看台混凝土柱也发生了变形；另一方面，卸载之后环桁架的约束条件发生了变化，东西两侧产生了大跨度的悬挑，环桁架结构构件的内力以及形态均发生了变化。在整个施工过程中，依据每日现场情况进行施工过程监测，得到相应的监测结果如图8.5.2和图8.5.3所示，具体数据见表8.5.2和表8.5.3。

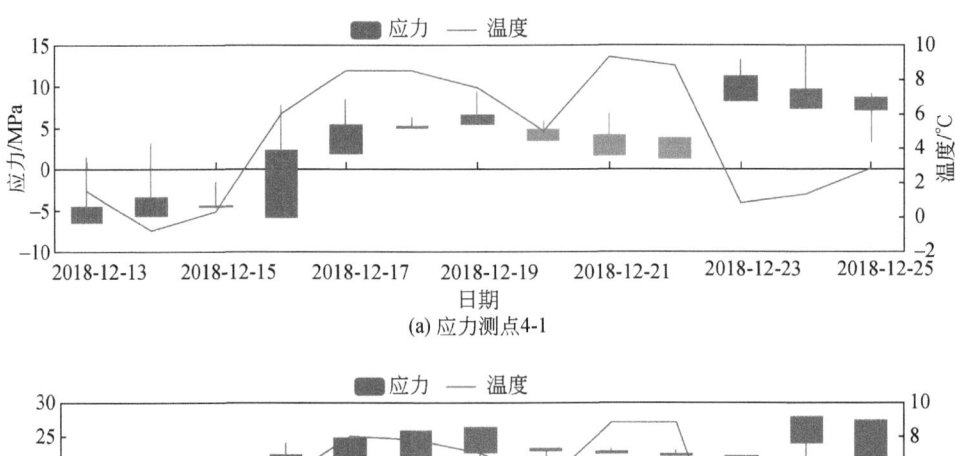

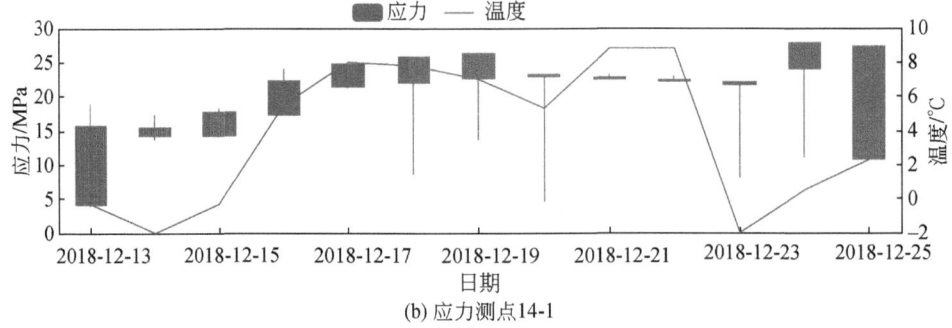

图 8.5.2 国家速滑馆环桁架卸载阶段典型应力测点变化 K 线图

第 8 章 国家速滑馆监测

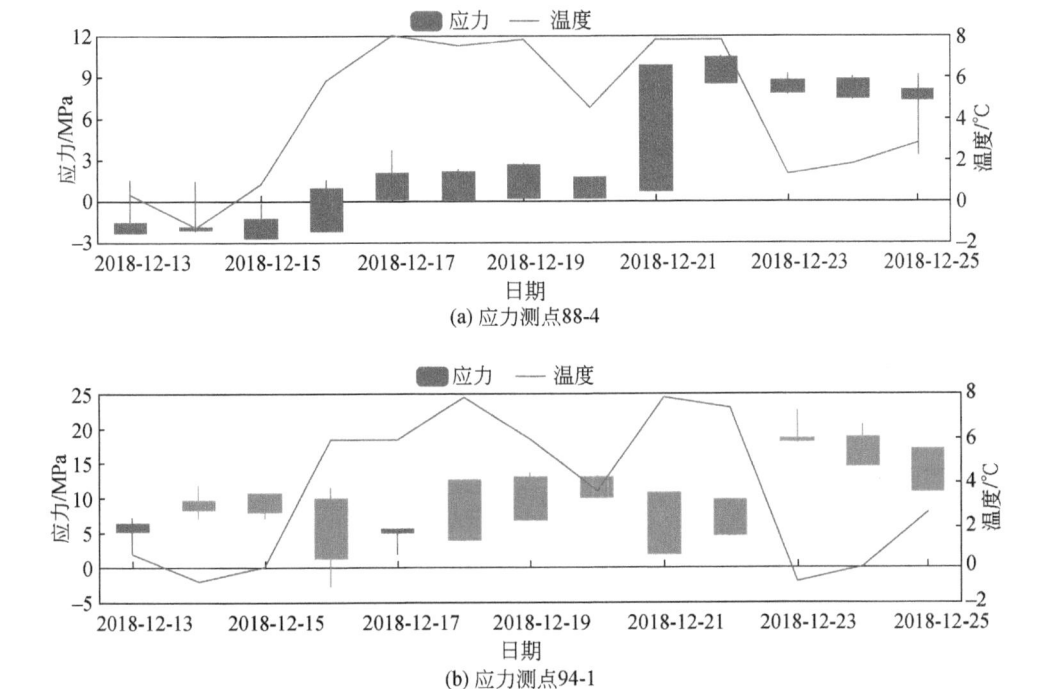

(a) 应力测点 88-4

(b) 应力测点 94-1

图 8.5.3 国家速滑馆混凝土柱部分应力测点变化 K 线图

表 8.5.2 国家速滑馆环桁架卸载阶段部分应力测点监测数据

测点名称	测点位置	应力/MPa	测点名称	测点位置	应力/MPa
NL-3-10	东侧弦杆	−112.0	NL-1-5	北侧弦杆	23.0
NL-5-21	南侧弦杆	−89.7	NL-7-32	西侧弦杆	24.5
NL-5-10	南侧弦杆	−41.7	NL-3-50	东侧弦杆	24.9
NL-8-4	西北角弦杆	−36.6	NL-4-22	东南角弦杆	28.7
NL-5-35	南侧弦杆	−28.5	NL-3-48	东侧弦杆	29.1
NL-3-44	东侧弦杆	−22.8	NL-3-1	东侧弦杆	32.0
NL-5-11	南侧弦杆	−22.2	NL-8-3	西北角弦杆	36.3
NL-7-46	西侧弦杆	−19.9	NL-3-57	东侧弦杆	38.3
NL-3-43	东侧弦杆	−19.7	NL-1-30	北侧弦杆	150.3
NL-3-46	东侧弦杆	−18.6	NL-4-20	东南角弦杆	168.8

注:测点为该阶段 20 个最大值和最小值的测点。

表 8.5.3　国家速滑馆环桁架卸载阶段部分位移测点监测数据

序号	测点编号	ΔX/mm	ΔY/mm	ΔZ/mm
1	CR-12	38.6	−67.6	−81.0
2	CR-1	−59.5	74.7	−80.5
3	CR-11	19.2	−69.5	−66.3
4	CR-10	−6.0	−68.3	−64.4
5	CR-19	33.1	61.6	−62.8
6	CR-23	−90.0	11.3	2.5
7	CR-25	11.8	110.0	2.8
8	CR-21	−20.0	230.0	7.4
9	CR-22	−9.0	15.0	8.1
10	CR-26	−11.0	−15.0	13.2

注：测点为该阶段 10 个最大值和最小值的测点。

卸载后环桁架 7000 余吨的重力荷载将由从胎架承受变为由混凝土框架承受，混凝土结构的应力发生比较明显的变化，且产生一定变形，应力测点和位移测点监测数据分别见表 8.5.4 和表 8.5.5。

表 8.5.4　国家速滑馆混凝土柱卸载阶段部分应力测点监测数据

测点编号	监测位置	应力/MPa	测点编号	监测位置	应力/MPa
KTZ-8-2	西北 2 号柱	−17.2	KTZ-9-3	西北 3 号柱	11.3
KTZ-4-2	东南 3 号柱	−14.2	KTZ-10-4	西南 3 号柱	11.5
KTZ-8-4	西北 2 号柱	−12.9	KTZ-8-1	西北 2 号柱	12.2
KTZ-11-3	西南 2 号柱	−6.1	KTZ-4-3	东南 3 号柱	13.7
KTZ-7-2	西北 1 号柱	−5.5	KTZ-12-2	西南 1 号柱	14.7
KTZ-9-1	西北 3 号柱	−5.1	KTZ-2-1	东北 2 号柱	15.4
KTZ-10-1	西南 3 号柱	−2.2	KTZ-1-1	东北 1 号柱	18.4
KTZ-9-4	西北 3 号柱	−1.2	KTZ-1-2	东北 1 号柱	18.7
KTZ-10-3	西南 3 号柱	−0.3	KTZ-1-3	东北 1 号柱	19.1
KTZ-6-1	东南 1 号柱	0.2	KTZ-6-4	东南 1 号柱	43.4

注：部分测点为该阶段 20 个最大值和最小值的测点。

表8.5.5 国家速滑馆混凝土柱卸载阶段部分位移测点监测数据

序号	测点编号	ΔX/mm	ΔY/mm	ΔZ/mm
1	T-3	−72.4	79.8	−5.9
2	T-1	−48.3	85.5	−5.4
3	T-6	14.2	−74.8	−3.7
4	T-2	−59.8	80.9	−3.6
5	T-8	35.7	−71.4	−1.3
6	T-10	32.5	81.5	−1.3
7	T-7	27.5	−76.3	−0.9
8	T-4	−69.8	−71.3	−0.4
9	T-5	−59.8	−73.0	−0.2
10	T-9	45.0	74.7	2.1

2018年12月13日至2018年12月25日对国家速滑馆环桁架进行合龙和卸载,在整个过程中对8个区块的桁架杆件进行监测,根据以上两个部分的监测数据,得到以下几点结论。

(1) 在卸载过程中,环桁架东西两端部位的杆件应力变化较明显,卸载当天各杆件的平均应力变化在15.0MPa以上。卸载后环桁架的应力绝对值在40.0MPa以内,远未达到屈服强度。

(2) 在卸载过程中,钢骨混凝土斜柱的表面应力变化较明显,其中变化最大的是测点6-2,变化了35.0MPa,卸载后混凝土表面应力大部分均在20.0MPa以内,且柱体目前未发现裂缝。

(3) 卸载过程中环桁架X、Y方向的位移均在10cm以内,Z向位移大多在10cm以内。混凝土看台柱柱顶发生了向结构内侧5~10cm的位移,但Z向变形在1cm以内。

3. 索网提升阶段

国家速滑馆屋面索网结构在场地内平台上铺放完成,于2018年12月28日开始提升至预定高度。在提升的过程中竖直向下的重力荷载由承重索传递至全周的环桁架上,索网的形态逐步变化,同时环桁架逐步承担索网的全部自重,桁架的内力分布以及自身形态都发生变化。在整个施工过程中,依据每日现场情况进行施工过程监测,得到相应的应力监测结果如图8.5.4所示,部分承重索索力监测数据见表8.5.6~表8.5.8。

(a) 应力测点3-1

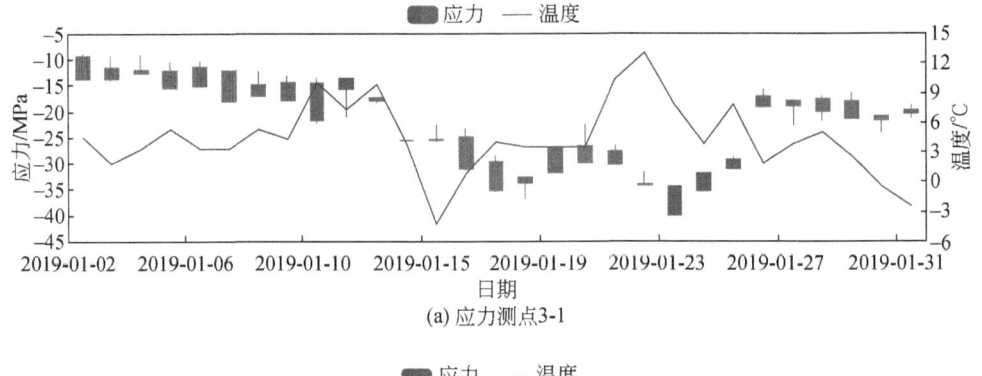

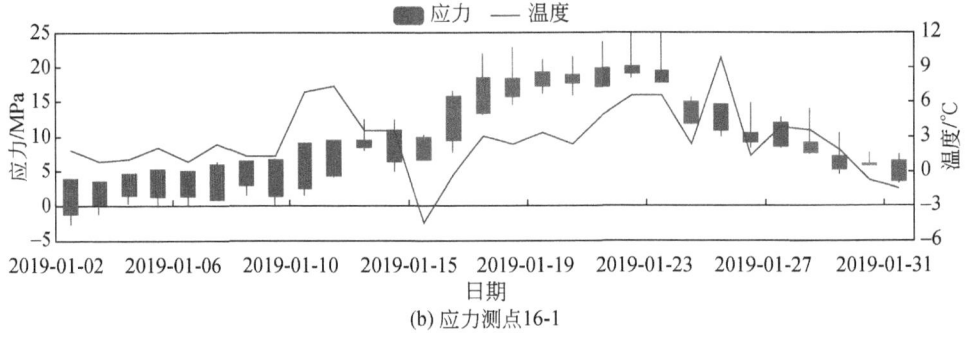

(b) 应力测点16-1

图 8.5.4　国家速滑馆环桁架部分应力测点变化 K 线图

表 8.5.6　国家速滑馆索网提升阶段部分承重索索力监测数据

测点编号	测点位置	索力/kN	测点编号	测点位置	索力/kN
CZS-36	北到南第 36 根承重索	213.3	CZS-29	北到南第 29 根承重索	416.9
CZS-23	北到南第 23 根承重索	216.0	CZS-05	北到南第 5 根承重索	428.8
CZS-11	北到南第 11 根承重索	231.6	CZS-43	北到南第 43 根承重索	435.6
CZS-38	北到南第 38 根承重索	233.2	CZS-37	北到南第 37 根承重索	494.0
CZS-35	北到南第 35 根承重索	236.0	CZS-46	北到南第 46 根承重索	531.4
CZS-21	北到南第 21 根承重索	259.2	CZS-48	北到南第 48 根承重索	532.8
CZS-10	北到南第 10 根承重索	262.5	CZS-19	北到南第 19 根承重索	536.8
CZS-22	北到南第 22 根承重索	265.9	CZS-45	北到南第 45 根承重索	541.1
CZS-32	北到南第 32 根承重索	276.4	CZS-13	北到南第 13 根承重索	543.7
CZS-15	北到南第 15 根承重索	328.6	CZS-02	北到南第 2 根承重索	564.9

注：测点为该阶段 20 个最大值和最小值的测点。

表 8.5.7　国家速滑馆环桁架索网提升阶段部分应力测点监测数据

测点名称	测点位置	应力/MPa	测点名称	测点位置	应力/MPa
NL-1-31	北侧弦杆	−123.8	NL-7-21	西侧弦杆	90.6
NL-7-18	西侧弦杆	−118.7	NL-1-37	北侧弦杆	92.9
NL-5-27	南侧弦杆	−106.0	NL-1-18	北侧弦杆	93.2
NL-8-20	西北角弦杆	−97.6	NL-3-7	东侧弦杆	93.5
NL-7-46	西侧弦杆	−92.1	NL-1-40	北侧弦杆	95.9
NL-8-23	西北角腹杆	−91.6	NL-5-37	南侧弦杆	96.5
NL-7-43	西侧弦杆	−87.0	NL-3-5	东侧弦杆	96.7
NL-1-27	北侧弦杆	−82.8	NL-2-14	东北角腹杆	104.4
NL-3-43	东侧弦杆	−82.2	NL-8-22	西北角弦杆	110.4
NL-7-15	西侧弦杆	−81.5	NL-6-10	西南角腹杆	111.3

注:测点为该阶段 20 个最大值和最小值的测点。

表 8.5.8　国家速滑馆索网提升阶段部分幕墙索索力监测数据

测点编号	测点位置	索力/kN	测点编号	测点位置	索力/kN
MQS-59	东南侧幕墙索	12.5	MQS-110	西南侧幕墙索	12.0
MQS-6	东北侧幕墙索	16.1	MQS-109	西南侧幕墙索	13.5
MQS-55	东南侧幕墙索	16.7	MQS-71	西北侧幕墙索	13.7
MQS-28	东北侧幕墙索	21.1	MQS-93	西南侧幕墙索	15.0
MQS-2	东北侧幕墙索	35.0	MQS-117	西南侧幕墙索	21.6
MQS-52	东南侧幕墙索	39.4	MQS-120	西南侧幕墙索	26.5
MQS-32	东南侧幕墙索	41.4	MQS-91	西南侧幕墙索	27.3
MQS-1	东北侧幕墙索	42.3	MQS-92	西南侧幕墙索	28.9
MQS-57	东南侧幕墙索	47.0	MQS-61	西北侧幕墙索	29.0
MQS-5	东北侧幕墙索	58.8	MQS-87	西北侧幕墙索	41.2
MQS-13	东北侧幕墙索	195.9	MQS-79	西北侧幕墙索	198.4
MQS-7	东北侧幕墙索	196.5	MQS-78	西北侧幕墙索	203.2
MQS-17	东北侧幕墙索	211.7	MQS-84	西北侧幕墙索	273.9
MQS-40	东南侧幕墙索	231.2	MQS-82	西北侧幕墙索	291.2
MQS-19	东北侧幕墙索	231.5	MQS-108	西南侧幕墙索	292.3
MQS-43	东南侧幕墙索	238.7	MQS-104	西南侧幕墙索	293.8
MQS-23	东北侧幕墙索	246.3	MQS-95	西南侧幕墙索	309.8

续表

测点编号	测点位置	索力/kN	测点编号	测点位置	索力/kN
MQS-33	东南侧幕墙索	276.0	MQS-83	西北侧幕墙索	329.6
MQS-16	东北侧幕墙索	292.2	MQS-103	西南侧幕墙索	342.5
MQS-39	东南侧幕墙索	309.6	MQS-72	西北侧幕墙索	384.0

注:测点为该阶段20个最大值和最小值的测点。

国家速滑馆环桁架于2018年12月28日至2019年1月31日进行屋面索网的提升工作,提升过程中对环桁架和索结构的内力监测的结果总结如下。

(1) 在屋面索网整体同步提升的过程中,桁架主要受到索网结构的自重作用,该作用对于桁架的内力影响相对较小,更值得关注的点在于由支座自由而引起的桁架滑移。提升阶段,桁架内力达到峰值的点为西北区域的NL-8-22,内力值为111.3MPa。

(2) 在整个提升过程中,随着屋面索网形态的改变,屋面索的索力也在发生变化。提升完成后,承重索的销轴安装固定,屋面索的全部自重由承重索传递到环桁架上。随着提升高度的上升,承重索索力不断增大,整体的趋势为南北两端大,中间小。其中,索力峰值出现的位置为CZS-02,索力值为564.9kN。

4. 索网张拉阶段

国家速滑馆承重索提升就位后,于2019年3月16日正式张拉屋面稳定索。由于稳定索是索网结构成形的关键步,张拉力大,同步性要求高,所以张拉过程分为预张拉和正式张拉两个阶段,正式张拉分8步完成。在整个施工过程中,依据每日现场情况进行施工过程监测,得到相应的构件内力监测结果如图8.5.5~图8.5.7所示,具体数据见表8.5.9和表8.5.10。

表8.5.9 国家速滑馆索网张拉阶段稳定索索力监测数据 (单位:kN)

编号	步骤1	步骤2	步骤3	步骤4	步骤5	步骤6	步骤7	步骤8
WDS-1	2323.8	2347.7	2374.9	2400.8	2371.5	2413.3	2362.3	2405.9
WDS-2	2817.6	2833.2	2831.3	2850.6	2826.4	2846.9	2805.4	2825.6
WDS-3	2116.1	2517.7	2539.6	2552.6	2532.9	2564.8	2722.3	2739.8
WDS-4	1953.6	2377.3	2547.1	3059.3	—	—	2934.7	2978.4
WDS-5	1884.3	2101.9	2453.7	2744.4	2734.0	2766.6	2743.8	2743.6
WDS-6	1660.7	1836.0	2019.0	2771.9	3035.8	3206.4	2903.0	2857.3

续表

编号	施工步骤							
	步骤1	步骤2	步骤3	步骤4	步骤5	步骤6	步骤7	步骤8
WDS-7	1610.3	1776.3	1880.6	2461.0	2839.9	2780.6	3022.8	2889.7
WDS-8	1587.8	1934.2	2089.5	2822.6	2791.6	3001.1	3082.4	2984.3
WDS-9	—	—	—	—	—	—	—	—
WDS-10	1318.9	1912.5	1990.6	2207.5	2468.7	2897.4	3078.3	3158.7
WDS-11	1334.0	1749.6	1930.9	2059.6	2443.5	2440.3	3139.4	3207.8
WDS-12	1310.5	1625.8	1732.1	1975.4	2074.5	2493.7	2759.3	2873.6
WDS-13	1341.0	1770.7	2099.7	2204.4	2362.1	2451.9	2983.6	2909.2
WDS-14	—	1475.0	1661.4	1921.2	2145.8	2491.0	2714.3	—
WDS-15	—	—	—	—	—	—	—	—
WDS-16	1057.8	1407.1	1549.4	1948.6	2059.4	2334.8	2838.4	2894.5
WDS-17	1184.6	1401.5	1524.6	2056.8	2044.6	2371.3	2609.6	2859.3
WDS-18	1032.6	1280.0	1415.3	1840.9	2013.5	2366.0	2672.1	2920.1
WDS-19	1276.6	1386.0	1524.7	1904.6	1935.9	2215.9	2930.9	3048.5
WDS-20	1691.5	1772.7	1987.4	2261.0	2284.9	2617.0	3137.9	3220.3
WDS-21	1398.7	1821.8	2463.5	2226.0	2242.7	2767.3	2926.5	2923.2
WDS-22	1178.4	1675.3	1875.8	2063.6	2458.7	2879.7	3212.9	3207.4
WDS-23	1282.3	1661.5	2095.7	2082.1	2640.9	2978.6	3138.4	3043.8
WDS-24	1756.8	2140.6	2200.9	3002.6	2805.8	2696.2	3075.2	3082.2
WDS-25	1539.8	1996.1	2638.1	2855.4	3139.2	3097.4	3034.6	3046.2
WDS-26	1635.1	2082.9	2728.4	2725.3	2689.3	2644.3	2830.0	2839.8
WDS-27	1984.2	2068.1	2629.2	2938.6	2907.6	2886.7	2844.4	2844.3
WDS-28	2367.9	2812.7	2761.0	2790.8	2761.2	2769.3	2726.3	2751.5
WDS-29	2744.9	2774.6	2811.0	2816.5	2796.5	2844.0	2791.0	2835.8
WDS-30	2678.9	2656.7	2688.0	2700.9	2431.4	2471.1	2413.3	2460.5

注："—"表示索张拉完成。

表 8.5.10　国家速滑馆环桁架部分应力测点监测数据

测点名称	测点位置	应力/MPa	测点名称	测点位置	应力/MPa
NL-8-20	西北角弦杆	−144.6	NL-5-27	南侧弦杆	−131.5
NL-7-46	西侧弦杆	−135.9	NL-7-43	西侧弦杆	−131.2

续表

测点名称	测点位置	应力/MPa	测点名称	测点位置	应力/MPa
NL-7-15	西侧弦杆	−121.7	NL-1-38	北侧弦杆	43.4
NL-2-14	东北角腹杆	−120.4	NL-6-11	西南角腹杆	44.5
NL-6-4	西南角弦杆	−118.4	NL-5-41	南侧弦杆	44.6
NL-2-1	东北角弦杆	−115.5	NL-1-18	北侧弦杆	53.6
NL-8-23	西北角腹杆	−114.9	NL-3-4	东侧弦杆	57.2
NL-5-10	南侧弦杆	−113.9	NL-5-42	南侧弦杆	60.3
NL-1-40	北侧弦杆	39.6	NL-4-1	东南角弦杆	66.5
NL-8-10	西北角腹杆	43.1	NL-6-10	西南角腹杆	133.6

注：测点为该阶段 20 个最大值和最小值的测点。

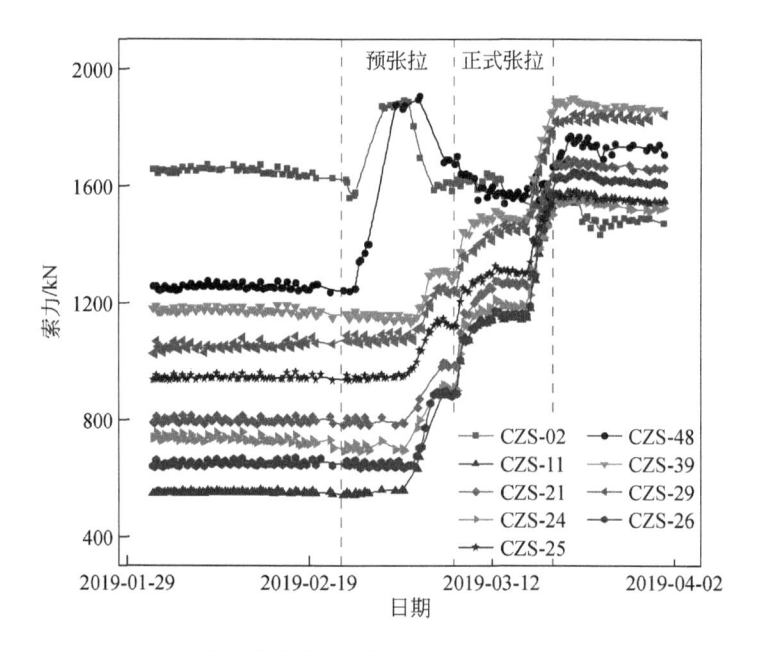

图 8.5.5　国家速滑馆索网张拉阶段部分承重索索力变化曲线

图 8.5.5 所示为屋面承重索索力变化情况，截取的索力数据范围为 2019 年 2 月 1 日至 2019 年 4 月 1 日，其中包含了屋面索网张拉的全部过程。由图可知，承重索索力在初始阶段保持平稳且无明显变化，原因在于该阶段为索网结构高空提升后的悬停状态。随着索网张拉过程的开始，承重索索力呈现出逐渐增长的趋势，在 2019 年 3 月 19 日索网张拉基本完成；在张拉完成后，屋面索网主要受屋面板安

装等施工荷载作用，整体索力水平变化不大。南北两端 CZS-02 和 CZS-48 的索力变化与整体趋势有所不同，在预张拉阶段其索力水平先增大后减小，产生上述现象的原因为稳定索的南北两端利用钢丝绳与张拉施工设备连接。为了保证索网张拉同步施工的有效进行，在预张拉阶段调整了稳定索的索头位置，导致该区域承重索的索力有所增长。随着正式张拉的进行，索网内力发生重分布，因此南北两端的承重索索力下降。

将索力实测值与各个阶段的张拉施工油泵数据进行对比，限于篇幅，选择 4 个稳定索的测点进行监测结果分析，如图 8.5.6 所示。可以看出，整个张拉过程中索力监测的结果与千斤顶拉力基本一致，实测索力较千斤顶拉力偏小，其中 WDS-17 的相对偏差最大，偏小了约 7%，引起偏差的主要原因是索力监测位置与张拉施工工装之间间隔了 2~4 个索网网格，网格节点处存在滑移摩擦，从而使得索力在张拉端的传递过程中产生损失。

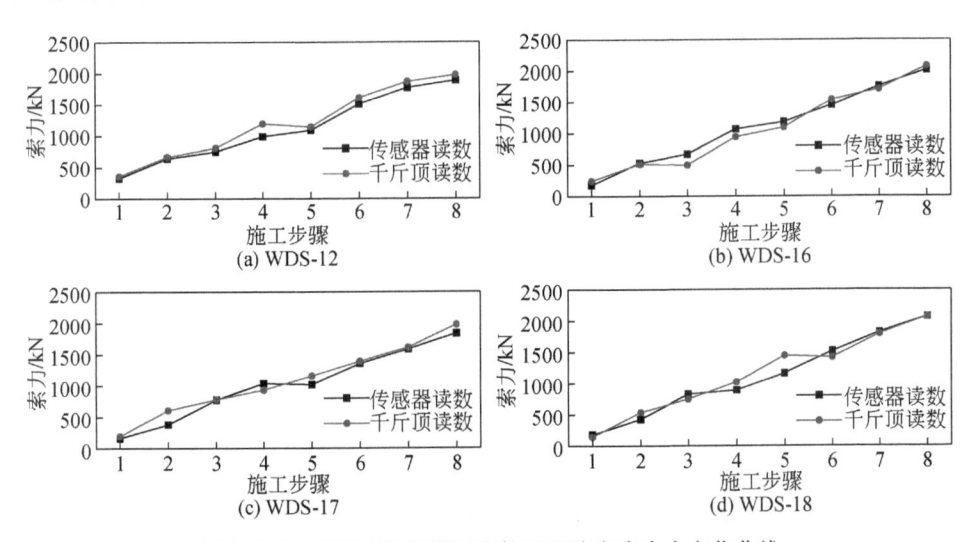

图 8.5.6 国家速滑馆索网张拉过程稳定索索力变化曲线

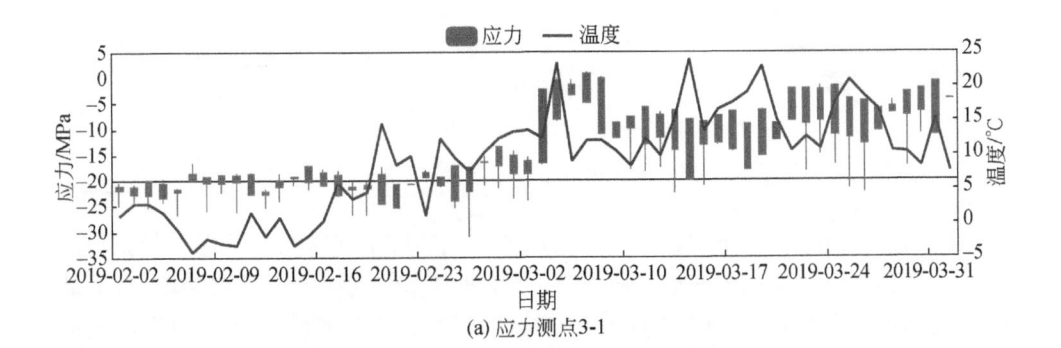

(a) 应力测点3-1

(b) 应力测点16-1

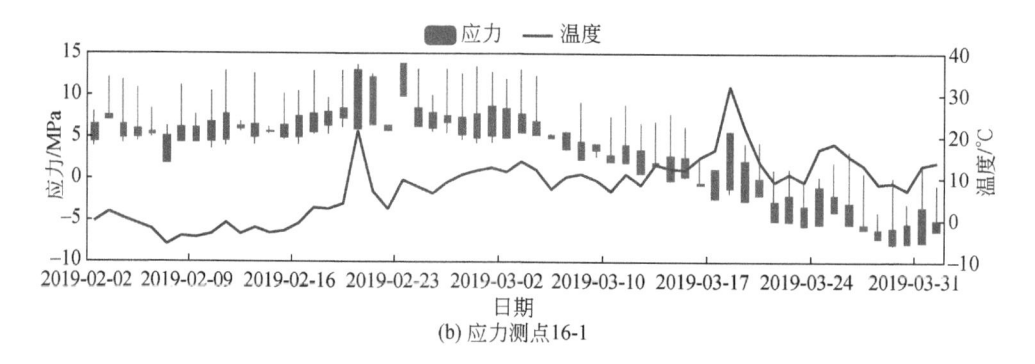

图 8.5.7　国家速滑馆环桁架索网张拉阶段典型应力测点变化 K 线图

8.5.2　索网提升和张拉过程环桁架形态变化分析

环桁架支座与下部支承巨柱间在索网提升和张拉期间保持水平自由度的相对滑动,以降低支撑斜柱的水平向荷载。当索网提升完成后,在索网自重的作用下,环桁架支座和支撑斜柱之间开始发生相对滑动。然后,在索网张拉的过程中,支座在索网预应力的作用下移动,张拉完成后到达支座的设计位置,整个过程中桁架形态的变化趋势如图 8.5.8 所示。

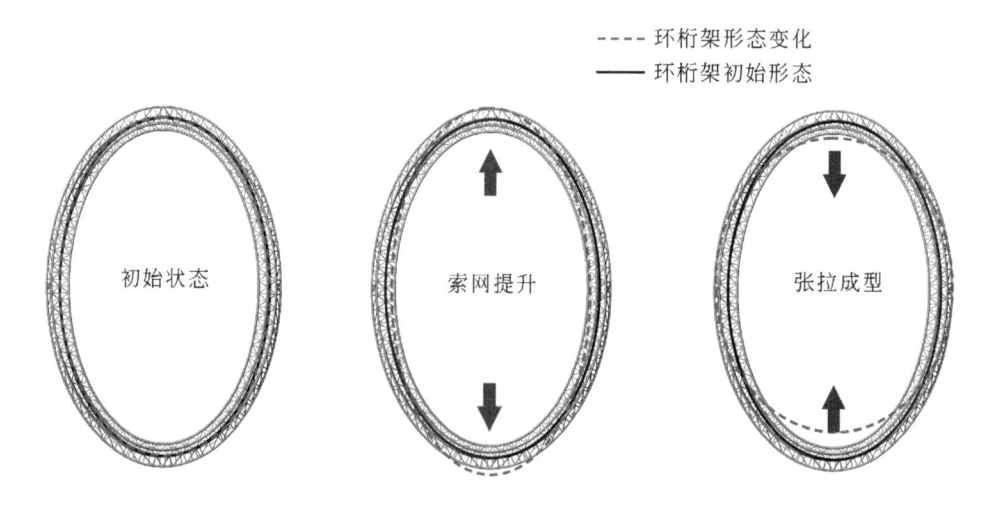

图 8.5.8　国家速滑馆巨型环桁架变形示意图

图 8.5.9 显示了位于西、北、东和南四个方向的典型支座在索网提升与张拉阶段的位移监测结果。在索网提升阶段,西侧支座和东侧支座的距离逐渐增加,而北侧支座和南侧支座的距离则逐渐减少。具体来说,巨型环形桁架在东西方向向内

移动约120mm（每侧为60mm），在南北方向向外移动约140mm（每侧为70mm）。可以看出，与提升前的形状相比，巨型环形桁架的椭圆形被压扁了。索网张拉阶段的变形趋势与索网提升阶段的趋势相反，巨型环桁架呈现外扩的趋势。由于南北稳定索的张拉，北侧支座和南侧支座的距离增加，而西侧支座和东侧支座的距离减小。北侧支座和南侧支座的位移比西侧支座和东侧支座的位移变化更明显。这是因为东西方向的巨型桁架通过钢索与坚固的混凝土支架相连，而南北方向的巨型桁架（北侧支座和南侧支座）则没有。这也导致东、西侧支座没有像南、北侧支座那样明显地返回到原来的位置。

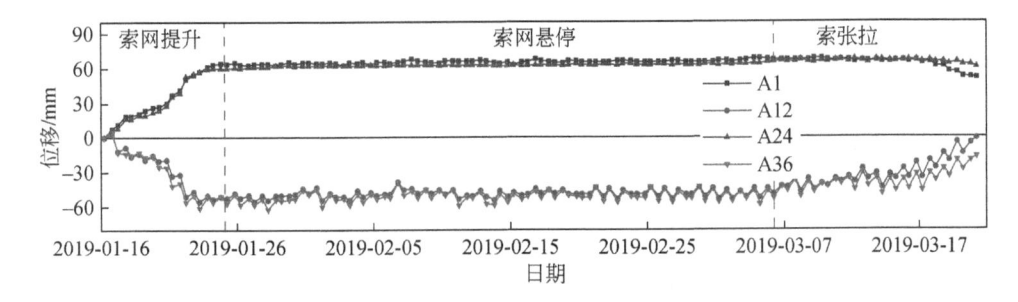

图 8.5.9　国家速滑馆施工全过程位移变化曲线图

国家速滑馆支座位移数据见表 8.5.11 和表 8.5.12，位移变化示意图如图 8.5.10～图 8.5.12 所示。可以看出，环桁架支座在全过程中的运动趋势较均匀，没有明显异常现象发生，其中南北两侧的支座移动距离为 −16.5cm 和 17.9cm，东西两侧的支座移动距离为 14.0cm 和 14.2cm，通过对比关键位置的位移情况可以发现，在索网提升和张拉过程中桁架的整体形态正常。

表 8.5.11　国家速滑馆环桁架提升阶段支座位移

序号	支座编号	支座位置	环向平动位移/mm	径向平动位移/mm
1	1	西北侧支座	−45.0	140.0
2	12	西北侧支座	−3.0	−126.0
3	13	东北侧支座	−4.0	−161.0
4	24	东北侧支座	20.0	142.0
5	25	东南侧支座	−53.0	128.0
6	36	东南侧支座	−6.0	−170.0
7	37	西南侧支座	8.0	−172.0
8	48	西南侧支座	62.0	144.0

表 8.5.12　国家速滑馆环桁架张拉阶段支座位移

序号	支座编号	支座位置	环向平动位移/mm	径向平动位移/mm
1	36	东南侧支座	1	−129
2	37	西南侧支座	−4	−122
3	38	西南侧支座	14	−122
4	35	东南侧支座	6	−120
5	34	东南侧支座	−5	−113
6	39	西南侧支座	2	−110
7	14	东北侧支座	0	−101
8	10	西北侧支座	5	−91
9	11	西北侧支座	9	−91
10	40	西南侧支座	20	−89
11	26	东南侧支座	26	68
12	21	东北侧支座	−27	77
13	22	东北侧支座	−10	106
14	2	西北侧支座	10	109
15	23	东北侧支座	−9	112
16	47	西南侧支座	−3	114
17	3	西北侧支座	18	115
18	24	东北侧支座	−16	124
19	1	西北侧支座	−1	125
20	25	东南侧支座	−15	134

注：测点为该阶段 20 个最大值和最小值的测点。

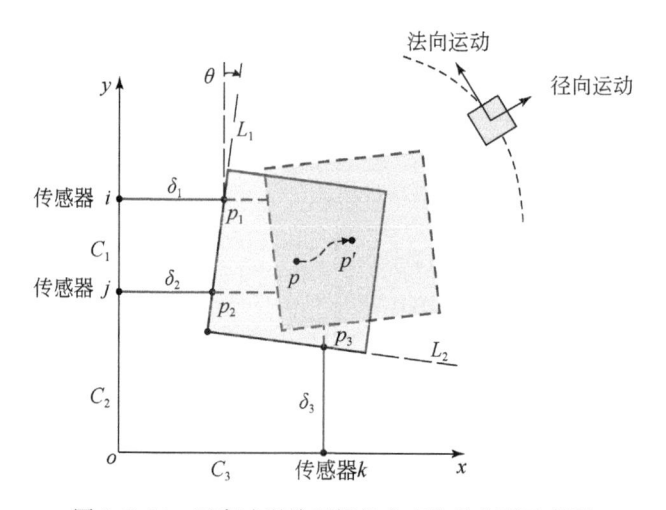

图 8.5.10　国家速滑馆环桁架支座位移变形示意图

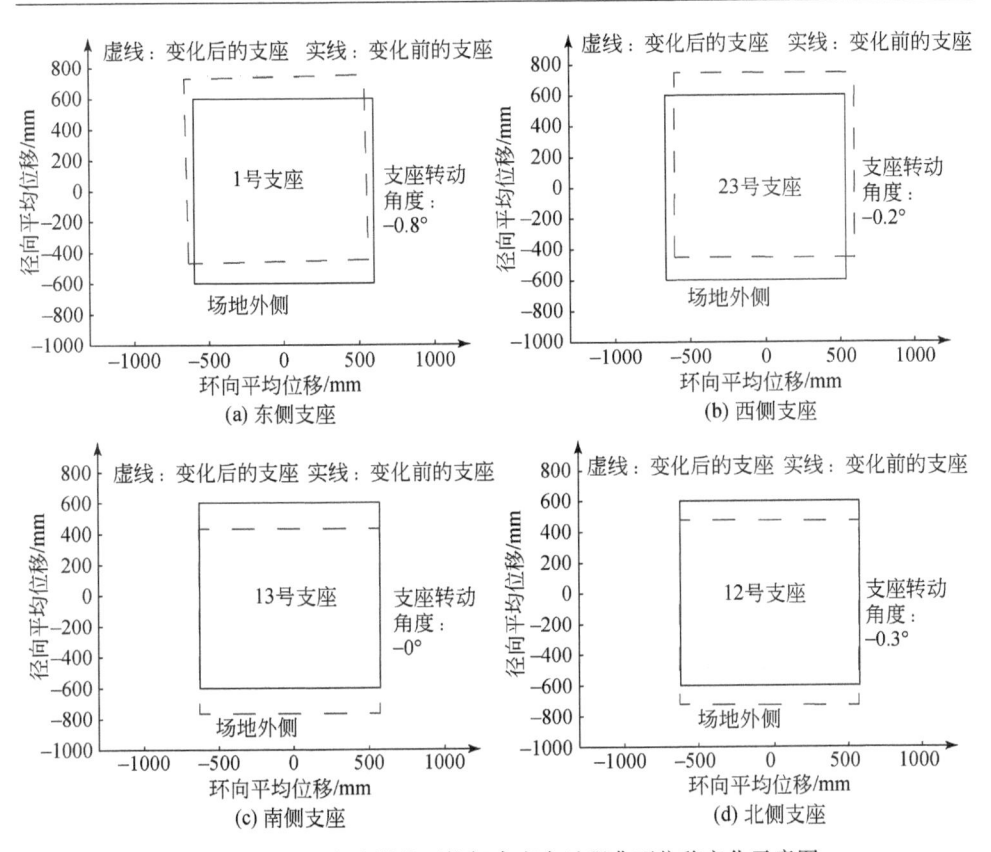

图 8.5.11 国家速滑馆环桁架支座全过程典型位移变化示意图

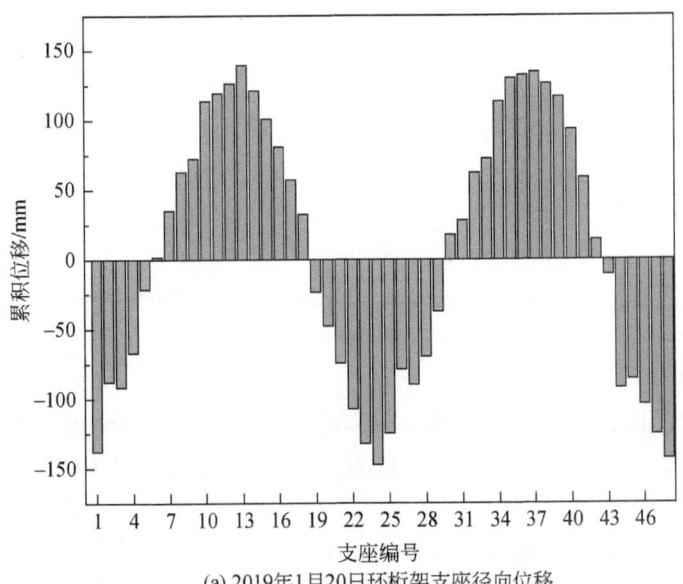

(a) 2019年1月20日环桁架支座径向位移

(b) 2019年1月25日环桁架支座径向位移

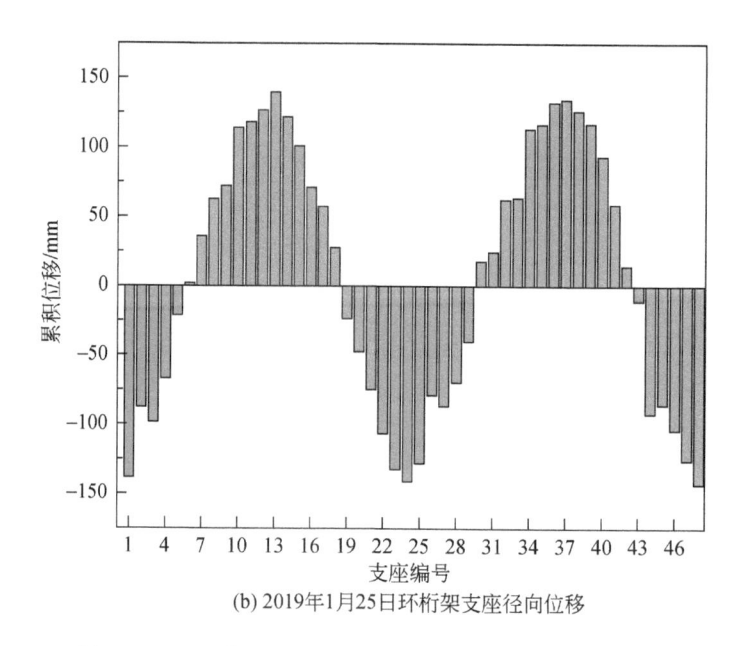

图 8.5.12　国家速滑馆环桁架支座全过程典型位移分布图

采用通用有限元软件对国家速滑馆索网张拉和提升施工过程中环桁架支座位移进行模拟分析，以索网施工张拉完成，悬挂屋面等重荷载时的结构状态为初始态，通过生死单元法模拟结构主要构件的安装过程，通过改变索张拉端的内力来模拟索网的张拉过程。通过以上方式模拟出结构施工过程中的关键施工状态，分别独立计算结构在这些施工状态下的内力及变形，此时计算得到的结构变形为相对于初始态的变形。结构的有限元计算模型如图 8.5.13 所示，共由 68505 个单元组成，其中索单元 2703 个，梁单元 32446 个，面单元 32252 个。整个结构模型使用的单元类型主要有三种：索结构采用仅受拉的 LINK180 单元；环桁架的构件、巨柱、柱间梁、幕墙曲梁、地梁、马道及其他辅助构件采用 BEAM44 单元；屋面板、墙面幕墙采用用于施加荷载的 SURF154 单元。构件材料总体上分三类，其中钢材弹性模量为 2.06×10^{11} Pa，钢索的弹性模量为 1.60×10^{11} Pa，混凝土构件的弹性模量对应于不同标号分别为 3.13×10^{10} Pa 和 2.98×10^{10} Pa。构件的截面与设计文件保持一致。看台巨柱柱底、幕墙柱柱底的边界条件采用刚接。

支座的监测位置由当前和最后距离之间的差值得到。从监测结果中发现，支座的旋转角度非常小，可以忽略不计。因此没有显示旋转的结果。支座位移的实测值和模拟值如图 8.5.14 所示。可以看出，实测值和模拟值具有良好的一致性。还发现位移结果在南北和东西方向显示出良好的对称性，体现了索网张拉的同步性。另外，实测的位移结果比有限元计算结果略低。实测位移和模拟位移之间的差异可能是由潜在的建模误差和荷载误差造成的。

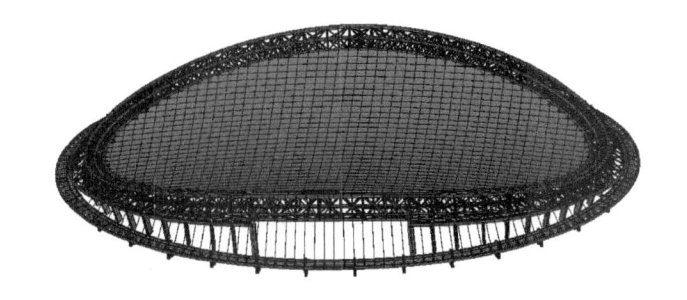

图 8.5.13　国家速滑馆 ANSYS 模型

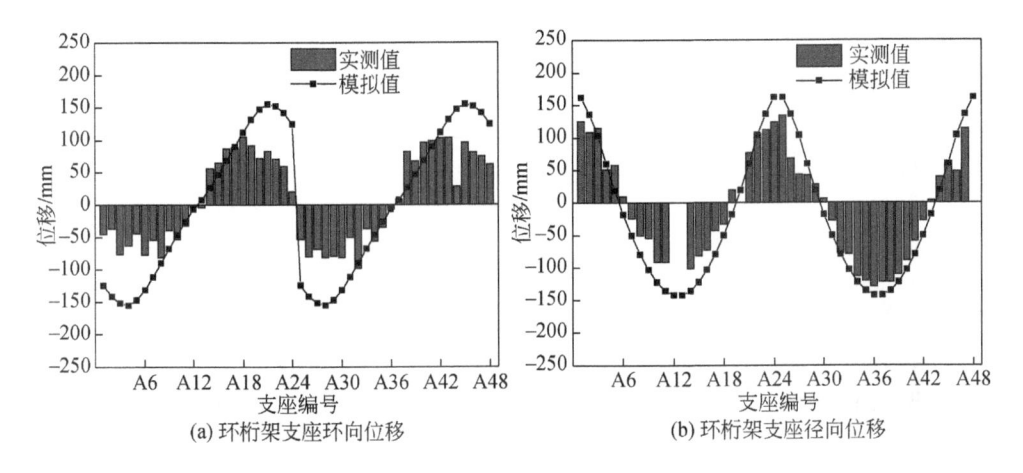

图 8.5.14　国家速滑馆支座位移的实测值和模拟值

8.5.3　结构荷载效应分离

在张力空间结构中,结构"刚化"通过施加预应力实现,张拉施工是决定结构稳定性和可靠性的关键施工步骤。采用 EEMD-ICA* 算法来分离国家速滑馆索网结构张拉施工阶段(2019 年 2 月 1 日~4 月 1 日)的各种荷载效应,以研究结构在全过程中的力学性能变化情况。首先,对索网索力和巨型环桁架应力的实测数据进行分析。利用 BIC 确定桁架应变和索网索力的荷载效应数量分别为 2 和 1。显然,施工阶段的结构响应必定存在施工荷载效应,其他的荷载效应可能包含温度荷载、风荷载等环境荷载。考虑到目前结构尚未安装屋面板、幕墙等外立面结构,风荷载的作用可以忽略不计,该阶段环桁架的应力变化是由施工荷载和温度荷载引起的。另外,对两者的荷载效应数量存在差异的原因进行分析:对索网结构而言,索网的稳定索目前与巨型环桁架是通过施工用的牵引钢丝绳和起重千斤顶连接在一起的,导致整个索网屋面并未形成一个满足必要约束数量的结构。由于边界约束数量不足,温度作用对于索力变化产生的影响不大。图 8.5.15 为索网张拉阶段典型桁架构件应力的荷载效应分离结果,图 8.5.15(a) 为东南侧弦杆(Ⅱ-SE-10),图 8.5.15(b) 为西北侧腹杆(Ⅱ-NW-16)。由图可知,环形桁架的内力因施工荷载而发生变化。其中,弦杆(Ⅱ-SE-10)的受力状态随着张拉施工逐渐从受拉状态转变为受压状态,说明索网的预应力水平是环形桁架内力分布的一个关键影响因素。

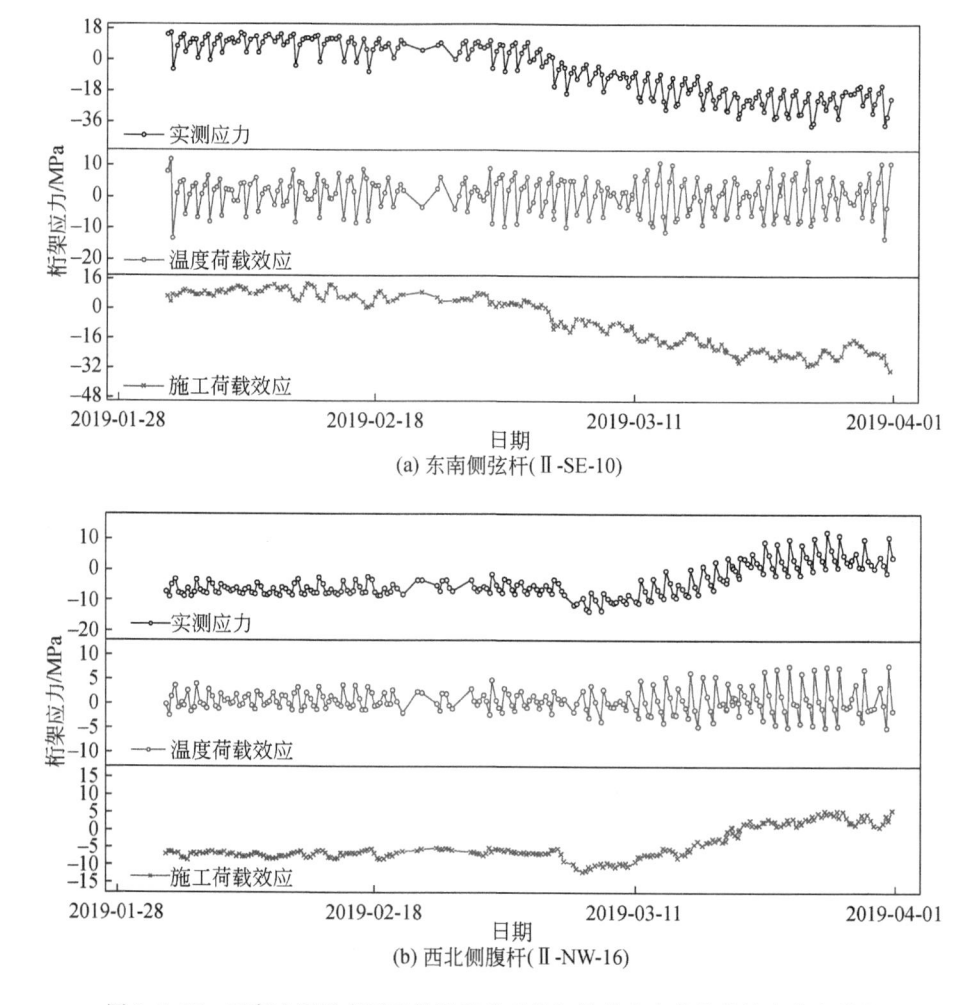

图 8.5.15 国家速滑馆索网张拉阶段典型桁架构件应力的荷载效应分离结果

随着索网张拉施工的进行,整体结构的力学性能不断发生变化。为了研究不同荷载对于结构的重要性,分离了不同类型的环桁架构件的温度荷载效应。定义温度荷载效应比为温度荷载所引起的桁架应力变化占桁架总应力变化的比例,以考察在不同阶段温度作用对于结构不同类型结构件的影响。通常将巨型环形桁架中的结构构件分为弦杆和腹杆进行分析和对比。在此,不考虑由结构本身的重量引起的桁架应力变化,仅考虑施工荷载和温度荷载。图8.5.16为温度荷载效应比的变化情况。由图可知,对于弦杆和腹杆,在索网结构张拉前,温度作用是引起结构响应变化的主要因素;随着索网施工的开展,温度荷载效应比不断降低,弦杆的温度荷载效应比降低至20%左右,而腹杆的温度荷载效应比降低至40%左右,说明弦杆的力学性能受索网张拉的影响较大,而温度荷载对腹杆的影响更大,该结果与线性拟合分析结果一致。根据上述温度荷载效应比的分析可以发现,索网张拉前后形成了两个不同的阶段,后续进一步分析结构温度和分离的温度荷载效应的关系以研究结构的温度作用变化规律。

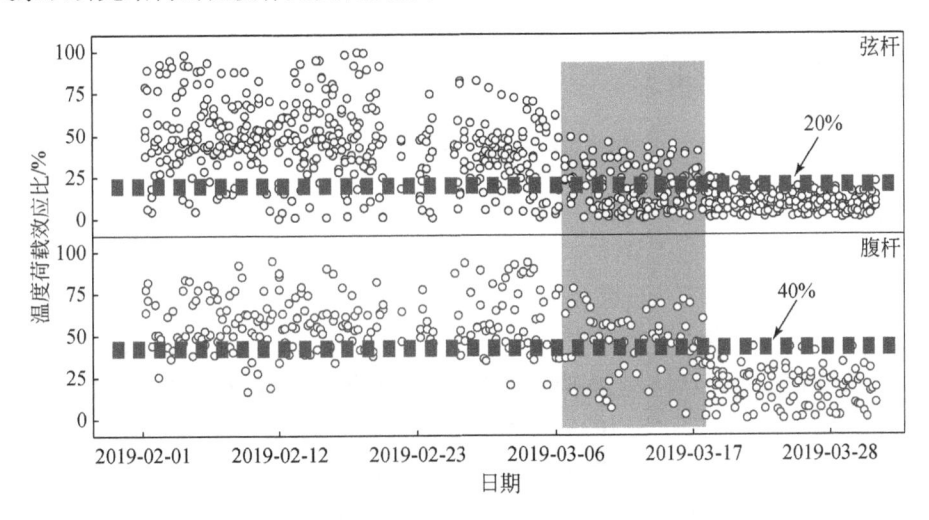

图 8.5.16　国家速滑馆索网张拉阶段温度荷载效应比的变化情况

引入温度敏感性系数来评价不同构件的温度作用所引起的结构响应变化。运用线性回归来建立温度荷载效应和结构温度的关系,温度敏感性系数可定义为线性回归的斜率。图8.5.17显示了索网张拉施工前后东南侧弦杆(Ⅱ-SE-10)和西北侧腹杆(Ⅱ-NW-16)的结构温度和分离的桁架应力的线性拟合结果。计算得到平均拟合优度为0.684,说明结构温度和温度引起的桁架应力变化之间存在线性关系。东南侧弦杆(Ⅱ-SE-10)的温度荷载效应如图8.5.17(a)所示,不同阶段的温度敏感性系数K_1和K_1'分别为-2.77和-3.26,在索网张拉施工后,弦杆的温度敏感性系数略有增加,增长率为17.7%。西北侧腹杆(Ⅱ-NW-16)的温度荷载效应如图8.5.17(b)所示,腹杆的温度敏感性系数增加了3倍以上。与弦杆相比,索网张拉施工对腹杆的温度敏感性有更明显的影响。原因在于腹杆的温度敏感性更高,在索网张拉施工完成后,环桁架整体的边界条件发生改变,从而导致环桁架不同类型构件的温度敏感性产生了变化。

(a) 东南侧弦杆(Ⅱ-SE-10)

(b) 西北侧腹杆(Ⅱ-NW-16)

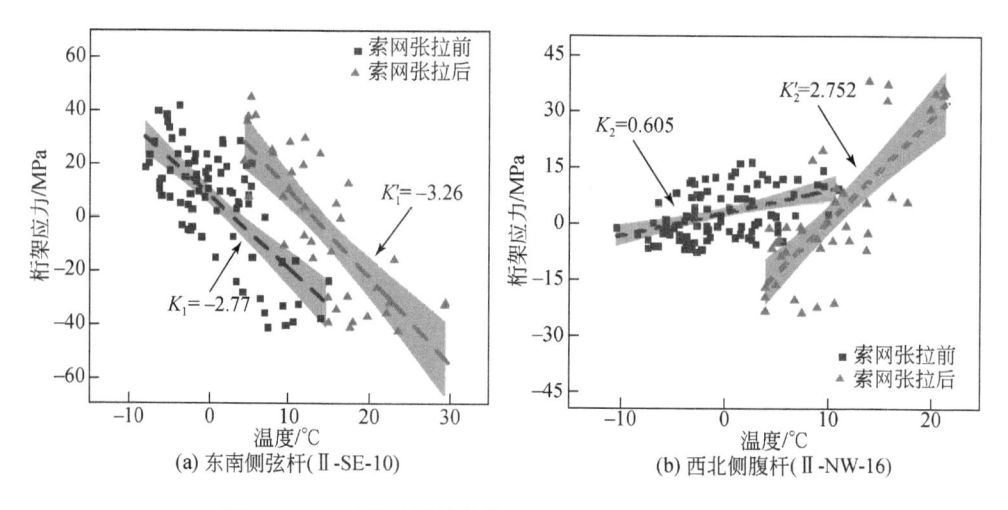

图 8.5.17　国家速滑馆构件不同阶段的温度敏感性对比

温度作用是一类典型的环境荷载作用,分为年温度作用和日温度作用,两者的区别主要在于周期不同。对于较短的监测时间,监测数据难以体现出长期荷载作用的特征。进一步研究索网张拉施工后近 1 年内(2019 年 3 月 20 日至 2020 年 2 月 28 日)的承重索索力监测数据。自 2019 年 3 月 20 日后,屋面索网的张拉施工已经完成,所有屋面索已经全部插入销轴固定在环桁架的耳板上,整体结构状态基本保持稳定,所有承重索索力的变化规律基本保持一致,以 CZS-29 的索力监测数据为荷载效应分离的典型代表。采用 BIC 得到荷载效应的数量为 3。CZS-29 索力的荷载效应分离结果如图 8.5.18 所示。第一分量和第二分量具有明显的周期性特征,可以判断为两种温度荷载,第一分量代表年温度荷载效应,第二分量代表日温度荷载效应。荷载分离的结果表明,当监测时间较长时,温度作用的长周期性特征得以体现,本节算法可对其进行分离。当监测周期小于 0.5 年时,EEMD-ICA* 算法对于年温度荷载效应的分离性能仍值得进一步研究。

荷载效应分离出的第三分量表明,2019 年 4 月所有的屋面承重索索力有所增加,且该部分的索力增量为永久性变化,因此索力的增加排除由突发性荷载(如风荷载等)引起的可能性。查阅国家速滑馆的建设施工计划,2019 年 4 月开始了预制屋面板的安装。因此,第三分量应为施工荷载效应。取屋面板安装前后 7 天的索力平均值为起始值和最终值,求两者的差值得到预制屋面板安装引起的承重索索力变化。使用 EEMD-ICA* 算法对承重索(CZS-09～CZS-42)的实测数据进行荷载分离,得到的屋面板引起的承重索索力增量如图 8.5.19 所示。由图可知,索

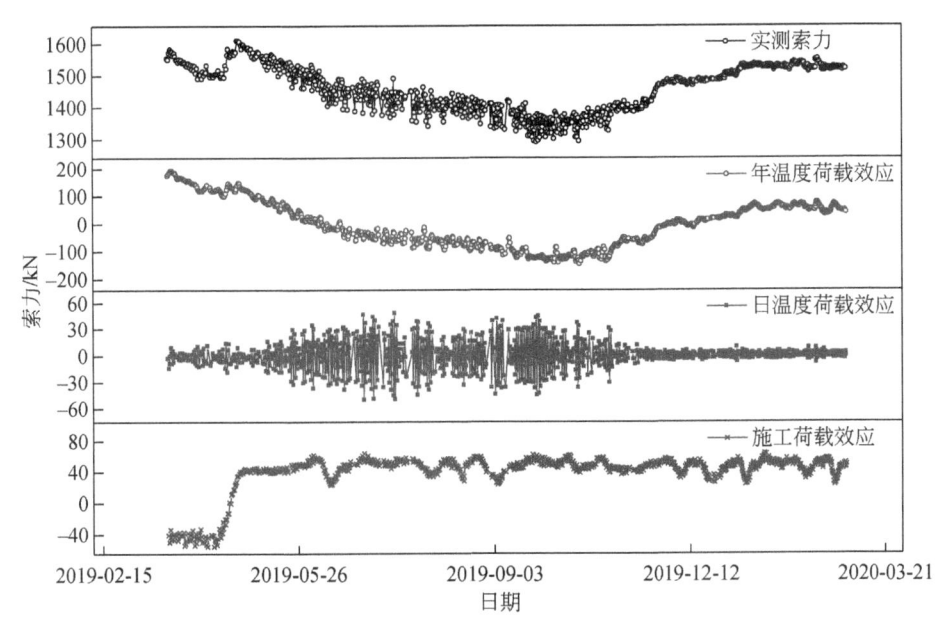

图 8.5.18 国家速滑馆 CZS-29 索力的荷载效应分离结果

力增量的变化呈现出中间大、两端小的分布规律。在南北方向上呈对称分布,索网结构具有良好的对称性;承重索的索力变化取决于桁架变形和屋面荷载共同作用,当屋面荷载增加时,南北两端的环桁架向内的收缩量要大于中部环桁架,所以索力的增量呈现出中间大、两端小的分布规律。利用有限元分析软件模拟屋面板安装的施工过程,得到各承重索理论的索力增量,其变化规律与荷载分离得到的结构响应基本一致,相对平均偏差为 6.5%。

8.5.4 结构动力特性分析

本节选取国家速滑馆柔性索网结构上布置的 36 个无线加速度传感器采集到的监测数据,展示并验证本节提出的针对低频、密频情况下的自动模态追踪效果。结合之前数值模拟结果,理论上国家速滑馆屋盖索网结构前 10 阶振动频率在 2Hz 以内。考虑到大跨度屋盖结构动力特性受风荷载影响较大,是典型的一类风荷载敏感结构,其间结构基频不再起主要作用。结合现行荷载规范与大跨度屋盖实测风荷载谱特点,将采样频率设置为 15.625Hz,每次采集时长为 15min。将经过预处理的加速度时程输入协方差驱动的随机子空间(COV-SSI)程序自动计算稳定图,如图 8.5.20 所示。其中,系统阶数定为 60,Toeplitz 矩阵行块数为 60。频率容差阈值设置为 1%,阻尼容差阈值设置为 2%,振型容差阈值设置为 1%。图中"·"代表满足上述稳定条件的稳定点;"×"代表不稳定点。

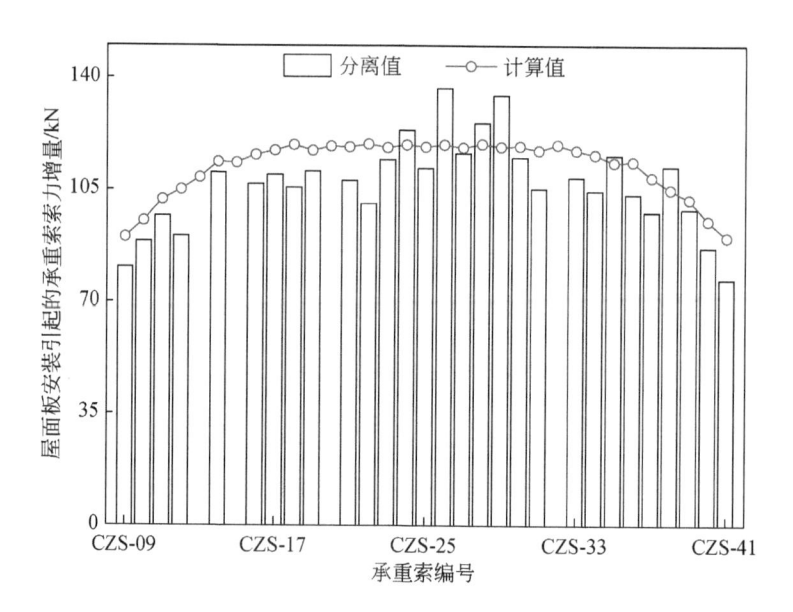

图 8.5.19　国家速滑馆不同承重索索力的施工荷载效应分离结果

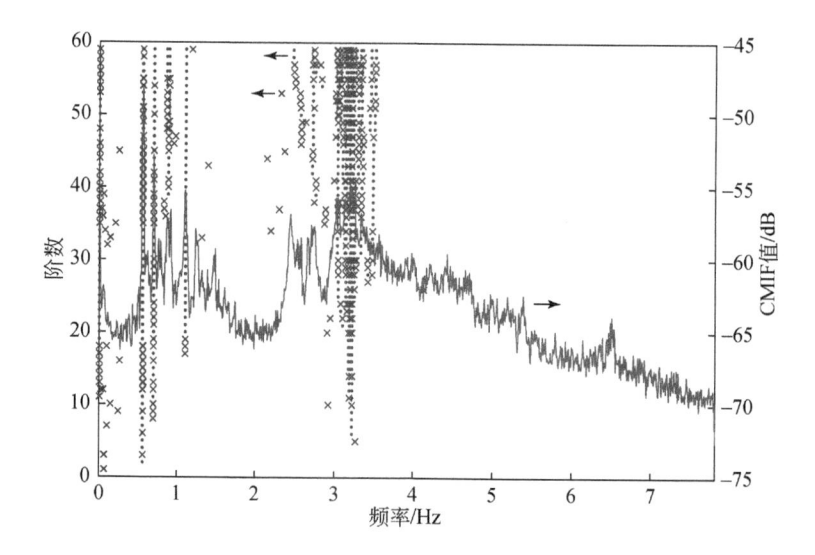

图 8.5.20　国家速滑馆索网结构模态参数稳定图

将计算得到新的 MAC-频率稳定图进行绘制，如图 8.5.21 所示，峰值频率大多集中在 0.5~1.3Hz 与 2.5~3.5Hz 两个区间，前者主要对应索网结构前几阶固有频率，后者对应风荷载影响下的高频振动。进一步可以发现，前者频率稳定点相对比较集中且排列规整，后者的频率非常凌乱与分散。

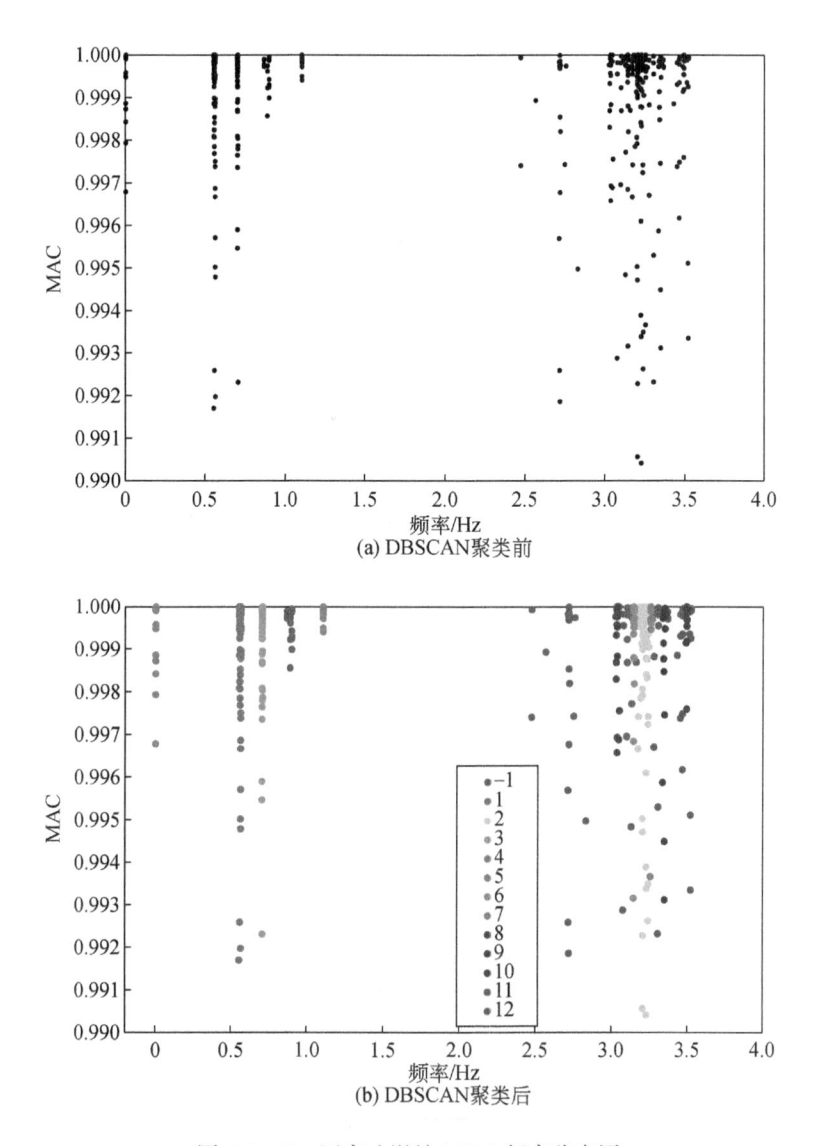

图 8.5.21　国家速滑馆 MAC-频率稳定图

对上述 MAC-频率稳定图经过基于密度的空间聚类算法(density-based spatial clustering of applications with noise,DBSCAN),逐步剔除噪声点,得到如表 8.5.13 所示的结果,其中最少数目(Minpts)设置为 10,半径(ε)设置为 0.01。其中,图例中的"-1"表示需要剔除的噪声点,图例"1"~图例"12"是聚类结果,即通过这个时段时程数据识别出 12 个模态,见表 8.5.13 和表 8.5.14。从统计结果来看,序号 1 识别到的变异系数最大约 13%。说明该识别频率是虚假模态,需要剔除。此外,通过该次数据采集,识别到的模态阻尼比呈现出随频率增大而增大的规律。

表 8.5.13　国家速滑馆索网结构模态频率识别结果统计特性

序号	1	2	3	4	5	6
均值/Hz	0.0038	0.5611	0.7046	0.8967	1.1080	2.7202
COV/%	13.1579	0.5703	0.1845	0.5576	0.0181	0.0956
标准差/Hz	0.0005	0.0032	0.0013	0.0050	0.0002	0.0026
序号	7	8	9	10	11	12
均值/Hz	3.0382	3.1468	3.2136	3.2573	3.3451	3.4930
COV/%	0.1975	0.0413	0.6006	0.1105	0.1883	0.0859
标准差/Hz	0.0060	0.0013	0.0193	0.0036	0.0063	0.0030

注:COV 为变异系数,等于标准差/均值。

表 8.5.14　国家速滑馆索网结构模态阻尼识别结果统计特性

序号	1	2	3	4	5	6
均值/Hz	0.0040	0.0047	0.0051	0.0051	0.0055	0.0062
COV/%	12.5000	17.0213	13.7255	7.8431	1.8182	19.3548
标准差/Hz	0.0005	0.0008	0.0007	0.0004	0.0001	0.0012
序号	7	8	9	10	11	12
均值/Hz	0.0063	0.0068	0.0071	0.0117	0.0146	0.9989
COV/%	31.7460	7.3529	36.6197	5.9829	5.4795	0.5406
标准差/Hz	0.0020	0.0005	0.0026	0.0007	0.0008	0.0054

进一步了解国家速滑馆长期监测环境下动力特性演化规律,国家速滑馆全生命周期监测系统对 2021 年 5 月 25 日至 2022 年 2 月 13 日记录的索网结构在环境激励下的三向加速度振动响应进行分析,采样频率仍然设置为 15.625Hz,采集时程为 15min。利用自动模态识别技术(automated operational modal analysis,AOMA)对识别到的频率进行整理统计,频率分布结果如图 8.5.22 所示。

从识别频率的概率密度分布可以看出,索网结构频谱非常密集,主要分布在 0.5~5Hz。其中,0.5~2Hz 区域处在结构基频范围内,然而,从图中可以看出,更

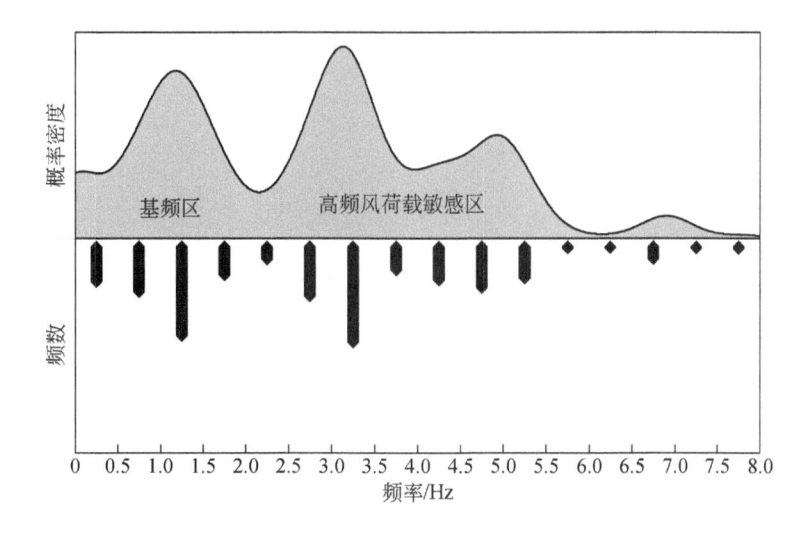

图 8.5.22　国家速滑馆 AOMA 下识别模态频率分布

多分布在 2~5Hz,这是受外部环境作用激励影响的。考虑到结构基频与其整体刚度性能相关,即索网结构预应力分布的情况决定了索网的"刚化"程度,而刚度直接与索网的动力性能相关,因此对于索网结构固有模态参数的准确捕捉有利于对结构整体刚度进行追踪。为此,首先利用国家速滑馆的有限元模型对结构的模态参数进行计算,模型考虑了在 1 倍恒载工况下以及预应力无退化的情况下,对索网结构进行动力特性有限元分析,可以得到如表 8.5.15 所示的模态固有频率以及对应的前四阶模态振型,振型结果如图 8.5.23 所示。可以看出,虽然索网结构存在预期密频分布特征,这使得识别模态振型变得困难,而处于[0.5Hz,1Hz]的固有频率相对更容易分离。为了关注结构固有模态,根据香农采样定理将加速度数据的实测序列从 15.625Hz 重采样至 2Hz,利用本节提出的 AOMA 方法对这一监测期间的动力响应序列重新识别计算,得到降频后的结果。

表 8.5.15　国家速滑馆有限元模型计算得到的模态固有频率

模态阶数	频率/Hz	模态阶数	频率/Hz	模态阶数	频率/Hz
1	0.61	5	1.13	9	1.40
2	0.82	6	1.19	10	1.42
3	0.91	7	1.19	11	1.44
4	0.96	8	1.31	12	1.55

(a) 理论一阶模态(0.61Hz)

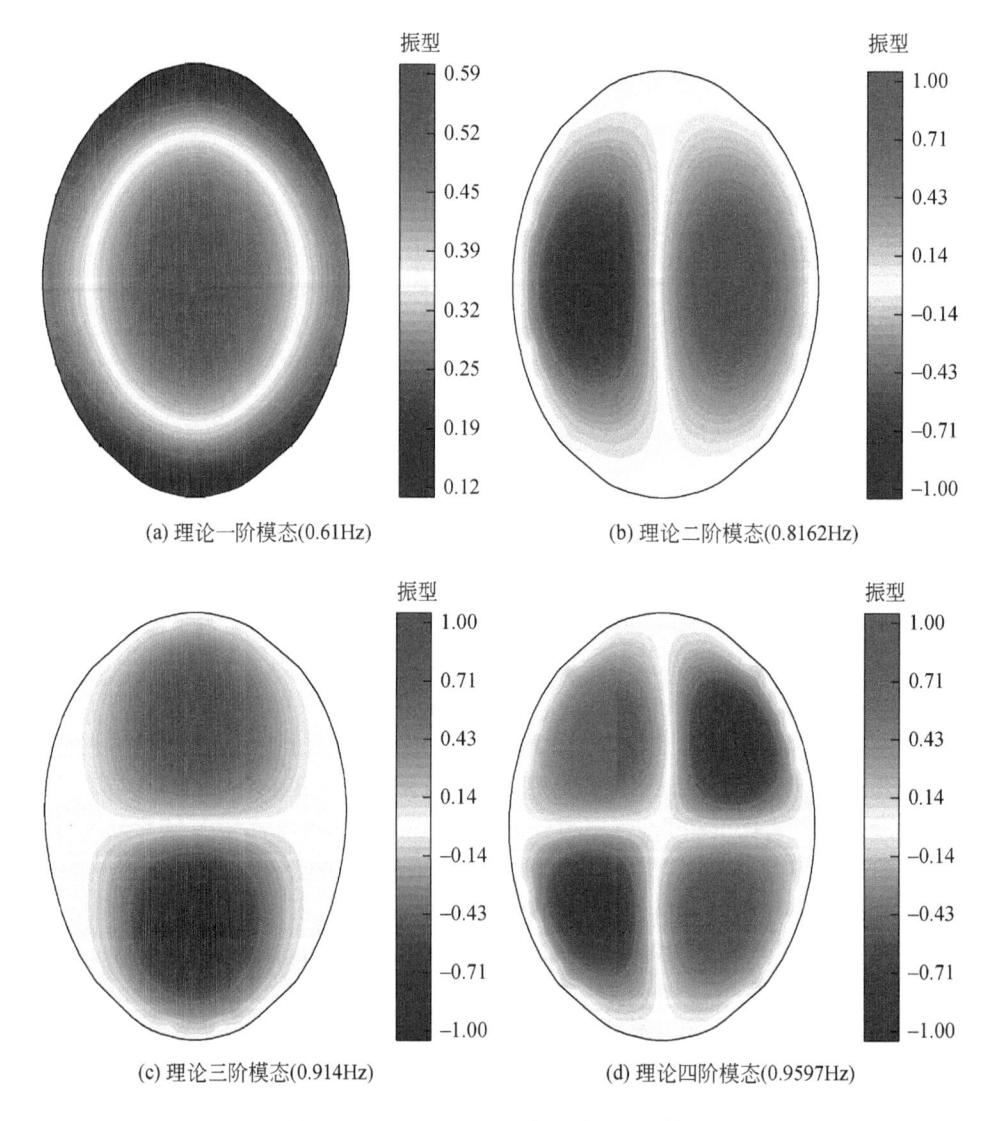

(b) 理论二阶模态(0.8162Hz)

(c) 理论三阶模态(0.914Hz)

(d) 理论四阶模态(0.9597Hz)

图 8.5.23 国家速滑馆索网结构理论模态

经过重采样后,识别到索网结构前三阶模态。其中,稳定图与 MAC-频率稳定图分别如图 8.5.24 与图 8.5.25 所示。可以看出,经过降频处理后聚类数量显著减少,这样的做法可以使真实模态极点更加集中并接近真实固有频率。相反,少数且分散的聚类中心则很大可能是虚假模态,应剔除,如图 8.5.25(b)中的类别 3(频率接近零的部分)所示。造成这个虚假模态的可能原因是引入了异常故障数据片段。此外,通过降频 AOMA 识别的真实结构的基频要小于理论计算结果,这也符合实际张力空间结构预应力存在不断缓慢退化的事实,两者基频处最大差距约为 0.05Hz,而且识别到的频率数量也从有限元分析结果的 4 个模态降至 3 个模态。

(a) 国家速滑馆索网结构模态参数稳定图(2021年6月23日)

(b) 国家速滑馆索网结构模态参数稳定图(2021年6月24日)

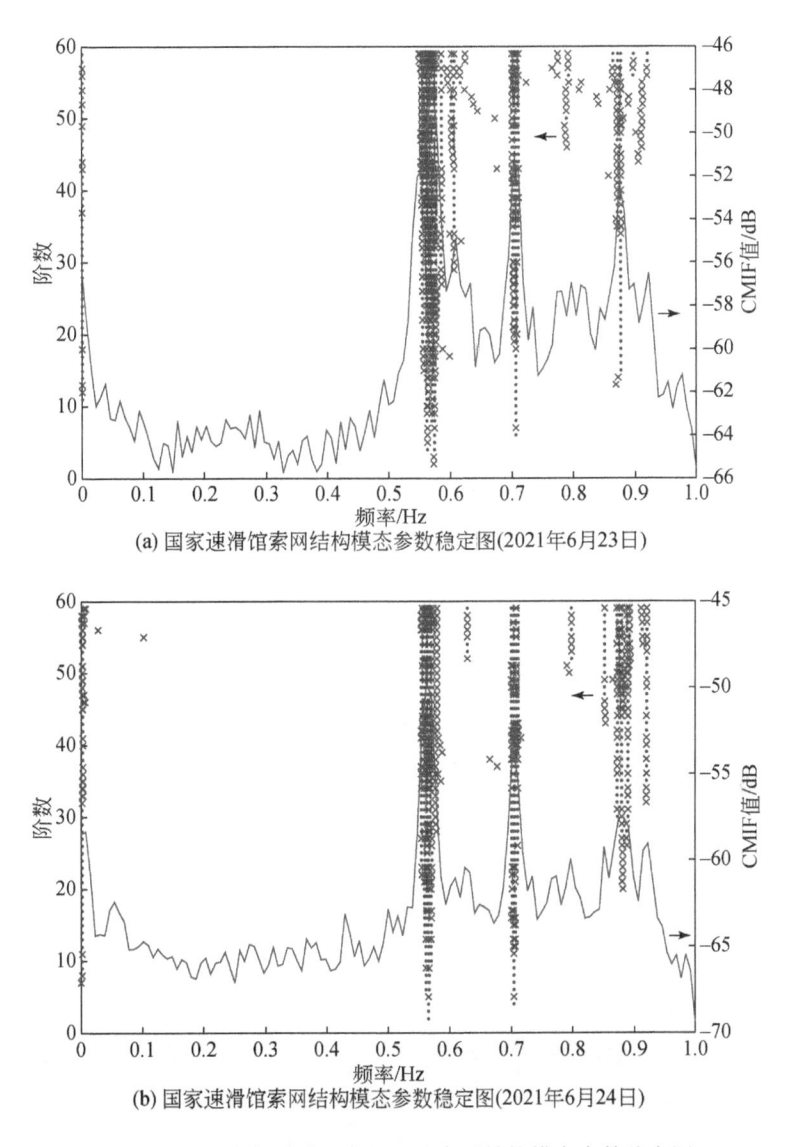

图 8.5.24　降频后的国家速滑馆索网结构模态参数稳定图

进一步对国家速滑馆振动监测期间数据进行 AOMA 分析,得到了索网结构的前三阶固有频率的时程,模态频率追踪结果如图 8.5.26 所示。追踪结果表明,索网结构前三阶固有频率稳定在 0.55Hz、0.7Hz 与 0.91Hz 附近。此外,自动追踪的阻尼比情况如图 8.5.27 所示,其中 1 阶阻尼比、2 阶阻尼比、3 阶阻尼比介于 0.1%～0.3%。

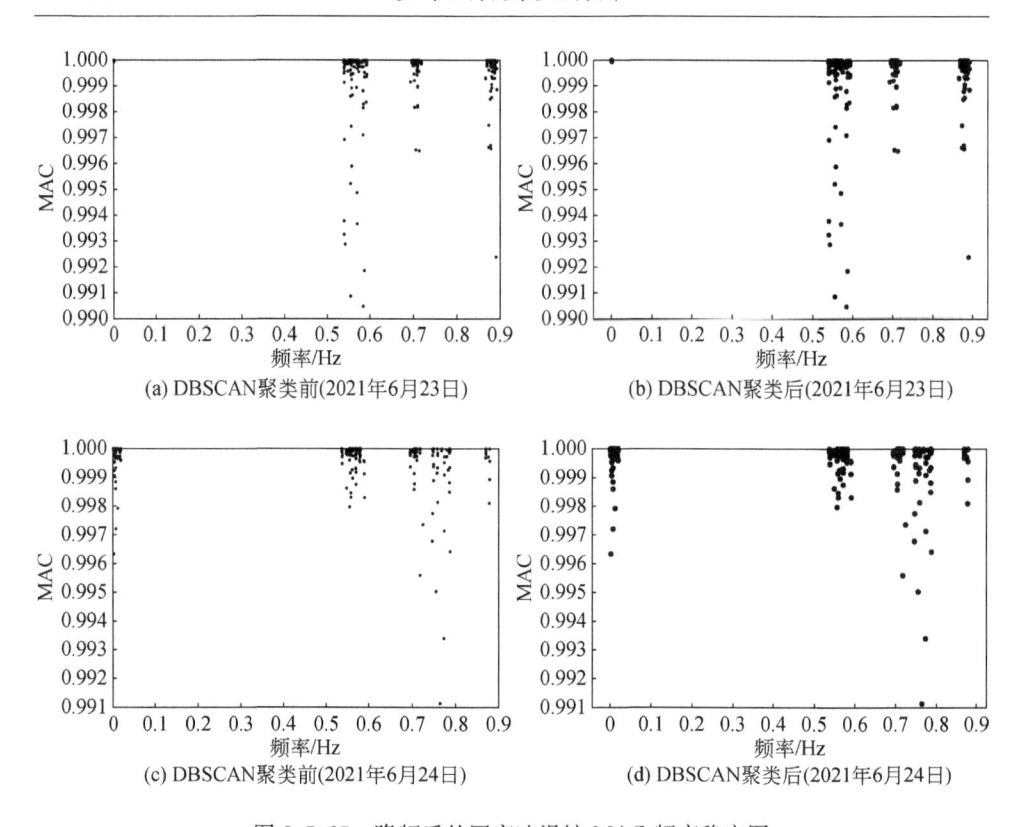

(a) DBSCAN聚类前(2021年6月23日)

(b) DBSCAN聚类后(2021年6月23日)

(c) DBSCAN聚类前(2021年6月24日)

(d) DBSCAN聚类后(2021年6月24日)

图 8.5.25　降频后的国家速滑馆 MAC-频率稳定图

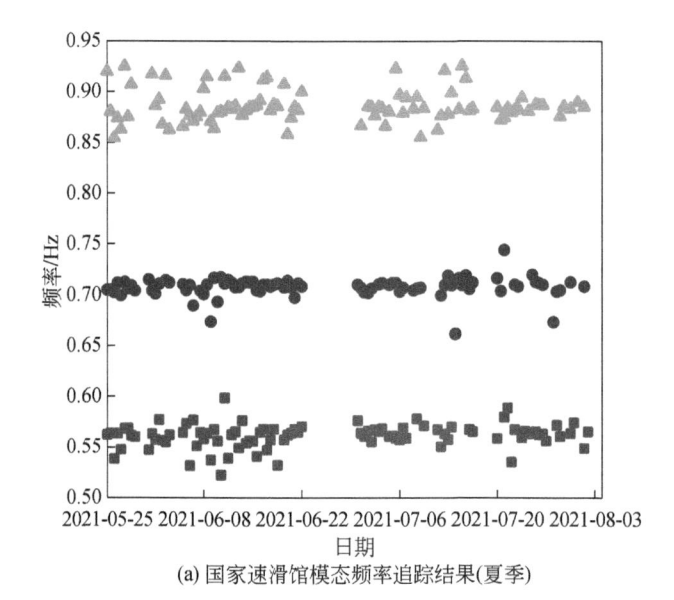

(a) 国家速滑馆模态频率追踪结果(夏季)

(b) 国家速滑馆模态频率追踪结果(冬季)

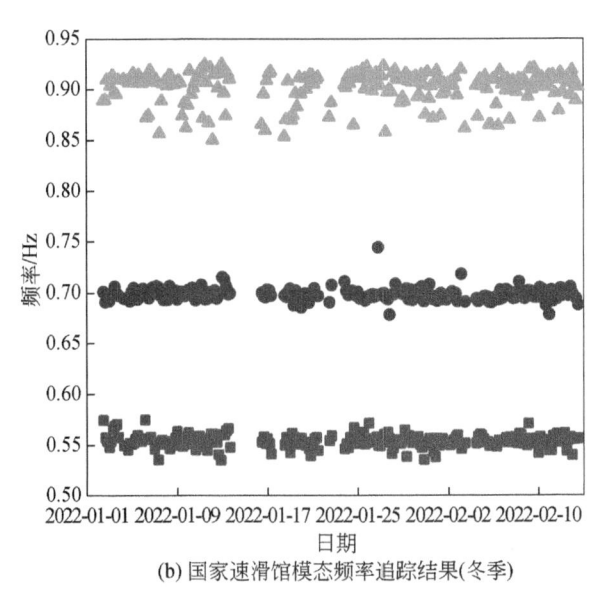

图 8.5.26　国家速滑馆模态频率追踪结果

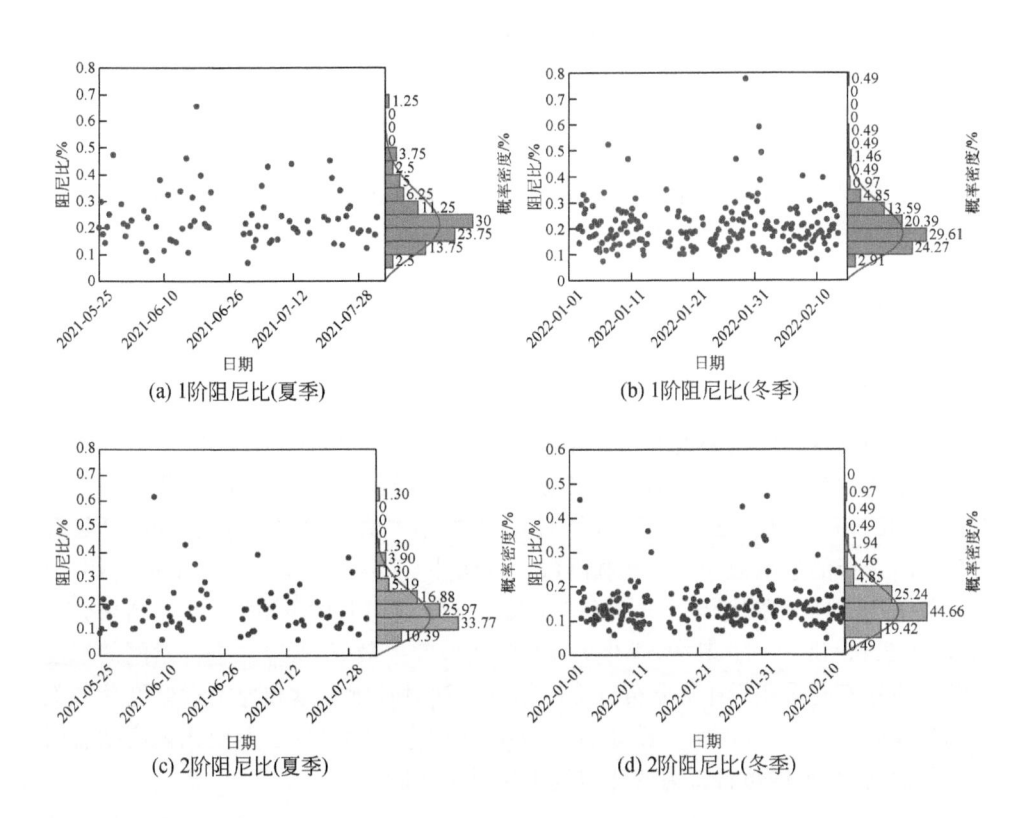

(a) 1阶阻尼比(夏季)

(b) 1阶阻尼比(冬季)

(c) 2阶阻尼比(夏季)

(d) 2阶阻尼比(冬季)

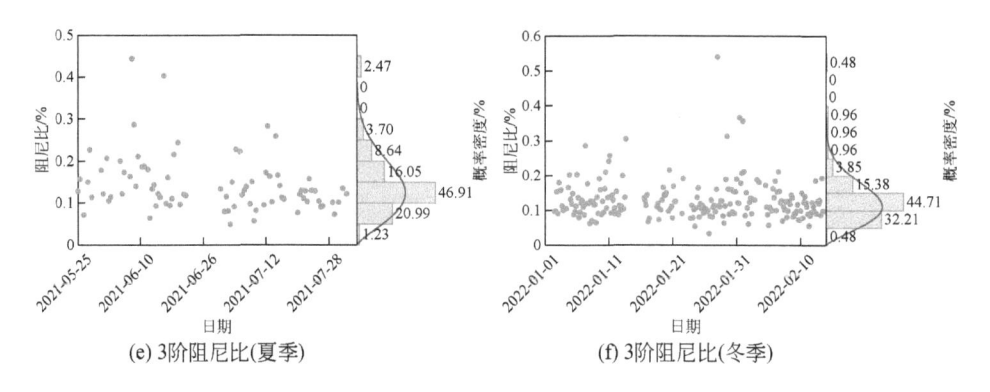

(e) 3阶阻尼比(夏季)   (f) 3阶阻尼比(冬季)

图 8.5.27 国家速滑馆模态阻尼比自动追踪结果

仔细观察发现,在识别到第三阶模态的情况下,该处模态频率离散性远大于前两阶模态,猜想可能的原因是发生了模态混叠、模态跃迁等情况,即理论上第三阶模态与第四阶模态处于高度紧密频率分布状态,加之环境影响(风环境与温度作用),导致这两个密频模态在时空上呈现复杂交叠、无法分离识别的客观情况,导致 AOMA 算法在这种复杂状态下无法进行精确甄别,并错误地将这两个模态识别为一个模态。值得注意的是,图 8.5.25 为 2021 年 6 月 23~24 日前后两天识别到的模态参数聚类结果,表明对于第一、二阶模态表现出很高的聚类稳定性。然而,识别到第三阶模态,正是上述环境外因与结构预应力损失内因的综合作用,导致这两个实际密频模态交织在一起,造成无法精确一一识别的现象,从而导致错误的识别结果。

8.5.5 结构状态评估分析

1. 考虑一维输入的索网结构状态识别

以实测的索网结构温度作为一维输入,并利用分离得到的日温度荷载效应对索网的结构状态进行识别。为了便于说明,本节分析所采用的温度荷载效应为该监测周期的相对变化,已减去监测时间初始点的索力值。考虑一维输入的 GPR 算法建模时选择的基函数为 SEiso 基函数。以构件 CZS-45 的温度荷载效应为例,分别计算采用高斯分布、学生 t 分布和 Laplace 分布建模时的 RMSE,计算结果分别为 3.01、2.53 和 2.98。其中,学生 t 分布的建模效果最好,所以在进行索网的温度荷载效应建模时采用学生 t 分布以提高精度。针对各承重索和稳定索温度荷载效应的建模如图 8.5.28 所示。整体而言,温度作用引起的每日索力变化幅度随着时间延长而增大,平均每日索力变化幅度不超过 ±30kN。

(a) CZS-45

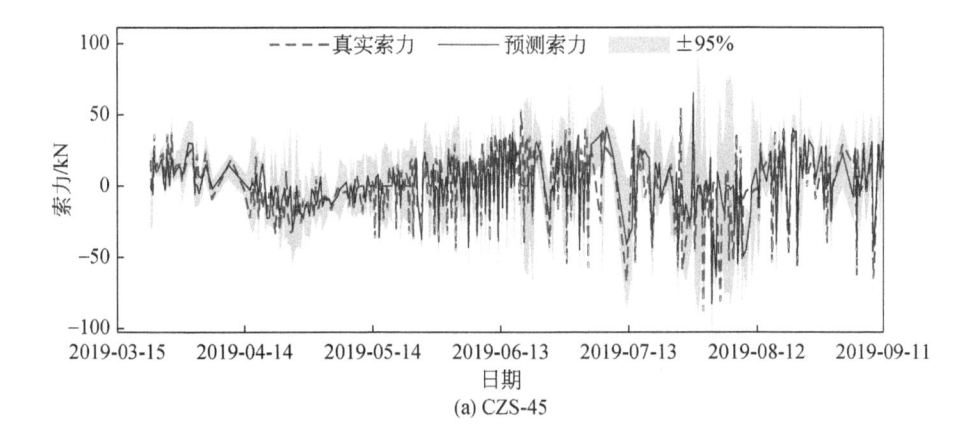

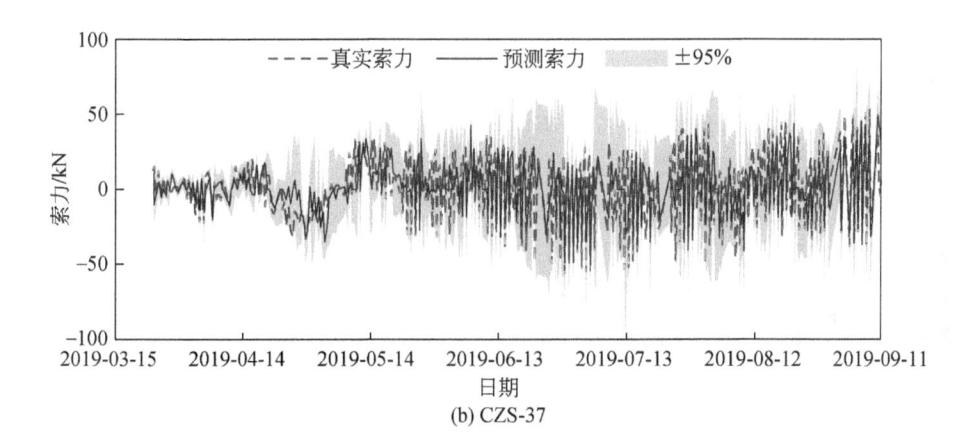

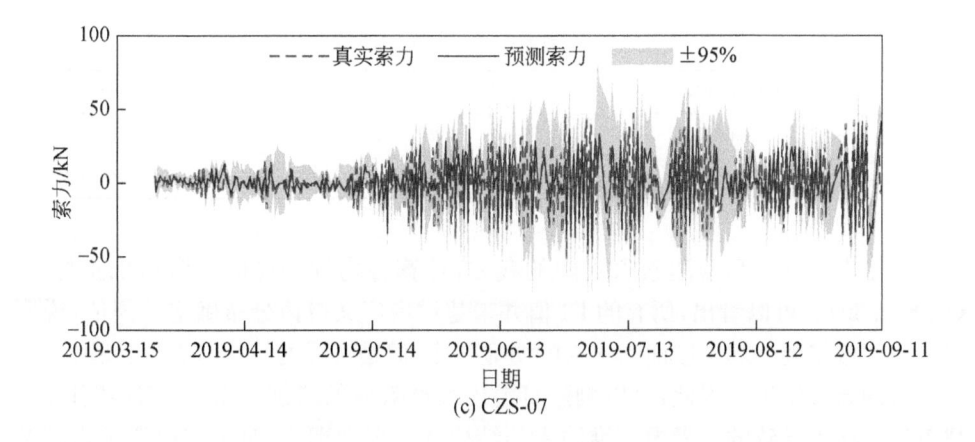

(b) CZS-37

(c) CZS-07

(d) CZS-04

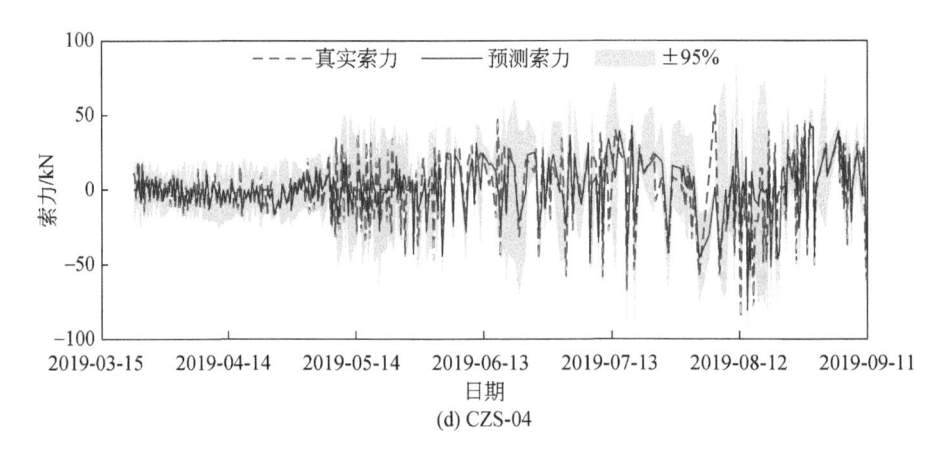

图 8.5.28　国家速滑馆屋面索索力的温度荷载效应的 GPR 建模结果

由图可知,GPR 算法较好地实现了温度荷载效应的建模,预测索力和真实索力基本一致。各构件模型的 RMSE 和预测概率(P_{GP})见表 8.5.16。针对上述承重索和稳定索的构件考虑结构响应分离的情况和不考虑结构响应分离的情况分别计算 RMSE 和 P_{GP},计算结果如图 8.5.29 所示。由图可知,考虑荷载效应分离的情况建模得到的 P_{GP} 和 RMSE 均优于未考虑荷载效应分离的情况,说明采用温度荷载效应进行 GPR 建模时,荷载效应分离有利于提高建模的准确性和可靠度。分析各构件的日温度荷载效应不难发现,屋面索的日温度荷载效应的幅度随着时间延长不断增大。可能引起该现象的原因有:①结构状态发生改变,结构对于温度作用的响应增加,其温度敏感性发生变化;②北京地区进入夏季高温天气,由太阳辐射引起的昼夜日温差较大,从而导致日温度荷载效应的变化幅度增大。综上所述,使用异常识别指标 DI 对结构状态的变化进行识别。

表 8.5.16　国家速滑馆 GPR 建模结果

构件编号	RMSE/kN	P_{GP}	构件编号	RMSE/kN	P_{GP}
CZS-45	3.62	0.912	WDS-07	5.34	0.934
CZS-37	4.58	0.893	WDS-04	4.56	0.904

基于真实索力和预测索力之间的残差,计算各构件相应的异常识别指标 DI(图 8.5.30)。可以看出,所有的 DI 值并未超过由广义极值分布确定的阈值,说明尽管屋面板安装引起了屋面索索力的明显变化,但是实际的结构状态保持稳定,并无明显的异常发生。因此,可以判断日温度荷载效应的增加是由太阳辐射引起的昼夜温差增大导致的。考虑一维输入的结构状态识别理论,对国家速滑馆索网结

构的施工变化的识别是可靠的。

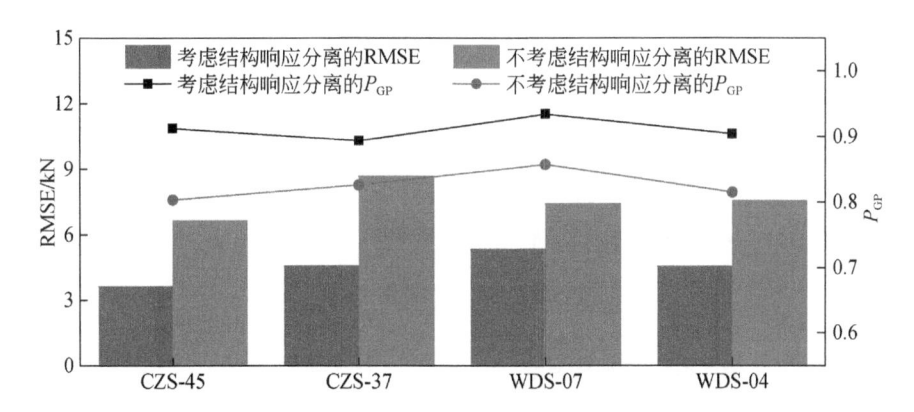

图 8.5.29 国家速滑馆建模效果结果对比

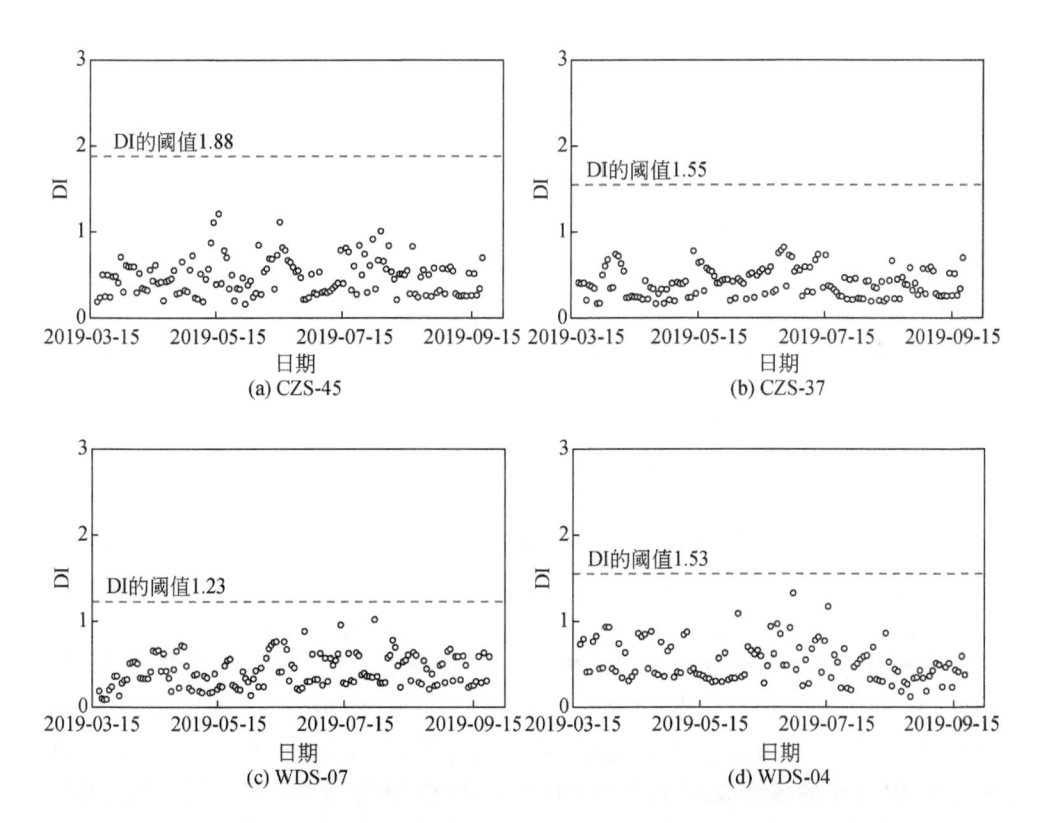

图 8.5.30 国家速滑馆基于温度荷载效应的状态识别结果

2. 考虑多维输入的索网结构状态识别

2021年11月国家速滑馆遭遇大雪天气,屋面结构的高度产生了明显变化,z向位移最大变化量达到了-45.4mm。图8.5.31所示为屋面索网典型位移时程曲线,包含降雪期间及降雪后3个月的位移数据变化情况。本次降雪对于结构状态的影响采用考虑多维输入的状态回归方法进行识别,建立各位移测点的GPR模型获得建模残差,计算相应的结构异常识别指标DI。

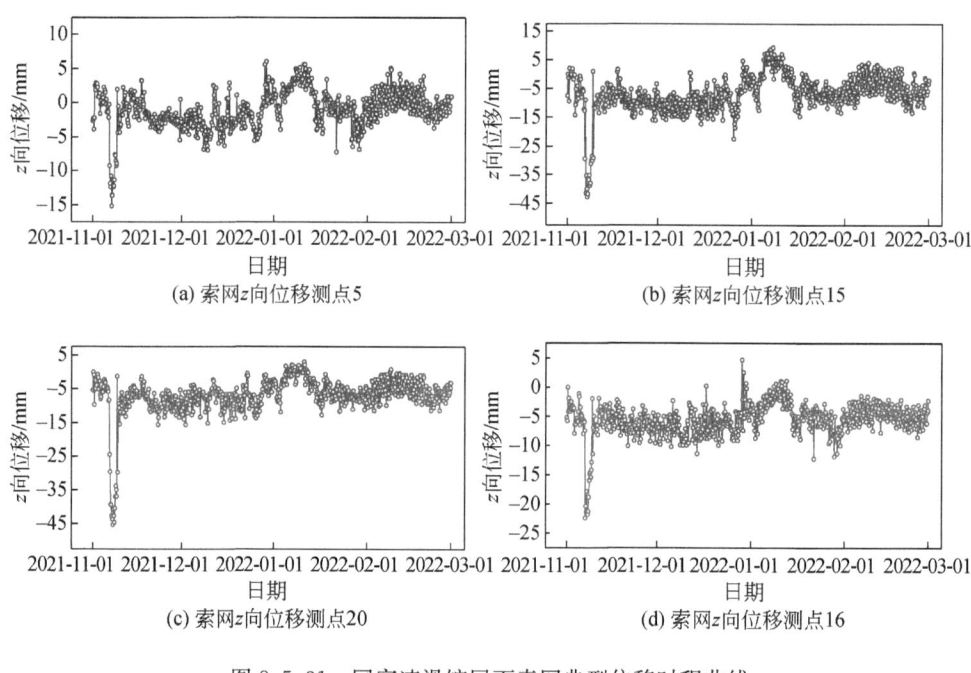

图 8.5.31 国家速滑馆屋面索网典型位移时程曲线

相比于一维输入的GPR算法,多维输入的方法采用不同类型的输入进行结构响应的数学建模,影响模型精度的主要因素包括:①输入的数据是否和预测数据具有可靠的关系;②对于GPR算法中的测量噪声建模所考虑的统计分布是否合理。国家速滑馆的冬季温度受到集中供暖的影响,维持在20℃左右,故考虑采用结构温度(X_1)代替环境温度作为GPR算法的输入之一。索网结构由外围的环桁架和型钢混凝土斜柱共同支撑,雪荷载将引起结构各部位内力和形态的变化。因此,在考虑GPR算法的多维输入时,充分考虑由无线结构健康监测系统实测到的运维阶段的各类结构响应,并计算反映结构内力特征的统计量,如腹杆平均应力比(X_2)、弦杆平均应力比(X_3)、承重索平均索力比(X_4)、稳定索平均索力比(X_5)、稳定索和承重索之间索力比的比值(X_6)。综上所述,确定了$X_1 \sim X_6$六类不同的模型输入

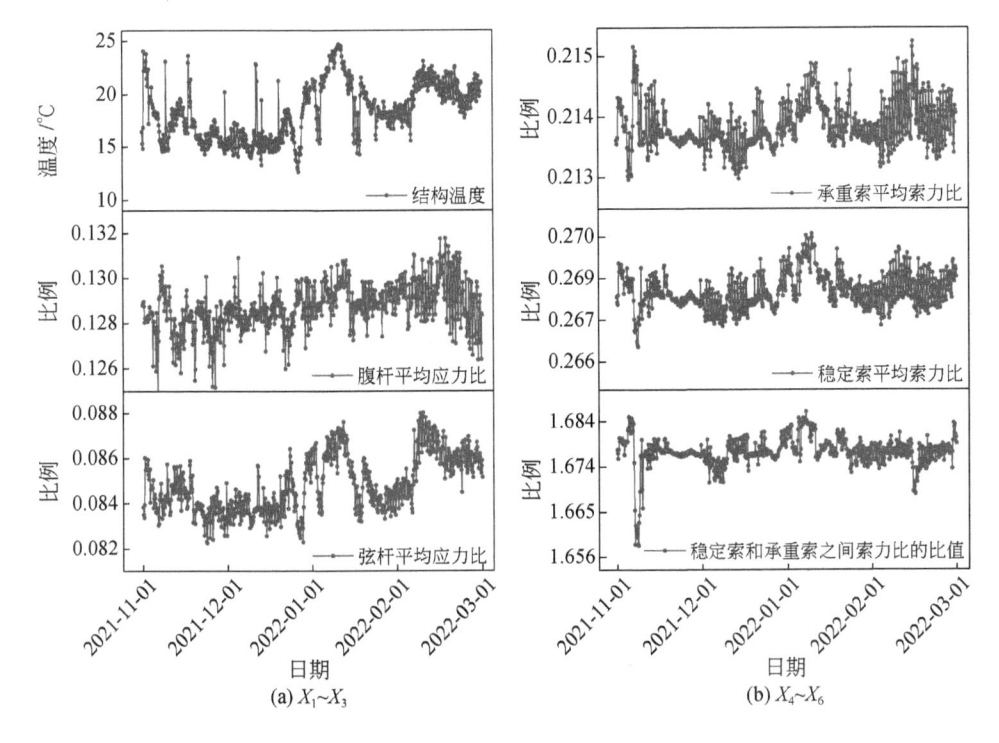

(图 8.5.32)。

图 8.5.32 运维阶段国家速滑馆 $X_1 \sim X_6$ 六类结构响应时程曲线

在实际工程中,由于存在环境噪声和设备固有误差,测量得到的结构响应是带有噪声的测量值。在 GPR 算法中对于噪声通常采用高斯分布进行建模。为了进一步提高 GPR 算法的稳健性,可采用 Laplace 分布和学生 t 分布作为噪声模型。本节考虑多维输入的结构响应数据建模方法,使用 SEard 基函数作为 GPR 算法的基函数。考虑不同的输入组合和噪声的概率模型来确定最优的 GPR 建模效果,在寻优时使用位移测点 5 的实测数据进行分析。为了对比不同组合的建模效果,采用 RMSE 作为评价指标,该指标的值越小则说明预测响应和真实响应的差距越小,即 GPR 算法的建模效果越好。图 8.5.33 和表 8.5.17 所示为三种分布在不同输入组合下的 GPR 建模效果。对于每类输入组合,高斯分布和 Laplace 分布的建模效果表现较好且比较接近,学生 t 分布的建模效果不佳。通过对比确定了建模效果最佳的噪声分布为 Laplace 分布,相应的输入组合为 $X_1+X_2+X_3+X_6$。因此,针对位移结构响应的建模,均采用结构温度(X_1)、腹杆平均应力比(X_2)、弦杆平均应力比(X_3)、稳定索和承重索之间索力比的比值(X_6)作为 GPR 算法的多维输入。

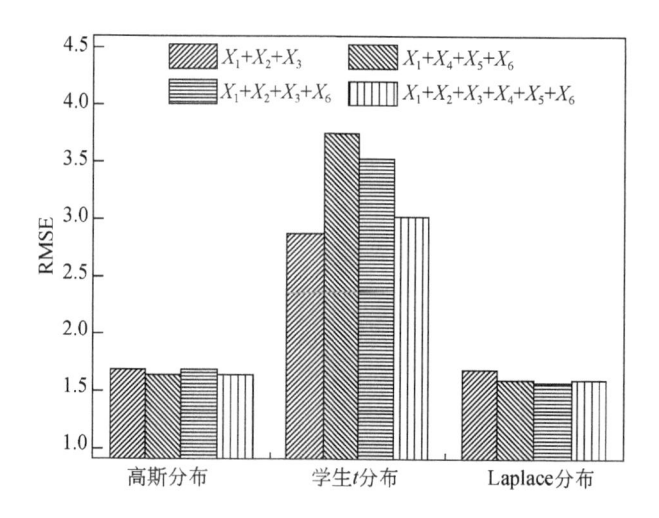

图 8.5.33　国家速滑馆不同输入组合下的 GPR 建模的 RMSE 统计图

表 8.5.17　国家速滑馆不同输入组合下的 GPR 建模的 RMSE 统计表

分布类型	输入组合			
	$X_1+X_2+X_3$	$X_1+X_4+X_5+X_6$	$X_1+X_2+X_3+X_6$	$X_1+X_2+X_3+X_4+X_5+X_6$
高斯分布	1.67	1.63	1.67	1.62
学生 t 分布	2.86	3.94	3.60	3.03
Laplace 分布	1.69	1.59	1.56	1.59

选择索网结构位置对称的 4 个测点进行结构状态识别，分别为东西对称的位移测点 15 和 16、南北对称的位移测点 5 和 20。图 8.5.34 所示为屋面索网位移响应建模结果。由图可知，真实位移和预测位移基本吻合，GPR 算法对于降雪天气所引起的索网位移突变也能实现很好的建模，位移测点 5、15、20、16 的模型预测概率分别为 0.800、0.809、0.816、0.814。

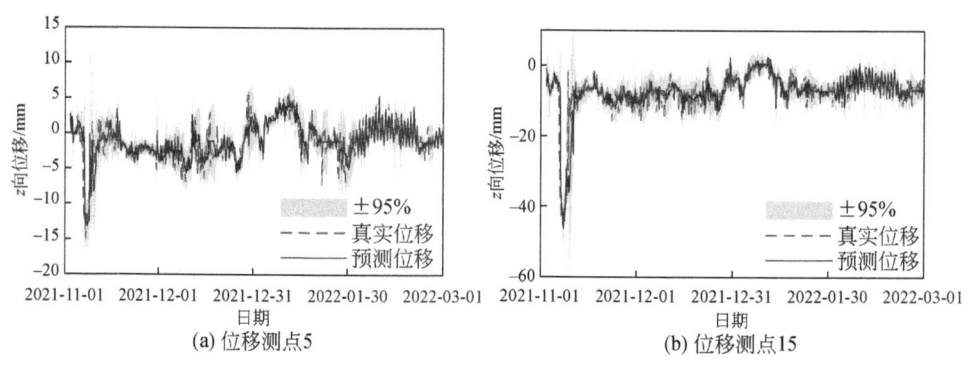

(a) 位移测点 5　　　　　　　　　(b) 位移测点 15

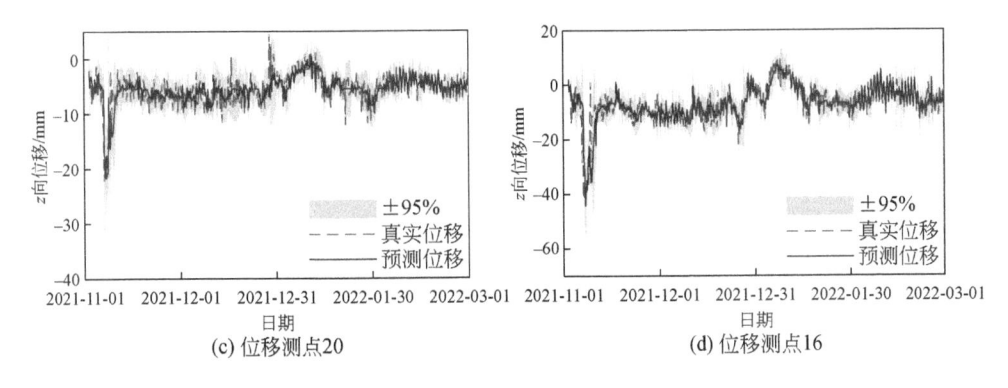

图 8.5.34 国家速滑馆屋面索网位移响应建模结果

在建立各测点位移响应的模型后,利用建模的残差计算异常识别指标,计算结果如图 8.5.35 所示。通过广义极值分布确定的位移测点 5、15、20、16 的 DI 阈值分别为 1.51、1.02、1.41、1.55,各测点的 DI 值均未超过阈值,说明尽管由雪荷载引起的突变造成了索网跨中 z 向位移的突变,但是实际的结构状态保持稳定,并无

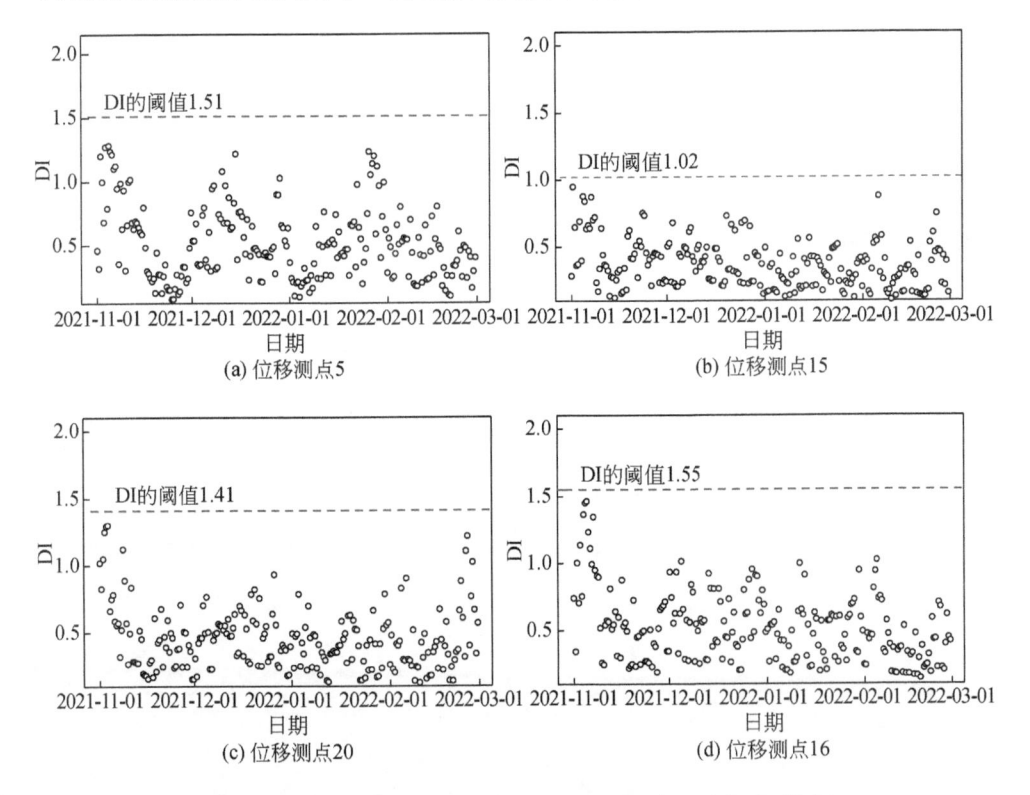

图 8.5.35 国家速滑馆基于位移响应的屋面索网异常识别指标

明显的异常发生。进一步分析索网位移的实测结果,对比位移测点 20 和位移测点 5 两个南北对称的测点,可以发现位移的变化量相差约 15mm。为了分析雪荷载的作用规律,采用 EEMD-ICA* 方法分离得到了结构的雪荷载效应,如图 8.5.36 所示。由图可知,分离后得到的各测点的雪荷载效应体现出很好的对称性,其中位于跨中的测点 15 和 16 的 z 向位移大于位于两端的测点 5 和 20,该结果说明结构保持了良好的对称性,也侧面反映出结构处于正常工作的状态。

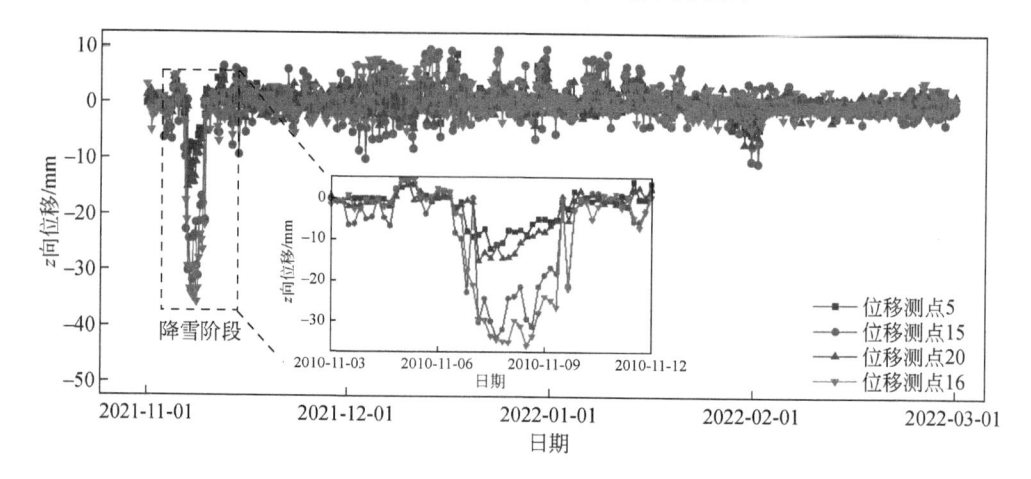

图 8.5.36　国家速滑馆分离的索网 z 向位移雪荷载效应

第 9 章 北京大兴国际机场监测

9.1 工程概况

北京大兴国际机场位于永定河北岸,在北京市大兴区礼贤镇、榆垡镇和河北省廊坊市广阳区之间,是超大型国际航空综合交通枢纽,属国家重点工程。航站区主要包括航站楼、停车楼和综合服务楼等三个主要的建筑单元。航站区总用地面积约 27.9 万 m^2,用地南北长 1753.4m,东西宽约 1591.0m,总建筑面积约 143 万 m^2,其中航站楼建筑面积约 80 万 m^2。航站楼主体为钢筋混凝土框架结构,南北长 996.0m,东西宽 1144.0m,由中央大厅、中央南和东北、东南、西北、西南 5 个指廊组成,航站楼平面构形为五角星形,如图 9.1.1 所示。

图 9.1.1 北京大兴国际机场鸟瞰图

北京大兴国际机场航站楼是一座超大型建筑,屋盖表面风荷载是关系大型结构健康安全的关键控制荷载。近年来,大型航站楼屋盖围护系统遭受强风破坏时有发生,导致经济损失,且会造成航空器停靠和飞行的安全隐患。因此,急需一套完整的技术体系和技术装备,通过现场实测和理论研究,厘清围护系统风荷载实际分布及其在风荷载作用下的受力机制,掌握其客观规律,预测和报警可能发生风灾的情况,从而减少或消除围护系统安全隐患。

航站楼的屋面积水问题不容忽视。强降雨带来的屋面及天沟积水,可能会给结构带来额外的附加荷载,从而造成结构安全和漏水隐患。为保障在强降雨时建筑结构安全并防治大面积屋面漏水,需要一整套降水及水位监测设备,以呈现降雨时屋盖天沟积水分布情况,防止屋盖产生严重积水。

9.2 监测内容

对航站楼屋盖的风雨环境及振动情况进行长期监测,综合利用各种性能指标,对结构的安全性与功能性进行实时评价与预警,为航站楼屋盖抗风和防雨提供预警机制,根据实测结果判断屋面抗风揭相对薄弱的环节,推测实际抗风揭承载能力;为机场雨量汇集提供实测数据,监测雨水斗处雨量汇集和排放实景情况。减小机场结构本身及次生灾害的安全隐患,为超大型机场航站楼抗风、防雨设计提供建议与指导。

依据北京大兴国际机场屋盖的特点,充分发挥设备的无线组网与多测点实时采集优势,对北京大兴国际机场屋盖表面的环境作用与屋盖振动响应进行监测,具体监测内容如图9.2.1所示。北京大兴国际机场各监测内容的测点安装情况如图9.2.2～图9.2.4所示。

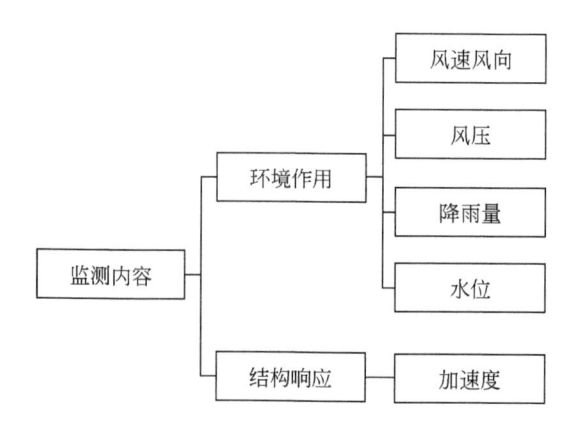

图 9.2.1 北京大兴国际机场监测内容

第 9 章 北京大兴国际机场监测

(a) 风速风向传感器　　　　(b) 风压传感器

图 9.2.2　北京大兴国际机场风速风向及风压传感器

图 9.2.3　北京大兴国际机场无线振动加速度传感器安装效果图

(a) 光学雨量传感器　　　　(b) 超声波水位传感器

图 9.2.4　北京大兴国际机场雨水监测传感器安装效果图

9.3 监 测 系 统

针对北京大兴国际机场屋面监测,搭建了一套无线监测系统。无线监测系统由传感系统、数据采集和传输系统、数据处理及可视化系统和结构健康评估系统四大模块组成。传感系统子系统由三种不同类型的无线传感器设备组成,图 9.3.1 显示了无线监测系统的运行模式,不同传感器测点的数据通过网络拓扑传输至基站,接着将原始数据传输到云数据库,最后将数据处理后发送至无线监测系统智慧平台或便携式设备。

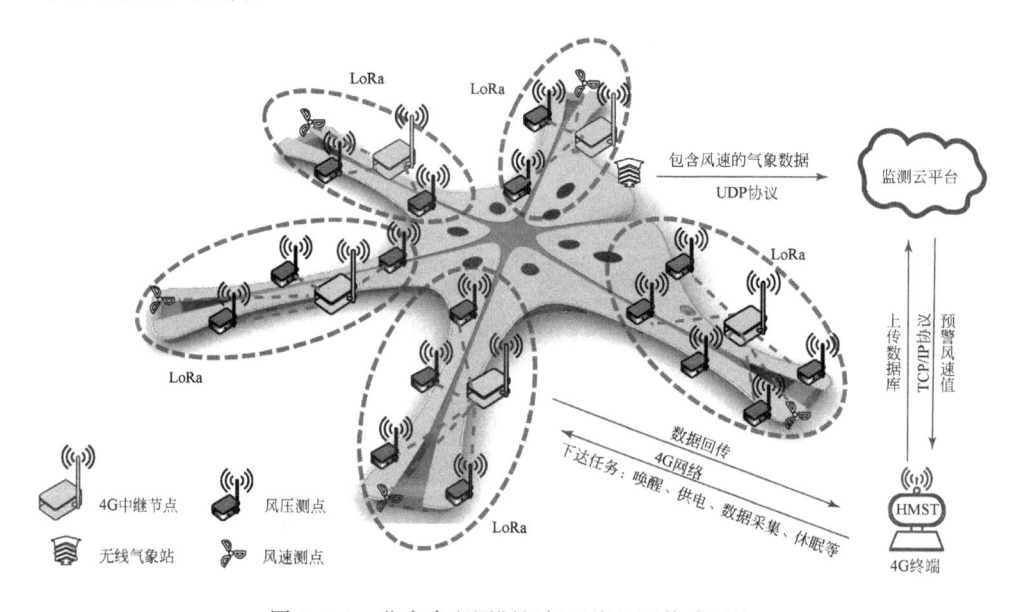

图 9.3.1 北京大兴国际机场无线监测传感网络

无线监测系统智慧平台由实测数据查询模块、监测设备管理模块、报警信息管理模块及报告和维护日志模块组成,如图 9.3.2 所示。实测数据查询模块实现风速风向、风压、加速度、水位、降雨量等监测数据的查询、统计、可视化以及下载。监测设备管理模块实现现有测点以及路由接力点监测设备的查询,设置监测系统的计划采集任务。报警信息管理模块中的报警阈值模块可根据测点历史报警记录来查询测点异常信息。维护日志模块提供监测报告的上传及管理功能,通过增加维护日志来记录项目维护进程。

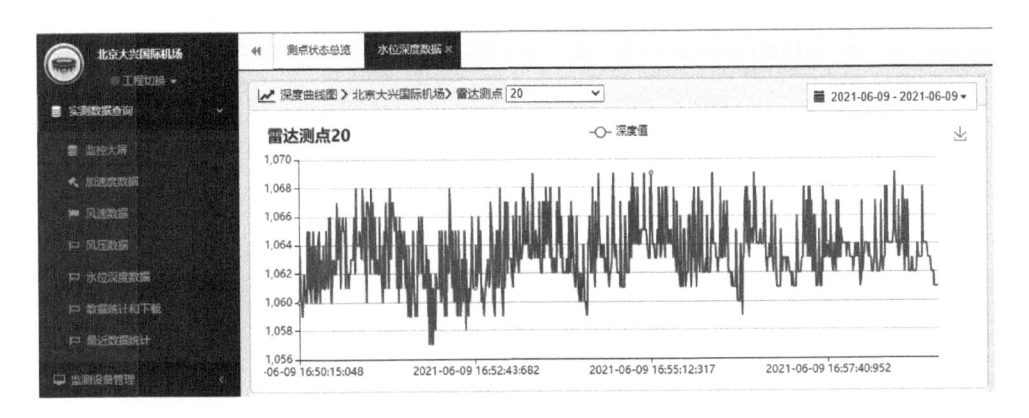

图 9.3.2　北京大兴国际机场云平台

9.4　测点布置

9.4.1　风速风向及风压测点

风荷载的监测包括风速风向监测与风压监测,风荷载测点布置考虑对称性,参考风洞试验数据以及场地因素,选择风荷载不利位置进行测点布置,在屋面对称布置 8 个风速风向测点,192 个风压测点,具体的测点布置平面图如图 9.4.1 所示。

9.4.2　加速度测点

北京大兴国际机场加速度监测的部位主要是屋面结构,根据对结构的模态分析,探究风压与屋面该点处加速度振动关系,选择与风压测点相同的位置布置相应的加速度测点。加速度测点布置基于对称原则,在屋面动力响应较大的部位共布置 192 个测点,测点的具体布置如图 9.4.2 所示。

9.4.3　水位测点

为确保大跨度空间结构屋面的结构安全性,需对屋面排水提供预警机制,同时对水位数据进行监测。水位监测测点主要布置在五条指廊两侧天沟以及中央大厅区域,其中东南指廊、正南指廊、西南指廊、西北指廊、东北指廊各布置 22 个水位监测测点,中央大厅东西侧各布置 20 个水位监测测点和 4 个降雨量监测测点。水位监测测点总计 150 个,降雨量监测测点总计 8 个,测点布置如图 9.4.3 所示。

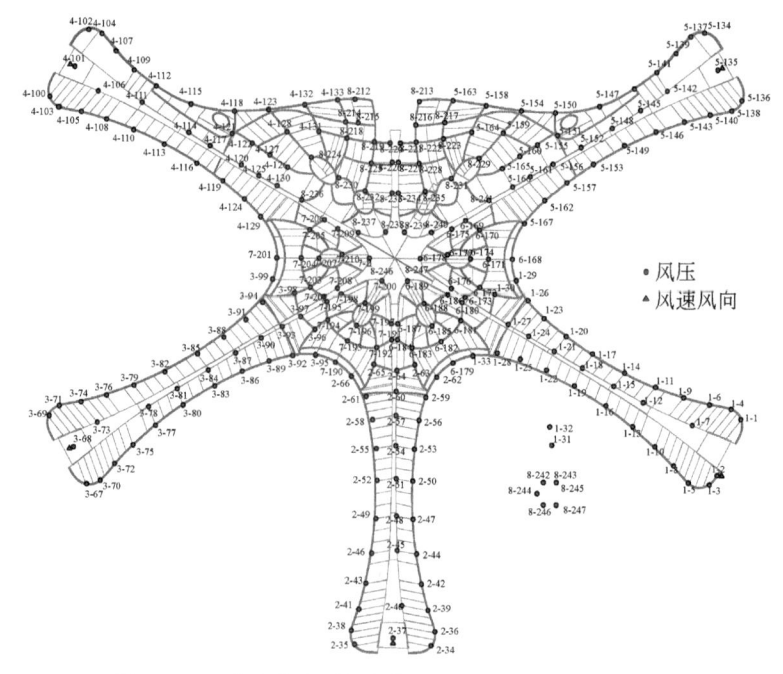

图 9.4.1 北京大兴国际机场风速风向及风压测点布置

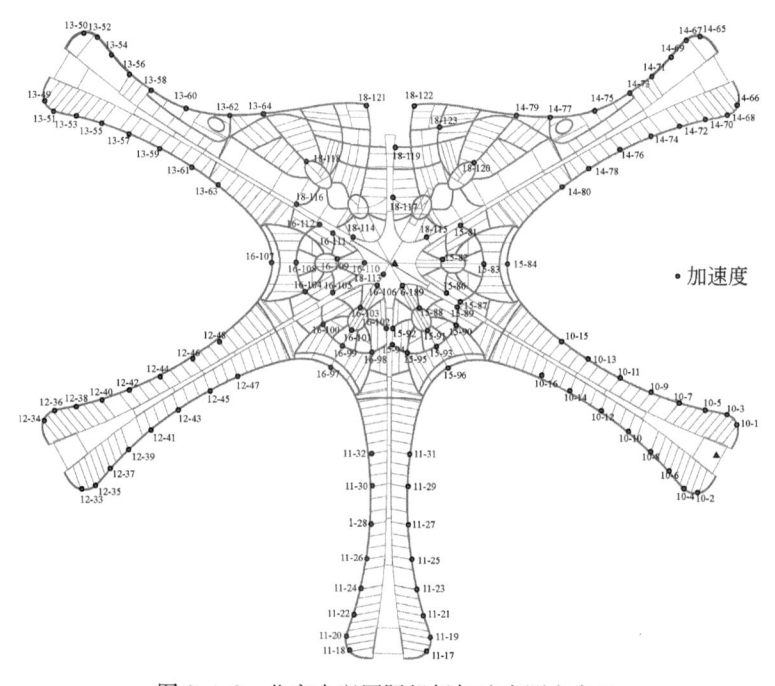

图 9.4.2 北京大兴国际机场加速度测点布置

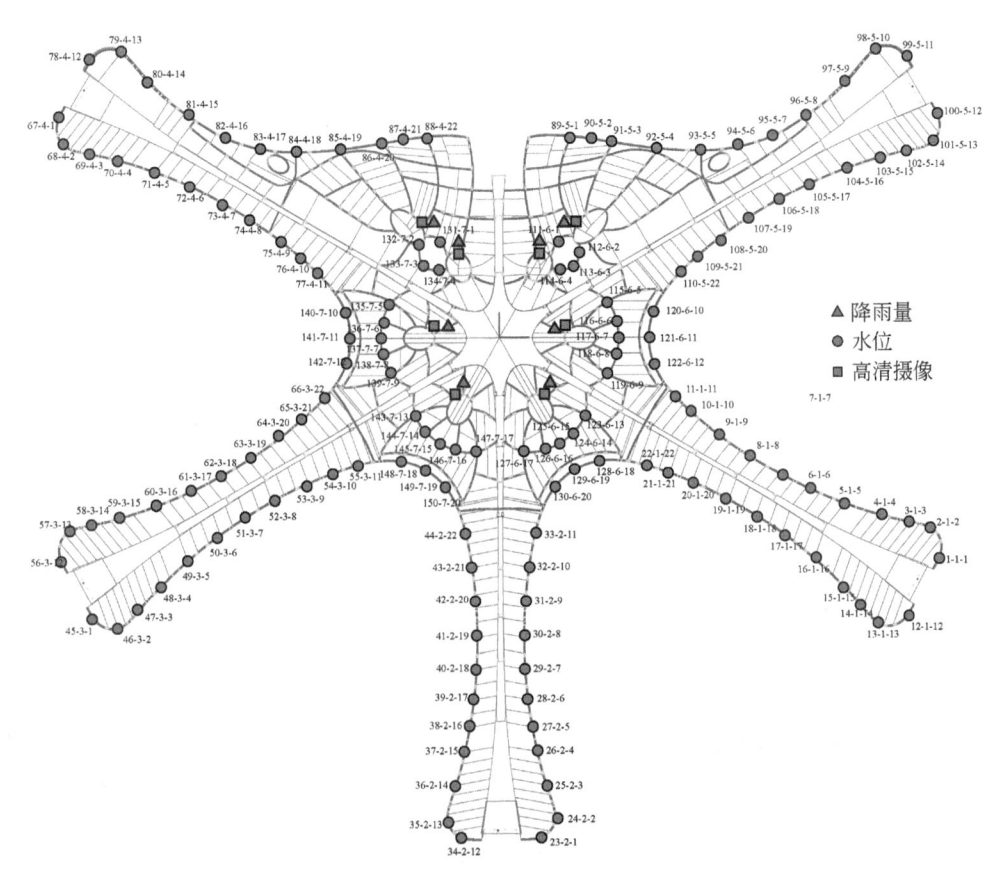

图 9.4.3　北京大兴国际机场降雨量、水位、高清摄像测点布置

9.5　数据分析

9.5.1　风荷载数据分析

北京地区春季多大风天气,选取 2021 年 4 月 29 日的屋面风荷载实测结果进行分析,这一天北京地区天气晴间多云,西北风 4~5 级,有 7 级左右的阵风出现,气象部门多次发布大风蓝色预警信号。对大风期间的风速风向以及屋面风压进行实测,风压采集频率为 10Hz,采样时间为 1800s,风速风向采集频率为 5Hz,采样时间为 1800s。下面根据实测数据的结果进行分析。

1. 风速风向分析

由于风速风向传感器均安装在屋盖边缘区域的表面，不可避免地会受到建筑外立面对其的干扰与遮挡。由于屋面安装了多个无线风速风向传感器，采用屋面上所有风速风向传感器采集到的风速风向数据绘制风玫瑰图（图9.5.1），从图中可知，来流风向以北风和西北风为主。考虑最小遮挡效应，选取实测风速最大的测点风速作为屋面的参考来流风速，其风速时程曲线如图9.5.2所示。实测最大风速为20.45m/s，最小风速为5.42m/s，平均风速为12.44m/s，风力大小相当于6级强风。

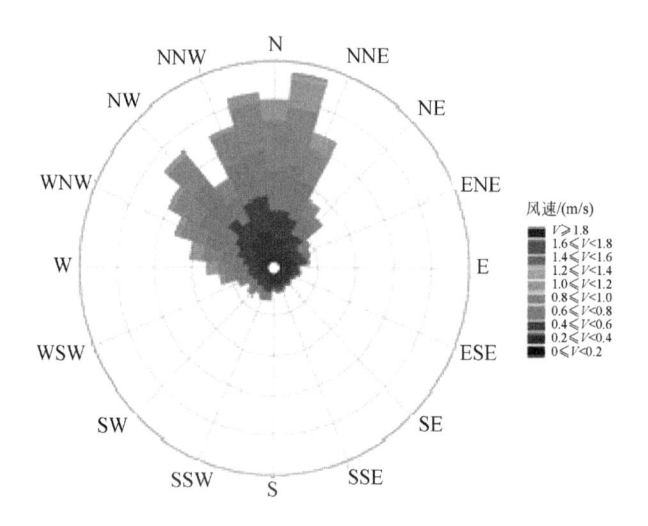

图9.5.1 北京大兴国际机场实测风玫瑰图

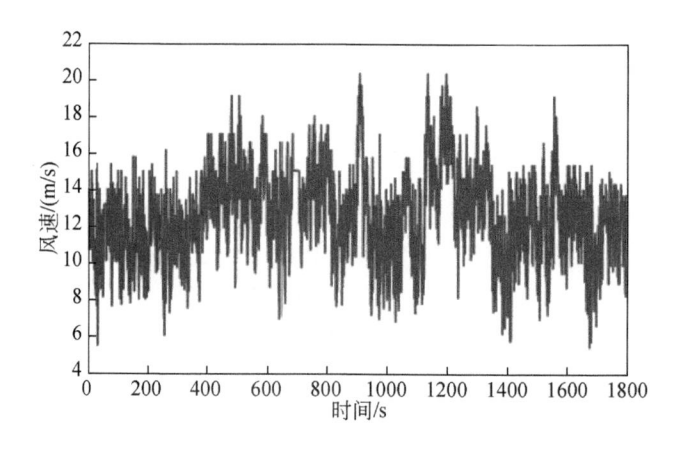

图9.5.2 北京大兴国际机场实测风速时程图

第9章 北京大兴国际机场监测

湍流强度描述风速随时间和空间的变化强度,反映脉动风速的相对强度,是描述大气湍流运动重要的特征量,其定义为脉动风速的标准偏差与脉动风速的平均值比值,距离地面某一高度处湍流强度的表达式如下:

$$I(z) = \frac{\sigma(z)}{\overline{U}(z)} \tag{9.5.1}$$

式中,$\overline{U}(z)$为距离地面高度 z 米处的平均风速;σ 为脉动风速的标准偏差,按照《建筑结构荷载规范》(GB 50009—2012)规定的 10min 基本时距,对实测的风速数据进行计算,计算结果见表 9.5.1。按照规范中对湍流强度的规定,B 类地貌大气湍流强度的理论值按下面的公式计算:

$$I(z) = I_{10} \left(\frac{z}{10} \right)^{-\alpha} \tag{9.5.2}$$

式中,对于 B 类地貌,10m 高度名义湍流强度 I_{10} 取 0.14;α 为地面粗糙度指数,取 0.15。根据屋面风速风向传感器测点 3 的位置高度 25m,可以求得 B 类地貌该点的湍流强度理论值为 0.13,因此实测结果高于理论湍流强度值,大小与 C 类地貌下的湍流强度 0.19 接近。湍流强度实测值高于理论值很大的原因是安装的风速风向传感器都处于屋盖结构边缘,并且安装高度有限,其测量的来流风不可避免地会受到建筑表面干扰,导致其测量值偏大。

表 9.5.1 北京大兴国际机场实测风速 10min 时距统计特性

时间样本	平均风速/(m/s)	脉动风速/(m/s)	最大风速/(m/s)	最小风速/(m/s)	湍流强度
1	12.19	2.25	19.21	5.46	0.18
2	12.95	2.70	20.45	6.82	0.21
3	12.18	2.40	19.21	5.42	0.20

2. 屋面风荷载分布

对于大跨度空间结构,获得风荷载在屋面上的空间分布是屋面抗风设计的关键。一般来说,由于大跨度空间结构屋面尺寸较大,对其屋面风荷载分布的研究主要是通过风洞试验来实现的。由于实测试验存在困难,在大跨度空间结构上开展的屋面风压实测试验以及布置的测点数量都有限,导致屋盖结构的风压实测数据匮乏。基于屋面上各个测点获得的实测风荷载结果,可以研究屋面上风荷载分布的特征。由图 9.5.1 实测的屋面流场风玫瑰图和图 9.5.2 的风速时程曲线,可见风速的波动较为平稳,风向以北风和西北风为主,并无剧烈的变化。将实测范围内各个测点获得的风压数据按照 10min 时距进行分段统计,并采用克里金(Kriging)法在屋面空间范围内进行插值,可以得到屋面区域内的平均风压、脉动风压以及峰值风压分布,如图 9.5.3 所示。大跨度空间结构上的屋面风荷载常以风吸力出现,风压以负压为主,因此本节中的峰值风压均为测点获得的最小负压值。

进一步地,为了消除不同来流风速对屋面风压大小的影响,方便显示风荷载在屋面上的分布规律,对获得的屋面风压常采用无量纲化处理,即采用风压系数来显示屋面风压分布的特征,屋面的风压系数定义为

$$C_p(t) = \frac{p(t) - p_s}{0.5\rho v_s^2} \quad (9.5.3)$$

式中,$p(t)$ 和 p_s 分别为 t 时刻屋面测点和室内参考点的瞬时风压;ρ 为空气质量密度;v_s 为来流的参考风速。来流的参考风速 v_s 可由位于高度 25m 处西南指廊的端部风速风向测点 3 获得的 10min 平均风速确定,为了进一步规范计算结果,需要乘以风速高度变化系数将其转化为 10m 高度处的来流风速。经过上述处理,各个风压测点得到的压力系数是测点所在位置处的风荷载高度变化系数与体型系数的乘积。平均风压系数 $\overline{C}_p$、脉动风压系数 C_{p_RMS} 以及峰值风压系数 C_{p_peak} 的计算公式如下:

$$\overline{C}_p = \frac{1}{n}\sum_{t=1}^{n} C_p(t) \quad (9.5.4)$$

$$C_{p\_RMS} = \sqrt{\frac{\sum_{t=1}^{n}[C_p(t) - \overline{C}_p]}{n-1}} \quad (9.5.5)$$

$$C_{p\_peak} = \min[C_p(t)] \quad (9.5.6)$$

式中,n 为单个风压测点在计算时距内采集到的风压数据数量,在计算实测风压系数时与我国规范中的基本时距 10min 保持一致。将屋面得到的风压系数同样进行空间插值,能够得到屋面上风压系数的空间分布特征,结果如图 9.5.3 所示。

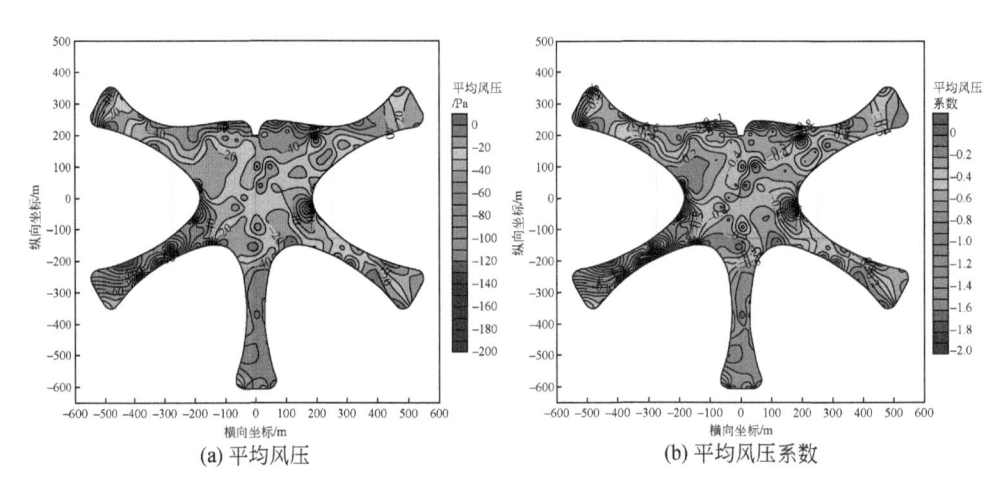

(a) 平均风压

(b) 平均风压系数

(c) 脉动风压

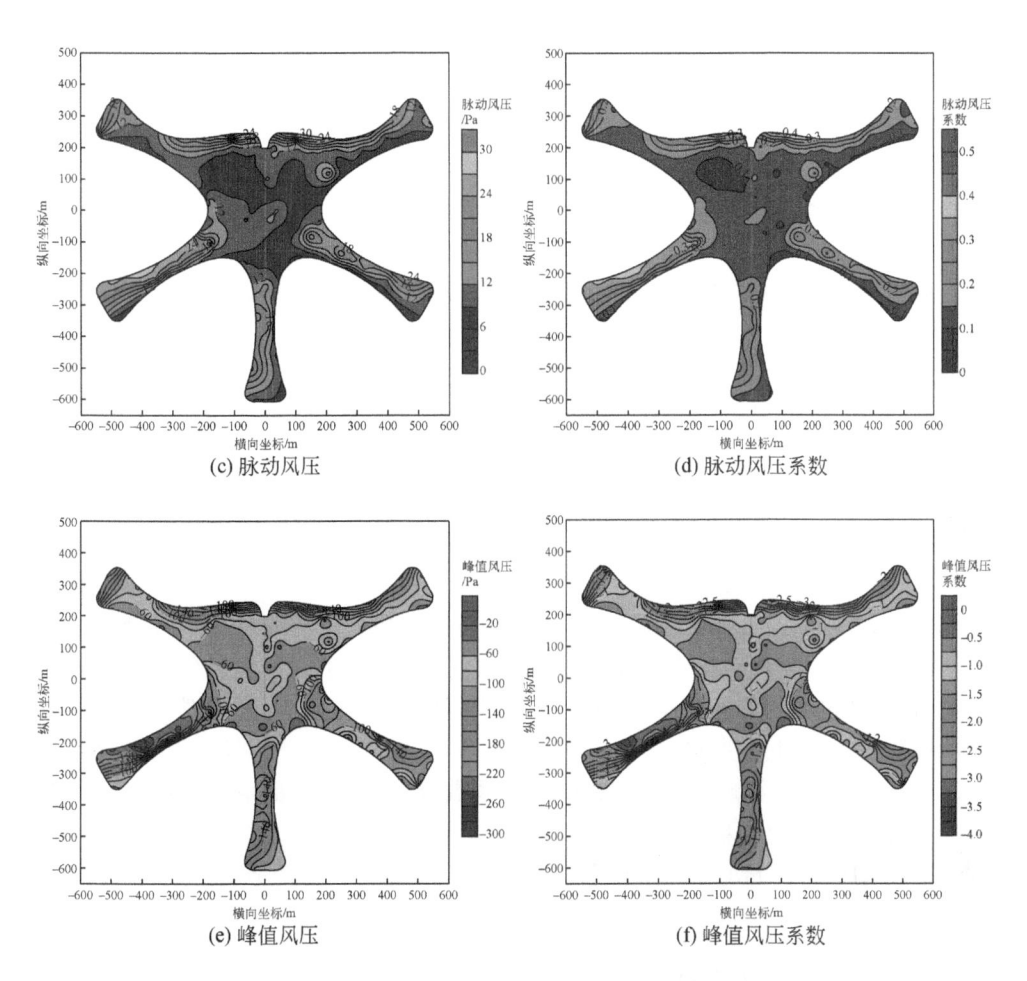

(d) 脉动风压系数

(e) 峰值风压

(f) 峰值风压系数

图 9.5.3 北京大兴国际机场屋面风压以及屋面风压系数分布

通过比较屋面风压以及屋面风压系数可以看出,屋面风压分布图可以得到屋面在某特定风速风向下各个位置承受的风荷载大小,可以用来确定屋面各个位置的风荷载数值,从而进行进一步的结构响应分析;而屋面风压系数分布图只能得到特定风速下屋面各个位置承受的风荷载程度,主要用来发现承受风荷载较大的屋面区域。

在以西北风和北风为主的来流作用下,屋面的西南指廊是整个屋面中承受风荷载最大的区域。在西南指廊的迎风边缘无论是平均风压、脉动风压还是峰值风压都大于屋面的其他区域,其最大峰值风压达到300Pa。峰值风压系数约为3.8,平均风压系数超过了1.9,都远超荷载规范中规定的常见屋面的体型系数。

通过平均风压系数分布图(图9.5.3(b))可以看出,屋面指廊承受的风荷载总体大于中央大厅。这是因为指廊外形相对狭长,屋面边缘区域范围大,受到的特征湍流影响明显。由于航站楼尺寸较大,气流遇到建筑外立面形成的特征湍流很难达到中央大厅的中部区域,其风压脉动主要受空气中湍流的影响,使得其脉动风压远小于其他边缘区域。

对航站楼的每个指廊与中央大厅区域而言,迎风边缘的平均风压、脉动风压和峰值风压均大于中间内部区域,脉动风压尤其明显(图9.5.3(c))。这是因为在建筑的迎风边缘区域,屋面气流会形成小范围的分离泡区域,在分离泡中的气体湍流运动剧烈,导致该处的局部风吸力和风压波动很大,这也是在大跨度屋面的迎风边缘区域,屋面结构容易出现连接损伤、发生风揭破坏的原因。

3. 风压相关性分析

根据屋面风荷载空间分布可以看出,在屋面的不同区域,其风荷载分布具有一定的空间关联性。对大跨度空间结构而言,空气流动对屋面产生的外力作用是具有明显相关性的随机过程,脉动风荷载的空间相关性在结构的风振响应分析中会对结构产生较大的影响。研究表明,若不考虑荷载过程相关性,会低估结构的可靠度,并且荷载过程的相关性越大,低估的结果越明显。因此,有必要对大面域屋面上的风荷载进行相关性分析。

计算屋面上各个测点的风压数据相关系数,可以用来表征空间上两组风荷载数据的相似性。两个随机变量可以使用皮尔逊相关系数(Pearson correlation coefficient,PCC)度量它们的相关性,如果每个变量具有 N 个标量观测值,则相关系数的定义为

$$\rho(A,B) = \frac{1}{n-1}\sum_{i=1}^{N}\left(\frac{A_i - \mu_A}{\sigma_A}\right)\left(\frac{B_i - \mu_B}{\sigma_B}\right) \quad (9.5.7)$$

式中,μ_A 和 σ_A 分别为变量 A 的均值和标准差;μ_B 和 σ_B 分别为变量 B 的均值和标准差。相关系数的取值范围为 $-1\sim1$,其绝对值越接近 1,表示两个变量之间的关系越密切;越接近 0,则表示两者之间的关系越疏远。通常,当相关系数处于 $0.8\sim1$ 时,两个变量是强相关,$0.3\sim0.8$ 代表弱相关,小于 0.3 则表示变量之间的相关性很弱。由于屋面区域较大,测点数量众多,选取有代表性的区域的测点作为参考点,求取屋面上任意测点与其的相关性,并将相关系数绘制成云图。

首先,对于指廊迎风边缘区域的测点 P7 和 P106,计算得到屋面上任意测点与它们的相关系数,结果如图 9.5.4 所示。可以看出,屋面在指廊边缘的测点与屋面上其他测点的相关性都较低,它们的风压脉动特性主要由所在位置的特征湍流决定,其变化特性与周围其他风压关联性较小。

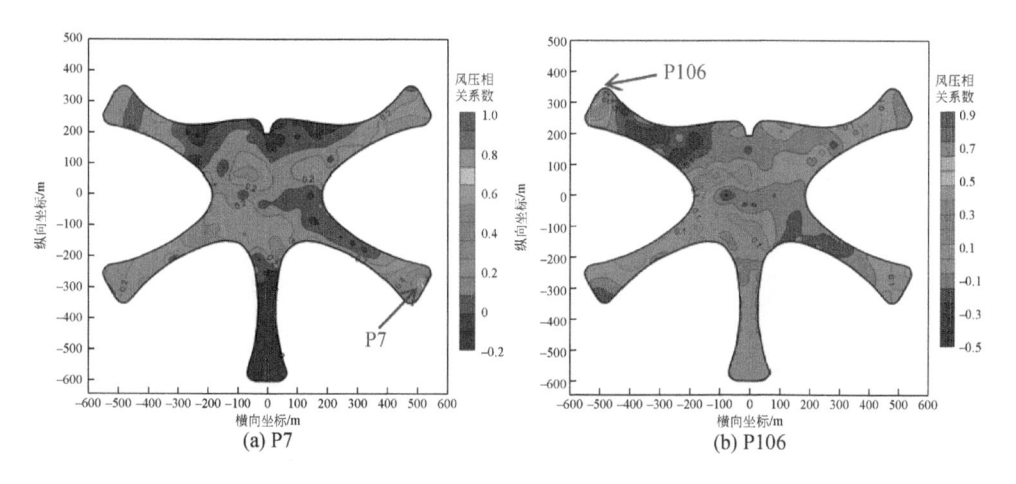

图 9.5.4　北京大兴国际机场指廊迎风边缘测点风压相关性

其次,对于大厅迎风边缘测点 P216 和 P239,与其他测点的相关性如图 9.5.5 所示。与指廊边缘测点类似,它们与其他测点的相关性较小。此外,颇受关注的两个指廊连接区域的测点 P172 与 P207,因为处在屋面边缘的缘故,其与其他测点的相关性较弱(图 9.5.6)。综上所述,位于屋面边缘的测点与其他测点的相关性都比较弱,这是因为屋面边缘测点的脉动风压主要受所在位置的特征湍流影响,而该特征湍流只在测点附近的局部区域出现,使得该测点与屋面其他测点的相关性较小。

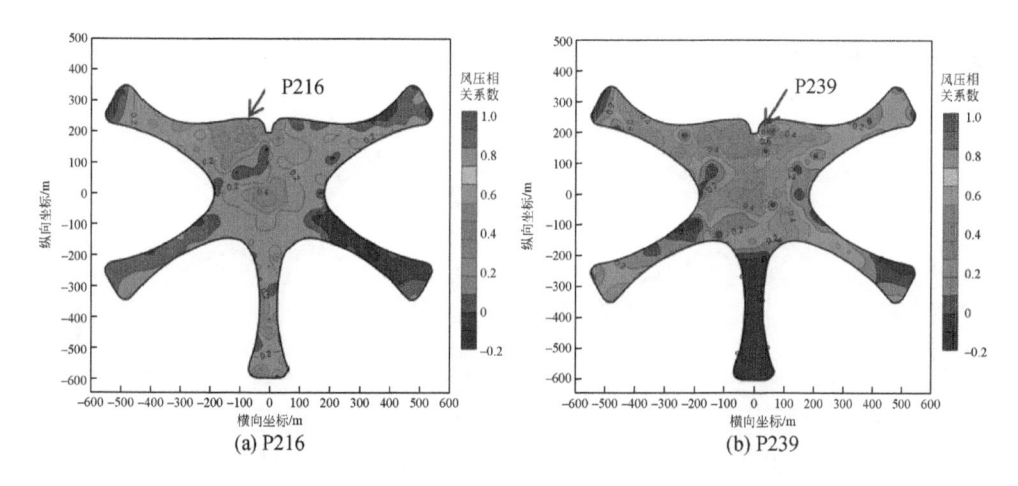

图 9.5.5　北京大兴国际机场中央大厅迎风边缘测点风压相关性

(a) P172　　　　　　　　　　　　　(b) P207

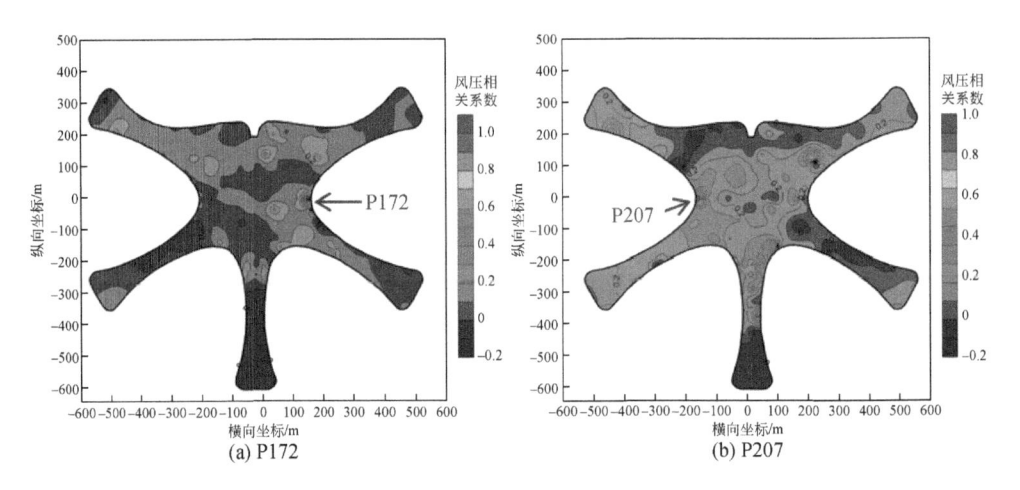

图 9.5.6　北京大兴国际机场指廊之间连接处测点风压相关性

不同于指廊、中央大厅以及指廊连接处的屋面边缘测点,位于指廊中间区域的测点 P24 与 P120,如图 9.5.7 所示,它们与所在指廊附近区域测点的相关性较强。在东南指廊的测点 P24,与其周围中间区域的测点相关性较强,并且该相关性随着与测点 P24 距离的增加而下降,对于中央大厅中部和指廊端部的测点,其与测点 P24 的脉动风压相关性可以忽略不计。对于位于西北指廊的测点 P120,与其相关性较大的测点也沿着指廊中间区域分布。

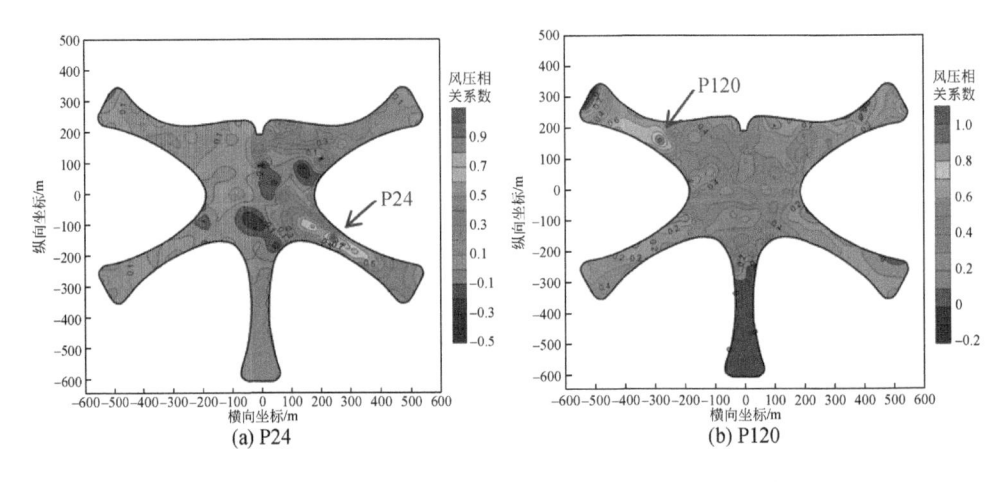

(a) P24　　　　　　　　　　　　　(b) P120

图 9.5.7　北京大兴国际机场指廊中间区域测点风压相关性

对于处于中央大厅中间区域的测点 P211 和 P219,与其相关性较大的测点近似呈现一个圆形分布,如图 9.5.8 所示,距离它们越远,相关性越弱。当其他测点距离参考测点 P211 和 P219 过远时,其脉动风压与参考点的脉动风压相关性大幅减弱,可以认为是不同的湍流旋涡引起的。湍流中每个旋涡的尺寸由其波长确定,这个波长就是旋涡大小的量度,湍流积分尺度是气流中湍流旋涡平均尺寸的度量。我国建筑荷载规范并未给出湍流积分尺度的具体取值建议,日本风荷载条例给出了大气中湍流积分尺度的经验公式:

$$L_z = \begin{cases} 100 \left(\dfrac{z}{30}\right)^{0.5}, & 30 < z < z_G \\ 100, & z \leqslant 30 \end{cases} \quad (9.5.8)$$

式中,z 为距离地面的高度;z_G 为梯度风高度,在 B 类地貌中取 350m。对于航站楼屋面,其高度为 $25\sim50$m 不等,则屋面上对应的湍流积分尺度为 $100\sim130$m。通过图 9.5.8 可以发现,在中央大厅中间区域范围内,参考点附近屋面风压相关性较大区域的尺寸约为计算得到的屋面湍流积分尺度的大小。换言之,大面域屋面中间区域的风压相关性主要受大气湍流的影响,大气湍流的湍流积分尺度一定程度上决定了屋面风压相关区域的大小。

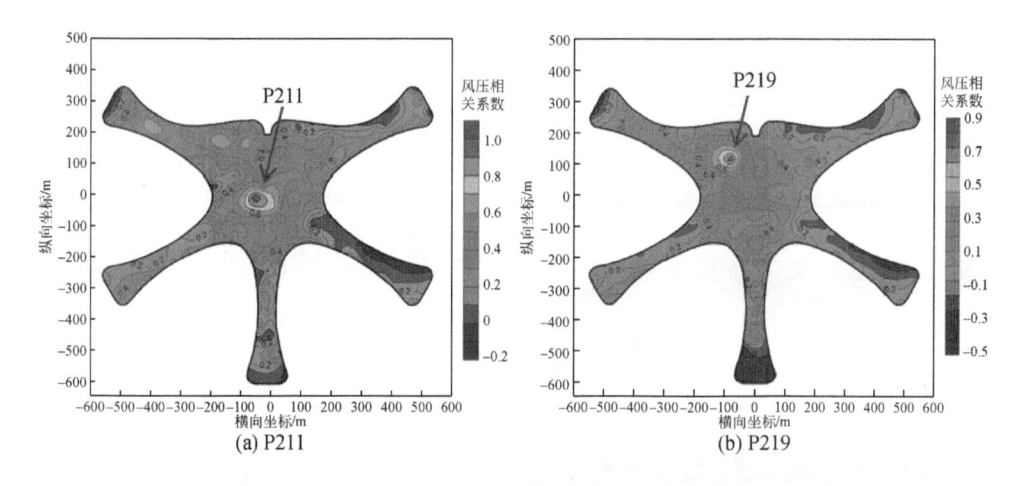

图 9.5.8 北京大兴国际机场中央大厅中间区域测点风压相关性

9.5.2 振动数据分析

对 2021 年 4 月 29 日的五级大风进行了屋面振动数据采集,屋面上的所有加速度传感器采集 4min,采集频率为 31.25Hz,每个传感器共采集 7500 个数据。对屋面每个区域,东南指廊、南指廊、西南指廊、西北指廊、东北指廊,以及中庭东区、中庭西区、中庭北区的典型测点,进行一定的数据分析,各区域位置和选取的测点编号如图 9.5.9 所示,各测点的典型时程曲线、幅值谱、相位谱以及功率谱密度如图 9.5.10 所示。

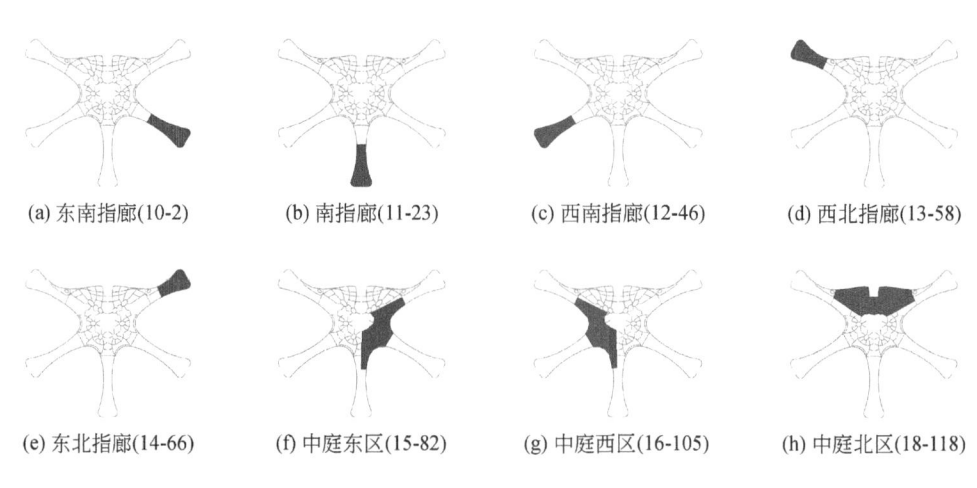

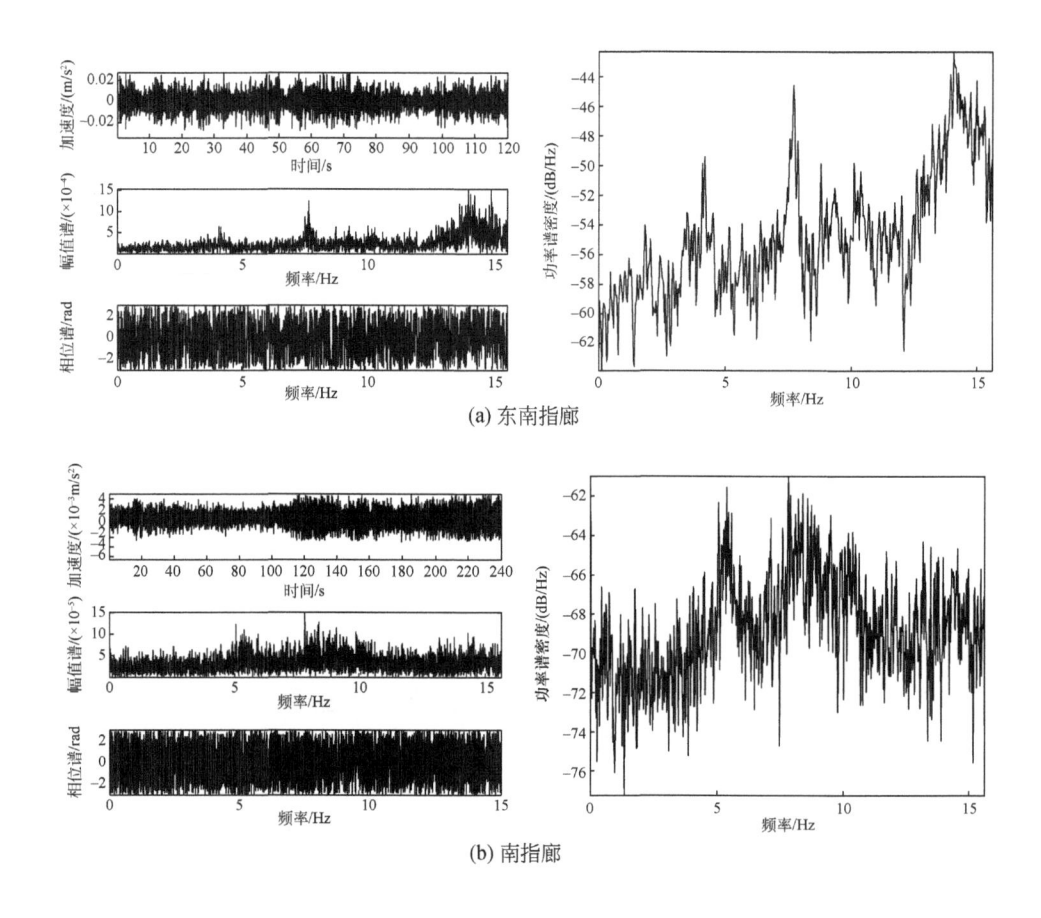

(a) 东南指廊(10-2)　　(b) 南指廊(11-23)　　(c) 西南指廊(12-46)　　(d) 西北指廊(13-58)

(e) 东北指廊(14-66)　　(f) 中庭东区(15-82)　　(g) 中庭西区(16-105)　　(h) 中庭北区(18-118)

图 9.5.9　北京大兴国际机场加速度测点编号

(a) 东南指廊

(b) 南指廊

(c) 西南指廊

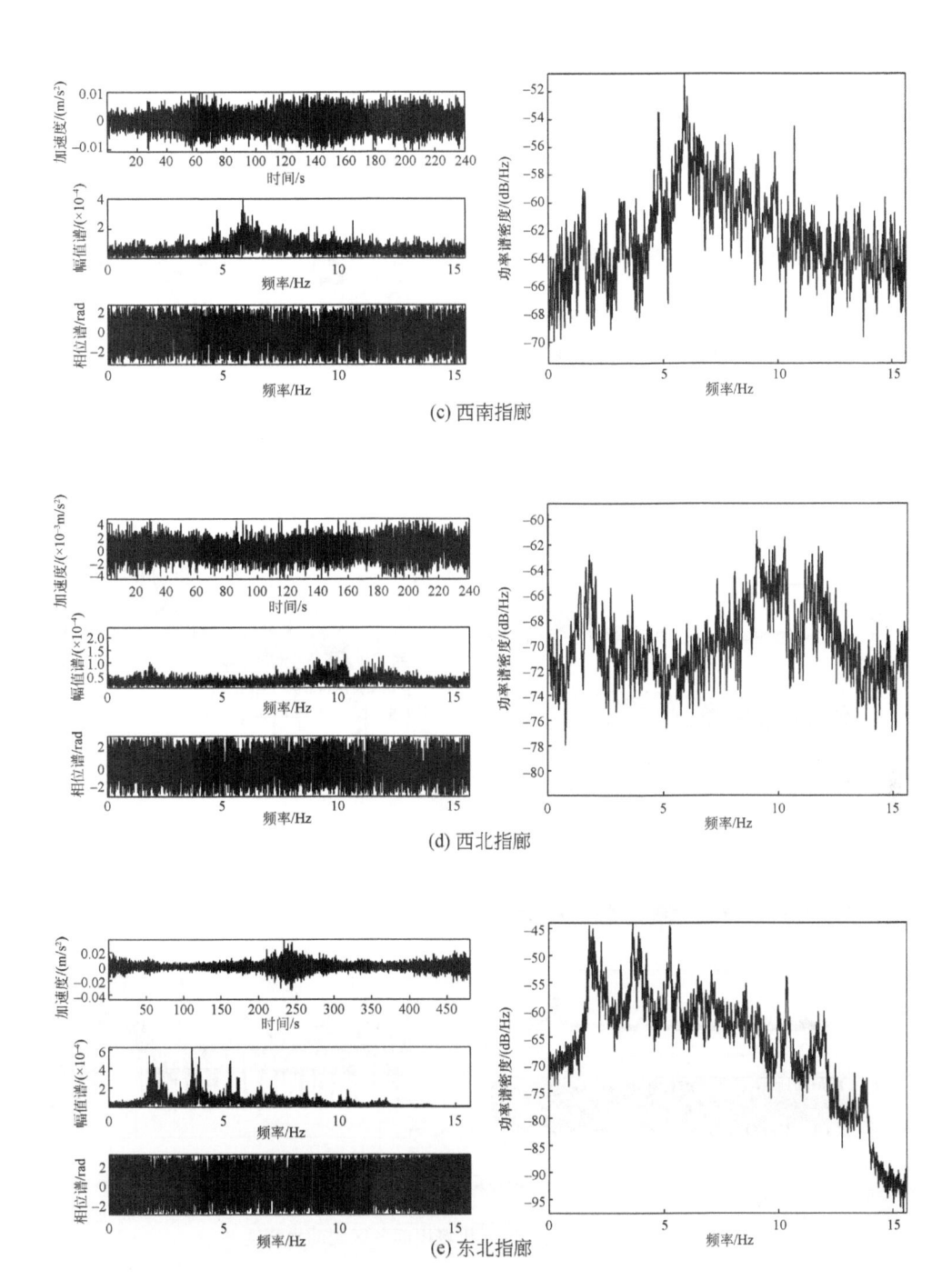

(d) 西北指廊

(e) 东北指廊

(f) 中庭东区

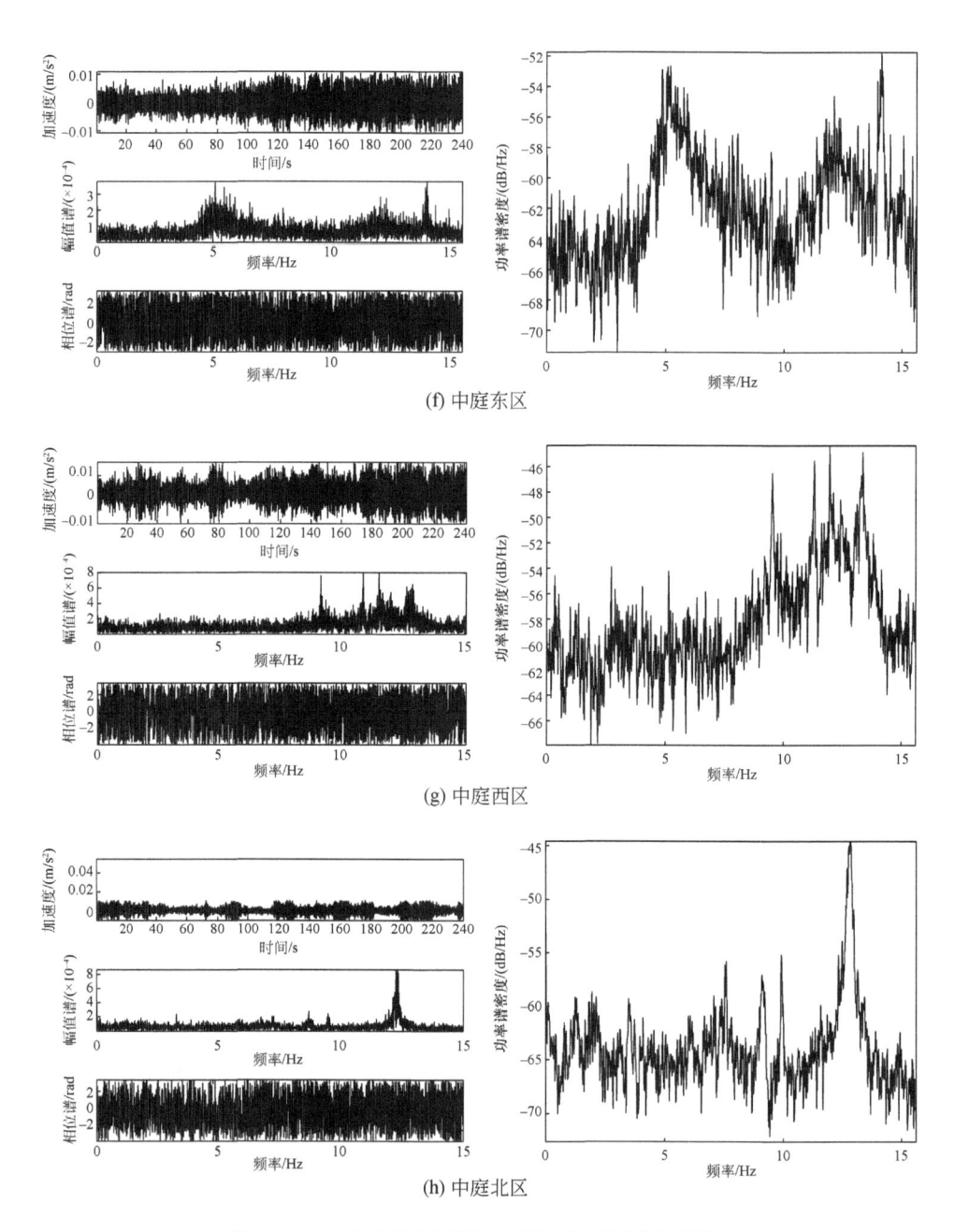

(g) 中庭西区

(h) 中庭北区

图 9.5.10　北京大兴国际机场屋面各区域动力特性

9.5.3 水位数据分析

2021年6月30日22:00～24:00北京大兴国际机场的降雨量120min水位数据采集如图9.5.11所示,水位最大值云图如图9.5.12所示,水位平均值云图如图9.5.13所示。

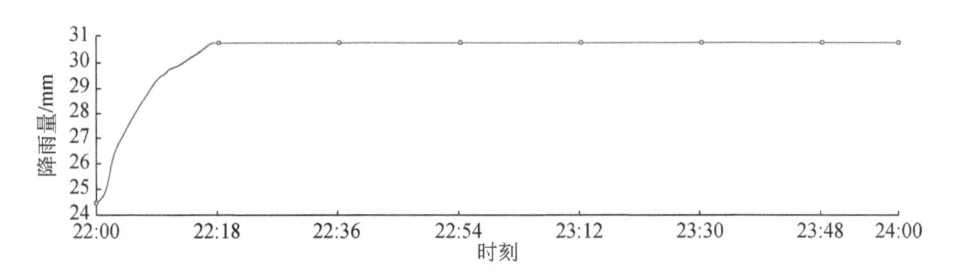

图9.5.11　2021年6月30日22:00～24:00北京大兴国际机场降雨量图

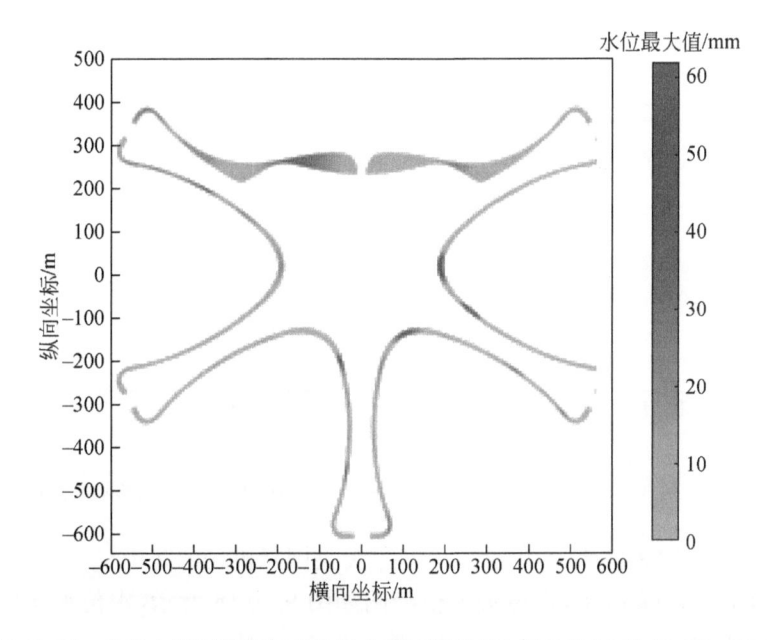

图9.5.12　北京大兴国际机场水位最大值云图(2021年6月30日22:00～24:00)

2021年7月29日19:20～21:20北京大兴国际机场的降雨量120min水位数据采集如图9.5.14所示,水位最大值云图如图9.5.15所示,水位平均值云图如图9.5.16所示。

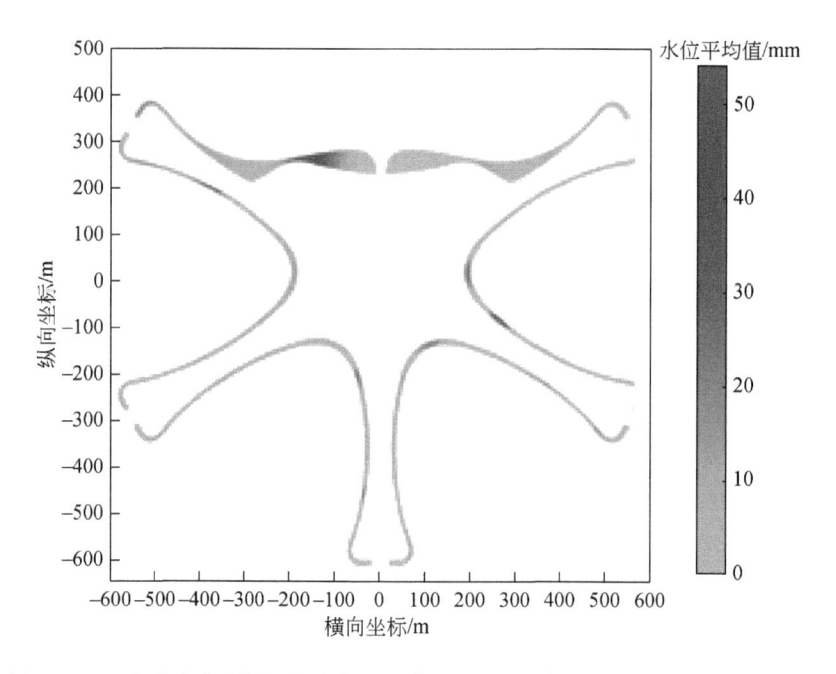

图 9.5.13　北京大兴国际机场水位平均值云图(2021 年 6 月 30 日 22:00～24:00)

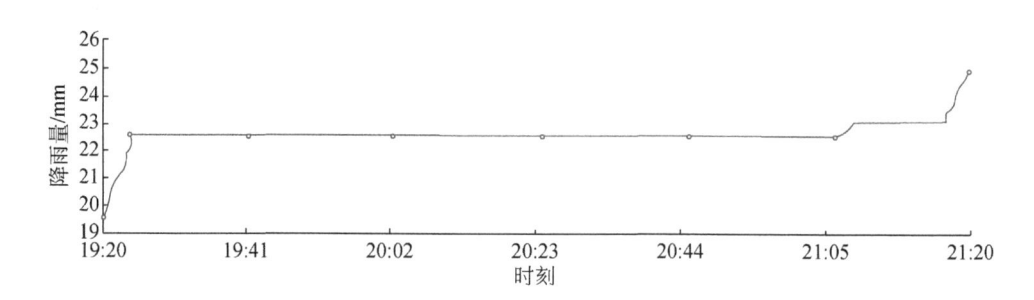

图 9.5.14　2021 年 7 月 29 日 19:20～21:20 北京大兴国际机场降雨量图

2021 年 8 月 23 日 21:20～23:26 北京大兴国际机场的降雨量 120min 水位数据采集如图 9.5.17 所示,水位最大值云图如图 9.5.18 所示,水位平均值云图如图 9.5.19 所示。

由监测数据可知,大多数测点水位最大值在 50mm 以内,个别测点最大值在 100mm 以内。各指廊的测点水位最大值均值在 30mm 以内,各指廊的测点水位平均值在 20mm 以内。随着降雨强度的增加,各测点的水位最大值、水位平均值也增加。

第 9 章 北京大兴国际机场监测

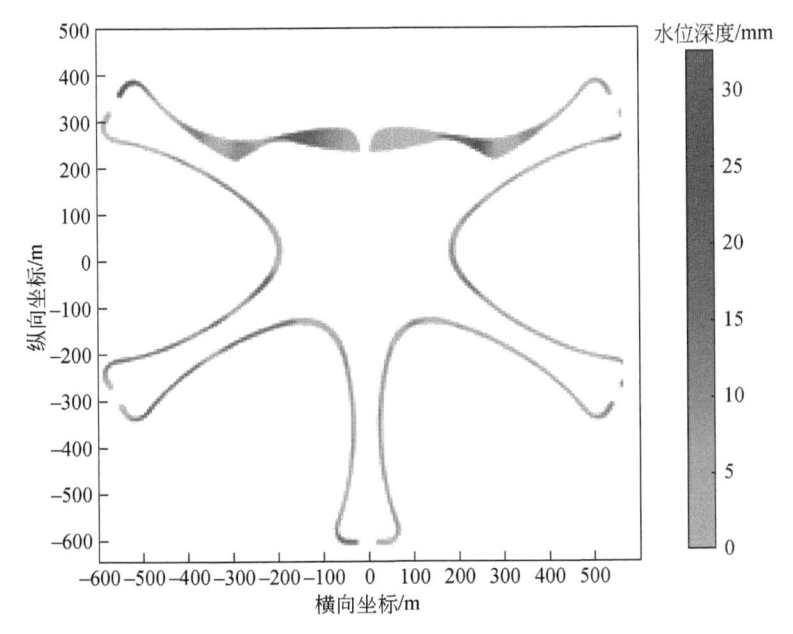

图 9.5.15 北京大兴国际机场水位最大值云图(2021 年 7 月 29 日 19:20～21:20)

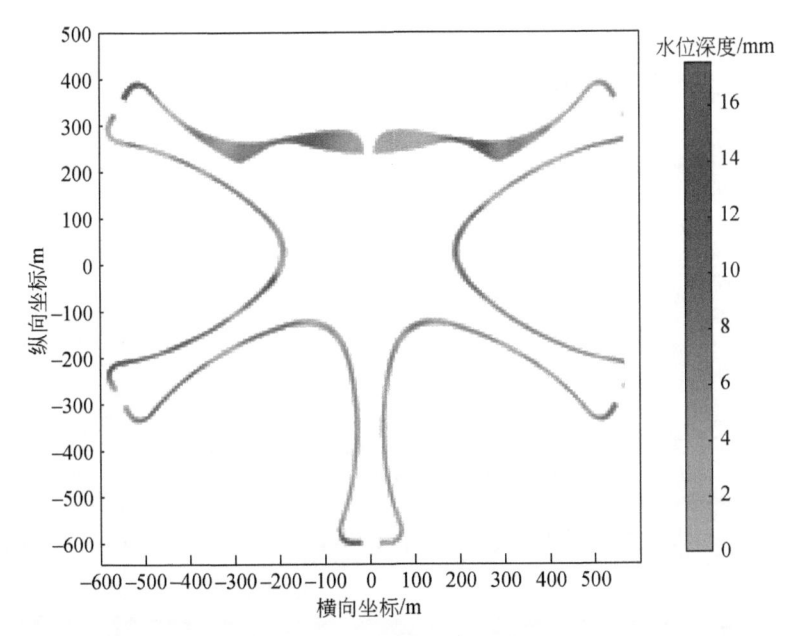

图 9.5.16 北京大兴国际机场水位平均值云图(2021 年 7 月 29 日 19:20～21:20)

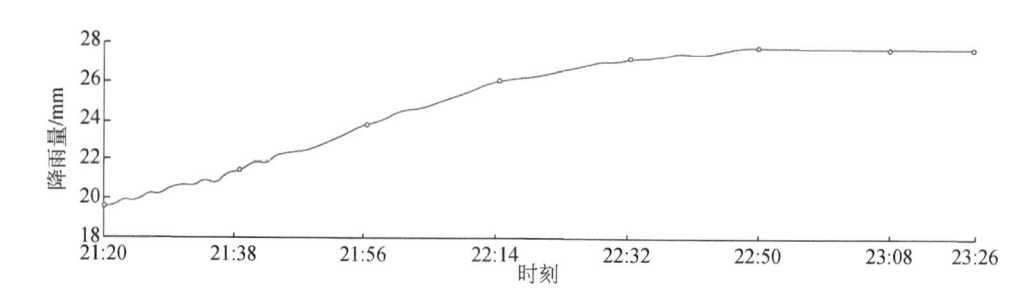

图 9.5.17　2021 年 8 月 23 日 21:20～23:26 北京大兴国际机场降雨量图

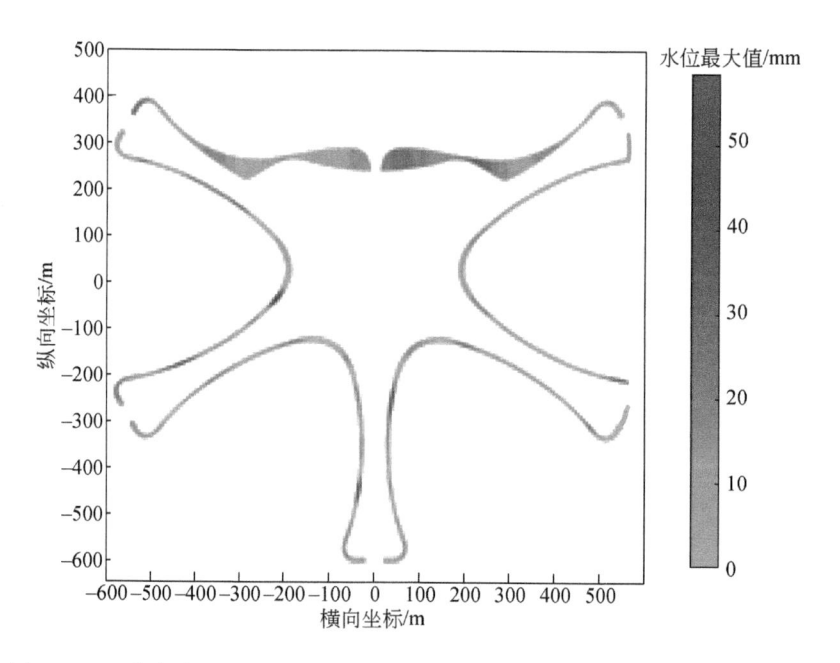

图 9.5.18　北京大兴国际机场水位最大值云图(2021 年 8 月 23 日 21:20～23:26)

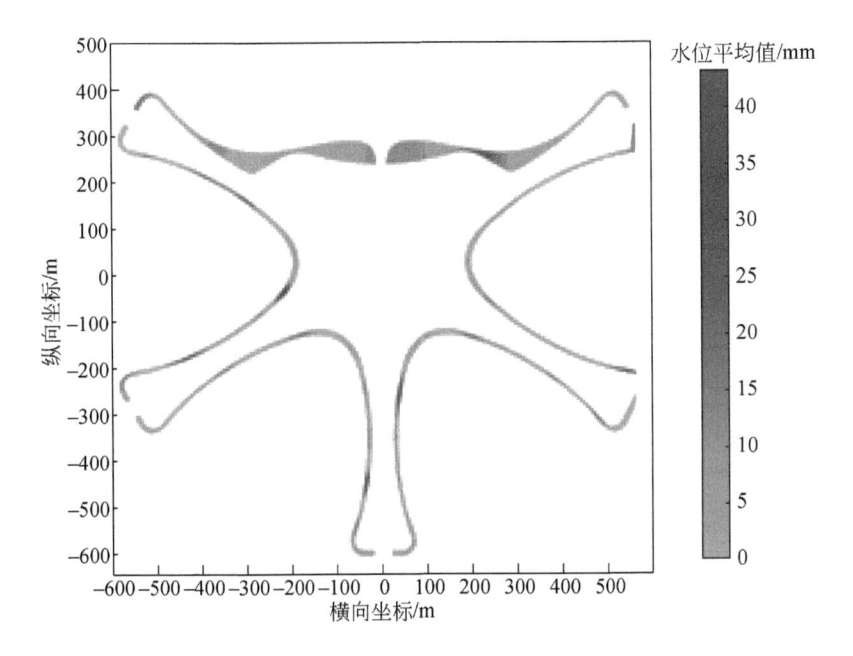

图 9.5.19 北京大兴国际机场水位平均值云图(2021 年 8 月 23 日 21:20~23:26)

第10章 杭州亚运会场馆监测

10.1 概　　述

杭州2022年第19届亚运会(The 19th Asian Games Hangzhou 2022)，简称"2022年杭州亚运会"。本次亚运会共有56个竞赛场馆及设施，其中包括新建场馆12个，改造场馆26个，续建场馆9个，临建场馆9个。亚运会场馆及设施建设工作始终将"绿色、智能、节俭、文明"的办赛理念贯穿其中，最能体现杭州特色的就是"智能"。充分运用云计算、大数据等信息产业优势，以"互联网＋"推进智慧场馆设计、建设和运行，全面提升场馆及设施建设智能化、自动化、精细化水平。结构健康监测技术在杭州亚运会场馆建设过程中发挥了安全监督与质量控制等关键作用，实现了技术创新与智能建造的融合。本章通过杭州奥体中心体育场、杭州体育馆、温州瓯海奥体中心、中国轻纺城体育中心体育场等案例来说明空间结构健康监测技术在杭州亚运会中的应用。

10.2　杭州奥体中心体育场监测

10.2.1　工程概况

1. 工程简介

杭州奥体中心体育场是2022年杭州亚运会主体育场，位于杭州市钱塘江与七甲河交汇处南侧，造型源自钱塘江沿岸的冠状植被"白莲花"(又称"大莲花")(图10.2.1和图10.2.2)。体育场占地面积约82300m²，总建筑面积216000m²，地上6层，地下2层，总座席位数80800席，属特大型体育场。

2. 结构体系组成

杭州奥体中心体育场主体工程由混凝土看台和钢结构罩棚组成。罩棚为环向阵列的花瓣造型，外边缘南北向长约333m，东西向宽约285m，罩棚最大宽度68.0m，最大悬挑长度52.5m，罩棚最高点标高59.4m(图10.2.3)。

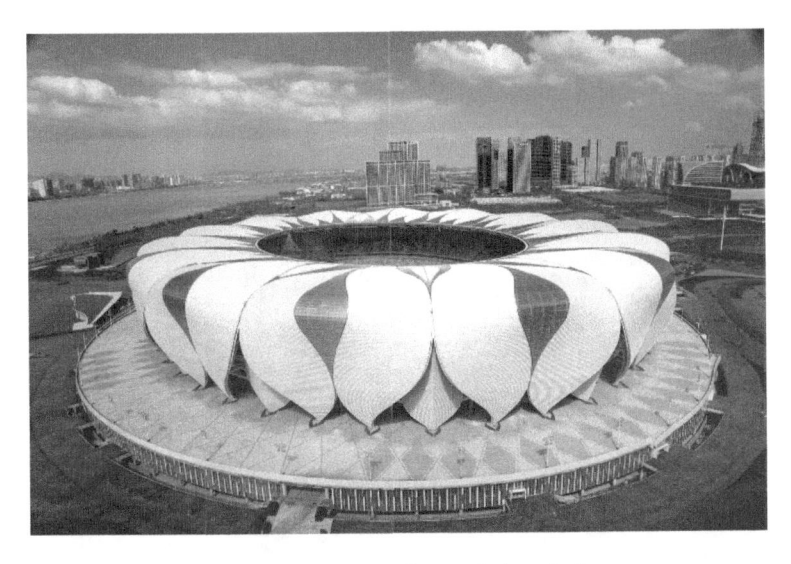

图 10.2.1　杭州奥体中心体育场外景

图 10.2.2　杭州奥体中心体育场内景

罩棚为空间管桁架+弦支单层网壳钢结构体系。整个钢罩棚由 28 片主、次花瓣形成的 14 个花瓣组构成,经模数化处理,共有 A、B 两种花瓣组,如图 10.2.4 所示。

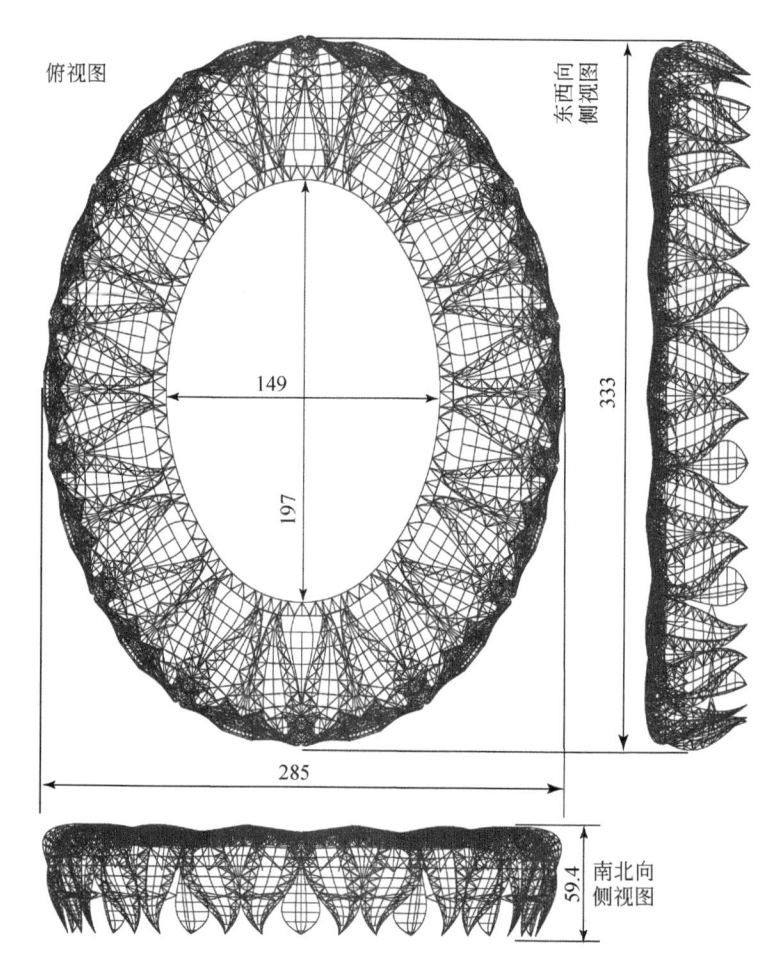

图 10.2.3 杭州奥体中心体育场钢结构罩棚尺寸示意图(单位:m)

A、B两种花瓣组除外形略有差别外,结构构成完全相同。每个花瓣组由两个完全对称的主花瓣及墙面、屋面各一组次花瓣构成。

每个花瓣组为一个结构单元,沿场心环向阵列生成14个花瓣组,用单层网壳结构填充阵列之后的空隙,与悬臂端部的内环桁架形成空间结构,通过V形组合钢管柱及V形侧向支撑将上部钢结构罩棚和下部混凝土结构连成整体。

钢结构罩棚分为立面、肩部、场内悬挑三部分,由上部及下部支座支撑在钢筋混凝土看台及平台上。整个屋盖钢结构通过支座、支撑、主桁架、次连接杆件、预应力张弦梁、内环等承力节点进行连接,形成稳定的复杂空间结构体系。为满足花瓣的造型设计,钢结构由空间异型弯曲管桁架体系构成(图10.2.5)。

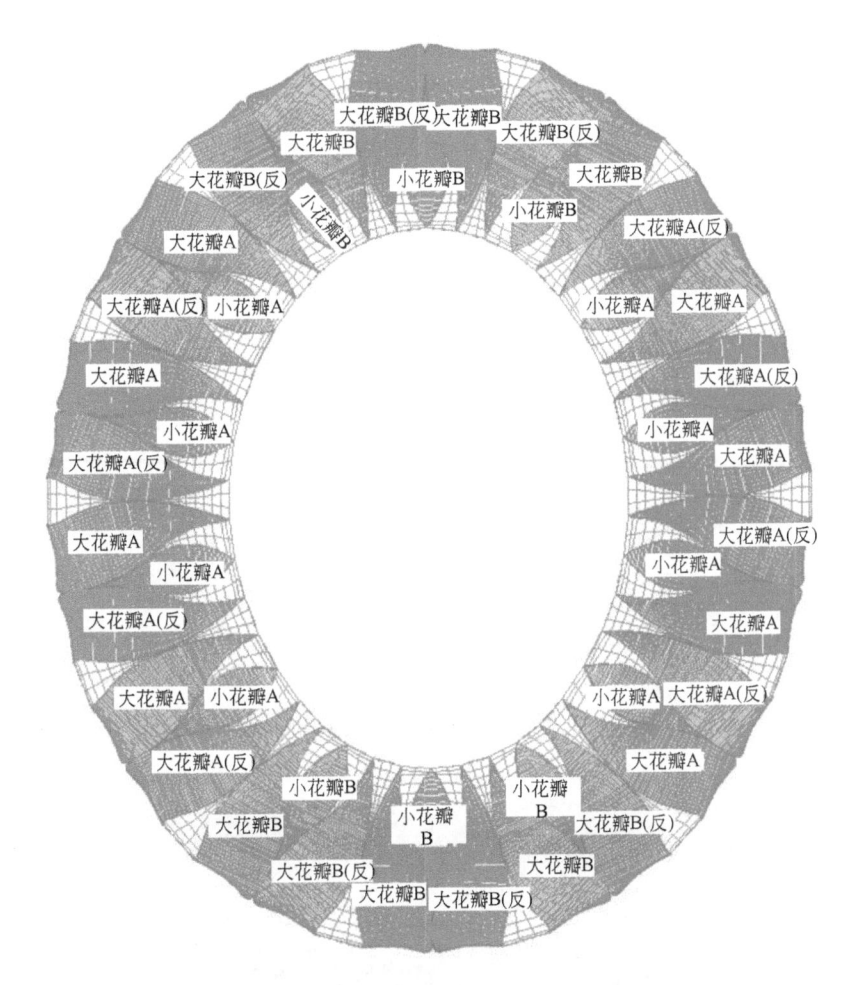

图 10.2.4　杭州奥体中心体育场钢结构罩棚花瓣组合示意图

10.2.2　监测内容

主体屋盖钢结构为花瓣造型，属于空间异型结构体系，空间定位难度大，钢结构施工采用地面拼装成段(图10.2.6)、场内场外分段吊装、高空对接合拢、结构整体卸载的施工工艺，施工过程复杂。结构施工的主要受力构件与一些关键部位的内力、位移等参数的变化情况以及结构运营期间的受力状态是否与初始设计相符，是一个需要关注的重要问题。

本工程监测包括施工阶段和运营阶段，主要内容是对体育场钢结构罩棚在施工阶段结构拼装和临时支撑拆除过程中主体结构关键部位的应力与变形进行监测，对运营阶段关键部位的应力应变、温度、振动频率、风速风向进行监测(图10.2.7)。

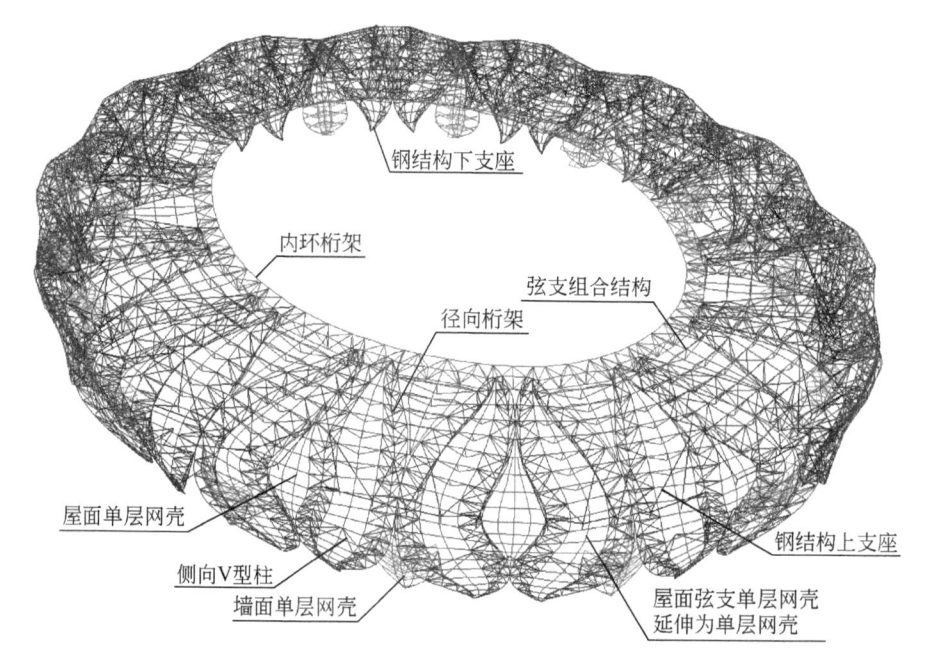

图 10.2.5 杭州奥体中心体育场钢结构罩棚构成图

图 10.2.6 杭州奥体中心体育场钢结构施工安装

10.2.3 测点布置

杭州奥体中心体育场监测采用课题组自主开发的无线传感器系统,监测内容主要有应力应变监测、位移监测和风荷载监测(图10.2.8),主要的传感器统计见

表 10.2.1。

(a) 应力应变测点一　　(b) 应力应变测点二　　(c) 应力应变测点三　　(d) 应力应变测点四

(e) 风荷载测点一　　(f) 风荷载测点二

图 10.2.7　杭州奥体中心体育场现场

表 10.2.1　杭州奥体中心体育场测点数量统计

	项目名称	数量	总计
结构关键部位应力应变及温度测点	一级关键构件的主花瓣主桁架肩部上下弦杆布置测点	380	938
	一级关键构件的主花瓣上支座撑杆布置点数	128	
	二级关键构件布置测点数	120	
	三级关键构件布置测点数	120	
	一、二级关键节点布置测点数	80	
结构变形测点		8	
风压测点		98	
风速测点(两维机械螺旋桨式风速仪)		4	

1. 应力应变测点布置

根据计算,将主要关键构件分为以下六类,应力应变测点布置以此为依据(图 10.2.9)。

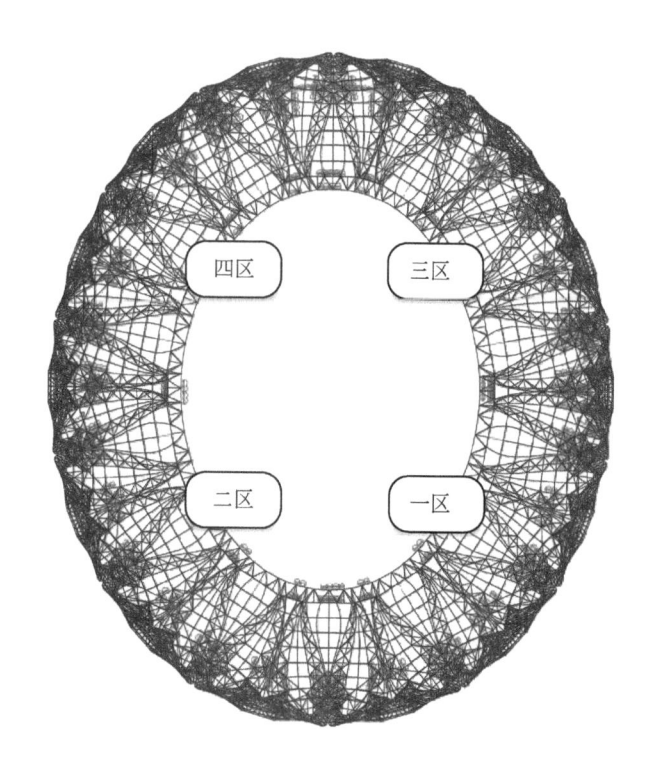

图 10.2.8　杭州奥体中心体育场测点布置汇总图

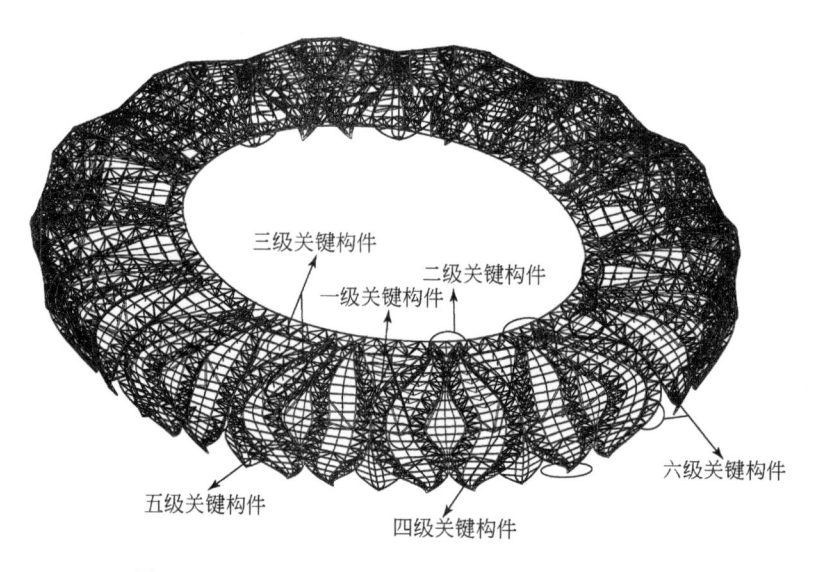

图 10.2.9　杭州奥体中心体育场主要关键构件示意图

(1) 一级关键构件：主花瓣主桁架肩部上下弦杆，主花瓣上支座撑杆。
(2) 二级关键构件：环桁架入口处上下弦杆。
(3) 三级关键构件：屋面次花瓣张弦梁拉索及主花瓣主桁架间张弦梁拉索。
(4) 四级关键构件：主花瓣主桁架场内悬臂端上下弦杆，下支座上下弦杆。
(5) 五级关键构件：主花瓣主桁架其余上下弦杆及腹杆。
(6) 六级关键构件：环桁架其余部分上下弦杆及腹杆，次花瓣连接杆件。

1) 悬挑段测点布置

在结构的悬挑桁架、环桁架、支座撑杆等不同部位，选取 114 个综合重要构件、78 个温度敏感构件、84 个卸载敏感构件、26 个初选重要构件，如图 10.2.10 所示。各个位置处测点布置的具体杆件与测点编号如图 10.2.11～图 10.2.15 所示。共计布设 676 个传感器，具体位置如下。

(1) 花瓣布设 576 个传感器。
(2) 洞口处测点布设 12 个传感器。
(3) 花瓣肩部布设 40 个传感器。
(4) 环桁架布设 48 个传感器。

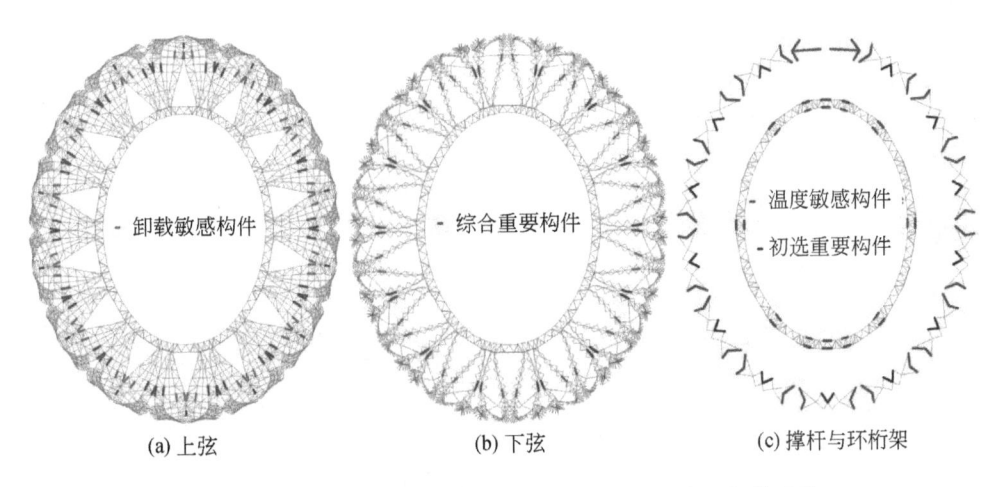

(a) 上弦　　　　(b) 下弦　　　　(c) 撑杆与环桁架

图 10.2.10　杭州奥体中心体育场应力应变测点布置杆件选取

测点布置截面上传感器布置原则如下。
(1) 传感器轴线与杆件轴线平行。
(2) 撑杆及弦杆测点布置时按照竖直与水平方向确定上下左右。
(3) 四测点与两测点布置构件应在测点布置截面对称布置，如图 10.2.11 所示。

(a) 四测点构件 (b) 两测点构件

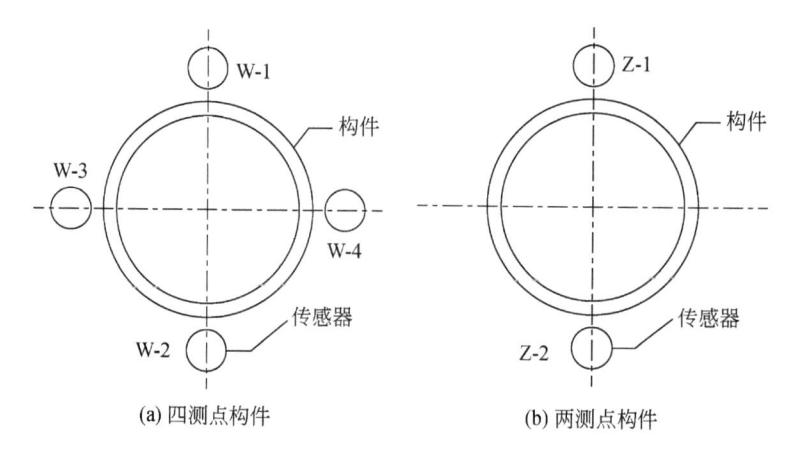

图 10.2.11 杭州奥体中心体育场构件截面测点布置

2) 立面段测点布置

为了准确掌握吊装中和竣工后桁架下部的受力情况,在 48～53 轴 4a 管桁架下部增加测点。立面补充测点所布置的桁架位于轴线 1-48～1-53 的两瓣花瓣的 4 榀桁架,如图 10.2.12 所示。

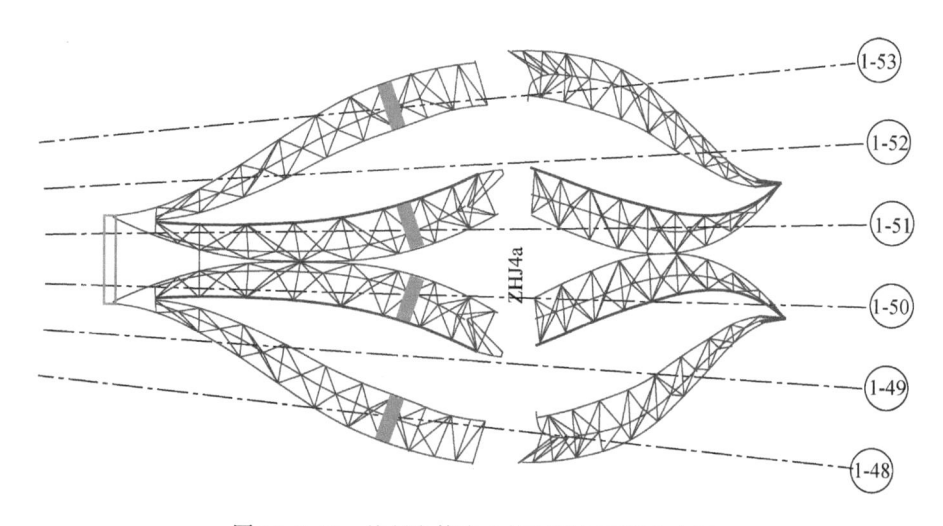

图 10.2.12 杭州奥体中心体育场立面测点布置

(1) 测点位于连接立面桁架的中部支座撑杆,如图 10.2.13 所示,共 16 根杆件。

(2) 测点位于立面桁架连接下部支座处的 8 根弦杆,如图 10.2.14 所示。

(3) 立面测点的编号与杆件位置对应关系如图 10.2.15 所示。

第 10 章　杭州亚运会场馆监测

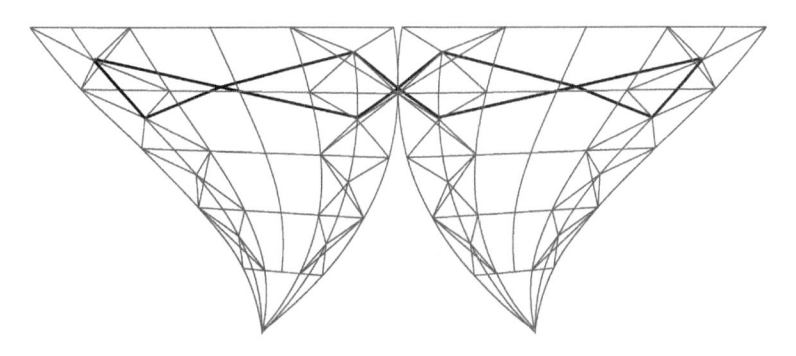

图 10.2.13　杭州奥体中心体育场中部支座撑杆测点布置构件

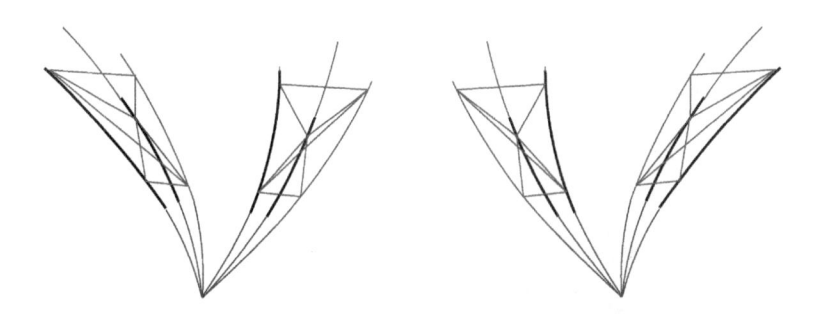

图 10.2.14　杭州奥体中心体育场下部支座测点布置构件

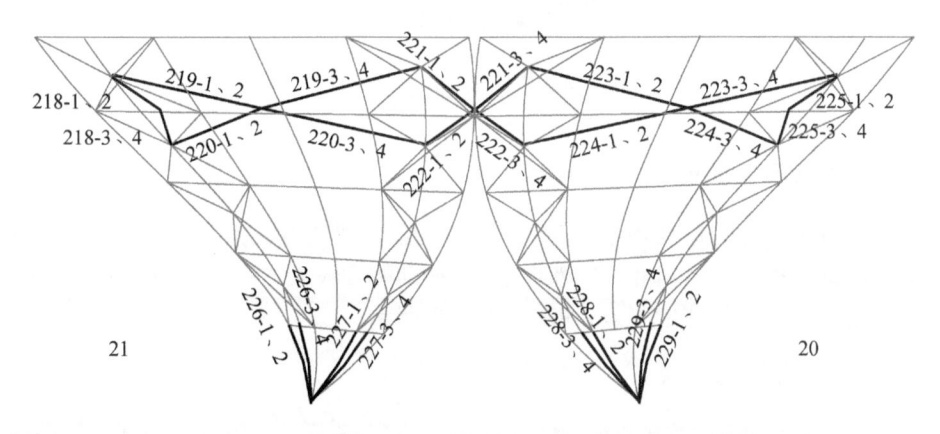

图 10.2.15　杭州奥体中心体育场立面及中支座测点的编号

2. 位移测点布置

在钢结构罩棚挠度最大的悬挑端环桁架最靠近边缘的弦杆上，布置了如图 10.2.16 所示的 14 个位移测点。

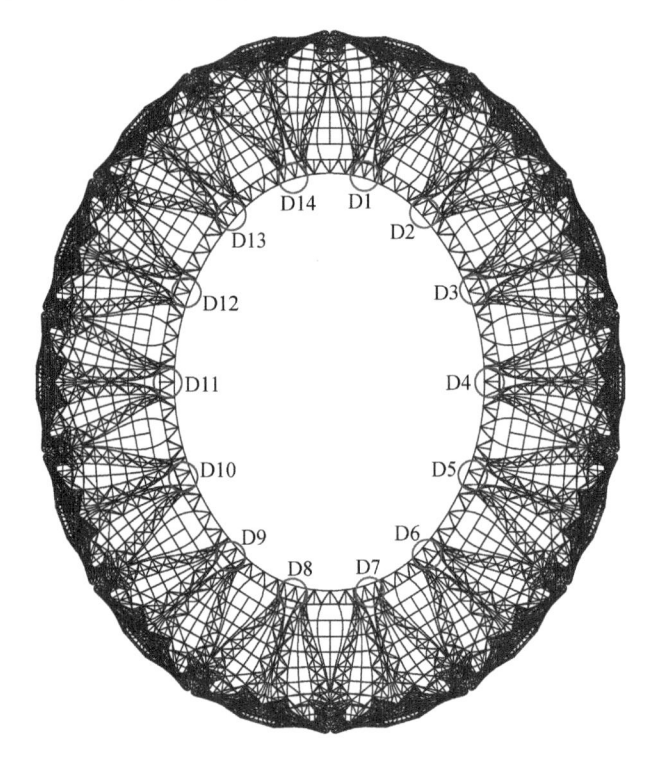

图 10.2.16　杭州奥体中心体育场位移测点布置

3. 加速度测点布置

为了测量结构的振动频率，需要在结构上布置加速度测点。混凝土看台中断处上方的钢结构存在径向和环向双向悬挑，振动幅度较大，在该处钢结构悬挑端环桁架上布置了振动加速度测点，如图 10.2.17 所示。

4. 风速风向测点布置

风荷载现场监测中，共布置 6 个风速风向测点，其中 2 个位于结构洞口下方的二层平台处，4 个位于靠近檐口内圈马道的四个顶点处。风速风向传感器均指向结构东北方向的开口处。风速风向测点布置如图 10.2.18 所示。

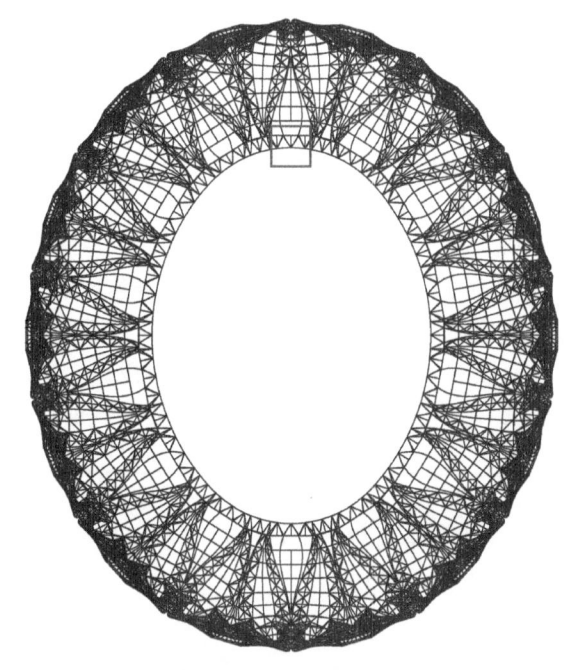

图 10.2.17　杭州奥体中心体育场振动加速度测点布置

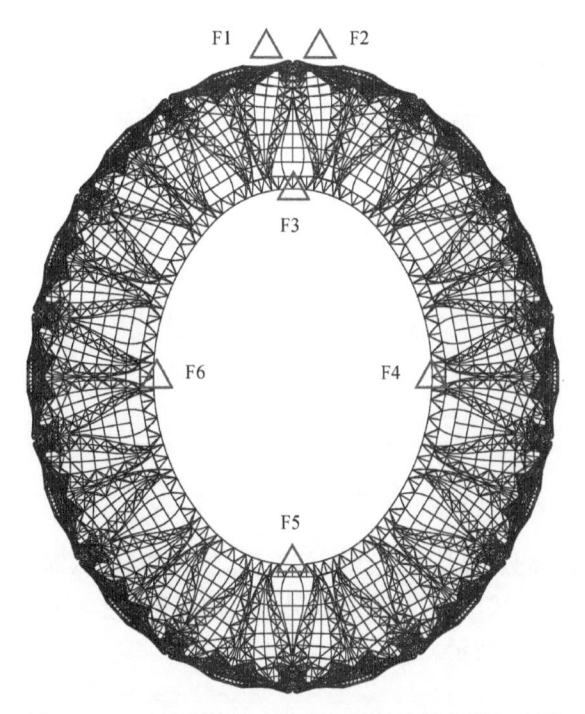

图 10.2.18　杭州奥体中心体育场风速风向测点布置

10.2.4 无线监测系统

杭州奥体中心体育场钢结构应力应变监测的测点较多,且覆盖整个结构平面,为了缩短一次采集的时间,同时降低设备出现故障时数据的损失率,共设计了四条链状通信网络。现场共设置了2个基站,每个基站控制2条通信线路,每条线路共设置3个接力点(图10.2.19)。因此,每个基站控制一半的测点,每条线路覆盖1/4的测点,即207个,每个接力点覆盖60~80个测点。采集时四条线路同时进行,可将时间缩短为一条线路传输用时的1/4,且当某个接力点甚至基站出现故障时,在故障排除前仍可保证有足够多的数据可以正常采集与传输。采用传感器对杭州奥体中心体育场应力应变、结构变形、温度效应等参数进行数据自动采集。传感器感应到的模拟信号由测点采集,通过模数转换后,经由接力点通过无线信号传输至现场信号基站。基站与计算机相连,可通过相应计算机软件解析监测数据,得到监测结果。将计算机接入互联网,监测数据即可通过互联网传输至远端的数据接收与控制计算机,由此实现数据采集自动化。

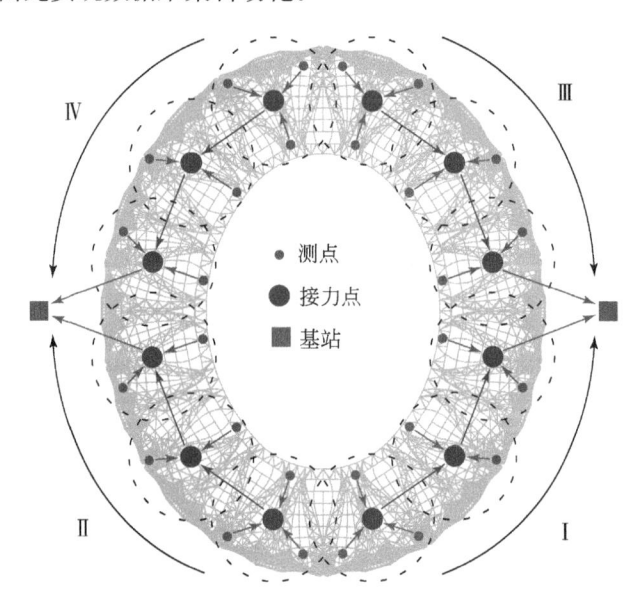

图10.2.19 杭州奥体中心体育场无线通信组网

在系统中,所有测点都具有无线通信能力,测点与基站、测点与测点间都可以相互通信,网络拓扑形式丰富,控制方式灵活。杭州奥体中心体育场无线传感远程监测系统如图10.2.20所示。

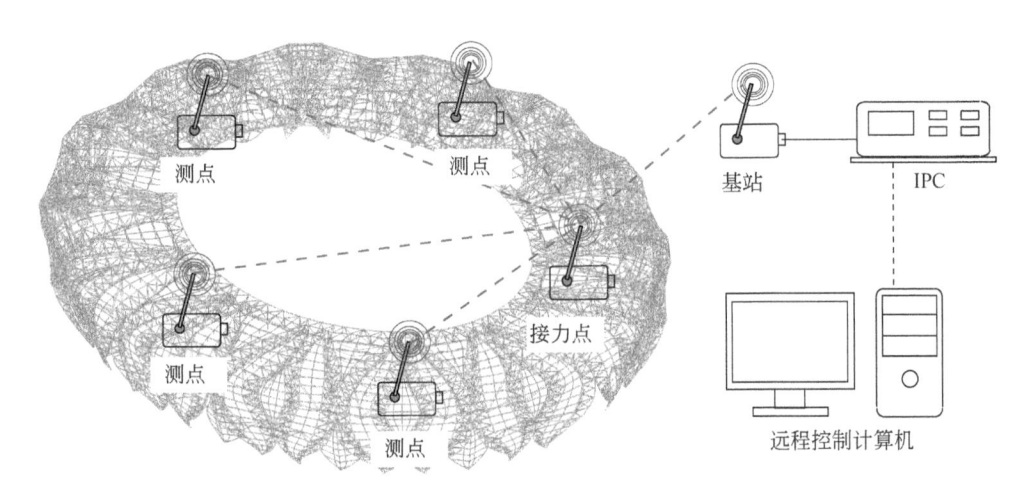

图 10.2.20　杭州奥体中心体育场无线传感远程监测系统

10.2.5　数据分析

1. 施工卸载过程应力数据分析

施工过程中,在 2014 年 1 月 4 日的换撑与 2014 年 1 月 6 日的卸载过程中,监测数值发生显著变化。测点应力最大值及增幅最大值统计数据见表 10.2.2。此外,对悬挑段撑杆,桁架的上弦、下弦测点部位的平均卸载应力变化分布进行统计,如图 10.2.21 和图 10.2.22 所示。

表 10.2.2　杭州奥体中心体育场测点应力最大值及增幅最大值统计数据

测点位置	测点编号	应力最大值/MPa	测点编号	增幅最大值/MPa
上弦	S172-4	73.9	S25-2	68.3
下弦	S110-3	−93.2	S181-2	−102.5
上撑	S133-2	−148.7	S138-2	−82.3
下撑	S221-3	84.5	S225-4	−17.0
环桁	S54-1	−53.7	S18-3	−9.5

从结构整体成型状态的角度分析,各部位测点应力变化大致符合从 A 区向 E 区逐渐减小,结构受力理论上沿纵轴对称的规律。但是,不同部位的测点应力分布又有所不同,撑杆测点 A 区应力变化显著大于其他区域,而弦杆测点的应力变化峰值却出现在与 A 区相邻的 B、H 区。此外,应力变化分布不完全均匀对称,如 H

(a) 测点172-4应力变化时程曲线

(b) 测点110-3应力变化时程曲线

(c) 测点133-2应力变化时程曲线

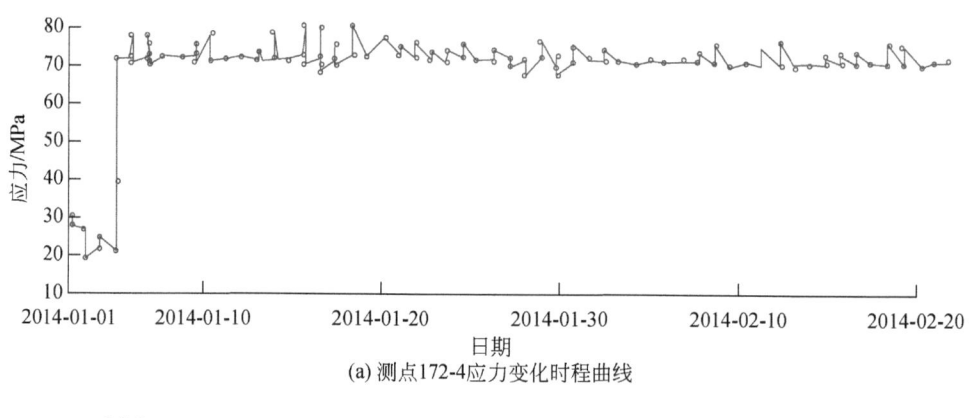

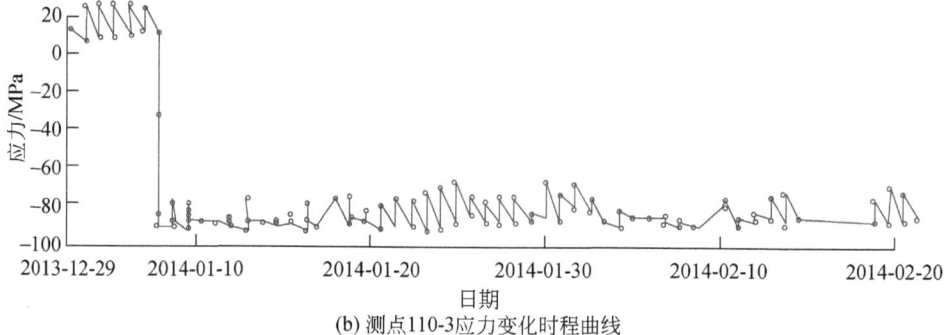

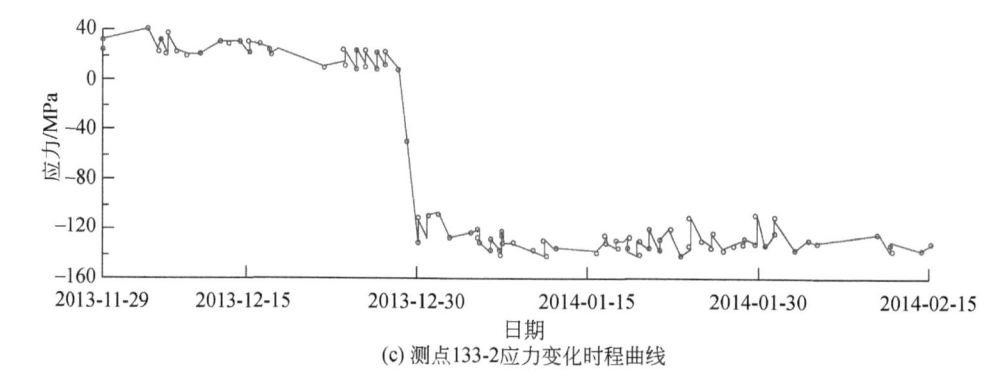

图 10.2.21　杭州奥体中心体育场部分测点卸载应力变化时程曲线

区的撑杆应力变化明显小于 G 区,也小于与其对称的 B 区,这是由于卸载过程不完全均匀平缓导致的应力向 G 区集中的现象。

(a) 撑杆

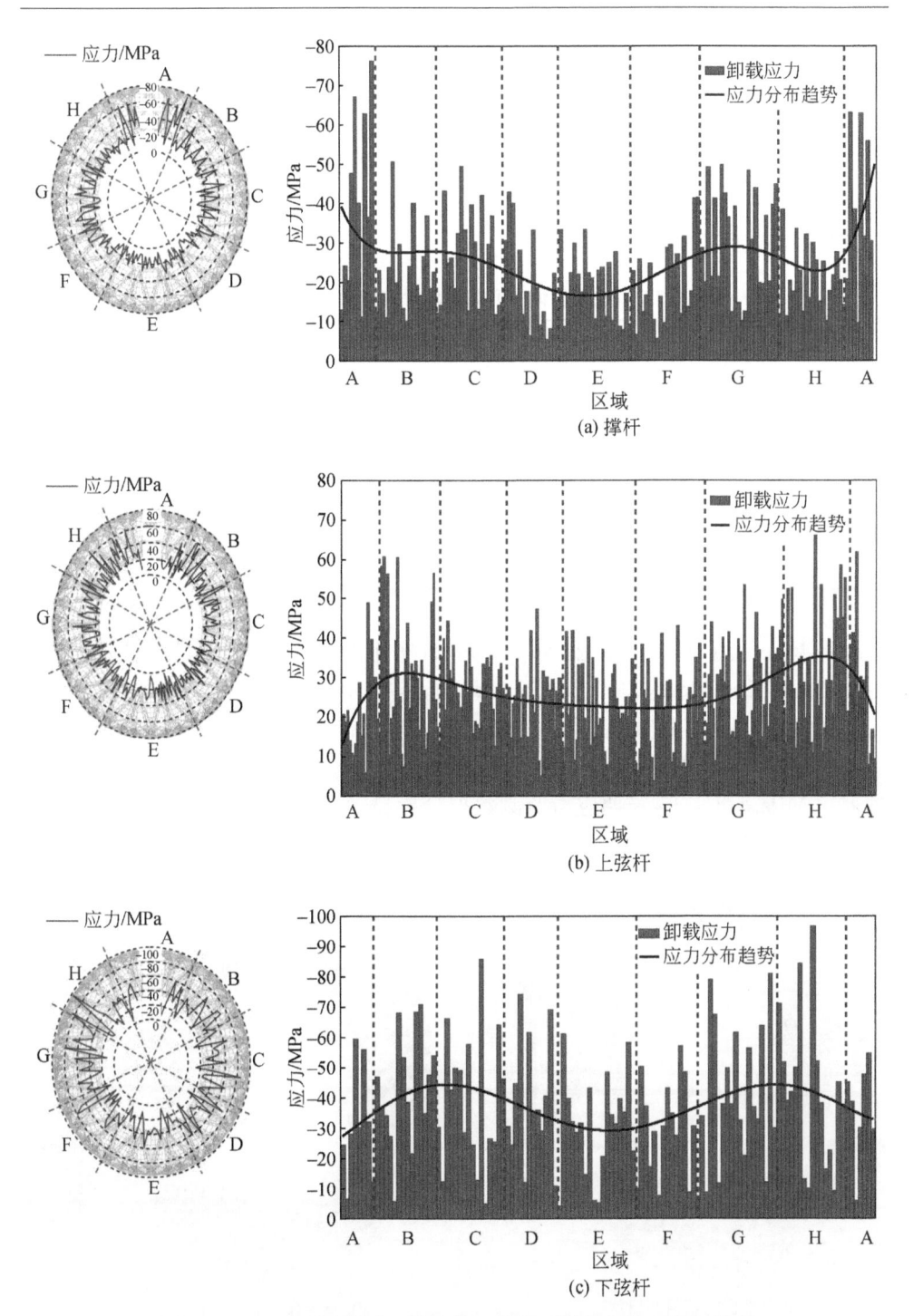

(b) 上弦杆

(c) 下弦杆

图 10.2.22　杭州奥体中心体育场悬挑段平均卸载应力变化分布

2. 温度效应数据分析

根据对所有测点数据的分析,表 10.2.3 分别统计了结构夏季、冬季,日间、夜间的最高温度、最低温度、平均温度、最大温差,以及该日结构日、夜间拉、压应力变化最大值与平均值。图 10.2.23 为 2014 年夏季 7 月 20 日和冬季 1 月 25 日结构上弦日间和夜间的温度场云图。

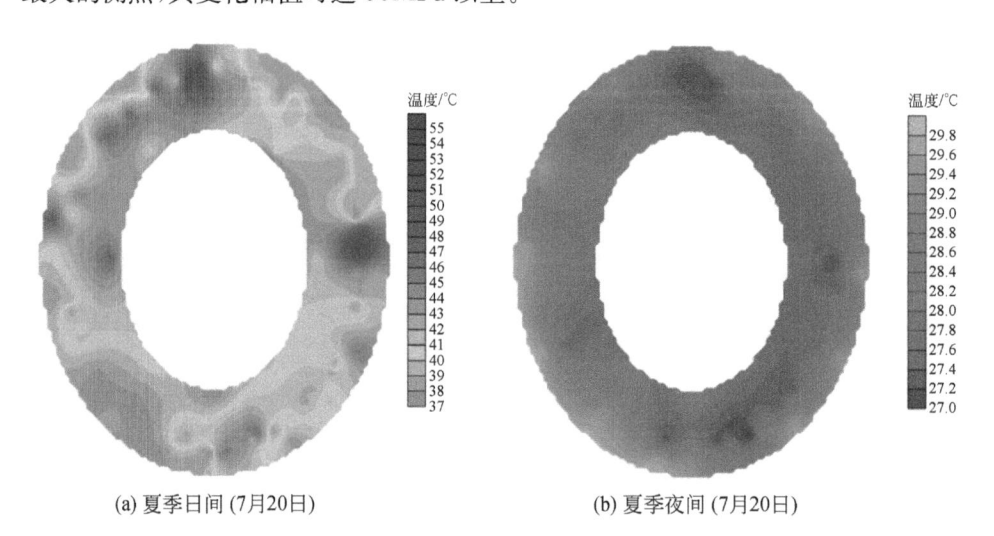

表 10.2.3　杭州奥体中心体育场温度分布和应力响应统计

季节	时间	温度/℃ 最大值	最小值	平均值	最大温差	应力变化/MPa 拉应力 最大值	平均值	压应力 最大值	平均值
夏季	日间	55.3	35.4	40.5	19.9	32.4	6.6	−36.4	−8.2
	夜间	30.3	27.0	28.6	3.3				
冬季	日间	24.8	15.3	18.8	9.5	24.3	5.2	−25.1	−5.5
	夜间	12.0	9.0	10.4	3.0				

由表 10.2.3 和图 10.2.23 分析可知,日照作用的影响非常显著,结构温度场分布总体冬季比夏季均匀,夜间比日间均匀,相应的结构夏季的应力响应较冬季更为显著。日照最为强烈的夏季日间温度场空间分布最不均匀,温差达到近 20℃;昼夜温差更大,达到 25℃以上,在此温差作用下,结构昼夜应力变化达到不可忽视的近 40MPa。事实上,长期应力监测数据分析显示,结构在温度作用下应力变化最大的测点,其变化幅值可达 50MPa 以上。

(a) 夏季日间 (7月20日)　　　　(b) 夏季夜间 (7月20日)

(c) 冬季日间(1月25日)   (d) 冬季夜间(1月25日)

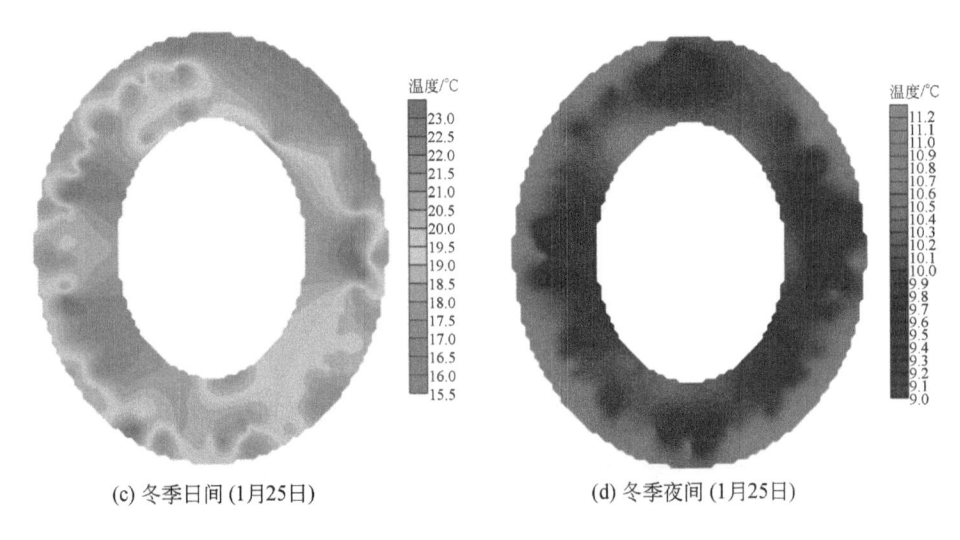

图 10.2.23   2014 年杭州奥体中心体育场结构温度场云图

结构不同部位对温度作用的敏感性不同,杭州奥体中心体育场专门设置了针对温度敏感部位的测点。图 10.2.24 为温度变化幅度接近的情况下,温度敏感部位与非敏感部位的应力响应曲线。由图可知,两部位测点在同一段时间监测到的结构温度变化趋势基本一致,最大温差幅度均为 25℃ 左右,温度敏感构件的应力响应变化幅度达到 40MPa,而温度非敏感构件的应力响应变化幅度仅不到 10MPa。

(a) 温度敏感构件   (b) 温度非敏感构件

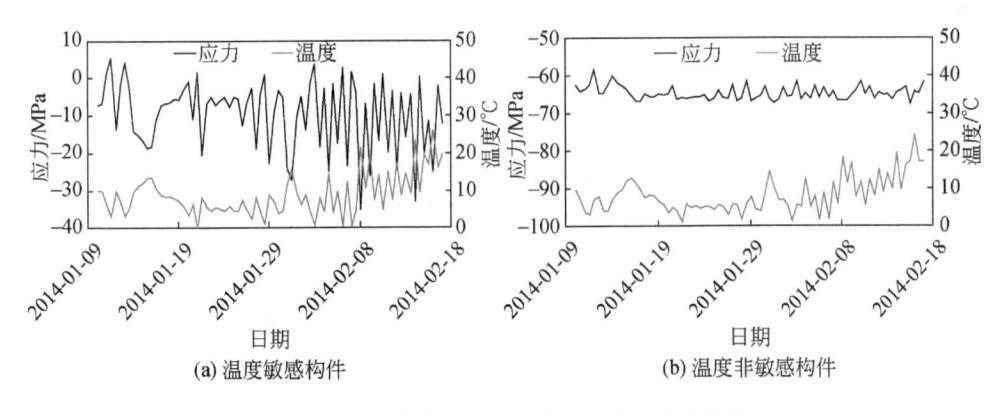

图 10.2.24   杭州奥体中心体育场应力响应曲线

3. 振动加速度监测数据分析

杭州奥体中心体育场钢结构在环境激励下,采集到的结构自振加速度时程曲

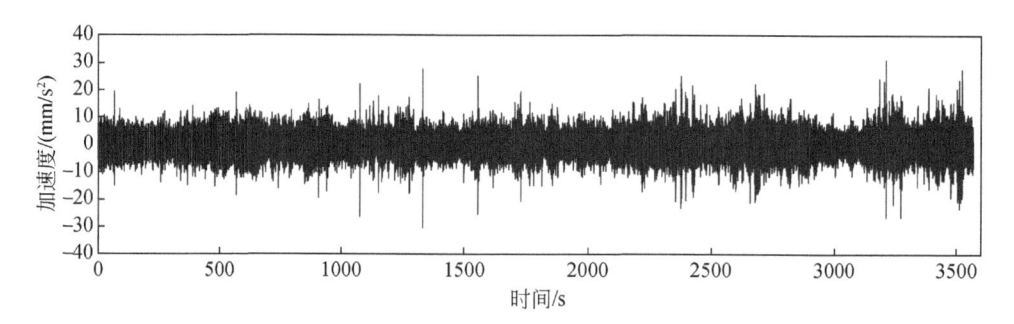

线如图 10.2.25 所示。

图 10.2.25　杭州奥体中心体育场结构自振加速度时程曲线

对时程曲线进行频谱变换,得到如图 10.2.26 所示的结构自振功率谱曲线。

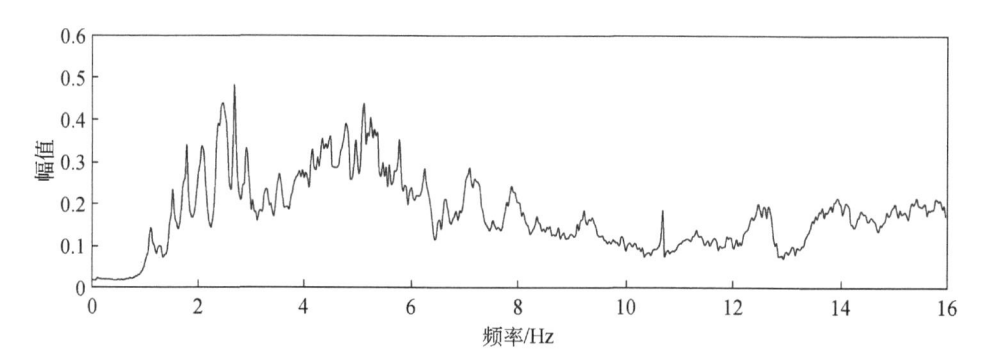

图 10.2.26　杭州奥体中心体育场结构自振功率谱曲线

从图 10.2.26 可以得出,结构自振的前六阶频率见表 10.2.4。

表 10.2.4　杭州奥体中心体育场结构自振频率

阶数	频率/Hz
一阶	1.1250
二阶	1.5313
三阶	1.7813
四阶	2.0625
五阶	2.4688
六阶	2.6875

4. 风速风向监测数据分析

2016年11月25日9时～11时对杭州奥体中心体育场进行了2h的风速风向监测,采样频率为1Hz。实测结果如下:洞口下方平台栏杆处两个测点的平均风速均为0.2m/s,最大风速分别为1.6m/s和1.9m/s,均属于微风级别,风速时程曲线如图10.2.27所示。

(a) 风速F1时程

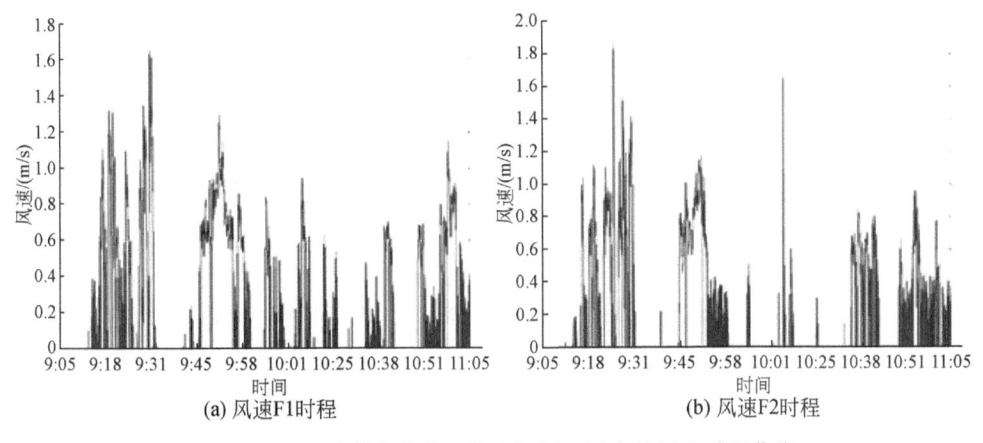

(b) 风速F2时程

图10.2.27 杭州奥体中心体育场洞口平台处风速时程曲线

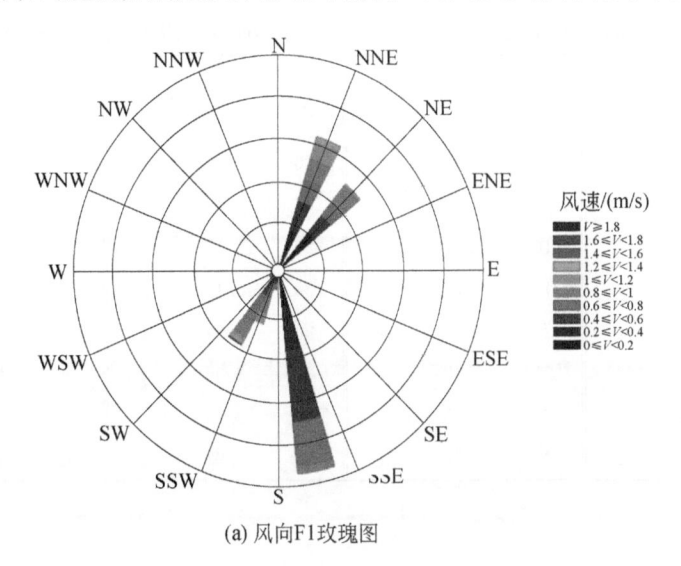

杭州奥体中心体育场洞口平台处风向实测玫瑰图如图10.2.28所示,玫瑰图的正北表示风速传感器的参考北方,玫瑰图中扇形面积的大小反映该风向角出现的次数多少,不同的颜色表示不同风速所占的比例。可见风向主要集中于东北偏北和正南方向,对应的分别是从体育场外侧吹入的风和从体育场内部吹出的风。

(a) 风向F1玫瑰图

(b) 风向F2玫瑰图

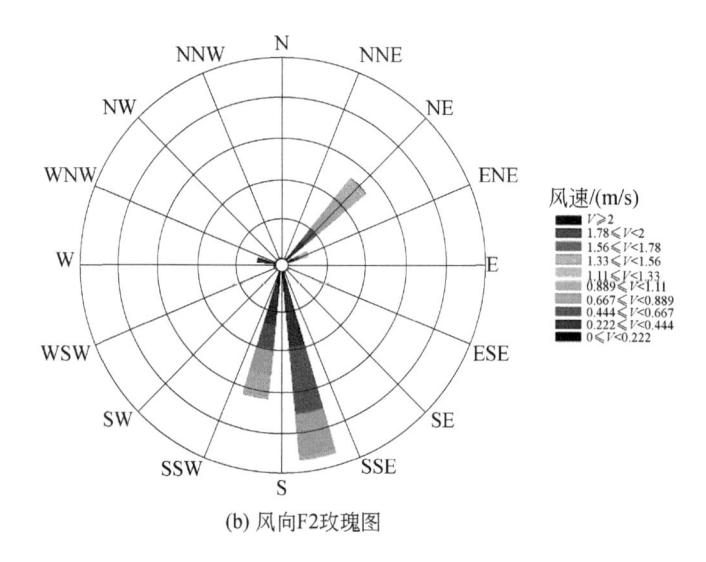

图 10.2.28 杭州奥体中心体育场洞口平台处风向实测玫瑰图

5. 结构健康综合评价

1) 结构健康评价指标的计算

(1) 构件评价指标的计算。

对所有轴力构件计算强度指标,为了消除可能存在的较小弯矩的影响,轴向应力应取构件截面对称布置测点应力的平均值,计算轴向受力构件强度指标并对其进行等级评价,见表 10.2.5。

表 10.2.5 杭州奥体中心体育场轴向受力构件强度指标及其等级评价

编号	$I_{cs,ba}$	等级	编号	$I_{cs,ba}$	等级	编号	$I_{cs,ba}$	等级	编号	$I_{cs,ba}$	等级
2	2.00	a	11	9.15	a	25	3.03	a	37	9.74	a
3	5.41	a	14	3.48	a	26	3.95	a	38	14.45	a
4	6.69	a	15	6.41	a	28	3.18	a	41	2.45	a
5	4.78	a	16	3.47	a	29	5.17	a	42	3.18	a
6	13.09	a	19	5.79	a	30	6.11	a	43	10.63	a
7	4.87	a	20	6.16	a	33	2.64	a	45	2.75	a
8	6.55	a	21	7.32	a	34	8.95	a	46	4.49	a
9	3.15	a	23	2.22	a	35	2.99	a	47	5.22	a
10	9.15	a	24	2.87	a	36	1.92	a	48	4.74	a

续表

编号	$I_{cs,ba}$	等级	编号	$I_{cs,ba}$	等级	编号	$I_{cs,ba}$	等级	编号	$I_{cs,ba}$	等级
50	2.42	a	66	2.09	a	86	2.66	a	100	13.43	a
51	4.66	a	67	3.41	a	87	6.11	a	101	3.11	a
52	4.82	a	69	2.89	a	88	6.02	a	104	5.30	a
55	2.04	a	76	4.49	a	89	2.98	a	105	3.71	a
56	8.31	a	77	4.93	a	91	8.28	a	106	3.26	a
57	3.14	a	78	6.69	a	92	3.62	a	108	5.59	a
60	2.54	a	79	1.97	a	93	2.37	a	109	5.08	a
61	3.13	a	82	4.34	a	96	2.99	a	110	5.47	a
62	8.77	a	83	5.93	a	97	4.38	a			
64	2.71	a	76	4.49	a	98	2.12	a			
65	4.20	a	84	2.36	a	99	3.32	a			

对所有受弯构件计算强度指标,受弯构件强度指标及其等级评价见表 10.2.6。

表 10.2.6　杭州奥体中心体育场受弯构件强度指标及其等级评价

编号	$I_{cs,be}$	等级	编号	$I_{cs,be}$	等级	编号	$I_{cs,be}$	等级	编号	$I_{cs,be}$	等级
1	2.81	a	58	2.10	a	112	3.08	a	168	6.02	a
12	1.93	a	59	3.03	a	116	4.38	a	169	7.33	a
13	2.44	a	63	2.44	a	117	3.63	a	173	5.05	a
17	1.39	a	68	3.12	a	124	7.92	a	178	4.40	a
18	8.50	a	72	3.24	a	125	5.00	a	182	3.44	a
22	7.30	a	73	2.79	a	129	4.40	a	183	4.87	a
27	1.45	a	80	2.79	a	134	3.80	a	190	4.59	a
31	2.33	a	81	3.37	a	138	8.29	a	191	4.54	a
32	4.63	a	85	2.67	a	139	3.02	a	195	2.76	a
39	1.30	a	90	3.48	a	143	5.48	a	200	5.34	a
40	4.84	a	94	6.95	a	144	3.17	a	204	2.63	a
44	2.67	a	95	2.61	a	148	1.70	a	205	2.90	a
49	4.67	a	102	3.65	a	159	6.83	a	212	3.23	a
53	3.41	a	103	2.56	a	163	2.83	a	213	3.16	a
54	4.68	a	107	6.63	a	164	4.89	a	217	4.14	a

续表

编号	$I_{cs,be}$	等级	编号	$I_{cs,be}$	等级	编号	$I_{cs,be}$	等级	编号	$I_{cs,be}$	等级
222	6.48	a	244	3.36	a	263	4.65	a	285	4.74	a
226	2.61	a	248	3.15	a	267	2.85	a	289	7.90	a
227	2.31	a	249	2.99	a	268	3.93	a	290	3.08	a
234	2.82	a	253	3.25	a	275	5.48	a	294	2.45	a
235	2.40	a	254	1.23	a	276	4.10	a	295	1.78	a
239	2.46	a	258	5.46	a	280	5.32	a	302	2.77	a

对所有轴向受压构件计算稳定性能指标，计算轴向受压构件稳定性能指标并对其进行等级评价，见表10.2.7。

表10.2.7 杭州奥体中心体育场轴向受压构件稳定性能指标及其等级评价

编号	$I_{cb,ba}$	等级	编号	$I_{cb,ba}$	等级	编号	$I_{cb,ba}$	等级	编号	$I_{cb,ba}$	等级
3	4.60	a	89	2.53	a	153	4.26	a	214	1.75	a
5	4.07	a	93	2.01	a	155	3.42	a	218	3.82	a
8	5.56	a	96	2.54	a	156	1.45	a	223	1.69	a
9	2.68	a	97	3.73	a	157	7.55	a	228	1.92	a
14	2.96	a	98	1.80	a	158	3.87	a	233	1.86	a
19	4.92	a	101	2.64	a	160	2.04	a	238	1.74	a
23	1.89	a	106	2.77	a	165	3.05	a	243	2.34	a
28	2.71	a	111	3.16	a	170	3.02	a	247	1.87	a
33	2.24	a	115	1.97	a	174	3.94	a	252	1.52	a
37	8.28	a	118	3.76	a	179	3.20	a	257	2.92	a
41	2.09	a	119	3.08	a	184	2.67	a	262	5.40	a
45	2.33	a	123	2.33	a	188	3.85	a	266	4.44	a
50	2.06	a	128	3.24	a	189	4.10	a	269	8.64	a
55	1.74	a	133	3.54	a	192	3.10	a	274	1.46	a
60	2.16	a	137	5.03	a	196	3.97	a	279	2.53	a
64	2.30	a	142	2.67	a	201	1.43	a	284	1.76	a
69	2.46	a	147	2.30	a	206	1.88	a	288	3.43	a
74	1.44	a	150	5.02	a	209	4.00	a	293	2.81	a
79	1.67	a	151	3.95	a	210	4.88	a	298	2.55	a
84	2.01	a	152	2.31	a	211	6.34	a			

对所有压弯构件计算稳定性能指标,计算压弯构件稳定性能指标并对其进行等级评价,见表 10.2.8。

表 10.2.8 杭州奥体中心体育场压弯构件稳定性能指标及其等级评价

编号	$I_{cb,be}$	等级	编号	$I_{cb,be}$	等级	编号	$I_{cb,be}$	等级	编号	$I_{cb,be}$	等级
1	1.95	a	80	1.92	a	159	4.66	a	234	1.96	a
12	1.55	a	81	2.89	a	163	2.38	a	235	2.07	a
13	1.71	a	85	1.86	a	164	3.33	a	239	1.67	a
17	1.20	a	90	2.42	a	168	5.26	a	244	2.30	a
18	5.72	a	94	4.64	a	169	5.01	a	248	2.16	a
22	4.91	a	95	2.25	a	173	3.52	a	249	2.60	a
27	1.01	a	102	2.60	a	178	3.01	a	253	2.23	a
31	2.06	a	103	2.23	a	182	2.88	a	254	1.03	a
32	3.11	a	107	4.93	a	183	3.37	a	258	3.73	a
39	1.16	a	112	2.10	a	190	3.98	a	263	3.12	a
40	3.34	a	116	3.04	a	191	3.09	a	267	1.98	a
44	1.81	a	117	2.94	a	195	1.94	a	268	3.44	a
49	3.18	a	124	5.39	a	200	3.83	a	275	3.78	a
53	3.00	a	125	4.36	a	204	2.22	a	276	3.53	a
54	3.15	a	129	3.14	a	205	2.03	a	280	3.57	a
58	1.76	a	134	2.76	a	212	2.86	a	285	3.29	a
59	2.07	a	138	5.60	a	213	2.21	a	289	5.37	a
63	1.74	a	139	2.53	a	217	2.81	a	290	2.71	a
68	2.13	a	143	3.75	a	222	4.69	a	294	1.74	a
72	2.79	a	144	2.52	a	226	2.25	a	295	1.43	a
73	2.01	a	148	1.17	a	227	1.61	a	302	1.86	a

(2) 结构评价指标的计算。

结构整体静力性能用结构刚度指标进行评价,结构静力性能刚度指标的计算公式为

$$I_{ss} = \left| \frac{R}{\gamma_0 S} \right| = \left| \frac{[\Delta]}{\gamma_0 \Delta_{max}} \right| \tag{10.2.1}$$

14 个位移测点的实测结构挠度见表 10.2.9,可得结构最大挠度为 D1 测点 228mm,即 $\Delta_{max}=228$mm;另外,根据《钢结构设计标准》(GB 50017—2017)规定悬挑立体桁架的容许挠度为悬挑长度的 1/125,杭州奥体中心体育场钢结构的悬挑

长度为 52.5m,即可得结构容许挠度为[Δ]=420mm;结构重要性系数为 $\gamma_0=1.1$。代入式(10.2.1)即可计算得到结构静力性能刚度指标:

$$I_{ss}=\left|\frac{[\Delta]}{\gamma_0\Delta_{\max}}\right|=\frac{420}{1.1\times228}=1.67$$

由评价等级表可得杭州奥体钢结构静力性能刚度指标的评价等级为 a 级。

表 10.2.9　杭州奥体中心体育场 14 个位移测点的实测结构挠度

测点号	挠度/mm	测点号	挠度/mm
D1	228	D8	199
D2	218	D9	154
D3	150	D10	118
D4	91	D11	163
D5	131	D12	135
D6	176	D13	221
D7	118	D14	215

$q_{cr,s}$ 为根据结构修正数值模型计算得到的稳定极限承载力,单元端部刚度系数取静力修正得到的 0.734,作为修正后的结构真实节点连接刚度,计算修正模型的稳定极限承载力作为 $q_{cr,s}$。结构稳定极限承载力借助具有非线性分析功能的商用结构分析软件进行弹性全过程分析,按照上述方法计算,得到杭州奥体中心体育场钢结构满跨均布的稳定极限承载力为

$$q_{cr,s}=22.9\text{kN/m}^2 \qquad (10.2.2)$$

按照结构自重计算以及规范取值,整体稳定分析的基准荷载标准值为

$$q_S=q_G+q_Q=3.35\text{kN/m}^2 \qquad (10.2.3)$$

结构稳定性能评价指标为

$$I_{sb}=\left|\frac{[R_b]}{\gamma_0 q_S}\right|=\frac{22.9}{1.1\times4.2\times3.35}=1.48 \qquad (10.2.4)$$

按照上述评价标准,杭州奥体中心体育场钢结构的稳定性能评价等级为 a 级。

$[\Delta]_d$ 为规范规定的动力组合荷载作用下结构的容许挠度,取值为

$$[\Delta]_d=l_1/125=52.5/125=0.42(\text{m}) \qquad (10.2.5)$$

Δ_{dmax} 为重力荷载代表值和多遇竖向地震作用标准值下的最大组合挠度。上述重力荷载代表值应取结构和结构配件自重标准值及各可变荷载组合值之和,可变荷载取 0.5kN/m² 的雪荷载,可变荷载组合值系数取为 0.5。竖向地震作用标准值取重力荷载代表值和竖向地震作用系数的乘积,抗震设防烈度为 6 度,《建筑结构荷载规范》(GB 50009—2012)没有规定该烈度下竖向地震作用系数的取值,故取规

范规定的最小烈度对应的系数 10%。为了更好地反映结构在竖向地震作用下的真实挠度，组合荷载中永久荷载产生的挠度取实测值：

$$\Delta_{dmax1} = 228 \text{mm} \tag{10.2.6}$$

组合活荷载和多遇竖向地震作用标准值下的挠度，是根据结构动力修正模型计算得到的。将组合活荷载和多遇竖向地震作用标准值施加到节点刚度为单元端部刚度系数 $r_1 = 0.689$，支座挠度方向的抗弯刚度系数 $r_2 = 0.902$ 的修正模型上，计算得到结构中的相应挠度为

$$\Delta_{dmax2} = 54.3 \text{mm} \tag{10.2.7}$$

相加得到最大组合挠度为

$$\Delta_{dmax} = \Delta_{dmax1} + \Delta_{dmax2} = 228 + 54.3 = 282.3 (\text{mm}) \tag{10.2.8}$$

结构重要性系数 γ_0 取 1.1，将式(10.2.5)和式(10.2.8)代入式(10.2.1)，计算得到定义的结构动力性能评价指标为

$$I_{sd} = \left| \frac{[\Delta]_d}{\gamma_0 \Delta_{dmax}} \right| = \frac{420}{1.1 \times 282.3} = 1.35 \tag{10.2.9}$$

按照上述的评价标准，钢结构的动力性能评价等级为 a 级。

2）结构健康综合评价

（1）三级性能层评价。

结构系统三级性能层指标对应单个四级基础指标，所以可以由四级基础指标直接得到三级性能层指标，包括结构静力性能刚度指标 $I_{ss} = 1.67$，综合评价等级为 A 级；结构稳定性能指标 $I_{sb} = 1.48$，综合评价等级为 A 级；结构动力性能指标 $I_{sd} = 1.35$，综合评价等级为 A 级。本节主要对构件系统三级性能层指标进行计算与综合评价。

采用权重比法得到构件综合重要度，计算参与构件系统静力性能评价的各构件对于第三层构件系统静力性能指标的权重系数，见表 10.2.10。

表 10.2.10 杭州奥体中心体育场静力性能评价构件的权重系数

编号	综合重要度	权重系数/($\times 10^{-3}$)	编号	综合重要度	权重系数/($\times 10^{-3}$)	编号	综合重要度	权重系数/($\times 10^{-3}$)
6、301	0.17	0.84	13、294	0.50	2.46	20、287	0.70	3.45
7、300	0.36	1.79	14、293	0.81	4.00	21、286	0.36	1.78
8、299	0.16	0.78	15、292	0.77	3.77	22、285	0.43	2.10
9、298	1.00	4.92	16、291	0.79	3.89	23、284	0.97	4.77
10、297	0.77	3.78	17、290	0.55	2.72	24、283	0.84	4.13
11、296	0.57	2.79	18、289	0.60	2.94	25、282	0.74	3.66
12、295	0.43	2.10	19、288	0.43	2.12	26、281	0.95	4.65

续表

编号	综合重要度	权重系数/($\times 10^{-3}$)	编号	综合重要度	权重系数/($\times 10^{-3}$)	编号	综合重要度	权重系数/($\times 10^{-3}$)
27、280	0.43	2.13	40、267	0.58	2.87	53、254	0.74	3.66
28、279	0.95	4.69	41、266	0.97	4.79	54、253	0.71	3.50
29、278	0.72	3.53	42、265	0.88	4.31	55、252	0.96	4.71
30、277	0.84	4.13	43、264	0.37	1.83	56、251	0.37	1.83
31、276	0.51	2.49	44、263	0.48	2.35	57、250	0.89	4.39
32、275	0.57	2.80	45、262	0.96	4.72	58、249	0.87	4.29
33、274	0.96	4.73	46、261	0.87	4.28	59、248	0.76	3.73
34、273	0.38	1.86	47、260	0.75	3.68	60、247	0.96	4.74
35、272	0.86	4.25	48、259	0.95	4.70	61、246	0.88	4.35
36、271	0.07	0.32	49、258	0.49	2.40	62、245	0.48	2.37
37、270	0.25	1.21	50、257	0.97	4.78	63、244	0.80	3.94
38、269	0.11	0.54	51、256	0.73	3.58	64、243	0.89	4.37
39、268	0.51	2.53	52、255	0.86	4.21	65、242	0.83	4.06

采用确定性评价方法计算构件系统静力性能刚度指标。

方法一：构件系统静力性能指标计算公式为

$$I_{cs} = \boldsymbol{W} \times \boldsymbol{K}_I = \sum_{i=1}^{m} w_i \cdot I_{csi} \tag{10.2.10}$$

计算得到构件系统静力性能指标为 $I_{cs}=4.17$，可得综合评价等级为 A 级。

方法二：分别计算构件强度指标评价属于 a、b、c、d 四个等级的权重和，见表 10.2.11，根据表 5.4.7 可得构件系统静力性能评价等级为 A 级。

表 10.2.11　强度评价各等级构件权重和

等级	a	b	c	d
权重和 Q_j	1	0	0	0

综合以上两种方法的结果，得到构件系统静力性能指标为

$$I_{cs} = 4.17 \tag{10.2.11}$$

综合评价等级为 A 级。

同理，采用权重比法得到构件综合重要度，计算参与构件系统稳定性能评价的各构件对于第三层构件系统稳定性能指标的权重系数（表 10.2.12）。

表 10.2.12 杭州奥体中心体育场稳定性能评价构件的权重系数

编号	综合重要度	权重系数/($\times 10^{-3}$)	编号	综合重要度	权重系数/($\times 10^{-3}$)	编号	综合重要度	权重系数/($\times 10^{-3}$)
9、298	1.00	9.18	49、258	0.49	4.47	85、222	0.84	7.75
12、295	0.43	3.92	50、257	0.97	8.91	89、218	0.89	8.15
13、294	0.50	4.58	53、254	0.74	6.83	90、217	0.79	7.28
14、293	0.81	7.46	54、253	0.71	6.52	93、214	0.95	8.77
17、290	0.55	5.06	55、252	0.96	8.79	94、213	0.75	6.90
18、289	0.60	5.48	58、249	0.87	7.99	95、212	0.86	7.94
19、288	0.43	3.96	59、248	0.76	6.97	96、211	0.11	1.03
22、285	0.43	3.92	60、247	0.96	8.85	97、210	0.31	2.86
23、284	0.97	8.90	63、244	0.80	7.35	98、209	0.11	0.97
27、280	0.43	3.98	64、243	0.89	8.16	101、206	0.95	8.73
28、279	0.95	8.75	68、239	0.85	7.77	102、205	0.70	6.45
31、276	0.51	4.64	69、238	0.87	7.94	103、204	0.74	6.77
32、275	0.57	5.22	72、235	0.90	8.22	106、201	0.96	8.84
33、274	0.96	8.82	73、234	0.91	8.32	107、200	0.48	4.40
39、268	0.51	4.72	74、233	0.89	8.20	111、196	0.96	8.78
40、267	0.58	5.36	79、228	0.89	8.20	112、195	0.47	4.32
41、266	0.97	8.94	80、227	0.91	8.31	115、192	0.95	8.76
44、263	0.48	4.39	81、226	0.89	8.21			
45、262	0.96	8.80	84、223	0.86	7.94			

同理，采用确定性评价方法计算构件系统稳定性能指标。

方法一：构件稳定性能指标计算公式为

$$I_{cb} = W \times K_I = \sum_{i=1}^{m} w_i \cdot I_{cbi} \qquad (10.2.12)$$

计算得到构件稳定性能指标为 $I_{cb}=2.75$，可得综合评价等级为 A 级。

方法二：分别计算构件稳定指标评价属于 a、b、c、d 四个等级的权重，见表 10.2.13，根据表 5.4.7 可得构件系统稳定性能评价等级为 A 级。

表 10.2.13 稳定评价各等级构件权重和

等级	a	b	c	d
权重和 Q_j	1	0	0	0

综合以上两种方法的结果,得到构件稳定性能指标:
$$I_{cb}=2.75 \tag{10.2.13}$$
综合评价等级为 A 级。

(2) 二级系统层评价。

首先,根据专家、设计人员的意见对结构指标的相对重要度大小做出评断。因为动力指标计算烈度高于杭州地区的取值,所以取其相对重要度略小于另外两个指标。按照 9/9~9/1 标度法,即认为结构静力性能指标和稳定性能指标同样重要,同时均比动力性能指标稍微重要。因此,对于结构系统健康评价的指标集 $X_{I_s}=(I_{ss},I_{sb},I_{sd})$,可构造如下判断矩阵:

$$\boldsymbol{C}_{I_s}=\begin{bmatrix} 1.000 & 1.000 & 1.286 \\ 1.000 & 1.000 & 1.286 \\ 1/1.286 & 1/1.286 & 1.000 \end{bmatrix} \tag{10.2.14}$$

计算矩阵 $\boldsymbol{C}_{I_s}$ 的最大特征根 $\lambda_{\max}=3$,关于最大特征根的特征向量 $\boldsymbol{\xi}_{I_s}=(0.6196,0.6196,0.4818)$,经过归一化处理后可得各指标的权重为

$$\boldsymbol{W}_{I_s}=\{0.36,0.36,0.28\} \tag{10.2.15}$$

将 $\lambda_{\max}=3$ 代入式(5.4.44)得 CI=0,即判断矩阵 $\boldsymbol{C}_{I_c}$ 通过一致性检验。

结构系统健康评价采用模糊综合评价。将结构系统健康指标 I_s 对应的 3 个次级指标:结构静力性能指标 $I_{ss}=1.67$、结构稳定性能指标 $I_{sb}=1.48$、结构动力性能指标 $I_{sd}=1.35$ 分别代入,得到各次级指标对于各评价等级的隶属度,进而得到各指标的隶属向量,并构造 3 个次级指标的隶属矩阵:

$$\boldsymbol{R}_{I_s}=\begin{bmatrix} 1 & 0 & 0 & 0 \\ 1 & 0 & 0 & 0 \\ 1 & 0 & 0 & 0 \end{bmatrix} \tag{10.2.16}$$

模糊综合评价向量 $\boldsymbol{R}_{I_s}^Z$ 可由式(10.2.15)的次级指标权重向量 $\boldsymbol{W}_{I_s}$ 与式(10.2.16)的隶属矩阵 $\boldsymbol{R}_{I_s}$ 相乘获得

$$\boldsymbol{R}_{I_s}^Z=\boldsymbol{W}_{I_s}\times\boldsymbol{R}_{I_s}=\{1,0,0,0\} \tag{10.2.17}$$

向量 $\boldsymbol{R}_{I_s}^Z$ 中各元素即为结构系统健康指标 I_s 对于各评价等级的隶属度,采用向量单值化法对模糊综合评价向量 $\boldsymbol{R}_{I_s}^Z$ 进行集化分析,可得

$$I_s=\sum_{i=A}^{D}c_i\cdot r_i^Z=1.025 \tag{10.2.18}$$

如此便得到结构系统健康指标 I_s 的模糊综合评价单值,根据表 5.4.8 可知杭州奥体中心体育场钢结构系统综合评价等级为"健康"。

同理,计算构件系统各指标的权重系数。基于杭州奥体中心体育场钢结构构件静力性能指标和稳定性能指标同样重要的评断,按照 9/9~9/1 标度法,对于构

件系统健康评价的指标集 $X_{I_c} = (I_{cs}, I_{cb})$,可构造如下判断矩阵：

$$C_{I_c} = \begin{bmatrix} 1.000 & 1.000 \\ 1.000 & 1.000 \end{bmatrix} \quad (10.2.19)$$

计算矩阵 C_{I_c} 的最大特征根 $\lambda_{max} = 2$,关于最大特征根的特征向量 $\xi_{I_c} = (0.7071, 0.7071)$,经过归一化处理后可得各指标的权重为

$$W_{I_c} = \{0.5, 0.5\} \quad (10.2.20)$$

将 $\lambda_{max} = 2$ 代入式(5.4.44)得 CI=0,即判断矩阵 C_{I_c} 通过一致性检验。

同理,对构件系统健康状态进行模糊综合评价。将构件系统健康指标 I_c 对应的两个次级指标——构件静力性能指标 $I_{cs} = 4.17$、构件稳定性能指标 $I_{cb} = 2.75$ 分别代入,得到各次级指标对于各评价等级的隶属度,进而得到各指标的隶属向量,并构造两个次级指标的隶属矩阵：

$$R_{I_c} = \begin{bmatrix} 1 & 0 & 0 & 0 \\ 1 & 0 & 0 & 0 \end{bmatrix} \quad (10.2.21)$$

模糊综合评价向量 $R_{I_c}^Z$ 可由式(10.2.20)的次级指标权重向量 W_{I_c} 与式(10.2.21)的隶属矩阵 R_{I_c} 相乘获得

$$R_{I_c}^Z = W_{I_c} \times R_{I_c} = \{1, 0, 0, 0\} \quad (10.2.22)$$

向量 $R_{I_c}^Z$ 中各元素即为构件系统健康指标 I_c 对于各评价等级的隶属度,采用向量单值化法对模糊综合评价向量 $R_{I_c}^Z$ 进行集化分析,可得

$$I_c = \sum_{i=A}^{D} c_i \cdot r_i^Z = 1.025 \quad (10.2.23)$$

如此便得到构件系统健康指标 I_c 的模糊综合评价单值。根据表 5.4.8 可知杭州奥体中心体育场钢结构构件系统综合评价等级为"健康"。

(3) 一级目标层评价。

通过构件系统健康指标和结构系统健康指标计算结构健康综合指标 I,并进行钢结构健康状态的综合评价。

同样用层次分析法计算构件系统健康指标和结构系统健康指标的权重系数。两指标的相对重要度大小应根据专家、设计人员的意见确定,此处考虑空间结构的安全性与适用性往往由结构整体性能控制,因此取结构系统健康指标比构件系统健康指标稍微重要,按照 9/9~9/1 标度法,对于结构健康综合评价的指标集 $X_I = (I_c, I_s)$,可构造如下判断矩阵：

$$C_I = \begin{bmatrix} 1.000 & 1/1.286 \\ 1.286 & 1.000 \end{bmatrix} \quad (10.2.24)$$

计算矩阵 C_I 的最大特征根 $\lambda_{max} = 2$,关于最大特征根的特征向量 $\xi_I = (0.6139, 0.7894)$,经过归一化处理后可得各指标的权重为

$$\boldsymbol{W}_I = \{0.44, 0.56\} \tag{10.2.25}$$

将 $\lambda_{\max}=2$ 代入式(5.4.44)得 CI=0,即判断矩阵 $\boldsymbol{C}_I$ 通过一致性检验。

对于多级评价,直接用低级评价指标值加权计算高级评价指标值,与利用低级模糊评价向量计算高级模糊评价向量再集化分析的过程是等价的。因此,一级目标层指标的综合评价结果可由二级系统层各指标的权重系数与对应指标值加权求和计算得到:

$$I = \boldsymbol{W}_I \times (I_c, I_s)^{\mathrm{T}} = 1.025 \tag{10.2.26}$$

即得到结构健康综合指标 I,进行健康等级评价后,可得到钢结构最终的健康状态综合评价等级为"健康"。

10.3 杭州奥体中心网球中心监测

10.3.1 工程概况

1. 工程简介

杭州奥体中心网球中心决赛馆(杭州奥体中心网球中心),位于钱塘江南岸萧山区与滨江区的交界处,建筑整体造型为莲花状(又称"小莲花"),为特级比赛场馆,座席数为 15600。该项目下部为钢筋混凝土结构看台及功能用房,看台区上覆环状花瓣造型固定悬挑钢结构罩棚,该罩棚上支承 8 片可开合钢结构移动屋盖,闭合时覆盖整个比赛场地,如图 10.3.1 所示。

(a) 闭合状态　　　(b) 开启状态

图 10.3.1　杭州奥体中心网球中心

2. 结构体系组成

下部混凝土结构外轮廓平面为圆形,外径约 110m,内径约 55m,结构宽度约 27.5m。看台最高点标高约 20.50m。地上三层,首层层高 6.0m,第二层 4.5m,第三层10.0m,采用框架-剪力墙(或钢支撑)结构体系,如图10.3.2所示。上部钢结构为环状花瓣造型的悬挑固定罩棚,其上支承着8片可开合的移动屋盖。固定罩棚外边缘直径约133m,最大宽度约37m,悬挑长度约26m,罩棚结构最高点标高约30m。移动屋盖为花瓣形,每片设置一固定转轴及三条同心圆轨道结构,其中两条轨道固定在移动屋盖上,一条轨道固定在固定屋盖上。杭州奥体中心网球中心活动屋盖开启过程如图10.3.3所示。

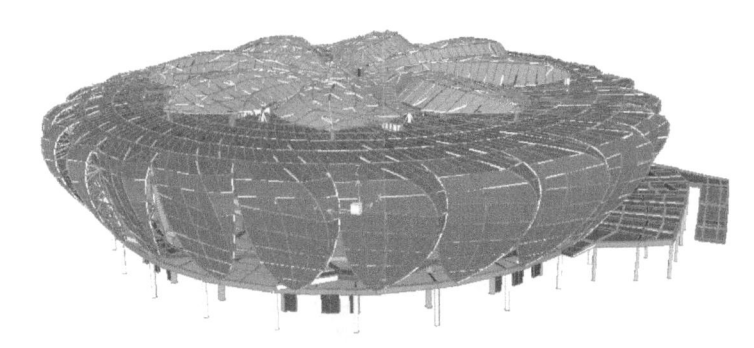

图10.3.2 杭州奥体中心网球中心整体结构

(a) 开启过程中间状态1

(b) 开启过程中间状态2

(c) 开启过程中间状态3

(d) 开启过程中间状态4

图10.3.3 杭州奥体中心网球中心活动屋盖开启过程

屋盖闭合后，一个包含升降装置的"帽子"装置下降，解决网球中心的排水，该帽子直径 5m 左右，自重约 6t，始终固定于其中一片移动屋盖悬挑端部。该片与其他 7 片的结构构成基本相同，但构件截面有所区别。

10.3.2 监测内容

监测工作包括施工和运营两个阶段，监测内容主要如下。
(1) 结构变形监测。
(2) 结构关键部位应力应变及温度监测。
(3) 开启过程结构受力变化。
测点安装效果如图 10.3.4 所示。

图 10.3.4 杭州奥体中心网球中心应力应变及温度监测点现场安装

10.3.3 测点布置

杭州奥体中心网球中心监测采用作者课题组自主开发的无线传感器系统，监测内容主要有应力应变监测和位移监测，主要的传感器统计见表 10.3.1。

表 10.3.1 杭州奥体中心网球中心测点数量统计表

监测内容	监测部位	监测方法	数量	总计
应力应变	V 型撑杆	无线应力应变传感器	192	240
	立面支座相关杆件		32	
位移变形	固定屋盖悬挑端部	全站仪	16	

1. 位移测点

杭州奥体中心网球中心的位移测点布置汇总图如图 10.3.5 所示，其中位移测点的监测部位为固定屋盖悬挑端部，位移测点布置位置如图 10.3.6 所示，共 16 个测点。

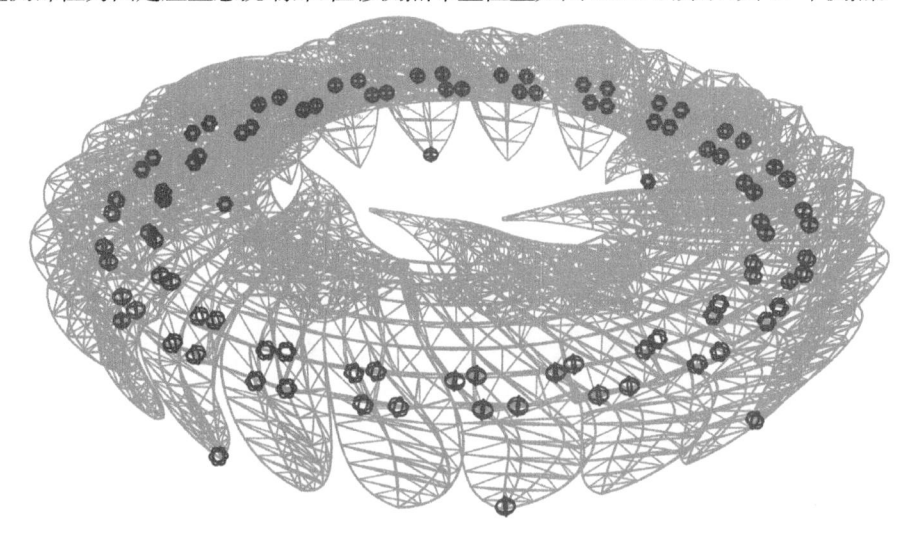

图 10.3.5　杭州奥体中心网球中心位移测点布置汇总图

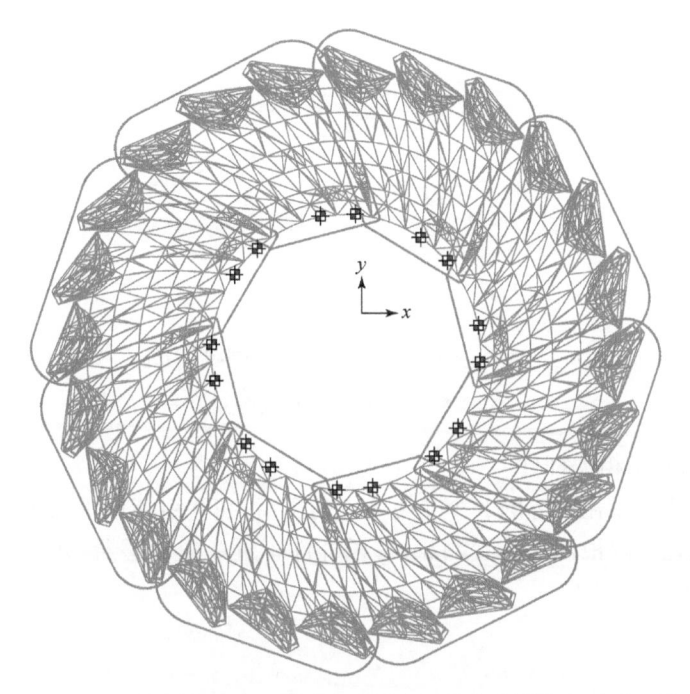

图 10.3.6　杭州奥体中心网球中心固定屋盖位移测点布置平面图

2. 应力应变监测

1) 看台顶面钢、混凝土连接界面处 V 型撑杆

由 24 个花瓣单元组成的固定钢结构悬挑罩棚,通过 24 个四管组合 V 型撑杆支承于下部混凝土框架柱顶,一组包括 4 根撑杆。以 1 片移动屋盖对应的 3 个花瓣单元为 1 组,在 8 组结构单元中,中间花瓣的每根撑杆上布置 2 个传感器,共 64 个传感器;两侧花瓣向内悬挑的撑杆上布置 2 个传感器,共 64 个传感器。共计 128 个应力应变传感器(图 10.3.7)。

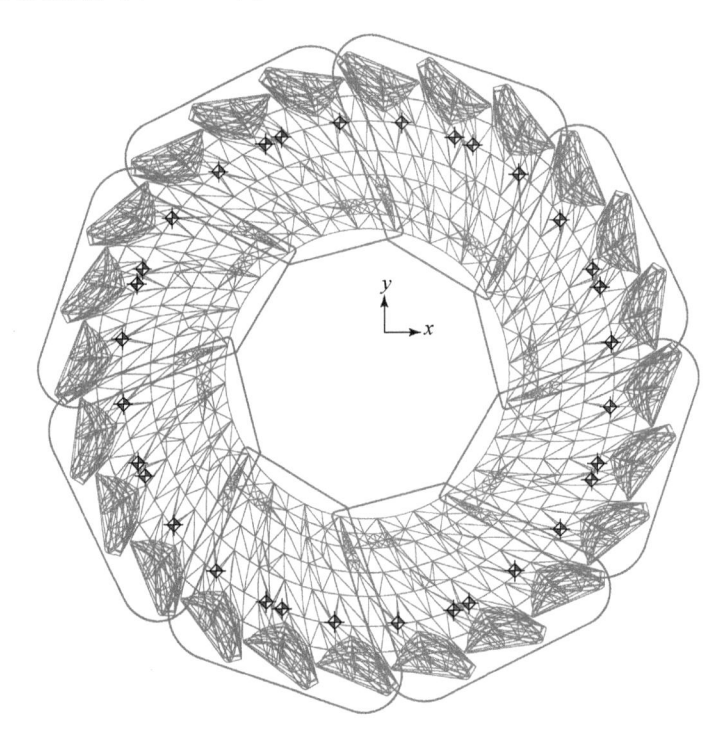

图 10.3.7 杭州奥体中心网球中心看台顶面钢、混凝土连接界面处 V 型撑杆测点布置平面图
图中✦表示 4 个传感器

2) 底部支座相关杆件

以 1 片移动屋盖对应的 3 个花瓣单元为 1 组,在 8 组结构单元中,选取中间花瓣底部支座处的两根杆件布置测点,每根杆件布置 2 个传感器,共计 32 个应力应变传感器(图 10.3.8)。

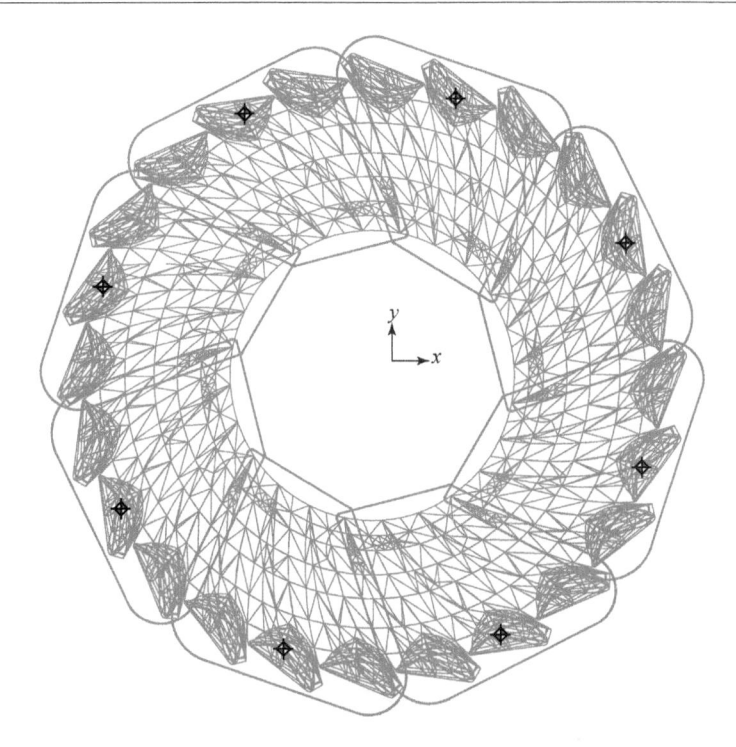

图 10.3.8　杭州奥体中心网球中心底部支座相关杆件测点布置平面图

10.3.4　无线监测系统

对杭州奥体中心网球中心应力应变、结构变形、温度效应等参数采用传感器进行数据自动采集。传感器感应到的模拟信号由测点采集，通过模数转换后，经由接力点，通过无线信号，传输至现场信号基站。基站与计算机相连，可通过相应计算机软件解析监测数据，得到监测结果。将计算机接入互联网，监测数据即可通过互联网传输至远端的数据接收与控制计算机，由此实现数据采集自动化。

在系统中，所有测点都具有无线通信能力，测点与基站、测点与测点间都可以相互通信，网络拓扑形式丰富，控制方式灵活（图 10.3.9）。

10.3.5　数据分析

1. 施工过程应力监测

根据移动屋盖和固定屋盖组成，结构划分为 8 个区域，分别为 A、B、C、D、E、F、G、H，其中，A、B、C 位于加强区，D、E、F、G、H 位于非加强区，如图 10.3.10 所示。

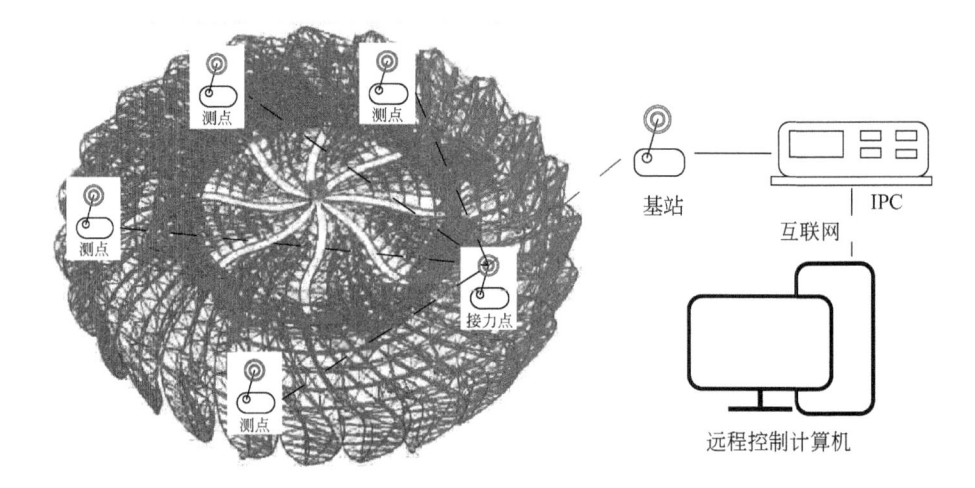

图 10.3.9　杭州奥体中心网球中心无线传感远程监测系统

IPC 表示进程间通信(inter process communication)

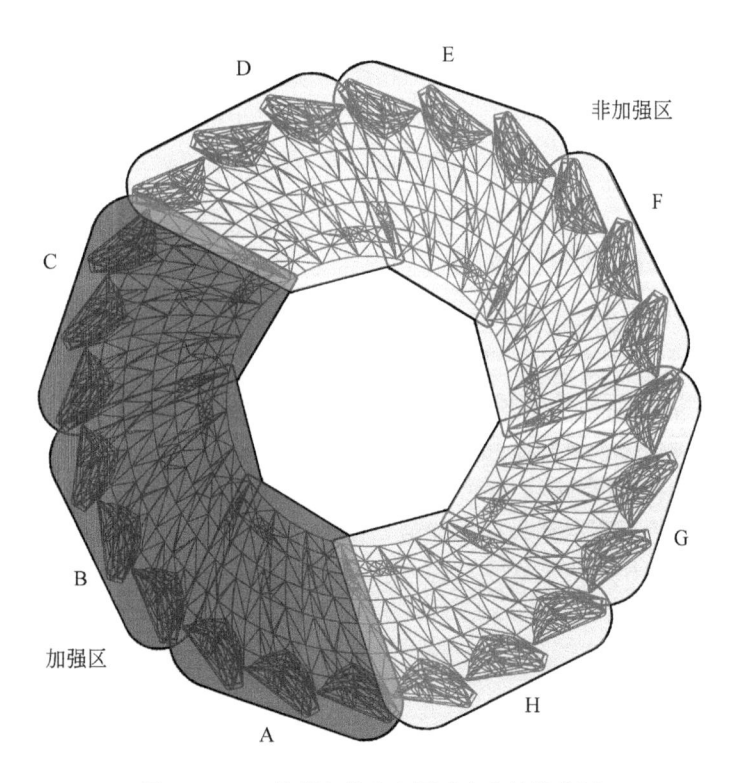

图 10.3.10　杭州奥体中心网球中心结构分区

如图 10.3.11 和图 10.3.12 所示,绘制了在各施工阶段 V 型撑杆和立面支座的应力变化,从图中可以发现:①随着施工的进行,V 型撑杆压应力逐渐增大,立面支座杆件拉应力逐渐增大;②立面支座杆件在下段吊装单元吊装完成后,主要承受自身自重,表现为压应力,而随着平面桁架和移动屋盖的吊装,受拉力作用逐渐增大,施工完成后应力比较小。

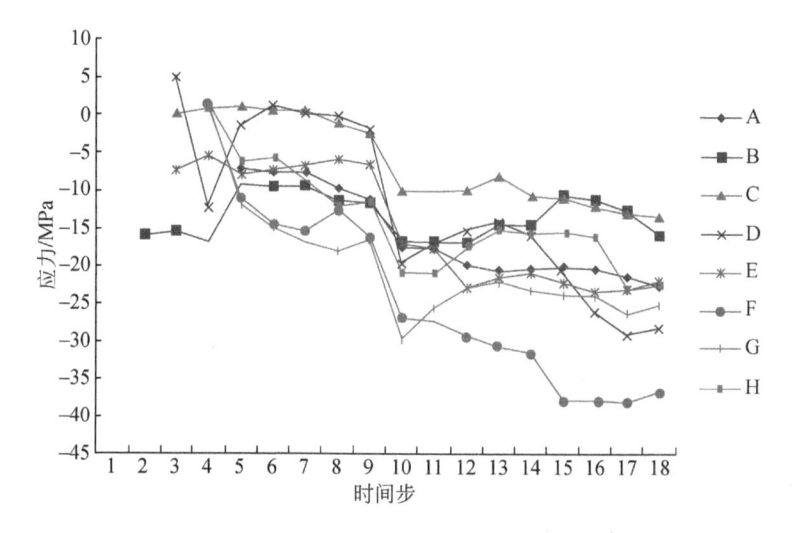

图 10.3.11　杭州奥体中心网球中心各施工阶段 V 型撑杆实测应力

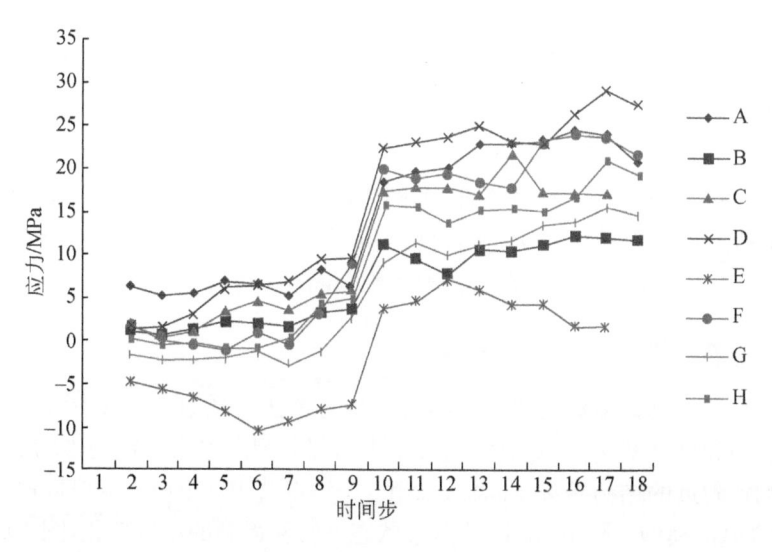

图 10.3.12　杭州奥体中心网球中心各施工阶段立面支座实测应力

下面挑选几个有代表性的测点，比较理论与实测的应力值和应力增量，大部分杆件吻合较好，只有少部分杆件理论与实测曲线差别较大，如测点 50-1 所在位置的杆件。测点 50-1 经过焊缝修补后，会使对应阶段应力实测值偏离理论预测值，但在外界干扰去除后，后续施工步骤中实测与理论应力增量变化关系依然较为吻合(图 10.3.13)。

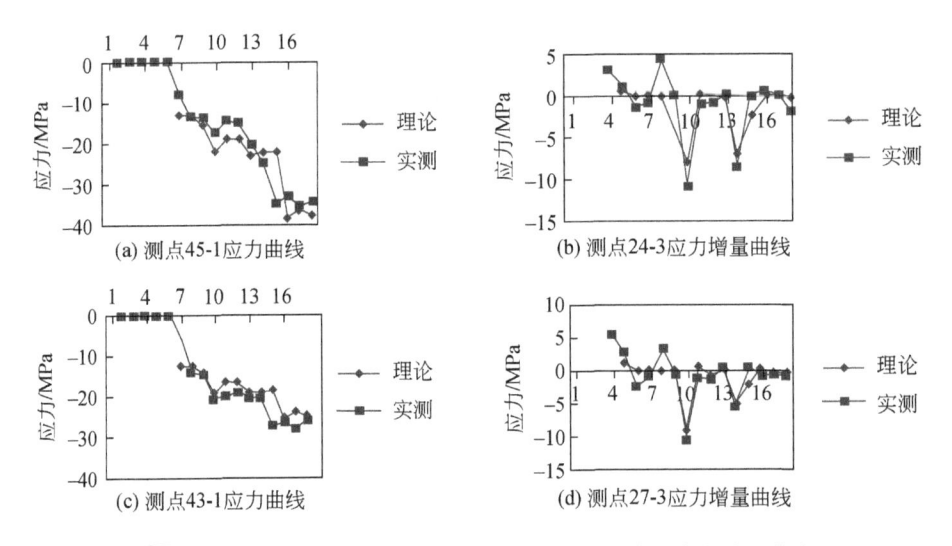

图 10.3.13　杭州奥体中心网球中心典型测点应力和应力增量曲线

2. 施工期间应力异常分析

应力实测值大多在 50MPa 以内，部分杆件应力超过 50MPa，还有个别杆件压应力接近 200MPa。这种实测值远远大于理论值的情况，根据现场情况，发现这些杆件在施工过程中进行了焊缝修补，如图 10.3.14 和图 10.3.15 所示。焊缝修补过程会对焊缝两端有挤压作用，使传感器所测压应力增大，且高温焊接后，杆件残余应力复杂，使其在结构中的真实受力较难判断。

3. 缺失数据插补

下面基于实测数据对上述结构异常识别方法进行验证。在实际监测中，结构未发生损伤和异常变化，因此对实测数据中的部分测点引入一定的人为数据平移，作为该测点附近的结构异常。同样，采用 6 个测点共 100 组应力响应数据作为基准数据，建立基准模型。图 10.3.16 为基准状态下实测得到的温度变化，图 10.3.17 为基准状态下实测得到的各测点应力响应，其中 42 组数据来自屋盖开启状态，58 组数据来自屋盖闭合状态。

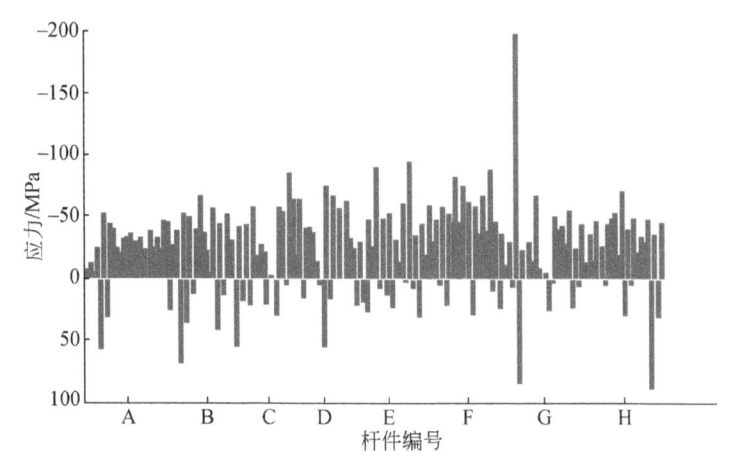

图 10.3.14　杭州奥体中心网球中心实测钢结构主体 V 型撑杆应力分布

图 10.3.15　杭州奥体中心网球中心 V 型撑杆修补焊缝

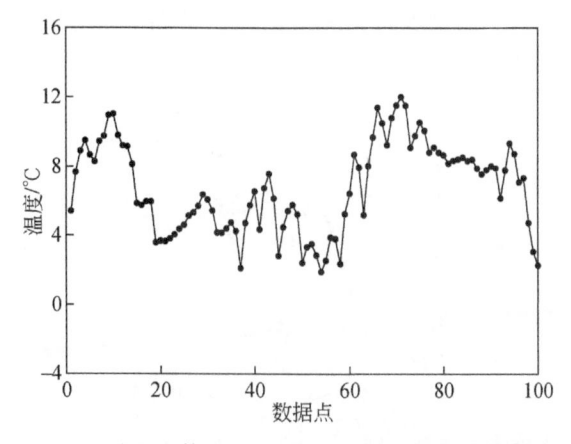

图 10.3.16　杭州奥体中心网球中心基准状态下实测温度变化

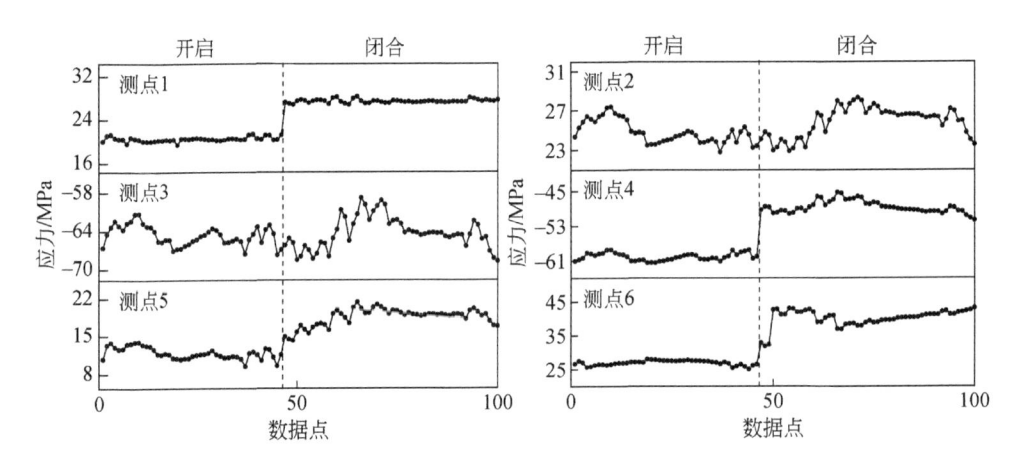

图10.3.17 杭州奥体中心网球中心基准状态下实测结构的应力响应

对于实测数据，同样分别采用 PPCA、局部 PCA 以及混合概率主成分分析 (mixture of probabilistic principal component analyzers，MPPCA) 对基准数据进行分析。图 10.3.18 给出了前三个测点空间内的不同模型对数据分区结果及相应的主成分轴。其中，图 10.3.18(a) 所示为采用单个 PPCA 模型时的结果，单个 PPCA 无法对结构响应的不同状态进行区分，而是对两种响应状态综合地做出分析。图 10.3.18(b) 和图 10.3.18(c) 分别为局部 PCA 考虑 1 个和 2 个主成分时的结果。与基于模拟数据结果不同的是，当考虑 2 个主成分时，局部 PCA 无法对实测数据进行分区，仅能给出一个局部 PCA 模型，这可能是实测数据中存在更多不确定性造成的。图 10.3.18(d) 和图 10.3.18(e) 分别为 MPPCA 考虑 1 个和 2 个主成分时的结果。从图中可以看出，基于实测数据的 MPPCA 依然给出了较好的数据分区及主成分轴估计结果。局部 PCA 所建立的局部模型依然包含两种状态下的结构响应数据，与单个 PPCA 所建立的单个基础模型结果类似，因此后续分析中仅对 MPPCA 和 PPCA 的结果进行比较。

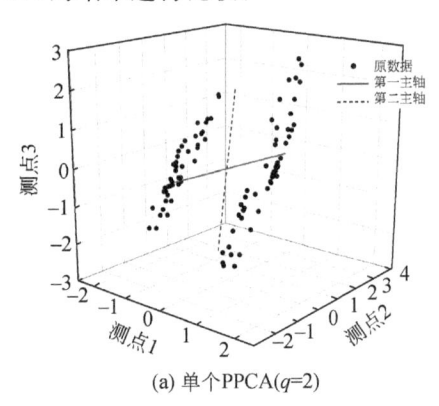

(a) 单个PPCA(q=2)

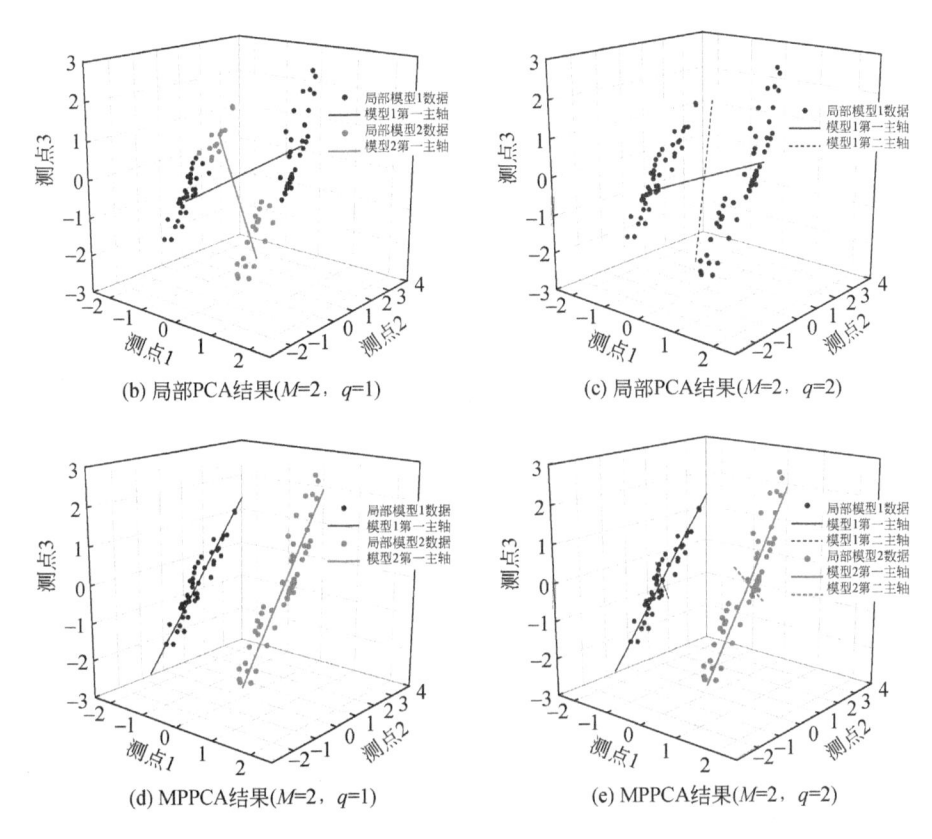

(b) 局部PCA结果($M=2$，$q=1$) (c) 局部PCA结果($M=2$，$q=2$)

(d) MPPCA结果($M=2$，$q=1$) (e) MPPCA结果($M=2$，$q=2$)

图 10.3.18　杭州奥体中心网球中心实测数据对应的前三个测点空间内数据分区结果及相应的主成分轴

M表示局部模型数；q表示局部模型考虑的主成分数

图 10.3.19(a)和图 10.3.19(b)分别为基于实测数据的 MPPCA 和 PPCA 在完整数据和各测点均存在 20% 数据缺失情况下，在第一主成分上的投影与温度间的关系。从图中可以看出，MPPCA 两个局部模型所属的响应在第一主成分上的投影仍然与温度存在较好的线性关系。这说明在实测数据中，当屋盖处于某一确定状态时，结构应力响应变化主要是由温度变化引起的。图 10.3.19(b)中 PPCA 在第一主成分的投影与温度间并非单一的线性关系。这说明 PPCA 估计得到的第一主成分中不仅包含温度的影响，还同时包括了屋盖开合的影响。

图 10.3.20 为测点 1 和测点 4 在不同数据缺失类型下的插补结果。其中，图 10.3.20(a)为所有测点均存在 20% 随机数据缺失的插补结果，图 10.3.20(b)为测点 1 和测点 4 存在 20% 连续数据缺失的插补结果。从图中可以看出，MPPCA 的插补结果更加接近缺失数据的真实值。图 10.3.21 为测点 1 和测点 4 在两种数

(a) MPPCA结果

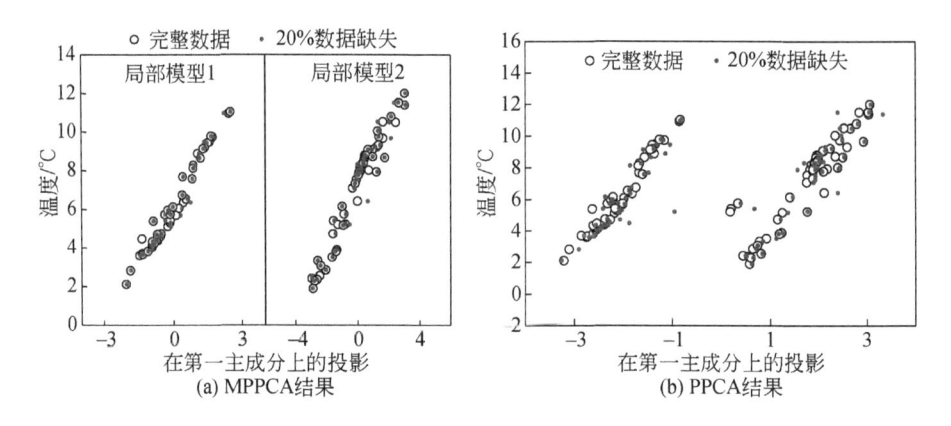

(b) PPCA结果

图10.3.19　杭州奥体中心网球中心第一主成分上的投影与温度间的关系

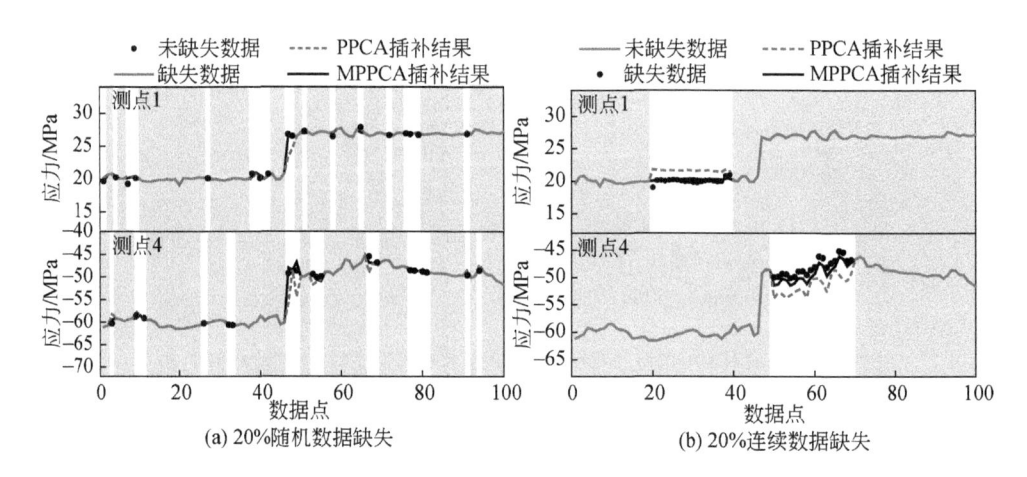

(a) 20%随机数据缺失

(b) 20%连续数据缺失

图10.3.20　杭州奥体中心网球中心部分测点不同数据缺失类型下的插补结果

据缺失类型下数据插补的相对均方根误差(RRMSE)。从图中可以看出，不管是随机数据缺失还是连续数据缺失，基于实测数据的MPPCA插补误差均小于PPCA。

4. 结构状态评估

选取运营期间一段原始数据进行结构异常识别。实际监测过程中，后续屋盖连续开启和闭合状态均未持续很久，因此各选取连续50组闭合和开启状态下的结构应力响应作为两组对比数据。图10.3.22为基准状态和两种对比状态下的实测温度变化情况，图10.3.23为相应的实测应力响应。此时，结构未发生任何异常，但对比状态2对应的温度普遍大于基准状态的温度，因此部分测点对比状态2阶段的应力响应与基准状态相比存在一定的平移。

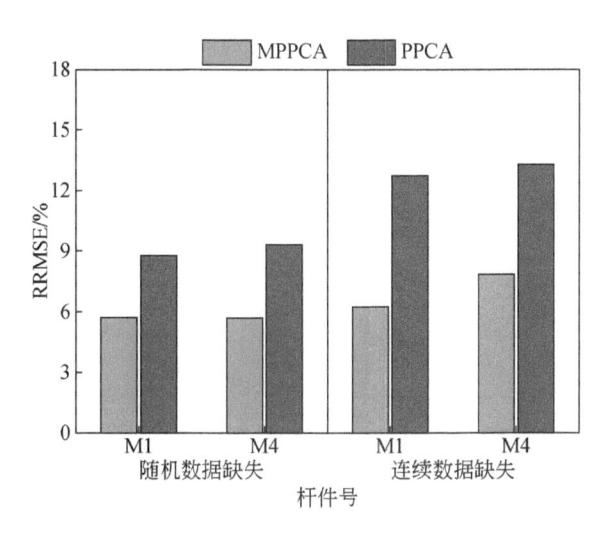

图 10.3.21　杭州奥体中心网球中心不同数据缺失类型下测点 1 和测点 4 的数据插补误差

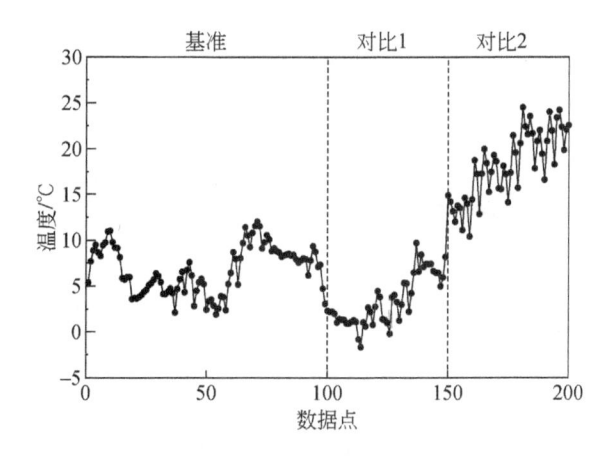

图 10.3.22　杭州奥体中心网球中心实测温度变化曲线
对比 1：闭合；对比 2：开启

图 10.3.24 为 MPPCA 的异常识别结果。可以看出，MPPCA 的 Q 指标在屋盖闭合和开启两种状态下均基本小于阈值，这说明结构处于健康状态，未发生异常。但由于对比 2 中温度普遍升高，因此 MPPCA 的 T^2 指标在对比 2 阶段大部分都超过了阈值。这说明对比 2 中的温度荷载变化处于基准状态温度变化的范围之外。MPPCA 的异常识别结果与实际情况相符，即结构未发生异常，但在对比 2 阶段温度荷载发生了大幅变化。

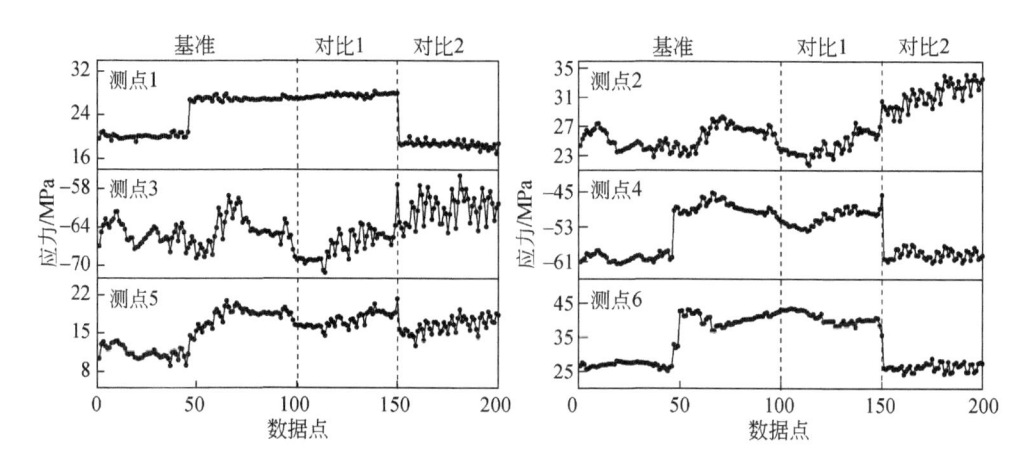

图 10.3.23 杭州奥体中心网球中心结构实测应力响应
对比 1：闭合；对比 2：开启

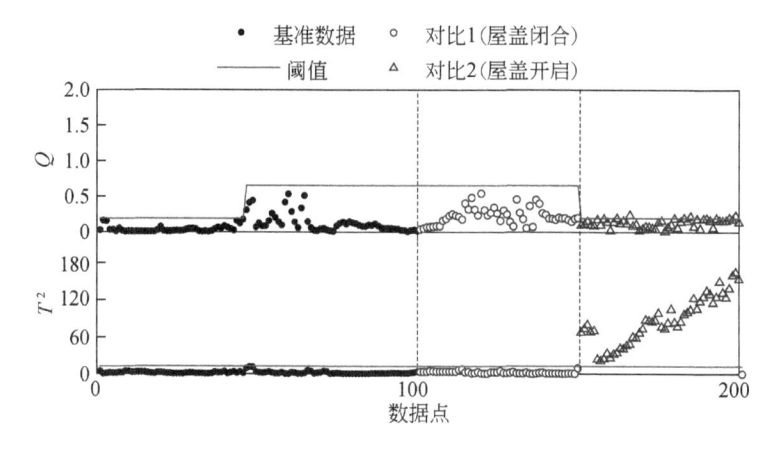

图 10.3.24 杭州奥体中心网球中心结构异常识别结果

10.4 杭州奥体中心体育馆、游泳馆监测

10.4.1 工程概况

1. 工程简介

杭州奥体中心体育馆、游泳馆(图 10.4.1)位于奥体中心北侧,项目总用地面

积 227900m²,总建筑面积 396950m²,其中地上建筑面积 197553m²,地下建筑面积 199397m²。

图 10.4.1　杭州奥体中心体育馆、游泳馆项目效果图

2. 结构体系组成

本工程屋盖网壳钢结构主要包括门洞桁架、分界桁架、屋盖单层网壳、屋盖双层网壳、斗形柱、钢梁以及钢楼梯等构件。根据屋盖网壳分布区域名称,将屋盖钢结构分别划分为游泳馆区、体育馆区、中央大厅区三大区域。游泳馆主体屋盖采用斜交斜放的变厚度双层网壳结构,分界桁架以西为单层斜交斜放网壳结构,其中双层网壳为主要的屋盖形式。体育馆主体屋盖采用斜交斜放的变厚度双层网壳结构,分界桁架以东为单层斜交斜放网壳结构,其中双层网壳为主要的屋盖形式。中央大厅区屋盖采用单层网格结构,为体育馆、游泳馆网壳上弦网格的延伸。网壳中部设有两个斗形连接体,作为中央大厅屋盖的支撑柱,整个单层网壳通过斗形柱及南北落地支座支撑(图 10.4.2)。

10.4.2　监测内容

杭州奥体中心体育馆、游泳馆屋盖钢结构空间定位难度大,弯扭构件成型复杂,钢结构安装体量大。在施工过程中,结构的形状、临时支撑、边界条件、荷载及周边环境时时都在变化,结构主要受力构件状态变化及对主体结构的作用效应是否与初始设计相符,是否仍处于安全受力范围以内成为不可忽视的问题。因此,有必要根据结构受力特点以及施工方案建立专门的施工与运营监测系统,在核心受力构件及受力情况复杂的部位设置应力、温度监测点,在结构关键位置布置变形监

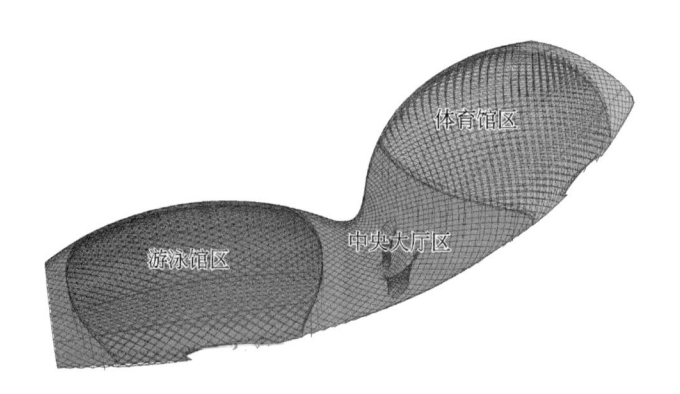

图10.4.2 杭州奥体中心体育馆、游泳馆屋盖钢结构区域划分平面图

测点,在屋面关键位置均匀布设风速风压监测点,在结构施工以及今后运营过程中及时监测其应力、位移及环境参数的变化情况,从而监测施工与运营过程的安全性。

本项目主要目的在于对杭州奥体中心体育馆、游泳馆和中央大厅钢结构施工建设及运营期间的受力、变形、环境参数进行长期监测(图10.4.3),综合利用多项结构性能指标,对结构的功能性进行评价与预警;对施工、环境荷载的长期效益以及结构的病态进行综合性诊断;建立结构的健康档案,为工程正常施工与维护提供可靠依据。

图10.4.3 杭州奥体中心体育馆、游泳馆应力应变测点

本次施工及后期运营阶段监测工作的范围主要集中在钢结构屋盖和主体结构支撑的几个较为关键的受力与变形部位,主要包括钢结构跨度最大的跨中部位、开洞位

置、收边位置、弯扭受力构件部位、支座位置等,监测内容主要包括以下几个方面。

(1) 结构变形监测。

(2) 结构关键部位应力应变及温度监测。

10.4.3 测点布置

杭州奥体中心体育馆、游泳馆监测采用作者课题组自主开发的无线传感器系统,监测内容主要有应力应变监测和位移测点,主要的传感器统计见表10.4.1。

表 10.4.1 杭州奥体中心体育馆、游泳馆测点布置汇总表

监测内容	监测部位	监测方法	数量	总计
应力应变	门拱桁架	无线应力应变传感器	10	250
	弯扭构件		102	
	跨中关键杆件		72	
	斗形连接体		16	
位移变形	网壳变形	无线激光位移传感器	22	
	支座位移		28	

1) 应力应变(温度)测点布置

针对门拱桁架的落地V型撑杆、拱脚支座附近杆件,跨中处布置测点。V型撑杆布置2个测点,与拱脚支座相连杆件布置4个测点,跨中圆钢管布置4个测点,每个门拱桁架共计10个测点,体育馆和游泳馆共4个门拱桁架,合计40个测点(图10.4.4)。

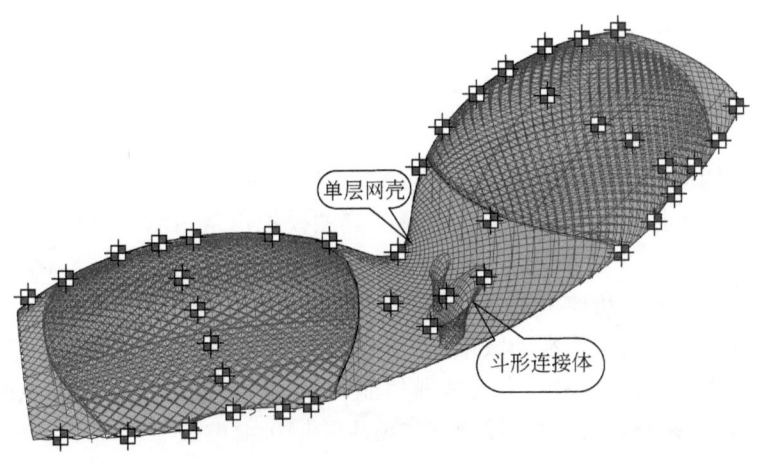

图 10.4.4 杭州奥体中心体育馆、游泳馆应力应变测点分布示意图

针对网壳临近支座的弯扭构件布置测点。对双层网壳的变截面弯扭构件布置 4 个测点,等截面弯扭构件布置 4 个测点,共计 16 根杆件,64 个测点;单层网壳的弯扭构件布置 4 个测点,共计 9 根杆件,36 个测点。因此弯扭杆件共计 100 个测点。针对双层网壳中央区域的上、下弦杆布置测点,每根杆件布置 2 个测点,共计 12 根杆件,24 个测点。针对中央大厅区斗形连接体开洞处及支座处布置测点,每个杆件布置 4 个测点,共计 9 根杆件,36 个测点。

2) 变形测点布置

在双层网壳跨中带状区域的下弦节点处和门拱桁架跨中处布置挠度测点,游泳馆和体育馆共计 26 个测点。在中央大厅区变形较大处布置测点,共计 4 个测点。在双层网壳分界桁架的支座处布置位移测点,游泳馆共计 6 个测点,体育馆共计 6 个测点,如图 10.4.5 所示。

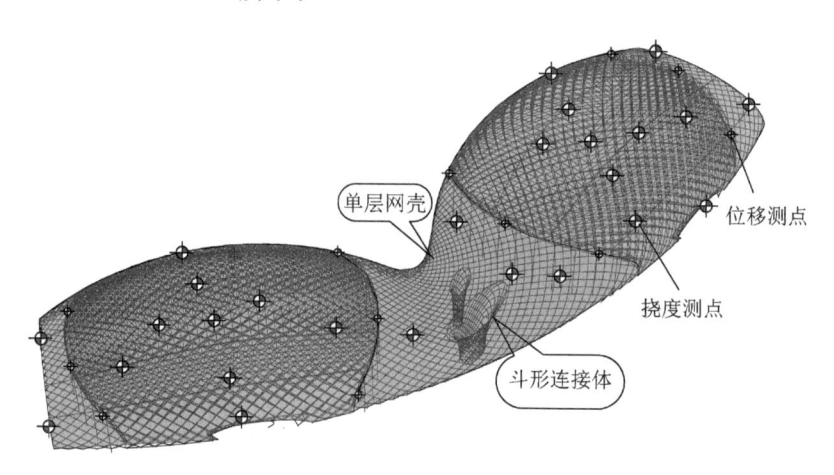

图 10.4.5　杭州奥体中心体育馆、游泳馆位移变形测点示意图

10.4.4　无线监测系统

对钢结构应力应变、结构变形、温度效应、屋盖风压分布和风速风向等参数采用传感器进行数据自动采集。传感器感应到的模拟信号由测点采集,通过模数转换后,经由接力点,通过无线信号传输至现场信号基站。基站与计算机相连,可通过相应计算机软件解析监测数据,得到监测结果。将计算机接入互联网,监测数据即可通过互联网传输至远端的数据接收与控制计算机,由此实现数据采集自动化。

在系统中,所有测点都具有无线通信能力,测点与基站、测点与测点间都可以相互通信,网络拓扑形式丰富,控制方式灵活(图 10.4.6)。

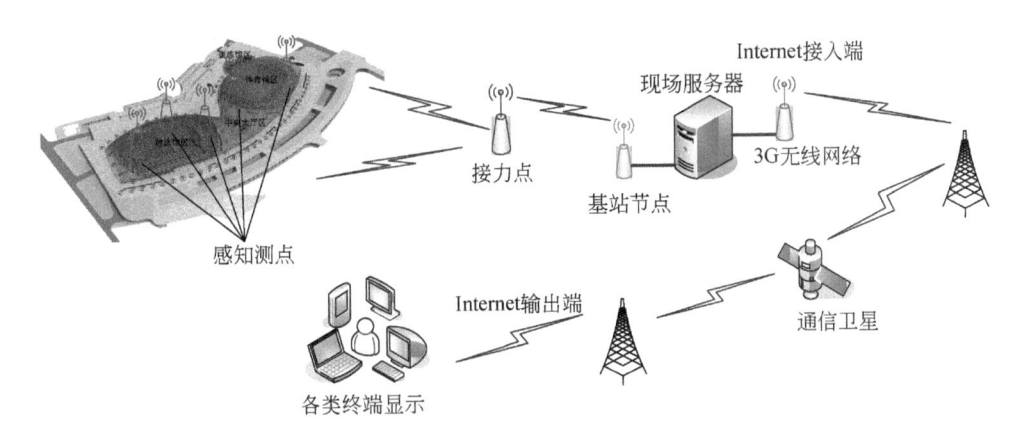

图 10.4.6　杭州奥体中心体育馆、游泳馆无线传感远程监测系统

10.4.5　数据分析

1. 杭州奥体中心游泳馆中部网壳提升过程数据分析

杭州奥体中心游泳馆提升区网壳于 2019 年 11 月 1 日提升,由 8m 平台高度处提升到顶。根据提升区测点采集到的数据,总结游泳馆结构的施工受力情况。

游泳馆中部网壳监测状况良好,测点应力数据见表 10.4.2 和图 10.4.7,提升前后 YY-1-1-15 测点和 YY-1-1-24 测点应力变化相对较大,最大变化幅值 22.63MPa,其余测点的应力变化较小,同一杆件的测点应力变化趋势基本一致。

表 10.4.2　杭州奥体中心游泳馆提升区网壳测点应力数据

测点编号	提升前最大应力/MPa	提升期间最大应力/MPa	提升后1天内最大应力/MPa	11-3~11-5最大应力/MPa	提升期前后应力增量/MPa	测点位置
YY-1-1-09	−3.85	−2.81	−3.87	−5.03	−0.02	西侧下弦
YY-1-1-10	42.33	42.45	41.71	41.57	−0.62	西侧下弦
YY-1-1-11	−111.80	−106.48	−111.06	−111.08	0.74	西侧上弦
YY-1-1-12	−15.26	−16.51	−17.47	−22.31	−2.21	西侧上弦
YY-1-1-13	8.06	9.68	−4.39	−2.88	−12.45	中部下弦
YY-1-1-14	−4.72	−14.60	−16.69	−15.68	−11.97	中部下弦
YY-1-1-15	−6.31	9.94	12.82	8.82	19.13	中部上弦
YY-1-1-16	−7.19	−6.85	−4.11	6.06	3.08	中部上弦
YY-1-1-17	−10.25	−18.17	−13.07	−13.74	−2.82	中部下弦

续表

测点编号	提升前最大应力/MPa	提升期间最大应力/MPa	提升后1天内最大应力/MPa	11-3～11-5最大应力/MPa	提升期前后应力增量/MPa	测点位置
YY-1-1-18	−15.80	−20.06	−23.94	−13.08	−8.14	中部下弦
YY-1-1-19	9.79	13.32	13.46	11.70	3.67	中部上弦
YY-1-1-20	4.81	11.22	6.87	11.39	2.06	中部上弦
YY-1-1-21	−9.61	−11.43	−8.51	−10.20	1.10	东侧下弦
YY-1-1-22	−16.24	−13.42	−16.11	−13.62	0.13	东侧下弦
YY-1-1-23	−117.04	−119.94	−124.72	−123.91	−7.68	东侧上弦
YY-1-1-24	3.30	−12.45	−19.34	−11.33	−22.64	东侧上弦

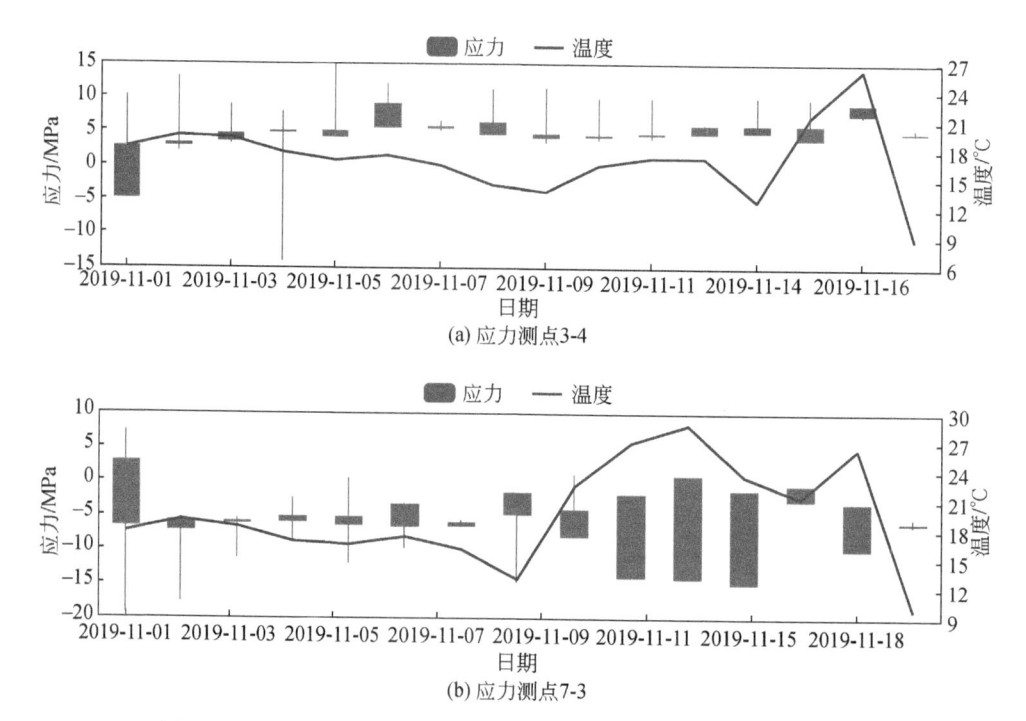

(a) 应力测点3-4

(b) 应力测点7-3

图 10.4.7　杭州奥体中心游泳馆提升区网壳典型测点应力变化 K 线图

2. 杭州奥体中心体育馆中部网壳提升过程数据分析

杭州奥体中心体育馆于 2019 年 11 月 18 日上午进行中部网壳提升工作,中部网壳提升后,网壳上弦压应力增大,下弦拉应力增大,增量较小(最大增量为 9.2MPa),为施工过程中的正常状态,具体测点应力情况见表 10.4.3。本项目(包括游泳馆区、中央大厅区和体育馆区)中各测点应力变化较小,累计应力增量小于构件设计强度的50%,为施工阶段中的正常状态。测点应力数据见表10.4.3～表10.4.5,部分测点监测结果如图10.4.8～图10.4.10所示。

表10.4.3 杭州奥体中心体育馆提升区网壳测点应力数据

测点编号	11-18～11-22 内最大应力 /MPa	11-18～11-22 内最小应力 /MPa	11-23～11-25 内最大应力 /MPa	11-23～11-25 内最小应力 /MPa	应力增量 /MPa	测点位置
TY-1-1-13	11.4	−8.4	20.2	5.2	8.8	中部下弦
TY-1-1-14	14.7	0.2	23.9	2.8	9.2	中部下弦
TY-1-1-15	3.7	−27.1	−20.6	−33.2	−6.1	中部上弦
TY-1-1-16	0.9	−22.7	−8.1	−30.2	−7.5	中部上弦
TY-1-1-17	13.3	0.5	15.1	11.4	1.8	中部下弦
TY-1-1-18	14.4	−3.7	15.4	6.7	1.0	中部下弦
TY-1-1-19	2.8	−25.1	−19.5	−26.6	−1.5	中部上弦
TY-1-1-20	1.0	−21.2	−18.7	−27.0	−5.8	中部上弦

注:应力增量取两段时间内的最大应力和最小应力中绝对值较大者的增量,下同。

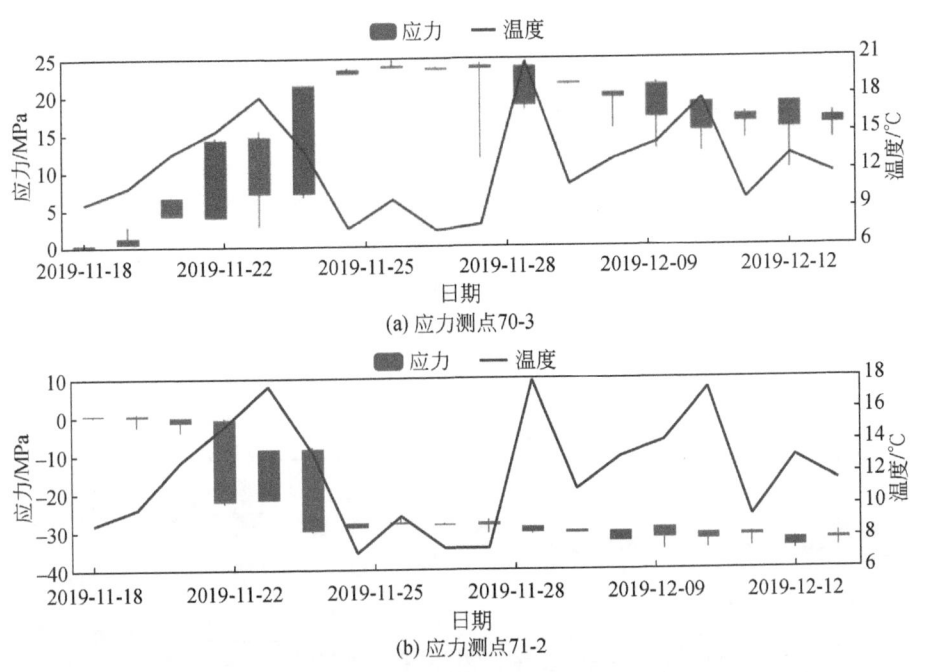

(a) 应力测点70-3

(b) 应力测点71-2

图10.4.8 杭州奥体中心体育馆提升区网壳典型测点应力变化K线图

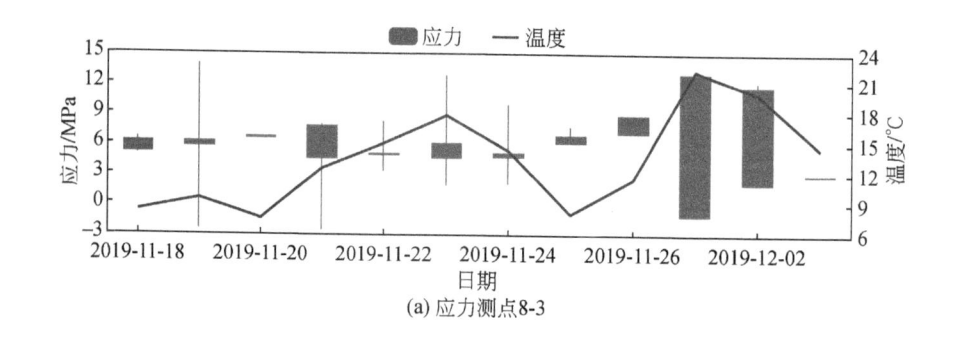

表 10.4.4　杭州奥体中心体育馆中部网壳测点应力数据

测点编号	11-06～11-15 内最大应力 /MPa	11-06～11-15 内最小应力 /MPa	11-16～11-25 内最大应力 /MPa	11-16～11-25 内最小应力 /MPa	应力增量 /MPa	测点位置
YY-1-1-09	5.4	−5.1	4.9	−2.4	−0.5	西侧下弦
YY-1-1-10	50.1	39.1	49.7	38.5	−0.4	西侧下弦
YY-1-1-12	0.2	−32.3	−4.0	−31.8	0.5	西侧上弦
YY-1-1-13	14.7	1.6	18.3	8.0	3.6	中部下弦
YY-1-1-14	−9.8	−17.8	−9.9	−18.3	−0.5	中部下弦
YY-1-1-15	12.0	3.4	10.8	4.7	−1.2	中部上弦
YY-1-1-16	5.3	−7.0	8.4	−6.5	1.4	中部上弦
YY-1-1-17	−4.7	−17.3	−6.5	−14.0	3.3	中部下弦
YY-1-1-18	−3.6	−22.5	−5.5	−19.7	2.8	中部下弦
YY-1-1-19	14.1	3.5	13.5	2.9	−0.6	中部上弦
YY-1-1-20	14.4	−2.7	13.3	−2.8	−1.1	中部上弦
YY-1-1-21	−6.2	−19.4	−8.6	−17.6	−1.8	东侧下弦
YY-1-1-22	−4.7	−13.3	−5.6	−14.1	−0.8	东侧下弦
YY-1-1-24	1.0	−15.0	−1.4	−15.7	−0.7	东侧上弦
YY-1-1-25	−1.1	−21.5	−1.2	−16.8	4.7	西南下弦
YY-1-1-26	17.7	−7.5	13.9	−2.6	−3.8	西南下弦
YY-1-1-27	1.4	−13.3	3.6	−13.8	−0.5	西南上弦
YY-1-1-28	10.2	−10.0	10.4	−8.6	0.2	西南上弦
YY-1-1-1	13.0	−5.6	13.6	−4.9	0.6	西北下弦
YY-1-1-2	5.0	−9.0	3.1	−11.0	−2.0	西北下弦
YY-1-1-3	11.2	−4.9	17.8	−6.0	6.6	西北上弦

(a) 应力测点8-3

第 10 章　杭州亚运会场馆监测

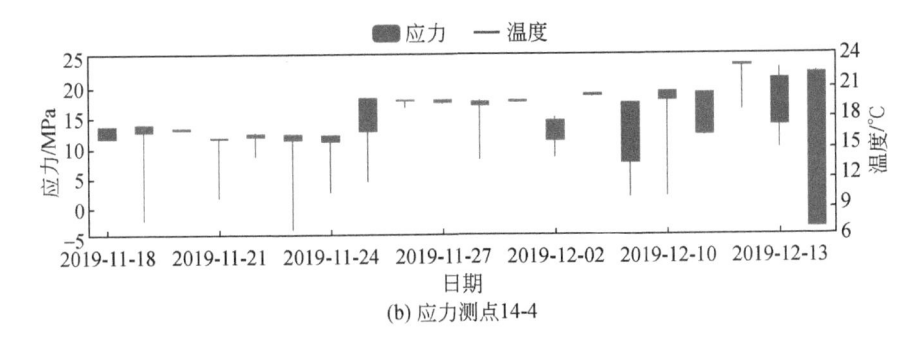

(b) 应力测点14-4

图 10.4.9　杭州奥体中心体育馆中部网壳典型测点应力变化 K 线图

表 10.4.5　杭州奥体中心体育馆斗形柱测点应力数据

测点编号	11-06~11-15 内最大应力 /MPa	11-06~11-15 内最小应力 /MPa	11-16~11-25 内最大应力 /MPa	11-16~11-25 内最小应力 /MPa	应力增量 /MPa	测点位置
DT-1-2-1	−2.5	−14.7	−10.7	−23.5	−8.8	斗形柱
DT-1-2-2	1.1	−5.7	0.4	−17.4	−11.7	斗形柱
DT-1-2-3	5.0	−2.6	4.5	−7.8	−2.8	斗形柱
DT-1-2-4	7.3	−3.0	4.5	−15.1	−7.8	斗形柱
DT-1-2-5	4.3	−3.1	1.3	−7.7	−3.4	斗形柱
DT-1-2-6	1.7	−4.9	−1.0	−6.1	−1.2	斗形柱
DT-1-2-7	0.9	−3.3	0.7	−4.3	−1.0	斗形柱
DT-1-2-8	3.5	−1.2	2.0	−2.9	0.6	斗形柱
DT-1-2-9	105.0	91.8	97.7	92.2	−7.3	斗形柱
DT-1-2-10	125.5	123.3	124.5	122.9	−1.0	斗形柱
DT-1-2-11	47.8	41.4	48.1	42.5	0.3	斗形柱
DT-1-2-12	−11.4	−19.6	−15.0	−21.3	−1.7	斗形柱
DT-1-2-13	4.2	−1.3	4.9	−0.2	0.7	斗形柱
DT-1-2-14	1.5	−2.5	1.6	−2.6	−0.1	斗形柱
DT-1-2-15	5.5	1.2	11.4	3.6	5.9	斗形柱
DT-1-2-16	6.6	0	14.9	2.8	8.3	斗形柱

3. 游泳馆卸载过程数据分析

游泳馆于 2019 年 12 月 15 日前进行了周边支撑架卸载,完成中部网壳卸载准

(a) 应力测点38-4

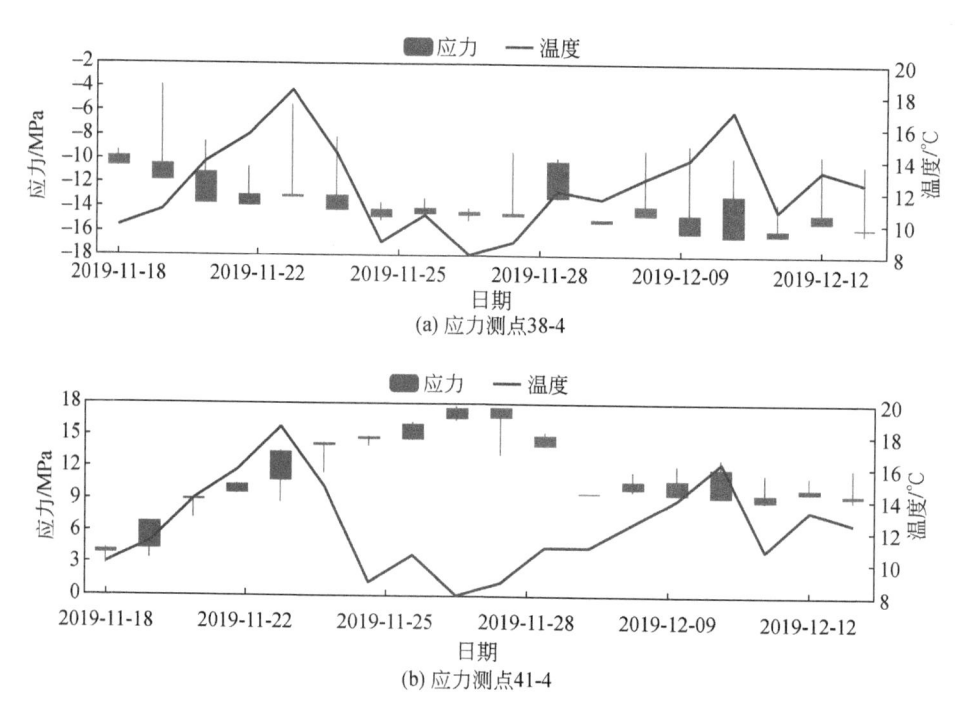

(b) 应力测点41-4

图 10.4.10　杭州奥体中心体育馆斗形柱典型测点应力变化 K 线图

备工作。从表 10.4.6 中应力增量 1 的情况来看，周边支撑架卸载过程中，网壳中部下弦杆件受压、上弦杆件受拉，网壳周边杆件中下弦杆件受拉、上弦杆件受压。杆件应力最大变化幅度为 −27.3MPa。

游泳馆于 2019 年 12 月 16 日上午完成中部提升区网壳卸载工作，其间应力变化情况见表 10.4.6，部分测点监测结果如图 10.4.11 所示。从表中应力增量 2 情况来看，中部支架卸载过程中，网壳下弦杆件受拉，上弦杆件受压。杆件应力最大变化幅度为 −108.9MPa。游泳馆卸载全过程杆件应力增量最大值为 57.9MPa，应力增量最小值为 −92.1MPa。游泳馆卸载过程中的位移变化见表 10.4.7，网壳中部竖向位移最大值达 302mm。

表 10.4.6　杭州奥体中心游泳馆卸载过程典型测点应力数据

测点编号	12月13日测点应力/MPa	12月15日测点应力/MPa	12月16日测点应力/MPa	应力增量1/MPa	应力增量2/MPa	总应力增量/MPa	测点位置
1	−112.3	−106.1	−196.4	6.2	−90.3	−84.1	西侧上弦
2	−27.2	−18.5	−97.4	8.7	−78.9	−70.2	西侧上弦
3	9.9	19.2	−57.7	9.3	−76.9	−67.6	中部上弦

续表

测点编号	12月13日测点应力/MPa	12月15日测点应力/MPa	12月16日测点应力/MPa	应力增量1/MPa	应力增量2/MPa	总应力增量/MPa	测点位置
4	−0.2	9.8	−68.1	10.0	−77.9	−67.9	中部上弦
5	10.8	23.5	−57.6	12.7	−81.1	−68.4	中部上弦
6	1.2	18.0	−90.9	16.8	−108.9	−92.1	中部上弦
7	5.3	19.1	−79.6	13.8	−98.7	−84.9	中部上弦
8	17.4	−9.9	−41.9	−27.3	−32.0	−59.4	西南上弦
9	7.8	−17.2	−44.6	−25.0	−27.4	−52.4	西南上弦
10	−6.5	−26.3	−65.8	−19.8	−39.5	−59.3	西南上弦
11	10.5	−11.5	−45.8	−22.0	−34.3	−56.3	西南上弦
12	1.1	23.3	56.3	22.2	33.0	55.2	西北下弦
13	10.2	−12.5	−43.6	−22.7	−31.1	−53.8	西北上弦
14	7.3	−18.1	−47.0	−25.4	−28.9	−54.3	西北上弦
15	3.0	23.4	60.9	20.4	37.5	57.9	东北下弦
16	−13.2	−23.9	−75.5	−10.7	−51.6	−62.3	东北上弦
17	−6.9	−19.4	−67.8	−12.5	−48.4	−60.9	东北上弦
18	−6.3	−14.0	−61.4	−7.7	−47.4	−55.1	东北上弦
19	9.4	−17.8	−54.2	−27.2	−36.4	−63.6	北侧弯扭
20	3.9	16.0	54.3	12.1	38.3	50.4	北侧弯扭

注：①应力增量1为12月15日与12月13日的应力差值，表示周边支撑架卸载过程中的应力变化；②应力增量2为12月16日与12月15日的应力差值，表示中部支架卸载过程中的应力变化；③总应力增量为12月16日与12月13日的应力差值，表示游泳馆网壳卸载全过程中总的应力变化；④典型测点为该阶段20个总应力增量最大值或最小值的测点。

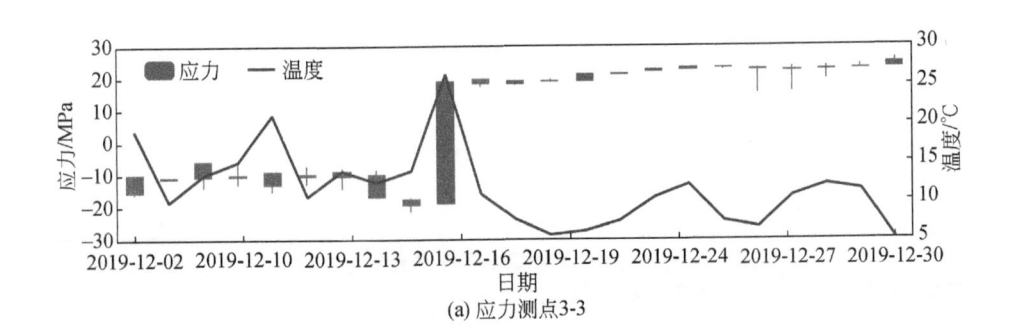

(a) 应力测点3-3

(b) 应力测点2-1

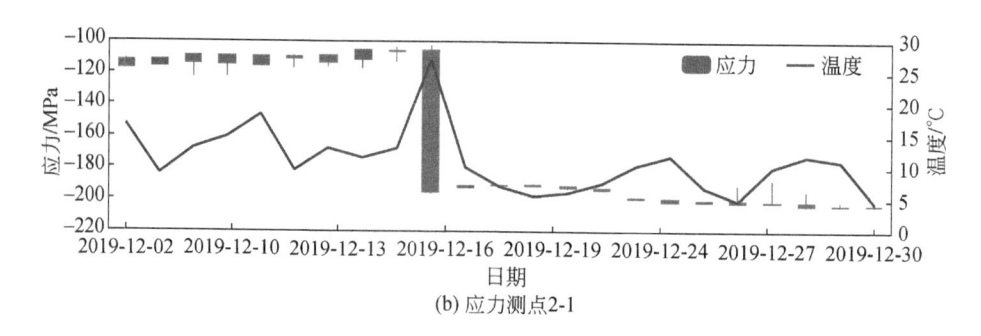

图 10.4.11 杭州奥体中心游泳馆卸载过程典型测点应力变化 K 线图

表 10.4.7 杭州奥体中心游泳馆卸载过程测点位移数据

测点编号	卸载前后位移增量/mm	测点位置
WY-1-2-01	−154	非提升区网壳北侧
WY-1-2-02	−152	非提升区网壳东侧
WY-1-2-03	−162	非提升区网壳南侧
WY-1-2-04	−155	非提升区网壳西侧
WY-1-2-05	−271	提升区网壳西北侧
WY-1-2-06	−279	提升区网壳东北侧
WY-1-2-07	−273	提升区网壳东南侧
WY-1-2-08	−265	提升区网壳西南侧
WY-1-2-09	−302	提升区网壳中部
WY-1-1-01	7	西侧支座
WY-1-1-02	−6	西侧支座
WY-1-1-03	−3	西侧支座
WY-1-1-04	−2	西侧支座
WY-1-1-05	−3	西侧支座
WY-1-1-06	−12	西侧支座
WY-1-1-07	4	东侧支座
WY-1-1-08	12	东侧支座
WY-1-1-09	4	东侧支座
WY-1-1-10	5	东侧支座
WY-1-1-11	−8	东侧支座
WY-1-1-12	6	东侧支座

注：①网壳部分的位移增量为卸载前后的竖向位置坐标差，负值表示向下位移；②支座处位移正值表示向东侧或北侧移动，负值表示以向西侧或南侧移动。

4. 体育馆卸载过程数据分析

体育馆于 2020 年 3 月 24 日进行了部分卸载,于 2020 年 3 月 26 日、3 月 27 日分两次进行整体卸载。根据采集到的数据,卸载后体育馆中部网壳杆件测点应力增量最值为 −23.7MPa、−63.0MPa(正号表示受拉,负号表示受压,下同);体育馆弯扭构件测点应力增量最值为 38.0MPa、−74.1MPa。具体测点应力数据见表 10.4.8,部分测点监测结果如图 10.4.12 所示。体育馆卸载前后支座位移最大值为 3mm,详见表 10.4.9。

表 10.4.8　杭州奥体中心体育馆卸载过程典型测点应力数据

测点编号	3月19日(时间1)测点应力/MPa	3月27日(时间2)测点应力/MPa	最大应力/MPa	最小应力/MPa	应力增量/MPa	测点位置
1	−31.4	−75.2	−30.7	−75.3	−43.8	中部上弦
2	−30.2	−72.1	−29.7	−72.1	−41.9	中部上弦
3	−7.3	−36.7	−6.1	−36.9	−29.4	中部上弦
4	−16.0	−59.1	−15.1	−59.1	−43.1	中部上弦
5	0.9	−50.2	3.4	−57.7	−51.1	南部上弦
6	19.9	−16.6	24.6	−17.0	−36.5	南部下弦
7	7.8	−19.7	11.0	−19.8	−27.5	南部下弦
8	0.9	−55.4	1.8	−55.5	−56.3	南部上弦
9	−9.6	−72.6	−7.7	−72.9	−63.0	南部上弦
10	−2.1	−25.8	−1.7	−27.4	−23.7	北部下弦
11	0	−25.9	0	−25.9	−25.9	西北拉杆
12	10.5	−16.3	14.3	−36.8	−26.8	南边弯扭
13	4.0	−40.1	5.6	−51.2	−44.1	南边弯扭
14	88.6	120.0	122.6	86.3	31.4	北边弯扭
15	−1.1	36.9	37.3	−2.3	38.0	北边弯扭
16	−0.9	−34.5	1.4	−34.6	−33.6	北边弯扭
17	−7.0	−81.1	−4.5	−81.7	−74.1	南单层弯扭
18	1.4	−38.7	3.9	−39.1	−40.1	南单层弯扭
19	−2.4	−37.2	5.3	−38.2	−34.8	南单层弯扭
20	5.0	−43.0	9.4	−47.8	−48.0	北单层弯扭

注:①应力增量为时间 2 的测点应力值减去时间 1 的测点应力值;②典型测点为该阶段 20 个总应力增量最大值或最小值的测点。

(a) 应力测点28-2

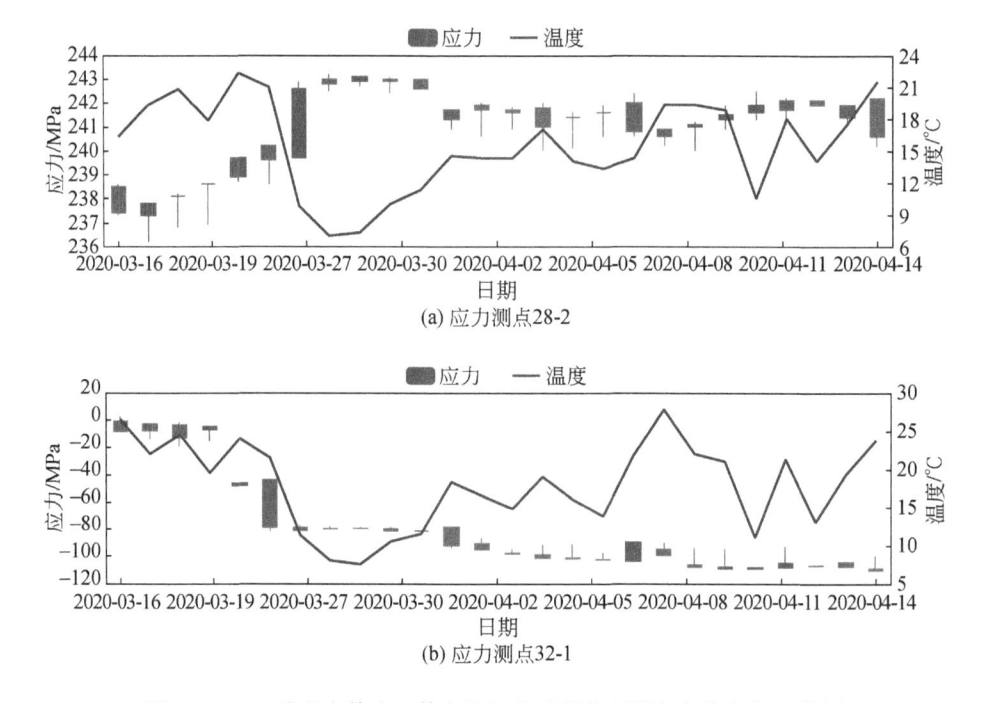

(b) 应力测点32-1

图 10.4.12　杭州奥体中心体育馆卸载过程典型测点应力变化 K 线图

表 10.4.9　杭州奥体中心体育馆卸载过程测点位移数据

测点编号	卸载前后位移增量/mm	测点位置
WY-2-1-01	1	西侧支座
WY-2-1-02	−1	西侧支座
WY-2-1-03	1	西侧支座
WY-2-1-04	1	西侧支座
WY-2-1-05	−3	西侧支座
WY-2-1-06	−1	西侧支座
WY-2-1-07	2	东侧支座
WY-2-1-08	3	东侧支座
WY-2-1-09	1	东侧支座
WY-2-1-10	2	东侧支座
WY-2-1-11	−3	东侧支座
WY-2-1-12	2	东侧支座

注：支座处位移正值表示向东侧或北侧移动，负值表示向西侧或南侧移动。

5. 日常监测结果数据分析

日常监测结果以 2020 年 5 月为例,数据采集时间为 2020 年 4 月 29 日至 2020 年 5 月 28 日,根据采集到的数据,其间游泳馆应力增量最值为+6.5MPa(南侧门拱)、−8.6MPa(东南下弦杆件,正号表示受拉,负号表示受压,下同);体育馆应力增量最值为+7.6MPa(双层网壳东部下弦杆件)、−18.9MPa(单层网壳南侧底部弯扭构件);中央大厅区应力增量最值为+15.6MPa(南侧弯扭构件)、−17.9MPa(南侧弯扭构件)。具体测点应力数据见表 10.4.10～表 10.4.12,部分测点监测结果如图 10.4.13～图 10.4.15 所示。

表 10.4.10　杭州奥体中心游泳馆日常监测典型测点应力数据

测点编号	4月29日(时间1)测点应力/MPa	5月28日(时间2)测点应力/MPa	最大应力/MPa	最小应力/MPa	应力增量/MPa	测点位置
1	28.3	25.2	30.7	21.9	−3.1	中部下弦
2	25.2	22.1	26.9	19.5	−3.1	东侧下弦
3	57.6	49.1	58.7	44.1	−8.5	东南下弦
4	30.9	22.4	32.1	18.8	−8.5	东南下弦
5	5.5	2.1	6.9	1.0	−3.4	东北下弦
6	−5.0	−13.3	−3.5	−19.0	−8.3	南单层弯扭
7	0.5	−3.1	2.2	−6.7	−3.6	南单层弯扭
8	1.5	−5.8	2.6	−9.3	−7.3	南单层弯扭
9	−3.5	−9.3	−2.1	−14.4	−5.8	南单层弯扭
10	60.1	66.6	76.2	58.8	6.5	南侧门拱
11	−5.8	−10.2	−3.6	−19.7	−4.4	南侧门拱
12	5.8	2.8	8.5	−8.4	−3.0	南侧弯扭
13	−73.8	−76.6	−72.2	−77.9	−2.8	北侧弯扭
14	12.6	7.1	13.0	4.5	−5.5	北侧弯扭
15	29.6	24.6	30.8	20.5	−5.0	北侧弯扭
16	−75.7	−80.3	−72.2	−83.3	−4.6	北侧门拱
17	241.3	238.3	241.7	235.8	−3.0	北侧弯扭
18	−60.7	−64.6	−58.4	−66.7	−3.9	北侧弯扭
19	101.3	93.5	102.3	86.5	−7.8	北单层弯扭
20	16.9	9.4	18.8	3.8	−7.5	北单层弯扭

注:①应力增量为时间 2 的测点应力值减去时间 1 的测点应力值;②典型测点为该阶段 20 个总应力增量最大值或最小值的测点。

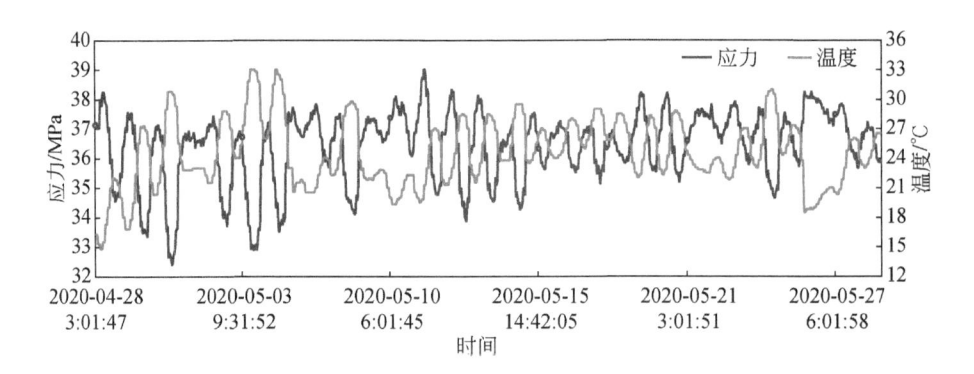

图 10.4.13 杭州奥体中心游泳馆日常监测典型测点应力变化曲线

表 10.4.11 杭州奥体中心体育馆日常监测典型测点应力数据

测点编号	4月29日(时间1)测点应力/MPa	5月28日(时间2)测点应力/MPa	最大应力/MPa	最小应力/MPa	应力增量/MPa	测点位置
1	−89.1	−93.8	−88.2	−94.3	−4.7	中部上弦
2	−83.3	−89.6	−80.2	−91.1	−6.3	中部上弦
3	−74.0	−80.6	−71.7	−81.9	−6.6	中部上弦
4	−89.0	−95.1	−77.8	−103.4	−6.1	南部上弦
5	−9.4	−16.7	−8.9	−19.3	−7.3	西部下弦
6	−57.8	−63.9	−57.4	−65.3	−6.1	西部上弦
7	−3.0	4.6	6.2	−3.3	7.6	东部下弦
8	−33.7	−42.0	−31.8	−42.7	−8.3	东部上弦
9	−35.0	−39.9	−34.7	−45.5	−4.9	西北拉杆
10	−30.7	−49.6	−27.9	−59.8	−18.9	南边弯扭
11	17.8	0.5	22.6	−9.1	−17.3	南边弯扭
12	1.1	−4.3	2.3	−10.6	−5.4	南边弯扭
13	−50.4	−64.2	−48.6	−74.8	−13.8	南边弯扭
14	68.2	63.5	77.9	59.8	−4.7	北边门拱
15	−25.8	−38.4	−25.0	−39.7	−12.6	北边弯扭
16	−134.4	−147.6	−130.0	−149.4	−13.2	南单层弯扭
17	−61.0	−68.2	−59.0	−69.4	−7.2	南单层弯扭
18	−77.4	−86.3	−70.8	−88.0	−8.9	北单层弯扭
19	−16.0	−22.9	−16.0	−35.3	−6.9	北单层弯扭
20	12.2	4.5	47.5	−1.6	−7.7	北边弯扭

注：①应力增量为时间2的测点应力值减去时间1的测点应力值；②典型测点为该阶段20个总应力增量最大值或最小值的测点。

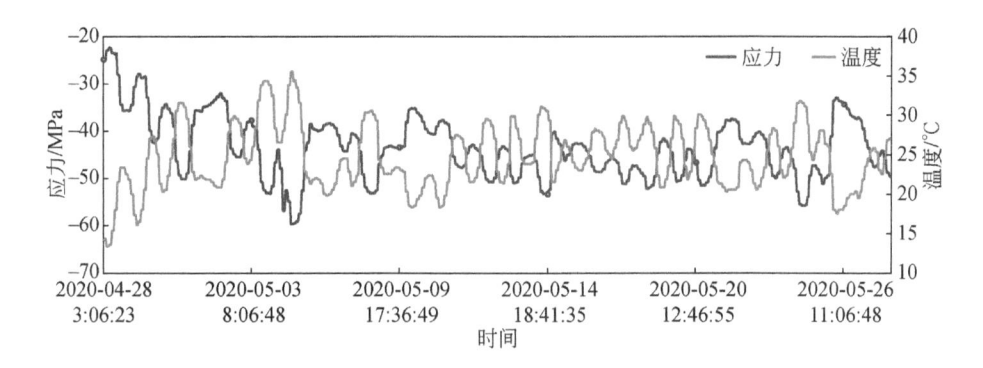

图 10.4.14　杭州奥体中心体育馆日常监测典型测点应力变化曲线

表 10.4.12　杭州奥体中心体育馆、游泳馆中央大厅区日常监测典型测点应力数据

测点编号	4月29日(时间1)测点应力/MPa	5月28日(时间2)测点应力/MPa	最大应力/MPa	最小应力/MPa	应力增量/MPa	测点位置
1	−6.0	−15.2	1.3	−17.3	−9.2	斗形柱北
2	−5.8	−12.8	−1.4	−15.6	−7.0	斗形柱南
3	174.6	160.0	176.1	138.2	−14.6	斗形柱东
4	72.9	63.9	80.0	59.6	−9.0	斗形柱东
5	71.9	60.5	74.0	43.8	−11.4	斗形柱东
6	−42	−34.8	−18.0	−42.4	7.2	斗形柱东
7	−59.4	−50.5	−31.9	−61.7	8.9	斗形柱东
8	5.6	−3.4	7.3	−19.8	−9.0	南侧弯扭
9	45.4	34.6	45.7	26.5	−10.8	南侧弯扭
10	−5.4	−12.6	−4.3	−24.2	−7.2	南侧弯扭
11	−46.8	−59.4	−45.8	−59.9	−12.6	南侧弯扭
12	−47.7	−58.6	−46.8	−70.4	−10.9	南侧弯扭
13	22.0	13.7	22.1	−2.1	−8.3	南侧弯扭
14	−41.3	−51.0	−41.0	−53.9	−9.7	南侧弯扭
15	5.6	−12.3	7.1	−29.1	−17.9	南侧弯扭
16	7.7	23.4	25.9	0.1	15.7	南侧弯扭
17	15.7	24.3	26.2	14.8	8.6	北侧竖杆
18	−2.1	6.6	11.6	−3	8.7	北侧竖杆
19	20.1	31.1	45.1	18.4	11.0	南侧竖杆
20	−3.1	6.7	17.7	−4.4	9.8	南侧竖杆

注：①应力增量为时间2的测点应力值减去时间1的测点应力值；②典型测点为该阶段20个总应力增量最大值或最小值的测点。

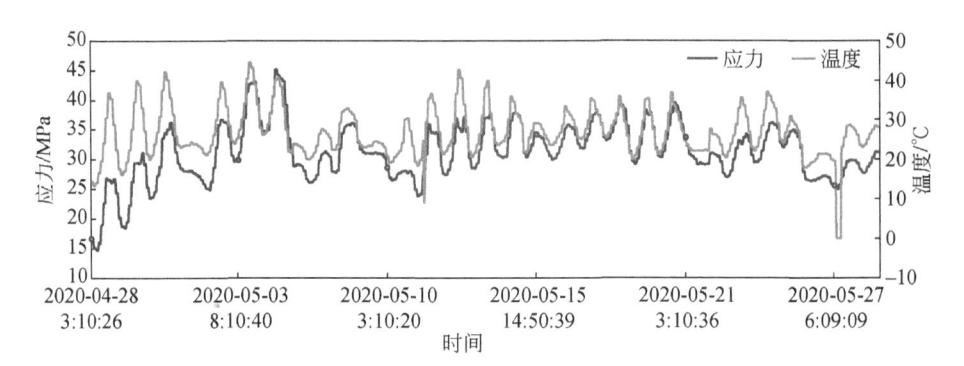

图 10.4.15　杭州奥体中心体育馆、游泳馆中央大厅区日常监测典型测点应力变化曲线

10.5　杭州体育馆监测

10.5.1　工程概况

1. 工程简介

杭州体育馆(原浙江省人民体育馆)位于杭州市体育场路梅登桥东北侧,为杭州市历史建筑(1966 年 4 月动工,1968 年 10 月竣工),主要由比赛馆、练习馆及附属设施组成,占地 3.4hm²,建筑面积约 12600m²。主体馆整体呈椭圆马鞍形,场地面积 3523m²,可容纳观众 5000 多人。

杭州体育馆至今已经历三次较大规模的修缮:第一次(1979 年)主要为处理由地基不均匀沉降导致的墙壁裂缝及吊顶油灰脱落问题;第二次(2000 年)主要进行了外立面改建;第三次(2011 年)主要对内部的卫生设施进行了翻新。作为我国现存在役时间最长的鞍形索网结构(图 10.5.1),杭州体育馆已成为杭州市历史建筑、文物保护单位。为迎接 2022 年杭州亚运会,已到 50 年设计使用年限的杭州体育馆将进行全面的改造加固,改造完成后作为杭州亚运会拳击项目的比赛场地。

(a) 1969~1980年 　　　　　　　　　(b) 1980~2000年

(c) 2000~2019年　　　　　　　　(d) 加固改造后

图 10.5.1　杭州体育馆

作为该体育馆标志性造型，也是目前国内仅存的以椭圆形空间混凝土曲梁为支撑的鞍形索网屋盖在这次改造后得以保留。

2. 结构体系组成

主体馆屋面为两向正交的马鞍形索网结构，净空高 15m。屋面索网由 56 根主索（承重索）和 50 根副索（稳定索）组成，主索下设两根交叉索，屋面主索方向最大跨度 72.72m，设计垂度 4.40m；副索方向最大跨度 59.88m，设计拱度 2.60m。屋面索网四周和混凝土圈梁相连。在圈梁上设置 34 根与副索投影平行的拉杆，以增强圈梁在水平面的刚度。同时把圈梁固定在其下的 44 根不同高度的柱子（截面为 80cm×40cm）上，以充分发挥柱子下部由支撑柱、看台梁和内柱组成的框架体系阻止圈梁在平面内变形的能力。

3. 监测重难点

（1）索网结构的形状和内力相关，屋面提升改造过程中存在加卸载过程，对索网的内力和形状均有影响。索网结构的状态需要形状和内力的互相校核。

（2）原有索网为已建成结构，索段内力无法通过压力环、油压表、应变片等常规手段测量得到，也无额外的同批次索材进行磁通量传感器的标定。

（3）新增索的张拉会改变原有索网的内力和形状，且是一个连续的过程。这对索网形状和内力的监测提出了极高的时效性要求。

（4）索网结构为荷载敏感结构，在极端工况作用下（如强风、暴雨、大雪等），结构形状和索段内力会发生较大的变化。但极端工况无法提前获知，监测的实施可能延迟。

（5）监测结果需及时进行反馈，并方便使用者查看。索力及索网变形较大时，需进行预警。

10.5.2 监测内容

在长期服役过程中由于环境侵蚀、材料老化、疲劳效应等各种因素的影响,其性能状态存在较大的不确定性。尽快获得历史建筑状态的准确信息有利于保持结构完整性和延长其使用寿命。索网监测主要包含构件内力监测和索网变形监测(图 10.5.2)。

(a) 索力监测点　　　(b) 应力应变监测点　　　(c) 位移监测点

图 10.5.2　杭州体育馆现场监测照片

(1) 索力监测:根据前期的索网屋面检测评估结果,屋面索和水平拉杆的实测索力和设计值存在较大偏差,40%的屋面索索力超过设计值,部分索力接近索的设计承载力,对原有索网结构中的索力较大的索进行索力监测;新增 11 根承重索,其张拉时会引起原有索网的内力改变,对新增拉索和张拉过程中索力变化较大的原有索进行索力监测。

(2) 钢结构应力监测:索网屋面翻新时,对圈梁表面进行钢板贴面加固,新增拉索的锚固耳板也设置在贴面钢板上,对新增拉索的锚固耳板附近的钢板进行应力监测。

(3) 索网变形监测:提升改造过程中,屋面拆卸、新增索的张拉以及新屋面板的安装都会引起索网结构的整体变形;使用过程中台风、大雪等极端外部环境会改变索网结构荷载分布,引起索网变形。因此在索网的关键节点处设置变形观测点对索网进行变形监测。

(4) 索腐蚀检测:定期对索网屋面进行巡查,对索易腐蚀点(如漏水点)进行腐蚀程度检测,确定索的损伤程度。

10.5.3 测点布置

杭州体育馆监测采用作者课题组自主开发的无线传感器系统,监测内容主要有应力应变监测和位移监测,主要的传感器统计见表10.5.1。

表 10.5.1　杭州体育馆测点数量统计

监测内容	监测部位	监测方法	数量	总计
索力	旧索	无线索力传感器	56	193
	新增拉索		44	
应力应变	环梁钢板	无线应力应变传感器	52	
位移变形	索网变形	无线激光位移传感器	41	

1.索网变形监测

根据结构的静力计算结果,采用对称布置、均匀布置的原则,将结构位移测点布置在施工过程中位移较大或者位移变化较大的位置,根据索网结构的形状,沿椭圆轴线布置三圈测点,内圈布置8个测点,外面两圈分别布置16个测点,在索网正中心布置1个位移测点,位移测点数目一共41个,具体的测点布置位置如图10.5.3所示。

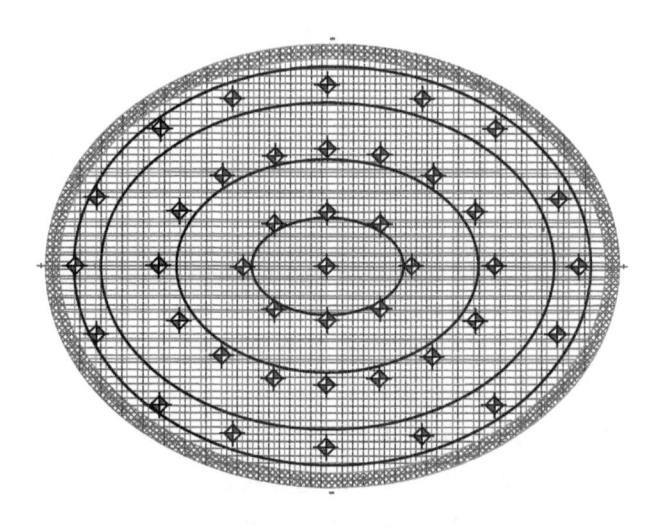

图 10.5.3　杭州体育馆索网变形监测测点布置图

2.拉索索力监测

索力测点的选择主要基于索网的受力性质,在满足均匀、对称的原则下,在索力较大的部分测点的分布可相对密集一点。同时还要根据设计单位提供的张拉方案,对索网张拉的过程进行模拟,对施工过程中可能出现退出工作或者索力超限状况的索进行重点监测，以保证施工的正常进行。

屋面索是结构的关键受力构件，索力应重点监测，测点布置采用对称、均布、满布原则。其中，长轴方向主索（承重索）一共56条，最大跨度80m，监测的索总数为14条，监测位置布置在索节点之间的中间位置，减少边界效应的影响，每条索设置一个监测位置，测点数目为14个。在长轴方向的索A1~A15共新增11条封闭索，可为屋面体系增加强度。针对11条新增封闭索，在索的左右两端设置无线索力传感器，以测量张拉施工过程中的结构对称性，保障张拉施工可以准确平稳进行，每条索设置两个监测位置，测点数目为22个。东西向副索（稳定索）一共50条，最大跨度60m，监测的索总数为14条，监测位置布置在索节点之间的中间位置，以减少边界效应的影响，每条索设置一个监测位置，测点数目为14个。索具体的测点布置如图10.5.4所示。

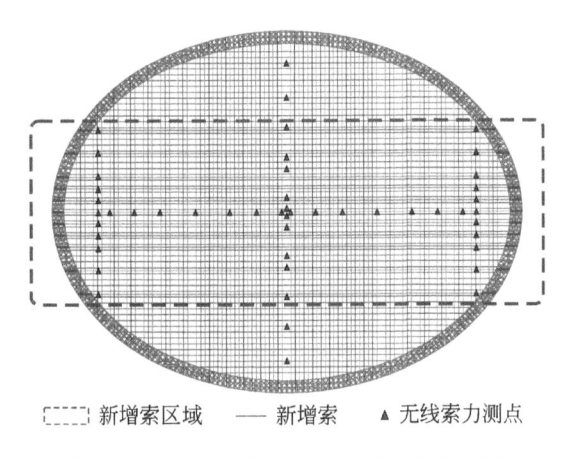

图10.5.4 杭州体育馆索力监测测点布置

3. 钢构件应力应变监测

测点布设包括圈梁内侧粘贴的钢板、圈梁的金属抱箍和新增拉索反力架。为了便于测点安装和管理，基于分区集中的测点布设原则，以测点区为单位进行布设，每个测点区作为信号采集单位，采用相同的测点布置方法。根据《屋面索网结构设计说明》对于结构健康监测的要求，圈梁选择东、西、南、北、东南、东北、西北及西南八个方向布置应力应变监测，根据受力分析的结果在新增索的区域加密测点，测点布置如图10.5.5所示。

圈梁是结构的重要受力构件，承担屋面施工过程中外加预应力且为整个索网屋面结构提供支撑作用，通过支座将力传递给下部混凝土结构，梁截面高度大，且受力形式复杂。通过对圈梁关键位置的应变监测，能得到施工过程中的应力积累

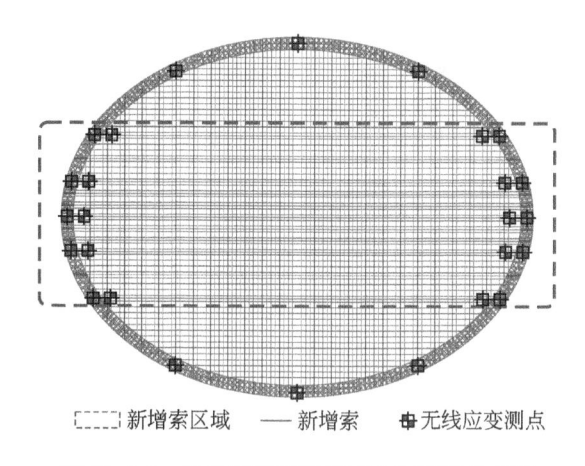

图 10.5.5　杭州体育馆无线应力应变测点布置

过程和运营过程中的强度储备状况,为结构的健康评价提供依据;圈梁上共布置26个测点,其中圈梁截面上布置16个测点,新增索反力架布置10个测点,每个测点位置设置2个传感器,圈梁截面的传感器位置如图10.5.6所示。综上所述,圈梁上共布置了52个无线应力应变传感器。

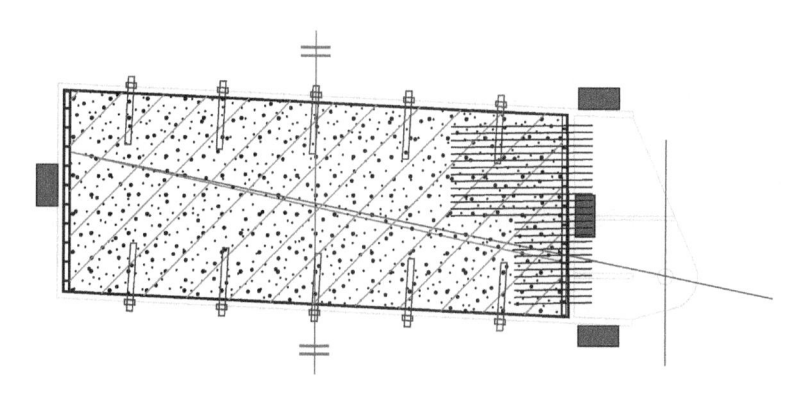

图 10.5.6　杭州体育馆圈梁应力应变传感器(图中黑色矩形)位置示意图

10.5.4　无线监测系统

对杭州体育馆应力应变、结构变形、温度效应和拉索应力等参数采用传感器进行数据自动采集。传感器感应到的模拟信号由测点采集,通过模数转换后,经由接力点,通过无线信号,传输至现场信号基站。基站与计算机相连,可通过相应计算机软件解析监测数据,得到监测结果。将计算机接入互联网,监测数据即可通过互联网传输至远端的数据接收与控制计算机,由此实现数据采集自动化。

在系统中,所有测点都具有无线通信能力,测点与基站、测点与测点间都可相互通信,网络拓扑形式丰富,控制方式灵活,如图 10.5.7 所示。

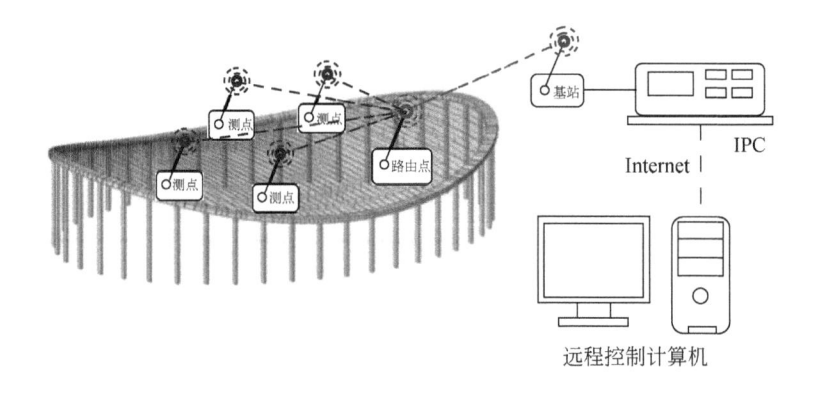

图 10.5.7　杭州体育馆无线传感远程监测系统

10.5.5　数据分析

1. 原结构监测数据分析

在结构改造前,对索网进行检测,以确保屋面翻新的顺利进行。检测结果如图 10.5.8 所示。将索力实测数据和施工图中的设计值进行对比,索的编号以索所处的纵横坐标表示。56 根承重索实测内力和设计值相比最大相差 23.9%,其中相差超过±10%的索 24 根,平均相差−2.5%;50 根稳定索实测内力和设计值相比最大相差 22.5%,其中相差超过±10%的索 13 根,平均相差−4.2%。由承重索和稳定索的平均差值可见,和设计值相比索网存在一定程度的松弛。

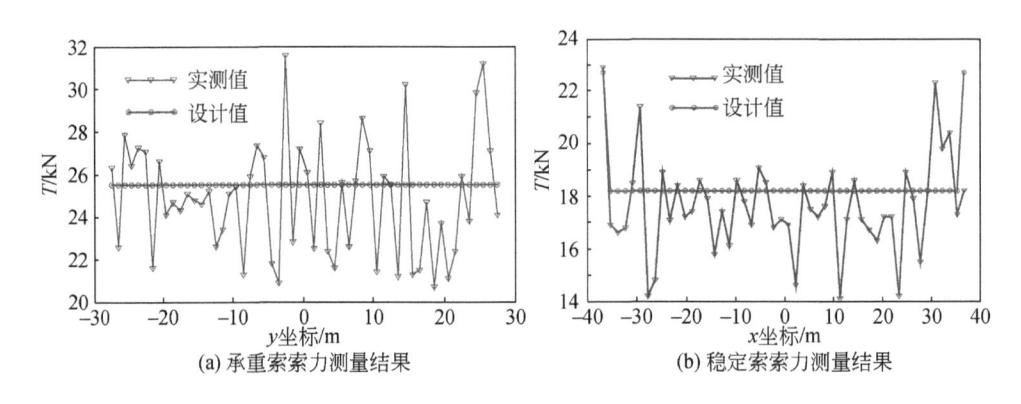

(a) 承重索索力测量结果

(b) 稳定索索力测量结果

(c) 索锚固端现状　　　　　　　　　　(d) 索锈蚀现状

图 10.5.8　杭州体育馆索网检测结果

2. 张拉新索施工监测数据分析

杭州体育馆于 2021 年 9 月 6 日张拉新索，根据测点采集到的数据，总结杭州体育馆结构的施工受力情况。杭州体育馆索网监测状况良好，得到相应的监测数据见表 10.5.2 和表 10.5.3。张拉过程的典型索力变化曲线如图 10.5.9 所示。张拉前后 D-A10 测点和 L-B18 测点索力变化相对较大，最大变化幅值 34.9kN。

表 10.5.2　杭州体育馆索力测点数据

测点编号	张拉前索力值/kN	张拉后索力值/kN	相对变化值/kN
D-A20	251.8	250.4	−1.4
D-A15	285.5	274.9	−10.6
D-A10	251.1	235.1	−16.0
D-A3	230.4	207.0	−23.4
D-A1	269.7	234.8	−34.9
U-A1	268.4	237.5	−30.9
U-A3	271.5	247.9	−23.6
U-A10	262.8	247.1	−15.7
U-A15	260.5	249.8	−10.7
U-A20	244.8	244.6	−0.2
R-B18	206.7	220.7	14.0
R-B11	186.5	193.5	7.0
R-B7	195.5	203.5	8.0

续表

测点编号	张拉前索力值/kN	张拉后索力值/kN	相对变化值/kN
R-B1	212.8	226.1	13.3
L-B1	196.6	211.2	14.6
L-B7	186.3	191.2	4.9
L-B11	195.6	210.6	15.0
L-B18	172.4	191.2	18.8

表10.5.3 杭州体育馆位移测点数据

测点编号	相对变化值/mm	测点编号	相对变化值/mm
16.29	−144	26.29	−150
19.29	−150	30.17	−73
21.23	−133	32.29	−125
21.34	−133	35.29	−114
21.41	−92	36.21	−80
22.29	−148	38.29	−98
25.25	−144	38.32	−89
25.29	−152		

注：位移增量为张拉前后的竖向位置坐标差，负值表示向上位移。

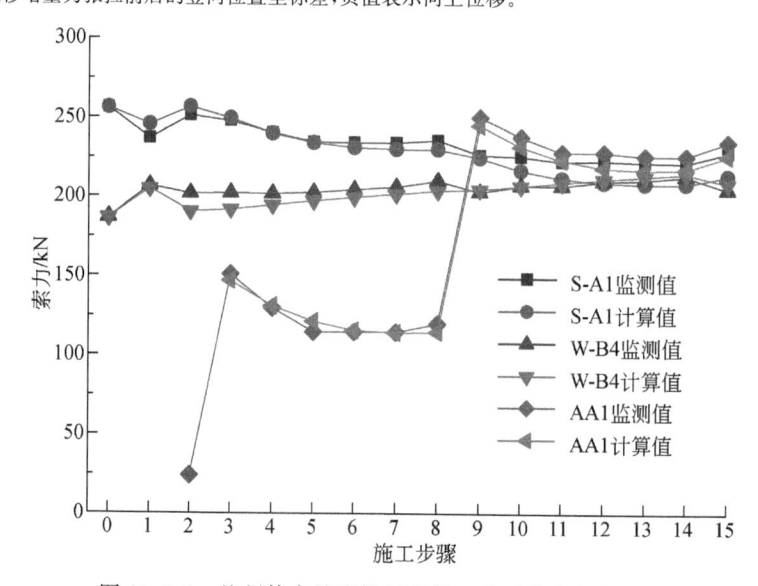

图10.5.9 杭州体育馆张拉新索施工典型索力变化曲线

3. 安装新屋面施工监测数据分析

杭州体育馆于 2021 年 9 月 13 日安装新屋面并拆除配重,根据测点采集到的数据,总结体育馆结构的施工受力情况。杭州体育馆索网监测状况良好,得到相应的监测数据见表 10.5.4 和表 10.5.5,部分测点监测结果如图 10.5.10 和图 10.5.11 所示,屋面安装前后 U-A1 测点和 R-B1 测点应力变化相对较大,最大变化幅值为 21.8kN。

表 10.5.4 杭州体育馆旧索索力测点数据

测点编号	安装前索力值/kN	安装后索力值/kN	相对变化值/kN
D-A20	250.4	258.3	7.9
D-A15	274.9	284.6	9.7
D-A10	235.1	240.8	5.7
D-A1	234.8	242.2	7.4
U-A1	237.5	259.3	21.8
U-A3	247.9	261.9	14.0
U-A15	249.8	261.7	11.9
U-A20	244.6	252.5	7.9
R-B18	220.7	217.1	−3.6
R-B11	193.5	183.0	−10.5
R-B7	203.5	202.5	−1.0
R-B1	226.1	211.4	−14.7
L-B1	211.2	200.5	−10.7
L-B11	210.6	194.8	−15.8
L-B18	191.2	187.0	−4.2

表 10.5.5 杭州体育馆新索索力测点数据

测点编号	安装前索力值/kN	安装后索力值/kN	相对变化值/kN
AA1	228.5	235.4	6.9
AA2-N	227.8	240.5	12.7
AA2-S	230.2	228.9	−1.3
AA3-N	231.5	231.3	−0.2
AA3-S	226.7	225.4	−1.3
AA4-S	232.7	228.6	−4.1

续表

测点编号	安装前索力值/kN	安装后索力值/kN	相对变化值/kN
AA5-S	226.5	220.2	−6.3
AA6-N	223.9	217.2	−6.7
AA6-S	217.9	212.1	−5.8

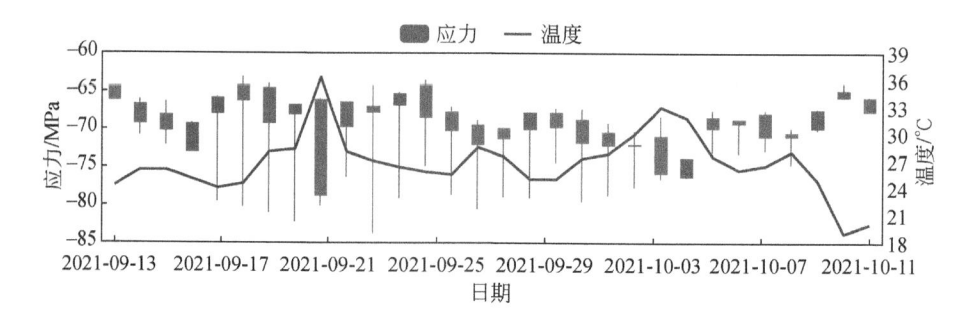

图 10.5.10　杭州体育馆典型测点应力 K 线图

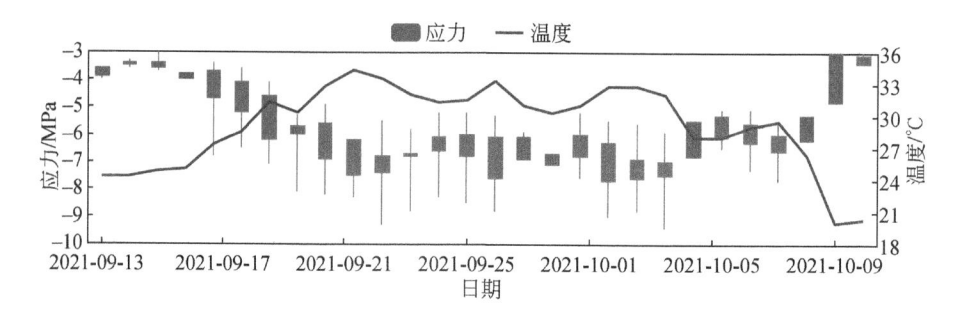

图 10.5.11　杭州体育馆典型测点环梁应力 K 线图

10.6　温州瓯海奥体中心监测

10.6.1　工程概况

温州瓯海奥体中心钢结构主要分布在体育场、体育馆、游泳馆屋盖结构以及体育配套区钢框架结构，如图 10.6.1 所示。总用钢量约 6000t。工程总建筑面积 182000m²，体育场建筑高度 42.3m，体育馆建筑高度 30.3m，游泳馆建筑高度 24.0m，配套体育建筑高度 20.4m。结构体系为一场两馆：主体结构钢筋混凝土框架+钢结构屋面;配套体育建筑:钢框架结构。

(a) 整体效果图

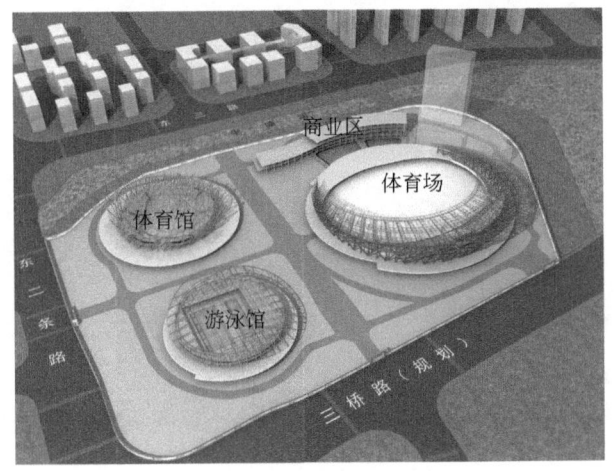

(b) 结构简图

图 10.6.1 温州瓯海奥体中心整体效果图

1. 体育场

体育场罩棚是由一个直径约 223m 的外圆及直径约 176m 的内圆作差集所形成的,呈月牙状,周边支撑于看台外侧混凝土柱以及周边 V 形钢管柱上。罩棚纵向水平投影长度约 223m,沿中心轴对称布置。罩棚整体倾斜约 7.5°,最大悬挑约 38.7m。体育场用钢量约 2138t(图 10.6.2~图 10.6.4)。

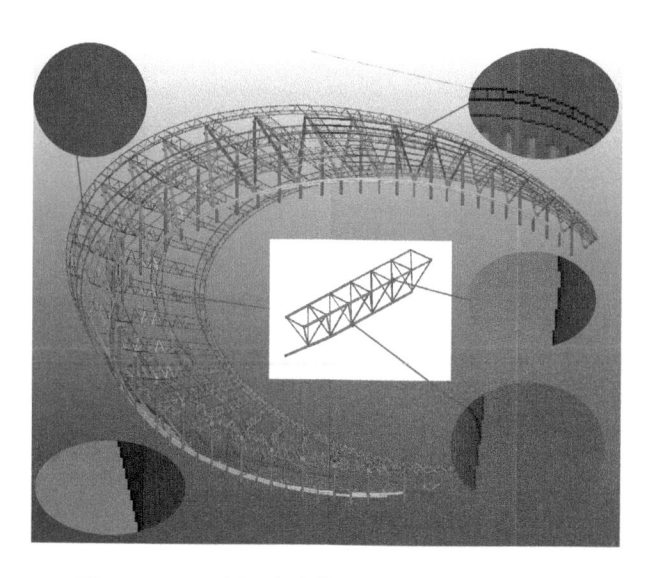

图 10.6.2 温州瓯海奥体中心体育场整体示意图

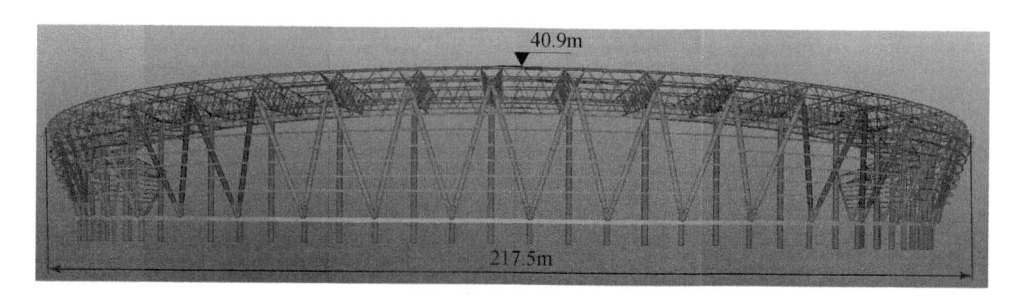

图 10.6.3 温州瓯海奥体中心体育场剖面图 1

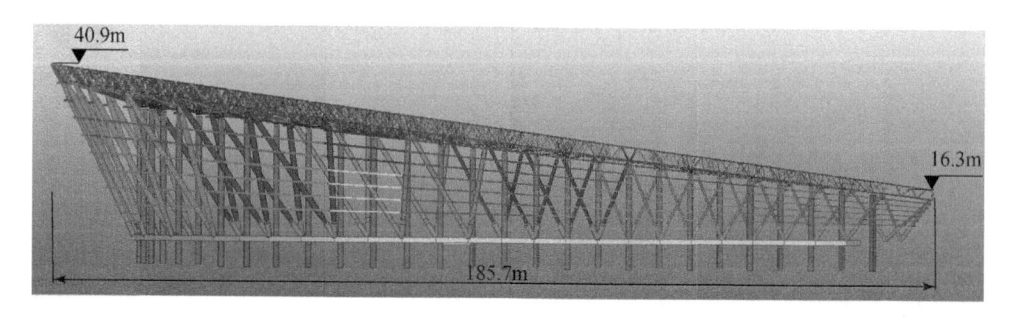

图 10.6.4 温州瓯海奥体中心体育场剖面图 2

2.体育馆

体育馆屋盖平面呈圆形,曲面为圆柱面,采用无环索弦支网壳结构,屋盖主体支承于24根外圈环梁上,屋盖最大跨度约为100.6m。该结构主要由上部网壳、下部交叉索系及竖向撑杆组成,屋盖上部网壳主要采用箱形截面,最大分段构件尺寸为12938mm×1037mm×2869mm(图10.6.5和图10.6.6)。

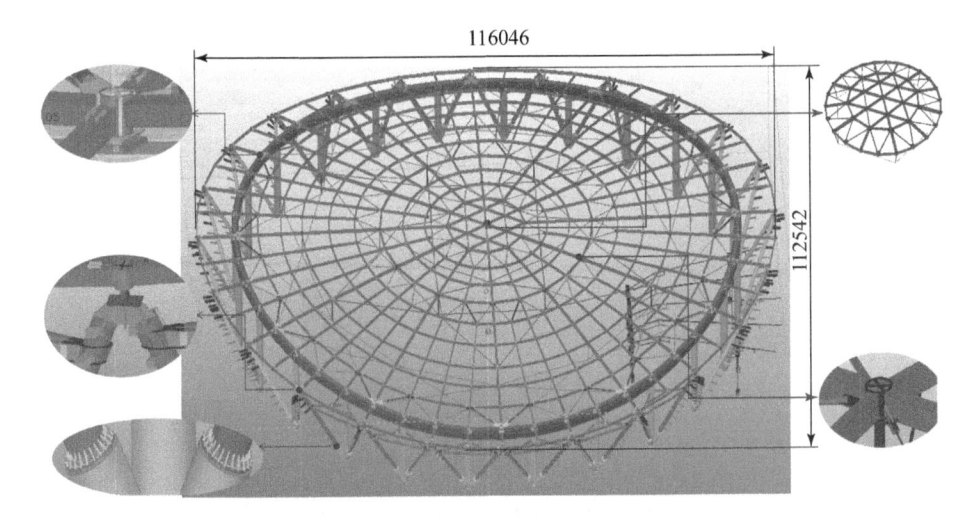

图10.6.5 温州瓯海奥体中心体育馆整体示意图(单位:mm)

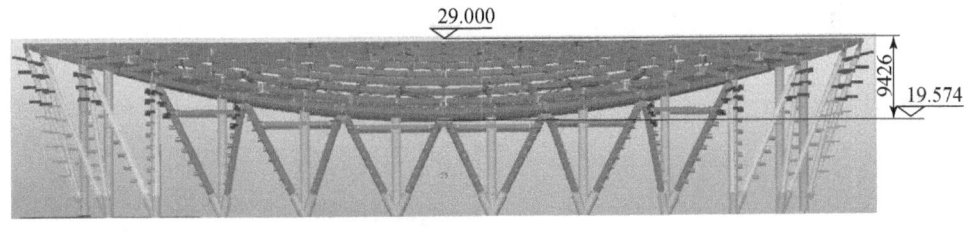

图10.6.6 温州瓯海奥体中心体育馆剖面图(单位:mm)

10.6.2 监测内容

钢结构施工安装的各个阶段应进行施工期间监测,施工期间监测应为保障工程施工安全、控制结构施工过程、优化施工工艺及实现结构设计要求提供技术支持。施工期间监测的内容包括应力应变监测、索力监测以及温度监测(图10.6.7和图10.6.8)。

图 10.6.7 温州瓯海奥体中心应力应变与温度测点

图 10.6.8 温州瓯海奥体中心索力监测点

10.6.3 测点布置

温州瓯海奥体中心监测采用无线传感器系统,监测内容主要有应力应变监测、索力监测和位移监测,主要的传感器统计见表 10.6.1。

表 10.6.1 温州瓯海奥体中心测点数量统计

监测结构	监测内容	监测部位	监测方法	数量	总计
体育场	应力应变	上弦杆	无线应力应变传感器	12	146
		下弦杆		66	
		V形柱		48	
	位移变形	下弦杆	无线激光位移传感器	20	
体育馆	应力应变	杆	无线应力应变传感器	13	129
	索力	索	无线索力传感器	100	
	位移变形	网壳变形	无线激光位移传感器	16	

1. 结构变形监测

结构变形监测的主要功能和目标是对钢结构卸载期间关键构件变形情况进行监测,以保证结构在施工和卸载过程中保持设计性态,满足设计及施工要求。施工期间重点监测以下节点或构件的变形:①在施工模拟分析中,变形显著的构件或节点;②承受较大施工荷载的构件或节点;③控制几何位形的关键节点。例如,重点监测每个提升分区、卸载分区、吊装分区跨中及四分之一处节点的竖向位移；悬挑部位及提升区合龙部位作为重点监测区域；作为提升支座的钢柱在施工过程中监测其柱顶水平位移。温州瓯海奥体中心的体育场与体育馆测点布置分别如图 10.6.9 和图 10.6.10 所示。

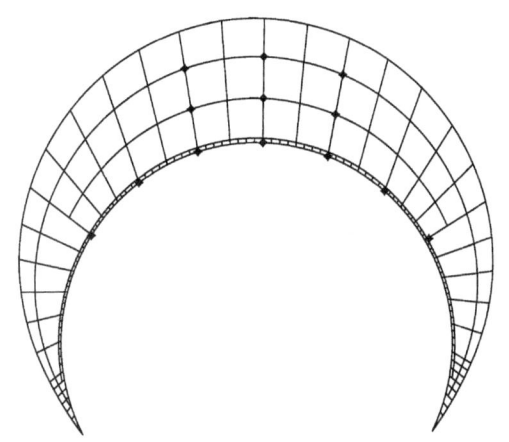

图 10.6.9　温州瓯海奥体中心体育场位移测点布置图（下弦杆）

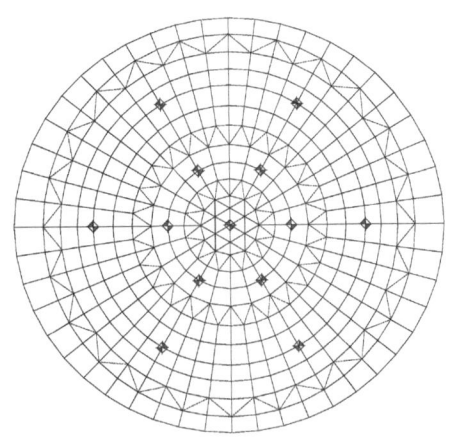

图 10.6.10　温州瓯海奥体中心体育馆位移测点布置图（下弦杆）

2. 应力应变监测

应力应变监测的主要功能和目标是通过对控制截面的应变测量和应力分析，了解结构在每一施工阶段的实际受力状况，以保证结构在施工和卸载过程中关键部位的结构杆件和节点处于正常工作状态，避免在出现意外荷载时导致这些部位的杆件出现破坏与失稳，及时发现问题，并采取相应的补救措施，以保证施工安全和施工质量。

施工期间重点监测以下构件的应力：①在施工过程结构分析中，应力变化显著或应力水平较高的构件；②提升点附近杆件、作为提升支点的钢柱、悬挑根部杆件等。温州瓯海奥体中心的体育场与体育馆测点布置分别如图 10.6.11～图 10.6.15 所示。

10.6.4　数据分析

1. 体育馆中部钢罩棚提升过程数据分析

温州瓯海奥体中心体育馆钢罩棚于 2021 年 7 月 30 日进行中心环向钢梁的整体提升，在提升过程中对中心环向钢梁和外侧环向钢梁的应力进行监测，根据采集到的数据，总结体育馆结构的施工受力情况。

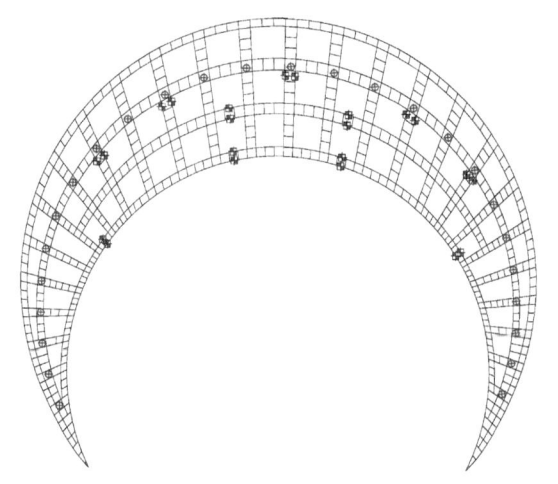

图 10.6.11　温州瓯海奥体中心体育场应力应变测点布置图(上弦杆)

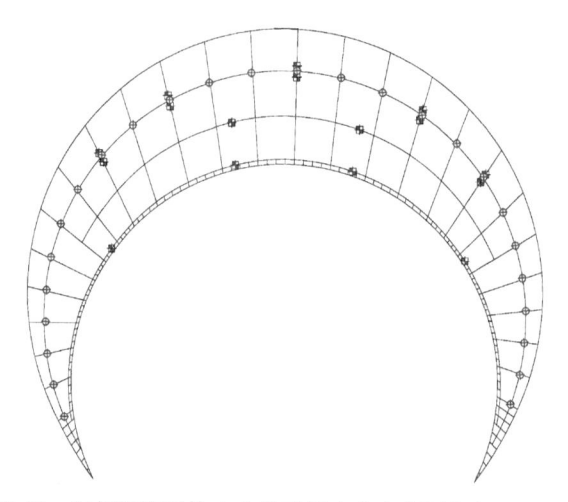

图 10.6.12　温州瓯海奥体中心体育场应力应变测点布置图(下弦杆)

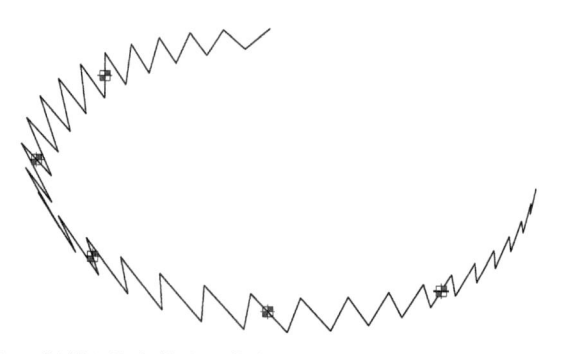

图 10.6.13　温州瓯海奥体中心体育场应力应变测点布置图(V形钢管柱)

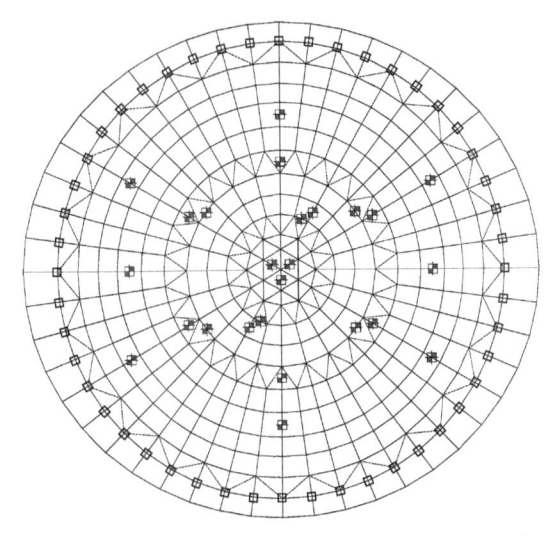

图 10.6.14 温州瓯海奥体中心体育馆应力应变测点布置图

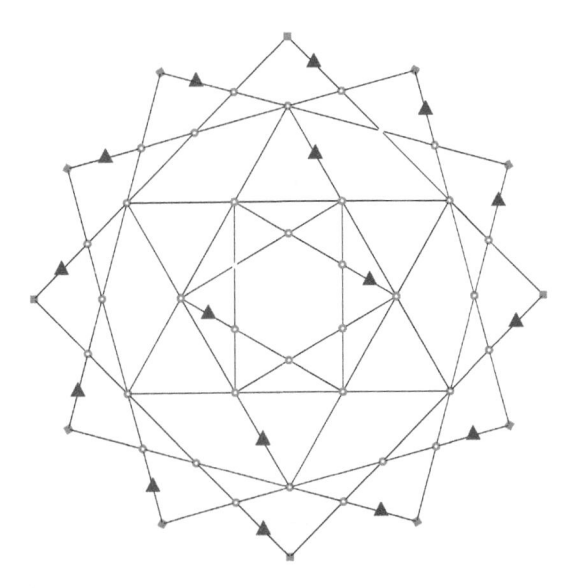

图 10.6.15 温州瓯海奥体中心体育馆应力应变测点布置图(索)

体育馆中部网壳监测状况良好,测点应力数据见表 10.6.2,部分测点监测结果如图 10.6.16 所示。提升前后 23 号测点和 24 号测点应力变化相对较大,最大变化幅值 135.6MPa,吊点附近的测点应力较大且变化较为明显,其余测点的应力变化较小,同一杆件的测点应力变化趋势基本一致。

表 10.6.2　温州瓯海奥体中心体育馆网壳提升区测点应力数据

测点编号	最大应力/MPa	最小应力/MPa	应力增量/MPa
19-1	25.8	−1.2	27.0
19-2	5.4	−7.8	13.2
19-3	31.4	−29.5	60.9
19-4	11.9	−2.3	14.2
20-1	55	0	55.0
20-2	40.7	20.1	20.6
20-3	1.4	−111.2	112.6
20-4	21	−0.1	21.1
22-1	65.3	−10.0	75.3
22-2	6.8	−11.3	18.1
22-3	1.5	−84.8	86.3
22-4	6.8	−6.8	13.6
23-1	136.8	1.2	135.6
23-2	14.8	3.6	11.2
23-3	−2.1	−83.0	80.9
23-4	6.3	−7.6	13.9
24-1	69.8	−31.6	101.4
24-2	9.3	−11.1	20.4
24-3	14.3	−70.4	84.7
24-4	50.9	7.2	43.7
25-1	113.7	3.4	110.3
25-2	10.2	−11.1	21.3
25-3	−2.0	−78.3	76.3
25-4	27.7	5.2	22.5

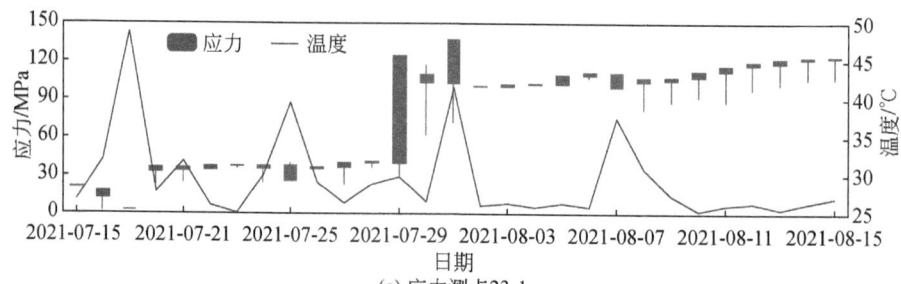

(a) 应力测点 23-1

(b) 应力测点23-3

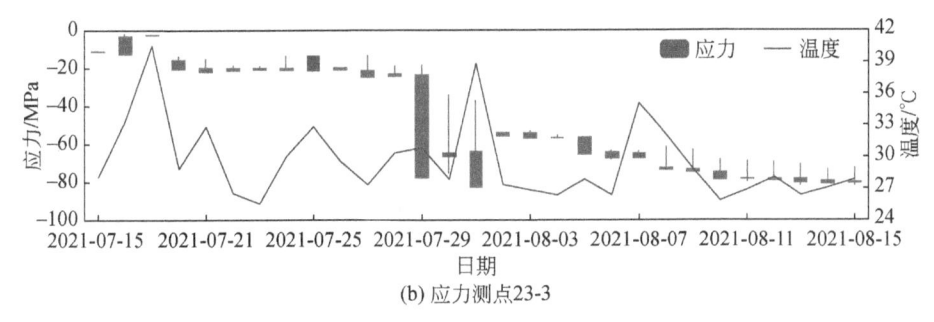

图 10.6.16 温州瓯海奥体中心体育馆典型测点应力变化 K 线图

2. 体育馆索张拉过程数据分析

温州瓯海奥体中心体育馆于 2021 年 8 月 30 日起进行了索结构张拉。在张拉过程中，一方面，需要实时把控拉索索力是否存在异常的值；另一方面，通过对钢结构应力和变形进行监测，从而监测结构整体形态。对索力、钢结构应力和变形进行监测，对结构的安全以及施工情况进行把控。整体监测状况良好，屋面结构整体张拉成型，在张拉阶段，钢结构应力变化量达到峰值的点为 2-3 号，变化量为 122.2MPa，拉索附近的测点应力较大且变化较为明显。钢结构位移变化最大值为 0.0478m，在 11 号测点。索力数据和钢梁应力数据分别见表 10.6.3 和表 10.6.4，索力与应力时程曲线分别如图 10.6.17 和图 10.6.18 所示。

表 10.6.3 温州瓯海奥体中心体育馆索力数据统计

测点编号	初始索力/kN	最终索力/kN	变化值/kN
1	140.9	1795.5	1654.6
2	390.8	2280.1	1889.3
5	213.9	1625.4	1411.5
7	176.4	2018.3	1841.9
9	468.7	1925.0	1456.3
10	566.8	2416.1	1849.3
11	795.7	2901.8	2106.1
12	229.8	2073.4	1843.6
13	199.6	965.0	765.4
14	110.6	657.1	546.5
15	18.2	244.0	225.8
16	83.6	295.8	212.2

表 10.6.4　温州瓯海奥体中心体育馆钢梁应力数据

测点编号	整个张拉阶段		
	初始应力/MPa	最终应力/MPa	变化值/MPa
2-1	41.0	−61.1	−102.1
2-2	9.3	−36.7	−46.0
2-3	67.3	−54.9	−122.2
2-4	8.8	−44.1	−52.9
3-1	37.9	−16.8	−54.7
3-2	6.7	−42.3	−49.0
3-3	0.8	−60.0	−60.8
3-4	27.4	−17.9	−45.3
12-1	−1.9	−43.8	−41.9
12-2	2.3	−40.5	−42.8
12-3	44.7	−10.8	−55.5
12-4	9.5	−33.6	−43.1
13-1	11.7	−86.8	−98.5
13-2	1.5	−38.1	−39.6
13-3	69.6	−13.0	−82.6
13-4	0.6	−25.9	−26.5
18-1	17.8	−66.3	−84.1
18-2	9.0	−13.8	−22.8
18-3	16.9	−19.5	−36.4
18-4	−1.8	−32.5	−30.7
24-1	−13.3	−46.3	−33.0
24-2	13.0	−28.7	−41.7
24-3	40.8	−15.0	−55.8
24-4	48.0	−7.0	−55.0

3. 体育场卸载过程数据分析

体育场于 2021 年 9 月 18 日前进行了周边支撑架卸载，卸载过程中，整体监测状况良好，数据最大变化量为 55.1MPa，在 27-1 号测点。典型监测数据见表 10.6.5，部分测点监测结果如图 10.6.19 所示。

第 10 章　杭州亚运会场馆监测

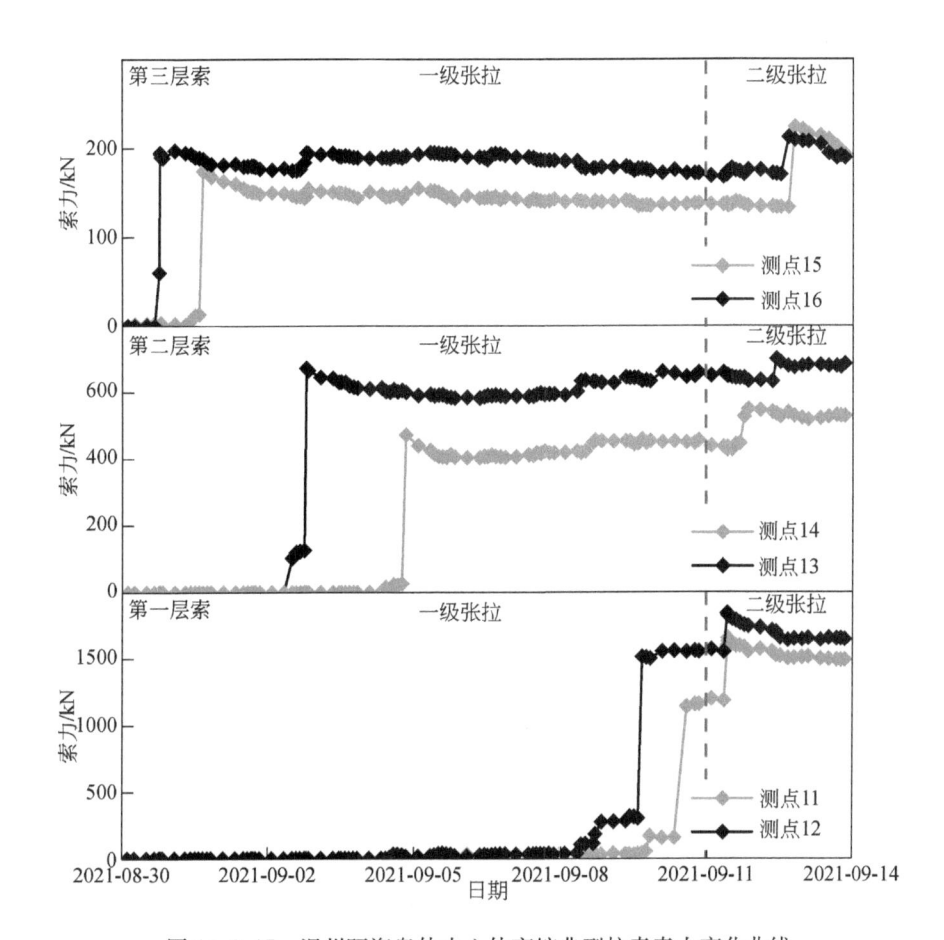

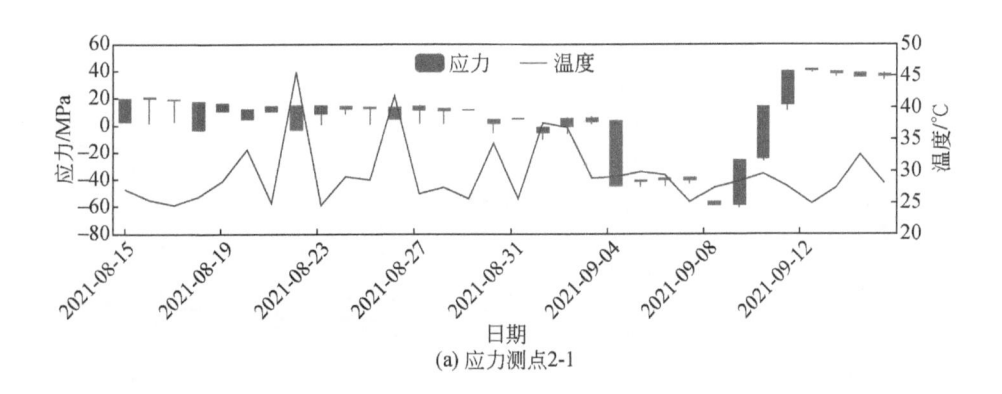

图 10.6.17　温州瓯海奥体中心体育馆典型拉索索力变化曲线

(a) 应力测点2-1

(b) 应力测点3-3

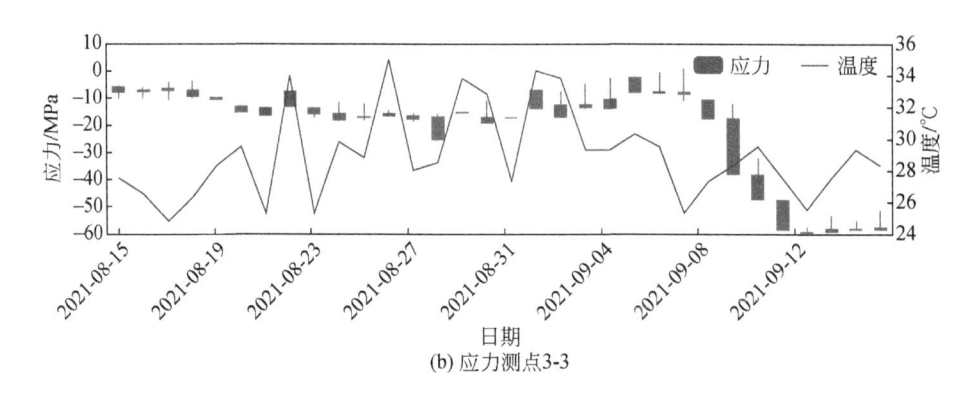

图 10.6.18 温州瓯海奥体中心体育馆典型测点应力变化 K 线图

表 10.6.5 温州瓯海奥体中心体育场测点应力数据

测点编号	最大应力/MPa	最小应力/MPa	应力增量/MPa
27-1	73.3	18.0	55.1
27-3	27.2	0.5	23.0
34-1	2.3	−11.9	−13.5
34-3	9.6	−7.6	−17.0
34-4	3.2	−15.5	−18.5
35-2	17.4	−1.3	−18.7
35-3	2.9	−20.3	−22.8
35-4	−10.2	−28.2	−16.0
48-1	−18.4	−37.2	−13.9
48-3	−0.8	−21.1	−16.2
49-1	−21.6	−47.7	−20.1
49-3	5.4	−25.8	−28.5
55-1	34.9	9.2	25.6
55-2	36.2	11.8	23.0
56-1	8.8	−31.1	39.8
56-2	23.7	−9.9	33.2
56-3	6.7	−26.3	33.0
62-3	25.4	5.4	19.9
63-1	19.0	−2.7	21.7
63-2	18.6	−3.2	21.6

(a) 应力测点27-1

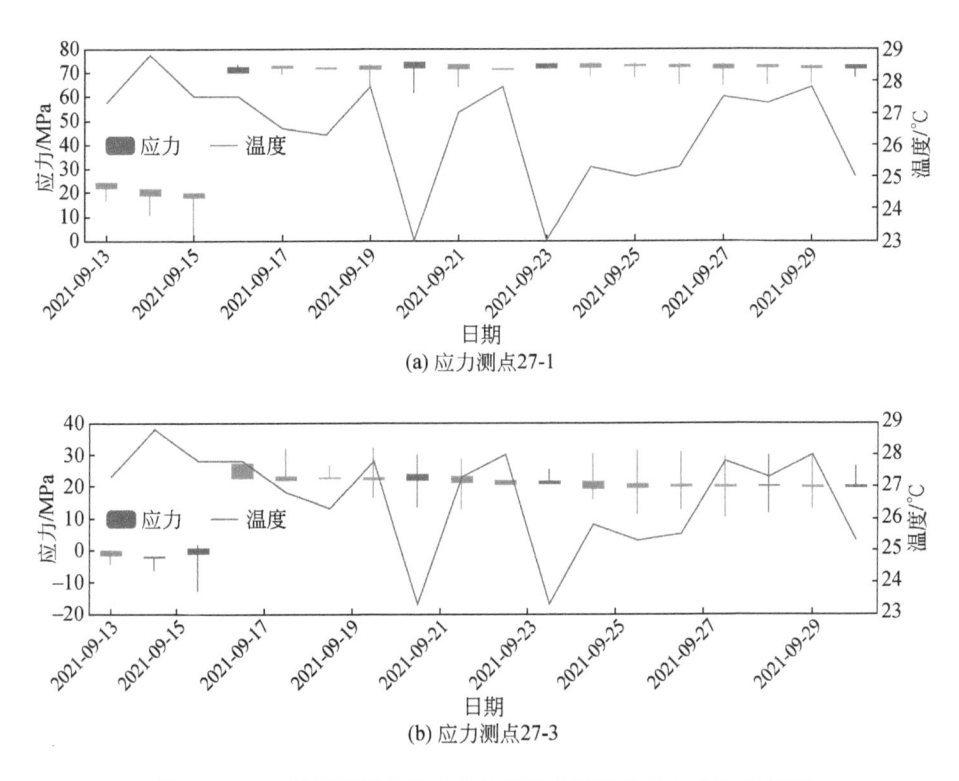

(b) 应力测点27-3

图 10.6.19　温州瓯海奥体中心体育场典型测点应力变化 K 线图

10.7　中国轻纺城体育中心体育场监测

10.7.1　工程概况

1. 工程简介

中国轻纺城体育中心体育场位于绍兴轻纺城体育中心的东南角,观众座席约 40000 座。体育场为开合屋盖结构,可以满足全天候的使用要求,开合面积可达 12350m²。体育场屋面采用柔性膜结构,造型轻盈美观,如图 10.7.1 所示。

2. 结构体系组成

体育场钢结构从总体上可分为主体钢结构屋盖和围护膜系统钢骨架两大部分。钢结构屋盖又可以进一步分为固定屋盖结构、活动屋盖结构和台车轨道。其中,固定屋盖结构的几何形状为双曲面,平面形状接近椭圆形,长轴跨度为 267m,

(a) 白天　　　　　　　　　　　　(b) 夜景

图 10.7.1　中国轻纺城体育中心体育场实景

短轴跨度为 206m,由主桁架、四周一圈环桁架、次桁架、次结构及支座五部分组成。主桁架共有 4 榀,长向主桁架沿活动屋盖运行的轨道方向布置,短向主桁架沿长向主桁架垂直的方向布置,从而构成双向"井"字形立体主桁架。长向主桁架长度为 226m,每榀重量约 1500t,短向主桁架长度为 168m,每榀质量约 1200t。主桁架结构采用鱼腹式,下设 4 根平行的高强钢拉杆。主桁架的端部采用相贯形式与环桁架侧面的上弦杆和下弦杆连接固定。环桁架为一个接近椭圆的封闭环状结构,周长达 735m,由上部矩形格构式桁架和下部 76 个"黄金束"组成。"黄金束"上部与格构式桁架下弦杆相贯连接,下部与支座连接固定。次桁架共有 28 榀,长度从 24m 到 54m 不等,宽度从 4.35m 到 5.10m 不等,一端垂直固定于主桁架侧面的上弦杆和中弦杆,另一端固定于环桁架侧面的上弦杆和下弦杆。次结构主要由水平支撑、系杆以及屋盖洞口造型构架组成。桁架均采用圆形钢管截面,最大规格为 $\phi 1000mm \times 50mm$。固定屋盖结构通过 84 个支座与混凝土看台相连接。活动屋盖结构由两块对称的桁架结构块组成,可以在机械系统的牵引下沿轨道运动开合,单次开启或闭合的运动路径长约 60m,耗时大约 20min。结构布置简要情况如图 10.7.2 所示。

鱼腹式主桁架下设高强钢拉杆,承受轴向拉力,以增强主桁架的整体受力性能。高强钢拉杆采用强度等级为 650 级的合金结构钢,杆体直径均为 200mm,长度范围为 12~20m 不等。同一节间由四根完全一致的平行钢拉杆组成,不同节之间的钢拉杆通过铸钢节点连接,如图 10.7.3 所示。每个铸钢节点包含 4 对肋板,以保证每节四根钢拉杆受力均匀以及桁架与钢拉杆间传力可靠。钢拉杆施工预张拉时,长向主桁架两端部的节间(共 4 个节间)张拉力为每根 650kN,剩下所有拉杆的张拉力均为 600kN。

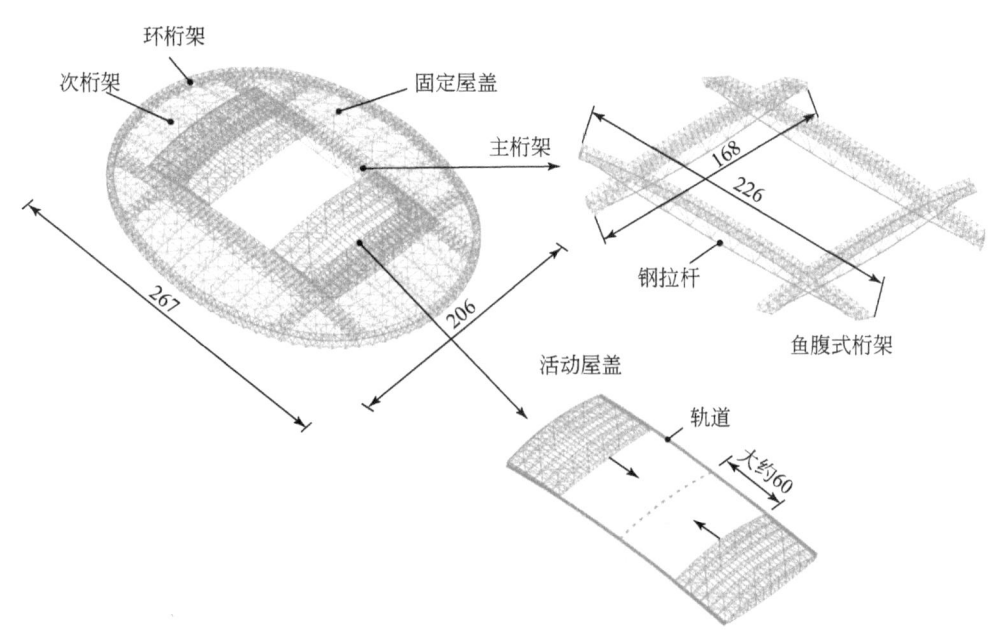

图 10.7.2 中国轻纺城体育中心体育场钢结构屋盖的结构布置(单位:m)

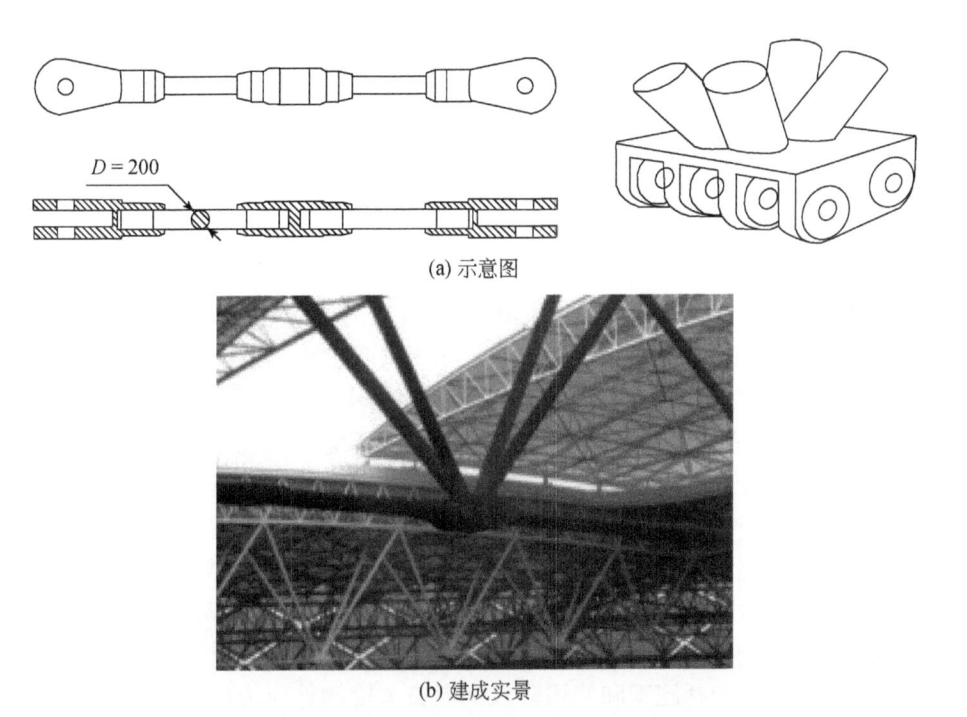

(a) 示意图

(b) 建成实景

图 10.7.3 中国轻纺城体育中心体育场高强钢拉杆及铸钢节点(单位:mm)

钢结构屋盖通过 84 个支座与混凝土看台连接,其中位于下部混凝土看台伸缩缝两侧的 8 个支座采用抗震支座,其余支座均采用固定铰支座。支座在卸载前的施工过程中采用临时措施固定,如图 10.7.4 所示。在固定屋盖结构卸载时,拆除临时固定措施,使其能够自由滑动,使得卸载过程中不至于产生过大的支座反力,这一过程中支座的水平位移可达 10cm 以上。卸载结束后,支座重新固定。

图 10.7.4 中国轻纺城体育中心体育场卸载前支座临时固定措施

10.7.2 监测内容

对于这样一个融合了结构系统与机械系统的复杂开合结构,对其进行从施工延续到整个服役过程的长期监测,对于保障施工过程平稳进行以及服役过程的安全使用具有重大意义。监测所得的实测数据和分析结果还可以提高研究设计人员对于此类大型复杂结构的认识,为今后的设计和建造提供参考依据。

在施工过程中结构受到很多不确定因素的影响:提升施工中提升吊点间不同步高差、提升速度的改变以及提升完毕后临时支撑的不同步卸载;吊装施工中结构的起吊翻身、吊点设置不合理、安装就位时结构杆件的内力突变;开合屋盖调试过程中牵引力不同步、不均匀,轨道不平整,机械故障等。这些施工过程中结构伴有形态的变化,其形成过程是一个从局部到整体、从不完整到完整的过程,成形后的受力状态可能与设计存在一定差别。因此,除施工各个阶段结构的受力状态及性能进行计算分析外,对施工过程实施了健康监测,监测结构关键部位的内力、振动及变形在施工过程中的变化规律,为结构关键施工步骤提供可靠的实测数据,正确评价各个施工阶段的受力状态和结构性能,有利于采取有效的防护和修复措施并保证施工的顺利进行,从而保证结构在正常使用条件下符合设计要求。

监测主要内容包括施工和使用阶段钢屋盖关键构件应力应变、结构和支座变形、温度效应、活动屋盖开合过程中的振动效应等,如图 10.7.5 和图 10.7.6 所示。

(a) "黄金束"腹杆测点　　　　　　(b) 主桁架弦杆测点

图 10.7.5　中国轻纺城体育中心体育场应力应变与温度测点

图 10.7.6　中国轻纺城体育中心体育场位移测点

10.7.3　测点布置

中国轻纺城体育中心体育场监测采用作者课题组自主开发的无线传感器系统,监测内容主要有应力应变监测、位移监测和加速度监测,主要的传感器统计见表 10.7.1。

对结构进行测点布置优化分析,具体分为两部分:首先对结构进行静动力简化分析。根据静力计算结果,分析确定结构主受力构件位置和位移较大部位;根据动力计算结果,分析结构振动敏感位置。根据上述静动力计算结果,确定可选测点布置范围,然后综合考虑工程预算及数据包络性,根据能量准则,采用遗传算法进行优化分析,确定既定数目传感器的最终布设方案,具体测点布置如图 10.7.7 所示。

表 10.7.1 中国轻纺城体育中心体育场测点数量统计

监测内容	监测部位	监测方法	数量	总计
应力应变	环桁架"黄金束"杆	无线应力应变传感器	96	424
	弯扭构件四榀主桁架上弦杆		60	
	四榀主桁架下弦杆		60	
	钢拉杆		144	
位移变形	环桁架球铰支座	无线激光位移传感器	32	
加速度	环桁架球铰支座	无限加速度传感器	32	

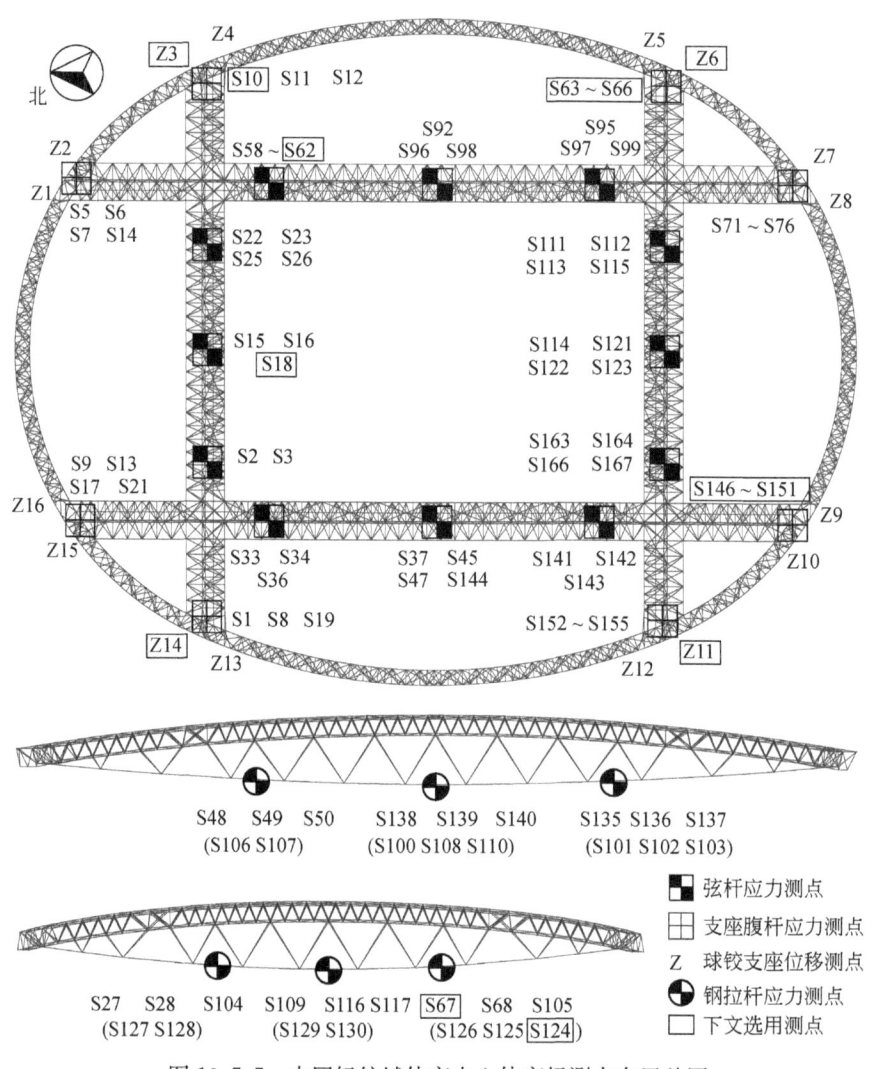

图 10.7.7 中国轻纺城体育中心体育场测点布置总图

1) 应力应变测点布置

根据有限元模拟结果和杆件重要性及敏感性分析，选取主桁架下 8 个支座处的"黄金束"杆、主桁架 1/4 及 1/2 跨处上下弦杆和钢拉杆为应力应变监测对象，共计 156 根被测构件。根据不同构件的受力性质，每断面布置应变测点 2~4 个，以全面把握构件的弯矩、扭矩与轴力，共计 360 个测点，如图 10.7.8 所示。

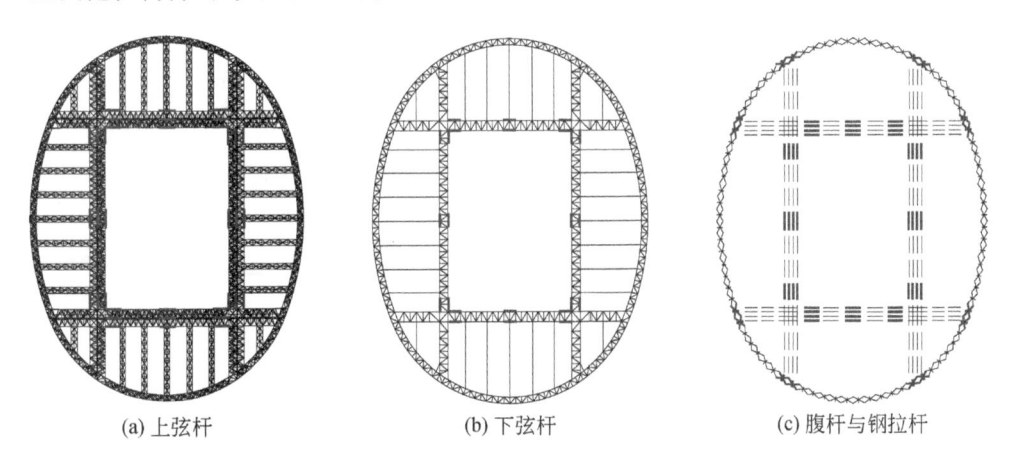

(a) 上弦杆　　　　　　(b) 下弦杆　　　　　　(c) 腹杆与钢拉杆

图 10.7.8　中国轻纺城体育中心体育场应力应变与温度测点布置图

2) 变形测点布置

本工程主要对水平位移和垂直位移进行监测。水平位移主要监测主桁架下 16 个支座的位移，垂直位移主要监测主桁架的跨中挠度，测点布置如图 10.7.9 所示。每个支座处布置两个位移传感器，分别测量沿长向主桁架和短向主桁架方向的支座位移，共计 32 个支座位移测点。水平支座位移采用无线位移传感器测量，跨中挠度采用全自动激光全站仪测量。该无线位移传感器为作者课题组自主开发，具有精度高、稳定性好、采样频率高等特点，并可纳入体育场监测系统的无线网络中，从而实现数据远程采集与传输。在施工卸载过程中，支座位移可达 10cm 以上，挠度可达 40cm 以上，因而卸载阶段为位移监测的重点。

10.7.4　无线监测系统

中国轻纺城体育中心体育场采用一种创新、先进的现场无线组网模式，整体运行过程可简单描述为：各类监测测点相互之间形成多层次网络，将采集到的数据通过路由节点，最终传输到基站节点，然后由基站节点经 USB 传输至现场监测服务器；现场服务器通过 3G 无线网络接入 Internet，监测人员在任何终端通过连接到 Internet，就可实现与现场服务器的数据交换，对采集到的数据进行显示、分析和管理，从而监测现场的施工情况，如图 10.7.10 所示。

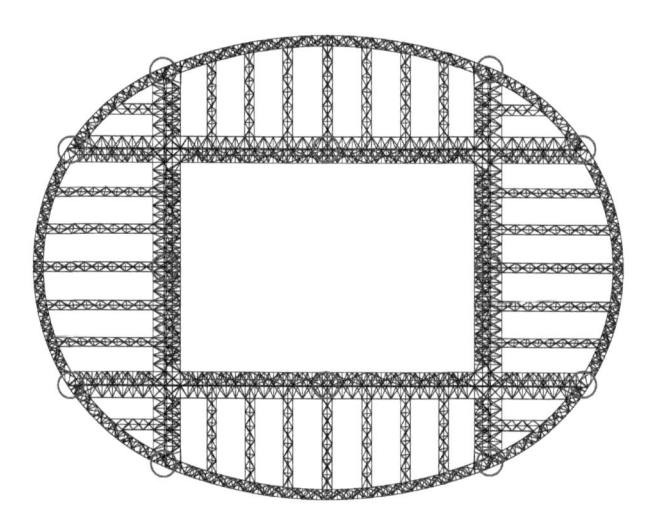

图 10.7.9　中国轻纺城体育中心体育场位移测点布置图

为了使此方案得以实施,需要进行以下四方面具体工作。
(1) 无线传感节点模块加工。
(2) 建立树形无线网络结构。
(3) 建立实时的数据采集机制。
(4) 实现基于 Internet 数据传输的监测模式。

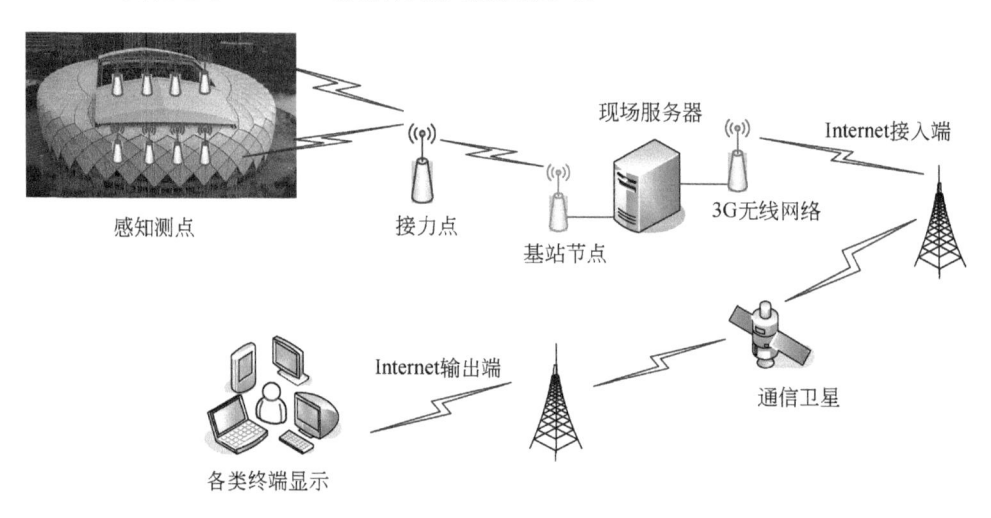

图 10.7.10　中国轻纺城体育中心体育场无线传感远程监测系统

10.7.5 数据分析

1. 钢拉杆监测数据分析

钢拉杆的施工过程主要有主桁架吊装、钢拉杆安装、预张拉、卸载,如图 10.7.11 所示。引起钢拉杆应力变化的施工过程主要为预张拉和卸载,本节主要关注高强钢拉杆在这两个施工过程中的应力变化规律。

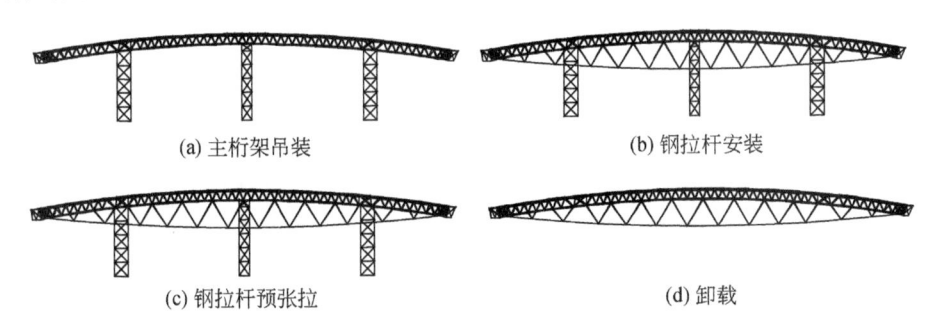

(a) 主桁架吊装　　(b) 钢拉杆安装

(c) 钢拉杆预张拉　　(d) 卸载

图 10.7.11　中国轻纺城体育中心体育场涉及钢拉杆的主要施工过程

1) 预张拉前后应力变化

图 10.7.12 展示了同一节间的四根平行钢拉杆在预张拉前后的应力变化,选取两节间处于"井"字形主桁架上的对称位置。在预张拉前,由于支撑架的存在,钢拉杆除自重外,几乎不受其他任何作用力。同一节间的四根平行钢拉杆预张拉效果并不均匀,对称节间的钢拉杆预张拉效果也并不对称。

(a) 东边长向主桁架1/4跨处　　(b) 西边长向主桁架1/4跨处

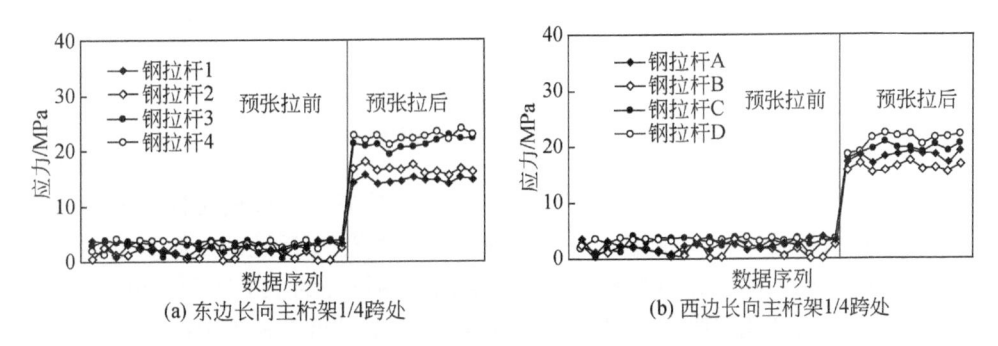

图 10.7.12　中国轻纺城体育中心体育场同一节间的钢拉杆
在预张拉前后的应力变化(两节间位置对称)

2) 卸载阶段应力变化

卸载过程是主体结构和临时结构之间一个复杂的力学状态转变过程,是主体结构受力逐渐转移和内力重分布的过程。保证卸载过程中结构体系的受力状态平稳有序地转换,是大跨空间结构安全卸载的关键。本工程采用同步分级卸载法,卸载过程共分五大步,计 15 小步。每一大步后累计位移量分别对应各卸载点总计划卸载位移量的 10%、30%、50%、70%、100%。卸载过程是钢拉杆最主要的应力增长过程。

从图 10.7.13 可以看到,卸载后,处于结构相同部位的钢拉杆应力分布并不十分均匀,且应力实际值均小于理论模拟值,钢拉杆的受力效果并未达到设计预期。短向主桁架钢拉杆应力整体大于长向主桁架钢拉杆,跨中位置钢拉杆应力整体大于 1/4 跨处钢拉杆;短向主桁架跨中钢拉杆受力最大,平均应力为 159.1MPa;长向主桁架 1/4 跨处钢拉杆受力最小,平均应力为 107.3MPa,应力分布规律与理论模拟结果相符。在卸载过程中,各位置钢拉杆的应力增幅具有类似的规律,短向主桁架钢拉杆应力增幅大于长向主桁架钢拉杆,跨中位置钢拉杆应力增幅大于 1/4 跨处钢拉杆,短向主桁架跨中钢拉杆应力增幅最大,平均增幅为 139.6MPa,长向主桁架 1/4 跨处钢拉杆应力增幅最小,平均增幅为 87.8MPa。

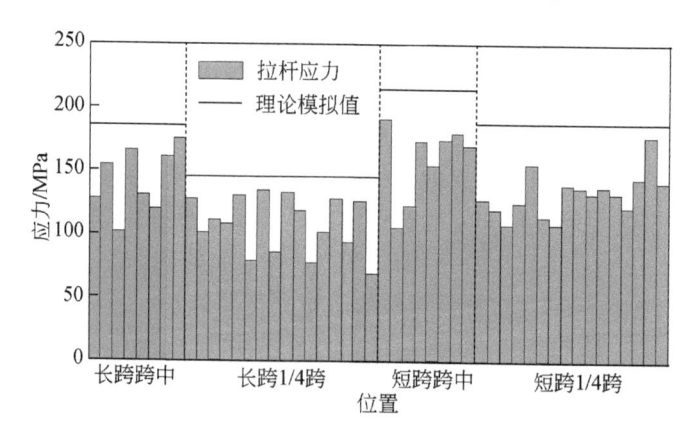

图 10.7.13　中国轻纺城体育中心体育场卸载后钢拉杆应力分布

图 10.7.14～图 10.7.17 所示为位于对称四个位置的四根钢拉杆在整个卸载过程中的应力变化曲线,以卸载开始时的应力值为零值,所反映的是卸载过程中的应力变化值。同一图上的两个测点分别位于同一钢拉杆的上下表面。可以看到,两个测点的应力变化曲线十分接近,这与钢拉杆基本只承受轴拉力的受力事实相符合。位于对称位置的这四根钢拉杆在整个卸载过程中的应力变化过程并不十分对称,最终的应力增幅也不相同。在卸载过程早期,各钢拉杆应力变化迟缓,有些拉杆应力几乎不发生变化。当卸载过程大约进行到 40% 以后,各钢拉杆应力开始明显增长,同时表现出一定的线性特征,其增长的速率与理论模拟曲线的增长速率

很接近。但是，最终应力变化幅值均小于理论模拟值。

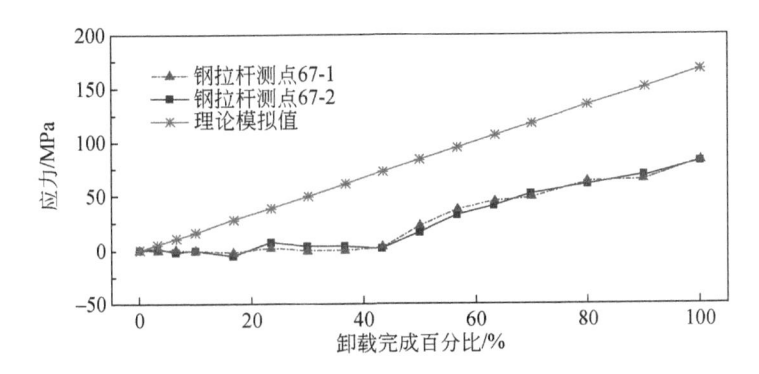

图 10.7.14　中国轻纺城体育中心体育场卸载过程钢拉杆测点 67-1、67-2 应力变化曲线

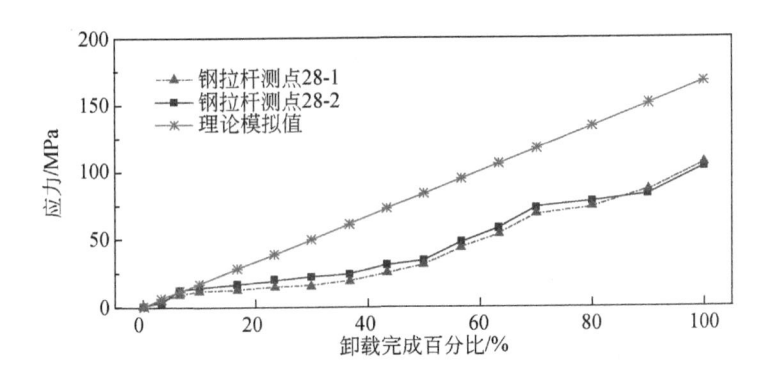

图 10.7.15　中国轻纺城体育中心体育场卸载过程钢拉杆测点 28-1、28-2 应力变化曲线

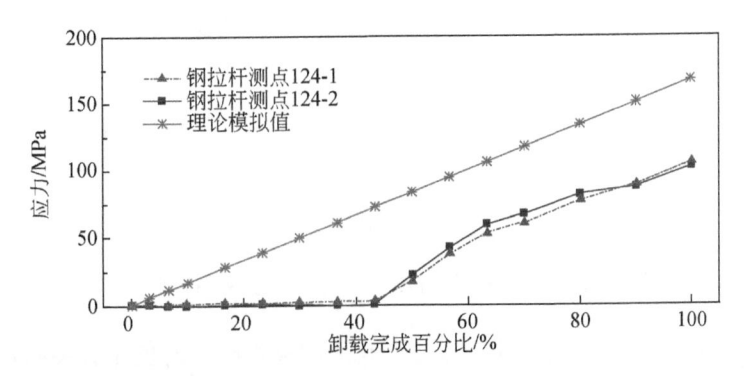

图 10.7.16　中国轻纺城体育中心体育场卸载过程钢拉杆测点 124-1、124-2 应力变化曲线

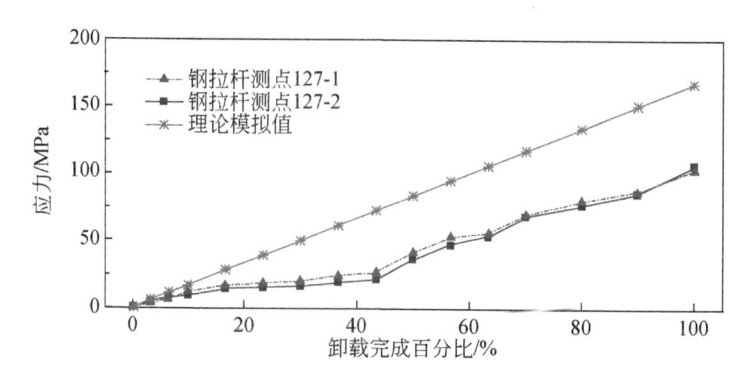

图 10.7.17　中国轻纺城体育中心体育场卸载过程钢拉杆测点 127-1、127-2 应力变化曲线

从上述结果和分析可以得出,在卸载过程完成后,钢拉杆并没有充分发挥预计的受拉作用,这也在对结构卸载过程中的位移监测中得到了印证,实测长短主桁架的跨中挠度均比理论值大,整个结构相比于设计状态,显得更为扁平。

3) 日常应力变化规律

为了探究高强钢拉杆在服役阶段的日常应力变化规律,对 2017 年 6 月 1 日至 7 月 31 日的温度与应力数据进行讨论。该段时期日夜温差较为明显,是因为白天日照产生的不均匀温度场的影响较为显著。图 10.7.18～图 10.7.21 分别展示了四个不同位置钢拉杆的温度与应力变化曲线,并对两者的相关性进行了拟合。

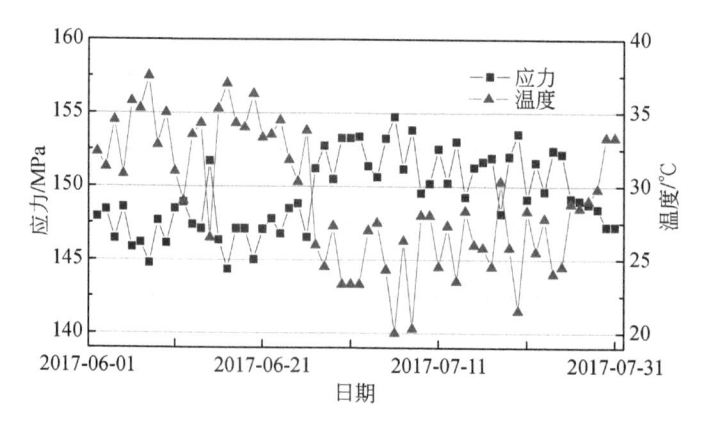

图 10.7.18　中国轻纺城体育中心体育场长向主桁架跨中钢拉杆应力与温度变化曲线

由图可知,钢拉杆应力变化和温度变化之间存在明显的负相关关系,温度上升而拉应力减小,符合钢拉杆轴向受力构件在温度作用下的受力规律。这是钢拉杆随温度上升而产生线性膨胀,但又受到两端铸钢节点的约束,因而产生了压应力,抵消了原本构件内部的部分拉应力,使得拉应力有所减小。

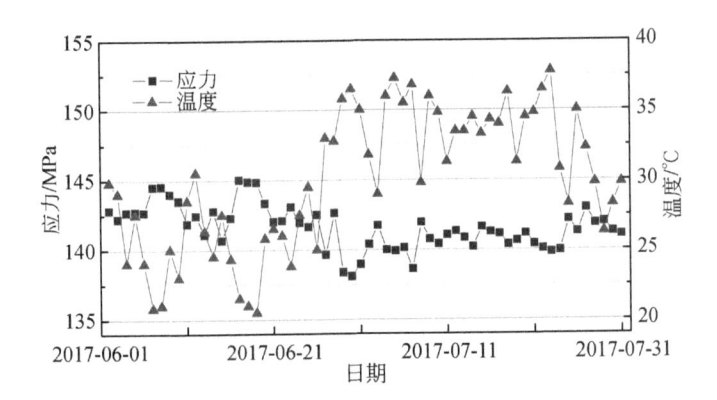

图 10.7.19　中国轻纺城体育中心体育场长向主桁架 1/4 跨处钢拉杆应力与温度变化曲线

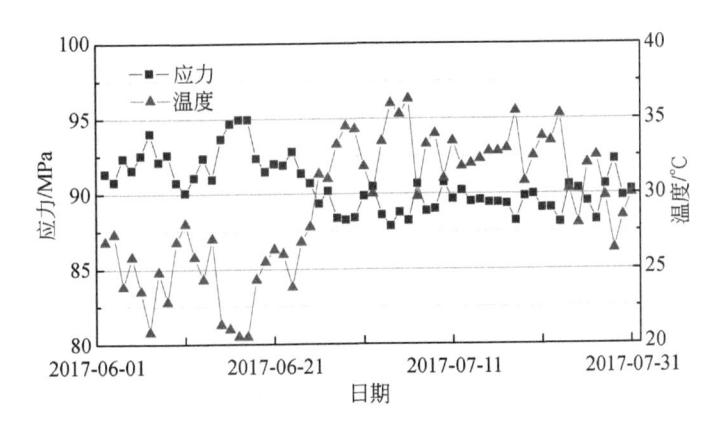

图 10.7.20　中国轻纺城体育中心体育场短向主桁架跨中钢拉杆应力与温度变化曲线

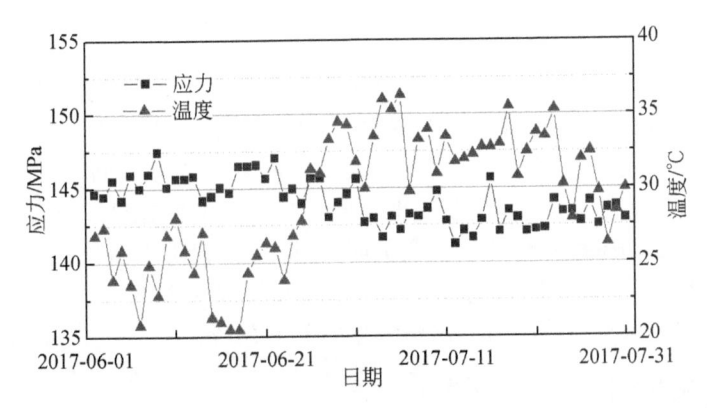

图 10.7.21　中国轻纺城体育中心体育场短向主桁架 1/4 跨处钢拉杆应力与温度变化曲线

4) 活动屋盖位于不同位置的影响

活动屋盖沿着布置于鱼腹式长向主桁架上的台车轨道运动开合。而钢拉杆布置在主桁架下部,因而活动屋盖的运动将会对钢拉杆的应力变化产生较大的影响。为了研究在该过程中钢拉杆应力的变化规律,将活动屋盖从开启到关闭的活动过程具体细分为 5 个状态:全开启、3/4 开启、半开启、1/4 开启、全关闭,如图 10.7.22 所示。

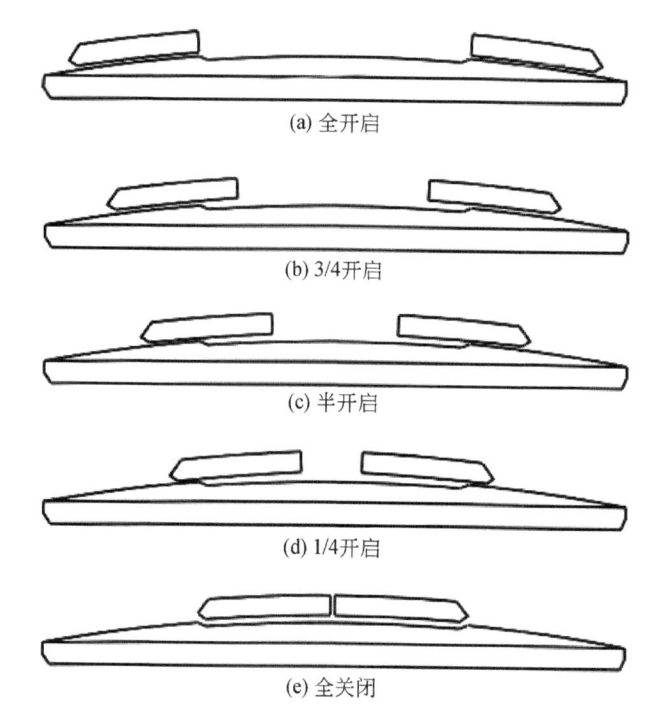

(a) 全开启

(b) 3/4 开启

(c) 半开启

(d) 1/4 开启

(e) 全关闭

图 10.7.22　中国轻纺城体育中心体育场活动屋盖不同开合位置

图 10.7.23 展示了位于体育场不同部位的钢拉杆在活动屋盖不同开合状态下的应力变化幅值比较,以全开启状态下的应力值为零值。可以看到,长向主桁架下的钢拉杆在该过程中的应力变化要明显大于短向主桁架下的钢拉杆,这是由于活动屋盖沿着长向主桁架运动,从而使得长向主桁架下的钢拉杆对活动屋盖位置变化更为敏感。活动屋盖从全开启到全关闭,长向主桁架跨中钢拉杆的应力变化幅值可达 30MPa 以上,1/4 跨处钢拉杆应力变化幅值也在 15MPa 左右;而短向主桁架钢拉杆在这一过程中的应力变化幅值均小于 10MPa。

2. 卸载阶段腹杆和弦杆监测数据分析

各测点应力值随卸载步的变化趋势如图 10.7.24 和图 10.7.25 所示,图中应力值均以卸载开始时的数值为初始零值,卸载过程中的数值均为相对值,正值表示拉力,负值表示压力。

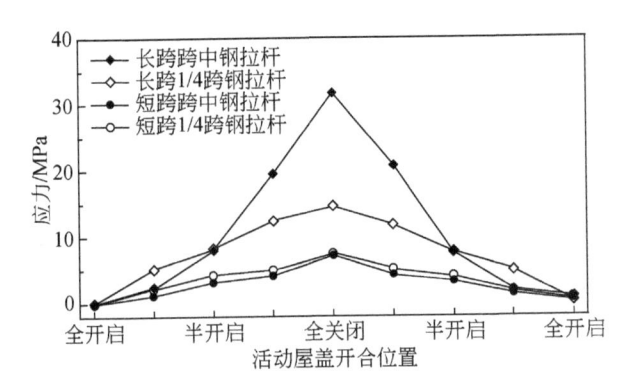

图 10.7.23 中国轻纺城体育中心体育场各位置钢拉杆在活动屋盖不同开合状态下的应力变化比较

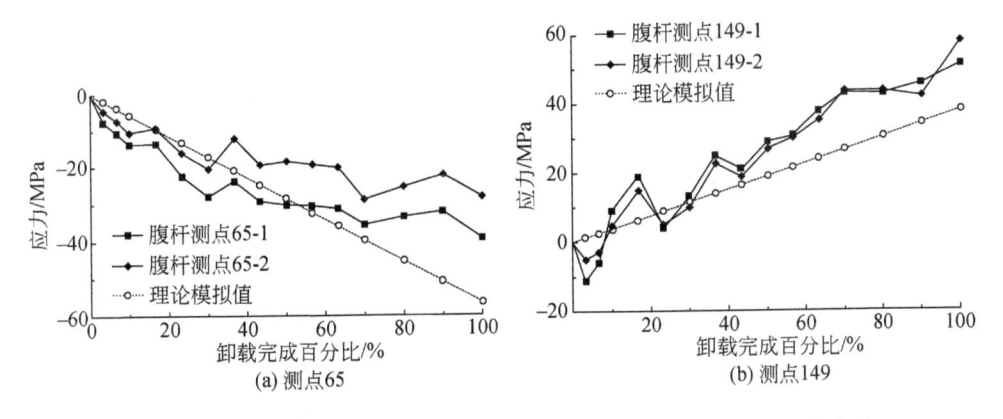

图 10.7.24 中国轻纺城体育中心体育场卸载阶段腹杆测点应力变化曲线

从监测结果来看,结构在卸载过程中呈现出如下特点。

(1) 随着卸载步进行,所有测点的应力在总体趋势上都在增大。部分测点的应力出现波动,与钢结构本身的复杂程度、每一个卸载步各支点的实际卸载量并不完全是等比例等诸多因素有关。

(2) 同一腹杆的两个测点变化趋势相同,腹杆主要受轴力的作用。受压腹杆应力变化幅值差异明显,表明其受到弯矩的影响较大,而拉杆受弯矩影响较小,两条变化曲线基本重合。取对称位置腹杆测点 10、测点 65,变化幅值分别为 −22.1MPa、−46.4MPa 及 −28.1MPa、−39.2MPa,应力变化幅值呈现出一定的不对称性。

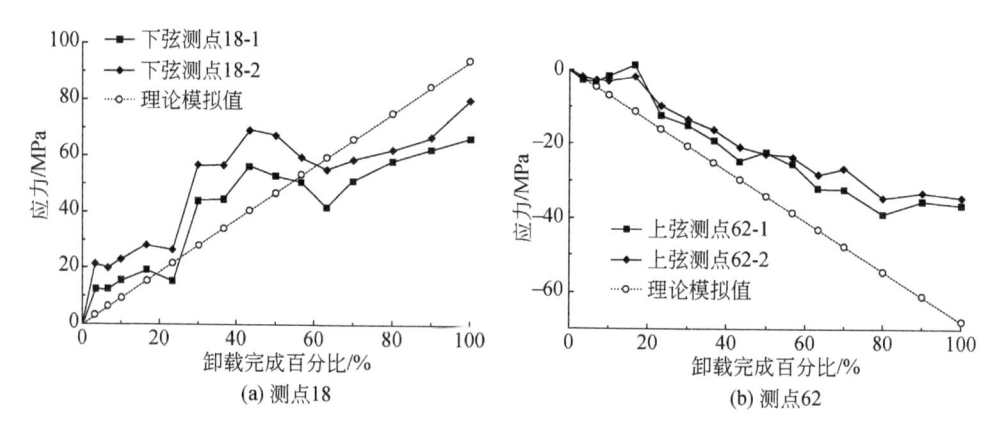

图 10.7.25 中国轻纺城体育中心体育场卸载阶段弦杆测点应力变化曲线

(3) 上弦杆受压,下弦杆受拉。上弦杆的两个测点变化趋势相同,幅值相近,呈现较强的线性规律。下弦杆的应力曲线在中间卸载步出现较大起伏,该测点位于支撑塔架上方,可能是由于该支撑塔架在相应卸载步的实际位移量较大,与其他支撑塔架不同步。

3. 温度效应数据分析

钢结构温度变化的直接影响是在高次超静定结构中产生温度应力。已有研究表明,空间钢结构在正常服役阶段,温度为控制荷载,而受其他荷载影响较小。本节对不同类型的测点在 2017 年 8 月的应力、温度变化曲线进行分析研究,因为夏日光照下温度场分布较为复杂。

对比不同位置测点的应力、温度变化曲线可以看出,测点在整个 8 月,温度和应力的相关性十分明显,各测点温度与应力的相关系数均在 0.90 以上。如图 10.7.26 所示,腹杆测点温度和应力呈正相关性,也就是说,随着温度上升,腹杆的拉应力增大。虽然腹杆自身随温度上升而膨胀,将在构件内部产生压应力,但整个结构膨胀对位于支座的腹杆产生了很大的推力,这使得腹杆在温度上升的情况下表现出拉应力增加的特点。如图 10.7.27 和图 10.7.28 所示,钢拉杆测点和弦杆测点温度及应力呈负相关性,随着温度上升,压应力增大。这符合构件随温度上升而膨胀,而又受到两端约束下在构件内部产生压应力的一般规律。以上各部位杆件测点温度与应力变化规律和有限元模拟结果相符合。

8月腹杆测点 6-1 最大应力 −41.9MPa,最小应力 −24.5MPa,受温度作用变化幅值 17.4MPa;腹杆测点 63-2 最大应力 −67.9MPa,最小应力 −59.3MPa,应力变化幅值 8.6MPa。钢拉杆测点 139-1 最大应力 154.2MPa,最小应力 147.7MPa,应力

(a) 测点6-1　　　　　　　　　　　　　(b) 测点63-2

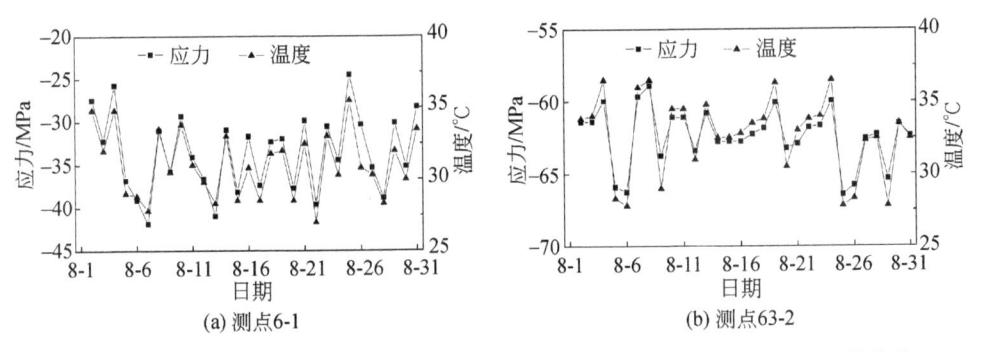

图 10.7.26　中国轻纺城体育中心体育场 2017 年 8 月腹杆测点温度与应力变化曲线

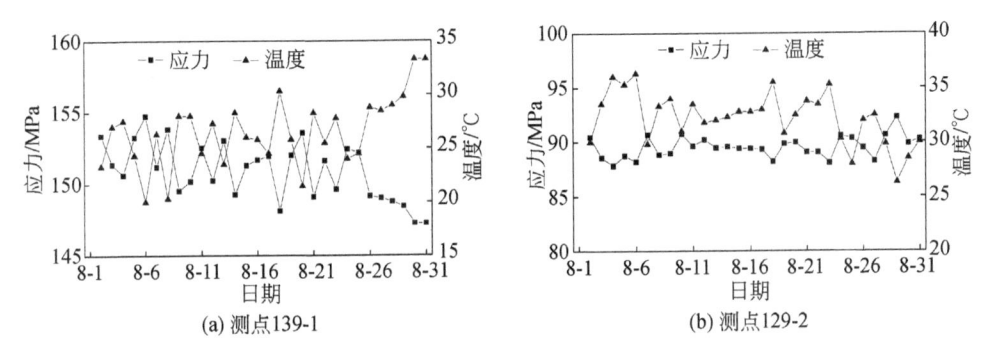

(a) 测点139-1　　　　　　　　　　　　(b) 测点129-2

图 10.7.27　中国轻纺城体育中心体育场 2017 年 8 月钢拉杆测点温度与应力变化曲线

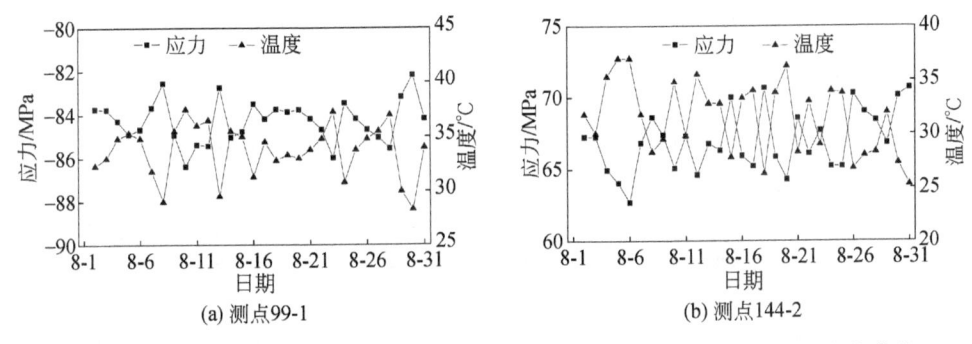

(a) 测点99-1　　　　　　　　　　　　(b) 测点144-2

图 10.7.28　中国轻纺城体育中心体育场 2017 年 8 月弦杆测点温度与应力变化曲线

变化幅值 6.5MPa；钢拉杆测点 129-2 最大应力 92.3MPa，最小应力 87.8MPa，应力变化幅值 4.5MPa。弦杆测点 99-1 最大应力－86.4MPa，最小应力－82.6MPa，应力变化幅值 3.8MPa；弦杆测点 144-2 最大应力 70.3MPa，最小应力 62.7MPa，应力变化幅值 7.6MPa。可以看到，相对于钢拉杆测点和弦杆测点，腹杆测点受到温度作用的影响更为明显。

第 11 章 铁路站房监测

11.1 概　　述

随着经济的飞速发展,人们出行的频率和行程距离不断增加,对交通工具便捷性和舒适性提出了更高的要求。在这样的时代背景下,高速铁路应运而生。从1999年8月中国高速铁路建设开工起,截至2024年底,全国高速铁路运营里程达4.8万 km,"四纵四横"高铁网提前建成,"八纵八横"高铁网加密成型,占全世界高铁运营里程的70%以上,全国高铁网已经覆盖全国95%以上的50万以上人口城市。高速铁路已然成为各地人们赖以出行的重要交通工具,同时也是我国在现代化建设进程中推动经济持续发展的关键因素。高铁站房作为交通运输中重要的公共建筑,也伴随铁路的发展引来了建设高潮,全国各地建造了一座座体现先进建造水准、反映时代特色的铁路站房。

铁路站房是集铁路、轨道交通、公交和出租车等多种交通方式于一体的综合交通枢纽,建筑规模大,结构复杂。为满足铁路站房独特的空间形态和建筑功能需求,需要采用大跨度、大柱网的空间钢结构体系来实现。这类大型空间钢结构施工过程复杂,影响结构施工顺利完成和结构最终成形状态的因素很多:①在施工过程中结构伴有形态的变化,其形成过程是一个从局部到整体、从不完整到完整的过程,成形后的受力状态可能与设计状态存在一定的差别;②施工过程分析时,施工计算荷载与实际所承受的荷载以及结构理论计算模型与实际情况之间均存在差异,导致施工过程中结构可能处于不利受荷状态。因此,施工中有必要对施工阶段结构的实际受力状态进行监测,以获得反映结构真实状态的数据信息,监测数据不仅可作为理论计算模型验证和修正的参考目标,同时也为施工的顺利进行提供数据支持。

在实际工程中,根据工程的实际情况与期望获得的监测指标建立一套完整的、有针对性的结构健康监测系统,实时获得结构的监测信息,不仅可以对施工阶段结构的安全性评估提供一定的参考,同时也可以把握运营阶段结构状态的变化规律,为类似工程的设计、施工和运维提供工程实测数据的参考。本章通过杭州东站、襄阳东站和雄安站三个案例来说明空间结构健康监测技术在铁路站房中的应用。

11.2 杭州东站

11.2.1 工程概况

1. 工程简介

杭州东站是全国大型铁路枢纽站之一,也是长江三角洲地区重要的现代化综合交通枢纽。杭州东站紧邻彭埠大桥(钱塘江二桥),是杭州从"西湖时代"迈向"钱塘江时代"的标志性建筑,设计中充分体现了杭州"精致和谐,大气开放"的城市形象,体现面向未来的时代精神。图 11.2.1 为杭州东站鸟瞰图。

图 11.2.1 杭州东站鸟瞰图

杭州东站为桥建合一的大型铁路枢纽站,集站房、高铁、磁悬浮及地铁于一体,建筑外形复杂,建筑面积约为 32 万 m^2。站房建筑共五层,地下二层和地下三层为杭州东站地铁站,地下一层为出站层,地上为站台层和高架层。图 11.2.2 所示为杭州东站中间区域及东西端部的结构剖面图。首层(站台层)及以下基本为(预应力)钢筋混凝土结构,首层以上为钢结构。主体结构耐久年限为 100 年,结构安全等级为一级。

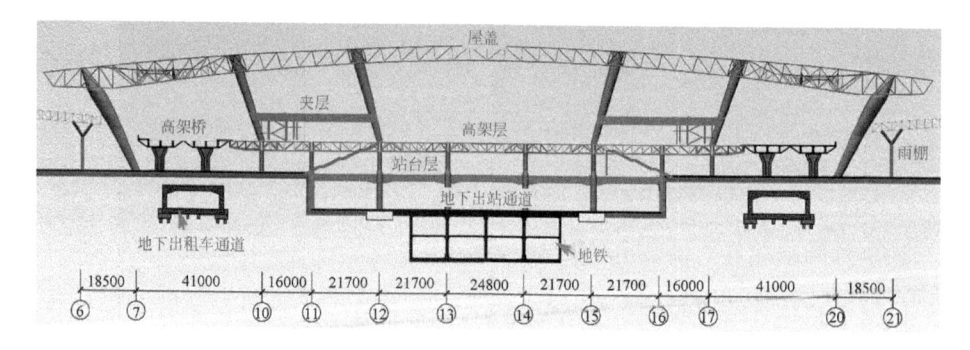

图 11.2.2　杭州东站中间区域及东西端部结构剖面图(单位:mm)

2. 结构体系

杭州东站站房结构总体构成如图 11.2.3 所示,具体如下。

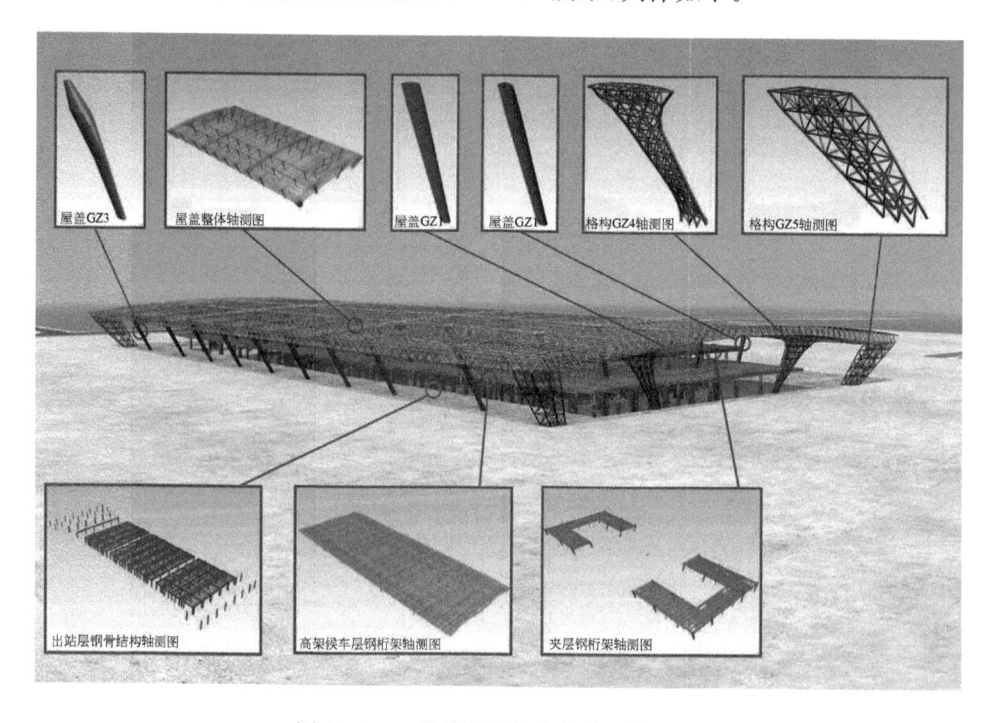

图 11.2.3　杭州东站站房结构总体构成

(1) 出站厅层结构。包括出站厅钢管柱和轨道层钢骨梁,其中轨道层结构面标高为－2.25m。

(2) 站台层结构。包括线路、站台等站场和线侧站房,其楼面标高为±0.00m,

层高为10.00m。站台层的铁路正线桥梁采用预应力混凝土梁式桥,铁路到发线桥梁结构采用钢管混凝土柱＋双向框架钢骨梁框架结构,上部站房高架层的钢管混凝土柱与桥梁的钢管混凝土柱直接相连。

(3) 高架层结构。包括站台层钢柱和高架层桁架及钢梁,结构面标高为9.85m。高架层采用钢管混凝土柱＋钢桁架(两向正交正放桁架,纵、横向桁架的最大跨度分别为24.8m、46.55m)＋钢次梁楼盖结构(焊接H形截面)。

(4) 商业夹层结构。楼层标高为18.30m。商业夹层采用斜倒锥形椭圆钢管柱＋实腹钢梁(或蜂窝梁)框架结构,钢梁最大跨度为46.55m。

(5) 屋盖大跨度钢管相贯桁架结构。包括变椭圆截面斜柱、格构柱和屋盖结构。屋面为圆弧形,最高点标高为39.90m,最低点标高为22.05m。屋盖采用斜倒锥形椭圆钢管柱和斜钢管格构柱＋大跨度变截面钢管空间桁架的钢框架结构。钢桁架沿轨道方向为五跨,平行于轨道方向的最大跨度为68.20m,垂直于轨道方向的跨度为43~47m。

3. 施工方案

杭州东站站房钢结构采用地面拼装、整体提升的方式进行施工。各提升单元屋盖桁架在地面拼装完成后,调试好提升设备和计算机控制系统后进行整体提升,该提升过程主要分为以下三个步骤(图11.2.4)。

(a) 预提升　　　　(b) 正式提升　　　　(c) 提升就位卸载

图11.2.4　杭州东站整体提升过程

(1) 预提升。

屋盖桁架在地面拼装完成后,解除与地面胎架的连接。以计算机仿真计算的各提升吊点反力值为依据,对屋面桁架进行分级同步加载,依次为20%、40%、60%、80%;在确认各部分无异常的情况下,可继续加载到90%、95%、100%,直至屋盖桁架单元全部脱离拼装胎架,并离地30cm。预提升完毕后,将屋盖桁架在空中滞留24h。预提升阶段的目的是使屋盖桁架脱离安装时的临时支撑胎架,观察桁架焊接质量和在自重作用下竖向挠度是否符合设计要求,以保证正式提升的安全。在预提升阶段,屋盖桁架在未脱离胎架前没有发生位移,故此阶段采用力控制的方式进行加载。

(2) 正式提升。

预提升完成,各项限值在满足设计要求后进入正式提升阶段。此阶段应对桁架变形及柱顶位移进行监控,通过计算机控制系统反馈的数据并结合人工现场测试数据来控制整体提升的同步性。正式提升阶段的提升速度控制在 6m/h。在屋盖桁架到达设计标高时可能与设计位置有高差,此时需要单点微调。在正式提升阶段,提升力基本保持不变,而提升高度缓慢增加,需要保证提升过程中提升高度的同步性,因此采用的是位移控制的方法。

(3) 提升就位卸载。

屋盖桁架提升至设计位置后,对各吊点进行微调使主桁架各层弦杆精确提升到设计位置。液压提升系统设备暂停工作,保持屋盖钢结构单元的空中姿态,主桁架中部分段各层弦杆与端部分段之间对口焊接固定,使其与两端已装分段结构形成整体稳定受力体系。液压提升系统设备同步卸载,至钢绞线完全松弛,拆除液压提升系统设备及相关临时措施,完成屋盖桁架单元的整体提升安装。

11.2.2 监测内容

在施工阶段对杭州东站结构关键构件的内力和节点的位移进行监测,把握结构在提升施工过程中的应力积累规律和变形规律。在施工阶段应力和位移监测的基础上,运营阶段主要增加了对结构振动及风环境的监测。对站房结构关键部位的应力应变进行实时监测,有助于实时掌握结构的应力变化状态,分析结构应力与荷载及使用状态的相关性;对结构关键部位的温度进行实时监测,实时掌握结构所处的温度环境,为分析温度对结构的影响提供原始数据;对温度伸缩缝处的位移进行实时监测,掌握结构在温度效应作用下的变形特性,分析结构变形与环境荷载的相关性。通过对屋盖结构关键部位的振动加速度进行实时监测,实时掌握该部位的振动情况,分析不同外界激励下钢结构的振动特性;通过对高架层、商业夹层的振动加速度进行实时监测,实时掌握其振动情况,分析火车通行与候车厅的相互作用,为评价旅客舒适度提供依据。对站房屋面的风速、风向进行实时监测,实时掌握建筑所处的风场环境,获取建筑物风场环境的实时信息,并了解结构的实际风效应,了解结构及屋面维护体系的实际风荷载,有助于对强风后的结构性态进行详细的分析和诊断。

各监测内容对应的测点在杭州东站的安装效果如图 11.2.5～图 11.2.7 所示。

图 11.2.5　杭州东站应力应变测点 　　　　图 11.2.6　杭州东站加速度测点

(a) 风速风向测点　　　(b) 风压测点　　　(c) 路由节点

图 11.2.7　杭州东站风荷载测点及相关路由节点

11.2.3　测点布置

1. 内力测点布置

杭州东站主站房屋盖结构采用由变椭圆截面钢斜柱和巨型钢管格构式斜柱支承的复杂大跨度钢管桁架结构。桁架结构跨度大、应力大，变椭圆截面斜柱、巨型格构式斜柱受力复杂，是应力应变监测的主要对象。

1）屋盖主桁架测点

屋盖结构由沿轨道方向的横向主桁架及与之垂直方向的纵向主桁架组成，主桁架间距较大，因此在屋盖上跨度较大的桁架跨中部位布置应力应变测点，如图 11.2.8 所示。每处的上、下弦杆的上、下表面各布置一个应变传感器，即每处布置四个传感器。

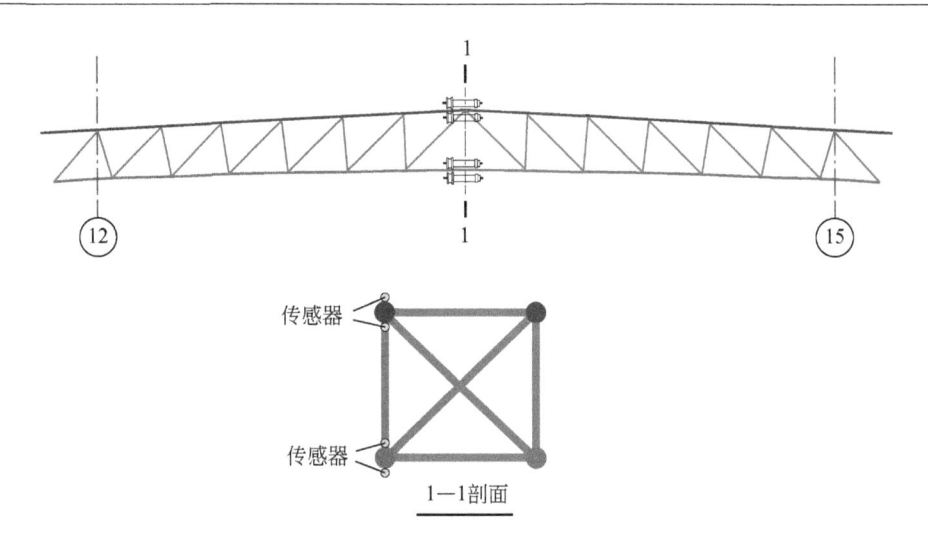

图 11.2.8　杭州东站屋盖应力应变(温度)测点布置图

2) 变椭圆截面斜柱柱脚测点

变椭圆截面斜柱是支承整个屋盖结构的主要构件,截面沿高度方向下小上大,根据计算分析结果,柱子承受双向弯矩作用,柱脚处弯矩很大,因此在变椭圆截面斜柱柱脚布置应力应变测点。

3) 变椭圆截面斜柱与夹层钢梁交接处测点

部分变椭圆截面斜柱与商业夹层相连,在夹层钢梁与斜柱的交接处,柱子弯矩特别大,整个椭圆柱的最大应力出现于此,因此在变椭圆截面斜柱与夹层钢梁交接处布置测点,如图 11.2.9 所示。

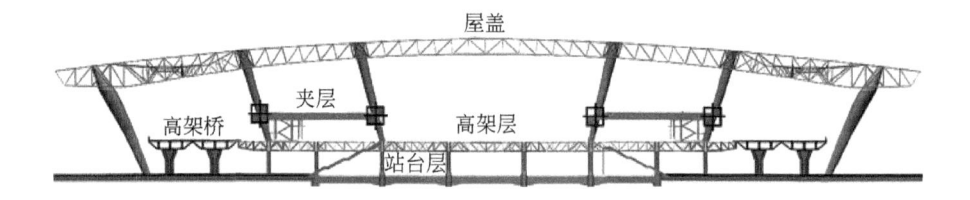

图 11.2.9　杭州东站变椭圆截面斜柱与夹层钢梁交接处应变(温度)测点布置

4) 格构柱测点

东西两端的 8 个巨型钢管格构式斜柱是整个屋盖结构的关键支承结构,柱脚、柱顶以及拐角复杂节点等部位的应力分布十分复杂,因此在格构柱的柱脚、柱顶和中部分别布置测点,以监测关键受力构件以及复杂节点的应力,布置如图 11.2.10 所示。

图 11.2.10　杭州东站格构柱应力应变(温度)测点布置

5) 巨型柱外表皮测点

东西两端 8 个巨型钢管格构式斜柱外包双曲面外表皮,是本工程的主要建筑特色和亮点之一,在其中 2 个巨型柱曲面变化显著的外表皮内侧位置布置 12 个测点,以掌握其在温度变化情况下的应力应变。

2. 位移测点布置

本工程屋盖体系东西向长度极大,考虑温度变化可能带来的结构变形,在屋盖中设置两处变形缝。为了更进一步地掌握温度对结构整体变形的影响,在分缝处设置变形测点,以监测变形缝的宽度变化。变形测点设置于屋盖变形缝内,每条变形缝内各设置 5 个变形测点,沿变形缝全长均匀布置,如图 11.2.11 所示。另在幕墙桁架顶部对应位置设置 5 个变形测点。

3. 振动测点布置

1) 屋盖测点

屋盖加速度测点均布置于屋盖下弦杆上以及鱼眼下弦层的中间区域(图 11.2.12)。总体布置如图 11.2.13 所示。

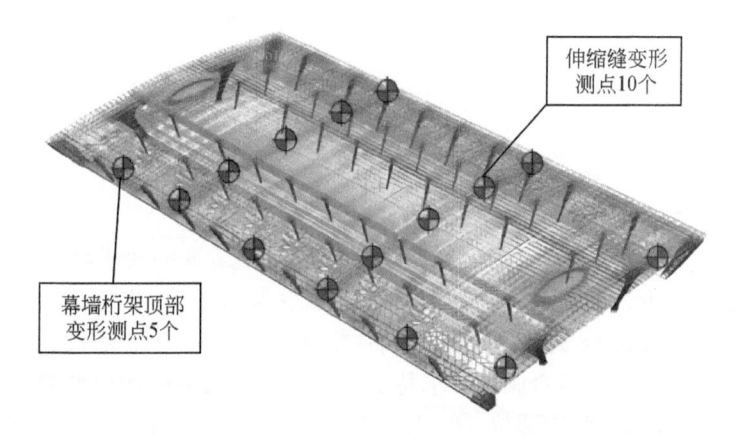

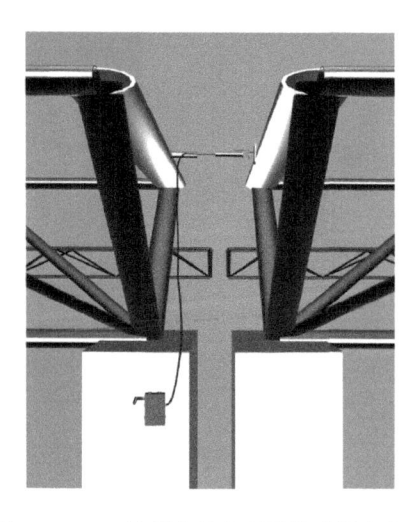

图 11.2.11 杭州东站变形缝位移测点布置

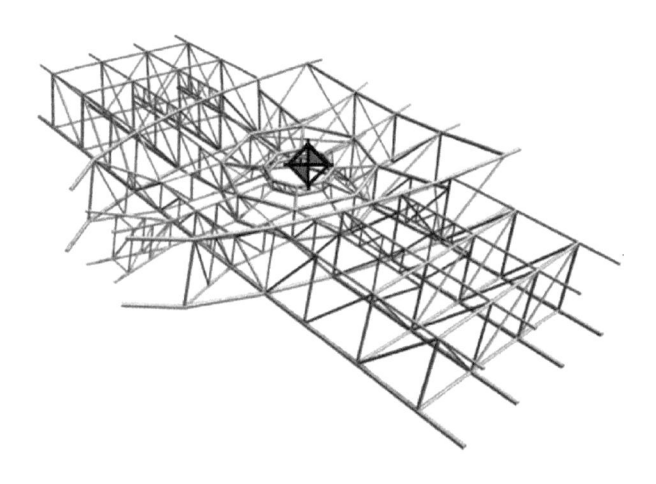

图 11.2.12 杭州东站布置于鱼眼下弦层的加速度测点

2) 高架层测点

高架层为旅客候车层,对楼盖竖向刚度和竖向舒适度的要求较高。高架层楼盖结构的最大柱距为 46.55m,桁架上下弦中心距为 2.80m;此外,在站房东、西区域还设有消防车道,桁架跨度为 27m 左右,桁架上下弦中心距为 2.65m。由于跨度大、荷载大,其舒适度能否满足要求特别值得关注。高架层加速度测点均布置于其桁架梁下部,选取其跨中部位,图 11.2.14 所示为高架层典型桁架加速度测点布置部位示意图,总体布置如图 11.2.15 所示。

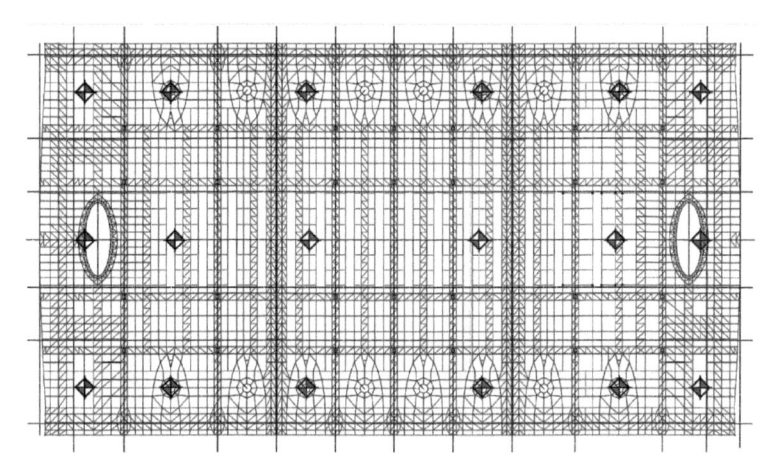

图 11.2.13　杭州东站屋盖加速度测点总体布置

图 11.2.14　杭州东站高架层典型桁架加速度测点布置部位示意图

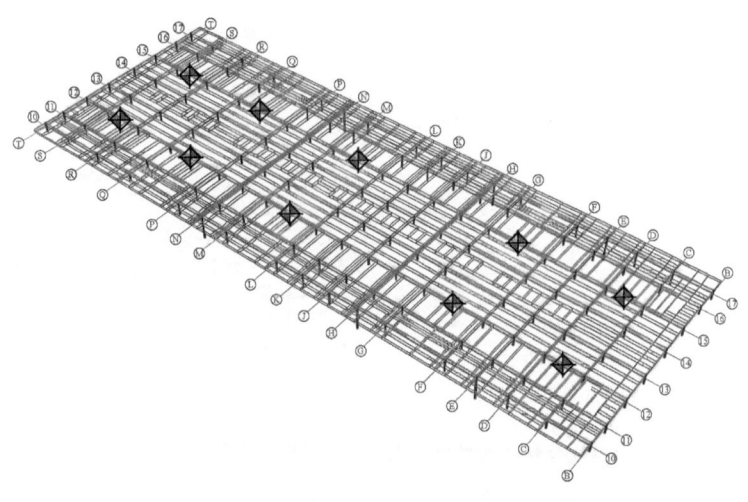

图 11.2.15　杭州东站高架层加速度测点总体布置

3) 商业夹层测点

商业夹层的最大柱网尺寸达 46.55m×38.26m,为减小结构高度,夹层楼盖结构采用实腹钢梁(或蜂窝梁)双向井字梁楼盖。由于梁高跨比较小,楼盖的竖向刚度偏小,设计中拟通过采用调频质量阻尼器(tuned mass damper,TMD)进行结构消能减振,使楼盖的竖向舒适度满足设计要求。因此,对商业夹层楼盖的振动加速度进行监测十分重要。商业夹层加速度测点均布置于钢梁的下翼缘,选取其跨中部位。

4) 轨道层测点

轨道层轨道梁的加速度测点布置位置为轴 13 和轴 14 之间跨度为 24.8m 的梁底部,位于轴线 F 与轴线 L 上。

4. 风荷载与温度测点布置

风荷载测点考虑对称性,对屋盖进行风场数值模拟,选择风荷载不利位置进行测点布置,风荷载测点总数为 108 个(图 11.2.16)。此外,在屋面布置 10 个温度传感器,与前述布置于屋盖桁架、变截面椭圆柱的温度传感器(集成于应变传感器)一起,为了解钢结构屋盖表面及其内部的温度分布提供实测数据。

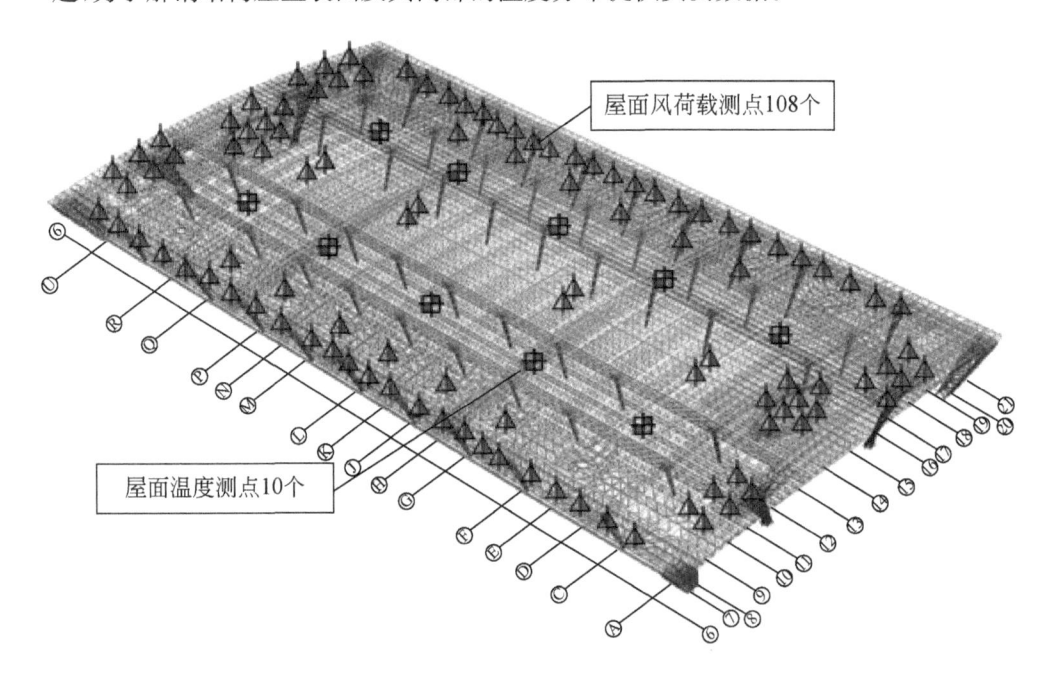

图 11.2.16 杭州东站屋面风荷载与温度测点布置

5. 测点布置汇总

综上所述,结构健康监测测点主要包括应力应变(含温度)测点、伸缩缝位移测点、振动加速度测点、屋面风荷载及变形测点等。测点汇总见表 11.2.1。其中,在主桁架上有 30~40 个应力应变测点可利用施工阶段监测所布置的测点。

表 11.2.1 杭州东站结构监测测点汇总

序号	监测项目	测点数量		备注
1	屋面主桁架弦杆应力应变(温度)	156	248	监测结构主受力构件的内力与温度变化情况
	变椭圆截面斜柱应力应变(温度)	32		
	巨型格构斜柱应力应变(温度)	48		
	巨型柱双曲面外表皮应力应变	12		
2	伸缩缝、幕墙桁架变形	15		监测结构随温差变化的伸缩变形
3	屋盖振动加速度	18	61	监测结构振动特性与人群舒适度
	高架层振动加速度(梁、楼板)	20		
	商业夹层振动加速度(梁、楼板)	18		
	站台层桥梁结构振动加速度	5		
4	屋面风荷载特性	108	118	监测屋面板振动,考察屋面系统连接损伤情况;实测屋面风压,分析结构体型系数及风振特性
	屋面温度	10		
合计		442		

11.2.4 数据分析

1. 提升阶段内力变化分析

按照杭州东站 S-U/12-15 轴(图 11.2.17)的施工方案,选取其中 8 个施工步骤进行监测,这 8 个施工步骤如下:①利用已安装完成的结构搭设提升吊点,地面拼装屋盖桁架;②调试提升设备,预提升至设计提升力的 50%;③预提升至设计提升力,使屋盖桁架离地 30cm;④预提升后静置一晚;⑤正式提升;⑥提升至屋盖桁架设计位置;⑦将提升屋盖桁架边缘构件与已安装结构焊接成型;⑧卸载。该提升单元施工工期为 2012 年 10 月 28 日至 11 月 6 日,其中 10 月 28 日预提升,10 月 29 日正式提升到位,10 月 29 日至 11 月 5 日将提升桁架边缘构件与已安装结构焊接成型,11 月 6 日卸载。

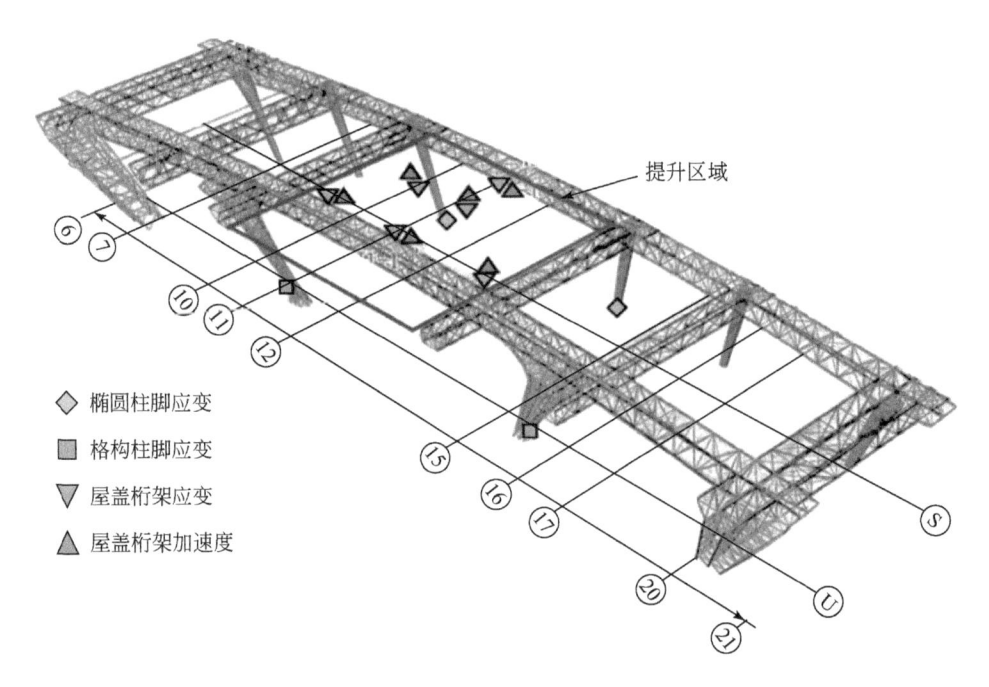

图 11.2.17　杭州东站 S-U/12-15 轴桁架提升测点布置图

在上面 8 个步骤施工结束后,分别记录结构关键部位的内力,并采用施工多阶段分析理论模拟各个施工阶段的结构受力状态,并与实际测试得到的结果进行比较。以预提升前的受力状态(2012 年 10 月 28 日)为零状态,图 11.2.18～图 11.2.20 所示为提升过程中结构各部位(椭圆钢柱柱脚、巨型格构柱柱脚和桁架下弦杆)部分测点在各施工步骤下的应力曲线。

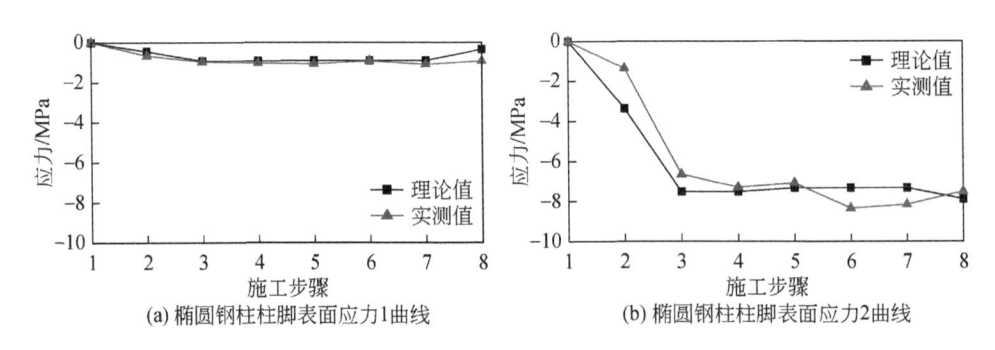

(a) 椭圆钢柱柱脚表面应力1曲线

(b) 椭圆钢柱柱脚表面应力2曲线

(c) 椭圆钢柱柱脚弯曲应力曲线

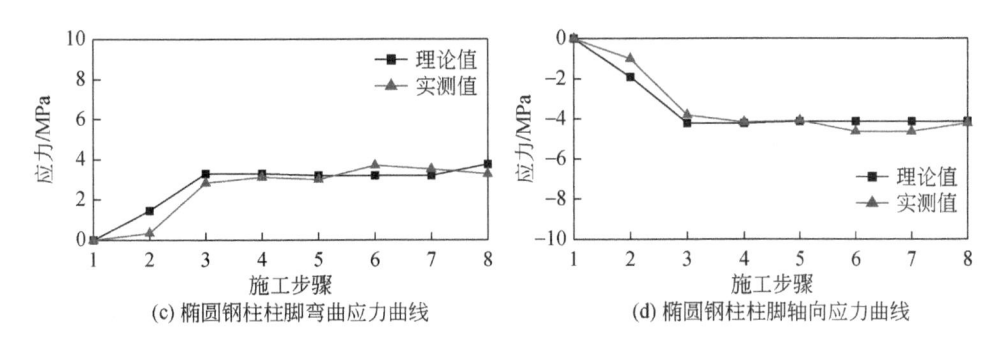

(d) 椭圆钢柱柱脚轴向应力曲线

图 11.2.18　杭州东站椭圆钢柱柱脚测点应力曲线

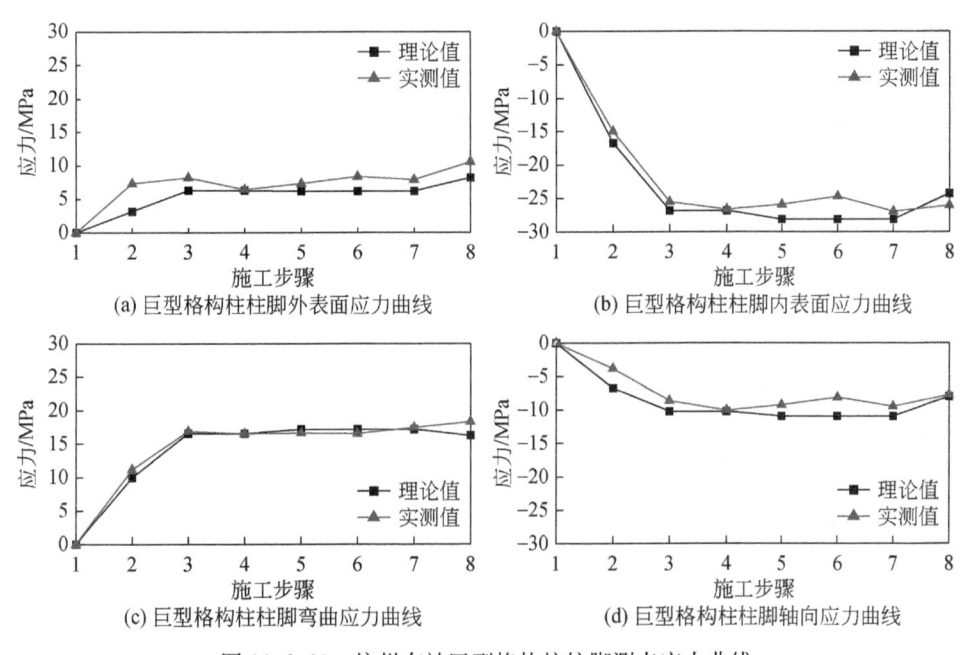

(a) 巨型格构柱柱脚外表面应力曲线

(b) 巨型格构柱柱脚内表面应力曲线

(c) 巨型格构柱柱脚弯曲应力曲线

(d) 巨型格构柱柱脚轴向应力曲线

图 11.2.19　杭州东站巨型格构柱柱脚测点应力曲线

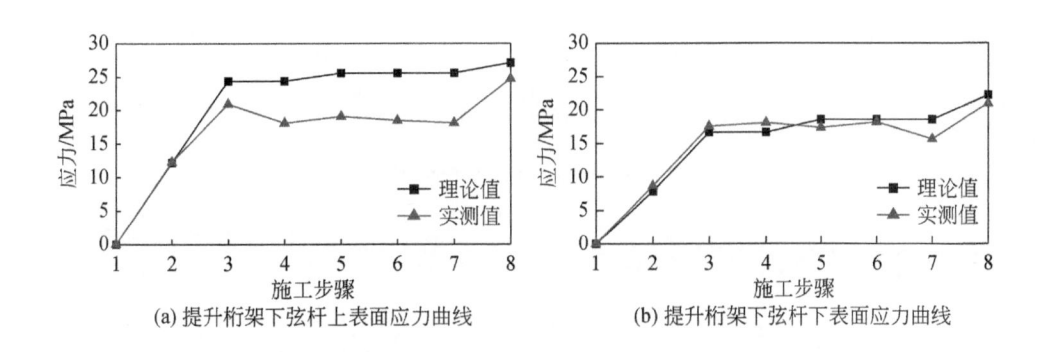

(a) 提升桁架下弦杆上表面应力曲线

(b) 提升桁架下弦杆下表面应力曲线

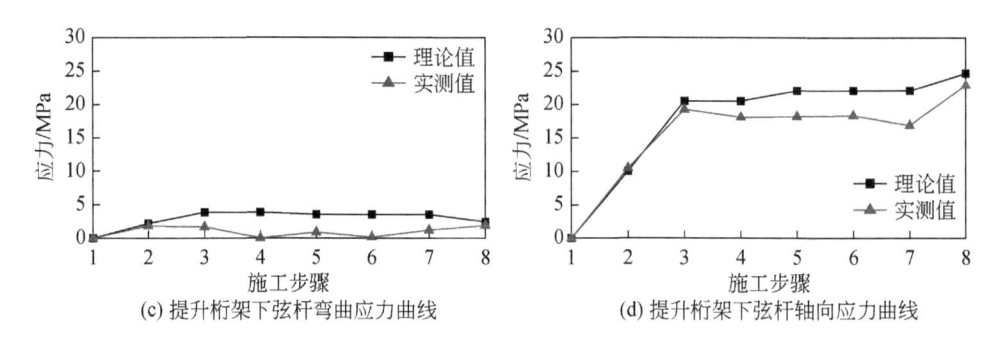

(c) 提升桁架下弦杆弯曲应力曲线　　　(d) 提升桁架下弦杆轴向应力曲线

图 11.2.20　杭州东站提升桁架下弦杆测点应力曲线

2. 施工全过程应力变化分析

杭州东站施工全过程主要包括自身构件吊装、直接相关屋盖桁架提升、相邻屋盖桁架提升以及屋盖檩条安装。通过对施工全过程中关键构件应力的跟踪，对数据进行整理分析，可总结得到结构内力的积累规律。以传感器安装时的受力状态为零状态，图 11.2.21～图 11.2.23 给出了部分代表性测点在结构施工全过程的应力时程曲线。

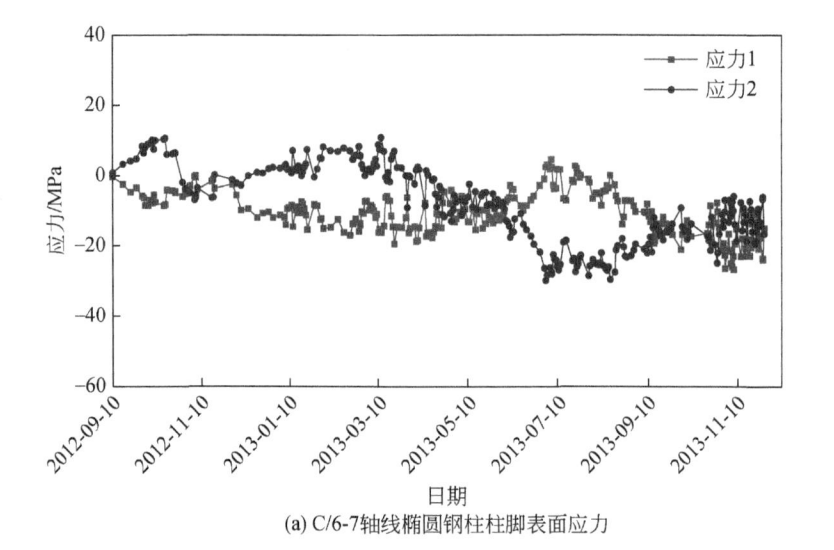

(a) C/6-7 轴线椭圆钢柱柱脚表面应力

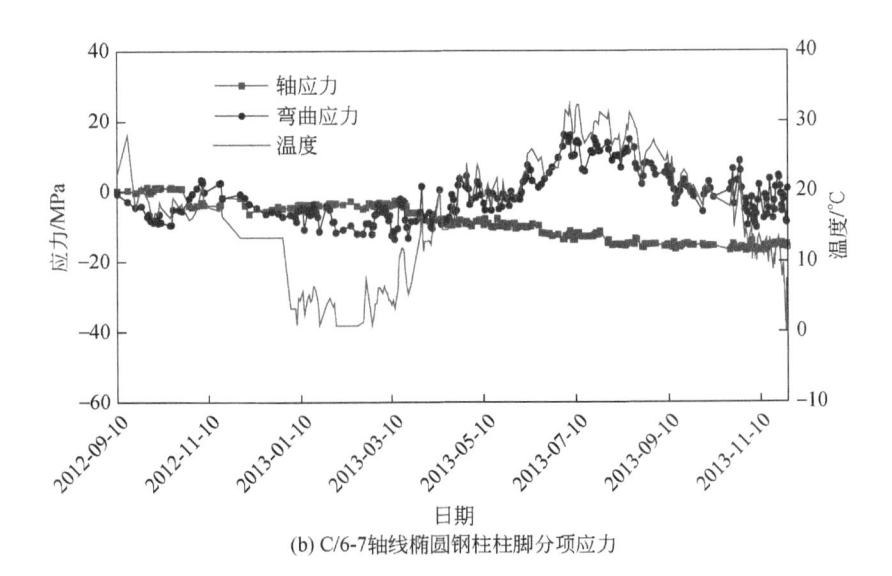

(b) C/6-7轴线椭圆钢柱柱脚分项应力

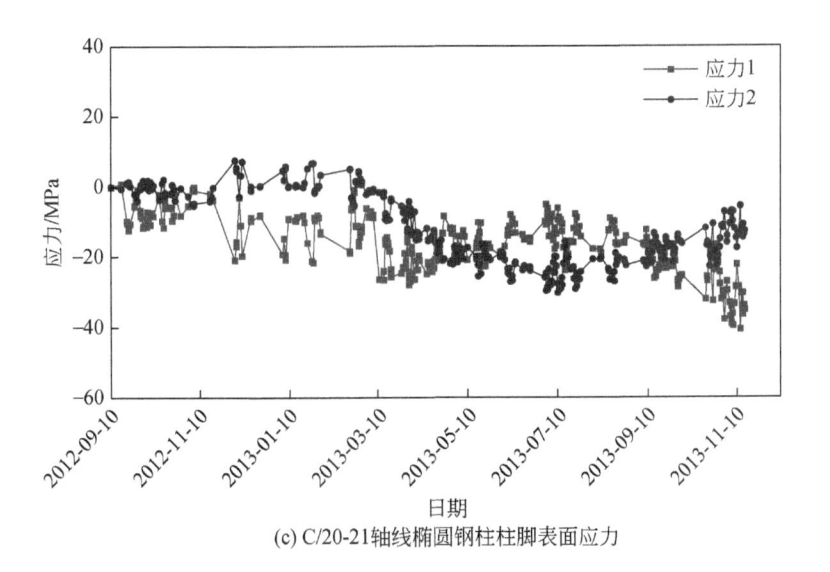

(c) C/20-21轴线椭圆钢柱柱脚表面应力

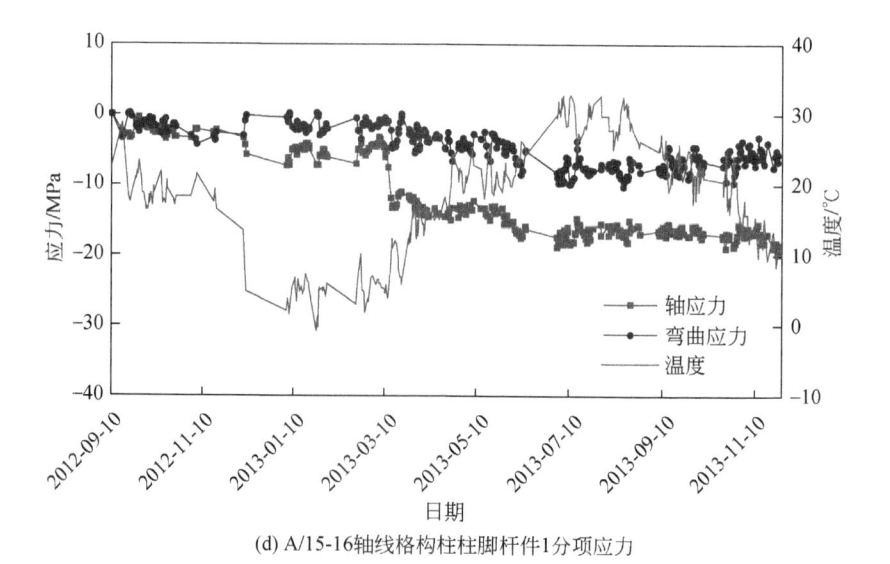

(d) A/15-16轴线格构柱柱脚杆件1分项应力

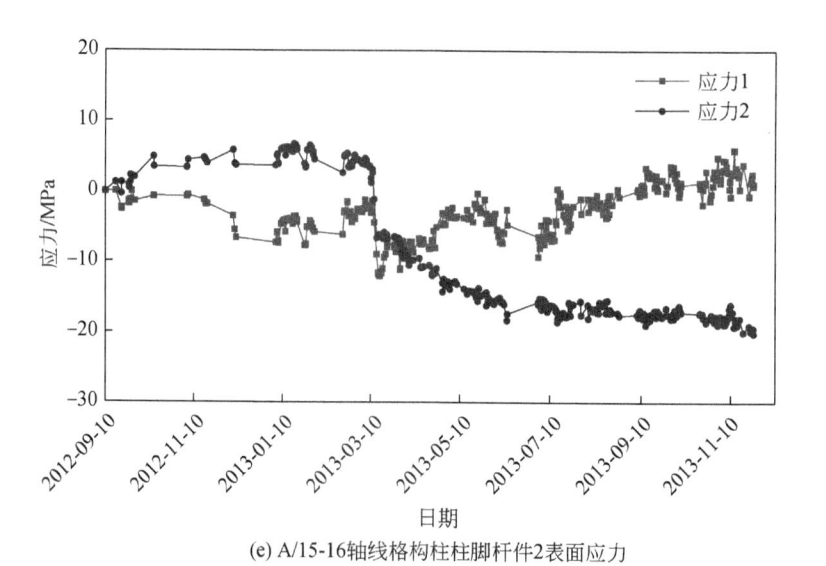

(e) A/15-16轴线格构柱柱脚杆件2表面应力

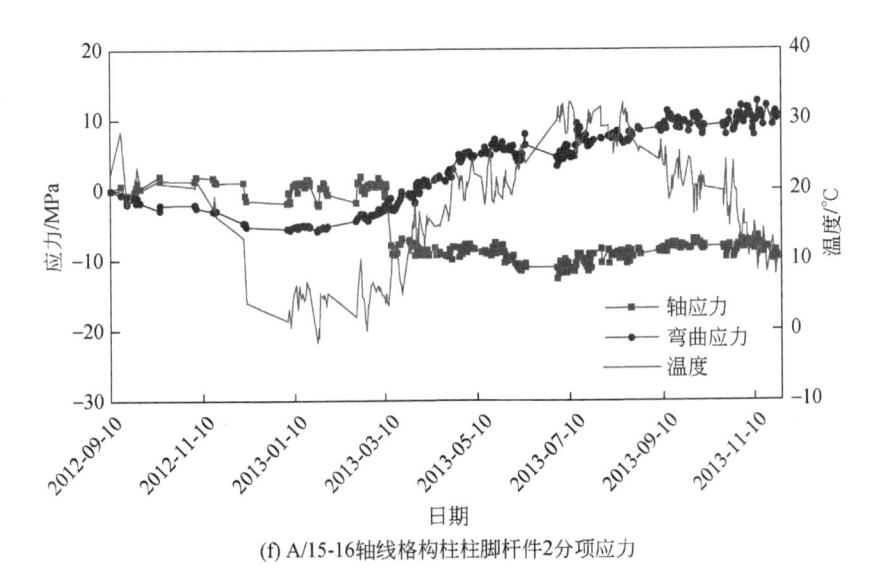

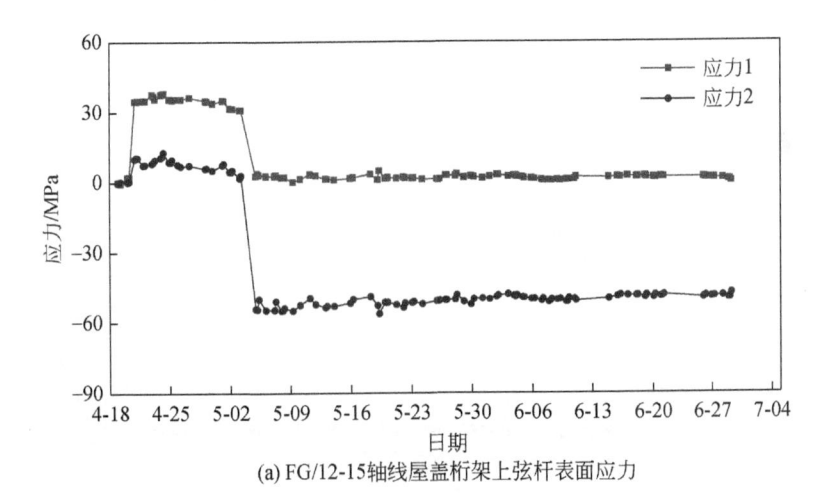

(f) A/15-16轴线格构柱柱脚杆件2分项应力

图11.2.22 杭州东站格构柱柱脚杆件测点应力时程曲线

(a) FG/12-15轴线屋盖桁架上弦杆表面应力

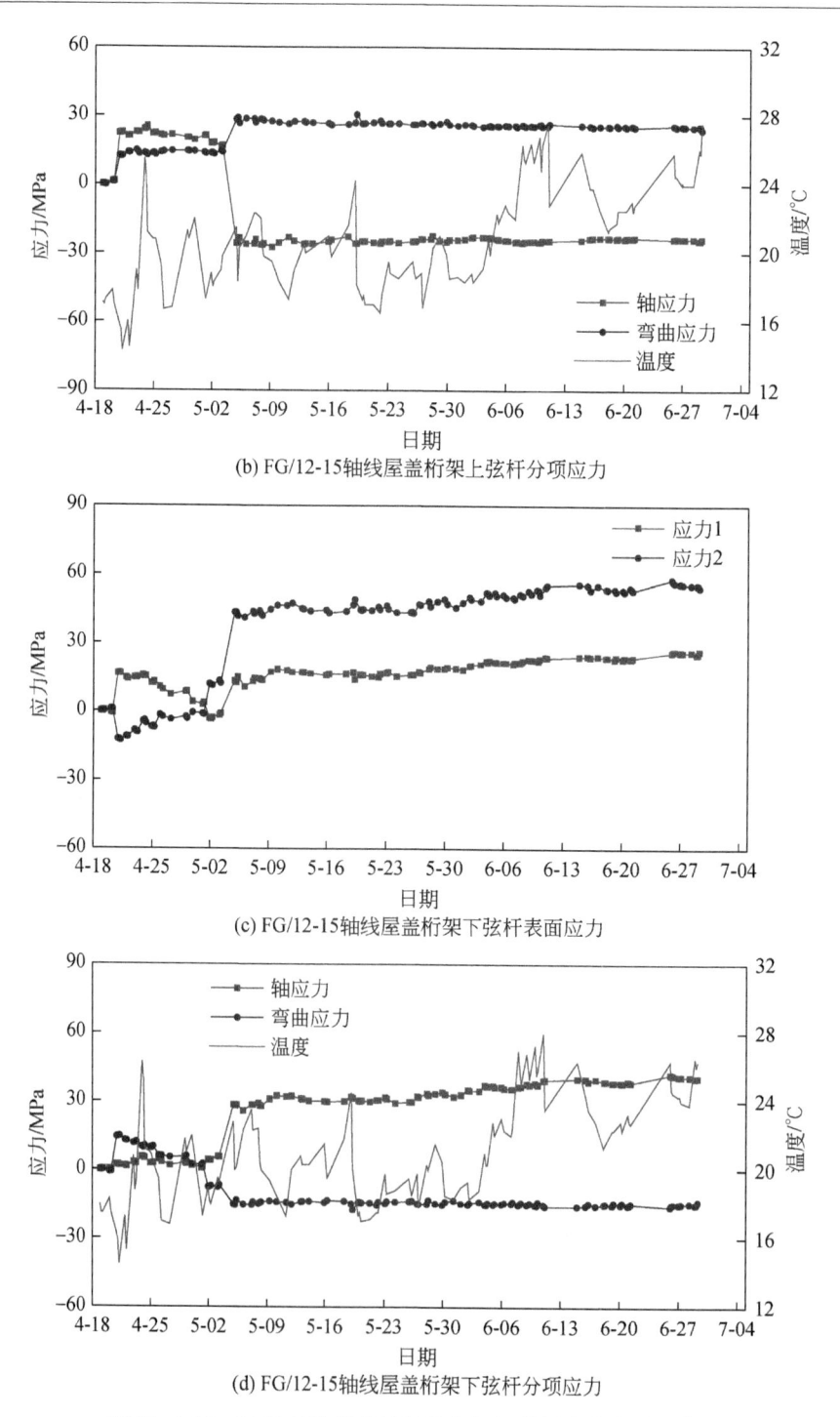

(b) FG/12-15轴线屋盖桁架上弦杆分项应力

(c) FG/12-15轴线屋盖桁架下弦杆表面应力

(d) FG/12-15轴线屋盖桁架下弦杆分项应力

图 11.2.23　2013年杭州东站屋盖桁架杆件测点应力时程曲线

由图 11.2.21～图 11.2.23 可以看出,倾斜椭圆钢柱和格构柱轴向应力在屋盖成形过程中过渡平稳,并随时间缓慢增长,表明上部结构自重随时间延长不断增加,与实际施工进度相符。屋盖桁架上下弦杆拉压应力增量水平相当,符合结构设计,在安装就位后,应力波动较小。自身桁架吊装和相邻吊装时的应力变化呈现相反的趋势,表明桁架拼装过程中产生了拼装应力和焊接残余应力。就现场施工进度来看,结构在荷载下的响应处于正常范围,屋盖主体结构成形后,结构的受力情况趋于稳定,所有监测部位的构件应力增量水平维持在约 70MPa 以内,处于低应力状态。

3. 测点数据关联性分析

应用 4.2 节的方法,以图 11.2.24 所示区域为例,讨论测点数据相关性。图中长向为沿轨道向,短向为垂直轨道向,"V"表示竖向主桁架下弦,"H"表示水平向主桁架下弦,数字表示杆件号。选择 7 天期间该区域部分测点的应变值作为数据来源,分析这些数据构成的时间序列的内在关联特征。

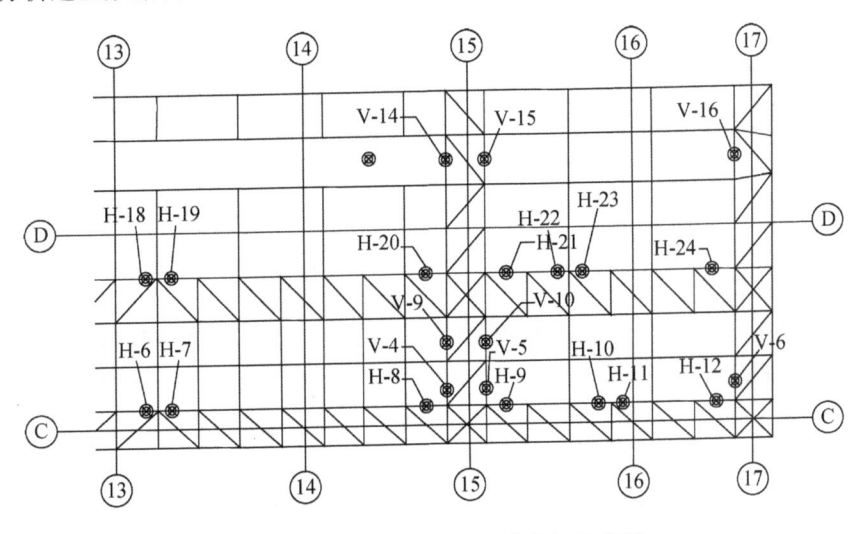

图 11.2.24 杭州东站各测点位置及编号

根据 4.2 节计算方法,计算上述各均值标准化数列的关联系数,其中分辨系数 ρ 取 0.5,得到各比较数列 $x_i(i=1,2,\cdots,25)$ 对标准数列 x_0 的关联系数 $\xi_i(k)(i=1,2,\cdots,25)$,再计算不同数列各自关联系数的平均值,即关联度 $\gamma_i(i=1,2,\cdots,25)$,见表 11.2.2,并以该关联度作为衡量比较数列 $x_i(i=1,2,\cdots,25)$ 与标准数列 x_0 相关程度的指标。

表 11.2.2　杭州东站各比较数列对标准数列的关联度

测点号	35-1	35-2	35-3	35-4	36-1	36-2	39-1	39-2	39-3
数列号	x_1	x_2	x_3	x_4	x_5	x_6	x_7	x_8	x_9
关联度	0.71	0.66	0.60	0.66	0.51	0.46	0.73	0.67	0.54
测点号	39-4	40-1	40-2	41-1	41-3	41-4	42-1	42-2	42-3
数列号	x_{10}	x_{11}	x_{12}	x_{13}	x_{14}	x_{15}	x_{16}	x_{17}	x_{18}
关联度	0.62	0.69	0.63	0.74	0.70	0.72	0.78	0.78	0.77
测点号	42-4	43-1	43-2	44-1	44-2	44-3	44-4	—	—
数列号	x_{19}	x_{20}	x_{21}	x_{22}	x_{23}	x_{24}	x_{25}		
关联度	0.73	0.59	0.61	0.66	0.68	0.67	0.72		

以各比较数列的灰色关联度大小反映各种随机工况、不确定环境因素共同作用下周边测点与目标测点在监测数据构成的时间序列上的内在关系。从表 11.2.2 可以看出，以 41-2 号测点为参考点，其周边测点的关联度大小与测点所在位置紧密相关，距离参考点越近的测点，其监测到的应变数据序列的变化情况与参考点监测数据的变化趋势越接近，而距离参考点较远的测点，其应变数据序列的变化趋势就没有太大的相关性。这是符合实际情况的，因为距离越近的测点，其监测的结构部位也越接近，测点之间存在的杆件也越少，这样结构在各种荷载作用下产生的应力应变、位移、加速度等响应不会经过太多衰减而传递到相邻测点上，监测到的数据的几何变化趋势也就更加接近。

虽然各测点与参考点的监测数据大致呈现与距离正相关的规律，但两者之间也不是简单的线性关系。例如，杆件 H-22 和杆件 H-8 在位置上均和参考点所在的杆件 V-9 相距一榀桁架，但杆件 H-22 上的两个测点 39-1、39-2 与参考点 41-2 的关联度为 0.73、0.67，远小于杆件 H-8 上的两个测点 42-1、42-3 与参考点 41-2 的关联度为 0.78、0.77。此外，从表 11.2.2 中还可以发现，存在个别测点与参考点相距较远，但其关联度却大于参考点周边测点的特殊情况。如杆件 V-14 和杆件 H-9，虽然从位置上看，杆件 H-9 更接近参考点所在的杆件 V-9，但其测点 43-1、43-2 与参考点 41-2 的关联度仅为 0.59、0.61，远小于杆件 V-14 上的测点 35-1、35-2 与参考点 41-2 的关联度 0.71、0.66，两者的区别在于杆件 V-14 和参考点 41-2 所在的杆件 V-9 处于同一榀竖向主桁架的下弦杆上，而杆件 H-9 位于另一水平向主桁架的下弦杆上，不同向桁架的跨度、支撑条件、传力途径不同，在外部激励荷载作用下产生的结构响应及衰减规律也就相对独立，因此尽管杆件 H-9 与杆件 V-9 相距更近，但测点监测到的应变数据关联度也就没有同一榀桁架上杆件 V-14 测点监测到的应变数据关联度大。可见，基于灰色关联理论得到的监测数据关联度并不是对各测点之间距离的简单反映,而是在分析监测数据构成的时间序列变化规律的基础上得到的结构不同位置的应变关联特征。

4. 振动监测数据分析

2012年4月28日14时40分至15时对Q/10-12轴线椭圆钢柱脚及屋盖桁架的振动加速度进行监测,此时段有轻型客车和重型货车经过,以此次监测中动力响应较为明显的测点为例,其振动时程曲线如图11.2.25所示。

由图11.2.25可以看出,列车经过时对上部结构产生了振动影响,最大加速度水平方向为0.180m/s²,竖直方向为0.143m/s²。不同重量级列车和车速对上部结构产生不同程度的振动影响,重型货车产生的振动幅值约是轻型客车产生的振动幅值的约1.51倍,车速越快,振动越大。在振动的传递路径上,椭圆钢柱柱脚部位的振动显著大于屋盖桁架,结构振动随高度增加不断减弱。

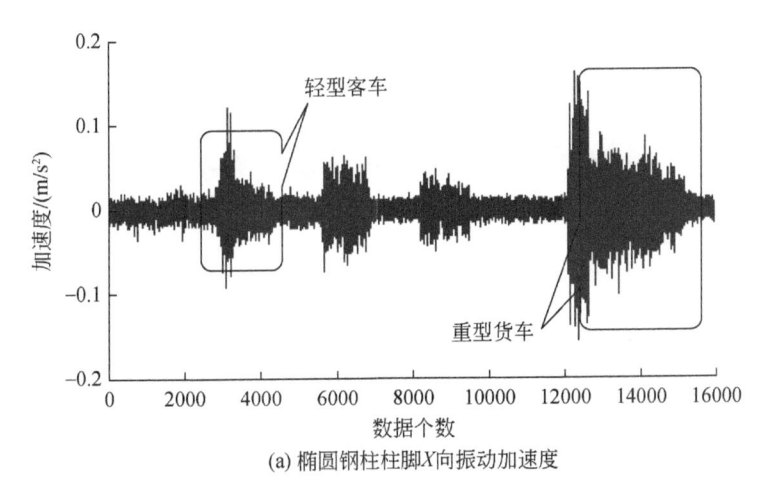

(a) 椭圆钢柱柱脚X向振动加速度

(b) 屋盖桁架X向振动加速度

(c) 椭圆钢柱柱脚Y向振动加速度

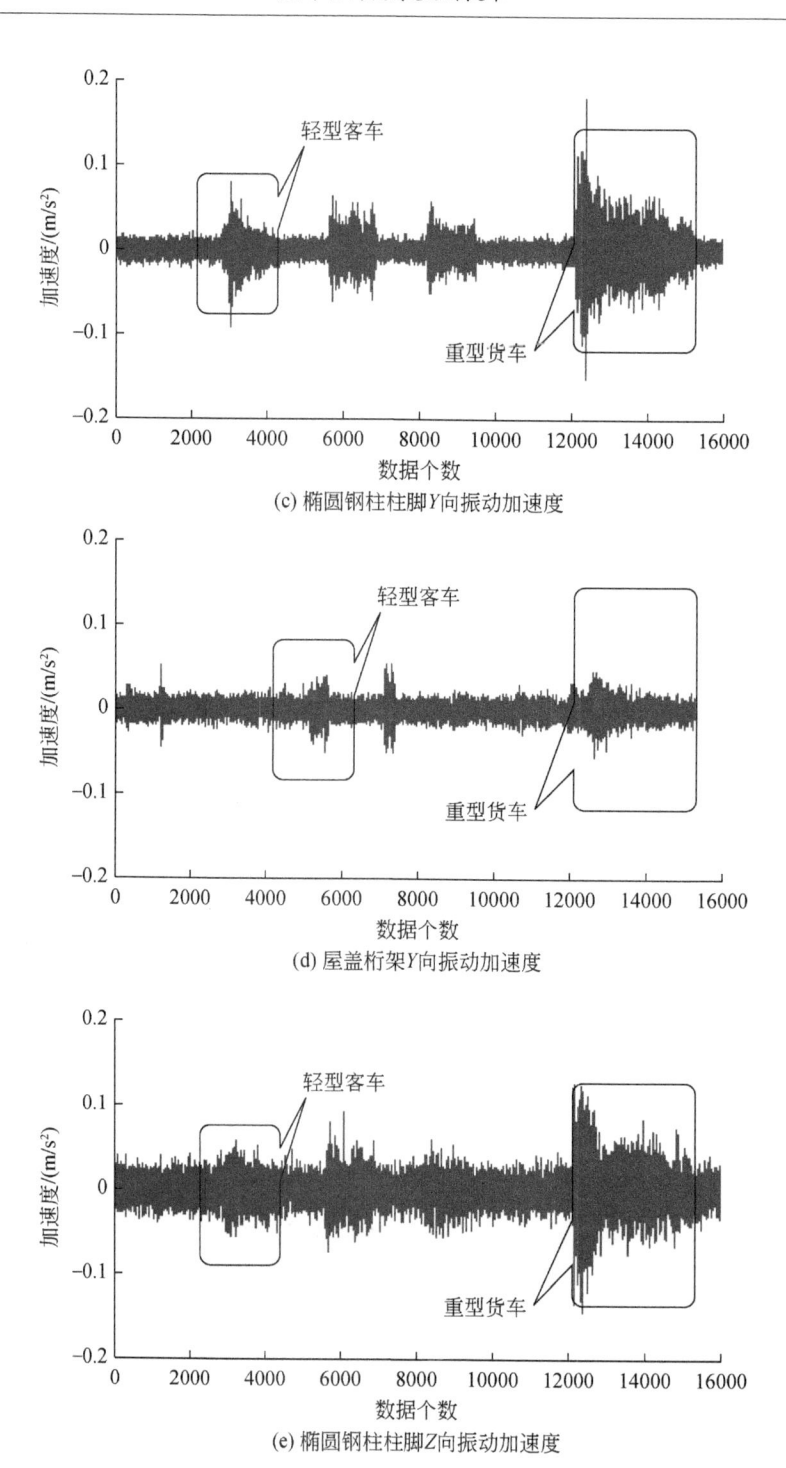

(d) 屋盖桁架Y向振动加速度

(e) 椭圆钢柱柱脚Z向振动加速度

(f) 屋盖桁架Z向振动加速度

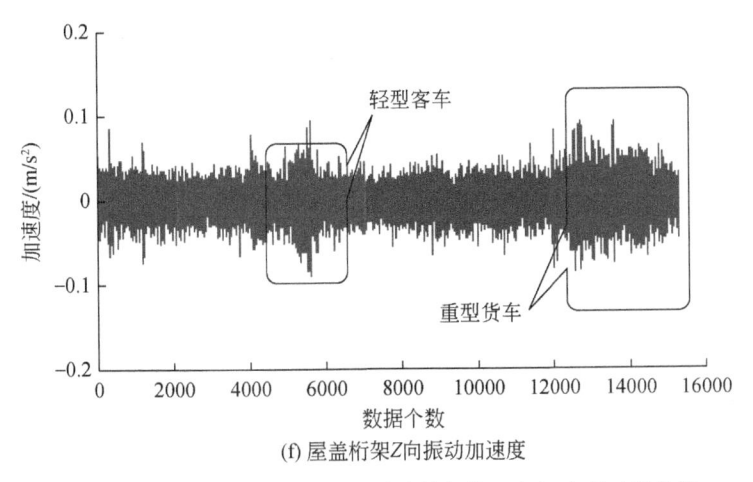

图 11.2.25　杭州东站列车经过时关键部位三向加速度时程曲线

5. 屋面风荷载分析

杭州东站屋盖周边地貌较为开阔,周边以平地、树木、草地、铁路和城市道路为主,除东北、东南方有两幢明显的高楼外,其他方向在屋盖周围300m内没有特别明显的高层或大型建筑,如图11.2.26所示,周边地貌属于《建筑结构荷载规范》(GB 50009—2012)的 B 类地貌。

图 11.2.26　杭州东站周边地貌

1) 实测风速结果分析

图 11.2.27 所示为实测风速风向时程结果,其中,α_1、V_1 分别表示测点 1 的风速和风向,α_2、V_2 分别表示测点 2 的风速和风向,实测的最大风速为 12.19m/s,最小风速为 1.17m/s。图 11.2.28 所示为实测风速风向玫瑰图,玫瑰图的坐标方向与图 11.2.26 坐标方向一致,可见风向稳定在 NNE 附近。风向分布较为集中,且各个风向角下不同风速的比例较为一致。

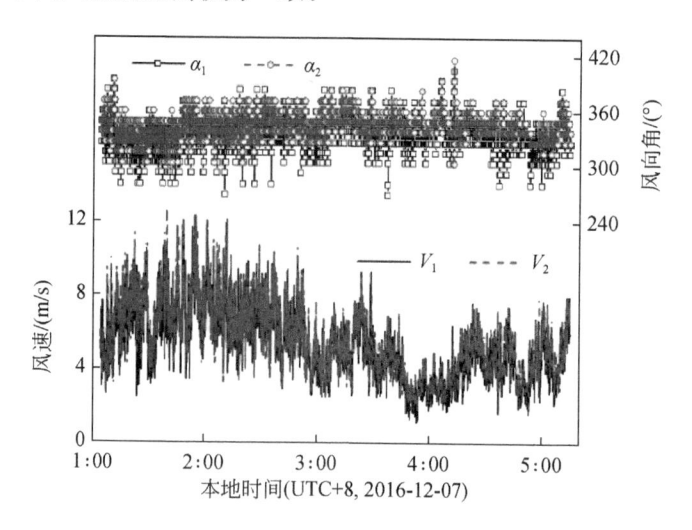

图 11.2.27 杭州东站实测风速风向时程结果

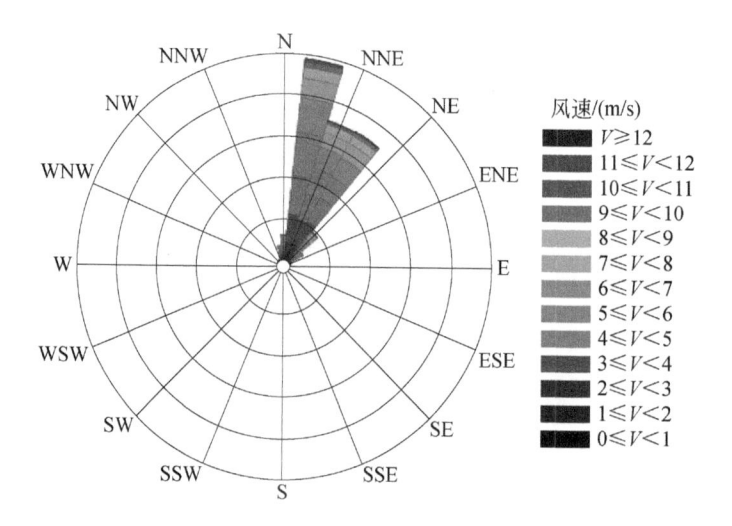

图 11.2.28 杭州东站实测风向玫瑰图

2) 实测风压结果分析

(1) 风压结果特性。

选择各区域 10min 平均风速最大值和最小值的时距数据进行对比,见表 11.2.3。可见无论风速大小,迎风边缘的风压测点均出现了较大的平均负压,脉动风压标准差也是三个测点中的最大值,且极值负压均超出了 3 倍标准差的范围,迎风边缘处出现了较强的非高斯特性。随着与迎风边缘的距离增加,风压平均值的绝对值逐渐下降,P41 与 P44 相比脉动风压变化相对较小,此时脉动风压更多来自脉动风速。当风速降低后,各个点的实测风压绝对值均大幅下降,但不同测点的相对大小关系仍然保持一致。

表 11.2.3　杭州东站实测风压结果统计

测点号	风压/Pa 平均值	标准差	最大值	最小值	峰度	偏度	备注
P21(迎风边缘)	-27.43	13.74	1.50	-100.50	5.43	-1.25	平均风速最大的时段 (7.99m/s)
P41(中部区域)	-13.52	2.56	-2.70	-24.70	3.54	-0.06	
P44(背风边缘)	-8.26	2.80	-1.80	-16.80	2.84	-0.63	
P21(迎风边缘)	-7.96	4.33	0.50	-24.50	2.57	-0.21	平均风速最小的时段 (2.73m/s)
P41(中部区域)	-5.45	1.25	-2.70	-9.70	3.01	-0.15	
P44(背风边缘)	-4.26	1.65	1.20	-9.80	4.01	-0.34	

(2) 风压系数结果。

首先将屋盖上测点按照图 11.2.29 所示的 5 个区域进行分组,并对每组中所有测点的瞬时风压系数进行统计,得到 5 个区域风压系数的直方图分布和累积百分比曲线,如图 11.2.30 所示。可见每块区域基本均为负压,且风压都出现了较强的非高斯特性,负压部分出现了较长的拖尾。来流风向角并非 F 区对应的方向,而更偏向于 0° 的另一侧,因此在 F 区并未出现强烈的锥形涡,因此 F 区的风压系数与真正的迎风边缘 G 区相比,其绝对值相对较小。迎风边缘 G 区的非高斯特征相对最大。而 H、I、J 三块区域的风压系数分布较为相似,说明对于坡度较小的双坡屋面,这三块区域可采用统一的风压系数进行风荷载估计。

表 11.2.4 列出了各区域实测风压系数平均值,并与中国规范、欧洲规范进行比较。

图 11.2.31 为平均风速最大的 10min 时段内不同区块的风压功率谱和风速功率谱的对比。图中横坐标为无量纲频率 f,纵坐标为标准化后的功率谱,深度方向第一条曲线为风速功率谱,后续各条曲线分别为不同区域对应的风压功率谱,其中 x 表示区域与迎风边缘的距离,B 表示屋盖顺风向的长度。

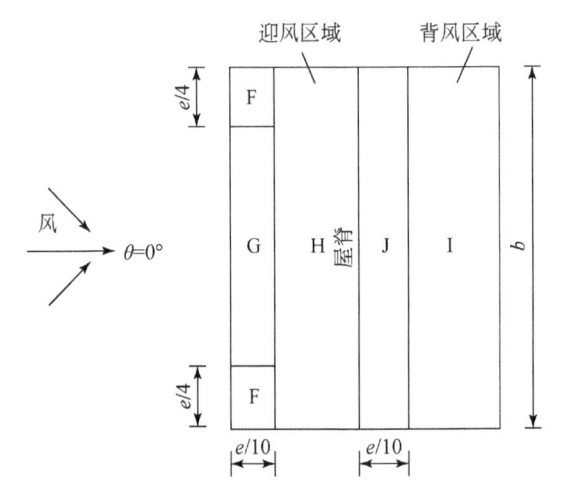

图 11.2.29 我国规范双坡屋面围护结构局部体型系数区域划分

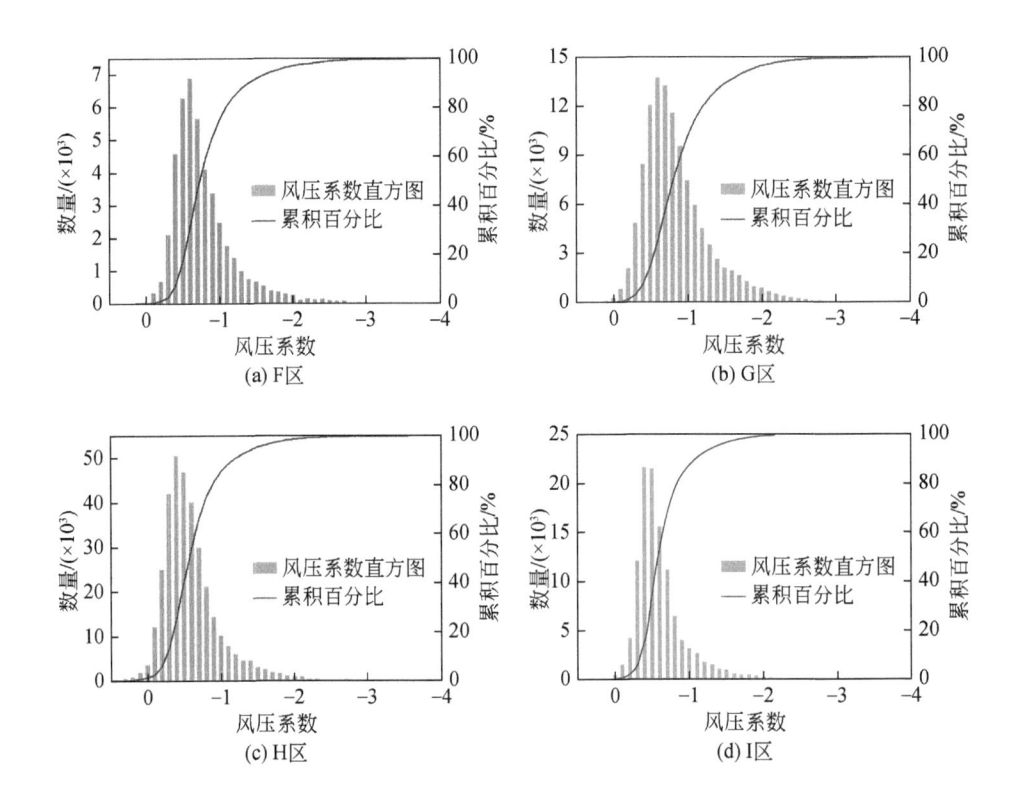

(a) F区

(b) G区

(c) H区

(d) I区

(e) J区

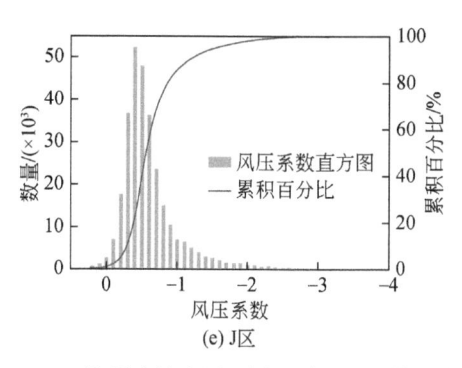

图 11.2.30　杭州东站实测不同区域风压系数统计结果

表 11.2.4　杭州东站实测风压系数平均值与规范对比结果

区域	整体风压系数(中国规范)	整体风压系数(欧洲规范)	实测风压系数平均值
F区		−1.7	−0.74
G区	−0.58	−1.2	−0.81
H区		−0.6	−0.56
I区	−0.49	−0.6	−0.54
J区		−0.6	−0.55

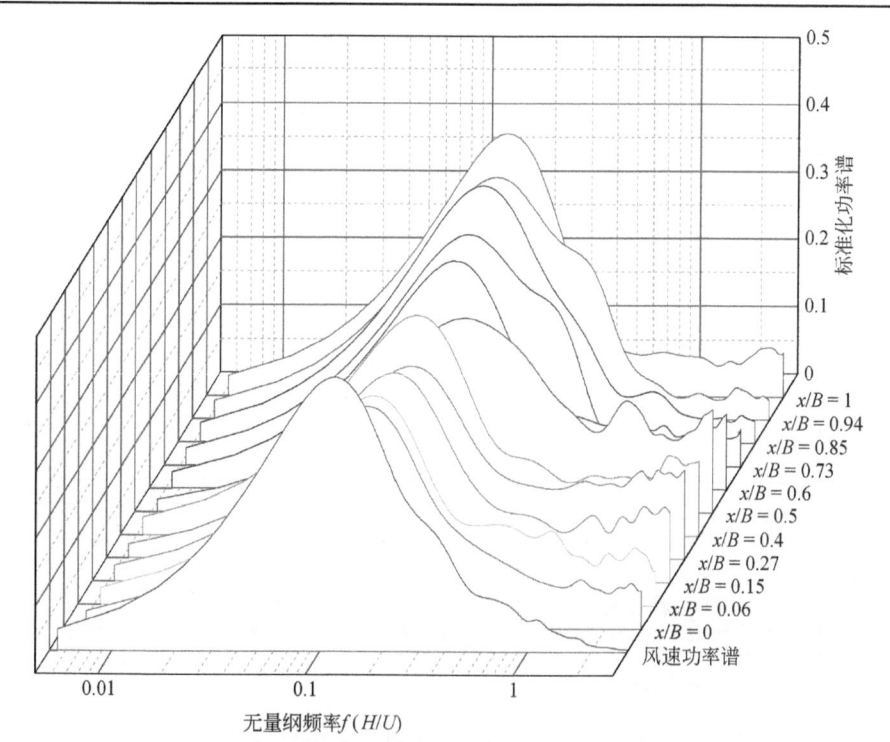

图 11.2.31　杭州东站实测不同位置脉动风压功率谱和风速功率谱的对比

从实测结果来看,迎风边缘($x/B=0$ 处)就已经出现了一定程度的中高频部分,在迎风屋盖 $x/B=0.27$ 后高频部分在逐渐增大;当到背风屋盖侧 $x/B=0.6$ 时,风压功率谱的高频部分开始逐渐降低,说明屋盖表面的脉动风压大部分受到较小尺度旋涡的影响。

3) 风荷载时空相关性分析

大跨度屋面上不同位置的脉动风荷载通常具有一定的相关性,脉动风的相关性主要表现在脉动风压在不同区域上存在"此消彼长"的特性,该相关性与旋涡尺度和旋涡的运动轨迹密切相关。在屋盖结构的风振响应分析时,这种荷载输入的相关性通常具有重要影响。为探究不同区域脉动风荷载的内在联系,对大跨度屋盖表面的风压时空相关性进行分析。

图 11.2.32 所示为杭州东站顺风向多个风压测点的风速时程曲线。可以看

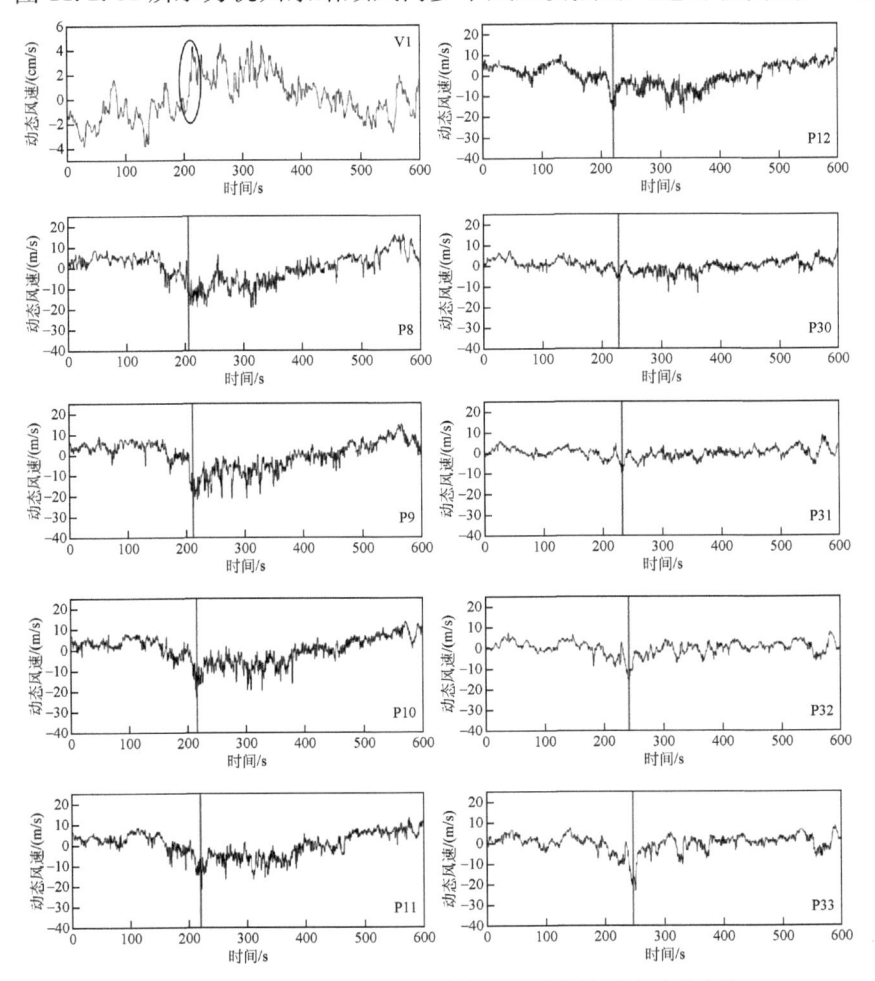

图 11.2.32 杭州东站顺风向多个风压测点的风速时程曲线

出,风速时程曲线在椭圆框内的时间出现了迅速增加的情况,然而不同测点并非同时出现这种变化趋势。实测结果分析表明,脉动风压在屋盖表面出现了按平均风速迁移的现象。而随着旋涡的推进,其湍流特征在逐渐变化,因此当测点之间的距离较远时,可认为两点之间是相互独立的脉动荷载,而距离较近测点的脉动风压荷载之间会出现明显的相关性,并且存在一定的行波效应。

为了定量分析不同测点的时间差异,计算了该系列风压测点相对于中心测点P12的互相关函数,提取了函数达到峰值时的时间差以及相关系数,并以测点与P12的水平距离为横坐标作图,如图11.2.33所示。可见随着横坐标从迎风区域逐渐变化到背风区域时,测点之间的时间延时逐渐增加,由于参考测点为P12,当横坐标为0时,时间差为0。接着,利用线性拟合得到该延时变化随距离的变化函数,拟合直线的斜率的倒数即为该延时的传播速率。由图中可见,拟合的速率为7.06m/s,与该时距下的平均风速6.5m/s差异较小,误差仅为8.6%,进一步说明脉动风压的行波效应与平均风速存在一定的相关关系。

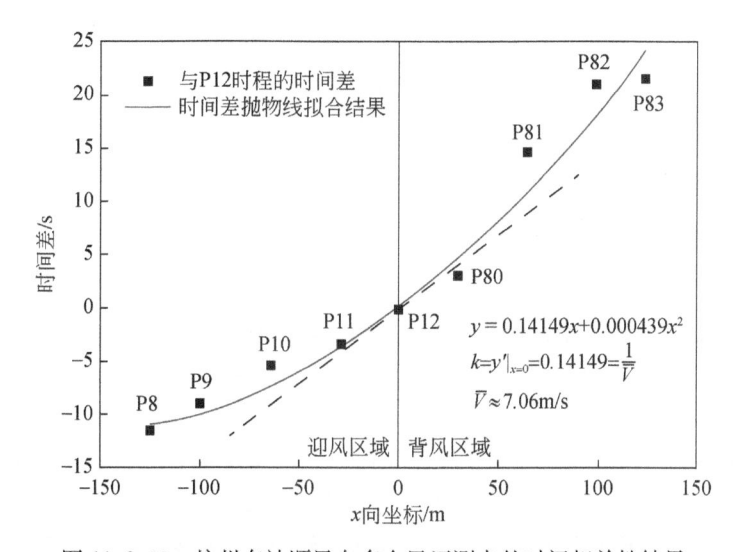

图11.2.33 杭州东站顺风向多个风压测点的时间相关性结果

为了检验上述结论是否适用于整个屋面的脉动风荷载,对所有测点的所有时段均做了相同的分析。然而,如果此时对于所有测点仍使用P12为所有测点的参考测点,将会出现一些明显错误的结果。这是由于当有些测点距离P12过远时,其脉动风压与P12测点的脉动风压的相关性大幅降低,几乎可认为是不同的湍流旋涡造成的。本节计算了不同测点与P12的相关系数,如图11.2.34所示。

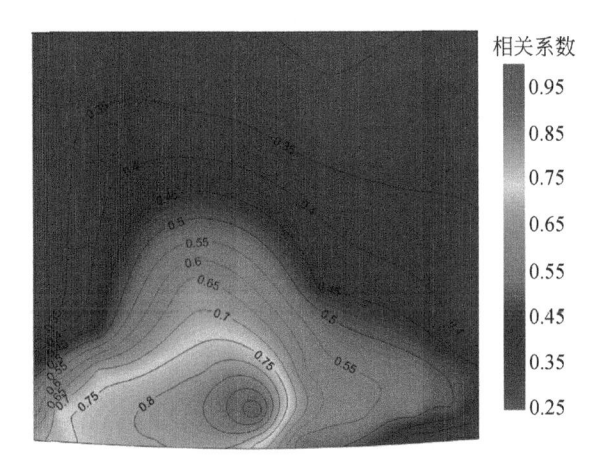

图 11.2.34　杭州东站风压测点与 P12 的相关系数

11.3　襄 阳 东 站

11.3.1　工程概况

1. 工程简介

襄阳东站位于襄阳市东南方向东津新区南部中环线与内环线东延段之间,紧邻人口密集的襄阳技师学院,距离襄城区约 9km,距离襄州区约 11km,总建筑面积 22.26 万 m^2。工程效果如图 11.3.1 所示。

襄阳东站的主体结构一共有 5 层,其中地上 3 层,地下 2 层,站房面积近 8 万 m^2。地上第三层为高铁候车层及商业夹层,主要是高架候车室及旅客服务;地上第二层为高铁站台层,包括进站厅、售票厅、基本站台候车室及铁路站台;地面层为出站客流集散区,有公交枢纽站、公路客运站、出站通道、集散广场等。地下一层为城市轨道站厅层,有轨道站厅、地下停车场;地下二层为城市轨道站台层,设置有轨道 2 号线和 3 号线站台。主体结构耐久年限为 100 年,工程等级及结构安全等级为一级。

2. 结构体系

本工程站房主体结构自下而上结构形式分别如下。

(1) 负一层地下室(-2.00m 标高,顶板):采用混凝土框架结构,与上部承轨柱对接的框架柱采用型钢混凝土柱,其余柱采用钢筋混凝土柱,结构梁采用钢筋混

图 11.3.1 襄阳东站

凝土梁,楼板为现浇混凝土板。

(2) 出站层设备夹层(5.40m 标高,屋面板):混凝土框架结构,局部柱为型钢混凝土柱。

(3) 承轨层(8.87m 标高):型钢混凝土柱+型钢混凝土框架梁+钢筋混凝土次梁+现浇混凝土楼板(配置缓黏结预应力筋),承轨层结构设缝分成 9 块,横轨向分别以 2 条正线桥分缝,顺轨向设两道抗震缝。

(4) 站台层(11.00m 标高):股道站台采用混凝土框架结构;线侧站房及落客平台区域采用型钢(钢管)混凝土柱+型钢混凝土框架梁+钢筋混凝土次梁+现浇混凝土楼板(配置缓黏结预应力筋),南、北落客平台分别与南、北高架匝道桥设缝分开。

(5) 高架候车层:型钢(钢管)混凝土柱+型钢混凝土框架梁+钢筋混凝土次梁+现浇混凝土楼板,高架候车层设两道抗震缝,分成三块。

(6) 高架商业夹层:钢框架+钢桁架+现浇混凝土楼板,设两道抗震缝。

(7) 屋盖:空间钢网格结构,钢屋盖不分缝,整体长度约 350m。

(8) 线间立柱站台雨棚:钢框架,与站房柱连接端采用长圆孔滑动连接构造。

(9) 站台立柱站台雨棚:Y 字形两端悬挑钢结构。

襄阳东站站房主体结构三维模型如图 11.3.2 所示。

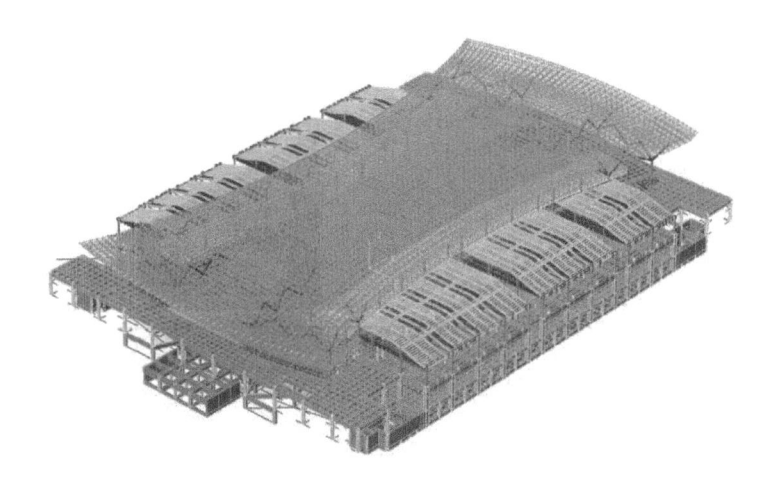

图 11.3.2 襄阳东站站房主体结构三维模型

11.3.2 监测内容

在施工阶段对襄阳东站结构关键构件的内力和位移进行监测，把握结构在提升施工过程中的应力累积规律。在施工阶段应力和位移监测的基础上，运营阶段主要增加对结构振动及风环境的监测。各监测内容对应的测点在襄阳东站的安装效果如图 11.3.3 所示。

11.3.3 测点布置

襄阳东站各类测点布置的主要依据是结构模拟分析和建筑图纸分析结果，在此基础上，基于以下原则布置测点。

(a) 网架应力应变传感器一 　　(b) 网架应力应变传感器二

(c) 网架位移传感器　　　　　　(d) 网架无线加速度传感器

(e) 网架风速风向传感器　　　　　(f) 网架风压传感器

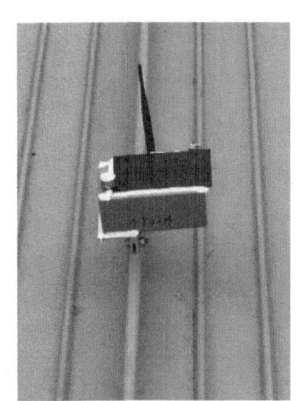

图 11.3.3　襄阳东站传感器安装效果图

（1）应力应变测点布置在结构受力较大的构件、对结构整体工作起关键性作用的构件和对外部荷载较为敏感的构件上。

（2）位移测点主要布置在变形较大的部位，对于屋盖网架这类整体结构，在此基础上测点布置还要能体现整体变形性能。

（3）加速度测点布置在结构动力响应较明显的区域。

（4）混凝土结构的测点布置在同一轴线的连续梁上。

（5）各类测点的布置遵循对称原则。

各类测点布置汇总见表 11.3.1。

表 11.3.1　襄阳东站测点布置汇总

序号	监测内容	监测位置	监测设备	设计测点数
1	位移	屋盖网架	全站仪/GPS/DIC/激光	86
2	应力应变(温度)	屋盖网架 屋盖下方斜撑 承轨层 高架候车层(幕墙部分)	振弦式应力应变传感器	548
3	加速度	屋面 承轨层	无线加速度传感器	49
4	风速风向	屋面	风速风向传感器	5
5	风压	屋面	风压传感器	51

11.3.4　数据分析

1. 网架提升过程内力分析

根据现场施工情况,襄阳东站站房分为 4 个提升区域,如图 11.3.4 所示。其中,T1 区面积和质量最大,质量约为 2610t,面积约为 21500m²,T1 区共设置提升点 50 个。主要对 T1 区提升及卸载过程中网架关键杆件内力的实测结果进行分析。T1 区提升点布置图如图 11.3.5 所示。网架提升现场照片如图 11.3.6 所示。

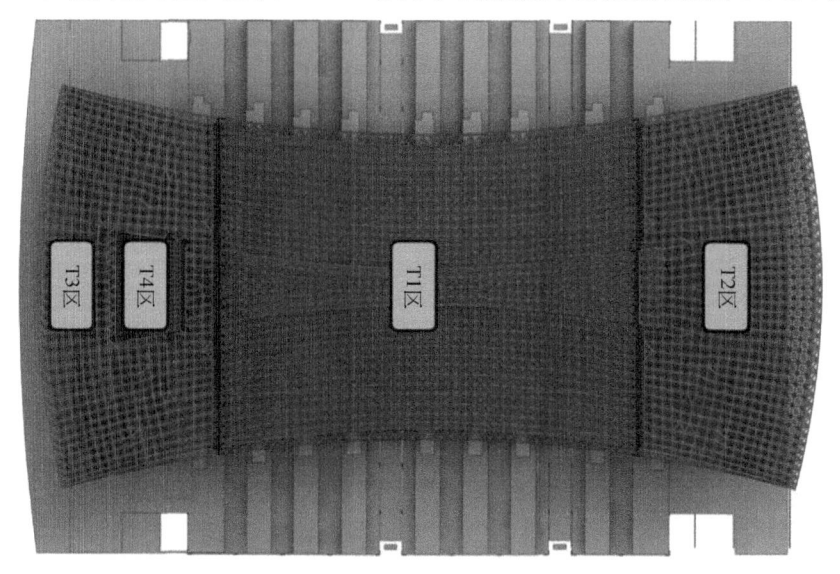

图 11.3.4　襄阳东站提升区域划分示意图

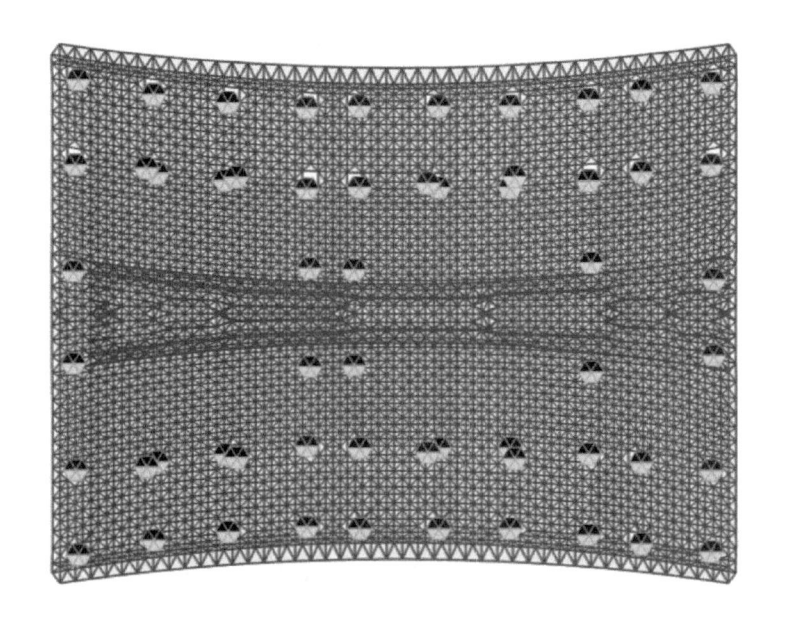

图 11.3.5 襄阳东站 T1 区提升点布置图

图 11.3.6 襄阳东站网架提升

T1 区网架提升监测主要分为四个阶段：第一阶段是网架的悬停，为检测提升系统的性能，在提升前一天晚上将网架提离地面，并悬停一晚；第二阶段是网架的提升，将网架从悬停位置逐步提升到指定高度；第三阶段是网架四周提升力的卸载,网架四周提升点设置在支座上方,这部分提升力卸载后,由支座支撑;第四阶段是网架跨中部分提升点提升力的卸载,这部分提升点是提升过程中的临时支撑,卸载后这部分的提升力由四周支座提供。

1) 网架悬停阶段

网架悬停时间内共采集了5次数据,选取支座附近10根监测杆件和跨中的14根监测杆件作为分析对象,得到网架支座附近杆件和跨中杆件的内力变化分别如图11.3.7和图11.3.8所示。从图中可以看出,网架提离地面之前,杆件的内力接近0;网架提离地面时,杆件的内力发生了明显变化;网架提离地面后,悬停阶段中各杆件的内力未发生明显变化,说明悬停平稳,设备能正常工作。与理论值相比,跨中杆件的内力偏大,支座附近杆件内力偏小。

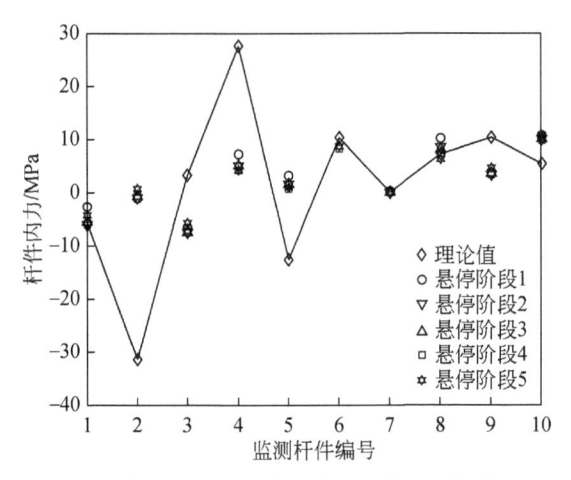

图 11.3.7 襄阳东站网架悬停阶段支座附近杆件的内力变化

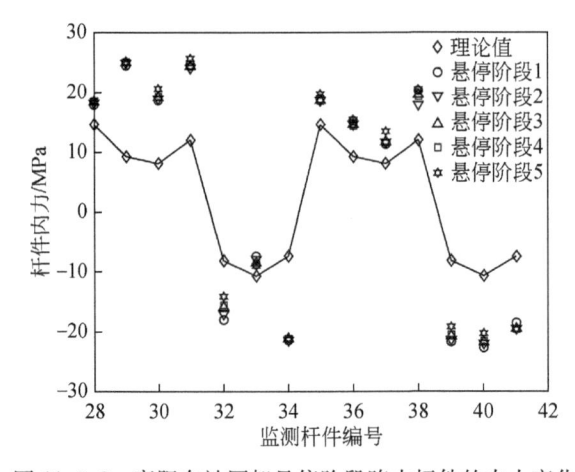

图 11.3.8 襄阳东站网架悬停阶段跨中杆件的内力变化

2) 网架提升阶段

网架提升过程中共采集了 6 次数据,网架提升过程中支座附近杆件和跨中杆件的内力变化情况分别如图 11.3.9 和图 11.3.10 所示。从图中可以看出,提升过程中跨中杆件内力明显高于理论值,随着提升高度的增大,内力变化幅度不大,有逐步增大的趋势,说明随着提升高度的增大,结构整体的跨中弯矩逐渐增大。这也进一步说明,跨中提升力在逐步减小,而更多的提升力由四周提升装置提供。除此之外,支座附近杆件内力和理论值偏差较大,并发生了一定的波动。

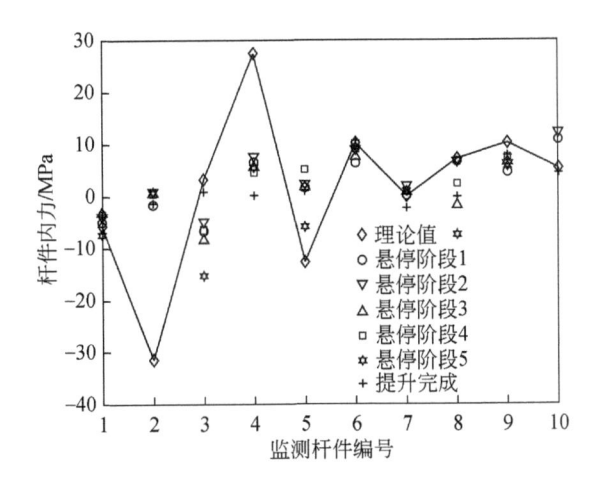

图 11.3.9 襄阳东站网架提升阶段支座附近杆件的内力变化

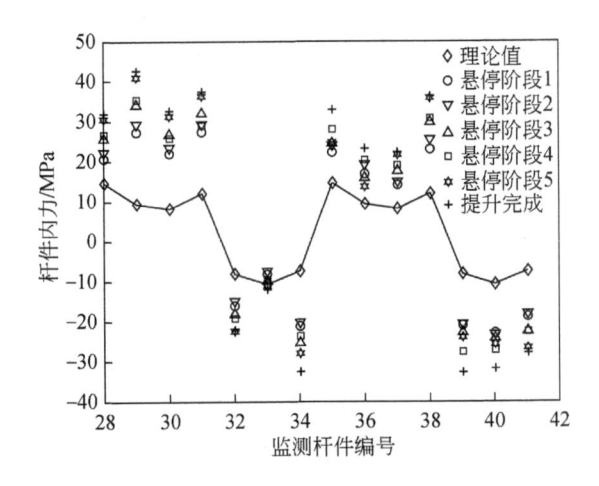

图 11.3.10 襄阳东站网架提升阶段跨中杆件的内力变化

3) 网架四周提升力卸载阶段

网架提升完毕后,先将四周提升力卸载,而网架中间提升架仍然在提供提升力。卸载前后支座附近杆件和跨中杆件的内力变化分别如图 11.3.11 和图 11.3.12 所示。从图中可以看出,当网架四周提升力卸载后,跨中杆件内力减小,并和理论值基本相同,这说明卸载四周提升力之后,跨中提升架提供了更大的提升力,结构此时的受荷状态更加接近理论模型。而支座附近杆件的内力仍与理论值差别较大,并且未体现出明显的变化规律。

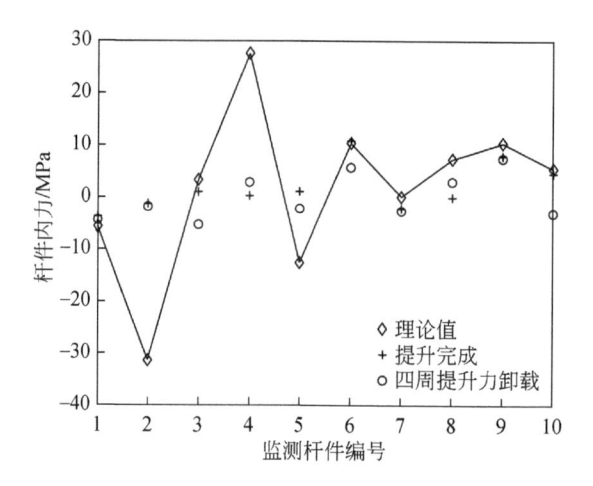

图 11.3.11 襄阳东站四周提升力卸载阶段支座附近杆件的内力变化

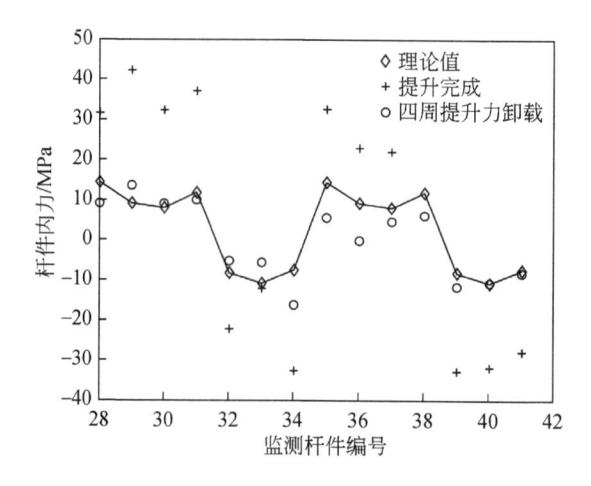

图 11.3.12 襄阳东站四周提升力卸载阶段跨中杆件的内力变化

4）网架跨中提升力卸载阶段

网架提升完成并将支座附近的嵌补杆件嵌补完成之后，进行了跨中部位提升架提升力的卸载，卸载过程中，由于结构边界条件的变化，网架整体的内力都发生了明显变化。其中，跨中内力最为明显，最大应力达到了卸载之前的3~4倍。跨中提升力卸载阶段跨中杆件的内力变化如图11.3.13所示。

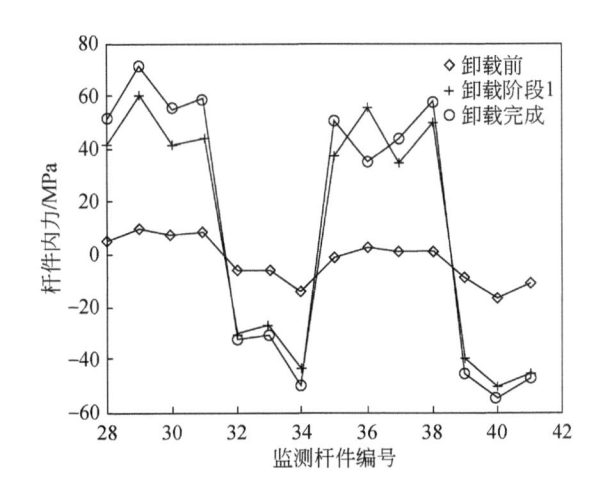

图11.3.13　襄阳东站跨中提升力卸载阶段跨中杆件的内力变化

5）结论

根据网架提升过程中关键杆件内力的实测结果，可以得到以下结论。

（1）悬停阶段和提升阶段，各测点的内力变化很小，提升过程平稳。

（2）悬停阶段和提升阶段，与理论值相比，跨中杆件内力偏大，支座附近杆件内力偏小，说明理论计算模型和实际结构模型有一定的偏差。

（3）四周提升架卸载之后，跨中内力和理论值吻合较好，而支座附近的杆件和理论值有较大差别。假定的边界条件和实际的边界条件有一定的差异，边界条件模拟的误差对支座附近的杆件内力影响较大。

2. 运营阶段监测数据分析

1）网架应力分析

图11.3.14所示为部分测点在2021年1~6月应力变化情况。可以看出，在结构稳定状态下，结构各测点的应力变化量均在10MPa以内，应力变化较小。

(a) 应力测点24-1

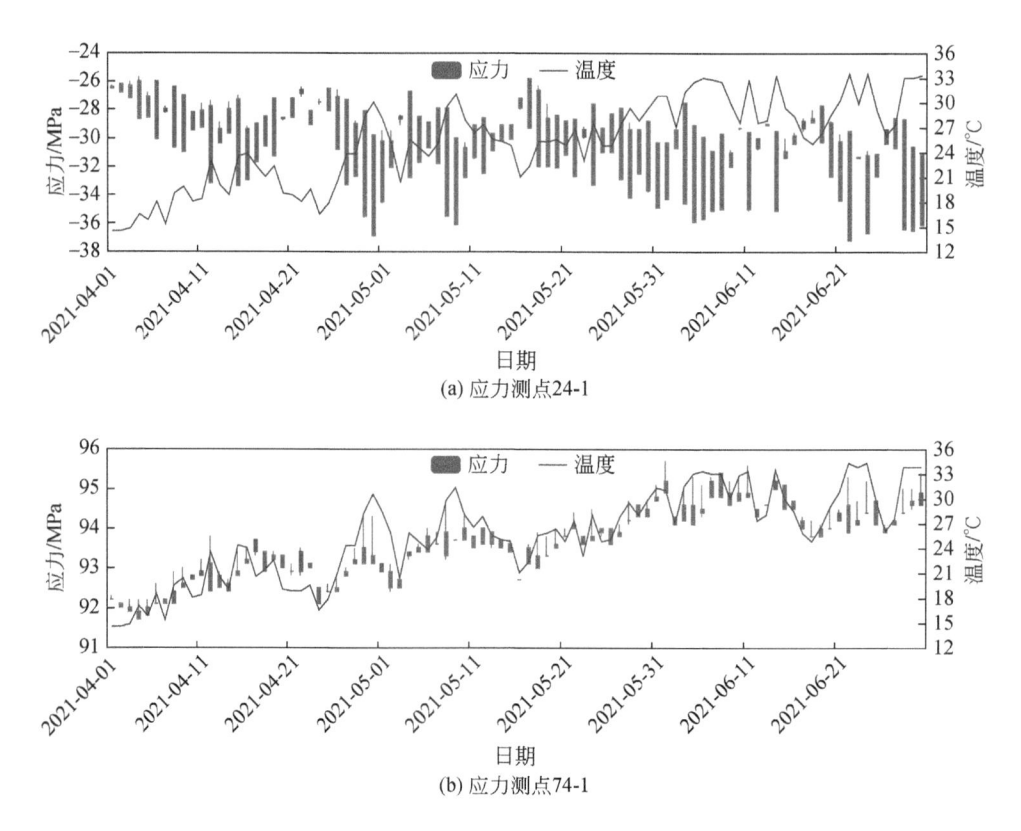

(b) 应力测点74-1

图 11.3.14　襄阳东站网架典型测点应力变化 K 线图

2）支撑支座应力分析

支撑支座部分的传感器在网架卸载后安装，在安装时构件已经受力，因此这部分应力仅能反映结构在屋面荷载施加及温度作用下内力的变化情况。典型测点应力变化曲线如图 11.3.15 所示。

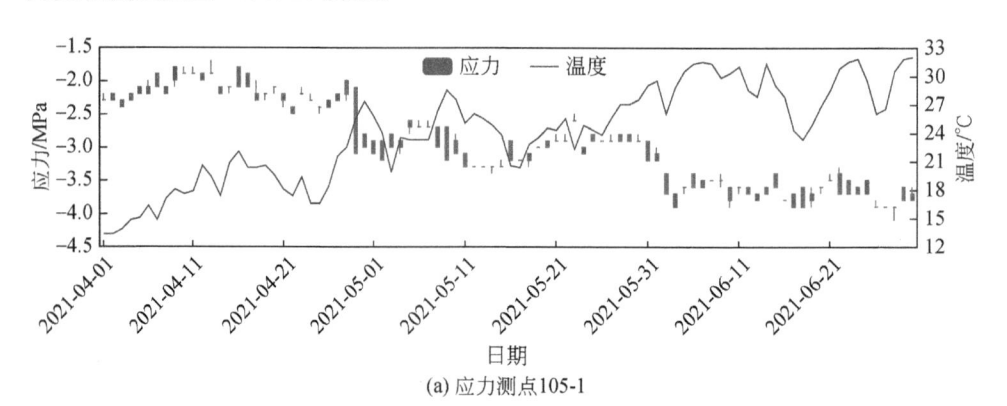

(a) 应力测点105-1

(b) 应力测点110-1

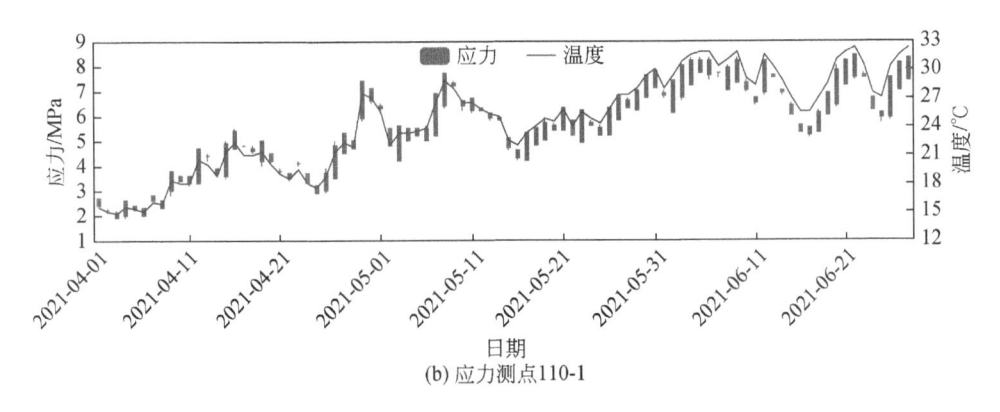

图 11.3.15　襄阳东站支撑支座典型测点应力变化曲线

3) 屋面风荷载分析

每日 13 时以 10Hz 的频率进行一次风速和风压的采集。除此之外,当风速大于 10m/s 时,系统将自动触发风压的采集程序。风压传感器采用绝压传感器,可以监测测点周边环境气压的变化,当大风(>10m/s)来临时,通过与室内参考点的比较可以得到屋面的风压分布,典型风压分布如图 11.3.16 所示。

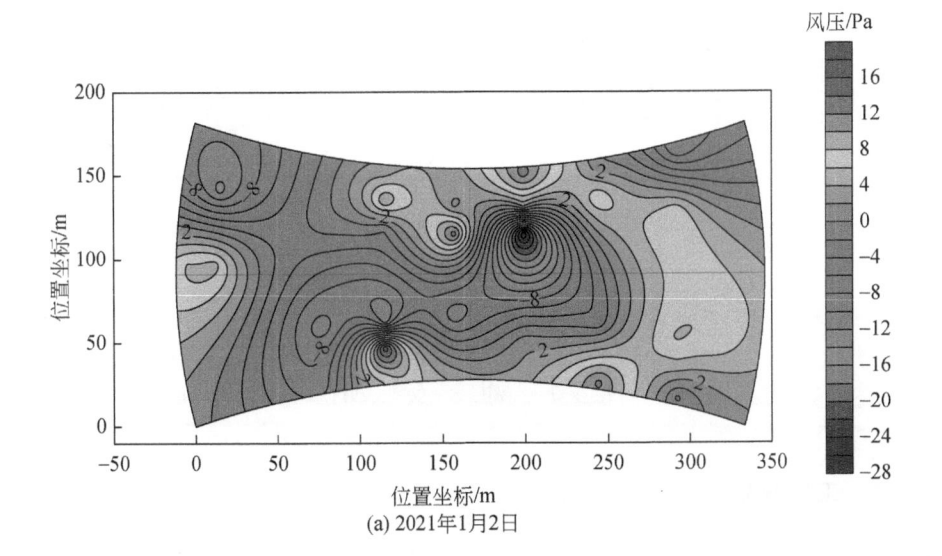

(a) 2021年1月2日

(b) 2021年1月12日

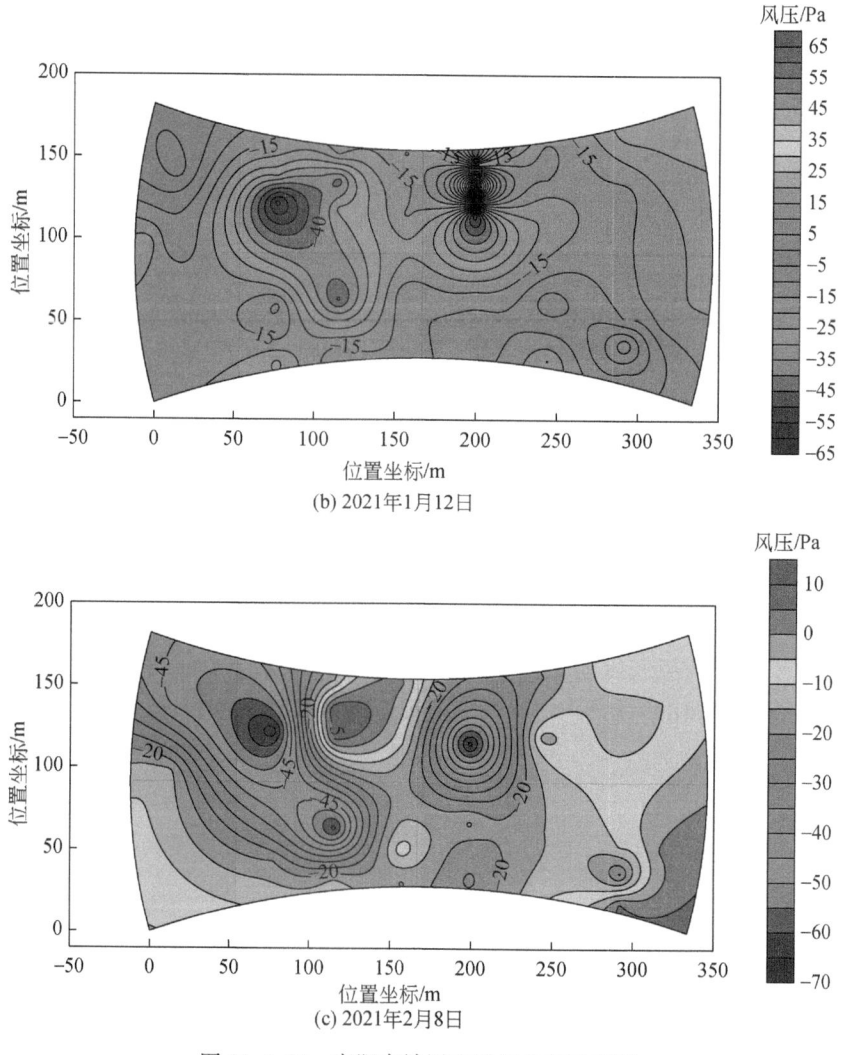

(c) 2021年2月8日

图 11.3.16 襄阳东站屋面风压分布示意图

11.4 雄 安 站

11.4.1 工程概况

1. 工程简介

雄安站位于雄县城区东北部,未来京港台高铁、京雄城际、津雄城际三条线路将汇聚于雄安站,总建筑面积 47.52 万 m², 建筑总高度 47.20m。站房混凝土主体结构平面布置呈矩形,南北方向总长度为 606.0m,东西方向总长度为 307.5m,为有效解决超长结构温度应力及混凝土收缩徐变引起的裂缝控制问题,结构混凝土部分沿轨道方向和垂直轨道方向各设 4 道和 3 道变形缝,划分为 12 个结构单元。站房屋盖平面呈椭圆形,长轴长度为 450m,短轴长度为 360m,为复杂超长结构,空间结构部分考虑到建筑效果,沿轨道方向和垂直轨道方向分别设 1 道、2 道变形缝,划分为 6 个结构单元,使得空间结构部分跨越下部 2 个或 2 个以上混凝土结构单元,造成上下结构分缝位置不一致,形成了多塔连体结构,站房效果图如图 11.4.1(a)所示,站房屋盖分区图如图 11.4.1(b)所示。其中,Ⅰ2 与 Ⅱ2 分区为

(a) 雄安站效果图

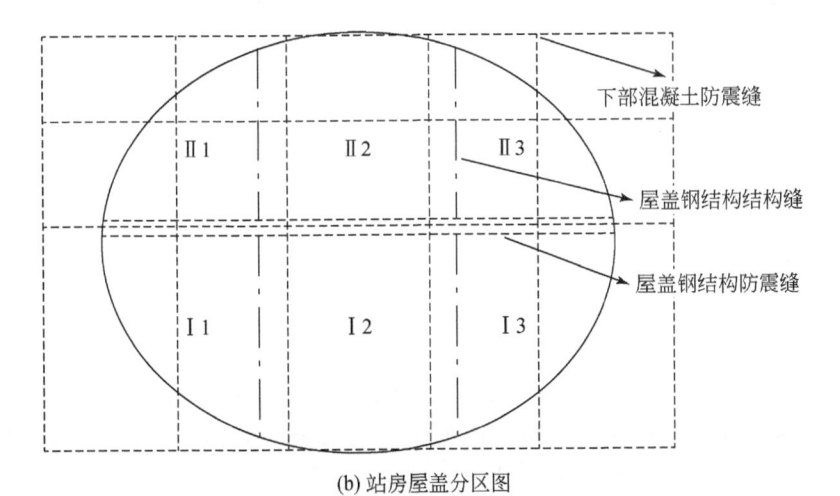

(b) 站房屋盖分区图

图 11.4.1 雄安站效果图与站房屋盖分区图

站房候车厅,分区尺寸分别为174m×190m与174m×160m;Ⅰ1、Ⅰ3与Ⅱ1、Ⅱ3分区为站房雨棚,其中Ⅰ1与Ⅰ3、Ⅱ1与Ⅱ3均为镜面对称,分区尺寸分别为138m×172m与136m×140m。

2. 结构体系

如图11.4.2所示,站房候车厅采用钢框架结构体系,屋盖跨度为78m,框架梁采用变截面箱型钢梁,梁端支承在V型柱顶部。次梁截面采用箱型钢梁,同时也设置平面支撑以保证屋面的整体性。框架柱为矩形钢管混凝土柱,与下部混凝土结构位置对应。站房雨棚采用钢框架结构体系,屋盖跨度为15~24m,框架梁采用箱型钢梁,主梁贯通连接后与柱铰接,有效减小超长结构的温度应变。次梁为H型钢梁,屋面局部区域设置有平面支撑,以保证雨棚屋盖的整体性。

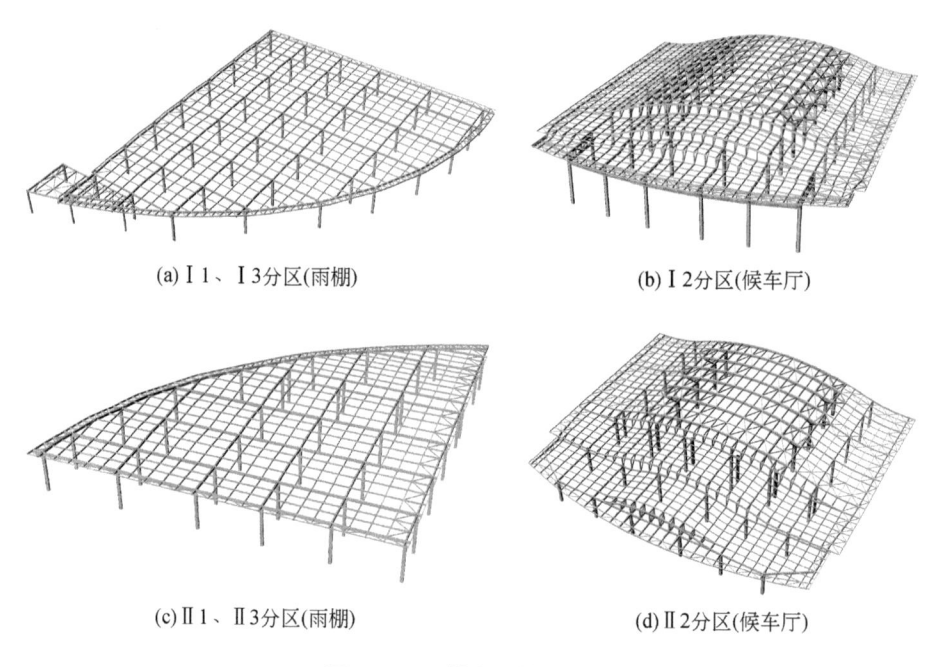

(a) Ⅰ1、Ⅰ3分区(雨棚)

(b) Ⅰ2分区(候车厅)

(c) Ⅱ1、Ⅱ3分区(雨棚)

(d) Ⅱ2分区(候车厅)

图11.4.2 雄安站结构体系

11.4.2 监测内容

雄安站屋盖空间结构分区单元跨越多个混凝土结构单元,受力复杂,在某些方面超出了现行建筑结构相关规范的限值,在设计、施工上具有很大创新性和挑战性。由于空间结构整体体量巨大,温度改变引起结构的内力和变形相对明显,可能对结构的安全性产生显著影响;并且环境荷载的多源输入,如火车通行荷载、强风荷载、地震荷载及行波效应等，使得很难通过数值分析来评价结构的实际应变与变形状态。此外，站房结构重视旅客的舒适性设计，火车通行的特殊振动环境对结构的动力特性与旅客的舒适度有着不可忽视的影响，因此需要获取运营阶段结构的振动响应，以便提高建筑的舒适度与安全性。根据上述结构的有限元分析，结合结构特征的复杂性、环境荷载的多源性、建筑结构的舒适性，将针对以下内容进行重点监测：结构温度场、大跨度变截面框架箱型曲梁应变、钢混框架柱应变、柱顶V型柱应变、斜撑应变、滑动支座位移、框架梁挠度、箱型曲梁振动。各监测内容对应的测点在雄安站的安装效果如图11.4.3所示。

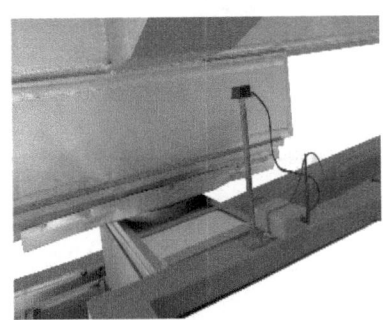

(a) 滑动支座纵向位移　　(b) 滑动支座横向位移

(c) 框架柱及V型柱传感器安装　　(d) 屋面传感器安装

图 11.4.3　雄安站传感器安装效果

11.4.3　监测系统

雄安站监测数据传输系统如图11.4.4所示，基于模块化设计理念，该监测系统由传感器子系统、数据采集子系统、数据管理子系统、结构健康评估子系统四个模块组成。传感器子系统通过树形拓扑网络将多种监测数据传输到基站。通过现场服务器向传感器子系统发送采集指令，实现多种监测数据采集。经过4G移动通信，服务器将原始数据自动上传到云数据库进行数据管理。最后，来自云数据库的监测信息被发送到监控中心云平台或便携式设备。图 11.4.4 所示为整个监测系统的数据传输网络。其中，前两个子系统位于雄安站现场，后两个子系统则位于浙江大学空间结构研究中心的监测中心内。

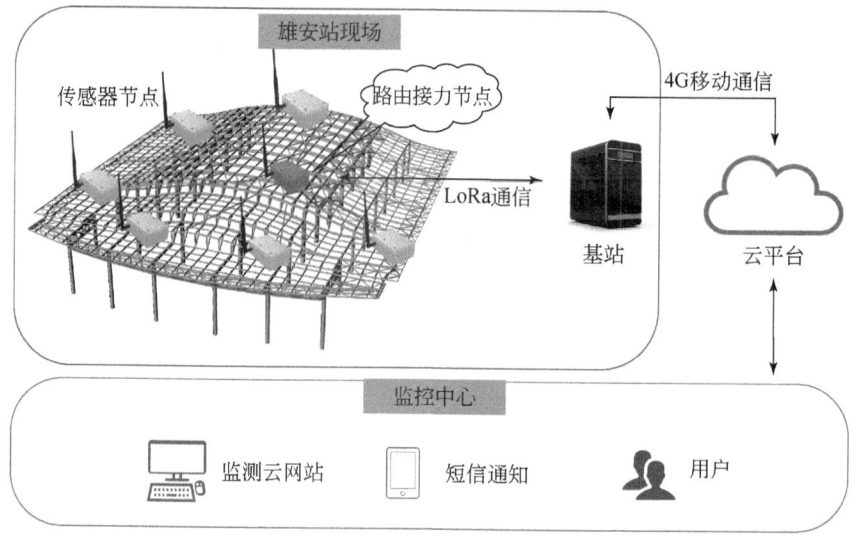

图 11.4.4　雄安站监测数据传输系统

监控中心云平台包括实测数据查询、监测设备管理、报警信息管理、报告和维护日志四个模块，如图 11.4.5 所示。实测数据查询实现应变（温度）、位移挠度、加速度监测数据的查询、统计、可视化以及下载。监测设备管理实现现有测点以及路由接力点监测设备的查询，设置监测系统的计划采集任务。报警信息管理设置报警规则以及报警阈值，根据测点历史报警记录查询测点异常信息。报告和维护日志提供监测报告的上传及管理功能，通过增加维护日志记录项目来维护进程。

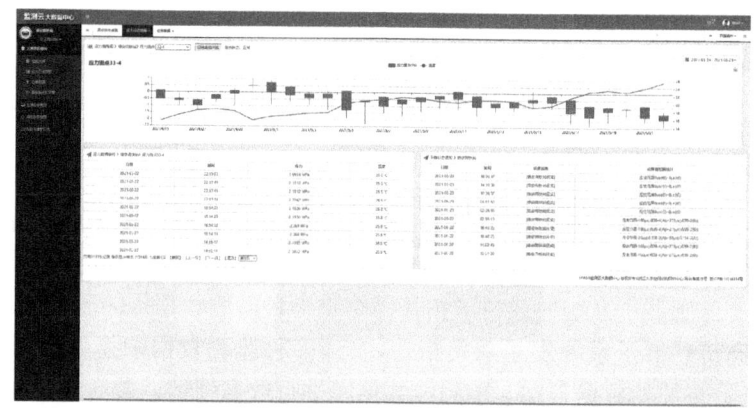

图 11.4.5　雄安站监测中心云平台

11.4.4 测点布置

雄安站的测点布置主要基于以下原则。

(1) 应力应变测点布置在结构受力较大的构件、对结构整体工作起关键性作用的构件和对外部荷载较为敏感的构件上。

(2) 位移测点主要布置在变形较大的部位,对于屋面网架这类整体结构,在此基础上测点的布置还要能体现整体的变形性能。

(3) 加速度测点布置在结构动力响应较明显的区域。

(4) 混凝土结构的测点布置在同一轴线的连续梁上。

(5) 各类测点的布置遵循对称原则。

通过屋盖空间结构的有限元分析,在结构受力较大的构件上布置测点,以监测关键构件的工作性能,应变(温度)监测区域主要有屋盖层Ⅰ1、Ⅰ2、Ⅰ3、Ⅱ1、Ⅱ2、Ⅱ3,应变(温度)传感器数量汇总见表11.4.1,传感器测点布置如图11.4.6所示。根据对结构运营过程中各单元位移有限元进行分析研究,在支座处、梁跨中等区域布置位移测点,根据监测位置的不同,分别选用水平向无线激光位移传感器对支座位移进行监测,竖向无线激光位移传感器对框架梁跨中挠度进行监测。位移(挠度)监测区域主要有屋盖层Ⅰ1、Ⅰ2、Ⅰ3、Ⅱ1、Ⅱ2、Ⅱ3,无线激光位移传感器的数量汇总见表11.4.1,具体布置如图11.4.6所示。通过屋盖空间结构的模态分析,选择屋盖动力响应较大的部位布置测点,依据对称性原则,加速度监测区域主要有屋盖层Ⅰ2和Ⅱ2,加速度传感器的数量汇总见表11.4.1,具体布置如图11.4.6所示。

表11.4.1 雄安站监测内容与传感器数量汇总

序号	监测项目	监测区域	传感器	数量
1	应变(温度)	Ⅰ1、Ⅰ2、Ⅰ3、Ⅱ1、Ⅱ2、Ⅱ3	无线应变(温度)传感器	174
2	支座位移	Ⅰ2、Ⅱ2	水平向无线激光位移传感器	72
3	跨中挠度	Ⅰ1、Ⅰ3、Ⅱ1、Ⅱ3	竖向无线激光位移传感器	12
4	加速度	Ⅰ2、Ⅱ2	无线三向加速度传感器	12
		数量总计		270

11.4.5 数据分析

1. 关键构件应力分析

结构运营期间,环境温度是引起结构构件应变变化的最主要因素。通过跟踪

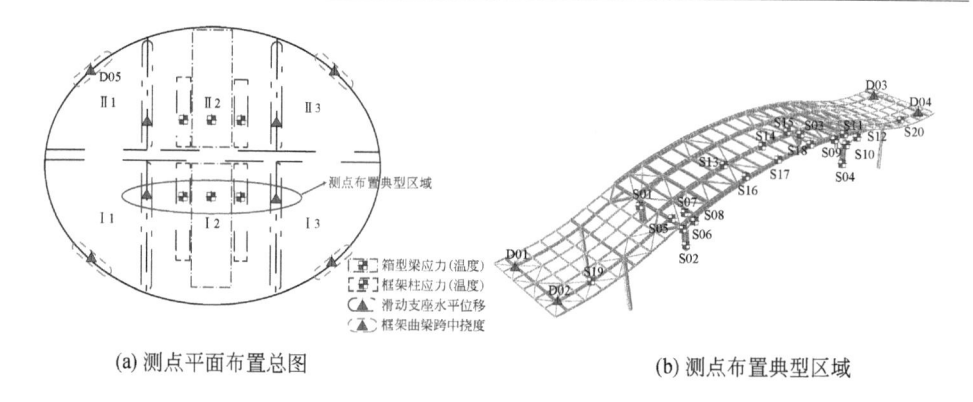

(a) 测点平面布置总图　　　　　(b) 测点布置典型区域

图 11.4.6　雄安站传感器测点布置

大跨度变截面框架箱型曲梁、钢混框架柱、柱顶 V 型柱等主要典型构件的应变变化，分析其与环境温度的关系。图 11.4.7 所示为箱型曲梁测点 S14、框架柱测点 S04、V 型柱测点 S03 构件应变与温度的时程曲线及应变与温度的关系。可以看出，典型结构构件应变与环境温度呈现一定的负相关关系。采用最小二乘线性回归，拟合结果显示，复相关系数 R^2 均在 0.9 左右，这表明构件应变与环境温度线性相关程度很高。此外，由线性拟合的回归系数可以看出，箱型曲梁以及 V 型柱相较于框架柱对环境温度的变化更加敏感。

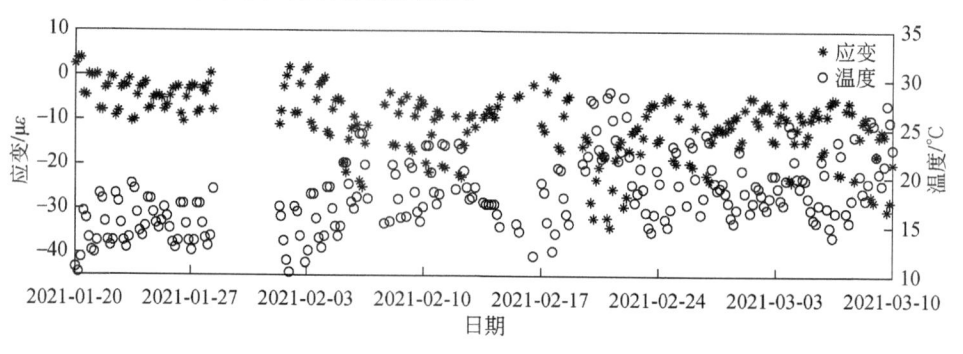

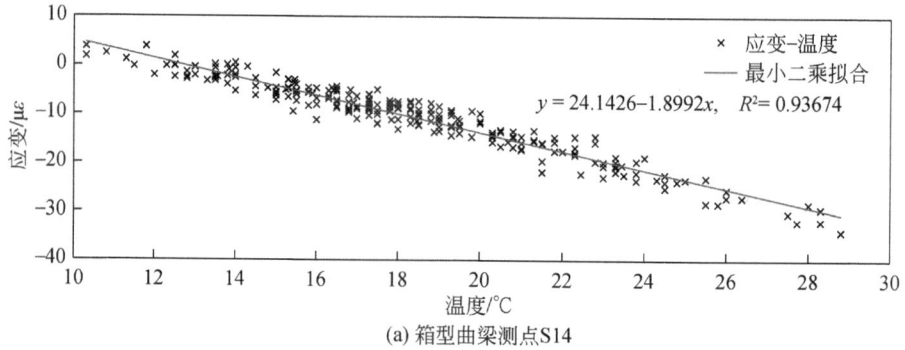

(a) 箱型曲梁测点 S14

(b) 框架柱测点S04

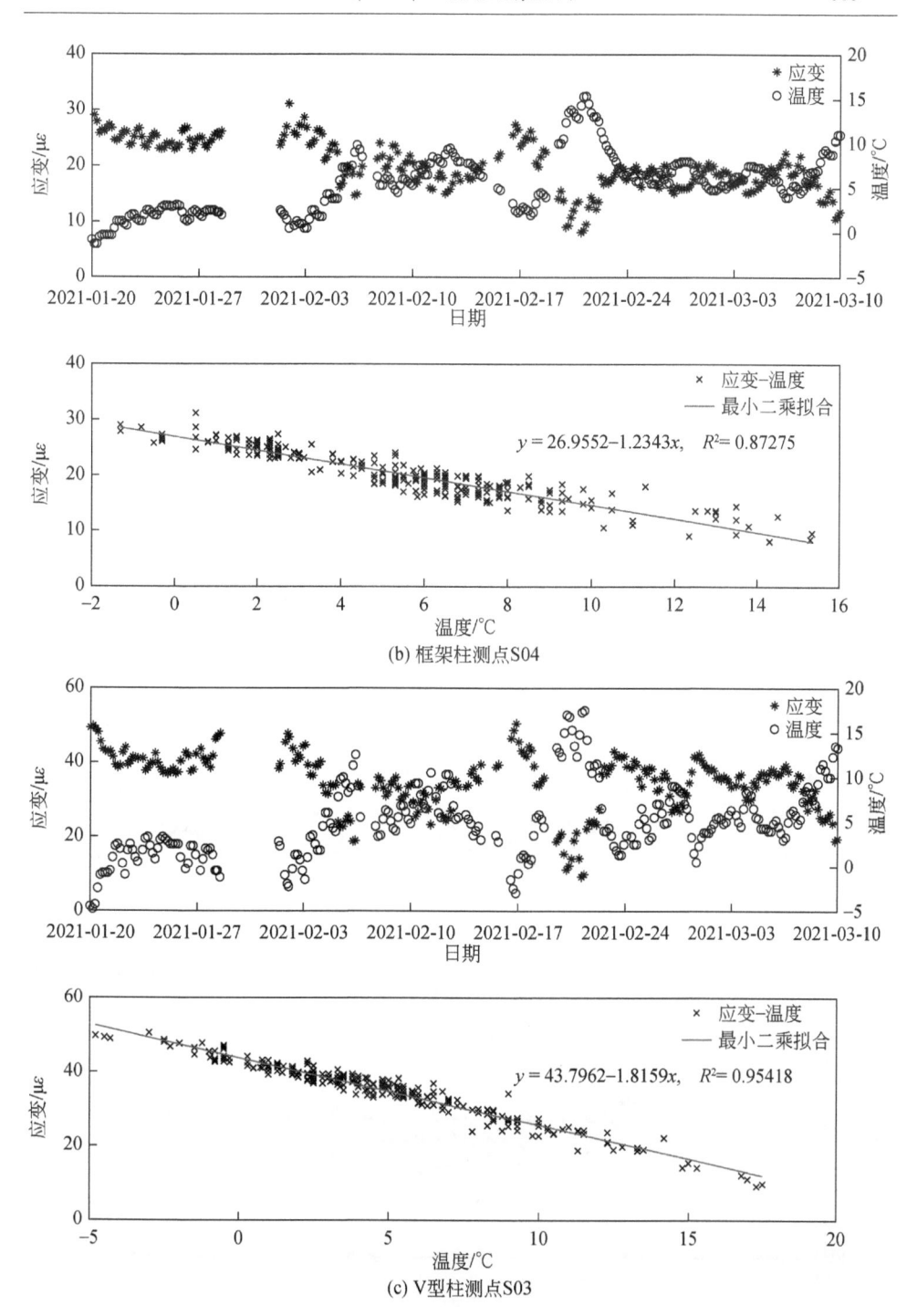

$y = 26.9552 - 1.2343x$, $R^2 = 0.87275$

(c) V型柱测点S03

$y = 43.7962 - 1.8159x$, $R^2 = 0.95418$

图 11.4.7 雄安站典型结构构件应变与温度的关系

2. 支座位移分析

结构运营期间,环境温度的变化导致结构发生变形,通过跟踪结构变形缝处双向滑动支座位移的变化,分析支座水平纵向位移与环境温度的关系。图 11.4.8 给出了支座位移测点 D02、D04(测点位置如图 11.4.6 所示)水平纵向位移与温度的时程曲线及位移与温度的关系。可以看出,水平纵向位移与环境温度呈现一定的负相关关系。采用最小二乘线性回归,拟合结果显示,水平纵向位移的决定系数 R^2 均在 0.7 左右,这表明水平纵向位移与环境温度线性相关程度较高。此外,由于结构以及测点布置的对称性,D02 与 D04 支座的水平纵向位移实测数据基本一致。

3. 结构振动加速度分析

2021 年第一季度,主体结构并未发生剧烈振动,关注到在 2 月 16 日雄安新区存在大风天气,普遍平均风力达 4 级以上,瞬时最大风速达到 15m/s。图 11.4.9(a)所示为加速度测点 A01 竖向振动的部分监测数据。从时程数据可以看出,加速度最大幅值为 0.0867m/s²,屋面板附属次级结构产生了较大振动。频谱分析显示,峰值密集且相对集中于较高频率处,对于低频并不敏感,表明屋面板附属次级结构整体刚度较高,且固有自振频率相对集中,如图 11.4.9(b)所示。

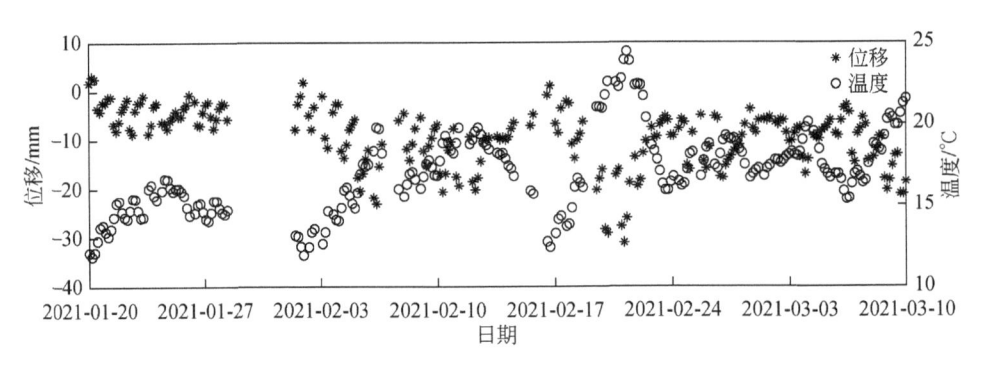

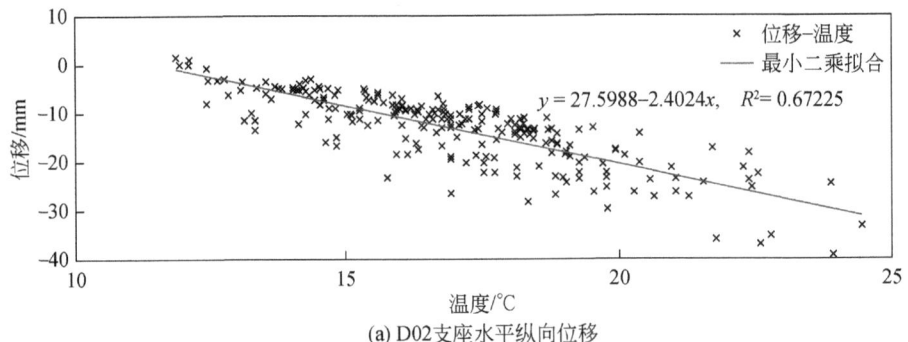

(a) D02支座水平纵向位移

(b) D04支座水平纵向位移

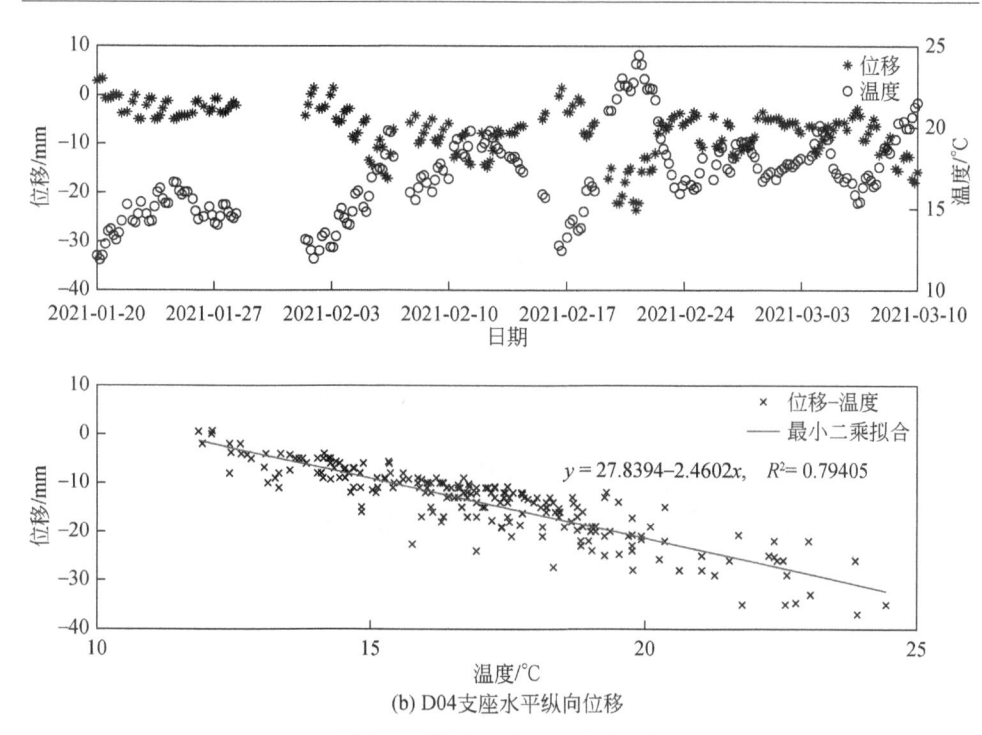

图 11.4.8　雄安站结构支座水平纵向位移与温度的关系

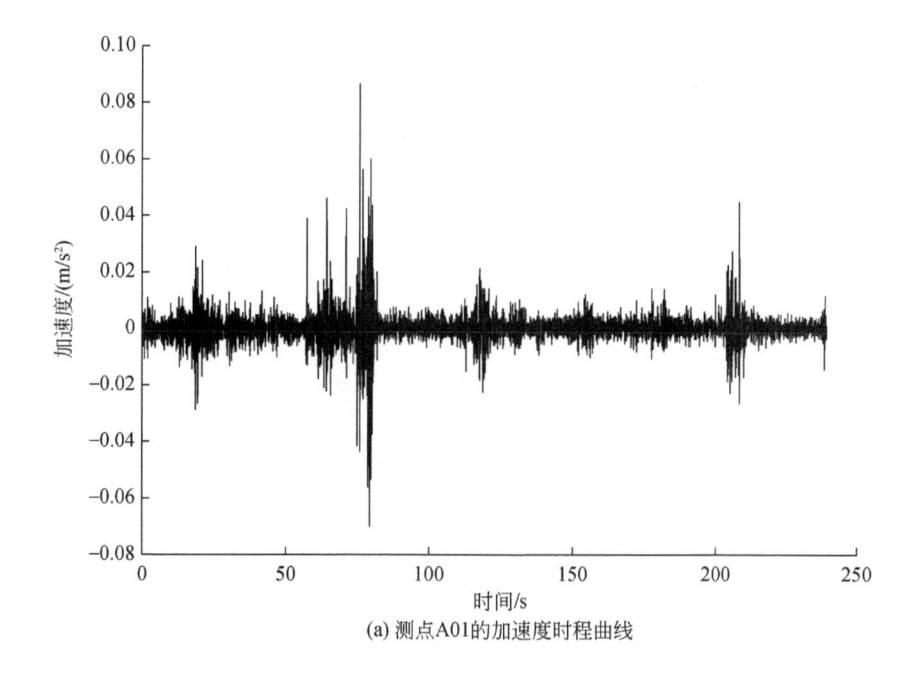

(a) 测点A01的加速度时程曲线

(b) 加速度频谱

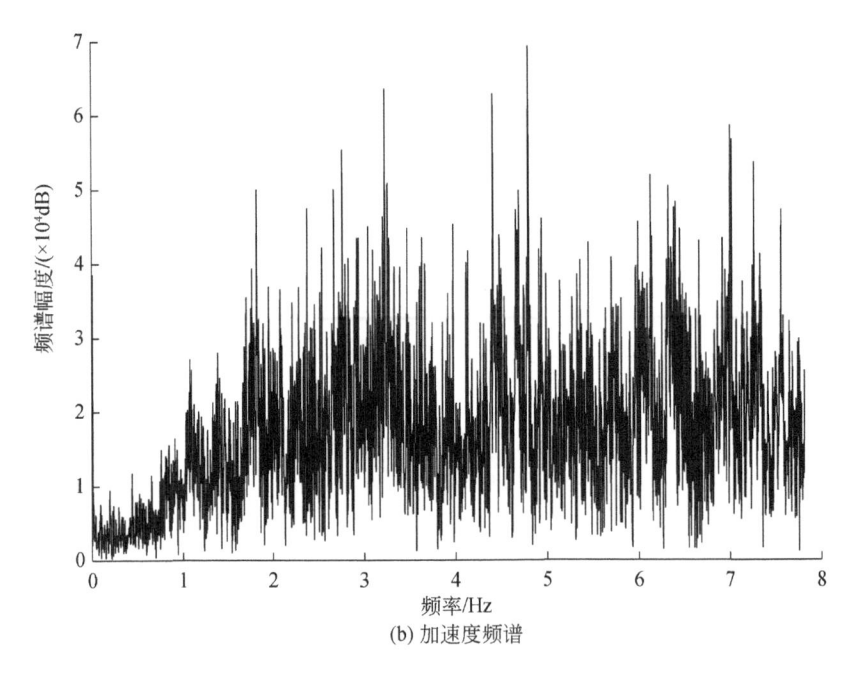

图 11.4.9 雄安站风致振动加速度时程曲线及频谱

参 考 文 献

白光波，王哲，陈彬磊，等. 2020. 国家速滑馆索网结构形态分析关键问题研究[J]. 钢结构(中英文)，35(7)：54-61.

蔡建国，王蜂岚，韩运龙，等. 2011. 大跨空间结构重要构件评估实用方法[J]. 湖南大学学报（自然科学版），38(3)：7-11.

陈伏彬，李秋胜，胡尚瑜，等. 2015. 开阔地貌台风风场现场实测与风洞试验应用研究[J]. 建筑结构，45(2)：89-94.

陈建林，郭杏林. 2001. 基于神经网络的简支梁损伤检测研究[J]. 烟台大学学报(自然科学与工程版)，14(3)：217-223.

陈凯，武林，金新阳. 2011. 大规模同步测压系统的集成与应用[J]. 计算机测量与控制，19(10)：2488-2490.

陈康，郑纬民. 2009. 云计算：系统实例与研究现状[J]. 软件学报，20(5)：1337-1348.

陈鲁，张营营，张其林. 2009. 上海世博会主题馆张弦桁架索力检测的理论与实践研究[C]//第九届全国现代结构工程学术研讨会，济南.

陈伟欢，吕中荣，陈树辉，等. 2012. 广州新塔不同激励下动力特性监测[J]. 振动与冲击，31(3)：49-54.

陈衍泰，陈国宏，李美娟. 2004. 综合评价方法分类及研究进展[J]. 管理科学学报，7(2)：69-79.

崔飞，袁万城，史家钧. 1999. 传感器优化布设在桥梁健康监测中的应用[J]. 同济大学学报(自然科学版)，27(2)：40-44.

戴益民，李正农，李秋胜，等. 2009. 低矮房屋的风载特性——近地风剖面变化规律的研究[J]. 土木工程学报，42(3)：42-48.

刁延松，曹亚东，孙玉婷. 2017. 环境变化下基于AR模型系数和协整的海洋平台结构损伤识别[J]. 工程力学，34(2)：179-188.

丁阳，汪明，刘涛，等. 2008. 天津奥林匹克中心体育场钢结构屋盖施工数值模拟与监测[J]. 建筑结构学报，29(5)：1-7.

董石麟. 2000. 我国大跨度空间钢结构的发展与展望[J]. 空间结构，6(2)：3-13.

董石麟. 2010. 中国空间结构的发展与展望[M]. 北京：中国建筑工业出版社.

董石麟，赵阳. 2004. 论空间结构的形式和分类[J]. 土木工程学报，37(1)：7-12.

董石麟，罗尧治，赵阳. 2006. 新型空间结构分析、设计与施工[M]. 北京：人民交通出版社.

董石麟，邢栋，赵阳. 2012. 现代大跨空间结构在中国的应用与发展[J]. 空间结构，18(1)：3-16.

范斌. 2012. 网格结构健康监测关键技术研究[D]. 合肥：合肥工业大学.

范重,刘先明,范学伟,等. 2007. 国家体育场大跨度钢结构设计与研究[J]. 建筑结构学报, 28(2): 1-16.

方开泰,马长兴. 2001. 正交与均匀试验设计[M]. 北京:科学出版社.

冯文灏. 2002. 近景摄影测量:物体外形与运动状态的摄影法测定[M]. 武汉:武汉大学出版社.

付以贤. 2008. 国家体育场屋盖结构风荷载特性[D]. 北京:北京交通大学.

傅学怡,等. 2009. 国家游泳中心水立方结构设计[M]. 北京:中国建筑工业出版社.

甘志祥. 2010. 物联网的起源和发展背景的研究[J]. 现代经济信息, 7(1): 157-158.

高改萍,李双平,苏爱军,等. 2005. 测量机器人变形监测自动化系统[J]. 人民长江, 36(3): 63-65.

贡建兵. 2003. 隔河岩大坝外部变形 GPS 自动化监测系统概况[J]. 湖北水力发电, 15(1): 55-57.

贡金鑫,赵国藩. 1998. 考虑抗力随时间变化的结构可靠度分析[J]. 建筑结构学报, 19(5): 43-51.

胡尚瑜,王栖,聂功恒,等. 2016. 脉动风压实测管路系统频率响应特性研究[J]. 中国科技论文, 11(1): 110-114.

胡晓斌,钱稼茹. 2008. 结构连续倒塌分析改变路径法研究[J]. 四川建筑科学研究, 34(4): 8-13.

黄维平,刘娟,李华军. 2005. 基于遗传算法的传感器优化配置[J]. 工程力学, 22(1): 113-117.

雷素素,刘宇飞,段先军,等. 2018. 复杂大跨空间钢结构施工过程综合监测技术研究[J]. 工程力学, 35(12): 203-211.

李爱群,丁幼亮. 2007. 工程结构损伤预警理论及其应用[M]. 北京:科学出版社.

李波,张星灿,杨庆山,等. 2015. 台风"苏力"近地风场脉动特性实测研究[J]. 建筑结构学报, 36(4): 99-104.

李戈,秦权,董聪. 2000. 用遗传算法选择悬索桥监测系统中传感器的最优布点[J]. 工程力学, 17(1): 25-34.

李宏男,任亮. 2008. 结构健康监测光纤光栅传感技术[M]. 北京:中国建筑工业出版社.

李惠,欧进萍. 2006a. 斜拉桥结构健康监测系统的设计与实现(Ⅰ):系统设计[J]. 土木工程学报, 39(4): 39-44.

李惠,欧进萍. 2006b. 斜拉桥结构健康监测系统的设计与实现(Ⅱ):系统实现[J]. 土木工程学报, 39(4): 45-53.

李惠,周文松,欧进萍,等. 2006c. 大型桥梁结构智能健康监测系统集成技术研究[J]. 土木工程学报, 39(2): 46-52.

李惠,周峰,朱焰煌,等. 2012. 国家游泳中心钢结构施工卸载过程及运营期间应变健康监测及计算模拟分析[J]. 土木工程学报, 45(3): 1-9.

李苗. 2013. 大跨度悬索桥的温度影响分析[D]. 长沙:中南大学.

李强,付聪,江虹,等. 2013. 融合经验模态分解与时频分析的单通道振动信号分离研究[J].

振动与冲击,32(5):122-126,143.

李秋胜,郅伦海,胡非. 2009. 沙尘暴天气下城市中心边界层风剖面观测及分析[J]. 土木工程学报,42(12):83-90.

李秀敏,江卫华. 2006. 相关系数与相关性度量[J]. 数学的实践与认识,36(12):188-192.

林错错,王元清,石永久. 2010. 露天日照条件下钢结构构件的温度场分析[J]. 钢结构,25(8):38-43,31.

刘福强,张令弥. 2000. 作动器/传感器优化配置的研究进展[J]. 力学进展,30(4):506-516.

刘晟,薛伟辰. 2008. 上海源深体育馆预应力张弦梁施工监测研究[J]. 建筑科学与工程学报,25(3):96-101.

刘思峰,郭天榜,党耀国. 1999. 灰色系统理论及其应用[M]. 2版. 北京:科学出版社.

刘晓强. 2012. 信息系统与数据库技术[M]. 北京:高等教育出版社.

刘严. 2005. 多元线性回归的数学模型[J]. 沈阳工程学院学报(自然科学版),(z1):128-129.

柳承茂,刘西拉. 2005. 基于刚度的构件重要性评估及其与冗余度的关系[J]. 上海交通大学学报,39(5):746-750.

陆卫东,汤海林,陈鲁,等. 2008. 中国航海博物馆帆体结构施工与使用过程监测研究[J]. 施工技术,37(11):1-4.

罗尧治. 2010. 空间结构监测技术研究新进展[C]//第十三届空间结构学术会议,深圳.

罗尧治,沈雁彬,童若飞. 2008. 空间结构健康监测与预警技术[C]//第十二届空间结构学术会议,北京.

罗尧治,沈雁彬,童若飞,等. 2009a. 空间结构健康监测与预警技术[J]. 施工技术,38(3):4-8.

罗尧治,童若飞,王小波. 2009b. 基于无线传感器网络监测预警软件系统[C]//第九届全国现代结构工程学术研讨会,济南.

罗尧治,王洽亲,童若飞,等. 2011. 上海世博会英国馆结构健康监测[J]. 施工技术,40(2):24-27.

罗尧治,刘钝,沈雁彬,等. 2013a. 杭州铁路东站站房钢结构施工监测[J]. 空间结构,19(3):3-8.

罗尧治,梅宇佳,沈雁彬,等. 2013b. 国家体育场钢结构温度与应力实测及分析[J]. 建筑结构学报,34(11):24-32.

罗尧治,孙斌. 2013c. 建筑物周围风致静压场的风洞试验及数值模拟[J]. 浙江大学学报(工学版),47(7):1148-1156.

罗尧治,金砺,沈雁彬,等. 2014. 大跨钢结构在特殊气候条件下的温度应力实测研究[J]. 钢结构,29(8):8-13.

罗尧治,赵靖宇. 2022. 空间结构健康监测研究现状与展望[J]. 建筑结构学报,43(10):16-28.

罗永峰,叶智武,郭小农. 2014. 钢结构施工过程监测数据缺失机理与处理方法[J]. 同济大学学报(自然科学版),42(6):823-829.

骆宁安,韩大建,王卫锋. 2002. 广州体育馆拉索索力测试方法及其应用[J]. 华南理工大学学报(自然科学版),30(2):73-75.

吕李清,杨意安,仝为民,等. 2008. 大跨度体内预应力张弦梁结构的施工技术[J]. 施工技术, 37(4): 61-63,92.

马晓,周学军,路鹤. 2008. 济南奥体中心体育馆大跨度弦支穹顶钢结构应变监测系统[C]//庆祝刘锡良教授八十华诞暨第八届全国现代结构工程学术研讨会,天津.

牛犇,陈志华,孔翠妍. 2014. 天津大剧院钢屋盖卸载施工模拟与监测[J]. 空间结构, 20(2): 55-63.

裴健,坎伯,韩家炜,等. 2012. 数据挖掘:概念与技术[M]. 北京:机械工业出版社.

钱稼茹,张微敬,赵作周,等. 2009. 北京大学体育馆钢屋盖施工模拟与监测[J]. 土木工程学报, 42(9): 13-20.

乔克,张其林,汤海林,等. 2009. 世博宏基站工程白莲泾通信景观综合塔拉索施工监测分析[C]//第九届全国现代结构工程学术研讨会,济南.

秦杰,王泽强,张然,等. 2007. 2008奥运会羽毛球馆预应力施工监测研究[J]. 建筑结构学报, 28(6): 83-91.

秦杰,徐瑞龙,徐亚柯,等. 2009. 国家体育馆安全监测系统研究[J]. 施工技术, 38(3): 40-43.

日本钢铁结构协会,美国高层建筑和城市住宅理事会. 2007. 高冗余度钢结构倒塌控制设计指南[M]. 陈以一,赵宽忠,译. 上海:同济大学出版社.

沈世钊. 1999. 网壳结构的稳定性[J]. 土木工程学报, 32(6): 11-19,25.

沈世钊. 2001. 大跨空间结构的理论研究和工程实践[J]. 中国工程科学, 3(3): 34-41.

宋雷,黄腾,方剑,等. 2008. 基于贝叶斯正则化BP神经网络的GPS高程转换[J]. 西南交通大学学报, 43(6): 724-728.

孙晓丹,欧进萍. 2011. 基于小波包和概率主成分分析的损伤识别[J]. 工程力学, 28(2): 12-17.

田德宝,张大煦,孙俊良,等. 2008. 光纤布拉格光栅应变测量在天津奥体中心工程中的应用[J]. 施工技术, 37(11): 64-66.

王柏生. 2007. 结构试验与检测[M]. 杭州:浙江大学出版社.

王柏生,丁皓江,倪一清,等. 2000. 模型参数误差对用神经网络进行结构损伤识别的影响[J]. 土木工程学报, 33(1): 50-55.

王柏生,倪一清,高赞明. 2001. 用概率神经网络进行结构损伤位置识别[J]. 振动工程学报, 14(1): 60-64.

王小瑞,高永祥,韩瑞京. 2008. 首都机场A380机库整体提升过程监测[J]. 建筑技术, 39(10): 779-780.

王元清,林错错,石永久. 2010. 露天日照条件下钢结构构件温度的试验研究[J]. 建筑结构学报, 31(S1): 140-147.

王哲,白光波,陈彬磊,等. 2018. 国家速滑馆钢结构设计[J]. 建筑结构, 48(20): 5-11.

王哲,朱忠义,王玮,等. 2021. 国家速滑馆施工误差对索结构预应力偏差的影响研究[J]. 建筑结构, 51(19): 111-115.

乌建中,张学俊. 2006. 基于光纤光栅技术的大型钢结构安装监测系统[J]. 中国工程机械学报,4(3):322-327.

毋文峰,陈小虎,苏勋家. 2011. 基于经验模式分解的单通道机械信号盲分离[J]. 机械工程学报,47(4):12-16.

吴佰建,李兆霞,王滢,等. 2008. 桥梁结构动态应变监测信息的分离与提取[J]. 东南大学学报(自然科学版),38(5):767-773.

吴剑国,张其林. 2002. 网壳结构稳定性的研究进展[J]. 空间结构,8(1):10-18.

吴世伟. 1990. 结构可靠度分析[M]. 北京:人民交通出版社.

吴源青,徐忠根,杨泽群. 2006. 张弦式钢桁架结构索力的频率法测试[J]. 广东土木与建筑,92(3):24-26.

武清玺. 2005. 结构可靠性分析及随机有限元法:理论·方法·工程应用及程序设计[M]. 北京:机械工业出版社.

项贻强,郑亚坤. 2017. 基于小波总能量相对变化的结构损伤识别[J]. 振动与冲击,36(14):38-44.

肖建春,徐灏,刘佳坤,等. 2010. 太阳强烈辐射对大跨度球面网壳静力性能的影响[J]. 固体力学学报,31(S1):275-280.

肖新平,宋中民,李峰. 2005. 灰技术基础及其应用[M]. 北京:科学出版社.

谢晓凯,罗尧治,张楠,等. 2019. 基于神经网络的大跨度空间钢结构应力实测缺失数据修复方法研究[J]. 空间结构,25(3):38-44.

谢壮宁,徐安,魏琏,等. 2016. 深圳京基100风致响应实测研究[J]. 建筑结构学报,37(6):93-100.

杨育臣,陈彬磊,朱忠义,等. 2018. 国家速滑馆主体结构设计[J]. 建筑结构,48(20):1-4.

叶继红. 2008. 老山自行车馆多点激励反应测试与分析[C]//庆祝刘锡良教授八十华诞暨第八届全国现代结构工程学术研讨会,天津.

于阿涛,赵鸣. 2005. 基于振动的土木工程结构健康监测研究进展[J]. 福州大学学报(自然科学版),(S1):233-239.

余世策,韩新刚,冀晓华,等. 2012. 测压管路动态特性实测技术研究[J]. 实验技术与管理,29(2):40-43.

袁景凌,钟珞,瞿伟廉,等. 2008. 结构健康监测中的可视化技术研究[J]. 武汉理工大学学报(交通科学与工程版),138(5):925-928.

袁勇,杨宗凯,何建华. 2005. 无线传感器网络中确保端到端传输质量的自适应调制缩放技术[J]. 计算机科学,193(2):40-44.

曾志斌,张玉玲. 2008a. 国家体育场大跨度钢结构卸载时应力监测系统[J]. 中国铁道科学,29(1):139-144.

曾志斌,张玉玲. 2008b. 国家体育场大跨度钢结构在卸载过程中的应力监测[J]. 土木工程学报,41(3):1-6.

曾志斌,张玉玲,王丽,等. 2008c. 国家体育场大跨度钢结构温度场测试与分析[J]. 铁道建筑,392(8):1-5.

张爱林,刘学春,王冬梅,等. 2007. 2008奥运会羽毛球馆新型预应力弦支穹顶结构全寿命健康监控研究[J]. 建筑结构学报, 166(6): 92-99.

张传雄, 李正农, 史文海. 2015. 台风"菲特"影响下温州某高层建筑顶部风场特性实测分析[J]. 地震工程与工程振动, 35(1): 206-214.

张琨, 戴立先, 王磊, 等. 2009. CCTV 主楼施工过程关键构件应力监测技术[J]. 建筑科学, 25(11): 86-90.

张雷明, 刘西拉. 2007. 框架结构能量流网络及其初步应用[J]. 土木工程学报, 224(3): 45-49.

张玉建, 罗永峰, 郭小农, 等. 2019. 基于时间序列模型的结构损伤识别方法[J]. 同济大学学报(自然科学版), 47(12): 1691-1700, 1755.

张祖勋, 张剑清. 1997. 数字摄影测量学[M]. 武汉: 武汉大学出版社.

章圣冶, 罗尧治, 沈雁彬. 2017. 基于云计算的空间结构健康监测物联网系统设计[J]. 空间结构, 23(1): 3-11, 29.

郑健. 2009. 空间结构在大型铁路客站中的应用[J]. 空间结构, 15(3): 52-65.

中华人民共和国住房和城乡建设部. 2010. JGJ 7—2010 空间网格结构技术规程[S]. 北京: 中国建筑工业出版社.

中华人民共和国住房和城乡建设部. 2012. GB 50009—2012 建筑结构荷载规范[S]. 北京: 中国建筑工业出版社.

中华人民共和国住房和城乡建设部. 2017. GB 50017—2017 钢结构设计标准[S]. 北京: 中国建筑工业出版社.

中华人民共和国住房和城乡建设部. 2018. GB 50068—2018 建筑结构可靠性设计统一标准[S]. 北京: 中国建筑工业出版社.

钟业喜, 郭卫东. 2020. 中国高铁网络结构特征及其组织模式[J]. 地理科学, 40(1): 79-88.

周观根, 张珈铭, 刘坚, 等. 2014. 杭州奥体博览中心主体育场钢结构施工模拟分析[J]. 施工技术, 43(8): 1-5.

周宁, 张李义. 2008. 信息资源可视化模型方法[M]. 北京: 科学出版社.

周雨斌. 2008. 网架结构健康监测中传感器优化布置研究[D]. 杭州: 浙江大学.

周忠谟, 易杰军. 1992. GPS 卫星测量原理与应用[M]. 北京: 测绘出版社.

朱茵, 孟志勇, 阚叔愚. 1999. 用层次分析法计算权重[J]. 北方交通大学学报, 23(5): 119-122.

Abdi H, Williams L J. 2010. Principal component analysis[J]. Wiley Interdisciplinary Reviews Computational Statistics, 2(4): 433-459.

Agarwal J, Blockley D, Woodman N. 2003. Vulnerability of structural systems[J]. Structural Safety, 25(3): 263-286.

Alaa T. 2018. Independent component analysis: An introduction[J]. Applied Computing and Informatics, 17(2): 222-249.

Allemang R J, Brown D L. 1982. A correlation coefficient for modal vector analysis[C]// Proceedings of the International Modal Analysis Conference & Exhibit, Orlando.

Ay A M, Wang Y. 2014. Structural damage identification based on self-fitting ARMAX model and multi-sensor data fusion[J]. Structural Health Monitoring, 13(4): 445-460.

Bajwa W U, Haupt J D, Raz G M, et al. 2007. Toeplitz-structured compressed sensing matrices[C]//2007 IEEE/SP 14th Workshop on Statistical Signal Processing, Madison.

Balageas D, Fritzen C P, Güemes A. 2010. Structural Health Monitoring[M]. New York: John Wiley & Sons.

Bao Y Q, Li H, Sun X D, et al. 2013. Compressive sampling-based data loss recovery for wireless sensor networks used in civil structural health monitoring[J]. Structural Health Monitoring, 12(1): 78-95.

Beeby A W. 1999. Safety of structures, and a new approach to robustness[J]. Structural Engineer, 77(4): 16-21.

Bendat J S, Piersol A G. 1998. Engineering applications of correlation and spectral analysis[J]. Journal of the Acoustical Society of America, 70(1): 262-263.

Bendat J S, Piersol A G. 2011. Random Data analysis and Measurement Procedures[M]. Hoboken: John Wiley & Sons.

Bergh H, Tijdeman H. 1965. Theoretical and experimental results for the dynamic response of pressure measuring systems[R]. Amsterdam: National Aeronautical and Astronautical Research Institute.

Brincker R, Zhang L, Andersen P. 2000. Modal identification from ambient responses using frequency domain decomposition[C]//Proceedings of the 18th International Modal Analysis Conference, San Antonio.

Brincker R, Zhang L, Andersen P. 2001. Modal identification of output only systems using frequency domain decomposition[J]. Smart Materials and Structures, 10(3): 441-445.

Brownjohn J M W. 2007. Structural health monitoring of civil infrastructure[J]. Philosophical Transactions of the Royal Society A: Mathematical, Physical and Engineering Sciences, 365(1851): 589-622.

Brownjohn J M W, Moyo P, Omenzetter P, et al. 2003. Assessment of highway bridge upgrading by dynamic testing and finite-element model updating[J]. Journal of Bridge Engineering, 8(3): 162-172.

Candes E J, Tao T. 2006a. Near-optimal signal recovery from random projections: Universal encoding strategies[J]. IEEE Transactions on Information Theory, 52(12): 5406-5425.

Candes E J, Romberg J, Tao T. 2006b. Robust uncertainty principles: Exact signal reconstruction from highly incomplete frequency information[J]. IEEE Transactions on Information Theory, 52(2): 489-509.

Candes E J, Romberg J K, Tao T. 2006c. Stable signal recovery from incomplete and inaccurate measurements[J]. Communications on Pure and Applied Mathematics, 59(8): 1207-1223.

Candes E J, Romberg J. 2007. Sparsity and incoherence in compressive sampling[J]. Inverse Problems, 23(3): 969-985.

Candes E J, Wakin M B. 2008. An introduction to compressive sampling[J]. IEEE Signal Processing Magazine, 25(2): 21-30.

Cao S Y, Tamura Y, Kikuchi N, et al. 2015. A case study of gust factor of a strong typhoon[J]. Journal of Wind Engineering & Industrial Aerodynamics, 138: 52-60.

Chan T H T, Yu L, Tam H Y, et al. 2006. Fiber Bragg grating sensors for structural health monitoring of Tsing Ma Bridge: Background and experimental observation[J]. Engineering Structures, 28(5): 648-659.

Chang P C, Flatau A, Liu S C. 2003. Review paper: Health monitoring of civil infrastructure[J]. Structural Health Monitoring, 2(3): 257-267.

Chen B, Wu T, Yang Y L, et al. 2016. Wind effects on a cable-suspended roof: Full-scale measurements and wind tunnel based predictions[J]. Journal of Wind Engineering & Industrial Aerodynamics, 155: 159-173.

Chen L, Tseng M, Lian X. 2010. Development of foundation models for Internet of things[J]. Frontiers of Computer Science in China, 4(3): 376-385.

Cheng W, Lee S C, Zhang Z S, et al. 2012. Independent component analysis based source number estimation and its comparison for mechanical systems[J]. Journal of Sound and Vibration, 331(23): 5153-5167.

Choi S W, Martin E B, Morris A J, et al. 2005. Fault detection based on a maximum-likelihood principal component analysis (PCA) mixture[J]. Industrial and Engineering Chemistry Research, 44(7): 2316-2327.

Chung Y T, Moore J D. 1993. On-orbit sensor placement and system identification of space station with limited instrumentations[C]//Proceedings of the International Modal Analysis Conference, Kissimmee.

Coy P, Gross N. 1999. 21 ideas for the 21st century[J]. Business Week, (3644): 78-79.

Cybenko G V. 1989. Approximation by superpositions of a sigmoidal function[J]. Mathematics of Control, Signals and Systems, 2(4): 303-314.

Datteo A, Luca F, Busca G. 2017. Statistical pattern recognition approach for long-time monitoring of the G. Meazza stadium by means of AR models and PCA[J]. Engineering Structures, 153: 317-333.

de Clerck J P, Avitabile P. 1996. Development of several new tools for modal pretest evaluation[C]//Proceedings of the 14th International Modal Analysis Conference, Dearborn.

Diord S, Magalhães F, Cunha Á, et al. 2017. Automated modal tracking in a football stadium suspension roof for detection of structural changes[J]. Structural Control and Health Monitoring, 24(11): e2006.

Dong S, Zhao Y, Xing D. 2012. Application and development of modern long-span space structures in China[J]. Frontiers of Structural and Civil Engineering, 6(3): 224-239.

Donoho D L. 2006a. Compressed sensing[J]. IEEE Transactions on Information Theory, 52(4): 1289-1306.

Donoho D L. 2006b. For most large underdetermined systems of linear equations the minimal (l_1)-norm solution is also the sparsest solution[J]. Communications on Pure and Applied

Mathematics, 59(6): 797-829.

England J, Agarwal J, Blockley D. 2008. The vulnerability of structures to unforeseen events[J]. Computers & Structures, 86(10): 1042-1051.

Entezami A, Shariatmadar H. 2018a. Damage localization under ambient excitations and non-stationary vibration signals by a new hybrid algorithm for feature extraction and multivariate distance correlation methods[J]. Structural Health Monitoring, 18(2): 347-375.

Entezami A, Shariatmadar H. 2018b. An unsupervised learning approach by novel damage indices in structural health monitoring for damage localization and quantification[J]. Structural Health Monitoring, 17(2): 325-345.

Entezami A, Shariatmadar H, Karamodin A. 2019. Data-driven damage diagnosis under environmental and operational variability by novel statistical pattern recognition methods[J]. Structural Health Monitoring, 18(5/6): 1416-1443.

Friedman J, Hastie T, Tibshirani R. 2010. Regularization paths for generalized linear models via coordinate descent[J]. Journal of Statistical Software, 33(1): 1-22.

Fu J Y, Wu J R, Xu A, et al. 2012. Full-scale measurements of wind effects on Guangzhou West Tower[J]. Engineering Structures, 35: 120-139.

Fu J Y, Zheng Q, Wu J R, et al. 2015. Full-scale tests of wind effects on a long span roof structure[J]. Earthquake Engineering and Engineering Vibration, 14(2): 361-372.

Gharibnezhad F, Mujica L E, Rodellar J. 2015. Applying robust variant of principal component analysis as a damage detector in the presence of outliers[J]. Mechanical Systems and Signal Processing, 50-51: 467-479.

Gianesini B M, Cortez N E, Antunes R A, et al. 2021. Method for removing temperature effect in impedance-based structural health monitoring systems using polynomial regression[J]. Structural Health Monitoring, 20(1): 202-218.

Goulet J A. 2017. Bayesian dynamic linear models for structural health monitoring[J]. Structural Control & Health Monitoring, 24(12): e2035.

Gursel I, Sariyildiz S, Akin Ö, et al. 2009. Modeling and visualization of lifecycle building performance assessment[J]. Advanced Engineering Informatics, 23(4): 396-417.

Guyan R J. 1965. Reduction of stiffness and mass matrices[J]. AIAA Journal, 3(2): 380.

He Y C, Chan P W, Li Q S. 2013. Wind characteristics over different terrains[J]. Journal of Wind Engineering and Industrial Aerodynamics, 120: 51-69.

He Y C, Chan P W, Li Q S. 2014. Standardization of raw wind speed data under complex terrain conditions: A data-driven scheme[J]. Journal of Wind Engineering and Industrial Aerodynamics, 131: 12-30.

Hedayat A S, Sloane N J A, Stufken J. 1999. Orthogonal Arrays: Theory and Applications[M]. Berlin: Springer.

Heo G, Wang M L, Satpathi D. 1997. Optimal transducer placement for health monitoring of long span bridge[J]. Soil Dynamics and Earthquake Engineering, 16(7-8): 495-502.

Holman R, Stanley J, Ozkan-Haller T. 2003. Applying video sensor networks to nearshore environment monitoring[J]. IEEE Pervasive Computing, 2(4): 14-21.

Hua X G, Ni Y Q, Chen Z Q, et al. 2009. Structural damage detection of cable-stayed bridges using changes in cable forces and model updating[J]. Journal of Structural Engineering, 135(9): 1093-1106.

Huang N E, Shen Z, Long S R, et al. 1998. The empirical mode decomposition and the Hilbert spectrum for nonlinear and non-stationary time series analysis[J]. Proceedings of the Royal Society of London Series A: Mathematical, Physical and Engineering Sciences, 454(1971): 903-995.

Hush D R, Horne B G. 1993. Progress in supervised neural networks[J]. IEEE Signal Processing Magazine, 10(1): 8-39.

Hyvärinen A, Hurri J, Hoyer P O. 2009. Independent Component Analysis[M]. London: Springer.

Ibrahim S R. 1987. An upper Hessenberg sparse matrix algorithm for modal identification on minicomputers[J]. Journal of Sound and Vibration, 113(1): 47-57.

Ibrahim S R, Mikulcik E C. 1976. The experimental determination of vibration parameters from time responses[J]. The Shock and Vibration Bulletin, 46: 187-196.

Ismail Z, Abdul Razak H, Abdul Rahman A G. 2006. Determination of damage location in RC beams using mode shape derivatives[J]. Engineering Structures, 28(11): 1566-1573.

Jang S, Jo H, Cho S, et al. 2010. Structural health monitoring of a cable-stayed bridge using smart sensor technology: Deployment and evaluation[J]. Smart Structures and Systems, 6(5-6): 439-459.

Jeffreys H. 1998. The Theory of Probability[M]. Oxford: Oxford University Press.

Ji S H, Xue Y, Carin L. 2008. Bayesian compressive sensing[J]. IEEE Transactions on Signal Processing, 56(6): 2346-2356.

Juang J N, Pappa R S. 1985. An eigensystem realization algorithm for modal parameter identification and model reduction[J]. Journal of Guidance, Control, and Dynamics, 8(5): 620-627.

Juang J N, Pappa R S. 1986. Effects of noise on modal parameters identified by the eigensystem realization algorithm[J]. Journal of Guidance Control, and Dynamics, 9(3): 294-303.

Kammer D C. 1991. Sensor placement for on-orbit modal identification and correlation of large space structures[J]. Journal of Guidance, Control, and Dynamics, 14(2): 251-259.

Kansal A, Rahimi M, Estrin D, et al. 2004. Controlled mobility for sustainable wireless sensor networks[C]//2004 First Annual IEEE Communications Society Conference on Sensor and Ad Hoc Communications and Networks, Santa Clara.

Kashima S, Yanaka Y, Suzuki S, et al. 2001. Monitoring the Akashi Kaikyo Bridge: First experiences[J]. Structural Engineering International, 11(2): 120-123.

Khoo L M, Mantena P R, Jadhav P. 2004. Structural damage assessment using vibration modal analysis[J]. Structural Health Monitoring, 3(2): 177-194.

Kim D, Lee I B. 2003. Process monitoring based on probabilistic PCA[J]. Chemometrics and Intelligent Laboratory Systems, 67(2): 109-123.

Kim H B, Park Y S. 1997. Sensor placement guide for structural joint stiffness model improvement[J]. Mechanical Systems and Signal Processing, 11(5): 651-672.

Kim J T, Ryu Y S, Cho H M, et al. 2003. Damage identification in beam-type structures: Frequency-based method vs mode-shape-based method[J]. Engineering Structures, 25(1): 57-67.

Kmet S, Mojdis M. 2016. Time-dependent analysis of prestressed cable nets[J]. Journal of Structural Engineering, 142(7): 04016033.

Kromanis R, Kripakaran P. 2016. SHM of bridges: Characterising thermal response and detecting anomaly events using a temperature-based measurement interpretation approach[J]. Journal of Civil Structural Health Monitoring, 6(2): 237-254.

Larson C B, Zimmerman D C, Marek E L. 1994. A comparison of modal test planning techniques: Excitation and sensor placement using the NASA 8-bay truss[C]//Proceedings of the 12th International Modal Analysis, Honolulu.

Lee J J, Yun C B. 2006. Damage diagnosis of steel girder bridges using ambient vibration data[J]. Engineering Structures, 28(6): 912-925.

Letchford C W, Sandri P, Levitan M L, et al. 1992. Frequency response requirements for fluctuating wind pressure measurements[J]. Journal of Wind Engineering and Industrial Aerodynamics, 40(3): 263-276.

Levitan M L, Mehat K C. 1992a. Texas Tech field experiments for wind loads part I: Building and pressure measuring system[J]. Journal of Wind Engineering and Industrial Aerodynamics, 43(1-3): 1565-1576.

Levitan M L, Mehat K C. 1992b. Texas Tech field experiments for wind loads part II: meteorological instrumentation and terrain parameters[J]. Journal of Wind Engineering and Industrial Aerodynamics, 43(1-3): 1577-1588.

Li L X, Kareem A, Xiao Y Q, et al. 2015. A comparative study of field measurements of the turbulence characteristics of typhoon and hurricane winds[J]. Journal of Wind Engineering and Industrial Aerodynamics, 140: 49-66.

Li Q S, Xiao Y Q, Fu J Y, et al. 2007. Full scale measurements of wind effects on the Jin Mao Building[J]. Journal of Wind Engineering and Industrial Aerodynamics, 95(6): 445-466.

Liu X, Wan H P, Luo Y Z, et al. 2022. A data-driven combined deterministic-stochastic subspace identification method for condition assessment of roof structures subjected to strong winds[J]. Structural Control and Health Monitoring, 29(10): e3031.

Luo Y Z, Yang P C, Shen Y B, et al. 2014. Development of a dynamic sensing system for civil revolving structures and its field tests in a large revolving auditorium[J]. Smart Structures and Systems, 13(6): 993-1014.

Luo Y Z, Chen Y, Wan H P, et al. 2021. Development of laser-based displacement monitoring system and its application to large-scale spatial structures[J]. Journal of Civil Structural Health Monitoring, 11(2): 381-395.

Luo Y Z, Fu W W, Wan H P, et al. 2022. Load-effect separation of a large-span prestressed structure based on an enhanced EEMD-ICA methodology[J]. Journal of Structural Engineering, 148(3): 04021288.

Ma Z, Yun C B, Shen Y B, et al. 2019. Bayesian forecasting approach for structure response prediction and load effect separation of a revolving auditorium[J]. Smart Structures and Systems, 24(4): 507-524.

Ma Z, Yun C B, Wan H P, et al. 2021. Probabilistic principal component analysis-based anomaly detection for structures with missing data[J]. Structural Control and Health Monitoring, 28(5): e2698.

Mahadevan S, Zhang R X, Smith N. 2001. Bayesian networks for system reliability reassessment[J]. Structural Safety, 23(3): 231-251.

McKay M, Conover R J B J. 1979. A comparison of three methods for selecting values of input variables in the analysis of output from a computer code[J]. Technometrics, 21(2): 239-245.

Melchers R E, Beck A T. 2018. Structural Reliability Analysis and Prediction[M]. 3rd ed. Hoboken: John Wiley & Sons.

Minka T P. 2000. Automatic choice of dimensionality for PCA[J]. Advances in Neural Information Processing Systems, 37(4): 704-714.

Mujica L E, Gharibnezhad F, Rodellar J, et al. 2020. Considering temperature effect on robust principal component analysis orthogonal distance as a damage detector[J]. Structural Health Monitoring, 19(3): 781-795.

Ni Y Q, Xia Y, Liao W Y, et al. 2009. Technology innovation in developing the structural health monitoring system for Guangzhou New TV Tower[J]. Structural Control and Health Monitoring, 16(1): 73-98.

Ni Y Q, Li M. 2016. Wind pressure data reconstruction using neural network techniques: A comparison between BPNN and GRNN[J]. Measurement, 88: 468-476.

Nishimura C E, Conlon D M. 1993. IUSS dual use: Monitoring whales and earthquakes by using SOSUS[J]. Marine Technology Society Journal, 27: 13-27.

O'Callahan J C. 1989. A procedure for an improved reduced system (IRS) model[C]//Seventh International Modal Analysis Conference, Las Vegas.

Pandey P C, Barai S V. 1997. Structural sensitivity as a measure of redundancy[J]. Journal of Structural Engineering, 123(3): 360-364.

Papadopoulos M, Garcia E. 2012. Sensor placement methodologies for dynamic testing[J]. AIAA Journal, 36(2): 256-263.

Pearl J. 1988. Probabilistic Reasoning in Intelligent Systems: Networks of Plausible Inference[M]. San Francisco: Morgan Kaufmann.

Pinto J T, Blockley D I, Woodman N J. 2002. The risk of vulnerable failure[J]. Structural Safety, 24(2-4): 107-122.

Rangan S, Fletcher A K, Goyal V K. 2012. Asymptotic analysis of MAP estimation via the replica method and applications to compressed sensing[J]. IEEE Transactions on Information Theory, 58(3): 1902-1923.

Rao S S, Pan T S, Venkayya V B. 1991. Optimal placement of actuators in actively controlled structures using genetic algorithms[J]. AIAA Journal, 29(6): 942-943.

Sen D, Erazo K, Zhang W, et al. 2019. On the effectiveness of principal component analysis for decoupling structural damage and environmental effects in bridge structures[J]. Journal of Sound and Vibration, 457: 280-298.

Shen Y B, Yang P C, Zhang P F, et al. 2013. Development of a multitype wireless sensor network for the large-scale structure of the national stadium in China[J]. International Journal of Distributed Sensor Networks, 9(12): 709724.

Shen Y B, Yang P C, Luo Y Z. 2016. Development of a customized wireless sensor system for large-scale spatial structures and its applications in two cases[J]. International Journal of Structural Stability and Dynamics, 16(4): 1640017.

Shih C Y, Tsuei Y G, Allemang R J, et al. 1988. Complex mode indication function and its applications to spatial domain parameter estimation[J]. Mechanical Systems and Signal Processing, 2(4): 367-377.

Sohn H, Farrar C R, Hemez F M, et al. 2002. A review of structural health monitoring literature: 1996-2001[C]//Third World Conference on Structural Control, Como.

Straub D, der Kiureghian A. 2010. Bayesian network enhanced with structural reliability methods: Application[J]. Journal of Engineering Mechanics, 136(10): 1259-1270.

Su J Z, Xia Y, Chen L, et al. 2013. Long-term structural performance monitoring system for the Shanghai Tower[J]. Journal of Civil Structural Health Monitoring, 3(1): 49-61.

Subramanian C, Pinelli J, Kostanic I, et al. 2009. Development and testing of a second generation wireless hurricane wind and pressure monitoring system[R]. Melbourne: Florida Institute of Technology.

Tibaduiza D A, Mujica L E, Rodellar J, et al. 2016. Structural damage detection using principal component analysis and damage indices[J]. Journal of Intelligent Material Systems and Structures, 27(2): 233-248.

Tibshirani R. 1996. Regression shrinkage and selection via the LASSO[J]. Journal of the Royal Statistical Society Series B-Methodological, 58(1): 267-288.

Tipping M E. 2001. Sparse Bayesian learning and the relevance vector machine[J]. Journal of Machine Learning Research, 1(3): 211-244.

Tipping M E, Bishop C M. 1999. Mixtures of probabilistic principal component analyzers[J]. Neural Computation, 11(2): 443-482.

Tipping M E, Bishop C M. 2010. Probabilistic principal component analysis[J]. Journal of the

Royal Statistical Society Series B:Statistical Methodology, 61(3): 611-622.

Tristram C. 2001. The technology review 10: Emerging technologies that will change the world[J]. Technology Review, 104(4): 97-103, 106-113.

Tropp J A, Gilbert A C. 2007. Signal recovery from random measurements via orthogonal matching pursuit[J]. IEEE Transactions on Information Theory, 53(12): 4655-4666.

Tu J Q, Tang Z F, Yun C B, et al. 2021. Guided wave-based damage assessment on welded steel I-beam under ambient temperature variations[J]. Structural Control and Health Monitoring, 28(4): e2696.

van Overschee P V, de Moor B D. 1994. N4SID: Two subspace algorithms for the identification of combined deterministic-stochastic systems[J]. Automatica, 30(1): 75-93.

van Overschee P, de Moor B. 1995. A unifying theorem for three subspace system identification algorithms[J]. Automatica, 31(12): 1853-1864.

Wallisch P. 2009. Nonlinear principal components analysis: Introduction and application[J]. Matlab for Neuroscientists, 12(3): 183-192.

Wan H P, Ni Y Q. 2019. Bayesian multi-task learning methodology for reconstruction of structural health monitoring data[J]. Structural Health Monitoring—An International Journal, 18(4): 1282-1309.

Wan H P, Dong G S, Luo Y Z. 2021. Compressive sensing of wind speed data of large-scale spatial structures with dedicated dictionary using time-shift strategy[J]. Mechanical Systems and Signal Processing, 157: 107685.

Wang Y W, Ni Y Q, Wang X. 2020. Real-time defect detection of high-speed train wheels by using Bayesian forecasting and dynamic model[J]. Mechanical Systems and Signal Processing, 139: 106654.

West M, Harrison J. 1997. Bayesian Forecasting and Dynamic Models[M]. 2nd ed. New York: Springer Science & Business Media.

Wold S, Esbensen K, Geladi P. 1987. Principal component analysis[J]. Chemometrics and Intelligent Laboratory Systems, 2(1-3): 37-52.

Wu X, Blockley D I, Woodman N J. 1993a. Vulnerability of structural systems part 1: Rings and cluster[J]. Civil Engineering and Environmental Systems, 10(4): 301-317.

Wu X, Blockley D I, Woodman N J. 1993b. Vulnerability of structural systems part 2: Failure scenarios[J]. Civil Engineering and Environmental Systems, 10(4): 319-333.

Wu Z H, Huang N E. 2009. Ensemble empirical mode decomposition: A noise-assisted data analysis method[J]. Advances in Adaptive Data Analysis, 1(1): 1-41.

Xia H W, Ni Y Q, Wong K Y, et al. 2012. Reliability-based condition assessment of in-service bridges using mixture distribution models[J]. Computers & Structures, 106-107: 204-213.

Yan A M, Kerschen G, de Boe P, et al. 2005. Structural damage diagnosis under varying environmental conditions—Part II: Local PCA for non-linear cases[J]. Mechanical Systems and Signal Processing, 19(4): 865-880.

Yan Y J, Cheng L, Wu Z Y, et al. 2007. Development in vibration-based structural damage detection technique[J]. Mechanical Systems and Signal Processing, 21(5): 2198-2211.

Yang J N, Lei Y, Lin S, et al. 2004. Hilbert-Huang based approach for structural damage detection[J]. Journal of Engineering Mechanics, 130(1): 85-95.

Yao L, Sethares W A, Kammer D C. 1993. Sensor placement for on-orbit modal identification via a genetic algorithm[J]. AIAA Journal, 31(10): 1922-1928.

Yazdani A, Shahidzadeh M S, Takada T. 2020. Bayesian networks for disaggregation of structural reliability[J]. Structural Safety, 82: 101892.

Yeung W T, Smith J W. 2005. Damage detection in bridges using neural networks for pattern recognition of vibration signatures[J]. Engineering Structures, 27(5): 685-698.

Yun C B, Yi J H, Bahng E Y. 2001. Joint damage assessment of framed structures using a neural networks technique[J]. Engineering Structures, 23(5): 425-435.

Zhang D, Li S. 1995. Succession-level approximate reduction (SAR) technique for structural dynamic model[C]//Proceedings of the 13th International Modal Analysis Conference, Nashville.

Zhang F L, Xiong H B, Shi W X, et al. 2016. Structural health monitoring of Shanghai Tower during different stages using a Bayesian approach[J]. Structural Control and Health Monitoring, 23(11): 1366-1384.

Zhang Y S, Pang S Q, Wang Y P. 2001. Orthogonal arrays obtained by generalized Hadamard product[J]. Discrete Mathematics, 238(1-3): 151-170.

Zhang Y M, Wang H, Wan H P, et al. 2021. Anomaly detection of structural health monitoring data using the maximum likelihood estimation-based Bayesian dynamic linear model[J]. Structural Health Monitoring, 20(6): 2936-2952.

Zhang Z Y, Luo Y Z. 2017. Restoring method for missing data of spatial structural stress monitoring based on correlation[J]. Mechanical Systems and Signal Processing, 91: 266-277.

Zhao C L, Liu Y, Yu Z H. 2011. Evaluation for survivable networked system based on grey correlation and improved TOPSIS[J]. Networks, 6(10): 1514-1520.

Zhu B, Frangopol D M. 2013. Incorporation of structural health monitoring data on load effects in the reliability and redundancy assessment of ship cross-sections using Bayesian updating[J]. Structural Health Monitoring, 12(4): 377-392.

Zhu Y J, Ni Y Q, Jesus A, et al. 2018. Thermal strain extraction methodologies for bridge structural condition assessment[J]. Smart Materials and Structures, 27(10): 105051.